Johannes Beste, Nicole vom Hove, Christian Reif, Daniela Werth

Medien gestalten

Lernsituationen und Fachwissen zur Gestaltung und Produktion von Digital- und Printmedien

2. Auflage

Bestellnummer 32503

Haben Sie Anregungen oder Kritikpunkte zu diesem Produkt?
Dann senden Sie eine E-Mail an 32503_002@bv-1.de
Autoren und Verlag freuen sich auf Ihre Rückmeldung.

Legende der im Buch verwendeten Icons:

LERNSITUATION

  … zur Herstellung von Bezügen zur Lernsituation.

ÜBUNG

  … zur praxisnahen Anwendung des Gelernten.

MERKE

  … Definition und Erläuterung wichtiger Fachbegriffe und Formeln.

ZUSAMMENFASSUNG

  … wichtiger Inhalte.

BEISPIEL

  … zur Verdeutlichung der Sachinformationen.

VERWEIS

  … auf erforderliches Wissen aus vorangegangenen Kapiteln.

Vgl. LS 3, 1.2.3

LINK

  … zu hilfreichen Internetseiten.

www.eci.org

BuchPlusWeb

  … zu dieser Stelle passende Bilder, Aufgaben oder Lösungsvorschläge finden Sie unter Buch-PlusWeb.

Um eine bessere Lesbarkeit zu gewährleisten, wird in diesem Lehrbuch häufig auf eine Geschlechtertrennung verzichtet und stattdessen die männliche oder die weibliche Form verwendet, z. B. „Auszubildender" für „Auszubildender und Auszubildende". Selbstverständlich werden hierdurch stets beide Geschlechter angesprochen.

www.bildungsverlag1.de

Bildungsverlag EINS GmbH
Sieglarer Straße 2, 53842 Troisdorf

ISBN 978-3-427-**32503**-1

© Copyright 2011: Bildungsverlag EINS GmbH, Troisdorf
Das Werk und seine Teile sind urheberrechtlich geschützt. Jede Nutzung in anderen als den gesetzlich zugelassenen Fällen bedarf der vorherigen schriftlichen Einwilligung des Verlages.
Hinweis zu § 52a UrhG: Weder das Werk noch seine Teile dürfen ohne eine solche Einwilligung eingescannt und in ein Netzwerk eingestellt werden. Dies gilt auch für Intranets von Schulen und sonstigen Bildungseinrichtungen.

Vorwort

Die Zielgruppe des Lehrbuchs sind Schülerinnen und Schüler aller Medienberufe, deren Ausbildungsziel die **Gestaltung und Produktion von Digital- und Printmedien** ist. Das vorliegende Lehrbuch vermittelt hierbei das gesamte fachliche Wissen, das angehende Mediengestalter, Gestalter für visuelles Marketing, Gestaltungstechnische Assistenten sowie die Schülerinnen und Schüler der Fachschulen für Mediengestaltung und Medientechnologie benötigen, um beispielsweise einen Kundenauftrag in seiner gesamten Komplexität zu erfassen und zu bearbeiten. Hierzu gehören sowohl Kenntnisse und Fertigkeiten im Bereich der Gestaltung und Produktion von Digital- und Printmedien als auch ein kompetenter Umgang mit Ein- und Ausgabeprozessen. Eine nicht weniger bedeutsame Rolle spielen ferner ein umfassendes rechtliches und wirtschaftliches Fachwissen sowie Kenntnisse auf dem Gebiet der nachgeschalteten Leistungsprozesse.

Die Vermittlung dieses komplexen und vernetzten Wissens und der damit verbundenen beruflichen **Handlungskompetenz** stellte an dieses Buch umfangreiche methodische Anforderungen:

Zum einen sollte sich in den Kapiteln die **Komplexität** und **Vielfältigkeit** der beruflichen Praxis wiederfinden: Aufgaben und Kundenaufträge, die in einem Betrieb der Medienbranche ausgeführt werden, sind nicht nach Fächern gegliedert, sondern erfordern immer Wissen und Fertigkeiten aus mehreren Bereichen. Sie sind somit **fächerübergreifend**. Zum anderen musste aber beachtet werden, dass die hierfür benötigten Wissensbestände (fach)systematisch aufgebaut werden müssen.

Fächerübergreifendes Wissen und Fachsystematik müssen daher so miteinander verknüpft werden, dass der einzelne Kundenauftrag fächerübergreifend bearbeitet werden kann, und gleichzeitig eine fachsystematische Struktur eingehalten und für den Lerner deutlich wird.

Zunächst wurde dem Buch eine **an Lernsituationen orientierte Gliederung** zugrunde gelegt. Eine Lernsituation bildet hierbei ein Kapitel. Innerhalb des Kapitels werden dann, nach der Vorstellung der Lernsituation, alle für die Bearbeitung notwendigen Informationen nach Fächern bzw. Themen gegliedert und in einer **Mindmap** dargestellt.

Es folgen Informationseinheiten, die als Module mit einer eigenen fachsystematischen Struktur gegliedert sind. Diese Gliederung ist von dem jeweils thematisierten Fachgebiet abhängig und kann anhand einer zweiten fachsystematischen Gliederungebene (ebenfalls vorne im Buch zu finden) nachvollzogen werden. Es kann jedoch innerhalb der einzelnen Lernsituationen zu **Gliederungssprüngen** kommen.

Beispiel: In der Lernsituation 3 folgen auf den Punkt 11.6 die Gliederungspunkte 13.2 und 13.3. Diese Gliederungs-Nummern sind jedoch unabhängig von der linearen Bearbeitung der Lernsituation zu verstehen; sie verweisen lediglich auf die zugrunde liegende Fachsystematik. So entstehen innerhalb einer Lernsituation mehrere thematisch zusammenhängende Informationsmodule. Der Beginn und das Ende eines solchen Informationsmoduls werden innerhalb der jeweiligen Lernsituation verdeutlicht. In vielen Fällen kann auch ein Fachgebiet auf mehrere Lernsituationen verteilt werden. Dies hängt von der Relevanz für die jeweilige Lernsituation ab. Der Punkt 13.4 beispielsweise folgt dann in Lernsituation 7.

Gleichzeitig aber kann eine Lernsituation nicht immer nur auf noch unbekannte Kenntnisse und Fertigkeiten zugeschnitten sein. Somit muss zwangsläufig auch immer vorhandenes Wissen aus vorhergehenden Kapiteln einfließen. Hier gilt es, Bezüge zu bereits behandelten Themen herzustellen.

Zur Unterstützung gibt es deshalb zahlreiche Verweise in der Marginalienspalte, die angeben, in welcher Lernsituation und an welcher Stelle das Fachwissen zu finden ist, was zur Bearbeitung der aktuellen Lernsituation benötigt wird. Auf doppelte Informationsvermittlung wird bewusst verzichtet.

Diese Strukturierung des Lehrbuchs hat folgende Vorteile:

- Durch den auftragsorientierten Aufbau wird die berufliche Realität optimal abgebildet. Es wird somit der modernen Vermittlung von **fächerübergreifender beruflicher Handlungskompetenz** gerecht, insbesondere auch durch die zusätzliche Thematisierung von auftragsrelevanten Inhalten aus dem wirtschafts-

Vorwort | MEDIEN GESTALTEN

wissenschaftlichen und (medien-)rechtlichen Bereich. Durch den fächerübergreifenden Aufbau der **Abschlussprüfungen** des Bildungsgangs Mediengestalter für Digital- und Printmedien wird genau diese auch gefordert. Der daran orientierte Aufbau des Lehrbuchs deckt somit alle erforderlichen Wissens- und Kompetenzbereiche ab.

- Die in den Kapiteln dargestellten Lernsituationen bauen aufeinander auf. Das Einfließen bereits vermittelter Lerninhalte ist zum einen nicht zu vermeiden, zum anderen aber auch erwünscht: Fachsystematische Zusammenhänge und inhaltliche Zuordnungen werden so transparent gemacht. Die fachsystematische Gliederung dient auch, in Verbindung mit den Bezügen in der **Marginalienspalte**, dem leichteren Auffinden bereits behandelter Inhalte. Die verschiedenen Bezüge (Fachwissen, Beispiele, Übungen) werden durch übersichtliche Icons dargestellt (s. Legende auf Seite 2).

- Ein großer Vorteil der fachsystematischen Gliederung ist die Arbeit mit diesem Buch auch ohne die Einhaltung der von den Autoren gewählten kundenauftragsorientierten Struktur. Das im Buch enthaltene, umfangreiche Fachwissen kann auch als Nachschlagewerk genutzt werden, weil fachliche Zusammenhänge der – innerhalb der Kapitel thematisierten – Informationen bestehen bleiben. So wird deren Auffinden ohne großen Suchaufwand möglich.

Arbeitsweise:
Zu Beginn eines Kapitels wird ein Auftrag dargestellt, der mithilfe von den darauf folgenden Informationen bearbeitet werden soll. Dieser Auftrag beinhaltet mehrere Fächer bzw. Wissensbereiche.

Die Inhalte, also das benötigte Fachwissen, werden in Form einer Mindmap dargestellt. Das für den Auftrag neu zu erwerbende Wissen wird farbig von bereits thematisierten Inhalten abgegrenzt. Die neuen Inhalte sind dabei schwarz, die alten orange dargestellt:

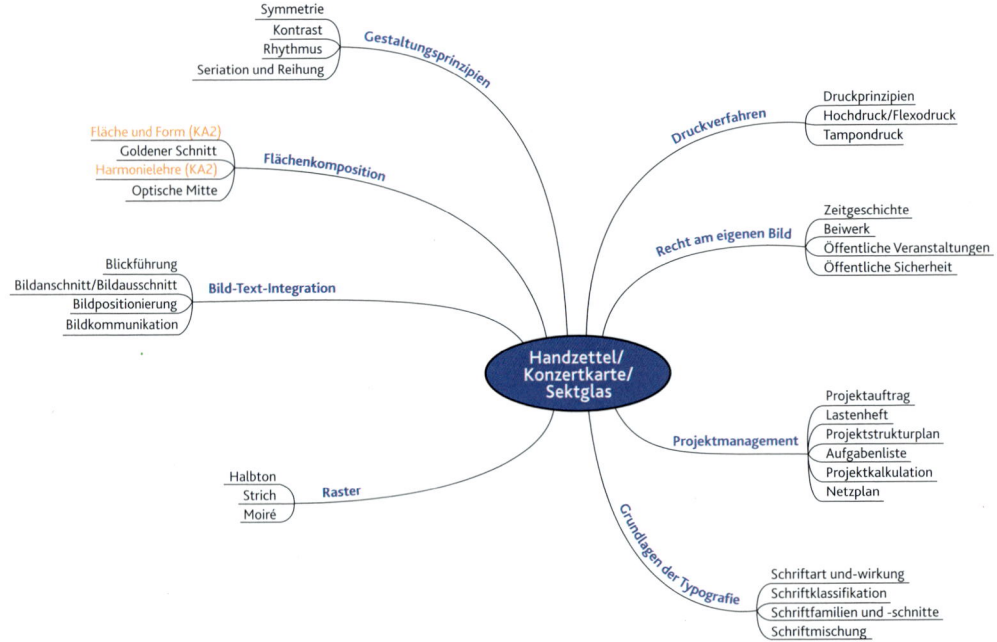

Die **orangen Zweige** der Mindmap geben somit Hinweise auf Inhalte, die in vorhergehenden Projekten nachgeschlagen werden müssen. Die **schwarzen Zweige** repräsentieren die Inhalte, die im weiteren Verlauf erläutert werden und somit das für diesen konkreten Auftrag neu zu erwerbende Wissen darstellen.

Bilder und weiteres Material zur Bearbeitung der Lernsituationen finden Sie im Internet unter BuchPlusWeb.

Besonderer Dank gilt Stanislav Osavcuk (OSZ Elbe Elster II in Herzberg).

Die Autorinnen und Autoren

Änderungen zur Vorauflage:

- Viele Aktualisierungen, z.B. in den Internetkapiteln
- Umbenennung der Kundenaufträge in Lernsituationen
- Umstrukturierung einzelner Kapitel (z. B: Logo, Geschäftsdrucksachen, Anzeige-Plakat) zum besseren Verständnis des Buchkonzeptes
- Anpassung an den geänderten Lehrplan der Mediengestalter (Aufnahme neuer Inhalte, z.B. Datenbanken)
- Anpassung der Aufgaben an die Prüfung
- Fehlerkorrekturen zur 1. Auflage

Inhaltsverzeichnis

    Vorwort 3
    Fachsystematische Gliederung 7

1   Gründung einer Medienagentur **14**
    Rechtsformen 17
    Unternehmensorganisation 22
    Informations- und Kommunikationstechnik 25
    Ergonomie am Arbeitsplatz 57
    Finanzierung 62
    Kosten- und Leistungsrechnung 68
    Zusammenfassung 77
    Aufgaben 80

2   Vernetzung eines Medienbetriebs **87**
    Netzwerke und Internet 88
    Zusammenfassung 122
    Aufgaben 123

3   Logo/Signetgestaltung/Corporate Design **124**
    Kreativität 171
    Wahrnehmung 126
    Kommunikations- und Zeichentheorie 137
    Gestaltungselemente 153
    Urheberrecht 183
    Markenrecht 190
    Zusammenfassung 194
    Aufgaben 197

4   Geschäftsdrucksachen **202**
    Format, Proportion und Komposition 205
    Gestaltungsprinzipien 214
    Typografie 223
    Zusammenfassung 252
    Aufgaben 252

5   Webauftritt – Planung, Konzeption, Umsetzung **254**
    Erstellung von Internetseiten 256
    Typografie im Web 309
    Farben am Bildschirm 324
    Bilder 329
    Internetrecht 339
    Zusammenfassung 343
    Aufgaben 344

6   Anzeige/Großflächenplakat **348**
    Anzeigen 350
    Plakatarten 353
    Marketing 357
    Farbtechnologie 370
    Druckverfahren 387
    Druckfarbe 396
    Zusammenfassung 401
    Aufgaben 402

7   Handzettel, Konzertkarte, Sektglas **404**
    Recht am eigenen Bild 406
    Projektmanagement 409
    Druckverfahren 417
    Zusammenfassung 420
    Aufgaben 421

8 Geschäfts- und Jahresberichte **422**
Geschäftsberichte... 424
Farbwahrnehmung 429
Layout... 443
Bilder.. 454
PDF 473
Zusammenfassung 479
Aufgaben 480

9 Kalender **482**
Fototechnik... 485
Scannen 506
Elektronische Bildverarbeitung... 510
Druckvorstufe 525
Bedruckstoffe 533
Druckweiterverarbeitung.. 540
Kalkulation in Agenturen... 543
Zusammenfassung 545
Aufgaben 547

10 Broschüre **550**
Broschurherstellung... 552
Betriebsabrechnungsbogen... 567
Druckweiterverarbeitung.. 557
Kalkulation in Agenturen... 569
Zusammenfassung 582
Aufgaben 582

11 Multimedia CD mit Cover und Booklet erstellen **586**
Multimedia.. 588
Flächenkomposition... 619
Zusammenfassung 629
Aufgaben 630

12 Datenbank zur Bucharchivierung **632**
Datenbanksystem.. 634
MySQL und SQL 647
Zusammenfassung 656
Aufgaben 657

13 Kontaktformular und Gästebuch auf der Homepage **658**
Dynamische Webseiten.. 660
Formulare... 662
Grundlagen PHP 667
Content-Management-Systeme (CMS) 685
Zusammenfassung 686
Aufgaben 687

14 Werbekampagne **688**
Operatives Marketing 690
Deckungsbeitragsrechnung... 706
Werberecht 707
Zusammenfassung 711
Aufgaben 712

Bildquellenverzeichnis 716
Bibliografie/Weiterführende Literatur.. 719
Sachwortverzeichnis.. 720
Vorstellung der Autoren 728

Fachsystematische Gliederung

1	**Rechtsformen.**	17
1.1	Die offene Handelsgesellschaft (OHG)	17
1.1.1	Gründung der OHG	17
1.1.2	Pflichten der Gesellschafter.	17
1.1.3	Rechte der Gesellschafter.	18
1.2	Die Kommanditgesellschaft (KG)	19
1.2.1	Gründung.	19
1.2.2	Rechtliche Stellung der Kommanditisten	19
1.2.3	Rechtliche Stellung der Komplementäre	19
1.3	Die Gesellschaft mit beschränkter Haftung (GmbH).	19
1.3.1	Gründung.	20
1.3.2	Kapital.	20
1.3.3	Organe der GmbH	20
1.3.4	Gewinnverteilung	20
1.3.5	GmbH für Existenzgründungen.	20
1.4	Die Aktiengesellschaft (AG).	21
1.4.1	Gründung.	21
1.4.2	Grundkapital	21
1.4.3	Organe der AG	21
1.4.4	Gewinnverteilung	22
2	**Unternehmensorganisation**	22
2.1	Verrichtungsorientierte Organisation	23
2.2	Objektorientierte Organisation	23
3	**Informations- und Kommunikationstechnik.**	25
3.1	Computer.	25
3.1.1	Mainboard (Hauptplatine)	26
3.1.1.1	CPU/Prozessor	26
3.1.1.2	Halbleiterspeicher: Arbeitsspeicher (RAM) und Festwertspeicher (ROM).	28
3.1.1.3	Bussystem	31
3.1.1.4	BIOS.	33
3.1.1.5	Cache	34
3.1.1.6	Slots.	34
3.1.2	Ein- und Ausgabeschnittstellen.	35
3.1.2.1	Serielle Schnittstellen.	35
3.1.2.2	Parallele Schnittstellen	36
3.1.2.3	USB-Schnittstellen.	36
3.1.2.4	FireWire (IEEE 1394).	37
3.1.3	Laufwerke und Speichermedien	38
3.1.3.1	Magnetische Massenspeicher.	38
3.1.3.2	Optische Massenspeicher	40
3.1.3.3	USB-Speicherstick	41
3.1.4	Steckkarten	42
3.1.4.1	Grafikkarte	42
3.1.4.2	Soundkarte	43
3.1.4.3	Netzwerkkarte	44
3.1.4.4	TV-Karte.	45
3.2	Peripheriegeräte	45
3.2.1	Eingabegeräte	46
3.2.2	Ausgabegeräte	48
3.2.2.1	Bildschirm.	49
3.2.2.2	Drucker	51
3.3	Software.	55
3.3.1	Betriebssysteme: Windows, Mac OS	56
3.3.2	Anwendungssoftware für den Medienarbeitsplatz.	56
4	**Ergonomie am Medienarbeitsplatz**	57
4.1	Geometrie und Geräteausstattung des Arbeitsplatzes.	57
4.2	Lichtverhältnisse am Bildschirmarbeitsplatz.	60
4.3	Lärm und Raumklima am Bildschirmarbeitsplatz.	61
5	**Finanzierung**	62
5.1	Eigen-Innenfinanzierung	62
5.2	Eigen-Außenfinanzierung.	62
5.3	Fremd-Innenfinanzierung	63
5.4	Fremd-Außenfinanzierung	63
5.4.1	Annuitätendarlehen	64
5.4.2	Fälligkeitsdarlehen.	65
5.4.3.1	Kosten des Leasing	66
5.4.3.2	Vertragsdauer	66
5.4.3.3	Leasingarten	67
5.4.3	Leasing	66
6	**Kosten- und Leistungsrechnung**	68
6.1	Kostenstellenrechnung	68
6.1.1	Leistungsbereiche einer Agentur	68
6.1.2	Kostenstellen.	70
6.1.3	Zweistufiger Betriebsabrechnungsbogen einer Medienagentur.	74
6.1.4	Zweistufiger Betriebsabrechnungsbogen einer Druckerei	567
6.2	Kalkulationsmethoden	75
6.2.1	Verrechnungssatzkalkulation	75
6.2.2	Divisionskalkulation	76
6.2.3	Zuschlagskalkulation	569
6.3	Kalkulation in Agenturen	543
6.3.1	Kalkulation des DTP	543
6.3.2	Kalkulation der Proofs	544
6.3.3	Kalkulationsschema zur Ermittlung des Angebotspreises.	544
6.3.4	Deckungsbeitragsrechnung einer Werbeagentur	706
6.4	Kalkulation eines Druckprodukts.	569
6.4.1	Nutzenberechnung.	572
6.4.2	Druckformherstellung	572
6.4.2.1	Bogenmontage	573
6.4.2.2	Formproof.	574
6.4.2.3	Druckplattenherstellung	575

6.4.3	Druck	576
6.4.4	Weiterverarbeitung	577
6.4.4.1	Falzen	577
6.4.4.2	Schneiden	577
6.4.4.3	Heften	578
6.4.5	Fertigungsmaterial	578
6.4.5.1	Druckbogenbedarf	578
6.4.5.2	Druckplattenbedarf	579
6.4.5.3	Farbe	579
6.4.6	Grenzmenge	580
6.4.7	Kalkulationsschema	581

7	**Netzwerke und Internet**	**88**
7.1	Klassifikation von Netzwerken	89
7.1.1	Netzwerkarchitekturen – Vernetzungskonzepte	91
7.1.2	Netzwerktopologien	92
7.1.3	Übertragungsmedien	94
7.2	Hard- und Softwarevoraussetzungen	99
7.2.1	Hardwarevoraussetzungen	99
7.2.2	Zugangssoftware und Provider	103
7.3	Adressierung im Netzwerk	104
7.3.1	Netzwerkprotokolle und -schichten	104
7.3.1.1	Anwendungsschicht	105
7.3.1.2	Transportschicht	106
7.3.1.3	Internetschicht	107
7.3.1.4	Netzwerkschicht	108
7.3.2	Aufbau und Struktur von IP-Adressen	109
7.3.3	Domains	111
7.3.3.1	Aufbau	112
7.3.3.2	Reservierung	113
7.4	Nutzungsmöglichkeiten des Internets	113
7.4.1	Kommunikation	114
7.4.2	Informationssuche	120

8	**Wahrnehmung**	**126**
8.1	Die fünf menschlichen Sinne	126
8.2	Visuelle Wahrnehmung	127
8.2.1.1	Aufbau des menschlichen Auges	128
8.2.1.2	Gesichtsfeld und Blickfeld	130
8.2.1	Sehvorgang	128
8.2.2.1	Linke Gehirnhälfte	133
8.2.2.2	Rechte Gehirnhälfte	133
8.2.2	Aufbau des menschlichen Gehirns	132
8.2.3	Gedächtnis	134
8.3	Wahrnehmungspsychologie	135, 465
8.3.1	Wahrnehmungsprozess	136
8.3.3	Optische Täuschungen	160
8.4	Farbwahrnehmung	429
8.4.1	Farbempfinden	429
8.4.2	Farbsymbolik	431
8.4.3	Farbkontraste	165
8.4.4	Farbe als Imageträger	432
8.4.5	Farbsynästhesie	432
8.5	Farben am Bildschirm	324
8.5.1	Farbspektrum und Farbraum	324
8.5.2	Farbkontraste am Bildschirm	325
8.5.3	Farbdarstellung und Webfarben	327

9	**Kommunikations- und Zeichentheorie**	**137**
9.1	Der Prozess der Kommunikation	137
9.1.1	Kommunikationsmodell	138
9.1.2	Grundlagen der Zeichenlehre – Semiotik	138
9.2	Zeichenarten	140
9.2.1	Icon und Index	140
9.2.2	Piktogramm	141
9.2.3	Symbol	141
9.2.4	Logo (Signet)	142
9.2.4.1	Bildmarke	142
9.2.4.2	Wortmarke/Buchstabenmarke	143
9.2.4.3	Kombinierte Bild-/Wortmarke	143
9.3	Referenzwert und Wirkung	144
9.3.1	Logokriterien	145
9.3.1.1	Produktnähe	145
9.3.1.2	Wiedererkennungswert	146
9.3.1.3	Originalität/Aufmerksamkeitswert	146
9.3.1.4	Reproduzierbarkeit auf allen Medien	147
9.3.1.5	Prägnanz/Ästhetik	149
9.3.2	Gestaltgesetze	149
9.3.2.1	Figur-Grund-Gesetz	149
9.3.2.2	Gesetz der Nähe	151
9.3.2.3	Gesetz der Ähnlichkeit	151
9.3.2.4	Gesetz der Geschlossenheit	151
9.3.2.5	Gesetz der Erfahrung	152
9.3.2.6	Gesetz der guten Gestalt	153
9.4	Formqualität	163
9.4.1	Visuelle Merkmale	163
9.4.2	Prägnanztendenz	163
9.4.3	Geschlossenheit der Form	164
9.4.4	Figur-Grund-Verhältnis	164
9.5	Corporate Identity	167
9.5.1	Die Elemente der Corporate Identity	167
9.5.1.1	Corporate Design	167
9.5.1.2	Corporate Communication	170
9.5.1.3	Corporate Behaviour	171
9.5.1.4	Corporate Design-Handbuch (Styleguide)	171

10	**Gestaltungselemente**	**153**
10.1	Punkt	153
10.2	Linie	154
10.3	Fläche und Form	156
10.3.1	Gestaltungsmittel der Fläche	157
10.3.2	Flächenformen	157
10.3.3	Kombination von Formelementen in der Fläche	158
10.4	Körper und Raum	159
10.4.5	Farbe	434
10.4.5.1	Farbe als Marketinginstrument	434
10.4.5.2	Farbkompositionen	435
10.4.5.3	Farbe in der Kunst	440
10.4.5.4	Farbe im Feng Shui	442
10.5	Geschäftsbericht	424
10.5.1	Von der Pflicht zur Kür	425

Nr.	Titel	Seite
10.5.2	Formale Gestaltung von Geschäftsberichten	426
10.5.3	Bewertungskriterien zur gestalterischen Qualität von Geschäftsberichten	428
11	**Kreativität**	**171**
11.1	Kreativprozess	172
11.2	Kreativteam	173
11.3	Kreativtechniken zur Ideenfindung	175
11.3.1	Brainstorming	176
11.3.2	Kopfstandmethode	177
11.3.3	Morphologische Matrix	177
11.3.4	Mindmapping	179
11.4	Kreative Visualisierung	179
11.4.1	Scribble	180
11.4.2	Rohlayout	182
11.4.3	Stilisierung	182
12	**Gestaltungsprinzipien**	**214**
12.1	Symmetrie/Asymmetrie	164, 214
12.2	Kontrast	164, 216
12.3	Rhythmus/Takt	216
12.4	Reihung (Seriation)	217
12.5	Kombinatorik	218
13	**Medienrecht**	**183**
13.1	Urheberrecht	183
13.1.1	Urheberschaft	183
13.1.2	Nutzungsrechte	186
13.1.3	Zulässige Nutzungen	187
13.1.3	Zulässige Nutzungen	709
13.1.4	Rechtsfolgen bei Verletzung von Urheberrechten	189
13.2	Markenrecht	190
13.3	Internetrecht	339
13.3.1	Die Domain	339
13.3.2	Haftung für Inhalte	341
13.3.3	Impressum	342
13.4	Recht am eigenen Bild	406
13.4.1	Bildnisse aus dem Bereich der Zeitgeschichte	407
13.4.2	Beiwerk	408
13.4.3	Öffentliche Veranstaltungen	408
13.4.4	Öffentliche Sicherheit	408
13.5	Werberecht	707
14	**Format, Proportion und Komposition**	**205**
14.1	DIN-Formate	206
14.1.1	DIN-A-Reihe (DIN 476 Teil 1 – EN 20216 und ISO 216)	206
14.1.2	DIN-B- und DIN-C-Reihe	207
14.1.3	Postalische Normen	210
14.2	Akzidenzbereiche	204
14.3	Karten	208
14.3.1	Kartenarten	209
14.3.2	Kartenformate	209
14.4	Optische Mitte	220
14.5	Goldener Schnitt	221
14.6	DIN-Flächenkomposition	212
14.6.1	Blickführung	213
14.6.2	Achsenbezüge	214
14.7	Flächenkomposition	619
14.7.1	Flächenwahrnehmung	620
14.7.2	Flächenaufteilung	620
14.7.3	Kompositionsprinzipien	621
14.7.3.1	Kompositionsprinzipien zur Ordnung	622
14.7.3.2	Kompositionsprinzipien zur Gewichtung	625
14.7.4	Formale Mittel der Flächengestaltung	212
14.8	Plakatarten	353
14.8.1	Großflächenplakat	354
14.8.2	Superposter	354
14.8.3	4/1-Plakat für Litfaßsäule	355
14.8.4	Backlights	355
14.8.5	City Light Poster (CLP)	355
14.8.6	City Light Poster-Säulen (CLS)	356
14.8.7	Megalights/City Light Boards (CLB)	356
15	**Typografie**	**223**
15.1	Grundlagen der Typografie	223
15.1.1	Schrift als Zeichen	239
15.1.2	Schriftklassifikation	226
15.1.3	Schriftart und -Wirkung	224
15.1.4	Lesbarkeit	238
15.2	Vertikale Ausdehnung von Schrift	240
15.2.1	Maßsysteme und Schriftgrößen	240
15.2.2	Zeilenabstand und Durchschuss	244
15.2.3	Zeilenlänge	245
15.2.4	Auszeichnungsarten	246
15.3	Horizontale Ausdehnung von Schrift	243
15.3.1	Buchstaben- und Wortabstände	243
15.4	Schriftfamilien und -schnitte	235
15.4.1	Elektronische Schnitte	236
15.4.2	Schriftcharakter	241
15.4.3	Schriftmischung	237
15.5	Ziffern und Zahlen	248
15.5.1	Mediäval- und Versalziffern	248
15.5.2	„Zahlensatz-Knigge"	249
15.6	Satzarten	247
15.7	Typografie im Web	319
15.7.1	Schriftarten und Schriftfamilien für das Web	320
15.7.2	Layout von Texten im Web	321
15.7.3	Möglichkeiten zur Textgestaltung mit HTML und CSS	323
15.7.4	Textgrafiken und Download von Textdateien	323
16	**Erstellung von Internetseiten**	**256**
16.1	Hypertext Markup Language (HTML)	257
16.1.1	Grundgerüst einer HTML-Datei	258
16.1.2	Meta-Angaben	259
16.1.3	Umlaute und Sonderzeichen	260
16.1.4	Absätze und Umbrüche	261

16.1.5	Überschriften, Textauszeichnungen, Linien und Hintergrund	263
16.1.6	Listen	266
16.1.6.1	Aufzählungslisten	266
16.1.6.2	Nummerierte Listen	266
16.1.6.3	Definitionslisten	267
16.1.6.4	Verschachtelte Listen	268
16.1.7	Tabellen	270
16.1.7.1	Tabellengestaltung: Grundgerüst . .	271
16.1.7.2	Tabellengestaltung: Maße, Ausrichtung der Inhalte und Rahmen	271
16.1.7.3	Tabellenzellen verbinden	273
16.1.7.4	Verschachtelte Tabellen	275
16.1.8	Bilder und Grafiken in HTML	275
16.1.9	Verweise (Hyperlinks)	278
16.1.9.1	Lokale und weltweite Verweise	278
16.1.9.2	Funktionen von Hyperlinks	279
16.1.10	Inline-Frames	281
16.2	Cascading Style Sheets (CSS)	282
16.2.1	Unterschiede CSS und HTML	283
16.2.2	Text- und Tabellengestaltung mit CSS	283
16.2.3	Verknüpfung von CSS mit HTML . .	285
16.2.4	Formate für Klassen und Individualformate in CSS	289
16.2.4.1	Formate für Klassen	289
16.2.4.2	Individualformate IDs	290
16.2.5	Internetseite mit CSS in Bereiche aufteilen.	292
16.2.5.1	Boxen: Aufbau und Eigenschaften . .	293
16.2.5.2	Boxen: Farben und Hintergrundbilder	295
16.2.5.3	Boxen beim Seitenaufbau platzieren.	296
16.3	Barrierefreies Webdesign	302
16.4	Layout, Design und Struktur von Webseiten.	303
16.4.1	Struktur und Aufbau einer Webseite .	303
16.4.1.1	Interface-Design	304
16.4.1.2	Page-Design	305
16.4.1.3	Navigationsstrukturen (Site-Design)	306
16.4.2	Screendesign	308
16.4.2.1	Aufgaben des Screendesigns	309
16.4.2.2	Grundelemente des Screendesigns .	310
16.4.2.3	Planung des Screenlayouts	311
16.4.2.4	Entwurf einer Webseite	312
16.4.3	Raster im Webdesign	314
16.4.3.1	Gestaltungsraster für den Bildschirm	315
16.4.3.2	Rasterzellen und Rasterfelder	315
16.4.3.3	Platzierung im Raster	316
16.5	MySQL und SQL	647
16.5.1	MySQL	647
16.5.2	SQL – das Mittel zum Zweck	647
16.5.3.1	Datentypen	648
16.5.3.2	SQL-Anweisungen	649
16.5.3	Datentypen und Anweisungen in SQL	647
16.5.4	Datenbank mit MySQL und SQL erstellen und verwalten	651
16.5.4.1	MySQL-Datenbank erstellen	651
16.5.4.2	Abfragen einer Datenbank	652
16.5.4.3	JOINS	654
16.5.4.4	phpMyAdmin zur Verwaltung einer MySQL-Datenbank.	655
16.6	Dynamische Webseiten	660
16.6.1	Dynamische versus statische Anwendungen im WEB	661
16.6.2	Voraussetzungen für dynamische Webseiten.	661
16.7	Formulare	662
16.7.1	Formularfelder: Typen und Eigenschaften	662
16.7.2	Strukturierung, Gruppierung und Beschriftung von Formularfeldern . .	665
16.7.3	Formularauswertungen	667
16.8	Grundlagen PHP	667
16.8.1	Was ist PHP und wozu dient es? . .	667
16.8.2	Wie wird eine PHP-Datei erstellt und ausgeführt?	668
16.8.2.1	Variablen, Datentypen, Operatoren und Arrays.	668
16.8.2.2	Erste Schritte in PHP.	670
16.8.2.3	Funktionen in PHP	671
16.8.2.4	Verknüpfung von Zeichenketten und Funktionen bei der Ausgabe.	674
16.8.2.5	Methoden zur Datenübergabe	675
16.8.2.6	Anweisungen und Schleifen.	680
16.9	Content-Management-Systeme (CMS)	685
17	**Bilder**	**329**
17.1	Bild- und Grafikformate für Webbilder	330
17.2	Kompressionsverfahren für Grafikdateien	333
17.2.1	Verlustfreie Kompression	334
17.2.2	Verlustbehaftete Kompression	335
17.3	Bildbearbeitung für das Web	336
17.4	Bild-Text-Integration.	454
17.4.1	Bildkommunikation	455
17.4.2	Bildausschnitt/-anschnitt	455
17.4.3	Blickführung	460
17.4.4	Bildpositionierung im Layout	462
17.5	Bild- und Grafikformate.	464
17.5.1	Dateiformate für Bilder im Printbereich.	464
17.6	Elektronische Bildverarbeitung (EBV)	510
17.6.1	Tonwertkorrektur	510
17.6.2	Gradationskurve	514
17.6.3	Farbkorrekturen	517
17.6.3.1	Farbton/Sättigung	517
17.6.3.2	Selektive Farbkorrektur	518
17.6.3.3	Farbbalance.	518
17.6.4	Filter	519
17.6.4.1	Scharfzeichnen	519
17.6.4.2	Weichzeichnen	520
17.6.5	Bildauflösung/Format	520
17.6.6	Farbmodus	521

18	**Anzeigen**	**350**
18.1	Werbeanzeigen	350
18.2	Fließtextanzeigen	351
18.3	Privatanzeigen	352
18.4	Amtliche Anzeigen	352
19	**Marketing**	**357**
19.1	Strategisches Marketing	357
19.1.1	Produktpositionierung	358
19.1.2	Marktsegmentierung	358
19.1.2.1	Geografische Marktsegmentierung	359
19.1.2.2	Segmentierung nach demografischen Kriterien	360
19.1.2.3	Segmentierung nach sozio-ökonomischen Kriterien	361
19.1.2.4	Segmentierung nach psychografischen Kriterien	361
19.2	Operatives Marketing	690
19.2.1	Produkt- und Dienstleistungspolitik	690
19.2.2	Preispolitik	692
19.2.3	Distributionspolitik	694
19.2.4	Kommunikationspolitik	694
19.2.4.1	Werbung	694
19.2.4.2	CI und CD	695
19.2.4.3	Öffentlichkeitsarbeit (Public Relations/PR)	695
19.2.4.4	Sponsoring	695
19.2.4.5	Merchandising	696
19.2.4.6	Mediaplan	696
19.2.4.7	Kommunikationspolitik bei Dienstleistungen	705
20	**Farbtechnologie**	**370**
20.1	Geräteabhängige Farbräume	370
20.1.1	Additive und subtraktive Farbmischsysteme	370
20.1.2	Farbwürfel	371
20.1.3	Ideal- und Realfarben	371
20.1.4	6-teiliger Farbkreis	373
20.1.5	HSB-Modell	373
20.2	Farbmischung	374
20.2.1	Primär, Sekundär- und Tertiärfarben	374
20.2.2	Autotypische Farbmischung	375
20.3	Geräteunabhängige Farbräume	375
20.3.1	CIE Yxy	375
20.3.2	CIE Lab	378
20.3.3	Farbabstand Delta E	378
20.4	Euroskala (DIN 2846 und 12647)	379
20.4.1	CMYK	379
20.5	Sonderfarben	380
20.5.1	HKS	380
20.5.2	Pantone	380
20.5.3	6- und 7-Farbendruck	380
20.6	Separation	381
20.6.1	Buntaufbau	381
20.6.2	Unbuntaufbau (GCR = Grey Component Replacement)	381
20.6.3	UCR (Under Color Removal)	382
20.7	Color-Management	383
20.7.1	ICC-Profile	383
20.7.2	Spektralfotometer	384
20.7.3	Rendering Intents	385
20.7.4	Verwaltung und Einsatz von ICC-Profilen	387
21	**Druckverfahren**	**387**
21.1	Offsetdruck	388
21.2	Hochdruck/Flexodruck	390
21.3	Tiefdruck	392
21.4	Digitaldruck	392
21.4.1	Elektrofotografie	393
21.4.2	Large-Format-Printing (Tintenstrahltechnologie)	393
21.5	Tampondruck	417
21.6	Durchdruck/Siebdruck	418
22	**Druckfarbe**	**396**
22.1	Zusammensetzung und Herstellung von Druckfarbe	396
22.2	Kennzeichnung chemischer Produkte	399
23	**Projektmanagement**	**409**
23.1	Projektauftrag	410
23.2	Lastenheft	411
23.3	Projektstrukturplan	411
23.4	Aufgabenliste	411
23.6	Netzplan	413
24	**Layout**	**443**
24.1	Satzspiegel	443
24.2	Gliederungselemente des Satzspiegels	444
24.3	Gestaltungsraster	446
24.4	Konstanten und Variablen im Layout	449
24.4.1	Gliederungselemente	449
24.4.2	Schmuckelemente	451
24.4.3	Tabellensatz	452
25	**Bedruckstoffe**	**533**
25.1	Papier	533
25.1.1	Rohstoffe und Hilfsstoffe	534
25.1.2	Papierherstellung	535
25.1.3	Laufrichtung	536
25.1.4	Anwendungsbezogene Papiersorten	538
25.1.5	Papierklassen	539
25.1.6	Bedruckbarkeit	539
26	**PDF**	**473**
26.1	Portable Document Format	473
26.1.1	Bildkomprimierung	474
26.1.2	Einbetten von Schriften	476
26.1.3	Farbmanagement bei PDF	477
26.1.4	Generieren von PDF's	478
26.1.5	Vielfalt von PDF-Dateien	478
27	**Druckvorstufe**	**525**
27.1	Rasterung	525
27.1.1	Halbton und Strich	525
27.1.2	Kenngrößen der Rasterung	526

27.1.3	Amplitudenmodulierte Raster (AM-Raster)/RIP	528		29.2	Konzeption von Multimedia-Produktionen	590
27.1.4	Frequenzmodulierte Raster (FM-Raster)	532		29.2.1	Ideenfindung	591
				29.2.2	Drehbuch	591
27.2	Fototechnik	485		29.2.3	Storyboard	594
27.2.1	Fotografische Abbildungen	486		29.2.4	Interaktion und Navigation	596
27.2.1.1	Reflexion	486		29.3	Produktion von Multimediaanwendungen	597
27.2.1.2	Lichtbrechung mit Linsen	487				
27.2.1.3	Abbildung mit Linsen	489		29.3.1	Masterscreen	597
27.2.2.1	Objektiv	491		29.3.2	Animationen	598
27.2.2.2	Blende	492		29.3.2.1	Animationsprinzipien	598
27.2.2.3	Verschluss	492		29.3.2.2	Animationsarten	601
27.2.2.4	Schärfentiefe und Unschärfekreise	493		29.3.2.3	Dateiformate für Animationen	603
27.2.2	Aufbau einer Kamera	490		29.3.3	Audio	604
27.2.3	Kameratypen	495		29.3.3.1	Hören und Sprechen	604
27.2.3.1	Sucherkameras	496		29.3.3.2	Audio-Hardware	604
27.2.3.2	Spiegelreflexkameras	497		29.3.3.3	Audio-Software	608
27.2.3.3	Filmformate	498		29.3.3.4	Datenmengenberechnung Audio	609
27.2.3.4	Digitalkameras	499		29.3.3.5	Dateiformate für Audiodateien und Audio-Reduktionsverfahren	610
27.2.4	Fototechnische Gestaltungsmittel	503				
27.3	Scannen	506		29.3.4	Video	613
27.3.1	Scanvorgang Flachbettscanner	506		29.3.4.1	Videonormen	614
27.3.2	Ein- und Ausgabeauflösung	508		29.3.4.2	Video-Hardware	615
27.4	Infografiken	466		29.3.4.3	Video-Software	615
27.4.1	Tabellen	467		29.3.4.4	Datenmengenberechnung Video	616
27.4.2	Diagramme	467		29.3.4.5	Datenformate für Videodateien	616
27.4.3	Pläne und Karten	470		29.3.5	Software zur Produktion von Multimedia-Anwendungen	618
27.4.4	Prinzipdarstellungen	471				
28	**Druckweiterverarbeitung**	**540**		**30**	**Datenbanksystem**	**634**
28.1	Heft- und Bindearten	540		30.1	Aufbau und Struktur einer Datenbank	635
28.1.1	Einzelblatt-Bindesysteme	540				
28.1.2	Klebebindung	541		30.2	Beziehungen innerhalb der Datenbank-Relationen	636
28.1.3	Drahtheftung	541				
28.2	Veredelung	542		30.2.1	Was versteht man unter einer Relation?	636
28.2.1	Stanzen	542				
28.2.2	Prägen	542		30.2.2	Welche Arten von Relationen werden unterschieden?	637
28.2.3	Lackieren	543				
28.3	Broschurherstellung	552		30.2.3	Primärschlüssel und Fremdschlüssel	638
28.3.1	Einlagige Broschur	553		30.2.4	Normalisierung einer Datenbank	640
28.3.2	Mehrlagige Broschur	553		30.2.4.1	Die erste Normalform	640
28.4	Falzen	553		30.2.4.2	Die zweite Normalform	642
28.4.1	Falzarten	554		30.2.4.3	Die dritte Normalform	643
28.4.2	Falzmaschinen	558		30.2.5	Problem NULL-Werte	645
28.4.2.1	Messer- oder Schwertfalzung	558		30.2.6	Anforderungen an eine Datenbank	646
28.4.2.2	Taschen- oder Stauchfalzung	559				
28.4.2.3	Kombinationsfalzmaschinen	560				
28.5	Ausschießen	560				
28.5.1	Einteilungsbogen/Druckbogen	561		Bildquellenverzeichnis		715
28.5.2	Sammeln und Zusammentragen	565				
28.6	Schneiden	565		Bibliografie/Weiterführende Literatur		718
29	**Multimedia**	**588**		Links		718
29.1	Zielplattformen für Multimedia-Anwendungen	589		Sachwortverzeichnis		729
29.1.1	Funktion	590		Vorstellung der Autoren		727

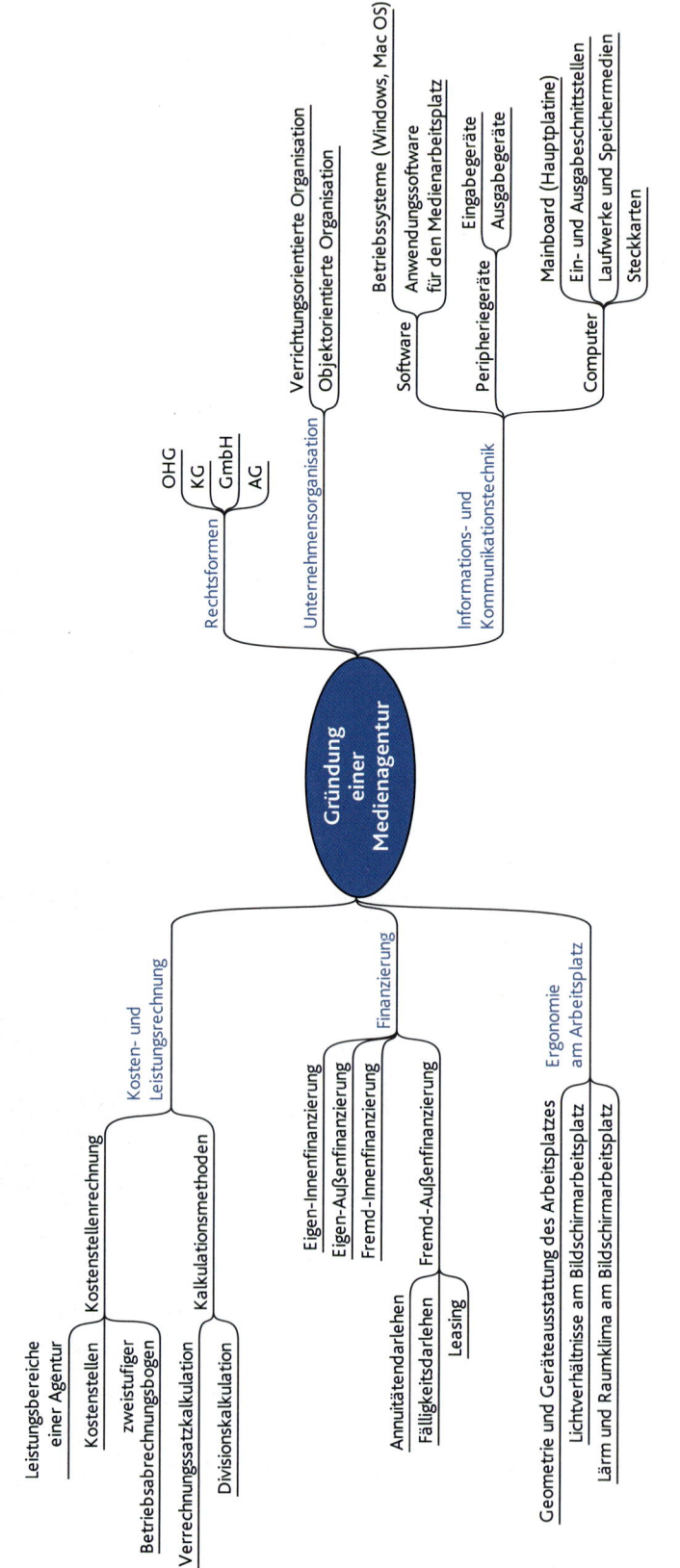

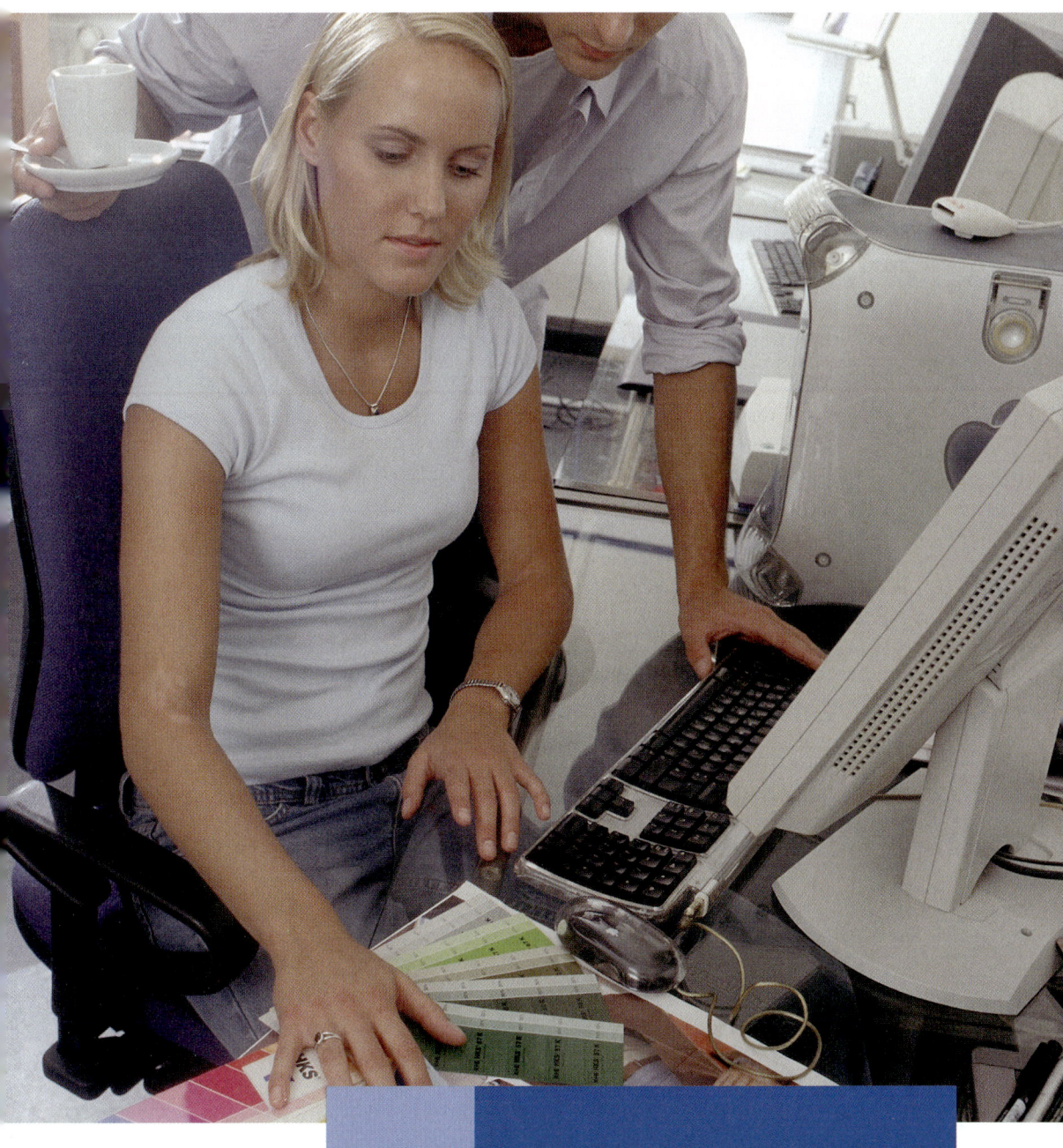

1 Gründung einer Medienagentur

1 Gründung einer Medienagentur

Die drei Mediengestalter Herr Romberg, Herr Fechter und Frau Böving kennen sich seit ihrer Ausbildung und haben nun beschlossen, sich gemeinsam mit einer Agentur selbstständig zu machen. Alle haben bisher eigenständig Aufträge für Kunden ausgeführt und somit bereits einen kleinen Kundenstamm vorzuweisen, den sie in das neue Unternehmen einbringen können. Frau Böving hat ihre Stärken in der Planung und Beratung, Herr Romberg ist überwiegend in der Druckvorstufe (Print) tätig, kann jedoch auch einige Aufgaben aus dem Bereich der Digitalmedien übernehmen. Der Schwerpunkt von Herrn Fechter liegt im Bereich der Digitalmedien, bisher im Wesentlichen im Entwurf und der Erstellung von Webseiten. Durch die Bündelung ihrer Fähigkeiten wollen Sie ihren Kunden ein breiteres Leistungsspektrum „aus einer Hand" anbieten. Zunehmend soll deshalb auch die Planung und Organisation von Werbekampagnen zu den angebotenen Leistungen gehören. Auf diese Weise sollen sogenannte Wertschöpfungspotenziale bei den bestehenden Kunden gehoben und auch weitere Kunden akquiriert werden.

Die neue Medienagentur soll den Namen „Creativ" tragen. Zurzeit hat sie noch die Rechtsform einer GbR (Gesellschaft bürgerlichen Rechts). Die Arbeitsgebiete sind:

- die Auswahl und Zusammenstellung von Werbe- und PR-Maßnahmen im Rahmen von Werbekampagnen,
- die Bearbeitung externer Bilddaten für die Bereich Digital und Print,
- die Erstellung und Anpassung von Grafiken und Logos, das Layout und der Satz von Druckprodukten (Flyer, Prospekte, Broschüren, Plakate etc.),
- die Gestaltung und Erstellung von Webseiten.

Es ist zunächst geplant, vier Computer-Arbeitsplätze einzurichten, an denen alle in der Medienagentur auszuführenden Arbeiten erfolgen können. Auf diese Weise ist der flexible Einsatz der Mitarbeiter in den unterschiedlichen Bereichen möglich. Ferner kann, bei Bedarf, auch kurzfristig eine Bürokraft eingesetzt werden. Aus diesem Grund sind einige technische und ergonomische Entscheidungen zu treffen. Im Einzelnen sind dies für die Einrichtung der vier Computerarbeitsplätze:

- Wahl des Computersystems und der erforderlichen Computerhardware,
- Auswahl der benötigten Peripheriegeräte, wie z. B. Monitor, Drucker etc.,
- Ausstattung der Arbeitsplätze mit den geeigneten Büromöbeln, insbesondere unter ergonomischen Gesichtspunkten.

Des Weiteren sind rechtliche, wirtschaftliche und organisatorische Entscheidungen zu treffen. Im Einzelnen sind dies die Wahl einer geeigneten Rechtsform (zurzeit im Gründungsstatus noch als „Creativ GbR" firmierend), die Organisation der Arbeitsteilung im Unternehmen, die Finanzierung der anzuschaffenden Betriebs- und Geschäftsausstattung sowie – für die Kalkulation von Kundenaufträgen – die Analyse und die Zuordnung der Kosten.

Treffen Sie betriebswirtschaftliche Entscheidungen zur

- Wahl einer geeigneten Rechtsform,
- Organisation der Arbeitsteilung im Unternehmen,
- Finanzierung der anzuschaffenden Betriebs- und Geschäftsausstattung.

Erstellen Sie zudem einen Betriebsabrechnungsbogen, indem Sie die Kosten der Creativ GbR den betrieblichen Kostenstellen zuordnen.

1 Rechtsformen

Der Unternehmenszweck der zu gründenden Gesellschaft ist, mit Gewinnerzielungsabsicht medienspezifische (Gestaltungs-) Leistungen für Kunden unter dem gemeinsamen Namen „**Creativ**" zu erstellen. Die drei Mediengestalter haften als Gesellschafter dieses Unternehmens dabei mit ihrem gesamten Vermögen, also auch dem privaten, für die Verbindlichkeiten der Gesellschaft gegenüber Lieferanten, Kunden und Banken. Die Creativ ist somit nach dem Zusammenschluss und der Aufnahme der gemeinsamen Tätigkeiten zunächst eine **Gesellschaft bürgerlichen Rechts** (GbR).

Jeder der drei Mediengestalter hat bereits einen kleinen Kundenstamm, der nun in das Unternehmen eingebracht wird. Hierdurch entsteht in der Summe eine beachtliche Anzahl potenzieller Auftraggeber, die zudem noch erweitert werden soll. Hierdurch wird allerdings ein kaufmännisch eingerichteter Geschäftsbetrieb notwendig. Das gemeinsame **Gewerbe** (dieses wurde bereits beim Ordnungsamt der Stadt angemeldet) ist somit ein *Handels*gewerbe. Die GbR stellt in diesem Fall somit nur ein Übergangsstadium dar, so dass die Creativ GbR eine geeignete **Rechtsform** (man findet hierfür auch häufig den Begriff der **Unternehmensform**) annehmen muss.

Handelsgewerbe bedeutet
- die Einrichtung eines in kaufmännischer Weise geführten Geschäftsbetriebs (also mit Buchhaltung, Büroorganisation, Kundenverwaltung etc.),
- eine regelmäßig fortgeführte und nicht nur kurzzeitige Tätigkeit
- mit Gewinnerzielungsabsicht.

Ist die Entscheidung für eine Rechtsform gefallen, muss die Gesellschaft in das **Handelsregister** eingetragen werden. Das Handelsregister ist ein beim zuständigen Amtsgericht geführtes Verzeichnis aller Unternehmen, die ein Handelsgewerbe betreiben.

1.1 Die offene Handelsgesellschaft (OHG)

Die OHG ist eine Vereinigung von mindestens zwei Personen, die unter gemeinschaftlicher **Firma** (Firma = **Name** des Unternehmens) ein Handelsgewerbe betreiben. Die Gesellschafter haften, wie bei der GbR, gegenüber den Gesellschaftsgläubigern mit ihrem gesamten Vermögen. Die OHG ist eine weit verbreitete Form der Handelsgesellschaften.

1.1.1 Gründung der OHG

Die OHG entsteht durch einen gewöhnlich schriftlich abgeschlossenen Vertrag zwischen den Gesellschaftern. Aus ihm bestimmen sich in erster Linie die Rechtsverhältnisse der Teilhaber. Er enthält u. a. Bestimmungen über die Höhe der Einlage der Gesellschafter, das Recht der Geschäftsführung und Vertretung oder die Art der Gewinnverteilung. Die OHG muss zudem im Handelsregister angemeldet und eingetragen werden. Alle Gesellschafter haben die gleichen Pflichten und Rechte.

1.1.2 Pflichten der Gesellschafter

Einlagenpflicht: Wenn nichts über die Höhe der Einlage vereinbart ist, hat jeder Gesellschafter den gleichen Betrag zu leisten (Geld oder Sachen).

Pflicht zur Mitarbeit: Alle Gesellschafter sind an der Ausführung der leitenden Arbeiten gleichmäßig beteiligt.

Haftpflicht: Alle Gesellschafter haften den Gesellschaftsgläubigern gegenüber **unbeschränkt, unmittelbar und solidarisch.**

Unbeschränkt bedeutet: Die Haftung erstreckt sich auf das gesamte Geschäfts- und Privatvermögen der einzelnen Gesellschafter.

Unmittelbar heißt: Jeder Gesellschafter kann von Gesellschaftsgläubigern direkt in Anspruch genommen werden.

Ein Mahnbescheid kann *direkt* gegen einen Gesellschafter ergehen, ohne dass vorher die Beitreibung des Schuldbetrages gegenüber der gesamten Gesellschaft versucht worden ist.

Solidarisch besagt: „Einer für alle und alle für einen." Jeder einzelne Gesellschafter haftet zugleich für alle anderen. Ein Gesellschaftsgläubiger kann sich also den zahlungsfähigsten Gesellschafter heraussuchen, um durch Zustellung eines Mahnbescheides oder auf dem Klageweg schnell zu seinem Geld zu kommen.

Wenn ein Gesellschafter ein Geschäftsfahrzeug ohne Wissen des anderen Gesellschafters gekauft hat, kann der Kraftfahrzeughändler die Begleichung der Schuld auch vom anderen Gesellschafter verlangen, den er für den zahlungskräftigsten Gesellschafter hält.

Durch diese Art der Haftung hat die OHG bei Banken natürlich eine hohe Kreditwürdigkeit, weil eben nicht nur das Vermögen des Unternehmens für die Verbindlichkeiten haftet, sondern Banken gegebenenfalls auf weitere (private) Vermögensgegenstände zurückgreifen können.

1.1.3 Rechte der Gesellschafter

Recht zur Geschäftsführung:
Nach der gesetzlichen Regelung ist *jeder Gesellschafter einzeln* zur Geschäftsführung, d. h. zur Erledigung der laufenden Geschäftsangelegenheiten (Anschaffung von Waren, Einstellen von Arbeitskräften, Führung der Bücher, Aufstellung der Bilanz, Verkauf, Erledigen des Zahlungsverkehrs, Schriftverkehr usw.) berechtigt. Bei außergewöhnlichen Geschäften ist die Zustimmung aller Gesellschafter notwendig.

- Aufnahme größerer Kredite
- Verkauf von Unternehmensteilen

Recht zur Vertretung:
Grundsätzlich kann jeder Gesellschafter das Unternehmen nach außen, also dritten Personen (Lieferern, Kunden, Banken usw.) gegenüber, vertreten, d. h. für die Gesellschaft Verpflichtungen eingehen und Rechte für sie erwerben. Der Gesellschaftsvertrag kann aber dieses **Einzelvertretungsrecht** beschränken und bestimmen, dass z. B. nur alle Gesellschafter zusammen das Unternehmen vertreten können. Dies hat jedoch Dritten gegenüber, also im Außenverhältnis, keine Wirkung.

Recht auf Gewinnanteil:
Jeder Gesellschafter hat nach dem HGB (Handelsgesetzbuch) das Recht, zunächst eine Verzinsung von 4 % seines Kapitalanteils zu erhalten. Der Rest des Gewinns wird, soweit vorhanden, zu gleichen Anteilen nach Köpfen verteilt. Es können jedoch auch abweichende Regelungen vereinbart werden.

1.2 Die Kommanditgesellschaft (KG)

Die Kommanditgesellschaft ist wie die OHG eine Gesellschaft, die unter gemeinschaftlicher Firma ein Handelsgewerbe betreibt. Sie unterscheidet sich von der OHG dadurch, dass nur die tätigen Teilhaber – die **Komplementäre** – voll haften, während die **Kommanditisten** (Teilhafter) nur mit ihrer Einlage haften und nicht zur Mitarbeit im Betrieb verpflichtet sind. Die Firma der KG besteht aus den Namen aller Vollhafter, mindestens jedoch aus dem Namen eines Vollhafters sowie einem Zusatz, der auf ein Gesellschaftsverhältnis (beispielsweise „und Co" oder „KG") hinweist.

1.2.1 Gründung

Bei der Gründung haben sämtliche Gesellschafter die Gesellschaft zum Handelsregister anzumelden. Falls keine besonderen Vereinbarungen in dem Gesellschaftsvertrag getroffen werden, gelten die Bestimmungen des HGB.

1.2.2 Rechtliche Stellung der Kommanditisten

Pflichten:
Die Kommanditisten haben ihre Einlage gemäß dem Gesellschaftsvertrag zu leisten und haften bis zur Höhe der Einlage.

Rechte:

Geschäftsführung:
Die Kommanditisten sind von der Geschäftsführung ausgeschlossen.

Gewinnverteilung:
Sie haben nur ein Recht auf Gewinnanteil. Nach dem Gesetz (HGB) erhalten sie vom Jahresgewinn zunächst 4% Verzinsung ihrer Kapitaleinlage. Der über 4% hinausgehende Gewinnrest wird unter Komplementären und Kommanditisten in einem – im Gesellschaftsvertrag festgelegten – angemessenen Verhältnis verteilt. Am Verlust nehmen die Kommanditisten (neben den Komplementären) ebenfalls in einem angemessenen Verhältnis teil. Sie haften aber nur bis zur Höhe ihrer Einlage. Es können jedoch im Gesellschaftsvertrag abweichende Vereinbarungen getroffen werden.

Kontrollrecht:
Die Teilhafter dürfen Einsicht in den Jahresabschluss nehmen.

1.2.3 Rechtliche Stellung der Komplementäre

Geschäftsführung:
Die Vollhafter leiten die KG und vertreten sie nach außen.

Einlagenpflicht:
Wenn nichts über die Höhe der Einlage vereinbart ist, hat jeder Gesellschafter den gleichen Betrag zu leisten (Geld oder Sachen).

Haftpflicht:
Alle Komplementäre haften den Gesellschaftsgläubigern gegenüber unbeschränkt, unmittelbar und solidarisch (vgl. OHG).

1.3 Die Gesellschaft mit beschränkter Haftung (GmbH)

Die GmbH ist eine Gesellschaft mit eigener Rechtspersönlichkeit (**juristische Person**), die zu jedem gesetzlich zulässigen Zweck gegründet werden kann. Die eigene Rechtspersönlichkeit hat zur Folge, dass die GmbH (und nicht der oder die Geschäftsführer oder die Gesellschafter) Träger von Rechten und Pflichten sein kann.

Das Vertragsverhältnis bei einem Auftrag besteht zwischen dem Kunden und der GmbH, nicht zwischen dem Kunden und den Geschäftsführern oder den Gesellschaftern.

Eine GmbH kann von einer oder mehreren Personen gegründet werden. Sollte sie von einer Person gegründet werden, so ist diese Person alleinige Inhaberin aller Geschäftsanteile.

1.3.1 Gründung

Zur Errichtung der GmbH bedarf es eines notariell beurkundeten Vertrags (**Satzung**). Die GmbH entsteht mit der Eintragung ins Handelsregister. Die Firma der GmbH kann eine Sach- (Offset Druck GmbH) oder Personenfirma (Kuhnert GmbH) sein. In jedem Fall muss die Firma den Zusatz „GmbH" aufweisen.

1.3.2 Kapital

Das **Stammkapital** muss mindestens 25.000,00 EUR betragen. Es setzt sich zusammen aus den **Stammeinlagen** der Gesellschafter. Jeder Anteil muss auf mindestens 1,00 EUR lauten. Die Höhe der Stammeinlage je Gesellschafter kann unterschiedlich sein. Die Gesellschafter der GmbH haften nur mit ihrer Stammeinlage (**beschränkte Haftung**).

1.3.3 Organe der GmbH

Geschäftsführer:
Die Gesellschaft kann einen oder mehrere **Geschäftsführer** bestellen. Sie leiten die Gesellschaft gemeinschaftlich (also nur zusammen) und vertreten sie nach außen.

Die Kontoeröffnung bei einer Bank kann nur von den Geschäftsführern gemeinsam vorgenommen werden. Allerdings können Sie durch Kontovollmachten eine Einzelverfügung ermöglichen.

Der Begriff des Geschäftsführers ist durch die GmbH „belegt". Umgangssprachlich spricht man beispielsweise auch bei einem Filialleiter einer Einzelhandelskette vom Geschäftsführer. Im rechtlichen Sinne ist dieser jedoch nur der Geschäfts*leiter*.

Versammlung der Gesellschafter
Es wird nach Geschäftsanteilen abgestimmt, also nicht, wie bei politischen Wahlen, nach Köpfen. Jeder Geschäftsanteil gewährt eine Stimme.

1.3.4 Gewinnverteilung

Wenn nichts anderes vereinbart ist, wird der Gewinn im Verhältnis zu den Geschäftsanteilen verteilt. Es können jedoch auch Rücklagen (nicht ausgezahlte Gewinne) für zukünftige Investitionen gebildet werden.

Gewinn: 200.000,00 EUR

Geschäftsanteile Gesellschafter A: 20.000 Stück => Gewinnanteil = 160.000,00 EUR

Geschäftsanteile Gesellschafter A: 5.000 Stück => Gewinnanteil = 40.000,00 EUR

1.3.5 GmbH für Existenzgründungen

Es existiert zudem eine Einstiegsvariante der GmbH, die neuen Unternehmen die Gründung erleichtern soll: Die **haftungsbeschränkte Unternehmergesellschaft** (Zusatz hinter der Firma: uG). Es handelt sich dabei nicht um eine neue Rechtsform, sondern um eine GmbH, die mit einem Mindeststammkapital von 1,– EUR gegründet werden kann. Diese GmbH darf ihre Gewinne aber nicht voll ausschütten und zwar solange, bis das Mindeststammkapital der „normalen" GmbH nach und nach „angespart" wird. Dies müssen mindestens 25 % des jeweiligen Jahresüberschusses (Gewinn) eines Geschäftsjahres sein. Zudem reicht für sogenannte **Standardgründungen** (bis zu drei Gesellschafter und Bargründung durch Einzahlung auf ein Bankkonto) ein Mustergesellschaftsvertrag aus. Wird dieses Muster verwendet, ist *keine* **notarielle Beurkundung** des Gesellschaftsvertrages, sondern nur eine (billigere) **öffentliche Beglaubigung** der Unterschriften erforderlich. Die Regelungen in dem Mustergesellschaftsvertrag sind einfach, sodass hier keine Beratung und Belehrung durch einen Notar erforderlich ist. Es müssen nur die Unterschriften unter dem Gesellschaftsvertrag beglaubigt werden, um die Gesellschafter identifizieren zu können. Zusätzlich gibt es ein Muster für die Handelsregisteranmeldung (das sog. **„Gründungs-Set"**). So können in den genannten Fällen sämtliche Schritte bis zur Eintragung in das Handelsregister unkompliziert bewältigt werden. Die gesamten Kosten für die Gründung und Eintragung betragen zurzeit nur ca. 120,– EUR.

1.4 Die Aktiengesellschaft (AG)

Die AG ist wie die GmbH eine Kapitalgesellschaft mit eigener Rechtspersönlichkeit (juristische Person). Die Gesellschafter (Aktionäre) sind mit Einlagen an dem in Anteile (**Aktien**) zerlegten Grundkapital beteiligt. Sie haften nicht persönlich für die Verbindlichkeiten der Gesellschaft, sondern nur bis zur Höhe ihrer Beteiligung (Aktien).

1.4.1 Gründung

Zur Gründung einer AG ist mindestens eine Person erforderlich. Sie schließt einen Gesellschaftsvertrag (Satzung) ab, der durch einen Notar beurkundet werden muss. Anschließend wird die AG durch die Gründer, den Aufsichtsrat und den Vorstand, beim Handelsregister angemeldet.

1.4.2 Grundkapital

Die AG besitzt ein in Aktien zerlegtes Grundkapital (gezeichnetes Kapital). Die Mindesthöhe des Grundkapitals beträgt 50.000,00 EUR. Aktien sind Urkunden über die Beteiligung an einer AG, die an der Börse gehandelt werden können. Die Notierung einer AG an der Börse muss aber nicht zwingend der Fall sein. Eine Aktie kann durch einbehaltene Gewinne (Gewinnrücklagen) im Laufe der Zeit an Wert gewinnen. An der Börse wird eine Aktie auch vor dem Hintergrund der zukünftigen Geschäftsentwicklung des Unternehmens und der allgemeinen konjunkturellen Lage bewertet.

1.4.3 Organe der AG

Als juristische Person kann die AG nicht selbst handeln. Zur Durchführung ihrer Geschäfte benötigt sie daher bestimmte Organe, in denen natürliche Personen die Entscheidungen treffen (vgl. GmbH).

Hauptversammlung:
Die Hauptversammlung ist das beschließende Organ der AG. Sie besteht aus allen Aktionären und wird mindestens einmal jährlich vom Vorstand einberufen. Beschlüsse werden mit der Mehrheit der abgegebenen Stimmen gefasst, wobei das Stimmrecht nach Anzahl der im Eigentum einer Person befindlichen Aktien ausgeübt wird (je Aktie eine Stimme). Jeder Aktionär hat in der Hauptversammlung das Recht, Auskünfte über die Gesellschaft zu verlangen.

Die Aufgaben der Hauptversammlung sind:

- Wahl der Aktionärsvertreter in den Aufsichtsrat,
- Entscheidung über die Gewinnverwendung,

- Entlastung von Vorstand und Aufsichtsrat (Bestätigung, dass diese Organe die Geschäfte ordentlich geführt haben),
- Beschluss über grundsätzliche Fragen der Unternehmung (Satzungsänderungen, Kapitalerhöhung, Auflösung der Gesellschaft).

Aufsichtsrat:
Der Aufsichtsrat ist das überwachende Organ der AG. Seine Aufgaben sind:

- die Bestellung des Vorstands,
- die Überwachung des Vorstands (Überprüfung des Jahresabschlusses und des Vorschlags zur Gewinnverteilung),
- die Einberufung einer außerordentlichen Hauptversammlung, wenn dies das Wohl der Gesellschaft erfordert.

Vorstand:
Der Vorstand führt die Geschäfte und vertritt die AG nach außen. Während die Hauptversammlung und der Aufsichtsrat eher selten zusammentreffen und grundsätzliche (strategische) Entscheidungen treffen, ist der Vorstand das regelmäßig arbeitende Organ der AG.

1.4.4 Gewinnverteilung

Der eine Teil des Jahresüberschusses (Gewinn) kann zu Investitionszwecken einbehalten werden. Der andere Teil wird an die Aktionäre ausgeschüttet. Diese Ausschüttung nennt sich **Dividende**. Jeder Aktionär erhält dann am Ende eines Geschäftsjahres auf seine Aktien jeweils den gleichen Dividendenbetrag (z. B. 0,50 EUR je Aktie).

Erarbeiten Sie Vorschläge für eine mögliche Rechtsform der Creativ GbR. Erstellen Sie zu den Vorschlägen jeweils eine tabellarische Übersicht mit den Vor- und Nachteilen Ihrer Ergebnisse in Bezug auf die Situation der Creativ GbR. Treffen Sie auf dieser Basis dann eine begründete Entscheidung.

Um Ihrer Entscheidung im weiteren Verlauf dieses Kapitels nicht vorweg zu greifen, wird das Unternehmen, wie rechtlich im Vor-Gründungsstatus auch vorgesehen, zunächst noch „Creativ GbR" genannt.

2 Unternehmensorganisation

Dadurch, dass im Betrieb mehrere Personen miteinander arbeiten ist es notwendig, Arbeitsprozesse, Aufgaben und Verantwortlichkeiten in der Creativ GbR zu strukturieren.

Das Personal eines Betriebs, also das einer Druckerei, einer Agentur oder auch das von Betrieben anderer Branchen, hat eine Vielzahl unterschiedlicher Aufgaben zu erledigen. Da nicht jeder Mitarbeiter für die Bearbeitung aller Aufgaben qualifiziert ist, ist eine **betriebliche Arbeitsteilung** notwendig. Hierdurch ist gewährleistet, dass jeder Mitarbeiter einen seinen Kompetenzen und Fertigkeiten (**Fähigkeitsprofil**) entsprechenden Aufgabenbereich hat. Dieser Aufgabenbereich besteht aus Tätigkeiten, die von *einem* Mitarbeiter erledigt werden können und nennt sich **Stelle**. Eine Stelle ist somit nicht zu verwechseln mit dem **Arbeitsplatz** und seiner Einrichtung in Form eines Schreibtischs mit Computer und anderen Gegenständen. Sie ist vielmehr eine Bündelung von fachlich zusammengehörigen Aufgaben (= **Anforderungsprofil** einer Stelle). Für die Stellenbesetzung ist ein Mitarbeiter erforderlich, dessen Fähigkeitsprofil mit dem Anforderungsprofil übereinstimmt.

Anforderungsprofil der Stelle „Verwaltung":

Das Anforderungsprofil für diese Stelle deckt sich mit dem Fähigkeitsprofil eines kaufmännisch ausgebildeten Mitarbeiters.

Diese betriebliche Arbeitsteilung muss natürlich organisiert werden. Die grafische Darstellung mehrerer Stellen nennt sich **Organigramm** (vgl. Abbildung weiter unten). Sollten aufgrund einer entsprechenden Größe mehrere (Entscheidungs-) Ebenen in einem Unternehmen vorhanden sein, wird die Anordnung von Stellen nach dem Prinzip von Über- und Unterordnung (**Hierarchie**) dargestellt. Eine im Organigramm höher stehende Stelle ist weisungsbefugt gegenüber einer untergeordneten Stelle. Man nennt eine übergeordnete Stelle auch **Instanz**. Grundsätzlich können die jeweiligen Aufgaben nach dem Prinzip „**Objekt**" oder nach dem Prinzip „**Verrichtung**" strukturiert werden.

2.1 Verrichtungsorientierte Organisation

Das leitende Organisationsmerkmal sind hier die Verrichtungen, die an einem Produkt oder an einem Auftrag (im Weiteren allgemein als *Objekt* bezeichnet) zu erledigen sind. Ein Mitarbeiter hat somit immer die gleichen Verrichtungen an verschiedenen Objekten auszuführen. Das Objekt durchläuft deshalb mehrere (Fertigungs-) Stellen und ist am Ende dieses Durchlaufs fertiggestellt.

Organigramm zur verrichtungsorientierten Organisation am Beispiel eines Industriebetriebs

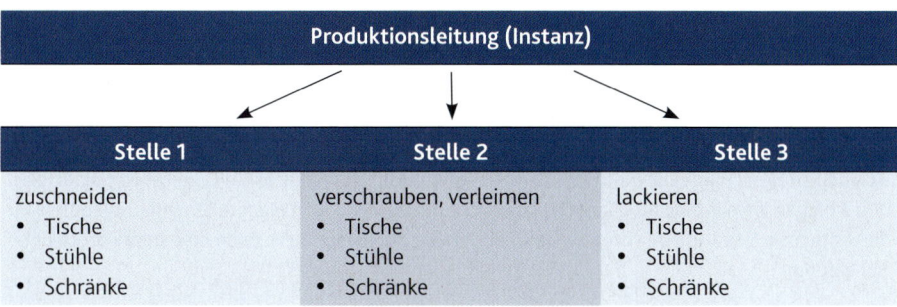

Die Tische sind hier die Objekte, die Produktionsschritte die Verrichtungen.

2.2 Objektorientierte Organisation

Bei der objektorientierten Organisation verrichtet ein Mitarbeiter mehrere Fertigungsschritte (Verrichtungen) an einem Objekt. Der Mitarbeiter *einer* Stelle ist somit allein verantwortlich für die Herstellung eines Produkts oder die Bearbeitung eines Auftrags.

Organigramm am Beispiel einer objektorientierten Organisation in einem Handwerksbetrieb

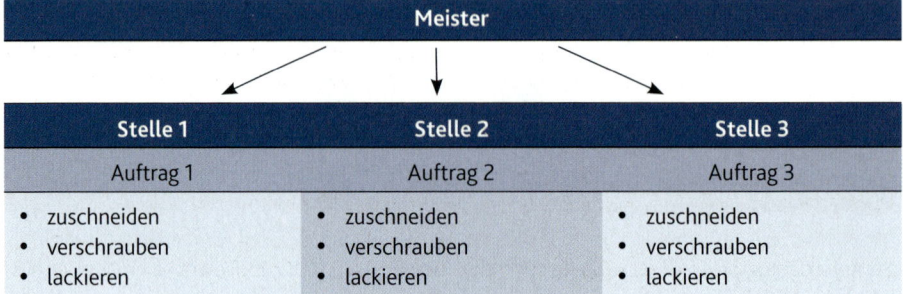

Meister		
Stelle 1	Stelle 2	Stelle 3
Auftrag 1	Auftrag 2	Auftrag 3
• zuschneiden • verschrauben • lackieren	• zuschneiden • verschrauben • lackieren	• zuschneiden • verschrauben • lackieren

Es gibt auch Mischformen zwischen beiden Strukturen. So kommt es häufig vor, dass auf verschiedenen Ebenen eines Unternehmens die Aufgaben unterschiedlich strukturiert sind.

Produktgruppe					
Tische			Stühle		
Einkauf	Produktion	Verkauf	Einkauf	Produktion	Verkauf
Bestände prüfen Waren buchen Anfragen stellen	...	...			

Die erste Ebene ist nach dem Prinzip „Objekt", die zweite Ebene nach dem Prinzip „Verrichtung" strukturiert.

An diesem Beispiel wird auch deutlich, dass größere Unternehmen in verschiedene **Abteilungen** (hier: Tische, Stühle) unterteilt werden. Anstelle der Produktgruppen können auch Auftraggeber oder Kundengruppen sowie geografisch abgegrenzte Gebiete ein Kriterium für die Abteilungsbildung darstellen. Die (weisungsbefugte) Stelle des Abteilungsleiters ist die Instanz.

Erarbeiten Vorschläge für ein mögliches Organigramm der Creativ GbR. Erstellen Sie zu den Vorschlägen jeweils eine tabellarische Übersicht mit den Vor- und Nachteilen Ihrer Ergebnisse in Bezug auf die Situation der Creativ GbR. Treffen Sie auf dieser Basis dann eine begründete Entscheidung.

Überlegen Sie in diesem Zusammenhang, ob es in dem neu gegründeten Unternehmen eine hierarchische Struktur mit einer Instanz geben soll, oder ob alle Gründer in Bezug auf Entscheidungen gleichberechtigt sein sollen. Diskutieren Sie diese Frage auch unter dem Aspekt, dass im Falle einer Expansion neue Mitarbeiter eingestellt werden müssen und erweitern Sie hierfür das von Ihnen erstellte Organigramm.

3 Informations- und Kommunikationstechnik

Für die Einrichtung der vier Computer-Arbeitsplätze ist zu entscheiden, welche Art von Computer mit welchen Hardware-Komponenten und welchen Peripheriegeräten (wie z. B. Drucker, Maus, Monitor etc.) für den Arbeitsbereich erforderlich sind. Um diese Entscheidung treffen zu können, ist ein solides Grundwissen im Bereich der Informations- und Kommunikationstechnik, zu der auch Computersysteme und deren Software gehören, erforderlich. Daher macht es Sinn, sich zunächst einmal mit dem Aufbau und der Funktionalität von Computern zu beschäftigen: Neben dem eigentlichen Rechner und seiner Peripherie ist auch geeignete Software erforderlich.

Ein Computersystem lässt sich in die beiden wesentlichen Bereiche Hardware und Software einteilen.

Vor dem Hintergrund, dass die vier Computer-Arbeitsplätze sowohl für den Bereich der Druckvorstufe als auch für Internet- und Multimediaanwendungen sowie für Standardbüroarbeiten verwendet werden sollen, empfiehlt es sich, wie folgt vorzugehen:

- Auswahl der erforderlichen Computersysteme
- Auswahl der Peripheriegeräte
- Auswahl der benötigten Software
- Einrichtung des Computerarbeitsplatzes unter ergonomischen Gesichtspunkten

Die Hardware soll eine Nutzungsdauer von 4 Jahren haben. Danach soll sie erneuert werden.

Sowohl das Computersystem (also das „Innenleben" des Computers, auch als Systemeinheit bezeichnet) als auch die Peripheriegeräte (z. B. Monitor, Tastatur, Maus etc., auch als Zusatzgeräte bezeichnet) zählen zur Computerhardware. Als Hardware werden sämtliche Bestandteile eines Computersystems bezeichnet, die sich „anfassen" lassen. Die Hardware lässt sich dabei in die beiden o. g. Gruppen einteilen: Die Systemeinheit und die Zusatzgeräte.

Hardware = physischer Teil des Computers

3.1 Computer

Im Bereich der Computer werden der **PC** und der **MAC**, ein Computer der Firma **Apple Macintosh**, unterschieden. Die Abkürzung PC kommt aus dem Englischen und bedeutet „Personal Computer" = persönlicher Rechner. Der **erste PC** wurde von der Firma IBM im Jahre **1981** entwickelt: der PC-XT mit einem Prozessor der Firma Intel, Bezeichnung 8088/8086. Im Jahre **1984** brachte die Firma Macintosh den **ersten MAC** auf den Markt.

Ohne Computer ist der heutige Arbeitsalltag in der Druckvorstufe undenkbar und auch im privaten Bereich hat der Computer inzwischen seinen festen Platz. Sowohl für Ar-

Computer mit Peripheriegeräten

beits- als auch für Privatanwendungen wird meist ein möglichst schneller und leistungsfähiger Computer gewünscht. Dem stehen jedoch stets auch entsprechende Kosten gegenüber, die zu tragen sind bzw. erwirtschaftet werden müssen. Um hier sinnvolle Entscheidungen treffen zu können, muss man zunächst wissen, welche Bauelemente eigentlich dafür sorgen, dass der Computer überhaupt funktioniert.

- Wie gelangen die Daten in den Computer?
- Wie werden sie weitergeleitet?
- Wie werden sie sicher gespeichert?
- Und wie wird die Leistungsfähigkeit im Einzelnen eigentlich gemessen?

Welchen Computer mit welcher Ausstattung benötigen die drei Mitarbeiter der Creativ Gbr für ihre Arbeitsplätze?

Im Folgenden werden die wesentlichen internen Komponenten von Arbeitsplatzrechnern vorgestellt.

3.1.1 Mainboard (Hauptplatine)

Zunächst ein Blick ins Innere des Rechners: Unübersehbar ist die Hauptplatine, eine große, mit zahlreichen elektronischen Bauelementen bestückte Platine im Inneren des Computergehäuses, im Englischen auch **Mainboard** oder **Motherboard** genannt. Auf dem Mainboard befinden sich alle wichtigen Funktionseinheiten, also gewissermaßen die „Grundausstattung" des Computersystems.

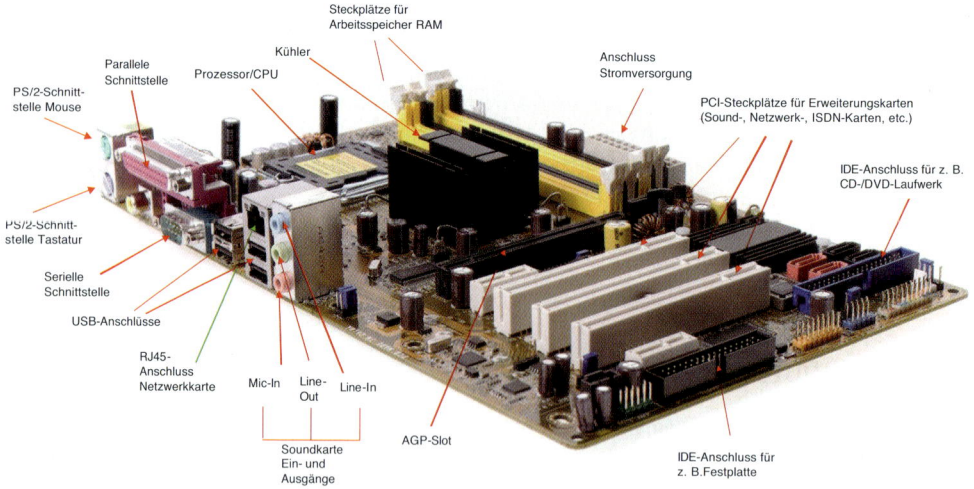

Mainboard

Das Mainboard ist der zentrale Teil des Computers mit allen wichtigen Funktionseinheiten.

3.1.1.1 CPU/Prozessor

Beim Menschen sorgt das Herz mit seinem rhythmischen Schlag dafür, dass alle inneren Organe mit Blut versorgt werden und der Mensch lebensfähig ist. Auch der Computer hat ein vergleichbares „Organ", welches seine Funktionalität gewährleistet und ein wesentlicher Bestandteil des Mainboards ist: die **CPU** (**C**entral **P**rocessing **U**nit), die Zentraleinheit des Computers. Die CPU ist unterteilt in den **Mikroprozessor** und den **internen Speicher** (interner Cache). Der Mikroprozessor wiederum besteht aus einer Steuer- und einer Recheneinheit, welche alle Prozesse im Computer zentral steuern.

Vgl. diese LS
3.1.1.5

Steuereinheit
Die **Steuereinheit CU** (**C**ontrol **U**nit) dient zur zentralen Steuerung der Programme und der Ein- und Ausgabeprozesse. Die CU enthält alle Befehle, welche die CPU ausführen kann.

Recheneinheit
Die Recheneinheit **ALU** (**A**rithmetical and **L**ogical **U**nit) der CPU führt auf Anweisung der CU alle Berechnungen und logischen Funktionen im Computer aus.

> Die CPU enthält die zentrale Rechen- und Steuereinheit = das „Gehirn" des Computers.

Der interne Speicher auf der CPU wird für die Durchführung der Rechenoperationen auf der CPU benötigt. Um mit dem Computer kommunizieren und die Rechengeschwindigkeit der CPU optimal ausnutzen zu können, ist der Mikroprozessor über ein Bussystem mit dem Arbeitsspeicher auf dem Motherboard (On-Board-Speicher) sowie den Ein- und Ausgabeeinheiten des Computers verbunden. Im On-Board-Speicher werden im Sinne einer Arbeitsvor- und -nachbereitung für die CPU die Informationen gespeichert, die für die noch ausstehenden Rechenoperationen gebraucht werden oder Ergebnis bereits abgeschlossener Rechenschritte sind. Die CPU arbeitet dabei mit einer gleichmäßigen Taktrate, also in einem festen Takt.

Taktrate des Prozessors
In Werbeprospekten wird häufig damit geworben, dass der angebotene Computer besonders leistungsfähig und der eingebaute Prozessor sehr schnell sei. Doch wann ist ein Prozessor schnell, welche Kenndaten sind hier wichtig?

Die Geschwindigkeit eines Prozessors wird durch die **Taktrate** angegeben. Mit dieser Rate arbeitet der Prozessor Befehle ab. Die Grundeinheit der Taktrate ist Hertz (Hz).

> 1 Hz = 1 Takt/Sekunde

Übliche Prozessorleistungen werden in Megahertz (MHz) oder Gigahertz (GHz) angegeben und liegen heute (Mitte 2010) in einem Bereich von 2,8 GHz bis 3,6 GHz. Für die Umrechnung gilt:
1 GHz = 1000 MHz = 1000 Millionen Hertz = 1000 Millionen Takte/Sekunde

> Die CPU – das Herz des Computers – „schlägt" im festen Takt des Prozessors.

Je schneller der Prozessor taktet, desto mehr fließt in ihm elektrischer Strom hin und her. Hierbei entsteht eine Menge Wärme, die zu Temperaturen bis 100 °C führen kann. Diese hohen Temperaturen würden auf Dauer zu Überhitzung und damit zur Funktionsuntüchtigkeit des Rechners führen. Aus diesem Grund wird die CPU gekühlt und ist dazu in der Regel mit einem Lüfter versehen, der eine Abkühlung auf 40° bis 60 °C ermöglicht.

Aus einer hohen Taktfrequenz folgt jedoch nicht automatisch, dass der mit einer solchen CPU bestückte Computer auch schneller ist als ein Computer, der eine CPU mit einer niedrigeren Taktfrequenz besitzt. Neben der Taktrate des Prozessors ist die Abstimmung zwischen Prozessor und der Hauptplatine wichtig. Die führenden Prozessorhersteller AMD, IBM und Intel stellen Prozessoren unterschiedlicher Baureihen her. Mainboard und Prozessor sind stets exakt aufeinander abgestimmt.

Bedenken Sie bei der Einrichtung der Computer-Arbeitsplätze, dass ein Mainboard im Nachhinein nur mit einem anderen (in der Regel schnelleren) Prozessor bestückt werden kann, wenn der Prozessortyp mit den technischen Eigenschaften des Mainboards zusammenpasst. (Zu diesem Zweck bitte den Hersteller des Mainboards kontaktieren.) Eventuell arbeitet der Prozessor dann jedoch nicht mit der angegebenen Geschwindigkeit, sondern etwas langsamer.

Weiterhin ist die Art der verwendeten Speicherbausteine, im Wesentlichen der **Arbeitsspeicher RAM**, von zentraler Bedeutung für die Schnelligkeit eines Computers. Trotzdem gilt in der Regel, insbesondere bei Prozessoren mit deutlich unterschiedlicher Taktrate:

 Je höher die Taktfrequenz, desto schneller ist der Computer.

 Welcher Prozessortyp mit welcher Taktfrequenz ist für die neuen Computerarbeitsplätze geeignet? Und warum? Begründen Sie Ihre Entscheidung anhand der Kenndaten.

Neben dem Prozessor, der für einen stabilen Takt und eine hohe Geschwindigkeit sorgt, müssen eine Vielzahl von Daten dauerhaft oder nur während der Bearbeitung gespeichert werden. Zu diesem Zweck enthält der Computer eine Reihe von Speicherbausteinen.

3.1.1.2 Halbleiterspeicher: Arbeitsspeicher (RAM) und Festwertspeicher (ROM)

Die im Inneren des Computers verwendeten Speicherbausteine – die internen Speicher der CPU und die On-Board-Speicher direkt auf dem Mainboard – sind als Halbleiterspeicher konzipiert. Diese Halbleiterspeicher dienen typischerweise der zeitlich begrenzten, zum Teil aber auch der unbegrenzten Speicherung von Daten. Sie lassen sich in zwei Gruppen einteilen: **Festwertspeicher** als Nur-Lese-Speicher – englisch **R**ead **O**nly **M**emory (**ROM**) – und **flüchtige Arbeitsspeicher**, die als Lese-Schreib-Speicher – englisch **R**andom **A**ccess **M**emory (**RAM**) – bezeichnet werden. Innerhalb der beiden Gruppen wird eine weitere Unterscheidung gemäß nachfolgender Übersicht vorgenommen:

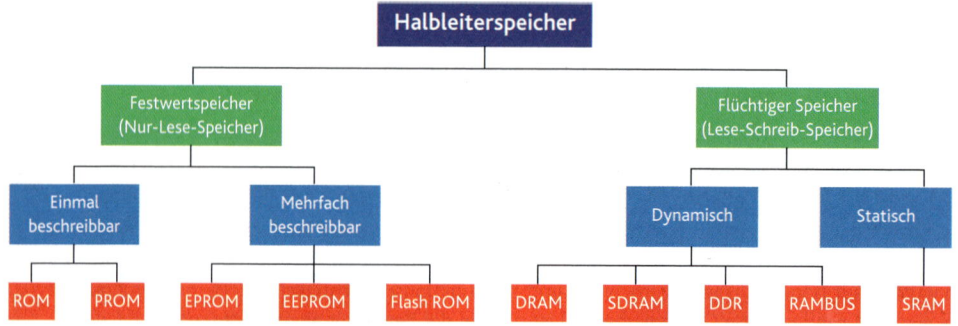

Festwertspeicher ROM
Der Festwertspeicher (ROM) ist ein digitaler Speicher zur dauerhaften Speicherung von Daten. Er enthält Programme, die zur Organisation innerhalb der CPU dienen und lediglich gelesen, aber nicht verändert werden können. (z. B. Selbsttests des Computers beim Hochfahren etc.) Die Daten bleiben auch nach dem Ausfall der Spannungsversorgung oder dem Ausschalten des Computers erhalten. Dies ist z. B. für das BIOS notwendig.

Moderne ROM-Architekturen wie EPROM, EEPROM und FEEPROM geben dem Anwender die Möglichkeit, mithilfe spezieller Programme oder Geräte einen Teil des Speicherinhaltes oder den gesamten Speicher zu löschen und neu zu beschreiben. Der EPROM muss dazu meist aus dem Computer entfernt werden, während EEPROM und FEEPROM beim Löschen und Neu-Beschreiben problemlos in der Hardware verbleiben können.

Folgende gängige Festwertspeicher werden heute unterschieden:

Festwertspeicher (ROM)

Typ	Bedeutung	Programmierung	Löschen des Speicherinhalts
ROM	Read Only Memory – Nur-Lese-Speicher	einmalig während des Herstellungsprozesses durch den Hersteller	nicht möglich
PROM	Programmable Read Only Memory – Programmierbares ROM	einmalig durch den Anwender	nicht möglich
EPROM	Erasable PROM – Lösch- und programmierbares ROM	mehrfache Neuprogrammierung durch den Anwender möglich	mit UV-Licht innerhalb von ca. 20 Minuten, gesamter Speicher
EEPROM	Electrically Erasable PROM – Elektrisch lösch- und programmierbares ROM	mehrfache Neuprogrammierung durch den Anwender möglich	elektrisch, ganz oder einzelne Bits bzw. Bytes, durch Spannungsimpulse
FEEPROM	Flash EEPROM – Sehr schnell elektrisch lösch- und programmierbares ROM	mehrfache Neuprogrammierung durch den Anwender möglich. Dabei Bildung von Datenblöcken à 64, 128, 256, 1024 Byte etc.	elektrisch, sehr schnell

ROM: Nur-Lese-Speicher zur Speicherung von Systemdaten

Arbeitsspeicher (RAM)
Der Arbeitsspeicher (RAM) des Rechners dient der zwischenzeitlichen Datenspeicherung während des Arbeitsprozesses. Er hält alle Informationen fest, die der Computer während des Betriebs benötigt. Wird die Stromzufuhr, z. B. beim Herunterfahren, jedoch unterbrochen, gehen die im RAM gespeicherten Daten verloren.

Arbeitsspeicher RAM: Enthält die Daten, an denen gerade gearbeitet wird = Kurzzeitgedächtnis des Computers

Heute übliche Arbeitsspeichermodule tragen die Bezeichnung SD-RAM, DDR-RAM, DDR2-RAM oder DDR2-SDRAM und DDR3-SDRAM. SD-RAM sind die langsamsten und ältesten heute eingesetzten Speicherchips mit einer effektiven Taktrate zwischen 150 und 166 MHz, während der DDR3-RAM – ein zurzeit besonders schneller Speicherchip – einen effektiven Takt von bis zu 1.066 MHz erlaubt.

Mehrere RAM-Chips werden zusammen mit einem Controller auf kleinen Karten (PCB = Printed Circuit Board) montiert. Diese Karten bezeichnet man als **Speichermodule**. Die Speichermodule werden in spezielle Steckplätze (Slots) auf der Hauptplatine gesteckt und bilden in Summe den Arbeitsspeicher des Computers. Je mehr Arbeitsspeicher der Computer zur Verfügung hat, desto mehr – oder kompliziertere – Anwendungen können gleichzeitig geöffnet sein und parallel bearbeitet werden. Besonders viel Arbeitsspeicher wird übrigens für Computerspiele und Videoanwendungen benötigt.

Wie viel Arbeitsspeicher ist für welche Anwendungen mindestens erforderlich?

Die benötigte Größe des Arbeitsspeichers hängt einerseits vom verwendeten Betriebssystem ab. Hier gilt folgende Grundregel: Je moderner das Betriebssystem, desto mehr Arbeitsspeicher benötigt es. Andererseits spielt aber auch die eingesetzte Anwendersoftware eine große Rolle. Textverarbeitungs- und Tabellenkalkulationsprogramme (z. B. aus den Softwarepaketen Microsoft Office oder Star-Office) benötigen lediglich ca. 32 MB (Megabyte) freien Arbeitsspeicher und sind für die Ausstattung eines DTP-Arbeitsplatzes ohne Bedeutung.

RAM-Modul

Für Video- und Musikanwendungen sowie für große Bilddateien und die Arbeit mit Bilddatenbanken empfiehlt sich aufgrund der Dateigrößen ein Arbeitsspeicher von mindestens 1024 MB (= 1 GB).

Wie viel Arbeitsspeicher (RAM) bei welchem Betriebssystem?

Betriebssystem	Minimaler Speicher	Empfohlener Speicher	Bildbearbeitung, Spiele, Video
Windows 7	2 GB	2–4 GB	4 GB
Windows Vista Home Premium	1 GB	2 GB	4 GB
Windows XP	256 MB	512 MB	1–2 GB
Windows 2000	128 MB	256 MB	512 MB
Mac OS X	128 MB	512 MB	1–2 GB
Mac OS 9.x	64 MB	256 MB	512 MB
Mac OS 8.x	32 MB	64 MB	128 MB
Linux	48 MB–64 MB	128 MB	512 MB

Wie viel RAM benötigt ein Computer-Arbeitsplatz bei der Creativ Gbr mindestens? Begründen Sie Ihre Aussage!

Besitzt ein Computer eine zu geringe Ausstattung mit Arbeitsspeicher, so arbeitet er zwar in der Regel noch, zeigt allerdings eine geringe System-Performance und schon beim Parallelbetrieb mehrerer kleiner Text- und Tabellenprogramme sehr lange Ladezeiten.

Bei der Aufrüstung eines bestehenden Computersystems müssen Sie zunächst den Typ des Arbeitsspeichers bestimmen und dazu einen passenden Zusatzspeicher auswählen, am besten vom selben Hersteller.

Weiterhin sind auch nicht alle denkbaren Kombinationen von Arbeitsspeichergrößen möglich, so ist z. B. die Kombination von 128 MB-RAM-Bausteinen mit 512 MB-Bausteinen häufig unzulässig. Zulässige Kombinationen sind abhängig von den technischen Eigenschaften des Mainboards und sollten stets der Bedienungsanleitung entnommen werden.

Damit die zu speichernden Daten und die zu verarbeitenden Signale innerhalb des Computers auch sicher ihr Ziel erreichen, ist ein stabiles Transportsystem, das Bussystem, erforderlich.

3.1.1.3 Bussystem

Das Bussystem dient der Übertragung einer Menge von Daten, Adressen und Steuersignalen zwischen den einzelnen Komponenten innerhalb des Computers.

Um den Verkabelungsgrad nicht zu hoch werden zu lassen, geschieht dies über parallele elektrische Leitungen, die mehrere Komponenten gleichzeitig miteinander verbinden. Diese Leitungen zur Informationsübertragung werden als **Bus** (**B**inary **U**nit **S**ystem) bezeichnet.

Mit dem Bussystem sind die CPU, die Steckplätze (Slots), die Speichermedien, der Arbeitsspeicher und weitere Eingabegeräte verbunden. Einige Erweiterungskarten in den Slots greifen sehr häufig auf den Arbeitsspeicher zu. Aus diesem Grund gibt es den zwischengeschalteten **DMA** (**D**irect **A**ccess **M**emory), damit ein direkter schneller Zugriff auf den Speicher, ohne Umwege über das gemeinsame Bussystem, erfolgen kann.

Vereinfacht dargestellt, ergibt sich folgende schematische Darstellung für den Aufbau des Bussystems:

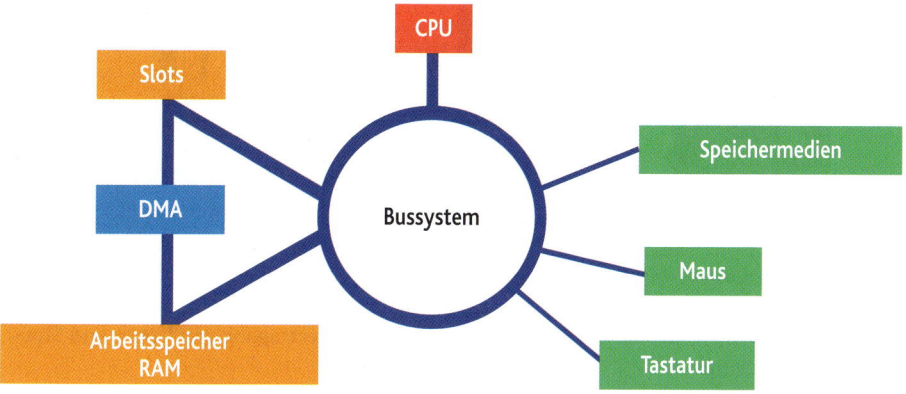

Je breiter der Bus und je höher der Takt, desto mehr Datenpakete können gleichzeitig übertragen werden. Kommt es einmal zum Stau, regeln sogenannte Interrupts die Vorfahrt.

Ein bestimmter Leitungstyp, also ein spezieller Bus, kann dabei nur Informationen eines Typs übertragen. Beim Computer wird unterschieden zwischen:

- Datenbus
- Adressbus
- Steuerbus

Datenbus

Der Datenbus dient zur Übertragung der Daten, die verarbeitet werden sollen und regelt den Datenverkehr zwischen Arbeitsspeicher RAM, Festwertspeicher ROM und der Peripherie. Die Signale auf dem Datenbus können zwischen dem Prozessor, den Speicherbausteinen und den Ein- und Ausgabebausteinen in beide Richtungen (bidirektional) übertragen werden.

Adressbus

Der Adressbus dient zur Adressierung der Speicherplätze und hat in der Regel 32 Leitungen (32bit). Die Signale auf dem Adressbus können nur in eine Richtung (unidirektional) übertragen werden.

Steuerbus

Der Steuerbus dient dazu, die Zugriffe auf die unterschiedlichen Funktionseinheiten des Computers zu steuern, also gewissermaßen die Anweisungen des Prozessors an den Arbeits- und den Festwertspeicher sowie die Peripheriegeräte weiterzuleiten. Der Steuerbus arbeitet, ebenso wie der Adressbus, unidirektional.

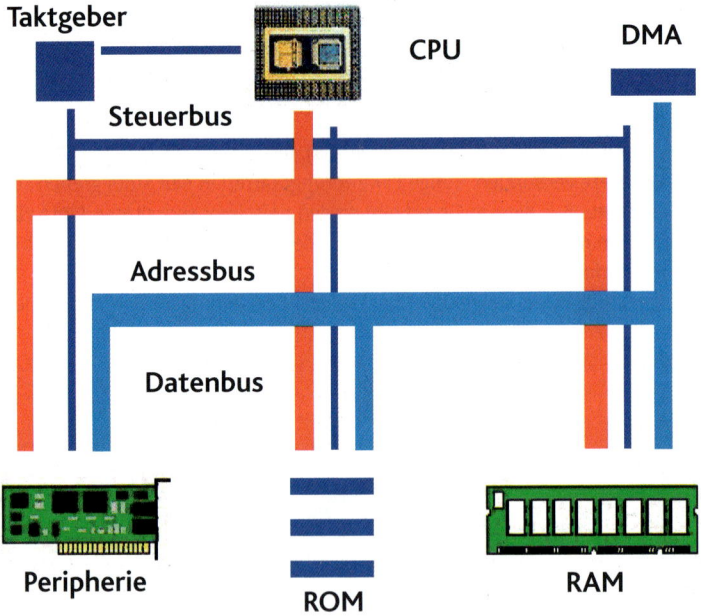

Bussysteme in einem PC

Das Bussystem dient der schnellen und zielgerichteten Übertragung von Daten und Steuersignalen im Computer.

Dabei sitzt am Steuerbus ein Taktgenerator, der die Geschwindigkeit vorgibt; der Adressbus transportiert die Adressen, mit denen die CPU rechnen kann und der Datenbus transportiert die Ergebnisse der Berechnungen zu den jeweiligen Geräten.

Heutige Mainboards verfügen für die Steuerung des Bussystems entweder über einen Hauptkontroll-Chip oder zwei separate Chips für verschiedene Aufgaben. Die zweite Variante findet sehr häufig Anwendung. Die beiden Chips werden als **North- und Southbridge** bezeichnet.

Northbridge

Die Northbridge ist für einen schnellen Datenverkehr im High-Speed-Bereich verantwortlich. Sie steuert den Datenfluss von CPU, Arbeitsspeicher und der AGP-Grafikkarte.

Southbridge

Die Southbridge ist für den restlichen Datenverkehr verantwortlich, wie zu den Laufwerken, zu sämtlichen Schnittstellen und den Steckplätzen für die Erweiterungskarten.

Vgl. diese LS 3.1.1

Für ein leistungsfähiges Mainboard ist das **Zusammenwirken aller Komponenten** wichtig:

- Die Northbridge muss die Daten so schnell transportieren können, wie sie von der CPU geliefert werden.
- Der Arbeitsspeicher sollte in der Lage sein, die Daten so schnell aufzunehmen, wie sie von der CPU angeliefert werden.
- Die interne Verbindung zwischen der North- und der Southbridge, auch als „Datenautobahn" bezeichnet, sollte so groß wie möglich sein, um Datenstaus zu vermeiden. Dies ist bei vielen Mainboards ein großes Problem.

3.1.1.4 BIOS

Einige Grundeinstellungen des Computers müssen dauerhaft gespeichert werden. Zu diesem Zweck befindet sich auf dem Mainboard auch ein Speicherchip für das **BIOS** (**B**asic **I**nput **O**utput **S**ystem). Das BIOS ist dauerhaft auf dem Speicherchip gespeichert und im Wesentlichen für die Kommunikation und den Datenaustausch der verschiedenen Komponenten des Computersystems sowie die Steuerung der Ein- und Ausgabe zuständig. Im BIOS ist z. B. abgelegt, welche Systemkomponenten (Festplatten, CD- und DVD-Laufwerke etc.) im System installiert sind, über wie viel Arbeitsspeicher der Rechner verfügt und welches Betriebssystem verwendet wird. Dazu gehört auch, welche Schnittstellen des Computers aktiv sind oder mit welcher Geschwindigkeit die Speicherchips betrieben werden. Diese Informationen bleiben auch nach dem Ausschalten des Systems erhalten.

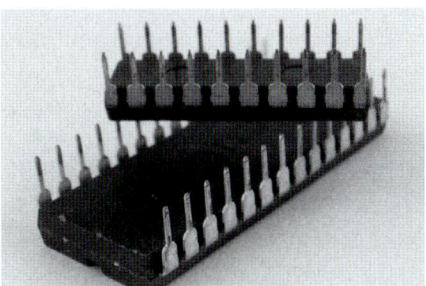
BIOS-Chip

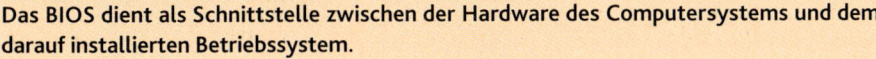

> **BIOS: Speicherchip mit Grundeinstellungen des Computers**
>
> **Das BIOS dient als Schnittstelle zwischen der Hardware des Computersystems und dem darauf installierten Betriebssystem.**

Einige grundlegende Einstellungen lassen sich also nur im BIOS vornehmen. Damit der Rechner seine volle Leistung entfalten kann, ist es wichtig, hier nur korrekte Einstellungen vorzunehmen und diese im Zweifelsfall lieber dem Fachmann (z. B. dem System-Administrator) zu überlassen.

Will man sich die Einstellungen im BIOS-Menü jedoch einmal ansehen oder selbst kleinere Änderungen vornehmen, so gelangt man – je nach Hersteller des BIOS – z. B. durch Drücken der Taste Entf, Esc oder F2 beim Startvorgang des Computers in das BIOS-Menü. Über weitere Untermenüs können dann die notwendigen Einstellungen angesehen oder verändert werden.

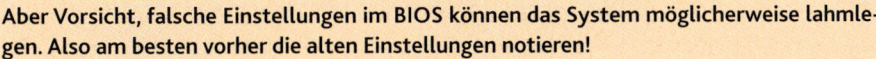

> **Aber Vorsicht, falsche Einstellungen im BIOS können das System möglicherweise lahmlegen. Also am besten vorher die alten Einstellungen notieren!**

3.1.1.5 Cache

Die Verarbeitung der Informationen und Daten im Computer soll schnell erfolgen. Daher macht es Sinn, häufig benötigte Daten gesondert abzulegen, um einen schnellen Zugriff darauf zu ermöglichen. Zu diesem Zweck gibt es den **Cache**, einen **Zwischenspeicher** – auch Pufferspeicher genannt – zwischen der CPU und dem Zentralspeicher.

Im Cache werden einerseits Daten gespeichert, welche die CPU häufig anfordert. Andererseits werden alle Daten, die von der CPU in den Zentralspeicher geschrieben werden sollen, zunächst in den Cache-Speicher übertragen und von dort an den Zentralspeicher geschickt. Ein sogenannter Cache-Controller überprüft, welche Daten sich bereits im Cache befinden und welche Daten dort verbleiben sollen.

Der Cache ist entweder direkt in die CPU integriert und arbeitet dann im gleichen Takt wie der Prozessor, also in der Regel im GHz-Bereich. Dieser Cache wird als First-Level-Cache bzw. L1-Cache bezeichnet. Der L1-Cache hat, je nach Prozessorhersteller und -typ, eine Größe von 32 bis 256-KB SRAM.

Oder der Cache befindet sich extern auf dem Mainboard und ist dann mit einigen Hundert Megahertz deutlich langsamer.

Neben dem L1-Cache befindet sich auf dem Mainboard mit dem Second-Level-Cache, kurz L2-Cache, noch ein weiterer Cache. Der L2-Cache ist ebenfalls ein Prozessor-Cache und dient zum Zwischenspeichern von Daten für den langsameren Arbeitsspeicher. Er befindet sich, im Gegensatz zum L1-Cache, in der Regel außerhalb des Prozessors und hat eine Größe von 128–512 KB, kann aber auch 1–4 MB erreichen.

Cache: Pufferspeicher zur schnellen und kurzfristigen Bereitstellung von Daten

3.1.1.6 Slots

Neben den fest installierten Elementen, wie dem BIOS-Speicherchip, befinden sich auf dem Mainboard noch eine Reihe von Steckplätzen, sogenannte Slots, die als Erweiterungsplätze dienen. In diese Slots können Steckkarten, wie z. B. Grafikkarte, Netzwerkkarte, Soundkarte, TV-Karte oder ein internes Modem etc. eingesteckt werden. Die Slots auf dem Mainboard sind nicht alle gleich, sondern verfügen über unterschiedliche Bussysteme. In folgender Tabelle sind die wichtigsten Slots und die zum jeweiligen Bussystem kompatiblen Steckkarten aufgeführt.

Bezeichnung des Slots	Steckkarten	Besonderheiten
AGP = Accelerated Graphics Port	AGP-Grafikkarten, AGP-Soundkarten	• schneller als PCI • meist langsamer als PCIe
PCI = Peripheral Component Interconnect Bus	Netzwerkkarte, internes Modem, PCI-Grafikkarte, Soundkarte, SCSI-Karte, TV-Karte etc.	Mit einer PCI-ISA-Bridge kann der ISA-Bus in Computern mit PCI und ISA-Steckplätzen an den PCI-Bus angeschlossen werden
PCIe = PCI-Express	Grafikkarten, Videoschnittkarten, Netzwerkkarten, etc.	• schneller PCI-Slot mit hoher Datentransferrate • Zurzeit auf wenige Steckkarten beschränkt • Standard der Zukunft

Der wichtigste Slot ist der PCI-Slot, da dort außer AGP-Grafikkarten alle wichtigen Zusatzkarten eingesteckt werden können. Beim Computerkauf ist es aus diesem Grund wichtig, auf eine ausreichende Anzahl freier PCI-Slots zu achten, um alle benötigten Zusatzkarten auch unterbringen zu können.

Vgl. LS 3.1.4

Welche Zusatzkarten werden für die Computer-Arbeitsplätze der Mitarbeiter der Creativ Gbr unbedingt benötigt und welche Mindestanzahl an PCI-Slots ergibt sich daraus? Sollte ein Mainboard mit AGP- oder mit PCIe-Slot gewählt werden?

3.1.2 Ein- und Ausgabeschnittstellen

Um die Geräte und Einheiten im Computer und nach außen miteinander zu verbinden, sind – ähnlich der Steckdosen im häuslichen Umfeld – sogenannte **Schnittstellen** erforderlich. Je nachdem, ob über die jeweilige Schnittstelle Signale in den Computer oder nach außen zu den Peripheriegeräten übertragen werden, spricht man von Ein- und/oder Ausgabeschnittstellen. Anders als im häuslichen Umfeld mit Steckdosen, müssen die Schnittstellen des Computers jedoch unterschiedlichen Anforderungen genügen, je nachdem welches Gerät/welche Einheiten angeschlossen werden sollen. Diese Schnittstellen gehören zum Bereich der Hardware-Schnittstellen. Ferner gibt es noch Softwareschnittstellen, die für die Verbindung zweier Programmbausteine sorgen und auf diese Weise den Datenaustausch ermöglichen. Die Hardware-Schnittstellen sind jedoch, anders als die Steckdosen, nicht baugleich, sondern je nach Anwendung unterschiedlich.

Schnittstelle: Tatsächlicher (Hardware) oder gedachter (Software) Übergang zwischen zwei Computerelementen oder Programmbausteinen.

Bei den Hardware-Schnittstellen werden die Daten und Signale mithilfe eines Protokolls in einer genau festgelegten Form und einem festen zeitlichen Verlauf übertragen. Je nach Art der Schnittstelle sind sowohl die Art der Datenübertragung als auch die Geschwindigkeit unterschiedlich.

Im Folgenden werden die gängigen Hardware-Schnittstellen näher beschrieben und Anwendungsmöglichkeiten aufgezeigt.

3.1.2.1 Serielle Schnittstellen

Nahezu jeder Computer verfügt über ein oder zwei serielle Schnittstellen. Die Schnittstellen sind 9-polig, bei älteren Systemen auch 25-polig und werden mit RS-232C oder auch V.24 bezeichnet. Im Computersystem werden sie unter den Anschlussbezeichnungen COM1, COM2 etc. geführt. An eine serielle Schnittstelle kann nur ein Endgerät angeschlossen werden.

Bei seriellen Schnittstellen werden die Datenbits nacheinander auf einer Leitung übertragen. Eigentlich wären für diese bitweise Übertragung nur zwei Leitungen (Hin- und Rückleitung) erforderlich. Die zusätzlichen Leitungen werden nicht zur Datenübertragung selbst, sondern lediglich zur Steuerung der Übertragung zwischen Computer und dem Endgerät genutzt.

Auf Rechnerseite befinden sich Stifte (Einbaustecker), z. B. bei einer 9-poligen Schnittstelle für den Anschluss einer Maus und bei einer 25-poligen Schnittstelle zum Anschluss eines Modems mit einem passenden Kabel in Buchsenausführung.

Die Geschwindigkeit, mit der die Datenbits zwischen dem Computer und dem Endgerät (oder umgekehrt) übertragen werden, wird als **Übertragungsrate** bezeichnet. Die Einheit der Übertragungsrate ist bps, Bits pro Sekunde. Die maximale Übertragungsrate einer seriellen Schnittstelle liegt derzeit bei 128.000 bps.

Die nutzbare Kabellänge zwischen der seriellen Schnittstelle und dem Endgerät ist abhängig davon, wie stark das Signal und wie hoch die Übertragungsgeschwindigkeit ist. Das Kabel sollte umso kürzer sein, je schneller die Datenübertragung erfolgen soll. Für reelle Anwendungen sind Kabellängen von 6 bis 8 Metern sinnvoll, während bei optimalen Voraussetzungen und einer relativ geringen Übertragungsrate auch Kabellängen von ca. 30 m möglich sind.

**Serielle Schnittstelle:
Datenübertragung auf einer Leitung Bit für Bit hintereinander**

Serielle Schnittstelle, 9-polig

Serielle Schnittstelle 25-polig

3.1.2.2 Parallele Schnittstellen

Parallele Schnittstellen, auch unter den Anschlussbezeichnungen LPT1 und LPT2 usw. bekannt, dienen zum Anschluss von z. B. Drucker oder Scanner an den Computer. Bei parallelen Schnittstellen erfolgt die Datenübertragung parallel in 8-bit-Form, also gleichzeitig über acht parallele Datenleitungen. Die Übertragungsraten werden in MB/s (Megabyte pro Sekunde) angegeben. Für den Anschluss steht ein 36-poliger Centronics-Stecker zur Verfügung. Die maximale Übertragungsrate einer parallelen Schnittstelle liegt zurzeit bei 2 MB/s. Die Länge des Anschlusskabels sollte bei einer parallelen Schnittstelle 5 m möglichst nicht überschreiten, um eine fehlerfreie Datenübertragung zu gewährleisten. (Nur noch bei älteren Computern zu finden).

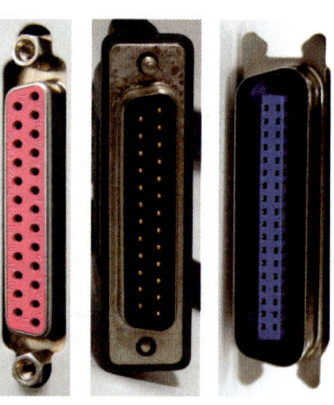

*v. l.: Parallele Schnittstelle: Rechnerseite
Parallele Schnittstelle: Kabelseite
Centronix-Stecker*

Parallele Schnittstelle: Datenübertragung auf 8 Leitungen parallel

3.1.2.3 USB-Schnittstellen

Inzwischen hat die USB-Schnittstelle deutlich an Bedeutung gewonnen, da sehr viele Geräte (nützliche wie z. B. ein USB-Speicherstick oder auch weniger nützliche (wie z. B. ein Kaffeewärmer mit USB-Anschluss)) für diese Schnittstelle erhältlich sind.

USB-Schnittstelle

Eine **USB-Schnittstelle** (**U**niversal **S**erial **B**us) ist eine serielle Schnittstelle, die als Bussystem arbeitet. An eine USB-Schnittstelle können bis zu 127 Geräte parallel angeschlossen werden.

Insgesamt gibt es zwei USB-Standards, den veralteten Standard USB 1.0 bzw. USB 1.1 mit Datenübertragungsraten von 1,5 MBit/s (Low-Speed) oder maximal 12 MBit/s (Full-Speed), auf dem ältere USB-Sticks und wenig genutzte Zusatzgeräte, wie z. B. ein Taschenrechner mit USB-Hub, basieren. Ferner den aktuellen USB 2.0 Standard, der eine Datenübertragung mit maximal 480 MBit/s (High-Speed) ermöglicht. Seit November 2008 befindet sich der neue USB 3.0 Standard (Super-Speed-Modus) in der Erprobung. Er soll eine Datenübertragung mit bis zu 5GBit/s ermöglichen. Die Datenübertragung erfolgt bei USB seriell in Paketen hintereinander.

USB-Stecker

USB unterstützt **Hotplug** (engl. „heißer Stecker"), d. h. Geräte mit USB-Anschluss können im laufenden Computerbetrieb ein- und ausgesteckt werden. Der USB-Controller erkennt das neue Gerät, meldet dies dem Betriebssystem und das Betriebssystem sucht nach einem passenden Gerätetreiber. Inzwischen verfügen die meisten Peripheriegeräte, wie z. B. Maus, Tastatur, Drucker, Scanner und auch Digitalkameras, über einen USB-Anschluss. Die lästige Suche nach der geeigneten Schnittstelle und dem passenden Schnittstellenkabel entfällt hier also weitgehend.

> **USB-Schnittstelle:** Serielle Schnittstelle als Bussystem mit hoher Übertragungsrate zum Anschluss von bis zu 127 Geräten parallel

3.1.2.4 FireWire (IEEE 1394)

FireWire ist ebenfalls eine serielle Schnittstellentechnologie. Sie wurde ursprünglich von der Firma Apple entwickelt, um große Datenmengen wie z. B. bei Videofilmen schnell übertragen und verarbeiten zu können. Inzwischen ist FireWire Standard bei fast jedem neuen Computer.

Die FireWire-Schnittstelle ermöglicht Datenübertragungsraten von 100, 200 oder 400 MBit/s, bei FireWire 800 sogar 800 MBit/s. Weitere Standards mit 1600, 3200 und 6400 MBit/s sollen folgen.

Ebenso wie USB unterstützt FireWire Hotplug und ermöglicht den Anschluss von bis zu 63 Geräten.

FireWire-Schnittstelle und -Stecker

> **FireWire:** Serielle Schnittstelle mit sehr hoher Übertragungsrate für Multimediadaten

> Wie viele Ein- und Ausgabe-Schnittstellen welchen Typs sind für die neuen Computer mindestens erforderlich und welche Ausstattung ist wünschenswert? Begründen Sie Ihre Aussagen!

3.1.3 Laufwerke und Speichermedien

Die meisten Daten sollen auch nach der Bearbeitung noch erhalten bleiben, um sie zu einem späteren Zeitpunkt erneut benutzen oder verändern zu können. Für eine dauerhafte Speicherung sind Speichermedien unterschiedlichen Typs und Kapazität erhältlich. Im Wesentlichen werden zwei Typen von Speichermedien unterschieden – magnetische und optische Massenspeicher. Darüber hinaus finden USB-Speicherchips Anwendung.

3.1.3.1 Magnetische Massenspeicher

Magnetische Massenspeicher sind Speichermedien, auf denen Daten mithilfe von Magnetisierung kleiner Eisenteilchen, die sich auf der Oberfläche des Speichermediums befinden, gespeichert werden. Hierzu gehören z. B. Disketten, Festplatten und Magnetbänder.

Festplatte
Die **Festplatte** (engl. „Harddisk"), ist der größte magnetische Massenspeicher. Sie ist in der Regel fest in den Computer eingebaut (interne Festplatte), kann jedoch auch als externe Festplatte z. B. an die USB-Schnittstelle angeschlossen werden. Zurzeit sind Festplatten mit Speicherkapazitäten von bis zu 1000 GB (Gigabyte) erhältlich.

Aufbau der Festplatte
Festplatten bestehen aus mehreren, übereinander liegenden, runden Aluminiumscheiben, die beidseitig mit einem magnetisierbaren Material beschichtet sind. Die Anordnung wird auch als **Plattenstapel** bezeichnet. Jede Platte des Plattenstapels besitzt für jede Seite einen **Schreib-Lesekopf**, der das Speichern von Daten auf den Platten sowie das Lesen bereits gespeicherter Daten ermöglicht. Die Schreib-Leseköpfe berühren die Platte nicht, sondern schweben um Haaresbreite entfernt über der Plattenoberfläche. Ist die Festplatte Erschütterungen ausgesetzt und die Schreib-Leseköpfe berühren die Platte, kommt es zum sogenannten Festplattencrash mit Zerstörung und Datenverlust der Festplatte.

Aufbau und Formatierung
Bei der **Formatierung** wird der Datenträger, also die Festplatte oder die Diskette, in Spuren und Sektoren unterteilt. Dies geschieht bei der Festplatte in einem ersten Schritt schon durch den Hersteller, während Disketten meist unformatiert in den Handel gelangen und vor dem Benutzen noch formatiert werden müssen: die sogenannte **Low-Level-Formatierung** (Die Oberfläche der Magnetplatte wird dabei in feste Bereiche eingeteilt.).

> Daten können nur auf zuvor formatierten Disketten und Festplatten gespeichert werden.

Für Festplatten folgt danach die **High-Level-Formatierung**. Dabei gliedert das Betriebssystem die Festplatte in logische Verwaltungseinheiten.

> Formatierung von Datenträgern: Vorbereitung des Datenträgers zur Aufnahme von Daten

Spuren, Sektoren und Cluster
Jede Magnetplatte besteht nach der Low-Level-Formatierung aus vielen **Spuren**, die als konzentrische Kreise auf der Platte angeordnet sind. Die übereinander liegenden Spuren der einzelnen Platten des Plattenstapels werden als **Zylinder** bezeichnet.

Die Spuren auf jeder Platte werden dann, ähnlich wie beim Kuchenschneiden, in **Sektoren** unterteilt, die von innen nach außen immer größer werden. Der **Sektor** ist mit einer Speicherkapazität von 512 Byte die kleinste mögliche Speichereinheit auf der Festplatte. Bei der Speicherung von

Daten werden jedoch meist mehrere Sektoren zu einer logischen Einheit, einem **Cluster**, zusammengefasst. Für das System bedeutet dies, dass der kleinste Speicherort mindestens einem Cluster entspricht. Die Größe eines einzelnen Clusters wird durch die Formatierung festgelegt und ist abhängig vom verwendeten Dateisystem. Sie reicht von minimal 512 Byte, also nur einem Sektor, bis maximal 256 KB. Die Clustergröße sollte auf den Haupteinsatzbereich des Computers zugeschnitten sein, um ungenutzten Speicherplatz durch **Cluster-Verschnitt** weitgehend zu vermeiden. Bei vielen kleinen Dateien bieten sich daher Cluster von 2–4 KB an, während für große Audio- und Videodateien Clustergrößen ab 16 KB empfehlenswert sind.

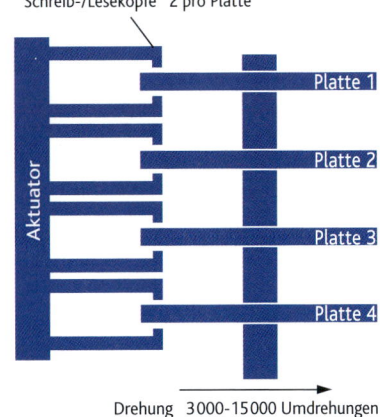

Plattenstapel mit Schreib-/Leseköpfen

Prinzipdarstellung Spuren, Sektoren, Cluster

Geöffnete Festplatte

Zwei Dateien von 2 KB und 6 KB sollen auf der Festplatte gespeichert werden. Die Größe der Cluster beträgt 4 KB. Für die erste Datei wird ein Cluster benötigt, da die kleinste logische Einheit unabhängig von der tatsächlichen Dateigröße ein Cluster, also 4 KB beträgt. Die zweite Datei benötigt zwei Cluster, also 8 KB, da sie mit 6 KB größer als ein Cluster ist. Es ergibt sich für beide Dateien insgesamt ein Clusterverschnitt von 50 %. Noch extremer fällt dieser Verschnitt aus, wenn bei großen Clustergrößen von z. B. 16 KB viele kleine Dateien im einstelligen KB-Bereich abgespeichert werden.

Magnetband

Ein Magnetband, auch **Streamer** genannt, ist ein wiederbeschreibbarer, magnetischer Datenträger. Das Magnetband besteht aus einer Kunststofffolie, die einseitig mit einer Magnetschicht beschichtet ist. Es befindet sich auf Spulen aufgewickelt in einer Kunststoffkassette, ähnlich der Audiokassette. In Abhängigkeit vom Aufzeichnungsverfahren werden mehrere parallele oder schräge Spuren gleichzeitig beschrieben. Man unterscheidet dabei im Wesentlichen zwischen analoger und digitaler Aufzeichnung. Die analoge Aufzeichnung erfolgt in parallelen Spuren quer zur Bandrichtung und ermöglicht, je nach Bandlänge, eine Speicherkapazität von mehreren Hundert MB. Bei der digitalen Aufzeichnung DAT (Digital Audio Tape) werden die Daten auf vier schräg angeordneten, sich überlappenden Aufzeichnungsspuren gespeichert.

Magnetbandlaufwerk 3580 Ultrium Tape Drive von IBM mit Kasetten (LTO)
Bildquelle: IBM Deutschland GmbH

Magnetbänder dienen der Speicherung und Archivierung großer Datenbestände und sind gut für Backups geeignet. Es gibt Kassetten unterschiedlicher Formate. Speicherkapazitäten von bis zu mehreren Hundert GB, z. B. 400 GB, sind hier möglich.

Vorteile	Magnetband	Nachteile
Hohe Speicherkapazität, preisgünstig, wiederbeschreibbar, lange Lebensdauer (ca. 30 Jahre)		Lange Zugriffszeiten durch Spulvorgang, Empfindlichkeit gegen Staub und Feuchtigkeit

Magnetband: Massenspeicher zur Sicherung großer Datenmengen, z. B. als Server-Backup

3.1.3.2 Optische Massenspeicher

Optische Massenspeicher sind Speichermedien mit einer lichtempfindlichen Schicht, auf denen Daten mithilfe von Laserstrahlen fest eingebrannt werden.

CD, DVD und Blu-ray

Die Compact Disc (**CD**), die Digital Versatile Disc (**DVD**) und die Blu-ray Disc (**BD**) zählen zu den optischen Massenspeichern. Sowohl die CD als auch die DVD sowie die Blu-ray Disc besitzen einen Durchmesser von 120 mm und eine Dicke von 1,2 mm. Letztere besteht bei der CD aus einer einzigen Trägerscheibe, während bei der DVD zwei Trägerscheiben der Dicke 0,6 mm zusammengeklebt wurden. Bei der Blu-ray beträgt die Dicke der eigentlichen Trägerschicht nur 0,1 mm. Die Gesamtdicke von 1,2 mm ergibt sich u. a. aus Kompatibilitätsgründen zur CD und DVD. Die Trägerscheiben bestehen aus Polycarbonat, einem transparenten Kunststoff. Auf einer Seite der Kunststoffoberfläche sind spiralenförmig Vertiefungen, sogenannte **Pits**, eingeprägt und anschließend mit Aluminium beschichtet. Dadurch ergibt sich eine lichtreflektierende Schicht. Die Stellen ohne Vertiefungen werden dabei als **Lands** bezeichnet. Die spiralförmigen Spuren nennt man **Tracks**.

Je geringer der Abstand der Tracks, desto mehr Daten können auf dem Speichermedium gespeichert werden. 1 μm = 1 / 1.000.000 m

Parameter	CD	DVD	BD
Trackabstand	1,6 μm	0,74 μm	0,32 μm
Minimale Pitgröße	0,83 μm	0,4 μm	0,15 μm
Speicherkapazität	max. 900 MB	4,7 GB (single Layer) 8,5 GB (dual Layer)	25 GB (single Layer) 50 GB (dual Layer)
Datenrate	1,35 MBit/s	11 MBit/s (1 x)	36 MBit/s (1 x)

Seit März 2008 steht fest, die Blu-ray wird langfristig die CD und DVD ablösen. Vierlagige BDs mit einer Speicherkapazität von 100 GB wurden bereits vorgestellt, BDs mit sechs und acht Layern befinden sich in der Entwicklung.

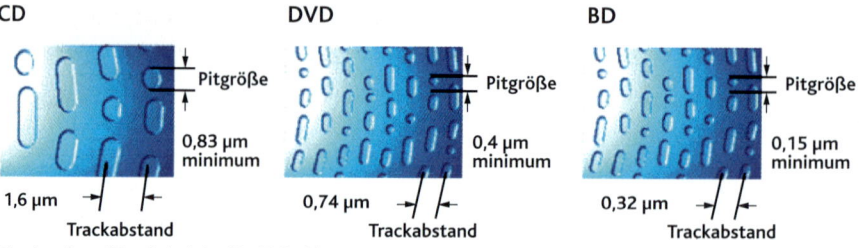

Pits, Lands und Tracks bei der CD, DVD, Blue-ray

Lesen einer CD oder DVD

Beim Lesen der CD und DVD durchdringt ein Infrarot-Laserstrahl die transparente Polycarbonatscheibe und trifft auf die lichtreflektierende Schicht. Der auftreffende Laserstrahl liest spiralförmig von innen nach außen den Wechsel zwischen gut und schlecht lichtreflektierenden Stellen, den Pits und Lands, aus. Die Pits reflektieren das Licht diffus, sodass es teilweise ausgelöscht wird, die Lands nahezu vollständig. Die reflektierten Lichtstrahlen werden anschließend über ein Prisma (Spiegel) zu einem Fotosensor weitergeleitet und aufgrund der dadurch erzeugten Spannung ausgewertet.

Beschreiben einer CD oder DVD

Beim **Beschreiben (Brennen)** von CD und DVD erhitzt ein Schreiblaser die Lackschicht, die an diesen Stellen Blasen wirft, sodass sich Vertiefungen, die Pits, bilden. An diesen Stellen wird das Licht anschließend schwächer reflektiert = binäre 0, während die übrigen Stellen, die Lands, das Licht vollständig reflektieren = binäre 1.

Lesen einer CD-Prinzipdarstellung

Vor dem Brennvorgang kann ausgewählt werden, ob die CD anschließend weiter beschrieben werden kann, bis sie voll ist, oder nicht.

Single-Session-CD/DVD:	CD/DVD kann nach Abschluss des Brennvorgangs nicht weiter beschrieben werden.
Multi-Session-CD/DVD:	CD/DVD kann nach Abschluss des Brennvorgangs so oft weiter beschrieben werden, bis sie voll ist.

Mehrfach beschreibbare CD-RW und DVD-RW/+RW

In der Regel können die Speicherinhalte von einfachen CDs und DVDs nicht gelöscht werden. Es sind jedoch spezielle wiederbeschreibbare CDs und DVDs erhältlich, die diese Möglichkeit bieten, die CD-RW und die DVD-RW.

Diese CDs und DVDs verfügen über eine spezielle kristalline Beschichtung, die beim Erhitzen einzelner Stellen mittels eines Laserstrahls dort in einen nicht-kristallinen Zustand übergeht, sodass die Pits entstehen. Dieses Verfahren wird auch als Phase-Change-Verfahren bezeichnet.

Zum Löschen des Speicherinhaltes wird die CD oder DVD erneut mit einem Laserstrahl erhitzt und die nicht-kristallinen Stellen wieder in kristalline umgewandelt. Dieser Vorgang kann, je nach Fabrikat, bis zu 10.000-mal wiederholt werden.

3.1.3.3 USB-Speicherstick

USB-Sticks (**U**niversal-**S**erial-**B**us-Stick, engl. „Stick"= Stab oder Stange) sind kleine, steckbare USB-Geräte, die häufig viel kleiner als ein Feuerzeug sind. Die USB-Sticks sind separat oder aber als Speichermedium z. B. in tragbaren MP3-Playern, Armbanduhren oder Taschenmessern erhältlich.

1 | Lernsituation Gründung einer Medienagentur

Abbildungen verschiedener USB-Speichersticks *MP3-Player*

Vgl. diese LS, 3.1.1.2

Die Speicherung der Daten erfolgt elektronisch auf einem Flash-Speicher, einem digitalen EEPROM-Speicher. Zurzeit sind USB-Sticks mit einer maximalen Speicherkapazität von 64 GB erhältlich. Der Vorteil eines USB-Sticks ist die geringe Größe und die hohe Speicherkapazität. Ferner verfügt fast jeder Computer über eine USB-Schnittstelle.

Auswahl eines Speichermediums

Die Auswahl eines geeigneten Speichermediums hängt davon ab, ob die Daten dauerhaft oder temporär gespeichert werden sollen. Ferner spielen die Datenmenge und die Datenart (Audio- oder Videodateien) eine Rolle. Des Weiteren ist beim Datenaustausch entscheidend, welche Laufwerke auf Kunden- bzw. Firmenseite zur Verfügung stehen.

> Welche Laufwerke sollten die neuen Computer in der Creativ Gbr unbedingt enthalten und welche weiteren Laufwerke sind zudem wünschenswert? Bitte begründen Sie Ihre Auswahl!

3.1.4 Steckkarten

Als Steckkarten werden alle Erweiterungskarten des Computers bezeichnet, welche in die Slots auf dem Mainboard eingesteckt werden können. Hierzu zählen einerseits Karten, die für die Grundfunktionalität des Computers erforderlich sind, wie z. B. die Grafikkarte, aber inzwischen auch die Soundkarte sowie Steckkarten für Zusatzfunktionen wie z. B. die TV-Karte für den Fernsehempfang oder die Netzwerkkarte zur Vernetzung von Computern.

3.1.4.1 Grafikkarte

Eine Grafikkarte ist in jedem Computersystem notwendig, damit auf dem Monitor etwas angezeigt werden kann. Über die Grafikkarte werden die Daten des Prozessors an den Monitor weitergegeben, sodass sie einerseits für die grafische Ausgabe auf dem Monitor und andererseits für die Verwaltung des Bildschirmspeichers zuständig ist.

Je nach Bauart wird die Grafikkarte als Steckkarte in den PCI-Slot, den PCIe-Slot oder in den AGP-Slot auf dem Motherboard gesteckt. Ferner gibt es Grafikkarten „on board", die direkt in das Mainboard integriert sind.

Eine Grafikkarte besteht aus folgenden Komponenten:

Grafikkarte

- **Grafikprozessor** (GPU)
- **Grafikspeicher:** Speichermodul zur Ablage der Daten, die im Grafikprozessor verarbeitet wurden. Dieser Arbeitsspeicher hat eine Größe von zurzeit 128 MB bis 2 GB.

- **RAMDAC** (Random Access Memory Digital Analog Converter): Chip auf der Grafikkarte zur Umwandlung digitaler (Videospeicher) in analoge (Monitor) Bilddaten. Eine wichtige Kenngröße des RAMDAC ist die Pixelfrequenz: Je höher die Pixelfrequenz, desto höher können Auflösung bzw. Bildwiederholfrequenz gewählt werden.

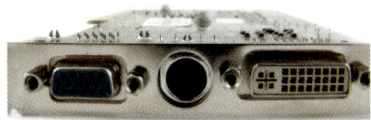

VGA-Schnittstelle   DVI-Schnittstelle

Mit heutigen Grafikkarten können **Bildschirmauflösungen** von bis zu **2560 x 1600 Pixel** erreicht werden.

> **Die Grafikkarte bearbeitet Daten des Prozessors zur Darstellung auf dem Monitor**

Die Leistungsfähigkeit einer Grafikkarte lässt sich an der Farbtiefe ablesen. Es sind alte Grafikkarten mit 8 Bit (256 Farben) bis hin zu neuen Modellen mit 32 Bit (24 Bit = 16,7 Millionen Farben + 8 Bit für Transparenzinformationen) erhältlich.

An der Außenseite der Grafikkarte befindet sich bei älteren Karten eine **VGA-Schnittstelle** (Video Graphics Array), während moderne Grafikkarten über eine **DVI-Schnittstelle** (Digital Video Interface) zum Anschluss von Monitor oder Beamer verfügen.

3.1.4.2 Soundkarte

Zur Wiedergabe von Tönen wird im Computer eine Soundkarte benötigt. Zum Anschluss diverser Endgeräte verfügt die Soundkarte über eine Reihe von Ein- und Ausgängen.

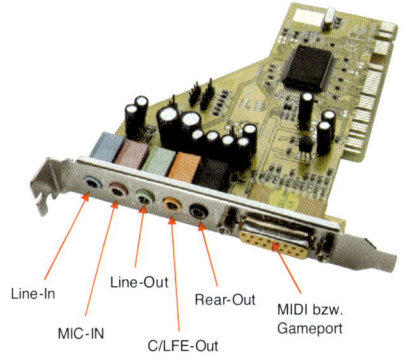

Soundkarte

Standardanschlüsse einer Soundkarte

Anschlussbezeichnung	Anschließbare Geräte	Farbe
Line In (Audioeingang)	Externe Geräte, wie Mini-Discplayer oder Stereoanlage zur Aufnahme u. Wiedergabe	blau
Mic In (Mikrofoneingang)	Mikrofon mit 3,5 mm Klinkenstecker	rosa oder rot
Line Out (Lautsprecherausgang)	Kopfhörer oder Lautsprecher mit 3,5 mm Klinkenstecker	hellgrün
Speaker Out (Rear Out)	Audioausgabe über Kopfhörer u. Passiv-Lautsprecher	schwarz
C/LFE Out (Low Frequency Effect)	Ausgabe über mittlere oder Basslautsprecher	gelb
MIDI bzw. **Game Port**	Joystick oder MIDI-Gerät	schwarz oder gelb

> **Soundkarte:** Zusatzkarte zur Ein- und Ausgabe akustischer Signale und zur Erzeugung und Verarbeitung von Klängen.

Die Leistungsfähigkeit einer Soundkarte wird durch die Art der Klangerzeugung bestimmt.
Hierbei unterscheidet man die einfache **FM-Synthese** mittels Frequenz-Modulation und das **Wavetable-Verfahren**.

FM-Soundkarte
Bei der FM-Soundkarte werden die Klänge, ähnlich wie beim Synthesizer, künstlich erzeugt. Dies geschieht durch Programmierung von Wellengeneratoren, Modulatoren und Filtern.
Es überlagern sich Schwingungen unterschiedlicher Frequenz und Amplitude und ein Klang entsteht.

Wavetable-Soundkarte
Eine **Wavetable-Soundkarte** verfügt über einen internen Speicher, in welchem digital gespeicherte Audiosignale verschiedener Musikinstrumente, sogenannte Samples abgelegt sind. Im Gegensatz zur FM-Synthese, welche die Töne nur nachahmt, ist mit diesem Verfahren eine sehr realistische Wiedergabe von Instrumenten oder Klängen möglich.

Soundkarten sind für die Bussysteme PCI, PCIe, AGP und USB erhältlich.

Nehmen Sie Stellung dazu, ob die neuen Computer mit oder ohne Soundkarte ausgerüstet sein sollen. Begründen Sie Ihre Entscheidung.

3.1.4.3 Netzwerkkarte

Die Netzwerkkarte, auch Netzwerkcontroller genannt, ist eine Erweiterungskarte, die benötigt wird, wenn mehrere Computer miteinander verbunden werden sollen. Sie dient als Bindeglied zwischen Computer und Netzwerk.

Jede Netzwerkkarte hat zur Identifikation eine weltweit einmalige Adresse, die sog. **MAC-Adresse** (**M**edia **A**ccess **C**ontrol), die in den Chipsatz der Karte eingebrannt ist.

Netzwerkkarte

Vgl. LS 2, 7

Die Mac-Adresse ist eine **Ethernet-Adresse**[1] und wird vom Hersteller der Netzwerkkarte festgelegt. Sie besteht aus 6 Stellen und wird mit Hexadezimalzahlen dargestellt:
00 01 B4 6A 22 BB (Beispiel)

Das Hexadezimalsystem besteht aus den Ziffern 0 bis 9 und den Buchstaben A bis F, also aus insgesamt 16 verschiedenen Zeichen. Es wird beim Computer in vielen Bereichen zur Adressierung verwendet, auch bei Netzwerkkarten.
Das Dezimalsystem mit dem wir rechnen, besteht aus den Ziffern 0 bis 9, also aus insgesamt 10 verschiedenen Zeichen.

Da die MAC-Adresse einmalig ist, kann sie als Zugangskriterium, z. B. zu einem WLAN-Netz im Internet, dienen. Benutzer, deren MAC-Adressen sich nicht in der Liste befinden, erhalten keinen Zugriff.

---

[1] Ethernet = Standard zur kabelgebundenen Verbindung von Computern in lokalen Datennetzen (LANs). Datenübertragungsrate 10 Mbit/s

In der Netzwerkkarte werden beim Datenempfang die eingehenden seriellen Datenströme in parallele Datenströme umgewandelt sowie umgekehrt beim Senden parallele Datenströme in serielle.

In der Regel verfügt die Netzwerkkarte nach außen über einen RJ45-Anschluss und wird intern in einen PCI- oder PCIe-Slot auf dem Mainboard eingesteckt.

3.1.4.4 TV-Karte

Videos digitalisieren, den Computer als Videorecorder nutzen oder gleich den kompletten Fernsehempfang über den Computer laufen lassen - dies ist mit der passenden TV-Karte kein Problem.

Bei den TV-Karten wird zunächst zwischen analogen TV-Tunern und digitalen TV-Karten unterschieden. Analoge TV-Tuner ermöglichen den Fernsehempfang über eine Hausantenne oder den Kabelanschluss sowie die Aufzeichnung von Fernsehsendungen. Dazu müssen die analogen TV-Signale jedoch zunächst in Echtzeit digitalisiert, komprimiert und anschließend auf das Speichermedium übertragen werden. Sie sind preisgünstig, jedoch weniger komfortabel.

Digitale TV-Karten sind in unterschiedlichen Ausführungen erhältlich:
1. DVB-C-Karte: Kabelempfang
2. DVB-S-Karte: Satlitenempfang
3. DVB-T-Karte: Empfang über terrestrische Haus- oder Zimmerantenne

Die beste Bildqualität bietet der Satellitenempfang, gefolgt vom Kabelempfang.

TV-Karten sind als externe Variante zum Anschluss an die USB-Schnittstelle und als interne Variante für den PCI oder PCIe-Steckplatz erhältlich.

Bei der Auswahl einer TV-Karte sind zwei Dinge wichtig:
1. Die Auflösung der TV-Karte
2. Die Anschlüsse und Ausstattung

Preisgünstige Karten weisen eine Auflösung von z. B.. 384 mal 288 Bildpunkten auf, die dann intern auf die eingestellte Monitorauflösung hochgerechnet wird und das Bild erheblich verschlechtert. Für ein gutes Bild ist eine Mindestauflösung von 768 mal 576 Bildpunkten zur Verarbeitung des PAL-Formates sowie von 1.280 mal 720 Bildpunkte für den Empfang von HDTV sinnvoll.

Einfache TV-Karten haben lediglich einen Anschluss für das Antennenkabel. Zum Anschluss eines Videorecorders oder einer -kamera ist jedoch ein Videoeingang notwendig, am besten als S-Video-Eingang, da hier Farbe und Helligkeit getrennt übertragen werden und so ein besseres Bild entsteht als bei einem einfachen Video-Eingang mit Clinch-Buchse.

> Welche Erweiterungskarten werden für einen Standardcomputer mit Netzwerkfähigkeit unbedingt benötigt? Erläutern Sie Ihre Auswahl anhand des Bedarfs der Creativ GbR.

3.2 Peripheriegeräte

Neben dem Computer selbst sind eine Reihe weiterer Geräte notwendig, um mit dem Computer überhaupt arbeiten zu können. Zur Mindestausstattung gehören hier die Tastatur, die Maus und ein Monitor. Doch auch weitere Geräte, wie Drucker oder Scanner etc. sind für einen Medienarbeitsplatz von Bedeutung.
All diese Geräte werden als Peripheriegeräte bezeichnet und lassen sich in zwei Gruppen einteilen: Eingabegeräte und Ausgabegeräte

3.2.1 Eingabegeräte

Als Eingabegeräte werden die Peripheriegeräte des Computers bezeichnet, mithilfe derer Signale (Informationen und Daten) in den Computer eingegeben werden können.

Tastatur

Eines der wichtigsten Eingabegeräte ist die Tastatur (engl. „Keyboard"). Moderne Tastaturen verfügen über 104 bis 108 Tasten, welche in insgesamt sechs Reihen angeordnet sind. Lediglich die beim Laptop eingebaute Tastatur weist weniger Tasten auf, da hier auf einen separaten Nummernblock verzichtet wird. Die Anzahl der Tasten kann sich auch noch erhöhen, wenn Zusatztasten – z. B. zum Starten des E-Mail-Programms, des Webbrowsers oder zur Lautstärkeregelung – mit aufgenommen werden. Diese Tasten sind in der Regel kleiner als die Standardtasten und befinden sich am oberen Rand der Tastatur oder beim Laptop auch links.

Eine Computertastatur hat insgesamt etwas mehr Tasten als eine Schreibmaschinentastatur, da noch Tasten für Steuerbefehle hinzugekommen sind.

Tastatur: Eingabegerät zur manuellen Eingabe von Daten und Befehlen in alphanumerischer Form

Personen, die häufig und lange am Computer sitzen, sollen die Anschaffung einer ergonomischen Tastatur in Erwägung ziehen, um Sehnen- und Gelenkerkrankungen vorzubeugen.

Tastaturen werden, je nach Ausführung, entweder an die PS/2- oder eine USB-Schnittstelle des Computers angeschlossen.

Standard-PC-Tastatur

Ist für die Einrichtung der DTP-Arbeitsplätze die Anschaffung einer ergonomischen Tastatur notwendig oder kann aus Kostengründen darauf verzichtet werden?

Maus

Die meisten Computeranwendungen verfügen über eine grafische Benutzeroberfläche mit Menüs und Schaltflächen. Zu Bedienung dieser Anwendungen ist eine Computer-Maus erforderlich. Eine Positionsänderung der Maus führt dazu, dass sich der Mauszeiger (Cursor) am Bildschirm ebenfalls bewegt.

Maus: Bewegliches Handsteuergerät zur manuellen Eingabe von Befehlen und Zeichen über Text- und Grafikmenüs auf dem Bildschirm

Eine Computer-Maus ist in verschiedenen Ausführungen erhältlich und entweder über Kabel (PS/2- oder USB-Schnittstelle), Ultraschall, Infrarotsender oder Funk mit dem Computer verbunden. Die Maus ist dabei entweder auf der Unterseite mit einer Rollkugel aus Gummi versehen (Standard-Maus) oder als optische Maus ausgeführt. Die optische Maus ertastet die Bewegung mit einem Lichtstrahl und einem optischen Sensor. Nachteil der Standard-Maus sind die häufige Verschmutzung der Gummikugel und ein Verschleiß der mechanischen Teile um die Gummikugel herum, die nach einiger Zeit zu Funktionseinschränkungen führen können und sich durch bloßes Säubern nicht immer beheben lassen. Die Maus funktioniert am besten auf einer glatten, ebenen Fläche. Als Unterlage ist daher ein Mauspad hilfreich.

  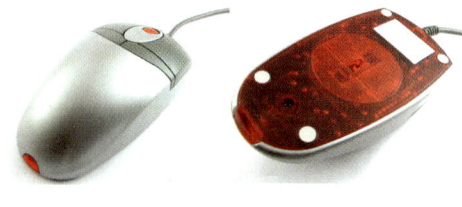

Standard-Maus (oben)   Standard-Maus (unten)   optische Maus

Scanner
Wenn man Vorlagen in gedruckter Form oder auch Fotos und Dias digital erfassen und in den Rechner übertragen möchte, ist ein Scanner notwendig. Der Scanner tastet die Vorlagen mithilfe eines Lichtstrahls ab, digitalisiert sie und bringt sie so in eine computerlesbare Form. Neben dem Scanner ist dazu eine spezielle Scansoftware notwendig, die beim Gerätekauf mitgeliefert wird. Ferner sind spezielle Programme, die eine Bildverarbeitung oder eine Texterkennung (OCR-Texterkennung) ermöglichen, erhältlich.

Die Qualität eines Scanners wird durch die **Scanauflösung**, die **Farbtiefe** und den **Dichteumfang** bestimmt. Gängige Scanner arbeiten heute mit Farbtiefen von 48 Bit und mehr.
Die Auflösung eines Scanners gibt an, wie genau der Scanner eine Vorlage abtasten kann. Je höher die Auflösung, desto besser sind die Optik und die Mechanik des Scanners. Die Auflösung wird in **dpi** (dots per inch = Punkte pro Zoll) angegeben.

**1 inch =
1 Zoll =
2,54 cm**

Scanner sind, je nach Anwendungsbereich, in verschiedenen Bauarten erhältlich. Folgende Tabelle bietet eine Übersicht über gängige Scannertypen und deren Anwendungsbereiche:

1 | Lernsituation Gründung einer Medienagentur

Scannertyp	Abbildung	Bauart	Scanvorgang	Anwendung
Aufsichtscanner (Flachbettscanner)[1]		Flachbettscanner ohne Durchsichteinheit als DIN-A4- und DIN-A3-Scanner erhältlich	Vorlage wird durch eine Glasplatte hindurch von einem CCD-Lichtsensor Zeile für Zeile abgetastet	Scannen von Vorlagen in gängigen Druckformaten und Fotos
Durchsichtscanner (Flachbettscanner)[1]		Flachbettscanner mit Durchsichteinheit	Vorlage wird durch eine Glaspaltte hindurch von einem CCD-Sensor von hinten durchleuchtet	Scannen von Dias und Negativen
Einzugscanner[1]		von A8-A3 als simplex oder duplex	Vorlage wird mit konstanter Geschwindigkeit eingezogen und dabei an der Abtasteinheit, einem CCD-Sensor, vorbeigeführt	Scannen großformatiger Vorlagen bis zum Format DIN-A0
Handscanner		Meist als CCD- oder Laserscanner zum Einlesen von Barcodes	Barcode wird mit LEDs oder Laserstrahl beleuchtet, auftreffender Lichtstrahl wird teilweise reflektiert und an einen Decoder zur Entschlüsselung übertragen	Einlesen von Barcodes an der Kasse, am Flughafen, in Bibliotheken etc.
Trommelscanner		horizontal vertikal	Vorlage wird auf Trommel befestigt, Trommel dreht sich mit hoher Geschwindigkeit und Abtastschlitten mit drei Photomultiplier-Elementen tastet die Vorlage punktweise ab	Scannen dünner, flexibler Papiere, Folien, Fotos und Negative

Am häufigsten findet der Flachbettscanner als Aufsichtscanner Anwendung. Einige Hersteller bieten bereits kombinierte Druck- und Scangeräte an, die am Arbeitsplatz Platz sparend aufgestellt werden können. Für professionelle Anwendungen in der Druckvorstufe bietet sich wegen der besseren Qualität jedoch entweder ein Einzugscanner oder ein Trommelscanner an.

3.2.2 Ausgabegeräte

Als Ausgabegeräte werden die Peripheriegeräte des Computers bezeichnet, die Signale (Informationen und Daten) aus dem Computer empfangen und ausgeben.

---

[1] Bildquelle: Hewlett-Packard GmbH

3.2.2.1 Bildschirm

Das wichtigste Ausgabegerät des Computers ist der Monitor. Ohne einen Monitor könnten wir den Computer nicht bedienen, da wir nicht sehen würden, was wir tun.

Bei den gängigen Computermonitoren wird zwischen zwei Technologien unterschieden: Dem traditionellen **Röhrenmonitor** und dem **TFT-Monitor** (**T**hin **F**ilm **T**ransistor).

Röhrenmonitor

Der Röhrenmonitor ist noch weit verbreitet und durch seine weit nach hinten ragende Bildröhre leicht zu erkennen. In der Bildröhre des Röhrenmonitors werden Elektronen beschleunigt und zu einem Elektronenstrahl gebündelt. Dabei wird für jede der drei Grundfarben des RGB-Systems (Rot, Grün und Blau) ein eigener Elektronenstrahl erzeugt. Die Elektronenstrahlen treffen nun, durch Ablenkeinheiten in der Elektronenstrahlröhre gesteuert, auf sogenannte Phosphorinseln der Grundfarben Rot, Grün und Blau, die sich auf der Innenseite der Mattscheibe befinden. Vor den Phosphorinseln befindet sich noch eine Maske aus Metall, ähnlich einem Gitter, um die Elektronenstrahlen voneinander abzugrenzen und genau ausrichten zu können. Gäbe es keine Masken vor den Phosphorinseln, so würden die auftreffenden Elektronenstrahlen die Leuchtschicht so stark aktivieren, dass kein klares Bild dargestellt werden könnte.

Röhrenmonitor

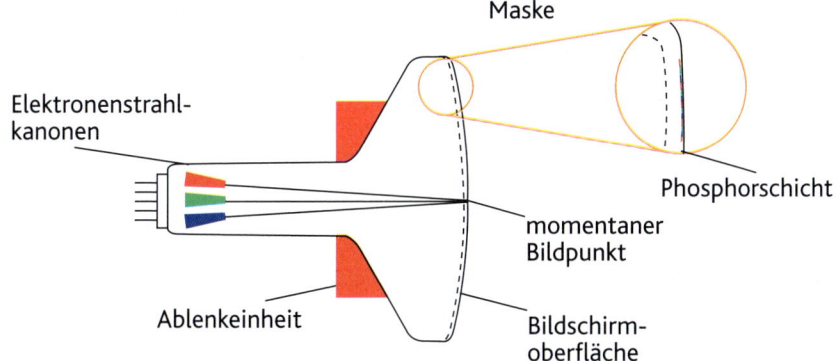

Prinzipieller Aufbau der Bildröhre

Die Elektronenstrahlen zeichnen das endgültige Monitorbild zeilenweise auf. Dabei gibt die **Zeilenfrequenz** an, wie viele **Zeilen pro Sekunde** erzeugt werden können. Die **Bildwiederholfrequenz** gibt an, wie oft das gesamte Bildschirmbild pro Sekunde neu aufgebaut wird. Die Bildwiederholfrequenz ist abhängig von der Zeilenwiederholfrequenz und der Anzahl der Zeilen.

TFT-Flachbildschirm

Seit einigen Jahren sind verstärkt Flachbildschirme mit **TFT-Technik** (**T**hin **F**ilm **T**ransistor) im Einsatz. Sie finden sowohl bei Laptops als auch als Einzelmonitore Anwendung. Diese Bildschirme werden auch Flüssigkristallbildschirme oder **LCD-Bildschirme** (**L**iquid **C**rystal **D**isplay) genannt.

In ihrem Inneren, zwischen zwei Glas- oder Kunststoffplatten, befindet sich eine zähflüssige Flüssigkristallschicht. Hinter der Flüssigkristallschicht erzeugen eine oder mehrere Leuchtstoffröhren eine konstante Hintergrundbeleuchtung. Die Leuchtstoffröhren werden als CFL-Röhren bezeichnet. Da natürliches Licht, dazu gehört auch das Licht einer Lampe, ungeordnet schwingt, ist zusätzlich ein

Polarisationsfilter erforderlich, der nur Lichtanteile mit einer bestimmten Richtung durchlässt und die restlichen Lichtanteile herausfiltert.

Auf den Glasscheiben sind jeweils drei kleine TFT-Transitoren pro Pixel (Bildpunkt) angeordnet, je einer für die Grundfarben Rot, Grün und Blau (RGB).

Liegt eine Spannung an, erzeugt von den TFT-Transistoren, so ändern die jeweiligen Bildpunkte ihre Position. Je nach Höhe der angelegten Spannung entstehen helle oder dunkle Bildpunkte.
Für die Farbdarstellung sind je Bildpunkt drei Farbfolien, die sogenannten Subpixel, in den Grundfarben Rot, Grün und Blau vorhanden. Die Thin-Film-Transistoren in den Zellen steuern nun, auf welche der Folien das Licht trifft.

TFT-Monitor, Bildquelle: Dell GmbH

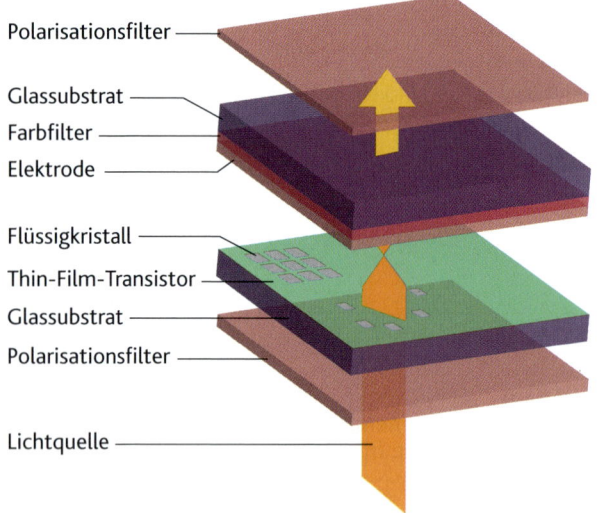

Wenn alle drei Subpixel gleichmäßig in voller Intensität aufleuchten, entsteht die Farbe Weiß, leuchtet keiner der Subpixel auf, so bleibt dieser Bildpunkt dunkel (schwarz). Bei unterschiedlich aufleuchtenden Pixeln entsteht eine Mischfarbe nach dem RGB-Farbmodell.

Prinzipieller Aufbau eines TFT-Panels

 Je höher Zeilen- und Bildwiederholfrequenz, desto flimmerfreier und augenschonender ist das Monitorbild.

Die Bildwiederholfrequenz kann bei den Monitoreinstellungen im Betriebssystem ausgewählt werden, darf jedoch die maximal für den jeweiligen Monitor zulässige Bildwiederholfrequenz nicht überschreiten.

 Für ein flimmerfreies Bild ist eine Bildwiederholfrequenz von mindestens 80 Hz erforderlich!

Monitorgröße und Bildschirmauflösungen
Die Größe eines Monitors wird durch das Maß der Bildschirmdiagonale in Zoll angegeben (1 Zoll = 1 Inch = 2,54 cm). Handelsübliche Monitore sind in den Größen 15, 17, 19, 20 oder 21 Zoll erhältlich. Die **Bildschirmauflösung** gibt dabei an, wie viele Pixel in Breite und Höhe am Bildschirm darstellbar sind. Bildschirme haben ein Querformat entweder mit dem **Seitenverhältnis 4:3** oder **5:4**. Breitbildmonitore verfügen über ein Seitenverhältnis von 16:9, 22-Zoll-TFT-Monitore über eines von 16:10.

Monitorgröße	Bildschirmdiagonale	Empfohlene Bildschirmauflösung
17 Zoll	43,2 cm	1024 x 768
19 Zoll	48,3 cm	1280 x 1024
21 Zoll	53,3 cm	1600 x 1200

Bei TFT-Flachbildschirmen ist die Auflösung technisch vorgegeben und sollte nicht verändert werden. Wird z. B. eine höhere Auflösung als empfohlen ausgewählt, so muss interpoliert werden, um aus der kleineren, tatsächlichen Anzahl von Bildschirmpixeln eine größere Anzahl darstellbarer Bildpunkte zu erhalten. Dies kann zu unschönen Treppeneffekten an schrägen Kanten führen.
TFT-Monitore arbeiten darüber hinaus schon bei einer Bildwiederholfrequenz von 60 Hz flimmerfrei.

Prüfsiegel und Bestgerätekennzeichnung für Monitore
Bei Röhrenmonitoren entsteht durch die Elektronenstrahlen in der Bildröhre ein elektromagnetisches Feld, welches dazu führt, dass der Monitor Strahlen aussendet. Damit diese Strahlen nicht den Gesundheitsschädlichen Bereich erreichen, werden die Monitore hinsichtlich ihrer Strahlung getestet und erhalten entsprechende Prüfsiegel. Ebenfalls können Monitore unter bestimmten Voraussetzungen, z. B. durch einen sparsamen Energieverbrauch oder ein gutes Energiemanagement eine freiwillige Bestgerätkennzeichnung erhalten.

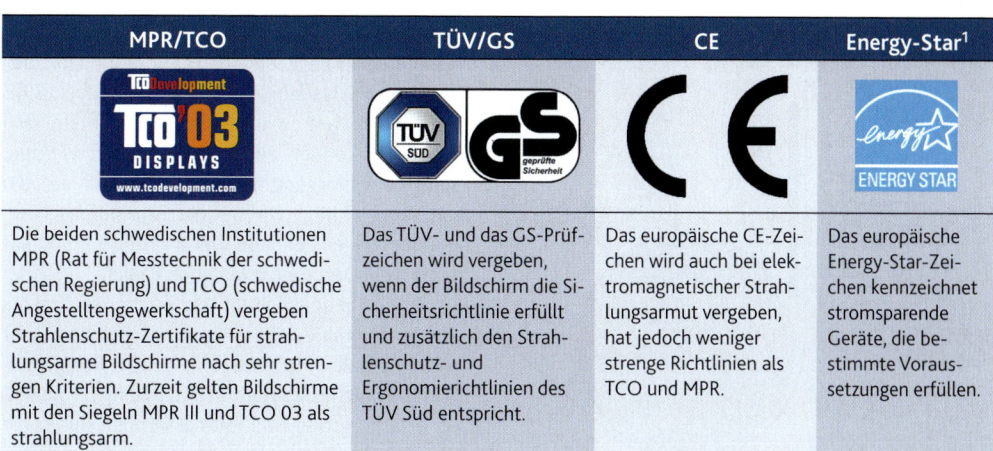

MPR/TCO	TÜV/GS	CE	Energy-Star[1]
Die beiden schwedischen Institutionen MPR (Rat für Messtechnik der schwedischen Regierung) und TCO (schwedische Angestelltengewerkschaft) vergeben Strahlenschutz-Zertifikate für strahlungsarme Bildschirme nach sehr strengen Kriterien. Zurzeit gelten Bildschirme mit den Siegeln MPR III und TCO 03 als strahlungsarm.	Das TÜV- und das GS-Prüfzeichen wird vergeben, wenn der Bildschirm die Sicherheitsrichtlinie erfüllt und zusätzlich den Strahlenschutz- und Ergonomierichtlinien des TÜV Süd entspricht.	Das europäische CE-Zeichen wird auch bei elektromagnetischer Strahlungsarmut vergeben, hat jedoch weniger strenge Richtlinien als TCO und MPR.	Das europäische Energy-Star-Zeichen kennzeichnet stromsparende Geräte, die bestimmte Voraussetzungen erfüllen.

3.2.2.2 Drucker

Neben dem Monitor ist der Drucker ein wesentliches Ausgabegerät des Computers. Er ermöglicht den Ausdruck der auf dem Monitor angezeigten Dateiinhalte auf unterschiedlichen Papierarten, wie z. B. Normalpapier mit 80g/m² für Briefbögen oder spezielles Fotopapier für Bilder (z. B. 120 g/m²).

Drucker: Ausgabegerät zur Ausgabe von Daten auf einen Bedruckstoff, z. B. Papier

Die Schreibmaschine gilt als Vorläufer des Druckers und diente als Vorbild für den ersten EDV-gestützten Drucker, den Nadeldrucker, der ähnlich einer Schreibmaschine arbeitet.

Drucker lassen sich anhand ihres Druckverfahrens gut voneinander unterscheiden. Dabei erfolgt eine erste Unterscheidung aufgrund dessen, ob Drucker und Bedruckstoff, z. B. das Papier, beim Druckvorgang direkt miteinander in Berührung kommen oder nicht. Die direkte Berührung zwischen

---

[1] Abdruck mit freundlicher Genehmigung der European Comission, Directorate-General of Energy and Transport, Brüssel

Drucker und Bedruckstoff findet bei Impact-Druckern Anwendung, während bei Non-Impact-Druckern ein berührungsloser Druckvorgang erfolgt.

Folgende Tabelle bietet eine Übersicht gängiger Druckerarten aus dem Impact- und Non-Impact-Bereich:

Impact-Drucker (Anschlagdrucker)		Non-Impact-Drucker (Anschlagfreie Drucker)		
Vollzeichendrucker	Matrixdrucker	Tintenstrahldrucker	Thermodrucker	Tonertechnologie
Prinzip Schreibmaschine	Nadeldrucker mit 9, 18, 24 oder 48 Nadeln	Continuous-Jet Impuls-Jet Piezo Bubble-Jet	Thermodirektdruck Thermotransferdruck Thermosublimationsdruck	Laserdrucker Ionendrucker Magnetdrucker

Für einfache Anwendungen finden teilweise noch der Nadeldrucker aus dem Impact-Bereich sowie im Wesentlichen die Non-Impact-Drucker Tintenstrahl- und Laserdrucker Anwendung. Diese Drucker sind auch häufig an Einzelarbeitsplätzen oder aber für eine ganze Arbeitsgruppe als Netzwerkdrucker zu finden und sollen im Folgenden näher beschrieben werden.

Nadeldrucker

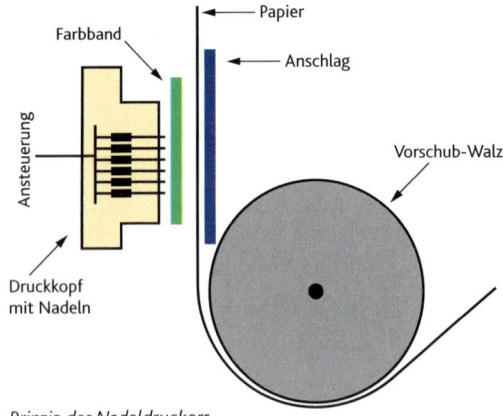

Prinzip des Nadeldruckers

Nadeldrucker besitzen einen Druckkopf. Dort befinden sich 9 Nadeln in einer Reihe oder bis zu 48 Nadeln in mehreren Reihen senkrecht untereinander. Diese können einzeln angesteuert werden. Beim Druckvorgang treffen die Nadeln auf ein Farbband, ähnlich wie bei der Schreibmaschine, und übertragen auf diese Weise einzelne Punkt auf das um die Druckwalze laufende Papier.

Im Drucker sind im ROM des Zeichengenerators alle benötigten Zeichensätze eingespeichert. Hier wird innerhalb einer Matrix festgelegt, welche Nadeln für welches Zeichen benutzt werden müssen. Schriftart, -größe und -stärke können durch die Software des Zeichengenerators bestimmt werden.

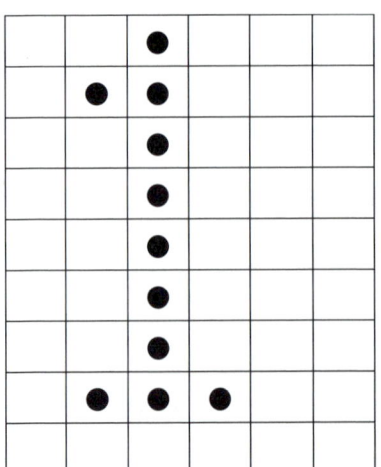

Abb. Druckprinzip 9-Nadeldrucker

Tintenstrahldrucker

Tintenstrahldrucker arbeiten, ähnlich wie Nadeldrucker, auch nach einem Matrixprinzip, berühren den Bedruckstoff beim Druck jedoch nicht.

Standard-Tintenstrahldrucker sind mit Tinten der Grundfarben Cyan, Magenta und Yellow sowie mit schwarzer Tinte (Key) ausgestattet (CMYK). Ferner sind auch Tintenstrahldrucker mit 6 Farben erhältlich. Hier kommen noch Tinten in hellem Cyan und hellem Magenta hinzu.

Durch feine Düsen, die in Reihen angeordnet sind, wird die Tinte mit einem speziellen Ink-Jet-Verfahren punktförmig auf das Papier gesprüht. Je nach Druckertyp findet eines der beiden folgenden Ink-Jet-Verfahren Anwendung.

Continuous-Jet-Verfahren

Beim Continuous-Jet-Verfahren wird die Tinte kontinuierlich mit hoher Geschwindigkeit aus der Düse herausgedrückt und durch die Überlagerung mit Ultraschallschwingungen in winzige Tropfen zerlegt. Die Tropfen werden nach dem Austritt aus der Düse statisch aufgeladen, entsprechend der Ladungsstärke abgelenkt und so an die gewünschte Stelle auf den Bedruckstoff übertragen. Das Continuous-Jet-Verfahren wird u. a. von der Firma Hitachi eingesetzt.

Impuls-Jet-Verfahren

Beim Impuls-Jet-Verfahren werden nur bei Bedarf Tropfen gebildet: DOD (Drops on Demand). Dies geschieht, je nach Hersteller, mittels unterschiedlicher Verfahren:

Piezo-Verfahren

Beim Piezo-Verfahren befindet sich in jeder Düse ein Piezo-Keramik-Element (Piezokristall). Wenn eine Spannung angelegt wird, verformt sich das Piezo-Element so, dass in der mit Tinte gefüllten Druckkammer ein Überdruck erzeugt wird. Der Überdruck führt dazu, dass Tintentröpfchen abgegeben und auf das Papier übertragen werden. Bei der Entspannung des Piezo-Materials entsteht ein Unterdruck in der Druckkammer, sodass diese wieder neue Tinte aus dem Vorratsbehälter aufnehmen kann. Das Piezo-Verfahren wird von der Firma Epson angewendet.

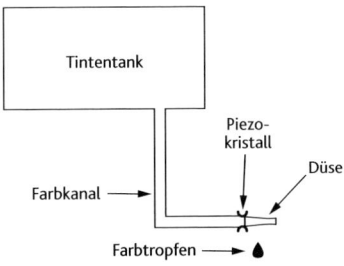

Funktionsprinzip des Piezo-Verfahrens

Thermisches oder Bubble-Jet-Verfahren

Die Firmen Hewlett-Packard und Canon wenden ein thermisches Verfahren an, bei Canon als Bubble-Jet-Verfahren bezeichnet. Hierbei enthält der Tintenkanal sehr kleine Heizelemente, die jeweils nur etwa halb so dick wie ein Haar sind. Durch einen elektrischen Impuls erhitzen diese die Tinte in Millisekunden. Die Tinte fängt an zu dampfen und es bilden sich Dampfblasen. Durch ihre Ausdehnung bewirken sie, dass ein Tintentropfen aus der Düse herausgeschossen und auf das Papier übertragen wird. Danach entsteht ein Unterdruck in der Düse, der eine Sogwirkung nach sich zieht und das Aufnehmen neuer Tinte aus dem Vorratsbehälter ermöglicht.

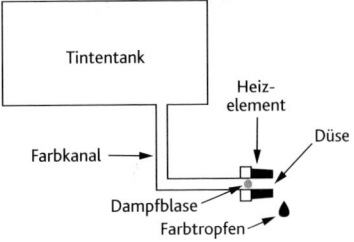

Funktionsprinzip des Bubble-Jet-Verfahrens

1 | Lernsituation Gründung einer Medienagentur

Vorteile	Tintenstrahldrucker	Nachteile
Kostengünstige Anschaffung		Teure Original-Tintenpatronen
Leise		Tinte muss nach dem Drucken trocknen
Hohe Auflösungen möglich		Papierwellung bei starkem Tintenauftrag auf Normalpapier
Spezialtinte für unterschiedliche Oberflächen erhältlich		Relativ hohe Seitenkosten

Laserdrucker

Laserdrucker arbeiten nach dem Prinzip eines Kopierers und werden daher auch als Seitendrucker bezeichnet, da ganze Seiten auf einmal belichtet und ausgedruckt werden. Beim Druckvorgang trifft der Laserstrahl, durch spezielle Polygonspiegel abgelenkt, auf eine lichtempfindliche Trommel – die Fotoleiterwalze – und belichtet diese linienweise. Die Fotoleiterwalze dreht sich nach der Belichtung an der Entwicklerstation vorbei und nimmt an den zuvor belichteten Stellen negativ geladenen Toner auf. Es liegt nun ein spiegelverkehrtes Druckbild vor. Der Toner wird anschließend auf das positiv geladene Papier übertragen und durch Hitze und Druck fest mit dem Papier verbunden.

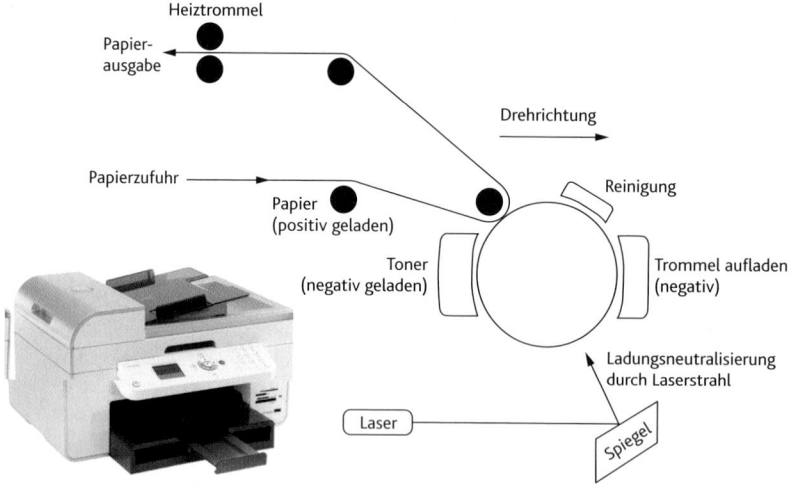

Funktionsprinzip eines Laserdruckers
Bildquelle: Dell GmbH

Vorteile	Laserdrucker	Nachteile
Hohe Druckgeschwindigkeit		Hohe Anschaffungskosten
Hohe Druckqualität		Beim Druckvorgang wird Ozon und Feinstaub erzeugt
Niedrige Seitenkosten		
Hohe Auflösung		

Zusatztipps für den Computerkauf

Da die Creativ GbR neu gegründet wird, wird in in diesem Zusammenhang gleich eine komplette Computerausstattung mit vier neuen Computern benötigt. Es ist daher besonders wichtig, dass diese auch die ersten Jahr überdauern und später geeignet aufgerüstet werden können.

„Kaum zuhause aufgestellt und schon veraltet!" Diese Aussage trifft, aufgrund der rasanten Entwicklung der Computertechnik, schon relativ kurz nach dem Kauf auf den neu erworbenen Computer zu. Ein Computerkauf sollte daher gut geplant und Preisvergleiche über einen längeren Zeitraum eingeholt werden!

Doch nicht immer ist der billigste Anbieter auch die erste Wahl. Bei einigen Teilen des Computersystems und der Peripheriegeräte ist ein guter Service, meist als Support (von engl. „support" = Unterstützung) bezeichnet, wichtig, um Probleme in der Handhabung oder mit der Funktionalität entweder direkt oder per telefonischer Hotline zu lösen, während andere Teile des Systems ruhig beim Discounter oder im Versandhandel erworben werden können, um Kosten zu sparen.

Die folgende Auflistung gibt einen Überblick darüber, für welche Elemente ein guter Support entscheidend sein kann und wo dieser verzichtbar ist. Soll als Kaufhilfe, nicht jedoch als bindende Vorgabe dienen.

Übersicht gängiger Hardwareelemente als Entscheidungshilfe bei Kauf oder Erweiterung von Computersystemen

Geräte-Typ	Support wichtig?	Wo kaufen?
Komplettsystem	Ja	Händler
Monitor	Hotline ausreichend	Händler, Elektronikmarkt, Discounter
Grafikkarte	Hotline ausreichend	Versandhandel, Elektronikmarkt
Arbeitsspeicher RAM	Hotline ausreichend	Versandhandel, Elektronikmarkt
CD- oder DVD-Brenner und Laufwerk	Nein	Versandhandel, Elektronikmarkt
Festplatte	Hotline ausreichend	Händler, Elektronikmarkt
Prozessor CPU	Nein	Versandhandel
Mainboard	Nein	Versandhandel, Elektronikmarkt
Drucker	Ja	Händler, Elektronikmarkt, Discounter
Modem	Ja	Händler, Elektronikmarkt, Discounter
ISDN-Karte	Ja	Versandhandel, Elektronikmarkt
Netzwerkkarte	Ja	Versandhandel, Elektronikmarkt
Soundkarte	Nein	Versandhandel, Elektronikmarkt

Planen Sie den Computerkauf für die Creativ GbR sorgfältig. Wählen Sie in Ruhe aus – schnelle Fehlentscheidungen führen zu jahrelangem Ärger.

3.3 Software

Neben der Hardware gehört zu einem funktionsfähigen Computersystem auch entsprechende Software, also im Gegensatz zur Hardware alle Bestandteile des Computersystems, die sich *nicht* anfassen lassen.

Software: Digitaler Teil der Computersystems, wie Daten und Programme

3.3.1 Betriebssysteme: Windows, Mac OS

Das **Betriebssystem** ist eine Software, die genau auf den Computertyp PC oder Apple zugeschnitten ist und sowohl den Hauptspeicher verwaltet, als auch die Kommunikation mit anderem Computern im Netz sowie den Ablauf der Anwendungsprogramme steuert. Des Weiteren regelt es die Ein- und Ausgabe von Daten.

Beim PC kommt meistens ein Windows-Betriebssystem, wie z. B. Windows Vista, zum Einsatz, während Apple Macintosh-Computer, kurz MACs, mit dem Betriebssystem MAC OS, z. B. MAC OS X, arbeiten.

Viele Anwendungsprogramme sind inzwischen für beide der o. g. Betriebssysteme erhältlich. Jedoch findet der MAC mit dem Betriebssystem MAC OS verbreitet im grafischen Bereich, also in Druckereien und Werbeagenturen, Anwendung, während der PC als typischer Bürorechner für die Bereiche Textverarbeitung, Datenbankanwendungen und Programmierung etc. unter dem Windows-Betriebssystem gilt.

3.3.2 Anwendungssoftware für den Medienarbeitsplatz

Zu einem Medienarbeitsplatz gehören neben dem Betriebssystem natürlich auch **Anwendungsprogramme** zur Erstellung der Medienprodukte für den Print- und Onlinebereich.
Hierzu zählen Programme zur Erstellung von Grafiken, zur Bildbearbeitung, für das Layout, zur Erstellung von Internetseiten oder gar Video- und Audiosequenzen und Animationen.

In untenstehender Tabelle sind einige gängige Anwendungsprogramme und ihre Haupteinsatzbereiche aufgelistet.

Name der Software	Anwendungsbereich	Herstellerfirma
Illustrator	Grafiken	Adobe
CorelDraw	Grafiken und Layout	Corel
InDesign	Layout	Adobe
QuarkXPress	Layout	Quark
Photoshop	Bildbearbeitung	Adobe
Photoshop Elements	Bildbearbeitung	Adobe
Dreamweaver	Webseitenerstellung	Adobe
Fireworks	Bildbewertung und Design für die Webseitenerstellung	Adobe
Flash	Animationen für Webseiten und Multimedia-CDs	Adobe
Acrobat Reader	Anzeigen von PDF-Dokumenten	Adobe
Adobe Premiere	Filmerstellung	Adobe

Mit welchem Betriebssystem soll in der Agentur gearbeitet werden und welche weitere Software ist für die Mitarbeiter für die Bereiche Druck- und Digitalmedien sowie Bürokommunikation unbedingt anzuschaffen?
Begründen Sie Ihre Auswahl!

4 Ergonomie am Medienarbeitsplatz

Die neue Medienagentur Creativ Gbr bezieht zunächst ein Büro mit zwei Arbeitsräumen. Neben der den Entscheidungen zur Computerausstattung sind Entscheidungen bezüglich der Ausstattung der Büroräume zu treffen. Optische Merkmale spielen zwar eine Rolle, treten bei der Ausstattung der Arbeitsplätze jedoch in den Hintergrund, da diese in erster Linie den gängigen Verordnungen für Bildschirmarbeitsplätze und ergonomischen Anforderungen entsprechen müssen, um die Gesundheit der Mitarbeiter zu erhalten.

Im Folgenden wird daher der Augenmerk insbesondere auf die ergonomische Beschaffenheit sowie die Licht- und Klimaverhältnisse eines gesunden Arbeitsplatzes gelegt.

Der Begriff **Ergonomie** stammt aus dem Griechischen und wurde aus den beiden Worten „ergon" = Arbeit und „nomos" = Gesetz gebildet. Ergonomie ist die Wissenschaft von der Arbeit des Menschen und soll dafür sorgen, dass der Arbeitsplatz den menschlichen Bedürfnissen angepasst ist, um Gesundheitsschäden vorzubeugen.

Bei der Einrichtung eines komplett neuen Arbeitsplatzes spielt daher, neben der Auswahl von ergonomischer Hardware wie z. B. einer ergonomischen Tastatur und Maus, auch die Auswahl geeigneter Möbel und deren Platzierung im Büroraum eine wichtige Rolle.

Viele Menschen verbringen einen großen Teil ihrer täglichen Arbeitszeit am Computer. Auch in der Firma Creativ GbR wird, neben Kundengesprächen und Präsentationen, überwiegend am Computer gearbeitet. Daher muss der Computerarbeitsplatz so beschaffen sein, dass Folgeschäden, wie etwa starke Rückenschmerzen, Augenleiden, Sehnenentzündungen von Hand und Arm möglichst ausbleiben.

In zahlreichen Normen, Verordnungen und Richtlinien ist daher festgelegt, wie Büroarbeitsplätze und speziell **Bildschirmarbeitsplätze** beschaffen sein sollen.

4.1 Geometrie und Geräteausstattung des Arbeitsplatzes

Einige wichtige Normen und Verordnungen, welche die Ausstattung und Anordnungen des Bildschirmarbeitsplatzes im Büro regeln, werden im Folgenden näher erläutert.

DIN 4543 Teil 1 – Büroarbeitsplätze

Grundfläche pro Arbeitsplatz:	Mindestens 8 m², bei Bildschirmarbeitsplätzen möglichst 10 m²
Raumhöhe:	Mindestens 2,50 m
Mindestluftraum:	Mindestens 12 m³
Freie Bewegungsfläche:	Mindestens 1,50 m², Tiefe an keiner Stelle unter 1 m

Bildschirmarbeitsverordnung – Bildschirmarbeitsplatz

- Tätigkeiten am Bildschirm sollen regelmäßig durch Pausen oder andere Tätigkeiten unterbrochen werden, dynamisches Sitzen
- Der Arbeitgeber muss für regelmäßige Kontrolle des Sehvermögens Sorge tragen

Dynamisches Sitzen und Bewegungspausen

Bildschirmarbeit stellt in der Regel eine Belastung für den Rücken dar, doch das muss nicht so sein. Abhilfe lässt sich einerseits durch dynamisches Sitzen, andererseits durch gezielte Bewegungspausen schaffen. Bewegliches Sitzen ist gut für die Bandscheiben, da es die Versorgung der Bandscheibe mit wichtigen Nährstoffen gewährleistet. Der kurzzeitige Wechsel der Sitzpositionen am Bildschirmarbeitsplatz fördert die Durchblutung, den Stoffwechsel und die Atmung. Dieser Wechsel ist jedoch nur auf einem Bürostuhl mit beweglicher und zudem richtig eingestellter Rückenlehne möglich. Nutzen Sie die Sitzfläche komplett aus und verändern Sie Ihre Sitzposition mithilfe der Rückenlehne ab und zu zwischen vorne und hinten.

Nutzen Sie Ihren Bürostuhl zum dynamischen Sitzen und legen Sie zwischendurch eine Pause mit gezielter Gymnastik am Arbeitsplatz ein - Sie brauchen dazu nicht einmal aufzustehen. Informormationen finden zum Thema "Übungen fürs Büro" finden Sie unter www.tk-online.de/tk/gesunder-ruecken/fit-am-pc/uebungen-buero/38888.

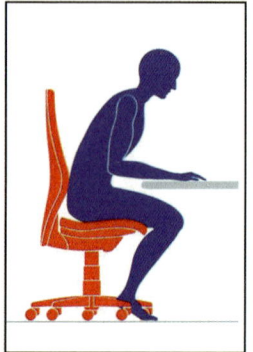

① hintere Sitzhaltung
② mittlere Sitzhaltung
③ vordere Sitzhaltung

Statisches Sitzen   *Dynamisches Sitzen*

Bildschirm und Tastatur

- Zeichen auf dem Bildschirm müssen deutlich und scharf dargestellt sein
- Stabiles, flimmerfreies Bild
- Einfache Bedienbarkeit der Helligkeits- und Kontrasteinstellungen am Bildschirm
- Der Bildschirm muss frei von Reflexionen und Blendungen sein
- Der Bildschirm muss dreh- und neigbar sein
- Die Tastatur muss neigbar sein
- Die Tastatur muss reflexionsarme Oberfläche aufweisen
- Die Tastatur muss frei auf der Arbeitsfläche verschiebbar sein
- Die Beschriftung auf der Tastatur muss klar zu erkennen sein
- Die Ergonomische Bedienbarkeit der Tastatur muss gewährleistet sein

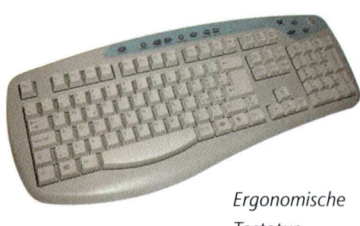

Ergonomische Tastatur

 Den Bildschirm so aufstellen, dass Spiegelungen, Blendungen und starke Hell-Dunkel-Kontraste vermieden werden.

Lernsituation Gründung einer Medienagentur | 1

Arbeitstisch und Bürostuhl

Tischfläche:	Mindestgröße 0,80 m x 1,20 m (= 0,96 m²) Standardgröße: 0,80 m x 1,60 m (= 1,28 m²) Medienarbeitsplatz: Arbeitsfläche mögl. 2 m², z. B. 1 m x 2 m
Tischhöhe:	Standardhöhe: 72 cm Idealfall: Höhenverstellbarkeit für unterschiedlich große Nutzer zwischen 68 cm und 80 cm. Kleine Nutzer sollten eine Fußstütze (Mindestmaß 35 cm x 45 cm und neigbar) benutzen. Beinfreiheit mindestens: 70 cm in der Tiefe 65 cm in der Höhe 58 cm in der Breite
Bürostuhl:	Höhenverstellbar Fünfsternfuß (5 Rollen) Bewegliche, hohe Rückenlehne für dynamisches Sitzen Sitzfläche mindestens 40 cm x 40 cm, möglichst neigbar Stuhlhöhe = Kniegelenkshöhe, Oberschenkel waagerecht

Es ergibt sich folgende optimale Sitzposition:

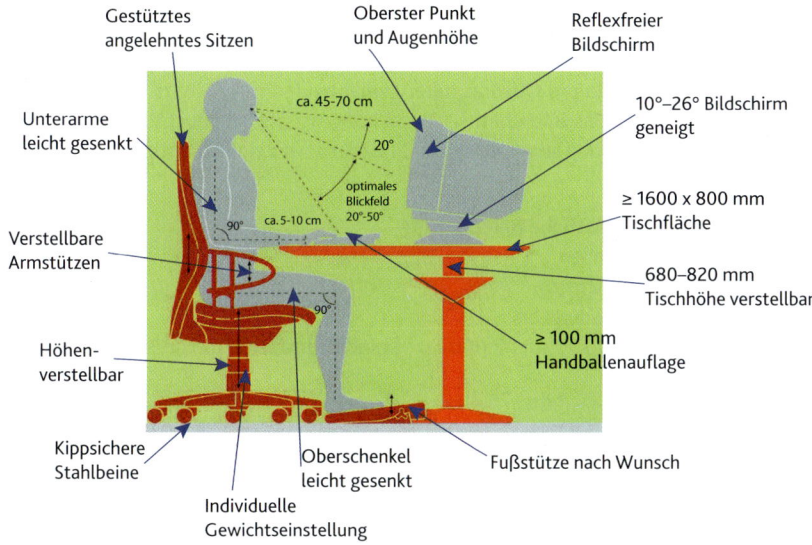

Ergonomisches Sitzen am Bildschirmarbeitsplatz

Wählen Sie unter ergonomischen Gesichtspunkten geeignete Büromöbel, z. B. bei einem Online-Büromöbelversand aus.

4.2 Lichtverhältnisse am Bildschirmarbeitsplatz

Auch die richtige Beleuchtung am Computerarbeitsplatz ist entscheidend, um einwandfreies Sehen am Bildschirm zu ermöglichen und Augenleiden durch schlechte Beleuchtung vorzubeugen.

Ein Computerarbeitsplatz sollte einerseits hell, andererseits jedoch frei von blendenden Lichtstrahlen sein. Optimal ist es, wenn bei Tageslicht gearbeitet werden kann und zusätzlich eine gute künstliche Beleuchtung zur Verfügung steht, die Sie am besten den ganzen Tag am Arbeitsplatz nutzen. Sonst müssen sich Ihre Augen ständig den unterschiedlichen Helligkeiten im Raum anpassen und werden dadurch zusätzlich belastet. Insgesamt gelten folgende Regeln:

Tageslicht
- Schreibtisch im 90°-Winkel zum Fenster aufstellen
- Abstand zwischen Schreibtisch und Fenster: mindestens 2 m
- Lichteinfall von links
- Direkte Sonneneinstrahlung durch Jalousien, Gardinen und mobile Stellwände verhindern

Künstliche Beleuchtung
Für eine optimale künstliche Beleuchtung spielen die Kenngrößen Beleuchtungsstärke und Leuchtdichte eine wichtige Rolle.

Die **Beleuchtungsstärke** ist ein Maß für die Helligkeit in einem Raum und wird in Lux angegeben. Besonders hoch ist die Beleuchtungsstärke mit ca. 100.000 Lux an einem sonnigen Sommertag, während eine Straßenlaterne in der Nacht nur 1 bis 3 Lux hat. Am Bildschirmarbeitsplatz sind 500 Lux oder mehr optimal.

Der Helligkeitseindruck von Lampen wird durch die **Leuchtdichte** bestimmt. Sie gibt die Lichtstärke pro Fläche an und wird in Candela pro Quadratmeter gemessen (cd/m^2). Bereits dann, wenn die Leuchtdichte in der Umgebung des Bildschirms 10-mal höher ist als die Leuchtdichte des Bildschirms selbst, wird dies als Blendung empfunden. Ein Bildschirm hat eine Mindestleuchtdichte von 100 cd/m^2.

Anforderungen an optimale künstliche Beleuchtung
- Blendfreie Anbringung der Lampen
- Keine Spiegelungen im Bildschirm
- Keine Verfälschung der Farbwiedergabe
- Beleuchtungsstärke zwischen 300 und 2.000 Lux (mindestens 500 Lux für Bildschirmarbeit empfehlenswert)
- Leuchtdichte maximal 1.000 cd/m^2

Für eine naturgetreue Farbwiedergabe spielt die Auswahl der Lampen eine wichtige Rolle. Hier bieten sich Leuchtstofflampen mit der Lichtart „Daylight" (Tageslicht) mit einer Farbtemperatur von 5.000 Kelvin (D50) an. Die Angabe D50 entspricht dabei sonnigem Tageslicht am Mittag. Bei bedecktem Himmel hingegen herrscht eine Farbtemperatur von 6.500 Kelvin (D65). Ein bedeckter Himmel entspricht zwar eher dem Normalfall, doch sind Leuchtstoffröhren mit dieser Farbtemperatur sehr teuer.

Anordnung der künstlichen Beleuchtung
Um Blendeffekte zu vermeiden, sollte die künstliche Beleuchtung möglichst seitlich über dem Arbeitsplatz angeordnet sein und diesen von beiden Seiten im gleichen Winkel beleuchten.

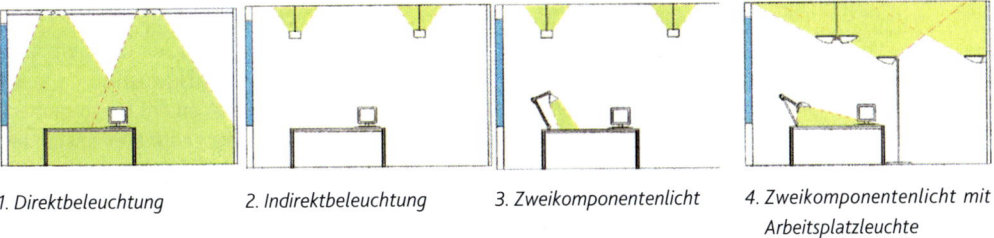

1. Direktbeleuchtung   2. Indirektbeleuchtung   3. Zweikomponentenlicht   4. Zweikomponentenlicht mit Arbeitsplatzleuchte

4.3 Lärm und Raumklima am Bildschirmarbeitsplatz

Neben der Beleuchtung sind auch der Lärmpegel und das Raumklima zwei wesentliche Faktoren, die die Arbeitsfähigkeit und -leistung wesentlich beeinflussen können.

Lärm
Welche Geräusche als störend empfunden werden, hängt nicht unbedingt von deren Lautstärke, sondern vielfach auch vom subjektiven Empfinden ab. Den einen stört bereits die gleichmäßig tickende Tischuhr, während der andere trotz lautem Straßenlärm konzentriert arbeiten kann. Unabhängig vom subjektiven Empfinden schädigt ein gewisser Lärmpegel immer das Innenohr des Menschen.

Insgesamt legt die Arbeitsstättenverordnung daher Grenzwerte fest. Diese betragen für überwiegend geistige Arbeiten 55 dB und schreiben ab 85 dB einen Gehörschutz vor. **dB** ist die Abkürzung für **Dezibel** und eine Maßeinheit für den Schalldruck (Lautstärke).

Lautstärke in dB	Empfundene Lautstärke	Art des Geräusches
10	Nicht hörbar	Atemgeräusch in 30 cm Entfernung
30	sehr leise	Flüstern
50	leise	Normale Unterhaltung
52	leise bis mittellaut	Laserdrucker
66–79	laut	Nadeldrucker
80	laut	Lautes Gespräch, 1 m entfernt
90	sehr laut	Lastwagen, 5 m entfernt
120	unerträglich	Schmerzgrenze

Der Betrieb mehrerer Drucker in einem Büroraum kann bei gleichzeitiger Verwendung schon zu einer erheblichen Lärmbelastung führen. Auch starker Straßenverkehr vor dem Bürofenster ist nur mit Schallschutzverglasung zu ertragen und kann ansonsten zu dauerhaften Gehörschäden führen. Um diesen vorzubeugen, empfiehlt sich die Benutzung von Gehörschutzmitteln, wie z. B. Gehörschutzstöpsel, an die man sich leicht gewöhnt.

Schwerhörigkeit kann nicht geheilt werden und trennt den Menschen von seinen Mitmenschen.

Raumklima
Ein behagliches **Raumklima** ist abhängig von der Lufttemperatur (Raumtemperatur), der Luftfeuchtigkeit, der Strahlungstemperatur (z. B. durch Sonneneinstrahlung) und der Luftgeschwindigkeit (z. B. durch Zugluft).

Eine optimale Raumtemperatur liegt im Bereich von 20 bis 22 °C. Die Messungen sollten erst dann durchgeführt werden, wenn im Raum befindliche Geräte wie Bildschirm, Drucker und Computer einige Zeit im Betrieb sind, um deren abgestrahlte Wärme mit einbeziehen zu können.

Hohe Bestrahlungstemperaturen können durch geeignete Sonnenblenden an der Fensteraußenseite vermieden werden. Starke Zugluft, durch Klimaanlagen oder ständig geöffnete Fenster, beeinträchtigt das Raumklima stark und lässt sich durch gezieltes Lüften und das Aufstellen von Stellwänden in Großraumbüros weitgehend vermeiden. Beachten Sie bei der Ausstattung der Arbeitsräume der Creativ GbR unbedingt die vorgenannten Anforderungen, damit die jungen, dynamischen Mitarbeiter dies auch noch lange bleiben.

5 Finanzierung

Die Creativ GbR hat zur Finanzierung der neuen Hardware nicht genügend finanzielle Mittel zur Verfügung stehen. Die drei Gründer müssen deshalb zur Anschaffung der Hardware Kapital beschaffen.

Grundsätzlich gibt es vier verschiedene Alternativen, um Investitionsgegenstände zu finanzieren.

	Innenfinanzierung	Außenfinanzierung
Eigenfinanzierung	**Selbstfinanzierung** z. B.: Einbehaltung von Gewinnen (Bildung von Gewinnrücklagen)	**Beteiligungsfinanzierung** z. B.: Aufnahme eines neuen Gesellschafters
Fremdfinanzierung	**Finanzierung durch Rückstellungen** z. B. für eventuelle Steuernachzahlungen	**Darlehensfinanzierung** z. B. Bankdarlehen

5.1 Eigen-Innenfinanzierung

Bei der Selbstfinanzierung wird der Gewinn eines Jahres nicht an die Gesellschafter ausgezahlt, sondern verbleibt im Unternehmen. Das Unternehmen bildet Gewinnrücklagen. So erhöht sich das **Eigenkapital**. Das Unternehmen kann auf diese Weise die Anschaffungen aus selbst erwirtschafteten Mitteln „von innen heraus" finanzieren. Man spricht bei der Eigen-Innenfinanzierung deshalb auch von der Selbstfinanzierung.

5.2 Eigen-Außenfinanzierung

Die Beteiligungsfinanzierung erhöht ebenfalls das Eigenkapital des Unternehmens und ist deshalb auch der Eigenfinanzierung zuzuordnen. Der Unterschied zur Selbstfinanzierung ist jedoch der, dass die Mittel zur Finanzierung nicht im Unternehmen entstanden sind, sondern von außen zugeführt werden. Dies geschieht in der Regel durch Einzahlung von Geldbeträgen auf das Bankkonto durch die bereits vorhandenen oder durch neue Gesellschafter.

5.3 Fremd-Innenfinanzierung

Rückstellungen werden in einem Unternehmen gebildet, um in der Zukunft Verbindlichkeiten zu begleichen, von denen man jedoch noch nicht weiß, ob und in welcher Höhe sie entstehen.

Dies können beispielsweise Steuernachzahlungen sein, deren Fälligkeit und Höhe erst mit einem Steuerbescheid bekannt werden.

Solange jedoch diese Fälligkeit nicht eintritt, können die Mittel, die sich im Idealfall auf einem Bankkonto befinden, zu Finanzierungszwecken genutzt werden. Denn diese Mittel sind bis zum Eintritt der Fälligkeit noch im Unternehmen vorhanden. Sollte die Verbindlichkeit nicht oder unter der geschätzten Höhe entstehen, fließen weniger Mittel von Bankkonto ab und die Rückstellung wird ganz oder teilweise wieder zu Eigenkapital.

Die Creativ GbR muss zurzeit keine Rückstellungen bilden, sodass diese Finanzierungsart nicht infrage kommt.

5.4 Fremd-Außenfinanzierung

Bei der Darlehensfinanzierung stellt in der Regel eine Bank einem Darlehensnehmer Mittel für eine vereinbarte Frist zur Verfügung. Hierfür zahlt der Darlehensnehmer Zinsen, die von der Höhe des Zinssatzes abhängen. Die Tilgung kann regelmäßig erfolgen oder in einer Summe am Ende der Darlehenslaufzeit fällig werden. Auch die von einer Bank eingeräumte und von Kunden genutzte „Kontoüberziehung", umgangssprachlich auch „Dispokredit" genannt, ist bereits ein Darlehen. Auch wenn diese Überziehung nur für kurzfristige Liquiditätsengpässe gedacht ist, stellt der „Dispokredit" häufig ein Darlehen mit unbegrenzter Laufzeit dar, weil in der Regel keine Fälligkeit vereinbart ist. Eine von einem Lieferanten eingeräumte Zahlungsfrist ist im rechtlichen Sinne ebenfalls ein Darlehen.

Das **Leasing** ist im klassischen Sinne keine Fremdfinanzierungsmethode. Leasing wird jedoch in der Regel immer wieder als Alternative zur Darlehensfinanzierung genutzt und deshalb in diesem Rahmen auch als Finanzierungsalternative thematisiert.

Gewinnrücklagen sind aufgrund der Neugründung noch nicht vorhanden. Die Gründer der Creativ GbR haben jeweils durch eine Einlage in Form von Barmitteln, die auf das Geschäftskonto bei der Hausbank eingezahlt wurden, Eigenkapital eingebracht (Eigen-Außenfinanzierung). Da dieses jedoch nicht ausreicht, bleibt nur noch die Aufnahme von Fremdkapital. Aufgrund der ausreichenden Höhe des eingebrachten Eigenkapitals hat die Hausbank signalisiert, dass sie die Hardware zu 100% über ein Darlehen finanzieren würde. Als Alternative hierzu soll auch das Leasing der Hardware in die Finanzierungsentscheidung einbezogen werden. Die geplante Nutzungsdauer der Hardware beträgt vier Jahre. Folgende Konditionen wurden eingeholt:

Drei Annuitätendarlehen:	Fälligkeitsdarlehen:	Leasing:
Zinssatz: 4,5% anfängliche Tilgung Darlehen 1: 20% pro Jahr Darlehen 2: 25% pro Jahr Darlehen 3: 30% pro Jahr	Zinssatz: 4,5% Tilgung: in einer Summe am Ende der Laufzeit	Rate für die ersten 32 Monate: 3,36% pro Monat auf die Anschaffungskosten (AK) Rate für die letzten 16 Monate: 0,75% pro Monat auf die AK

Berechnen Sie Zins- und Tilgungszahlungen der Darlehen und die Leasingraten. Berücksichtigen Sie bei den Darlehen auch die richtige Laufzeit. Die Nutzungsdauer der Hardware beträgt vier Jahre. Danach ist sie technisch veraltet. Erstellen Sie zudem mithilfe der folgenden Informationen eine tabellarische Übersicht mit den Vor- und Nachteilen der unterschiedlichen Finanzierungsarten. Beachten Sie hierbei die Situation der Creativ GbR und treffen Sie eine begründete Entscheidung für eine Alternative.

Grundsätzlich sind bei der Darlehensfinanzierung und beim Leasing zu berücksichtigen, dass die Laufzeit so lang sein sollte, wie die geplante Nutzungsdauer des zu finanzierenden Gegenstands.

Eine Maschine wird mit einem Darlehen finanziert. Sollte das Darlehen länger als die geplante Nutzungsdauer laufen, ist die Gefahr gegeben, dass das Unternehmen noch die alte Maschine abbezahlt, obwohl diese längst nicht mehr zu benutzen ist.
Bei zu kurzer Laufzeit könnte es hingegen sein, dass diese Maschine während der Darlehenslaufzeit noch nicht die Mittel wieder eingebracht hat, um das Darlehen bei Fälligkeit zu tilgen.
Die gleiche Maschine wird geleast: Sollte die Vertragsdauer länger als die Nutzungsdauer sein, würde der Betrieb weiter Leasingraten zahlen, obwohl die Maschine nicht mehr zu gebrauchen (bspw. technologisch veraltet oder nicht mehr funktionsfähig) ist.

5.4.1 Annuitätendarlehen

Bei einem Annuitätendarlehen zahlt der Darlehensnehmer regelmäßig auf sein Darlehenskonto in Form von Raten ein. Er begleicht auf diese Weise nach und nach sowohl die Darlehensschuld (Tilgung) als auch die anfallenden Zinsen. Diese Rate nennt sich **Annuität**. Ein Teil der Annuität dient der Begleichung der Zinsen. Der andere Teil wird zur Tilgung verwendet. Die Darlehenslaufzeit wird hierbei von der Höhe der anfänglich festgelegten Tilgung bestimmt.

Annuitätendarlehen, anfängliche Tilgung 20 %, Zinssatz 8 %
Tilgungsplan:

Jahr	Darlehenssumme/Restschuld	Zins	Tilgung	Annuität (pro Jahr)
1	25.000,00	2.000,00	5.000,00	7.000,00
2	20.000,00	1.600,00	5.400,00	7.000,00
3	15.600,00	1.168,00	5.832,00	7.000,00
4	8.768,00	701,44	6.298,56	7.000,00
5	2.469,44	197,56	2.469,44	2.667,00

Zins = Darlehenssumme x Zinssatz
 = 25.000,00 EUR x 8 %
 = 2.000,00 EUR

Tilgung = Darlehenssumme x Tilgungssatz
 = 25.000,00 EUR x 20%
 = 5.000,00 EUR

> Zins + Tilgung = Annuität
> 2.000,00 EUR + 5.000,00 EUR = 7.000,00 EUR
> Monatsrate = 583,33 EUR

Mit jeder vom Darlehensnehmer gezahlten Annuität sinkt die Restschuld des Darlehens. Da diese Restschuld immer geringer wird, sinkt der *Zins*anteil der Annuität, denn dieser berechnet sich auf der Basis einer immer kleiner werdenden Darlehenssumme. Die Annuität bleibt jedoch immer konstant hoch, so dass der *Tilgungs*anteil stetig steigt (deswegen spricht man bei den Darlehenskonditionen von der *anfänglichen* Tilgung).

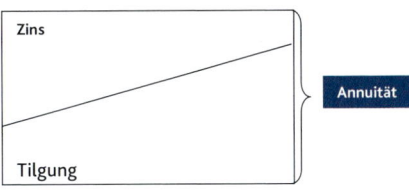

Weiter zu obigem Beispiel:
Zu Jahr 2:
Tilgung = anfänglich festgesetzte Annuität (aus Zeile 1) – neuer Zins (2. Jahr)
= 7.000,00 EUR – 1.600,00 EUR
= **5.400,00 EUR**
Die Tilgung im zweiten Jahr wird aufgrund des geringeren Zinsanteils auf 5.400,-- EUR angepasst.

Am Ende der Darlehenslaufzeit wird die Tilgung an die Darlehenssumme angepasst, damit das Darlehen nicht „überzahlt" wird (vgl. fünftes Jahr im obigen Beispiel).

5.4.2 Fälligkeitsdarlehen

Bei einem Fälligkeitsdarlehen wird die gesamte Darlehenssumme erst am Ende der Laufzeit getilgt. Der Darlehensnehmer zahlt während der Laufzeit nur die jährlich anfallenden Zinsen (in der Regel monatlich oder vierteljährlich).

Fälligkeitsdarlehen, Laufzeit 5 Jahre, Zinssatz 8 %
Tilgungsplan:

Jahr	Darlehenssumme	Zins	Tilgung
1	25.000,00	2.000,00	–
2	25.000,00	2.000,00	–
3	25.000,00	2.000,00	–
4	25.000,00	2.000,00	–
5	25.000,00	2.000,00	25.000,00

Ist eine monatliche Zinsfälligkeit vereinbart, zahlt er im Beispiel somit 166,67 EUR/Monat. Mit der letzten Zinsfälligkeit tilgt er dann die Darlehenssumme.

Exkurs: KfW-Darlehen
Der Staat fördert unter bestimmten Bedingungen Unternehmen (z. B. bestimmte Branchen, Existenzgründer etc.) mit verbilligten Darlehen. Der Staat verspricht sich hiervon die Schaffung von Arbeitsplätzen. Diese Darlehen vergibt er mithilfe der Kreditanstalt für Wiederaufbau (KfW).

Da sich die Förderprogramme und die Konditionen der KfW ständig ändern, sollen hier keine weiteren Angaben zu einzelnen Darlehen gemacht werden. Die Darstellungen im Rahmen des Internet-Auftritts der KfW sind zudem sehr komplex. Sollten Sie die Alternative eines KfW-Darlehens im Rahmen dieses Auftrags prüfen wollen, erkundigen Sie sich bei einer Bank nach dem für die Creativ GbR passenden Förderprogramm. Diese Darlehen werden von fast allen bekannten Banken vermittelt, denn die KfW hat kein eigenes Filialnetz und bedient sich der „normalen" Banken als Vertriebspartner.

5.4.3 Leasing

Leasingverträge haben einen ähnlichen Charakter wie Mietverträge. Nach dem Auslaufen des Leasingvertrags geht das Leasinggut an den Leasinggeber zurück. Alternativ kann es dann auch an den Leasingnehmer oder einen Dritten veräußert werden. Die Kundschaft von Leasinggesellschaften besteht hauptsächlich aus Gewerbetreibenden, eine Ausdehnung auf Privatkunden ist jedoch zu beobachten, besonders im Bereich des Absatzleasing (z. B.: Kraftfahrzeug-Leasing).

5.4.3.1 Kosten des Leasing

Grundsätzlich zahlt man beim fremd finanzierten Kauf an eine Bank Zinsen. Diese beziehen sich auf die Darlehenssumme. Die Leasingrate bezieht sich auf die Anschaffungskosten der geleasten Sache und wird in der Regel als Prozentsatz pro Monat angegeben.

Anschaffungskosten des Gegenstands: 25.000,– EUR
Leasingrate: 3%
monatliche Leasing-Rate: 750,– EUR

5.4.3.2 Vertragsdauer

Die Dauer des Leasingvertrags (**Grundmietzeit**) beim Vollamortisations-Leasing beträgt mindestens 40% und höchstens 90% der betriebsgewöhnlichen Nutzungsdauer eines Leasingobjekts.

betriebsgewöhnliche Nutzungsdauer von Hardware: 36 Monate
maximale Grundmietzeit:
90% der Nutzungsdauer => 36 Monate x 90% = 32,4 Monate (abgerundet: 32 Monate)

betriebsgewöhnliche Nutzungsdauer einer Druckmaschine: 96 Monate
minimale Grundmietzeit: 40% der Nutzungsdauer => 96 Monate x 40% = 38,4 Monate (abgerundet: 38 Monate)

5.4.3.3 Leasingarten

Unterscheidung nach dem Leasinggeber:

Indirektes Leasing:

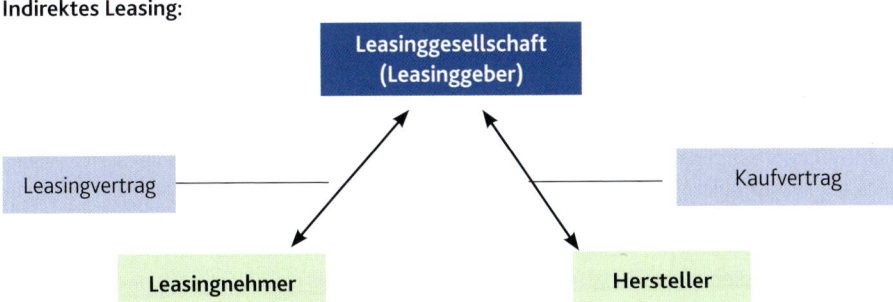

Der Leasinggeber ist nicht der Hersteller des Wirtschaftsgutes. Er ist eine rechtlich selbstständige Leasinggesellschaft, die einem Leasingnehmer ein bestimmtes Leasingobjekt zur Nutzung überlässt (Dreiecksbeziehung).

Herstellerleasing / direktes Leasing:

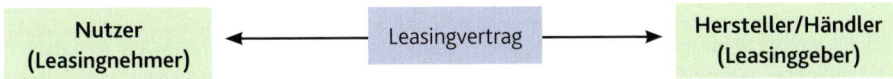

Der Hersteller oder ein Händler ist der Leasinggeber. Diese Konstellation findet allerdings in der Praxis selten Anwendung. Häufig unterhalten große Unternehmen eigene Leasinggesellschaften als Tochterunternehmen. Ein typisches Beispiel hierfür sind die Leasinggesellschaften der großen Automobilhersteller.

Der Kunde eines Autohauses will sich ein neues Auto anschaffen. Er will es jedoch nicht kaufen, sondern leasen. Der Hersteller verkauft hierzu das gewünschte Fahrzeug an die Leasing-Bank. Der Kunde schließt wiederum einen Leasingvertrag mit der Bank ab.

Die Leasing-Banken sind zwar im Eigentum der Hersteller, aber rechtlich eigenständige Unternehmen. Somit sind die meisten Hersteller-Leasingverträge dem oben beschriebenen indirekten Leasing zuzuordnen.

Unterscheidung nach Höhe der Amortisation:
Amortisation bedeutet übersetzt Tilgung. Eine Investition hat sich amortisiert, wenn die Anschaffungs- und Finanzierungskosten eines Investitionsguts durch dessen erbrachte Erträge nach einer bestimmten Zeit wieder „eingespielt" werden. Man spricht hier auch von der **Amortisationsdauer.** Nun gibt es in Bezug auf die Höhe der Amortisation zwei Varianten von Leasingverträgen.

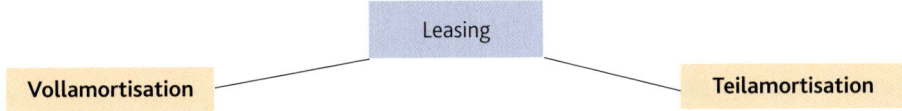

Beim **Vollamortisationsleasing** deckt *aus der Sicht des Leasinggebers* die Summe der gezahlten Leasingraten alle Kosten des Geschäfts ab, also
- die Anschaffungskosten bzw. den Wertverlust des Leasingobjekts,
- die vom Leasinggeber zur Finanzierung des Leasingobjekts aufzubringenden Zinsen,
- die Kosten der Verwaltung.

Das bedeutet, dass der Leasinggeber umgangssprachlich gesprochen mit dem Leasingobjekt „sein Geld verdient hat", selbst wenn das Leasingobjekt dann wertlos sein sollte. Nach der vereinbarten Laufzeit wird der Gegenstand wieder an den Leasinggeber zurückgegeben.

LS 1, 6.1.2

Um einen Kostenvergleich durchzuführen, müssen die Unternehmensgründer berücksichtigen, dass der jährliche Wertverlust (Abschreibung) der Hardware bei dem durch ein Darlehen finanzierten Kauf zulasten der Creativ GbR zu kalkulieren ist.

Beim **Teilamortisationsleasing** decken die Leasingraten durch entsprechend kurze Grundmietzeit nur einen Teil der oben aufgeführten Kosten des Leasinggebers. Zum Ausgleich kann der Leasinggeber zum Ende der Grundmietzeit folgende Optionen mit dem Leasingnehmer vereinbaren:
- **Option 1:** Er kann dem Leasing*nehmer* das Leasingobjekt zu einem vorher vereinbarten Preis anbieten (**Andienungsrecht**). Der Leasingnehmer hat hierbei die Pflicht, aber nicht das Recht, den Gegenstand zu erwerben. Der Leasingnehmer trägt somit bei dieser Variante das **Risiko der Wertminderung**. Er muss nämlich auf Verlangen des Leasing*gebers* den Leasinggegenstand auch dann zum vereinbarten Preis kaufen, wenn der Wiederbeschaffungspreis für ein gleichwertiges Wirtschaftsgut geringer als der vereinbarte Preis ist.
- **Option 2:** Er kann den Leasinggegenstand zurücknehmen und diesen dann an einen Dritten verkaufen oder hierüber einen neuen Leasingvertrag abschließen.

Die Geschäftsführer planen, wie weiter oben erläutert, die Hardware vier Jahre lang zu nutzen. Da die mögliche Grundmietzeit jedoch nur 32 Monate beträgt (vgl. Beispiel weiter oben), bietet die Leasinggesellschaft einen Anschlussvertrag über die restliche Nutzungsdauer von 16 Monaten an (Konditionen: s. S. 65).

6 Kosten- und Leistungsrechnung

6.1 Kostenstellenrechnung

Kosten müssen systematisch erfasst werden, damit eine Kostenkontrolle und eine kostendeckende Kalkulation der Leistungen möglich wird.
Die Leistungen der Creativ GbR sind die Gestaltung von Offset-Druck-Produkten und Internetseiten. Hierzu gehören die Bearbeitung von Bildmaterial und das Nachzeichnen und Erstellen von Grafiken und Logos sowie die Gestaltung von Seiten für Druck-Produkte (Flyer, Prospekte, Kataloge, Speisekarten etc.). Die Daten für die Druckprodukte werden nach der Fertigstellung digital an die Offset GmbH, eine Druckerei, mit der die Creativ GbR zusammenarbeitet, weitergegeben.

6.1.1 Leistungsbereiche einer Agentur

Entsprechend der oben angeführten Leistungen hat die Creativ GbR Arbeitsplätze mit folgender technischer Ausstattung:

 Für die DTP-Tätigkeiten bestehen drei **Computerarbeitsplätze**, an denen die für die Aufträge notwenige Software, vor allem ein Satz-, Grafik- und Bildbearbeitungsprogramm, installiert sind.

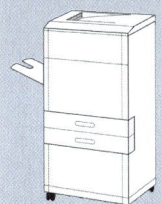 Ein **Farblaserdrucker (DIN-A3)** druckt die gestalteten Probeexemplare aus.

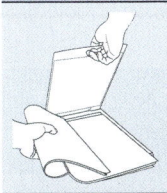 Nicht digital vorhandene Bildvorlagen oder Grafiken von Kunden werden von einem **Scanner** digitalisiert.

 Ein **Server**, mit dem die DTP-Arbeitsplätze vernetzt sind, verwaltet und speichert die Daten. An diesem Arbeitsplatz werden auch allgemeine Verwaltungstätigkeiten ausgeführt.

Nur wenn man genaue Kenntnis über die im Betrieb entstehenden Kosten hat, ist es möglich, die Kosten zu ermitteln, die letztlich ein Kunde mit seinem Auftrag verursacht. Hierzu muss man zunächst die gesamten Kosten einer Rechnungsperiode (ein Jahr) auf die einzelnen **Leistungsbereiche des Betriebs** aufteilen. Ein **Leistungsbereich** ist hierbei ein Arbeitsplatz, an dem Teilleistungen eines Auftrags, also z. B. die Seitengestaltung, erbracht werden. Er kann ständig (Computerarbeitsplätze) oder nur zeitweise (Scanner) mit einem Mitarbeiter besetzt sein.

Die Darstellung der Leistungsbereiche und die Zurechnung der hier entstehenden Kosten wird in der Praxis mit einem sogenannten **Betriebsabrechnungsbogen** (im Weiteren mit **BAB** abgekürzt) durchgeführt (**Kostenstellenrechnung**). Der BAB teilt den Betrieb in seine verschiedenen Kosten verursachenden Leistungsbereiche auf. Auf diese werden alle im Betrieb anfallenden Kosten verursachungsgerecht verteilt. Diese Leistungsbereiche werden **Kostenstellen** genannt. Erst wenn die gesamten Kosten mithilfe des BAB aufgegliedert sind ist es möglich, diejenigen Kosten zu ermitteln, die später durch einen Auftrag getragen werden müssen (**Kalkulation**), denn jeder Leistungsbereich und somit auch jeder Fertigungsschritt verursacht unterschiedlich hohe Kosten (je nach Umfang und Dauer des Auftrags). Die einzelnen Fertigungsschritte (z. B. Scannen, Bildbearbeitung, Satz) können so individuell mit Kosten bewertet werden.

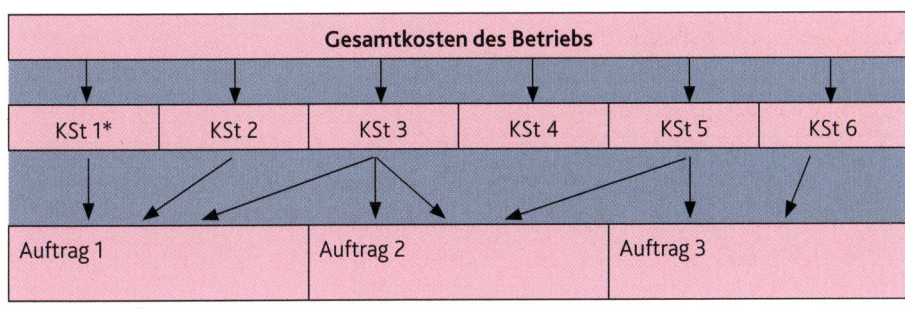

KSt = Kostenstelle

1 | Lernsituation Gründung einer Medienagentur

Um also später die **Selbstkosten** eines Auftrags zu ermitteln, ist es zunächst notwendig, alle Kosten auf die verschiedenen Kostenstellen des Betriebs zu verteilen. Die Kostenstellen, die ein Auftrag bei der Creativ GbR durchläuft sind Folgende:

- die DTP-Arbeitsplätze,
- der Scanner,
- der Farb-Laserdrucker,
- die Verwaltung, der auch Server und Administration zugeordnet sind.

6.1.2 Kostenstellen

Der BAB der Creativ GbR ist untenstehend dargestellt. Personalkosten, Kleinmaterial sowie Kosten für die Instandhaltung und Reparatur werden vorausgeschätzt und können somit den einzelnen Kostenstellen direkt zugeordnet werden. Durch die Anschaffung der neuen Arbeitsplätze und den neu gemieteten Räumlichkeiten müssen jedoch einige Kostenarten und deren Zurechnung zu den Kostenstellen noch ermittelt werden.

(Unvollständiger) BAB der Creativ GbR:

	DTP 1	DTP 2	DTP 3	DIN-A3-Laserdrucker	Scanner	Verwaltung / Server
Kostenarten						
Gemeinkosten						
Löhne und Gehälter in EUR	32.514,07	34.335,30	34.335,30	10.374,88	5.808,36	34.466,10
Gesetzliche Sozialkosten auf Lohn und Gehalt in EUR	6.665,38	7.038,74	7.038,74	2.126,85	1.190,71	7.065,55
Freiwillige Sozialkosten auf Lohn und Gehalt in EUR	519,98	549,13	549,13	170,36	45,66	513,21
Summe Personalkosten in EUR	**39.699,43**	**41.923,17**	**41.923,17**	**12.672,09**	**7.044,73**	**42.044,86**
Kleinmaterial in EUR	2.152,54	576,97	576,97	756,87	316,83	2.814,01
Fremdenergie (Strom, Wasser etc.) in EUR	1.016,45	685,15	685,15	262,78	40,88	1.156,42
Instandhaltung, Reparaturen, Ersatzteile in EUR	2.159,19	375,87	375,87	375,87	864,97	2.936,76
Summe Sachgemeinkosten in EUR	**5.328,18**	**1.637,99**	**1.637,99**	**1.395,52**	**1.222,68**	**6.907,19**
Kosten für Leasing						
Raummiete und Heizung						
Kalkulatorische Abschreibung						
Kalkulatorische Zinsen						
Fertigungswagnis in EUR	1.328,34	2.250,71	2.250,71	756,90	476,74	1.449,92
Summe (Primärkosten)						

Die Kostenarten werden wie folgt auf die Kostenstellen verteilt:

Löhne und Gehälter, gesetzliche Sozialkosten auf Lohn und Gehalt sowie freiwillige Sozialkosten.

Diese Kosten werden durch die Multiplikation des Stundenlohns (inklusive Arbeitgeberanteil zur Sozialversicherung) des jeweiligen Mitarbeiters mit seiner Jahres-Arbeitszeit an der jeweiligen Kostenstellen berechnet.

Löhne und Gehälter = 1.400 Stunden x 30 EUR/Std.
= 42.000,00 EUR

Kleinmaterial (Büromaterial)
Die Zurechnung der Kosten für Büromaterial (Papier, Stifte, Toner etc.) erfolgt verbrauchorientiert, also in Höhe der Anschaffungskosten und der Verbrauchsmenge des benötigten Materials.

Fremdenergie (Strom, Wasser etc.)
Die Fremdenergie wird überschlägig den Kostenstellen zugerechnet, weil eine genaue verbrauchsorientierte Zurechnung dieser Kosten nur mit einem sehr hohen Aufwand möglich wäre. Als Basis dienen die Betriebsdauer und die Leistungsaufnahme der einzelnen Verbraucher wie z. B. Computer, Drucker etc..

Instandhaltung, Reparaturen, Ersatzteile
Instandhaltungskosten werden mithilfe der Rechnungen für erbrachte Reparaturleistungen den Kostenstellen zugerechnet.

Raummiete und Heizung
Die Raummiete inklusive Heizung einer Kostenstelle berechnet sich aus der Gesamt(warm)miete der Räume in Bezug auf den Raumbedarf der einzelnen Arbeitsplätze.

Die Miete pro m² in der neuen Betriebstätte beträgt 79,50 EUR pro Jahr. Die beanspruchten Flächen der einzelnen Kostenstellen sind in der Tabelle unten dargestellt:

Kostenstelle	Fläche in m²
DTP 1	15
DTP 2	15
DTP 3	22
Verwaltung/Server	24
Scanner	3
Drucker	1

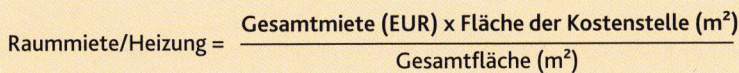

$$\text{Raummiete/Heizung} = \frac{\text{Gesamtmiete (EUR)} \times \text{Fläche der Kostenstelle (m}^2\text{)}}{\text{Gesamtfläche (m}^2\text{)}}$$

Kalkulatorische Abschreibung
Die **kalkulatorische Abschreibung** ist der in Euro bewertete Wertverlust der Betriebs- und Geschäftsausstattung (Büroeinrichtung, Computer etc.). Bei der Nutzungsdauer der Betriebs- und Geschäftsausstattung wird im Durchschnitt von einem Wert von 4 Jahren ausgegangen. Dieser Wertverlust muss deshalb im BAB aufgenommen werden, weil nach durchschnittlich 4 Jahren eine

Neuanschaffung von Gegenständen (beispielsweise Computer) wegen technischer Veralterung oder Abnutzung notwendig wird. Dieser Wertverlust muss durch Umsatzerlöse aus ausgeführten Aufträgen gedeckt werden und kann so bei der Auftragskalkulation in die Preise einfließen. Damit eine Neuanschaffung nach vier Jahren möglich ist, müssen jedoch nicht die Anschaffungs- sondern die voraussichtlichen **Wiederbeschaffungskosten** (Wiederbeschaffungswert: WBW) bei der Berechnung der Abschreibung zugrunde gelegt werden. Nur so ist gewährleistet, dass eine Neuanschaffung nach dem Ende der Nutzungsdauer möglich ist.

$$\text{Kalkulatorische Abschreibung} = \frac{\text{WBW}}{\text{Nutzungsdauer}}$$

Für die Berechnung der Nutzungsdauer von 4 Jahren wird insgesamt mit einem inflationsbedingten Anstieg der Wiederbeschaffungskosten von 2 % pro Jahr kalkuliert. Für die Erhöhung der Anschaffungskosten wird deshalb die folgende Tabelle zugrunde gelegt:

Jahr	Erhöhung in %
1	2,00
2	4,08
3	6,12
4	8,24
5	10,41
6	12,62
7	14,87
8	17,17

Die kalkulatorische Abschreibung einer Druckmaschine (Nutzungsdauer: 8 Jahre) berechnet sich wie folgt:

Anschaffungskosten: 105.164,58 EUR
WBW nach 8 Jahren: 123.221,34 EUR (117,17 % von 105.164,58 EUR)

$$\text{Kalkulatorische Abschreibung} = \frac{123.221,34 \text{ EUR}}{8 \text{ Jahre}}$$

$$= 15.402,67 \text{ EUR/Jahr}$$

Kalkulatorische Zinsen
Durch das in einer Kostenstelle gebundene Kapital entstehen **Kalkulatorische Zinsen**.

Bei der Ermittlung der kalkulatorischen Zinsen wird die Höhe der Investition, die an einer Kostenstelle in Form von Computern, Büroeinrichtung etc. getätigt wurde, zugrunde gelegt. Das in der Investition eingesetzte und gebundene Kapital verursacht Zinskosten, denn teilweise wurden hierfür Darlehen bei einer Bank aufgenommen. Geleaste Wirtschaftsgüter dürfen hierbei nicht in die Berechnung einfließen, weil in diesem Fall das Unternehmen nicht Eigentümer ist und folglich auch kein (Unternehmens-)Kapital gebunden ist. Die Leasingraten werden deshalb im BAB extra aufgeführt. Andererseits ist auch Eigenkapital eingesetzt worden. Hiefür werden zwar keine Zinsen an eine Bank gezahlt. Aber auch Eigenkapital verursacht Zinskosten, weil die Gesellschafter der Creativ GbR auf ihr investiertes Eigenkapital eine Verzinsung in Form einer Gewinnausschüttung erhalten wollen. Alternativ könnten die Gesellschafter das eingesetzte Eigenkapital auch festverzinslich bei einer Bank anlegen und würden dafür Zinsen erhalten.

Man kann somit die kalkulatorischen Eigenkapitalzinsen als „entgangene" Zinsen betrachten. Deshalb müssen auch Zinsen auf das Eigenkapital als Kosten in den BAB berücksichtigt werden. Nur so fließen diese Eigenkapitalzinsen (also die zukünftig mögliche Gewinnausschüttung) in die Kalkulation von Aufträgen mit ein, die so von den Auftraggebern über die Preise für Leistungen „mitbezahlt" werden.

Damit die Zinsen bis zum Ende der Nutzungsdauer (4 Jahre) eines DTP-Arbeitsplatzes konstant hoch sind, ist die **durchschnittliche Kapitalbindung** der Kostenstelle zu ermitteln, um diese dann mit den kalkulatorischen Zinssatz zu verzinsen. Auf diese Weise ist gewährleistet, dass die Kostenstelle über den Zeitraum von 4 Jahren gleichmäßig mit Zinsen „belastet" wird und die Kosten der Kostenstelle über die Jahre konstant bleiben. Es soll so verhindert werden, dass, je nach Alter der Betriebs- und Geschäftsausstattung, unterschiedlich hohe Preise (aufgrund unterschiedlich hoher kalkulatorischer Zinsen) für die gleiche Leistung der Agentur kalkuliert werden.

Kalkulatorische Zinsen

Auch bei der Berechnung der kalkulatorischen Zinsen wird, wie bei der Abschreibung, der Wiederbeschaffungswert zugrunde gelegt. Dieser wird dann mit einem sogenannten **kalkulatorischen Zinssatz** verzinst. Der kalkulatorische Zinssatz ist hierbei ein „Mischzinssatz", der sowohl die Eigen- als auch die Fremdkapitalzinsen beinhaltet. Die so berechneten Zinskosten erscheinen im BAB als kalkulatorische Zinsen. Kalkulatorische Zinsen und kalkulatorische Abschreibungen werden natürlich nicht für geleaste Gegenstände berechnet, weil diese nicht Eigentum der Creativ GmbH, sondern des Leasinggebers sind.

> Kalkulatorische Zinsen = durchschnittlich gebundenes Kapital x kalkulatorischer Zinssatz

Die Druckmaschine einer Druckerei hat einen WBW von 123.221,34 EUR und eine Nutzungsdauer von 8 Jahren. Der kalkulatorische Zinssatz beträgt 6,5 %.

$$\text{Durchschnittl. Kapitalbindung} = \frac{\text{Wiederbeschaffungswert + Restwert}}{2} = \frac{123.221{,}34 + 0 \text{ EUR}^*}{2} = 61.610{,}67 \text{ EUR}$$

Kalkulatorische Zinsen pro Jahr = durchschnittlich gebundenes Kapital x kalkulatorischer Zinssatz
61.610,67 EUR x 6,5 % = 4.004,69 EUR

> * Es wird davon ausgegangen, dass ein (betriebliches) Investitionsgut am Ende der Nutzungsdauer keinen Wert mehr hat. Es wird somit an zwei Zeitpunkten bewertet. Aus den beiden ermittelten Werten wird dann der Durchschnitt gebildet. Deshalb wird der WBW durch zwei dividiert.

> Der kalkulatorische Zinssatz, mit dem die Creativ GbR kalkuliert, beträgt 6,5 %.

Fertigungswagnis
Die kalkulatorischen Wagnisse werden aus Erfahrungswerten der Vergangenheit ermittelt. Die Zuordnung zu den Kostenstellen geschieht nach dem „Verursacherprinzip: Die **Fertigungswagnisse**, wie z. B. anfallende Nacharbeiten an Aufträgen im Rahmen der gesetzlichen Gewährleistung, Nacharbeiten an noch nicht ausgelieferten Aufträgen oder Schadenersatzleistungen infolge von durch die Creativ GbR verschuldeten Vertragsstörungen, müssen den entsprechenden Kostenstellen zugerechnet werden. Die unterschiedlichen Werte in den Kostenstellen basieren auf der Tatsache, dass die Mitarbeiter an unterschiedlich umfangreichen Aufträgen arbeiten, deren Fertigungswagnis aufgrund der Komplexität (und der damit verbundenen finanziellen Folgen bei Mängeln) auch unterschiedlich hoch sind.

6.1.3 Zweistufiger Betriebsabrechnungsbogen einer Medienagentur

Die Creativ GbR hat neben den unmittelbar an der Leistungserstellung beteiligten Kostenstellen (**Endkostenstellen**: DTP-Arbeitsplätze, Drucker, Scanner) auch eine Kostenstelle, die **nicht direkt** an der Leistungserstellung beteiligt. Dies ist die Kostenstelle „Server/Verwaltung" (**Vorkostenstelle**). Trotzdem ist die Verwaltung und der Server für die Leistungserstellung notwendig.

> Frau Boring übernimmt die kaufmännischen und organisatorischen Tätigkeiten.
>
> Da dieser Arbeitsplatz Kosten verursacht, müssen Verwaltung und Server somit immer als Kostenstelle berücksichtigt werden, weil die Kosten durch Kundenaufträge mit gedeckt werden müssen. Es hat sich in der Praxis bewährt, die durch die Verwaltung und den Betrieb des Servers anfallenden Kosten durch eine **Umlage** den Endkostenstellen zuzurechnen. Hiermit wird der Tatsache Rechnung getragen, dass diese Endkostenstellen die Leistungen der Vorkostenstellen (unterschiedlich stark) in Anspruch nehmen.
>
> Diese Leistungen sind beispielsweise:
> - die Erstellung der Lohnabrechnungen
> - der Einkauf und die Disposition von Material
> - das Schreiben von Rechnungen
> - die Vor- und Nachkalkulation eines Auftrags
> - die Erstellung eines Projektplans
> - Administration und Pflege des Netzwerks
> - Akquisition von Kunden

Kosten	Endkostenstellen			Vorkostenstelle
	Fertigung 1	Fertigung 2	Fertigung 3	Verwaltung
Primärkosten				
Sekundärkosten	←	←	←	┘

Diese Umlage ist notwendig, damit man die gesamten Jahreskosten der Endkostenstellen und hierüber die Kosten pro Leistungsstunde **(Verrechnungssatz)** eines DTP-Arbeitsplatzes berechnen kann. Dieser Verrechnungssatz beinhaltet somit durch die Umlage *alle* mit einer Auftragsbearbeitung anfallenden Kosten. Also auch diejenigen, die *nicht unmittelbar* mit der Fertigung zusammenhängenden Verwaltungskosten.

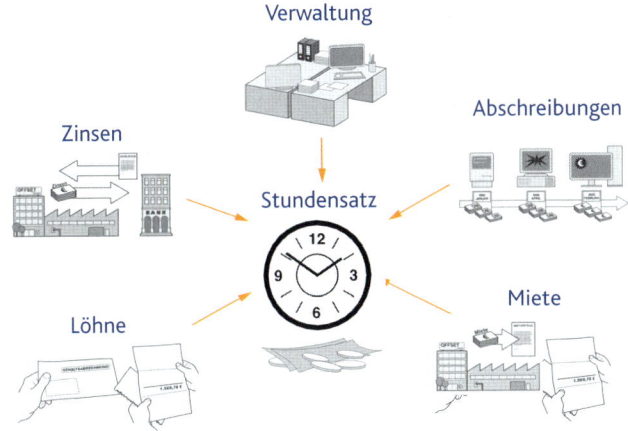

Die Kosten, die durch die Umlage auf die Vorkostenstellen entstehen, nennt man **Sekundärkosten**.

Die Kosten, die bereits vor der Umlage der entsprechenden Kostenstelle zugerechnet wurden, nennt man **Primärkosten**. Auf diese Weise entsteht ein zweistufiger BAB.

Die Kostenstelle „Server/Verwaltung" wird in folgendem Verhältnis auf die Primärkostenstellen umgelegt:

Kosten	Endkostenstellen					Vorkostenstelle
	DTP 1	DTP 2	DTP 3	Scanner	Drucker	Server/Verw.
Primärkosten						
Sekundärkosten	29 %	29 %	29 %	5 %	8 %	←┘

6.2 Kalkulationsmethoden

6.2.1 Verrechnungssatzkalkulation

Für die Berechnung der **Selbstkosten** eines Auftrags ist in der Regel entscheidend, wie lange dieser die entsprechenden Kostenstellen, also die Arbeitsplätze, belegt. Je länger diese Belegung dauert, desto höher sind die entstehenden Kosten.

Ein Mediengestalter arbeitet an einem Auftrag fünf Stunden. Eine Kostenstelle in Form eines DTP-Arbeitsplatzes wird somit fünf Stunden für einen Auftrag beansprucht. Diese Beanspruchung der Kostenstelle muss folglich vom Kunden zuzüglich einem angemessen Gewinnzuschlag bezahlt werden.

Die hier angewandte Kalkulationsmethode ist die **Verrechnungssatzkalkulation**. Hierbei werden die Kosten pro Zeiteinheit (also in der Regel pro Stunde) mit der kalkulierten Dauer eines Leistungsprozesses multipliziert. Die Dauer der Auftragsbearbeitung beruht dabei auf Erfahrungswerten, also auf den Daten von in der Vergangenheit ausgeführten Aufträgen, die ggf. in ähnlicher Form und ähnlichem Umfang erfolgten. Diese Verrechnungssatzkalkulation wird bei allen Tätigkeiten angewandt, bei denen die *Dauer* der Tätigkeit der kostenrelevante Faktor ist. Dieses ist bei Tätigkeiten, die an den **DTP-Arbeitsplätzen** und am **Scanner** ausgeführt werden, gegeben.

Kosten je Mitarbeiterstunde (Verrechnungssatz) an einem DTP-Arbeitsplatz: 50,00 EUR/ Std.
Bearbeitungsdauer: 5 Stunden
Gesamtkosten: 5 Stunden x 50 EUR/Stunde = 250,00 EUR

Um zu einem späteren Zeitpunkt diese Verrechnungssatzkalkulation durchführen zu können, muss zunächst der **Verrechnungssatz** jeder Kostenstelle berechnet werden. Man bezeichnet diesen Verrechnungssatz in Agenturen auch als **Stundensatz oder Mannstundensatz**. Die Stunde, die ein Mitarbeiter an einem Auftrag arbeitet, nennt sich analog dazu auch **Mannstunde**.

Hierbei muss man neben den gesamten Jahreskosten einer Kostenstelle auch die **Fertigungszeit** einer Kostenstelle kennen. Die Fertigungszeit ist hierbei die Zeit, während der die Kostenstelle, bzw. der jeweilige Mitarbeiter, mit der Erstellung von Leistungen befasst ist. Man kann dabei von einem branchenüblichen Schnitt von 1.200–1.400 Fertigungsstunden ausgehen. Die Anzahl der Fertigungsstunden ist abhängig davon, wie viele Überstunden geleistet werden oder wie oft bzw. wie lange ein Mitarbeiter krank ist. Zudem unterliegen die meisten Agenturen keinem Tarifvertrag, so dass hier eine recht große Spannweite existiert.

$$\text{Verrechnungssatz} = \frac{\text{Jahreskosten der Kostenstelle (gem. BAB)}}{\text{Fertigungsstunden}}$$

Die Creativ GbR rechnet mit einer Fertigungszeit von 1.400 Stunden pro Jahr an den DTP-Arbeitsplätzen und 200 Stunden pro Jahr am Scanner.

6.2.2 Divisionskalkulation

Innerhalb einer Rechnungsperiode (hier: 1 Jahr) wird mit dem Laserdrucker eine bestimmte Menge von Ausdrucken (**Proofs**) erstellt. Diese Menge ist in m² zu messen. Es bietet sich bei diesen Kostenstellen an, die Kosten des Laserdruckers auf die ausgedruckten m² zu beziehen, also die m²-Kosten (**Stückkosten**) zu berechnen. Voraussetzung ist allerdings, dass eine mögliche Auslastung, also eine vorausgeschätzte, ausgedruckte Menge für ein Jahr zugrunde gelegt wird. Im Rahmen der Kalkulation können dann die Leistungen, also die Ausdrucke, die im Rahmen eines Auftrags gemacht werden, nach m² abgerechnet werden und nicht nach Zeiteinheiten wie beim DTP. Schließlich ist hier nicht die Dauer einer Tätigkeit kostentreibend, sondern die Herstellung einer bestimmten Menge. Weil hier zur Kalkulation die Gesamtkosten der Kostenstelle durch die Stückzahl (hier: m²) dividiert werden, nennt sich diese Kalkulationsmethode **Divisionskalkulation**.

Stückkostensatz eines Laserdruckers:

$$\text{Stückkosten} = \frac{\text{Jahreskosten der Kostenstelle}}{\text{voraussichtlich produzierte Jahresmenge}}$$

Die Creativ GbR rechnet mit einer voraussichtlich produzierten Jahresmenge von 2.000 m².

Bei steigender Auslastung (also z. B. bei 3.000 m²) würden die m²-Kosten sinken. Um jedoch eine Kalkulation zu ermöglichen, wird eine für gewöhnlich bestehende Auslastung (hier: 2.000 m²) festgesetzt.

Rechtsformen:

Rechtsformen (Unternehmensformen)			
Personengesellschaften		Kapitalgesellschaften	
OHG	KG	GmbH	AG
Gründung: Gesellschaftsvertrag, Eintragung ins Handelsregister	Gründung: Gesellschaftsvertrag, Eintragung ins Handelsregister	Gründung: Satzung, Eintragung ins Handelsregister	Gründung: Satzung, Eintragung ins Handelsregister
Haftung: unmittelbar, unbeschränkt, solidarisch	Haftung: Komplementäre: wie OHG Kommanditisten: mit ihrer Einlage	Haftung: beschränkt mit den Geschäftsanteilen	Haftung: beschränkt mit den Anteilen (Aktien)
Geschäftsführung: Gesellschafter einzeln	Geschäftsführung: Komplementäre einzeln	Geschäftsführung: Geschäftsführer gemeinsam	Geschäftsführung: Vorstand
		Weiteres Organ: Gesellschafterversammlung	Weitere Organe: Aufsichtsrat, Hauptversammlung

Unternehmensorganisation:
- **Stelle:** kleinste organisatorische Einheit
- **Instanz:** Stelle mit Leitungs- bzw. Weisungsfunktion
- **Abteilung:** Stellen mit gleichen oder ähnlichen Aufgaben
- **Anforderungsprofil:** Aufgaben, die an einer Stelle ausgeführt werden
- **Fähigkeitsprofil:** Kompetenzen, Fertigkeiten, die ein Mitarbeiter aufweist

	objektorientiert	verrichtungsorientiert
Stellenebene	Eine Stelle bearbeitet einen Leistungsprozess (z. B. einen Auftrag) ganzheitlich und eigenverantwortlich.	Ein Leistungsprozess wird von mehreren Stellen bearbeitet, wobei jede Stelle nur für eine Teilleistung verantwortlich ist.
Abteilungsebene	Eine Arbeitsgruppe oder eine Abteilung bearbeitet einen Leistungsprozess ganzheitlich und eigenverantwortlich.	Ein Leistungsprozess wird von mehreren Arbeitsgruppen oder Abteilungen bearbeitet, wobei jede nur für eine Teilleistung verantwortlich ist.

Finanzierung:

Finanzierungsarten			
Eigenfinanzierung		Fremdfinanzierung	
Innen-: Selbstfinanzierung	Außen-: Beteiligungsfinanzierung	Innen-: Rückstellungen	Außen-: Darlehensfinanzierung Leasing

Darlehensarten:
Annuitätendarlehen: regelmäßige Tilgungs- und Zinszahlungen (=Annuität) während der Laufzeit
Fälligkeitsdarlehen: während der Laufzeit nur Zinszahlung, vollständige Tilgung am Ende der Laufzeit
Grundsatz bei Finanzierungen: Fristengleichheit von Investition und Finanzierung (Nutzungsdauer = Darlehenslaufzeit/Leasingdauer)

Leasing:
Dauer eines Leasingvertrags: 40 % - 90 % der Nutzungsdauer

Unterscheidung nach:	Leasingarten	
dem Leasinggeber	direkt durch den Hersteller (Herstellerleasing)	Indirekt (durch Leasinggesellschaft)
dem Umfang der Amortisation	Vollamortisation	Teilamortisation

Vollamortisation: Alle Anschaffungs-, Finanzierungs- und Verwaltungskosten des Leasinggebers werden durch die Summe der Leasingraten gedeckt. Der Kauf des Leasingobjekts hat sich durch den Leasingvertrag für den Leasinggeber amortisiert.

Teilamortisation: Finanzierungs- und Verwaltungskosten des Leasinggebers werden teilweise durch die Leasingraten gedeckt. Die Vollständige Deckung der Kosten wird erst nach einem weiteren Leasingvertrag über das Leasingobjekt oder durch den Verkauf durch den Leasinggeber erzielt.

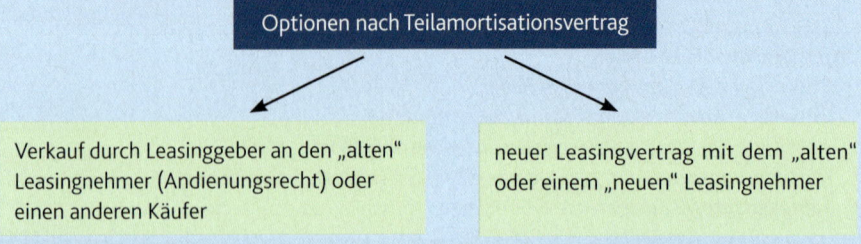

Optionen nach Teilamortisationsvertrag

- Verkauf durch Leasinggeber an den „alten" Leasingnehmer (Andienungsrecht) oder einen anderen Käufer
- neuer Leasingvertrag mit dem „alten" oder einem „neuen" Leasingnehmer

Kostenrechnung
Um eine Kostenkontrolle und spätere Kalkulation zu ermöglichen, werden die gesamten Kosten auf Kostenstellen verteilt:
- **Vorkostenstellen** sind Kostenstellen, die nur mittelbar an der Erstellung von Leistungen beteiligt sind.
- **Endkostenstellen** sind Kostenstellen, die unmittelbar an der Erstellung einer Leistung beteiligt sind.
- **Endkostenstellen** tragen die Kosten der Vorkostenstelle mit Umlage der Kosten der Vorkostenstelle auf die Endkostenstellen.

Verrechnungssatzkalkulation (DTP, Scanner):

$$\text{Verrechnungssatz} = \frac{\text{Jahreskosten}}{\text{Fertigungsstunden}}$$

$$\text{Stückkosten} = \frac{\text{Jahreskosten der Kostenstelle}}{\text{voraussichtlich produzierte Jahresmenge}}$$

*Das **Computersystem** lässt sich insgesamt in die Bereiche **Computer**, **Peripheriegeräte** und **Software** einteilen. Ferner können Computer in einem Netzwerk betrieben werden.*
Neben den technischen Grundlagen spielt auch die Ergonomie am Arbeitsplatz eine wichtige Rolle.

Computer
*Im Inneren des Computers ist die Hauptplatine, das **Mainboard**, der Dreh- und Angelpunkt:*
- ***Prozessor** und **CPU** sorgen für die Geschwindigkeit des Rechners und steuern über Leitungssysteme, die Bussysteme **Daten-, Adress- und Steuerbus**, wichtige Prozesse*
- *Das **BIOS** sorgt für die Kommunikation und den Datenaustausch der verschiedenen Komponenten des Computersystems sowie die Steuerung der Ein- und Ausgabe*
- *Der **Cache** dient als Pufferspeicher zur schnellen Bereitstellung von Daten*
- *Der Festwertspeicher **ROM** ist ein Speicher mit dauerhaft gespeicherten Daten, welche der Computer für alle Grundfunktionen benötigt Der Arbeitsspeicher **RAM** dient zur temporären Speicherung der Daten, an denen gerade gearbeitet wird*
- *Die Steckplätze, **Slots**, sind für Erweiterungskarten, wie Grafikkarte, Netzwerkkarte, TV-Karte und Soundkarte vorgesehen*
- *Unterschiedliche **Ein- und Ausgabeschnittstellen**, z. B. serielle oder parallele Schnittstellen, dienen zum Anschluss der Peripheriegeräte, z. B. Maus, Tastatur, Monitor etc.*

*Ferner komplettieren **Speichermedien** wie Festplatte, Diskette, CD und DVD bzw. die dazugehörigen Laufwerke das Innenleben des Computers.*

Peripheriegeräte
Die Peripheriegeräte lassen sich in Ein- und Ausgabegeräte unterteilen.
- *Zu den **Eingabegeräten** zählen u. a.: Maus, Tastatur und Scanner.*
- *Die wesentlichen **Ausgabegeräte** sind: Monitor und Drucker*

Software
*Neben der Hardware sind geeignete Softwareprodukte für die Arbeit am Computer-Arbeitsplatz erforderlich. Für die Verwaltung der Dateien und die Kommunikation mit den einzelnen Geräten innerhalb und außerhalb des Computers ist ein **Betriebssystem** erforderlich. Beim PC fällt die Wahl meist auf das Windows-Betriebssystem, während der Apple Macintosch mit dem Betriebssystem Mac OS arbeitet.*
*Ferner stehen diverse **Anwendungsprogramme** für die Grafik- und Bildbearbeitung sowie für das Layout zur Verfügung. Meist ist auch reine Bürosoftware zur Textbearbeitung, Tabellenkalkulation und zur Erstellung von Präsentationen für den beruflichen Alltag von Bedeutung.*

Ergonomie am Medienarbeitsplatz
Um Gesundheitsschäden durch die Arbeit am Computer-Arbeitsplatz vorzubeugen, muss dieser so beschaffen sein, dass Folgeschäden, wie z. B. starke Rückenschmerzen und Augenleiden ausbleiben. Dies beinhaltet einen ausreichend großen Arbeitsraum, geeignete Büromöbel sowie deren Platzierung und die Auswahl einer geeigneten Beleuchtung und zusätzliche Berücksichtigung der Faktoren Lärm und Raumklima. Eine den Vorschriften entsprechende Geräteausstattung, wie z. B. ein strahlungsarmer Monitor, eine ergonomische Tastatur und Maus, komplettieren einen ergonomischen Arbeitsplatz.

1 | Lernsituation Gründung einer Medienagentur

1. Rechtsformen
a) Erläutern Sie die Art der Haftung der Gesellschafter in der OHG.
b) Errechnen Sie die gesetzlichen Gewinnanteile für die Gesellschafter der Digitaldruck OHG:
   Gewinn: 60.000,00 EUR
   Einlage Gesellschafter A: 100.000,00 EUR
   Einlage Gesellschafter B: 200.000,00 EUR
c) Errechnen Sie den Gewinnanteil der Gesellschafter:
   Gewinn: 40.000,00 EUR
   Anteile Gesellschafter A: 5.000 Stück
   Anteile Gesellschafter B: 15.000 Stück
d) Warum geben Banken einer GmbH weniger bereitwillig ein Darlehen als einer OHG?
e) Erläutern Sie den Unterschied zwischen einem Geschäftsleiter und einem Geschäftsführer.
f) Nehmen Sie in diesem Zusammenhang Stellung zu der folgenden Aussage eines Berufsschülers: „Noch zwei Tage Blockunterricht in der Berufsschule, dann muss ich wieder in die Firma".

2. Unternehmensorganisation
a) Erläutern Sie den Unterschied zwischen Arbeitsplatz und Stelle.
b) Erläutern Sie die Begriffe „Abteilung" und „Instanz".
c) Als Kunde bei Ihrer Bank haben Sie Beratungsbedarf rund um Ihr Geld. Würden Sie gerne von einem Mitarbeiter, oder für bestimmte Anlageprodukte (beispielsweise Riester-Rente, Anlage der Vermögenswirksamen Leistungen, Fragen und Dienstleistungen rund um Ihr Konto etc.) lieber von spezialisierten Mitarbeitern betreut werden? Diskutieren Sie diese Frage vor dem Hintergrund der unterschiedlichen Organisationsformen.
d) Welche Art der Organisation ist in Ihrem Betrieb vorherrschend?
   Zeichnen Sie hierzu ein Organigramm. Diskutieren Sie anhand Ihrer Praxiserfahrung die Vor- und Nachteile.

3. Computersystem
Computersysteme sind sehr aufwendig und enthalten viele leistungsfähige Komponenten, da verliert man schnell den Überblick, welche Komponente für welche Aufgabe zuständig ist.
a) Was bedeutet der Begriff *Hardware* in Bezug auf das Computersystem?
b) Wie lautet der Oberbegriff aller Hardwareelemente, die sich außerhalb des Computers befinden? Nennen Sie zusätzlich einige Beispiele.
c) Woran kann man ein Mainboard erkennen und welche grundlegende Aufgabe hat es?
d) Welche Brücken (bridges) enthält das Mainboard, wo befinden sie sich und welche Aufgabe haben sie jeweils?
e) Erläutern Sie die Aufgabe des Cache und nennen Sie zwei verschiedene Cache-Arten inklusive möglicher Speicherkapazitäten.
f) Was ist ein Prozessor, wozu dient er und welche Kenngröße ist für den Prozessorkauf wichtig?
g) Welche unterschiedlichen Steckplätze (Slots) sind auf heutigen Mainboards vorhanden und welche Hardware-Bauteile können dort angeschlossen werden? Nennen Sie mindestens drei verschiedene Steckplätze!
h) Für welchen Begriff steht die Abkürzung RAM und wozu wird dieses Hardwareelement im Computer benötigt?
i) Welche drei wesentlichen Busarten werden beim Computersystem unterschieden und welche Aufgaben haben diese?

4. Berechnungen rund um den Computer
Im Zusammenhang mit Computern sind ständig große Zahlen im Umlauf. Da ist die Rede von Mega und Giga, aber auch manchmal nur von Kilo. Doch was bedeuten diese Größen und wie hängen sie zusammen?

Lernsituation Gründung einer Medienagentur | 1

a) Eine Festplatte hat eine Speicherkapazität von 200 GB (Gigabyte). Wie viel MB (Megabyte) bzw. wie viel KB (Kilobyte) entspricht dies?
b) Welche Grafikkarte hat den größeren Arbeitsspeicher? Modell A: 64 MB *oder* Modell B: 64.400 KB? Begründen Sie Ihre Aussage rechnerisch!
c) Monitorgrößen werden in Zoll angegeben. Wie viel Zentimeter entspricht 1Zoll? Was besagen die Monitorgrößen 17" und 19"?
d) Wieviel Arbeitsspeicher muss die Grafikkarte des Computers mindestens haben, um eine Maximalauflösung von 1.280 x 1.024 in True-Color zu ermöglichen? (Rechnung erforderlich).

5. Peripheriegeräte

Herr Müller, Chef der Firma werbetec GmbH, plant für seine Mitarbeiter im DTP-Bereich die Anschaffung von jeweils zwei 19"- und 21"-Monitoren, ist sich jedoch nicht sicher, ob er auf die konventionellen Röhrenmonitore zurückgreifen oder moderne TFT-Bilschirme erwerben soll. Ferner benötigt er einen leistungsfähigen Drucker, der für die Bereiche Briefpost, Etikettendruck und Angebotsdruck eingesetzt werden soll.

a) Worin besteht der technische Unterschied zwischen einem Röhren- und einem TFT-Monitor? Erläutern Sie den Aufbau und die Funktionsweise beider Monitortypen in Stichworten mithilfe von Skizzen.
b) Nennen Sie jeweils mindestens zwei Vor- bzw. Nachteile eines Röhren- und eines TFT-Monitors.
c) Wählen Sie einen Monitor für den oben genannten Anwendungsbereich aus und begründen Sie Ihre Auswahl.
d) Die folgenden Produkte sollen direkt am Arbeitsplatz mit einem einfachen Drucker gedruckt werden. Ordnen Sie jedem Produkt mindestens einen geeigneten Drucker zu und begründen Sie Ihre Zuordnung in Stichworten.

Nadeldrucker, Tintenstrahldrucker, Laserdrucker

Anwendung	Drucker	Begründung
Etiketten		
Fotos		
Geschäftspapiere		
Rechnungen mit Durchschlag		

6. Schnittstellen

Zu Hause gibt es einheitliche Steckdosen, an welche sich fast alle Elektrogeräte anschließen lassen. Doch im Computer gibt es etliche Schnittstellen für unterschiedliche Zwecke.

a) Erläutern Sie den Begriff Schnittstelle in Bezug auf ein Computersystem.
b) An welche unterschiedlichen Schnittstellen kann eine Maus angeschlossen werden?
c) Erläutern Sie den Unterschied zwischen einer seriellen und einer parallelen Schnittstelle und nennen jeweils ein Gerät, welches an die serielle und an die parallele Schnittstelle angeschlossen werden kann.
d) Wozu dient eine USB-Schnittstelle und welche Geräte können u. a. an diese Schnittstelle angeschlossen werden?

7. Steckkarten

Jede Karte gehört in das passende „Fach", im Computer als Slot bezeichnet. Doch welche Karten gibt es für Computer und wo werden sie eingesteckt?

a) Erläutern Sie, wozu im Computersystem eine Grafikkarte benötigt wird und aus welchen Komponenten diese besteht. Geben Sie ferner an, welche Steckplätze für Grafikkarten infrage kommen.

b) Die folgenden Ein- und Ausgabegeräte sollen an den Computer angeschlossen werden. Geben Sie jeweils an, welches Gerät mit welchen Anschlüssen der Soundkarte verbunden werden muss und begründen Sie Ihre Wahl.

Soundkarte	Ein-/Ausgabegerät	Anschlüsse	Begründung
	Mikrofon		
	Headset		
	Lautsprecher		
	Keyboard		

c) Geben Sie an, in welche Slots eine Soundkarte eingesteckt werden kann.

8. Ergonomie am Medienarbeitsplatz

Das Arbeitsleben ist lang und sollte nicht durch arbeitsbedingte Gesundheitsschäden erschwert werden. Daher gibt es Richtlinien für die Ausstattung von Bildschirm- und Büroarbeitsplätzen

a) Welche Vorgaben bestehen für Schreibtische und Bürostühle am Bildschirmarbeitsplatz? Nennen Sie auch die einzuhaltenden Mindestmaße.
b) Machen Sie Angaben zur Aufstellung der Büromöbel am Bildschirmarbeitsplatz.
c) Welche Kenngrößen spielen bei künstlicher Beleuchtung eine Rolle und wie sollte die angeordnet sein?
d) Mit welcher Maßeinheit wird Lautstärke gemessen, ab wann ist ein Gehörschutz erforderlich und welche Richtwerte gelten für überwiegend geistige Leistungen?
e) Ein Nadel- und zwei Laserdrucker sollen in Ihrem Büro untergebracht und als Drucker für Sie und die Kollegen des Nachbarbüros dienen. Sie sind mit der Entscheidung jedoch nicht einverstanden und möchten im Gespräch mit Ihrem Chef schlagkräftige Argumente gegen die Aufstellung der Drucker anführen.
Nennen Sie mindestens drei wichtige Argumente und begründen Sie diese.

9. Finanzierung

a) Eine Bank bietet einem neu gegründeten Druckereibetrieb zwei Finanzierungsalternativen in Höhe von 300.000,– EUR für den Kauf einer Druckmaschine an.

Annuitätendarlehen	Fälligkeitsdarlehen
Zinssatz: 6 %	Zinssatz: 6 %
Anfängliche Tilgung: 8 %	Laufzeit: 10 Jahre

Berechnen Sie die Tilgungspläne für die Darlehen.
Vergleichen Sie die beiden Alternativen, indem Sie Vor- und Nachteile in Bezug auf den Druckereibetrieb gegenüberstellen und begründen.

b) Alternativ soll für die Druckmaschine ein Vollamortisations-Leasingvertrag berechnet werden. Die Nutzungsdauer beträgt 8 Jahre, die Leasingrate 2,5% pro Monat.
Berechnen Sie die maximal mögliche Vertragsdauer und die Leasingrate pro Monat.
Wovon würden Sie es abhängig machen, ob Sie den Leasingvertrag über die maximal mögliche Vertragsdauer abschließen?

c) Diskutieren Sie Vor- und Nachteile der Beteiligungsfinanzierung im Vergleich zur Darlehensfinanzierung.

10. Betriebsabrechnungsbogen

Erstellen Sie mithilfe der folgenden Angaben den zweistufigen BAB der Creativ OHG.
a) Berechnen Sie zunächst die Jahreskosten der einzelnen Kostenstellen.
b) Legen Sie dann die Jahreskosten der Vorkostenstellen Verwaltung, Vertrieb und AV/TL (Arbeitsvorbereitung/Technische Leitung) wie folgt auf die Endkostenstellen um:

Bilderfassung	DTP 1	DTP 2	DTP 3
10 %	30 %	30 %	30 %

	Gesamtkosten	Bilderfassung	DTP-Arbeitsplatz 1	DTP-Arbeitsplatz 2	DTP-Arbeitsplatz 3	Verwaltung	Vertrieb	AV/TL
Löhne und Gehälter	250.000,00 EUR		20 %	20 %	20 %	25 %	5 %	10 %
Gesetzl. Sozialkosten auf Lohn und Gehalt	60.000,00 EUR		20 %	20 %	20 %	25 %	5 %	10 %
Summe Personalkosten	**310.000,00 EUR**							
Kleinmaterial	10.000,00 EUR	10 %	20 %	20 %	20 %	10 %	10 %	10 %
Fremdenergie (Strom, Wasser etc.)	8.000,00 EUR	15 %	20 %	20 %	20 %	10 %	5 %	10 %
Instandhaltung, Reparaturen, Ersatzteile	36.000,00 EUR	1.000,00 EUR	9.000,00 EUR	9.000,00 EUR	9.000,00 EUR	4.000,00 EUR	2.000,00 EUR	2.000,00 EUR
Summe Sachgemeinkosten	**54.000,00 EUR**							
Raummiete und Heizung (Fläche in m²)	18.000,00 EUR	10	12	12	12	15	10	15
Kalkulatorische Abschreibung, gegeben: WBV	30.250,00 EUR	60.000,00 EUR	16.000,00 EUR	16.000,00 EUR	16.000,00 EUR	10.000,00 EUR	10.000,00 EUR	5.000,00 EUR
Abschreibungsdauer (Jahre)		5	4	4	4	4	4	4
7 % Kalkulatorische Zinsen (auf WBW)	4.655,00 EUR	60.000,00 EUR	16.000,00 EUR	16.000,00 EUR	16.000,00 EUR	10.000,00 EUR	10.000,00 EUR	5.000,00 EUR
Fertigungswagnis	8.000,00 EUR	15 %	15 %	15 %	15 %	10 %	10 %	20 %
Summe kalkulatorische Kosten	**60.905,00 EUR**							
Summe Gemeinkosten	**424.905,00 EUR**							

11. Stückkostenkalkulation

a) Berechnen Sie die m²-Kosten des Plattenbelichters:

Arbeitsplatzkosten	132.150,00 EUR
Belichtete Druckplatten	1.500 m²

b) Aufgrund steigender Auftragseingänge und damit notwendig werdender Anschaffung einer neuen Druckmaschine, wird die mögliche Auslastung der Kostenstelle „Druckformherstellung" auf 2.000 m² erhöht. Bei dieser erhöhten Ausbringungsmenge steigen die Energiekosten und die Kosten für Kleinmaterial. Hierdurch steigen die Arbeitsplatzkosten um 5 %. Berechnen Sie die für die Kalkulation der kommenden Rechungsperiode zugrunde zu legenden Stückkosten.

12. Verrechnungssatzkalkulation

Die Druckmaschine der Offset GmbH weist in den ersten 4 Monaten des Jahres durchschnittlich monatliche Kosten von 21.000,00 EUR bei einer durchschnittlichen Fertigungszeit von 105 Std. auf. Durch ein erhöhtes Auftragsvolumen stiegen im Monat Mai die Kosten um 15 %. Die Fertigungszeit erhöhte sich gleichzeitig um 30 %.

a) Berechnen Sie die Stundensätze für die Monate April und Mai.
b) Welche Auswirkungen hat der veränderte Stundensatz im Monat Mai auf das Betriebsergebnis der Print KG, wenn das gesamte Jahr mit dem durchschnittlichen Stundensatz der ersten vier Monate kalkuliert wird?

13. Stückkostenkalkulation

a) Berechnen Sie den Stunden- und Minutensatz des DTP-Arbeitsplatzes:

Fertigungszeit:	1.750 Stunden
Jahreskosten:	98.735,11 EUR

b) Der Stundensatz hat sich auf 62,83 EUR erhöht. Zeigen Sie mögliche Gründe hierfür auf.

14. Kalkulatorische Miete

Ein Druckereibetrieb hat eine Gesamtfläche von 282 m². Die kalkulatorische Miete für den gesamten Betrieb beträgt 20.811,60 EUR.
Raumbedarf der Arbeitsplätze:

Druckmaschine	27 m²	Schneidemaschine	35 m²
Plattenbelichter	48 m²	Lager	105 m²
DTP- Arbeitsplatz	12 m²	Verwaltung	25 m²
Falzmaschine	30 m²		

Berechnen Sie die kalkulatorische Miete pro Jahr für die jeweilige Kostenstelle.

15. Kalkulatorische Abschreibung

Berechnen Sie die kalkulatorische Abschreibung und die kalkulatorischen Zinsen für die folgenden Arbeitsplätze (der kalkulatorische Zinssatz beträgt 6,5 %):

	Wiederbeschaffungswert	Nutzungsdauer
Druckmaschine	497.728,00	8 Jahre
Druckplattenherstellung	236.815,00	5 Jahre
DTP – Arbeitsplatz	17.840,00	4 Jahre
Falzmaschine	56.816,00	8 Jahre
Schnellschneider	753016,00	8 Jahre

16. Betriebsabrechnungsbogen BAB

Erstellen Sie auf der Basis der untenstehenden Angaben den BAB der Offset GmbH.

Kostenarten	Gesamt-kosten	Produktion 1	Produktion 2	Verwaltung	Vertrieb
Löhne und Gehälter	300.000,00	10 %	50 %	20 %	20 %
Gesetzl. Sozialkosten auf Lohn und Gehalt	60.000,00	10 %	50 %	20 %	20 %
Summe Personalkosten	360.000,00				
Kleinmaterial	10.000,00	10 %	70 %	10 %	10 %
Fremdenergie (Strom, Wasser etc.)	8.000,00	5 %	85 %	5 %	5 %
Instandhaltung, Reparaturen, Ersatzteile	16.000,00	1.000,00	9.000,00	4.000,00	2.000,00
Summe Sachgemeinkosten	34.000,00				
Raummiete und Heizung	18.000,00	120 m²	180 m²	20 m²	40 m²
Kalkulatorische Abschreibung	142.500,00	20.000,00 (2 Jahre)	900.000,00 (8 Jahre)	40.000,00 (4 Jahre)	40.000,00 (4 Jahre)
Kalkulatorische Zinsen	35.000,00	20.000,00	900.000,00	40.000,00	40.000,00
Fertigungswagnis	8.000,00	10 %	70 %	10 %	10 %
Summe kalkulatorische Kosten	203.500,00				
Summe Gemeinkosten	597.500,00				

- Die prozentuale Verteilung der Löhne und Gehälter wurde auf Basis der geleisteten Arbeitsstunden in den jeweiligen Kostenstellen durch Stundenzettel ermittelt.
- Die Beträge bei der Kostenart „Instandhaltung, Reparaturen, Ersatzteile" sind durch Zuordnung der Rechnungen zu den entsprechenden Kostenstellen erfolgt.
- Die Angaben in der Zeile „kalkulatorische Abschreibung" beziehen sich auf den Wiederbeschaffungswert (erste Zeile) und die Nutzungsdauer (zweite Zeile).
- Auch bei den kalkulatorischen Zinsen ist in den einzelnen Zellen der Wiederbeschaffungswert angegeben. Der kalkulatorische Zinssatz beträgt 7 %.
- Die Prozentsätze für das Fertigungswagnis sind auf Basis von Durchschnittswerten der vergangenen Rechnungsperioden ermittelt worden.

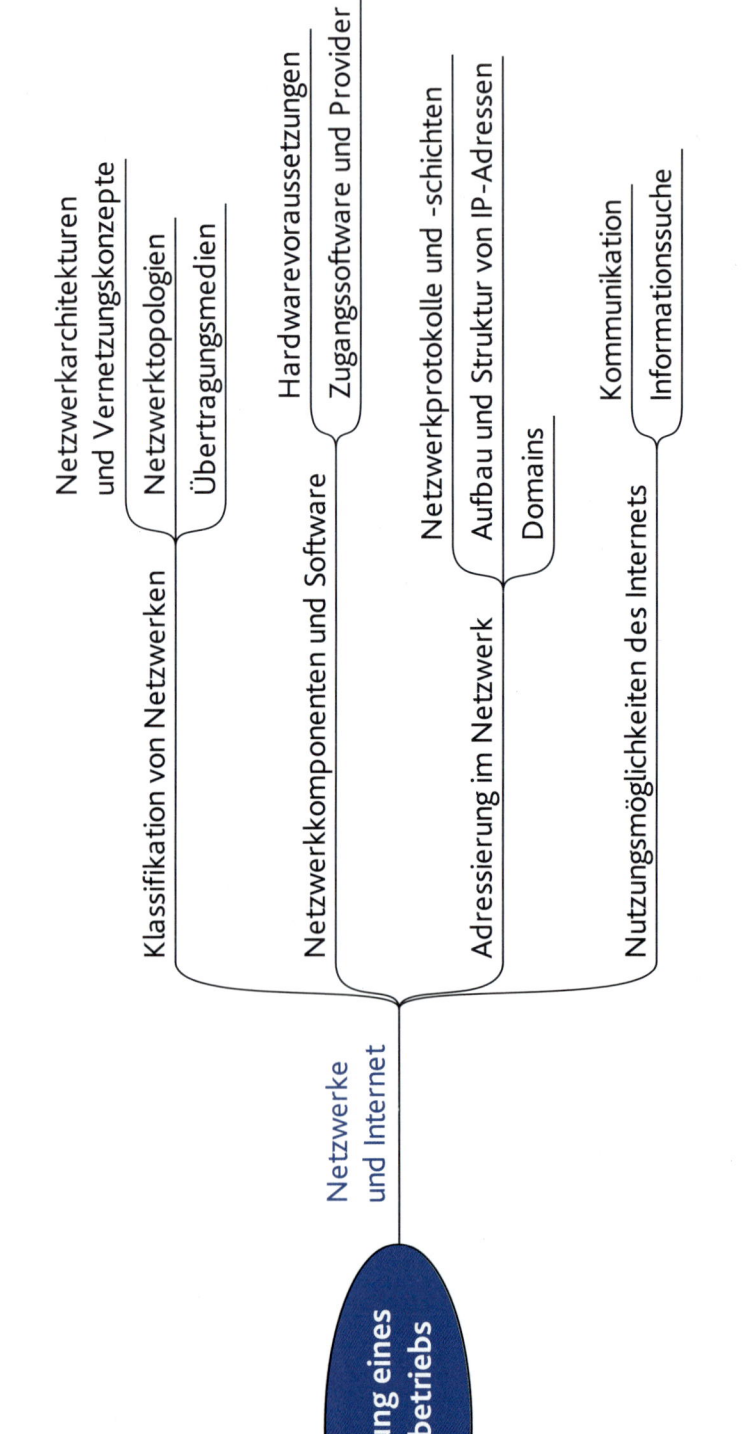

2 Vernetzung eines Medienbetriebs

2 Vernetzung eines Medienbetriebs

Die neu gegründete Medienagentur Creativ GmbH besteht aus drei Mitarbeitern und einer Bürokraft auf Aushilfsbasis. Für die Mitarbeiter stehen insgesamt vier Computer-Arbeitsplätze zur Verfügung. Von diesen Arbeitsplätzen wurde in der Gründungphase bisher nur ein Computer mit dem Internet verbunden und zur Kundenkommunikation sowie zum Datenaustausch genutzt. Zu diesem Zweck steht ein ISDN-Anschluss zur Verfügung.
Im Sinne eines besseren Datenaustausches untereinander und mit den Kunden sowie flexibler Kommunikationsmöglichkeiten, sollen nun alle vier Computer in den beiden Büroräumen miteinander vernetzt werden und einen Internetzugang erhalten.
Die Creativ GmbH benötigt eine Beratung, welche Möglichkeiten zur Vernetzung der Computerarbeitsplätze bestehen und ob die vorhandene ISDN-Verbindung den Anforderungen für die Kommunikation und den Datenaustausch aller vier Mitarbeiter erfüllt oder ein anderer Internetzugang sinnvoll ist.
Des Weiteren sollen alle Mitarbeiter eine eigene E-Mail-Adresse erhalten und es soll eine passende Internetadresse für den Betrieb reserviert werden.
Zu diesem Zweck hat die Creativ GbR Kontakt mit der IT-Firma „Die Netzwerktechniker" aufgenommen.

7 Netzwerke und Internet

In Betrieben mit mehreren Mitarbeitern, wie auch der Creativ GmbH, befinden sich in der Regel mehrere Computer. Diese können, wie bisher geschehen, als Einzelplatzrechner – jeder Mitarbeiter hat seinen eigenen Computer mit eigenen Programmen ohne Verbindung zu den anderen – betrieben werden. Meist macht jedoch die Verbindung der einzelnen Computer über ein Netzwerk Sinn.

Netzwerk: Gruppe von miteinander verbundenen Computern

Beide Möglichkeiten weisen gewisse Vor- und Nachteile auf. Doch insgesamt überwiegen die Vorteile beim Betrieb im Computernetzwerk.
In untenstehender Tabelle sind einige Vor- und Nachteile von Computernetzwerken aufgelistet.

Vorteile	Netzwerk	Nachteile
Kommunikation = schneller Austausch von Informationen und Daten zwischen den einzelnen Nutzern, z. B. durch E-Mail, Intranet		**Erhöhter Sicherheitsaufwand**, da schnelle Verbreitung von Viren, Würmern etc. möglich
Resource-Sharing = Kostengünstiger Umgang mit Betriebsmitteln durch gemeinsame Nutzung der Hardware, z. B. Drucker, Plotter, Faxgerät		Bei der Vernetzung mehrerer Computer ist ein zusätzlicher Server sinnvoll
Data-Sharing = Gemeinsame Nutzung der Datenbestände		Verwaltung und Pflege des Netzwerkes, **Netzwerkadministration** erforderlich
Software-Sharing = Gemeinsame Nutzung auf dem Server befindlicher Software		**Server erforderlich! Datenschutz beachten** und Zugriff auf sensible Daten für andere sperren

An vorstehender Auflistung wird deutlich, dass der Arbeitsablauf durch die Vernetzung von Computern deutlich erleichtert und Kosten für Betriebsmittel z. B. durch die Nutzung eines gemeinsamen Druckers eingespart werden können. Dem gegenüber steht jedoch der erhöhte Installations- und Wartungsaufwand im Gegensatz zu Einzelplatzrechnern, der wiederum mit Zusatzkosten verbunden ist. Abschließend bleibt jedoch anzumerken, dass eine flexible Nutzung der Datenbestände und Betriebsmittel den Arbeitsablauf wesentlich vereinfachen.

7.1 Klassifikation von Netzwerken

Netzwerke zur Datenkommunikation werden, je nach geografischer Ausdehnung, mit den folgenden Bezeichnungen versehen:

Local Area Network/ LAN	Lokale Netze innerhalb eines Gebäudes oder über kurze Entfernungen, meist für einzelne Firmen, Betriebe, Schulen etc.
Metropolitan Area Network/MAN	Großstadtnetze im privaten oder öffentlichen Bereich, die aus einer Kopplung mehrerer LANs bestehen und sich über viele Kilometer, z. B. zwischen den Behörden einer Großstadt, erstrecken können
Wide Area Network/ WAN	Weitverkehrsnetze innerhalb eines Landes oder sogar Kontinentes durch die Kopplung mehrerer MANs und LANs
Global Area Network/GAN	Weltweites Netz als Verbindung der Kontinente untereinander durch die Kopplung der WANs, MANs und LANs mithilfe von Satelitentechnik

Bei einem Netzwerk innerhalb eines Betriebes, einer Firma oder sonstigen Einrichtung handelt es sich immer um ein LAN.

Damit die Nutzung eines Netzwerks jedoch sinnvoll und effizient ist, sollte es einige grundlegende (Mindest-)Anforderungen erfüllen.

Anforderungen an Netzwerke

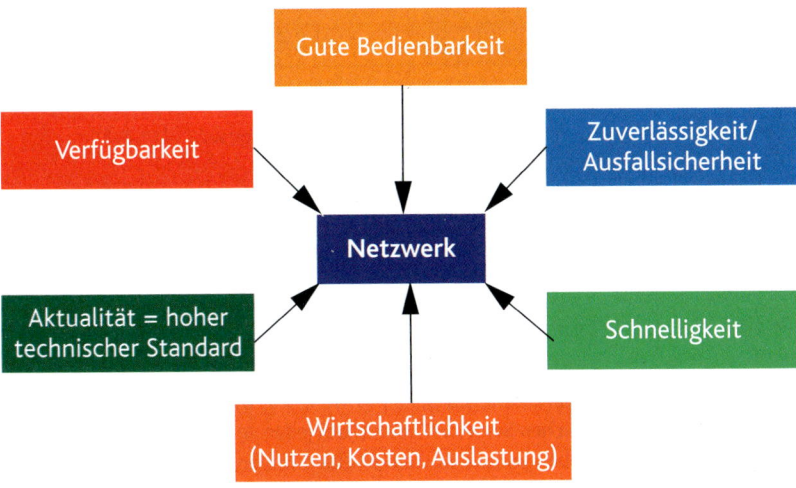

Ein guter Netzwerkadministrator, der sich um eine einwandfreie Funktionalität und Aktualität des Netzwerkes kümmert, ist unerlässlich. Dies kann bei kleinen Firmen auch ein versierter Mitarbeiter sein, der diese Aufgaben zusätzlich übernimmt.

Doch aus welchen Elementen besteht eigentlich ein Computernetzwerk im Einzelnen, welche technischen Voraussetzungen sind erforderlich und wie wird es eingerichtet?

Elemente und Strukturen von Netzwerken
Bei der Vernetzung von Computern ist es zunächst einmal wichtig zu überlegen, welche Aufgabe die einzelnen Computer im Netzwerk übernehmen sollen. Daraus ergeben sich unterschiedlich strukturierte Netzwerke und damit unterschiedliche Netzwerkarchitekturen.

> **Netzwerkarchitektur: Strukturierung des Netzwerkes nach Aufgabenbereichen der einzelnen Computer**

Ferner sind einzelne Computernetze je nach den Bedürfnissen der Anwender unterschiedlich aufgebaut, d. h. die einzelnen Computer werden auf eine bestimmte, vorher festgelegte, Art und Weise miteinander verbunden. Dies nennt man **Netzwerktopologie**.

> **Netzwerktopologie: Art und Struktur der physikalischen Verbindung der einzelnen Computer untereinander.**

Meist ist bei der Vernetzung von Computern ein zentraler Server sinnvoll, um die Kommunikation zwischen den einzelnen Computern zu vereinfachen und Prozesse zentral zu steuern. Jedoch können auch die normalen Arbeitsplatzrechner Server-Funktionen übernehmen.

Was ist eigentlich ein Server (engl. „Bediener") und welche Funktionen kann er übernehmen?

> **Server: Zentraler Rechner im Netzwerk, der den anderen Computern Dienste anbietet**

Server-Funktionen

Serverbezeichnung	Serverdienstleistung
Kommunikationsserver	Steuerung der Kommunikation z. B. im Netzwerk und zu anderen Netzwerken
Fileserver	Speichern und Verwalten von Programmen und Dateien
Printserver	Verwalten und Ausführen von Druckaufträgen
Access-Server	Steuerung und Organisation von externen Zugriffen auf ein Netz

Je nachdem, ob der Server nur Serveraufgaben wahrnimmt, oder gleichzeitig noch als Anwendungscomputer dient, werden folgende Server-Arten unterschieden:

1. **Dedicated Server:** Server wird ausschließlich als Server betrieben
2. **Non-dedicated Server:** Server dient, neben der Serverfunktion, zusätzlich als Anwendungscomputer (Client)

In den meisten Netzwerken findet ein Dedicated-Server Anwendung. In sehr kleinen Netzwerken wird jedoch häufig auf einen zusätzlichen Server verzichtet, um jeden verfügbaren Computer auch als Arbeitsplatz zur Verfügung zu haben und die Kosten für einen weiteren Computer einzusparen. Dort wird dann ein Non-dedicated-Server eingesetzt.

> Welches Serverkonzept – Dedicated-Server oder Non-Dedicated-Server – halten Sie für die Creativ GmbH für geeignet?

Alle im Netzwerk angeschlossenen Computer, die auf den Server zugreifen, werden als **Client** (engl. „Kunde") bezeichnet. Geläufig ist sicherlich auch die Begrifflichkeit Client-Server-Technologie.

Client: Computer in einem Netzwerk, der die Dienste des Servers in Anspruch nimmt

Ähnlich wie die Server werden auch die Clients, je nach Funktion im Netzwerk, in zwei Gruppen aufgeteilt:

1. **Workstation:** Computer mit eigenem Prozessor, eigener (lokaler) Festplatte und eigenen Laufwerken.

Vorteil	Nachteil
Auch bei Störungen im Netzwerk kann an dem Computer eigenständig gearbeitet werden.	Höherer Betreuungsaufwand durch lokale Festplatte und stärkere Gefahr der Verseuchung mit Viren etc., da der Computer über eigene Laufwerke verfügt.

2. **Netzwerkcomputer:** Computer werden ohne lokale Festplatte und lokale Laufwerke betrieben, sodass alle Daten direkt auf dem Server gespeichert und bearbeitet werden.

Vorteil	Nachteil
Höhere Datensicherheit, da keine Laufwerke vorhanden sind, durch welche zusätzlich Viren in das System gelangen können.	Hoher Datentransfer über das Netz, das System wird langsamer, bei Serverausfall ist kein Arbeiten mehr möglich.

Nicht zuletzt ist natürlich auch entsprechende Hardware notwendig, um die geplanten Netzwerkarchitekturen und Netzwerktopologien technisch einwandfrei umsetzen zu können.

7.1.1 Netzwerkarchitekturen – Vernetzungskonzepte

Das Zentralrechnerkonzept
Beim Zentralrechnerkonzept steht ein Großrechner als **Zentralrechner** im Mittelpunkt. Der Zentralrechner ist mit einer Vielzahl von **Terminals** (= unintelligente Computer) verbunden, die lediglich die Aufgabe der Dateneingabe und Datenanzeige übernehmen.

Terminal: Bildschirm und Tastatur zum Zugriff auf einen Zentralrechner

Dieses Konzept ist schon lange gebräuchlich und findet heute im Wesentlichen noch im Bank- und Versicherungsbereich Anwendung. Auch die Geldautomaten der Banken sind ein Beispiel für Terminals.

Zentralrechner-Konzept: Großrechner oder intelligenter PC ist mit Terminals verbunden

Vorteile	Nachteile
• Kosteneinsparung • Nur Monitor und Tastatur bei Terminals • Geringe Kosten je Nutzer	• Bei Ausfall des Zentralrechners sind alle Terminals funktionslos • Spezieller Raum für Zentralrechner erforderlich

Das Peer-to-Peer-Konzept

Beim Peer-to-Peer-Konzept sind alle Computer im Netzwerk gleichberechtigt und durch einem HUB miteinander verbunden. Jeder Computer dient als Client und als Server.

> **Peer-to-Peer-Konzept: Zwei oder mehr untereinander gleichberechtigte Computer**

Es ist möglich, jeden Computer im Netzwerk als separate Workstation zu benutzen. Des Weiteren kann jeder Computer für einen anderen Computer Dienstleistungen ausführen, also Server-Aufgaben wahrnehmen.

Das Peer-To-Peer-Konzept ist nur für kleine Netzwerke mit maximal 10 Computern geeignet, da das Netzwerk ansonsten schnell unübersichtlich und schwer zu warten wird.
Hauptanwendungsbereich: Spiele (z. B. bei LAN-Partys).

Vorteile	Nachteile
• Geringe Kosten • Einfache Installation und Konfiguration	• Keine zentrale Bereitstellung der Daten • Kein zentrales Backup

Client-Server-Konzept

Beim Client-Server-Konzept dient ein (bei großen Netzen auch mehrere) Computer als Server. Der Server übernimmt die im Netz benötigten Serverfunktionen und dient z. B. als Fileserver oder Printserver. Die angeschlossen Computer, die Clients, greifen auf den Server zu, um die entsprechenden Funktionen des Servers zu nutzen, z. B. das Ausdrucken von Unterlagen.

Hauptanwendungsbereich: Firmen- oder Schul- und Hochschulnetzwerke.

Vorteile	Nachteile
• Zentrale Datenverwaltung • Zentrales Backup • Ortsunabhängiger Zugriff durch Login	• Teure Workstations • Aufwändige Server- und Netzwerkinstallation

Nach der Auswahl der geeigneten Netzwerkarchitektur geht es nun darum, eine geeignete Netzwerktopologie zu finden.

7.1.2 Netzwerktopologien

> Bei der Auswahl der **Netzwerktopologie**, z. B. für die Creativ GmbH, spielen einerseits die Anzahl der Computer, andererseits die räumlichen Gegebenheiten eine wichtige Rolle (befinden sich alle Mitarbeiter in einem Gebäude, auf einer Etage etc.). Wichtig ist des Weiteren die Zuordnung der Mitarbeiter zu Arbeitsgruppen und Abteilungen. Mitarbeiter einer Arbeitsgruppe sollten in der Regel Zugriff auf die gleichen Dateien haben und möglicherweise einen Drucker gemeinsam nutzen.
>
> Es muss also zunächst überlegt werden, ob ein Netz in weitere Teilnetze unterteilt werden soll und wie die Computer in jedem Teilnetz bzw. im Gesamtnetz miteinander verbunden werden können.

Für lokale Netze (LANs) innerhalb einer Firma oder eines Unternehmens sind die folgenden Netzwerktopologien gebräuchlich:

- Bus-Topologie
- Ring-Topologie
- Stern-Topologie
- Baum-Topologie

Bus-Topologie

Alle Computer kommunizieren über ein gemeinsames Datenkabel, einen Datenbus, miteinander. Alle Rechner, inklusive (möglichem) Server und Drucker, liegen, in meist kurzen Abständen, am Datenbus.
Um Störsignale und Signalreflexionen zu vermeiden, ist an jedem Kabelende ein Abschlusswiderstand notwendig.

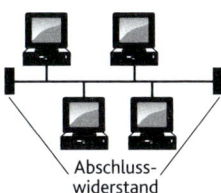

Vorteile	Nachteile
• Geringe Kosten • Einfache Installation • Leicht zu erweitern	• Bei Kabelbruch Netzausfall • Nur für eine geringe Computerzahl (kleines Netz) geeignet • Fehlersuche kompliziert • Lange Wartezeiten bei gleichzeitigem Datentransfer

Anwendung:
Kleine Netze und Netze mit geringem Datentransfer, z. B. in Schulen zur Vernetzung einzelner Räume

Ring-Topologie

Alle Computer werden in Form eines Rings miteinander verbunden. Jeder Rechner ist also lediglich mit seinen beiden Nachbarn direkt verbunden. Die Informationen und Daten, die übertragen werden sollen, werden von Computer zu Computer weitergereicht. Da alle Daten über die gleiche Leitung laufen, muss diese eine hohe Bandbreite (Bitrate) haben.

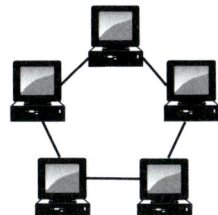

Vorteile	Nachteile
• Hohe Übertragungssicherheit • Leicht zu erweitern • Keine Beschränkung der Gesamtlänge des Netzes, da die Rechner als Zwischenverstärker dienen	• Bei Kabelunterbrechung Netzausfall • Hohe Installationskosten • Fehlersuche aufwändig

Anwendungen:
Kabel-TV-Netze, Lokale Datennetze (LAN)

Stern-Topologie

Alle Rechner werden sternförmig mit einem Zentralrechner, meistens dem Server, verbunden. Die einzelnen Computer können dabei reine Netzwerkrechner ohne eigene Laufwerke sein.

Vorteile	Nachteile
• Leicht zu erweitern • Geringe Störanfälligkeit (Netz funktioniert weiter bei Ausfall einzelner Computer) • Hohe Übertragungssicherheit • Leichte Fehlersuche	• Netzausfall bei Ausfall des Zentralrechners/Servers • Aufwändige Verkabelung • Begrenzte Leitungslänge

Anwendung:
Mittelgroße Netze mit zentralem Server im Client-Server-Konzept, kleine Netze im Peer-to-Peer-Konzept

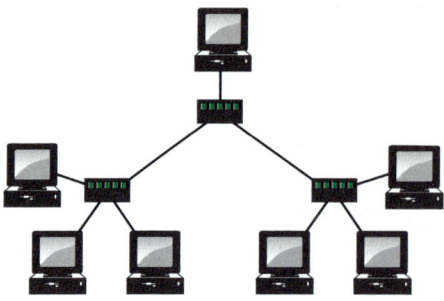

Baum-Topologie
Bei der Baum-Topologie lassen sich größere Netze in kleinere Unternetze aufteilen. Jeder Ast des Baumes stellt ein Unternetz dar. Die Unternetze sind durch Verteiler (Switch) miteinander verbunden.

Vorteile	Nachteile
• Hohe Ausfallsicherheit • Leicht zu erweitern • Große Entfernungen realisierbar	• Bei Verteilerausfall fällt Unternetz (Zweig) ganz aus

Anwendung:
Große Netze mit vielen Rechnern

In den meisten eher kleinen und mittleren Netzwerken findet ein Sternnetz Anwendung. Auch eine Kombination aus Bus- und Sternnetzen ist verbreitet.

Welche Netzwerktopologien und welche Netzwerkkonzepte sind für die Anwendung in der Firma Creativ GmbH geeignet? Stellen Sie zwei Varianten einander gegenüber und vergleichen Sie diese.

7.1.3 Übertragungsmedien

Nach der Planung der Netzwerktopologie geht es darum, die einzelnen Computer auch physikalisch miteinander zu verbinden. Dazu sind Übertragungsmedien, z. B. Kabel oder auch eine Funkübertragung, notwendig.

Übertragungsmedien: Technische Einrichtungen zur schnellen und sicheren Übermittlung von Signalen

Zur Signalübertragung zwischen den einzelnen Computern ist grundsätzlich jedes Material bzw. jeder Stoff geeignet, der elektrische Licht- oder Funksignale in irgendeiner Weise übertragen kann. Infrage kommende Übertragungsmedien zur Vernetzung von Computern lassen sich dabei in zwei Gruppen unterteilen:

- Leitergebundene Übertragungsmedien
- Leiterungebundene Übertragungsmedien

Leitergebundene Übertragungsmedien
Unter leitergebundenen Übertragungsmedien versteht man Übertragungsmedien, die sich anfassen lassen und in Kabelkanälen von Computer zu Computer verlegt werden müssen.

Übersicht leitergebundener Übertragungsmedien

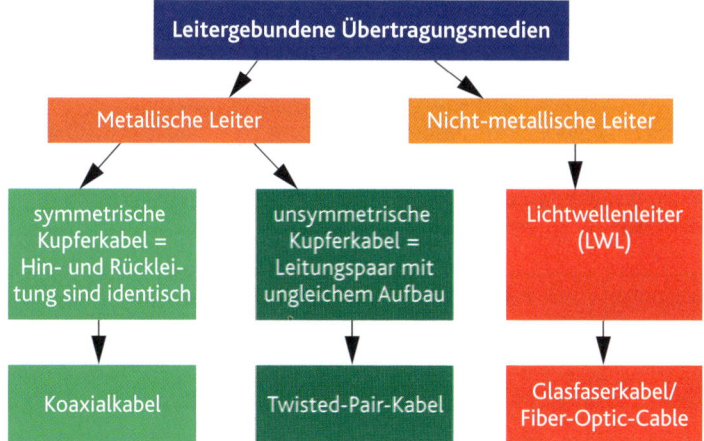

Koaxialkabel
Neben dem Einsatz am Fernsehgerät zur Verbindung von TV und Antenne finden auch in der Netzwerktechnik etwas veränderte Koaxialkabel Anwendung.

Ein Koaxialkabel besteht im Inneren aus einer Kupferleitung, welche von einer Isolationsschicht umgeben ist und außen ein Drahtgeflecht aus Kupfer aufweist. Dieses fungiert sowohl als Leiter als auch als Abschirmung gegen Störfelder.

Aufgrund der Abschirmung sind Koaxialkabel für große Entfernungen von bis zu 925 m (185 m je Segment bei maximal 5 Segmenten) geeignet.

Übertragungsrate: maximal 10 MBit/s = 10Mbps
Anwendung: Busnetze

Koaxialkabel

Twisted-Pair-Kabel
Twisted-Pair-Kabel sind verdrillte Kabel und finden überwiegend in Sternnetzen bei kurzen Entfernungen Anwendung. Ein Twisted-Pair-Kabel besteht in der Regel aus insgesamt acht jeweils paarweise miteinander verdrillten Kupferkabeln. Durch das Verdrillen wird der Einfluss äußerer Störfelder reduziert. Man unterschiedet zwischen ungeschirmten UTP-Kabeln (Unshielded Twisted Pair) und geschirmten FTP- (Foiled Twisted Pair) oder STP-Kabeln (Shielded Twisted Pair) bzw. deren Varianten. Die Abschirmung stellt einen zusätzlichen Schutz gegen Störfelder dar.

Twisted-Pair-Kabel

Übersicht gängiger Twisted-Pair-Kabel

Bezeichnung	Abschirmung	Kabellänge	Vor-/Nachteile
UTP	ungeschirmt	max. 100 m	+ geringer Kabeldurchmesser + gut zu verlegen – störanfällig, da ungeschirmt
S/UTP	Metallgeflecht oder -folie um alle Adernpaare	max. 100 m	+ besser als UTP, da geschirmt
FTP	Metallfolie um einzelne Adernpaare	max. 100 m	+ gute Abschirmung
S/FTP SF/FTP	Metallfolie um einzelne Adernpaare und zusätzliches Metallgeflecht um alle Adernpaare	max. 100 m	+ sehr gute Abschirmung – wenig flexibel – schwer zu verlegen

Die Übertragungsraten der Twisted-Pair-Kabel liegen in der Regel im Bereich von 10 MBit/s bis zu 100 MBit/s. Insbesondere bei hohen Übertragungsraten sind UTP-Kabel im Nachteil, da sie aufgrund fehlender Abschirmung eine deutlich schlechtere Übertragungsqualität aufweisen.

RJ-45-Stecker

Alle Arten von Twisted-Pair-Kabeln werden am Leitungsende mit einem RJ-45-Stecker versehen und können so problemlos mit einem **Hub**, einem **Switch** oder auch einem **Router** verbunden werden.

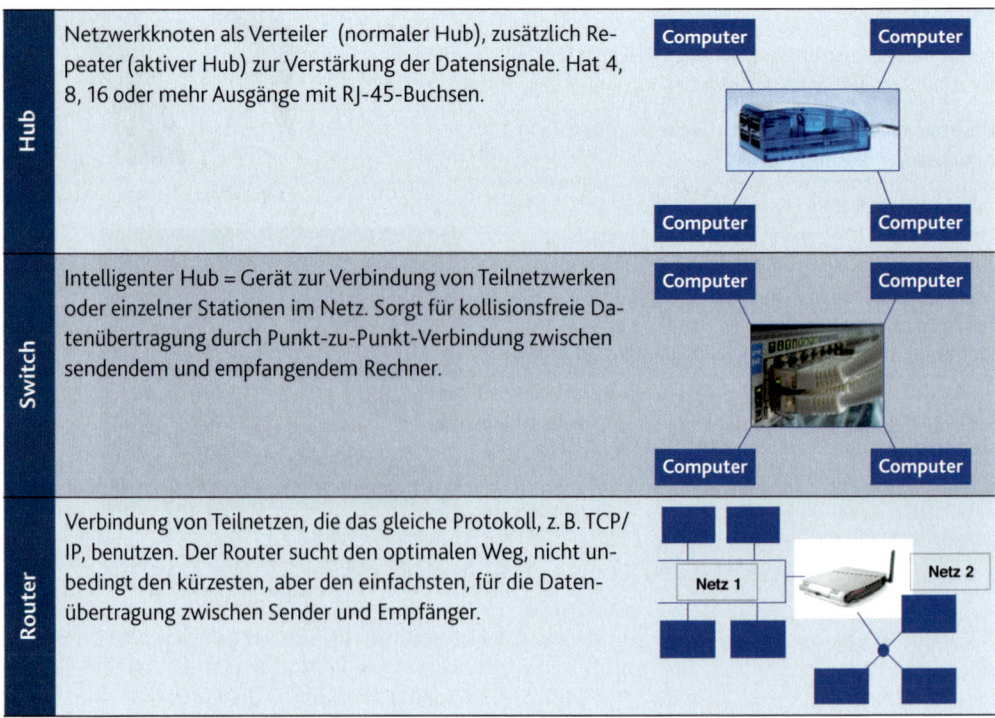

Hub: Netzwerkknoten als Verteiler (normaler Hub), zusätzlich Repeater (aktiver Hub) zur Verstärkung der Datensignale. Hat 4, 8, 16 oder mehr Ausgänge mit RJ-45-Buchsen.

Switch: Intelligenter Hub = Gerät zur Verbindung von Teilnetzwerken oder einzelner Stationen im Netz. Sorgt für kollisionsfreie Datenübertragung durch Punkt-zu-Punkt-Verbindung zwischen sendendem und empfangendem Rechner.

Router: Verbindung von Teilnetzen, die das gleiche Protokoll, z. B. TCP/IP, benutzen. Der Router sucht den optimalen Weg, nicht unbedingt den kürzesten, aber den einfachsten, für die Datenübertragung zwischen Sender und Empfänger.

Lichtwellenleiter-Kabel (LWL)

Im Bereich der Datenübertragung spielen Lichtwellenleiter, oft auch als Glasfaserkabel bezeichnet, eine immer größere Rolle.

Lichtwellenleiter übertragen moduliertes (abgewandeltes, verändertes) Licht über eine Glas- oder Kunststofffaser. Die Glasfaser besteht aus einem ca. 0,1 mm starken, lichtleitenden Glasfaser- oder Kunststofffaserkern (Core). Dieser ist von einem Mantel (Cladding) aus Glasfasern umgeben. Außen befindet sich eine mechanische Schutzschicht (Primary Coating) aus Kunststoff (Acrylat).

Kern und Mantel haben einen unterschiedlichen Brechungsindex, der dazu führt, dass das Licht im LWL reflektiert wird und nicht austreten kann. Die einzelnen Lichtimpulse bewegen sich dann entlang der inneren Glasfasern. Beim Typ **Monomode-Glasfaser** wird je Kern nur ein Lichtimpuls übertragen, während beim Typ **Multimode-Glasfaser** mehrere Lichtsignale durch einen Kern geschickt werden können.

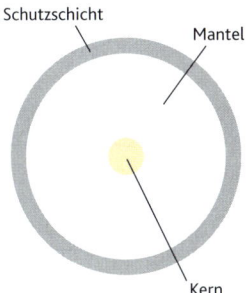
Aufbau Monomode-Glasfaserkabel

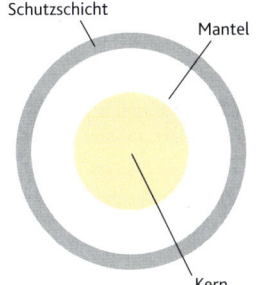
Aufbau Multimode-Glasfaserkabel

Die Übertragungsrate ist bei Lichtwellenleitern sehr hoch und kann mehrere GBit/s betragen.

Vorteile	Nachteile
• dünn, leicht und sehr flexibel • zugfest • gutes Preis-Leistungs-Verhältnis • hohe Übertragungsrate • hohe Störsicherheit, große Abhörsicherheit • darf in explosionsgefährdeten Umgebungen verlegt werden • chemisch und thermisch stabil	• hohe Installationskosten • hoher Installationsaufwand • bei kurzen Verbindungen teurer als Kupferleitungen

Leiterungebundene Übertragungsmedien

Neben den leitergebundenen Übertragungsmedien werden vermehrt leiterungebundene Übertragungsmedien zur Datenübertragung eingesetzt. Dies sind die Medien, die man weder sehen noch anfassen kann. Das bekannteste Medium ist hier wohl die Funkverbindung, wie sie beim Handy bereits lange genutzt wird. Ferner finden noch Infrarot-Technologien verstärkt Anwendung.

Alle leiterungebundenen Übertragungsmedien nutzen das Medium Luft und sind dann erste Wahl, wenn geografische oder räumliche Gegebenheiten eine leitergebundene Verbindung mit Kabeln nur schwer oder gar nicht ermöglichen.

Funk

In einem **WLAN** (**W**ireless **L**ocal **A**rea **N**etwork) erfolgt die Datenübertragung kabellos per Funkwellen im Mikrowellenbereich. Zum Datenempfang müssen die Endgeräte, die in dieses Netzwerk integriert werden sollen, mit einem speziellen WLAN-Modul ausgerüstet sein. Dieses ist in modernen Notebooks bereits enthalten, ist aber auch für den PC zum Anschluss an die USB-Schnittstelle erhältlich. Ferner ist ein WLAN-Router oder ein sogenannter Access-Point erforderlich, vom dem die Daten kabellos übertragen werden.

Die Datenübertragungsrate von WLAN liegt bei einem theoretischen Wert von 54 MBit/s, erreicht in der Praxis jedoch nur ca. 40 MBit/s. Die Reichweite ist abhängig von abschirmenden Hindernissen und der mindestens angestrebten Datenübertragungsrate. Mit einem Access-Point kann sie im Freien – jedoch mit einer geringen Übertragungsrate – bis zu 500 m betragen.

Inzwischen gibt es im öffentlichen Raum eine Vielzahl solcher Access-Points (Hotspots), wie Bahnhöfe, Flughäfen, Restaurants und Hotels, aber auch Firmen und Privatleute nutzen die WLAN-Technologie, um auf die aufwändige Verkabelung zu verzichten.

Die WLAN-Technologie erweist sich insbesondere dann als vorteilhaft, wenn unterwegs ein problemloser Internetzugang gewünscht wird oder im eigenen Wohnbereich mehrere Nutzer in verschiedenen Räumen eine Internetverbindung ohne vorherige Verkabelung herstellen möchten.

Vor- und Nachteile der Funktechnologie:

Vorteile	Nachteile
• Leicht zu installieren • Variabel einsetzbar • Internetverbindung auch unterwegs	• Nur für kurze Entfernungen geeignet • Störanfällig durch Hindernisse

Infrarot

Infrarotstrahlung grenzt direkt an den Bereich der für Menschen sichtbaren Lichtstrahlen und arbeitet in einem sehr hohen Frequenzbereich. Als Voraussetzung für die Datenübertragung mit Infrarot ist ein spezieller Infrarot-Port, auch als IrDA (Infrared Data Association) bezeichnet, erforderlich. In Notebooks ist dieser Port meist eingebaut, während er für PCs nachgerüstet und an die serielle Schnittstelle angeschlossen werden kann. Die Übertragungsgeschwindigkeit wird dann jedoch durch die Maximalgeschwindigkeit der seriellen Schnittstelle bestimmt.

Für die Datenverbindung mit Infrarot gibt es immer nur einen Sender (Primary Station), der nacheinander den Datenverkehr mit mehreren Empfänger (Secondary Stations) aufnehmen kann. Es handelt sich hierbei um eine Punkt-zu-Punkt-Verbindung von einem Sender zu einem Empfänger.

Die Datenübertragungsraten von Infrarotverbindungen liegen im Bereich von 4 bis 16 MB über sehr kurze Distanzen (ca. 1 m). Helles Licht und Gegenstände können die Datenübertragung per Infrarot blockieren.

Infrarot wird häufig eingesetzt, um Daten eines portablen Minicomputers (PDA) auf den Computer oder das Notebook zu übertragen.

Vor- und Nachteile der Infrarottechnologie:

Vorteile	Nachteile
• Ökonomisch, da Verkabelung entfällt • International einsetzbar • Leicht zu installieren	• Nur für sehr kurze Entfernungen geeignet • Störanfällig durch andere Lichtsignale

7.2 Hard- und Softwarevoraussetzungen

Die Firma Creativ GmbH steht vor den folgenden Fragen:
1. Auf welche Art sollen die Computer miteinander vernetzt werden? → Auswahl einer geeigneten Netzwerktopologie
2. Ist der bestehende ISDN-Zugang für die Internetanbindung aller Computer geeignet oder empfiehlt sich eine andere Zugangsmöglichkeit?
3. Welche zusätzlichen Hardwarekomponenten müssen angeschafft werden?
4. Welche Zugangssoftware wird benötigt?

7.2.1 Hardwarevoraussetzungen

Um am Datenstrom im Internet teilzuhaben, müssen alle im Netz befindlichen Computer die hardwaretechnischen Voraussetzungen für eine Internetverbindung erfüllen. Dazu gehören einerseits gewisse Mindestvoraussetzungen bezüglich der Prozessorleistung des Arbeitsspeichers und des Betriebssystems und andererseits eine Netzwerkkarte.
Insgesamt lassen sich die benötigten Hardwarevoraussetzungen in die beiden Gruppen Computersystem und Internetzugang unterteilen.

Vgl. LS 1, 3.1.1, 3.1.3, 4.3.1

Mindestvoraussetzungen Hardware

Prozessor	Pentium II oder AMD Athlon
Taktfrequenz	233 MHz oder höher
Arbeitsspeicher	128 MB oder mehr
Betriebssystem	Windows 98 / Mac OS 8.6 oder höher

Je nachdem, für welchen Telefonanschluss man sich entscheidet (DSL, ISDN), erfolgt der Zugang zum Internet über verschiedene Hardwarekomponenten und mit unterschiedlichen Geschwindigkeiten. Ferner ist es möglich, über den Kabelanschluss eines Kabelnetzbetreibers, den normalen Stromanschluss oder per Mobilfunk eine Internetverbindung aufzubauen.
Im Folgenden werden die Hardwarevoraussetzungen für unterschiedliche Zugangsmöglichkeiten zum Internet aufgezeigt. Dies geschieht vereinfacht, bis auf das Beispiel Stromnetz, für einen Computer. Abschließend wird der Netzwerkanschluss mehrerer Computer als Prinzipdarstellung vorgestellt.

Zugangshardware

Analog

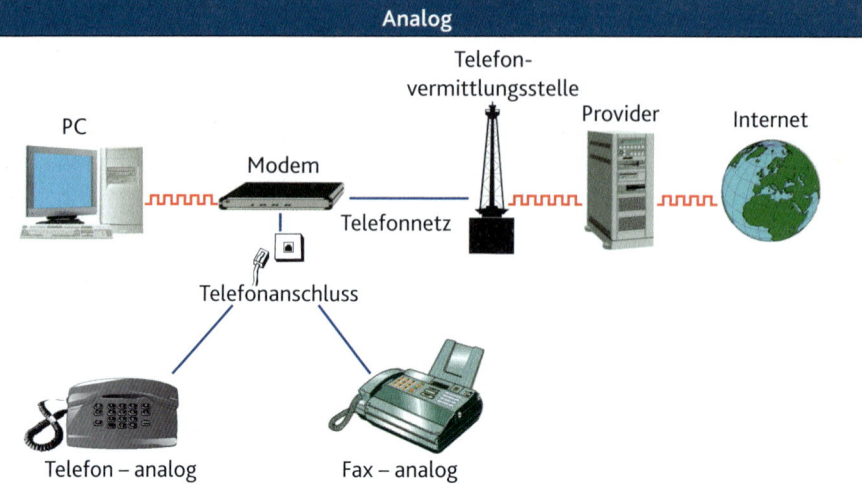

Notwendige Hardware:
- Analoger Telefonanschluss
  PSNT (Public Switched Telephone Network)
- Analoges Modem mit max. 56 KBit/s
- (z. B. 33K-Modem, 56K-Modem)

Vor- und Nachteile:
- Modem wandelt digitale Daten in analoge Daten um
- sehr langsamer Zugang
- für Wenigsurfer im Privatbereich geeignet

ISDN

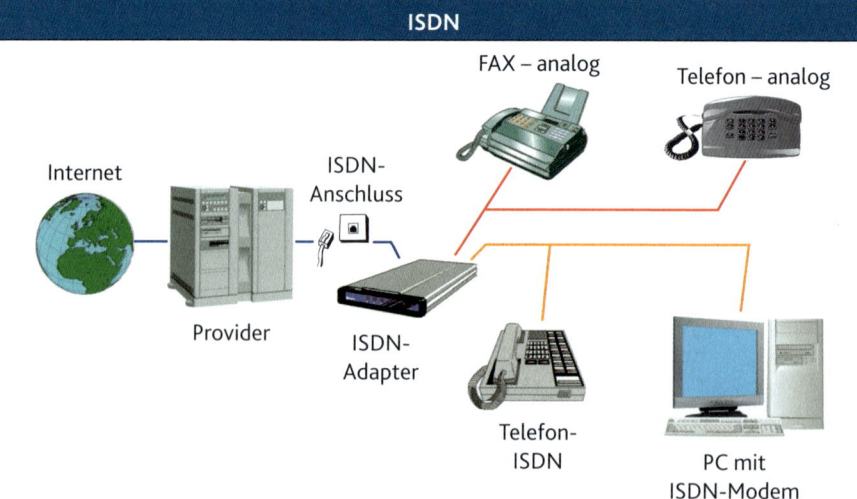

Notwendige Hardware:
- ISDN-Anschluss
  (Integrated Services Digital Network)
- ISDN-Adapter (NTBA-Box) oder ISDN-Karte
- ISDN-Telefon oder zusätzliche Analogbox für analoge Telefone

Vor- und Nachteile:
- Telefonieren und Surfen gleichzeitig möglich bei je 64 kBit/s
- mittlere Übertragungsrate von max. 2 x 64 KBit/s = 128 KBit/s (2 MBit/s bei Primärmultiplexanschluss mit bis zu 30 Nutzungskanälen)
- höhere Kosten durch ISDN-Anschluss
- für Normalsurfer mit geringem Downloadvolumen geeignet

DSL

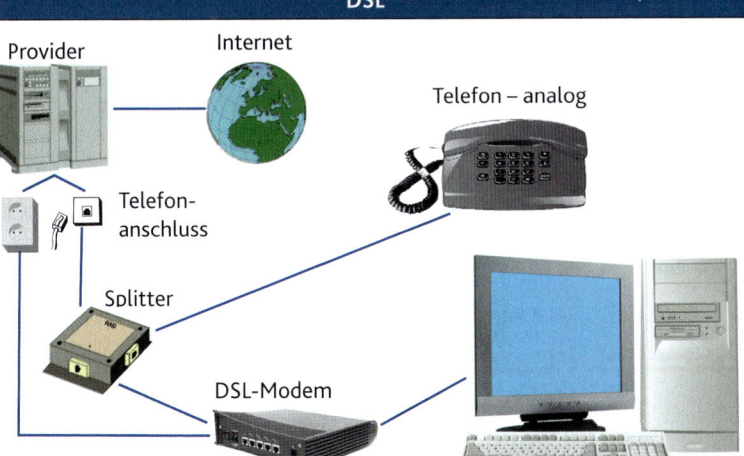

Notwendige Hardware:
- DSL-Anschluss
- DSL-Splitter zur Aufteilung in Telefon- und Internetanteil
- DSL-Modem oder DSL-Router
- Netzwerkkarte

Vor- und Nachteile:
- Telefonieren und Surfen gleichzeitig möglich
- hohe Übertragungsrate von 1.024 bis ca. 64.000 MBit/s
- höhere Kosten durch zusätzlichen DSL-Anschluss
- für Vielsurfer und hohe Downloadvolumen (bes. Musik- und Videodaten)

TV-Kabelnetz

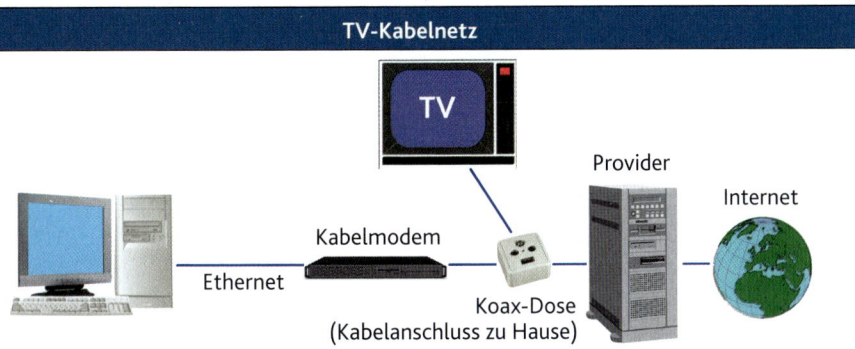

Notwendige Hardware:
- Kabelanschluss eines TV-Anbieters
- Kabel-Modem
- Netzwerkkarte

Vor- und Nachteile:
- Telefonieren und Surfen gleichzeitig
- mittlere Übertragungsrate von ca. 128 KBit/s bis 2 MBit/s
- schneller als ISDN
- Kabelanschluss notwendig
- für Normalsurfer mit Kabelfernsehen und mäßigen Downloads

Stromnetz

rot = Stromkabel

(Schema: Energieversorger → Telefon-Leitung → ADSL/Kabelmodem; Strom → Powerline Bridge → PC, Notebook, Powerline Bridge → Steckdose, PC, Drucker, Switch; Internet über Telefon-Leitung)

Notwendige Hardware:	Vor- und Nachteile:
• konventioneller Stromanschluss • Powerline-Modem zum Anschluss an die normale Steckdose oder Powerline-Bridge + DSL-Modem • Netzwerkkarte	• Telefonieren und Surfen gleichzeitig möglich • Übertragungsrate von 2 bis 5 MBit/s • bei mehreren Computern Stromleitungen innerhalb des Hauses zur Vernetzung nutzbar • Haushalte im Verbreitungsgebiet

Netzwerkverbindungen

Nachfolgend ist die prinzipielle Struktur einer Netzwerkverbindung mehrerer Computer zum Anschluss an das Internet dargestellt. Je nach Zugangsvoraussetzungen – Kabel, ISDN, DSL etc. – werden an der Position des Elementes Router weitere Elemente, z.B. der DSL-Splitter, hinzugefügt.

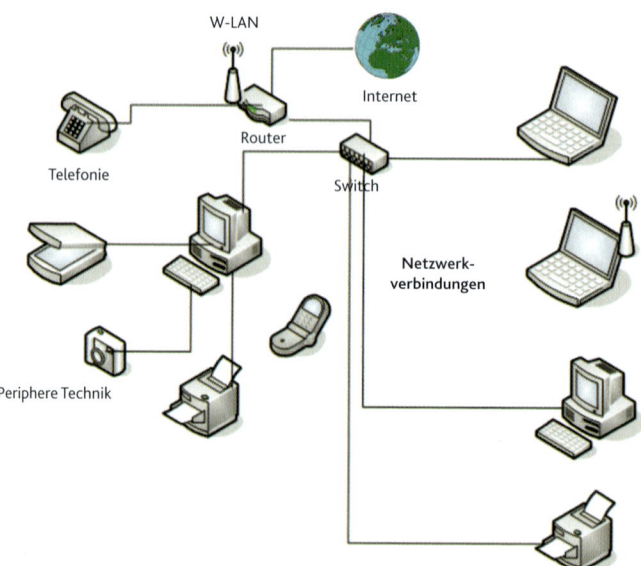

Netzwerkverbindungen mehrerer Computer und Peripheriegeräte mithilfe eines Switch

Diskutieren Sie, ob der bestehende ISDN-Anschluss den Anforderungen der Firma Creativ GmbH genügt und welche Vor- bzw. Nachteile die anderen Zugangsvarianten für die Creativ GmbH mit sich bringen. Stellen Sie dazu mindestens drei Zugangsmöglichkeiten einander gegenüber.

Vgl. diese LS, 7.1.3

7.2.2 Zugangssoftware und Provider

Für den Zugang zum Internet und die Betrachtung und Nutzung von Internetseiten sind neben den Hardwarevoraussetzungen auch einige Softwarevoraussetzungen erforderlich.

Provider
Für den Zugang ist ein Webserver notwendig. Dieser wird von sogenannten **Providern** (engl. „provide" = unterstützen) gegen eine Gebühr bereitgestellt. Hier gibt es mehrere Möglichkeiten:

- Abschluss eines Vertrages mit einem festen Provider. Dieser beinhaltet den Internetzugang und meist eine Flatrate, die unbegrenztes Surfen ermöglicht, z. B. AOL, 1&1 etc.
- Flexible Wahl eines Providers bei jeder Einwahl. Hier fällt eine Gebühr pro Minute an und evtl. eine zusätzliche Einwahlgebühr für die Herstellung der Internetverbindung.

Ein fester Provider ist von Vorteil, wenn eine schnelle, zuverlässige Internetverbindung ohne Volumenbeschränkung zum Festpreis gewünscht wird. Sie erfordert die Nutzung eines bestimmten Telefonanschlusses und bietet sich bei täglicher Internetnutzung an.

Die flexible Providerwahl ist dann geeignet, wenn das Internet nur selten genutzt wird und kein großartiger Up- und Download von Dateien erfolgen soll. Sie richtet sich an den Gelegenheitssurfer und ist flexibel mit jedem Telefonanschluss nutzbar.

Der Provider stellt in der Regel auch die passende Zugangssoftware für die Verbindung mit dem Internet zur Verfügung.

> Erstellen Sie eine Übersichtstabelle, die für unterschiedliche Provider folgende Angaben enthalten soll:
>
> a) Zugangsmöglichkeiten mit Kostenaufstellung für eine Internetnutzung von insgesamt ca. 100 Stunden im Monat
> b) Benötigte Hardware für jede der Zugangsmöglichkeiten und deren Kosten
> c) Kosten für eine Domainreservierung
> d) Kosten für das jeweils kleinste Webhosting-Paket

Browser
Zur Betrachtung und Nutzung der Internetseiten ist eine spezielle Software, der **Browser** (engl. „browse" = durchsuchen), erforderlich. Zu den bekannten Browsern zählen der Internet Explorer von Microsoft, der Netscape Navigator, Mozilla Firefox und Opera.

Zum Aufrufen einer Internetseite gibt man in die Adresszeile des Browsers die sogenannte URL ein. Dies kann entweder der Domain-Name oder die IP-Adresse der gewünschten Webseite sein. Wenn beides nicht bekannt ist, kann eine Suchmaschine weiterhelfen, deren **URL** (**U**niform **R**esource **Lo**cator) zum Aufruf der Suchseite ebenfalls in die Adresszeile des Browsers eingetragen werden muss.

URL
Die URL besteht mindestens aus folgenden Teilen:

Protokoll://Server.Domain
http://www.gmx.de

Sie kann jedoch auch wie folgt aufgebaut sein:

Protokoll://Server.Domain/Ordner/Dokument
http://www.sport.de/themen//index.html

> **URL: Eindeutige Adressbezeichnung eines Dokuments im Internet**

PDF-Downloads
Für die Betrachtung von PDF-Dokumenten, die häufig im Internet zum Download bereitgestellt werden, ist der **Acrobat Reader** der Firma Adobe erforderlich. Das Programm kann kostenfrei im Internet von etlichen FTP-Servern heruntergeladen werden. PDF-Dokumente finden meist dann Anwendung, wenn umfangreiche Publikationen oder Formulare mit fester Formatierung bereitgestellt werden sollen.

Vgl. www.adobe.com

7.3 Adressierung im Netzwerk

Die Netzwerktechnik schafft die Hardwarevoraussetzungen zur Vernetzung von Computern und dem anschließenden Datenaustausch. .

Vgl. LS 1, 3.1.4.3

Soll der Datenaustausch nun tatsächlich erfolgen, muss der Sender, also der Computer von welchem die Daten losgeschickt werden, wissen, an welchen Computer im Netzwerk er die Daten verschicken soll. Dazu muss jeder Computer im Netzwerk eindeutig identifizierbar sein. Dies geschieht einerseits durch die im Computer eingebaute Netzwerkkarte, der eine eindeutige Adresse zugeordnet ist.

Andererseits erhält der Computer im Netzwerk eine Adresse, die sog. **IP-Adresse**. Diese Adresse basiert auf einem speziellen Netzwerkprotokoll, dem **Internetprotokoll IP,** welches übergeordnet auch die Grundlage für den Datenaustausch im Internet bildet.

Im Folgenden erfolgt zunächst ein Überblick über die **TCP/IP-Protokolle**, welche die Basis der Netzwerk- und Internetkommunikation bilden, bevor der Aufbau und die Struktur der IP-Adressen näher erläutert werden.

7.3.1 Netzwerkprotokolle und -schichten

Der Oberbegriff **TCP/IP** beinhaltet eine ganze **Protokollfamilie**, die aus mehreren, aufeinander aufbauenden Schichten – auch **Protokollstapel** genannt – besteht. Der Protokollstapel ist nach einem Schichtmodell aufgebaut:

TCP/IP-Schichtmodell

TCP/IP-Schicht	TCP/IP-Protokolle
Anwendungsschicht	HTTP, FTP, SMTP, POP3, DNS u. a.
Transportschicht	TCP, UDP
Internetschicht	IP, RIP, ICMP, ARP u. a.
Netzwerkschicht	ppp, SLIP

7.3.1.1 Anwendungsschicht

Die **Anwendungsschicht** umfasst die Gruppe von Protokollen, welche von Anwendungsprogrammen wie dem Browser oder von E-Mail-Programmen verarbeitet werden und zum Austausch anwendungsbezogener Daten dienen. Sie regeln damit die Kommunikation und den Datenaustausch zwischen den verschiedenen Diensten der Transportschicht.

Übersicht Protokolle der Anwendungsschicht

Protokoll	Genaue Bezeichnung	Anwendung
HTTP	**H**yper**t**ext **T**ransfer **P**rotocol	Protokoll zur Regelung der Kommunikation zwischen WWW-Client und WWW-Server
FTP	**F**ile **T**ransfer **P**rotocol	Protokoll zur Datenübertragung zwischen zwei Computern
SMTP	**S**imple **M**ail **T**ransfer **P**rotocol	Protokoll zur Übertragung von E-Mails
POP3	**P**ost **O**ffice **P**rotocol **3**	Protokoll zum Empfangen von E-Mails
IMAP	**I**nternet **M**essage **A**ccess **P**rotocol	Protokoll zum Empfangen und verwalten von E-Mails. Anders als bei POP3 können E-Mails ausgewählt, bearbeitet und auf den Server verschoben werden.
SMAP	**S**imple **M**ail **A**ccess **P**rotocol	Weiterentwicklung von IMAP mit besonderen Vorteilen zur Verwaltung von E-Mails auf dem Server.
DNS	**D**omain **N**ame **S**ystem	Protokoll zur Umsetzung der IP-Adressen in Klartext und umgekehrt

HTTP

Die Inhalte im World Wide Web (WWW), die sogenannten Webseiten, basieren auf dem Prinzip des Hypertextes. **Hypertext** ist der Oberbegriff für eine Seitenbeschreibungssprache, die es innerhalb eines Dokumentes ermöglicht, Querverweise zu anderen Dokumenten oder zum selben Dokuments zu erstellen (Hyperlinks).

Anders als bei einem Buch mit einer festen Seitenfolge kann mithilfe dieser Hyperlinks auf ein beliebiges Dokument weltweit verwiesen werden, sodass eine nicht-lineare Struktur entsteht.

> **HTTP: Standardprotokoll zur weltweiten Datenübertragung von Dokumenten im Internet**

Die Erstellung der Hypertext-Dokumente für das Internet erfolgt anhand der Beschreibungssprache **HTML** (**H**ypertext **M**arkup **L**anguage). Zur Ansicht der Webseiten ist eine spezielle Software – ein Browser – erforderlich.

Das HTTP-Protokoll wurde speziell entwickelt, um Hypertext-Dokumente im WWW zu übertragen und anschließend im Browser anzuzeigen.

FTP

Das **File Transfer Protokoll FTP** wurde entwickelt, um einen direkten und schnellen Datentransfer zwischen zwei Computern und/oder Servern zu ermöglichen.

Anwendung von FTP
- Download von Dokumenten, Programmen, Musik und Filmen von einem Webserver auf einen Computer (Client oder Server)
- Upload von Dokumenten, Programmen, Musik und Filmen vom Computer (Client oder Server) auf einen Webserver

> **FTP:** Datenübertragungsprotokoll zum Herunter- und Hochladen von Dateien von einem bzw. auf einen Webserver

SMTP, POP3 und IMAP (SMAP)

Die Protokolle SMTP und POP3 sind für den Versand und den Empfang von E-Mails erforderlich. Das **SMTP** (Simple Mail Transfer Protocol) dient zum Versand der E-Mails.

Das **POP3-Protokoll** dient zum Empfang von E-Mails. Die E-Mails können über POP3 mit Mailprogrammen, z. B. Microsoft Outlook oder Lotus Notes, vom Server heruntergeladen werden. Dabei müssen immer alle E-Mails ohne Vorschau vom Mailserver geladen werden, können jedoch im Mailprogramm ohne vorherige Ansicht gelöscht werden.

Die Protokolle **IMAP** und **SMAP** dienen ebenfalls dem Empfang von E-Mails. Anders als bei POP3 verbleiben diese in der Regel auf dem Mailserver und können dort verwaltet, archiviert und gelöscht werden. Bei Bedarf erfolgt die Übertragung auf den eigenen Computer (Client). Ferner werden sowohl bei IMAP als auch besonders in der Weiterentwicklung bei SMAP das lokale Dateivolumen sowie die Bandbreite beim Herunterladen reduziert.

DNS

Das Domain Name System **DNS** setzt die IP-Adresse eines Computers oder Webservers in eine alphanumerische Form als Klartext um, da sich Namen und Begriffe deutlich leichter merken lassen als Zahlenkombinationen. So wird z. B. aus der IP-Adresse 207.46.230.229 der Firma Microsoft mithilfe des DNS www.microsoft.com.

Für den Webbrowser spielt es hingegen keine Rolle, ob die IP-Adresse oder der DNS-Name eingegeben werden. Die Seite wird in jedem Fall angezeigt.

7.3.1.2 Transportschicht

Die Protokolle der **Transportschicht** teilen die von der Anwendungsschicht übernommenen Nachrichten in kleine Datenpakete und sorgen dafür, dass diese beim Empfänger wieder richtig zusammengesetzt und an dessen Anwendungsschicht weitergeleitet werden.

Die Transportschicht verfügt daher über zwei Protokolle: **TCP** und **UDP**.

Protokoll	Bezeichnung	Verwendung
TCP	Transmission Control Protocol	Verbindungsorientiertes Protokoll zur sicheren Datenübertragung
UDP	User Datagram Protocol	Verbindungsloses Protokoll

TCP

TCP dient der sicheren Übertragung von Daten. Diese werden für die Übertragung in Pakete einheitlicher Größe aufgeteilt und können auf unterschiedlichen Wegen und zu unterschiedlichen Zeiten zum Ziel gelangen. Damit einzelne Pakete nicht verloren gehen bzw. erneut angefordert werden können, enthalten die Pakete Kopfdaten (header) mit Informationen zum Absende- und Zielcomputer.

Das Protokoll TCP beinhaltet zu diesem Zweck Routinen zur Fehlererkennung und -korrektur sowie Flusskontrolle. (Mithilfe der Flusskontrolle wird z. B. ein Datenüberlauf beim Empfänger verhindert.) Der Verlust von Daten wird erkannt und der Versand dann automatisch wiederholt. Auf diese Weise ist gewährleistet, dass die versendeten Daten auch wirklich beim Empfänger ankommen.

TCP: Protokoll zur paketweisen Datenübertragung nach Aufbau einer Verbindung. Es erfolgt eine Rückmeldung als Empfangbestätigung.

UDP

UDP ermöglicht die schnelle Übertragung von Daten zu anderen Computern, ohne dass eine direkte Verbindung zu diesen hergestellt werden muss und wird daher auch als „verbindungsloses Protokoll" bezeichnet. Es wird zur Informationsübertragung von sich ständig ändernden Daten, z. B. bei Life-Videoübertragungen, genutzt. Die Datenübertragung erfolgt paketorientiert, wie beim TCP. Wann und ob die Pakete ankommen, ist jedoch nicht sichergestellt, da bei UPD über den Empfang der Daten – anders als bei TCP – keine Rückmeldung erfolgt. Es wird keine Transportquittung ausgestellt. Ein Paket kann in einem ausgelasteten Netzwerk also leicht verloren gehen bzw. verworfen werden, da es nicht erneut übertragen wird.

UDP ist also eher unzuverlässig und wird dann bevorzugt, wenn es vor allem auf Geschwindigkeit denn auf Sicherheit ankommt.

UDP: Schnelles, aber unsicheres Protokoll zur paketweisen Datenübertragung ohne Empfangbestätigung.

Das UDP ist mit dem unversicherten Versand der Post vergleichbar, da z. B. ein Päckchen keine Nummer erhält und daher nicht nachverfolgt werden kann, wenn es dann auf Postweg verloren geht.

Das TCP lässt sich mit einer Telefonverbindung vergleichen, wo jeder Teilnehmer eine Nummer hat und der Verbindungsaufbau gezielt erfolgt. Dadurch ist der Weg der Daten stets nachvollziehbar und es gehen kaum Daten verloren.

Ein ausgewogenes Verhältnis zwischen verbindungsorientiertem und verbindungslosem Verkehr schützt das Internet vor dem Zusammenbruch. TCP enthält eine Stauerkennung (Congestion Control), UDP nicht.

7.3.1.3 Internetschicht

Die **Internetschicht** hat die Hauptaufgabe, die Daten an den richtigen Computer weiterzuleiten und stellt dazu einige Protokolle, allen voran das **IP** sowie das **RIP** und das **ICMP** zur Verfügung.

Protokoll	Bezeichnung	Verwendung
IP	Internet Protocol	Verbindungslose Übertragung von Daten
RIP	Routing Information Protocol	Informationsaustausch zwischen Routern
ICMP	Internet Control Message Protocol	Protokoll zum Austausch von Informations- und Fehlermeldungen im Netzwerk

Das **IP** ist hauptsächlich dafür zuständig, den optimalen Verbindungsweg zwischen Sender und Empfänger zu ermitteln und zu realisieren. Die Weiterleitung der Daten mithilfe von **IP** erfolgt dabei in **Datenpaketen**, auch **Datagramme** genannt, von Netzwerk zu Netzwerk. Diesen Vorgang bezeichnet man als **Routing**.

Die Länge der Datagramme hängt davon ab, welche Vorschriften in der Netzwerkschicht, die unter der Internetschicht liegt, durch die dort vorhandenen Protokolle bestehen.

Der Auf- und Abbau der Verbindungen gehört nicht zum Zuständigkeitsbereich des **IP**.

IP: Übertragungsprotokoll ohne Fehlerkontrolle zur Weiterleitung der Daten an den richtigen Zielrechner

Der Header der Internetschicht enthält, neben einer Vielzahl weiterer Angaben, die IP-Adresse von Sender und Empfänger.

ICMP
Die Aufgabe von **ICMP** besteht in der Übertragung von Statusinformationen und Fehlermeldungen der Protokolle IP, TCP und UDP. Die Meldungen von ICMP dienen dazu, Probleme mit Datenpaketen zwischen Computern und aktiven Netzknoten, z. B. Routern, mitzuteilen. Dies führt zu einer Verbesserung der Übertragungsqualität.

Die Datenpakete der Transportschicht werden mit einem sogenannten **Header** versehen, der u. a. die Angabe des Absender- und Empfängerports beinhaltet.

7.3.1.4 Netzwerkschicht

Die **Netzwerkschicht**, auch Vermittlungsschicht genannt, ist die unterste Schicht des TCP/IP-Protokolls.

Die Protokolle der Netzwerkschicht, zu denen **ppp** und **SLIP** zählen, gehören nicht zur TCP/IP-Familie. Die Netzwerkschicht dient innerhalb des Protokollstapels vielmehr als eine Art Platzhalter für verschiedene Techniken der Datenübertragung von Punkt zu Punkt. Innerhalb dieser Schicht wird, als sogenannte Host-an-Netz-Schicht, festgelegt, wie ein Host an ein vorhandenes Netzwerk angeschlossen werden muss und wie die Datenpakete über dieses Netzwerk übertragen werden.

Die Protokolle der Netzwerkschicht beziehen sich dabei immer auf die Details des jeweils vorliegenden Netzwerks, wie z. B. Paketgrößen, Netzwerkadressierung, Anschlusscharakteristiken etc. und folgen keinen allgemein gültigen Regelungen.

Bei der Datenübertragung via TCP/IP kommuniziert jede Schicht des Senders mit der entsprechenden Schicht des Empfängers. Dabei werden zur Adressierung bei der Transportschicht die Portnummern, bei der Internetschicht die IP-Adressen und bei der Netzwerkschicht die Hardwareadressen verwendet.

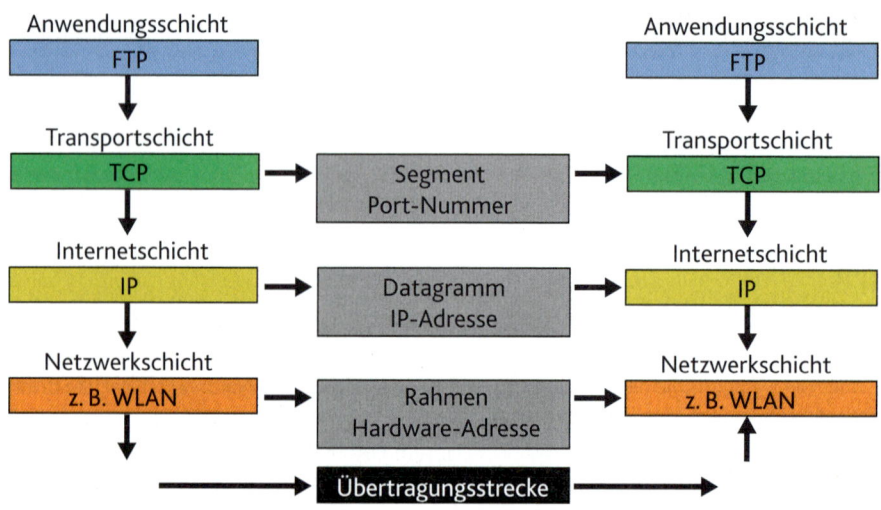

Datentransfer im TCP/IP-Schichtmodell

7.3.2 Aufbau und Struktur von IP-Adressen

Die **IP-Adresse**, über die jeder Computer verfügen muss, um am Datenverkehr in einem Netzwerk, unabhängig ob Firmennetzwerk oder Internet, teilzunehmen, enthält nicht etwa eine Kombination aus Text und Zahlen wie postalische Adressen, sondern ist rein numerisch aufgebaut. Sie besteht aus insgesamt 32 Bit, welche in 4 Blöcke zu je 8 Bit aufgeteilt werden.

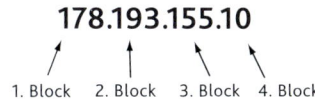
1. Block 2. Block 3. Block 4. Block

Die IP-Adresse ist weltweit einmalig und lässt sich in die Bestandteile Netznummer und Rechnernummer (Hostnummer) aufteilen. Um in Netzen unterschiedlicher Größe jeden Computer mit einer Rechnernummer versehen zu können, gibt es verschiedene **Adressklassen**. Die Adressklassen werden in der Praxis als Klassen A, B, C und D bezeichnet.

Klasse	Wertebereich	IP-Adressraum	Mögliche Subnetze	Mögliche Hosts
A	0 bis 127	1.0.0.0 bis 127.0.0.0	126	16777214
B	128 bis 191	128.0.0.0 bis 191.255.0.0	16384	65534
C	192 bis 223	192.0.0.0 bis 223.255.255.0	2097152	254
D	234 bis 239	234.0.0.0 bis 239.255.255.255	1441791	254

Klasse A: 1. Block für Netznummern, 2. bis 4. Block für Rechnernummern
Klasse B: 1. und 2. Block für Netznummern, 3. und 4. Block für Rechnernummern
Klasse C: 1. bis 3. Block für Netznummern, 4. Block für Hostnummern
Klasse D: 1. bis 3. Block für Netznummern, 4. Block für Hostnummern

Die Universität Hamburg verfügt über ein Netz der **Adressklasse B**. Einer der Computer in der Bibliothek hat die folgende IP-Adresse:

134.100.132.6

Adresse der Uni Hamburg   Adresse eines bestimmten Rechners der Bibliothek

Das Netz der Universität Hamburg der Klasse B könnte theoretisch 65534 Computer enthalten. Diese Zahl wird jedoch nicht ausgenutzt. Ein Netz der Klasse C kommt jedoch für eine Universität nicht infrage, da die Anzahl der maximal möglichen Computer in der Klasse C nur 254 beträgt, für eine Universität deutlich zu wenig.

Für die Kommunikation im kleinen Firmennetzwerk erhalten alle Computer der Firma Creativ GmbH eine IP-Adresse aus dem privaten Netzwerkbereich zur ausschließlichen Verwendung im lokalen Bereich. Dieser liegt z. B. von 192.168.0.1 bis 192.168.0.254 .

Beispiel:
Wenn Sie Ihre eigene lokale IP-Adresse herausfinden möchten, geht dies am PC wie folgt:
Sie öffnen die Eingabeaufforderung, unter **Windows XP** z. B. durch:
Start → Programme → Zubehör → Eingabeaufforderung
Dort geben Sie dann den folgenden Befehl ein:
ipconfig

Nun erhalten Sie z.B. eine Auflistung der folgenden Art, die Ihre lokale IP-Adresse enthält

```
Ethernetadapter LAN-Verbindung:

        Verbindungsspezifisches DNS-Suffix:
        IP-Adresse. . . . . . . . . . . . : 192.168.178.20
        Subnetzmaske. . . . . . . . . . . : 255.255.255.0
        Standardgateway . . . . . . . . . : 192.168.178.1
```

Für ausführlichere Informationen können Sie alternativ folgenden Befehl eingeben:
ipconfig/all

Funktioniert das eingerichtete Netzwerk?

Nach der Einrichtung eines Computernetzwerkes, inklusive der Vergabe der IP-Adressen, können Sie recht einfach überprüfen, ob jeder Computer von jedem anderen Computer im Netzwerk, wie von der Creativ GmbH gewünscht, erreichbar ist.

Das **Zauberwort** hierzu heißt für den Windowsnutzer ab Windows 95 **Ping**. Mithilfe dieses Befehls, eingegeben in der Eingabeaufforderung, versucht der genutzte Computer über das Netzwerk einen anderen Computer – innerhalb desselben, eines anderen Netzwerkes oder im Internet – bzw. den Router anzusprechen. Dazu ist es natürlich erforderlich anzugeben, mit welchem Computer der Verbindungstest erfolgen soll. Dies geschieht wie folgt:

ping <zieladresse>

oder

ping -t <zieladresse>

also z. B.
ping 74.125.39.147 oder **ping www.google.de**

um den Server von www.google.de zu erreichen oder eben z.B. mit ping –t:
ping -t 192.168.1.2

wenn ein Computer mit dieser Adresse im lokalen Netzwerk erreicht werden soll.

Der Zusatz –t kann jederzeit verwendet werden und gewährleistet, dass der Ping-Befehl laufend versucht, die Gegenstelle zu erreichen und nicht schon nach drei Versuchen, wie sonst üblich, aufgibt.

Ping ist immer dann nützlich, wenn entweder nicht sicher ist, ob die ausgeführte Vernetzung der Computer untereinander so wie angenommen funktioniert oder aber, um defekte Kabel im Netz zu lokalisieren etc.
Die Rückmeldung bei erfolgreicher Kontaktierung des Servers von google sieht dann so aus:

```
C:\>ping 74.125.39.147

Ping wird ausgeführt für 74.125.39.147 mit 32 Bytes Daten:

Antwort von 74.125.39.147: Bytes=32 Zeit=55ms TTL=247
Antwort von 74.125.39.147: Bytes=32 Zeit=54ms TTL=247
Antwort von 74.125.39.147: Bytes=32 Zeit=55ms TTL=247
Antwort von 74.125.39.147: Bytes=32 Zeit=54ms TTL=247

Ping-Statistik für 74.125.39.147:
    Pakete: Gesendet = 4, Empfangen = 4, Verloren = 0 (0% Verlust),
Ca. Zeitangaben in Millisek.:
    Minimum = 54ms, Maximum = 55ms, Mittelwert = 54ms
```

Sollen Daten von einer IP-Adresse zu einer anderen geschickt werden, ist dies nur innerhalb des eigenen Subnets möglich. Ein Subnet ist ein Unternetz, z. B. das Netzwerk in der eigenen Firma. Sollen die Daten jedoch in ein anderes Netz, welches eine andere Netzwerknummer als das eigene hat, zu einer IP-Adresse geschickt werden, sind **Gateways** notwendig.

Gateways sind Computer, die den Datenverkehr zwischen Netzwerken regeln, indem sie Daten von einem Subnet zum anderen weiterleiten. Ohne Gateways gäbe es daher kein Internet. Die Weiterleitung der Daten zwischen den Sub-Netzen wird als **Routing** bezeichnet. In Routing-Tabellen speichern die Gateway-Computer die Routen zwischen den einzelnen Netzwerken. Ferner sind Gateways dafür zuständig, eine alternative Route für die Datenübertragung zu finden, wenn die übliche Route, z. B. aufgrund von Datenstau oder Störung auf einzelnen Leitungen, nicht möglich ist. Zum Test der Verbindungen senden sich Gateways ständig Testdatenpakete zu.

Jedes Mal, wenn im Internet Daten versendet werden, z. B. beim Aufruf einer Internetseite oder beim Versand von Daten per E-Mail, wird der schnellste und problemloseste Weg gewählt. Dabei müssen die Daten einer Datei nicht denselben Weg nehmen, sondern können verschiedene Wege nehmen.

Aufruf einer Internetseite in den USA: Ein Teil der Daten kommt über den Atlantischen Ozean, ein anderer Teil über den Pazifischen Ozean.

Beim Empfänger werden die Daten wieder zu einer Datei zusammengesetzt, davon merkt der Anwender beim Surfen jedoch nichts.

Nicht jeder Computer im Internet hat eine feste IP-Adresse. So verfügen Internet-Provider über einen großen Pool von IP-Adressen, die sie den angemeldeten Nutzern variabel zuteilen (**dynamische IP-Adresse**), wenn diese sich über den Server des Providers in das Internet einwählen. Dies hat den Vorteil, dass der Provider insgesamt weniger IP-Adressen zur Verfügung haben muss als Nutzer angemeldet sind, da nicht anzunehmen ist, dass sich alle Nutzer gleichzeitig mit dem Internet verbinden möchten.

Größere Firmen und öffentliche Einrichtungen, wie z. B. Universitäten und Verwaltungen, deren Computer meist gleichzeitig mit dem Internet verbunden sind, haben jedem Computer eine feste IP-Adresse (**statische IP-Adresse**) zugeteilt.

7.3.3 Domains

Aufgrund ihres numerischen Aufbaus sind IP-Adressen schwer zu merken: Wer kann schon eine Vielzahl unterschiedlicher Zahlenkolonnen im Kopf behalten ohne ein Zahlengenie zu sein? Des Weiteren gibt die IP-Adresse auf den ersten Blick keinerlei Auskunft darüber, wo sich das aufgerufene Angebot befindet, z. B. in welchem Land, und um welche Art von Angebot es sich handelt, z. B. Firmenname oder thematische Zuordnung.

Da Menschen sich Worte und Begriffe deutlich besser merken können als Zahlen, ist das **Domain Name System (DNS)** entwickelt worden. Das DNS ordnet den IP-Adressen Klartext zu, also einen **Domain-Namen**, z. B. **216.239.39.100** = **www.google.de**. Der Name einer Domain setzt sich aus mehreren Einzeldomains zusammen. Die Domains sind hierarchisch von rechts nach links in aufsteigender Reihenfolge geordnet und werden durch Punkte voneinander getrennt.

> DNS: Namenvergabesystem zur Übersetzung der IP-Adresse in einen Domainnamen und umgekehrt

7.3.3.1 Aufbau

Top-Level-Domain

Die Top-Level-Domain steht ganz rechts im Domain-Namen und gibt entweder eine geografische/**länderspezifische Domain** oder eine organisatorische/**generische Domain**/Organisationseinheit an.

Geografische Top-Level-Domains bestehen aus zwei Buchstaben als Länderkürzel, z. B. **de**.

Beispiele für geografische Top-Level-Domains

Domainname	Land
.de	Deutschland
.at	Österreich
.uk	Großbritannien
.it	Italien
.fr	Frankreich

Organisatorische Domains, auch als generische Domains bezeichnet, bestehen aus mindestens drei Buchstaben und sind eine Abkürzung der Organisationsform oder des Themenbereiches, zu dem die Angebote zählen.

Ausnahmen bilden Top-Level-Domains, die eigentlich einer Ländergruppe zuzuordnen sind, z. B. tv für Tuvalu, jedoch durch entsprechende finanzielle Zuwendungen an das jeweilige (meist kleine) Land in den Bereich der organisatorischen Domains transferiert wurden: tv steht nun für Television.

Beispiele für organisatorische Domains

Domainname	Bedeutung	Zielgruppe
.edu	Education	Bildungseinrichtungen
.com	Commercial	Firmen
.gov	Government	Regierungseinrichtungen
.mil	Military	Militärische Organisationen
.net	Network	Netzwerkanbieter
.info	Information	Informationen jeglicher Anbieter

Second-Level-Domain

Die Second-Level-Domain steht an zweiter Stelle von rechts und gibt die untergeordnete Organisationseinheit, z. B. den Firmennamen, an.

Subdomain

Subdomains können innerhalb einer Domain enthalten sein, wenn innerhalb des Netzes eine weitere Strukturierung erfolgen soll.

Rechnername

An letzter Stelle der Domain folgt der Rechnername. Für Server, die Webseiten im Internet anbieten, hat sich der Name www als Rechnername durchgesetzt, ist jedoch nicht verbindlich.

Beispiele für Domains:

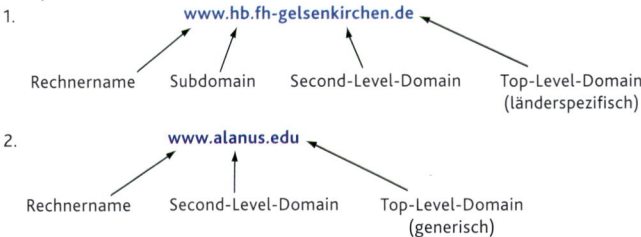

Die Domain unter 1. gehört der Hochschulbibliothek (Subdomain) der Fachhochschule Gelsenkirchen (Second-Level-Domain) in Deutschland (Top-Level-Domain).

Die Domain unter 2. gehört zum Bildungsverlag Alanus (Second-Level-Domain) aus dem Erziehungsbereich (Top-Level-Domain).

7.3.3.2 Reservierung

Firmen, Privatpersonen und Organisationen sind meist daran interessiert, dass der eigene Name sich auch im Domainnamen widerspiegelt, z. B. www.obi.de oder www.bundespraesident.de etc. Damit eine Domain nicht versehentlich mehrfach vergeben wird, gibt es offizielle Organisationen, die für ihre Verteilung zuständig sind. International übergeordnet ist dies das **Network Information Center**, kurz **NIC** in den USA. Die Reservierung einer Domain unterhalb der Top-Level-Domain .de kann auch über die DENIC eG, die zentrale Registrierungsstelle für Domains in Deutschland, erfolgen. Ferner sind viele Provider direkt mit DENIC verbunden und bieten ebenfalls eine Domainreservierung an. Die Reservierung von Domains ist kostenpflichtig.

Vgl. www.nic.com www.denic.de

Domainnamen im Bereich der länderspezifischen Top-Level-Domains können reserviert werden, sofern sie noch frei sind. Im Bereich der generischen Top-Level-Domains stehen nicht alle Domains für alle Internetnutzer zur Verfügung. So ist z. B. die Top-Level-Domain **.mil** ausschließlich dem Militär vorbehalten, **.edu** ausschließlich für Bildungsangebote reserviert.

Liste frei verfügbarer generischer Top-Level-Domains (Auswahl der gängigsten Domains):

- .biz
- .com
- .info
- .mobi
- .name
- .net
- .org
- .tv

Vgl. LS 5, 13.3

Ist die gewünschte Domain mit der Endung .de bereits vergeben, macht es Sinn, in einem ersten Schritt auf die generischen Top-Level-Domains auszuweichen. Führt dies nicht zum Erfolg, so kann in einem zweiten Schritt die Second-Level-Domain verändert werden: Statt www.hans-mustermann.de einmal www.hansmustermann.de oder www.hans_mustermann.de versuchen. Von Seiten der DENIC bzw. im Domain-Suchfenster des Providers werden zudem verfügbare Alternativen angezeigt.

7.4 Nutzungsmöglichkeiten des Internets

Die Nutzungsmöglichkeiten sind vielfältig und nahezu unbegrenzt. Einen Hauptbereich bildet dabei die Kommunikation. Doch auch die Bereiche Informationssuche, Konsum, Handel und zahlreiche Online-Spiele nehmen einen wesentlichen Stellenwert ein.

7.4.1 Kommunikation

Für Kommunikation über das Internet gibt es verschiedene Möglichkeiten. Bei der Wahl der Kommunikationsform ist zunächst einmal entscheidend, ob eine direkte Unterhaltung mit einem oder mehreren **Gesprächspartnern** gewünscht wird, oder der Austausch und die Beschaffung von **Informationen** im Vordergrund stehen.

Informationsaustausch

> „Wenn ich heute angetrunken, in eigenartiger Stimmung nach Hause komme, dann kann ich mit der ganzen Welt Kontakt aufnehmen. Und das ist nicht gut. Ich kann bei ebay einen Trecker ersteigern, langjährige Freundschaften mit einer E-Mail beenden oder Fotos von seltsamen Hautkrankheiten auf meine Homepage stellen und viele meiner Freunde irritiert das dann auch."[1]

E-Mail
Die E-Mail, elektronische Post, ist der am meisten genutzte Kommunikationsdienst im Internet. Mittels einer E-Mail können Nachrichten und Dateien innerhalb weniger Sekunden oder Minuten weltweit von einem Sender an einen oder mehrere Empfänger übermittelt werden. Die E-Mail ist also die elektronische Variante der Briefpost mit einem deutlichen Zeit- und Kostenvorteil.

Für die Übertragung und den Empfang von E-Mails sind die speziellen Protokolle SMTP und POP3 sowie IMAP und SMAP entwickelt worden.

Vgl. diese LS 6.3.1.1 Anwendungsschicht

E-Mail-Adresse
Um elektronische Post empfangen zu können, benötigen sowohl der Sender als auch der Empfänger eine E-Mail-Adresse. Diese ist wie folgt aufgebaut:

Empfänger@smtp.server
    a)   b)   c)

a) Benutzername des Empfängers
b) @-Zeichen
c) Name des Computers (Servers), der die E-Mail-Adresse verwaltet

Hans.Meier@web.de
kundenservice@bildungsverlag1.de
Grille@gmx.de

Aufbau einer E-Mail
1. **Header (Kopf)**
   Enthält die E-Mail-Adressen von Sender und allen Empfängern sowie den Betreff (Titel) der E-Mail

2. **Body (Körper)**
   Enthält die eigentliche Nachricht in Textform inklusive Textauszeichnungen, Hintergründen etc.

3. **Signature (Unterschrift)**
   Enthält z. B. Angaben zum Namen des Versendens, ggf. zur Postadresse und Telefon- und Faxnummer, E-Mail-Adresse etc. (Sie hat also nichts mit einer „normalen" Unterschrift zu tun.)

4. **Attachment (Anhang)**
   Enthält Text-, Grafik- oder Musikdateien etc., die zusammen mit der E-Mail als Anhang verschickt werden.

---

[1] Horst Evers (alias Gerd Winter): Kabarettist & Autor, Berlin.

Lernsituation Vernetzung eines Medienbetriebs | 2

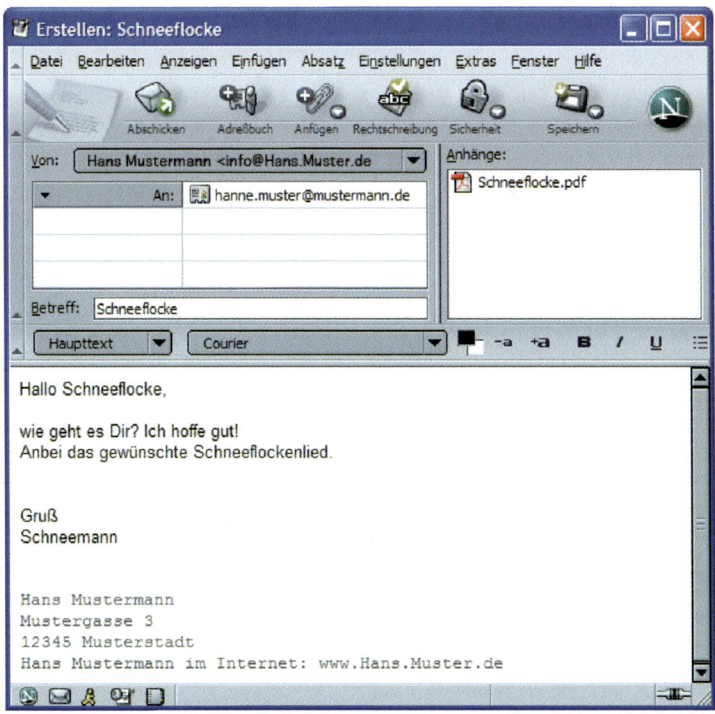

Vorteile	Nachteile
Datenübertragung innerhalb weniger Sekunden oder Minuten	Kommunikationsregeln werden durch unpassende Ausdrucksweise oder Form der E-Mail häufig missachtet
Niedrige Kosten	Persönlicher Kontakt durch Telefongespräche geht durch Senden von E-Mails stark zurück
Anhängen beliebiger Dateien möglich	

Auch im Internet gibt es Regeln für die Kommunikation. Diese werden als **Netiquette** bezeichnet, eine Zusammensetzung aus „Network" und „Etiquette".

Netiquette: Verhaltens- und Kommunikationsregeln für das Internet

Netiquette bei E-Mails
Für den Bereich der Kommunikation mittels E-Mail umfasst die Netiquette u. a. Folgendes:

- keine irreführenden Betreffzeilen
- Kopien (CC) nur an einen kleinen Empfängerkreis
- keine Kettenbriefe verschicken

Festlegen einer E-Mail-Adresse
Zur Festlegung einer E-Mail-Adresse für den privaten Bereich können Sie entweder eines der kostenlosen Angebote (Freemail), z. B. unter **www.gmx.de**, **www.web.de** oder **www.lycos.de**, nutzen oder Sie richten sich eine E-Mail-Adresse bei Ihrem Provider ein, die entweder sehr preisgünstig oder bereits im Paket für den Internetzugang bzw. das Webhosting enthalten ist.

Bei der Festlegung von E-Mail-Adressen für den geschäftlichen Bereich können Sie direkt bei der Domainreservierung Adressen mit Ihrer neuen Domain einrichten oder eine E-Mail-Adresse mit der Domain Ihres Providers auswählen.

Domain: www.creativ-gmbh.de
E-Mail: musterfrau@creativ-gmbh.de oder musterfrau@t-online.de etc.

Die Firma Creativ GbR benötigt insgesamt fünf E-Mail-Adressen: eine für jeden Mitarbeiter und eine weitere in Reserve, z.B. für zukünftige Auszubildende oder Aushilfen etc. Es empfiehlt sich, die E-Mail-Adressen der Aushilfe und der fiktiven Auszubildenden nicht mit dem Familiennamen, sondern einer anderen Bezeichnung, z.B. *Aushilfe@creativ-gbr.de* oder *azubi@creativ-gbr.de*) einzurichten, da diese Mitarbeiter vermutlich häufiger wechseln.

Ermitteln Sie durch den Vergleich von mindestens drei Angeboten eine geeignete Lösung für die Einrichtung der E-Mail-Adressen.

Foren/Newsgroups

Quelle: www.Mediengestalter.info/forum

Eine weitere Kommunikationsmöglichkeit stellen Foren und Newsgroups dar. Sie bieten Gedanken- und Erfahrungsaustausch mit einer Vielzahl von in der Regel unbekannten Nutzern in **zeitversetzter** Form (asynchron).

Häufig werden in diesem Zusammenhang auch die Begriffe Diskussionsforum oder Message Board verwendet.

Foren und Newsgroups sind in Themenbereiche unterteilt, z. B. Kindererziehung, Computertechnik, Musik etc. in denen jeder angemeldete Nutzer einen Beitrag, einen sogenannten **Thread**, veröffentlichen oder auf einen bestehenden Beitrag antworten kann. Die Beiträge sind für alle Berechtigten sichtbar und bleiben eine gewisse Zeit, Monate oder auch Jahre, gespeichert.

Unterschiede zwischen Forum und Newsgroup
Sowohl Foren als auch Newsgroups dienen zum Kommunizieren innerhalb einer Gruppe, die aus Teilnehmern an verschiedenen Standorten zusammengesetzt ist.

Man spricht von einer Newsgroup, wenn zum Lesen und Schreiben von Beiträgen eine Software eingesetzt wird (z. B. Outlook Express, Netscape Messenger, Mozilla Newsclient), die die Kommunikation mit dem Newsserver zulässt. Bei der Verbindung mit dem Newsserver werden die neuen Diskussionsbeiträge auf den Rechner des Benutzers heruntergeladen. Dort können sie lokal gelesen werden.

Ein Forum funktioniert webbasiert, es läuft auf einem Server, auf den man über einen normalen Webbrowser zugreifen kann. Das Lesen und Schreiben von Beiträgen geschieht online.

Vorteile	Nachteile
Informationsaustausch zu (fast) allen Themenbereichen	Enthalten häufig zu viele oder wenig zutreffende Beiträge
(Anonyme) Kontaktaufnahme mit Gleichgesinnten	Lange Antwortzeit bei wenig beliebten Themen – teilweise Wochen bis Monate

Blogs (Weblogs)

Ein **Weblog** (von „web" und „Logbuch"), kurz als **Blog** bezeichnet, ist eine Art Tagebuch im Internet zur Aufzeichnung von Ereignissen, Sammlung von Informationen und zum Meinungsaustausch. Das Blog kann von Privatpersonen, aber auch kommerziell betrieben werden. Die Inhalte im Blog werden als „Postings" bezeichnet und sind chronologisch sortiert – neue Beiträge stehen oben. Die Postings des Autors können kommentiert werden.

Die ARD hat anlässlich der Fußball EM 2008 in Österreich und der Schweiz ein Blog ins Leben gerufen, in dem Reporter ihre Eindrücke und Erlebnisse rund um die EM niederschreiben konnten. Ein sehr bekanntes Blog ist auch www.medienrauschen.de, rund um den Bereich der Medienlandschaft in Deutschland.

Es gibt eine Vielzahl von Blogsystemen, die leicht zu installieren sind und eine schnelle Veröffentlichung der Einträge ermöglichen. Die Einträge können in Textform, als Bilder oder auch Videos eingestellt werden. Eine Veröffentlichung ist teilweise auch per E-Mail, SMS oder MMS möglich. Ferner können den Beiträgen Schlagworte (tags) zugeordnet werden, die bei der Suche nach bestimmten Inhalten hilfreich sind. Ein sogenannter RSS-Feed ermöglicht das automatische Abrufen von neuen Postings.

www.bloggen.de
www.blogspot.com

Twitter (Mikro-Weblog)

Seit dem Frühjahr 2006 bereichert Twitter, von engl. to tweet = zwitschern, das Kommunikationsangebot im Internet. Bei Twitter handelt es sich um ein öffentlich einsehbares Tagebuch eines oder mehrerer Autoren zu vielen unterschiedlichen Themen und Ereignissen.

Die Inhalte sind stets sehr aktuell und werden in Echtzeit übertragen, z.B. zur Schilderung des aktuellen Geschehens via Liveticker bei wichtigen Sportereignissen, wie z.B. Bundesligaspielen oder bei der Leichtathletik-WM im Berliner Olympiastadion im Jahre 2009 etc. Aber auch Unternehmen nutzen Twitter zur Produktpräsentation und in der Politik wird Twitter insbesondere an Wahltagen und bei wichtigen Entscheidungen im Bundestag genutzt.

Die Einsatzmöglichkeiten sind so vielfältig, dass es Sinn macht, Twitter selbständig unter www.twitter.com zu erkunden und ggf. zu nutzen. Die Anmeldung ist einfach und kostenlos.

Chat

Chat ist der englische Begriff für Plauderei. Im Internet wird die gleichzeitige Unterhaltung mehrerer Teilnehmer als Chat bezeichnet. Die Unterhaltung erfolgt meist schriftlich als reiner **Textchat**, kann jedoch auch als **Audio**- oder **Videochat** um Töne und Filme erweitert werden.

Die technischen Voraussetzungen für den Chat werden durch den **Chatroom**, einer Kommunikationsplattform, geschaffen. Um einen Chat nutzen zu können, müssen sich die Teilnehmer zunächst registrieren und danach für die Dauer der Nutzung anmelden. Bei der Registrierung gibt sich jeder Teilnehmer einen **Nickname**, unter dem er am Chat im Chatroom teilnehmen möchte. Der Nickname muss nicht dem tatsächlichen Namen entsprechen, sondern ist vielmehr ein Fantasiename, um Anonymität zu wahren. Die Unterhaltung erfolgt in **Echtzeit**, d.h. dass alle Personen, die an der Unterhaltung teilnehmen, gerade online sind – quasi wie bei einer richtigen Unterhaltung in einem Raum.

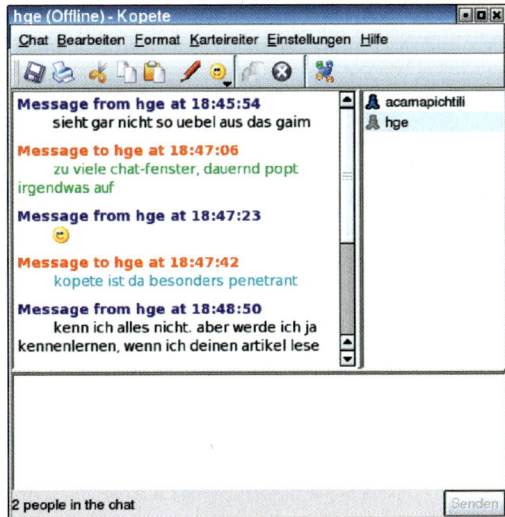

Der klassische Chat ist ein Gruppenchat, der im Internet auf einem speziellen Server, dem IRC-Server (Internet Relay Chat Server) abläuft. So kann jeder angemeldete Nutzer alle geschriebenen Nachrichten lesen und kommentieren.

Das Angebot an Chatrooms im Internet ist sehr umfangreich. So bieten alle großen Medienunternehmen, wie z. B. T-Online, Lycos, Arcor etc. eigene Chats an. Ferner gibt es eine Vielzahl thematisch bezogener Chats, wie z. B. der U-Boot-Chat für Taucher auf www.tiefenrausch.de sowie eine große Anzahl von Flirtchats etc., in denen Erfahrungen mit Gleichgesinnten ausgetauscht oder einfach nur herumgealbert werden kann.

Da sich die aktuelle Gefühlslage sowie die Mimik und Gestik der Chatteilnehmer in der reinen Textform nicht widerspiegelt, gibt es sog. **Emoticons** (von: Emotion und Icon). Diese sind Zeichenfolgen aus normalen Satzzeichen, mit denen Smileys nachgebildet werden.

:-) = gute Laune   :`-(= Weinen   :-*) = Erröten   ;-) = Zwinkern   :-(= schlechte Laune etc.

Ferner bieten viele Chatrooms auch schon die Möglichkeit, Smileys direkt als Grafik einzufügen.

Mithilfe der Emoticons lassen sich Stimmungs- und Gefühlszustände auf einfache Art ausdrücken.

Mit der **Chatiquette** gibt es auch hier Verhaltenrichtlinien analog zur Netiquette, welche eine freundliche und höfliche Kommunikation gewährleisten sollen.

Instant Messaging

Instant Messaging (sofortige Nachrichtenübermittlung) ist ein Kommunikationsdienst, der es mithilfe **Instant Messenger**-Software (z. B. ICQ, MSN-Messenger) ermöglicht, in Echtzeit mit anderen, angemeldeten Teilnehmern zu kommunizieren. Nach dem Login kann der Benutzer sofort herausfinden, welche Freunde und Bekannten auch gerade online sind.

Im Unterschied zum einfachen Chat ist zur Nutzung von Instant Messaging die Installation eines Instant Messenger Programms auf dem eigenen Computer erforderlich. Der Login erfolgt dann nicht auf einer Internetseite, sondern im Anmeldebereich des Instant Messenger Programms auf dem eigenen Rechner, indem eine Verbindung zum Instant Messaging System aufgebaut wird (ähnlich der Einwahl in das Internet).

Neben dem Chat bieten moderne Instant Messenger Programme z. B. auch die Möglichkeit zum Austausch von Dateien, zur Übertragung von Videos und zur Internettelefonie. Zudem gibt es beim Instant Messaging separate Kommunikationskanäle, zu denen jeweils nur eine bestimmte Benutzergruppe Zugriff hat. Durch diese Möglichkeit ist Instant Messaging auch für den geschäftlichen Bereich sehr interessant.

Das Programm ICQ, die umgangssprachliche Abkürzung für den englischen Satz „I seek you" („ich suche dich") gehört zu den bekanntesten Programmen im Bereich von Instant Messaging.

Internettelefonie (Voice over IP)

Bei der **Internet-Telefonie** werden die Sprachsignale zwischen den Kommunikationspartnern über das Internet übertragen. Der Fachbegriff dazu kommt aus dem Englischen und heißt „Voice over IP", kurz **VoIP**.

Im Unterschied zur klassischen Festnetztelefonie mit der Verbindungsherstellung auf einer Telefonleitung erfolgt die Übertragung der Sprachsignale in Paketen, welche einzeln und auf verschiedenen Wegen zum Ziel (Empfänger) gesendet und dort wieder zusammengesetzt werden.

VoIP: Paketorientierte Übertragung von Sprachsignalen mithilfe des Internet-Protokolls (IP)

Die analogen Sprachsignale werden vor dem Versand genau wie bei der Festnetztelefonie über ein Mikrofon, entweder im Hörer des Telefons oder am Headset, aufgenommen. Anschließend erfolgt die Umwandlung der aufgenommenen Signale in ein digitales Audioformat. Bei der Kodierung wird die Datenmenge verringert (Kompression). Dazu stehen verschiedene Codes zur Verfügung, die unterschiedlich stark komprimieren, sodass ggf. zwar einige Informationen verloren gehen, die die Sprachqualität jedoch kaum beeinflussen.

Beim Empfänger angekommen, gelangen alle Datenpakete zunächst zur Zwischenspeicherung in einen Puffer, werden in einem Digital-/Analogwandler wieder in analoge Signale und am Lautsprecher des Telefonhörers oder des Headsets schließlich in Sprache umgewandelt.

Im Wesentlichen werden also analoge in digitale Signale umgewandelt, in Pakete gepackt, wie beim Postversand, adressiert, übermittelt und ausgeliefert sowie anschließend wieder zusammengesetzt und zurück in Sprache übertragen.

Voraussetzung für eine gute Sprachqualität ist ein schneller Internetanschluss, z. B. DSL- oder Kabel. Ein analoger Zugang mit Modem oder ein ISDN-Anschluss reichen nicht aus.

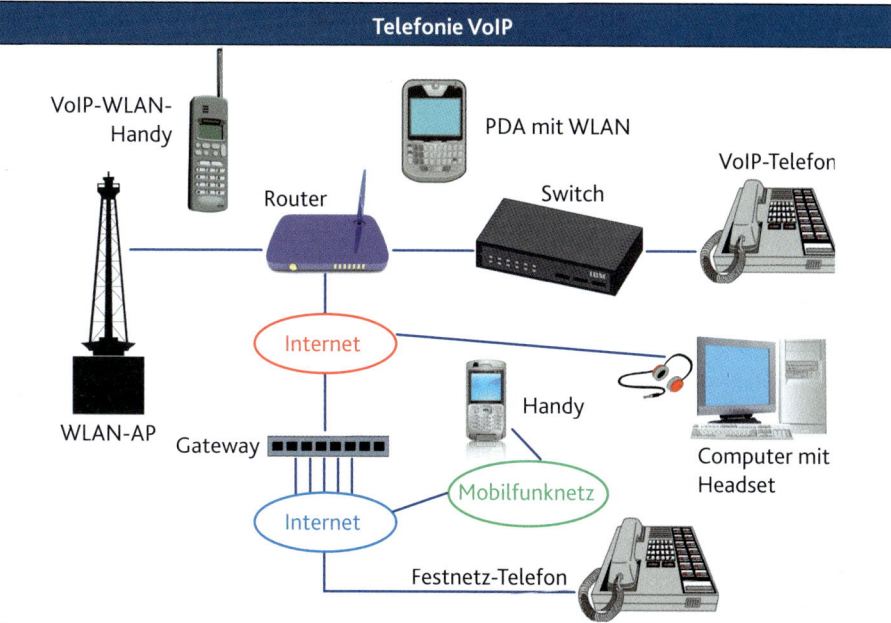

Übertragungsweg Voice over IP

Für die Telefonie über VoIP wird eine VoIP-Telefonnummer benötigt. Diese muss vom ausgewählten Provider freigeschaltet werden. In der Regel wird für VoIP die bereits vorhandene Festnetznummer verwendet. Abhängig von der Übertragungsgeschwindigkeit des Internetanschlusses können weitere Rufnummern als reine VoIP-Telefonnummern eingerichtet werden, sodass z. B. jedes Familienmitglied eine eigene Nummer erhält und parallele Telefonate problemlos möglich sind.	**Vorteile:** • Datenaustausch und Telefonie in einem Netzwerk kein separates Telefonnetzwerk erforderlich • Festnetzanschluss kann entfallen • Kosteneinsparung durch Telefonflatrate
Damit Telefonate über VoIP an die Festnetzanschlüsse weitergeleitet werden bzw. umgekehrt der Festnetzteilnehmer eine VoIP-Nummer anrufen kann, werden Gateways als Brücken eingesetzt, um beide Telefonwelten miteinander zu verbinden.	**Nachteile:** • Qualität der Sprachübertragung noch nicht so hoch wie bei Festnetztelefonie

7.4.2 Informationssuche

Neben vielfältigen Kommunikationsmöglichkeiten bietet das Internet die Möglichkeit, Informationen zu allen möglichen Themen, Produkten, Firmen, etc. sofort zu erhalten.
Zu Erleichterung der Informationssuche gibt es Suchdienste, die nach unterschiedlichen Verfahren arbeiten und den folgenden Kategorien zugeordnet werden können:

- Crawler, Robots, Spider
- Verzeichnisdienste
- Meta-Suchmaschinen
- Spezialisierte Suchdienste

Crawler, Robots, Spider (allgemeine Suchmaschinen)
Die Basis der allgemeinen Suchmaschinen, wie z. B. Google oder Altavista bildet der sogenannte **Crawler** (engl. Kriecher). Der Crawler ist ein Programm, das in der Lage ist, Links auf Webseiten zu finden und diese weiterzuverfolgen. Das Programm kriecht gewissermaßen durch den Dschungel des Internet, ständig auf der Suche nach neuen Webseiten. Der Crawler gibt die gefundenen Seiten anschließend an den **Spider** (engl. Spinne) oder **Robot** (engl. Roboter) weiter, der diese selbständig herunterlädt und in der Datenbank der Suchmaschine, dem **Index** ablegt. Viele Suchmaschinen verfügen über ein kombiniertes Programm, welches die Funktionalitäten von Crawler und Spider oder Robot vereint.

Vor dem Ablegen der Daten im Index analysiert ein sogenannter **Indexer** die Seiten näher, indem er u. a. folgende Bestandteile einer Webseite abprüft:

- Dateiformat (z. B. HTML, Word, PDF)
- Erstellungsdatum
- Titel
- Meta-Daten (wie Keywords, Descriptions etc.)
- Inhalt (Volltextsuche).

Enthält eine Webseite nur wenige dieser Angaben oder sind diese, z. B. durch einen unglücklich gewählten Seitentitel, wenig aussagekräftig, so landet die Webseite beim anschließenden **Ranking** (Reihenfolge der Suchergebnisse) eher im hinteren Bereich.

Wichtig für die Auffindbarkeit in Suchmaschinen:
Eindeutige Seitentitel verwenden, Keywords und Description einfügen, Texte nicht als Grafik anbieten, um Volltextsuche zu ermöglichen, die Seite nicht in Flash programmieren

Gibt der Nutzer nun eine Suchanfrage ein, nimmt die Suchmaschine die Anfrage entgegen und vergleicht diese mit dem Index. Die Daten, welche laut Index für den Nutzer relevant sind, werden anschließend als Suchergebnisse angezeigt.

Vorteil	Nachteil
Viele Suchergebnisse	Oft unübersichtlich durch eine Vielzahl unerwünschter Ergebnisse.

Verzeichnisdienste/Webkataloge
Verzeichnisdienste oder Webkataloge werden nur teilweise von selbstständig arbeitenden Programmen, sondern im wesentlichen von Menschen erstellt. Eine ganze Online-Redaktion durchsucht das Internet nach neuen Inhalten und ordnet diese den passenden Haupt- und Unterkategorien zu, wie aus gängigen Reise- und Versandhauskatalogen bekannt.

Vorteil	Nachteil
Gut strukturiert und übersichtlich nach Kategorien geordnet	Deutlich weniger Suchergebnisse als bei Suchmaschinen

Meta-Suchmaschinen
Meta-Suchmaschinen verfügen nicht über eigene Datenbanken, sondern leiten die Suche an eine Vielzahl von Suchmaschinen, die der Nutzer teilweise zuvor durch Ankreuzen auswählen kann, weiter. Die Suchmaschinen Metacrawler und MetaGer arbeiten u. a. nach diesem Prinzip.

Vorteil	Nachteil
Viele Suchergebnisse von unterschiedlichen Suchmaschinen, themenoriertierte Suche möglich	Lange Suchzeiten für umfassende Ergebnisse

Spezialisierte Suchdienste
Spezialisierte Suchdienste werden auch als **vertikale Suchmaschinen** bezeichnet, da es sich hierbei um Suchmaschinen oder Kataloge handelt, die sich auf einen speziellen Themenbereich (z. B. News, MP3, Auktionen, Shops) oder auf eine spezielle Aufgabenstellung (z. B. Bildersuche, Videosuche) beziehen. Die Suche mit Spezialsuchmaschinen gestaltet die thematische Suche übersichtlicher und umgeht die Vielzahl unzutreffender Suchbegriffe bei der Nutzung einer allgemeinen Suchmaschine.

Vorteil	Nachteil
Gezielte thematische Suche Übersichtliche Ergebniszahl Mehr relevante Ergebnisse	Nur ein sehr kleiner Bereich des Internets wird durchsucht Geringe Trefferzahl

Nutzung und Auswahl von Suchmaschinen und Katalogen
Um die Effektivität bei der Suche zu erhöhen, macht es Sinn, sich zwei oder drei Suchmaschinen auszuwählen, deren Bedienung eingeübt ist, anstatt wahllos eine möglichst große Anzahl von Suchdiensten zu bemühen.

Für die Suche in unbekannten Themenbereichen ist die Nutzung von Verzeichnisdiensten sinnvoll, um zunächst einen Überblick über den gesuchten Themenbereich zu erhalten. Wenn die Suche sehr stark eingegrenzt werden soll, können spezialisierte Suchdienste hilfreich sein.

Meta-Suchmaschinen gewinnen dann an Bedeutung, wenn in einem Bereich gesucht wird, zu dem nur eine sehr geringe Trefferzahl zu erwarten ist.

Netzwerkarten

*Grundlagen der **Netzwerktechnik** geben einen Einblick in die Möglichkeiten, Computer mittels einer **Netzwerktopologie** miteinander zu vernetzen, z. B. als Ring- oder Sternnetz bzw. ihnen mithilfe einer **Netzwerkarchitektur** bestimmte Rollen zuzuweisen, wie z. B. bei der Client-Server- oder der Peer-to-Peer-Technologie. Die **Vernetzung** kann **kabelgebunden** oder **kabellos**, z. B. per Funk, erfolgen. Die Vernetzung von Computern hilft, Ressourcen einzusparen, indem etwa der Drucker gemeinsam genutzt wird und erleichtert den **Datenaustausch** sowie die **Kommunikation** der Mitarbeiter untereinander.*

Hardware und Software für den Internetzugang

*Für die Teilnahme am Datenverkehr im Internet ist neben dem Computersystem ein **Internetzugang** erforderlich, der weitere Hardwarevoraussetzungen, z. B. Modem, Netzwerkkarte, **einen** speziellen Telefonanschluss etc., erfordert. Darüber hinaus wird ein **Provider** benötigt, der den Zugang zum Internet über einen Webserver ermöglicht. Zum Surfen im Internet ist ein **Browser** erforderlich, für das Versenden von E-Mails ein spezielles **E-Mail-Programm**.*

Datenübertragung und Adressvergabe in Netzen

*Zur **Datenübertragung** innerhalb eines Computer-Netzwerkes sind verschiedene Netzwerkprotokolle notwendig. Die Basis zur Kommunikation und zum Datenaustausch bieten die Protokolle des **TCP/IPSchichtmodells**. Allgemein bekannt sind das **Hypertext Transfer Protokoll** (http), das **File Transfer Protokoll** (ftp) sowie die **Protokolle SMTP, POP3 und IMAP/SMAP** für die Kommunikation per E-Mail.*

*Zur zielgerichteten Kommunikation und dem Datenaustausch im Internet verfügt jeder Computer über eine weltweit einmalige Adresse, **die IP-Adresse**. Diese kann fest für den Computer eingerichtet sein oder wird diesem, z.B. vom Provider bei der Anmeldung, dynamisch zugewiesen. Die IP-Adresse besteht aus vier Zahlenblöcken mit Zahlen zwischen 0 und 255. Das **Domain Name System** (DNS) dient zur Umsetzung von IP-Adressen in Klartext, den Domainnamen. Diese sind hierarchisch aufgebaut und in die Bereiche Top-Level, Second-Level, evtl. Subdomain und Servername aufgeteilt. Im Bereich der **Top-Level-Domains** werden die beiden Gruppen länderspezifische Domains und generische Domains unterschieden.*

Kommunikation und Suche im Internet

*Neben der Kommunikation via **E-Mail** bietet das Internet eine Reihe weiterer Möglichkeiten zum Informationsaustausch. Dazu zählen zeitlich unabhängige Kommunikationsformen, wie z.B. **Foren** oder **Newsgroups**, aber auch die Kommunikation in **Echtzeit** mittels **Chat** oder dem meist als Live-Ticker benutzten Dienst **Twitter**. Neben der Kommunikation spielt auch die Informationssuche im Internet eine große Rolle.*

Dazu stehen allgemeine Suchmaschinen, Verzeichnisdienste, Web-Crawler und spezialisierte Suchdienste zur Verfügung, die zielgerichtet ausgewählt werden sollten.

1. Vernetzung von Computern

Sind mehrere Computer vorhanden, so arbeiten diese in der Regel nicht voneinander unabhängig, sondern sind in einem Netzwerk miteinander verbunden.

a) Was ist eine MAC-Adresse und wofür wird sie vergeben?
b) Erläutern Sie die Begriffe Netzwerk, Netzwerkarchitektur und Netzwerktopologie anhand je eines Beispiels.
c) Erklären Sie den Unterschied zwischen einem Client und einem Server.

2. Hard- und Softwarevoraussetzungen

a) Welche Hardware ist, neben dem Computersystem, erforderlich, um ins Internet zu gelangen? Nennen Sie zwei verschiedene Möglichkeiten und deren Vor- und Nachteile.
b) Erklären Sie die Begriffe Browser und URL und erläutern Sie deren Zusammenhang mithilfe einer Skizze.
c) Was ist ein Provider und welche Aufgaben hat er?

3. Adressierung und Domains

a) Was ist eine IP-Adresse und wie ist sie aufgebaut?
b) Was ist DNS und wozu dient es?
c) Erläutern Sie den Aufbau und die Unterschiede der beiden folgenden Domains:
   - www.rz.fh-odenwald.de
   - www.lernen-im-Netz.edu
d) Ordnen Sie den folgenden IP-Adressen jeweils die passende Adressklasse (A, B, C oder D) zu und begründen Sie die Zuordnung:
   - 213.165.64.90
   - 88.198.46.131
   - 132.2552.181.87
   - 93.92.134.131
   - 141.113.97.501
e) Ermitteln Sie die IP-Adressen zu den folgenden URLs:
   - www.mercedes-benz.de
   - de.selfhtml.org
   - www.google.us
   - www.amazon.de

4. Kommunikation und Informationssuche

a) Erläutern Sie den Aufbau einer E-Mail und geben Sie an, welche Protokolle für die Kommunikation per E-Mail erforderlich sind.
b) Nennen Sie drei weitere Kommunikationsmöglichkeiten, die neben der E-Mail im Internet Anwendung finden. Erläutern Sie diese Technologien anhand von Beispielen.
c) Nennen Sie drei Arten von Suchdiensten, erläutern Sie deren Unterschiede und geben Sie je ein Beispiel als bevorzugte Anwendung an.
d) Erläutern Sie die Begriffe Crawler und Robot im Zusammenhang mit Suchdiensten.

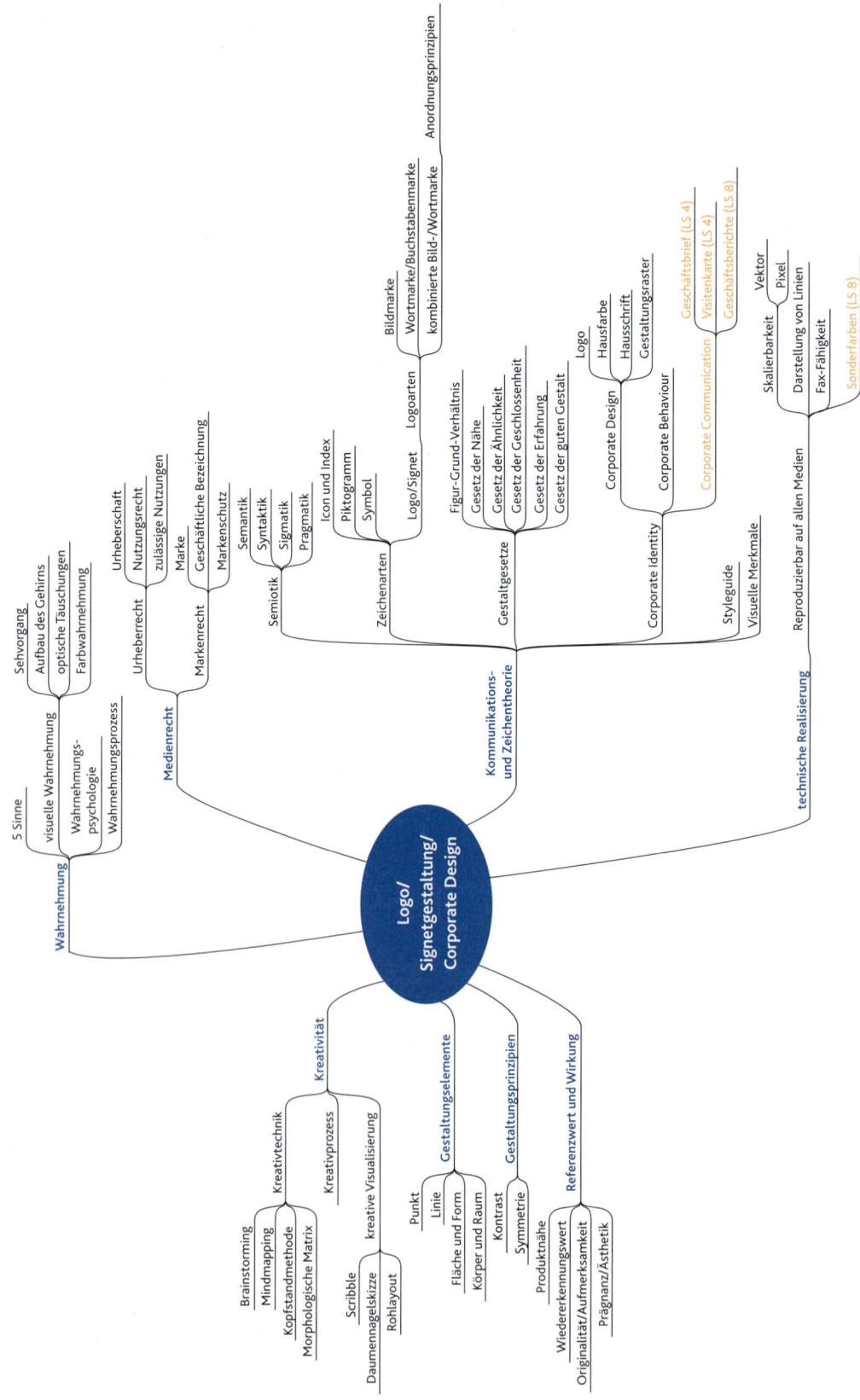

3 Logo/ Signetgestaltung/ Corporate Design

3 Logo/Signetgestaltung/Corporate Design

Der Garten- und Landschaftsbaubetrieb „Grün und Stein" ist ein neu gegründetes Unternehmen im Niederrheinischen Raum, Einzugsbereich Düsseldorf und Leverkusen. Die Geschäftsfelder umfassen:
- Planung und Pflege von Gartenanlagen
- Dachbegrünung
- Baumfällungen und Baumpflege
- Errichtung von Trockenmauern und Friesenwällen
- Gestaltung und Bau von Steingärten

Logo des Verbands für Garten- und Landschaftsbau

„Grün und Stein" möchte seine Professionalität durch ein gelungenes Corporate Design zum Ausdruck bringen. An erster Stelle steht dabei die Entwicklung eines Unternehmenslogos, das später auf verschiedenen Objekten (Geschäftsdrucksachen, Fuhrpark, Arbeitskleidung, Büromaterial, Werbepräsenten) erscheinen soll. Der Auftraggeber möchte dabei eine Bild-Wortmarke verwenden, die seine Zugehörigkeit zum Verband für Garten- und Landschaftsbau unterschwellig kenntlich machen soll, gleichzeitig aber genügend eigene Originalität und Prägnanz ausstrahlt. Das Logo soll zudem als Marke dienen.

8 Wahrnehmung

Was nützen die besten Ideen, wenn sie keiner versteht?

Bei jeder Gestaltung ist es wichtig, die eigenen Ideen so umzusetzen, dass sie von der Zielgruppe auch richtig wahrgenommen, interpretiert und verstanden werden. Menschen nehmen Dinge zwar unterschiedlich wahr, es gibt jedoch in vielen Bereichen Gemeinsamkeiten: Angefangen mit den fünf Sinnen bis hin zu Aufbau und Struktur des menschlichen Gehirns.

Gepaart mit den Erinnerungen und Erfahrungen, die sich im Laufe der Jahre im Gedächtnis verankert haben, beeinflusst all dies die **menschliche Sinneswahrnehmung**.

8.1 Die fünf menschlichen Sinne

Alles, was sich visuell erfassen lässt, wird zunächst mit den Augen betrachtet. Auch die anderen vier Sinne beeinflussen die Wahrnehmung wesentlich, bei der Erfassung von Printmedien nachrangiger als bei den interaktiven Nonprintmedien oder Multimediaanwendungen.

Die fünf Sinne, mit denen Menschen die Welt erfassen können beinhalten: Den Gesichtssinn, den Gehörsinn, den Geruchssinn, den Geschmackssinn und den Tastsinn.

Welche Bedeutung haben die fünf Sinne für die menschliche Wahrnehmung und welcher Sinn ist für welche Art der Wahrnehmung zuständig?

Im Gegensatz zu anderen Lebewesen sind alle fünf Sinne des Menschen gleich leistungsfähig, werden jedoch nicht gleich häufig benötigt.

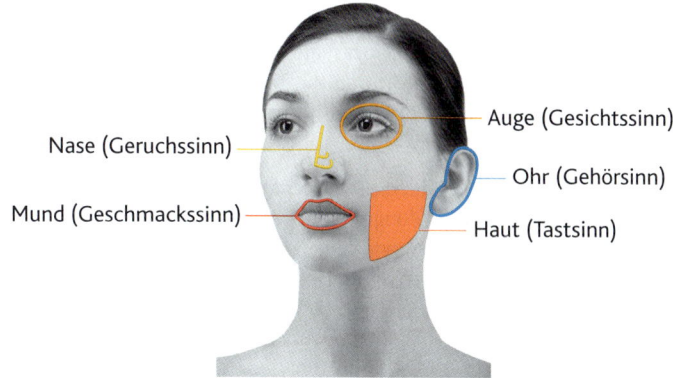

	Sinn	Organ/Körperteil	Empfindlich für:
1	Gesichtssinn (Sehen)	Auge	Elektromagnetische Strahlung in bestimmten Wellenlängenbereichen = Licht
2	Gehörsinn (Hören)	Ohr	Luftdruckveränderungen in bestimmtem Frequenzbereich = Schall
3	Geruchssinn (Riechen)	Nase	Chemische Moleküle
4	Geschmackssinn (Schmecken)	Mund (Zunge)	Chemische Moleküle
5	Tastsinn (Fühlen)	Haut, Hände	Berührung (Druck), Temperatur, Schmerz

Ist die Funktion eines Sinnesorgans, z. B. der Augen bei Blinden, gestört, so versuchen die anderen Organe, seine Funktion teilweise zu ersetzen. Die übrigen Sinne sind dann häufig stärker ausgeprägt: Ein Blinder nimmt unterschiedliche Tonhöhen anhand ihrer Frequenzen viel deutlicher als normal Sehende wahr, da sie ihm helfen, sich in seiner Umgebung zu orientieren (z. B. Ausweichen von Hindernissen, Erkennen von bestimmten Personen oder Gefahrenquellen). Ferner hat auch der Tastsinn für Blinde eine große Bedeutung, damit sie sich mit den Händen ein „Bild" von anderen Menschen und Dingen machen können.

An diesem Beispiel wird deutlich, dass dem Gesichtssinn innerhalb der fünf Sinne und damit auch innerhalb der menschlichen Wahrnehmung eine besondere Bedeutung zukommt.

8.2   Visuelle Wahrnehmung

Der Gesichtssinn beeinflusst die visuelle Wahrnehmung.

Ein großer Bereich des **Gehirns** ist an der Wahrnehmung, Interpretation und anschließenden Reaktion auf visuelle Reize beteiligt.

Um ein tieferes Verständnis für die visuelle Wahrnehmung zu erhalten, macht es daher Sinn, sowohl den **Sehvorgang** und den prinzipiellen Aufbau des menschlichen **Auges** als auch den prinzipiellen Aufbau des menschlichen **Gehirns** näher zu betrachten.

Visuelle Wahrnehmung zu verstehen ist für jeden Gestalter besonders wichtig, da Printmedien fast ausschließlich den Bereich der visuellen Wahrnehmung ansprechen.

8.2.1 Sehvorgang

Aus den Augen, aus dem Sinn. Dieses alte Sprichwort bringt es auf den Punkt: Die wesentlichen Eindrücke von unserer Umwelt werden durch das Sinnesorgan Auge bestimmt. Das Auge ist uns ein zuverlässiger Begleiter und ermöglicht uns, alles Sichtbare zu erkennen.

Ohne Licht kein Sehen
Die Grundlage des Sehvorgangs bildet die Wahrnehmung von Farben und Helligkeitsunterschieden. Formen können nur durch Farbabstufungen im Auge erkannt werden. Für die Farbwahrnehmung ist eine Lichtquelle notwendig, z. B. die Sonne oder eine künstliche Beleuchtung, da das Auge in völliger Dunkelheit nichts erkennen kann. Von dieser Lichtquelle gehen farblose Energiestrahlen bestimmter Wellenlängen aus.

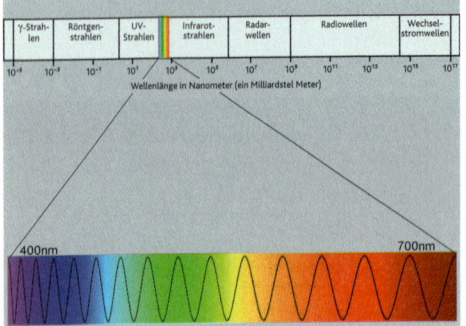

Das für den Menschen **sichtbare Spektrum des Lichts** besteht aus elektromagnetischen Wellen mit den **Wellenlängen** λ im Bereich von ca. 380 nm bis 780 nm (1 nm = 1 Nanometer = 1 millionstel Millimeter).

Im Bereich des kurzwelligen Lichts (Blau/Violett) grenzt das UV-Licht an das **Spektrum des sichtbaren Lichts** und im Bereich des langwelligen Lichts (Rot) an das Infrarot-Licht.

8.2.1.1 Aufbau des menschlichen Auges

Wie gelangt das Licht ins Auge?
Sichtbares Licht der o. g. Wellenlängen fällt auf einen Gegenstand und wird teilweise (farbiger oder grauer Gegenstand), vollständig (weißer Gegenstand) oder gar nicht (schwarzer Gegenstand) von diesem remittiert (zurückgeworfen von lat. „remittere" = zurückschicken). Die restlichen Lichtstrahlen werden verschluckt (absorbiert). Die remittierten Lichtstrahlen aus dem Bereich des sichtbaren Lichts werden vom Auge aufgenommen und anschließend als **Sehreiz** an das Gehirn weitergeleitet:

Spektrum der elektromagnetischen Wellen (oben) mit Spektrum des sichtbaren Lichts (unten).

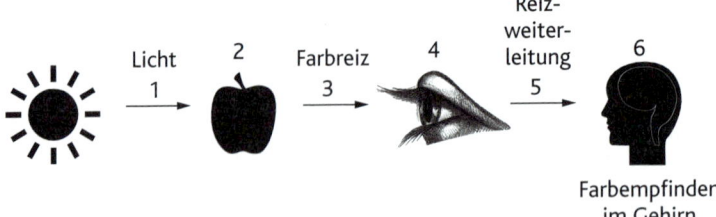

Wirkungskette zwischen Lichtstrahlen und Farbempfinden

Wie funktioniert der Sehvorgang?
Das menschliche Auge besteht im Wesentlichen aus den folgenden Teilen:

- Augapfel – der außen von drei übereinanderliegenden Häuten umgeben ist
- Knöcherne Augenhöhle – in die das Auge eingebettet ist
- Augenlid, Tränenorgane und Muskeln – als Schutz und Hilfseinrichtungen
- Bindehaut – einer dünnen Schleimhaut zur Verbindung von Augapfel und Augenlid

Der eigentliche **Sehvorgang** findet ausschließlich mit dem Augapfel statt. Dieser hat nahezu die Form einer Kugel und wird von außen nach innen von den drei Häuten Lederhaut, Aderhaut und **Netzhaut** umschlossen. Die Lederhaut ist undurchsichtig und wird im vorderen Teil des Auges von der durchsichtigen Hornhaut ersetzt. Die Aderhaut enthält viele Blutgefäße zur Versorgung des Auges und die Netzhaut bildet die Schicht im Auge, welche das einfallende Licht aufnimmt und mittels Rezeptoren an den Sehnerv weiterleitet. An der Stelle, wo der Sehnerv in das Auge eintritt, befindet sich der sogenannte „**blinde Fleck**", dort befinden sich keine Rezeptoren, sodass man an dieser Stelle nichts sehen kann.

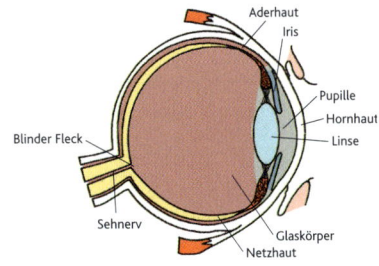
Schematische Abbildung eines Auges

An allen anderen Stellen ist die Netzhaut mit sogenannten **Fotorezeptoren** = lichtempfindlichen Rezeptoren versehen: den **Stäbchen** und den **Zapfen**. Die Gesamtanzahl der Rezeptoren beläuft sich auf ca. 130 Millionen Stück, wobei die Stäbchen einen Anteil von 95 % und die Zapfen nur einen Anteil von 5 % ausmachen.

Zapfen
Die Zapfen sind für das **Farbensehen** verantwortlich. Fast alle Zapfen befinden sich direkt gegenüber der Pupille auf der Netzhaut. Die Lichtempfindlichkeit der Zapfen ist eher gering, die Farbempfindlichkeit stark ausgeprägt.

Es gibt insgesamt drei unterschiedliche Arten von Zapfen, eine Art für jede der drei Lichtfarben: Rot (L-Zapfen), Grün (M-Zapfen) und Blau (S-Zapfen). Jeder Zapfen hat eine einzelne Reizweiterleitung (Nervenbahn) zum Gehirn.

Das Auge hat im Inneren drei Zapfenarten für das Farbensehen

Beispiele zum Farbensehen an Gegenständen:
1. Licht fällt auf einen roten Gegenstand. Der Gegenstand absorbiert die Lichtanteile der Farben Blau und Grün und *remittiert* den *Lichtanteil* der Farbe **Rot**. Dieser Lichtanteil trifft nun auf die *L-Zapfen* der Netzhaut und leitet den **Farbreiz Rot** an das Gehirn weiter.

2. Licht fällt auf einen cyanfarbenen (Türkis) Gegenstand. Der Gegenstand absorbiert den Lichtanteil der Farbe Rot und *remittiert* die *Lichtanteile* der Farben **Grün** und **Blau**. Diese Lichtanteile treffen nun auf die M-Zapfen für Grün und die S-Zapfen für Blau der Netzhaut und leiten den **Farbreiz Cyan** als Mischfarbe der Farben Grün und Blau an das Gehirn weiter.

absorbieren:	verschlucken
remittieren :	zurückwerfen
transmittieren:	hindurchlassen

Stäbchen
Die Stäbchen sind für das **Hell-Dunkel-Sehen** verantwortlich. Sie befinden sich fast gleichmäßig verteilt auf der Netzhaut, mit Ausnahme des Platzes direkt gegenüber der Pupille. Sie sind etwa 1.000-mal so lichtempfindlich wie die Zapfen, können jedoch keine Farben wahrnehmen. Die Stäbchen reagieren bereits bei sehr geringer Lichtintensität – lange bevor die Zapfen etwas wahrnehmen. Die Reizweiterleitung der Stäbchen zum Gehirn erfolgt nicht einzeln je Stäbchen, sondern zusammengefasst in Gruppen von Stäbchen über eine Nervenbahn.

Auf der Netzhaut befinden sich die Stäbchen für das Hell-Dunkel-Sehen

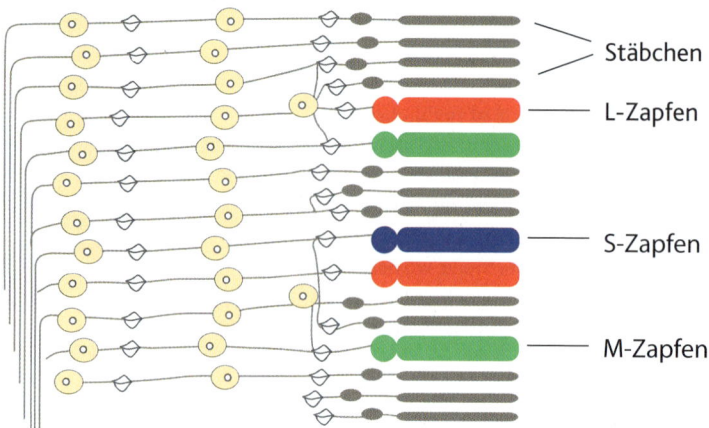

Stäbchen und Zapfen für das Helligkeits- und Farbensehen

www.foto-fehlsichtig-keit.com

Farbenfehlsichtigkeit, was nun?
Eine teilweise Farbenfehlsichtigkeit liegt dann vor, wenn zwar Zapfen vorhanden sind, jedoch mindestens eine Zapfenart auf der Netzhaut nicht funktionstüchtig ist. Bei vollständiger Farbenfehlsichtigkeit sind ebenfalls Zapfen vorhanden, diese sind jedoch komplett funktionsuntüchtig. Daher können nur Hell-Dunkel-Unterschiede, also Graustufen, erkannt werden.

Besonders bei der Gestaltung von Anzeigen und Logos ist es wichtig, dass eine Darstellung in Graustufen gut zu erkennen ist, da nicht jede Zeitung in diesem Bereich einen Farbdruck anbietet. Ferner kann mit dem Ausdruck in Graustufen überprüft werden, wie kontrastreich die Darstellung ist.

Eine kontrastreiche Darstellung in Graustufen ist ebenfalls wichtig, um Menschen mit Farbfehlsichtigkeit alle gedachten Informationen zugänglich zu machen.

8.2.1.2 Gesichtsfeld und Blickfeld

Ein Blick nach vorn zeigt nicht alle Details: Das menschliche Auge kann mit einem Blick nur einen kleinen Bereich seiner Umgebung erfassen. Anders als bei einigen Tierarten, z. B. Fliegen mit ihren Facettenaugen (360°) oder Fröschen mit ihren Augen für einen Rundumblick (330°), sind das menschliche **Gesichts-** und **Blickfeld** auf viel kleinere Bereiche beschränkt.

Gesichtsfeld
Das Gesichtsfeld ist der Winkel, in dem Objekte visuell erfasst werden können, ohne dass die Augen bewegt werden. Dieser Bereich bezieht sich auf beide Augen, da das Gehirn aus dem Bild beider Augen ein einzelnes Bild erstellt. Auf jedes Auge bezogen ist dies der Bereich, der komplett auf der Netzhaut abgebildet wird.

Gesichtsfeld: Bereich, der mit beiden Augen gleichzeitig überblickt werden kann ohne Kopf und Augen zu bewegen.

Beim Sehen mit beiden Augen haben junge Menschen ein Gesichtsfeld von horizontal ca. 175° bis 180° und mit einem Auge von 150°. Vertikal umfasst das Gesichtsfeld einen Bereich von ca. 120°. Im Alter verringert sich das horizontale Gesichtsfeld auf ca. 139° und auch das vertikale Gesichtsfeld wird deutlich kleiner. Ebenso verringert sich das Gesichtsfeld mit steigender Geschwindigkeit, z. B. beim Autofahren.
Doch nicht in jedem Bereich des Gesichtsfeldes können wir alles scharf sehen, da die Netzhaut nicht an jeder Stelle die gleiche **Sehleistung** ermöglicht. Besonders gut (100 %) ist das **Sehvermögen** in

der Mitte der Netzhaut, der sogenannten **Fovea** (Sehgrube), von dort aus fällt es zum Rand hin auf ca. 30 % ab.

Besonders scharfes Sehen ist jedoch nur in einem Bereich von ca. 1,5° bis 7° um die **Sehachse** möglich.

Sehachse: Achse in Blickrichtung der Mitte zwischen den Augen

Bezogen auf die Farbwahrnehmung ist das Gesichtsfeld noch kleiner: Die Farbe Grün z. B. kann vertikal nur in einem Winkel von ca. 14° nach oben und ca. 17° nach unten, also in einem vertikalen Bereich von insgesamt ca. 31° klar wahrgenommen werden.

Der horizontal klar wahrnehmbare Bereich der Farbe Grün beträgt ca. 38° für jedes Auge (19° nach links und 19° nach rechts). Für die Wahrnehmung der Farbe Blau ist das Gesichtsfeld am größten.

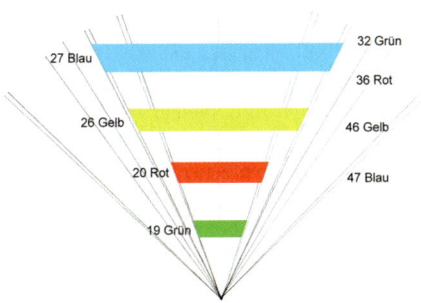
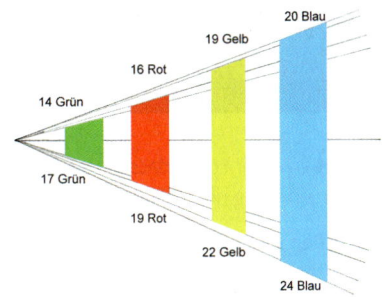

Horizontales Gesichtsfeld   *Vertikales Gesichtsfeld*

Bildquelle: Dr. Joachim Schumacher

Blickfeld
Das Blickfeld ist der Winkel, in dem Objekte durch Bewegung der Augen, nicht jedoch des Kopfes, erfasst werden können. Bei jungen Menschen umfasst dieser Bereich horizontal ca. 240°. Vertikal können Kinder die Augen um einen Winkel von jeweils 40° nach oben und unten bewegen, also insgesamt ca. 80°. Ältere Menschen sind jedoch nur noch zu Bewegungen im Winkel von ca. 16° in jede Richtung, also insgesamt ca. 34°, in der Lage.

Auch für das Blickfeld gilt, dass das Sehvermögen zum Rand hin abnimmt und dort unscharfe Bilder entstehen.

Sie fahren mit dem Auto auf eine Kreuzung zu und können eindeutig erkennen, dass die Ampel grünes Licht hat. Aus dem Augenwinkel erkennen Sie am Rand des Gesichtsfeldes, dass ein Fahrzeug von rechts kommt, Sie sind jedoch nicht in der Lage zu erkennen, wer im Auto sitzt oder um was für ein Auto es sich handelt. Erst beim Drehen des Kopfes und evtl. auch der Augen können Sie das Fahrzeug genau erkennen, da es sich dann genau mittig vor Ihren Augen befindet. Jetzt nehmen Sie das Lichtsignal der Ampel nur noch am Rande des Gesichtsfeldes wahr und erkennen möglicherweise zu spät, dass die Ampel schon Rot zeigt.

In Bezug auf die Gestaltung heißt dies, dass besonders wichtige Elemente eher im mittleren Bereich des Medienprodukts, platziert werden sollten und von dort aus eine gezielte Blickführung, die ein Drehen des Kopfes und/oder der Augen notwendig macht, sinnvoll ist.

Wichtige Elemente in der Mitte des Gesichtsfeldes platzieren!

8.2.2 Aufbau des menschlichen Gehirns

Nachdem der Sehreiz von der Netzhaut aufgenommen wurde, wird er über den Sehnerv an das **Gehirn** weitergeleitet. Das Gehirn besteht, wie alle Organe, aus Zellen und ist Teil des Nervensystems. Diejenigen Zellen, die die Fähigkeit besitzen, elektrische Signale, z.B. Licht, weiterzuleiten,

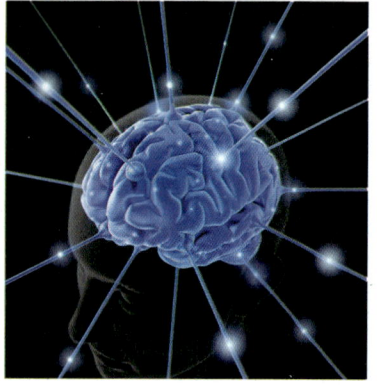

werden als **Nervenzellen** bezeichnet. Ein menschliches Gehirn hat ca. 1.000 Milliarden solcher Gehirnzellen, die mit anderen Gehirnzellen Informationen austauschen. Impulse von hunderttausenden Verbindungspunkten können von einer Gehirnzelle in jeder Sekunde empfangen und an andere Gehirnzellen weitergeleitet werden. Im Gehirn geht es also zu wie in einem riesigen Fernmeldeamt oder einem riesengroßen Computersystem.

Wird ein **Gedanke** erstmals durchdacht, so wird im Gehirn ein neuer biochemisch-elektromagnetischer Pfad auf dem Weg von einer **Gehirnzelle** zur nächsten erstellt. Bei Wiederholung des gleichen Gedankens kann das Gehirn bereits auf ein teilweise bekanntes Muster zurückgreifen und der Weg der Impulse von Zelle zu Zelle kann schneller und müheloser zurückgelegt werden. Weitere Wiederholungen des gleichen Gedankens sind noch einfacher und haben ebenso zur Folge, dass dieser Gedanke, da der Weg im Gehirn einfacher ist, eher wiederholt wird, als ein völlig neuer Gedanke gefasst.

Sie machen einen Spaziergang durch den Wald und gelangen an einen lange nicht benutzten Pfad, den sie aber gehen wollen. Sie müssen sich also erst mühsam den Weg durch das Dickicht bahnen. Beim zweiten Spaziergang auf diesem Pfad kommen Sie dann schon besser voran und können weitere Zweige entfernen. Nach einigen Spaziergängen sind keinerlei Hindernisse mehr vorhanden und Sie benutzen den Pfad, ohne genau auf die Umgebung achten zu müssen. Der Weg ist nun einfach und unbeschwerlich und Sie werden ihn sicherlich einem parallel verlaufenden, zugewachsenen Pfad vorziehen, da dies mit Mühe verbunden wäre.

Wächst der Pfad nun wieder zu, da er lange nicht benutzt wird, so ist der Weg zwar beim nächsten Spaziergang wieder sehr beschwerlich, fällt jedoch leichter als ganz zu Beginn, da schon Grundkenntnisse im „Weg-durch-das-Dickicht-finden" bestehen.

Ähnlich verhält es sich mit dem Weg der Gedanken durch das Gehirn. Der Mensch ist geneigt, stets nach bekannten Mustern und Zusammenhängen zu suchen, die sich fest eingeprägt haben und tut sich zunächst schwer damit, neue Inhalte aufzunehmen und zu erfassen, bei denen ein Großteil unbekannt und damit schwer zu durchdringen ist.

Aber ist der Weg durch das Dickicht erst einmal geschafft, so bleiben Wiederholungen deutlich besser im Gedächtnis haften – auch nach längerer Zeit.

Limbisches System und Großhirn

An der menschlichen Wahrnehmung sind die Gehirnteile **limbisches System** und **Großhirn** wesentlich beteiligt.

Das limbische System ist eine Art Kontrollzentrum des Gehirns und einerseits dazu da, Gefühle zu erkennen. Andererseits befindet sich im limbischen System noch der Hippocampus, der als Zwischenspeicher von Gedächtnisinhalten dient, bevor sie im Langzeitgedächtnis des Großhirns abschließend gespeichert werden. Gefühle und Gedächtnis hängen also eng zusammen!

 Mit einem gutem Gefühl lernt und erinnert es sich leichter!

Die entwicklungsgeschichtlich jüngste und damit am höchsten entwickelte Region des Gehirns ist die Großhirnrinde. In den 60er Jahren des 20. Jahrhunderts fand der amerikanische Gehirnforscher Professor Roger Sperry heraus, dass die grundlegenden intellektuellen Funktionen des menschlichen Gehirns auf die beiden Hälften der Großhirnrinde, die sogenannte Hemisphären, aufgeteilt sind: Die rechte und die linke Hälfte der Gehirnrinde, kurz **rechte und linke Gehirnhälfte**. Beide Gehirnhälften sind durch Nervenfasern, das Corpus callosum, verbunden.

8.2.2.1 Linke Gehirnhälfte

Die **linke Gehirnhälfte** ist im Wesentlichen für den logischen und strukturellen Bereich zuständig.

Bei der linken Gehirnhälfte kann man von digitaler Kommunikation mittels Zeichen und Ziffern ohne bildhafte Symbole, wie z. B. bei einer Armbanduhr mit Digitalanzeige, sprechen.

Die linke Gehirnhälfte steuert dabei die rechte Körperhälfte und ist mit der rechten Hand und dem Sehfeld des rechtes Auges verbunden. Daher schreiben die meisten Menschen auch mit rechts.

Linke Gehirnhälfte = Logik und Verstand

8.2.2.2 Rechte Gehirnhälfte

Die **rechte Gehirnhälfte** hingegen übernimmt den eher kreativen und emotionalen Part.

Bei der rechten Gehirnhälfte kann man von analoger Kommunikation mittels Formen und Symbolen, wie z. B. bei einer Armbanduhr mit Ziffernblatt, sprechen.

Die rechte Gehirnhälfte steuert dabei die linke Körperhälfte und ist mit der linken Hand und dem Sehfeld des linken Auges verbunden.

Rechte Gehirnhälfte = Kreativität, Bilder und Gefühle

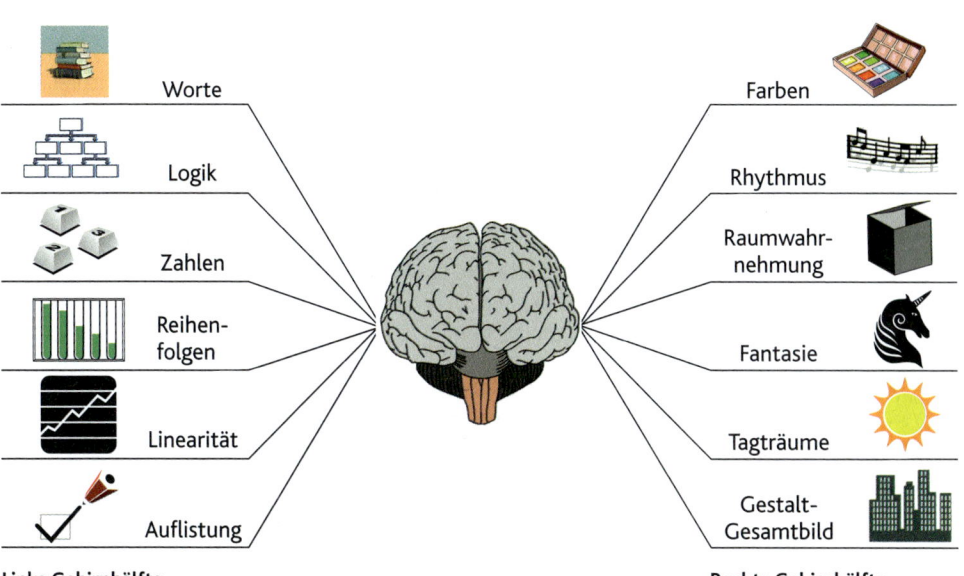

In der Regel wird die linke Gehirnhälfte wesentlich mehr gefordert. Dies wird besonders deutlich, wenn man an die nach wie vor sehr kognitiv angelegte schulische Ausbildung mit vielen Regeln, Vokabeln, Daten und Formeln und einem geringen Anteil an Fächern mit künstlerischem, musischem oder kreativem Inhalt denkt. Die rechte Gehirnhälfte wird weniger beansprucht und verkümmert vielleicht sogar etwas – das Gehirn bringt im Zweifelsfall nicht seine optimale Leistung.

Um dem entgegenzuwirken, bietet sich der häufige Einsatz von bildlicher und grafischer Veranschaulichung reglementierter Inhalte an. Eine Kreativtechnik wie das Mindmapping eignet sich z. B. sehr gut, da sie die Aufgaben beider Gehirnhälften sinnvoll miteinander verbindet. Die logische und systematische Strukturierung von Inhalten mithilfe einer kreativen, bildlichen und auch farblichen Darstellung. Damit wird das ganzheitliche Denken gefördert und das Gehirn leistungsfähiger.

Bei Linkshändern hingegen dominiert die rechte Gehirnhälfte, da diese die Motorik der linken Hand steuert. Linkshänder sind daher häufig kreativ und musisch begabt.

Fordern Sie beide Gehirnhälften gleichmäßig und erhöhen Sie damit die Leistung Ihres Gehirns!

8.2.3 Gedächtnis

Je leistungsfähiger das Gehirn, desto besser das Gedächtnis!
Ein leistungsfähiges Gehirn ist in der Lage, besonders viele Informationen aufzunehmen und diese gezielt miteinander zu vernetzen. So können diese bei Bedarf leicht abgerufen werden.

Gedächtnis: Fähigkeit des Gehirns zur Aufnahme, Speicherung, Ordnung und zum Abruf von Informationen.

Gemäß dem heutigen Forschungsstand kann das im Gehirn vorhandene Gedächtnis in die folgenden drei Bereiche eingeteilt werden:
- Ultrakurzzeitgedächtnis
- Arbeitsgedächtnis (früher Kurzzeitgedächtnis)
- Langzeitgedächtnis

Weitere Gedächtnisinhalte, z. B. für häufig wiederkehrende Bewegungsmuster wie das Gehen, werden nicht im Gehirn, sondern an anderen Orten des Körpers, z. B. im Rückenmark gespeichert.

Ultrakurzzeitgedächtnis: Gedächtnis zur sehr kurzzeitigen Speicherung vielfältiger Sinneseindrücke.

Gespeichert werden z. B. Töne und Gerüche. Die **Speicherzeit** des Ultrakurzzeitgedächtnisses beträgt nur **wenige Sekunden**. Werden die Gedächtnisinhalte anschließend nicht innerhalb von ca. 20 Sekunden in das Arbeitsgedächtnis aufgenommen, werden sie gelöscht. Eine Übernahme erfolgt jedoch nur dann, wenn durch die Sinneseindrücke ein besonderes Interesse oder Emotionen geweckt werden bzw. eine Verknüpfung mit Vorwissen möglich ist.

Arbeitsgedächtnis: Gedächtnis zur kurzzeitigen Speicherung einer begrenzten Menge von Inhalten.

Das Arbeitsgedächtnis dient der kurzzeitigen Speicherung von Inhalten und hat eine begrenzte Kapazität. Diese ist abhängig davon, wie komplex die Inhalte sind und aus welchem Bereich sie stammen, so lassen sich z. B. einfache Zahlen leichter merken als einfache Texte.

Die **Speicherzeit** des Arbeitsgedächtnisses beträgt **ca. 30 Minuten**. Die in dieser Zeit dort abgelegten Inhalte werden sehr detailreich gespeichert. Das Gehirn entscheidet innerhalb relativ kurzer Zeit, welche der im Arbeitsgedächtnis gespeicherten Informationen in das Langzeitgedächtnis übernommen werden.

> **Langzeitgedächtnis: Gedächtnis zur langfristigen Speicherung von Inhalten durch Einordnung in Kategorien**

Die vom Arbeits- in das Langzeitgedächtnis übertragenen Inhalte werden geeignet umgeformt, sodass Details verloren gehen und nur wesentliche Grundinhalte erhalten bleiben, die jederzeit abgerufen werden können.

Insgesamt werden nur solche Inhalte in das Langzeitgedächtnis übernommen, die eine besondere Bedeutung für den Menschen haben, sein Interesse deutlich wecken und mit Emotionen belegt sind.

Die **Speicherzeit** der Inhalte kann **mehrere Jahre bis lebenslang** betragen.

Das Langzeitgedächtnis besteht aus sehr vielen Modulen, wie ein großer Schubladenschrank. Wichtig für eine gute Abrufbarkeit ist daher, dass die neu abgelegten Inhalte mit bereits bekannten Inhalten verknüpft und den passenden Kategorien zugeordnet werden. Dabei führt die Aufteilung eines Inhalts in sehr viele Module und Einzelinformationen zu einer besonders guten Erinnerbarkeit, die Informationen verblassen nicht so schnell. Ferner lassen sich auch die Inhalte leichter erinnern, die in Kategorien abgelegt werden, in denen bereits eine Vielzahl von Inhalten vorhanden ist.

8.3 Wahrnehmungspsychologie

Die menschliche **Wahrnehmung** ist jedoch nicht nur von den fünf Sinnen und dabei schwerpunktmäßig der visuellen Wahrnehmung abhängig, sondern auch von Erfahrungen und individuellen Vorlieben.

Wäre allein die Sinneswahrnehmung ausschlaggebend, würden alle Menschen, deren Sinne ähnlich gut ausgeprägt sind, alle Dinge stets gleich wahrnehmen. Jedoch zeigen sich bereits bei der Beschreibung desselben Gegenstandes oder derselben Person völlig unterschiedliche Wahrnehmungen.

1. Ein kleiner Junge, ein hungriger Geschäftsmann und eine ältere Dame gehen durch die Einkaufsstraße mit diversen Geschäften.

   Dem kleinen Jungen fällt sofort das Spielzeuggeschäft mit den schönen Spielsachen und dem Flugzeugkarussell vor der Ladentür auf. Der Geschäftsmann hat nur Augen für die Imbissbude und die ältere Dame bleibt fasziniert vor dem Handarbeitsgeschäft und den davor aufgestellten Sonderposten stehen.

   Fragt man den kleinen Jungen nach dem Handarbeitsgeschäft, so wird er ggf. sogar behaupten, dass sich in besagter Einkaufsstraße kein derartiges Geschäft befinde, da er seine Wahrnehmung auf einen anderen Bereich, das Spielzeug, konzentriert hat. Ebenso kann es den anderen Personen gehen.

2. Die Studenten einer Vorlesung werden in der Pause danach befragt, ob diese interessant, kurzweilig und fachlich angemessen sei. Während der eine Student die Vorlesung sehr interessant und kurzweilig fand, kann ein anderer davon überzeugt sein, noch nie eine derart langweilige Veranstaltung besucht zu haben. Siehe hierzu auch: Prof. Dr. Manfred Spitzer, „Geist & Gehirn", unter: www.br-online.de/br-alpha/geist-und-gehirn.index.xml

www.br-online.de

Fazit:
Es gibt nicht die eine Wirklichkeit, die der Mensch in seinem Kopf abbildet, sondern jeder konstruiert sich seine Wirklichkeit nach den eigenen Bedürfnissen und Erfahrungen.

Jeder versucht für sich, in seiner eigenen Wahrnehmung eine Ordnung der Dinge herzustellen.

8.3.1 Wahrnehmungsprozess

Obwohl die menschliche Wahrnehmung individuell ist, folgt sie doch bei vielen Menschen einer ähnlichen Struktur: einem Wahrnehmungsprozess. Dieser beinhaltet einerseits die reine Informations- bzw. Reizaufnahme und deren Weiterleitung an das Gehirn, andererseits aber auch die **Verarbeitung** der wahrgenommenen Informationen und Reize.

Ähnlich wie der Kreativprozess besteht auch der Wahrnehmungsprozess aus verschiedenen Stufen. Im Wesentlichen sind es drei Stufen, die jedoch noch weiter unterteilt werden können:

1. **Stufe der Wahrnehmung**
   Ein Reiz trifft auf den Körper

2. **Stufe der Wahrnehmung**
   Gehirn nimmt den Reiz wahr

3. **Stufe der Wahrnehmung**
   Reiz wird klassifiziert und einer Kategorie zugeordnet

Die Wahrnehmung läuft zyklisch ab, d. h. dass die Stufen des Wahrnehmungsprozesses immer wieder hintereinander durchlaufen werden, sodass quasi ein Sprung von der dritten zur ersten Stufe erfolgt.

Nach dem amerikanischen Kognitionspsychologen Ulrich Neisser folgt sie dabei folgendem **Wahrnehmungszyklus**:

Wahrnehmungszyklus nach Ulrich Neisser

Der Mensch nimmt ständig Neues in seiner Umwelt wahr. Das Neue wird mit bereits Bekanntem im Gedächtnis abgeglichen. Das Bekannte leitet den Menschen bei der Erkundung des Neuen, sodass er schlussendlich das tatsächlich Neue auswählt und die für ihn wesentlichen Inhalte im Langzeitgedächtnis ablegt.

**Das Gedächtnis bringt Ordnung in die Wahrnehmung.
Neue Informationen verändern das Gedächtnis.**

Das vorhandene Schema in unserem Gedächtnis leitet uns also einerseits bei der Wahrnehmung und wird andererseits durch die Wahrnehmung neuer Dinge ständig verändert.

9 Kommunikations- und Zeichentheorie

Logos kommunizieren! Als visuelle Botschafter müssen sie jede Menge Informationen auf engstem Raum transportieren. Dabei kann der Gestalter viel falsch machen. Daher zunächst ein Beispiel, welche **Fehler bei der Logo-Gestaltung** unbedingt vermieden werden sollten:

Welche Informationen kann man diesem Logo entnehmen? Steht der Halbkreis für Urlaub und Sonnenuntergang? Dann ist der horizontale Verlauf aber doch eher unprofessionell. Handelt es sich um ein Restaurant im Western-Stil? Das lässt zumindest die Schriftart vermuten. Aber in mintgrün? Fazit: Es handelt sich um das Logo eines Altersheims! Die Gestaltung des Logos wirkt unkonzeptionell und überladen: Der Schatten hinter der Schrift negiert die Lesbarkeit, der Farbverlauf erinnert eher an „Flower-power" denn an eine friedliche Abendstimmung. Die Schriftwirkung intendiert eine gänzlich andere Assoziation als einen Altersruhesitz – viel hilft eben *nicht* viel.

Bevor Sie nach der Analyse des Briefings selbst mit der kreativen Phase der Ideenfindung in Form von Brainstorming, Kreativmethoden und Scribbeln loslegen, sollten Sie zunächst für sich selbst klären, welche Aufgaben ein Logo erfüllt, wie es funktioniert und wie es folglich als visuelles Zeichen gestaltet sein muss.

Nur so können alle Informationen des Briefings, also die Zielvorstellungen des Auftraggebers als „Sender", umgesetzt und als Werbebotschaft zum Kunden als „Empfänger" (auch Rezipient genannt) transportiert werden.

9.1 Der Prozess der Kommunikation

Im Prinzip ist alles, was wir machen, Kommunikation, oder wie Paul Watzlawik[1] es einmal treffend formuliert hat:

> „Man kann nicht nicht kommunizieren!"[1]

---

[1] Paul Watzlawik: Wie wirklich ist die Wirklichkeit?, München, 1978.

Auch das, was wir also *nicht* sagen, wird über Körpersprache wie Mimik oder Gestik ausgedrückt. In diesem Sinne ist es auch eine Art von Zeichensprache – visuelle Zeichen eben. Jegliche Form der Kommunikation beruht auf dem Austausch von Nachrichten oder Informationen.

9.1.1 Kommunikationsmodell

Die Sprachwissenschaft geht davon aus, dass die Übermittlung einer Nachricht einen Sender erfordert, der mithilfe eines Zeichensystems in Form von Sprache, Text oder bildhafter Zeichen eine Information kodiert (verschlüsselt). Sein Ziel ist es, dass die Nachricht beim Empfänger ankommt und einwandfrei von diesem dekodiert (entschlüsselt) werden kann. Bei der Gestaltung von Logos muss demnach auf einen zielgruppengerechten Zeichenkodex (Zeichenrepertoire) geachtet werden, damit die gesendete und decodierte Botschaft die gewünschten Reaktionen beim Empfänger auslöst.

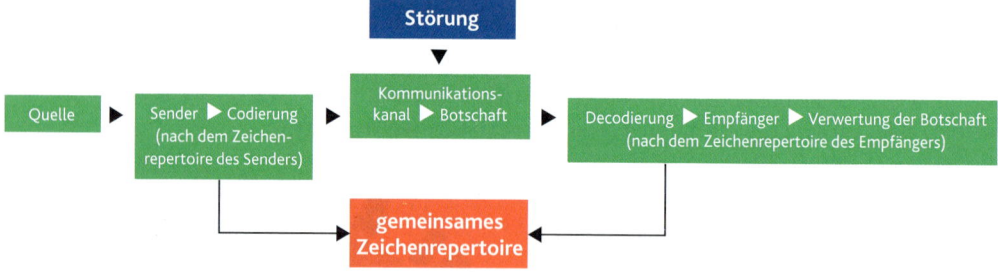

9.1.2 Grundlagen der Zeichenlehre – Semiotik

Dieser Kommunikationsprozess zwischen Sender und Empfänger ist im Verlauf der Menschheitsgeschichte immer rasanter und komplexer geworden: Historisch dokumentiert sind die einfachsten Markierungen in Höhlenmalereien, meist in Form von Bemalungen mit Blut, Pflanzensäften, Kalkstein, Holzkohle oder Lehm. Nebenstehend sehen Sie eine über 3000 Jahre v. Chr. entstandene Abbildung aus Laas Geel, ein Komplex von Höhlen und Felsen bei Hargeysa im Norden Somalias. Aber auch mit der Entwicklung der gesprochenen Sprache und deren späteren Sicherung in Schriftsystemen beschäftigen sich zahlreiche Forschungszweige und historische Dokumentationen.

Damit einhergehend wird es für den Einzelnen immer wichtiger, sich in der Reizüberflutung audiovisueller Zeichen zurechtzufinden, demnach also seine **Kommunikationskompetenz** zu schulen. Dazu ist es vor allem wichtig, Zeichen schnell und richtig interpretieren zu können: Alle Informationen im Kommunikationsprozess bestehen aus der sinnvollen Anordnung mehrerer Zeichen. Ein Zeichen ist ein zwar willkürlich gewählter, in seiner Bedeutung aber vereinbarter Informationsträger. Es steht stellvertretend für eine bestimmte, per Definition vereinbarte, scheinbar objektive Bedeutung, einen bestimmten Gegenstand oder einen bestimmten Sinn (auch **Denotat** genannt). Natürlich wird die Dekodierung eines Zeichens aber immer auch durch unsere subjektive Wahrnehmung, unseren Erfahrungshorizont oder unser Gefühl beeinflusst. Diese subjektiv gefärbte Bedeutung wird **Konnotat**[1] genannt.

---

[1] Emotionale Begleitvorstellung, die ein Wort hervorruft. (Beispiele: Glück, Freude, Angst)

Lernsituation Logo/Signetgestaltung/Corporate Design | 3

Der Esel ist ein schönes Beispiel:
Er steht im Denotat für ein nützliches und beliebtes Tier, welches dem Menschen schwere Lasten abnimmt. Durch die Art der Kameraeinstellung fungiert es hier gleichzeitig als Sympathieträger. Esel gelten aber auch als störrisch oder einfältig. Der Esel in der konnotativen Bedeutung steht daher als Sinnbild für die negativen Eigenschaften – sich wie ein „alter Esel" zu benehmen.

Je nach den Sinnen, mit denen wir diese Zeichen wahrnehmen, unterscheiden wir **auditive**, **visuelle** und **taktile** Zeichen und Zeichensysteme. Die Sinneswahrnehmung bei Menschen erfolgt nach empirischen Untersuchungen demnach wie nebenstehend prozentual verteilt:

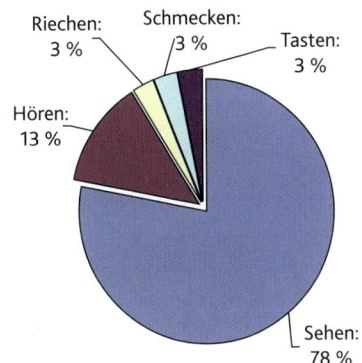

Den Zweig der Wissenschaft, der sich mit den Zeichen und ihrer Bedeutung im Kommunikationsprozess beschäftigt, nennt man **Semiotik**. Innerhalb der Semiotik gibt es diverse Forschungszweige, die sich mit Zeichen auseinandersetzen und sie analysieren. Jedes dieser Teilgebiete der Semiotik besitzt eine eigene Fachbezeichnung:

Semiotik

Semantik	Sigmatik	Syntaktik	Pragmatik
Was?	**Wie?**	**Womit?**	**Wozu?**
Bedeutung der Zeichen	Abstraktionsgrad der Zeichen	formale Gestaltung der Zeichen	Wirkung und Referenzwert der Zeichen

Zeichen sind **Bedeutungsträger**. Die Semantik als Teilgebiet der Semiotik erforscht eben diese Bedeutung der einzelnen Zeichen und die Bedingungen, unter denen diese Bedeutung gilt oder nicht gilt. Auch bei visuellen Zeichen gibt es also so etwas wie Denotat und Konnotat.

> Überlegen Sie, welche symbolhaften Bildzeichen es zu den Tätigkeitsbereichen der Firma „Grün & Stein" gibt. Gibt es hier Konnotate zu beachten?

Demnach ist ein Bildzeichen in einer bestimmten Verwendungssituation oft nur durch die Berücksichtigung seiner Verwendungsumstände erkennbar, d. h. je nach Kontext und Gestaltung der Umgebung kann sich die Bedeutung ändern:

So erscheint uns die nebenstehende amorphe Form je nach Positionierung im Quadrat einmal als Wolke oder als Busch bzw. bei einer anderen proportionalen Zuordnung vielleicht sogar als Haufen.

9.2 Zeichenarten

Die gestalterische Vielfalt visueller Zeichen reicht von der Illusion computeranimierter Welten über die Fotografie bis hin zum stark vereinfachten Icon. Hier setzt die **Sigmatik** als Teilgebiet der Semiotik an: Sie erforscht, welchen Abstraktionsgrad ein Zeichen besitzt, d. h. in welchem Verhältnis das Zeichen zu dem steht, was es bezeichnet. Das engste Verhältnis liegt dann vor, wenn das Zeichen das von ihm Bezeichnete identisch abbildet oder imitiert.

 Je größer die Ähnlichkeit des Zeichens mit dem Bezeichneten ist, umso höher ist der sogenannte Ikonizitätsgrad und umso geringer der Abstraktionsgrad.

 Beispiel **Feuer**: Das Foto hat durch seine realistische Abbildung einen hohen Ikonizitätsgrad, das Gefahrensymbol „hochentzündlich" stilisiert die wesentlichen Merkmale einer Flamme zu einem abstrakten Icon.

9.2.1 Icon und Index

In der visuell dominierten Welt vieler Software-Anwendungen ist mit dem gängigen Begriff „Icon" etwas gemeint, was innerhalb der Semiotik eigentlich unter den Begriff Index (Plural: Indizes) fällt. Die bunten kleinen Icons aus der Werkzeugleiste sollen die Beschriftung ersetzen, indem sie bestenfalls so viel Ähnlichkeit zu dem Bereich haben, auf den sie sich beziehen, dass sie selbsterklärend sind. Im Unterschied zum Foto ist beim Icon die Beziehung zwischen den Zeichen und den von ihm Bezeichneten deutlich schwächer, weil es nur auf das Bezeichnete hinweist oder auf eine besondere Eigenschaft des Bezeichneten verweist. Die indexikalischen Angaben haben meist nur dann eine zweifelsfrei ermittelbare Bedeutung, wenn die Verwendungssituation des Zeichens klar ist oder durch eine sogenannte Legende erklärt wird.

Icons *aus der Werkzeugleiste des Programms Irfan View*

Indizes (= Hinweise) aus dem Straßenverkehr

9.2.2 Piktogramm

Zu dieser Art Zeichen zählen solche, die uns im alltäglichen Leben nahezu überall begegnen: die sogenannten Piktogramme. Sie sind aufgrund ihrer ausgeprägten **Stilisierung** und der Knappheit ihrer Ausdrucksmittel sehr schnell decodierbar. Piktogramme sind somit international verständlich und zur schnellen Orientierung unverzichtbar geworden.

Piktogramme müssen in Sekundenbruchteilen erkannt werden.

9.2.3 Symbol

Umgangssprachlich wird nahezu jedes visuelle Zeichen als „Symbol" bezeichnet. Da ist z. B. die Rede vom „Druckersymbol", gemeint ist allerdings das entsprechende Icon. Symbole aus fachwissenschaftlicher Sicht zeichnen sich dadurch aus, dass zwischen dem Zeichen und dem von ihm Bezeichneten (der Bedeutung) keine unmittelbare Beziehung, kein natürlicher oder direkter Zusammenhang besteht, sondern dass das Verhältnis von Bezeichnetem und seinem Zeichen lediglich auf einer willkürlich getroffenen Absprache beruht. Zudem ist die einem Symbol zugrunde liegende Bedeutung meist im Abstakten angesiedelt, so z. B. bei Symbolen für Begriffe wie „Freiheit" und „Frieden". Bei der Entwicklung von Symbolen muss man beachten, dass sie verwechslungssicher und zu schon bestehenden Symbolen widerspruchsfrei gestaltet werden. Das Symbol ist somit das allgemeinste, weil abstrakteste Zeichen, das Icon andererseits das speziellste.

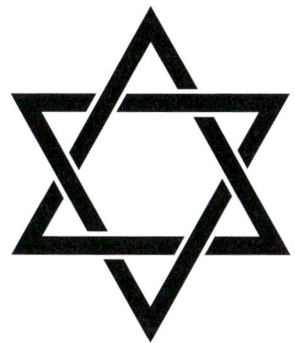 

Der Davidstern als Symbol für das Judentum. Unter dem NS-Regime wurde diese Symbolik zum „Judenstern" mit einer diametralen Bedeutung.

*Der kubanische Revolutionär Che Guevara war in den 60er Jahren **die** Symbolfigur für den Freiheitskampf, bevor sich sein Konterfei in der heutigen Zeit zur Marketing-Pop-Ikone entwickelt hat.*

9.2.4 Logo (Signet)

Ein Zeichen wird dann zum Logo oder Signet, wenn das Bezeichnete für eine Ware steht, zu Markte getragen wird und dadurch einen werblichen Charakter im Sinne einer Kennzeichnung erhält. Häufig werden Logos zur Marke.

www.markenlexikon.com

Woher kommt der Begriff Marke?
Die frühesten Vorläufer des Markenzeichens waren die Brandzeichen. Mit ihnen zeichnete man Schafe, Ziegen und Rinder als Eigentum des jeweiligen Besitzers aus. Wurden die Tiere später auf den Markt gebracht, konnten diese Brandzeichen über ihre Eigenschaft als „Besitzzeichen" hinaus auch zu einem **„Qualitätszeichen"** werden, wenn mit ihnen gesunde Tiere oder ein besonders guter Züchter verbunden wurde.

Daraus entwickelten sich im Laufe der Zeit Händlermarken und aus diesen Händlermarken allmählich die Markenzeichen mit ihrem werblichen Charakter.

> Ein Logo oder Signet wird in Deutschland zur Marke, indem es in die Zeichenrolle des deutschen Patentamtes in München eingetragen wird und damit rechtlich geschützt ist.

Vgl. diese LS, 13.2

Woher kommt der Begriff Logo?

> Der Begriff Logo selbst stammt aus dem Griechischen („logos" = Wort) und steht damit ursprünglich für reine Buchstaben- oder Wortzeichen.

www.designguide.at/logodesign.html

Heutzutage hat sich dieser Begriff umgangssprachlich gegenüber dem Begriff Signet durchgesetzt, welches ebenso wie das Logo zur Kennzeichnung eines Produkts oder Unternehmens verwendet wird.

Signet ist die ursprüngliche Bezeichnung für Zeichen mit einem appellativ werblichen Charakter. Abgeleitet aus dem lateinischen Begriff „signum" = Zeichen wurden Signets meist als bildhafte Bezeichnungen für die Publikationen von Druckern verwendet.

Im Folgenden wird der Begriff Logo verwendet.

Logos werden je nach Zeichenart in folgende Kategorien eingeteilt:

- Bildmarken
- Wort- und Buchstabenmarken
- Kombinierte Bild-/Wortmarken

9.2.4.1 Bildmarke

Bildmarken sind von ihrer Gestaltungsart her stilisierte Darstellungen, die abstrakt oder gegenständlich arbeiten. Dabei liegen der Darstellung oft geometrische Grundformen zugrunde, um das Logo über die Geschlossenheit der Form einprägsamer zu machen.

Weil Bildmarken ohne Text kommunizieren, brauchen sie eine lange Penetrationszeit, um **Markenidentität** zu schaffen und eine Assoziation zum Produkt zu erzielen.

Bildquelle: Spiegel-Verlag ©, Hamburg

Bildquelle: WWF International[1]

Bildquelle: Tchibo direct GmbH, Deutschland © (Die Kaffeebohne ist jedoch ein Schmuckelement, kein Logo)

9.2.4.2 Wortmarke/Buchstabenmarke

Bei der Wortmarke besteht das Logo aus einem oder mehreren Worten. Meist bestehen diese kurzen und prägnanten Bezeichnungen aus dem Namen der Firma oder dem Produktnamen. Kommen nur die Anfangsbuchstaben in Form von **Initialen** zur Anwendung, so spricht man von Buchstabenmarken. Der kommunikative Erfolg und die Merkfähigkeit solcher Logos ist unmittelbar mit der Wahl einer adäquaten Schrift im Sinne der Ausdrucksqualität verbunden.

Vgl. LS 8, 24.4.2

Die Möglichkeiten der **semantischen Typografie** spielen hier eine große Rolle. Dabei wird die Bedeutung eines Wortes durch „spielerische" typografische Gestaltung verstärkt. So wird beim Logo von „culinaruhr" die Punze des Buchstaben „a" aus einer Kochmütze gebildet, der Produktnutzen wird motivisch in die Wortmarke integriert.

Die Agentur MetaDesign, mit Sitz in Berlin, beschreibt auf ihrer Homepage den Ausdruckswert der Servicemarke „Bluewin" von Swisscom Fixnet wie folgt: „Eine charakteristische Wortmarke für das gesamte Erscheinungsbild. Das Besondere: Das Logo offenbart den Buchstaben E wie ein **Vexierbild** erst auf den zweiten Blick und erzielt dadurch eine hohe Markenerinnerung."

Bluewin ist eine eingetragene Marke der Swisscom AG

Vgl. diese LS, 10.3.2

9.2.4.3 Kombinierte Bild-/Wortmarke

Die Kombination aus Bild- und Wortmarken vereint die Vorteile beider Logoarten – sie sind aufgrund ihrer kombinierten Erscheinungsform besonders merkfähig und eindeutig in der kommunikativen Zuordnung.

Das Logo „Christival" gewinnt durch die Dramatisierung der Perspektive an Prägnanz und visuellem Gewicht. Das Bildelement wurde nach dem **Star-Prinzip** mittig über dem Wortelement angeordnet.

Das Logo für das Restaurant „Pirata" assoziiert über das Motiv des Siegels und die Verwendung der Schriftart das warmtonige Flair von Abenteuer, Mittelmeer und Geselligkeit.

---

[1] © Copyright des WWF International, ® Warenzeichen des WWF International

Der Designer oben aufgeführter Logos benutzt innerhalb seines eigenen CD's ebenfalls eine kombinierte Bild-Wort-Marke, die den Designer als Dienstleister visualisiert.

Für kombinierte Bild-Wortmarken gibt es neben dem **Star-Prinzip** noch weitere Logo-Anordnungsprinzipien, um die Elemente zu komponieren:

Lok-Prinzip
Das Bildelement steht vorne an und zieht die Wortmarke entgegen der Leserichtung mit.

Schub-Prinzip
Das Pendant zum Lok-Prinzip – die Wortmarke wird von der Bildmarke angeschoben.

Triebwagen-Prinzip
Die Bildmarke ist fest zwischen den Wortmarken-Elementen eingebunden und bildet mit ihnen eine (fast statische) Einheit.

9.3 Referenzwert und Wirkung

Die grundlegende Funktion eines Logos im Sinne seines werblichen Einsatzes ist seine Wirkung. Die **Pragmatik** als Teilgebiet der Semiotik erforscht, welche Funktion den Zeichen zukommt, wie sie also ihre Bedeutung transportieren sollen. Man unterscheidet drei verschiedene Wirkungsabsichten: Indikativ, suggestiv und appellativ.

Ist der Referenzwert des Logos eher neutral, die Darstellungsform vorwiegend sachlich und eher verstandesgemäß wahrgenommen, so nennen wir diese auf die Erkenntnis einer Wirklichkeit gerichtete Wirkung des Zeichens **indikativ**.

Spricht das Logo weniger den Verstand, aber mehr das Gefühl und Unterbewusstsein des Empfängers an, so sprechen wir von einer **suggestiven** Wirkung.

Versucht man gar, durch das Zeichen oder Logo eine Verhaltensveränderung zu bewirken, den Willen und die Absicht des Empfängers zu beeinflussen, ihn also an irgend etwas zu binden, dann handelt es sich um die **appellative** Wirkung eines Zeichens.

Diese Bildmarke für die Welthungerhilfeaktion „Freedom from Hunger" ist im Sinne des Referenzwertes eine Art **„Superzeichen"**. Einerseits transportiert es klare Informationen, also die Notsituation durch die Ähre als Symbol für Brot und die hervortretenden Rippen eines unterernährten Kindes. Andererseits weckt es durch die plakative und reduzierte Art der Darstellung Emotionen (suggestiv), die im optimalen Fall in einer Aktion, z. B. in Form einer Spende münden – letztendlich auch durch den Appell an die Verantwortung der Einen im Wohlstand für die Anderen in Armut.

Poster „Freedom from Hunger" von Abraham Games

Ein gutes Logo ist wie eine Sanduhr.

---

[1] Wiedergabe des After Eight Logos mit Einwilligung der Markeninhaberin Société des Produits Nestlé S.A.

Welche Kriterien muss ein Logo erfüllen, um sich im Dschungel der Informationsflut am Markt zu behaupten? Um dies zu beantworten, kann man ein Logo sehr gut mit einer Sanduhr vergleichen: Im trichterförmigen, oberen Teil liegen Millionen Körnchen stellvertretend für verschiedene Inhalte, Informationen und Daten des Unternehmens – seine Geschichte, seine Leistung, seine Kultur. Im unteren Teil der Sanduhr liegen die gleichen Körnchen. Die engste Stelle in der Mitte verkörpert das Logo: Inhaltliche Vielheit wird an dieser Stelle zur formalen Einheit und anschließend wieder zur (ausdrucksfähigen) Vielheit. Der Gestalter muss daher die Bedeutungen in seinem Logo visuell verschlüsseln.

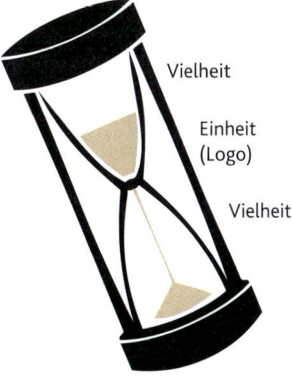

Welche Daten, Informationen und Kommunikationsziele (z. B. Wirkung und Image des Unternehmens, Zielgruppe) können Sie dem Briefing entnehmen? Analysieren Sie das Briefing in Bezug auf Ist- und Soll-Zustand.

9.3.1 Logokriterien

Die Gestaltung eines Logos ist ausschlaggebend dafür, ob sich dieses als prägnantes Zeichen im Gedächtnis des Betrachters speichern lässt. Ob ein Logo gut ist, hängt von den folgenden Beurteilungs- und Gestaltungskriterien ab.

9.3.1.1 Produktnähe

Die Produktnähe zeichnet sich aus durch Verständlichkeit, die sogenannte „Anmutung" und einen angemessenen **Bezug zum Firmen- oder Produktimage**, welches über das Logo zum Zeichenimage wird. Wichtig ist es hier, eindeutig in der Zeichenassoziation zu bleiben.

Die Produktassoziation „Alaska und Fangfrische" wird hier eindeutig bedient
Bildquelle: Alaska Seafood Marketing Institute

Zu einem produktnahen Logo gehört einerseits die stilistische Orientierung am Produkt als auch die Reduktion des Logos auf prägnante, charakteristische Eigenschaften und Formmerkmale.

Das Logo ist die knappste Form der Imagewerbung.

Über das Logo soll die Besonderheit des Unternehmens bzw. des Produkts dargestellt werden; diese Produktnähe muss optisch einprägsam und unverwechselbar sein. Je mehr Mühe der Betrachter hat, ein Logo zu erkennen und einem Produkt zuzuordnen, desto größer ist die Gefahr, dass ein Logo nicht verstanden wird. Zu komplizierte Assoziationen, die sozusagen ein „dreimal-um-die-Ecke-denken" erfordern, werden den Betrachter und potenziellen Kunden überfordern.

In welchen Bereichen sind die jeweiligen Unternehmen tätig?

9.3.1.2 Wiedererkennungswert

Um Erfolg zu haben, einen Platz am Markt zu erobern und sich dort zu behaupten, ist ein Identitätsbild/Signet unerlässlich. Das Ziel des Signets und seines Designs ist es, sich über einen klaren Wiedererkennungswert eine Monopolstellung in der Psyche des Verbrauchers zu sichern.

*Bei den beiden ersten Logoentwürfen der Firma **Energo**, einem Unternehmen welches „grünen" Strom aus erneuerbaren Energien liefert, ist die Nähe zu anderen, bereits am Markt positionierten Markenzeichen zu hoch: Das linke Logo erinnert an die Marke Elektrolux, das mittlere wirkt zu angelehnt an die Marke Esprit. Das rechte Logo hat einen klaren Wiedererkennungswert, der über das Motiv Windrad auch für eine gewisse Produktnähe sorgt.*

 Recherchieren Sie im Rahmen Ihrer Entwurfsplanungen, welche Logos es im Zusammenhang mit anderen Gartenbauunternehmen bereits gibt, um die oben angesprochene Nähe zu vermeiden. Andererseits ist die Nähe zum Verbandslogo im Briefing ausdrücklich gewünscht.

9.3.1.3 Originalität/Aufmerksamkeitswert

Um am Markt erfolgreich zu sein, sollte sich ein Logo von anderen Markenzeichen durch eine originelle Idee oder Gestaltung abheben. Die Kreativität des Gestalters ist hier in höchstem Maße gefordert, da er im „Dickicht der Markenvielfalt" einem permanenten Innovationsdruck ausgesetzt ist.

Die **passive Aufmerksamkeit** wird angesprochen, wenn Gedanken und Vorstellungen durch ständige Wiederholung oder ungewöhnliche Reizfaktoren wie grelle Farben, aufgedrängt werden. **Aktive Aufmerksamkeit** entsteht dadurch, dass eine bestimmte Erwartung erfüllt werden

Logo der Musik-Agentur „Zero Elements" – die Originalität wird durch die Übereck-Perspektive und die semantische Doppelfunktion des Buchstaben „r" erreicht (gestaltet von Kolja Kunstreich).

soll: Ein Gefühl, ein Bedürfnis oder ein besonderes Interesse liegt vor und deswegen entscheidet sich der Betrachter, aufmerksam sein zu wollen.

9.3.1.4 Reproduzierbarkeit auf allen Medien

Im kreativen Prozess der Gestaltung ist zunächst einmal alles möglich und innerhalb des ersten Kreativprozesses auch erlaubt. Doch schon während des konkreteren Entwurfprozesses sind die technischen Wiedergabemöglichkeiten in Bezug auf die Ausgabemedien und den Druckprozess zu bedenken.

In diesem Zusammenhang sollen die wichtigsten Aspekte zur technischen Realisierbarkeit kurz erläutert werden.

Skalierbarkeit
Ein Logo sollte digital so umgesetzt werden können, dass es in allen Größen die gleiche Darstellungsqualität besitzt. Um dies zu gewährleisten, müssen Logos als Vektorgrafik erstellt und abgespeichert werden.

Pixel und Vektor
Vektorgrafiken sind nicht aus Pixeln, d. h. aus einzelnen quadratischen Bildpunkten aufgebaut, sondern aus mathematisch beschriebenen Linien und Kurven. Dabei definiert sich ein Vektor als eine gerichtete Strecke, die durch einen Anfangs- und Endpunkt repräsentiert wird, sich aber auch auf die Beschreibung von Bézier-Kurven und Pfaden bezieht. Vektorgrafiken bestehen im Prinzip aus einer Reihe von Informationen, die die Stärke und Richtung einer Linie oder die Fläche und Farbe einer bestimmten Form beschreiben. Eine Bearbeitung oder Veränderung erfordert lediglich die Neuberechnung, bzw. -definition eines Punktes oder einer Farbe. Daher lassen sich Vektorgrafiken ohne Qualitätsverlust beliebig skalieren (verkleinern oder vergrößern), drehen oder verzerren. Die optische Qualität der Vektorgrafik hängt dabei ausschließlich von der Art des Ausgabemediums ab: Auch wenn die Linien oder Kurven in der Monitordarstellung sichtbare „Treppenbildung" aufweisen, so erscheinen sie in der Ausgabe von hochauflösenden Film- oder Computer-to-plate-Belichtern absolut glatt.

Vektorgrafiken sind ohne Qualitätsverlust beliebig skalierbar.

Vergrößerter Ausschnitt aus einer skalierten Vektorgrafik

Der gleiche Ausschnitt bei einer skalierten Pixelgrafik – es sind deutliche Treppenbildungen zu erkennen!

Es gibt zwei Wege, um Vektorgrafiken zu erzeugen: manuell oder durch automatisiertes Umwandeln einer Pixelvorlage. Grafik-Software wie Freehand, Illustrator oder Corel Draw bieten hierzu die vielfältigsten Werkzeuge.

Die vektorielle Darstellung ist in erster Linie für die grafische Bearbeitung von Linien oder Flächen – also für Logos, Piktogramme oder Grafiken geeignet. Sie bildet allerdings auch ein nicht zu unterschätzendes, kreatives Element bei der Gestaltung und Modifikation von Bildmaterial.

Vektorgrafiken benötigen nur einen geringen Speicherbedarf.

Vektordateien sind in der Regel erheblich kleiner als Pixeldateien. Dies liegt daran, dass die Dateigröße einer Vektorgrafik nur vom Dateiformat und ihrer Komplexität abhängig ist. Kriterien wie Auflösung, Ausgabegröße und Anzahl der Farben (Bittiefe), die bei Pixelbildern maßgeblich für die Dateigröße sind, spielen bei Vektorgrafiken keine Rolle.

Die gängigsten Vektor-Grafikformate:

AI	Format des Grafikprogramms Adobe Illustrator, basiert auf EPS (Version 5.5-8), ab Version 9 basiert es auf PDF
CDR	Format des Grafikprogramms Corel Draw
EPS	(Encapsulated PostScript) auf Basis der Seitenbeschreibungssprache PostScript ist dieses Dateiformat neben Vektorgrafiken auch für Pixeldaten und Text geeignet
FH	Format des Grafikprogramms Freehand aus dem Hause Macromedia; die Dateiendung verweist auf die jeweilige Version, z. B. FH9, FH10

Fax-Fähigkeit/Darstellbarkeit in Farbe oder schwarz-weiß

Ein Logo sollte von der gestalterischen Konzeption her so angelegt sein, dass es sowohl in bunt, schwarz-weiß, positiv und negativ darstellbar ist, um innerhalb des Corporate Design (CD) möglichst vielfältig einsetzbar zu sein. Dazu gehört die Berücksichtigung aller infrage kommenden Druckverfahren und Bedruckstoffe, Monitordarstellung, Kopierer und Fax. Hier muss die gestalterische Formensprache hinsichtlich der Ausdrucksqualität so konzipiert sein, dass das Logo in einfarbig schwarz genauso prägnant und eindeutig ist wie das farbige Original. Es darf demnach seine Originalität, seinen Wiedererkennungswert und seine Produktnähe nicht (nur) aus der Farbigkeit beziehen! Hierfür ein Beispiel aus dem CD Manual der Marke Bluewin der Swisscom AG:

Bluewin-Logo, positiv, schwarz[1]
(Nur für spezielle Anwendungen wie Fax etc.)

Bluewin-Logo, positiv, farbig

Bluewin-Logo, negativ, weiß

Bluewin-Logo, negativ, weiß

Darstellung von Linien

Vgl. LS 3, 18.6.

Je nach Ausgabeverfahren ist zu berücksichtigen, dass bei der Darstellung feine Linien oder magere Schriften wegbrechen oder aber „zugehen" können, z. B. durch die im Flexodruck entstehenden Quetschränder. Bei der Auswahl von Schriften und filigranen Gestaltungselementen sollte man sich an der Haarlinie als der kleinsten bzw. feinsten Darstellungsart orientieren. Diese beträgt in den meisten DTP-Programmen 0,08 mm, ist in der Ausgabe jedoch abhängig vom Ausgabemedium (SW-Laserdrucker: 0,08 mm; Film: 0,02 mm.)

---

[1] Bluewin ist eine eingetragene Marke der Swisscom AG

9.3.1.5 Prägnanz/Ästhetik

Die Effizienz eines Logos ergibt sich aus dem Blickfang. Dabei soll es einen appellierenden (imperativen) Faktor enthalten. Die Hektik des modernen Lebens erfordert starke optische Reizmuster, die in weniger als einer Sekunde ihre Wirkung entfalten, deshalb muss das Logo eine prägnante Kurzform haben. Der Gestalter schafft diese Prägnanz, indem er abstrahiert, d. h. eine Form vereinfacht. Sinnvoll ist hier die Reduktion des Motivs und die formale Vereinfachung auf klare und in sich geschlossene Grundformen (Kreis, Dreieck, Quadrat, Linie, …), die visuell eine Einheit bilden.

> Ein gutes Logo muss so einfach und prägnant sein, dass man es mit dem großen Zeh in den Sand malen kann!

Bestenfalls liegt dem Logo eine klare gestalterische Idee zugrunde, die keine überflüssigen Details enthält. Wie bei gutem Design gilt auch hier: **„Form follows funktion"**. Es soll Ästhetik mit Zweck verbinden und gut einprägsam sein. Diese Formqualität wird durch die zielgerichtete Auswahl grafischer Grundelemente und deren Verwendung unter Beachtung der Gestaltgesetze erzeugt.

Daher im Folgenden zunächst ein Überblick über die Gestaltgesetze und die Phänomene der optischen Täuschungen.

9.3.2 Gestaltgesetze

Die menschliche Wahrnehmung folgt einer festen Struktur, in der sich individuelle Ausprägungen bemerkbar machen. Aufgrund dieser Struktur – dem Wahrnehmungsprozess – liegt die Vermutung nahe, dass Grundregeln existieren, die von vielen Menschen unbewusst befolgt werden.

Um dieser Sache auf den Grund zu gehen, beschäftigten sich Anfang des 20. Jahrhunderts die Gestaltpsychologen Köhler, Koffka und Wertheimer (Berliner Schule) damit, wie verschiedene Menschen die gleichen Dinge in ihrer Umwelt wahrnehmen. Sie entdeckten, dass die Wahrnehmung vieler Menschen darauf beruht, Dinge als Ganzes erfassen zu wollen, stets nach bereits bekannten Zusammenhängen zu suchen und fehlende Teile in der Wahrnehmung zu ergänzen.

Die Gestaltpsychologen haben diese Erkenntnisse unter dem Oberbegriff Gestaltgesetze zusammengefasst. Insgesamt gibt es über 100 Gestaltgesetze. Die für den Bereich der visuellen Wahrnehmung relevanten sollen im Folgenden vorgestellt werden und als Grundlage für die Formqualität bei der Logogestaltung dienen.

9.3.2.1 Figur-Grund-Gesetz

Das Figur-Grund-Gesetz beschäftigt sich mit der Beziehung zwischen dem Vordergrund, hier als Figur bezeichnet, und dem Hintergrund eines Gestaltungsprodukts.

> **Figur-Grund-Gesetz:** Elemente mit der einfacheren Form treten als Figur in den Vordergrund und heben sich eindeutig vom Hintergrund ab.

Die Figur beinhaltet alle wichtigen Informationen, der Hintergrund ist offen und tritt zurück. Die visuelle Wahrnehmung identifiziert eine Figur nach bestimmten Indikatoren. Dabei gilt: Kleinere Flächen, geschlossene Flächen, einfache Formen und strukturierte Flächen werden als Figur mit höherer Priorität wahrgenommen. Eindeutige Figur-Grund-Beziehungen ermöglichen eine prägnante Bildbotschaft. Mehrdeutige Figur-Grund-Beziehungen irritieren den Betrachter zwar, können von daher aber ein reizvolles Gestaltungsmittel sein, um Aufmerksamkeit zu erwecken.

Wenn die Unterscheidung nicht eindeutig ist, können sogenannte Kippbilder, auch Vexierbilder genannt, entstehen. Bei diesen wird der Vordergrund zum Hintergrund und umgekehrt, je nachdem, welche Form gerade als Figur fokussiert und als Motiv interpretiert wird. Figur und Grund sind zwar eindeutig voneinander abgrenzbar, tauschen jedoch immer wieder den Platz.

Vexierbild: *Kippfigur: Rubinsche Vase*
Dieses bekannte Beispiel des dänischen Psychologen Edgar J. Rubin (1886-1951) zeigt die Umkehrbarkeit von Figur und Grund in Abhängigkeit von der Wahrnehmungsfähigkeit und der Fokussierung des jeweiligen Betrachters. Eines der beiden Figur- und Grundelemente, entweder die Vase oder die beiden Gesichter, wird zuerst erkannt.

 Vorder- und Hintergrund werden getrennt voneinander wahrgenommen, stehen aber in einer Beziehung zueinander.

Das Figur-Grund-Gesetz bildet die Basis jeder Gestaltung. Eine deutliche Abgrenzung zwischen Vorder- und Hintergrundelementen ist in den meisten Fällen erwünscht und auch notwendig.

So ist es sowohl bei Druckprodukten als auch bei Webseiten wichtig, dass sich die eigentlichen Inhaltselemente, wie Schriftzüge, Texte, Bilder und Grafiken, als Figuren klar vom Hintergrund abgrenzen. Insbesondere bei Webseiten wird häufig der Fehler gemacht, durch ein vordergründig „interessantes" Hintergrundbild vom eigentlichen Inhalt abzulenken.

 Handlungsprodukt zum Thema Plakatgestaltung zur Eröffnung der Location „Moodfood": Die Kreisform ist durch Einfachheit, Struktur und Farbkontraste als Figur dominant und fungiert folgerichtig als Eyecatcher. Wesentliche Kriterien der Informationsfunktion eines Plakates, wie die gesamte Typografie, treten durch mangelnden Kontrast in den Hintergrund.

 Handlungsprodukt zum Thema Plakatgestaltung zur Eröffnung der Location „Moodfood": Dieses Plakat überzeugt durch den gelungenen Wechsel der magentafarbenen Fläche in seiner Funktion als Himmel und gleichzeitig als Gesicht. Somit werden hinsichtlich der Komposition ein spannungsreicher Aufbau und eine gelungene Blickführung geschaffen.

9.3.2.2 Gesetz der Nähe

Das Gesetz der Nähe beschäftigt sich damit, wie nah beieinander und wie weit voneinander entfernte Elemente auf einer Fläche wahrgenommen werden.

Elemente, die sich nah beieinander befinden, werden als zusammengehörend wahrgenommen.

Dementsprechend wirken weit voneinander entfernt liegende Elemente unabhängig und nicht zusammengehörend. Bei mehreren gruppierten Elementen, die zusammen stehen, werden die mit dem kleinsten Abstand als zusammengehörig wahrgenommen.

In der Wahrnehmung spielt demnach nicht nur die nahe Anordnung von Elementen eine Rolle, sondern auch der Zwischenraum: Leere, auch **Weißraum** genannt wird zum ordnenden und trennenden Element. Dieses Phänomen gilt in gleichem Maße auch für die Gestaltung und die Wahrnehmung von Texten, sei es im Hinblick auf Wortabstände, Zeilenabstände oder Textblöcke.

Handlungsprodukt zum Thema Plakatgestaltung zur Eröffnung der Location „Moodfood": Die vertikal angeordneten Textblöcke werden durch ihre Nähe, aber auch durch die Farbigkeit als Einheit wahrgenommen. Ebenso bildet die formal nahe Anordnung der Bilder eine in sich geschlossene Bildebene.

9.3.2.3 Gesetz der Ähnlichkeit

Ähnlich gestaltete Elemente werden als zusammengehörig wahrgenommen.

Beim Gesetz der Ähnlichkeit sortieren wir in unserer Wahrnehmung nach gleichen bzw. ähnlichen Elementen. Daher wird dieses Gestaltgesetz auch das Gesetz der Gleichheit bezeichnet. Visuelle Merkmale wie gleiche Form, gleiche Farbigkeit, Helligkeit oder Größe, bilden dabei die Kriterien zur Ordnung der Elemente, wobei Musterbildungen den Zuordnungsprozess unterstützen.

Symmetrisch angeordnete Elemente werden durch ihre gleichförmige Form- und Linienanordnung bevorzugt als zusammengehörig wahrgenommen.

Handlungsprodukt zum Thema Plakatgestaltung zur Eröffnung der Location „Moodfood": Die Bildebene der Gerichte und Speisen des Lokals werden über die gleichförmige Art der Formatwahl als Einheit wahrgenommen.

9.3.2.4 Gesetz der Geschlossenheit

Das Gesetz der Geschlossenheit besagt, dass geschlossene Figuren leichter zu erfassen sind als offene. Die Geschlossenheit kann durch Linienzüge, Hinterlegung mit Farbflächen oder aber durch virtuelle Ergänzung unvollständiger Figuren zu einer, in der Vorstellung „geschlossenen" Figur, bewirkt werden. Virtuelle Achsenbildung im Rahmen der Layoutgestaltung hat die gleiche Funktion. Aufgrund dieses Wahrnehmungsphänomens sind die Grenzen zum Gesetz der Erfahrung fließend.

**Geschlossene Figuren sind leichter zu erkennen als offene.
Unvollendete Figuren werden als vollendet wahrgenommen, indem unsere Wahrnehmung Fehlendes ergänzt.**

Einerseits können offene Formen den Blick stärker fesseln, da die Wahrnehmung Fehlendes ergänzen muss, andererseits können sie dazu beitragen, die Aufmerksamkeit für das Produkt zu erhöhen (d. h. aus der Vielfalt der Logos herausheben).

Handlungsprodukt zum Thema Plakatgestaltung zur Eröffnung der Location „Moodfood": Durch die serielle Anordnung der Elemente wird die einzelne Bildeinheit zum Modul und die Gesamtheit als geschlossene, quadratische Form wahrgenommen. Bei Mischung mehrerer Gestaltgesetze, hier Gesetz der Nähe, der Ähnlichkeit und der Geschlossenheit, ist das Letztere das dominante Gesetz.

9.3.2.5 Gesetz der Erfahrung

Buchstabe E

Fehlende Elemente werden auf der Basis von Wahrnehmungserfahrungen ergänzt. Dabei geht es um das Wiedererkennen bekannter Formen und auch wenn nur ein Teil der Figur, wie in vorliegendem Beispiel beim Buchstaben „E", grafisch dargestellt ist, komplettiert unser Gehirn die gesamte Form. Basierend auf der Tatsache, dass unser Gehirn nur bewertbare Informationen verarbeiten und speichern kann, bildet das kulturelle Umfeld den Schlüssel zur Identifikation der Figur oder auch eines Logos. Dabei treten einzelne Elemente zugunsten des Gesamteindrucks in den Hintergrund.

Handlungsprodukt zum Thema Plakatgestaltung zur Eröffnung der Location „Moodfood": Die Frauenfigur wird aufgrund ihrer Bewegung und Konturform als Tänzerin identifiziert, obwohl die Figur selbst weitestgehend nur aus Schrift besteht. In der Tradition der „Semantischen Typografie" bildet die Konturenführung der einzelnen Buchstaben die figurative Form ab.

9.3.2.6 Gesetz der guten Gestalt

Das Gesetz der guten Gestalt besagt, dass der Mensch bei der Wahrnehmung ungewöhnlicher oder komplexer Elemente stets nach einfachen, einprägsamen, deutlich erkennbaren und bekannten Elementen innerhalb des Gesamtelements sucht. Das Gesetz der guten Gestalt wird daher auch als **Prägnanzgesetz** bezeichnet.

Das **Gesetz der guten Fortsetzung,** auch **Gesetz der Kontinuität** genannt, besagt, dass Elemente, die entlang einer tatsächlichen (faktischen) oder gedachten (virtuellen) Linie/Achse angeordnet werden, in einem Zusammenhang stehen. Es dient u.a. als Grundlage für die Einhaltung von Satzspiegeln durch die Flächenkomposition mithilfe von Achsenbezügen entlang virtueller Linien, sodass über die scheinbare (gute) Fortsetzung ein einheitlicher Auftritt entsteht.

> **Elemente, die scheinbar oder faktisch miteinander verbunden sind, werden vom Auge als Einheit wahrgenommen. Daher ist das Einhalten von Achsenbezügen im Layout elementar für die Gestaltung.**

Handlungsprodukt zum Thema Plakatgestaltung zur Eröffnung der Location „Moodfood": Die Formfigur in der Mitte wird nicht nur aufgrund ihrer Farbigkeit als Kombination aus zwei hintereinanderliegenden Figuren wahrgenommen – die Linienführung ist hinsichtlich der Interpretation als Figur logisch. Die Layoutgestaltung arbeitet sowohl mit faktischen Achsen im Bereich der illustrativen Bildebene als auch mit virtuellen Achsen im Bereich der Typo.

10 Gestaltungselemente

Gestaltung hat etwas mit **Gestalt** zu tun. Mit der Gestalt eines Objekts wird dessen optische Gesamterscheinung bezeichnet. Diese ist abhängig von den Gestaltungsmitteln Form, Farbe und Material.

> Welche Bedeutung haben Punkt, Linie und Fläche als die Grundelemente der grafischen Formgestaltung für die Logoentwicklung von „Grün & Stein"? Im Folgenden sollen diese näher erläutert werden, um Möglichkeiten der Flächengestaltung mithilfe dieser grafischen Werkzeuge für die Logoentwicklung vorzustellen.

10.1 Punkt

Der **Punkt** ist das kleinste **Formelement**. In geometrischer Hinsicht hat er keinerlei Ausdehnung und Dimension. Somit hat er auch keine feste Größe, ist formneutral und kann daher auch nicht verändert werden. Ein Punkt lässt sich nicht zeichnen, sondern nur setzen, denn jede Zeichnung hätte zugleich eine Ausdehnung – der Punkt wird somit zur Fläche.

Im Zusammenhang mit dem Punkt stehen Begriffe wie Mittelpunkt, Standpunkt, Schlusspunkt, Treffpunkt und Rasterpunkt. Aussagen wie „Auf den Punkt kommen" oder „Einen Punkt machen" zeugen von einer gewissen Ruhe und Festigkeit, die das Element Punkt impliziert.

Der Punkt allein ist im Grunde genommen kein Gestaltungselement, sondern eher ein Grundelement und Grundlage für die **Gestaltungselemente** Linie und Fläche, denn er wird hinsichtlich seines Referenzwertes und seiner Pragmatik immer in Beziehung zu seiner Umgebung, bzw. der ihn umgebenden Fläche wahrgenommen.

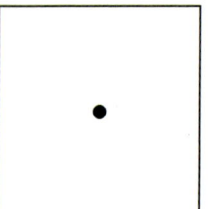 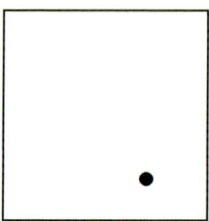 

Ein Punkt kann nur dadurch als zentriert, schwer oder richtungsweisend interpretiert werden, indem wir ihn in Beziehung zu seiner Umgebung – Fläche oder Raum – wahrnehmen.

 Ein Punkt wird gesetzt, er kann nicht verändert werden.

10.2 Linie

Eine Linie entsteht durch die Aneinanderreihung von Punkten mit konstantem Abstand, welche vom Auge als Linie wahrgenommen werden. Linien haben einen Anfangs- und einen Endpunkt. Gibt es größere Abstände zwischen den Punkten, so verbindet das Auge diese zu einer imaginären, virtuellen Linie. Im Gegensatz zum Punkt weist die Linie damit eine Richtung, eine Bewegung auf und entwickelt somit je nach Ausgestaltung einen eigenen Charakter. Analog zum Punkt wird die Linie über die Formatbegrenzung einer geschlossenen Kontur zur Fläche.

Linien werden danach unterschieden, ob sie frei gezeichnet oder konstruiert werden.

Freie Linien

Freie Linien werden freihändig und ohne Hilfsmittel erzeugt. Ihre Form und Richtung ergibt sich aus dem Bewegungsablauf, der mit dem Zeichenwerkzeug ausgeführt wird. Sie sind spontan, meist flüchtig und variabel in ihrer Strichstärke. Je nach Duktus der Linienführung sind sie sehr ausdrucksstark und individuell.

Mit „blinder Linie" gezeichnete Studie einer Skulptur A. Giacomettis

Reiseskizze von Impressionen auf Norderney: Die Strandkörbe sind mit schnellen Strichen konstruiert, die endgültige Form wird mit Schraffur und einer dickeren Linie markiert, Radierungen finden nicht statt. Dadurch bleibt die Zeichnung lebendig und ausdrucksstark.

Konstruierte Linien

Konstruierte Linien werden gezielt mit einem Hilfsmittel, z. B. einem Lineal oder einem Zirkel, erstellt. Sie können klar abgemessen und berechnet werden. Die Strichstärke einer konstruierten Linie ist an allen Stellen gleich.

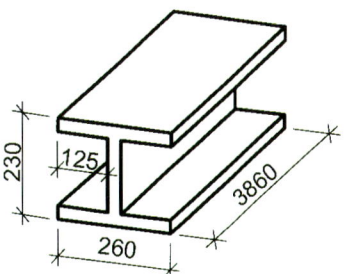

Abbildung eines bemaßten „T-Trägers" nach DIN 1025-1

Merkmale und Variationsmöglichkeiten einer Linie

Welche Linienart der Gestalter bei der Abwicklung seines Auftrages wählt richtet sich nach der Wirkung, die jede Linie – egal ob frei oder konstruiert – hat. Im Sinne eines Werkzeugkastens muss er die gestalterischen Möglichkeiten der Linie kennen, um eine Linie zielgerichtet einzusetzen.

> **Die Linie hat eine Richtung, einen Rhythmus, eine Strebung.**
> **Durch die Art, die Länge, die Stärke, den Duktus, die Dichte und die Farbe der Linie verändert sich ihr Charakter und damit ihre Wirkung.**

Grundformen von Linien

Linien lassen sich in drei Grundformen einteilen: Die gerade, die geknickte und die gebogene Linie. Je nach Richtung, Strebung und Duktus ergeben sich, die Lesegewohnheiten unseres westlichen Kulturkreises übertragend, bestimmte Gesetzmäßigkeiten, wenn das Auge die Linien abtastet.

Gerade Linie

Die gerade Linie wirkt bewegungslos und starr und wird daher als **statisch** bezeichnet. Sie ist entweder waagerecht, senkrecht oder diagonal und gibt damit einen Richtungsverlauf an. Bei einer **waagerechten Linie** schweift der Blick in einer Ebene und die Augen müssen kaum bewegt werden. Sie strahlt Ruhe aus.

Die **senkrechte Lini**e erfordert ein Heben und Senken des Blickes. Die Augen bewegen sich dabei auf und ab.

Bei der **Diagonalen** geht der Blick sowohl in die Weite als auch in die Höhe. Bei geringer Steigung mehr in die Weite und bei starker Steigung mehr in die Höhe. Dadurch kommt entweder etwas mehr Ruhe oder aber Bewegung in die Gestaltung.

Auch die Richtung der Diagonalen spielt für unsere Wahrnehmung eine Rolle: So werden Linienverläufe von links unten nach rechts oben als aufsteigend und damit positiv empfunden. Linienverläufe von links oben nach rechts unten hingegen als abfallend und damit negativ.

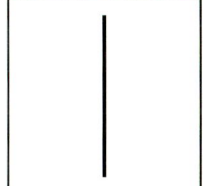 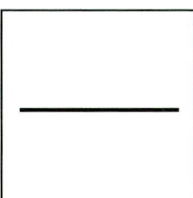 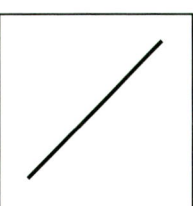 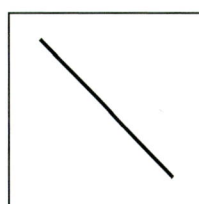

Geknickte Linie

Geknickte Linien haben spitze, rechte oder weite Winkel. Sie sind rhythmisch (bei gleichmäßigen Stufungen eher getaktet), dynamisch und in der Regel progressiv.

 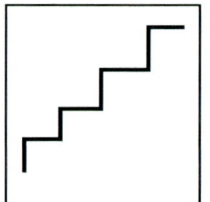 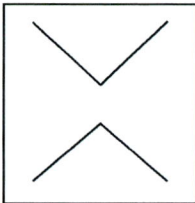 

v.l.n.r.: die frei gezackte Linie wirkt aggressiv und dynamisch; die rechtwinklige Abstufung durch die Richtung aufstrebend und progressiv; im dritten Bild stehen sich ein instabiler (oben) und ein stabiler (unten) Winkel gegenüber; rechts ergibt sich trotz der symmetrischen Anordnung der Winkel eine dynamische Struktur.

Gebogene Linie

Gebogene Linien wirken eher organisch, egal, ob sie konstruiert oder als freie Linie eingesetzt werden. Durch ihr Auf und Ab symbolisieren sie einen an- und abschwellenden Bewegungsablauf.

   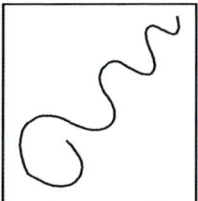

v.l.n.r.: freie, wellenförmige Linie; spiralförmige, richtungsweisende Linie, rhythmisiertes Liniengewirr – spontane, flüchtige Wirkung; die rechte Welle ist progressiv aufstrebend

Eine Linie:
- besteht aus einer Aneinanderreihung von Punkten
- hat einen Anfang und ein Ende
- kann frei oder konstruiert sein
- ist gerade, geknickt, gewellt, gezackt oder gebogen
- steuert den Blickverlauf

10.3 Fläche und Form

Wann werden die Gestaltungselemente Punkt und Linie jeweils zur Fläche?

Die Grenzen sind fließend und abhängig von den bereits genannten Merkmalen und Variationsmöglichkeiten: Vergrößert man den Punkt, verdichtet sich eine Anzahl bzw. eine Schraffur oder wird die Linie zur Kontur, so entsteht eine Fläche. Diese ist in der Ebene angesiedelt und hat, im Gegensatz zur Linie, **zwei Dimensionen**: Breite und Höhe, bzw. Länge und Tiefe.

Auch bei Flächen werden zwei Arten unterschieden: die **konstruierte Fläche**, wie Rechteck oder Kreis, mit einer glatten Kontur und die **freie Fläche** mit einer unregelmäßigen Kontur. Bei Medienprodukten liegt dem zu gestaltenden Objekt zumeist die konstruierte Fläche eines bestimmten Formats zugrunde.

10.3.1 Gestaltungsmittel der Fläche

Im Hinblick auf den gestalterischen Einsatz von Flächen und im Kontext des sich füllenden „Werkzeugkastens" gibt es auch hier folgende Kriterien, welche die Ausdrucksmöglichkeiten der Fläche bestimmen:

> Durch Größe, Form, Tonwert oder Farbe, durch Helligkeit und Struktur, können Flächen modifiziert werden und verändern damit ihre Ausdruckskraft.

10.3.2 Flächenformen

Den meisten Medienprodukten, wie z. B. vielen Karten, Broschüren, Flyern und Plakaten, aber auch dem Monitorfenster, liegt als Format eine geometrische Grundform, meist sogar im DIN-Format, zugrunde, auf der mit Elementen wie Bildern und Textblöcken flächig layoutet wird. Es ist daher für Sie als Gestalter wichtig, Ihrem „Werkzeugkasten" grundlegende Flächenformen hinzuzufügen.

Rechteck

Basierend auf dem Viereck sind alle Rechteckformen durch den rechten Winkel definiert, sodass die parallelen Seiten jeweils gleich lang sind. Es zeichnet sich durch unterschiedliche Seitenlängen aus, sodass entweder ein Hoch- oder ein Querformat entsteht.

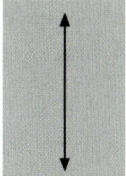
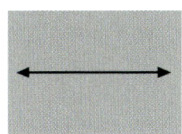
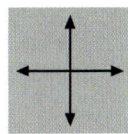

Hochformat:
Aktiv, steigend und aufstrebend

Querformat:
Passiv, statisch und eher schwer

Quadrat:
Symmetrisch, neutral, ausgewogen und stabil

Das Quadrat nimmt eine Sonderrolle bei den Rechteckformen ein. Ursprünglich das Zeichen für die vier Himmelsrichtungen, gilt es als Symbol für das Erdhafte. Auf die Spitze gestellt, als **Raute**, erhält das Quadrat jedoch Spannung und Leichtigkeit.

Rechtecke wirken in der Wahrnehmung isolierend und sind gut als Abgrenzung (Gesetz der Geschlossenheit) geeignet. Daher finden sie oft als Format von Bildern, als faktische oder virtuelle Grundform für Textblöcke und als Grundformat für Medienprodukte Anwendung.

Dreieck

Das Dreieck ist ein aktives Formelement mit einer richtungsweisenden Dynamik, die durch die spitzen Ecken forciert wird. Es kann entweder auf einer Seite oder auf einer Spitze stehen und erzielt dadurch unterschiedliche Wirkungen. Dreieckformen finden als Grundform für Verkehrsschilder Anwendung und werden in der Gestaltung gerne als belebende Verzierung eingesetzt.

Dreieck mit Spitze nach oben:
Stabil, positiv, aufstrebend, als (Schutz-)Dach

Dreieck mit Spitze nach unten:
Labil, aggressiv, als Warnschild

Kreis

Der Kreis ist ohne Anfang und Ende und von daher ein Symbol für Unendlichkeit. Im Gegensatz zu den Rechteckformen gibt es beim Kreis keine Richtung, er ist in sich harmonisch – dafür aber weniger spannungsreich.

Kreis: ruhig, ausgeglichen und harmonisch, assoziiert Sonne, Mond und Rad

Eine Abwandlung vom Kreis ist die **Ellipse.** Sie wirkt dynamischer als der Kreis. Als stehende Form ist sie äußerst instabil.

10.3.3 Kombination von Formelementen in der Fläche

In der gestalterischen Auseinandersetzung mit mehreren Formelementen auf einer Fläche, sei dies ein Plakat, eine konzeptionelle Skizze oder Malerei, liegt eine besondere Herausforderung für den Gestalter. Diese besteht im Umgang mit den **Proportionen** der Flächen untereinander und deren **Strebungen,** sowie im **Kontrast** der einzelnen Haupt- und Nebenflächen. All diese Aspekte machen die **Spannung** in der **in sich stimmigen Komposition** aus, wie im Folgenden am Beispiel der zeichnerischen und malerischen Auseinandersetzung mit „Kohlrabi" verdeutlicht werden soll.

Der Reiz dieses Bildes ist geprägt durch eine fast expressive Farbigkeit und den spannungsreichen Wechsel von kleinteilig bewegten und strukturierten Flächen mit großflächigen Figuren in Blattform. Zudem ist das Figur-Grund-Verhältnis z.T. ungeklärt, sodass der Betrachter sich ständig neu orientieren muss – er bleibt somit in der aktiven Auseinandersetzung! (Autorin: D. Werth)

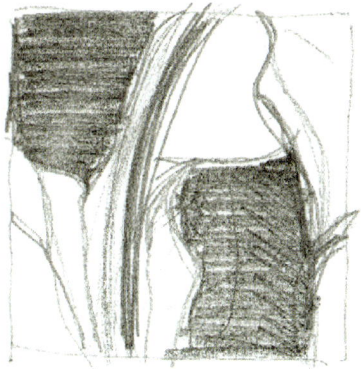

Das Quadrat als gewähltes Format ermöglicht eine Konzentration des Bildraumes auf den starken Kontrast zwischen Figur und Grund einerseits und die Betonung der vertikalen Strebung andererseits. Ein reizvolles, dynamisches und austangiertes Spiel der Flächenformen, welches konzeptionell schon in der Skizze angelegt ist. (Autorin: D. Werth)

10.4 Körper und Raum

In Medienprodukten werden Flächenformen im Allgemeinen zweidimensional verwendet. Selbst der dreidimensionale Bereich der Verpackungsmittelgestaltung wird als zweidimensionale Stanzform abgewickelt, bedarf aber in der Entwurfs- und Konzeptionsphase eines räumlichen Vorstellungsvermögens. Unsere Wahrnehmung ist durch unser Leben im Raum geprägt und so suchen wir ebenfalls nach räumlichen Beziehungen zwischen flächigen Formen.

Im Bereich der Gestaltung gibt es verschiedene Gestaltungsmittel zur räumlichen Darstellung, deren Schnittstellen fließend sind. Das bedeutet, dass in der Regel mehrere dieser Gestaltungsmittel miteinander kombiniert werden.

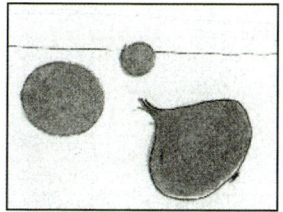
Größenunterschiede

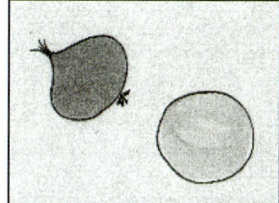
Helligkeitsunterschiede

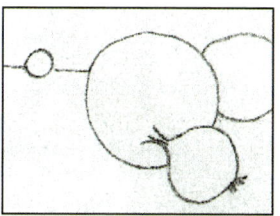
Bildebene mit
Vorder-, Mittel- und Hintergrund

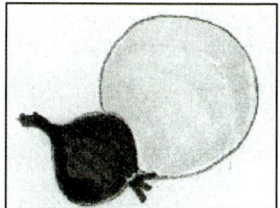
Überschneidung

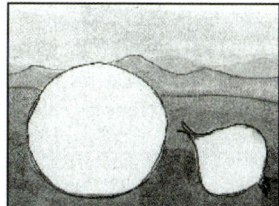
Luftperspektive

Licht und Schatten

Größenunterschiede

In der Natur erscheinen Objekte mit zunehmender Entfernung zum Betrachter kleiner. Werden demnach zwei Formen unterschiedlich groß dargestellt, wird die kleinere als die weiter hinten liegende Form wahrgenommen.

Helligkeitsunterschiede

Objekte verblassen mit zunehmender Entfernung. Durch unterschiedliche Helligkeitsstufen im Farb- oder Grauwertbereich entsteht demnach eine Vorne-Hinten-Wirkung, die Räumlichkeit simuliert.

Bildebenen

Räumliche Wahrnehmung ist geprägt durch die Einteilung in Vorder-, Mittel- und Hintergrund. Durch diese Bildebenen kommt es zu Überschneidungen, die den Eindruck räumlicher Tiefe verstärken. In o.g. Beispiel entsteht sogar der Eindruck eines möglichen Fluchtpunktes.

Überschneidung

Sind Flächenformen so angeordnet, dass sie sich überschneiden, wird dies als eine Staffelung der Objekte bzw. Flächen im Raum hintereinanderliegend wahrgenommen. In o.a. Beispiel ergänzt der Hell-Dunkel-Effekt die Räumlichkeit.

Luftperspektive

In der Natur lösen sich die Konturen der Objekte durch dazwischenliegende Luftmassen bei zunehmender Entfernung vom Betrachter auf. Zudem erscheinen weiter entfernte Objekte unscharf.

Licht und Schatten

Die Darstellung der Licht- und Schattenführung in einer Zeichnung dient der realitätsnahen Darstellung. Dabei ist eine konsequent einheitliche Lichtführung bei der Darstellung von Kern- und Schlagschatten sowie der Lichtkanten besonders wichtig. In der westlichen Kultur wird die Lichtführung von links oben als „normal" und damit als richtig empfunden.

Neben diesen Gestaltungsmitteln gibt es natürlich noch die Möglichkeiten perspektivischer Darstellung in der Fluchtpunktperspektive, der Zweipunktperspektive sowie der Parallelprojektion.

8.3.3 Optische Täuschungen

Schon an den Gestaltgesetzen wird deutlich, dass die menschliche Wahrnehmung in gewissen Grenzen beeinflussbar ist und Illusionen erzeugen kann, sodass Figuren und Proportionen anders erscheinen, als sie tatsächlich sind. Noch effektiver sind Beeinflussungen der Wahrnehmung durch **optische Täuschungen**. Diese haben ihre Ursachen dabei einerseits in unserem nicht ganz vollkommenen Sehvermögen, welches sich auch beim Normalsichtigen durch den Bau des menschlichen Auges zeigt, da dieses keine ideale Fehlerkorrektur ermöglicht. Ferner ermöglicht der Aufbau der Netzhaut mit Stäbchen und insbesondere den drei Zapfenarten zwar kontinuierliches, jedoch kein lineares Sehen, sodass auch dadurch leichte Täuschungen entstehen können.

Schlussendlich aber spielt auch die Wahrnehmungspsychologie eine wichtige Rolle, da der Mensch gewohnt ist, Unbekanntes mit Bekanntem zu vergleichen, und auf diese Weise auch getäuscht werden kann.

Da der Mensch in seiner Wahrnehmung stets bestrebt ist, Zusammenhänge zu erkennen, werden ähnliche Figuren oft nicht separat, sondern im Vergleich mit anderen Figuren in der Umgebung wahrgenommen. Bei unterschiedlichen Figuren hingegen wird eine eindeutige Trennung angestrebt.

Streckentäuschung

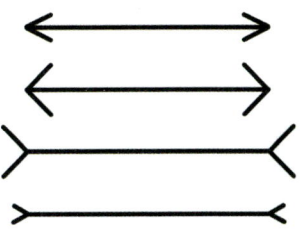

Nebenstehende Linien sind faktisch gleich lang.
Sie scheinen jedoch verschiedene Längen zu haben. Diese Illusion wurde von F.C. Mueller-Lyer vor mehr als 100 Jahren entdeckt. Dabei wirken Linien mit nach innen zeigenden Pfeilspitzen länger als Linien mit nach außen zeigenden Pfeilspitzen.
Pfeilspitzen mit einem großen Innenwinkel lassen die Linie bei gleicher Pfeilrichtung kürzer erscheinen.
Pfeilspitzen mit einem kleinen Innenwinkel lassen die Linie bei gleicher Pfeilrichtung länger erscheinen.

Winkeltäuschung

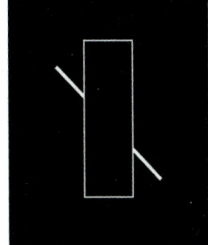 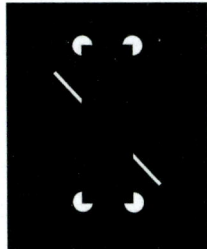

Bei den beiden diagonalen Linien in der linken Abbildung scheint das untere Teilstück zu tief angesetzt. Obwohl beide auf einer gemeinsamen Geraden liegen, nehmen wir es nicht als solches wahr. Ursache hierfür ist das Phänomen der Winkeltäuschung, bei dem spitze Winkel als etwas größer und die Linien damit als versetzt wahrgenommen werden. Derselbe Effekt kann auch mit virtuellen Scheinkanten, wie in der rechten Abbildung zu sehen, erzielt werden. Diese Illusion wurde von Johann Poggendorff im Jahre 1860 entdeckt.

Objektgrößen

Die wahrgenommene Größe eines Objektes wird in Relation zu anderen Elementen des Gesichtsfeldes ermittelt. Das so genannte „Augenmaß" ist somit relativ, wie das Beispiel der „Titchener-Täuschung" zeigt.

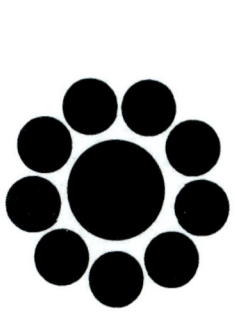 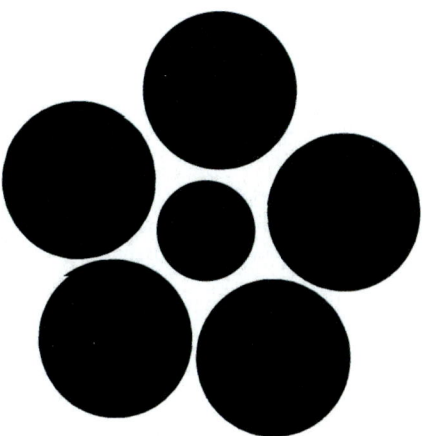

Die zentralen Kreise sind jeweils gleich groß, werden aber durch den Größenkontrast der sie umgebenden Formen in ihrer Größeneinschätzung beeinflusst. Der linke Kreis erscheint somit größer.

In Rahmen einer Logoentwicklung spielen neben der Relation der Objektgrößen zueinander auch der Helligkeitskontrast und die Farbgebung der Umgebung bei der Größeneinschätzung eine Rolle. In Zusammenhang mit der Relativität von Farbwahrnehmungen wird der Einfluss der Umgebungsfarbe auf die Erscheinungsfarbe eines Elementes **Simultankontrast** genannt.

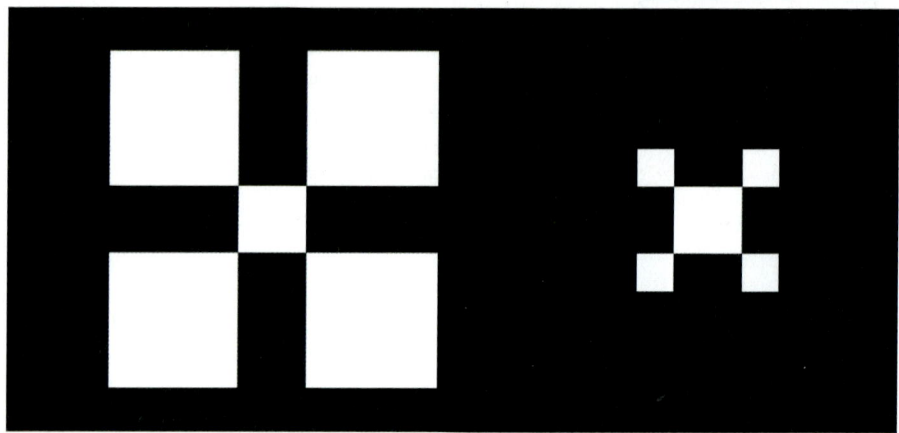

Das linke Quadrat wirkt inmitten der großen Formen kleiner. Es wird zudem durch deren Weißanteile „überstrahlt".

Raumtäuschungen

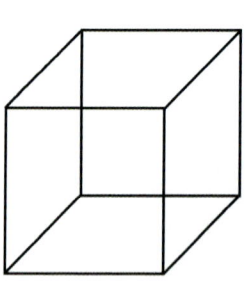
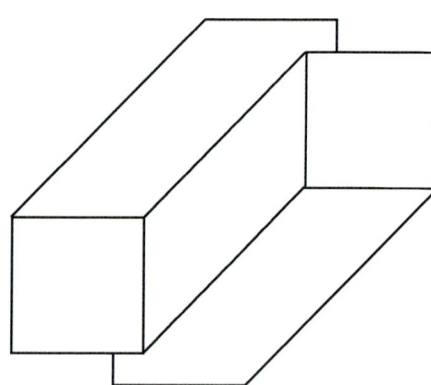

Beim linken Würfel kippt die Ansicht, je nachdem welche Fläche das Gehirn als vorn oder hinten identifiziert. Beim rechten unmöglichen Objekt gelingt der Kippvorgang nicht gleichzeitig mit beiden quadratischen Flächen des Objektes, sondern man muss das Objekt visuell teilen, um die perspektivischen Konflikte auszublenden.

Die im Rahmen der Gestaltgesetze thematisierte Figur-Grund-Problematik führt zu reizvollen Effekten zweideutiger räumlicher Wahrnehmungen, bei denen die Interpretation von „Vorne" und „Hinten", bzw. „Oben" und „Unten" je nach Fokussierung kippt.

Bei den „Unmögliche Figuren" wurde die parallelperspektivische Verknüpfung absichtlich „falsch" bzw. unmöglich zusammengesetzt, sodass man einen Teil der Figur abdecken muss, um die Elemente der Figur ohne visuelle Konflikte betrachten zu können.

 Im Rahmen der Logogestaltung ermöglichen Raumtäuschungen reizvolle Eyecatcher.

9.4 Formqualität

Welche Bedeutung haben Gestaltungselemente und Gestaltgesetze im Rahmen des Entwurfsprozesses, hier speziell der Logoentwicklung?
Sie spielen bei der Anwendung und Wirkungsweise visueller Merkmale eine große Rolle.

9.4.1 Visuelle Merkmale

Es ist zunächst erforderlich, sich die visuellen Merkmale bewusst zu machen, die jedem Objekt zugrunde liegen. Denn auf die Frage: „Woran erkenne ich ein Objekt einwandfrei?", muss die Antwort des Gestalters lauten: „An einem (oder mehreren) spezifischen Merkmal(en)."

Insgesamt sind **neun visuelle Merkmale** für die Wahrnehmung unterscheidbar. Diese bilden den Pool für das kreative Entwerfen und Gestalten:

Vgl. diese LS, 9.3

① *Form*
② *Farbe*
③ *Helligkeit*
④ *Größe*
⑤ *Richtung*
⑥ *Textur*
⑦ *Anordnung*
⑧ *Tiefe*
⑨ *Bewegung*

Ordnen Sie jedes der genannten visuellen Merkmale den Elementen im Bild zu. Die folgenden Aspekte zur formalästhetischen Gestaltung von Logos basieren auf der Formfindung mithilfe von Gestaltgesetzen und Gestaltungsprinzipien und werden jeweils an Logoentwürfen zu einem Wettbewerb der Firma Energo erläutert und visualisiert.

9.4.2 Prägnanztendenz

Prägnanz bedeutet, etwas in möglichst knapper Form treffend darzustellen. Diese Knappheit des Ausdrucks, d. h. die Prägnanz eines Logos wird durch die optische Geschlossenheit der zumeist geometrischen Grundform unterstützt.

Im Beispiel der Firma Energo unterstützen quadratische und rechteckige Flächen, Kreisformen und Dreiecke die schnelle Wahrnehmung und Einprägsamkeit.

9.4.3 Geschlossenheit der Form

Diese Logoentwürfe der Firma Energo basieren auf den Gestaltgesetzen der Geschlossenheit und dem Gesetz der guten Form. Aufgrund unserer Erfahrung sind wir in der Lage, die den Logos zugrundeliegenden geschlossenen Grundformen zu erfassen, indem wir die virtuellen Linien fortführen und die Form somit „schließen".

9.4.4 Figur-Grund-Verhältnis

Bei diesen Logoentwürfen für „Energo" wird die Produktnähe durch die Wechselwirkung des Figur-Grund-Verhältnisses erzielt. Wie bei einem Kippbild erkennt der Betrachter in den jeweiligen Logos (je nach Fokussierung) ein „e/E" oder ein Strom-affines Motiv.

12.1 Symmetrie/Asymmetrie

Diese Logoentwürfe erzielen ein harmonisches, aber dennoch kompositorisch spannungsreiches Bild. Dies gelingt durch die Gestaltungsprinzipien Symmetrie und Asymmetrie: Erstere kommt bei den beiden linken Logos in Form der Achsen- und Punktspiegelung zur Anwendung. Sie erscheinen „in sich ruhend". Die asymmetrische Anordnung bei den beiden rechten Logos wirkt spannungsreicher. Hier wird durch die optische Gewichtung der Gestaltungselemente für die nötige Balance gesorgt.

12.2 Kontrast

Der Kontrast als Gestaltungsprinzip ist immanent und „oberstes Gebot"!

In allen zuvor angeführten Gestaltungsprinzipien ist der Kontrast integriert und unabdingbar mit der gestalterischen Qualität des Logos verknüpft. Bei der Logogestaltung spielen Farb-, Form- und Linienkontraste eine ebenso große Rolle wie Quantitäts- und Qualitätskontraste. Im Folgenden werden die Farbkontraste im Einzelnen beleuchtet und erneut anhand der Logobeispiele aus dem Wettbewerb der Firma Energo visualisiert.

8.4.3 Farbkontraste

In der Gestaltung werden Farben häufig miteinander kombiniert. Je nach Kombination wirkt die Farbgestaltung harmonisch, kontrastreich oder dynamisch. Für den Gestalter ist es daher unerlässlich, die Wechselwirkungen der Farben zu kennen, um Farben zielgerichtet einzusetzen. **Farbkontraste** als Wechselwirkung zwischen unterschiedlichen Farben spielen für eine lebendige Gestaltung eine besondere Rolle.

In der Gestaltung werden insgesamt **sieben Farbkontraste** (in Anlehnung an J. Itten) unterschieden:

Farbe-an-sich-Kontrast

Der Farbe-an-sich-Kontrast ist ein Buntkontrast. Er bezeichnet den Kontrast, der zwischen drei oder mehr **reinen**, deutlich zu unterscheidenden Farben entsteht. Den größten Kontrast bilden dabei die Farben Gelb, Rot und Blau.

 Je leuchtender die Farben, desto größer der Farbe-an-sich-Kontrast!

Hell-Dunkel-Kontrast

Der Hell-Dunkel-Kontrast bezeichnet den Kontrast, der durch den Helligkeitsunterschied zweier Farben entsteht. Dies bezieht sich einerseits auf den der Unbunttöne (hier weisen Schwarz und Weiß den größten Kontrast auf) und andererseits auf den der Buntfarben (hier entsteht der größte Kontrast zwischen den Farben Gelb und Violett/Blau). Zudem weisen mit Unbunt aufgehellte oder abgedunkelte Buntfarben diesen Kontrast auf.

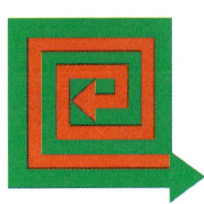

Bei Farbtönen gleicher Helligkeit, wie im rechten Bild, kommt es zu einem Flimmerkontrast. Dieser kann gestalterisch bewusst eingesetzt werden, um Aufmerksamkeit zu erregen, sollte aber bei Schriftfarbigkeit auf jeden Fall vermieden werden.

 Je größer der Helligkeitsunterschied der Farben, desto größer der Hell-Dunkel-Kontrast.

Kalt-Warm-Kontrast

Der Kalt-Warm-Kontrast bezeichnet den Kontrast zwischen warmen und kalten Farben. Er entsteht durch die unterschiedlichen Empfindungen, die beim Betrachten von Farben ausgelöst werden. In der Regel bilden die Farben Rot-Orange (als wärmste Farben) und Blau-Grün (als kälteste Farben) den größten Kalt-Warm-Kontrast. In der Farb- oder Luftperspektive unterstützt dieser Kontrast den Eindruck räumlicher Tiefe.

 Kalte und warme Farben bilden den Kalt-Warm-Kontrast.

Komplementärkontrast

Der Komplementärkontrast bezeichnet den Kontrast, der zwischen zwei Farben entsteht, die sich im Farbkreis komplementär gegenüberliegen. Den stärksten Kontrast bilden dabei **Magenta und Grün**, da sie etwa gleich hell sind und sich dadurch gegenseitig in ihrer Farbintensität besonders steigern. Neben diesem bilden **Cyan und Orange-Rot** sowie **Yellow und Blauviolett** weitere Komplementärpaare.

Farben, die im Farbkreis gegenüberliegen, bilden einen Komplementärkontrast.

Simultankontrast

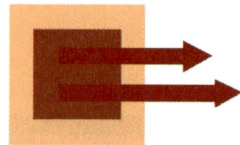

Der Simultan-Kontrast bezeichnet den Kontrast, der dadurch entsteht, dass ein und dieselbe Farbe auf unterschiedlichen Umfeldfarben hinsichtlich Farbton und Ausdruckskraft verändert erscheint. Unbunte Umgebungen, wie z. B. Schwarz, erhöhen die Leuchtkraft der Farben.

Je leuchtender die Farbe und je dunkler die Umfeldfarbe, desto größer der Simultankontrast!

Qualitätskontrast

Der Qualitätskontrast bezeichnet den Kontrast, der zwischen gesättigten, reinen, leuchtenden Farben und ungesättigten, getrübten Farben entsteht, also das Ausmaß der Buntheit hinsichtlich der Farbqualität. Eine getrübte, stumpfe Farbe kann durch Beimischung der Komplementärfarbe oder aber Grau, Weiß oder Schwarz erzeugt werden.

Reine und getrübte Farben bilden den Qualitätskontrast.

Quantitätskontrast

Der Quantitätskontrast bezeichnet den Kontrast, der durch die unterschiedlichen Größen von Flächen verschiedener Qualitätsstufen von Farbtönen erzielt wird. Er beschreibt die Größe zweier oder mehrerer Farbflächen zueinander. Ob die Farbintensität jeder Farbfläche und ihrer Flächengröße, die miteinander in Kontrast stehen, als ausgewogen betrachtet werden, hängt von der Leuchtkraft einer Farbe ab.

Je unterschiedlicher die Größe der Farbflächen und die Leuchtkraft der Farben, desto größer der Quantitätskontrast.

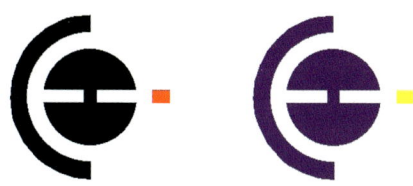

Beim linken Bild ist der Quantitätskontrast gleichzeitig ein Bunt-Unbunt-Kontrast. Die rote Fläche hat so viel „Power", dass sie als Akzent gegen die schwarze Fläche bestehen kann. Im rechten Bild stehen sich mit Gelb und Violett die stärksten Helligkeitspole gegenüber. Auch hier hat die gelbe Fläche im Prinzip gegenüber der violetten Flächen genügend Energie, wird jedoch durch den geringen Kontrast zum weißen Hintergrund abgeschwächt.

9.5 Corporate Identity

„Wir sind das, was wir zu sein vorgeben."

Um sich aus dem visuellen Konglomerat der Zeichen abzuheben, braucht man etwas unverwechselbares, ein visuelles Gesicht – sozusagen eine Identität. Der Begriff Corporate Identity, kurz CI, kam in den 60er Jahren in Großbritannien und den USA zum ersten Mal auf und bezog sich zunächst nur auf das visuelle Erscheinungsbild eines Unternehmens. Mitte der 70er Jahre erweiterte sich der Begriff von der Erscheinung, dem reinen Design-Bereich also, um die Aspekte Marketing, Public Relations, Personalwesen und Arbeitsgestaltung.

Ein CI stellt im optimalen Fall eine Unternehmensphilosophie dar, die intern durch die Identifikation der Angestellten mit dem Unternehmen ein „Wir-Gefühl" erzeugt, mit den daraus resultierenden Faktoren gutes Arbeitsklima, Leistung, Koordination und Motivation; und extern, d. h. in der Öffentlichkeit, die Profilierung und Imagebildung des Unternehmens kommuniziert, was Glaubwürdigkeit, Vertrauen, Akzeptanz, Zuneigung und Unverwechselbarkeit nach sich ziehen soll.

Corporate Identity ist eine Public Relations-Strategie, deren Elemente Corporate Design, Corporate Behaviour und Corporate Communications das Corporate Image einer Firma bilden.

Die Firma Pelikan ist eine der ersten Firmen weltweit und speziell auch in Deutschland, die sich mithilfe einer Marke eine visuelle Identität und ein Image gegeben hat. Die kombinierte Bild-/Wortmarke wurde 1984 das erste Mal als Marke eingetragen. Diese wurde im Laufe der Jahre mehrfach einem Relaunch unterzogen, um modern und zeitgemäß zu bleiben. Die Abbildung zeigt die seit 2003 gültige Marke.

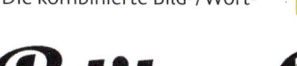

Informieren Sie sich im Internet über das CI die Verbandes Garten- und Landschaftsbau. Unter dem Menüpunkt „Unternehmen" oder „Wir über uns" geben Firmen und Verbände oftmals Auskunft über die Grundsätze ihrer Zielsetzungen und visuellen Auftritte.

9.5.1 Die Elemente der Corporate Identity

9.5.1.1 Corporate Design

Corporate Design schafft keine Firmenidentität, sondern es transportiert sie. Corporate Design ist Form – nicht Inhalt.

Wahrnehmung erfolgt zu 78 % über visuelle Impulse. Demzufolge ist Corporate Design (CD) als das visuell einheitliche Konzentrat eines inhaltlichen Konzeptes für die Kommunikation und Wahrnehmung in der Öffentlichkeit maßgeblich. Dabei kann jede Art von Firma oder Organisation, sei sie kommerzieller, politischer, sportlicher, sozialer, kirchlicher oder bildungspolitischer Art, ein einheitliches Design zur Kommunikation ihres Images bzw. ihrer Leitgedanken nutzen. Alltagssprachlich wird der Begriff CD in seiner Verwendung jedoch oft mit CI (Corporate Identity) gleichgesetzt. Man unterscheidet drei Grundelemente des CD: Logo, Farbe und Schrift. Im Folgenden werden die Elemente des Corporate Design am Beispiel der Firma Heidelberger Druckmaschinen AG visualisiert und verdeutlicht.

Logo
Im Rahmen des CD ist das Logo ein wesentlicher Bestandteil, wenn nicht sogar **das** wichtigste Gestaltungselement. In diesem Sinne sollte es über eine innere Logik und Konsistenz verfügen, damit Wiedererkennbarkeit und Prägnanz gewährleistet sind.

Logo alt

Logo neu

Hausfarbe
Ferrari-Rot, Post-Gelb, Aral-Blau, Dresdner-Bank-Grün, Telekom-Magenta: Farben wirken stärker als Formen mit assoziativer und psychologischer Wirkungskraft. Da sie in 99 % auch fester Bestandteil des Logos sind, stellt Farbe die Primärkomponente des Corporate Design dar. Bei der Wahl der passenden Farbe oder Farbkombination ist es für den Gestalter oder Designer maßgeblich, psychologische und symbolische Wirkungsweisen von Farben zu kennen, um die der Firmenphilosophie angemessene Hausfarbe zu definieren (z. B. rot = aktiv).

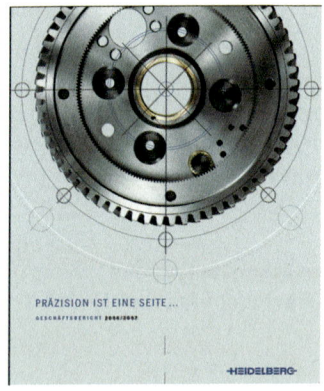

Grau und Blau sind seit Jahren Bestandteil der Heidelberg-Identität und bilden die Hauptfarben des Corporate Design.
Bildquelle: Heidelberger Druckmaschinen AG

Vgl. LS 6, 19.5

Meistens wird nur *eine* Hausfarbe gewählt, die sich dann durch alle Bereiche der Unternehmensdarstellung zieht.

Um sich Ärger mit einer möglichen Farbverschiebung beim Druck zu ersparen, sollte sie möglichst rein sein, d. h. sie wird nicht durch CMYK gemischt, sondern als **Sonderfarbe** angelegt.

Achtung bei getönten Druckpapieren! Die Farbabstufungen können sich verschieben.

Die bekanntesten Systeme von Sonderfarben sind **HKS**, **Pantone** oder **RAL**-Farben, wobei jede Farbe innerhalb jedes Systems eine Farbnummer hat. Die Verbindung zwischen Farbnummer und Farbe wird durch Farbkataloge bzw. Farbfächer hergestellt. Innerhalb eines Systems gibt es eine Qualitätsgarantie bezüglich des Farbtons für die Druckvorstufe und das Druckresultat.

Sonderfarben gibt es für Kunstdruck-, Naturpapier- und spezielle Verfahren (u. a. Flexodruck). Sie werden auch als **Schmuckfarben** oder Spotfarben, manchmal auch als Vollton- oder Echtfarben bezeichnet. Gerade bei der Gründung kleinerer Firmen fällt die Wahl auf eine bestimmte Sonderfarbe sicherlich auch aus Kostengründen; bei großen Konzernen wie der Telekom wohl aus markenrechtlichen Gründen, um einen Farbton ausschließlich für sich zu beanspruchen.

Hausschrift

Typografie ist visuelle Kommunikation mittels Schrift.

Typografie spielt für die grafische Industrie eine große Rolle. Heidelberg setzt auf Kontrast und nutzt mit der Heidelberg Gothic MI und Heidelberg Antiqua MI zwei Hausschriften, die exklusiv für das Unternehmen überarbeitet und optimiert wurden. Beide Schriftfamilien werden durchgängig mit Ausnahme von der Bürokommunikation eingesetzt und prägen so den Markenauftritt des Unternehmens.

Die Ausdruckskraft der Typografie kommuniziert das Image des Unternehmens: Mercedes-Benz verwendet z. B. eine Renaissance-Antiqua, um edel und exklusiv zu wirken, BMW dagegen verspricht sich von der Helvetica ein eher sportliches Image.

Bildquelle: Heidelberger Druckmaschinen AG

Für ein einheitliches Erscheinungsbild ist es sinnvoll, eine oder höchstens zwei Schriftfamilien (z. B. für Fließtext und Überschriften) auszusuchen, die sich mit ihren verschiedenen Schnitten durch alle Bereiche ziehen, vom großen Firmenplakat bis zur Visitenkarte. Die Gestalter und Entwickler des CD setzen feste Vorschriften zur Verwendung der Typografie fest, z. B. welche Schrift in welcher Größe und welchem Zeilenabstand bei einem Firmenbrief verwendet wird, deren Ausrichtung, die Spaltenbreite etc. Je nach Einsatz kann das Erscheinungsbild des Unternehmens nuancieren. Die Hausschrift eines Unternehmens oder einer Organisation hat die Aufgabe, diese langfristig zu repräsentieren und sollte daher nicht zu trendorientiert sein.

Vgl. LS 4, 15.4.2

1. Erstellen Sie ein Profil des Unternehmens Grün & Stein. Welches Selbstverständnis soll transportiert werden?
2. Gleichen Sie dieses mit den Wirkungsweisen der einzelnen Schriftklassifikationen ab.
3. Recherchieren Sie im Hinblick auf mögliche Kosten, was eine infrage kommende Schriftart mit einer entsprechenden Anzahl von Schnitten kostet.

Gestaltungsraster

Gestaltungsraster geben allen Medienprodukten eines Unternehmens ein einheitliches, folgerichtiges Erscheinungsbild. Das bedeutet jedoch nicht, dass alle Seiten oder Anzeigen gleich aussehen! Im CD verankerte Gestaltungsraster bilden vielmehr den Rahmen für zahlreiche Variationen und haben in diesem Sinne Modulcharakter.

Vgl. LS 8, 24.3

Bei einfachen Rasternetzen ist das Ordnungsprinzip von Satzspiegel, Spalten- und Zeilenanzahl sowie Bundbreiten auf den ersten Blick erkennbar, sodass sie oftmals recht streng wirken. Komplexe, feingliedrig angelegte Raster wirken hingegen spontaner und lockerer, da das zugrunde liegende Raster flexibler ist und damit stärker in den Hintergrund tritt. Gestaltungsraster enthalten über das reine Rasternetz hinaus oftmals auch Angaben zur Positionierung von Basiselementen wie Logo, Slogan oder Headlines. Diese Aspekte werden im **Design Manual**, dem sogenannten **Styleguide** (siehe weiter unten) definiert und sind für alle für das Unternehmen tätige Agenturen verpflichtend.

Ein flexibles Raster ermöglicht gestalterische Varianz und das Differenzieren von Inhalten innerhalb eines konsistenten Auftritts.
Bildquelle: Heidelberger Druckmaschinen AG

9.5.1.2 Corporate Communication

Corporate Communication bedeutet „mit einer Zunge sprechen."

Unter Corporate Communication (CC) versteht man eine koordinierte Kommunikation, die strategisch geplant, einheitlich und widerspruchsfrei die Ziele und Botschaften eines Unternehmens in- und extern transportiert. Die Kommunikationswege und -produkte sollten dabei passgenau die Elemente des CD integrieren. Die digitalen und analogen Kommunikationsinstrumente des CC sind:

- Absatz- und Produktwerbung
- Verkaufsförderung
- Personalwerbung
- Öffentlichkeitswerbung (Public Relations)
- Sponsoring

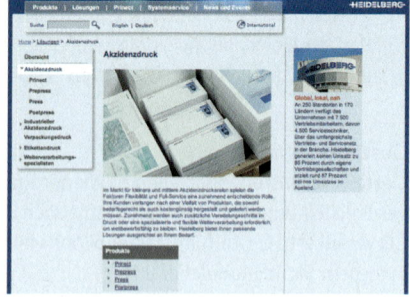

Analoges und digitales Beispiel aus den umfangreichen Kommunikationsinstrumenten der Firma Heidelberg. Eine einheitliche Formensprache ist klar erkennbar. (Quelle: www.heidelberg.com)

Wichtigstes Element bei der Corporate Communication eines Unternehmens ist ein konsistenter Auftritt der Marke, bei dem die im Rahmen des Corporate-Design-Prozesses entwickelten Basiselemente optimal umgesetzt werden. Die Gestaltung von Print- und Nonprintprodukten sollte dabei konsequent den vereinbarten Schlüssel-Merkmalen des Styleguide folgen. Die innerhalb eines Web-Auftritts eingesetzten Schriften und Farben unterliegen dabei den technischen Abhängigkeiten des Internet.

9.5.1.3 Corporate Behaviour

„Aus Worten werden Taten." Ein Unternehmensimage sollte nicht nur kommuniziert und visualisiert werden, es muss auch gelebt werden.

Corporate Behaviour bezeichnet die in sich schlüssige und damit widerspruchsfreie Ausrichtung aller Verhaltensweisen der Unternehmensmitglieder – und zwar vom Topmanager bis zum Pförtner. Durch das Zusammenspiel dieser drei Bestandteile soll ein einheitliches Bild des Unternehmens in der Öffentlichkeit aufgebaut werden: das Corporate Image (Image = Bild).

9.5.1.4 Corporate Design-Handbuch (Styleguide)

In Corporate Design-Handbüchern, sogenannten Styleguides, werden die Gestaltungsrichtlinien definiert, um ein einheitliches Auftreten im Sinne des CI auch international zu gewährleisten. Sie enthalten die „Spielregeln", die für alle Kommunikationsmittel vom Druck über das Internet bis hin zur Geschäftsausstattung oder dem Fuhrpark eines Unternehmens gelten. Der Umfang solcher Styleguides hängt freilich davon ab, ob es sich um ein kleines Unternehmen oder einen „Global Player" handelt.

11 Kreativität

Neben den Kenntnissen über die Funktion, die Kriterien und die formalen Gestaltungselemente von Logos als Teil des CD eines Unternehmens, ist ihre Kreativität im Rahmen des Gestaltungs- und Entwurfsprozesses für die Qualität und den Erfolg von „Grün & Stein" von entscheidender Bedeutung.

Was ist Kreativität?
Das Wort Kreativität kommt vom lateinischen Wort „creare" (erschaffen, hervorbringen). Kreativität ist die Fähigkeit des Menschen, neue Denkergebnisse hervorzubringen.

In der Gestaltung spiegeln sich neue Denkergebnisse durch neuartige Ideen, ungewöhnliche Umsetzungen und – bei Designelementen wie einem Logo – durch eindeutige Erkennbarkeit wider.

Ist jeder Mensch in der Lage, neue Denkergebnisse hervorzubringen – ist Kreativität also erlernbar oder gar planbar oder muss sie angeboren sein?

Die Kreativitätsforschung ist zu dem Schluss gekommen, dass in jedem Menschen ein **kreatives Potenzial** schlummert, bedingt durch angeborene Neugier und eine generell forschende Geisteshaltung. Dieses Potenzial kann weiter gefördert und ausgebaut werden, und so zum Sprungbrett für neue Impulse werden. Kinder gehen ohne Vorbehalte mit neuen Dingen um, Erwachsene müssen lernen, ihre Vorbehalte zurückzustellen und neue Ansätze zuzulassen. Daher sollte Kreativitätsförderung bereits im Kindesalter anfangen und als eine Grundaufgabe von Erziehung und Bildung verstanden werden. Denn je besser das kreative Potential des Einzelnen gefördert wird, desto kreativer wird er.

Kreativität bildet nicht nur im künstlerischen und im Gestaltungsbereich eine wichtige Grundlage, sondern bezieht sich auch auf technische Erfindungen und wissenschaftliche Entdeckungen. Kreativität ist die Folge eines **Kreativprozesses**, der einer festen Struktur und damit einem planbaren Ablauf folgt.

„Kreativität ist planbar und trainierbar!

Doch bei allem Training steht das kreative Potenzial nicht auf Knopfdruck zur Verfügung, sondern es gibt vielmehr Voraussetzungen, die kreative Leistungen begünstigen:

1. **Entspannen Sie sich!**
In einem Zustand der Entspannung ist es möglich, eine ausreichende Distanz zur Aufgabenstellung aufzubauen und unvoreingenommen an diese heranzugehen.

2. **Nehmen Sie sich Zeit!**
Auch wenn die Deadline für die Auftragsabwicklung knapp bemessen ist und die Auftraggeber im Nacken sitzen, sollte der Projektauftrag von vielen Seiten beleuchtet werden. Oft führen das Ausprobieren verschiedener Lösungsansätze und gedankliche Exkurse in verwandte Bereiche zum Ziel.

„Das Neue entsteht nicht geradlinig, sondern über Umwege"[1]

3. **Schaffen Sie ein angenehmes Arbeitsklima!**

Durch Schaffen einer angenehmen Arbeitsatmosphäre können die Gedanken ihren freien Lauf nehmen. Suchen Sie sich einen Ort aus, der Ihnen Entspannung ermöglicht, ohne Sie abzulenken. Dies kann z. B. ein ruhiger Platz in der Natur, aber auch der gemütliche Sessel im heimischen Wohnbereich sein. Hindernisse, wie etwa schon zu Beginn die Frage nach der Brauchbarkeit einer Idee sowie übliche Alltagsgeschäfte, sollten außen vor bleiben.

Ideen entstehen nicht unter Druck – Kreativität braucht Raum und Zeit.

11.1 Kreativprozess

Wie kommt es zur Ideenfindung?
Ideenfindung hat viel mit Phantasie zu tun; phantasievolle Menschen erleben ihre Umwelt mit allen Sinnen und sind offen für divergente Denkweisen in scheinbar unmögliche Richtungen. Die Phantasie ist daher ein wesentlicher Bestandteil eines jeden Kreativprozesses, denn manchmal führt erst ein vermeintlicher Irrweg zu einer guten Idee. Sind die Voraussetzungen für einen Kreativprozess einmal geschaffen, so bringt dieser ein wenig Struktur in den Ablauf zwischen kreativer Idee und kreativer Umsetzung.

Jeder Kreativprozess gliedert sich in mehrere Stufen. Hier sind je nach Komplexität des Auftrages vier- bis siebenstufige Modelle möglich.

Der Kreativprozess beginnt – unabhängig von der Anzahl der Stufen – stets mit der **Ideenfindung**. Dies bedeutet jedoch jedoch längst nicht immer das Erfinden neuer Dinge, sondern vielmehr die Auswahl geeigneter Gestaltungsmittel aus vorhandenem Material.

---

[1] Aus: A. Stankowski, K. Duschek, Visuelle Kommunikation. Dietrich Reiner Verlag, Berlin, 1989, S. 23.

„Dabei fällt auf, dass oft weniger das Erfinden zahlloser Möglichkeiten Merkmal gestalterischer Qualität ist, als die gekonnte Auswahl aus einer gegebenen Alternativmenge."[1]

Stufenmodell des Kreativprozesses

1. **Stufe: Vorbereitung/Problemphase**
In der Vorbereitungs- und Problemphase gilt es, das Problem zu erkennen und sich die eigentliche Kreativaufgabe bewusst zu machen. Ferner soll ein erster Schritt im Hinblick auf die Problemlösung erfolgen.

2. **Stufe: Inkubation/Suchphase**
In der zweiten Phase des Kreativprozesses geht es darum, das Gedächtnis nach ähnlichen, bereits bekannten Problemen zu durchforsten. Die Suche nach Bekanntem hilft dabei, Neues schnell zu erfassen und bekannte Inhalte gezielt zur Problemlösung auszuwählen. Dabei hilft als Leitfrage: Was kenne ich schon, wie löse ich es und was ist neu?

3. **Stufe: Illumination/Lösungsphase**
In der eigentlichen Lösungsphase geht es darum, geeignete Mittel zur Problemlösung zu finden und auszuwählen. Hierbei kommt es darauf an, bekannte Inhalte mit neuen Ideen zu verknüpfen und dadurch neue Impulse zu setzen = einen Schritt in die richtige Richtung zu machen.

Gedankenblitze und unvermittelte Ideen in Kombination mit bereits Bekanntem führen zur Problemlösung.

4. **Stufe: Verwirklichungsphase**
In der Verwirklichungsphase werden aus den Ideen geeignete Lösungen ausgewählt, verfeinert und umgesetzt.

Anwendung des Stufenmodells auf das Logo für Grün & Stein
- Brainstorming zum Thema Gartenbau.
- Ideen ordnen, z. B. mit Mindmapping, sowie sich einen Überblick über Gestaltungselemente und Gesetzmäßigkeiten verschaffen.
- Geeignete Gestaltungselemente unter Berücksichtigung zutreffender Gesetzmäßigkeiten zielorientiert auswählen sowie mehrere Scribbles anfertigen.
- Auswahl des bevorzugten Logos aus den Scribbles und Anfertigung des Rohlayouts.

11.2 Kreativteam

Ein Kreativprozess kann allein, besser jedoch im Team durchlaufen werden. Durch ein **Team** lässt sich einerseits die Anzahl der Ideen steigern. Andererseits kann, durch die Verschiedenheit der Perspektiven, auch manche abwegige Idee, die nicht zum Ziel führt, schneller erkannt und zur Seite gelegt werden.

Im **Kreativteam** gilt nicht das Sprichwort „Viele Köche verderben den Brei", sondern eher **„Mehrere Köche machen den Brei besonders schmackhaft"** wie etwa eine einzigartige Gewürzmischung, die den Geschmack abrundet.

Damit das Kreativteam gut funktioniert, sind eine gezielte Zusammensetzung und gleicher Wissensstand zu Beginn des Kreativprozesses notwendig.

3 | Lernsituation Logo/Signetgestaltung/Corporate Design

Was ist ein Kreativteam und wie setzt es sich zusammen?
Ein Kreativteam ist eine Arbeitsgruppe von Fachkräften unterschiedlicher Kreativbereiche wie z. B. Grafiker, Mediengestalter, Fotografen oder Marketingexperten, die gemeinsam an einer Aufgabenstellung arbeiten und sich gegenseitig ergänzen. Ein ausgeprägter Teamgeist sowie gleiches Mitbestimmungsrecht für alle Teammitglieder sind dabei die Grundbedingung.

Ein Team arbeitet besonders dann effektiv, wenn die Teammitglieder unterschiedliche Rollentypen aus den Bereichen

- Kommunikation
- Handlungsorientierung
- Fachwissen

verkörpern.

Daraus ergeben sich dann insgesamt neun unterschiedliche **Teamrollen**, je drei aus jedem der Bereiche:

Teamrolle	Rollenbeitrag	Charakteristika	zulässige Schwächen
Neuerer/Erfinder	bringt neue Ideen ein	unorthodoxes Denken	oft gedankenverloren
Wegbereiter/Weichensteller	entwickelt Kontakte	kommunikativ, extravertiert	oft zu optimistisch
Koordinator/Integrator	fördert Entscheidungsprozesse	selbstsicher, vertrauensvoll	kann als manipulierend empfunden werden
Macher	hat Mut, Hindernisse zu überwinden	dynamisch, arbeitet gut unter Druck	ungeduldig, neigt zu Provokation
Beobachter	untersucht Vorschläge auf Machbarkeit	nüchtern, strategisch, kritisch	mangelnde Fähigkeit zur Inspiration
Teamarbeiter/Mitspieler	verbessert Kommunikation, baut Reibungsverluste ab	kooperativ, diplomatisch	unentschlossen in kritischen Situationen
Umsetzer	setzt Pläne in die Tat um	diszipliniert, verlässlich, effektiv	unflexibel
Perfektionist	vermeidet Fehler, stellt optimale Ergebnisse sicher	gewissenhaft, pünktlich	überängstlich, delegiert ungern
Spezialist	liefert Fachwissen und Information	selbstbezogen, engagiert, Fachwissen zählt	verliert sich oft in technischen Details

Quelle: http://de.wikipedia.org/wiki/Teamrollen#Teamrollen.
Letzter Zugriff: 4.8.2010

Natürlich können auch kleine Kreativteams ebenso erfolgreich arbeiten, wenn jedes der Teammitglieder mehrere korrespondierende Rollen übernimmt.
Wichtig in jedem Kreativteam ist immer, dass kein Teammitglied mit einem deutlichen Wissensvorsprung in die Kreativarbeit geht, damit alle Mitglieder die gleichen Startbedingungen haben und nicht durch Wissensnachteile demotiviert werden.

> **Gleiches Recht für alle Teammitglieder:**
> Ein gleicher Wissensstand zu Beginn ist die Basis jeder guten Teamarbeit

Regeln im Kreativteam

Neben der Rollenverteilung im Kreativteam sollten jedoch auch einige grundlegende Regeln Beachtung finden, um ein entspanntes und trotzdem konzentriertes und motivierendes Schaffensklima zu erzeugen:

1. **Lassen Sie Ihren Ideen und den Ideen der anderen freien Lauf!**
   Lassen Sie Ihre eigenen Ideen einfach sprudeln, ohne Gedanken über die Brauchbarkeit anzustellen und geben Sie anderen auch die Gelegenheit dazu. Denn wer sich ausgebremst fühlt, kann sein kreatives Potenzial nicht vollständig entfalten.

2. **Seien Sie humorvoll!**
   Mit Humor geht vieles leichter, denn Humor entspannt Menschen, wirkt ansteckend, verbreitet gute Stimmung und setzt Glückshormone frei.

3. **Lob geht vor Kritik!**
   Sind Sie mit der Idee eines anderen einmal nicht einverstanden oder ist diese offensichtlich unbrauchbar? Dann suchen Sie zunächst nach positiven Aspekten der Idee, heben diese heraus und bringen die Kritikpunkte erst anschließend an. Kritik lässt sich durch Lob leichter ertragen.

4. **Gegenseitige Inspiration statt Konkurrenzdenken!**
   Kämpfen sie nicht gegeneinander um die beste Idee, sondern inspirieren Sie sich gegenseitig und schaukeln sich durch eine Art Ideen-Pingpong zu kreativen Höchstleistungen hoch.

Vorteile im Kreativteam

Unter Beachtung der obigen Regeln und mit einer guten Zusammensetzung bietet ein Kreativteam eigentlich (fast) nur Vorteile:

- Mehr hochwertige Ideen
- Kreative Impulse im Team
- Strukturierte Freiheit, statt unproduktiver Chaossitzungen
- Im Team entsteht ein „Gruppengehirn"
- Steigerung der Motivation und des kreativen Potenzials durch Spaß in der Gruppe

11.3 Kreativtechniken zur Ideenfindung

> Bilden Sie auch für den Kundenauftrag „Grün & Stein" kleine Kreativteams und bündeln Sie Ihre Ideen in einem Kreativprozess.

Kreativität mit System

Häufig wird in praktische und künstlerische Kreativität unterschieden, wobei als praktische Kreativität die Fähigkeit gesehen wird, für ungewöhnliche Alltagsprobleme unübliche Lösungen zu finden. Wenn außergewöhnliche Ausdrucksformen als treffend empfunden werden, wird häufig von künstlerischer Kreativität gesprochen. Kreative Kompetenzen werden in der heutigen Gesellschaft immer wichtiger, denn die Probleme werden immer komplexer.

Kreativität ist lernbar

Alle Menschen unterscheiden sich in ihren kreativen und intellektuellen Fähigkeiten, sind jedoch grundsätzlich zu kreativen Prozessen fähig. Diese Potenziale kann man durch verschiedene Kreativitätstechniken weiterentwickeln und fördern, wobei eine offene und freundliche Arbeitsatmosphäre für ein innovatives Gesamtklima Grundvoraussetzung ist.

Die Prinzipien der Kreativitätstechniken
Freie Assoziation

Alles, was einem zu dem aktuellen Problem oder Thema einfällt, ist erlaubt und kann frei und unzensiert geäußert werden, auch wenn es scheinbar keinen logischen Zusammenhang ergibt. Durch die heterogenen Beiträge werden neue Kombinationen und Zuordnungen möglich. Techniken sind zum Beispiel das Brainstorming oder Brainwriting.

Bildhaftigkeit

Hier macht man sich die Erkenntnis zunutze, dass sich viele Ideen beim bildhaften Denken ergeben, wo eben nicht nur logisch und systematisch, sondern durch Verknüpfungen von bewusst gewählten und willkürlich ausgesuchten Bildern neue Zusammenhänge deutlich werden können. So unterstützt z. B. die Technik des Mindmapping neue Perspektiven und originelle Lösungsansätzen durch Visualisierung von Vernetzungen.

Systematische Variation

Zu dieser Kreativtechnik gehört die Morphologische Matrix. Hier werden grundlegende Faktoren oder Elemente eines Problems, auch Parameter genannt, aus dem Zusammenhang gelöst und dann systematisch verändert.

Im Folgenden werden verschiedene Kreativtechniken vorgestellt, die nach oben genannten Prinzipien arbeiten.

11.3.1 Brainstorming

Am Anfang der Ideenfindung steht meist ein **Brainstorming**. Beim Brainstorming wird zunächst ein Thema oder eine Aufgabe schriftlich festgehalten. Nun sammelt jeder bzw. jede Gruppe in einer vorgegebenen Zeit (5–15 Min. sind hier sinnvoll) alle Begriffe und Ideen, die spontan einfallen und notiert diese auf einem Blatt, einer Karte, der Tafel oder einem Flipchart. Die Begriffe sollen jederzeit von allen Beteiligten gesehen werden können.

Das Brainstorming arbeitet nach dem **Prinzip der freien Assoziation**, dabei gilt: Je mehr Ideen und Begriffe in der vorgegebenen Zeit gesammelt werden können, desto besser. Die Anzahl der Ideen hängt jedoch nur bedingt mit ihrer späteren Verwertbarkeit zusammen. Vielmehr ist es wichtig, alle Ideen zunächst zu sammeln und anschließend zu ordnen, damit sie weiterentwickelt werden können. Nicht die Qualität der Begriffe, sondern die Quantität spielt zunächst die entscheidende Rolle. Die knapp bemessene Zeit soll ermöglichen, dass quasi ein „Gedankensturm" entfacht wird, dessen Ideen schnell festgehalten werden müssen, damit sie nicht wieder verwehen. In dieser ersten unreflektierten Sammelphase ist es unzulässig, Ideen zu verwerfen, diese bereits zu ordnen oder die Ideen der anderen zu kommentieren oder zu beurteilen.

Ein Sturm ist heftig, aber oftmals schnell vorüber, daher bietet diese Kreativtechnik die Möglichkeit, Ideen schnell, aber auch aus entlegenen Ecken des Gehirns herbeizurufen.

Beim Brainstorming sind alle Ideen erlaubt!
Je mehr Begriffe gesammelt werden, desto besser!
Brainstorming = Gedankensturm zur Ideen- und Begriffssammlung

Brainstorming zum Thema „Musik"

Jazz   Rock   Geige   Notenschlüssel   Pop   Vorspiel
Noten   Musikinstrumente   Konzert   Auftritt   Trio   Künstler
Violinschlüssel   Bassschlüssel   Notenpapier   Komponist
Komposition   Klavier   Gitarre   Bass   Saxophon
Musikschule   Musiker   Sänger
Dynamik   forte   piano   fortissimo   mezzo-forte
Metal   Black-Metal   Heavy-Metal   Gothic-Metal
Klassik   Noten   Improvisation   Session   Chor
Tempo   Solo   Duett   Quartett   Trompete

11.3.2 Kopfstandmethode

Zur Ideensammlung sind neben dem Brainstorming noch weitere Kreativtechniken geeignet. Eine weitere, sehr verwandte Technik ist die **Kopfstandmethode**. Sie nutzt die kulturbedingte Eigenart vieler Menschen, schnell benennen zu können, was sie nicht wollen und was nicht zur Lösung beiträgt. Dies basiert auf der Fähigkeit unseres Gehirns, Negatives vor Positivem wahrzunehmen und in der Erinnerung als wichtiger abzuspeichern.

Bei der Kopfstandmethode werden daher zunächst in einer Ideensammlung, ähnlich wie beim Brainstorming, all die Dinge aufgelistet, die dazu beitragen, das Problem nicht zu lösen. Anschließend wird zu jedem Begriff ein Gegenbegriff gebildet. Diese Begriffe stellen die Umkehrung der Negativsicht dar und führen idealerweise zur Problemlösung.

Es soll ein auffälliges, leicht provozierendes Plakat für ein Klassikkonzert entworfen werden, um die Zielgruppe der Jugendlichen anzusprechen.

Bei der Kopfstandmethode wird zunächst aufgelistet, was für Jugendliche an klassischer Musik besonders langweilig ist und warum sie auf gar keinen Fall ein Klassikkonzert besuchen sollten.

Anschließend werden zu den gefundenen Begriffen Umkehrungen (also: Warum ist Klassik eigentlich interessant?) gebildet und die eigentliche Aufgabenstellung: „Klassikkonzerte für Jugendliche interessant machen" gelöst.

> Kopfstandmethode = Umkehrmethode → Ideen werden auf den Kopf gestellt:
> „Was will ich <u>nicht</u> erreichen" → „So erreiche ich alles"

Die Kopfstandmethode bietet sich immer dann an, wenn beim normalen Brainstorming spontane Ideen ausbleiben und neue Wege beschritten werden sollen.

11.3.3 Morphologische Matrix

Die Morphologische Matrix ist eine Kreativtechnik, die strategisch an ein Problem oder einen Auftrag herangeht. Dabei werden grundlegende Faktoren oder Elemente des Problems oder bestehender Lösungswege aus dem Zusammenhang gelöst und dann systematisch verändert. Gestaltern und Kreativen erscheinen Begriffe wie Strategie und Systematik oftmals konträr und widersprüchlich zu Phantasie und Intuition, die in erster Linie die Regellosigkeit und das Chaos als Inspiration nutzen. Im Folgenden soll dieser scheinbare Widerspruch aufgelöst werden.

Für den vorliegenden Kundenauftrag bietet sich die morphologische Matrix als Kreativtechnik am besten an, um zu einer Vielfalt von Ideen zu gelangen. Sie ist jedoch nur als Angebot, nicht als Muss zu verstehen! Selbstverständlich sind auch andere, in vorhergehenden Kapiteln vorgestellte Kreativtechniken an dieser Stelle des Entwurfsprozesses möglich.

Die Morphologische Matrix

Das Wort „Morpho" stammt aus dem Griechischen und bedeutet Gestalt – der Begriff „Matrix" stammt aus der Mathematik und bezeichnet eine Art tabellarische Anordnung in Form von Zeilen und Spalten. Der Begriff Morphologie kann definiert werden als die „Lehre vom geordneten Denken".

Hier geht man in fünf Schritten vor:

1. Zunächst wird aus dem aktuellen Problem das **Kernproblem** gemäß der Zielsetzung des Kundenauftrags benannt.
2. Dann wird das Kernproblem in seine Teilelemente (**Parameter**) zerlegt. Bei der Gestaltung eines Flyers wären dies z. B.: Format, Falzart, Papier, Typografie, Bilder, Farbigkeit, Satzspiegel und Inhalt. Diese Begriffe werden in einer senkrechten Spalte am linken Rand der Matrix eingetragen.
3. Nun werden für jeden Parameter alle bekannten oder denkbaren **Ausprägungen** zusammengestellt und in der nebenstehenden Zeile notiert. Im Beispiel des Flyers könnte für den Begriff „Falzart" Folgendes aufgeführt werden: Zick-Zack-Falz, Wickelfalz, Altarfalz, Fensterfalz, Schuppenfalz.
4. Nachdem alle Parameter mit den jeweiligen Ausprägungen versehen worden sind, werden diese nun auf spielerische Weise **zufällig miteinander kombiniert**, um in der ersten Kreativphase auch ungewöhnliche Verbindungen entstehen zu lassen.
5. Die so entstandenen **Kombinationen** können nun Grundlage neuer Ideen sein.

Die Morphologische Matrix ist somit Inspirationsquelle und Übersicht zugleich. Wichtig ist dabei, die Vielzahl der so entstandenen Kombinationen im Hinblick auf die Kommunikationsziele des Briefings zu überprüfen und ggf. zu optimieren.

Analysieren Sie die Kernproblematik des Kundenauftrags zur Logoentwicklung. Entwickeln Sie entsprechende Parameter. Beachten Sie dabei, dass die Anzahl der Parameter nicht unbedingt auf die beiden Begriffe aus dem Firmennamen beschränkt sein muss.

Das folgende Beispiel macht auf humoristische Weise die Vorteile einer Morphologischen Matrix beim Schreiben von **Liebesromanen** deutlich:

Parameter (WAS?) ↓	Ausprägungen (WIE?) →				
Männlicher Held	Journalist	Oberarzt	Kleinkrimineller	Studienrat	Vorgesetzter
Heldin	Studentin	Juristin	Tierärztin	Modell	Popstar
Ort des Kennenlernens	Kiosk	Kirche	Friedhof	Joggen	Disko
Kontrahent	Dirigent	Designer	Koch	Tennislehrer	Kollege
Ort der Handlung	London im Nebel	Kreuzfahrt	Altersheim	Einsame Insel	Paris

Diese Kreativtechnik eignet sich neben der Gestaltung von Logos auch zur Entwicklung von Verpackungsgestaltungen, Foldern, Leitsystemen oder auch für sprachliche Kombinationen, wie zum Beispiel bei der Entwicklung von Produkt- oder Firmennamen. Der Vorteil der Morphologischen Matrix liegt in der **Variantenbildung**. Auf diese Weise wird verhindert, dass man sich als Gestalter zu früh mit einer Lösung zufrieden gibt, ohne weitere Ideen angedacht und ausprobiert zu haben. So führt diese systematische Vorgehensweise, die aber auch spielerisches Herangehen ermöglicht, durch ihre analytische Auflistung zu ungewöhnlichen und kreativen Kombinationen.

11.3.4 Mindmapping

Auf die Ideensammlung folgt die **Strukturierung** der Ideen.
Ende der 60er Jahre erfand der britische Gehirnforscher Tony Buzan die Methode Mindmapping. Diese bietet die Möglichkeit, zuvor gesammelte Inhalte durch die Verknüpfung von Bildern und Text zu organisieren, zu ordnen und zu strukturieren.

Das Prinzip
In die Mitte, quasi als Wurzel oder Stamm, wird das Thema notiert, hier: „Grün & Stein".
Vom Stamm gehen nun verschiedene Äste aus. Diese beschreiben die Unterthemen, die zum Bereich des Hauptthemas gehören. Jedem Unterast können nun weitere Verzweigungen zugeordnet werden, die das jeweilige Unterthema noch näher behandeln.

Eine visuelle Strukturierung der einzelnen Gliederungsebenen durch den Einsatz von Farben ist sinnvoll und gewünscht, um den Betrachter in der Wahrnehmung zu unterstützen. Ebenso trägt das Hinzufügen von Bildern oder Skizzen zu einer stärkeren Visualisierung bei.

Aus welchen Bereichen muss ich was wissen, um ein prägnantes Logo für Grün & Stein entwickeln zu können?

Die Methode des Mindmapping arbeitet nach dem **Prinzip der Bildhaftigkeit**. Sie eignet sich besonders für die Strukturierung komplexer Aufgaben, da sie sowohl den Bereich der bildlichen Wahrnehmung – durch grafische Gestaltung und die Verwendung von Farben – als auch den Bereich der kognitiven Wahrnehmung durch die gezielte Gliederung in verschiedene Haupt- und Unterthemen anspricht.

Die Verknüpfung dieser beiden Bereiche kann dazu beitragen, Merkfähigkeit und die Vorstellungskraft beim Betrachter zu erweitern.

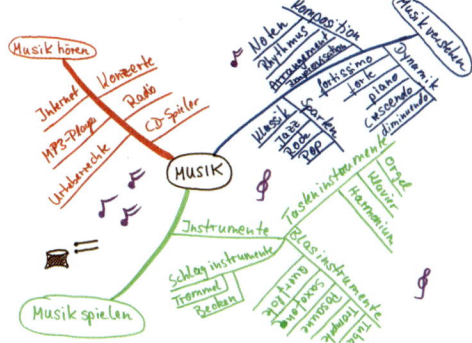

Mindmapping zum Thema Musik

Mindmapping = Kreativtechnik zur grafischen Strukturierung von Inhalten

11.4 Kreative Visualisierung

Bei der kreativen Visualisierung geht es darum, die zuvor gesammelten und strukturierten Ideen zu Papier zu bringen bzw. als **Bildidee** umzusetzen. Dabei ist die flüchtige Skizze – auch Scribble genannt – die Visualisierungsmethode der konzeptionellen Idee in der ersten Phase des Entwurfsprozesses.

In der **Entwurfsphase** werden in der Regel zunächst einfache, schnelle und in der Regel freihändige **Skizzen** angefertigt, in denen zielorientiert ausgewählte Gestaltungsmittel und Kompositionsmöglichkeiten umgesetzt und als bildnerisches Zeichen auf ihre Referenzwirkung hin untersucht werden können, ehe aus diesen ein geeigneter Entwurf als Gestaltungsansatz ausgewählt wird. Dann fertigt man ein erstes **Rohlayout** in Originalgröße an.

Vor diesem Hintergrund werden im Folgenden die Visualisierungstechniken Scribble und Rohlayout näher erläutert.

11.4.1 Scribble

Bei der visuellen Umsetzung der Bildidee gibt es natürlich die Möglichkeit, sich sowohl digitaler als auch analoger Medien zu bedienen. Dennoch bietet die analoge, zeichnerische Visualisierung – z. B. in Form eines sehr kleinformatigen Scribbels, auch „**Daumennagelskizze**" genannt – eine hohe Ausdruckskraft bei geringem Aufwand. Gerade das briefmarken- oder daumennagelgroße Format ist zu klein für Details und zwingt den Gestalter seine Formensprache zu reduzieren. Dadurch wird es möglich, die Wirkungsweise der gewählten Gestaltungsmittel und der Komposition, z.B. bei der Integration eines Logos auf einer Visitenkarte, auf einen Blick erfahrbar und erfassbar zu machen.

Lockere Daumennagelskizze einer Visitenkarte mit einem weichen Bleistift (2B)

Die erste Ausführungsstufe auf dem Weg zum endgültigen Layout, hier dem Rohlayout eines Logos, bildet das **Scribble** (von engl. „to scribble" = kritzeln). Beim Scribble werden erste Ideen zu Motiven und Anordnungen der einzelnen Bild- oder Textelemente auf der Fläche als grobe Skizze angedeutet und gegebenenfalls mit Farbakzenten, so genannten Kolorierungen versehen.

 Scribbles sind wie erste Übungen auf dem Weg zum Ziel. Sie dürfen schon mal schief gehen und müssen weder perfekt noch vollständig sein.

Sie dienen dazu, erste Ideen für sich, die Mitglieder des Kreativteams und ggf. den Kunden in einer ersten Präsentation zu visualisieren. Scribbles liefern erste Eindrücke von der Brauchbarkeit der gestalterischen Idee im Hinblick auf die Kommunikationsziele des Kundenauftrages.

Auf die Idee kommt es an, nicht auf das Material!

Trotzdem kann man mit unterschiedlichen Materialien und **Zeichenwerkzeugen** unterschiedliche **Strichqualitäten** erzielen, die natürlich in Abhängigkeit von Ihrem eigenen zeichnerischen Duktus unterschiedliche Eigenschaften und Ausdruckswerte haben. Im Kontext kreativer Visualisierung von Entwurfsprozessen spricht man hier vom so genannten Layoutstrich.

Layoutstrich

*Übung zur Lockerung des **Layoutstrichs in Freihand** mit weichem Bleistift: Schraffuren, Ellipsen und perspektivische Kreisformen. Wichtigstes Ziel ist eine lockere und gezielte Strichführung und kein verhaltenes Stricheln.*

Übung zur Schulung des Layoutstrichs, bzw. des Skizzierens:
Nehmen Sie ein DIN A4 Blatt und zeichnen Sie eine einfache Blattform auf Vorder- und Rückseite. Dann ziehen Sie das Papier je zur Hälfte von der Vorder- und von der Rückseite über eine Tischkante, sodass sich das Blatt wellt. Zeichnen Sie was Sie sehen mit lockerem, schnellen Strich, radieren Sie Fehlstellen nicht, sondern korrigieren in die Zeichnung hinein.

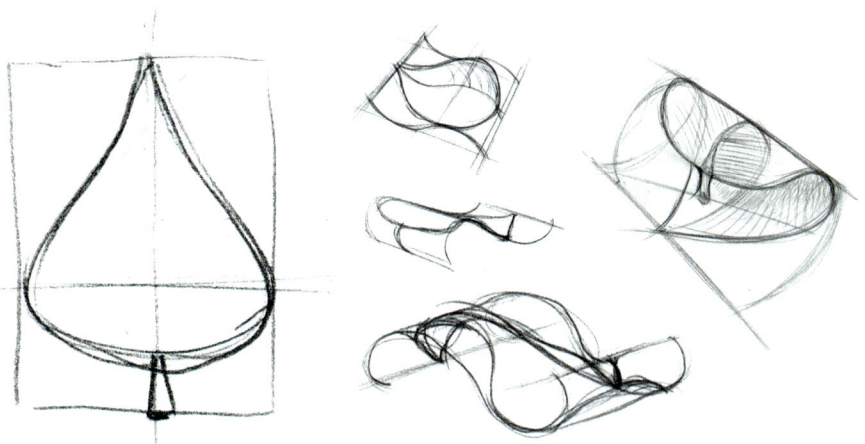

Scribble-Übungen zur Konstruktion von Blattformen mit Bleistift. Diese Übungen helfen, ein Gefühl für die geometrische Grundform auch in organischen Formen zu entwickeln. Ferner schulen sie den Blick für Proportionen und die Anordnung von Elementen. Mit Hilfe des Andrucks des Bleistiftes und des Duktus lassen sich durch unterschiedliche Liniendicke z. B. Leichtigkeit, Schwere und Plastizität einer Form/eines Gegenstandes darstellen.

Skizzieren üben durch Abzeichnen von Gegenständen und Formen!

Zeichenwerkzeuge und Strichqualitäten

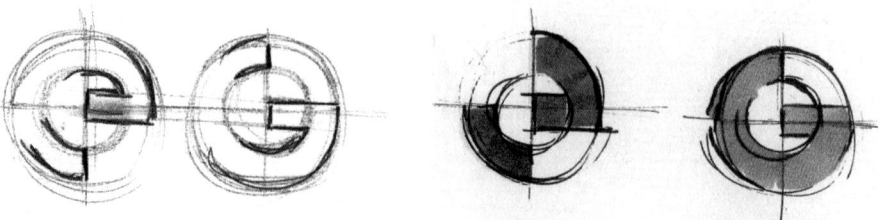

Links: Skizze zur Logoentwicklung der Firma „Energo" mit einem Druckbleistift 0,7mm/2B: verschiedene Grauwerte bei einem ausdrucksstarken Linienduktus ergeben sich aus der mit flüchtigen Linien konstruierten Skizze.
Rechts: Variation mit Marker und Fine-Liner:mit einem breiten Farbstrich können lasierende Farbflächen angelegt werden, der Fine-Liner konturiert (im Gegensatz zum Bleistift ohne zu verwischen).Achtung: spezielles, nicht saugendes Markerpapier verwenden!

11.4.2 Rohlayout

Eine zuvor als Scribble locker skizzierte Bildidee wird anschließend weiterentwickelt und als Rohlayout umgesetzt. Sobald nach der kriterienorientierten Auswahl eines Scribble feststeht, wie die Gesamtkomposition aussehen soll, kann der bis dato grobe Entwurf gezielt verfeinert und differenzierter ausgearbeitet werden. Im Gegensatz zum Scribble wird das Rohlayout immer im Originalformat erstellt. Dies ist notwendig, um herauszufinden, ob Auswahl und Anordnung der gewählten Text- und Bildelemente sowie die Farbwahl einerseits den Kundenwünschen, andererseits der eigenen Vorstellung zur gestalterischen Umsetzung entsprechen. Ferner werden durch die Umsetzung im Originalformat auch die Proportionen deutlich. Das Rohlayout wird heutzutage in der Regel digital realisiert. Dies ermöglicht einen schnellen und effizienten Vergleich verschiedener Schriftarten und der verwendeten Bilder (im Hinblick auf die Bild-Text-Integration), auch wenn im Rohlayout meist nur so genannte Layout-Bilder mit niedriger Auflösung verwendet werden. Natürlich sind manuelle, zeichnerische Umsetzungen des Rohlayouts nach wie vor möglich. Die Ausdrucksqualität ist hier direkt abhängig von der Professionalität des Layoutstrichs.

Im Rahmen der Logoentwicklung bietet das digitale Rohlayout den Vorteil, dass der Gestalter dem Kunden ein und dasselbe Logo flexibel und schnell in verschiedenen Farbkombinationen und grafischen Variationen präsentieren kann.

11.4.3 Stilisierung

Stilisierung bedeutet Reduktion und Abstraktion bestimmter motivischer Merkmale oder Gedanken. Vor diesem Hintergrund ist der Stilisierungsprozess ein „Denkvorgang", der die Form des Objektes über die Reduktion immer auch interpretiert. Stilisierungsprozesse lassen sich gut mit der kreativen Visualisierungsmethode der "Daumennagelskizze" entwickeln, da diese keinen Raum für Details lässt.

Nicht alle Objekte lassen sich gleichermaßen gut stilisieren. Besonders in der Tierwelt gibt es einige Arten wie den Hai oder den Pinguin, die sich problemlos auf ihre spezifischen Formmerkmale reduzieren lassen. Die zeichenhafte Darstellung eines Hasen dürfte auch niemanden vor unüberwindbare Probleme stellen.

Die unverwechselbaren und individuellen Kennzeichen eines Gesichtes lassen sich hingegen nur schwer stilisieren. Es gehört viel Übung und ein geschultes Auge dazu, mit einigen wenigen Strichen den Charakter eines Menschen darzustellen. Einige gute Anregungen dazu finden sich im Comic-Bereich, wo Mimik oft in Form weniger Linien auf die Spitze getrieben wird.

Im Beispiel der Firma Energo sind Produktelemente wie Sonnenenergie, Steckdose, Wellenelemente für Wasser- oder Windenergie sowie Strom als fließendes Element auf ihre wesentlichen Erkennungsmerkmale stilisiert und in die Logoform integriert worden.

13 Medienrecht

13.1 Urheberrecht

Die Integration eines Elements aus dem Verbandslogo wirft die Frage auf, ob dieses ohne Weiteres möglich ist. Diese Frage kann mithilfe des **Urhebergesetzes** beantwortet werden.

13.1.1 Urheberschaft

Wenn eine Person ein Werk erstellt, das Urhebergesetz spricht hierbei von der **Schöpfung** eines Werkes, ist dieses Werk geschützt. Dieser Schutz ist im **Urhebergesetz (UrhG)** geregelt und bezieht sich darauf, ob und ggf. wie ein Werk genutzt und der Öffentlichkeit entgeltlich oder unentgeltlich zugänglich gemacht werden darf. Grundsätzlich muss der Urheber somit einem Nutzer eines Werkes zunächst die Einwilligung zur Nutzung oder zur Veröffentlichung erteilen. Er kann aber auch die Einwilligung verweigern.

Zunächst ist also zur Prüfung der urheberrechtlichen Unbedenklichkeit bezüglich der Nutzung des Verbandslogos zu prüfen, ob dieses überhaupt die Voraussetzungen eines Werks im Sinne des Urhebergesetzes erfüllt.

Wann ist ein Werk ein Werk?

§ 1 Urheberschaft

Die Urheber von Werken der Literatur, Wissenschaft und Kunst genießen für ihre Werke Schutz nach Maßgabe dieses Gesetzes.

§ 2 Geschützte Werke

(2) Werke im Sinne dieses Gesetzes sind nur persönliche geistige Schöpfungen.

§ 7 Urheber

Urheber ist der Schöpfer des Werkes.

Der Schutz des Urhebergesetzes greift somit erst dann, wenn eine Schöpfung den Rang eines Werkes hat, d. h. wenn eine bestimmte **Schöpfungshöhe** gegeben ist. Erst wenn dieses Kriterium erfüllt ist, können weitere Rechte nach dem Urhebergesetz abgeleitet werden.

Eine erstellte Grafik muss einen bestimmten Grad an Komplexität, Individualität und Ästhetik aufweisen, damit man sie als Werk einstufen kann.

Das Urhebergesetz unterscheidet in diesem Zusammenhang verschiedene Arten geschützter Werke:

> **§ 2 Geschützte Werke**
> *(1) Zu den geschützten Werken der Literatur, Wissenschaft und Kunst gehören insbesondere:*
> 1. *Sprachwerke, wie Schriftwerke, Reden und Computerprogramme;*
> 2. *Werke der Musik;*
> 3. *pantomimische Werke einschließlich der Werke der Tanzkunst;*
> 4. *Werke der bildenden Künste einschließlich der Werke der Baukunst und der angewandten Kunst und Entwürfe solcher Werke;*
> 5. *Lichtbildwerke einschließlich der Werke, die ähnlich wie Lichtbildwerke geschaffen werden;*
> 6. *Funkwerke einschließlich der Werke, die ähnlich wie Filmwerke geschaffen werden;*
> 7. *Darstellungen wissenschaftlicher oder technischer Art, wie Zeichnungen, Pläne, Karten, Skizzen, Tabellen und plastische Darstellungen.*

 Ist das Verbandslogo bzw. die zu nutzenden Elemente ein zu schützendes Werk nach § 2 UrhG?

Urheberpersönlichkeitsrecht

Der Schutz der Urheberschaft bezieht sich auf u. a. auf das Recht der Anerkennung der Urheberschaft.

Egal, wie das erstellte Werk veröffentlicht oder verbreitet wird, die Urheberschaft bleibt beim Urheber, auch wenn er Nutzungsrechte daran einer anderen Person übereignet. Weiterhin hat er das Recht, eine Entstellung oder andere Beeinträchtigungen seines Werkes zu verbieten, die dazu führen, seine berechtigten Interessen zu gefährden. Hierdurch soll das Interesse des Urhebers am Bestand und der Unversehrtheit seines Werks geschützt werden (**Werksintegrität**).

Auch das Recht auf die erste Inhaltsmitteilung, die Erstveröffentlichung und die Urheberbezeichnung zählen zu den **Urheberpersönlichkeitsrechten**.

 Ein Komponist bleibt immer Urheber seiner Songs, auch wenn er die Nutzungsrechte daran an ein Plattenunternehmen (gegen Entgelt) abgetreten hat.

Darüber hinaus bezieht sich der Schutz der Urheberschaft auch auf die Nutzung des Werkes, die zunächst auch dem Urheber zusteht. Allerdings kann das Nutzungsrecht an einem Werk im Gegensatz zum Urheberpersönlichkeitsrecht auch an Dritte übertragen werden.

 Die Band U2 hat sowohl das Urheberpersönlichkeitsrecht als auch die Nutzungsrechte an ihren Songs. Sie kann jedoch im Zuge der Vermarktung die Nutzungsrechte an ein Plattenunternehmen abtreten. U2 ist dann lediglich nunmehr Inhaberin der Urheberpersönlichkeitsrechte.

 Ein selbstständiger Mediengestalter entwirft für einen Kunden ein Werbeplakat. Damit der Kunde dieses Plakat nutzen kann, tritt er mit der Auftragsannahme die Nutzungsrechte an diesen ab.

Auch ein angestellter Mediengestalter hat das Urheberpersönlichkeitsrecht an seinen im Rahmen seines Dienstverhältnisses erstellten Werken. Allerdings tritt er mit dem Zustandekommen des Arbeitsvertrages seine Nutzungsrechte an den Arbeitgeber ab. Erst durch diese Abtretung kann der Arbeitgeber die Leistungen an den Kunden verkaufen.

> **§ 43 Urheber in Arbeits- oder Dienstverhältnissen**
>
> *Die Vorschriften (…) sind auch anzuwenden, wenn der Urheber das Werk in Erfüllung seiner Verpflichtungen aus einem Arbeits- oder Dienstverhältnis geschaffen hat, soweit sich aus dem Inhalt oder dem Wesen des Arbeits- oder Dienstverhältnisses nichts anderes ergibt.*

Eine Werbeagentur erhält den Auftrag zur Erstellung eines CI. Der mit der Gestaltung beauftragte Grafiker hat am Corporate Design die Urheberpersönlichkeitsrechte, die Nutzungsrechte gehen jedoch zunächst an den Arbeitgeber und über diesen dann an den Auftraggeber über.

Miturheberschaft
Natürlich können auch mehrere Personen an der Erstellung eines Werkes beteiligt sein. In diesem Fall steht, weil hier die einzelnen Beiträge zu dem Werk nicht individualisierbar sind, allen Miturhebern die Verwertung gemeinsam, also zur gesamten Hand und nicht zu Bruchteilen, zu. Das bedeutet, dass kein Urheber seinen Teil aus dem Gesamtwerk gesondert verwerten kann.

Anders ist ein Werk zu sehen, dass lediglich als **Werkverbindung** existiert. Hier stellen alle „Einzelteile" eigenständige Werke dar und können deshalb gesondert verwertet werden. Die Rechte jedes Urhebers an seinem Beitrag bleiben in diesem Fall gewahrt. Für eine Werkverbindung ist eine vertragliche Vereinbarung notwendig.

> **§ 8 Miturheber**
>
> *(1) Haben mehrere ein Werk gemeinsam geschaffen, ohne dass sich ihre Anteile gesondert verwerten lassen, so sind sie Miturheber des Werkes.*
> *(2) Das Recht zur Veröffentlichung und zur Verwertung des Werkes steht den Miturhebern zur gesamten Hand zu; Änderungen des Werkes sind nur mit Einwilligung der Miturheber zulässig. Ein Miturheber darf jedoch seine Einwilligung zur Veröffentlichung, Verwertung oder Änderung nicht wider Treu und Glauben verweigern.*
>
> **§ 9 Urheber verbundener Werke**
>
> *Haben mehrere Urheber ihre Werke zu gemeinsamer Verwertung miteinander verbunden, so kann jeder vom anderen die Einwilligung zur Veröffentlichung, Verwertung und Änderung der verbundenen Werke verlangen, wenn die Einwilligung dem anderen nach Treu und Glauben zuzumuten ist.*

1. Paul McCartney und John Lennon haben eine Vielzahl der Beatles-Songs gemeinsam komponiert. Die anteiligen Musikwerke sind nur in ihrer Gesamtheit als Musikstück wahrnehmbar. Somit ist hier die Verwertung durch eine Vervielfältigung nur zur gesamten Hand möglich.
2. Ein Texter und ein Komponist schreiben einen Song. Beide „Teile" sind einzelne Werke und somit auch einzeln verwertbar. Allerdings können beide Personen vom jeweils anderen verlangen, dass gemäß der getroffenen Vereinbarung (Vertrag) sich keiner der Verwertung, also der Vergabe der Nutzungsrechte an ein Plattenunternehmen, verweigert.

Rechte des Urhebers

> Zunächst hat nur der Urheber die Entscheidung darüber zu treffen, ob und wie sein Werk anderen Personen zugänglich zu machen ist.

> **§ 12 Veröffentlichungsrecht**
>
> *Der Urheber hat das Recht zu bestimmen, ob und wie sein Werk zu veröffentlichen ist.*

> **§ 15 Allgemeines**
>
> *(1) Der Urheber hat das ausschließliche Recht, sein Werk in körperlicher Form zu verwerten; das Recht umfasst insbesondere*
>
> 1. *das Vervielfältigungsrecht (§ 16),*
> 2. *das Verbreitungsrecht (§ 17),*
> 3. *das Ausstellungsrecht.*
>
> *(2) Der Urheber hat ferner das ausschließliche Recht, sein Werk in unkörperlicher Form öffentlich wiederzugeben (Recht der öffentlichen Wiedergabe); das Recht umfasst insbesondere*
>
> 1. *das Vortrags-, Aufführungs- und Vorführungsrecht,*
> 2. *das Recht der öffentlichen Zugänglichmachung,*
> 3. *das Senderecht,*
> 4. *das Recht der Wiedergabe durch Bild- oder Tonträger,*
> 5. *das Recht der Wiedergabe von Funksendungen und von öffentlicher Zugänglichmachung.*
>
> **§ 16 Vervielfältigungsrecht.**
>
> *(1) Das Vervielfältigungsrecht ist das Recht, Vervielfältigungsstücke des Werkes herzustellen, gleichviel, ob vorübergehend oder dauerhaft, in welchem Verfahren und in welcher Zahl.*
>
> **§ 17 Verbreitungsrecht**
>
> *Das Verbreitungsrecht ist das Recht, das Original oder Vervielfältigungsstücke des Werkes der Öffentlichkeit anzubieten oder in Verkehr zu bringen.*

 Welche Verwertungsrechte liegen grundsätzlich beim Urheber des Verbandslogos?

13.1.2 Nutzungsrechte

Wie bereits in Kapitel 13.2.1 dargestellt, kann der Urheber Dritten gegenüber Nutzungsrechte abtreten. Hat eine Person ein Nutzungsrecht (**Lizenz**), so kann sie das Werk auf die im Nutzungsvertrag festgelegte Art und Weise verwerten. Das bedeutet, dass sie z. B. das Werk veröffentlichen und daraus auch materiellen Nutzen ziehen kann.

 Ein Buchautor tritt die Nutzungsrechte an einem von ihm verfassten Buch an einen Verlag ab und erhält dafür 10 % vom Verkaufspreis eines Exemplars.

 Die Nutzungsverträge können wie alle Verträge grundsätzlich frei gestaltet werden. Das Urhebergesetz gibt hier lediglich zwei Nutzungsrechte vor:

Ausschließliches Nutzungsrecht	Einfaches Nutzungsrecht
Nur der Erwerber des Nutzungsrechts, also nur eine Person oder ein Unternehmen ist berechtigt, das Werk zu nutzen und zu verwerten.	Mehrere Personen sind berechtigt, das Werk zu nutzen und zu verwerten.

§ 31 Einräumung von Nutzungsrechten

(1) Der Urheber kann einem anderen das Recht einräumen, das Werk auf einzelne oder alle Nutzungsarten zu nutzen (Nutzungsrecht). Das Nutzungsrecht kann als einfaches oder ausschließliches Recht eingeräumt werden.

(2) Das einfache Nutzungsrecht berechtigt den Inhaber, das Werk neben dem Urheber oder anderen Berechtigten auf die ihm erlaubte Art zu nutzen.

(3) Das ausschließliche Nutzungsrecht berechtigt den Inhaber, das Werk unter Ausschluss aller anderen Personen einschließlich des Urhebers auf die ihm erlaubte Art zu nutzen und einfache Nutzungsrechte einzuräumen.

Einfaches Nutzungsrecht	Ausschließliches Nutzungsrecht
Viele (Medien-) Betriebe haben eine Lizenz für Software der Firma Adobe.	Jeweils nur ein Plattenunternehmen darf die Lieder einer Band auf einem Tonträger vervielfältigen.

Handelt es sich bei einem Logo um ein Werk? Und falls ja – bei wem müssen Nutzungsrechte eingeholt werden?

13.1.3 Zulässige Nutzungen

Wie oben bereits dargestellt, kann ein Werk grundsätzlich nur mit der Einwilligung des Urhebers veröffentlicht und genutzt werden. Das Urhebergesetz sieht hier allerdings auch Ausnahmen und Schranken vor, in denen diese Einwilligung nicht notwendig ist.

Freie Benutzung
In der Praxis kommt es häufig vor, dass ein Werk von einem Dritten als Vorlage genutzt wird. Hier liegt dann keine Urheberrechtsverletzung vor, wenn der Grad der Übereinstimmung der beiden Werke entsprechend gering ist. Dieses nennt sich im Urheberrecht **freie Benutzung**. Der Übergang zwischen freier Nutzung und der (nicht ohne Einwilligung zulässigen) Bearbeitung ist natürlich fließend und bedarf im Einzelfall ggf. der Klärung durch ein Gericht bzw. eines Gutachters.

§ 24 Freie Benutzung

Ein selbstständiges Werk, das in freier Benutzung des Werkes eines anderen geschaffen worden ist, darf ohne Zustimmung des Urhebers des benutzten Werkes veröffentlicht und verwertet werden.

Ein Mediengestalter soll einen Flyer gestalten. Als Anregung bei der Erstellung von Scribbles holt er sich Ideen aus Werbeflyern anderer Agenturen, die er aus Zeitungen gesammelt oder als Give-Aways erhalten hat.

Prüfen Sie im Rahmen des Auftrags, ob während der Gestaltung des Logos eine freie Nutzung des Verbandslogos auftritt.

Bild- und Tonberichterstattung
Sollten im Rahmen einer Berichterstattung von Ereignissen des Tagesgeschehens, z. B. in den Nachrichten, Werke sichtbar werden, so werden die Urheberrechte des Urhebers nicht verletzt.

> **§ 50 Bild- und Tonberichterstattung**
>
> *Zur Bild- und Tonberichterstattung über Tagesereignisse durch Funk und Film sowie in Zeitungen oder Zeitschriften, die im Wesentlichen den Tagesinteressen Rechnung tragen, dürfen Werke, die im Verlauf der Vorgänge, über die berichtet wird, wahrnehmbar werden, in einem durch den Zweck gebotenen Umfang vervielfältigt, verbreitet und öffentlich wiedergegeben werden.*

Unwesentliches Beiwerk

Als unwesentliches Beiwerk ist ein Werk anzusehen, das nicht im Mittelpunkt einer Veröffentlichung steht. Wenn dieses Beiwerk im Zusammenhang mit dem (Haupt-) Werk oder dem (Haupt-) Ereignis wahrgenommen werden kann, werden keine Urheberrechte verletzt. Davon sind allerdings Werke zu unterscheiden, die mit einer bestimmten Absicht im Zusammenhang mit anderen Werken oder Ereignissen veröffentlicht werden.

> **§ 57 Unwesentliches Beiwerk**
>
> *Zulässig ist die Vervielfältigung, Verbreitung und öffentliche Wiedergabe von Werken, wenn sie als unwesentliches Beiwerk neben dem eigentlichen Gegenstand der Vervielfältigung, Verbreitung oder öffentlichen Wiedergabe anzusehen sind.*

Unwesentliches Beiwerk	Wesentliches Beiwerk
Die Fotografie eines namhaften Fotografen erscheint im Hintergrund eines Raums, in dem ein Interview mit dem ehemaligen Manager eines Bundesligavereins geführt wird.	Zur Akzentuierung einer Werbebotschaft wird in einen Werbe-Spot ein Jingle gemischt, der aus einem bekannten Song einer Band stammt.

Sind die Elemente des Logos ein unwesentliches Beiwerk?

Werke an öffentlichen Plätzen

> **§ 59 Werke an öffentlichen Plätzen**
>
> *(1) Zulässig ist, Werke, die sich bleibend an öffentlichen Wegen, Straßen oder Plätzen befinden, mit Mitteln der Malerei oder Grafik, durch Lichtbild oder durch Film zu vervielfältigen, zu verbreiten und öffentlich wiederzugeben. Bei Bauwerken erstrecken sich diese Befugnisse nur auf die äußere Ansicht.*

Eine Werbeagentur, die eine Werbekampagne für die Förderung des Tourismus im Ruhrgebiet konzipiert, fügt in einen Werbe-Flyer ein Foto der „Arena auf Schalke" ein. Hierbei werden die Rechte des Architekten nicht verletzt.

Vervielfältigungen zum privaten und sonstigen eigenen Gebrauch

Grundsätzlich sind Vervielfältigungen zum privaten Gebrauch (also nicht zu Berufs- oder Erwerbszwecken) ohne Einwilligung und ohne Vergütung zulässig, wenn nur einige wenige Kopien (der Bundesgerichtshof hat hier bei Musik-CDs eine Zahl von sieben Kopien angegeben) angefertigt werden. Zum privaten Gebrauch ist der (Mit-) Gebrauch durch Familienangehörige oder enge Freunde zu zählen. Das Kopieren und anschließende Verschenken ist nur in dem beschriebenen, engen Rahmen zulässig. Auch das Umgehen eines Kopierschutzes ist (auch für eine Kopie des privaten Gebrauchs) nicht erlaubt, denn mit dem Kopierschutz zeigt der Rechteinhaber (z. B. das Plattenunternehmen), dass er im Rahmen des durch den Kauf entstandenen Nutzungsvertrags eine Vervielfältigung nicht wünscht.

§ 53 Vervielfältigungen zum privaten und sonstigen eigenen Gebrauch

(1) Zulässig sind einzelne Vervielfältigungen eines Werkes durch eine natürliche Person zum privaten Gebrauch auf beliebigen Trägern, sofern sie weder unmittelbar noch mittelbar Erwerbszwecken dienen, soweit nicht zur Vervielfältigung eine offensichtlich rechtswidrig hergestellte Vorlage verwendet wird. Der zur Vervielfältigung Befugte darf die Vervielfältigungsstücke auch durch einen anderen herstellen lassen, sofern dies unentgeltlich geschieht (...).

§ 95a Schutz technischer Maßnahmen

(1) Wirksame technische Maßnahmen zum Schutz eines nach diesem Gesetz geschützten Werkes oder eines anderen nach diesem Gesetz geschützten Schutzgegenstandes dürfen ohne Zustimmung des Rechtsinhabers nicht umgangen werden.

Ein Musikfan kopiert sich einige seiner gekauften CDs im MP3-Format auf seinen iPod, um sie neben der HiFi-Anlage in seiner Wohnung auch im Auto hören zu können. Hier handelt es sich um eine zulässige Vervielfältigung.

Allerdings ist hier trotz der Zulässigkeit der privaten Kopien eine Vergütung fällig. Diese wird indirekt erhoben, indem die Hersteller von Datenträgern (CD, DVD) oder Kopierern einen Teil des Kaufpreises über Verwertungsgesellschaften (GEMA, VG Wort etc.) an die Urheber abführen. Im Preis einer DVD etwa ist somit eine Gebühr enthalten, die dem Urheber bzw. dem Rechteinhaber zusteht.

§ 54 Vergütungspflicht für Vervielfältigung im Wege der Bild- und Tonaufzeichnung

(1) Ist nach der Art eines Werkes zu erwarten, dass es nach § 53 (...) durch Ablichtung eines Werkstücks oder in einem Verfahren vergleichbarer Wirkung vervielfältigt wird, so hat der Urheber des Werkes gegen den Hersteller von Geräten, die zur Vornahme solcher Vervielfältigungen bestimmt sind, Anspruch auf Zahlung einer angemessenen Vergütung für die durch die Veräußerung oder sonstiges Inverkehrbringen der Geräte geschaffene Möglichkeit, solche Vervielfältigungen vorzunehmen.

Zudem ist es auch zulässig, eigene Sicherungskopien von Computer-Software zu erstellen. Dies kann nicht vertraglich untersagt werden, denn nach § 69 (5) UrhG finden die Vorschriften des § 95a auf Computerprogramme keine Anwendung.

13.1.4 Rechtsfolgen bei Verletzung von Urheberrechten

Sollte eine Person oder eine Institution eine unberechtigte Vervielfältigung oder Veröffentlichung vorgenommen haben, so kann der Urheber oder der Eigentümer eines Nutzungsrechts Schadenersatz verlangen. Zudem kann er die Vernichtung der Vervielfältigungsstücke oder, wenn es sich bei der Veröffentlichung um eine öffentliche Aufführung oder eine Ausstellung handelt, die Unterlassung verlangen.

§ 91 Anspruch auf Unterlassung und Schadenersatz

(1) Wer das Urheberrecht oder ein anderes nach diesem Gesetz geschütztes Recht widerrechtlich verletzt, kann vom Verletzten auf Schadenersatz in Anspruch genommen werden.

§ 98 Anspruch auf Vernichtung und ähnliche Maßnahmen

(1) Der Verletzte kann verlangen, dass alle rechtswidrig hergestellten, rechtswidrig verbreiteten und zur rechtswidrigen Verbreitung bestimmten Vervielfältigungsstücke vernichtet werden.

13.2 Markenrecht

> Der Kunde hat unter anderem den Auftrag erteilt zu prüfen, ob das neu zu entwerfende Logo die Merkmale einer Marke erfüllt, die dann ggf. im Markenregister eingetragen werden soll. Die Grundlage für diese Prüfung ist das **Markengesetz**.

Marke

Durch die Vielzahl an Waren und Dienstleistungen, die oft von weltweit tätigen Unternehmen angeboten werden, ist eine **Marke** oder eine **geschäftliche Bezeichnung** im Rahmen aller Marketingaktivitäten eines Unternehmens von großer Bedeutung.

Während sich eine Marke auf die Bezeichnung einer Ware bezieht, ist die geschäftliche Bezeichnung ein Zeichen, das für ein Unternehmen steht und mithilfe dessen man ein Unternehmen identifizieren kann. Eine Marke oder eine geschäftliche Bezeichnung können sein:

- ein Name,
- ein Zeichen,
- ein Design oder
- eine Kombination dieser Elemente.

> **§ 1 Geschützte Marken und sonstige Kennzeichen**
>
> *Nach diesem Gesetz werden geschützt: Marken, geschäftliche Bezeichnungen, geografische Herkunftsangaben.*
>
> **§ 3 Als Marke schutzfähige Zeichen**
>
> *(1) Als Marke können alle Zeichen, insbesondere Wörter einschließlich Personennamen, Abbildungen, Buchstaben, Zahlen, Hörzeichen, dreidimensionale Gestaltungen einschließlich der Form einer Ware oder ihrer Verpackung sowie sonstige Aufmachungen einschließlich Farben und Farbzusammenstellungen geschützt werden, die geeignet sind, Waren oder Dienstleistungen eines Unternehmens von denjenigen anderer Unternehmen zu unterscheiden.*

Marken und Geschäftliche Bezeichnungen

In § 3 werden unterschieden:

Vgl. diese LS, 9.2.4

- die Wortmarke
- die Bildmarke
- die Wort-Bild-Marke

> **§ 5 Geschäftliche Bezeichnungen**
>
> *(1) Als geschäftliche Bezeichnungen werden Unternehmenskennzeichen und Werktitel geschützt.*
> *(2) Unternehmenskennzeichen sind Zeichen, die im geschäftlichen Verkehr als Name, als Firma oder als besondere Bezeichnung eines Geschäftsbetriebs oder eines Unternehmens benutzt werden.*

Geschäftliche Zeichen

Der Volkswagenkonzern und die Marke Volkswagen sind eine juristische Person – die Volkswagen AG. Der Volkswagenkonzern tritt mit der folgenden Wortmarke (Logo) auf:

VOLKSWAGEN
AKTIENGESELLSCHAFT

Auszug aus den **Marken** des VW-Konzerns:

Die Marke Volkswagen verwendet die Wortbildmarke „VW im Kreis" sowohl in Kommunikationskontexten (beispielsweise im Briefbogen) als auch zur Kennzeichnung seiner Produkte aus der Sparte VW (Polo, Golf, Passat etc.).

Jede Marke des Volkswagenkonzern hat ein eigenes Erscheinungsbild und damit auch ein eigenes Markenzeichen.

Marken oder geschäftliche Bezeichnungen haben deshalb – gerade auch vor dem Hintergrund der Globalisierung – folgende wichtige Funktionen:

- Erhöhung der Unterscheidbarkeit von Waren und Dienstleistungen (im Weiteren nur noch „Leistungen" genannt)
- Erhöhung der Wiedererkennbarkeit von Firmen (also den Namen von Unternehmen) und den dazugehörigen zu erwerbenden Leistungen
- Erzielung von Kundenvertrauen

Letztendlich hängen somit **Marktwachstum**, **Umsatz** und **Gewinn** eines Unternehmens stark mit der Marke oder der geschäftlichen Bezeichnung und ihrem Ansehen bei den Konsumenten zusammen, denn wenn eine Marke im Zusammenhang mit qualitativ hochwertigen oder preisgünstigen Leistungen bekannt ist, wird tendenziell auch das Käuferinteresse an diesen Leistungen hoch sein. Entsprechend haben große Marken oder geschäftliche Bezeichnungen einen hohen Wert für ein Unternehmen.

Wert bekannter Marken in Mrd. US-Dollar:

Apple	83,2
google	114,3
Mercedes-Benz	13,73
Aldi	8,74
BMW	21,81
Porsche	12,02

Je höher der Wert einer Marke, desto größer ist das Missbrauchspotenzial (z. B. durch Markenpiraterie). Daher ist es notwendig, Marken vor unberechtigter Nutzung zu schützen. Das **Markengesetz** (MarkenG) soll hierbei zumindest im Inland diesen Schutz bieten. Des Weiteren besteht die Möglichkeit, eine international registrierte Marke (IR-Marke) anzumelden. Wird eine IR-Marke beantragt, so kann fast weltweit das Land ausgewählt werden, in dem die Marke geschützt werden soll. Zunächst wird dieser Antrag beim **Patentamt** (ausführliche Bezeichnung: Deutsches Patent- und Markenamt, DPMA) eingereicht. Später wird die IR-Marke bei der entsprechenden Registrierungsbehörde des jeweiligen Staates weitergeführt. Im Folgenden wird allerdings nur auf das deutsche Markenrecht eingegangen.

In der Regel ist eine Marke geschützt, wenn sie beim Patentamt im **Markenregister** eingetragen ist. Der Schutz kann jedoch auch durch Gebrauch entstehen, sofern eine Marke im Zusammenhang mit einer bestimmten Leistung bekannt geworden ist. Hierbei ist nicht von Bedeutung, dass diese Marke oder die damit bezeichnete Leistung jedem bekannt sein muss. Vielmehr muss es ein Personenkreis sein, der zur betreffenden Leistung in einem bestimmten Verhältnis steht, z. B. als Kunde oder als Lieferant. Das Markengesetz bezeichnet diese Eigenschaft einer Marke als **„Verkehrsgeltung"**.

Es ist somit zunächst zu prüfen und bei der Gestaltung zu beachten, ob die Darstellung, die für „Grün und Stein" entworfen wird, ein schutzfähiges Zeichen im Sinne des § 3 MarkenG bzw. § 5 des MarkenG ist.

Markenschutz

§ 4 Entstehung des Markenschutzes

Der Markenschutz entsteht
- *durch die Eintragung eines Zeichens als Marke in das vom Patentamt geführte Register,*
- *durch die Benutzung eines Zeichens im geschäftlichen Verkehr, soweit das Zeichen innerhalb beteiligter Verkehrskreise als Marke Verkehrsgeltung erworben hat.*

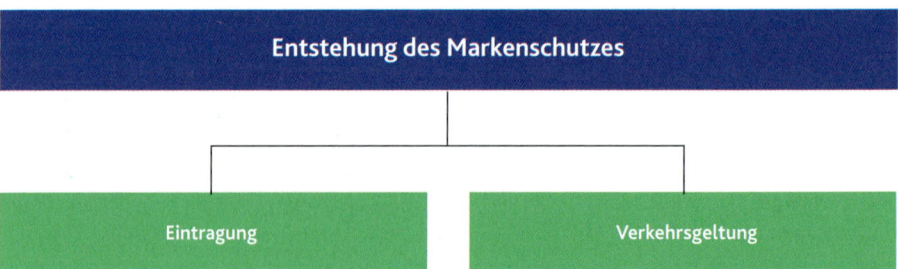

Ist die Marke beim Patentamt eingetragen, hat ihr Inhaber das **ausschließliche Recht**, diese Marke zu nutzen. Dieses ausschließliche Recht erlaubt es dem Inhaber unter Ausschluss aller anderen Personen und Institutionen, diese Marke zu nutzen und seine Leistungen damit zu bezeichnen (siehe unten § 14 I, II 1 MarkenG). Hierunter fällt auch die Verwendung von ähnlich aussehenden Marken, die dazu führen könnten, dass gleiche Leistungen anderer Unternehmen mit dem „Original" verwechselt werden könnten (§ 14 II 2 MarkenG). Umgekehrt beinhaltet § 14 II 2 MarkenG auch, dass **andere** Leistungen eines anderen Unternehmen durchaus mit einer ähnlichen Marke versehen werden können. In diesem Fall würde aufgrund der unterschiedlichen Leistung, die mit der gleichen oder ähnlichen Marke bezeichnet wird, keine Verwechslungsgefahr bestehen.

Ein Hersteller von Alpenmilchschokolade und ein Hersteller von Wanderbekleidung nutzen als Marke für ihre Produkte eine schneebedeckte Bergkette. Trotz der Ähnlichkeit der Zeichen können beide Unternehmen die Darstellung als Marke nutzen, weil die beiden Produkte unterschiedlicher Art und für unterschiedlichen Bedarf bestimmt sind.

Prüfen Sie in diesem Zusammenhang die Verwendung der Elemente des Verbandslogos.

> **§ 14 Ausschließliches Recht des Inhabers einer Marke; Unterlassungsanspruch; Schadenersatzanspruch**
>
> *(1) Der Erwerb des Markenschutzes nach § 4 gewährt dem Inhaber der Marke ein ausschließliches Recht.*
> *(2) Dritten ist es untersagt, ohne Zustimmung des Inhabers der Marke im geschäftlichen Verkehr ein mit der Marke identisches Zeichen für Waren oder Dienstleistungen zu benutzen, die mit denjenigen identisch sind, für die sie Schutz genießt, ein Zeichen zu benutzen, wenn wegen der Identität oder Ähnlichkeit des Zeichens mit der Marke und der Identität oder Ähnlichkeit der durch die Marke und das Zeichen erfassten Waren oder Dienstleistungen für das Publikum die Gefahr von Verwechslungen besteht.*
> *(3) Sind die Voraussetzungen des Absatzes 2 erfüllt, so ist es insbesondere untersagt, das Zeichen auf Waren oder ihrer Aufmachung oder Verpackung anzubringen, unter dem Zeichen Waren anzubieten, in den Verkehr zu bringen oder zu den genannten Zwecken zu besitzen, unter dem Zeichen Dienstleistungen anzubieten oder zu erbringen, unter dem Zeichen Waren einzuführen oder auszuführen, das Zeichen in Geschäftspapieren oder in der Werbung zu benutzen.*
> *(4) (...)*
> *(5) Wer ein Zeichen entgegen den Absätzen 2 bis 4 benutzt, kann von dem Inhaber der Marke auf Unterlassung in Anspruch genommen werden.*
> *(6) Wer die Verletzungshandlung vorsätzlich oder fahrlässig begeht, ist dem Inhaber der Marke zum Ersatz des durch die Verletzungshandlung entstandenen Schadens verpflichtet.*
> *Für Geschäftliche Bezeichnungen gelten analoge Vorschriften:*
>
> **§ 15 Ausschließliches Recht des Inhabers einer geschäftlichen Bezeichnung; Unterlassungsanspruch; Schadenersatzanspruch**
>
> *(1) Der Erwerb des Schutzes einer geschäftlichen Bezeichnung gewährt ihrem Inhaber ein ausschließliches Recht.*
> *(2) Dritten ist es untersagt, die geschäftliche Bezeichnung oder ein ähnliches Zeichen im geschäftlichen Verkehr unbefugt in einer Weise zu benutzen, die geeignet ist, Verwechslungen mit der geschützten Bezeichnung hervorzurufen.*
> *(3) (...)*
> *(4) Wer eine geschäftliche Bezeichnung oder ein ähnliches Zeichen entgegen Absatz 2 oder 3 benutzt, kann von dem Inhaber der geschäftlichen Bezeichnung auf Unterlassung in Anspruch genommen werden.*
> *(5) Wer die Verletzungshandlung vorsätzlich oder fahrlässig begeht, ist dem Inhaber der geschäftlichen Bezeichnung zum Ersatz des daraus entstandenen Schadens verpflichtet.*

Einschränkungen des Markenschutzes

Ein wichtiges Kriterium für die Eintragung einer Marke und somit für die Beanspruchung von Markenschutz, ist die **grafische Darstellungsfähigkeit** einer Marke. Die grafische Darstellung sollte zudem so gestaltet sein, dass diese Marke nicht über wichtige Eigenschaften der bezeichneten Leistung hinwegtäuscht.

Das angemeldete Zeichen darf darüber hinaus gemäß § 8 II Ziff. 2 MarkenG nicht allein aus Zeichen oder Angaben bestehen, die z. B. zur Bezeichnung der Art, der Beschaffenheit, der Menge, der Bestimmung des Wertes, der geografischen Herkunft, der Zeit der Herstellung der Waren oder Dienstleistungen dienen können. Gemeint sind damit Angaben oder Zeichen, die allgemeine Merkmale einer Leistung beschreiben. Der Grund für diese Einschränkung liegt auf der Hand: solcherart beschreibende Angaben sollen für den Allgemeingebrauch freigehalten werden.

Um also das Logo als Marke einzutragen, müssen die in § 8 MarkenG aufgeführten Schutzhindernisse bei der Gestaltung beachtet werden.

§ 8 Absolute Schutzhindernisse

(1) Von der Eintragung sind als Marke schutzfähige Zeichen im Sinne des § 3 ausgeschlossen, die sich nicht grafisch darstellen lassen.
(2) Von der Eintragung ausgeschlossen sind Marken, denen für die Waren oder Dienstleistungen jegliche Unterscheidungskraft fehlt, die ausschließlich aus Zeichen oder Angaben bestehen, die im Verkehr zur Bezeichnung der Art, der Beschaffenheit, der Menge, der Bestimmung, des Wertes, der geographischen Herkunft, der Zeit der Herstellung der Waren oder der Erbringung der Dienstleistungen oder zur Bezeichnung der Merkmale sonstiger Waren und Dienstleistungen dienen können, die geeignet sind, das Publikum insbesondere über die Art, die Beschaffenheit oder die geographische Herkunft der Waren oder Dienstleistungen zu täuschen, (...).

Die Bezeichnung „Auto-Reparaturservice" kann ohne irgendeine Art von gestalterischen Besonderheiten nicht als Marke geschützt werden, weil ihr die Unterscheidungskraft fehlt. Zudem wird hier lediglich eine Dienstleistung beschrieben, die auch von anderen Unternehmen erbracht wird – die Bezeichnung muss somit auch für andere Kfz-Werkstätten freigehalten werden.

Enthält eine Marke Zusätze wie „frisch aus deutschen Landen", dürfen unter ihr nur Lebensmittelprodukte aus Deutschland angeboten werden.

Zur Fifa-WM 2006 wollte die Fifa den Begriff „Weltmeisterschaft" schützen lassen. Dieses war jedoch unzulässig, weil auch andere Weltmeisterschaften als die Fußball-Weltmeisterschaft existieren und andere Verbände nicht in ihrem Sprachgebrauch eingeschränkt werden durften. Auch Bäckereien durften ihre „Weltmeisterbrötchen" weiter verkaufen.

§ 25 Ausschluss von Ansprüchen bei mangelnder Benutzung

(1) Der Inhaber einer eingetragenen Marke kann gegen Dritte Ansprüche (...) nicht geltend machen, wenn die Marke innerhalb der letzten fünf Jahre vor der Geltendmachung des Anspruchs (...) nicht (...) benutzt worden ist, sofern die Marke zu diesem Zeitpunkt seit mindestens fünf Jahren eingetragen ist.

Ist eine Marke also eingetragen, muss sie innerhalb von fünf Jahren benutzt werden. So lange muss folglich ein „Dritter" (also z. B. ein anderes Unternehmen) warten, um die Löschung einer Marke wegen der Nicht-Benutzung zu beantragen, um sie dann seinerseits zu nutzen. Sie muss somit eingetragen *und* ab einem bestimmten Zeitpunkt fünf Jahre *ununterbrochen* nicht benutzt worden sein, damit sie von einem Dritten (nach einer vorherigen Löschung) benutzt werden kann.

Logo
Logos sind Superzeichen *– sie kommunizieren eine Menge an Information, Emotion, Image und Philosophie des Produkts, Verbandes, Vereins oder Unternehmens, welches sie als Bildzeichen repräsentieren. Man kann den* **Kommunikationsprozess** *eines Logos mit dem Aufbau einer Sanduhr vergleichen: Eine Vielzahl von Kommunikationsdaten wird von einem Sender über eine „Engstelle" – das bildhafte Zeichen des Logos – an einen Empfänger transportiert. In diesem Sinne ist das Logo das wichtigste Element innerhalb des* **Corporate Design***.*

*Der Empfänger kann mit der Botschaft jedoch nur etwas anfangen, wenn er in der Lage ist, das Bildzeichen zu entschlüsseln. Daher muss sich der Gestalter bei der Konzeption von Logos, Piktogrammen oder Symbolen nach allgemeingültigen **Wahrnehmungs- und Gestaltgesetzen** richten und auf prägnante Form-Elemente und Farbkontraste zurückgreifen Zudem setzt er **visuelle Merkmale** und Gestaltungsmittel zielgerichtet ein..*

„Weniger ist mehr" statt „Viel hilft viel"!

Ein Logo muss bestimmte Kriterien erfüllen, um sich von der Masse abzuheben. Merkmale guter Logogestaltung sind (formale) Prägnanz, Wiedererkennungswert, Produktnähe und Originalität. Zudem muss ein Logo technisch so angelegt werden, dass es ohne Probleme auf verschiedensten Medien realisiert werden kann.
*Eine wichtige Phase im Entwurfsprozess ist die **Kreativität**. Sie ist erlernbar und im weitesten Sinne planbar. Kreative Ideen lassen sich am besten innerhalb eines strukturierten Kreativprozesses umsetzen, bei der eine ideenfördernde Atmosphäre wichtig ist. Die Arbeit in einem Kreativteam bietet die Möglichkeit, den Ideenpool zu erweitern und das Fachwissen, die Kommunikationsfähigkeit sowie die praktische Realisierungskompetenz seiner Mitglieder zu vernetzen.*
*Zur Ideenfindung und -strukturierung eignet sich die Methode **Mindmapping** aufgrund der affinen Struktur zum menschlichen Gehirn. Hinsichtlich der Ideenfindung zur Logoentwicklung überzeugt die Methode der Morphologischen Matrix.*
*Die praktische Umsetzung einer Bildidee beginnt mit der Entwurfsphase, dem **Scribble**. Ein Scribble ist ein erster Gehversuch auf dem Weg zum gestalteten Produkt und dient im Wesentlichen der internen Abstimmung im Kreativteam. Auf das Scribble folgt das Rohlayout.*

Urheberrecht

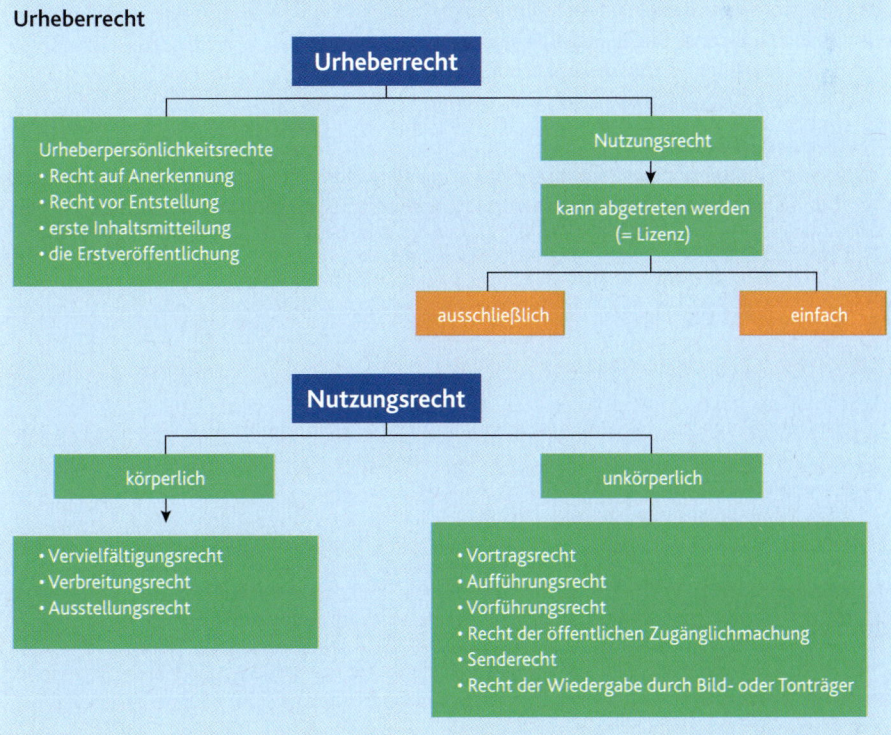

Zulässige Nutzungen
- *Freie Benutzung*
- *Nutzung eines Werks in Form eines unwesentlichen Beiwerks*
- *Ablichtung (Fotografieren) von Werken an öffentlichen Plätzen*
- *Vervielfältigungen zum privaten und sonstigen eigenen Gebrauch*

Markenrecht
Die Funktion von Marken oder Geschäftsbezeichnungen:
Sie gewährleisten ...
- *die Unterscheidbarkeit von Waren und Dienstleistungen,*
- *den Wiedererkennungswert einer Firma,*
- *die Kundenbindung und das Kundenvertrauen.*

Marke: Unterscheidet Waren oder Dienstleistungen eines Unternehmens von anderen
geschäftliche Bezeichnung: Unternehmenskennzeichen, die im geschäftlichen Verkehr als Firma oder als besondere Bezeichnung eines Geschäftsbetriebes oder Unternehmens fungieren

Entstehung des Markenschutzes
Durch Eintragung beim DPMA und Benutzung oder durch Erlangung von Verkehrsgeltung durch Nutzung und entsprechendem Bekanntheitsgrad.

Schutzhindernisse
- *fehlende Unterscheidungskraft*
- *fünf Jahre keine Benutzung nach Eintragung*
- *fehlende grafische Darstellungsfähigkeit*
- *Eigenschaftsbeschreibungen einer Leistung*
- *Täuschung über die gekennzeichnete Leistung*

Folgen des Schutzes
Dritten ist es untersagt, das Zeichen auf Waren oder ihrer Aufmachung oder Verpackung anzubringen, unter dem Zeichen Waren und Dienstleistungen anzubieten, unter dem Zeichen Waren einzuführen oder auszuführen, das Zeichen in Geschäftspapieren oder in der Werbung zu benutzen.

Lernsituation Logo/Signetgestaltung/Corporate Design | 3

1. **Zeichenarten**
   a) Identifizieren Sie die in der Genesis verwendeten Logos.
   b) Welche Zeichen sind Piktogramme, welche Symbole?

„Die Schöpfung"

Am Anfang schuf Gott Himmel und Erde …

… und Gott sprach: „Seid fruchtbar

und mehret Euch!"

Da ward aus Abend und Morgen der fünfte Tag.

Und Gott sprach: „Die Erde bringe hervor lebendiges Getier."

Und es geschah so.

Und Gott machte die Tiere des Feldes

und das Vieh und alles Gewürm, ein jedes nach seiner Art.

Und Gott sah, dass es gut war.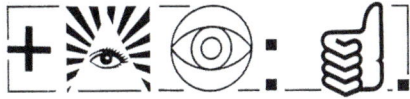

Bildquelle: Juli Gudehus, „Genesis", Lars Müller Publishers, 1997

2. Logo

a) Analysieren Sie das abgebildete Logo der „buchbar", einer Location mit Lesebühnen für Slam-Poetries und Gastronomie, auf die verwendete Symbolik und Assoziationen.
b) Ein Logo muss allgemeingültige Kriterien erfüllen. Wählen Sie aus den vorgegebenen Kriterien vier aus und erläutern diese anhand des nebenstehenden Logos.

Innovation:	
Attraktivität:	
Prägnanz:	
Unverwechselbarkeit:	
Kompetenz:	
Glaubwürdigkeit:	
Konstanz:	

c) Was muss bei der Logogestaltung berücksichtigt werden?
d) Was muss hinsichtlich der technischen Realisierbarkeit berücksichtigt werden?
e) Nennen und erläutern Sie die fünf Logoarten.
f) Wodurch wird ein Logo zur Marke?
g) Beschreiben Sie den Prozess des Relaunch am Beispiel des ZDF.

ZDF-Logo© 1962   ZDF-Logo© 1968   ZDF-Logo© 1973   ZDF-Logo© 1992   ZDF-Logo© 2001

h) Als Vorarbeit für ein Logo der Spedition „Fettich", welches die Attribute „Vertrauen und Bewegung" kommuniziert, soll eine Wortmarke mit grafischen Elementen verwendet werden.
- Entwickeln Sie ein aussagekräftiges Scribble, das diese Assoziation vermittelt, verwenden Sie zur Verstärkung einen Hell-Dunkel-Kontrast.
- Begründen Sie Ihren Entwurf unter Einbindung der Logo-Kriterien.

i) Der Unternehmer Horst Bergmann hat für seine Tischlerwerkstatt, die sich der ökologischen Nachhaltigkeit verschrieben hat, ein neues Logo entwickeln lassen. Untersuchen Sie, inwieweit dieser Gestaltungsentwurf die allgemeinen Kriterien der Logogestaltung in Bezug auf das Kommunikationsziel des Unternehmens erfüllt.

Tischlerwerkstatt Bergmann

j) Für die Gestaltung eines Logos spielt die Prägnanz eine besonders bedeutungsvolle Rolle.
- Bei welchen der unten genannten Begriffe handelt es sich definitiv um Prägnanzbegriffe?

  Kreuzen Sie an:
  - ☐ Dynamik   ☐ Detailreichtum   ☐ Einheitlichkeit
  - ☐ Offenheit   ☐ Symmetrie   ☐ Regelmäßigkeit
  - ☐ Verspieltheit   ☐ Geschlossenheit   ☐ Asymmetrie
  - ☐ Kontrast   ☐ Komplexität

- Welche Ziele sind mit der Forderung nach prägnanter Gestaltung verbunden?

k) Welches der beiden abgebildeten Zeichen erfüllt die Anforderungen an Piktogramme besser? Begründen Sie Ihre Aussage.

3. Kreativität
a) Erläutern Sie den Begriff Kreativität.
b) Welche Voraussetzungen begünstigen kreative Leistungen? Begründen Sie Ihre Aussagen.
c) Was ist ein Kreativteam?
d) Nennen Sie zwei Kreativtechniken, die sich zur Ideenfindung eignen und beschreiben Sie diese kurz anhand je eines Beispiels.

4. Wahrnehmung und Sehen
a) Skizzieren Sie den Aufbau des menschlichen Auges und beschriften Sie die Skizze.
b) Welche Elemente des menschlichen Auges sind für das Farbensehen und welche für das Hell-Dunkel-Sehen verantwortlich und wo befinden sie sich im Auge?
c) In welche beiden Bereiche ist die Großhirnrinde aufgeteilt und für welche Art der Wahrnehmung ist jeder Bereich zuständig?

5. Gestaltgesetze und Gestaltungselemente
a) Wodurch unterscheiden sich Punkt, Linie und Fläche hinsichtlich ihres gestalterischen Einsatzes?
b) Nennen Sie mindestens vier Grundformen der Formgestaltung, skizzieren Sie diese und geben Sie an, welche gestalterische Wirkung von jeder der Grundformen ausgehen kann.

Grundform	Skizze	Gestalterische Wirkung

c) Ordnen Sie den folgenden Abbildungen jeweils ein Gestaltgesetz zu und erklären Sie das jeweilige Gesetz.

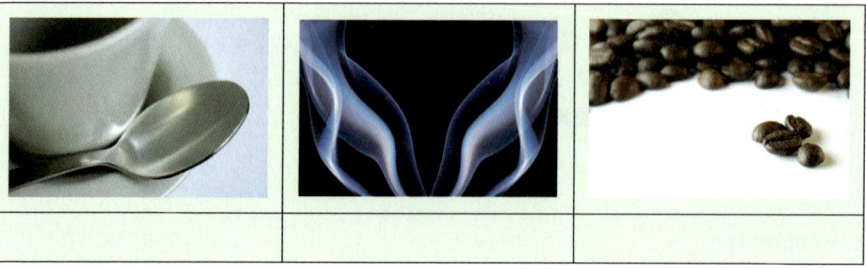

6. Farbkontraste

a) Ordnen Sie den folgenden Abbildungen jeweils einen Farbkontrast zu und begründen Sie Ihre Zuordnung.

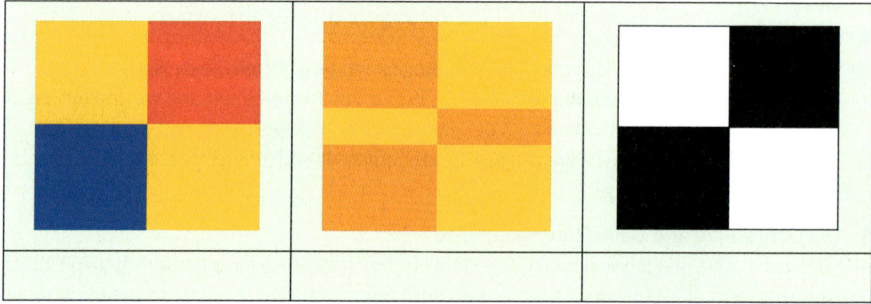

b) Helle Schrift auf dunklem Grund – nicht in allen Farbkombinationen eine gute Wahl.   Welche der folgenden Farbkombinationen von Schrift- und Hintergrundfarbe sind gut und welche weniger gut lesbar?

I. Gelbe Schrift auf Blauem Grund

II. Cyanfarbene Schrift auf magentafarbenem Grund

III. Schwarze Schrift auf hellblauem Grund

IV. Rote Schrift auf blauem Grund

c) Begründen Sie die Unterschiede in der Lesbarkeit.

7. Kreative Visualisierung

a) Welche Vorteile bietet die Daumennagelskizze im Rahmen der Entwurfsphase?
b) Erläutern Sie den Unterschied zwischen einem Scribble und einem Rohlayout.
c) Erklären Sie den Begriff Layoutstrich anhand von einfachen Skizzen.

8. Urheberrecht und Markenrecht

a) Bei einer Demo, über die in den Nachrichten berichtet wird, ist das als Kunstwerk anerkannte Haus eines Architekten zu sehen. Dieser verlangt, als er die Bilder im Fernsehen sieht, eine Vergütung vom Sender. Hat er damit Recht?

b) Ein Mediengestalter für Digitalmedien lädt sich für die Gestaltung eines Internetauftritts Grafiken aus dem Netz herunter und fügt sie in die Seiten ein. Ist dies legal?
c) Kevin, Gerald und Fabian erarbeiten für Rudi einen Internetauftritt. Kevin erstellt die Grafiken, Gerald die Texte und Fabian programmiert und leitet das Projekt. Nach erfolgreichem Abschluss des Projekts gerät Fabian in finanzielle Schwierigkeiten und verkauft das gesamte Internetdesign an Uli. Wie steht es mit den Rechten von Kevin, Gerald und Manuel?

d) Eine Agentur erhält den Auftrag zur Erstellung eines Flyers, der als Handout bei einer Messe ausgegeben werden soll. Als Vorlage für den Auftrag soll ein Flyer genutzt werden, der bereits von einer anderen Agentur für einen ähnlichen Zweck erstellt wurde. Eine darauf abgebildete Grafik soll 1:1 übernommen werden. Darf die Agentur das ohne Weiteres?
Prüfen Sie diese Vorgehensweise aus urheberrechtlicher Sicht und erläutern Sie, wie sich die Agentur rechtlich einwandfrei verhalten muss.
e) Ein Unternehmen, das Oberbekleidung herstellt, will seinen Absatz erhöhen. Hierzu bedruckt es Pullover mit der Marke eines bekannten Modekonzerns und verkauft diese an Einzelhändler zu einem geringeren Preis.
f) Ein Verlag beabsichtigt, eine Wintersport-Fachzeitschrift herauszubringen. Sie soll unter der Marke „Snow" herausgegeben werden. Bei der Eintragung stellt man fest, dass dieser Name von einem anderen Verlag bereits seit 6 Jahren als Marke eingetragen, allerdings nie benutzt worden ist.

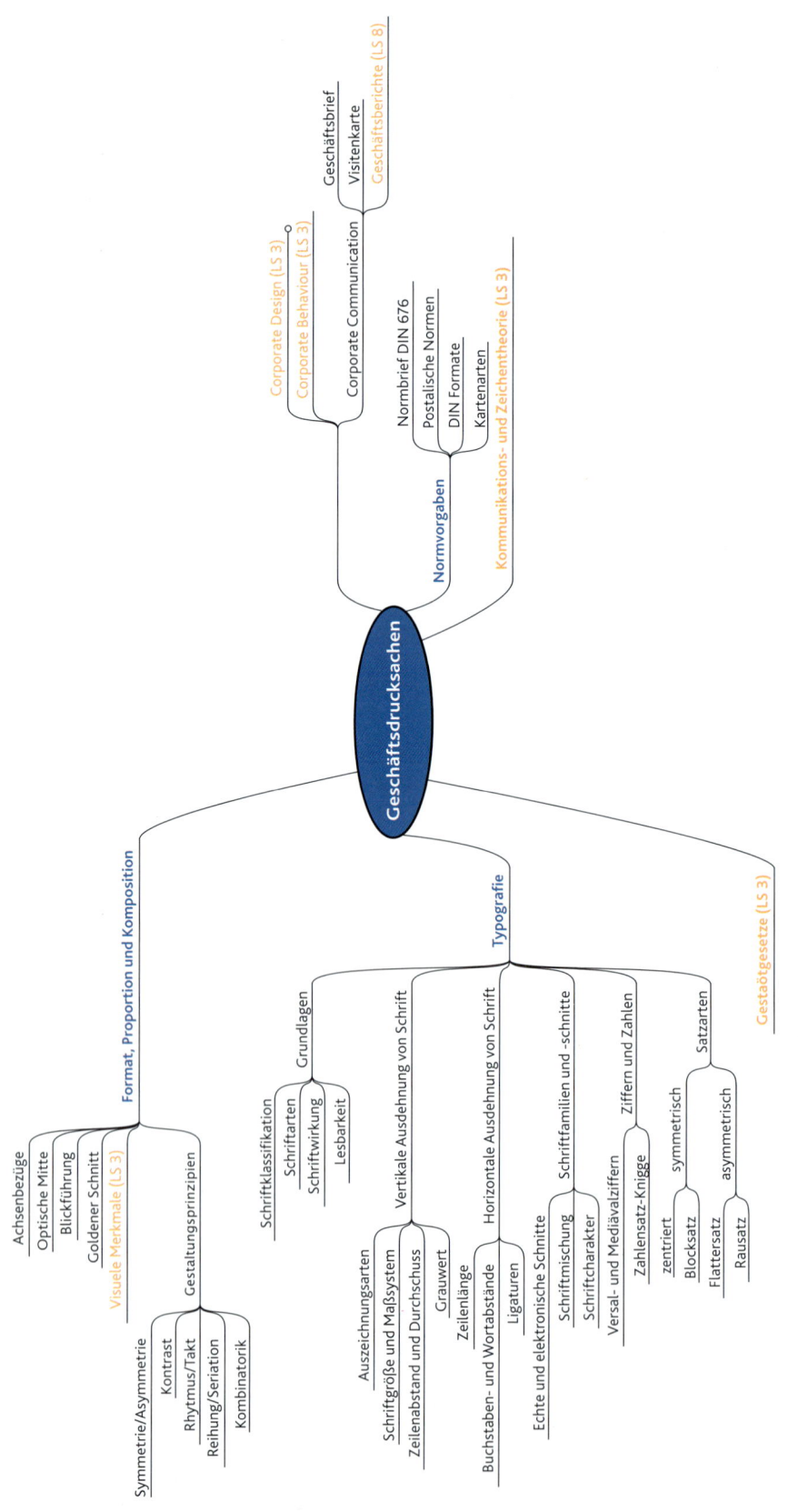

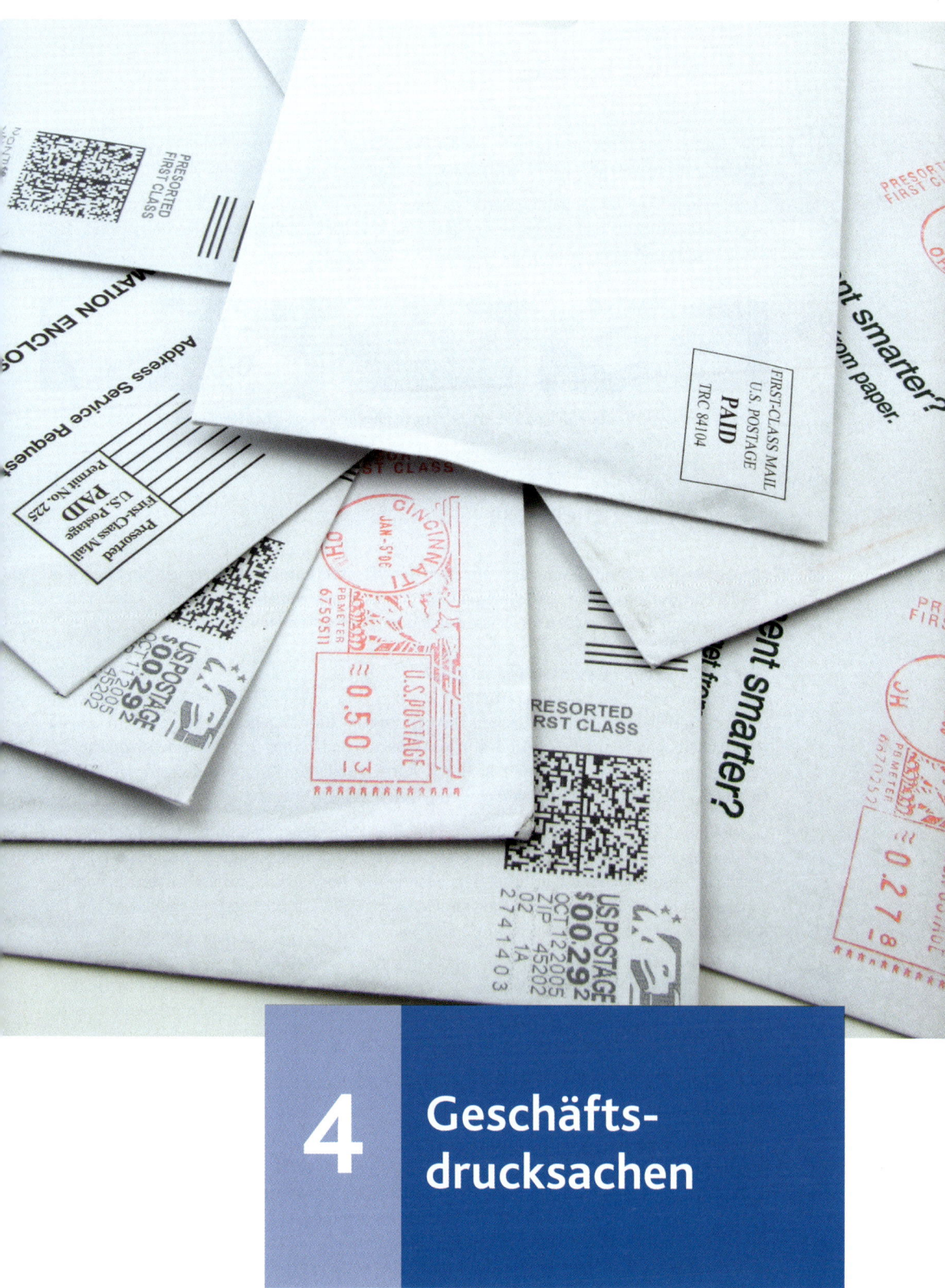

4 Geschäftsdrucksachen

4 Geschäftsdrucksachen

Der Garten- und Landschaftsbaubetrieb „Grün und Stein" hat als neu gegründetes Unternehmen ein Unternehmenslogo mit Markencharakter von Ihnen entwickeln lassen (siehe Lernsituation 3).

Im Rahmen dieser Neugründung werden Sie beauftragt, weitere Elemente des Corporate Design zu entwickeln. Dies soll zunächst exemplarisch anhand der Gestaltung des Geschäftsbriefes, der Visitenkarte und eines Faxformulars erfolgen.

www.logo-projekt-agentur.de

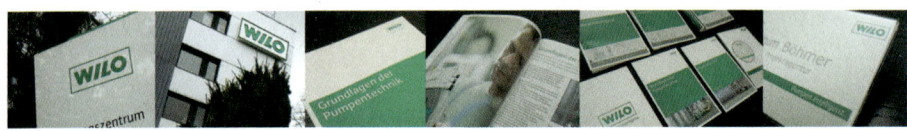

*Beispiele von Geschäftsausstattungen, hier **WILO**, Euroapas führender Pumpenhersteller mit Sitz in Dortmund. Bildquelle: LOGO Projektagentur*

14.2 Akzidenzbereiche

Dieser Begriff stammt eigentlich aus dem Schriftsetzerbereich: Akzidenzen sind dort bei Bedarf produzierte Klein- und Gelegenheitsdrucksachen, wie eben Geschäfts- oder Privatdrucksachen. Diese werden im Offsetdruck oder Digitaldruck hergestellt.

Was gehört zu einer Geschäftsausstattung?

Der Umfang einer Geschäftsausstattung ist in erster Linie von der Budgetierung eines Unternehmens, dessen Bedürfnissen und Größe abhängig. Zu den „Basics" gehören aber in jedem Fall: Geschäftsbriefbogen (evtl. mit Zweitbogen), Visitenkarten und Faxbogen. Die Akzidenzbereiche können beliebig erweitert werden, z. B. durch Adressaufkleber, Kurzmitteilungen, Umschläge, Formulare, Notizvordrucke und Werbemittel (Flyer, Anzeigen, Imagebroschur ...).

Geschäftsdrucksachen sind *die* Printmedien mit dem unmittelbarsten Kontakt zum potenziellen Kunden. Daher ist eine im Sinne des Corporate Identity (CI) stimmige, einheitliche und gestalterisch durchdachte Aufmachung hier besonders wichtig. Die Ausdruckskraft des Firmenstils wird bestimmt durch die Wahl und Gestaltung der Elemente Papierart, Format, Typografie, Farbe(n) und der Komposition der Elemente auf der Fläche.

In allen Akzidenzbereichen ist es wichtig, die oben genannten Elemente „wie aus einem Guss" gestaltet einzusetzen, um die Geschlossenheit des visuellen Auftritts eines Unternehmens zu gewährleisten.

Im Folgenden sollen die drei wichtigsten Akzidenzbereiche im Einzelnen vorgestellt werden: Geschäftsbriefbogen, Faxbogen und Visitenkarte.

Geschäftsbriefbogen

In den meisten Firmen und Institutionen gibt es im Hinblick auf den Briefbogen zwei Ebenen: Die erste Ebene ist der vorgedruckte Briefbogen mit den fixen, d. h. konstant bleibenden Kommunikationsdaten wie Absender, Firmierung des Unternehmens (genauer: Name plus Rechtsform, z. B. GmbH, Anschrift, Bankverbindungen und ggf. Gerichtsstand). Die Anordnung und Komposition dieser Elemente auf der Fläche des Briefbogens ist dabei entscheidend für die Stimmigkeit der gestalterischen Kernaussage.

Lernsituation Geschäftsdrucksachen | 4

Beispiel für das gelungene Zusammenspiel von Geschäftsbrief und Visitenkarte:
Die Wiedererkennbarkeit und Zusammengehörigkeit ist durch die Elemente Farbe, Schrift und Positionierung des Logos gegeben.

Zudem unterliegt der Briefbogen der **DIN 5008** (früher DIN 676).

Die zweite Ebene, der Brieftext, wird in den meisten Fällen aus Kostengründen erst nachträglich in den vorgedruckten Briefbogen eingefügt, sollte aber immer schon bei der Layoutgestaltung (und Präsentation) als Blindtext mit einbezogen werden, da der Grauwert eines Textes je nach Schriftart und Zeilenabstand variiert und somit wesentlich zur Wirkung des Ganzen beiträgt.

Ist eine Hausschrift vorhanden, so empfiehlt es sich, diese auch für den Briefbogen zu verwenden. Dabei sollten die Schriftschnitte für Firmeninfos und Brieftext variieren, auch zwei unterschiedliche Schriftarten sind möglich, sollten aber gefühlvoll aufeinander abgestimmt sein.

Darüber hinaus tragen die Verwendung der Hausfarbe sowie eine ausdrucksstarke Papierqualität zur Kennzeichnung eines Original-Briefbogens bei und damit zur Wiedererkennung im Sinne der Corporate Identity.

14 Format, Proportion und Komposition

> Bestehen keine Vorgaben bezüglich des Formats, so steht die Formatwahl an erster Stelle des Gestaltungsprozesses. Um die Formatwahl für ein Produkt zu erleichtern, macht ein Blick auf die gängigen Formate für Druckprodukte Sinn. Diese Formate liegen – je nach Gestaltungsprodukt – entweder im Bereich der nicht normierten Formate (wie z. B. der „Goldenen Schnitt" oder quadratische Formate) oder gehören zu den normierten Formaten.
> Bei den normierten Formaten ist in Deutschland das DIN-Format als Normformat eingeführt und bildet die Grundlage für die Gestaltung vieler Printmedien.

14.1 DIN-Formate

Bis in die Zwanzigerjahre des 20. Jahrhunderts existierte in Deutschland für Papierformate keine feste Normung. Im Jahre 1922 wurde dann für Papierformate die **DIN 476**, aufgeteilt in Teil 1 und Teil 2, veröffentlicht. Inzwischen haben die meisten Staaten dieses Formatsystem in ihre nationalen Normen übernommen.

14.1.1 DIN-A-Reihe (DIN 476 Teil 1 – EN 20216 und ISO 216)

Die DIN-A-Reihe dient als Organisationsformat und geht vom Urformat A0 = 1 m² aus. Die Seiten des DIN-A0-Bogens stehen dabei im Verhältnis 1:$\sqrt{2}$ (1:1,414). Das bedeutet auch, dass sich die kurze zur langen Seite des Formats genauso verhält, wie beim Quadrat die Seitenlänge zur Diagonalen.

DIN-Papier-Formate: Kurze und lange Seite stehen im Verhältnis 1:$\sqrt{2}$

Bei den DIN-Formaten erhält man das nächstkleinere Format durch Halbierung des Bogens auf der längeren Seite. Die Zahl hinter dem A gibt an, wie oft der A0-Bogen insgesamt hintereinander an der jeweils längeren Seite halbiert werden muss, um das entsprechende Format zu erhalten. Um z. B. aus einem A0-Bogen einen A4-Bogen zu erhalten, muss der A0-Bogen viermal an der jeweils längeren Seite halbiert werden. Daraus resultiert die Bezeichnung A4.

In der folgenden Tabelle sind alle DIN-A-Formate, von DIN-A0 bis DIN-A8, mit ihren Bezeichnungen, Maßen und Flächen aufgelistet.

DIN-A-Papierformate (DIN-Norm 476, Vorzugsreihe A, beschnitten)

Format	Bezeichnung	Maße (1 : $\sqrt{2}$) in mm	Fläche
A0	Vierfachbogen	841 x 1.189	1 m²
A1	Doppelbogen	594 x 841	1/2 m²
A2	Einfachbogen	420 x 594	1/4 m²
A3	Halbbogen	297 x 420	1/8 m²
A4	Viertelbogen	210 x 297	1/16 m²
A5	Blatt/Achtelbogen	148 x 210	1/32 m²
A6	Halbblatt	105 x 148	1/64 m²
A7	Viertelblatt	74 x 105	1/128 m²
A8	Achtelblatt	52 x 74	1/256 m²

Übersicht DIN-A-Formate

Das Format DIN-A4 ist das am häufigsten eingesetzte Organisationsformat und findet im Wesentlichen für Briefbögen und Broschüren Anwendung. Zweimal längsgefalzt ergibt sich aus dem DIN-A4-Format das 1/3-DIN-A4-Format, ein Langformat, das auch häufig für Karten Anwendung findet. Viele Druckerzeugnisse, wie z. B. Geschäfts- und Rechnungsbögen sowie Prospekte werden häufig auf dem Postweg verschickt.

Dazu bieten sich die Formate der DIN-A-Reihe an, da sich zum einen die Postgebühren an normierten Formaten orientieren und zum anderen die zum Versenden notwendigen Briefumschläge bzw. Versandhüllen in den abhängigen Formaten der DIN-B-Reihe und der DIN-C-Reihe sowie dem DIN-Lang-Format verfügbar sind.

DIN-A-Reihe für Briefe, Prospekte, Karten oder Broschüren

14.1.2 DIN-B- und DIN-C-Reihe

Die Zusatzreihe DIN-B bezeichnet unbeschnittene DIN-A-Formate und findet z. B. für Druckbogen Anwendung. Des Weiteren sind auch Briefumschläge im DIN-B4- und im DIN-B6-Format erhältlich.

Ansonsten sind die Zusatzreihe DIN-C und das Sonderformat DIN-Lang für Briefumschläge und weitere Versandhüllen für Druckerzeugnisse der DIN-A-Reihe vorgesehen. Ebenso wird die DIN-C-Reihe für Mappen und Aktendeckel verwendet.

Die Formate der B- und C-Reihe orientieren sich also an den Formaten der A-Reihe.

DIN-B-Reihe für Druckbogen und Briefumschläge
DIN-C-Reihe für Briefumschläge, Mappen oder Aktendeckel

Auch bei der DIN-B und der DIN-C-Reihe gibt die Bezeichnung hinter dem B bzw. C an, wie oft das Format B0 bzw. C0 an der längeren Seite halbiert werden muss, um das vorliegende Format, z. B. B3, zu erhalten.

DIN-B-Reihe (DIN 476 Teil 1 – EN 20216 und ISO 216, Zusatzreihe B)
DIN-C-Reihe (DIN 476 Teil 2 – keine internationale Norm, Zusatzreihe C)
DIN-Lang (C680, Sonderformat)

Format	B-Reihe in mm	C-Reihe in mm
0	1.000 x 1.414	917 x 1.297
1	707 x 1.000	648 x 917
2	500 x 707	458 x 648
3	353 x 500	324 x 458
4	250 x 353	229 x 324
5	176 x 250	162 x 229
6	125 x 176	114 x 162
7	88 x 125	81 x 114
8	62 x 88	57 x 81
DIN-Lang:	210 x 110	

Norm-Vorgaben für Geschäftsdrucksachen
Für den Bereich der Geschäftsausstattung gibt es eine Anzahl von DIN-Normen, die nicht als Dogma, sondern als Leitfaden zu verstehen sind, um den alltäglichen Gebrauch und die Praktikabilität zu optimieren. So gewährleistet z. B. die auf das Format A4 eingestellte Systematik (durch die Vorgabe eines 20 mm breiten Randes) ein unproblematisches Abheften der Dokumente. Oder: Die genaue Positionierung des Adressfeldes ermöglicht in der Folge die Verwendung von Briefhüllen mit Sichtfenster. Um zudem einen internationalen Qualitätsstandard zu gewährleisten, sind für die Konzeption einige Normen zu beachten, ansonsten sind die gestalterischen Mittel und Elemente frei wählbar.

Normbriefbogen nach DIN 5008 (Geschäftsbriefbögen)

Für Briefbögen legt die Norm DIN 5008 unter anderem die Position von Absender- und Anschriftenfeld fest. Diese ist an den Sichtfenstern der Briefhüllen des DIN-C6 ausgerichtet. Man unterscheidet Form A und Form B. Diese unterscheiden sich hinsichtlich des oberen Randes (Form A: 27 mm; Form B: 45 mm) sowie der Position der Falzmarken (Form A: 87 mm und 192 mm; Form B: 105 mm und 210 mm).

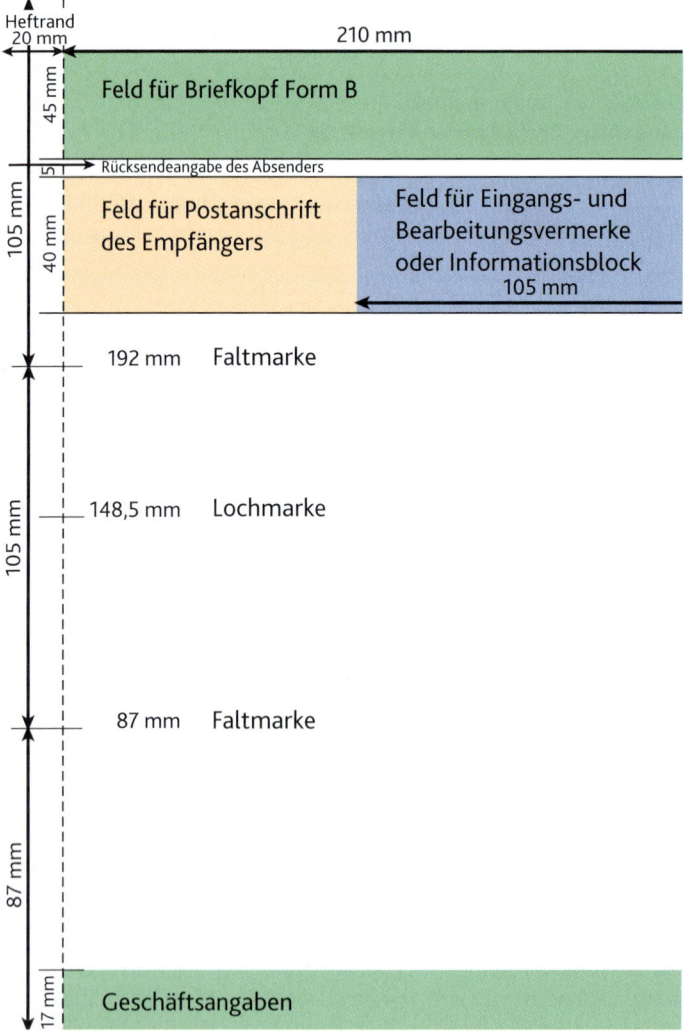

14.3 Karten

Im Bereich der Geschäftsdrucksachen gehören Visitenkarten zu den wichtigsten Corporate-Design-Elementen. Als Gestalter sollte man darüber hinaus die gängigsten Kartenarten und deren Anwendungsmöglichkeiten kennen.

14.3.1 Kartenarten

Folgende wesentliche Kartenarten werden unterschieden:

Kartenart	Beschreibung	Anwendung
Visitenkarte	Etwa scheckkartengroße Karte mit Namen und Kontaktdaten einer Person ggf. inkl. Firmenname	Erstkontakt auf Messen etc., aber auch im privaten Bereich gebräuchlich
Kreditkarte/EC-Karte	Plastikkarte mit Magnetstreifen zum bargeldlosen Zahlungsverkehr	Bargeldloses Zahlen in Geschäften, Restaurants, Hotels etc.
Karteikarte	Kleine Karte zur geordneten Sammlung von (hand-) schriftlichen Daten	Zusammenfassung von Daten, z. B. Vokabeln, Lerninhalte in Schule und Studium, etc.
Spielkarte	Beidseitig bedruckte, rechteckige Kartonkarte mit abgerundeten Ecken. Bestehend aus Motivseite (unterschiedlich) und Rückseite (einheitlich)	z. B. Skat, Quartett, Rommé, Canasta
Eintrittskarte	Zugangsberechtigungsnachweis, i.d.R. nummeriert, aus bedrucktem Papier (evtl. mit Magnetstreifen/Chip)	Zugangsberechtigung/Eintritt zu Veranstaltungen jeglicher Art
Postkarte	Karte aus Papier zum Postversand ohne Umschlag (150–500 g/m^2)	Kurze (Urlaubs-) Grüße und Mitteilungen
Einladungs-, und Grußkarte	Ein- oder mehrseitige, oft auch gefalzte Papierkarte zum Postversand mit Umschlag	Schriftliche Einladung zu Veranstaltungen und privaten Anlässen, Übermittlung von Grüßen zu Ereignissen

14.3.2 Kartenformate

Welche Formatvorgaben existieren für die unterschiedlichen Kartenarten?

Übersicht Kartenformate

Kartenart	Format in mm	Anmerkung
Visitenkarte	Standardformat: 85 x 55 Scheckkartenformat: 85 x 54 oder 86 x 54 DIN-A8: 74 x 52 DIN-C8: 81 x 57 oder anderes Format	Standard- und Scheckkartenformat sind gebräuchlich, andere Formate möglich
Kreditkarte/EC-Karte	85 x 54 (Eckradius ca. 2,5 mm) 86 x 54	
Karteikarte	DIN A Reihe: A8, A7, A6, A5	
Spielkarte	Variabel, Skatblatt: 59 x 92 mm	abgerundete Ecken
Eintrittskarte	frei wählbar	
Postkarte	Länge: 140 bis 235 mm Breite: 90 bis 125 mm	Die Länge muss mindestens das $\sqrt{2}$-fache ($\approx$1,414) der Breite betragen
Einladungskarte	frei wählbar	
Grußkarte	frei wählbar	

14.1.3 Postalische Normen

Um Briefe und Postkarten mit digitalen Anschriftenlesegeräten schnell und reibungslos bearbeiten zu können, gibt es folgende postalische Normen: Die Freimacherzone muss rechts oben positioniert sein und misst vom oberen Rand 40 mm und von links 74 mm. Am unteren Rand ist ein Kodierraum von 15 mm über die gesamte Breite frei zu halten.

Für die Gestaltung der Akzidenzbereiche sind diese Vorgaben insofern von Bedeutung, als dass die gestalterisch nicht zur Verfügung stehenden Bereiche dennoch für das Gesamtbild des CI berücksichtigt werden.

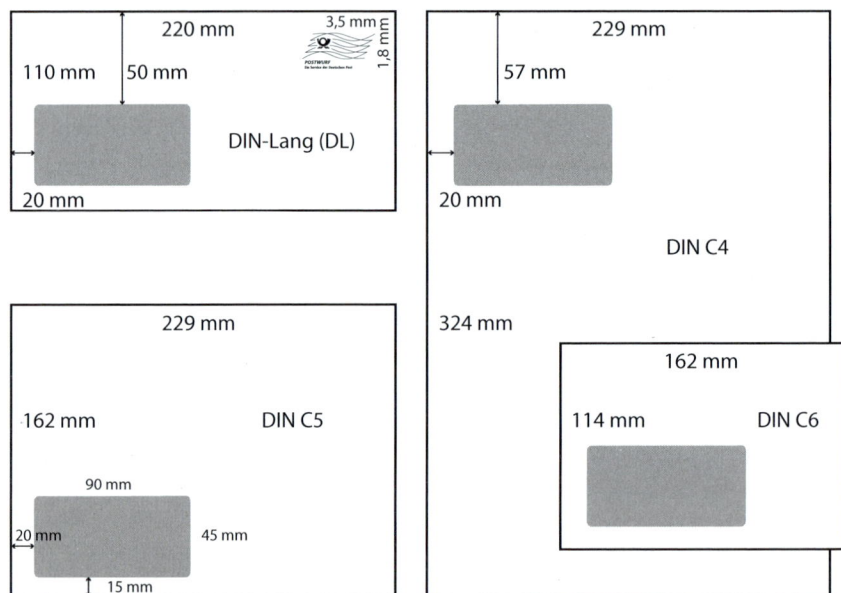

Die Maße der gängigen Briefhüllen.

Faxbogen

Der Faxbogen kann entweder vorgedruckt oder ein Formular im Computer sein, das mit der Hand beschriftet, auf dem Computer beschrieben oder digital gefaxt wird. Die Gestaltung orientiert sich dabei in Grundzügen am Layout des Briefbogens, muss aber auf die spezielle Technik abgestimmt werden. Das Faxformular ist einfarbig schwarz, Tonwerte sind nicht mehr faxbar. Um Papiereinsparungen bei kurzen Mitteilungen zu ermöglichen, sollten alle Empfänger- und Absenderinformationen am Kopf des Formulars positioniert werden.

Bei der Schriftwahl empfiehlt sich für das gesamte Formular eine robuste, einfache Schriftart ohne Auszeichnungen, um auch bei niedrigen Faxqualitäten eine ausreichende Lesbarkeit zu gewährleisten. Auf Kursive, Schattierungen, fette Schnitte oder Unterstreichungen sollte also verzichtet werden. Zur Gliederung am besten geeignet sind horizontale einfache Linien. Rahmen, Grafiken oder Bilder werden beim Faxprozess oftmals verzerrt und sind daher nicht empfehlenswert. Ist aus Kostengründen kein extra Faxformular im Bereich der Geschäftskorrespondenz geplant, so sollten diese besonderen technischen Aspekte bereits bei der Gestaltung des Briefbogens berücksichtigt werden.

Visitenkarte

Als Teil des CD kommen bei der Visitenkarte die gleichen Gestaltungselemente wie beim Briefbogen zum Tragen. Anders als dort gibt es jedoch hinsichtlich Format oder Satzspiegel keine vorgegebenen DIN-Normen, das Format von 55 x 85 mm hat sich weitgehend etabliert, weil es als „Scheckkartenformat" universell zu archivieren ist. Auch hinsichtlich der Gestaltung – z. B. Hoch- oder Querformat – gibt es keine Norm. Oberste Priorität hat hier die Lesbarkeit der Kommunikationsdaten und die Auszeichnung des Ansprechpartners im Zusammenhang mit dem Unternehmen.

Hinsichtlich der Gestaltung ist die Visitenkarte eine Art „Superzeichen", denn gestalterisch ist das kleine und übersichtliche Format der Visitenkarte eine echte Herausforderung, bei der die gesamte Bandbreite gestalterischer Aspekte und Problemstellungen zum Einsatz kommen kann, will sie sich aus der Masse der Visitenkarten abheben. Um mit der vergleichsweise großen Menge an Text (Firmenname, Name, evtl. Titel, Adressen und Ziffern) gestalterisch attraktiv umzugehen, bedarf es eines kompetenten Umgangs mit den Gestaltungselementen und deren Gestaltgesetzen. „Weniger ist mehr" ist auch hier der beste Weg.

„Darf's ein bisschen mehr sein?" Ein Beispiel aus der typografischen Schreckenskammer: Mindestens fünf Schriftarten kommen zum Einsatz, fragwürdige Formen semantischer Typografie konkurrieren mit verschiedensten Formen der Auszeichnung. Auch die Textblöcke folgen scheinbar dem Gesetz der Fliehkraft zum Rand hin in Ermangelung einer gestalterischen Linie. Fazit: Bei Weitem kein Aushängeschild für eine Druckerei!

So doch bitte auch nicht:
Wo soll man zuerst hingucken? Diese Visitenkarte enthält zu viele, miteinander konkurrierende Elemente, die trotz der beiden vertikalen Linien nicht zu einer gestalterischen Einheit werden. Das Logo ist recht unmotiviert, d. h. ohne Bezug positioniert, das grafische Element ohne erkennbaren Sinn, es fehlt ein Satzspiegel, der die Textelemente zusammenhält.

So schon eher!
Diese VK ist klar gegliedert:
Das Logo als zentrales Bildelement dient als Blickfang oder „Eyecatcher" und wird am unteren Rand durch das Linienelement (Länge der Linie durch virtuelle Achse definiert) visuell ausgeglichen/aufgefangen. Die Proportion der Flächenaufteilung ist dabei am Goldenen Schnitt ausgerichtet worden. Alle Firmeninformationen sind gut lesbar und zwischen den Grafiken positioniert, durch Auszeichnungen hierarchisiert und eindeutig gegliedert. Etwas unklar bleibt der Achsenbezug im Logo, an dem der Textanteil ausgerichtet wurde.

Achsenbezüge, visuelles Gleichgewicht, richtige Auszeichnung und Gliederung – das alles sind formale Mittel der Flächengestaltung und der Typografie , die im Folgenden näher erläutert werden sollen. Welche davon für die Umsetzung der Geschäftsausstattung im Rahmen Ihres Kundenauftrags richtig und angemessen sind, richtet sich nach den Kommunikationszielen der Firma „Grün und Stein", die im CI und CD festgelegt sind.

14.7.4 Formale Mittel der Flächengestaltung

Vgl. LS 3, 10.3.2

Egal ob Sie einen Geschäftsbriefbogen, Visitenkarte, Faxbogen oder weiterführende Imagebroschüren oder Flyer gestalten wollen – die nun folgenden Grundlagen zur Komposition und zum visuellen Gleichgewicht aller benötigten Elemente auf der Fläche sollen Ihnen helfen, bessere, spannende und schnell erfassbare Medienprodukte zu gestalten. Basierend auf den Gestalt- und Wahrnehmungsgesetzen gibt es auch hinsichtlich der Flächengestaltung empirische Erfahrungswerte, die Sie kennen und bewusst einsetzen sollten.

Hoch oder Quer?
Diese Frage stellt sich im Kontext des Kundenauftrags nur für den Bereich der Visitenkarten und u. U. bei der Formatwahl von Flyern, da bei Brief- und Faxbögen das Hochformat durch die DIN 5800 standardisiert ist.

Vgl. LS 3, 11.3

Grundsätzlich gilt, dass wir aufgrund unserer Physiologie lieber quer als hoch sehen, denn das Blickfeld des Auges ist breiter als hoch und kann durch einfaches Kopfdrehen schnell verbreitert werden. Daher bildet das Querformat die uns vertraute Grundform, die stabil, ruhig und solide wirkt. Dreht man das Rechteck ins Hochformat, so dominiert plötzlich die vertikale Strebung: unser Auge muss (im übertriebenen Fall) nach oben und nach unten blicken – es wird aktiv.

Das Hochformat wirkt dynamischer, aktiver und frischer als das Querformat.
Das Querformat vermittelt Stabilität und Ruhe.

14.6 DIN-Flächenkomposition

Allen Akzidenzbereichen liegt eine Flächenform zugrunde – also ein begrenztes Format, auf dem die inhaltlichen Elemente der Firmeninformationen (z. B. Textblöcke, Logo, Anschrift) Flächeneinheiten bilden und in Beziehung zueinander stehen. Die Gesamtfläche des Formates wird durch sie geteilt und gewichtet. Bei jeder Flächenteilung entstehen neue, kleinere Flächen, die in bestimmten Proportionen (z. B. im Goldenen Schnitt) und Hierarchien (visuelle Gewichtung) zueinander stehen und einen visuellen Spannungsbogen erzeugen. Diese Flächengliederung wird als **Komposition** bezeichnet und unterstützt die pragmatische Kernaussage des CI nonverbal.

Der Positionierung des Logos kommt dabei eine besondere Bedeutung zu. Diese ist zwar nicht genormt, wird oft aber pragmatisch durch die Funktion der Archivierung bestimmt: Beim Durchblättern eines Ordners fällt der Blick zuerst auf das obere rechte Viertel des Briefbogens – wird das Logo dort positioniert, können entsprechende Korrespondenzschreiben leichter gefunden werden.

14.6.1 Blickführung

**Gestalten heißt strukturieren. Strukturieren heisst gewichten.
Gewichten heißt komponieren.**

Eine gute Komposition kann und sollte die gesamte Kernaussage stützen und wirkungsvoller machen. Denn wie bereits in der vorhergehenden Lernsituation „Logogestaltung" im Zusammenhang mit der Kommunikationsfunktion bildnerischer Zeichen ausgeführt, wirkt die visuelle Gestaltung lange vor der inhaltlichen (textlichen) Aussage auf den Betrachter.

Visuelles Gewicht

Durch die bewusste Anwendung gestalterischer Mittel kann die Blickführung des Betrachters gezielt gelenkt werden – darin besteht die Kunst der Komposition. Im Folgenden dazu ein Überblick über die zentralen syntaktischen Mittel (Variablen) zur visuellen Gewichtung von Flächen.

Jedes Element einer Gestaltung wird durch Gewichtung in seiner Bedeutung verstärkt oder abgeschwächt. Alles hat also ein visuelles Gewicht: Dieses Phänomen kann bewusst in Kompositionen eingesetzt werden, um die Blickführung zu beeinflussen.

Syntaktische Mittel (Variablen) zur visuellen Gewichtung von Flächen:
Helligkeit • Form • Farbe • Größe/Proportion • Bewegung • Quantität • Qualität

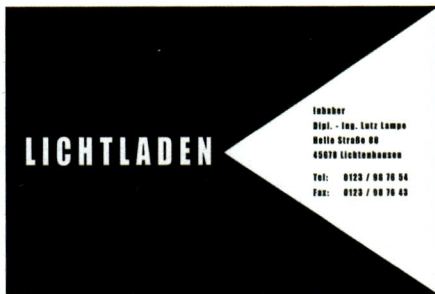

Vgl. LS 3, 10.4.1

Analysieren Sie diese verschiedenen Visitenkarten-Varianten im Hinblick auf die Anwendung syntaktischer Mittel zur Gewichtung von Flächen. Nehmen Sie ebenfalls eine Bewertung vor.

14.6.2 Achsenbezüge

Damit die einzelnen Kompositionselemente zu einem geschlossenen Gesamteindruck werden und inhaltlich affine, d. h. ähnliche Bereiche in Bezug zueinander stehen, sollten sie Achsenbezüge aufweisen. Man unterscheidet dabei **virtuelle** und **faktische** (tatsächliche) Achsen. Zur Verdeutlichung sind die virtuellen Achsen in den nachfolgenden Abbildungen durch rote Linien visualisiert:

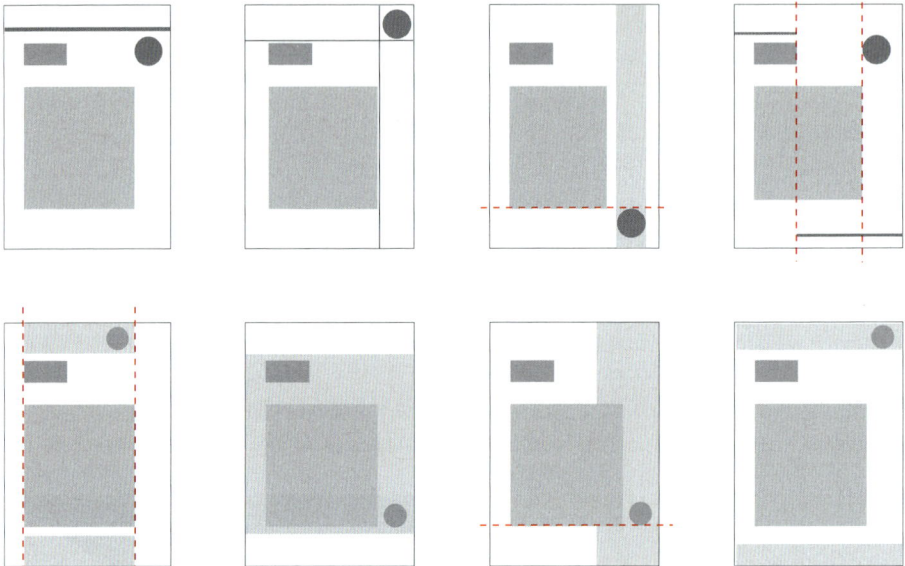

1. Betrachten Sie die visuelle Gewichtung der Elemente in den oben schematisierten Geschäftsbriefbögen: Welche erscheinen Ihnen zu voll, welche zu kopflastig?
2. Bei welchen „rutscht" das Logo (Kreiselement) aus dem Format heraus?

12 Gestaltungsprinzipien

Die Anordnung von Linien- und Flächenelementen, zu denen auch Texte und Bilder gezählt werden können, folgt nicht nur den bereits beschriebenen Gestaltgesetzen, sondern erfolgt nach bestimmten Ordnungsprinzipien, die im Folgenden vorgestellt werden sollen.

12.1 Symmetrie/Asymmetrie

Symmetrie ist sicher die einfachste Art, eine Balance zwischen den Gestaltungselementen durch Wiederholung gleicher Formelemente herzustellen. Dabei kann man wie in der Mathematik die **vertikale** und/oder die **horizontale Symmetrieachse** zur Spiegelung benutzen. Eine Gestaltung nach dem Ordnungsprinzip der Symmetrie wirkt klar, übersichtlich und sehr prägnant, kann aber auch schnell zu ausgleichen, statisch und damit langweilig erscheinen. Etwas mehr Dynamik lässt sich mit der **Punktspiegelung** erzielen.

 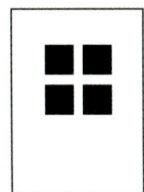 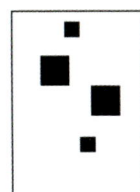

Eine **asymmetrische Gestaltung** ist vielleicht weniger stabil, wirkt jedoch origineller und lebendiger. Leichte Asymmetrien wirken oft natürlicher als die perfekte Symmetrie; zu starke Asymmetrien lassen die Bezüge zwischen den Elementen verloren gehen, sodass der Eindruck ungeordneten – und damit auch unkonzipierten – Chaos vermittelt werden kann. Die Asymmetrie ist demnach ein probates Mittel, um den Blick des Betrachters zu fangen, sie darf jedoch nicht zu viele Rätsel aufgeben!

perfekte Symmetrie   *leichte Asymmetrie*   *starke Asymmetrie/Chaos*

Die perfekte Symmetrie einer stilisierten Blume im linken Bild wirkt langweilig, die leichte Asymmetrie im mittleren Bild erzeugt Spannung und bringt Bewegung in die „Blumenform", während im rechten Bild der Bezug der Bildelemente zueinander aufgelöst ist und der Betrachter keine Blume mehr erkennt.

> **Symmetrische Kompositionen wirken sympathisch und sind leicht zu merken!**
> **Asymmetrische Kompositionen wirken spannungsreich und originell!**

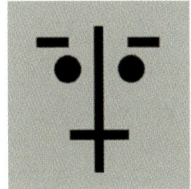 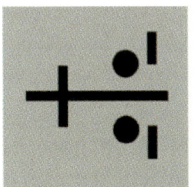 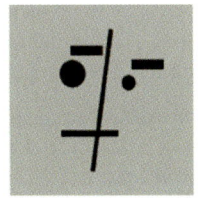

vertikale Symmetrieachse   *horizontale Symmetrieachse*   *asymmetrische Darstellung*

Gesichter sind weitestgehend an einer vertikalen Symmetrieachse ausgerichtet. Es fällt uns daher aus dem Gesetz der Erfahrung heraus nicht schwer, in der linken Formanordnung ein Gesicht zu erkennen. Kippt man dieselbe Formanordnung auf die Seite in die Horizontale, sind die Bezüge zu Auge, Nase, Mund nur schwer herzustellen und einzuprägen.

Die asymmetrische Darstellung im rechten Bild verbindet die Wiedererkennbarkeit der vertikalen Ausrichtung mit einer spannungsreichen Flächenkomposition der Formelemente. Der Blick des Betrachters wird bei der asymmetrischen Darstellung besonders auf die „Augenpartie" gelenkt, da sich die unterschiedlich großen Augen in der Gestaltung gegenseitig verstärken.

12.2 Kontrast

Gegensätze erzeugen Spannungen

Vgl. LS 3, 9.4.3

Der Kontrast ist ein grundlegendes, wenn nicht das wesentliche Prinzip der Gestaltung und kann auf alle Gestaltungselemente bezogen bzw. angewendet werden.

Kontraste trennen, grenzen ab, polarisieren und erzeugen Spannungen. Neben den bereits thematisierten Farbkontrasten gibt es Form-, Linien-, Helligkeits- und Materialkontraste, die wiederum hinsichtlich Quantität und Qualität kontrastieren können.

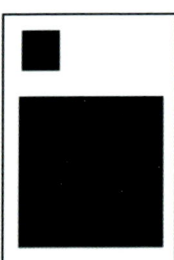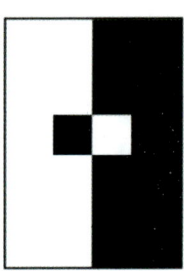

12.3 Rhythmus/Takt

Wie lässt sich der Begriff Rhythmus gestalterisch umsetzen?

Rhythmus = Zeitliche Ordnung in der Abfolge von Tönen oder Bewegungen

Beim Hören von Musik klopfen wir oft den Takt mit oder wippen mit dem Körper oder den Füßen im Rhythmus. Wie verhält es sich mit dem Rhythmus in der Gestaltung? Lässt sich auch auf einer Fläche so etwas wie eine zeitliche Ordnung in der Abfolge der Gestaltungselemente herstellen?

Musik wird überwiegend akustisch wahrgenommen, Bilder sprechen die visuelle Wahrnehmung an. Dementsprechend gibt es in der Musik den akustischen Rhythmus und in der Gestaltung den visuellen Rhythmus. Ebenso wie der akustische Rhythmus besteht der visuelle Rhythmus aus einer geordneten und zielgerichteten Abfolge gleicher oder ähnlicher Elemente.

Die rhythmisch gegliederte Abfolge von Gestaltungselementen ist ein modernes und dynamisches Gestaltungsprinzip. Rhythmus entsteht durch eine geordnete Wiederholung von grafischen Elementen. Ist die zugrunde liegende Ordnung und Abfolge zu statisch und regelmäßig, so wird aus dem Rhythmus ein Takt. Eine bestimmte Variationsbreite des Rhythmus ist demnach im Sinne einer dynamisch-rhythmischen Gestaltung von Nöten.

Visueller Rhythmus = Geordnete Abfolge von Bildelementen in Variationen

Visueller Rhythmus

Die wiederholte Verwendung von Bildelementen legt die Basis für den Rhythmus. Deren unterschiedliche Anordnung, Abstandsgestaltung sowie Proportion und Farbe sorgen für Veränderung.

Visueller Rhythmus kann gleichmäßige oder sprunghafte Bewegung auf der Fläche erzeugen. Ein Leerraum oder sehr große Abstände stehen dabei für Ruhe. Gleichmäßigkeit in Form und Muster lässt den Rhythmus zum **Takt** werden. Starke Größen-, Farb- oder Abstandsänderungen markieren einen Rhythmuswechsel.

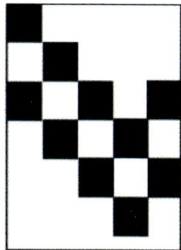  

12.4 Reihung (Seriation)

Reihung bezeichnet die Aneinanderreihung von Einzelelementen nach dem Prinzip der Serie. Die Reihung kann entweder als Linienreihung (in einer Reihe und einer Richtung) oder als Flächenreihung in zwei Richtungen erfolgen.

Hauptsächlich wird die stetige und rhythmische Reihung unterschieden.

Stetige Reihung

> **Stetige Reihung = Elemente gleicher Form und Größe werden in gleichen Abständen in einer oder mehreren Reihen seriell angeordnet.**

Bei der stetigen Reihung können die Einzelelemente entweder seriell in unverändert regelmäßiger Abfolge, Größe und Abstand oder im versetzten Wechsel angeordnet werden. Durch unterschiedliche, stetig wiederkehrende Farbgestaltung kann eine Belebung des Musters erfolgen.

Eine stetige Reihung wirkt sachlich, neutral und schlicht. In flächiger Ausführung von Linien bildet sie ein Raster. Sie eignet sich besonders gut zur Bildung regelmäßiger Muster oder Modulen oder als einfaches Schmuckelement (z. B. Bordüre zur Randgestaltung des Druckproduktes). Damit die Reihung deutlich als solche zu erkennen ist und das beabsichtigte Muster erkennbar bleibt, dürfen die Abstände zwischen den Einzelelementen nicht zu groß sein.

 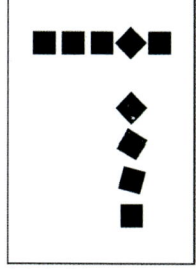 

Stetige Reihe   Seriation & Dynamisierung   Rhythmische Reihung

Rhythmische Reihung

> **Rhythmische Reihung = gleichmäßige, aber dynamisierte Anordnung von Elementen in Reihen mit Variation von Abstand, Form, Farbe, Größe oder Richtung**

Die rhythmische Reihung basiert auch auf der Regelmäßigkeit, doch gibt es viele Möglichkeiten, die regelmäßige Ordnung zu verändern und durch Wiederholung der veränderten Reihen einen dynamisierten Rhythmus zu erzeugen.

Die Veränderung kann z. B. als fließender Übergang in Form einer **Stufung**, aber auch durch die Verwendung von **Gegensätzen** in Form, Farbe, Größe etc. erfolgen. Ferner kann die rhythmische Reihung auch eine Richtungs- oder Lageänderung beinhalten.

Rhythmische Reihungen bringen Bewegung in die Gestaltung ohne unruhig zu wirken. Durch die Ausbildung regelmäßiger Bandmuster im Wechsel mit unregelmäßigen Flächenmustern bilden sie die Basis für Ornamente.

Muster und Rapport

Sich wiederholende stetige oder rhythmische Reihungen auf einer Fläche bilden Muster aus, deren kleinste modulare Grundeinheit, der so genannte **Rapport**, nicht mehr als solcher erkennbar ist. Dabei kommt es oftmals zu einem spannungsreichen Wechsel des Figur-Grund-Verhältnisses.

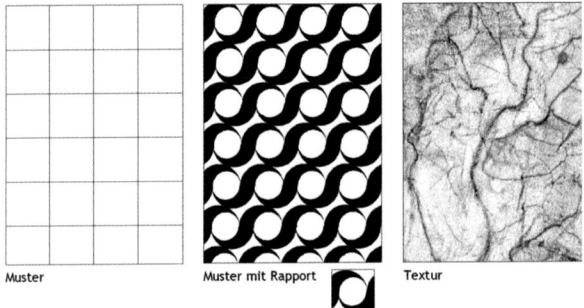

Muster   Muster mit Rapport   Textur

Muster, die den inneren Aufbau eines Gefüges/Materials darstellen, werden als **Struktur**[1] bezeichnet, die haptisch und visuell erfahrbare Oberflächenbeschaffenheit von Materialien hingegen bezeichnet man als **Textur**. Wird diese durch manuelle oder maschinelle Bearbeitung, z.B. bei der Papierherstellung oder bei der Veredelung von Holzoberflächen, in ihrer Erscheinungsform verändert, so spricht man von der **Faktur** der Materialoberfläche.

12.5 Kombinatorik

Mithilfe des Gestaltungsprinzips der Kombinatorik können Bild- oder Formelemente, die im Rahmen eines Medienproduktes zur Anwendung kommen sollen, nach einem nachvollziehbaren und logischen System in wechselnden Zusammenstellungen kombiniert werden. Dabei gibt es drei verschiedene Arten des Vorgehens: Die Kombination, die Permutation und die Variation.

Permutation
Die Permutation beschreibt das Vertauschen von Einzelelementen in einem Grundmodul. Durch Veränderung der Position aller Elemente innerhalb des Moduls entsteht eine errechenbare Anzahl von Kombinationsmöglichkeiten. In unten angeführtem Beispiel gibt es vier Elemente a, b, c und d, die miteinander kombiniert werden können, ohne dass sich eine Kombination wiederholt.

Formel: Vier Elemente = 1x2x3x4 = 24 Kombinationen.

---

[1] Die Differenzierung der Begriffe „Struktur", „Textur" und „Faktur" geht auf den Bauhaus-Künstler Lazlo Moholy-Nagy zurück.

  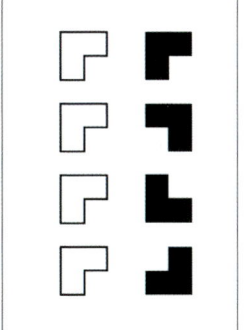

Permutation 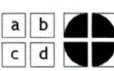　　Variation　　Kombination

Variation
Die Variation ist eine Form der Permutation, bei der die Anzahl von Elementen sowie die Anzahl der möglichen Wiederholungen definiert wird. In unserem Beispiel wird ein Element vier Mal durch Winkelveränderungen modifiziert und wiederholt. Die Anzahl der Variationen kann ebenfalls durch eine Formel bestimmt werden:
Anzahl der Elemente = 1, Anzahl der Wiederholungen = 4 ➔ 1^4 Varianten.

Kombination
Dieses Verfahren bietet sich an, um ein Element in seiner Erscheinungsform zu verändern, ohne den Bezug zum Original zu verlieren. Dies ist beispielsweise bei der Erstellung von Piktogrammen für eine bestimmte Produktlinie wichtig, bei der das Logo des Unternehmens Ausgangspunkt der Gestaltung sein soll. In oben angeführtem Beispiel werden die Kombinationen durch Verschieben, Spiegeln, Drehen und Drehspiegeln (v.o.n.u.) erzielt.

- Betrachten Sie den Entwurf zur CD-Stecktaschen-Gestaltung für die Band „FunkeLakeBosa".[1]
- Nennen und erläutern Sie die der Gestaltung, bzw. dem Layout zugrunde liegenden Gestaltungsprinzipien.
- Wie hört sich die Musik von „FunkeLakeBosa" an?
  Beschreiben Sie Ihren Eindruck auf Basis der Pragmatik der eingesetzten Gestaltungsmittel.

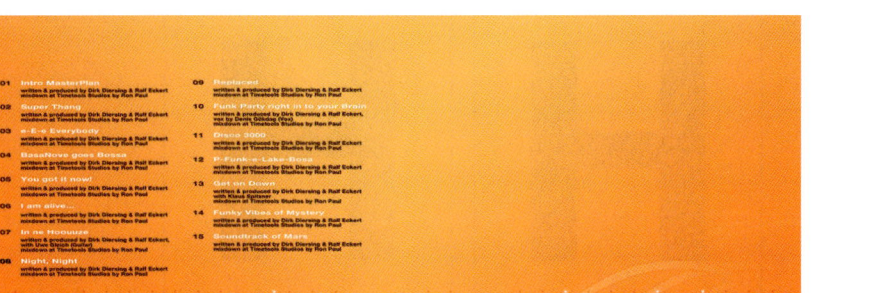

[1] Schülerarbeit von Andreas Besl im Rahmen des 18. Gestaltungswettbewerbes des Verbandes Druck und Medien, VDM: Entwicklung von Stecktasche und CD-Label für die Musik-CD der Band FunkeLakeBosa.

14.4 Optische Mitte

Entscheiden Sie sich bei der Gestaltung Ihrer Akzidenzbereiche für eine symmetrische, auf die Mitte ausgerichtete Gestaltung, so müssen Sie beim Layouten zwischen der optischen und der geometrischen Mitte unterscheiden!
Betrachten Sie hierzu die folgenden Abbildungen:

 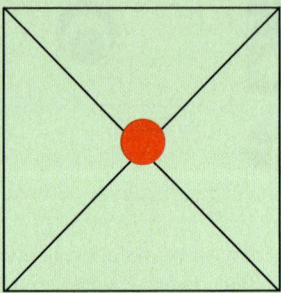

Die linke Kreisform ist exakt nach der geometrischen Mitte ausgerichtet, erscheint aufgrund der Erfahrung mit den Gesetzen der Schwerkraft aber als tendenziell zu tief positioniert. Die rechte Kreisform hingegen befindet sich auf der optischen Mitte – der Wahrnehmung von „mittig" mittels Augenmaß.

Dieses Wahrnehmungsphänomen basiert auf empirischen Untersuchungen von Gerhard Braun[1] bei denen Probanden die Mitte einer quadratischen Fläche nach Augenmaß deutlich über der „richtigen", geometrisch konstruierten Mitte ansetzten. Die optische Mitte liegt ungefähr 3 % über der geometrischen Mitte. Der Versuch macht deutlich, dass die Wahrnehmung und speziell das Sehen anderen Gesetzen unterliegt als die Geometrie.

Das Phänomen der optischen Mitte kommt in der täglichen Praxis des Gestalters beim sogenannten **„optischen Ausgleich"** zur Anwendung: Zum einen um spannungsreiche und gut proportionierte Layouts zu gestalten, zum anderen beim typografischen Ausgleich von Buchstabenabständen.

Schriftgestalter müssen die optische Mitte in ihrer gestalterischen Konzeption ebenfalls beachten, wie das Beispiel des Buchstaben „H" zeigt:

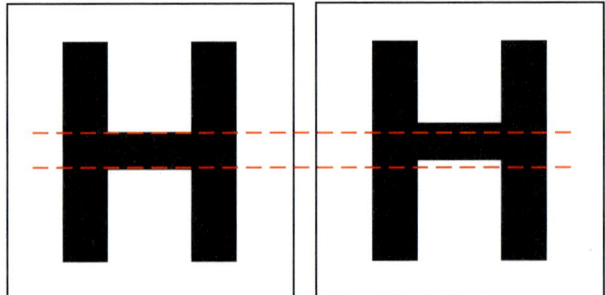

Die visuelle Schwerkraft erzeugt ein Gefühl der Unausgeglichenheit hinsichtlich der geometrisch ausgerichteten, symmetrischen Konstruktion (Abb. rechts).

**Die optische Mitte liegt etwa 3% oberhalb der geometrischen Mitte.
Sie wirkt gestalterisch „richtiger" und spannungsreicher.**

---

[1] Gerhard Braun: Grundlagen der visuellen Kommunikation. Bruckmann Verlag, München, 1993, S. 198.

14.5 Goldener Schnitt

Wenn man mehreren Menschen eine Auswahl von Formen zur Beurteilung der Proportionen vorlegt, wird der größere Teil der Befragten dieselbe Darstellung bevorzugen. Warum, werden die wenigsten begründen können. Der Gesamteindruck einer Fläche, einer Figur oder eines Layouts wird von Zusammenhängen bestimmt, die man nur selten bewusst wahrnimmt.

Es muss also trotz individueller Betrachtungsweisen ein übereinstimmendes Empfinden der „guten Gestalt" geben und Größenverhältnisse, die man allgemeingültig als harmonisch anerkennt. Dies trifft auf den sogenannten „Goldenen Schnitt" zu.

Vgl. LS 3, 11.3.2.6

> **Der Goldene Schnitt wurde in der Antike erdacht, um eine zuverlässige Richtlinie für harmonische Proportionen zu haben. Die Aufteilung einer Linie im Verhältnis von ungefähr 8:13 bewirkt, dass die Beziehung zwischen dem längeren und dem kürzeren Teil dieselbe ist wie die des längeren Teils zur gesamten Linie. Formen mit den Proportionen des Goldenen Schnitts erzeugen einen gefälligen Eindruck.**

Dasselbe Verhältnis findet sich in einer Zahlenreihe, die man Fibonacci-Reihe nennt. Dieses Zahlenverhältnis kann man in der Natur beim Wachstumsmuster von Pflanzen und in den Gehäusen einiger Tiere beobachten. Möglicherweise ist das Vorkommen in der Natur der Grund für die Gefälligkeit dieser Proportion.

Im Bereich der Grafik ist der Goldene Schnitt die Grundlage für einige Papiermaße. Das Prinzip kann jedoch auch darüber hinaus zum Erzielen einer ausgewogenen Komposition verhelfen.

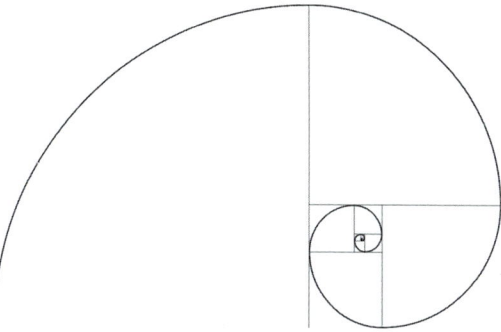

Fibonacci-Spirale bei einer Schnecke:
Verlauf einer Spirale nach der Unterteilung im Goldenen Schnitt

Konstruktion des Goldenen Schnittes nach Euklid:
Der Goldene Schnitt ist die, bereits von Euklid (griechischer Mathematiker um 300 v. Chr.) in seinen „Elementen" formulierte Teilung einer Strecke (AB) durch einen Punkt (S) in der Art, dass sich die kleinere Teilstrecke (SB) zur größeren (AS) verhält wie diese zur Gesamtstrecke. Das ergibt, in angenäherten Zahlen ausgedrückt, eine stetige Folge, bei der immer die beiden letzten Glieder addiert werden (3, 5, 8, 13, 21, 34). Geht man von der gegebenen Strecke (AB) aus, dann ist der größere Teil 1,6 mal größer als die bekannte, eine Teilung durch 1,6 ergibt dementsprechend die kleinere Strecke.

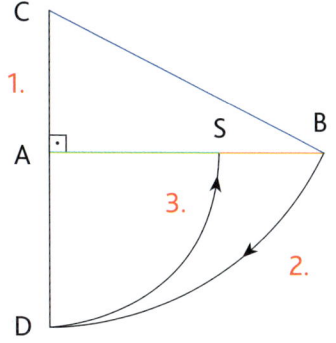

1. Errichte auf der Strecke AB im Punkt A eine Senkrechte der halben Länge von AB mit dem Endpunkt C.

2. Der Kreis um C mit dem Radius $\overline{CB}$ schneidet die Verlängerung von AC im Punkt D.

3. Der Kreis um A mit dem Radius $\overline{AD}$ teilt die Strecke AB im Verhältnis des Goldenen Schnittes im Punkt S.

Bei diesen beiden Beispielen spricht man von einer *inneren Teilung* der Ausgangsstrecke AB.

4 | Lernsituation Geschäftsdrucksachen

 Der Goldene Schnitt wird als harmonisches Maßverhältnis empfunden und wurde bei Kunstwerken sowie in der Architektur vor allem in der Antike und der italienischen Renaissance angewandt.

 An der Fassade der Kirche Santa Maria Novella, Florenz, 15 Jh. kann man z. B. Albertis Gebrauch des Goldenen Schnitts ablesen.

Basilica di Santa Maria Novelle in Florenz, Italien

 Der Architekt Le Corbusier hat 1946 die Maßordnung „Modulor" erstellt, mit der sich die Proportionen der menschlichen Gestalt dem Verhältnis des Goldenen Schnitts annähern und auf die Architektur anwenden lassen.

Bei der Flächenaufteilung und Komposition der Akzidenzbereiche für den vorliegenden Kundenauftrag kann der Goldene Schnitt als Orientierung für eine harmonische, aber gleichzeitig spannungsreiche Anordnung der Gestaltungselemente dienen. Dabei kann die Flächenaufteilung entweder errechnet oder – weniger dogmatisch angewandt – über das Verhältnis 2:1 dem Harmonieprinzip angenähert werden.

1. Welche Figur hat Ihrem Gefühl nach das harmonischste Proportionsverhältnis?
2. Welche ist nach dem Goldenen Schnitt geteilt?

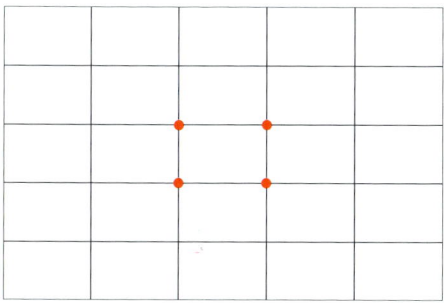

Teilt man ein Format, z. B. eine Visitenkarte, der Breite und Höhe nach in fünf gleiche Strecken, so erhält man Schnittpunkte, die annähernd dem Goldenen Schnitt entsprechen. So kann man sich eine sehr gute Orientierung – quasi ein Raster – für die Platzierung der einzelnen Gestaltungselemente schaffen.

Alle Akzidenzbereiche haben eines gemeinsam: Sie kommunizieren in erster Linie über Schrift. Dabei kann über die Gestaltung mit Schrift – die Typografie – wesentlich dazu beigetragen werden, die für den Kundenauftrag bedeutsamen Inhalte lesefreundlich und überzeugend im Sinne des Kommunikationsziels (CI) darzustellen.

Im Folgenden werden einige wichtige Grundregeln zum Umgang mit Typografie exemplarisch auf die Bereiche der Geschäftsdrucksachen bezogen erläutert.

15 Typografie
15.1 Grundlagen der Typografie

Eine reibungslose Kommunikation bedarf klarer und eindeutiger Schriftzeichen. Wollen Sie mit Handzetteln und Flyern eine bestimmte Zielgruppe erreichen – mit ihr auf diesem Wege kommunizieren – so ist es wichtig, die angemessene Typografie im Sinne der richtigen Zeichenwerkzeuge einzusetzen.

Daher erfolgt zunächst eine kurze Übersicht über die Wirkungsweise von Schrift und die wichtigsten Merkmale von Schrifttypen.

15.1.3 Schriftart und -Wirkung

1 Glas Beton Sekt Aktie
2 **Glas Beton Sekt Aktie**
3 *Glas Beton Sekt Aktie*
4 Glas Beton Sekt Aktie
5 Glas Beton Sekt Aktie
6 Glas Beton Sekt Aktie
7 Glas Beton Sekt Aktie
8 Glas Beton Sekt Aktie
9 Glas Beton Sekt Aktie
10 Glas Beton Sekt Aktie

1. Beschreiben Sie kurz die Charakteristik von Glas, Beton, Sekt und Aktie und ordnen Sie anschließend eine jeweils passende Schrift zu.
2. Welche Schriftart transportiert den jeweiligen Charakter am besten? Begründen Sie Ihre Aussage.
3. Welche Assoziationen und Charakteristiken verbinden Sie mit dem im Briefing für den Handzettel dargestellten Konzert?

Schrift kann passend oder unpassend sein, denn sie transportiert durch ihren eigenen Charakter immer auch eine Botschaft zwischen den Zeilen und intendiert (oder negiert) eine bestimmte Aussage. Die Wirkung einer Schrift wird dabei bestimmt durch ihr formales Erscheinungsbild, also nach dem Formprinzip der Schriftkonstruktion und deren Eigenarten und Details (Serifen, Strichstärken, Strichdicken-Achse etc.).

> **Je größer eine Schrift benutzt wird, umso prägnanter kommen ihre jeweiligen Eigenschaften zum Tragen. Einige Schriften haben so starke Eigenschaften, dass man sie nur als sogenannte „Auszeichnungsschriften" für Headlines, Displayschriften oder als Eyecatcher verwenden kann.**
>
> **Eine zweite Gruppe von Schriften bilden die sogenannten „Brotschriften"[1] für Mengentexte, bei denen die Lesbarkeit im Vordergrund steht.**
>
> **Eine dritte Gruppe bilden die Schriften, die über ihren starken Ausdruckswert identitätsstiftend wirken können und sich somit speziell als Hausschrift im Rahmen eines CI (Corporate Identity) eignen.**

Vgl. LS 3

www.dafont.com

Wie aber sucht man die passende Schrift unter tausenden von Schriften aus, die heutzutage im DTP zur Verfügung stehen? Die manuellen oder elektronischen Schriftenverwaltungen sind zumeist alphabetisch und nicht nach Wirkung der Schrift geordnet. Der typografische Gestalter muss daher sein Auge schulen und Unterschiede sowie Gemeinsamkeiten verschiedener Schriften erkennen lernen, anhand derer sie sich in Gruppen einteilen lassen. Diese Klassifikationen verfügen über die gleichen Stilmerkmale und rufen ähnliche Assoziationen hervor, sodass die Suchkriterien erheblich eingeschränkt werden können.

Um die **Klassifikation der Schriften** leichter nachvollziehen zu können, ist es sinnvoll, bestimmte Fachbegriffe der Anatomie von Buchstaben zu beherrschen. Man kann in der Typografie zwar ganz gut überleben, wenn einem nur die wichtigsten Begriffe geläufig sind, aber für den professionellen Umgang ist es wie in der Musik: Man braucht die Theorie nicht unbedingt, um gut Musik spielen zu können. Es erleichtert aber die Kommunikation mit den Kollegen, wenn man weiß, was ein A oder ein D-Major-7-Akkord ist. Und wie in der Musik die Schulung des Ohrs elementar ist, kommt man

---

[1] Mit dem Satz von Büchern, Zeitungen, o. Ä. in gut leserlichen Schriften – Vertreter der Römischen Serifenschriften laut DIN 16 518 von 1998 – verdienten die Setzer früher ihr Brot, bzw. den Hauptanteil ihres Lohns.

in der Typografie ebenso wenig um die Schulung des Auges herum. Daher sollen im Folgenden die wichtigsten **Bestandteile der Buchstaben** (Lettern) und deren Bezeichnung vorgestellt werden.

Typografische Fachbegriffe

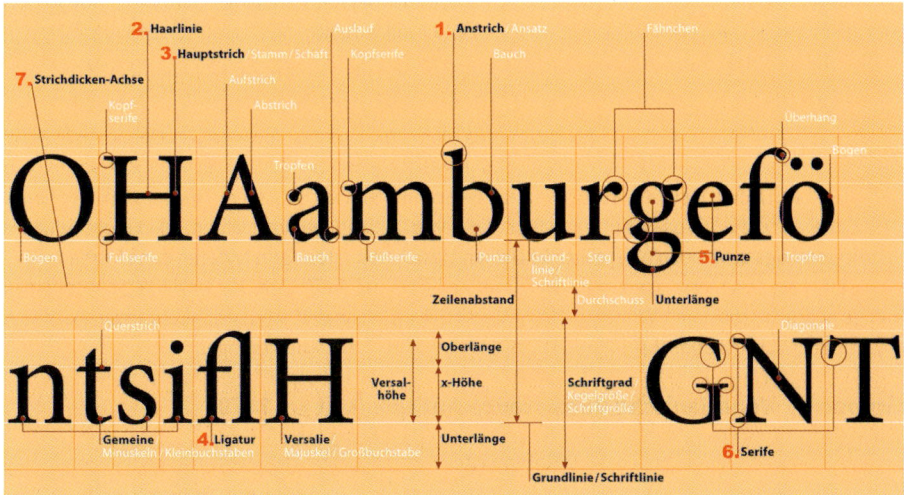

1. Der **Anstrich** entstand beim Schreiben mit der Feder durch das Ansetzen des Schreibwerkzeugs. Die Form der Anstriche ist ein zentrales Kennzeichen zur Zuordnung einer Antiqua-Schrift zu einer bestimmten Schriftgruppe.
2. Als **Haarlinien** werden die waagerechten Linien und Querbalken der Lettern bezeichnet. Durch den Einsatz der Feder beim Schreiben entstanden Strichstärken-Unterschiede zwischen Waagerechten und Senkrechten ganz automatisch. Dieser Duktus wurde von den frühen Stempelschneidern zur Entwicklung der Antiqua übernommen. Der Unterschied zwischen Haarlinien und Hauptstrich ist eines der wichtigsten Merkmale, um Schriftgruppen zu bestimmen.
3. Der **Hauptstrich** (auch Grundstrich genannt) ist der „Gegenspieler" der Haarlinie und verläuft senkrecht.
4. Von **Ligaturen** spricht man, wenn zwei Buchstaben zu einem einzigen verschmelzen. Beispielsweise stellt das deutsche ß eine Ligatur aus langem s und z dar. Am häufigsten sind die Ligaturen fl, ffl, fi, ffi und ch, ck – diese sind standardmäßig in jedem besseren PostScript-Zeichensatz enthalten.
5. Als **Punzen** bezeichnet man die umschlossenen Innenräume des Buchstabenbildes bei Buchstaben wie A, B, e oder d.
6. Die **Serifen** sind wahrscheinlich aus den Ansätzen beim Meißeln der römischen „Quadrata Monumentalis" sowie aus dem Ansatz beim Schreiben mit der Feder entstanden. Durch die Serifen entsteht eine virtuelle Grundlinie, die die Lesbarkeit unterstützt.
7. Die **Strichdicken-Achse** gehört zu den Charaktereigenschaften einer Schrift. Sie ist ein entscheidendes Merkmal, um sie einer Schriftgruppe zuzuordnen. So weisen die frühen Antiqua-Schriften meist eine starke Neigung der Achsen auf.

15.1.2 Schriftklassifikation

International

Eine globale Einigung erscheint ob der unterschiedlichen Kulturkreise auch typografisch sehr schwierig. So ist z. B. im anglo-amerikanischen Raum die Klassifizierung des Franzosen **Maximilian Vox** ein Standard, der nach einer historischen Einteilung vorgeht. 1967 wurde diese Klassifizierung zum **British Standard** zementiert.

Nach DIN 16 518

Auch in Deutschland blieb eine Standardisierung nicht aus. Diese wurde vom Deutschen Institut für Normung vorgenommen, 1964 als DIN 16 518 herausgegeben und hinsichtlich der Bezeichnungen am Modell von Vox angelehnt, auch wenn die Bezeichnungen im Deutschen anders sind. Der Fokus wird dabei auf die Antiqua-Schriften gelegt, die 4 von 11 Gruppen ausmachen. Die Einordnung der Schriften erfolgt zum einen nach geschichtlichen Gesichtspunkten, zum anderen nach formalen Kriterien im Sinne von Stilmerkmalen und erfordert in Bezug auf die Zuordnung einzelner Schriften eine Menge schrifthistorischen Wissens. Diese Klassifizierung beurteilt weder die Lesbarkeit noch den Einsatz einer Schrift. Zunächst ein Überblick über die einzelnen Gruppierungen.

Gruppe 1 Venezianische Renaissance Antiqua (seit ca. 1470)

Merkmale

Die Renaissance-Antiqua ist aus der humanistischen Minuskel hervorgegangen und hat ihre Form durch das Schreiben mit der schräg angesetzten Breitfeder erhalten. Diese bedingt die Schräglage der Rundungen. Auffallend ist eine deutliche Differenzierung zwischen Groß- und Kleinbuchstaben sowie ein spannungsvolles und leichtes Schriftbild, da es damals noch keine fetten Schnitte gab.

Neben dem Aussuchen von geeigneten Schriften steht der Mediengestalter auch oft vor der Aufgabe, eine vorliegende Schrift zu erkennen, bzw. in die entsprechende Gruppe einzuordnen. Bei der Venezianischen Renaissance Antiqua sticht vor allem ein Merkmal heraus: der schräge Querstrich beim kleinen „e". Dieser taucht in dieser Form in keiner anderen Schriftgruppe auf.

Beispiele: ITC Berkley Old Style / Guardi / Stempel-Schneider

Stilelemente

Strichstärken
wenig differenziert

Berkley Old Style

Serifen
Kehlung ausgerundet, dünn

Anstrich | e-Querstrich
meist sehr schräg | schräg

Symmetrieachse
stark nach links geneigt

Gruppe 2 Französische Renaissance Antiqua (seit ca. 1550)

Merkmale

Die französische Variante gleicht in Bezug auf ihre Herkunft und den Eigenschaften der Venezianischen. Sie wirkt jedoch viel solider und vermittelt insgesamt ein ruhigeres Schriftbild. Ihre Varianten eignen sich durch ihre harmonisch angesetzten Serifen gut als Leseschriften.

Innerhalb der Französischen Renaissance Antiqua gibt es bereits Schriftfamilien, die über Kursive, Kapitälchen und Mediävalziffern verfügen. Bei beiden Schriftgruppen (Venezianischer und Französischer Renaissance Antiqua) ist die Symmetrieachse nach links geneigt. Der Strichstärkenkontrast ist relativ gering. Sie eignen sich sehr gut für den Fließtext in Büchern, Anzeigen oder Flyern.

Beispiele: Bembo / Garamond / Minion

Stilelemente

Strichstärken
etwas stärker differenziert

Garamond

Serifen
Übergang stark ausgerundet

Anstrich und e-Querstrich
waagerecht

Symmetrieachse
leicht nach links geneigt

Gruppe 3 Barock Antiqua (seit ca. 1700)

Merkmale

Die Barock-Antiqua steht unter dem Einfluss des Kupferstichs, der im Barock maßgeblichen Reproduktionstechnik. Kennzeichnend für sie ist der deutliche Kontrast zwischen Grund- und Haarstrich.

Die Barock Antiqua wird auch als „Übergangsantiqua" bezeichnet, da ihre Merkmale vielfach fließend zwischen Renaissance und Klassizistischer Antiqua anzusiedeln sind. Als bekanntester Vertreter der Barock Antiqua gilt die Times, die erstmals für die Londoner Zeitung Times erstellt wurde. Die Symmetrieachse ist gegenüber Schriftgruppe 2 weniger nach links geneigt, der Strichstärkenkontrast ist stärker ausgeprägt. Der Unterschied von Mittellänge zu Oberlänge ist weniger ausgeprägt als bei den beiden Schriftgruppen zuvor. Dies macht die Barock Antiqua zu einer angenehmen Leseschrift für Mengentext (z. B. Zeitung).

Beispiele: Baskerville / Bookman / Concorde / Caslon

Stilelemente

Strichstärken
deutlich differenziert

Times

Serifen
schwächer ausgerundet

Anstrich und e-Querstrich
waagerecht

Symmetrieachse
leicht nach links geneigt oder senkrecht

Gruppe 4 Klassizistische Antiqua (seit ca. 1800)

Merkmale

Die klassizistische Antiqua steht den Kupferstecher-Schriften besonders nahe und erhielt ihre Form durch die Spitzfeder, die starke Kontraste in der Linienstärke erzeugt. Ihr klares und konstruiert wirkendes Erscheinungsbild steht im Zeichen der Aufklärung im Zuge der Französichen Revolution. Die strenge Eleganz ist gekennzeichnet durch die dünnen und waagerechten Serifen, die beim Druck oft wegzubrechen drohten.

Die Klassizistische Antiqua ist an ihren geraden, feinen Serifen zu erkennen. Der Dachansatz weist einen Winkel von 90° auf.
Von den Schriftgruppen 1–4 ist der Strichstärkenkontrast bei der Klassizistischen Antiqua am deutlichsten. Die Symmetrieachse ist senkrecht. Sie findet vor allem Verwendung im Bereich Headline und Logo.

Beispiele: Bodoni / Centennial / Modern / Walbaum

Stilelemente

Strichstärken
sehr stark differenziert
kontrastreich

Didot

Serifen
keine Kehlung
oder kaum sichtbar

Anstrich und e-Querstrich
waagerecht

Symmetrieachse
senkrecht

 Von Gruppe 1–4 ändert sich die Symmetrieachse von einer ausgeprägten Linksneigung zur Senkrechten. Der Strichstärkenkontrast ist bei Gruppe 1 am schwächsten, bei Gruppe 4 am deutlichsten zu erkennen.

Gruppe 5 Serifenbetonte Linear Antiqua (seit ca. 1815)

Merkmale

Schriften dieser Gruppe wurden im Zeichen der industriellen Revolution und dem Aufkommen von Massenmedien wie Plakaten entwickelt. Um in Werbung und Headlines aufzufallen, brauchte es ein markantes Schriftbild. Die Haar- und Grundstriche der serifenbetonten Linear-Antiqua unterscheiden sich meist wenig in der Dicke oder sind sogar linear. Auffälligstes Merkmal aller serifenbetonten Linear Antiqua ist eine auffallende Betonung der Serifen, die z. T. kuriose Formen annahm, wie bei einigen Western-Deko-Schriften.

Diese Schriftgruppe lässt sich in Egyptienne, Clarendon und Italienne unterteilen. Die Vertreter dieser Schriftgruppe sind vielfältig für Headline- und Logogestaltung sowie im Bereich von Akzidenzen bis hin zum Buch und Zeitungen einsetzbar.

Beispiele: Glypha / Memphis / Lubalin Graph / Caecilia

Stilelemente

Strichstärken stark differenziert oder gleich stark

Rockwell

Serifen stark betont, keine Kehlung, identische Stärke zum Grundstrich

Anstrich und e-Querstrich waagerecht

Symmetrieachse senkrecht

> Der Beiname Egyptienne nicht nur für eine Untergruppe, sondern für die gesamte Schriftgruppe entstand im 19. Jahrhundert zur Zeit der „Ägyptomanie" – Napoleon brachte dieses „Fieber" nach Europa. Der gerade entstandenen Schriftform gab man diesen Namen, obwohl sie keinesfalls ägyptisch anmutet.

Die Rockwell ist ein klassisches Beispiel für die Gruppe der **Egyptienne-Schriften**:

Hamburgefonts

Die Untergruppe der **Clarendon** ist wesentlich runder und weicher:

Hamburgefonts

Deutlich zu erkennen ist bei der Untergruppe Italienne-Schriften die Betonung der Serifen. Bekannt sind diese Schriften aus dem „Wilden Westen". Die ausgeprägten Serifen sollten in dieser Zeit das hohe Selbstbewusstsein der „Westmänner" betonen.

Hamburgefonts

Gruppe 6 Serifenlose Linear Antiqua (seit ca. 1815)

Ein Teil der zur serifenlosen Linear Antiqua zählenden Schriften ist in der Strichdicke vorwiegend oder sogar optisch ganz einheitlich. Bei einem anderen Teil dieser Schriftgruppe unterscheiden sich die Strichdicken erheblich. Daher ist es sinnvoll, diese Gruppe in **vier Untergruppen** zu unterteilen:

Merkmale

Grotesk-Schriften mit klassizistischem Charakter

Der Begriff »Grotesk« rührt daher, dass der sachlich anmutende Charakter der ersten serifenlosen Schriften als lächerlich, seelenlos – eben grotesk empfunden wurde. In Anlehnung an die klassizistische Antiqua wirkt das gesamte Schriftbild sehr statisch und bildet einen relativ einheitlichen Grauwert.

Beispiele: Univers / Arial / Imago / Akzidenz Grotesk

Stilelemente

Arial

Strichstärken
nicht oder kaum differenziert

Serifen
keine

Anstrich | e-Querstrich
keiner | waagerecht

Symmetrieachse
senkrecht

Merkmale

Sans-Serif-Schriften mit Renaissance Charakter

Diese Schriften sind von den Renaissance Antiqua Schriften abgeleitet. Das gesamte Schriftbild wirkt eher dynamisch, organisch und bildet einen weniger einheitlichen Grauwert als bei den klassizistisch abgeleiteten Grotesk.

Beispiele: Helvetica / FF Meta / Frutiger / Lucida Sans

Stilelemente

Meta

Strichstärken
etwas differenziert

Serifen
fehlen

Anstrich | e-Querstrich
schräg | waagerecht

Symmetrieachse
gering nach links geneigt

»Amerikanische Grotesk«

Bezeichnend für die sogenannte »amerikanische Grotesk« sind ihre sehr großen Mittellängen. Typische Schriften dieser Untergruppe wie die Franklin Gothic wirken oft funktionalistisch kalt und sind in Mengentexten oftmals schlecht lesbar.

Beispiele: Franklin Gothic / Vectora / Kabel

Strichstärken
etwas differenziert

New Gothic

Serifen
fehlen

Anstrich | e-Querstrich
waagerecht | waagerecht und schräg

Symmetrieachse
senkrecht o. kaum geneigt

Merkmale

Konstruierte Schriften

Das funktionalistische Denken zu Anfang des 20. Jahrhunderts (Bauhaus) verlangte nach einfachen, konstruierten Schriften ohne handschriftlichen Bezug. Buchstaben dieser Gruppe bestehen ausschließlich aus geometrischen Grundformen. Die 1928 von Paul Renner konstruierte *Futura* ist mit ihren fast gleichstarken Strichstärken streng konstruiert und gilt als wichtigster Vertreter dieser Untergruppe.

Beispiele: Futura / Bauhaus / Eurostile

Stilelemente

Strichstärken
nicht sichtbar differenziert

Avant Garde

Serifen
fehlen

Anstrich | e-Querstrich
keiner | waagerecht

Symmetrieachse
senkrecht

Gruppe 7 Antiqua Varianten

Merkmale

Zu den Varianten gehören alle Antiqua-Schriften, die den verbleibenden Gruppen nicht zugeordnet werden können, weil ihre Strichführung vom Charakter dieser Gruppen abweicht. Kern dieser Gruppe bilden die sogenannten Deko-Schriften, die mit Effekten aller Art spielen. Im Zuge des DTP ist die Vielzahl und Vielfalt von Schriften nahezu unerschöpflich. Ohne eine weitere Einteilung kann man daher den Varianten nicht gerecht werden.

Copperplate

Desdemona

Stencil

Blur

Gruppe 8 Schreibschriften

Merkmale

Hierzu zählt man zu Drucktypen gewordene „lateinische" Schul- und Kanzleischriften, die wie handgeschrieben oder kalligrafisch „gezeichnet" aussehen.

Schreibschriften lassen das Schreibgerät – z. B. einen Füller mit feiner Feder – erkennen. Ihr Merkmal sind außerdem die zusammenhängenden Buchstaben. Aufgrund ihres persönlichen Charakters werden die Schreibschriften – und auch die Handschriftliche Antiqua – für edle Produkte, einen Slogan oder eine entsprechend edel anmutende Gestaltung verwendet.

Edwardian Script

Lucida Handwriting

Zapfino

Caflisch Script

Gruppe 9 Handschriftliche Antiqua

Merkmale

Diese Schriften kommen von der Antiqua oder deren Kursiv und wandeln das Alphabet handschriftlich in persönlicher Weise ab. Dieser Eindruck wirkt oftmals etwas bemüht, da eine echte Handschrift niemals durchgehend gleiche Buchstabenformen aufweist.

Harrington

Spumoni LP

Mistral

Marker Felt

Gruppe 10 Gebrochene Schriften

Merkmale

Die Sammelgruppe für alle gebrochenen Schriften, die ihren Namen dem Duktus des Schreibens mit der Bandzugfeder verdanken. Die Nationalsozialisten setzten eine stark vereinfachte Form der Gotik als „deutsche Schriften" ein. Gebrochene Schriften werden heute nur noch sparsam verwendet und es empfiehlt sich aus o. g. Gründen sie nur dann zu verwenden, wenn ein inhaltlich klarer traditioneller Bezug besteht.

Diese Gruppe wird so wie die Antiqua in Untergruppen eingeteilt, welche zeitlich aufeinander folgen:
a) **Gotisch**, seit ca. 1445
b) **Rundgotisch**, seit ca. 1467
c) **Schwabacher**, seit ca. 1485
d) **Fraktur**, seit ca. 1540
e) **Frakturvarianten**

Stilelemente

Kingthings Spike

Olde English

Lucida Blackletter

Frakturika

Gruppe 11 Fremde Schriften

Merkmale

In dieser Gruppe werden alle nichtlateinischen Schriften zusammengefasst.

Stilelemente

chinesisch

汉体书写信息技术标准相
容档案下载使用界面简单
支援服务升级资讯专业制
作创意空间快速无线上网

arabische Anmutung
Font: Afarat Ibn Blady

kyrillische Anmutung
Font: Kyrilla

Kreativo ist ein Blindtext, der in einer kyrillisch anmutenden Schrift gesetzt ist. Allerdings hier eher in subtiler und idealtypischer Form.

Die Neufassung der DIN 16 518 von 1998 versucht, die Schriften in ein praxisorientierteres System einzuteilen. Der Übersicht halber wurden nur fünf Schriftgruppen eingesetzt:

www.
typolexikon.
de/d/
din16518-
schriftklassi-
fikation.
html

1 Gebrochene Schriften	2 Römische Serifenschriften	3 Lineare Schriften	4 Serifenbetonte Schriften	5 Geschriebene Schriften
1.1 Gotisch	2.1 Renaissance Antiqua	3.1 Grotesk	4.1 Egyptienne	5.1 Flachfederschrift
1.2 Rundgotisch	2.2 Barock Antiqua	3.2 Anglogrotesk	4.2 Clarendon	5.2 Spitzfederschrift
1.3 Schwabacher	2.3 Klassizistische Antiqua	3.3 Konstruierte Grotesk	4.3 Italienne	5.3 Rundfederschrift
1.4 Fraktur	2.4 Varianten	3.4 Geschriebene Grotesk	4.4 Varianten	5.4 Pinselschrift
1.5 Varianten	2.5 Dekorative	3.5 Varianten	4.5 Dekorative	5.5 Varianten
1.6 Dekorative		3.6 Dekorative		5.6 Dekorative

Kritik am DIN-System

Im Wesentlichen fußt die Klassifizierung nach DIN 16 518 auf der historischen Entwicklung. Wie bereits eingangs erwähnt, beurteilt diese Klassifizierung weder die Lesbarkeit noch den Einsatz einer Schrift. Zudem ist die Einteilung neuerer Schriften nicht immer nachvollziehbar und viele Bildschirm-Schriften lassen sich hier nur schwer subsumieren. Sie bietet dem Gestalter und dem interessierten Kunden daher keine geeignete Hilfe zur Klassifizierung und zur Auswahl von Schriften.

Es gibt heute viele Versuche, Systeme zu entwickeln, mithilfe derer sich Schriften zu eindeutigen Gruppen zusammenfassen lassen. Es geht in den Überlegungen nicht um eine generelle Negierung des Klassifizierungsgedankens, denn ein System zur Gruppierung von Schriftfamilien ist notwendig, um eine gewisse Ordnung in die Vielfalt der Formen bringen zu können und damit eine Orientierung bei der Schriftauswahl und/oder -mischung zu haben.

Markus Wäger stellt auf seiner Homepage einen alternativen Ansatz vor, der sich am Konzept des Typografen **Hans Peter Willberg ("Wegweiser Schrift")** orientiert. Dieses System hat den Anspruch, möglichst einfach handhabbar zu sein und als nützliches Hilfsmittel zu dienen:

www.
design
works.at

Form	Stil	A Dynamisch	B Statisch	C Dekorativ
1. Antiqua		Taeg	Taeg	Taeg
2. Egyptienne		Taeg	**Taeg**	**Taeg**
3. Grotesk		Taeg	**Taeg**	Taeg
4. Handschriften		*Taeg*	*Taeg*	*Taeg*
5. Form-Varianten		Taeg	таeg	ⓉⒶⒺⒼ

1. Welcher Stil entspricht dem Kommunikationsziel aus Ihrem Kundenauftrag zur Fertigung von Geschäftsdrucksachen für den Gartenbaubetrieb Grün & Stein am ehesten? Stellen Sie verschiedene Möglichkeiten vor und begründen Sie Ihre Entscheidung für eine Schrift.
2. Grotesk ist nicht gleich Grotesk. Vergleichen Sie den Schriftzug *Architekt* nebeneinanderstehend in der *Helvetica* und in der *Avant Garde*. Beschreiben Sie die Anmutung der beiden Beispiele, die beide zu den serifenlosen Schriften gehören und bestimmen Sie die passende Schriftwahl zur Wortbedeutung.
3. Durch welche Einflussgrößen können Sie Lesbarkeit erreichen (4 Nennungen)? Übertragen Sie Ihre Ergebnisse auf die Gestaltung von Geschäftsbrief und Visitenkarte.

15.4 Schriftfamilien und -schnitte

Eine Schriftfamilie umfasst die Gesamtheit aller von einer Schrift erstellten Schnitte in allen Schriftgraden. Die Schriftgarnitur umfasst alle Schriftgrade eines Schriftschnittes.

Eine Schriftfamilie besteht aus mehreren Schriftschnitten, in der Regel aus mindestens einem geraden, *kursiven* und **fetten** Schnitt. Die Basis jeder Schrift bildet dabei der gerade Schnitt (regular), quasi als Garant für eine optimale Lesbarkeit. Besonders in den Antiquaschriften gibt es noch mehrere extra Schnitte. Schriftschnitte werden eingeteilt nach **Strichstärken**, **Strichbreite** und **Schriftlage**.

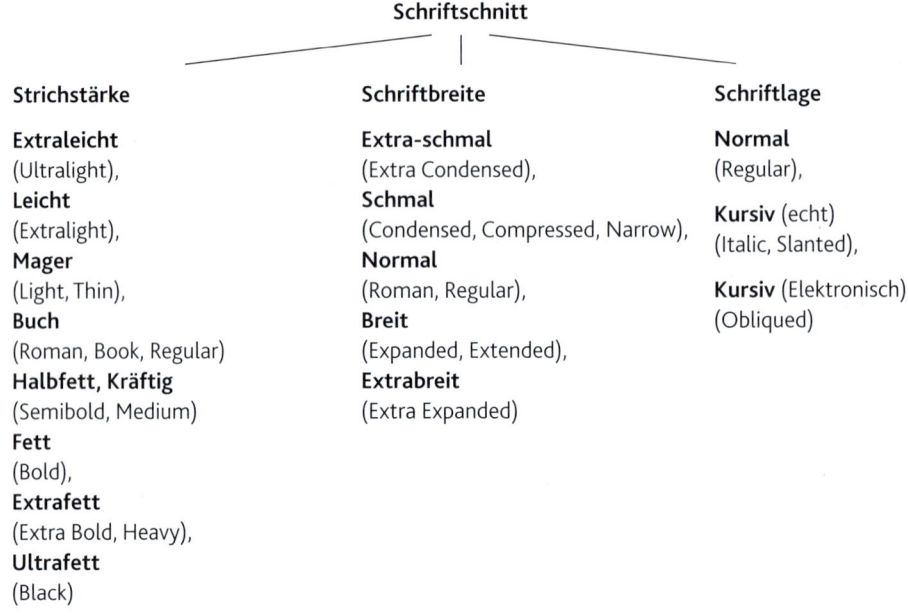

Strichstärke	**Schriftbreite**	**Schriftlage**
Extraleicht (Ultralight),	**Extra-schmal** (Extra Condensed),	**Normal** (Regular),
Leicht (Extralight),	**Schmal** (Condensed, Compressed, Narrow),	**Kursiv** (echt) (Italic, Slanted),
Mager (Light, Thin),	**Normal** (Roman, Regular),	**Kursiv** (Elektronisch) (Obliqued)
Buch (Roman, Book, Regular)	**Breit** (Expanded, Extended),	
Halbfett, Kräftig (Semibold, Medium)	**Extrabreit** (Extra Expanded)	
Fett (Bold),		
Extrafett (Extra Bold, Heavy),		
Ultrafett (Black)		

 Verbinden Sie mit der Schriftlage *kursiv*, der Schriftbreite *condensed* und der Schriftstärke *bold* je drei passende Begriffe nach folgendem Beispiel: kursiv = dynamisch.

15.4.1 Elektronische Schnitte

Zwar bieten heutzutage alle gängigen DTP-Programme das elektronische Modifizieren der Schrift, z. B. Kursivstellen an. Auch der Fettegrad läst sich am Computer auch ohne dazugehörige Schriftschnitte leicht ändern. Das Ganze ist zwar recht praktisch, liefert aber bei Weitem nicht die Qualität, die ein eigens dafür entworfener Schriftschnitt hat. Man sollte eine Schrift niemals durch Modifikation, das heißt durch Verzerren in irgendeine Richtung verunstalten, da sonst die Schönheit und Charakteristik einer Schrift verloren geht. Das sind in diesem Sinne Schmalstellen, Breitstellen, Stauchen oder Strecken. Hinzu kommt der technische Aspekt: Normalerweise wird mit einer Postscript-Schrift (Type 1) gearbeitet, da auch der Film- oder Druckplattenbelichter – besser gesagt der RIP[1] des Ausgabegerätes – erwartet, dass er Postscript-Code zum Interpretieren erhält. Wird für den Text der Schriftschnitt in Form des entsprechenden Postscript-Zeichensatzes verwendet, erhält der RIP genau die Information, die er benötigt. Wird der Text jedoch elektronisch verzerrt (z. B. kursiv gestellt), müssen diese zusätzlichen Informationen, die den reinen Postscript-Code überlagern, nicht unbedingt vom RIP interpretiert werden. In diesem Falle erfolgt die Ausgabe des Textes ohne die gewünschte Auszeichnung.

Vgl. LS 9, 27.1.3

Eine gute Schriftfamilie enthält neben Ligaturen und Mediävalziffern auch einen Satz mit Kapitälchen, also Versalien, welche die Größe von Gemeinen besitzen. Einige DTP-Programme erzeugen **unechte Kapitälchen**. Sie bestehen lediglich aus Versalien eines kleineren Schriftgrades. Dabei verändert sich durch das Skalieren der Versalien natürlich deren Strichstärke und sie heben sich vom übrigen Text durch einen unregelmäßigen Grauwert ab.

---

[1] RIP = Raster Image Processor. Der RIP interpretiert den empfangenen Postscript-Code, erzeugt Rasterpunkte und steuert das Ausgabegerät.

Entwicklungsgeschichtlich wurden die meisten Schriftarten nach Bedarf und Erfolg um weitere Familienmitglieder (Schnitte) erweitert. Extreme Schnitte – sehr fett, schmal oder verbreitert – waren in der Regel im Konzept eines neuen Schriftentwurfs nicht vorgesehen. Wenn eine Schrift erfolgreich war und erweitert werden sollte, erwies sich dies im Nachhinein oft als schwierig, denn oft wurden diese erweiterten Schnitte von anderen Gestaltern entwickelt als das Original.

Somit stellt die 1957 von Adrian Frutiger entwickelte **Univers** einen besonderen Meilenstein in der Entwicklung von Schriften und Schriftfamilien dar. Sie war von Anfang an als komplett aufeinander abgestimmte Großfamilie geplant.

Die Großfamilie der Univers

15.4.3 Schriftmischung

In Bezug auf Ihren Kundenauftrag haben Sie sich mittlerweile sicherlich für eine Schriftart mit adäquatem Schriftcharakter entschieden. Was aber, wenn eine zweite Schriftart hinzukommt, beispielsweise für den Fließtext?

Innerhalb der Gestaltung kann durch Schriftmischung ein besonderer Akzent oder ein individueller Kontrast hervorgerufen werden. Dabei ist jedoch zu beachten, dass zwischen den Schriften ein ausreichend starker Kontrast geschaffen wird, die einzelnen Schriften sollten stilistisch nicht zu nahe beieinander liegen, da sonst der Satz unsauber aussieht. Am einfachsten ist die Schriftmischung innerhalb einer Schriftfamilie, denn alle Schnitte in der Familie können uneingeschränkt gemischt werden. Schriftschnitte aus Schriftfamilien der gleichen Stilrichtung, wie z. B. Schriften der Stilrichtung Renaissance Antiqua, sollten nach Möglichkeit nicht untereinander gemischt werden, da die Unterschiede zu marginal sind. In Bezug auf den Grauwert sollte man darauf achten, dass die Mittellängenhöhen beider Schriften übereinstimmen oder zumindest sehr ähnlich sind, gleiches gilt für den Breitenverlauf und den Duktus. Die Schriften sollten sich in Strichstärke und Strichführung unterscheiden.

Der Künstler unter den Typografen wird jedoch auch – oder vielleicht gerade – mit Schriftkombinationen, die nach oben genannten Kriterien unmöglich zusammengehen, spannende Typografie gestalten.

Dazu ist jedoch eine bestimmte Souveränität im Umgang mit Typografie vonnöten, ähnlich der eines Musikers, der sein Instrument einwandfrei beherrschen muss, um virtuos spielen zu können. Der weniger geübte Gestalter sollte zunächst lernen, mit harmonischen Mischungen umzugehen, bevor er sich in Schriftmischungs-Abenteuer stürzt.

Niemals zwei Schriften aus derselben Gruppe mischen!

Kriterien zur Schriftmischung

Harmonie – wenn Sie Schriften mischen, dann sollten die Familien miteinander harmonieren.

Kontrast – ebenso wichtig wie die Harmonie ist der Kontrast. Man könnte auch sagen, dass der Kontrast vor der Harmonie steht. Ausreichender Kontrast ist das „A und O" für eine gute Gestaltung – im Design im Allgemeinen und in der Typografie im Besonderen.

Anlass – Funktionale Differenzierung und spannendere Gestaltung.

15.1.4 Lesbarkeit

Bei dieser Abbildung geht es offensichtlich nicht um Lesbarkeit im Sinne von Informationsvermittlung. Hier wird Typografie als gestalterisches und raumbildendes Element eingesetzt.

Das Maß für die Leserlichkeit ist die Zeit, in der ein Leser einen Text aufnehmen kann, ohne zu ermüden.

Der Begriff „Lesbarkeit" wird allgemein im Zusammenhang mit „gut oder schlecht lesbar" verwendet.

Dabei ist auch die mögliche Lesegeschwindigkeit angesprochen. Man unterscheidet verschiedene Leseformen, wobei nicht bei allen die Leserlichkeit von gleich großer Bedeutung ist: Beim **konsultierenden Lesen** (Duden, Lexikon, Kochbuch usw.), geht es um schnelle Suchergebnisse. Die Schrift soll auch in kleinen Graden noch gut erkennbar sein. Im Bereich des **linearen Lesens** von Mengensatz (Roman) geht es um ein blendfreies, bequemes Lesen über einen längeren Zeitraum. Hier spielt die Leserlichkeit eine sehr große Rolle, vergleichbar mit dem informierenden und selektierenden Lesen von Zeitungen oder Sachtexten.

In der Werbung, bei Plakaten oder bei Headlines hingegen geht es hauptsächlich um **aktivierendes** und inszenierendes **Lesen**, die Lesbarkeit ist weniger gefragt.

Welche Leseformen dominieren im Bereich der Akzidenzdrucksachen?
Ordnen Sie den im Auftrag geforderten Bereichen eine Leseart zu.

Mikrotypografisches

Wenn man die **Kriterien für Lesbarkeit** innerhalb der Typografie beleuchtet, können folgende Parameter unterschieden werden, die unter dem Begriff Mikrotypografie subsumiert werden:

Zur Verwendung von Korrekturzeichen im Fließtext: www.ewrite.de/mg/downloads/data/pdf/ewrite/korrekturzeichen.pdf

- Schriftgröße
- Schriftcharakter (z. B. Serifen)
- Horizontale Abstände (Buchstaben- und Wortabstände, Zeilenlänge)
- Vertikale Abstände (Zeilenabstände, Grauwert und Auszeichnungsarten)
- Gliederung des Textes (Absätze und Satzart)

Der Begriff „Mikrotypografie" bezeichnet die Bereiche der Typografie, die sich mit den Details im Schriftsatz vornehmlich größerer Textmengen beschäftigen.

Bedeutung von Mittellängen und Serifen für die Lesbarkeit von Mengentext

Es wird oftmals behauptet, dass Antiquaschriften mit Serifen in Mengentext besser lesbar sind als Grotekschriften. Woran könnte das liegen? Durch die Ausformung der Serifen – je nach Schriftvariante gibt es die unterschiedlichsten Ausprägungen im Bereich der „Füßchen" an den Enden der Abstriche – wirkt das Zeilenband des Schriftbildes geschlossener, quasi wie ein Band geführt. Einzelne Wörter treten bei einer Serifenschrift besser hervor, weil das Wortbild geschlossener wirkt. Neben den Serifen ist aber auch das Verhältnis von Mittel- zu Oberlänge von entscheidender Bedeutung, wie das unten angeführte Beispiel zeigt:

Durch die teilweise abgedeckten Zeilen wird deutlich, dass der obere Teil eines Schriftbildes schneller erfassbar (und damit für die Lesbarkeit wichtiger) ist, als der untere. Das Auge orientiert sich entlang der Differenziertheit von Ober- und Mittellängen. Serifen sorgen ebenfalls für eine solche Differenziertheit der Einzelbuchstaben, sodass eine schnellere Identifikation möglich wird.

Ob eine Schrift Serifen aufweist oder nicht spielt für die Lesbarkeit eine untergeordnete Rolle. Die Serifen sind jedoch für die Geschlossenheit des Wortbildes verantwortlich und verursachen klarere optische Zeilenabstände.

Wenn die Charakteristik einer Schrift einen derart großen Einfluss auf die Lesbarkeit und den Wiedererkennungswert hat, ist es für Sie als Gestalter und zur erfolgreichen Bearbeitung des Auftrags absolut notwendig, sich fachlich fundiert und kriterienorientiert für eine Schrift entscheiden zu können.

15.1.1 Schrift als Zeichen

Jedes Fachgebiet hat seine eigene Fachsprache und seine eigenen „Instrumente". Vergleichbar mit einem Musiker, der erst dann kreativ und virtuos werden kann, wenn er sein Instrument spielerisch beherrscht, wird auch der Gestalter erst souverän im Umgang mit Schrift sein, wenn er sich über die Möglichkeiten seines Zeichenvorrates – seiner „Instrumente" – bewusst ist. Doch wodurch unterscheiden sich Schrift und Typografie?

Der Begriff „Typografie" ist eine Zusammensetzung aus den griechischen Wörtern „Typos" (= Form) und „graphein" (= u. a. schreiben), frei übersetzt heißt Typografie also soviel wie „mit Formen zu schreiben".

Die Definitionen variieren zwischen „mit Schrift gestalten" und der „Anwendung von Schrift zur Gestaltung von Druckerzeugnissen".

Schrift ist demnach das Medium der Typografie.

Die kleinste Einheit
Der **Buchstabe** bildet die kleinste Einheit der Typografie. Auf dem Bildschirm erscheint er als geometrische Fläche mit einer entsprechenden Breite und Höhe. Dies ist jedoch nur die oberflächlichste Beschreibung einer Schrift. Viele Begrifflichkeiten stammen aus der Zeit der Schriftsetzer und Bleisätze, in der ein Buchstabe Teil eines Quaders war. So basiert der Schriftgrad z. B. auf der Tiefe der Bleiletter, der sogenannten „Kegelhöhe". Diese war so dimensioniert, dass der Buchstabe in seiner kompletten Ausdehnung, inklusive eines „Randes" darauf Platz hatte.

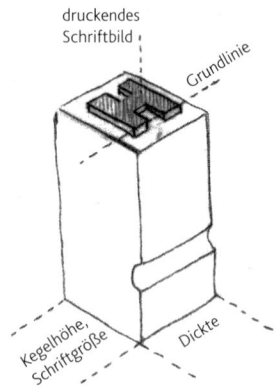

Der Bleisatz macht es anschaulich:

Die horizontale Ausdehnung jedes Buchstabens wird individuell durch seine Vor- und Nachbreite bestimmt und als **Dickte** bezeichnet. Vor- und Nachbreite bilden den entstehenden Weißraum, wenn Buchstaben zu Wörtern zusammengesetzt werden.

Der Buchstabe selbst bildete die Hochdruck-Form, die spiegelverkehrt gedruckt wurde. Diese stand auf einem Bleiquader, dessen Tiefe man als **Kegelhöhe** bezeichnet und der die Schriftgröße markiert.

Schema Bleisatz

Die Schriftgröße selbst ist etwas kleiner als die Kegelhöhe und gegliedert in **Ober-, Mittel- und Unterlänge**. Als **Versalhöhe** wird die Höhe der Großbuchstaben bezeichnet. Diese ist in der Regel etwas kleiner als die Oberlängen der Kleinbuchstaben h, b oder l. Die Unterkante der Mittellänge wird **Grundlinie** genannt und bildet die zentrale virtuelle Achse, auf der die einzelnen Zeichen „stehen". Dies gilt auch, wenn in einer Zeile unterschiedliche Schriftarten oder -größen verwendet werden.

Das Quadrat aus der Schriftgröße bildet das **Geviert**, ein relatives Maßsystem für horizontale Ausdehnung der Schrift. Der Vorteil dieser proportionalen Maßeinheit gegenüber festen Maßangaben in mm ist die Möglichkeit des „Mitwachsens": Verändert sich die Schriftgröße, wächst das Geviert automatisch mit. Aufgrund dieser Vorzüge wird das Geviert als Definition von relativen Abständen eingesetzt, z. B. bildet das Halbgeviert die Breite für einen Gedankenstrich, ein Drittelgeviert stellt den idealtypischen Wortabstand dar.

15.2 Vertikale Ausdehnung von Schrift

15.2.1 Maßsysteme und Schriftgrößen

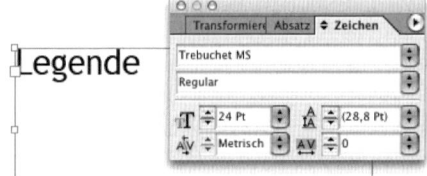

Wenn Sie am Rechner in einem DTP-Programm wie z. B. InDesign eine Schriftgröße definieren, können Sie verschiedene Zahlenwerte einstellen, ohne Kenntnis über das zugrunde liegende Maßsystem zu besitzen. Doch welche Maßeinheit liegt der Berechnung der Schriftgröße zugrunde?

Bedeutung von Mittellängen und Serifen für die Lesbarkeit von Mengentexten

Es wird oftmals behauptet, dass Antiquaschriften mit Serifen in Mengentexten besser lesbar sind als Groteskschriften. Woran könnte das liegen? Durch die Ausformung der Serifen – je nach Antiqua-Variante gibt es die unterschiedlichsten Ausprägungen im Bereich der „Füßchen" oder der An- und Abstriche – wirkt das Zeilenband des Schriftbildes geschlossener, quasi wie eine virtuelle Linie. Einzelne Wörter treten bei einer Serifenschrift besser hervor, weil das Wortbild geschlossener dasteht. Neben den Serifen ist aber auch das Verhältnis von Mittel- zu Oberlängen für die Lesbarkeit von Bedeutung, wie das unten angeführte Beispiel zeigt:

Durch die teilweise abgedeckten Zeilen wird deutlich, dass der obere Teil eines Schriftbildes schneller erfassbar (und damit für die Lesbarkeit wichtiger) ist, als der untere. Das Auge orientiert sich entlang der Differenziertheit von Ober- und Mittellängen. Serifen sorgen ebenfalls für eine solche Differenziertheit der Einzelbuchstaben, sodass eine schnellere Identifikation möglich wird.

Ob eine Schrift Serifen aufweist oder nicht spielt für die Lesbarkeit eine untergeordnete Rolle. Die Serifen sind jedoch für die Geschlossenheit des Wortbildes verantwortlich und verursachen klarere optische Zeilenabstände.

Ob eine Schrift Serifen aufweist oder nicht, spielt für die Lesbarkeit eine untergeordnete Rolle. Die Serifen sind jedoch für die Geschlossenheit des Wortbildes verantwortlich und verursachen klarere optische Zeilenabstände.

Wenn die Charakteristik einer Schrift einen derart großen Einfluss auf die Lesbarkeit und den Wiedererkennungswert hat, ist es für Sie als Gestalter und zur erfolgreichen Bearbeitung des Auftrags absolut notwendig, sich fachlich fundiert und kriterienorientiert für eine Schrift entscheiden zu können.

15.1.1 Schrift als Zeichen

Jedes Fachgebiet hat seine eigene Fachsprache und seine eigenen „Instrumente". Vergleichbar mit einem Musiker, der erst dann kreativ und virtuos werden kann, wenn er sein Instrument spielerisch beherrscht, wird auch der Gestalter erst souverän im Umgang mit Schrift sein, wenn er sich über die Möglichkeiten seines Zeichenvorrates – seiner „Instrumente" – bewusst ist. Doch wodurch unterscheiden sich Schrift und Typografie?

Der Begriff „Typografie" ist eine Zusammensetzung aus den griechischen Wörtern „Typos" (= Form) und „graphein" (= u. a. schreiben), frei übersetzt heißt Typografie also soviel wie „mit Formen zu schreiben".

Die Definitionen variieren zwischen „mit Schrift gestalten" und der „Anwendung von Schrift zur Gestaltung von Druckerzeugnissen".

Schrift ist demnach das Medium der Typografie.

Die kleinste Einheit

Der **Buchstabe** bildet die kleinste Einheit der Typografie. Auf dem Bildschirm erscheint er als geometrische Fläche mit einer entsprechenden Breite und Höhe. Dies ist jedoch nur die oberflächlichste Beschreibung einer Schrift. Viele Begrifflichkeiten stammen aus der Zeit der Schriftsetzer und Bleisätze, in der ein Buchstabe Teil eines Quaders war. So basiert der Schriftgrad z. B. auf der Tiefe der Bleiletter, der sogenannten „Kegelhöhe". Diese war so dimensioniert, dass der Buchstabe in seiner kompletten Ausdehnung, inklusive eines „Randes" darauf Platz hatte.

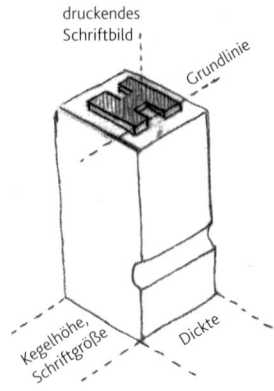

Der Bleisatz macht es anschaulich:

Die horizontale Ausdehnung jedes Buchstabens wird individuell durch seine Vor- und Nachbreite bestimmt und als **Dickte** bezeichnet. Vor- und Nachbreite bilden den entstehenden Weißraum, wenn Buchstaben zu Wörtern zusammengesetzt werden.

Der Buchstabe selbst bildete die Hochdruck-Form, die spiegelverkehrt gedruckt wurde. Diese stand auf einem Bleiquader, dessen Tiefe man als **Kegelhöhe** bezeichnet und der die Schriftgröße markiert.

Schema Bleisatz

Die Schriftgröße selbst ist etwas kleiner als die Kegelhöhe und gegliedert in **Ober-, Mittel- und Unterlänge**. Als **Versalhöhe** wird die Höhe der Großbuchstaben bezeichnet. Diese ist in der Regel etwas kleiner als die Oberlängen der Kleinbuchstaben h, b oder l. Die Unterkante der Mittellänge wird **Grundlinie** genannt und bildet die zentrale virtuelle Achse, auf der die einzelnen Zeichen „stehen". Dies gilt auch, wenn in einer Zeile unterschiedliche Schriftarten oder -größen verwendet werden.

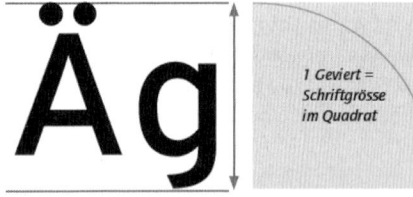

Das Quadrat aus der Schriftgröße bildet das **Geviert**, ein relatives Maßsystem für horizontale Ausdehnung der Schrift. Der Vorteil dieser proportionalen Maßeinheit gegenüber festen Maßangaben in mm ist die Möglichkeit des „Mitwachsens": Verändert sich die Schriftgröße, wächst das Geviert automatisch mit. Aufgrund dieser Vorzüge wird das Geviert als Definition von relativen Abständen eingesetzt, z. B. bildet das Halbgeviert die Breite für einen Gedankenstrich, ein Drittelgeviert stellt den idealtypischen Wortabstand dar.

15.2 Vertikale Ausdehnung von Schrift

15.2.1 Maßsysteme und Schriftgrößen

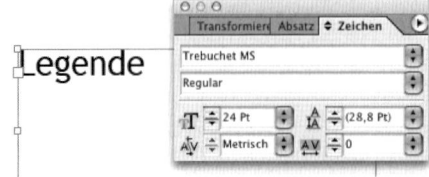

Wenn Sie am Rechner in einem DTP-Programm wie z. B. InDesign eine Schriftgröße definieren, können Sie verschiedene Zahlenwerte einstellen, ohne Kenntnis über das zugrunde liegende Maßsystem zu besitzen. Doch welche Maßeinheit liegt der Berechnung der Schriftgröße zugrunde?

Beim Erstellen von Medienprodukten haben sich zwei Maßsysteme herausgebildet: Der französische Didot-Punkt (dd), das englisch-amerikanische Zollsystem (dpi = dot per inch) und der DTP-Punkt (pt), der auf dem englischen Point basiert und dem 72-sten Teil eines Inch (= 25,4 mm) entspricht. Aufgrund der wachsenden Verbreitung und Bedeutung von Desktop-Publishing-Programmen wird sich der (DTP-) Punkt als Maßeinheit wahrscheinlich durchsetzen.

Maßtabelle

	Abkürzung	Schriftgröße und Größenverhältnisse		
DTP-Punkt	pt	1 pt	1/72 Inch	0,353 mm
		12 pt	1 Pica/0,166 Inch	4,233 mm
		72 pt	1 Inch	25,4 mm
Didot-Punkt (Bleisatz, analog)	dd	1 dd	0,0148 Inch	0,376 mm
Fotosatz		12 dd	1 Cicero/0,177 Inch	4,512 mm
digital		72 dd	frz. Fuß	27,072 mm

Welche Schriftgröße für welchen Anlass?

Wie klein darf die Schrift auf der Visitenkarte sein? Wann empfindet der Kunde die Schriftgröße bei einem Geschäftsbrief als Zumutung?

Man unterscheidet hier nach der Art der Verwendung:

Konsultationsgrößen	6 bis 8 pt	Marginalien und Fußnoten, Lexika
Lesegrößen „Brotschriften"	8–12 pt	Standard für Bücher, Briefe und sonstige Medienprodukte
Schaugrößen	bis 48 pt	Überschriften, Titel, plakative Texte
Plakatgrößen	ab 48 pt	Plakate

15.4.2 Schriftcharakter

Ein weiteres Kriterium für die Lesbarkeit einer Schrift ist der Schriftcharakter. So sind Schriften mit markant-exzessiven Ausformungen für Fließtexte völlig ungeeignet. Der Ausdruckswert eines Schriftcharakters sollte die semantische Aussage von Überschriften und Mengentexten unterstreichen, bzw. verstärken.

Beschreiben Sie den jeweiligen Schriftcharakter und beurteilen Sie ihn im Hinblick auf seine Verwendbarkeit für die nach Kundenvorgaben zu gestaltenden Geschäftsdrucksachen.

Sehr geehrte Damen und Herren,

dies ist ein Blindtext, an dem sich in Bezug auf die Wirkung einer Satzart vieles ablesen lässt. So wird neben dem Grauwert der Schriftfläche auch die Brauchbarkeit der Schriftart deutlich. Man kann prüfen, ob sie gut zu lesen ist und wie sie auf den Leser wirkt. Bei einer hohen Aufmerksamkeitsleistung kann man die Eignung der Satzart beurteilen und mit der Zeit entwickelt man ein typografisches Feingefühl.

Mir freundlichem Gruß

Sehr geehrte Damen und Herren,

dies ist ein Blindtext, an dem sich in Bezug auf die Wirkung einer Satzart vieles ablesen lässt. So wird neben dem Grauwert der Schriftfläche auch die Brauchbarkeit der Schriftart deutlich. Man kann prüfen, ob sie gut zu lesen ist und wie sie auf den Leser wirkt. Bei einer hohen Aufmerksamkeitsleistung kann man die Eignung der Satzart beurteilen und mit der Zeit entwickelt man ein typografisches Feingefühl.

Mir freundlichem Gruß

SEHR GEEHRTE DAMEN UND HERREN,

DIES IST EIN BLINDTEXT, AN DEM SICH IN BEZUG AUF DIE WIRKUNG EINER SATZART VIELES ABLESEN LÄSST. SO WIRD NEBEN DEM GRAUWERT DER SCHRIFTFLÄCHE AUCH DIE BRAUCHBARKEIT DER SCHRIFTART DEUTLICH. MAN KANN PRÜFEN, OB SIE GUT ZU LESEN IST UND WIE SIE AUF DEN LESER WIRKT. BEI EINER HOHEN AUFMERKSAMKEITSLEISTUNG KANN MAN DIE EIGNUNG DER SATZART BEURTEILEN UND MIT DER ZEIT ENTWICKELT MAN EIN TYPOGRAFISCHES FEINGEFÜHL.

MIR FREUNDLICHEM GRUSS

Sehr geehrte Damen und Herren,

dies ist ein Blindtext, an dem sich in Bezug auf die Wirkung einer Satzart vieles ablesen lässt. So wird neben dem Grauwert der Schriftfläche auch die Brauchbarkeit der Schriftart deutlich. Man kann prüfen, ob sie gut zu lesen ist und wie sie auf den Leser wirkt. Bei einer hohen Aufmerksamkeitsleistung kann man die Eignung der Satzart beurteilen und mit der Zeit entwickelt man ein typografisches Feingefühl.

Mir freundlichem Gruß

Sehr geehrte Damen und Herren,

dies ist ein Blindtext, an dem sich in Bezug auf die Wirkung einer Satzart vieles ablesen lässt. So wird neben dem Grauwert der Schriftfläche auch die Brauchbarkeit der Schriftart deutlich. Man kann prüfen, ob sie gut zu lesen ist und wie sie auf den Leser wirkt. Bei einer hohen Aufmerksamkeitsleistung kann man die Eignung der Satzart beurteilen und mit der Zeit entwickelt man ein typografisches Feingefühl.

Mir freundlichem Gruß

1. Welche Merkmale weisen die gut leserlichen Schriften auf?
2. Welche Schriftcharaktere sind passend für Geschäftsdrucksachen gewählt?

15.3 Horizontale Ausdehnung von Schrift

15.3.1 Buchstaben- und Wortabstände

Wenn Buchstaben innerhalb eines Logos, der Headline oder eines Textes insgesamt zu eng oder zu weit stehen, kann die Fixation – das gleichzeitige Erfassen mehrerer Worte – nicht mehr in der gewohnten Zeit erfolgen. Der harmonische Gesamteindruck eines Logos kann gestört werden.

Wo liegen die Ursachen dafür?

Innerhalb eines Fonts (einer Schrift) nehmen die einzelnen Buchstaben unterschiedlichen Raum ein, sie basieren quasi auf unterschiedlichen geometrischen Grundformen und haben demzufolge unterschiedliche Dickten. So benötigt das „i" mit seiner schmalen, rechteckigen Grundfläche nur sehr wenig Raum im Vergleich zu raumgreifenden Versalien wie M und W (quadratische Grundfläche), T, V und A (viel Negativ-Weißraum). Bei den Minuskeln gilt dies u. a. für die Buchstaben f, g, j, v, w und y. Aufgrund ihrer unterschiedlichen Proportionen nennt man diese Schriften **Proportionalschriften**.

Bei nicht-proportionalen Schriften, den sogenannten **Mono-spaced-Fonts** (= gleicher Abstand), ist der Abstand zwischen den Buchstaben immer gleich breit, sodass unterschiedlich große Zwischenräume (= Weißräume) entstehen.

Die Courier basiert auf gleich breiten Metallblöcken – jeder Buchstabe nimmt gleich viel Raum ein.

Courier: Investition
Geneva: Investition

Dagegen sind proportionale Schriften wie die Geneva in der Breite angepasst – das „i" benötigt weniger Platz als das „v".

Durch die Breitenanpassung wirken Proportionalschriften gegliedert und im Grauwert harmonisch, was sich positiv auf deren Lesbarkeit auswirkt. Problematisch wird es dann, wenn Buchstaben nebeneinander stehen, die einen unterschiedlichen Platzbedarf haben: Es entstehen „Löcher" im Textfluss, die jedoch bei normalen Lesegrößen nur einem geschulten Auge auffallen. Die meisten Layoutprogramme führen zudem einen automatischen Ausgleich – das sogenannte „**Kerning**" – durch. Diese **Unterschneidung** führt dazu, dass das kleine Zeichen an das große heranrückt und evtl. störende Lücken geschlossen werden.

Innerhalb von Geschäftsdrucksachen kommen Logos, Slogans oder Eigennamen zur Anwendung, bei denen eine formale Stimmigkeit entscheidend für die Prägnanz ist. Gerade bei Wortmarken, die in Versalien gesetzt sind, können diese o. g. Lücken unangenehm auffallen, wie das folgende Beispiel zeigt:

Vgl. LS 3

Durch die Spiegelung der in Futura gesetzten Wortmarke werden die großen Weißräume zwischen den Buchstaben „O-T-O" deutlicher, zur Verwendung als Marke fehlt es dem Schriftzug an Geschlossenheit und Kompaktheit.

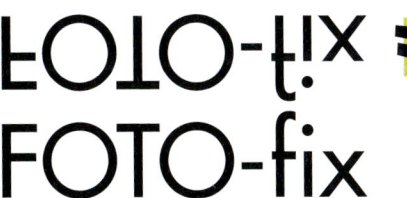

Durch die extreme Unterschneidung wird die Prägnanz des Logos im Sinne der Bildhaftigkeit erhöht.

Spationieren oder Sperren?

Das Sperren ist quasi das Gegenteil des Unterschneidens: Der Abstand zwischen den Zeichen wird erweitert, wodurch unter bestimmten Umständen die Lesbarkeit erhöht werden kann. Bei sehr kleinen Schriftgrößen unter 9 pt empfiehlt es sich bei manchen Schriften, den Abstand etwas zu vergrößern.

Je nach Papier- und Druckqualität kann es zu einem Verlaufen des Druckbildes kommen, daher ist hier ein etwas weiterer Abstand von Vorteil. Headlines oder Auszeichnungen, die in Versalien oder Kapitälchen gesetzt sind, sollten generell weiter gesetzt werden.

Negativ gesetzter Text wird in kleinen Schriftgrößen durch die Verwendung halbfetter Schnitte und eine geringe Erweiterung lesbarer, da die Schriften ansonsten durch den hohen Schwarzanteil zulaufen könnten.

Vgl. diese LS, 15.5.2

Das Spationieren bezeichnet sozusagen das „Sperren" zwischen zwei Satzzeichen. So wird der Abstand vor einem Gedankenstrich oder die Gliederung von Telefonnummern durch ein Halbgeviert, sogenannte „Spatien" getrennt.

15.2.2 Zeilenabstand und Durchschuss

Der Grauwert

Wenn die Zeilen zu eng aneinander oder zu weit auseinander stehen, ergibt der Text keinen einheitlichen Grauwert mehr. Betrachtet man die unten angeführten Beispiele durch halb geschlossene Augenlieder, erhalten die Textblöcke einen bestimmten **Tonwert**. Dieser Tonwert wird als Grauwert einer Schrift bezeichnet und wird bestimmt durch das Verhältnis von Mittellänge einer Schrift und dem Zeilenabstand.

 Der Zeilenabstand erscheint zu eng: Die Unter- und Oberlängen zweier Zeilen stoßen aneinander, sodass man beim Lesen leicht in der Zeile verrutscht.

Sehr geehrte Damen und Herren,
dies ist ein Blindtext, an dem sich in Bezug auf die Wirkung einer Schrift und wie sie gesetzt ist vieles ablesen lässt. So wird neben dem Grauwert der Schriftfläche auch die Brauchbarkeit der Schriftart deutlich. Man kann prüfen, ob sie gut zu lesen ist und wie sie auf den Leser wirkt. Bei einer hohen Aufmerksamkeitsleistung kann man die Eignung der Satzart beurteilen und mit der Zeit entwickelt man ein typografisches Feingefühl.
Mit freundlichem Gruß

Gill Sans, 12|12

Dieser Zeilenabstand entspricht der automatischen Standardeinstellung vieler Layoutprogramme von 120 %. Er erscheint dem Betrachter – weil gewohnt – optimal.

Sehr geehrte Damen und Herren,
dies ist ein Blindtext, an dem sich in Bezug auf die Wirkung einer Schrift und wie sie gesetzt ist vieles ablesen lässt. So wird neben dem Grauwert der Schriftfläche auch die Brauchbarkeit der Schriftart deutlich. Man kann prüfen, ob sie gut zu lesen ist und wie sie auf den Leser wirkt. Bei einer hohen Aufmerksamkeitsleistung kann man die Eignung der Satzart beurteilen und mit der Zeit entwickelt man ein typografisches Feingefühl.
Mit freundlichem Gruß

Gill Sans, 12|14,4 (autom.)

 Hier tritt der Weißraum zwischen den Zeilen deutlich in den Vordergrund. Dies kann u. U. beim Lesen störend wirken, in wissenschaftlichen Arbeiten ist es aber oft sogar gewünscht, um Anmerkungen im Text zu notieren.

Sehr geehrte Damen und Herren,
dies ist ein Blindtext, an dem sich in Bezug auf die Wirkung einer Schrift und wie sie gesetzt ist vieles ablesen lässt. So wird neben dem Grauwert der Schriftfläche auch die Brauchbarkeit der Schriftart deutlich. Man kann prüfen, ob sie gut zu lesen ist und wie sie auf den Leser wirkt. Bei einer hohen Aufmerksamkeitsleistung kann man die Eignung der Satzart beurteilen und mit der Zeit entwickelt man ein typografisches Feingefühl.
Mit freundlichem Gruß

Gill Sans, 12|18

Der **Zeilenabstand** (ZAB) ist der Abstand zwischen den Grundlinien zweier Zeilen. Dieser wird im Vergleich zum optischen Zeilenabstand auch als **numerischer Zeilenabstand** bezeichnet.

Als **Durchschuss** wird der Weißraum zwischen der Unterlänge der oberen Zeile bis zur Oberlänge der unteren Zeile bezeichnet. Er entspricht dem Zeilenabstand minus Schriftgröße.

Welcher Zeilenabstand ist richtig?
Eine Faustregel dazu besagt, dass der optimale ZAB etwa 150 % der Gemeinen-Höhe, also das 1,5-fache der x-Höhe betragen sollte.

Der Zeilenabstand ist direkt abhängig von der im Text verwendeten Schriftform und deren Proportionen von Versalhöhe zu Mittellänge.

Das Beispiel zeigt dies deutlich: Bei der Bernhard Modern ist das Verhältnis von Oberlänge zu Mittellänge extremer als bei der Verdana, deutlich mehr Weißraum ist die Folge. Damit erscheint der Zeilenanstand größer.

> Sehr geehrte Damen und Herren,
> dies ist ein Blindtext, an dem sich in Bezug auf die Wirkung einer Schrift und wie sie gesetzt ist vieles ablesen lässt. So wird neben dem Grauwert der Schriftfläche auch die Brauchbarkeit der Schriftart deutlich. Man kann prüfen, ob sie gut zu lesen ist und wie sie auf den Leser wirkt. Bei einer hohen Aufmerksamkeitsleistung kann man die Eignung der Satzart beurteilen und mit der Zeit entwickelt man ein typografisches Feingefühl.
> Mit freundlichem Gruß
>
> Verdana 12 | 14,4

> Sehr geehrte Damen und Herren,
> dies ist ein Blindtext, an dem sich in Bezug auf die Wirkung einer Schrift und wie sie gesetzt ist vieles ablesen lässt. So wird neben dem Grauwert der Schriftfläche auch die Brauchbarkeit der Schriftart deutlich. Man kann prüfen, ob sie gut zu lesen ist und wie sie auf den Leser wirkt. Bei einer hohen Aufmerksamkeitsleistung kann man die Eignung der Satzart beurteilen und mit der Zeit entwickelt man ein typografisches Feingefühl.
> Mit freundlichem Gruß
>
> Bernhard Modern 12 | 14,4

Auch der **Schriftcharakter** ist wichtig: Eine filigrane Schrift auf edlem Geschäftspapier z. B. wird hinsichtlich ihrer Leichtigkeit durch einen erhöhten Zeilenabstand noch unterstützt. Prinzipiell sollte der Zeilenabstand so groß sein, dass die Grauwirkung zwischen den Zeilen optisch gleich groß erscheint wie der des Wortabstandes.

15.2.3 Zeilenlänge

Wenn Zeilen sehr lang sind, schafft das Auge beim Lesevorgang am Zeilenende den Sprung nach vorne zur nächsten Zeile nicht auf Anhieb. Dies behindert den Lesefluss. Ein vergrößerter Zeilenabstand schafft hier Abhilfe.

Welche Zeilenlänge ist richtig?

Faustregel: Bei Lesegrößen von 9–12 pt gewährleisten etwa 50–70 Zeichen in einer Zeile eine gute Lesbarkeit.

Die ist natürlich auch abhängig von der verwendeten Schriftart, dem Schriftschnitt und dem Zeilenabstand.

15.2.4 Auszeichnungsarten

In einem direkten Gespräch, z. B. mit Ihrem Kunden, verraten Tonfall, Gestik und Mimik meist, wie das Gesagte gemeint ist. Zusätzlich können Sie als rhetorisches Mittel noch die Lautstärke oder den Tonfall einsetzen. Geschriebener Text kann diese Qualität der Kommunikation nur bedingt erreichen. Dennoch kann neben gestalterischen Elementen wie der Wahl des Papiers oder der Schriftart mit typografischen Mitteln Mengentext betont und strukturiert werden, indem man **Auszeichnungsformen** nutzt.

Meistens wird ein Wort, ein Satz oder ein Abschnitt ausgezeichnet. Man unterscheidet dabei zwischen **integrierten und aktiven Auszeichnungsarten**, je nach dem passiven oder aktiven Grad der Betonung und damit verbunden der Unterbrechung des Leseflusses.

Integrierte Auszeichnung
Die integrierte Auszeichnungsart passt sich ihrer typografischen Umgebung unauffällig an, sodass der Leser sie erst wahrnimmt, wenn er zu der entsprechenden Textstelle gelangt. Mithilfe der *Kursive* oder durch KAPITÄLCHEN lassen sich Titel, Namen, Orte oder Zitate hervorheben, da sie sich ideal dem Grauwert der Schrift anpassen. Auf die Verwendung von VERSALIEN sollte verzichtet werden, da sie im laufenden Text zu eng und groß (und damit zu eigenständig) wirken. Will oder kann man trotzdem nicht auf den Einsatz von Versalien verzichten, z. B. weil keine Kapitälchen zur Verfügung stehen, sollte man diese mindestens 1 pt kleiner setzen.

Aktive Auszeichnung
Die aktive Auszeichnungsart sieht man auf den ersten Blick: Sie signalisiert dem Leser bereits worum es geht, bevor er den entsprechenden Absatz oder die Seite liest. Um dies zu erreichen, ist ein stärkerer Kontrast zum Fließtext notwendig. Dies erreicht man durch die Verwendung von folgenden Auszeichnungsarten:

fette Schriftschnitte	nach Möglichkeit sollte hier von einem echten Schriftschnitt und nicht von der reinen elektronischen Veränderung der Balkenstärke Gebrauch gemacht werden.
farbige Schrift	hier gilt es zu beachten, dass die farbig gesetzte Textstelle einen ausreichend starken Schriftkörper hat, sonst geht der Effekt der Farbigkeit verloren. Am besten eignen sind hier **fette Schriften**. Zudem ist es wichtig, auf einen ausreichenden Hell-Dunkel-Kontrast zur Hintergrundfarbe zu achten.
<u>Unterstreichung</u>	auch hier hat die elektronische Unterstreichung insofern Nachteile, als dass die Unterlängen oftmals berührt oder gar durchgestrichen werden. Im Zeitalter der Verlinkung von Texten sollte man auf die Unterstreichung als Auszeichnung völlig verzichten, um Ähnlichkeiten zu vermeiden.
Hinterlegung	beim farbigen Hinterlegen von Textstellen muss man auf einen ausreichend starken Kontrast zur Schriftfarbe achten, sonst leidet die Lesbarkeit und der Effekt der Auszeichnung ist diametral zu seiner Funktion.

Prinzipiell gilt auch für Auszeichnungen die Regel „Weniger ist mehr" – eine Auszeichnungsart reicht!

15.6 Satzarten

Unter dem Begriff „Satzart" versteht man, auf welche Weise ein Text bündig, d. h. in Bezug auf eine Spalte oder einen Satzspiegel ausgerichtet ist.

Die Beschaffenheit des Satzspiegels, die Spaltenbreite und natürlich die Verwendungs- und Produktart sind demnach entscheidend für die Wahl der Satzart. Man unterscheidet folgende Satzarten:

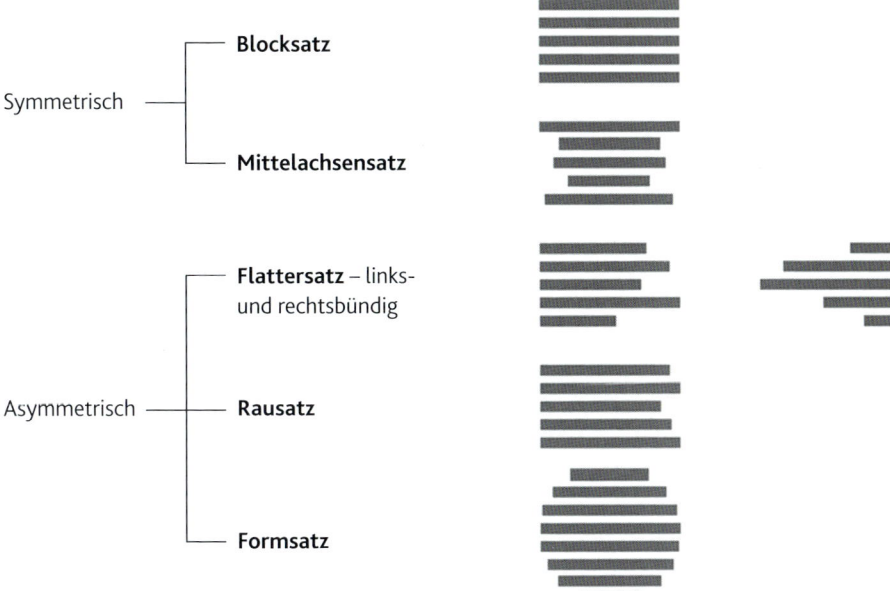

Welche dieser aufgeführten Satzarten würden Sie rein intuitiv für die Gestaltung von Geschäftsbriefen auswählen? Machen Sie sich erneut klar, welche Kommunikationsfunktion Sie mit der Satzart unterstützen wollen.

Im Folgenden werden die drei wichtigsten Satzarten für Geschäftsbriefe vorgestellt.

Blocksatz

Hier sind die Zeilen gleich lang und die Seiten bündig. Diese Bündigkeit hat oberste Priorität, was zur Folge hat, dass der Ausgleich des Restraums über die Wortabstände verteilt wird. So kommt es bei Zeilenlängen unter 45 Anschlägen zu unschönen „Lücken", welche den Text auseinander reißen. Mit entsprechender manueller Nachbearbeitung und genügender Zeilenbreite bildet der Blocksatz ein gleichmäßiges, harmonisches Satzbild, welches im Zeitungssatz weit verbreitet ist.

Innerhalb von Geschäftsbriefen wirken die blocksatzbedingten Lücken lesebehindernd, wenn man wie in diesem Beispiel nicht auf den optischen Ausgleich achtet. Zudem wirkt der Blocksatz recht streng, was je nach Anlass des Schreiben aber auch beabsichtigt sein kann.

```
Sehr    geehrte    Damen    und    Herren,
dies ist ein Blindtext, an dem sich in Bezug auf
die Wirkung einer Satzart vieles ablesen lässt.
So wird neben dem Grauwert der Schriftfläche auch
die Brauchbarkeit der Schriftart deutlich. Man
kann prüfen, ob sie gut zu lesen ist und wie sie
auf  den  Leser  wirkt.  Bei  einer  hohen
Aufmerksamkeitsleistung kann man die Eignung der
Satzart beurteilen und mit der Zeit entwickelt man
ein typografisches Feingefühl.

Mir freundlichem Gruß
```

Flattersatz

Diese einfachste und unserer Lesart nach natürlichste Variante wird in Form des **linksbündigen Flattersatzes** am häufigsten verwendet. Links bilden die Zeilenanfänge eine schafkantige virtuelle Achse, die rechte Seite „flattert" unregelmäßig aus.

Wird beim Flattersatz auf Trennungen verzichtet, können sich Zeilen von extrem unterschiedlicher Länge ergeben. Dadurch erscheint der Text oft entgegen seinem Inhalt strukturiert und zerrissen zugleich.

```
Sehr geehrte Damen und Herren,

dies ist ein Blindtext, an dem sich in Bezug auf
die Wirkung einer Satzart vieles ablesen lässt.
So wird neben dem Grauwert der Schriftfläche auch
die Brauchbarkeit der Schriftart deutlich. Man
kann prüfen, ob sie gut zu lesen ist und wie sie
auf den Leser wirkt. Bei einer hohen
Aufmerksamkeitsleistung kann man die Eignung der
Satzart beurteilen und mit der Zeit entwickelt man
ein typografisches Feingefühl.

Mir freundlichem Gruß
```

Der **rechtsbündige Flattersatz** ist der Umkehrfall: die virtuelle Achse bildet sich beim Zeilenende in Form einer Kante an der rechten Seite, die linke Seite des Zeilenanfangs "flattert" unregelmäßig aus. Aufgrund dieser unruhig verlaufenden Zeilenanfänge ist die Lesbarkeit stark eingeschränkt. Folglich sollte der rechtsbündige Flattersatz nur für kurze Texte, z. B. Bildlegenden, Untertitel oder Texte mit grafischer Wirkung verwendet werden.

Rausatz

Das oben genannte „Flattern" kann man durch Trennung der Wörter mildern. Damit wird der Bereich der unruhigen Zone am Zeilenende verkleinert. Man nennt diesen „bearbeiteten" Flattersatz Rausatz. Gut gemacht – sprich getrennt – gilt er als sehr lesefreundlich.

Bei diesem Geschäftsbrief wurde der unruhige Eindruck durch Trennungen der Wörter ausgeglichen. Mehr als drei aufeinander folgende Trennungen sollten jedoch vermieden werden, da sie das Auge ablenken.

```
Sehr geehrte Damen und Herren,

dies ist ein Blindtext, an dem sich in Bezug auf
die Wirkung einer Satzart vieles ablesen lässt.
So wird neben dem Grauwert der Schriftfläche auch
die Brauchbarkeit der Schriftart deutlich. Man
kann prüfen, ob sie gut zu lesen ist und wie sie
auf den Leser wirkt. Bei einer hohen Aufmerksam-
keitsleistung kann man die Eignung der Satzart be-
urteilen und mit der Zeit entwickelt man ein typo-
grafisches Feingefühl.

Mir freundlichem Gruß
```

15.5   Ziffern und Zahlen

15.5.1   Mediäval- und Versalziffern

Innerhalb der laut Kundenauftrag zu erstellenden Akzidenzbereiche müssen Sie fachgerecht mit Zahlen und Ziffern innerhalb von Texten agieren. Was Sie beim typografisch richtigen „Setzen" von Ziffern zu beachten haben, soll im Folgenden näher erläutert werden.

In Satzschriften kommen zwei Arten von Ziffern vor: die Mediäval- oder Minuskelziffern und die Versalziffern. Diese Ausformung von zwei Drucktypen arabischer Ziffern liegt an der Entwicklung von Ziffern in Zusammenhang mit Schriftentwicklungen.

Die bei uns gebräuchlichen arabischen Ziffern kamen ursprünglich aus Indien und wurden durch die Kreuzritter über Spanien in Europa verbreitet. Die Ziffern wurden im Laufe der Jahrhunderte zugunsten der besseren Unterscheidbarkeit zunächst handschriftlich abgewandelt, bis sie in den gedruckten Rechenbüchern von Adam Ries (1550) Verbreitung fanden.

Dabei unterscheiden sich die stilgeschichtlich versetzt entwickelten Ziffernarten in ihrer Ausformung und damit auch hinsichtlich ihrer Verwendung.

Mediäval- oder Minuskelziffern

Sie werden seit der Renaissance in Verbindung mit Mengentext und Kleinbuchstaben benutzt. Mediävalziffern sind immer auf die Spezifika und die individuellen Dickten einer Schriftart ausgerichtet. Wie diese besitzen auch sie Oberlängen (6 und 8), Mittellängen (1, 2 und 0) und Unterlängen (2, 4, 5, 7 und 9), wodurch sie sich optimal in das jeweilige Schriftbild und den Rhythmus des Mengentextes einfügen. Aufgrund ihres markanten Charakters wirken sie zum einen edel, zum anderen dynamisch und sind vor allem eindeutig erkennbar.

123456789	Apple Chancery
123456789	Skia
123456789	Georgia
123456789	Lucida Blackletter

Versalziffern

Sie werden im Zusammenhang mit der Entwicklung klassizistischer Schriften seit dem 19. Jahrhundert innerhalb von Tabellen verwendet. In reinem Fließtext wirken sie zu groß, da sie entsprechend der Versalien alle die gleiche Höhe haben. Diesen Effekt kann man gestalterisch aber zu Auszeichnungszwecken nutzen.

123456789	Futura
123456789	Helvetica Neue
123456789	Rotis Semi Sans
123456789	Verdana

Beim Tabellensatz ist zu beachten, dass alle Ziffern dieselben Dickten haben, damit sie in den Tabellenspalten exakt untereinander stehen. Daher sind Versalziffern normalerweise auf Halbgeviertdickte zugerichtet, um eine Einheitlichkeit unterschiedlicher Zeichensätze zu gewährleisten. Individuelle Abweichungen kann man durch Einstellungen in der Unterschneidungstabelle eines Layoutprogramms erzielen.

15.5.2 „Zahlensatz-Knigge"

Geschäftspapiere und Visitenkarten bilden zumeist den ersten Kundenkontakt und drücken in ihrer Funktion im Rahmen des CD (Corporate Design) eine Menge über ihren Inhaber aus. Umso wichtiger ist hier der richtige Umgang mit – auf den ersten Blick unscheinbaren – Dingen wie Telefon-, Fax- oder Handynummern. Dadurch wird mindestens genauso viel Professionalität ausgedrückt wie durch die richtige Schriftwahl.

Im Folgenden werden grundlegende Regeln zum richtigen Umgang mit den gängigsten Bereichen des Zahlensatzes erläutert:

Telefon-, Fax- und Handynummern	
Telefon-Nummern werden laut DIN nicht mehr (wie vor 2001) von rechts in Zweiergruppen, sondern gar nicht mehr gegliedert	456789
Direktwahlnummern werden durch ein Divis (Bindestrich) abgetrennt.	456789-0
Zur optischen Trennung von Vorwahl- und Durchwahlnummern verwendet die DIN 5008 einen Leerschritt.	0234 456789

www. din-5008-richtlinien.de

Bei einer internationalen Vorwahl hat sich das Plus durchgesetzt. Es empfiehlt sich, die Null in Klammern zu setzen, so wird deutlich, dass diese nicht mehr gewählt werden muss.	+49 (0)234 - 4567889
Ziffern	
Zahlen bis zwölf schreibt man im laufenden Text aus.	Zwölf Eier, aber 13 Fußballer
Jahreszahlen werden immer als Ziffernfolge gesetzt.	2008
Bei mehr als 4 Ziffern werden die Tausenderstellen durch genormte Abstände – lsogenannte Spatien – untergliedert. Je nach Schriftbild variieren diese zwischen einem Fünftel- bis Achtelgeviert.	10 358 Zuschauer oder 1 750 000 EUR Umbaukosten
Uhrzeit	
Es kursieren diverse Schreibweisen (18.45 Uhr; 18^{45} h). Nach DIN 5008 sind Uhrzeiten durch einen Doppelpunkt zu gliedern.	18:45 Uhr
Datumsangaben	
Aufeinanderfolgende Jahreszahlen trennt man durch Schrägstrich, wobei die zweite Zahl abgekürzt wird.	2006/07
Daten werden mit Punkten und einem Achtelgeviert Abstand getrennt. Das Jahr kann abgekürzt werden. Einstellige Zahlen werden zur besseren Stimmigkeit im Tabellensatz mit einer 0 ergänzt.	Bochum, 01. 12. 06
Postleitzahlen	
Sie werden nicht gegliedert. Das Länderkennzeichen wird durch ein Divis ohne Abstand gesetzt.	44799 Bochum F-4066 St. Germain de Calberte
Kontonummern	
Werden von rechts beginnend in Dreiergruppen gegliedert.	45 678 999
Bankleitzahlen	
Sie werden von links in Dreiergruppen gegliedert, rechts bleibt somit eine Zweiergruppe übrig.	123 456 00
Prozentzahlen	
Wie alle Maßeinheiten sollen Prozent % und Promill ‰ mit einem Festabstand von der Ziffer getrennt werden. Da die Zeichen aber über viel Weißraum verfügen, wird anstelle eines Spatiums ein Achtelgeviert eingesetzt.	34 % und 0,5 ‰ (alt+shift+leer)
Bei Ableitungen wie „ein 10%iger Umsatzeinbruch" fällt der Abstand weg. Dies gilt auch für andere Ableitungen wie „68er Generation".	
DIN- und ISO-Nummern	
Sie werden wie die Kontonummern von rechts nach links in Dreiergruppen gegliedert und durch ein Spatium getrennt.	DIN 18 383

Paragrafenzeichen

Ohne Ziffer wird das Wort Paragraf immer ausgeschrieben. Steht jedoch der Paragraf im Zusammenhang mit einer Ziffer, wird er durch das Paragrafenzeichen ersetzt und mit einem Achtelgeviert davon getrennt.	§ 5
Mehrere Paragrafen werden durch zwei Paragrafenzeichen markiert, wobei in diesem Fall der Bis-Strich aus einem Halbgeviertstrich ohne Zwischenräume besteht.	§§ 55–57

Abkürzungen

Abkürzungen wie u. a. oder z. B. werden mit einem geschützten Leerzeichen getrennt (ein Spatium wäre hier zu viel). Die Ausnahme bilden usw., etc. und vgl. für „vergleiche".	u. U. d. h. s. o.

Auslassungspunkte (Ellipsen)

Setzt man Auslassungspunkte einzeln, d. h. aus drei aufeinander folgenden Punkten, so wirken diese zu eng. Besser geeignet ist hier die Ellipse. Innerhalb eines Textes steht sie zwischen Leerzeichen.	Vor ... nach (falsch, da 3 Punkte) Vor … nach (richtig! Mac: alt+. / Win: alt 0133)
Man unterscheidet nach der Stellung der Auslassung im Satz: Bei einer Auslassung im Wort wird kein Zwischenraum gesetzt. Bei einer Auslassung im Satz wird hingegen ein Zwischenraum gesetzt: Dasselbe gilt, wenn ganze Satzteile weggelassen werden:	„Oh, Schei…" „Du kannst mich am …" „Nachtigall, ik …".

Binde- oder Trennstrich (Divis)

Bei zusammengesetzten Wörtern, Trennungen und in der Funktion als Auslassungszeichen bei Aufzählungen wird das Divis als Trenn- oder Bindestrich eingesetzt. Es ist kürzer als der Gedankenstrich.	ISO-Nummer Schriftart, -farbe, -größe

Gedankenstrich (Halbgeviertstrich)

Der Name ist Programm: Der Gedankenstrich ermöglicht Einschübe im Satz und hebt diese hervor. Vor und hinter dem Gedankenstrich wird ein Wortzwischenraum gesetzt. Nur wenn das Wort „bis" durch einen Gedankenstrich ersetzt wird, setzt man keinen Wortzwischenraum.	Seite 13–43
Der Gedankenstrich (Option-Strich) ist etwas länger als das Divis.	(Mac: alt+- / Win: alt 0150)

Währungsbeträge

Bei glatten Beträgen werden die Nullen hinter dem Komma in der Regel durch einen „Null-Ersatz-Strich" ersetzt. Dieser entspricht einem Halbgeviertstrich. Währungsbeträge mit Dezimalstellen werden durch ein Komma unterteilt. Die Position des Währungssymbols ist dabei beliebig vor oder nach der Zahl zu platzieren. Für den Euro sind die Symbole € und EUR möglich.	159,- € 159,99 EUR € 12 999,- EUR 12 999,95

DIN-Formate und Kartenarten

Für Druckprodukte finden häufig die Formate der DIN-A-Reihe Anwendung. Ferner kommt für Karten noch das DIN-Lang-Format infrage.

Ein Vorteil der Formate der DIN-A-Reihe und des DIN-Lang-Formats ist, dass sie problemlos und kostengünstig in den gängigen Umschlagformaten der DIN-C-Reihe versendet werden können. Daneben stehen weitere Formate, wie z. B. ein quadratisches zur Auswahl.

Karten gibt es für unterschiedliche Anwendungszwecke, z. B. Visitenkarte, Postkarte, Grußkarte etc.

Als Teil des CD jedes Unternehmens, fungieren die Visitenkarte und der Geschäftsbriefbogen, der nach der DIN 5008 genormt ist, als erste Kontaktpflege zwischen Kunden und Unternehmen. Demzufolge sollten sie neben der rein informativen Ebene auch Elemente des CI kommunizieren. Um diese beiden Ebenen zu gewährleisten, kommt der fachgerechten Gestaltung der Akzidenzien eine große Bedeutung zu.

Da Geschäftsbriefe hinsichtlich des Formates und der Versandwege genormt sind, ist es für den Gestalter wichtig, sich mit den gängigen DIN-Formaten auszukennen. Für Druckprodukte finden häufig die Formate der DIN-A-Reihe Anwendung. Ein Vorteil der Formate der DIN-A-Reihe und des DIN-Lang-Formats ist, dass sie problemlos und kostengünstig in den gängigen Umschlagformaten der DIN-C-Reihe versendet werden können.

Hinsichtlich der formalen Gestaltung der Akzidenzien gilt es, die Flächengestaltung so zu konzipieren, dass Kompositionsprinzipien wie der Goldene Schnitt, das Einhalten von Achsenbezügen oder Aspekte der (natürlichen) Blickführung Beachtung finden. Als gestalterische Mittel stehen die syntaktischen Variablen Helligkeit, Form, Farbe, Größe, Proportion, Bewegung, Quantität und Qualität zur Verfügung. diese können nach verschiedenen Ordnungs- und Gestaltungsprinzipien wie Symmetrie/Asymmetrie, Kontrast, Rhythmus/Takt, Reihung und Musterbildung sowie der Kombinatorik auf der zur Verfügung stehenden Fläche komponiert werden.

Bei allen Geschäftsdrucksachen spielt die Lesbarkeit, die sich aus dem fachgerechten Umgang mit Typografie ergibt, eine besondere Rolle. Die Lesbarkeit ist maßgeblich von mikrotypografischen Faktoren abhängig. Dabei sind, in Bezug auf die horizontale Ausrichtung von Schrift, Aspekte wie Wortabstände, Zeilenlänge und Auszeichnungsarten bedeutsam. In Bezug auf die vertikale Ausrichtung sind dies Aspekte wie Durchschuss, Schriftgröße und Zeilenabstand. Da Geschäftsdrucksachen als visuelle Elemente des Corporate Design die Kommunikationsziele des Unternehmens transportieren, ist die Wahl der Schriftart für den Referenzwert der Akzidenzien von entscheidender Bedeutung. In der Schriftklassifikation nach DIN 16 518 werden Schriftarten nach geschichtlichen und formalästhetischen Kriterien gruppiert. Diese Klassifizierung gibt allerdings kaum Auskunft über die Lesbarkeit und nur bedingt über den Einsatz der Schriften. „Harmonie, Kontrast und Anlass" bilden die Kriterien für den sensiblen Bereich der Schriftmischung. Den richtigen Umgang mit Zahlen und Zahlengliederungen erleichtern Grundkenntnisse des „Zahlensatz-Knigge".

1. **DIN-Formate**
   a) Es gibt unterschiedliche Seitenverhältnisse, z. B. das Verhältnis 4:3 bei Bildschirmauflösungen. Welches Seitenverhältnis weisen Produkte der DIN-A-Reihe auf?
   b) Welches Format der DIN-A-Reihe findet für Briefbögen Anwendung? Begründen Sie die Formatwahl.
   c) Woher stammt der Begriff Akzidenz-Drucksachen?
   d) Erklären Sie, was sich hinter dem Begriff DIN-Lang-Format verbirgt.
   e) Welche Vorteile ergeben sich durch das Norm-Briefblatt nach DIN 5800? Skizzieren Sie die wichtigsten Maße für Heftrand, Falzmarke, Absender- und Anschriftenfeld.

2. DIN-Flächenkomposition und Gestaltungsprinzipien
a) Beschreiben Sie das Prinzip des Goldenen Schnitts.
b) Warum erzeugt eine asymmetrische Komposition in der Regel mehr Spannung als eine symmetrische?
c) Vergleichen Sie das Hoch- und Querformat hinsichtlich seiner Verwendung bei Visitenkarten.
d) Nennen und definieren Sie drei Formmerkmale zur visuellen Gewichtung von Flächen am Beispiel der nebenstehenden Visitenkarte.
e) Analysieren Sie den vorliegenden Entwurf einer CD-Stecktasche für die Musik der Band „FunkeLakeBosa" hinsichtlich der eingesetzten Gestaltungsprinzipien. Beurteilen Sie den Entwurf hinsichtlich seines Referenzwertes bzw. der durch ihn ausgelösten Assoziationen bezüglich der Musikrichtung der Band[1].

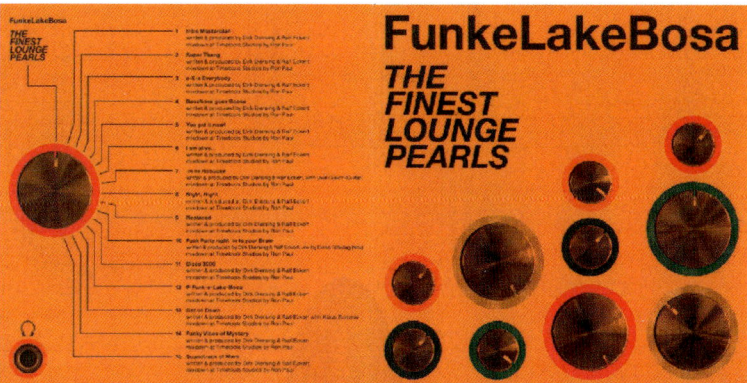

3. Typografie
a) Welche typografischen Einflussfaktoren bestimmen die Leserlichkeit? Nennen Sie sechs Faktoren.
b) Benennen Sie für jede Schriftgruppe der DIN 16 518 maximal zwei deutlich kennzeichnende Merkmale.
c) Erläutern Sie drei Möglichkeiten, um Textstellen auszuzeichnen.
d) Was versteht man unter dem „Grauwert" von Text und welche Faktoren bestimmen den Grauwert eines Textes?
e) Was versteht man unter „Laufweite"?
f) Beschreiben Sie den Unterschied zwischen Flattersatz und Rausatz.

4. Analyse von Akzidenzien
a) Analysieren Sie die beiden Entwürfe für die Geschäftsdrucksachen der Druckerei Heinemann hinsichtlich DIN-Flächenkomposition, visueller Gewichtung und Einsatz von Typografie.
b) Beurteilen Sie begründet, welcher der beiden Entwürfe der bessere ist.

---

[1] Schülerarbeit von Stefan Lüdemann im Rahmen des 18. Gestaltungswettbewerbes des Verbandes Druck und Medien, VDM: Entwicklung von Stecktasche und CD-Label für die Musik-CD der Band FunkeLakeBosa.

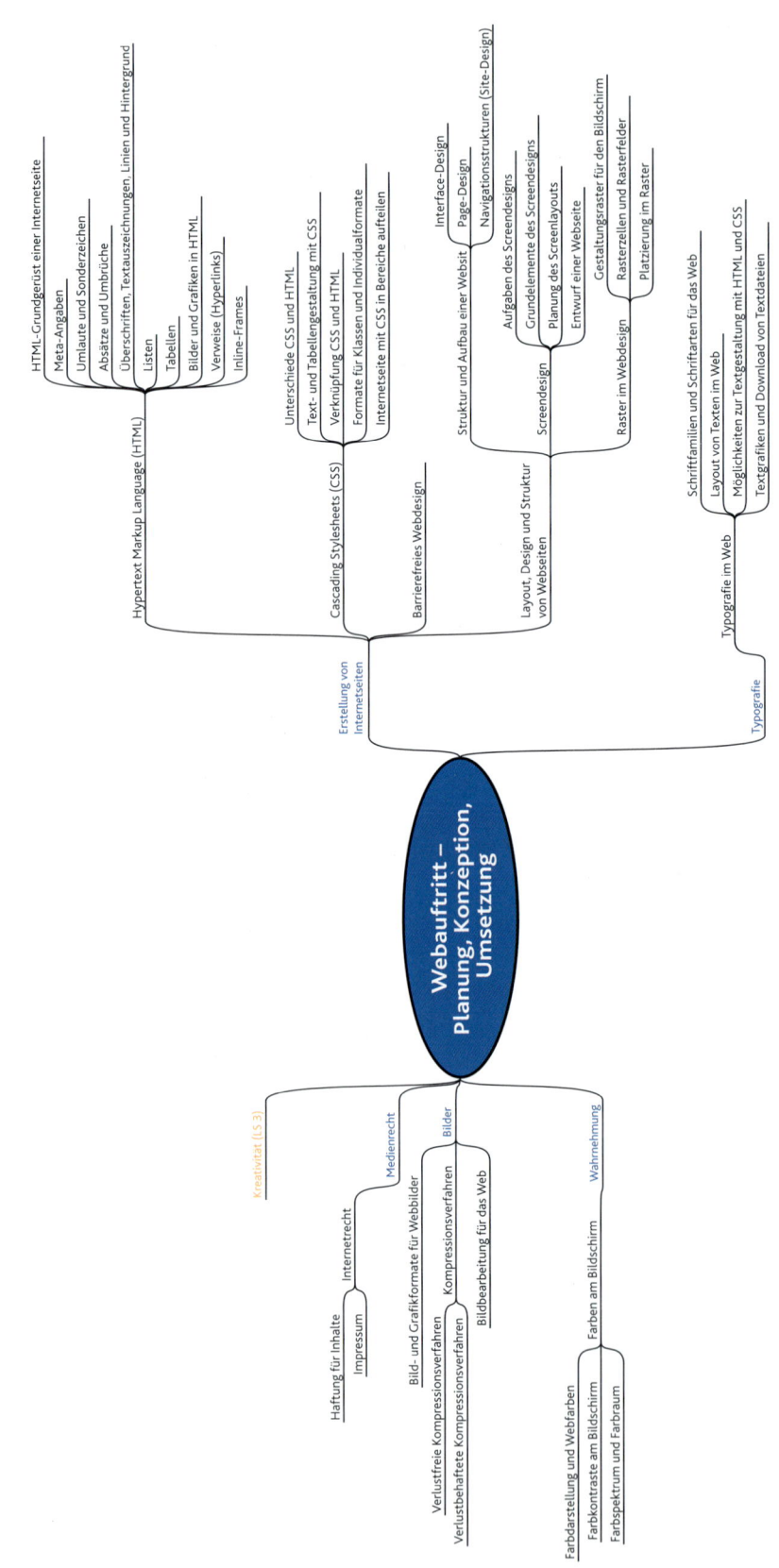

5 Webauftritt – Planung, Konzeption, Umsetzung

5 Webauftritt – Planung, Konzeption, Umsetzung

Das italienische Restaurant „Viva Italia" in Langenberg ist seit 15 Jahren in der Jugendstilvilla „Villa Amber" beheimatet. Der Schwerpunkt liegt auf der gehobenen italienischen Küche. Pizza sucht man auf der Speisekarte daher vergebens. Das sehr gediegene Ambiente war bisher auf eine ältere Zielgruppe zwischen 45 und 75 Jahren zugeschnitten. 2007 wurde das Restaurant komplett umgestaltet und in die Hände der Tochter Carlotta Scoretti übergeben. Auch die Speisekarte wurde verändert und stärker auf eine jüngere Zielgruppe, welche die gehobene italienische Küche zu schätzen weiß, ausgerichtet.

Frau Scoretti möchte diese Zielgruppe auch über das Internet ansprechen und plant daher einen Webauftritt des Restaurants mit Bildern der Räumlichkeiten, aktuellen Hinweisen sowie den Speise- und Getränkekarte. Daneben soll es Impressionen vergangener Veranstaltungen in Text und Bild geben.

Zudem soll die Firma „Viva Italia" hinsichtlich folgender Fragen beraten werden, die Frau Scoretti im Zusammenhang mit dem Betreiben der Internetseite hat:
- Haftet Frau Scoretti für die Inhalte der Seite?
- Wie kann die Domain lauten, ohne dass andere Restaurants oder italienische Betriebe in ihren Namensrechten verletzt werden?
- Dürfen bestimmte Inhalte oder Merkmale von Internet-Auftritten anderer Restaurants benutzt werden?

16 Erstellung von Internetseiten

Bei der Konzeption und Umsetzung eines Webauftritts, also der konkreten Erstellung einer Internetseite (Webseite) oder einer kompletten Website, greifen gleich mehrere fachliche Bereiche ineinander:
- Design
- Layout
- Technische Umsetzung mithilfe von Markup- und Programmiersprachen

Website = Internetauftritt:
Komplettes Internetangebot einer Person, Institution oder Firma im Internet. Eine Website besteht in der Regel aus mehreren Webseiten

Webseite = Internetseite:
Einzelnes Dokument (Einzelseite) einer Website

In einem ersten Schritt erfolgt daher zunächst der Entwurf, meist in Form von Scribbles, des geplanten Webauftritts. Dieser wird, nach einigen Verfeinerungen, anschließend in ein festes Layout gegossen. Bereits an dieser Stelle greifen die beiden Bereiche Layout und technische Umsetzung eng ineinander. Was ist möglich? Wo könnten Schwierigkeiten in der Umsetzung liegen?

Aus diesem Grund erfolgt in dieser Lernsituation zunächst ein Exkurs in die beiden wichtigen Markup-Sprachen HTML und CSS.

Hinweis:
Wenn Sie lieber mit den Bereichen Design und Layout beginnen möchten, können Sie diesen Abschnitt auch überspringen. Weiter geht es dann im Abschnitt 16.4 mit „Layout, Design und Struktur von Webseiten".

16.1 Hypertext Markup Language (HTML)

Die Markup-Sprache (*von engl. markup = mit Zeichen versehen*) HTML (**H**yper**t**ext **M**arkup **L**anguage) ist eine Seitenbeschreibungssprache und bildet die Grundlage jeder Internetseite. Die einzelnen Elemente innerhalb von HTML, der sog. **HTML-Quellcode**, beschreiben den Aufbau und, in Ergänzung mit den später vorgestellten Cascading Stylesheets (CSS), die Formatierung der Internetseite. Diese wird, nach erfolgreicher Quellcode-Eingabe, anschließend in grafischer Form im Browser angezeigt.

> Bevor es an die Planung und Konzeption des Webauftritts für das Restaurant „Viva Italia" geht, erfolg daher zunächst eine umfassende Einführung in HTML und später auch in CSS, mithilfe zahlreicher Beispiele und Übungen. Die Übungen sind jeweils recht knapp gehalten und können auch unabhängig von der Lernsituation jederzeit zur Übung und Vertiefung genutzt werden!

Wie ist der HTML-Quellcode aufgebaut?
Der HTML-Code setzt sich aus einer Reihe von Befehlen, den sogenannten **HTML-Tags** zusammen. Mithilfe der Tags lässt sich z. B. angeben, welche Schrift der Text auf der Internetseite haben soll, wie der Text ausgerichtet wird, welche Farbe und Größe der gesamte Text oder einzelne Bereiche aufweisen sollen etc. Dazu gehört auch, wo und wie eine Grafik/ein Bild in die Internetseite eingefügt werden sollen und ob es Verweise zu anderen Seiten im Internet gibt.

Der gesamte HTML-Code wird als **Quelltext** (Source-Code) bezeichnet. Den Quelltext kann sich der Besucher einer Internetseite im Regelfall ansehen, indem im Browser der Menüpunkt **Ansicht → Quelltext** (oder **Seitenquelltext anzeigen** – leider gibt es in den unterschiedlichen Browsern keine einheitliche Bezeichnung für diesen Menüpunkt) ausgewählt wird. In manchen Fällen wird der Quelltext allerdings mithilfe einer speziellen Programmierung für die Ansicht gesperrt. Beim Blick in den Quelltext einer Internetseite sind die oben erwähnten HTML-Tags leicht zu erkennen. Jeder dieser Befehle wird in spitze Klammern gesetzt: <Befehl>.

| **HTML: Hypertextbasierte Seitenbeschreibungssprache zur Erstellung von Internetseiten** |

Es ist hier nicht das Ziel, möglichst viele HTML-Tags auswendig zu lernen und eine Internetseite ohne einen Web-Editor – also ein Programm zur Erstellung von Internetseiten wie z. B. Dreamweaver oder Golive – zu erstellen. Vielmehr ist es wichtig, die Grundlagen von HTML zu kennen, um einerseits Fehler, die bei der Verwendung des Editors unterlaufen können, direkt beheben sowie überflüssigen Quelltext per Hand löschen zu können. Andererseits kann man mit Kenntnis von HTML auch interessante Elemente anderer Webseiten direkt in deren Quelltext finden und – sofern zulässig – für eigene Webseiten verwenden oder in einer HTML-Referenz benötigte Befehle direkt heraussuchen und in den eigenen Quelletext einfügen.

16.1.1 Grundgerüst einer HTML-Datei

Jeder HTML-Befehl (Tag), den Sie im Quellcode verwenden, muss geöffnet und geschlossen werden. Beim Öffnen wird der Befehl in spitze Klammern gefasst, zum Schließen dient zusätzlich ein Schrägstrich /, der dem Befehl in den Klammern vorangestellt wird.

<strong> ... </strong>

Insgesamt besteht jede HTML-Datei aus zwei Bereichen, dem **Head** (Kopf) und dem **Body** (Körper).

Im **Head** werden wichtige Informationen über den Inhalt, die Erstellung und weitere Besonderheiten der HTML-Datei abgelegt, die nachher nicht im Fenster des Browsers zu sehen sind, sondern lediglich als Zusatzinformation dienen, beispielsweise:

- Angabe des Programms, mit welchem die HTML-Datei erstellt wurde
- Auflistung von Begriffen, die eine Suchmaschine finden soll, wenn nach Webseiten mit den vorliegenden Inhalten gesucht wird
- Angabe des Seitentitels
- Verwendung von Scripten aus Programmiersprachen, wie JavaScript oder PHP
- Verweise zu CSS-Dateien zur Seitenformatierung

Im **Body** steht alles, was sichtbar auf der Internetseite angezeigt wird:

- Texte, Animationen und Bilder
- Absätze, Umbrüche, Blöcke und Trennlinien
- Eventuell Angaben zu den verwendeten Schriftarten und Farben

Jede HTML-Datei beginnt mit dem Tag <html> und endet entsprechend mit </html>. Das komplette Grundgerüst einer HTML-Datei, inklusive Seitentitel, ist nachfolgend dargestellt.

<html>	<!-- Beginn der HTML-Datei -->
<head>	<!-- Beginn des Kopfes der HTML-Datei -->
<title>	<!-- Beginn des Titels der HTML-Datei -->
Text für Titelleiste	
</title>	<!-- Ende des Titels der HTML-Datei -->
</head>	<!-- Ende des Kopfes der HTML-Datei -->
<body>	<!-- Beginn des Körpers der HTML-Datei -->
Datei-Inhalt	
</body>	<!-- Ende des Körpers der HTML-Datei -->
</html>	<!-- Ende der HTML-Datei -->

Gründgerüst einer HTML-Datei

<!-- Kommentare --> alles, was zwischen diesen Klammern steht, wird nicht im Browser angezeigt, sondern dient als Kommentar.

Eine **HTML-Datei** kann mit jedem einfachen Texteditor (z. B. Simpletext oder Notepad) erstellt werden. Sie wird anschließend mit der **Endung .htm** oder **.html** abgespeichert und kann nun im Browser (z. B. Netscape Navigator, Internet Explorer oder Mozilla Firefox) geöffnet werden.

Lernsituation Webauftritt – Planung, Konzeption, Umsetzung | 5

> HTML-Dateien erkennt man an den Endungen .htm oder .html

Neben den einfachen Texteditoren, die im Betriebssystem von MAC oder PC enthalten sind, gibt es eine Reihe von textbasierten, kostenlosen **HTML-Editoren**, die komfortabler gestaltet sind. Hier werden z. B. geöffnete Befehle automatisch geschlossen, Inhalte und Befehle durch eine Syntax-Hervorhebung farblich voneinander abgegrenzt und vieles mehr.

> HTML-Editor: Programm zur Erstellung von Internetseiten

Kostenlose, textbasierte HTML-Editoren sind beispielsweise:

HTML-Editoren für den PC	HTML-Editoren für Apple MAC
• Phase5 HTML-Editor • HTML Studio 1.4b • HAP Edit	• Taco HTML Edit • CreaText 1.5

Phase5: www.qhaut.de
HAP Edit: http://hapedit.free.fr
HTML Studio: www.elsdoerfer.info/=htmlstudio
Taco: http://tacosw.com/htmledit
CreaText 1.5: http://creatext.sourceforge.net/download.html

16.1.2 Meta-Angaben

Meta-Angaben werden in den Head der HTML-Datei geschrieben. Sie enthalten Informationen für Suchmaschinen, Webserver und Browser.

Metadaten-Auswahl

Bezeichnung	Angabe in HTML	Beschreibung
Autor	`<meta name="author" content="Name">`	Angabe des Namens vom Autor/Urheber der Webseite hinter content **Beispiel:** content="Hans Meier"
Beschreibung	`<meta name="description" content="Text">`	Kurzbeschreibung des Seiteninhalts hinter content **Beispiel:** content="Ferienwohnungen an der Nordsee"
Stichwörter	`<meta name="keywords" content="Wort, Wort, Wort">`	Stichworte hinter content, die den Seiteninhalt wiedergeben **Beispiel:** content= "Ferienwohnung, Nordsee, Apartment, Strand, Urlaub, Meer"
Robots	`<meta name="robots" content="index|noindex|follow|nofollow">`	Anweisungen für Suchmaschinen **Bedeutungen:** index: Auslesen erlaubt noindex: Auslesen nicht erlaubt follow: Verweisen folgen erlaubt nofollow: Verweisen folgen nicht erlaubt
Stylesprache	`<meta http-equiv= "Content-Style-Type" content="MIME-Typ">`	Hier kann hinter content angegeben werden, welche Stylesprache, z. B. CSS, auf der Seite benutzt wird. **Beispiel:** content="text/css"

Bezeichnung	Angabe in HTML	Beschreibung
Scriptsprache	<meta http-equiv= "Content-Script-Type" content="MIME-Typ">	Hier kann hinter content angegeben werden, welche Scriptsprache, z. B. JavaScript, auf der Seite benutzt wird. **Beispiel:** content="text/javascript"
Weiterleitung	<meta http-equiv= "refresh" content="0; URL=URL">	Angabe, wann (nach wieviel Sekunden) welche Webseite geladen werden soll. **Beispiel:** Lade nach 4 Sekunden die Webseite http://www.google.de Content="4; URL=http://www.google.de"

16.1.3 Umlaute und Sonderzeichen

HTML wurde in den USA entwickelt und basiert auf dem amerikanischen Zeichencode, der keine Umlaute enthält. Für die im Deutschen üblichen Umlaute ä, ö und ü, den Buchstaben ß sowie für einige Sonderzeichen, wie z. B. Leerzeichen gibt es gesonderte Codes.

Umlaute	ä	&auml;	ü	&uuml;
	Ä	&Auml;	Ü	&Uuml;
	ö	&ouml;	ß	&szlig;
	Ö	&Ouml;		
Sonderzeichen	Leerzeichen:		&	&amp;
	<	&lt;	"	&quot;
	>	&gt;	€	&euro<;

Allein diese Codes werden direkt in den Inhalt im Body eingebunden und stehen **nicht** zwischen spitzen Klammern. In der Syntax werden sie mit einem &-Zeichen eingeleitet und mit einem Semikolon abgeschlossen. So lässt sich im Quelltext einwandfrei erkennen, dass es sich um Sonderzeichen handelt.

Auf der Internetseite soll die folgende Überschrift stehen:

Wir begrüßen Sie recht herzlich auf unserer „Restaurantseite".

Umlaute kleines ü und ß   Anführungszeichen

Im HTML-Code sieht diese Textzeile dann wie folgt aus:

Wir begrüßen Sie recht herzlich auf unserer "Restaurantseite ".

16.1.4 Absätze und Umbrüche

Im Browser wird stets nur genau das dargestellt, was dort vorher konkret definiert wurde. Nehmen Sie einmal das folgende Beispiel:

Sie möchten den folgenden Text im Browser genau so darstellen, wie er unten angezeigt wird, nämlich:

Herzlich willkommen!

Dies ist mein erster Versuch,
eine einfache HTML-Seite zu erstellen!

Ich hoffe, sie gefällt Euch!

Dazu erstellen Sie eine erste HTML-Datei mithilfe des Editors, die den nachfolgenden Quellcode enthält:

```
1   <html>
2   <head>
3   <title> Mein erster HTML-Versuch </title>
4   </head>
5
6   <body>
7   Herzlich willkommen!
8
9   Dies ist mein erster Versuch,
10  eine einfache HTML-Seite zu erstellen!
11
12  Ich hoffe, sie gefällt Euch!
13  </body>
14  <html>
```

Sie speichern die Datei unter dem Namen **testseite.htm**. Anschließend rufen Sie die Seite im Browser auf und Sie erhalten diese Darstellung.

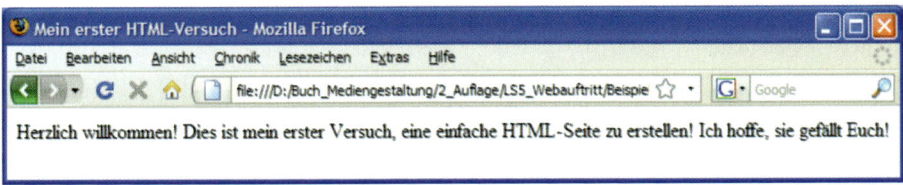

Darstellung der Testseite im Browser

Bei der Darstellung fällt auf, dass der Text trotz der Verwendung von Zeilenumbrüchen und Absätzen einfach hintereinander ausgegeben wird.

Es muss also konkret in der HTML-Datei angegeben werden, dass ein Absatz etc. folgen soll. Das Drücken der Enter-Taste reicht in diesem Fall nicht aus.

Welche Tags sind zur Erzeugung von Absätzen und Zeilenumbrüchen sowie Textausrichtungen notwendig?

Um einen Zeilenumbruch oder einen Absatz mit nachfolgender Leerzeile zu erzeugen, ist jeweils ein separater HTML-Tag erforderlich. Diese Befehle sowie die Befehle zur Ausrichtung der Seiteninhalte werden nun vorgestellt.

Tags für Absatz und Ausrichtung		
Absatz	` ` `<p>` Text `</p>` `<nobr>` Text `</nobr>`	• Zeilenumbruch • Absatz mit Leerzeile • kein Zeilenumbruch in diesem Bereich

Ausrichtung	`<center>` Text `</center>`
	`<div align="left">` Text `</div>`
	`<div align="right">` Text `</div>`
	`<div align="justify">` Text `</div>`
		• zentrieren
		• linksbündig
		• rechtsbündig
		• mittig

HTML-Quellcode

```
1   <html>
2   <head>
3   <title> Mein erster HTML-Versuch </title>
4   </head>
5
6   <body>
7   Herzlich willkommen! <br />
8
9   Dies ist mein erster Versuch, <br />
10  eine einfache HTML-Seite zu erstellen!
11
12  <p>Ich hoffe, sie gefällt Euch!</p>
13
14  </body>
```

HTML-Code der Testseite mit Absätzen und Umbrüchen

Darstellung im Browser:

Veränderungen:

Zeile 7: Text zentriert <center> Text </center > und Zeilenumbruch
Zeile 9: Zeilenumbruch
Zeile 12: Absatz mit Leerzeile <p> Text </p>

Weitere Strukturierungen einer einfachen HTML-Datei lassen sich durch Trennlinien, Überschriften und Textauszeichnungen erreichen.

16.1.5 Überschriften, Textauszeichnungen, Linien und Hintergrund

Durch die Verwendung von Überschriften, Trennlinien und Textauszeichnungen erhält eine Internetseite mehr Struktur und wirkt aufgeräumter. Zusätzlich kann eine Hintergrundfarbe die Seite weiter beleben.

Textauszeichnungen, Überschriften und Trennlinien		
Textauszeichnungen	<b> Text fett </b> <strong> Text fett </strong> <i> Text kursiv </i> <u> Text unterstrichen </u> _{Text tiefgestellt} ^{Text hochgestellt}	• fett (bold) • fett (strong) • kursiv (italic) • unterstrichen (underline) • tiefgestellt • hochgestellt
Überschriften	<h1> Sehr große Überschrift </h1> <h2> Große Überschrift </h2> <h3> Mittelgroße Überschrift </h3> <h4> Eher kleinere Überschrift </h4> <h5> Kleine Überschrift </h5> <h6> Sehr kleine Überschrift </h6> Bei Anwendung dieser Tags wird der Text automatisch fett dargestellt. Zusätzlich entsteht hinter dem Text ein Absatz mit Leerzeile, beispielsweise so: Überschrift Text auf der Seite	
Trennlinien	<hr> <hr noshade> <hr width="Zahl"> <hr size="Zahl">	• Einfache Linie (Fensterbreite) • Einfache Linie o. Schattierung • Linie mit festgelegter Breite • Linie mit festgelegter Höhe

```
1    <html>
2    <head>
3    <title> Mein erster HTML-Versuch </title>
4    </head>
5
6    <body>
7    <center><h1>Herzlich willkommen!</h1></center>
8    <hr noshade color="#666666">
9    Dies ist mein erster Versuch, <br />
10   eine einfache HTML-Seite zu erstellen!
11
12   <p>Ich hoffe, sie gefällt Euch!</p>
13
14   <hr noshade color="#666666">
15
16   </body>
```

HTML-Code der Testseite mit zusätzlichen Trennlinien, Überschrift und Hintergrundfarbe

Darstellung der Testseite mit Textauszeichnungen, Überschrift und Trennlinien

Veränderungen:
Zeile 7: Überschrift der Größe <h1> … </h1>
Zeile 8: Trennlinie der Farbe Mittelgrau <hr color="#666666">
Zeile 14: Trennlinie der Farbe Mittelgrau <hr color="#666666">

Hintergrundfarbe auf der Internetseite

Eine Hintergrundfarbe belebt die Seite weiter. Der Befehl für die Hintergrundfarbe der Seite ist kein eigenständiger, sondern wird in den body-Tag der Seite mit eingefügt. Dies geschieht wie folgt:

Hinter-grundfarbe	<body bgcolor="#Hexadezimalcode"> Inhalte der Seite </body> Der Farbcode wird in der Regel hexadezimal angegeben. Ihm wird eine Raute # vorangestellt. Beispiel: Das sieht dann bei einem leuchtend roten Hintergrund wie folgt aus <body bgcolor="#FF0000"> Diese Seite hat einen roten Hintergrund </body>

HTML-Übung 1: Speisekarte (Absätze, Überschriften, Umlaute, Trennlinien, Hintergrundfarbe)

Als erste Übung in HTML soll eine einfache Speisekarte umgesetzt werden. Eine entsprechende Vorlage finden Sie unten. Bitte halten Sie sich bei der Erstellung an die Vorgaben: Größe der Überschriften, der Absätze, Trennlinien und der Hintergrundfarbe etc.
Speichern Sie die Speisekarte bitte unter dem Dateinamen: Speisekarte.htm

Vorgaben

Überschrift „Speisekarte":	Größe h1
Überschriften der Speisen:	Größe h3
Hintergrund der Seite:	Hintergrundfarbe pastellgrün (#CCFFCC)
Trennlinien nach jeder Speise:	Farbe der Dunkelrot (#990000)

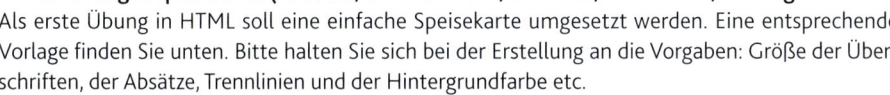

Vorlage zur HMTL-Übung 1: Speisekarte

16.1.6 Listen

Eine weitere Strukturierung der Seiteninhalte ist mithilfe von Listen möglich. Diese dienen neben der Strukturierung auch der Ordnung der Inhalte, z.B. bei einer Aufzählung, einer Gliederung oder einem Glossar. In HTML werden drei verschiedene Gruppen von Listen unterschieden:
- Aufzählungslisten
- Nummerierte Listen
- Definitionslisten

16.1.6.1 Aufzählungslisten

Aufzählungslisten sind unnummerierte Listen. Sie dienen dazu, Inhalte ohne vorgegebene Reihenfolge aufzuzählen und voneinander zu trennen:

- Begriff 1
- Begriff 2
- Begriff 3

Aufzählungslisten, in HTML als „unordered list" bezeichnet, werden mit dem Tag <ul> eingeleitet und mit </ul> beendet. Jedes einzelne Listenelement wird zusätzlich vom Tag <li> Listenelment </li> umgeben. Beim Öffnen der Liste kann angegeben werden, welche Aufzählungszeichen der Liste vorangestellt werden sollen.

colspan="3"	Aufzählungsliste (unordered list)		
Grundstruktur	<ul> <li> Listeneintrag </li> <li> Listeneintrag </li> </ul>	<!-- Beginn der Liste --> <!-- Ende der Liste -->
Listentypen	<ul type="square"> <ul type="circle"> <ul type="disc">	■ Quadrat (ausgefüllt) ○ Kreis (nicht ausgefüllt) ● Kreis (ausgefüllt)
	Erfolgt keine Angabe, so wird der Listentyp „disc" verwendet.	
Beispiele	<ul type="circle"> <li> Blume </li> <li> Baum </li> <li> Strauch </li> </ul>	○ Blume ○ Baum ○ Strauch
	<ul> <li> Blume </li> <li> Baum </li> <li> Strauch </li> </ul>	● Blume ● Baum ● Strauch

16.1.6.2 Nummerierte Listen

Nummerierte Listen beinhalten eine feste Rangfolge und dienen z. B. dazu, einen festen Ablauf zu gliedern oder ein Inhaltsverzeichnis zu nummerieren.

colspan="3"	**Nummerierte Liste (ordered list)**

Grundstruktur	`<ol>` `<li>` Listeneintrag `</li>` `<li>` Listeneintrag `</li>` `</ol>`	`<!-- Beginn der nummerierten Liste -->`
		
		 `<!-- Ende der nummerierten Liste -->`

Listentypen	`<ol type="A">` `<ol type="a">` `<ol type="i">` `<ol type="I">` `<ol>`	Nummerierung A, B, C usw. Nummerierung a, b, c usw. Nummerierung i, ii, iii usw. Nummerierung I., II., III., IV., usw. Nummerierung 1., 2., 3.,
	colspan="2"	Bei den **nummerierten Listen** kann der **Startpunkt** angeben werden, wenn die Liste nicht bei A oder 1 starten soll: `<ol type="A" start="3">` Die Nummerierung beginnt mit C, dann folgt D, E usw. `<ol start="4">` Die Nummerierung beginnt bei 4, dann folgt 5, 6 usw.
Beispiele	`<ol type="I">` `<li>` Blume `</li>` `<li>` Baum `</li>` `<li>` Strauch `</li>` `</ol>`	I. Blume II. Baum III. Strauch
	`<ol>` `<li>` Blume `</li>` `<li>` Baum `</li>` `<li>` Strauch `</li>` `</ol>`	1. Blume 2. Baum 3. Strauch

16.1.6.3 Definitionslisten

Definitionslisten sind für Glossare gedacht. Jedem Eintrag der Definitionsliste wird eine Definition zugeordnet, also zuerst der Begriff, dann folgt die Erläuterung.

colspan="2"	**Definitionsliste (definition list)**
Grundstruktur	`<dl>` `<!-- Beginn der Definitionsliste -->` `<dt>` 1. Begriff `</dt>` `<dd>` Definition des 1. Begriffs `</dd>` `<dt>` 2. Begriff `</dt>` `<dd>` Definition des 2. Begriffs `</dd>` `</dl>` `<!-- Ende der Definitionsliste -->`

Definitionsliste (definition list)		Ansicht im Browser

Beispiel	`<dl>`
	 `<dt>` Dolci `</dt>`
	 `<dd>` Süßigkeiten `</dd>`
	
	 `<dt>` Gelato `</dt>`
	 `<dd>` Eis `</dd>`
	
	 `<dt>` Insalate `</dt>`
	 `<dd>` Salate `</dd>`
	
	 `<dt>` Pasta `</dt>`
	 `<dd>` Teigwaren `</dd>`
	
	 `<dt>` Tartufo `</dt>`
	 `<dd>` Tr¨ffel `</dd>`
	 `</dl>`
		Dolci
		   Süßigkeiten
		
		 Gelato
		   Eis
		
		 Insalate
		   Salate
		
		 Pasta
		   Teigwaren
		
		 Tartufo
		   Trüffel

16.1.6.4 Verschachtelte Listen

Alle Listen können ineinander und miteinander verschachtelt werden. Dies geschieht, indem innerhalb eines Listenelementes `<li>` .. `</li>` eine neue Liste beginnt.

HTML-Quelltext	Ansicht im Browser

`<ol>`
 `<li>`Blume
     `<ol type="a">`
     `<li>` Butterblume `</li>`
     `<li>` Mohnblume `</li>`
     `<li>` Sonnenblume `</li>`
     `</ol>`
 `</li>`
 `<li>` Baum
     `<ol type="a">`
     `<li>` Apfelbaum `</li>`
     `<li>` Birnbaum `</li>`
     `<li>` Kirschbaum `</li>`
     `<li>` Walnussbaum `</li>`
     `</ol>`
 `</li>`
 `<li>` Strauch `</li>`
 `</ol>`
	1. Blume
	   a. Butterblume
	   b. Mohnblume
	   c. Sonnenblume
	 2. Baum
	   a. Apfelbaum
	   b. Birnbaum
	   c. Kirschbaum
	   d. Walnussbaum
	 3. Strauch

HTML-Quelltext	Ansicht im Browser

`<ol>`
`<li>Blume`
    `<ul type="square">`
    `<li> Butterblume </li>`
    `<li> Mohnblume </li>`
    `<li> Sonnenblume </li>`
    `</ul>`
`</li>`
`<li> Baum`
    `<ul type="square">`
    `<li> Apfelbaum </li>`
    `<li> Birnbaum </li>`
    `<li> Kirschbaum </li>`
    `<li> Walnussbaum </li>`
    `</ul>`
`</li>`
`<li> Strauch </li>`
`</ol>`
	1. Blume
	  • Butterblume
	  • Mohnblume
	  • Sonnenblume
	2. Baum
	  • Apfelbaum
	  • Birnbaum
	  • Kirschbaum
	  • Walnussbaum
	3. Strauch

Verschachtelte Listen

HTML-Übung 2: Listen als Aufzählung und Glossar auf einer Webseite

Auf Webseiten werden häufig Aufzählungen benutzt, um z.B. die Angebots- oder Produktpalette einer Firma aufzuzählen oder Inhalte zu gliedern. Insbesondere bei technischen Seiten darf auch ein Glossar zur Erläuterung der Fachbegriffe nicht fehlen.

In dieser Übung sollen daher sowohl eine Aufzählung als auch kleines Glossar in zwei unterschiedlichen Dateien in HTML umgesetzt werden. In beiden Dateien soll ein Hintergrundbild verwendet werden.

a) Setzen Sie die folgende Liste innerhalb einer vollständigen HTML-Datei um:

Vorlage zur HTML-Übung 2a: Weinliste

Vorgaben

Überschrift:	h2
Hintergrund der Seite:	Hintergrundfarbe hellgrün (#33FF66)

b) Erstellen Sie eine HTML-Datei mit dem folgenden Glossar:

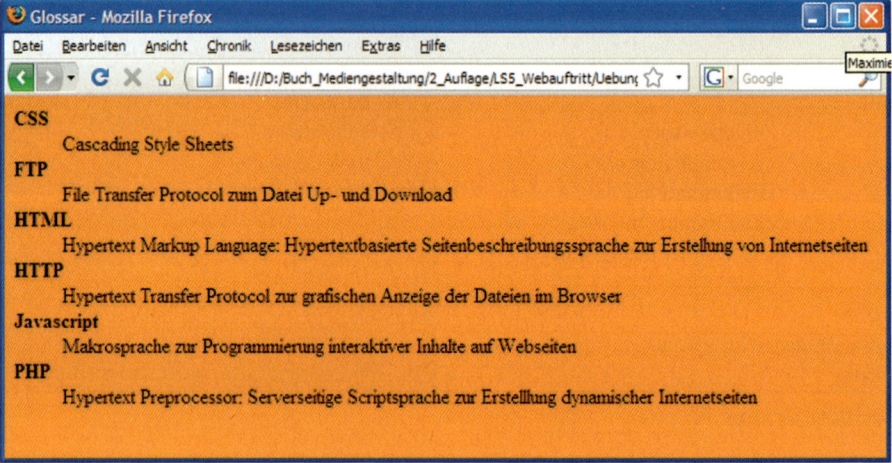

Vorlage zur HTML-Übung 2b: Glossar

Vorgaben

Begriff:	fett
Erläuterung:	keine Textauszeichnung
Hintergrund der Seite:	Hintergrundfarbe Orange (#FF9933)

16.1.7 Tabellen

Ebenso wie Listen dienen auch Tabellen der Ordnung und Strukturierung von Inhalten. Anders als bei der reinen Aufzählung sind Tabellen besonders dann eine Hilfe, wenn Inhalte mehrerer Zeilen bündig untereinander ausgerichtet werden müssen. Hierzu kann man sich einer Tabelle mit oder ohne Rahmen bedienen.

In HTML ist die Tabelle ein Inhaltselement und wird daher – wie die anderen Inhalte, z.B. Texte und Bilder, die nicht in einer Tabelle stehen - zwischen den beiden body-Tags eingefügt.

Manchmal dienen Tabellen jedoch nicht nur der reinen Ordnung von Inhalten, sondern finden für das komplette Seitenlayout Anwendung. Dabei sind sämtliche Inhalte der Webseite innerhalb der Tabellenzellen zu finden.

Nachfolgend wird das Grundgerüst einer einfachen Tabelle vorgestellt, damit Sie die allgemeine Struktur von Tabellen kennenlernen.

16.1.7.1 Tabellengestaltung: Grundgerüst

Tabelle (Grundgerüst)	`<table>`	`<!-- Beginn der Tabelle mit 2 Zeilen und 2 Spalten -->`
Zeile 1, 1. Spalte / Zeile 1, 2. Spalte / Zeile 2, 1. Spalte / Zeile 2, 2. Spalte	`<tr>`	`<!-- Beginn der 1. Tabellenzeile -->`
	`<td>Zeile 1, 1. Spalte</td>`	`<!-- Zelle (Spalte) der Tabelle -->`
	`<td>Zeile 1, 2. Spalte</td>`	`<!-- Zelle (Spalte) der Tabelle -->`
	`</tr>`	`<!-- Ende der ersten Zeile -->`
	`<tr>`	`<!-- Beginn der 2. Tabellenzeile -->`
	`<td>Zeile 2, 1. Spalte</td>`	`<!-- Zelle der Tabelle -->`
	`<td>Zeile 2, 2. Spalte</td>`	`<!-- Zelle der Tabelle -->`
	`</tr>`	`<!-- Ende der zweiten Zeile -->`
	`</table>`	`<!-- Ende der Tabelle -->`

Eine Tabelle beginnt in HTML mit dem Tag <table> und endet entsprechend mit </table>. Mit dem Tag <tr> (tr="table row") beginnt eine Zeile in einer Tabelle, mit </tr> endet sie. Dazwischen werden die eigentlichen Zellen (Spalten) der Tabelle eingefügt. Diese werden mit <td> Inhalt </td> (td=table data) bezeichnet. Nur in die Zellen der Tabelle kann Inhalt, wie Text oder Bilder eingefügt werden. Damit die Tabelle korrekt in verschiedenen Browsern dargestellt wird, muss sich in jeder Zelle Inhalt befinden. Dies kann, wenn die Zelle für den Betrachter leer sein soll, auch ein **geschütztes Leerzeichen**, dargestellt mit dem Befehl ** ** sein.

16.1.7.2 Tabellengestaltung: Maße, Ausrichtung der Inhalte und Rahmen

Oft ist es erforderlich, dass die Tabelle eine feste Größe hat und die einzelnen Spalten unterschiedlich breit sind. Für die Tabellengestaltung stehen eine Vielzahl von HTML-Tags zur Verfügung, von denen die wesentlichen in Folgenden vorgestellt werden.

Tabellen-gestaltung (Gesamt-tabelle)	Folgende Tags werden in den table-Tag eingefügt Beispiel: `<table border="0" width="300" height="200">`	
	border = Pixelanzahl	Dicke des Tabellenrahmens
	width = Pixelanzahl o. width = %	Breite der Tabelle
	height = Pixelanzahl o. height = %	Höhe der Tabelle
	cellspacing = Pixelanzahl	Dicke der Gitternetzlinien
	cellpadding = Pixelanzahl	Abstand Zelleninhalt-Tabellenrand
	bgcolor = #hexcode	Hintergrundfarbe der Tabelle
	bordercolor = #hexcode	Farbe des Tabellenrahmens

In HTML soll eine Tabelle nach den folgenden Vorgaben erstellt werden:
Tabelle mit 3 Spalten und zwei Zeilen
Tabellengröße: Breite 400 Pixel, Höhe 300 Pixel
1. **Zeile:**
   Zelle 1: Breite 200 Pixel, Höhe 100 Pixel
   Zelle 2: Breite 100 Pixel, Höhe 100 Pixel
   Zelle 3: Breite 100 Pixel, Höhe 100 Pixel
2. **Zeile:**
   Zelle 1: Breite 200 Pixel, Höhe 100 Pixel
   Zelle 2: Breite 100 Pixel, Höhe 100 Pixel
   Zelle 3: Breite 100 Pixel, Höhe 100 Pixel

In einer normalen Tabelle, in der keine Zeilen oder Spalten miteinander verbunden werden, müssen die Zellen jeder Zeile gleich hoch und die Zellen einer Spalte gleich breit sein!

Tabelle	HTML-Code der Tabelle

100   A   B   C
100   D   E   F
       200 100 100
	`<table width="400" height="200" border="1">`
	`<tr>`
	`<td width="200" height="100">A</td>`
	`<td width="100" height="100">B</td>`
	`<td width="100" height="100">C</td>`
	`</tr>`
	
	`<tr>`
	`<td width="200" height="100">>D</td>`
	`<td width="100" height="100">E</td>`
	`<td width="100" height="100">F</td>`
	`</tr>`
	`</table>`

HTML-Code der Beispieltabelle (keine vollständige HTML-Datei)

Die obige Tabelle hat eine feste Breite und einen Rahmen (border), ferner haben alle Tabellenzellen eine feste Größe. Alternativ sind auch Prozent-Angaben möglich, empfehlen sich jedoch selten, da durch die Anpassung der Tabellengröße an die Größe des Browserfensters das Layout ständig geändert wird, indem sich Texte einmal auf viele kurze (schmales Fenster) und ein anderes Mal auf sehr wenige lange (breites Fenster) Zeilen verteilen.

Neben den Angaben zu den Maßen der Tabelle können innerhalb des Tags <td> auch noch Angaben zur Ausrichtung der Inhalte in horizontaler und vertikaler Richtung erfolgen. Ferner lässt sich für jede Tabellenzelle eine separate Hintergrundfarbe angeben.

Ausrichtung der Inhalte in der Tabellenzelle, Hintergrundfarbe	

Horizontale Ausrichtung:
`<td align="left">`
`<td align="center">`
`<td align="right">`
	• linksbündig
	• zentriert
	• rechtsbündig

Vertikale Ausrichtung:
`<td valign="top">`
`<td valign="middle">`
`<td valign="bottom">`
	• oben
	• mittig
	• unten

Hintergrundfarbe: `<td bgcolor="#FF0000">`	• Hintergrundfarbe einer Tabellenzelle

HTML-Übung 3: Sportshop – einfache Tabelle

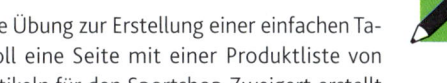

Als erste Übung zur Erstellung einer einfachen Tabelle soll eine Seite mit einer Produktliste von Sportartikeln für den Sportshop Zweigert erstellt werden.
Bei dieser Übung geht es darum, alle benötigten Tabellenmaße exakt einzuhalten.
Speichern Sie die Datei bitte unter dem Namen: Sportartikel.htm

Vorlage zur HMTL-Übung 3: Sportshop: Sportartikel

Vorgaben

Ganze Seite	
Hintergrundfarbe	Hellgrau: #CCCCCC

Tabelle	
Breite:	500 Pixel,
Höhe:	300 Pixel
Jede Zelle:	Breite: 100 Pixel, Höhe: 30 Pixel
Hintergrundfarbe:	#99FFFF

Überschrift, Textauszeichnungen und Ausrichtung	
Überschrift „Sportshop Zweigert":	Größe: h1
Überschrift „Trainingsbekleidung..."	Größe: h2
Kategorien oben:	Auszeichnung: fett
	Ausrichtung: Horizontal: zentriert, vertikal: mittig
Alle weiteren Inhalte:	Wie abgebildet

16.1.7.3 Tabellenzellen verbinden

Tabellen werden bei Internetseiten manchmal als Grundlage für das Layout der einzelnen Seiten genutzt. Dabei handelt es sich meist nicht um gleichmäßige Tabellen, wie bei Übung 2, dem Sportshop, sondern vielmehr um Tabellen, bei denen mehrere Zeilen und/oder Spalten miteinander verbunden wurden, um die geplante Seitengestaltung zu erzielen.

Tabellenzellen verbinden	
<td rowspan="Zahl">	mehrere Zeilen zu einer Zeile verbinden
<td colspan="Zahl">	mehrere Spalten zu einer Spalte verbinden

Die Zahl hinter dem Gleichheitszeichen nach rowspan oder colspan gibt an, über wie viele Zellen (Zeilen oder Spalten) sich die aktuelle Zelle erstrecken soll, d. h. wie viele Zeilen bzw. Spalten zu einer Zelle verbunden werden sollen.

Beispiellayout 1:	Beispiellayout 2:
Seitentitel Home Kontakt / Inhalt	**Logo** / **Seitentitel** Home Kontakt / Inhalt Anfahrt
1. Zeile: Die erste Zelle erstreckt sich über zwei Spalten (Befehl **colspan**) 2. Zeile: Die zweite Zelle erstreckt sich über zwei Zeilen (Befehl **rowspan**) 3. Zeile: Eine Zelle. Der Platz neben dieser Zelle ist durch die Zelle aus der Zeile darüber belegt.	1. Zeile: Zwei Zellen = zwei Spalten 2. Zeile: Die zweite Zelle erstreckt sich über drei Zeilen (Befehl **rowspan**) 3. Zeile: Eine Zelle. Der Platz neben dieser Zelle ist durch die Zelle aus der Zeile darüber belegt. 4. Zeile: Eine Zelle. Der Platz neben dieser Zelle ist durch die Zelle aus der 2. Zeile belegt.

HTML-Code der Tabelle:
`<table>`
`<tr>`
`<td colspan="2" align="center">Seitentitel</td>`
`<tr>`
 	
`<tr>`
`<td>Home</td>`
`<td rowspan="2">Inhalt</td>`
`</tr>`
 	
`<tr>`
`<td>Kontakt</td>`
`</tr>`
`</table>`
	HTML-Code der Tabelle:
	`<table>`
	`<tr>`
	`<td>align="center"</td>`
	`<td>Logo</td>`
	`<td align="center">Seitentitel</td>`
	`<tr>`
	
	`<tr>`
	`<td>Home</td>`
	`<td rowspan="3">Inhalt</td>`
	`</tr>`
	
	`<tr>`
	`<td>Kontakt</td>`
	`</tr>`
	
	`<tr>`
	`<td>Kontakt</td>`
	`</tr>`
	`</table>`

16.1.7.4 Verschachtelte Tabellen

In jede Tabellenzelle **<td>** kann neben Text oder Bildern auch eine neue Tabelle eingefügt werden: Tabellen werden so ineinander verschachtelt.

Beispiellayout:

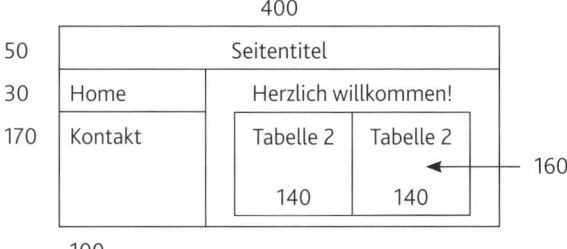

In der zweiten Zeile wird unter dem Schriftzug „Herzlich willkommen" in die rechte Zelle eine weitere Tabelle eingefügt. Diese Tabelle hat eine Zeile und zwei Spalten.

HTML-Code der Tabelle:
```
<table width="400" height="250">
<tr>
<td colspan="2" align="center" width="400" height="50">Seitentitel</td>
<tr>
<tr>
<td width="100" height="30">Home</td>
<td rowspan="2" width="300" height="200">
Herzlich willkommen!<br>
    <table width="280" height="180">
    <tr>
    <td width="140" height="160">Tabelle2</td>
    <td width="140" height="160">Tabelle2</td>
    </tr>
    </table>
</td>
</tr>

<tr>
<td width="100" height="170">Kontakt</td>
</tr>
</table>
```

16.1.8 Bilder und Grafiken in HTML

Auf Internetseiten sind viele Bilder und Grafiken zu finden, entweder als Hintergrund der Seite oder als eigentliches Inhaltselement, z. B. Fotos oder Firmenlogos.

Vgl. diese LS, 17.1

> **Bilder und Grafiken werden nur dann im Browser angezeigt, wenn sie eines der folgenden Dateiformate haben: GIF, JPG oder PNG. Bitmap- und Tiff-Dateien können auf Internetseiten nicht eingefügt werden!**

Die Bilddatei, die als Hintergrund dienen soll, kann z. B. einer ganzen Seite, einer Tabelle oder einer einzelnen Tabellenzelle hinterlegt werden. Ist das Bild kleiner als der zu füllende Hintergrund, wird es so oft hinter- und untereinander gesetzt, bis die Fläche gefüllt ist. Dieser Vorgang wird auch als „Kacheln" bezeichnet. Soll also ein Muster im Hintergrund der Webseite liegen, macht es Sinn, nur einen kleinen Ausschnitt des sich wiederholenden Gesamtmusters zu erstellen. Dadurch wird Speicherplatz eingespart und die Ladezeit der Datei erheblich verkürzt. Über dem Hintergrundbild können dann noch weitere Inhalte wie Text oder andere Bilder liegen.

Tags zum Einbinden von Bildern und Grafiken	

Hintergrundbild	background="bilddatei.jpg"
	
	Beispiele:
	1. `<body background="bilddatei1.gif">`
	   Hintergrundbild für die ganze Webseite
	2. `<table background="bilddatei2.jpg">`
	   Hintergrundbild für eine Tabelle
	3. `<td background="bilddatei3.jpg">`
	   Hintergrundbild für eine einzelne Tabellenzelle

Bild einfügen	`<img src="Bilddatei.jpg">` Dieser Tag wird direkt an der Stelle in den Quelltext eingefügt, an der das Bild nachher zu sehen sein soll. **Beispiel: Bild in einer Tabellenzelle** `<td>` Unser Haus` ` `<img src="haus.jpg">` `</td>`

HTML-Übung 4: Seitenlayout mit Tabellen – Fitness for Fun
Das folgende Layout einer einfachen Standardhomepage soll mithilfe von Tabellen realisiert werden. Es handelt sich um insgesamt zwei Tabellen:
- Die erste Tabelle wird für das Grundlayout benötigt. Dort sind die Zellen teilweise miteinander verbunden.
- Die zweite Tabelle ist in die große hellgraue Zelle geschachtelt und enthält die Texte und das Bild in insgesamt drei Zeilen.

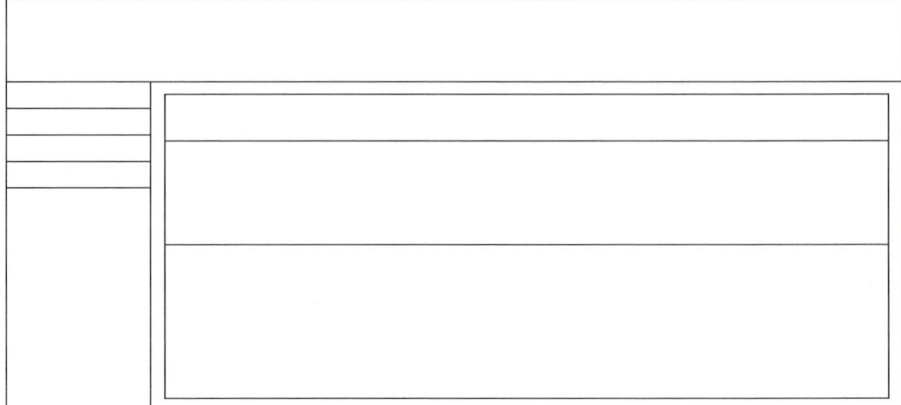

Tabellenschachtelung HTML-Übung 4: Fitness for Fun
Speichern Sie die Datei bitte unter dem Namen: Fitness.htm

Lernsituation Webauftritt – Planung, Konzeption, Umsetzung | 5

Darstellung der Testseite mit Textauszeichnungen, Überschrift und Trennlinien

Vorgaben

Ganze Seite	
Hintergrundfarbe	Mittelgrau: #666666

Tabelle 1	
Breite	560 Pixel
Höhe	420 Pixel
Rahmen	Dicke: 1px, Farbe: #999999
Hintergrundfarben der Zellen	Orange: #FF9900
	Hellgrau: #CCCCCC
Überschrift Titel	Größe: h2

Tabelle 2	
Ausrichtung der Tabelle 2: Zentriert und mittig innerhalb von Tabelle 1, große Zelle rechts	
Breite	350 Pixel
Höhe	320 Pixel
Zeile 1	Höhe: 30 Pixel
Zeile 2	Höhe: 80 Pixel
Zeile 3	Höhe: 210 Pixel
Überschrift „Mit Spinning…"	Größe: h3
Bild:	U4_spinning.jpg

Alles Weitere entnehmen Sie bitte der Abbildung!

16.1.9 Verweise (Hyperlinks)

Mithilfe von **Hyperlinks**, kurz **Links**, ist es möglich, von einer Internetseite zu einer anderen zu springen. Der Link kann dabei entweder auf eine andere Webseite innerhalb derselben Site (intern) oder auf eine Webseite eines anderen Internetauftritts (extern) verweisen. Insbesondere bei langen Webseiten dienen Links auch als Sprungmarken, etwa auf den Anfang oder das Ende der aktuellen Webseite. Dies geschieht, indem im Quelltext der Datei, an der Stelle, wo ein Verweis eingefügt werden soll, ein spezieller Tag für Hyperlinks eingefügt wird.

Hyperlink: Verweis, der von einer bestehenden Internetseite auf eine andere Seite oder Sprungmarke derselben Seite verweist.

Vgl. diese LS, 16.4.1.2

Eine besondere Bedeutung kommt den Hyperlinks zu, die auf andere Seiten innerhalb einer Website verweisen (intertextuelle Links). Diese fungieren als wichtige Knotenpunkte und tragen wesentlich zur Orientierung des Benutzers bei. Vor der Umsetzung von Hyperlinks auf einer Website ist daher eine sorgfältige Planung der Navigationsstruktur erforderlich.

16.1.9.1 Lokale und weltweite Verweise

Bei (Hyper)Links wird zwischen lokalen Verweisen innerhalb derselben Website oder desselben Dokumentes und weltweiten Verweisen zu anderen Internetseiten im WWW unterschieden.

Lokale Verweise	
Zwischen verschiedenen Dateien = Intertextueller Link	
Textstelle bzw. Grafik festlegen, von welcher aus zu einer neuen Datei (andere html-Datei innerhalb derselben Website) gesprungen werden soll: `<a href="Datei.htm"> Text/Grafik </a>`	
HTML-Quelltext	**Ansicht im Browser**
`<a href="index.htm"> Home </a>  ` `<a href="wir.htm"> &Uuml;ber uns </a>` ` ` `<a href="produkte.htm"> Produkte </a>` ` ` `<a href="kontakt.htm"> Kontakt </a>  `	Home Über uns Produkte Kontakt
Innerhalb einer Datei (Sprungmarke) = Intratextueller Link	

1. Verweis an der Stelle (Text/Grafik) einbinden, von welcher aus zum Anker (andere Stelle auf derselben Seite) gesprungen werden soll:
 `<a href="#Bezeichner"> Text </a>`
 2. Anker (Text/Grafik) setzen, zu welchem gesprungen werden soll:
 `<a name="Bezeichner"> Text </a>`	

Lokale Verweise	
HTML-Quelltext	Ansicht im Browser
`<a href="#Reiseziele"><b>` Zu den Reisezielen `</b></a>` Text Text Text Text Text Text Text Text` ` Text Text Text Text Text Text Text Text` ` Text Text Text Text Text Text Text Text` ` Text Text Text Text Text Text Text Text` ` Text Text Text Text Text Text Text Text`</p>` `<a name="Reiseziele"><b>` Unsere Reiseziele: `</b></a>` Reiseziel 1 Reiseziel 2 usw.	<u>Zu den Reisezielen</u> Text Text Text Text Text Text Text Text Text Text Text Text Text Text Text Text Text Text Text Text Text Text Text Text Text Text Text Text Text Text Text Text Text Text Text Text Text Text Text Text **Unsere Reiseziele:** Reiseziel 1 Reiseziel 2 usw.

Weltweite Verweise = Externer Link	

`<a href="http://www.Internetseite.de">`
Text
`</a>`	

Hier kann ein Verweis zu einer anderen Internetseite, einer E-Mail-Adresse oder einer Newsgroup erfolgen.	
HTML-Quelltext	Ansicht im Browser
`<a href="http://www.1und1.de">` 1&1 Internet AG `</a>`	<u>1&1 Internet AG</u>
`<a href= "mailto: thomas.mustermann@muster.de">` Mail an Thomas Mustermann `</a>`	<u>Mail an Thomas Mustermann</u>

16.1.9.2 Funktionen von Hyperlinks

Hyperlinks können unterschiedliche Funktionen haben: Inhaltliche Links, Navigationslinks und Orientierungslinks.

	Bezeichnung	Funktion
❶	Inhaltlicher Link:	Verweist auf weitere, inhaltlich zur aktuellen Seite passende, Inhalte innerhalb oder außerhalb der aktuellen Website.
❷	Navigationslink:	Dient zur Navigation innerhalb der aktuellen Website.
❸	Orientierungslink:	Ermöglicht eine Übersicht über die Struktur der Website, z. B. mithilfe einer Sitemap oder eines Inhaltsverzeichnisses.

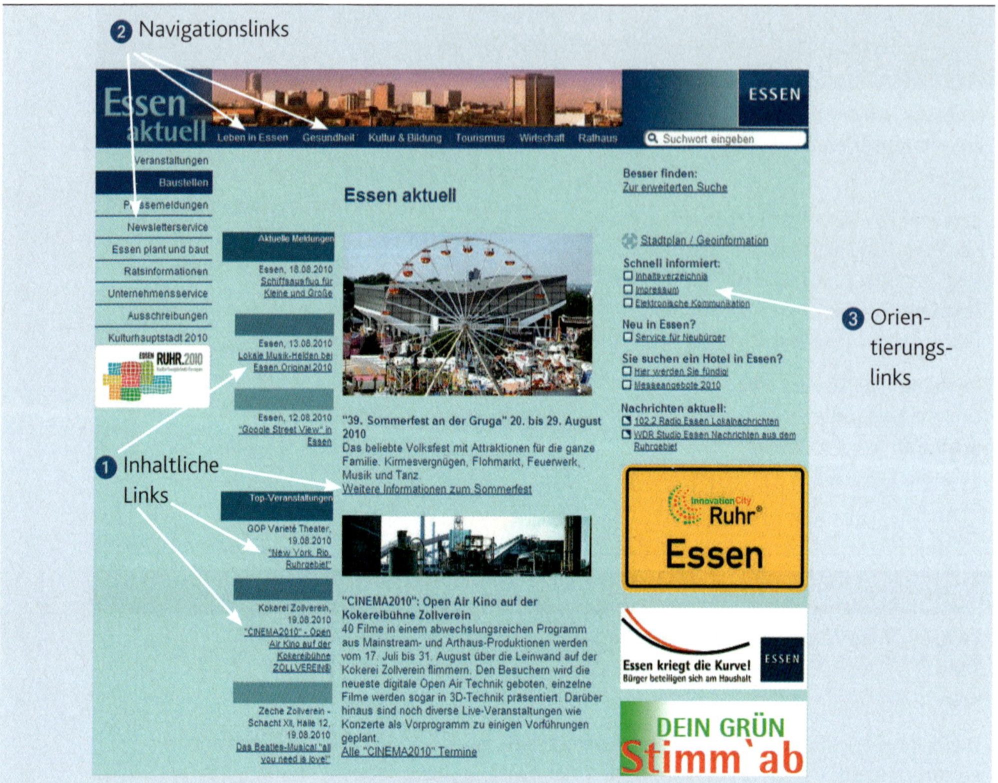

5 | Lernsituation Webauftritt – Planung, Konzeption, Umsetzung

Funktionen von Hyperlinks am Beispiel der Städtewebseite www.essen.de.

Ein Links muss
- als solcher erkennbar sein
- sich klar von weiteren Inhalten abheben
- zu einem vorhandenen Ziel verweisen

HTML Übung 5: Hyperlinks – Glossar zum Blättern
Die folgende Übung dient der Anwendung von Hyperlinks innerhalb einer Website. Dazu soll ein einfaches Glossar zum Thema „Lautstärke- und Tempobezeichnungen in der Musik" alphabetisch gegliedert werden, so dass sich die Inhalte auf mehrere Seiten verteilen.
Die Inhalte des Glossars finden Sie auf der CD im Buch

Aufgabe:
- Von jeder Seite des Glossars soll jede andere Seite innerhalb des Glossar erreicht werden können
- Das Vor- und Zurückblättern soll möglich sein
- Die Startseite (A-E) soll von jeder Seite erreicht werden
- Da Glossar soll insgesamt fünf Seiten enthalten : „A-E", „F-J", „K-O", „P-T" und „U-Z"

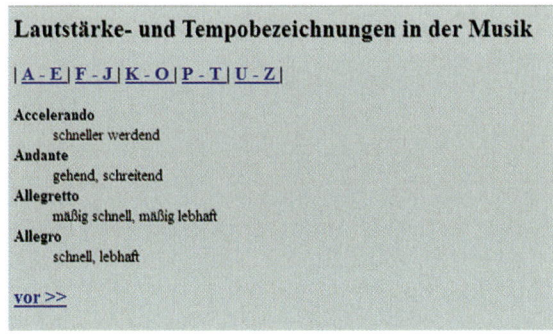

Vorlage zur HMTL-Übung 5 – Beispielseite A - E: Glossar zum Blättern

16.1.10 Inline-Frames

Ein Inline-Frame, kurz iFrame, ist ein Bereich fester Größe, der an beliebiger Stelle in eine HTML-Seite eingebettet werden kann, z. B. in eine Tabellenzelle.
In Inline-Frames können Inhalte, wie z. B. ganze HTML-Dateien mit viel Text und/oder vielen Bildern, geladen werden, die viel mehr Platz benötigen als etwa in einer Tabellenzelle eigentlich zur Verfügung steht (z. B. ein Lebenslauf mit vielen Daten).

Der Inlineframe erhält in diesem Fall maximal die Maße der Tabellenzelle bei der Seite, in die er eingefügt wird und verfügt über Scrollbalken, so kann der gesamte Text durch Scrollen innerhalb des Inline-Frames nach und nach gelesen werden. Das Seitenlayout bleibt dabei vollständig erhalten.

Inline-Frame:
Eingebetteter Bereich innerhalb eines HTML-Dokumentes, in welchen HTML-Dateien und Bilder geladen werden können.

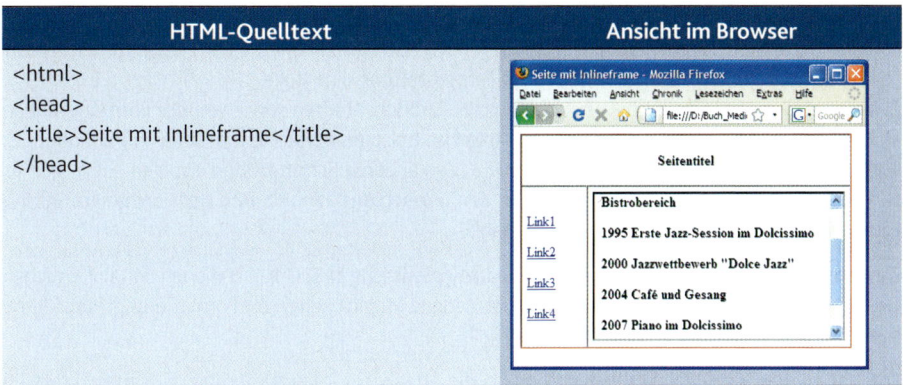

``` <body> <table width="400" height="250" border="1" cell- padding="6" cellspacing="0" borderco- lor="#990000"> <tr> <td height="60" colspan="2" align="center"><b>Seitentitel</b></td> </tr> <tr> <td width="80" height="190"> <p><a href="Datei1.htm">Link1</a></p> <p><a href="Datei2.htm">Link2</a></p> <p><a href="Datei3.htm">Link3</a></p> <p><a href="Datei4.htm">Link4</a></p> </td> <td><iframe width="300" height="170" src="historie.htm">Ihr Browser kann leider keine Frames anzeigen!</iframe></td> </tr> </table> </body> </html> ```	**\<iframe\> \</iframe\>:** Beginn und Ende des Inline-Frames (iframes) **width und height** Breite und Höhe des iframes **src="datei.htm"** Datei, die in den Inline-Frame geladen wird. Hier: historie.htm

16.2 Cascading Style Sheets (CSS)

Sicherlich ist Ihnen bei den vorhergehenden Übungen aufgefallen, dass nahezu keine Formatierungen des Textes sowie der Verweise und weiterer Seitenelemente vorgenommen wurden. Lediglich Überschriften, Listen und Tabellen wurden verwendet.

Für eine individuelle Webpräsentation spielt jedoch auch die Auswahl einer geeigneten Schriftart sowie eine in sich konsistente und passende Farbgestaltung eine Rolle.

Zwar ist es auch in HTML möglich, Schriftarten, -größen, -farben sowie weitere Formatierungen anzugeben, doch kann die Angabe der Schriftgröße beispielsweise nicht absolut in Punkten oder Pixeln, sondern lediglich relativ im Verhältnis zu den anderen Schriftgrößen erfolgen. So verhält es sich auch mit vielen anderen Angaben. Für den Bereich des Layouts und der Formatierung sind **Cascading Style Sheets**, kurz **CSS**, erste Wahl.

Cascading Style Sheets (CSS) sind eine Ergänzungssprache zu HTML. Sie dienen der einheitlichen Gestaltung von Internetseiten, indem sie verschiedene Möglichkeiten zur Formatierung, Platzierung oder Anordnung, z.B. der Schrift; bieten.

CSS halten den HTML-Code übersichtlich, da die Angaben zur Formatierung nur selten direkt im Quellcode des Body-Bereiches auftauchen, sondern in der Regel entweder in eine zentrale, extern gespeicherte **CSS-Datei** ausgelagert werden, oder im Kopf der HTML-Datei zu finden sind.

Vorteile von CSS
Der Zeitaufwand für Veränderungen sinkt, da mit ein paar kleinen Änderungen in der zentralen CSS-Datei das Layout einer gesamten Website verändert werden kann, ohne jede Datei einzeln ändern zu müssen. Dies spart Zeit und schont den Geldbeutel des Kunden. Zudem können aufgetretenen Fehler schnell erkannt und zentral beseitigt werden.

CSS existiert in zwei Versionen: 1.0 und 2.0, doch nur die CSS-Version 1.0 wird von den beiden Standardbrowsern Netscape und Internet Explorer fast vollständig unterstützt, bei Firefox und Safari gibt es noch einige Probleme.

CSS: Zusatzsprache zu HTML zur einheitlichen Formatierung von Internetseiten mithilfe von Stilvorlagen

16.2.1 Unterschiede CSS und HTML

Das Grundgerüst einer Internetseite basiert, wie in den vorherigen Abschnitten vorgestellt, auf der Seitenbeschreibungssprache HTML. Zu diesem Grundgerüst gehören sämtliche Seiteninhalte wie Texte, Bilder Überschriften, Verweise etc.

Die Ergänzungssprache CSS hingegen ermöglicht die Formatierung eben dieser Seiteninhalte.

Durch die Kombination von HTML und CSS erfolgt somit eine **Trennung von Inhalt und Layout**, da die Möglichkeiten der Seitengestaltung und Aufteilung mithilfe von HTML sehr begrenzt, durch CSS hingegen äußerst vielfältig sind.

HTML für das Grundgerüst und die Inhalte der Internetseite, CSS zur Formatierung und Platzierung.

Neben den inhaltlichen Unterschieden ist auch die Syntax bei CSS etwas anders als bei HTML. So findet z. B. statt des Gleichheitszeichens bei HTML, z.B. bgcolor="#FF0000", bei CSS der Doppelpunkt, z. B. background-color: #FF0000, Anwendung. Diese Unterschiede sind marginal, aber durchgehend vorhanden.

Die Syntax von HTML und CSS ist sehr ähnlich, sodass es leicht zu Verwechselungen kommen kann.

Die genaue Syntax und Anwendung der einzelnen CSS-Befehle und die Verknüpfung von CSS mit den übergeordneten HTML-Dateien, werden in den folgenden Abschnitten näher erläutert.

16.2.2 Text- und Tabellengestaltung mit CSS

In diesem Abschnitt wird die Verwendung von CSS zur Text- und Tabellengestaltung exemplarisch vorgestellt. Eine umfassende Auflistung sämtlicher Befehle und Anwendungsmöglichkeiten ist in der einschlägigen Literatur und im Internet zu finden.[1]

In den folgenden Tabellen sind einige Styles aufgelistet, die häufig zur Formatierung von Texten und Tabellen benötigt werden.

---

[1] Diese Styles kann man u. a. in der Online-HTML-Referenz von Stefan Münz unter dem Namen de.selfhtml.org finden. Dort sind auch sämtliche HTML-Tags und viele Beispiele zu finden.

FONT-STYLES (Schrift-Eigenschaften)			
CSS	**Beschreibung**	**Werte**	**Beispiel**
font-size	Schriftgröße	Längenangabe: pt, in, em, px oder Prozentangabe	12 Punkt: { font-size:12pt} 12 Pixel: { font-size:12px } 80% der Standardgröße des Browsers oder eines vorher festgelegten Wertes: { font-size: 80% }
font-family	Schriftart(en)	Schriftart /-familie	{ font-family: arial, helvetica}
font-weight	Schriftgrad, z.B normal oder fett	normal, bold	{ font-weight: bold}
font-style	z.B. kursiven Text	italic	{ font-style: italic}
TEXT-STYLES (Text-Eigenschaften)			
CSS	**Beschreibung**	**Werte**	**Beispiel**
text-align	Horizontale Textausrichtung	left, right, center, justify	Ausrichtung rechts: { text-align: right } Blocksatz: { text-align: justify }
vertical-align	Vertikale Textausrichtung	baseline, top, bottom, middle, text-top, text-bottom und Längen- oder Prozentangabe	Ausrichtung am oberen Textrand (nicht in Tabellen): { vertical-align: text-top } Ausrichtung mittig: { vertical-align: middle } Ausrichtung 40% über der Grundlinie: { vertical-align: 40% }
text-decoration	Hebt einen Text hervor z.B. durch Unterstreichen, Durchstreichen etc.	none, underline, overline, line-through	Keine Hervorhebung: { text-decoration:none } Unterstreichung: { text-decoration: underline}
text-transform	Legt die Zeichen eines Textes fest	capitalize (wandelt ersten Buchstaben je Wort zu Großbuchstaben), uppercase (Großschreibung), lowercase (Kleinschreibung)	{ text-transform:capitalize}
text-indent	Rückt die erste Zeile eines Absatzes nach rechts oder links ein	Längen- oder Prozentangabe	Texteinrückung um 10px nach rechts: { text-indent: 10px } Texteinrückung um 3em nach links: { text-indent: -3em }

TABLE-STYLES (Tabellen-Eigenschaften)			
CSS	Beschreibung	Werte	Beispiel
table	Abmessungen der Tabelle	width, height	Tabellenbreite und –höhe: table {width: 400px; height: 200px }
table-layout	Anzeige der Tabelle bei Breitenangaben	auto, fixed	Zelleninhalt vorrangig, Zellenbreite wird ggf. angepasst { table-layout: auto } Tabellengröße vorrangig, Zelleninhalt ragt ggf. über { table-layout: fixed }
border	Dicke, Art und Farbe des Tabellenrahmens	Dicke: px, pt etc. Art: solid, none, double, dashed, dotted etc.	Rahmen 2 Pixel, durchgezogene Linie, Blau { border: 2px solid #0000FF }
border-collapse	Eigenschaft des Tabellenrahmens	collapse (normales Gitternetz) separate (jede Zelle für sich umrahmt)	{ border-collapse: separate }

Cascading Style Sheets beziehen sich z.B. auf einen bestimmten HTML-Tag. Dies kann beispielsweise der Tag <table> sein, dann gelten die definierten Styles für die ganze Tabelle. Bei <h1> nur für den Bereich der Webseite, der zwischen <h1> und </h1> steht usw.

16.2.3 Verknüpfung von CSS mit HTML

Es gibt insgesamt drei verschiedene Möglichkeiten, CSS-Styles mit einer HTML-Datei zu verknüpfen:

Linking:	CSS in separater Datei
Embedding:	CSS im head der HTML-Datei
Inline-Styles:	CSS direkt im Quelltext der HTML-Datei

Linking bei CSS
Beim **Linking** wird, z. B. in einem einfachen Texteditor, eine separate CSS-Datei erstellt und mit der Endung .css abgespeichert. Diese Datei wird anschließend mit einer oder mehreren HTML-Dateien verknüpft. Diese Methode erlaubt es, ein einziges Style Sheet für viele Seiten, vielleicht sogar für die ganze Site zu verwenden. Die separate Datei trennt die Styleangaben völlig von den Inhalten.

Vorgehensweise:

a) CSS-Styles in einer separaten Text-Datei definieren und mit der Endung .css , z. B. Formate.css, abspeichern (keine html-Datei). Dies kann etwa in Notepad oder Simpletext geschehen.

   Dann wird zunächst der Tag aufgelistet, auf den die folgenden Styles angewendet werden sollen, anschließend erfolgt eine Auflistung der Styles, die durch Semikolons voneinander getrennt werden.

Die CSS-Datei enthält die folgenden Angaben:

p {font-size:12pt; font-family:arial}
a {font-size:10pt; font-family:arial; font-weight:bold; color:#666666; text-decoration: none}

Dies bedeutet, dass alle Texte, die zwischen den Tags <p> und </p> in der HTML-Datei stehen, in der Schriftgröße 12 pt und der Schriftart Arial dargestellt werden.

Links <a> werden in der Schriftgröße 10 pt, dem Schriftschnitt fett und der Farbe Grau dargestellt.

Kommen diese Tags mehrfach vor, so gilt dies auch dort.

b) Die separate **CSS-Datei als Link in den head** jeder HTML-Datei einfügen, für welche diese Formatvorlagen gelten sollen. Dies geschieht wie folgt:

```
<html>
<head>
<link rel=STYLESHEET href="Formate.css" type="text/css">
<title>Datei1</title>
</head>
<body>

<p> Textabsatz, 12 Punkt, Schriftart Arial </p>
<a href="datei.htm"> Link, 10 Punkt, Arial, fett, Grau, ohne Unterstreichung </a>

</body>
</html>
```

Mithilfe von „type=text/css" wird dem Browser mitgeteilt, dass es sich hier um CSS handelt, damit jeder Browser den Link richtig interpretieren kann!

Durch Änderungen in der CSS-Datei ändern sich automatisch die Formatierungen in allen HTML-Dateien, die mit der CSS-Datei verknüpft sind. Dies ist besonders bei umfangreichen Internetangeboten mit vielen Seiten sehr hilfreich.

Embedding bei CSS
Beim Embedding (engl. Einbetten), werden die Styles nicht in einer separaten Datei, sondern direkt im head der HTML-Datei, für welche sie gelten sollen, definiert. Im head dient dazu ein spezieller HTML-Tag: der Style-Tag <style>.

```
<html>
<head>
<title>Meine ersten Cascading Style Sheets</title>

<style type="text/css">
<!--
p {font-size:10pt; font-family:Helvetica, Arial, Sans-Serif; color:#000066}
h1 {font-size:16pt; font-family:Georgia,Times, Sans-Serif; color:#990000}
table {width: 600px; height: 450px; font-family: Arial, Helvetica; font-size: 10pt}
-->
</style>

</head>

<body>
<table>
```

```
<tr>
<td>
<h1> Titel in 16 Punkt, Georgia, Rot </h1>
<p> Textabsatz in 10 Punkt, Arial, Blau in einer Tabelle der Maße (600 x 450) Pixel </p>
</td>
</tr>
</table>
</body>
</html>
```

Wichtig ist, dass die genauen **Style-Angaben** in einem **Comment-Tag (Kommentar)** eingebettet sind. Das stellt sicher, dass Browser, die keine CSS unterstützen, diese Zeilen nicht als darzustellenden Inhalt interpretieren.

Auch hier werden die angegebenen Formatvorgaben dann angewendet, wenn der entsprechende Tag im Quelltext der HTML-Datei, z. B. <h1> für eine Überschrift, benutzt wird.

> Bei Linking und Embedding stehen die Style-Sheets in geschweiften Klammern { }. Vor der ersten Klammer erfolgt die Angabe, auf welchen HTML-Tag, z. B. table oder p, die folgenden Style-Sheets angewendet werden sollen.

Inline-Styles

Inline-Styles werden direkt in den Quelltext eingebettet. Dies geschieht durch Hinzufügen von inline style attributes zu Tags wie <p>, <div> oder <span>.

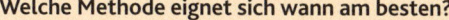

```
<html>
<head><title>Seite mit Inline-Styles </title></head>
<body>
...
<div style="font-family:courier; font-size:10pt; font-weight:bold; color:#0000FF">
Das ergibt einen Absatz mit Courier, 10 pt, fett und der Schriftfarbe Blau
</div>
...
</body>
</html>
```

Das Attribut style im HTML-Tag <div> kündigt an, dass nun CSS benutzt wird.

> **Welche Methode eignet sich wann am besten?**
>
> Linking: Bei umfangreichen Internetangeboten mit vielen Dateien
>
> Embedding: Bei Internetangeboten mit wenigen Seiten, wenn zusätzlich für die einzelnen Seiten unterschiedliche Styles benötigt werden
>
> Inline-Styles: Als Ergänzung zu Linking oder Embedding, wenn zusätzlich besondere Styles z. B. zur Positionierung eines einzelnen Bildes in einer Datei verwendet werden

HTML-Übung 6: Einfache CSS-Befehle anwenden – Blumenhaus

Erstellen Sie die folgende Website eines Blumenhauses. Die Website enthält die Seiten home.htm und kontakt.htm.

Vorlagen zur HMTL-Übung 6 – Blumenhaus

Vorgaben

Element	Angaben in HTML
Tabelle	(800 x 600) Pixel
Kopfzeile	(800 x 100) Pixel
Navigation	(120 x 450) Pixel
Inhaltsfeld	(680 x 470) Pixel
Hintergrund Kopf- und Fußzeile der Tabelle	Farbe: #030
Element	**Angaben in CSS**
Hintergrund Tabelle	Farbe: #F9C
Schrift Überschrift Kopfzeile	<h1>, Schriftart Georgia, Farbe: #F9C, Größe: 36px
Schrift Überschrift Inhaltsfenster	<h2>, Schriftart Georgia, Farbe: #030, Größe: 18px
Links	<a>, Schriftart Georgia, Farbe: #030, Größe: 14px, nicht unterstrichen
Schrift innere Tabelle	Schriftart Verdana, Farbe: #030, Größe: 12px
Schrift Fußzeile	Schriftart Verdana, Farbe: #FF0099, Größe: 12px
Tabellenrahmen	Gestrichelt = dashed, Farbe: #F9C

Die Links (Verweise) müssen als solche angelegt sein und ohne Unterstreichung dargestellt werden. Die Seite Kontakt muss jedoch nicht existieren.

16.2.4 Formate für Klassen und Individualformate in CSS

Einfache CSS ermöglichen eine Reihe von Stilvorlagen z. B. für Texte. Sie stoßen jedoch dann an ihre Grenzen, wenn eine Webseite etwa mehrere Tabellen enthält, in denen unterschiedliche Schriftgrößen, -farben oder Textauszeichnungen verwendet werden sollen oder über einige Textabsätze verfügt, die zwischen <p> und </p> eingeschlossen sind, jedoch unterschiedlich aussehen sollen.
Zu diesem Zweck gibt es sogenannte **Formate für Klassen in CSS**, mit deren Hilfe z. B. in ein- und derselben Tabelle, unterschiedliche Schriftformatierungen in den verschiedenen Tabellenzellen möglich sind.

16.2.4.1 Formate für Klassen

Formate für Klassen können entweder allgemein neu definiert und damit in jedem beliebigen Tag angewendet werden, oder sie werden, genau wie bei den einfachen CSS, direkt einem bestimmten Tag zugeordnet.

Wie bilde ich eine Klasse für ein Format?
Zuerst entweder ein bestimmtes Tag, z. B. td wie im obigen Beispiel, notieren, dahinter folgt ein Punkt . und nach diesem der frei wählbare Name der Klasse. Oder alternativ auf das Tag vor dem Punkt . verzichten, wie bei **.rot** bzw. stattdessen das allgemeine Schlüsselwort all verwenden (all. rot).

Beispiele für CSS mit Formaten für Klassen

Definition in CSS-Datei oder im Kopf der HTML-Datei	Aufruf in der HTML-Datei

td.klein {
font-familiy:arial, helvetica;
size: 8pt
}
	<td class="klein"> Kleiner Text, Arial, 8pt, in Tabellenzelle
	</td>

td.mittel {font-familiy:arial, helvetica; size:14pt}	<td class="mittel"> Mittelgroßer Text, 14pt, Arial in Tabellenzelle </td>

td.blau {
font-familiy:arial, helvetica;
font-size:10pt;
font-weight:bold;
color: #0000FF
}
	<td class="blau"> Blauer Text in Tabellenzelle, Arial, 10pt, fett
	</td>

.rot {
font-familiy:arial, helvetica;
font-size:10pt;
color:#FF0000
}
	<td class="rot"> Roter Text in Tabellenzelle</td>
	<p class="rot"> Roter Textabsatz </p>
	<div class="rot"> Roter Textabsatz </div>

**Formate für Klassen beginnen mit einem HTML-Tag oder dem Schlüsselwort „all". Es folgen ein Punkt und der frei wählbare Klassenname.
Die Bezeichnung vor dem Punkt ist optional!**

Beispiel für eine CSS-Datei mit einfachen CSS-Styles und CSS-Styles mit Formaten für Klassen:
td {font-family:arial,helvetica;size:10pt;font-weight:bold;color:#0000}
td.blau {font-family:arial,helvetica;size:10pt;font-weight:bold;color:#0000FF}
td.titel {font-family:georgia;size:28pt;font-weight:bold;color:#003399}
.klein {font-family:arial,helvetica;size:10pt}

Anders als bei den einfachen CSS-Styles müssen die CSS-Styles mit Formaten für Klassen im Quelltext von HTML extra aufgerufen werden. Dies geschieht, indem in den zugehörigen Tags noch der Zusatz **class** und der Name der Klasse eingefügt werden, z.B.

<td class="blau"> Inhalt </td>

CSS-Styles mit Formaten für Klassen müssen im Quelltext mit class="Name der Klasse" extra aufgerufen werden

Die Schreibweise der CSS-Styles kann übrigens entweder direkt hintereinander oder, wie vorher zu sehen, untereinander erfolgen. Die zweite Variante bietet lediglich etwas mehr Übersichtlichkeit, hat darüber hinaus jedoch keine andere Funktion.

Einfache CSS-Styles und CSS-Styles mit Formaten für Klassen können nebeneinander verwendet werden.

16.2.4.2 Individualformate IDs

Neben der Anwendung von Klassen, wie z. B. div.oben oder .titel, bietet CSS noch die Möglichkeit, mit **Individualformaten id** zu arbeiten.

Individualformate **id** (von engl. identity =Identität) sind nicht an bestehende HTML-Tags gekoppelt und können individuell definiert werden. Ähnlich wie bei den Klassen, müssen sie jedoch dort aufgerufen werden (also in dem HTML-Tag), wo sie verwendet werden sollen.

- **Jedes Individualformat ID darf nur einmal pro Webseite verwendet werden!**
- **In einem HTML-Tag kann sowohl eine Klasse (class) als auch ein Individualformat (id) aufgerufen werden!**

Beispiel für eine CSS-Datei mit Individualformaten

Definition in CSS-Datei	Aufruf im Quelltext der HTML-Datei

#boxeins
{
position:absolute;
top:120px;
left:20px;
}
	<div id="boxeins"> Box Eins </div>

Klassen und Individualformate ermöglichen die Vorgabe eigener Normen.
Eine Klasse (class) kann auf einer Webseite mehrfach, ein und dasselbe Individualformat (id) jedoch nur einmal verwendet werden.

Welche Formate für welchen Zweck?
Nun stellt sich die Frage, für welche Formatierungen und Positionierungen auf der Webseite Formate für Klassen und an welcher Stelle Individualformate Anwendung finden sollen.

Hier gilt eine einfache Grundregel:

Lernsituation Webauftritt – Planung, Konzeption, Umsetzung | 5

Individualformate (ID) zur eindeutigen Formatierung und zur Positionierung von Boxen und Rahmen verwenden!

Klassen und deren Formate, CLASS, zur Formatierung der Inhalte und Boxen, nicht jedoch zur Positionierung verwenden!

Verschiebungen im Browserfenster
Verschiebungen im Browserfenster sind in der Regel darauf zurückzuführen, dass in CSS nicht alle Positionierungseinstellungen exakt vorgenommen wurden. Es fehlt z.B. eine Einstellung oder die Summe mehrerer Einzelmaße ergibt nicht das Gesamtmaß etc.

D.h. auch, dass nicht angegebene Werte keinesfalls automatisch auf „0" stehen. Hier kann es hilfreich sein, zunächst ein allgemeines Element * zu definieren, welches die Abstände „0" aufweist.

```
* { padding:0px;
    margin: 0px;
}
```

Alle Elemente, für die dies nicht gilt, werden dann ohnehin separat definiert.

HTML-Übung 7: CSS mit Klassen und IDs – Musicstore
Unter der Verwendung von CSS mit Klassen und IDs sowie Verweisen soll die folgende Homepage eines Musicstores erstellt werden.
Erstellen Sie eine Homepage gemäß unten stehender Vorlage und verwenden Sie für sämtliche Größen-, Schrift- und Abstandsangaben sowie für alle Schrift- und Hintergrundfarben CSS gemäß nachfolgender Vorgaben. Durch die Verwendung von CSS soll ebenfalls gewährleistet sein, dass die Links ohne Unterstreichung erscheinen.
Speichern Sie obige HTML-Datei insgesamt dreimal unter den Namen U7_Musicstore.htm, U7_Konzerte.htm, und U7_Kontakt.htm. Speichern Sie die CSS-Datei unter dem Namen U7_formate.css. Füllen Sie die Seiten Musik und Kontakt mit den auf der CD vorhanden Texten. Das Bild bleibt auf allen Seiten gleich.

Hinweis
Es handelt sich um insgesamt zwei Tabellen:
- Die erste Tabelle wird für das Grundlayout benötigt.
- Die zweite Tabelle ist in die hellgraue Zelle geschachtelt und enthält die Texte und das Bild.

Vorlage zur HTMl-Übung 7: Musicstore Dark Angel

Vorgaben

Tabelle 1	
Breite	720 Pixel
Höhe	540 Pixel
Titelbereich oben Hintergrundfarbe Breite Höhe Schrift	 #000000 720 Pixel 100 Pixel Georgia, 24pt, fett, Farbe #FF9900, Text mittig und zentriert
Navigation links Hintergrundfarbe Breite Höhe Verweise	 #FF9900 140 Pixel 440 Pixel Arial, 12pt, fett, Farbe: #000000, o. Unterstreichung
Inhalt rechts Hintergrundfarbe Breite Höhe Bild	 #CCCCCC 580 Pixel 440 Pixel U7_Musik.jpg
Tabelle 2	
Breite	560 Pixel
Höhe	360 Pixel
Schrift	Arial, 12pt (bei U7_Konzerte.htm 10pt)
Weitere Angaben	
Überschrift im Inhaltsbereich	Georgia, 14pt, fett, Farbe:#000000
Abschlusssatz unten (orange)	Georgia, 12pt, fett, Farbe: #FF9900

Alles Weitere bitte der Abbildung entnehmen.

16.2.5 Internetseite mit CSS in Bereiche aufteilen

Einfache Internetseiten werden teilweise mithilfe von einfachen oder ineinander verschachtelten Tabellen aufgebaut, da sich auf diese Weise schon mit wenig Vorkenntnissen in HTML und CSS eine gut strukturierte Webseite erstellen lässt. Bei den Gestaltungsmöglichkeiten sind jedoch schnell die Grenzen erreicht.

Auch für die Anforderung der Barrierefreiheit, die für öffentliche Seiten – wie z. B. bei Schulen, Kommunen etc. – verbindlich ist, genügt das Tabellenlayout nicht.

In diesem Fall und auch bei sehr komplexen Webseiten ist eine andere Form der Seiteneinteilung – die Einteilung in Bereiche, sog. Divisions – notwendig.

Der HTML-Befehl **<div> Text </div>** (div ist die Abkürzung für das englische Wort division = Bereich) stellt ein Block-Element dar, in welchem sich Texte, Bilder, Listen und viele andere Elemente einer Webseite zusammenfassen lassen.

div (division):
Block oder Box zur Zusammenfassung und Aufbewahrung eines oder mehrerer Elemente einer Webseite

CSS bietet nun die Möglichkeit, die einzelnen Blöcke auf der Webseite an beliebigen Stellen zu platzieren sowie Abstände und Rahmen festzulegen. Die Webseite wird in diesem Fall komplett mithilfe einzelner Kästen oder Boxen, die sich neben- und untereinander befinden, aufgebaut. Tabellen werden für den Seitenaufbau nicht genutzt.

Boxen: Rechteckige Bereiche, die aus dem eigentlichen Inhalt, einem Rahmen und Abständen bestehen.

Durch die Entkopplung von Layout (Aufbau), Formatierung und Formatangaben (z. B. Schriftarten, Textauszeichnungen, Hintergrundbilder und -farben etc.) wird der Quelltext sehr übersichtlich und der Seitenaufbau leichter verständlich.

HTML zur Definition der Boxen, CSS zur deren Platzierung und Formatierung

16.2.5.1 Boxen: Aufbau und Eigenschaften

Jede Box zur Gestaltung und zum Aufbau einer Webseite hat formal die gleiche Struktur und unterscheidet sich lediglich in den Abmessungen.

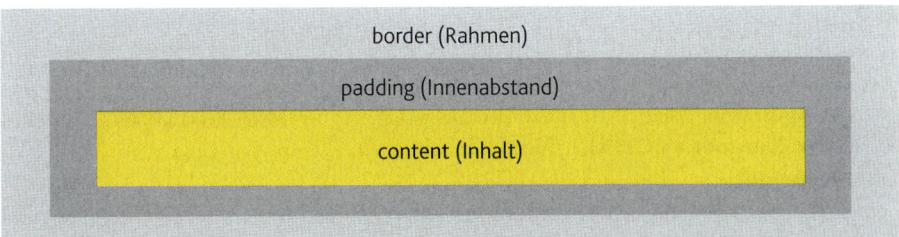

Schematischer Aufbau einer Box bzw. eines Blocks

Bereich	Bezeichnung	Eigenschaften	Anmerkungen
Inhaltsbereich	content	width, height Breite und Höhe Inhaltsbereich	• Angabe in Pixeln **px** oder in Prozent **%**
Innenabstand	padding	padding-top: Innenabstand oben padding-left: Innenabstand links padding-right: Innenabstand rechts padding-bottom: Innenabstand unten	• Angabe in Pixeln **px** oder in Prozent **%** • nur **padding**, dann gilt die Angabe für alle Innenabstände

Bereich	Bezeichnung	Eigenschaften	Anmerkungen
Rahmen	border	border-top: Rahmenlinie oben border-left: Rahmenlinie links border-right: Rahmenlinie rechts border-bottom: Rahmenlinie unten none: kein Rahmen solid : durchgezogen double: doppelt durchgezogen dashed: gestrichelt Rahmenfarbe	• Angabe in Pixeln **px** oder in Prozent **%** • nur **border**, dann gilt die Angabe für alle Rahmenlinien • z. B. **border:10px solid #000000;** Rahmenbreite 10 Pixel, durchgezogene Linie, Rahmenfarbe Schwarz (#000000)
Außen-abstand	margin	margin-top: Außenabstand oben margin-left: Außenabstand links margin-right: Außenabstand rechts margin-bottom: Außenabstand unten	• Angabe in Pixeln **px** oder in Prozent **%** • nur **margin**, dann gilt die Angabe für alle Abstände

1. Inhalt der Abmessungen 200 Pixel mal 150 Pixel mit Rahmen und allen Abständen. Die Außenabstände sind separat angegeben, die Innenabstände und Rahmen allgemein.

CSS-Code	div-Bereich in HTML	Darstellung im Browser

div
{
width:200px;
height:150px;
padding-top:10px;
padding-left:10px;
padding-right:10px;
padding-bottom:20px;
border:20px solid #CC3333;
margin:10px;
background-color:#333333;
}
	\<div\>
	
	Eine Box mit einem 200 Pixel breiten und 150 Pixel hohen Inhaltsbereich, hellgrauem Hintergrund und rotem Rahmen sowie allen Abständen.
	
	\</div\>
		Eine Box mit einem 200 Pixel breiten und 150 Pixel hohen Inhaltsbereich, hellgrauem Hintergrund und rotem Rahmen sowie allen Abständen.

2. Inhalt der Abmessungen 600 Pixel mal 100 Pixel ohne Innen und Rahmen, aber mit Außenabstand

CSS-Code	div-Bereich in HTML	Darstellung im Browser

div
{
width:400px;
height:80px;
margin:15px;
background-color:#99CCFF;
font-family:arial;
font-size:10pt;
}
	\<div\>
	Eine Box mit einem 400 Pixel breiten und 80 Pixel hohen Inhaltsbereich, hellblauem Hintergrund und einem Außenabstand von 15 Pixeln rundherum.
	\</div\>
		Eine Box mit einem 400 Pixel breiten und 80 Pixel hohen Inhaltsbereich, hellblauem Hintergrund und einem Außenabstand von 15 Pixeln rundherum.

Lernsituation Webauftritt – Planung, Konzeption, Umsetzung | 5

Platzbedarf einer Box auf der Webseite:

Breite = Außenabstand links + Rahmen links + Innenabstand links + Breite Inhalt + Innenabstand rechts + Rahmen rechts + Außenabstand rechts

Höhe = Außenabstand oben + Rahmen oben + Innenabstand oben + Höhe Inhalt + Innenabstand unten + Rahmen unten + Außenabstand unten

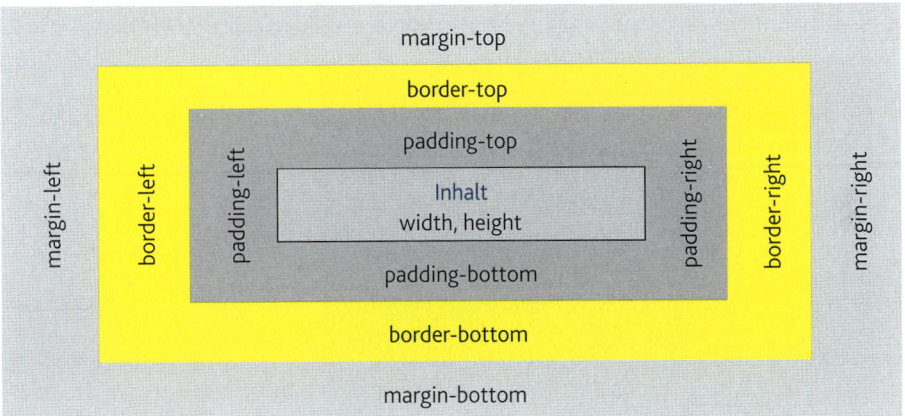

Detaillierter Aufbau einer Box bzw. eines Blocks

16.2.5.2 Boxen: Farben und Hintergrundbilder

Jede Box kann eine Hintergrundfarbe bzw. ein Hintergrundbild erhalten. Die Hintergrundfarbe bzw. das Hintergrundbild hinterlegen lediglich den Inhaltsbereich und den Innenabstand (padding). Der Rahmen kann mit solid eine eigene Farbe erhalten und der Außenabstand (margin) ist immer transparent.

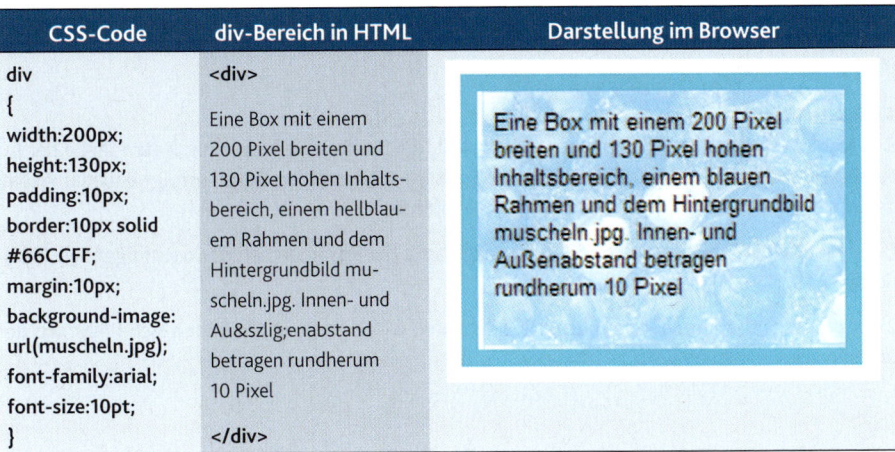

HTML-Übung 8: Einfaches Webseitenlayout mit drei Boxen

Erstellen sie das unten stehende Layout einer Webseite mithilfe von drei Boxen der angegebenen Maße. Nutzen Sie „Formate für Klassen" in CSS, um die einzelnen Boxen zu bezeichnen. Die Boxen sollen einfach untereinander stehen.

Maße:
- Box oben: Breite 780px, Höhe 80px, Innenabstand 10px, Hintergrundfarbe #FF9900
- Box Mitte: Breite 780px, Höhe 400px, Innenabstand 10px, Hintergrundfarbe #99CCFF
- Box unten: Breite 780px, Höhe 60px, Innenabstand 10px, Hintergrundfarbe #FF9900

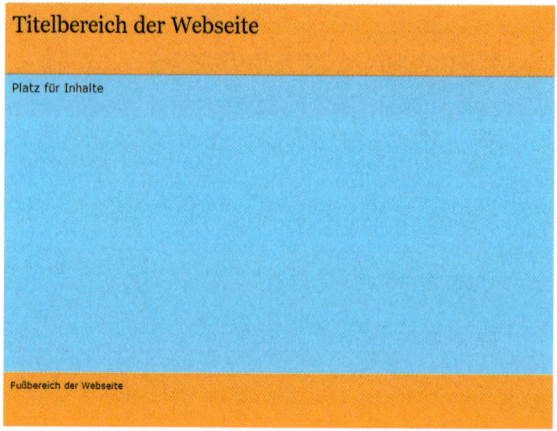

Vorlage zu HTML-Übung 8: Boxen

16.2.5.3 Boxen beim Seitenaufbau platzieren

Das Layout der meisten Internetseiten, die mithilfe so genannter Boxen aufgebaut werden, erfordert eine gezielte Platzierung dieser Boxen neben- bzw. ineinander.

Im Folgenden werden daher einige Möglichkeiten vorgestellt, Boxen gezielt auf der Internetseite zu platzieren.

Absolute Positionierung

Die absolute Positionierung bietet die Möglichkeit, die Boxen jeweils an einer festen Stelle der Internetseite zu positionieren. Die Angabe der Position der einzelnen Boxen erfolgt dabei in Pixeln, gemessen vom oberen linken Rand des Bildschirmfensters.

Das Layout einer Internetseite besteht aus insgesamt vier Boxen gemäß der nachfolgenden Abbildung.

Zwei Boxen sind untereinander platziert, die beiden weiteren Boxen befinden sich innerhalb der unteren großen, blauen Box.

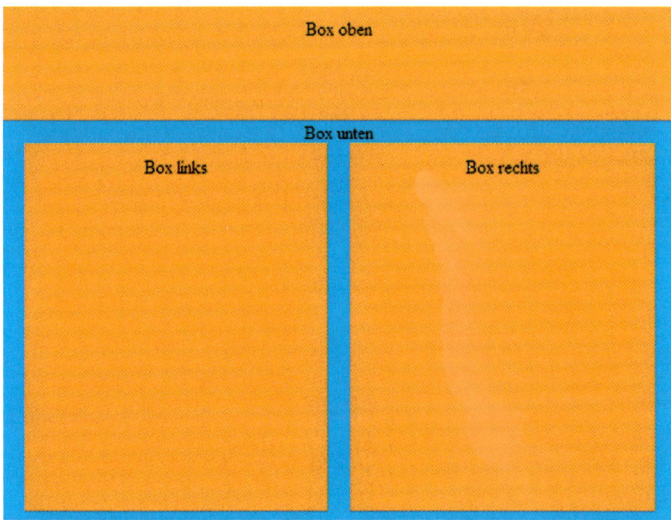

Beispiel: Verschachtelte Boxen, absolut positioniert

Abmessungen der einzelnen Boxen

Box oben	**Gesamtmaße** Breite: 580 Pixel, Höhe: 80 Pixel Innenabstand: 10 Pixel Abstände vom Bildschirmrand: von links: 10 Pixel, von oben: 10 Pixel
Box unten	**Gesamtmaße** Breite: 600 Pixel, Höhe: 350 Pixel Abstände vom Bildschirmrand: von links: 10 Pixel, von oben: 110 Pixel
Box links	**Gesamtmaße** Breite: 250 Pixel, Höhe: 300 Pixel Innenabstand: 10 Pixel Abstände von der übergeordneten Box: von links: 20 Pixel, von oben: 20 Pixel (vom Bildschirmrand: 30, 30)
Box rechts	**Gesamtmaße** Breite: 250 Pixel, Höhe: 300 Pixel Innenabstand: 10 Pixel Abstände von der übergeordneten Box: von links: 310 Pixel, von oben: 20 Pixel (vom Bildschirmrand: 320, 30)

Umsetzung in HTML und CSS

In HTML werden die Boxen ineinander verschachtelt. Mit Hilfe von CSS erhalten sie ihre Maße und ihre Position.

HTML-Quellcode	CSS-Datei
``html
<html>
<head>
<title>Verschachtelte Boxen</title>
<link href="B5_Formate.css" rel="stylesheet" type="text/css">
</head>

<body>
<div class="boxoben" id="boben">
Box oben
</div>

<div class="boxunten" id="bunten">Box unten
 <div class="boxlinks" id="blinks"> Box links </div>
 <div class="boxrechts" id="brechts"> Box rechts </div>
</div>

</body>
</html>
```

Achtung!
Beachten Sie, dass die Innenabstände zur Gesamtbreite hinzugezählt werden müssen.

Beispiel:
Eine Box, die am Bildschirm die Breite 400 Pixel und die Höhe 200 Pixel mit einem Innenabstand von 20 Pixel nach allen Seiten haben soll, muss also in CSS mit width: 360px; height: 160px; angelegt werden, denn:

(400 – 2*20) Pixel = 360 Pixel
(200 – 2*20) Pixel = 160 Pixel | ```css
.boxoben {
    width:580px;
    height:80px;
    padding:10px;
    background-color: #FF9900;
}
.boxunten {
    width:600px;
    height:350px;
    background-color: #0099FF;
}
.boxlinks, .boxrechts {
    width:250px;
    height:300px;
    padding:10px;
    background-color: #FF9900;
}
#boben {
    position:absolute;
    top:10px;
    left:10px;
}

#blinks {
    position:absolute;
    left:20px;
    top: 20px;
}
#brechts {
    position:absolute;
    left:310px;
    top: 20px;
}
#bunten {
    position:absolute;
    top:110px;
    left:10px;
}

div { text-align:center; }
``` |

HTML-Übung 9: Boxen mit CSS positionieren und Inline-Frames einfügen

Die folgende Homepage dient als Online-Glossar für den Bereich Drucktechnik. Sie soll mithilfe von **absolut positionierten Boxen** aufgebaut werden. Zur Übung soll lediglich eine Seite des Glossars mit den Buchstaben A bis D dargestellt werden.

Dateiname: U9_Boxen_Inline.htm

Das **Glossar**, also eine eigenständige HTML-Datei, wird mithilfe eines **Inline-Frames** in die eigentliche Seite eingebettet. Die Seite des Glossars können Sie mithilfe einer **zweispaltigen Tabelle** erstellen.

Dateiname: U9_GlosarAD.htm

Sämtliche **Formatierungs- und Positionsangaben** sollen in **CSS** mithilfe von **Klassen und IDs** erfolgen.

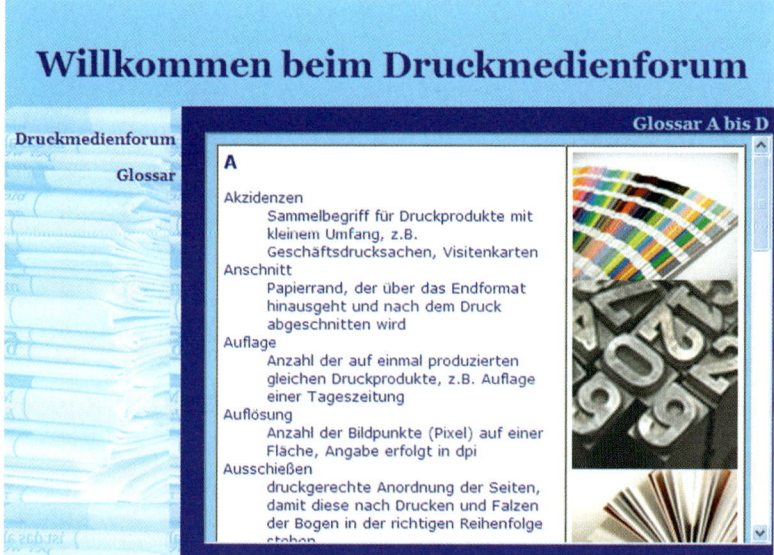

Vorlage zu HTML-Übung 9

Vorgaben

Abmessungen und Position der Boxen	
Box oben	Hintergrundfarbe: #99CCFF Gesamtmaße Breite: 700 Pixel, Höhe: 100 Pixel Innenabstand: 5 Pixel Abstände vom Bildschirmrand: von links: 10 Pixel, von oben: 10 Pixel
Box links	Hintergrundbild: U9_hintergrund.jpg Gesamtmaße Breite: 160 Pixel, Höhe: 400 Pixel Innenabstand: 5 Pixel Abstände vom Bildschirmrand: von links: 10 Pixel, von oben: 110 Pixel

Box rechts	Hintergrundfarbe: #000099
	Gesamtmaße
	Breite: 540 Pixel, Höhe: 400 Pixel
	Innenabstand: 5 Pixel
	Abstände vom Bildschirmrand:
	von links: 170 Pixel, von oben: 110 Pixel

Glossar im Inlineframe	
Tabelle	Breite: 600 Pixel, Höhe: 480 Pixel
	Linke Spalte: 330 Pixel, rechte Spalte: 150 Pixel breit

Relative Positionierung

Die relative Positionierung bietet die Möglichkeit, die Seiteninhalte in Abhängigkeit von ihrer ursprünglichen Position auf der Seite zu verschieben.

Mit der folgenden Angabe:
#verschieben {
  position:relative;
  top:20px;
  left:-40px;
}
Wird die Box aus ihrer eigentlichen Position noch 20 Pixel nach unten und 40 Pixel nach links verschoben.

Positionierung mit Float

Die Positionierung mit Float bietet die Möglichkeit, dass Seitenelemente sich umfließen. Dies kennen Sie bereits aus dem Druckbereich, wenn ein Text ein Bild umfließt etc.

Die CSS-Anweisung **float (**von engl. schwimmen, schweben) stellt die Möglichkeit dar, dieses Umfließen zu bewerkstelligen.

Wird ein Element mithilfe des Befehls float formatiert, so geschieht folgendes:

- Das mit float formatierte (kurz: gefloatete) Seitenelement wird automatisch in ein Blockelement (eine Box) umgewandelt
- Die anderen Seitenelemente umfließen das mit float formatierte Element
- Die Anordnung des gefloateten Elements erfolgt direkt nach dem Blockelement, das diesem vorausgeht
- Floats sind aus dem Fluss der HTML-Datei herausgenommen – sie können über andere Elemente herausragen

Ende des Umfließens?

Meist ist es so, dass nicht alle Seitenelemente die gefloateten Elemente umfließen sollen. Zu diesem Zweck gibt es die Anweisung **clear**, welche das Umfließen beendet, z.B. mit **clear: left;** wird das Umfließen des links positionierten Elementes beendet.

HTML-Datei	CSS-Datei

`<html><head>`
`<link href="B6_Formate.css" rel="stylesheet" type="text/css">`
`</head>`
 	
`<body>`
`<div class="box1">`
Dies ist der Text, der in der ersten Box steht. Diese Box befindet sich links und wird von dem Text in der zweiten Box, die gleich nebenan folgt, umflossen.
`</div>`
 	
`<div class="box2">`
Dies ist der Text, der in der zweiten Box steht. Diese Box umfließt die links stehende Box auf der rechten Seite.
`</div>`
 	
`<div class="box3">`
Dies ist der Text, der in der dritten Box steht. Diese Box umfließt die erste Box nicht mehr, da das Umfließen aufgehoben wurde. Denn das Umfließen kann ja nicht ewig so weitergehen.
`</div>`
`</body></html>`
	`.box1 {`
	`float:left;`
	`width:100px;`
	`padding:10px;`
	`background-color:#FF00CC;`
	`font-family: verdana;`
	`font-size: 10pt;`
	`}`
	
	`.box2 {`
	`width:200px;`
	`padding:10px;`
	`background-color:#CCCCCC;`
	`font-family: verdana;`
	`font-size: 10pt;`
	`}`
	
	`.box3 {`
	`clear:left;`
	`width:300px;`
	`padding:10px;`
	`background-color:#CCFFCC;`
	`font-family: verdana;`
	`font-size: 10pt;`
	`}`

Dies ist der Text, der in der ersten Box steht. Diese Box befindet sich links und wird von dem Text in der zweiten Box, die gleich nebenan folgt, umflossen.

Dies ist der Text, der in der zweiten Box steht. Diese Box umfließt die links stehende Box auf der rechten Seite.

Dies ist der Text, der in der dritten Box steht. Diese Box umfließt die erste Box nicht mehr, da das Umfließen aufgehoben wurde. Denn das Umfließen kann ja nicht ewig so weitergehen.

Ansicht im Browser

http://de.html.net/tutorials/css/
www.w3schools.com/css/
www.echoecho.com/css.htm

Dieser Abschnitt ist lediglich ein Auszug aus den vielfältigen Möglichkeiten zum Seitenlayout mithilfe der gezielten Positionierung von Boxen. Für den tieferen Einstieg empfehlen sich die bereits zuvor genannte Fachliteratur und eine Vielzahl von Online-Tutorials.

16.3 Barrierefreies Webdesign

Um allen Menschen den Zugang zur Informationstechnik zu ermöglichen, die etwa zur Bedienung von Internetseiten oder öffentlichen Automaten erforderlich ist, trat am 27. April 2002 die **Verordnung zur Schaffung barrierefreier Informationstechnik nach dem Behindertengleichstellungsgesetz**, kurz **BITV**, in Kraft. Diese Verordnung gilt für Auftritte im Internet und im Intranet sowie für alle grafischen Programmoberflächen, die öffentlich zugänglich sind, z. B. bei Fahrkartenautomaten der Bahn.

www.bmi.bund.de → Gesetze und Verordnungen

Diese Verordnung soll dazu beitragen, Barrieren im Leben beeinträchtigter Menschen wie Menschen mit Farbfehlsichtigkeit, Blinden und Gehörlosen, bei der Benutzung z. B. des Internets abzubauen.

Im Folgenden sind einige Bereiche aufgelistet, die für barrierefreies Webdesign besonders wichtig sind. Die vollständige Verordnung inklusive aller Anlagen kann im Internet auf den **Seiten des Bundesministeriums des Innern** eingesehen werden und steht darüber hinaus zum Download bereit.

Element der Webseite	Anforderungen laut BITV	Bedingungen laut BITV
Audios und visuelle Inhalte	Äquivalente Inhalte bereitstellen, die den gleichen Zweck/die gleiche Funktion erfüllen	• Für alle Bilder, Grafiken, Audio- und Video-Inhalte muss ein äquivalenter Text bereitgestellt werden • Inhalte von Videodateien müssen zusätzlich als zusammenfassende Audiodatei vorliegen • Grafische Hyperlinks müssen zusätzlich als Texthyperlinks vorliegen
Texte und Grafiken in Farbe	Farbige Text- und Grafikinhalte müssen auch bei der Betrachtung in Graustufen verständlich sein	• Farblich dargestellte Elemente müssen auch ohne Farbe verfügbar sein • Bilder müssen so kontrastreich angelegt sein, dass eine Betrachtung in Graustufen alle Bildinformationen erkennen lässt
Stylesheets, Scripte etc.	Das Internetangebot muss auch ohne die Aktivierung von Scripten und die Unterstützung von Stylesheets nutzbar sein	• Alternativangebot ohne dynamische Inhalte und Stylesheets bereitstellen oder dynamische Inhalte auf andere Weise zugänglich machen • Die Eingabebehandlung sämtlicher Scripte muss vom Eingabegerät unabhängig sein – jeder Nutzer muss z. B. das Eingabeformular sehen und ausfüllen können – unabhängig von seinen Systemvoraussetzungen
Bewegte Inhalte	Der Nutzer muss zeitgesteuerte Inhalte kontrollieren können	• Bewegte Inhalte vermeiden • Abschaltung bzw. Einfrieren der Bewegung bei bewegten Inhalten ermöglichen
Inhalts- und Orientierungselemente	Bereitstellung von Informationen zum Kontext und zur Orientierung	• Frames mit Titles versehen • Eindeutige Beschriftung der Navigationselemente • Sitemap bei umfangreichen Angeboten • Aufteilung umfangreicher Informationen in mehrere Blöcke

Accessibility, Usability und Validierung für barrierefreies Webdesign

Barrieren auf Internetseiten abbauen bedeutet, die Zugänglichkeit für alle Personengruppen zu gewährleisten. Diese Zugänglichkeit wird mit dem englischen Begriff **Accessibility** beschrieben und ist die Voraussetzung dafür, dass der Inhalt der angebotene Website von jedem Besucher gelesen bzw. erfasst werden kann. Dazu hat das **W3C** (World-Wide-Web-Konsortium), Richtlinien entwickelt, die Web Content Accessibility Guidelines (WCAG).

www.w3.org/
TR/WCAG10

Eine der Grundvoraussetzungen dafür stellt, neben der bereits angesprochenen Verordnung BITV, die **Usability** (engl. Brauchbarkeit, Benutzbarkeit, Bedienbarkeit) dar. Wenn der Nutzer nicht weiß, wie er die angebotene Seite nutzen bzw. auf welchem Weg er an die gewünschtem Informationen gelangen kann, so steht er, ohne dass weitere gesundheitliche Beeinträchtigungen vorliegen, vor einer unüberwindbaren Barriere.

Doch wie lässt sich Usability gewährleisten?

Ein bekannter Usability-Forscher, der Amerikaner Jakob Nielsen, versucht die Usability insbesondere dadurch zu gewährleisten, dass er Nutzer der gewünschten Zielgruppe vorab als Testpersonen des jeweiligen Webangebotes einsetzt und die dabei auftretenden Schwierigkeiten und Probleme gezielt erfasst und analysiert.
Im deutschsprachigen Raum gibt es mit Jan-Eric Hellbusch und Martin Stehle zwei Personen, die als Experten in diesem Bereich gelten.

www.useit.
com/
www.
webaccessi-
bility.de/
www.
barriere-
freies-web-
design.de/
www.w3.org
www.w3c.de/
Trans/WAI/
webinhalt.
html
www.barriere-
freies-web-
design.de/
links.php

Zur Erfassung wird auch spezielle Software (sog. Eye-Tacking-Systeme) am Markt angeboten, die bei Zielgruppentests die Augenbewegungen der Nutzer verfolgt und durch die Blicklenkung Probleme aufzeigt und Handlungsempfehlungen zur Optimierung der Benutzbarkeit der Internetseite liefert. Einen weiteren Schritt auf dem Weg zum barrierefreien Webdesign stellt die **Validierung** des Webangebotes dar. Diese bezieht sich im Wesentlichen auf die Überprüfung des Quellcodes nach Vorgaben des W3C, welches auch die W3C Zugangsrichtlinien für Webinhalte 1.0.

Web-Accesibility:	Barrierefreier Zugang zu Internetseiten
Web-Usability:	Benutzerfreundlichkeit und Bedienbarkeit von Webseiten
Validierung nach W3C:	Überprüfung von Interseiten anhand festgelegterr Richtlinien des W3C

16.4 Layout, Design und Struktur von Webseiten

Vgl. LS 3, 11
und LS 4, 12

Dieser Abschnitt beschäftigt sich im Wesentlichen mit dem Layout und der Gestaltung von Internetseiten. Unabhängig davon, ob es sich um Druck- oder Digitalprodukte handelt, ist es wichtig, Gestaltungselemente sinnvoll einzusetzen und geeignete Gestaltungsprinzipien gezielt auszuwählen.

Die Planung und Konzeption eines Internetauftritts erfordert daher eine sorgfältige Planung. Diese bezieht sich einerseits auf einen ansprechenden, logischen und benutzerfreundlichen Aufbau und andererseits auf ein zielgruppen- und inhaltsbezogenes Layout und Design.

16.4.1 Struktur und Aufbau einer Webseite

Komplexe Technologien, zu denen auch Internetseiten gehören, sollen schön, übersichtlich und leicht verständlich sein. Um dies zu gewährleisten, stellen sich bereits bei der Planung erhöhte Anforderungen an den Designer, denn eine schöne, aber wenig übersichtliche Webseite ist nur etwas für Internetprofis, die aufgrund ihrer Erfahrung fast immer den richtigen Button betätigen und zum gewünschten Ziel gelangen. Für alle anderen gilt:

Wer sich auf der Internetseite nicht zurechtfindet und die Übersicht verliert, wechselt zu einem anderen Angebot

16.4.1.1 Interface-Design

Das Interface-Design beschäftigt sich mit der Aufgabe, Internetseiten so zu strukturieren und zu entwickeln, dass die gewünschte Zielgruppe in der Lage ist, die gesuchten Informationen leicht zu finden und jederzeit die Übersicht behalten kann. Die Benutzeroberfläche, das Interface, bildet damit die Schnittstelle zwischen dem Benutzer und der Technologie hinter der Internetseite. Diesen Bereich nennt man auch die **Mensch-Maschine-Kommunikation**.

 Interface: Schnittstelle zwischen Mensch und Technologie

Das Interface-Design bezieht sich natürlich nicht nur auf die Erstellung von Internetseiten, sondern spielt auch bei zahlreichen anderen Benutzeroberflächen, z. B. bei Handys, Computerspielen, an Bank- und Fahrkartenautomaten etc. eine entscheidende Rolle.

Bezogen auf eine Internetseite ist es die Aufgabe des Interface-Designers, die Benutzeroberfläche in Layout und Navigationsstruktur so zu entwickeln, dass der Nutzer sie intuitiv bedienen kann und immer weiß, wo er sich gerade befindet. Damit dies gelingt, gibt es einige

Grundregeln für das Interface-Design

 Wessen Seite ist das?
Auf jeder Seite eines Internetauftritts muss erkennbar sein, von wem sie ist (z. B. durch Firmenname oder Firmenlogo). Dazu kann zusätzlich auch die Titelleiste benutzt werden (z. B. Firmenlogo direkt auf der Seite platzieren und den Firmennamen in die Titelleiste integrieren).

 Einheitliche Bedienungselemente erleichtern die Suche
Einzelseiten können z. B. mithilfe von Links in Textform, Navigationsbuttons oder auch anklickbaren Grafiken miteinander verknüpft werden. Entscheidend ist, dass innerhalb einer Website einheitliche Bedienungselemente (z. B. gleiche Buttons unterschiedlicher Farbe oder Beschriftung oder ähnlich gestaltete Grafiken) Anwendung finden bzw. bei der Benutzung von Grafiken, Icons oder Piktogrammen klar ersichtlich ist, dass die Bedienungselemente zusammengehören. Dies kann z. B. durch ihre Anordnung erfolgen.

Vgl. LS 3, 10.3.2

Übersichtlichkeit im Layout
Das Layout der Internetseiten sollte möglichst konstant bleiben, um dem Benutzer die Übersicht auf jeder Einzelseite zu erleichtern. Ständig wechselnde Layouts, im Extremfall bei jeder neuen Seite des Internetauftritts, verwirren und beeinträchtigen die Orientierung des Benutzers, da ständig ein anderer Blickverlauf notwendig ist, um die ganze Seite zu erfassen.

 **Wo bin ich gerade?**
Der Nutzer sollte immer wissen, wo er sich gerade befindet. Dazu ist es einerseits wichtig, eine klare Navigationsleiste zu entwickeln, die stets sichtbar ist. Andererseits sollte auch deutlich zu erkennen sein, in welchem Untergebiet man sich gerade befindet. Dies kann z. B. geschehen, indem der Button des gerade gewählten Themenbereichs entsprechend hervorgehoben wird, z. B. durch eine abweichende Schrift- oder Hintergrundfarbe. Außerdem sollte an jeder Stelle der Website die Möglichkeit bestehen, zurück zur Homepage und – bei längeren Seiten – auch an den jeweiligen Seitenanfang zu gelangen. Das wiederum gelingt mit Sprungmarken.

Schneller Zugriff auf gesuchte Informationen
Eine lange Verzweigungsstruktur, bei der der Nutzer sich erst durch fünf bis zehn Seiten klicken muss, um die gewünschten Informationen zu erhalten, sollte unbedingt vermieden werden. Dadurch lässt das Interesse an der Website schnell nach. Ebenso sind lange Ladezeiten, die z. B. durch die Einbindung großer Grafiken oder umfangreiche Flash-Dateien entstehen, zu vermeiden.

www.web-coach.org
• Gestaltung
• Checkliste
www.drweb.de/magazin/die-ultimative-usability-ceckliste/

Die Website mehrfach testen
Was nützt die übersichtlichste Struktur, wenn einige Seiten des Internetauftritts nicht oder nur unzureichend funktionieren oder gar Inhalte fehlen? Eine Funktionsprüfung ist daher ebenso unerlässlich wie die Überprüfung der Rechtschreibung. Zur Erleichterung des Websitetests stehen Checklisten zur Verfügung.[1]

> **Gutes Interface-Design bedeutet: Übersichtlichkeit, gezielte Benutzerführung, Funktionalität und gute Bedienbarkeit.**

16.4.1.2 Page-Design

Das **Page-Design** ist ein Unterbereich des Interface-Designs und bezeichnet den konkreten Aufbau und das Layout jeder **Einzelseite** innerhalb des Internetauftritts. Darunter fallen die Bereiche Typografie, Platzierung von Text, Grafik- und Bildelementen, Formatvorgaben (Stylesheets), Seitenlänge, Farbwahl u. a.

Beim Surfen auf einer Website sieht der Nutzer immer nur eine Einzelseite des Gesamtangebotes. Daher ist es wichtig, dass jede Einzelseite eine Einheit bildet, sowohl inhaltlich als auch vom Aufbau ein ausgewogenes Bild ergibt und für sich alleine bestehen kann, denn kein Element wird nur für sich, sondern immer als Teil des Ganzen wahrgenommen.

> **Page-Design: Planung und Layout jeder Einzelseite einer Internetpräsenz**

Bei der Planung stellen sich z. B. die folgenden Fragen:

Wie teile ich die Seite auf?
Strukturierung und Gliederung sind der erste Schritt bei der Planung jeder Internetseite. Dieser Bereich wird auch als „visuelles Informationsmanagement" bezeichnet. Die Gestaltung der Seite sollte so beschaffen sein, dass der Nutzer bereits auf den ersten Blick die grobe Seitenstruktur erkennen kann. Eine klare, farblich hervorgehobene Navigationsleiste, Seiteneinteilungen mithilfe einer Tabelle oder Boxen sowie deutliche Zwischenüberschriften können dazu beitragen.

Vgl. diese LS, 16.4.3

Wo platziere ich Elemente, an denen das Auge „hängen bleibt"?
Besonders entscheidend ist der obere Bereich der Seite im Browserfenster. Hier bietet sich die Platzierung von wichtigen Grundelementen an, wie z. B. das Firmenlogo und/oder der Firmenname. Auch eine quer liegende Navigationsleiste lässt sich hier anordnen. Neben dem oberen Bereich erhält auch der linke Bereich der Seite eine besondere Aufmerksamkeit. Durch die Bedienung gängiger Anwendungsprogramme wie Word, Excel oder Photoshop ist der Nutzer gewohnt, wichtige Werkzeuge und Navigationselemente entweder oben (Word und Excel) oder links

---

[1] Checkliste zum Websitetest in: Ralf Lankau, Webdesign und -publishing, Projektmanagement für Websites

(Photoshop) zu finden. Ferner sind wir es gewohnt, zunächst von links nach rechts und dabei von oben nach unten zu lesen und übertragen diese Gewohnheit auch auf die Wahrnehmung von Internetseiten.

Welche Schrift und Farben soll ich wählen?

Vgl. LS 3, 9.4.3

Oberstes Gebot bei einer Internetseite ist die Lesbarkeit. Durch Lesegewohnheiten sowie die Wahrnehmungsfähigkeit von Farben und Kontrasten erweist sich ein dunkler Text auf hellem Hintergrund als besonders gut lesbar. Da das Weiß des Bildschirms jedoch heller wirkt als das eines Blattes Papier, empfiehlt sich eine leichte Tönung des Hintergrundes (z. B. hellgrau oder pastellfarben).

Vgl. diese LS, 15.7

Schriften ohne Serifen wie Arial oder Verdana sind am Bildschirm besser lesbar als Serifenschriften wie Times oder Courier. Zudem sollte der Text möglichst linksbündig ausgerichtet werden, um die Lesbarkeit zu erhöhen.

Wie lang darf der Text bzw. Seiteninhalt sein?

Lesen am Bildschirm ermüdet, daher gilt: Alles möglichst kurz fassen. Am besten ist es, wenn der Nutzer nicht oder nur wenig scrollen muss, der Text also problemlos auf eine Bildschirmseite passt. Als Gestaltungsgrundlage sollte von der tatsächlich nutzbaren Fläche bei einer Bildschirmauflösung von 1024 x 768 Pixeln ausgegangen werden. Dabei ergibt sich eine nutzbare Seitenlänge von ca. 650 bis 700 Pixeln.

> **Gutes Page-Design bedeutet:**
> Thematisch passende Farb-, Schrift- und Bildwahl, ansprechendes Layout, gezielte Platzierung der Inhalte und angemessener Umfang

16.4.1.3 Navigationsstrukturen (Site-Design)

Auch das **Site-Design** stellt einen Unterbereich des Interface-Designs dar. Das Site-Design beinhaltet die Struktur und Funktionalität einer gesamten Internetpräsenz. Es gibt an, wie die einzelnen Seiten miteinander verknüpft sind (Link-Struktur) und wie der Informationsfluss auf den Seiten gesteuert wird.

Es gibt viele Möglichkeiten, Internetseiten miteinander zu verknüpfen. Die gängigsten Navigationsstrukturen werden im Folgenden aufgeführt.

Navigationsstrukturen

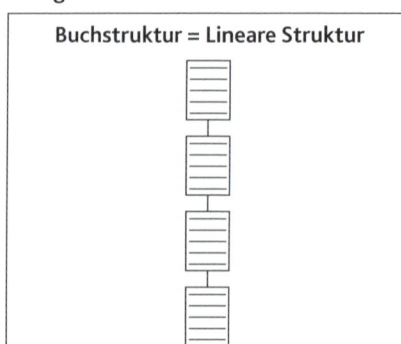

Die **Buchstruktur** ist eine **lineare Struktur**, bei der die Seiten der Reihe nach aufeinander folgen. Jede Seite ist nur mit der vorhergehenden und der nachfolgenden Seite verbunden.

Anwendungsmöglichkeit:
Die Buchstruktur bietet sich z. B. an, wenn die Website ein reines Lernmodul beinhaltet, bei dem ähnlich wie in einem Lehrbuch ein Lerngebiet in einer festen Reihenfolge bearbeitet werden soll.

Bei der **jumplinearen Struktur** kann von der Hauptseite auf jede Unterseite gesprungen werden. Zusätzlich sind die Unterseiten linear miteinander verknüpft. Es ist wenig Interaktion möglich.

Anwendungsmöglichkeit:
„Kiosksystem", z. B. Fahrpläne, Fahrkartenautomat etc.[1]

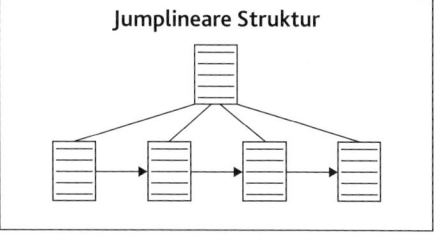

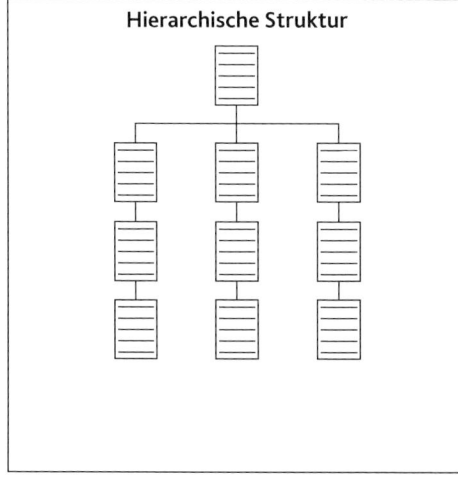

Bei der **hierarchischen Struktur** folgt auf die Homepage eine beliebige Anzahl von Inhaltsseiten (erste Ebene). Die Seiten der nachfolgenden Ebenen sind jeweils nur mit der Seite verbunden, die sich in der Hierarchie direkt darüber bzw. darunter befindet. Nebeneinander liegende Seiten haben keinerlei Verbindung, es sind quasi mehrere parallel liegende Buchstrukturen.

Anwendungsmöglichkeit:
Diese Struktur eignet sich, wenn die Website Angebote zu verschiedenen Themen enthält, die nicht direkt miteinander in Zusammenhang stehen aber innerhalb der Unterthemen eine feste Seitenreihenfolge vorliegen soll.

Im Gegensatz zur hierarchischen Struktur wird bei der **Baumstruktur** jede Unterseite der Homepage, sofern eine weitere Ebene gewünscht wird, noch einmal in zwei oder mehr Unterseiten unterteilt.

Anwendungsmöglichkeit:
Die Baumstruktur eignet sich am besten für Internetseiten mit verschiedenen Themenbereichen, die nicht unmittelbar zusammenhängen. Durch die größere Anzahl an Verzweigungen können mehr Informationen angeboten werden als bei der hierarchischen Struktur.
Nachteil:
Um in einen anderen Themenbereich (Ast) zu gelangen, muss man immer wieder zur Homepage zurück.

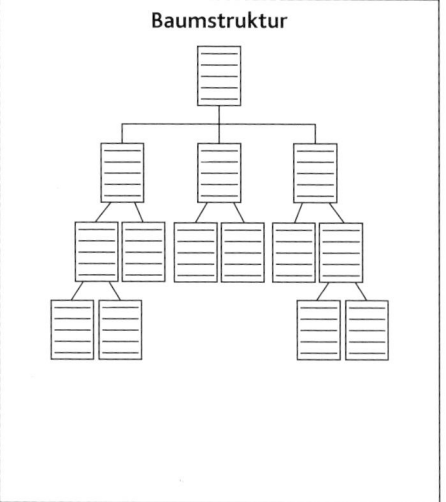

---

[1] Kiosksystem: Computeranlagen zur Nutzung im öffentlichen Bereich (z. B. Fahrkartenautomat, Spieleterminal etc.) mit Informationen zu einem begrenzten Bereich/Themengebiet

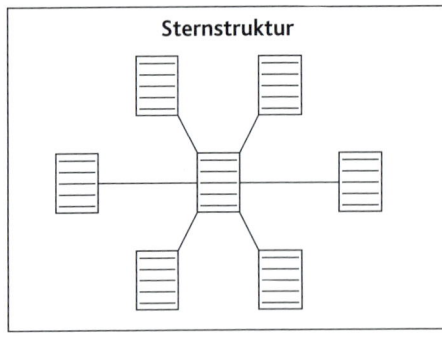

Sternstruktur

Bei der **Sternstruktur** gibt es keinerlei Ebenen, sondern alle Seiten sind direkt mit der Homepage und über diese auch untereinander verbunden. Die einzelnen Teilbereiche werden über eine Navigationszentrale (die Homepage) angesprungen.

Anwendungsmöglichkeit:
Die Sternstruktur ist nur für kleinere Internetangebote geeignet, da die Homepage bei zu vielen Links schnell unübersichtlich wirkt.

Bei der **Single-Frame-Struktur** sind alle Seiten miteinander verbunden. Dies sorgt zwar einerseits für größere Flexibilität bei der Navigation, wird jedoch auch schnell unübersichtlich. Der Benutzer sieht bei der Single-Frame-Struktur immer nur eine Seite, von der alle anderen Seiten erreicht werden können, so dass sich eine Art Netz ergibt.
Nachteil:
Wird bei vielen Seiten schnell unübersichtlich.

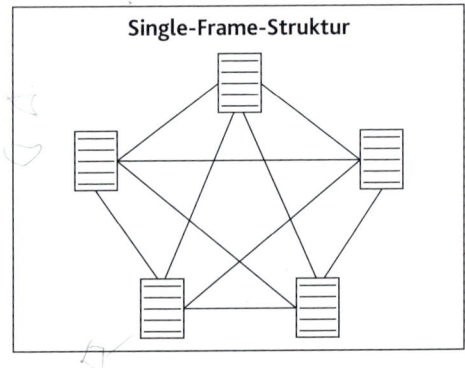

Single-Frame-Struktur

See-and-Point-Struktur

Bei der **See-and-Point-Struktur** gibt es nur eine Hauptseite, die sämtliche Links enthält. Beim Anklicken eines jeden Links bleibt die Hauptseite bestehen und der Link öffnet sich in einem separaten Fenster.

Anwendungsmöglichkeit:
Die See-and-Point-Struktur ist z. B. für Reiseführer oder kleine Kiosksysteme geeignet, wo sich die einzelnen Bilder und Inhalte als nähere Erläuterung öffnen.

16.4.2 Screendesign

Das Screendesign beschäftigt sich mit den Anforderungen an die Gestaltung und das Layout von Bildschirmoberflächen jeglicher Art, wie z.B. Internetseiten, Automaten, Handys, etc.

> **Screen:** Bildschirm oder Mattscheibe
> **Screendesign:** Gestaltung von Bildschirmoberflächen bei Internetseiten, Programm- und Multimediaoberflächen etc.

Bevor die genauen Aufgaben des Screendesigns vorgestellt werden kurz ein Blick auf die Zielgruppe, die im Mittelpunkt jeglicher Planungen und Konzepte steht.

Bei der Erstellung einer Website, wie z.B. der Internetpräsentation für das Restaurant „Viva Italia", ist es wichtig, genau festzulegen, für wen die Website entwickelt werden soll. Hierbei stehen einerseits die möglichen Nutzer, andererseits das Produkt bzw. Unternehmen, dessen Website gemeint ist, im Focus.

Bezüglich der Zielgruppe lässt sich eine Segmentierung in zwei Hauptbereiche vornehmen.

> **Segmentierung: Von lat. segmentum = Abschnitt.**
> Aufteilung des möglichen Gesamtmarktes (hier der Gesamtzielgruppe) nach unterschiedlichen Kriterien.

Näheres dazu finden Sie in Lernsituation 6.

Vgl. LS 6, 19.1

Haupteinsatzbereich einer Website

Neben der Zielgruppe spielt auch der Einsatzbereich der Internetpräsentation eine wesentliche Rolle. Wichtig ist hierbei, einen Haupteinsatzbereich klar zu benennen, um sich bei der Konzeption nicht zu verzetteln.

Einsatzbereiche von Webseiten

Einsatzbereich	Mögliche Inhalte
Information	Lexika, Kataloge, Datenbanken, Skripte, Firmenprofile
Kommunikation	Newsgroup, Forum, Schwarzes Brett, Chatroom
Werbung	Produktwerbung, Imagewerbung, Kundenbefragungen
Lernen	Motivation und Aktivierung, Lernspiele, Kommunikationsforen
Spielen	Reaktions-, Abenteuer-, Strategie- oder Logikspiele
Erleben	Virtuelle Realität, Filme und Animationen
Verkaufen	Sonderangebote, E-Shop

Webseiten enthalten meist nicht nur einen dieser Bereiche, sondern die gezielte Verknüpfung mehrerer Bereiche (Hersteller technischer Geräte – z. B. Drucker – bieten häufig Informationen und Support für bereits verkaufte Geräte oder neue Produkte und Dienstleistungen an). Dies stellt besondere Anforderungen an das Layout und die Benutzerführung, damit der Benutzer immer weiß, was ihn wann erwartet und wie er dorthin gelangt.

16.4.2.1 Aufgaben des Screendesigns

Aufgabe des **Screendesigns** ist es, digitalen Produkten wie einer Website, einer Programmoberfläche oder den Inhalten einer Multimedia-CD einerseits ein ansprechendes Äußeres zu verleihen, sowie andererseits Übersichtlichkeit und Orientierung zu gewährleisten.

> **Das Screendesign verknüpft die drei Bereiche Interface-, Page- und Sitedesign**

Dem Interface kommt im Screendesign eine übergeordnete Rolle zu, da der Benutzer von dem eigentlichen Inhalt z. B. einer Internetseite erst dann einen Nutzen hat, wenn er diesen effektiv nutzen kann. Effektive Nutzung bedeutet in diesem Zusammenhang nützliche Werkzeuge zur Verfügung zu haben, die einen Zugang zum Inhalt ermöglichen. Mittels solcher Werkzeuge reagiert das System auf die Aktionen des Benutzers so, wie dieser es erwartet hat.

5 | Lernsituation Webauftritt – Planung, Konzeption, Umsetzung

 Nach einem Klick auf den Link zu einer Speisekarte öffnet sich auch tatsächlich eine Speisekarte und nicht nur eine kurze Information, die besagt, dass das betreffende Restaurant über eine umfangreiche Speisekarte verfügt.

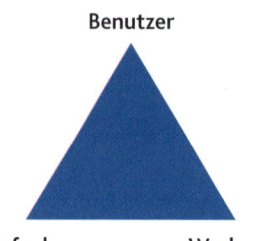

Die Schlüsselrolle des Interface beim Screendesign hat der Design-Theoretiker Gui Bonsiepe mithilfe der folgenden Grafik veranschaulicht.

Wie ein Handwerker benötigt auch der Benutzer einer Internetseite ein Werkzeug, um die gewünschte Handlung ausführen zu können.

16.4.2.2 Grundelemente des Screendesigns

Was nützen gut strukturierte und übersichtliche Inhalte, wenn wichtige Grundelemente wie etwa die Möglichkeit einer Kontaktaufnahme fehlen? Oder vor lauter Struktur die Motivation zum Verweilen auf der Internetseite auf der Strecke bleibt?

Das Screendesign kann nur dann seiner Aufgabe gerecht werden, wenn Funktion und Ästhetik eng miteinander verzahnt werden. Vor diesem Hintergrund werden am Beispiel einer Webseite des Mode- und Lifestyleherstellers Esprit die wesentlichen Elemente des Screendesigns und ihre jeweiligen Funktionen vorgestellt.

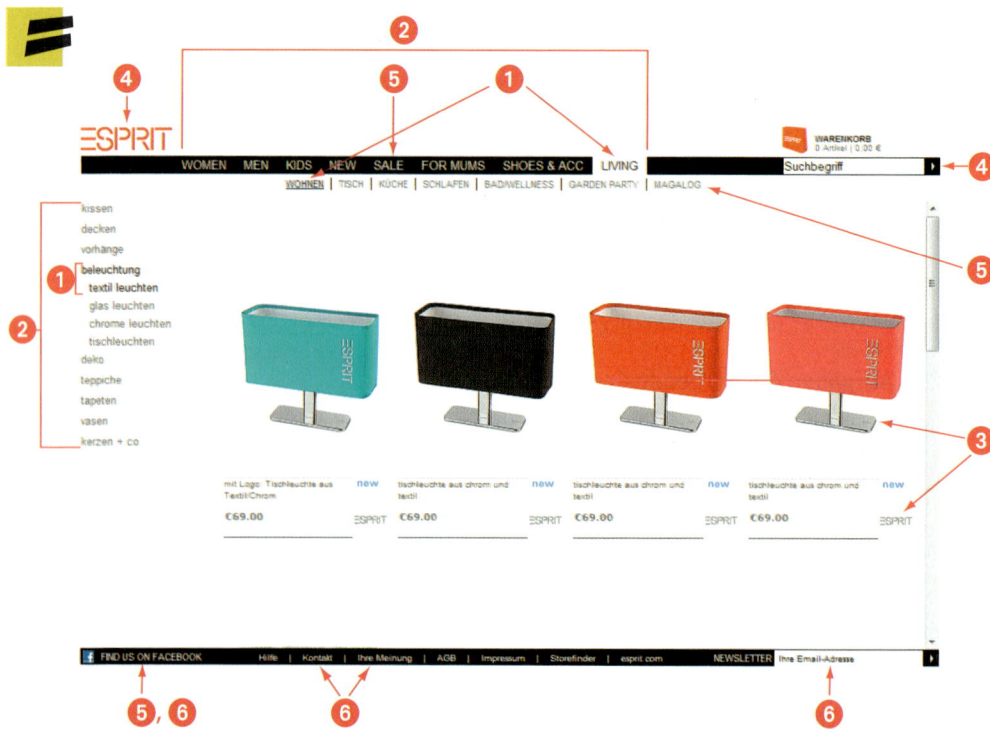

Webseite aus dem Webshop des Unternehmens „Esprit"

Grundelemente	Beschreibung
1. Orientierung Hilft dem Benutzer, sich zu orientieren	**Wo bin ich gerade?** Bei Esprit wird durch schwarze Balken oben und unten gekennzeichnet, dass der Benutzer sich im Bereich Living und dort in Wohnen → Beleuchtung → textil leuchten.
2. Navigation Hilft dem Benutzer, sich auf der Website zu bewegen	**Wie komme ich weiter?** Bei Esprit befindet sich oben die Hauptnavigation und links auf der Seite ein weiteres Navigationsmenü.
3. Inhalt Liefert dem Benutzer Informationen in Text und Bild	**Was finde ich vor?** Bei Esprit stehen die Bilder im Vordergrund, Texte dienen der Erläuterung.
4. Screenlayout Gibt der Seite eine Struktur	**Habe ich den Überblick?** Bei Esprit ist das Logo immer links oben platziert. Auch der obere Balkenbereich bleibt immer gleich und verleiht der Seite eine feste Struktur.
5. Motivation Bewirkt, dass der Benutzer die Website gerne benutzt	**Was motiviert mich zum Bleiben?** Bei Esprit motiviert der Button Magalog unter „Living" in der oberen Navigationsleiste sowie der aktuelle Ausverkauf unter der Rubrik „Sale".
6. Interaktion Gibt dem Benutzer die Möglichkeit, in das System einzugreifen bzw. Kontakt herzustellen	**Kann ich aktiv werden?** Bei Esprit besteht über die Links „Kontakt" und „Ihre Meinung" die Möglichkeit zur Kontaktaufnahme. Auch ein Newsletter kann abonniert, Esprit auf Facebook kontaktiert und im Inhalt der Seite gesucht werden.

Wählen Sie eine beliebige deutsche Firmenwebsite zur Analyse aus und untersuchen Sie diese nach folgenden Kriterien:

1. Welche Zielgruppe wird mit der ausgewählten Website angesprochen?
2. Sind alle wichtigen Elemente des Screendesigns vorhanden? Benennen und zeigen Sie die vorhandenen Elemente anhand eines Screenshots.
3. Tragen die Struktur und der Aufbau der Website dazu bei, dass sich der Nutzer/Besucher
   a) auf der Website gut zurechtfindet? Wenn ja bzw. nein, wodurch?
   b) für das Angebot/die Inhalte interessiert wird? Wenn ja, mithilfe welcher Inhalte?

16.4.2.3 Planung des Screenlayouts

Wichtige Grundelemente müssen auf einer Webseite nicht nur vorhanden sein, sondern auch so angeordnet werden, dass sie, vor dem Hintergrund des Interface-Designs, eine übersichtliche und ansprechende Aufteilung der Webseite gewährleisten.

Unterschiede im Layout von Druckprodukten und Webseiten
Formate
Im Gegensatz zu den viel genutzten Hochformaten im Druckbereich, häufig aus der DIN-A-Reihe, liegt im Webbereich immer ein Querformat vor, bedingt durch das Querformat der Bildschirme. Die Größe des jeweiligen Querformates wird am Bildschirm durch die Bildschirmauflösung bestimmt.

Vgl. LS 4, 14

Gängige Bildschirmgrößen und die dazu empfohlenen Auflösungen

Monitorgröße	Bildschirmdiagonale	Empfohlene Bildschirmauflösung
15 Zoll	38,1 cm	800 x 600 Pixel
17 Zoll	43,2 cm	1 024 x 768 Pixel
19 Zoll	48,3 cm	1 280 x 1 024 Pixel
20 Zoll	50,8 cm	1 400 x 1 050 Pixel
21 Zoll	53,3 cm	1 600 x 1 200 Pixel

Im Internet dominiert das Querformat, im Druckbereich das Hochformat

Das Umdenken vom Quer- auf Hochformat erfordert eine andere Anordnung der Gestaltungselemente wie Texte und Bilder. Auch ergeben sich andere Spaltenlängen und -breiten. Daher lässt sich ein bestehendes Druckprodukt, z. B. eine Broschüre, nicht einfach auf eine Internetseite übertragen.

Erscheinungsbild

Vgl. diese LS, 16.4.3

Im Druckbereich ist, bei entsprechendem Colormanagement ein stets gleiches Erscheinungsbild des Produkts gewährleistet. Im Webbereich hingegen hängt dies sehr stark vom verwendeten System des Benutzers, dessen Software- und Hardwarevoraussetzungen sowie den Monitoreinstellungen ab. Ein gut durchdachtes **Gestaltungsraster** kann hier jedoch ähnlich wie im Druckbereich erheblich dazu beitragen, die negativen Effekte, wie z. B. andere Farbdarstellungen und abweichende Schriftgrößen, nicht zu sehr in den Vordergrund der Wahrnehmung zu stellen.

Gestaltungsraster geben Internetseiten und Druckprodukten eine Struktur

Medienspezifische Besonderheiten

Im Web kommen noch einige medienspezifische Besonderheiten hinzu, die nur im digitalen Bereich Anwendung finden. Dazu gehören einerseits der mögliche Einsatz von Videos und Animationen auf der Webseite, andererseits führt die Notwendigkeit von Navigationselementen zu einer ganz anderen Benutzung des Mediums.

Bei einem Buch oder einem Katalog blättere ich von Seite zu Seite weiter, habe zudem anhand des Inhaltsverzeichnisses und der Seitenzahlen die Möglichkeit, bestimmte Inhalte gezielt auszuwählen. Ferner sehe ich, wenn das Buch aufgeschlagen vor mir liegt, ob ich mich eher am Anfang, in der Mitte oder am Ende des Werkes befinde.

Auf einer Website kann ich gemäß der Navigationsstruktur teilweise in einer beliebigen Reihenfolge durch das Angebot surfen ohne zu sehen, in welcher Unterebene ich mich gerade befinde.

Damit der Benutzer im Internetangebot nicht verloren geht, ist daher eine klare und eindeutige Navigationsstruktur erforderlich, die jederzeit die Möglichkeit bietet, zum Startpunkt zurückzukehren.

16.4.2.4 Entwurf einer Webseite

Nachdem feststeht für welche Bildschirmauflösung eine Internetseite optimiert werden soll und auch die Anzahl der Navigationselemente festgelegt wurde, geht es darum, einen ersten Entwurf einer Webseite zu erstellen. Analog zum Printbereich wird auch hier mit Scribbles gearbeitet.

Es empfiehlt sich, eine Reihe **leerer Vorlagen mit den Seitenverhältnissen** der Webseite im Querformat zu erstellen und diese für erste Entwürfe zu nutzen.

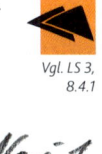

Vgl. LS 3, 8.4.1

Vorlage mit Entwurf, Seitenverhältnis 4:3

Vorlage mit Entwurf (Scribble), Seitenverhältnis 4:3

Beachten Sie dabei die gängigen **Gestaltungsprinzipien**. Auch eine gezielte Anwendung der **Gestaltgesetze** ist wichtig.

Vgl. LS 3, 10.3.2 und LS 4, 12

Gestaltgesetze bei Internetseiten anwenden

Gestaltgesetz	Anwendungsbereich	Beispiel
Gesetz der Nähe	Navigationselemente → Die Navigationselemente rechts auf der Seite www.4smartmedia.de sind alle in einer Reihe, also nahe beieinander zu finden und gehören zusammen → Zusätzlich findet das **Gesetz der Geschlossenheit** durch klare Abgrenzung der Inhalte im dargestellten Monitorfenster Anwendung	
Gesetz der Ähnlichkeit	Navigationselemente → Die stylistisch gleichen Elemente in der unteren Navigationsleiste von www.doppelpack.com gehören jeweils zusammen etc.	
Figur-Grund-Gesetz	Klare Abgrenzung zwischen Seiteninhalt und -hintergrund → die Seite der Werbeagentur commuhnicate unter www.commuhnicate.com bietet, neben einem interessanten Layout, eine klare Abgrenzung zwischen Vorder- und Hintergrund	
Gesetz der Geschlossenheit	• Klare Erkennbarkeit von Beginn und Ende des Seitenlayouts Deutliche Abgrenzung einzelner Seitenelemente, z.B. Textblöcke, voneinander Beides ist bei www.playmobil.de gegeben. Einige in sich geschlossene Bereiche wurden zur Veranschaulichung umrandet	

16.4.3 Raster im Webdesign

Ebenso wie bei Druckprodukten, ist auch bei Internetseiten ein durchgängiges und verständliches Layout wichtig. Dies kann mit Hilfe von Rastern erreicht werden.

Vgl. LS 8, 29.3

Ein **Gestaltungsraster** dient der **Ausrichtung von Text und Bildelementen** innerhalb eines Satzspiegels im Printbereich und auf einer Website im Bereich der Webanwendungen. Es bildet daher die wesentliche Grundlage für das Layout einer Seite und soll gewährleisten, dass eine **durchgängige Gestaltung der Einzelseiten**, die für den Nutzer deutlich erkennbar ist und die **Orientierung auf der Seite** erleichtert, vorliegt.

> Gestaltungsraster legen den Grundstein zur Orientierung und Benutzerführung auf einer Webseite

16.4.3.1 Gestaltungsraster für den Bildschirm

Rastersysteme ermöglichen es auf einfache Weise, die Grundelemente des Screendesigns auf jeder Seite an der gleichen Stelle – z. B. die Navigationsleiste stets am linken Rand, das Logo links oben, den Verweis zum Impressum im unteren Bereich der Seite etc. – anzuordnen. Wird der Grundaufbau stringent verfolgt, so erleichtert dies die Orientierung und Benutzerführung erheblich.

Ferner erleichtert eine vorhandene Grundstruktur dem Webdesigner auch das Hinzufügen weiterer Seiten, da nur neuer Inhalt, nicht jedoch ein neues Layout erstellt werden muss.

> Wichtige Grundelemente der Webseite immer an der gleichen Stelle anordnen!

Die Größe und Anzahl der Rasterzellen kann frei gewählt werden. Wichtig ist jedoch, dass die Größe der Rasterzellen ein ganzzahliger Teil der gewählten Bildschirmauflösung ist, damit nicht am Ende z. B. eine halbe Rasterzelle übrig bleibt. Große (ca. 100 Pixel) oder sehr kleine (ca. 10 Pixel) Rasterzellen erweisen sich als wenig sinnvoll, da sie den Gestaltungsspielraum entweder stark einschränken oder zu einen unübersichtlichen Layout führen können.

Die Bildschirmauflösung beträgt 640 x 480 Pixel. Es wird eine Rasterzellenbreite und -höhe von jeweils 40 Pixel gewählt. In der Breite ergeben sich dann 16 Rasterzellen (16 x 40 Pixel = 640 Pixel) und in der Höhe 12 Rasterzellen (12 x 40 Pixel = 480 Pixel).

> Je detaillierter das Raster, desto variabler ist es!

16.4.3.2 Rasterzellen und Rasterfelder

Während bei CD-ROM-Produktionen im Vollbildmodus die gesamte Bildschirmauflösung als Fläche für die **Rastereinteilung** zur Verfügung steht, müssen bei Webseiten die Pixel abgezogen werden, welche für die Menüleisten des Browsers erforderlich sind. In der Höhe sind dies schnell zwischen 150 und 200 Pixel, während in der Breite ca. 40 bis 60 Pixel meist ausreichen. Zudem sollten Breite und Höhe möglichst ein Vielfaches der Zahl 10 sein, um eine einfache Rastereinteilung zu ermöglichen.

	Bildschirm-auflösung	Mögl. Endgröße der Webseite	Rasterzellenbreite	Rasterzellenhöhe
1	800 x 600	750 x 450	50 Pixel	50 Pixel
2	1.024 x 768	950 x 600	50 Pixel	50 Pixel
3	800 x 600	720 x 440	40 Pixel	40 Pixel
4	1.024 x 768	960 x 600	30 Pixel	30 Pixel

> Rasterzelle: Kleinste Einheit des Gestaltungsrasters.

Beispiel eines 50er-Rasters mit 15 x 9 Rasterzellen

Bei der Seitenaufteilung und Platzierung der Elemente im Raster werden mehrere Rasterzellen zu einen **Rasterfeld** zusammengefasst. Innerhalb der Rasterfelder werden dann die einzelnen Elemente der Webseite, z. B. Bilder und Navigationsleisten, platziert.

Rasterfeld: Fläche mit mehreren Rasterzellen

Doch wie viele Rasterfelder welcher Größe sollen wo auf der Webseite platziert werden?

16.4.3.3 Platzierung im Raster

Studien haben gezeigt, dass bestimmte Bereiche einer Webseite mehr Beachtung finden als andere. Bei der Platzierung der Seitenelemente sollte diesen Ergebnissen entsprochen werden, um die Aufmerksamkeit des Besuchers auf die wesentlichen Inhalte zu lenken.

Aufmerksamkeitsschema eines Bildschirmfensters

Das Aufmerksamkeitsschema zeigt, dass dem mittleren und linken oberen Bereich der Webseite eine besondere Beachtung zuteil wird und die Bereiche links unten und rechts oben noch eine mäßige Aufmerksamkeit erzielen. Selten hingegen schaut der Besucher in den rechten unteren Bereich. Für die Platzierung der Seitenelemente bedeutet dies, dass die wesentlichen Seiteninhalte im mittleren Bereich zu finden sein sollten.

Auch die Platzierung der Navigationselemente spielt eine wichtige Rolle, da die tiefer liegenden Inhalte ohne eine gute Orientierung und intuitiv zu bedienende Benutzerführung nicht gefunden werden können.

Layout im Raster: Platzieren Sie zuerst die Navigationselemente. Ordnen Sie danach alle weiteren Elemente im verbleibenden Nettoraum.

Navigationsleisten am linken Rand entsprechen der Leserichtung (von links nach rechts). Navigationsleisten im oberen Bereich orientieren sich an gängigen Anwendungsprogrammen, deren Menüleisten ebenfalls oben zu finden sind. Ferner führen sie zu einem breiteren Inhaltsbereich, sodass eine Aufteilung in drei Spalten (z. B. Text, Bild und News) problemlos möglich ist.

Der rechte untere Bereich kann z. B. für die Platzierung eines Links zum Impressum genutzt werden, da dieser Link zwar auf der Seite vorhanden sein muss, jedoch in der Regel keine besondere Beachtung beim Benutzer findet.

Gestaltgesetze bei Webseiten
Nach der Aufteilung der Seite in Raster entsprechend dem Aufmerksamkeitsschema ist die gezielte Anordnung und Zusammenfassung der einzelnen Seitenelemente wichtig, um die Übersichtlichkeit und Benutzerführung weiter zu unterstützen.

Wenden Sie die Gestaltgesetze bei Webseiten gezielt an!

Bereich	Gestaltgesetz	Erläuterung
Navigation	Gesetz der Nähe	Anordnung zusammengehöriger Navigationselemente in der Nähe voneinander, neben- bzw. untereinander
	Gesetz der Ähnlichkeit	Gleiche Farb-, Schrift- und/oder Formgestaltung der Navigationselemente
Texte	Gesetz der Geschlossenheit	Zusammengehörigen Text umrahmen, farbig hinterlegen etc.
Gesamtseite	Gesetz der Geschlossenheit	Webseite in sich geschlossen darstellen, z. B. durch Umrahmung; Hinterlegung klar von Bereichen außerhalb des Seitenlayouts abgrenzen. Einzelne Inhaltbereiche deutlich voneinander abgrenzen.
	Figur-Grund-Gesetz	Vordergrund = Inhalte der Webseite müssen sich klar von Hintergrund abheben, also keine dominierenden Hintergrundbilder oder -farben verwenden.
	Gesetz der guten Fortsetzung	Blickführung durch Anordnung der Seitenelemente

Vgl. LS 2, 3.3.2

Welches Raster eignet sich – und aus welchem Grund – Ihrer Meinung nach für die Website von „Viva Italia", wo soll die Navigation platziert werden und welche weitere Seitenaufteilung ist sinnvoll?

Beachten Sie bei der Aufteilung der Webseite, dass Sie nicht zu viele Rasterfelder anlegen, um die Übersichtlichkeit innerhalb der Grundstruktur der Seite zu bewahren.

5 | Lernsituation Webauftritt – Planung, Konzeption, Umsetzung

Als Beispiel für mögliche Seitenlayouts und die Platzierung von wesentlichen Seitenelementen wie der Navigation, dem Text- und dem Bildbereich, werden im Folgenden einige Prinziplayouts vorgestellt und mit Beispielwebseiten veranschaulicht.

Prinziplayouts

1.

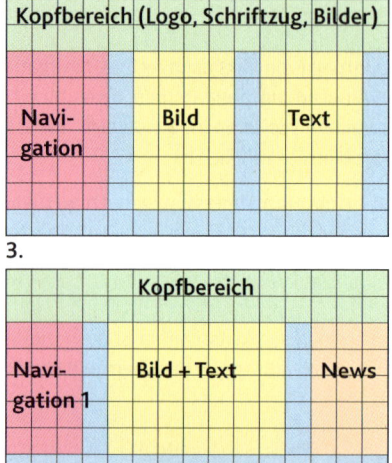

2.

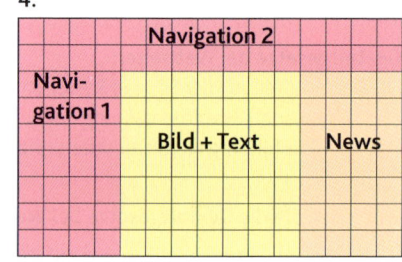

3.

4.

Layoutbeispiele im 15 x 9er-Raster

Beispiele für die Prinziplayouts 3. und 4.

Homepage der Firma BKS – Prinziplayout 3

Lernsituation Webauftritt – Planung, Konzeption, Umsetzung | 5

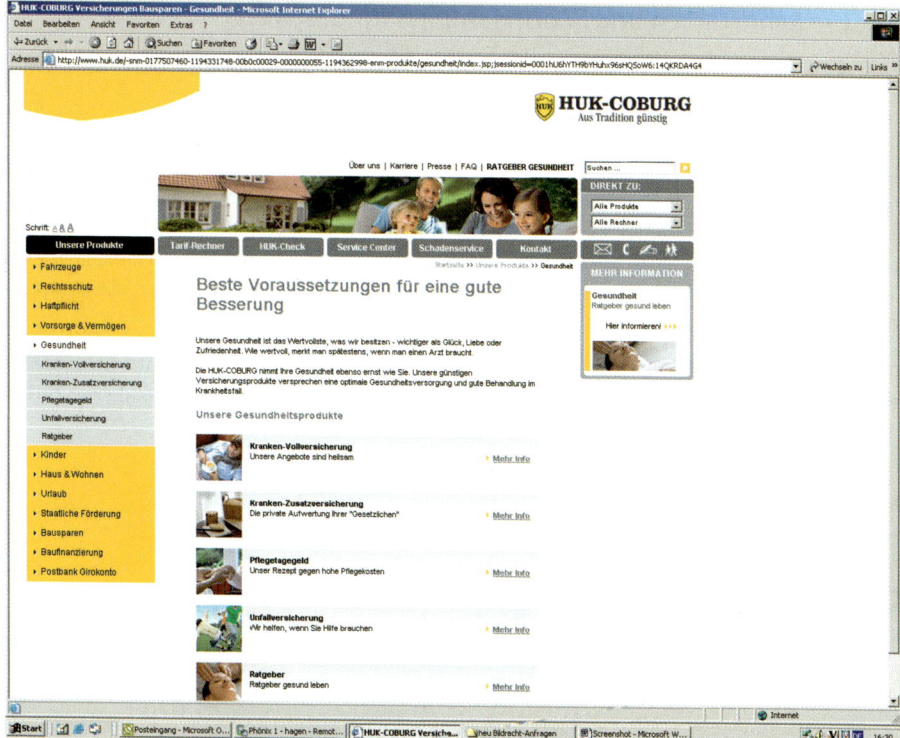

Homepage der Versicherung HUK-Coburg – Prinziplayout 4

Eine einfache Webseite soll **eine** Navigationsleiste mit insgesamt 6 Menüpunkten enthalten. Ferner sind auf jeder Seite ein Text- und ein Bildelement vorgesehen. Zusätzlich soll Raum für das Firmenlogo und den Firmenschriftzug sowie die notwendigen Kontaktangaben sein.

1. Legen Sie für die Webseite mit den Abmessungen (800 x 600) Pixel (Endformat) zwei verschiedene Gestaltungsraster fest und begründen Sie die Wahl der Rasterzellengröße.
2. Erstellen Sie für jedes Raster zwei Prinziplayouts, welche die Navigationsleiste und die vorgegebenen Inhaltselemente enthalten.
3. Begründen Sie die Platzierung der Seitenelemente vor dem Hintergrund des Aufmerksamkeitsschemas.

15.7 Typografie im Web

Am Bildschirm gelten andere Regeln für den Einsatz von Schriften als im Druckbereich. Dies hängt einerseits damit zusammen, dass die Bildschirmauflösung sehr niedrig ist, nämich 72 bzw. 96 dpi. Andererseits stehen weder alle Schriftarten noch alle Textauszeichnungen und auch nicht alle Schriftgrößen in HTML und CSS zur Verfügung. Vor diesem Hintergrund werden zunächst die Schriftfamilien und Schriftarten vorgestellt, die sich besonders für den Einsatz am Bildschirm eignen. Ferner erfolgt ein Blick auf die Lesbarkeit, das Layout und den Download von Texten. Zum Bereich Text-Download gehört auch der Einsatz geeigneter Archivsoftware.

Im Internet ist die Schriftauswahl gering, im Druckbereich sehr vielfältig

15.7.1 Schriftarten und Schriftfamilien für das Web

Serifenschriften

Im Druckbereich finden bei Zeitungen, Zeitschriften und Broschüren häufig Serifenschriften, allen voran Times, Anwendung. Für den Bildschirm sind Serifenschriften jedoch nur bedingt geeignet, da die Serifen nicht, wie im Druckbereich, den Lesefluss fördern, sondern eher behindern. Dies hängt damit zusammen, dass die Schriften aufgrund der niedrigen Bildschirmauflösung stark gerastert werden und sich bei den Serifen ein sogenannter Treppeneffekt ergibt: Die Serifenschrift erscheint besonders an den Unterlängen unsauber, abgehackt oder auch leicht unscharf. Soll unbedingt eine Serifenschrift Anwendung finden, sollte in jedem Fall eine Schrift ausgewählt werden, die eine relativ starke Strichstärke aufweist und nicht zu filigrane Serifen enthält.

Als Serifenschrift ist besonders die Schriftart Georgia für den Bildschirm geeignet. Die Strichstärke ist zwar ähnlich wie bei Times New Roman, doch die Serifen sind dicker und brechen daher optisch nicht so leicht weg.

SPORTART
Times New Roman

SPORTART
Georgia

Serifenschriften eignen sich nur bedingt zum Einsatz auf Internetseiten!

Serifenlose Schriften

Vgl. LS 4, 15.4

Erste Wahl für Texte am Bildschirm sind die serifenlosen Linear-Antiquas. Zwar werden auch die serifenlosen Schriften am Bildschirm durch die geringe Auflösung aufgerastert, doch fällt dies im Wesentlichen bei Buchstaben mit starken Rundungen wie O, P und R sowie auch etwas an den Schrägen, z. B. bei A und X, ins Gewicht.

SPORTART
Arial

SPORTART
Verdana

SPORTART
Centur Gothic

Serifenlose Schriften eignen sich besonders gut für den Einsatz auf Internetseiten!

Bildschirmschriften

Einige Schriften, sowohl aus dem Bereich der serifenlosen als auch der Serifenschriften, wurden von den Entwicklern für den Einsatz am Bildschirm optimiert. Dazu zählen u. a. die bereits zuvor erwähnten Schriften Georgia und Verdana sowie Myriad und Minion von Adobe.

SPORTART
Myriad

SPORTART
Minion

Bildschirmschriften sind bei Internetseiten erste Wahl!

Bei der Wahl einer geeigneten Schrift für den Fließtext auf Internetseiten zusätzlich beachten, dass nicht alle Schriftarten auf allen Betriebssystemen und in allen Browsern zur Verfügung stehen. Unproblematisch ist die Verwendung gängiger Systemschriften wie z. B. Verdana, Georgia und Arial.

Ein Webdesigner hat bei der Erstellung einer Webseite am Mac die Schriftart Helvetica – eine serifenlose Schrift – für den Fließtext verwendet und das Layout an diese Schriftart angepasst. Die Seite wird anschließend ins Internet hochgeladen und von einem Besucher am PC angesehen. Da dem Besucher die Schrift Helvetica nicht zur Verfügung steht, wird diese vom Browser durch die Standardschriftart Times, eine Serifenschrift, ersetzt. Das Erscheinungsbild der Seite ändert sich stark und es kann zu Verschiebungen im Layout kommen.

Greifen Sie für den Fließtext möglichst auf Systemschriften zurück!

Wählen Sie für den Fließtext der zu gestaltenden Website für das Restaurant „Viva Italia" eine geeignete Systemschrift aus, die sowohl am PC als auch am Mac zur Verfügung steht. Kombinieren Sie diese mit einer thematisch passenden Schrift, z. B. als Schriftgrafik, für den Titel, die Navigation und eventuell weitere Bereiche außerhalb des Fließtextes.

**Beachten Sie: Serifenschrift mit serifenloser Schrift kombinieren.
Niemals zwei Schriften aus einer Schriftfamilie zusammen verwenden.**

15.7.2 Layout von Texten im Web

Texte sind am Bildschirm viel schlechter lesbar als in Druckprodukten, sodass der Leser sich stärker konzentrieren muss, um den Inhalt zu erfassen.

Lesen am Bildschirm

Die Augen bewegen sich beim Lesen ständig, um jedes Wort einer Zeile zu erfassen. Am Ende der Zeile springen sie zurück an den Zeilenanfang der nächsten Zeile. Befindet sich dieser an anderer Stelle als zuvor, z. B. bei zentriertem oder rechtsbündigem Text, ist dies am Bildschirm schwer zu erfassen. Ferner stören unterschiedliche Wortabstände, wie beim Blocksatz üblich, den Lesefluss am Bildschirm deutlich stärker als bei Druckprodukten.

Linksbündiger Flattersatz statt Blocksatz – zentrierte und rechtsbündige Fließtexte vermeiden!

Das Querformat des Bildschirms verleitet dazu, lange formatfüllende Textzeilen anzubieten. Dies strengt den Leser jedoch zu sehr an. Auch das Lesen langer Texte am Bildschirm ermüdet. Hier kann eine gute Strukturierung mit Absätzen und Zwischenüberschriften Abhilfe schaffen, sehr lange Texte sollten zum Download angeboten werden.

Grundregeln für die Textgestaltung am Bildschirm:

- kurze und zu lange Zeilen vermeiden
- 35 bis 55 Zeichen je Zeile sind optimal
- maximal 10 bis 25 Zeilen je Textblock
- Textblöcke in Absätze mit Leerzeilen unterteilen
- Zwischenüberschriften zur Gliederung und Auflockerung benutzen
- Zeilenabstände von 130 % bis 150 % sind am Bildschirm gut lesbar

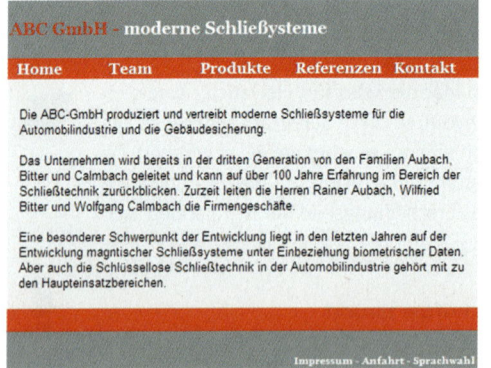
Zeilenlänge 80 Zeichen, Zeilenabstand 100 %

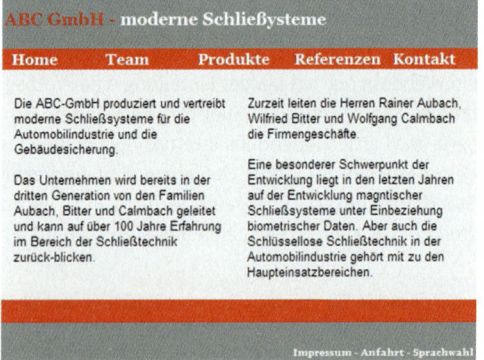
Zeilenlänge 40 Zeichen, Zeilenabstand 100 %

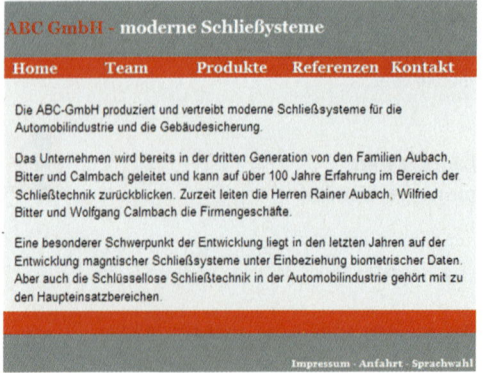
Zeilenlänge 80 Zeichen, Zeilenabstand 140 %

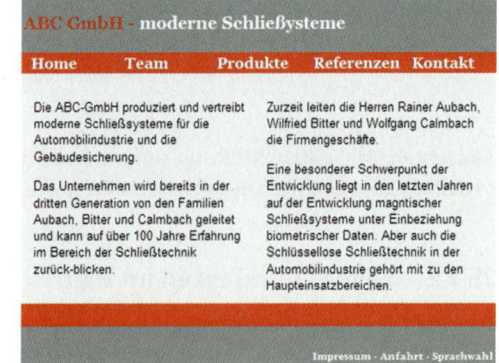
Zeilenlänge 40 Zeichen, Zeilenabstand 130 %

Je länger die Zeile, desto größer der erforderliche Zeilenabstand – mindestens 130 %!

15.7.3 Möglichkeiten zur Textgestaltung mit HTML und CSS

Die Möglichkeiten mit reinem HTML-Quelltext die Textgestaltung zu beeinflussen, sind sehr eingeschränkt. HTML stellt z. B. keine festen Schriftgrößen zur Verfügung, sondern ermöglicht nur relative Angaben zur Schriftgröße. Auch die Zeilen- und Zeichenabstände lassen sich nicht verändern. CSS hingegen bieten viele Möglichkeiten der Textgestaltung, angefangen von der pixel- oder punktgenauen Angabe der Schriftgröße, über die Angabe der Zeilenhöhe bis hin zur Angabe von Wort- und Zeichenabständen in Textblöcken und Texteinzug.
Insbesondere bei Webseiten mit mehreren Textblöcken ist es daher notwendig, CSS für die Textgestaltung einzusetzen, da mit HTML keine gute Lesbarkeit gewährleistet ist.

CSS zur Einstellung von Zeilen-, Zeichen- und Wortabständen nutzen!

Im Folgenden sind die wichtigsten CSS-Styles aufgeführt, die zur Textgestaltung beitragen.

CSS zur Angabe von Zeilen-, Zeichen-, Wortabständen und Texteinzügen

Vgl. diese LS, 16.2.2

CSS	Beschreibung	Werte	Beispiel
line-height	Zeilenhöhe	Absolut: pt, px ,in, cm, mm etc. oder Relativ: %	{line-height: 130%}
word-spacing	Wortabstand	Absolut: pt, px, in, cm, mm etc.	{word-spacing: 5px}
letter-spacing	Zeichenabstand	Absolut: pt, px, in, cm, mm etc.	{word-spacing: 1pt}
text-indent	Texteinzug von links	Absolut: pt, px ,in, cm, mm etc. oder Relativ: %	{text-indent: 30px} {text-indent: 20%}

Verwenden Sie CSS zur Textgestaltung der Website „Viva Italia"!

15.7.4 Textgrafiken und Download von Textdateien

Textgrafiken bieten sich immer dann an, wenn in Überschriften oder zur Beschriftung von Navigationselementen Schriften verwendet werden sollen, die nicht zu den Standard-Systemschriften zählen, aber thematisch sehr passend sind, wie z. B. gebrochene Schriften (Frakturen) auf Geschichtsseiten. Auch bei sehr großen Schriftgrößen ist eine Textgrafik sinnvoll, da bei dieser die Schrift noch grafisch nachbearbeitet werden kann, sodass die Kanten am Bildschirm glatter und ebenmäßiger wirken.

Textgrafiken für ungewöhnliche Schriftarten und große Schriftgrößen im Titelbereich!

Wichtig ist jedoch, dass die Dateigröße im Rahmen bleibt, um lange Ladezeiten zu verhindern. Als Dateiformat für einfache Textgrafiken ist das GIF-Format erste Wahl. Bei Grafiken mit besonderen Effekten (z. B. Schatten) findet das PNG-Format Anwendung.

Vgl. diese LS, 17.1

Textblöcke des Fließtextes sollte man jedoch niemals als Grafik abspeichern, da dies sehr viel Speicherplatz beansprucht und die Inhalte von Suchmaschinen nicht erfasst werden können.

Vgl. LS 11, 21.5.2

Download von Dokumenten

Lange Texte oder Text-Bilddokumente wie Bedienungsanleitungen, Aufsätze, Referate, Abschlussarbeiten, Studienunterlagen etc. sollten aufgrund ihrer Länge nicht vollständig auf Internetseiten veröffentlicht werden. Hier bietet sich eine Kurzbeschreibung des jeweiligen Inhaltes an, mit der Möglichkeit, das gesamte Dokument anschließend herunterzuladen. Soll das Dokument nach dem Download noch weiter bearbeitet werden, ist ein offenes Textformat, wie .doc zu wählen. Die Dateien können zur Verringerung der Dateigröße ggf. noch mit einem Archivprogramm komprimiert werden, z. B. WIN-Zip oder WIN-Rar.

Formate und Archive zum Download und Packen von Dokumenten

Dateiart	Dateiendung	Besonderheiten
Office-Datei	.doc	• Datei kann verändert werden • Seitenlayout bleibt nicht bestehen • Relativ große Dateien
PDF-Datei	.pdf	• Datei kann nicht verändert werden • Seitenlayout bleibt bestehen • Komprimierte Dateigröße
ZIP- oder RAR-Datei/Ordner	.zip .rar	• Archivsoftware zum Packen einzelner Dateien oder ganzer Ordner (z. B. mehrere Officedateien, Bilder, PDF-Dateien etc.) • Spezielle Software zum Entpacken notwendig • Dateistruktur im Ordner bleibt erhalten • Geringe Dateigröße

Soll eine Datei zum Download angeboten werden, so muss sie einerseits auf dem Server bereitliegen, andererseits ist ein entsprechender Hyperlink auf der Internetseite notwendig.

(Datei befindet sich im selben Ordner wie die Website)

Dateiname	Hyperlink
Referat.doc	<a href="Referat.doc"> Referat herunterladen </a>
Aufsatz.pdf	<a href="Aufsatz.pdf"> Aufsatz herunterladen </a>
Programm.zip	<a href="Programm.zip"> Programm herunterladen </a>

Bieten Sie die Speisekarte von „Viva Italia" zusätzlich zum Download an.

8.5 Farben am Bildschirm

Neben dem Layout der Webseite und dem Textlayout, spielen beim Pagedesign als Bereich des Screendesigns Farben eine wesentliche Rolle.

8.5.1 Farbspektrum und Farbraum

Innerhalb des Spektrums des sichtbaren Lichts kann der Mensch theoretisch 16.777.216 Farben wahrnehmen, jedoch längst nicht alle voneinander unterscheiden und behalten.

Farbanzahl	Wahrnehmungsfähigkeit
16.000.000 Farben/Farbtöne	sind theoretisch, aber nicht praktisch wahrnehmbar
192.000 Farbtöne	sind für den Menschen unterscheidbar
10.000 Farbtöne	sind am Bildschirm wahrnehmbar
200 Farbtöne	haben einen Namen
7 Farbwerte	kann das Kurzzeitgedächtnis aufnehmen

Vgl. LS 3, 9.2.

Bildschirme arbeiten mit dem RGB-Farbraum und können, je nach Grafikkarte des Computers, bis zu 16,7 Millionen Farben (24-Bit) im **Farbmodus True-Color** darstellen. Da jedoch nur ca. 10.000 Farbtöne am Bildschirm wahrnehmbar sind, eignen sich auch ältere Computermodelle mit einer mittleren Auflösung von 16-Bit im **Farbmodus High-Color** für die korrekte Farbdarstellung von Internetseiten.

8.5.2 Farbkontraste am Bildschirm

Für den Farbeinsatz am Bildschirm ist eine kontrastreiche Darstellung erforderlich, die eine klare Abgrenzung zwischen Vorder- und Hintergrund (Figur-Grund-Gesetz) ermöglicht. Dazu bieten sich z. B. Farbkontraste wie der Hell-Dunkel-Kontrast und der Simultankontrast als Bunt-Unbunt-Kontrast an.

Vgl. LS 3, 10.3.2

Farbkontraste am Bildschirm: Geeignete und ungeeignete Farbkombinationen

Die Farbkombinationen der oberen und mittleren Reihe sind im Wesentlichen für die Bildschirmdarstellung geeignet. Lediglich der weiße Hintergrund bietet einen zu starken Leuchteffekt. Pastelltöne und Unbunttöne eignen sich besonders gut als Hintergrundfarbe. Die Farbkombinationen in der unteren Reihe sind für die Bildschirmdarstellung ungeeignet, da sie entweder nicht kontrastreich genug sind oder zu Flimmereffekten im Auge, z. B. bei Rot-Blau und Rot-Grün, führen.

Vermeiden Sie:
- Farbverläufe im Hintergrund
- Farbige Strukturen und Muster im Hintergrund
- Kombination von Farben ähnlicher Helligkeit, z. B. Magenta und Grün
- Die Farbkombinationen Rot-Blau, Blau-Grün, Rot-Cyan, Magenta-Grün
- Weiße Hintergründe

Farbkontraste wie der Farbe-an-sich-Kontrast und der Komplementärkontrast führen zu einer farbenfrohen bzw. leuchtenden Darstellung und sind nur an den Stellen der Webseite geeignet, wo die Lesbarkeit nicht im Vordergrund steht.

Vgl. LS 3, 9.4.3

5 | Lernsituation Webauftritt – Planung, Konzeption, Umsetzung

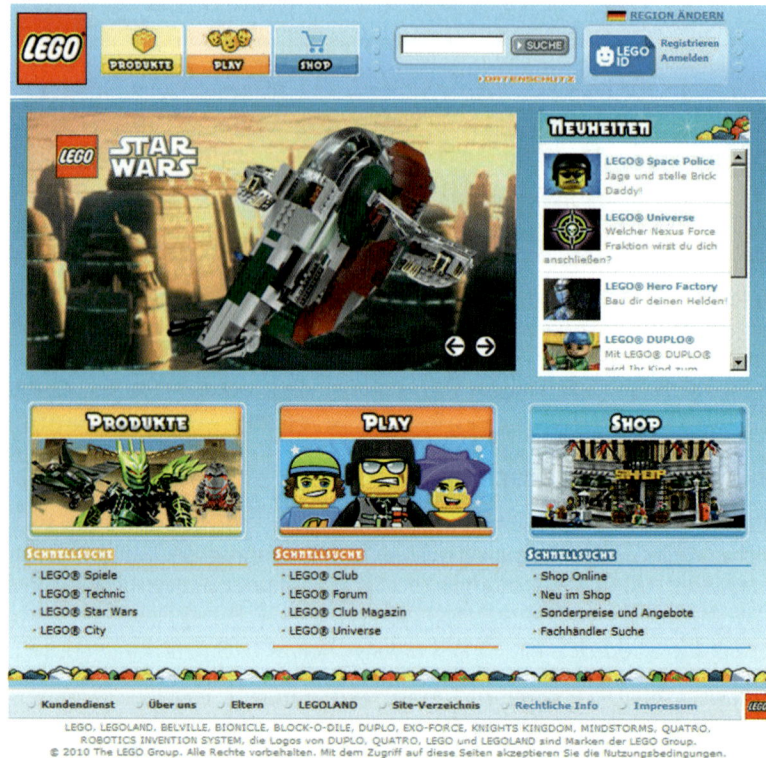

Webseite der Firma Lego (mit freundlicher Unterstützung von LEGO©)

Webseite des Reiseverantalters www.weg.de

8.5.3 Farbdarstellung und Webfarben

Trotz der großen Zahl an Farben, die Bildschirme darstellen und Menschen wahrnehmen können, gibt es im Internet nur relativ wenige Farben, die als **websicher** gelten, d. h. in allen Browsern und mit allen Betriebssystemen gleich angezeigt werden. Diese Farben werden als Webfarben bezeichnet.

Der Bereich der Webfarben umfasst 216 Farben, je sechs Rot-, Grün- und Blautöne: 6 x 6 x 6 = 216 Webfarben

Farben werden innerhalb des HTML-Quellcodes mit hexadezimalen Farbwerten angegeben. Die websicheren Farben aus dem Bereich der Rot-, Grün- und Blautöne haben dabei jeweils die folgenden Farbwerte:

Hexadezimal	00	33	66	99	CC	FF
Dezimal	0	51	102	153	204	255

In HTML werden die hexadezimalen Farbwerte benutzt. Jede Webfarbe setzt sich aus den Farbwerten der drei Grundfarben Rot, Grün und Blau zusammen. So ergibt sich ein sechsstelliger Code, dem zusätzlich ein #-Zeichen vorangestellt wird.

Am Farbcode lässt sich bereits erkennen, ob es sich um eine websichere Farbe handelt oder nicht. Besteht dieser nicht ausschließlich aus den in der Tabelle aufgeführten Zahlen- bzw. Buchstabenpaaren, so kann die Farbe zwar verwendet werden, ist jedoch nicht websicher.

Nr.	Farbbezeichnung	Farbton	Websicher?
1	#330000	Dunkelrot	ja
2	#366399	Taubenblau	nein
3	#663366	Violett	ja
4	#0033CC	Mittelblau	ja
5	#00FF33	Hellgrün	ja
6	#234567	Violettblau	nein

Die Farben Nr. 2 und 6 sind nicht websicher, da sie nicht aus Zahlenpaaren der Farbtabelle bestehen. Die Farbe Nr. 2 enthält zwar ausschließlich Ziffern, die auch bei den Webfarben vorkommen, doch stimmen die Zahlenpaare nicht mit denen der Webfarben überein:

Von den drei Paaren 36, 63 und 99 ist lediglich der Blauwert 99 ein websicherer Farbwert, 36 (Rotwert) und 63 (Grünwert) hingegen sind nicht unter den websicheren Farbwerten zu finden.

Die websicheren Farben wurden zu einer Zeit definiert als die meisten Computer nur über 8 bit Grafikkarten verfügten und daher nur $2^8 = 256$ Farben auf dem Bildschirm angezeigt werden konnten. Heute spielt die Palette der 216 Webfarben im Wesentlichen dann eine Rolle, wenn Webinhalte auf sog. Mobile Devicer, wie Handys, PPAs etc. angezeigt werden, deren technische Voraussetzung häufig nur eine Farbtiefe von 8 bit ermöglichen.

Die Firma „SeniorFit", eine Reha-Einrichtung speziell für Seniorinnen und Senioren, die bereits sämtliche Druckprodukte von der Firma MediaProfi erstellen lässt, möchte nun auch im Internet präsent sein. Als erster Schritt soll eine einfache Homepage ins Netz gestellt werden, mit einem Umfang von zunächst vier Seiten.

Als Vorlage soll ein bereits bestehender vierseitiger Flyer im DIN-A5-Hochformat dienen, dessen Inhalte, überwiegend in Textform, möglichst identisch auf der Internetseite zu finden sein sollen. Dem Geschäftsführer von SeniorFit ist zudem wichtig, dass das Firmenlogo mit der Darstellung auf den Druckprodukten farblich übereinstimmt und auf allen Systemen gleich aussieht. Farbliche Unterschiede zwischen dem Druckprodukt und der Internetseite sind jedoch nicht zu verhindern:

- Im Druckbereich wird mit dem CMYK-Farbsystem gearbeitet, am Bildschirm findet das RGB-Farbsystem Anwendung.
- Die Farbräume beider Farbsysteme sind nicht deckungsgleich.
- Bei der Verwendung websicherer Farben kommt zusätzlich der beschränkte Farbumfang von 216 Farben hinzu.

Internetseiten haben ein Querformat, der vorliegende Flyer liegt im Hochformat vor.

Bei der Übertragung eines Druckproduktes auf eine Internetseite muss der Text in der Regel gekürzt und neu strukturiert werden: Größere Schrift, größerer Zeilenabstand, kürzere Zeilen, kürzere Textblöcke, mehr Zwischenüberschriften.

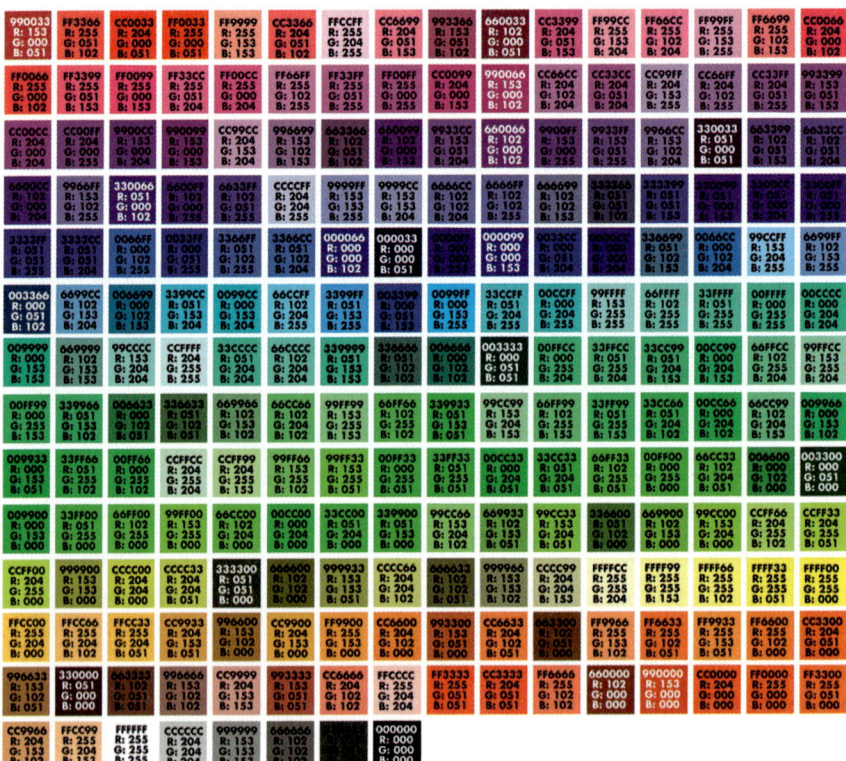

Farbtabelle mit websicheren Farben

Ein Blick auf die Farbtabelle macht deutlich, dass die Webpalette viele Grün-, Blau- und Violetttöne enthält, im Bereich der Gelb- und Brauntöne jedoch einen geringen Farbumfang aufweist, sodass feine Farbabstufungen in diesen Farbbereichen nicht ausschließlich mit websicheren Farben erzielt werden können.

 Verwenden Sie für die Hintergrund- und Textgestaltung von „Viva Italia" möglichst nur websichere Farben!

Indizierte Farben

Indizierte Farben findet man z. B. beim Dateiformat GIF. Das GIF verwendet zur Speicherung der Farbigkeit eines Pixels einen Index. Dieser Index ist mit einer mitgespeicherten Farbpalette verbunden (also vergleichbar mit „Malen nach Zahlen"). Verschiedene Paletten haben jedoch unterschiedliche Farben für den gleichen Index.

Die Codierung der Farben erfolgt Hexadezimal. Die sechsstellige Farbangabe (z. B. FF 00 FF für Magenta) codiert mit dem ersten Paar den Rotwert, mit den folgenden Paaren den Grün- und Blauwert. Die dabei verwendeten Zeichen gehen von 0 bis 9 und von A–F. Dabei stehen A–F für die Ziffern 10 bis 15. Mit der Null ergibt das 16 mögliche Zeichen. Ausgehend von der additiven Farbmischung steht 0 für keine Lichtenergie und F für volle Lichtenergie. Dabei kann leicht zwischen RGB und Hexadezimal umgerechnet werden.

Ein Farbwert hat die Werte R200, G128 und B80. Dieser dezimale Wert lautet in hexadezimaler Schreibweise: C88050.

RGB nach Hexadezimal:
200 : 16 = 12,5 (12 = 1. Wert, entspricht C); 200 – (12 x 16) = 8 (2. Wert) = C8
128 : 16 = 8; 128 – (8 x 16) = 0 = 80
80 : 16 = 5; 80 – (5 x 16) = 0 = 50

Hexadezimal nach RGB:
1. Wert des Paares x 16 plus den 2. Wert:
C x 16 = 200; 192 + 8 = 200
8 x 16 = 128; 128 + 0 = 128
5 x 16 = 80; 80 + 0 = 80

Je nach Farbpalette (auszuwählen in Photoshop bei „Für Web speichern") erhält das Bild ein entsprechendes Aussehen. Die **Webpalette** etwa weist nur einen geringen Umfang von 216 Farben gegenüber den 256 maximal darstellbaren Farben auf. Webfarben sind eine Art „Mindestvorgabe" und sollten von jeder Grafikkarte bzw. Browser korrekt dargestellt werden. In Photoshop sind die Webfarben in den Farbpaletten mit einem weißen Punkt im Farbkästchen gekennzeichnet. Sie bestehen nur aus Kombinationen der Paare 00, 33, 66, 99, CC, FF. Dezimal muss der RGB-Wert ein Vielfaches von 51 bzw. Null sein, damit es sich um eine websichere Farbangabe handelt.

Die weiterhin vorhandenen Farbpaletten sind auf die Verwendung des GIF abgestimmt. Als Beispiel sei noch die Palette „Adaptiv" genannt. Die Farbpalette „Adaptiv" entnimmt dem Bild die Farben mit dem größten Vorkommen und speichert sie in der Palette ab. Dies erfolgt im Gegensatz zur Webpalette, bei der die bereits festgelegten Farben auf das Bild angewendet werden.

17 Bilder

Auch auf Internetseiten wird eine Vielzahl von Bildern und Grafiken verwendet. Es ist jedoch unabhängig davon, ob das Bild oder die Grafik auf der Internetseite, bei einem anderen digitalen Produkt oder in einem Druckprodukt Anwendung findet, wichtig, dass es einen vorher festgelegten Zweck erfüllt.

Soll die Grafik die Seite verschönern oder geht es darum, einen Eindruck von einer Veranstaltung durch schöne Fotos zu vermitteln?

Bilder und Grafiken erfüllen Funktionen!

Auf Internetseiten werden viele Bilder und Grafiken verwendet. Unabhängig davon, ob Bilder im Internet oder bei Druckprodukten Anwendung finden, erfüllen sie jeweils eine bestimmte Funktion.

Bildfunktion	Erläuterung
Dekoration	Bilder dienen als Schmuckelemente.
Interpretation	Bilder machen den zugehörigen Text verständlicher.
Repräsentation	Bilder liefern Abbilder der Personen und Objekte, die im Text beschrieben wurden, z. B. bei Firmenpräsentationen eine Abbildung des Firmenchefs und der Mitarbeiter.
Organisation	Bilder dienen als Handlungsanweisung, z. B. bei Aufbauanleitungen und Gebrauchsanweisungen.
Empirische Funktion	Ein Bild bzw. eine Bildreihe veranschaulicht Dinge, die die menschliche Wahrnehmung sonst nicht erfassen kann, z. B. die exakten Flügelbewegungen von Vögeln.

Überlegen Sie vor der Bildauswahl, welche Funktion das Bild erfüllen soll

17.1 Bild- und Grafikformate für Webbilder

Neben der Bildfunktion ist die Dateigröße einer Bilddatei ein wichtiges Kriterium für den Bildeinsatz. Dauert das Laden der Bilder auf einer Webseite zu lange, wird die Geduld der Besucher über das normale Maß hinausgehend strapaziert. Dies kann dazu führen, dass der Besucher den Vorgang abbricht und zu anderen Internetangeboten wechselt.

Die folgenden Zeiten sollen als Anhaltspunkt dafür dienen, welche Ladezeiten in der Regel als akzeptabel empfunden werden und ab wann die Toleranzschwelle deutlich überschritten wird. Hierbei handelt es sich jedoch nicht um feste Kenngrößen, sondern vielmehr um Zeiten, die das subjektive Empfinden einer größeren Gruppe der Internetnutzer widerspiegeln.

Ladezeit	Reaktion
bis 1/10 Sekunde	Benutzer nimmt die Ladezeit nicht bewusst wahr.
bis 1 Sekunde	Benutzer hält die Ladezeit für angemessen.
bis 10 Sekunden	Benutzer wird langsam ungeduldig, toleriert die Wartezeit jedoch dann, wenn die Inhalte für ihn eine besondere Bedeutung haben.
mehr als 10 Sekunden	Der Benutzer bricht den Vorgang in der Regel ab und wechselt zu anderen Angeboten.

Vor diesem Hintergrund ist es besonders wichtig, die Dateigrößen der Bilddateien auf einer Webseite möglichst klein zu halten – maximal 100 KB je Webseite sind ein guter Richtwert.

Je kleiner die Dateigröße, desto kürzer die Ladezeit der Webseite

Insgesamt können Bild- und Grafikformate im Wesentlichen in zwei Gruppen aufgeteilt werden: pixelorientierte und Vektorgrafiken.

Vgl. LS 8, 17.2

Für Bilder und Grafiken im Internet finden die Dateiformate GIF, JPEG und PNG Anwendung. Bilder und Grafiken dieser drei Dateiformate können ohne **PlugIn** im Browser angezeigt werden.

PlugIn: Hilfsprogramm zur Funktionserweiterung von Software, z. B. Laden von Flash-Animationen, Anzeige spezieller Grafik-, Streaming- oder Video-Formate im Browser

GIF, JPG und PNG sind pixelorientierte Bitmapformate, die speziell für den Einsatz im Internet entwickelt wurden, da sie, im Vergleich zu gängigen Bildformaten aus dem Druckbereich wie TIF, durch spezielle Kompressionsverfahren eine relativ kleine Dateigröße aufweisen.

Je nach Art und Farbumfang einer Grafik/eines Bildes findet ein anderes Format Anwendung. Am gebräuchlichsten sind die beiden Formate GIF und JPEG, aber das PNG-Format setzt sich immer mehr durch.

Neben diesen drei Formaten finden u. a. noch die vektororientierten Grafikformate SWF und SVG bei Internetseiten Anwendung. Der Vorteil eines Vektorformates liegt in der Anpassung in Größe und Auflösung je nach gewünschtem Ausgabemedium ohne Veränderung der Dateigröße (keine Veränderung des belegten Speicherplatzes, egal wie groß das Bild ist). Dennoch konnten sich diese Formate im Internet bisher nicht durchsetzen und können nur mit einem speziellen PlugIn im Browser angezeigt werden.

Da Bitmapdateien im Vergleich zu Vektorgrafiken sehr groß sind, erscheint es zunächst wenig einleuchtend, warum im Internet, wo die Dateigröße direkt mit der Ladezeit der Webseite zusammenhängt, ausgerechnet Bitmapformate den Vorzug erhalten sollten. Ein näherer Blick auf die Eigenschafen von Bitmap- und Vektorgrafiken liefert die Lösung:

Vektorformate für Linienzeichnungen, Illustrationen und Schriften
Bitmapgrafiken für Fotos, Farbverläufe, weiche Kanten und Schatteneffekte

Auf Internetseiten werden meist Fotos, plastische Titelschriftzüge mit Schatteneffekten und grafische Schaltflächen (Buttons) verwendet, für die sich das Bitmapformat besser eignet und die Kompression der Bilddaten zu deutlich kleineren Dateigrößen führt.

Die Dateigröße aller Bilddateien auf einer Webseite sollte 100 KB nicht überschreiten

GIF	
Historie	• GIF: Graphics Interchange Format • Entwicklung 1987 von der Firma CompuServe
Farben	• maximal **256 Farben** möglich (8 Bit) • **Transparenz:** Eine Farbe kann als transparent (vom Browser nicht anzuzeigen) definiert werden (z. B. Hintergrund, dann wirkt das Bild wie freigestellt) • mehrere Grafiken in einer Datei abspeicherbar **(animated GIFs)** • **Dithering:** Pixeln wird eine Zwischenfarbe zugewiesen. Dadurch können Farben, die nicht in der Farbpalette der 256 Farben vorhanden sind, simuliert werden. Die Anzahl der darstellbaren Farben, aber auch die Dateigröße steigt.
Formate	GIF87a (erste Version ohne Animationsmöglichkeit) • **non interlaced:** Zeilenweise Übertragung • **interlaced:** Blockweise (etappenweise) Übertragung. Die Bilder erscheinen direkt vollständig, aber zunächst unscharf (pixelig) und werden dann immer schärfer. GIF89a • non interlaced und interlaced • Animation (animated GIF möglich)
Kompression	• verlustfreie Kompression (lossless compression) • Farbreduktion und LZW-Kompressionsverfahren

 Das GIF-Format eignet sich für Abbildungen mit Farbflächen oder scharfen Kanten, wie z. B. Logos und Strichgrafiken

JPEG/JPG	
Historie	• JPEG: Joint Photographic Expert Group • 1992: Entwicklung von JPEG • 2001: Entwicklung von JPEG 2000
Farben	• True color (24 Bit, 16,7 Millionen Farben)
Formate	• **JPEG:** Dateiformate für Fotos, zeilenweiser Bildaufbau • **JPEG 2000:** Höhere Kompression als bei JPEG bei gleicher Bildqualität durch anderes Kompressionsverfahren, zeilenweiser Bildaufbau • **Progressives JPG:** Direkt komplette Bildübertragung mit niedriger Auflösung, die danach schrittweise erhöht wird (ähnlich interlaced bei GIF)
Kompression	• Verlustbehaftete Kompression (lossy compression) • **Konvertierung in anderen Farbraum** (Y Cb Cr) und Zusammenfassung von Farben nebeneinanderliegender Pixel **(Farbsubsampling)** • **DCT-Kompression** (verlustbehaftet) kombiniert mit **Huffman-Kodierung** (verlustfrei) • **Wavelet-Transformation** bei JPEG 2000 • Kompression zwischen ca. 50 % bis 80 % empfehlenswert • Verluste der Bildinformation in den ersten und letzten 10 % am größten • optische Kontrolle mehrerer Varianten erforderlich • Kompression erfolgt entweder sequenziell, in einem Schritt oder progressiv in mehreren Durchgängen.

Das JPEG-Format eignet sich für Fotos und Grafiken mit weichen Kanten und vielen Farbübergängen.

PNG	
Historie	• PNG: Portable Network Graphics • Entwickelt ab 1995 von Thomas Boutell
Farben	Von 8-Bit bei PNG-8 bis zu 48-Bit Farbtiefe
Formate	**PNG-8:** 8 Bit = 256 Farben **PNG-24:** • 24 Bit = 16,7 Millionen Farben (True-Color) • Zusätzlich bis zu 16 Bit für Graustufen und Transparenz (z. B. Schatteneffekte in Graustufen oder Farbe) • Alphakanal • Transparenter Hintergrund möglich
Kompression	• verlustfreie Kompression (lossless compression) • **Deflate-Algorithmus**

Bei Bildern mit sehr wenigen Farben und einfachen Mustern können mit der GIF-Komprimierung kleinere Dateien als mit der PNG-8-Komprimierung erstellt werden. Optimierte Bilder daher immer im GIF- und PNG-8-Format anzeigen, um die Dateigrößen zu vergleichen.

Das PNG-8-Format eignet sich für Abbildungen mit Farbflächen oder scharfen Kanten, wie z. B. Logos und Strichgrafiken

Das PNG-24-Format eignet sich für Halbtonbilder und Fotos sowie für Schatten- und Transparenzeffekte

17.2 Kompressionsverfahren für Grafikdateien

Zur Verringerung der Dateigröße werden Kompressionsverfahren eingesetzt. Dies ist besonders dann erforderlich, wenn die Daten im Internet übertragen werden sollen. Grafik- und Bilddateien, die meist sehr große Dateigrößen haben, müssen zwangläufig komprimiert werden, wenn sie auf Internetseiten verwendet werden sollen. Doch auch bei Textdateien, die im Internet zum Download angeboten werden, ist eine Komprimierung sinnvoll, um die Ladezeit zu verringern. Dazu gibt es eine Reihe von leistungsstarken Kompressionsverfahren, die jedoch teilweise einen Qualitätsverlust mit sich bringen, um die Dateigrößen optimal zu verringern.

Kompressionsverfahren: Verfahren zur Verdichtung bzw. Verringerung von Daten

Die Kompression der Daten erfolgt vor dem Speichern. Bei der Ausgabe der Daten erfolgt die Dekomprimierung.

17.2.1 Verlustfreie Kompression

Bei der verlustfreien Kompression bleibt der Informationsgehalt der Datei bestehen. Alle Daten bleiben erhalten und werden lediglich durch spezielle Verfahren effizienter abgelegt und verwaltet, um Speicherplatz einzusparen.

Verlustfreie Kompression: Verringerung der Dateigröße ohne Qualitätsverlust

Einige wesentliche verlustfreie Verfahren für die Kompression von Grafiken, Bildern und Texten werden im Folgenden vorgestellt.

Verfahren	Arbeitsweise	Formate
LZW	<ul><li>Entwickelt von Lempel, Ziv (LZ77) und Welch (LZW)</li><li>Speichert häufig vorkommende Zeichenfolgen in einer Indextabelle ab</li><li>Jede Zeichenfolge erhält eine Tabellenadresse mit Angabe der Spalten- und Zeilennummer, in der sie zu finden ist</li><li>Arbeitet zeilenorientiert</li><li>Tabelle muss nicht mit übertragen werden, da jeder Index eindeutig zuzuordnen ist</li> <table><tr><th>Wort/Satz</th><th>Zeichen</th><th>Index</th></tr><tr><td>ABRACADABRA</td><td>A</td><td>0</td></tr><tr><td></td><td>B</td><td>1</td></tr><tr><td></td><td>C</td><td>2</td></tr><tr><td></td><td>D</td><td>3</td></tr><tr><td></td><td>ABRA</td><td>4</td></tr></table> Aus **ABRACADABRA** wird dann: 4 2 0 3 4 **Anwendung:** Identische Farben in Bildern (Farbflächen), viele gleiche Zeichenfolgen/Wörter innerhalb einer Textdatei etc.</ul>	GIF, TIFF, ZIP Als LZ77: PNG
Huffman-Kodierung	<ul><li>Entwickelt 1952 von David A. Huffman</li><li>Basiskodierung, wird oft mit verlustbehafteten Verfahren kombiniert</li><li>Aufteilung einer Datei in mehrere Ebenen</li><li>Häufig vorkommende Zeichen/Werte erhalten kurze Codes, seltener auftretende lange Codes</li><li>Codes werden in einer Tabelle abgelegt</li><li>Kodierung auf Bitebene (mit 0 und 1)</li><li>Es entsteht ein sog. Huffman-Baum mit den wichtigsten Bits oben und weniger wichtigen in den unteren Ästen</li><li>Tabelle muss mit übertragen werden</li></ul>	u. a. JPEG, MP3, MPEG, ZIP, GZIP

Verfahren	Arbeitsweise			Formate
	Wort/Satz	Zeichen	Index	
	ABRACADABRA	A	0	
		B	1	
		R	01	
		C	10	
		D	11	
	Aus **ABRACADABRA** wird dann: 0 1 01 0 10 0 11 0 1 01 0 **Anwendung:** Text- und Bilddateien mit häufig wiederkehrenden, aber nicht direkt hintereinanderliegenden gleichen Farbwerten oder Zeichen			
RLE	• Run Length Encoding = Lauflängenkodierung • Wiederholt nacheinander vorkommende Zeichen • Farbwerte werden ersetzt • Ersatz: Zeichen und Anzahl der Wiederholungen Aus **FFFFFFFFCCCCBBBBCCCC** wird mit RLE-Kodierung: **8F4C4B4C** **Anwendung:** Identische Farben in Bildern (Farbflächen), viele gleiche Zeichen hintereinander (z. B. Leerzeichen), gleichbleibende Zahlenfolgen etc.			u. a. TIFF

Verlustfreie Kompressionsverfahren bieten sich insbesondere bei häufig wiederkehrenden Zeichen, Zeichenfolgen oder Farbwerten an. Dabei können, je nach Struktur des Dokuments, Kompressionsraten von 1:2 bis 1:50 erreicht werden.

> **Verlustfreie Kompressionsverfahren für Texte, Zahlen und Grafiken mit einheitlichen Farbflächen bzw. vielen gleichen Zeichen anwenden!**

17.2.2 Verlustbehaftete Kompression

Bei der verlustbehafteten Kompression ändert sich der Informationsgehalt der Datei. Die verlustbehafteten Kompressionsverfahren machen sich zunutze, dass Menschen nicht alle tatsächlich vorhandenen Farbinformationen sehen oder alle Töne hören können.

> **Verlustbehaftete Kompression: Verringerung der Dateigröße mit Qualitätsverlust**

Der Qualitätsverlust ist, wenn die Datei nicht zu stark komprimiert wird, kaum zu bemerken. Einige gängige verlustbehaftete Kompressionsverfahren werden im Folgenden vorgestellt.

Verfahren	Arbeitsweise	Formate
DCT	• Diskrete Kosinus-Transformation • Bild wird in Blöcke von 8 x 8 Pixeln zerlegt • Für die Einzelblöcke werden Frequenzen ermittelt → hohe Frequenzanteile = viele Details (Farbunterschiede) • Hohe Frequenzanteile werden herausgefiltert, da das Auge diese Details nicht wahrnehmen kann • Bereits bei geringen Kompressionsraten von 1:25 bis 1:35 kann es zu Artefakten im Bild kommen	JPEG
Wavelet-Transformation	• Weiche Kanten und Konturen entstehen schon bei geringer Kompression • Relativ gute Bildergebnisse auch bei hohen Kompressionsraten **Anwendung:** Bilder und Zeichnungen jeglicher Art (Fotos, Grafiken und Strichzeichnungen)	JPEG 2000
Fraktale Kompression	• Bild wird in Bereiche eingeteilt • Zu kleinen Bereichen wird ein größerer Bereich im Bild gesucht, der diesem ähnelt • Es werden keine Farbinformationen, sondern ein kleines Abbild des Originals abgespeichert • Aus dem Abbild wird das dekomprimierte Bild gewonnen • Gute Bildqualität bis zu einer Kompression von ca. 1:35 • Bei starker Kompression schlechte Bildqualität **Anwendung:** Fotos und Schwarz-Weiß-Grafiken	FIF (Fractal Interchange Format)

Artefakt: Digitaler Fehler durch „Sprünge" = starke Farbverfälschung im Bild

Verlustbehaftete Kompressionsverfahren bieten sich insbesondere bei Fotos und detailreichen Grafiken an. Dabei können, je nach Struktur des Dokuments, Kompressionsraten von ca. 1:10 bis 1:200 erreicht werden.

17.3 Bildbearbeitung für das Web

Bilder und Grafiken, die im Internet verwendet werden sollen, müssen zunächst in ein Dateiformat für Webbilder übertragen werden. Dazu ist es wichtig, die Bilddatei gezielt für das Internet zu bearbeiten und zu speichern: Eine kleine Datei mit guter Bildqualität.

Vorgehensweise:

- Bild **mit hoher Auflösung** (300 dpi) **einscannen** oder **fotografieren** und auf den Computer übertragen
- **Bild bearbeiten:** Tonwertkorrektur, Retusche etc.
- Bildauflösung **auf 72 dpi** reduzieren
- Option **Datei -> Für Web speichern** in Photoshop auswählen

- **4-fach-Anzeige** auswählen, um verschiedene Bildqualitäten direkt miteinander vergleichen zu können
- **Dateiformat auswählen:** gif, jpg oder png und speichern

GIF	JPG	PNG
• Bei Grafiken/Bildern mit wenigen Farben und glatten Kanten • Farbanzahl in Farbpalette soweit wie möglich reduzieren • Evt. interlaced auswählen • Dithering ausschalten • Tranzparenz evt. einstellen 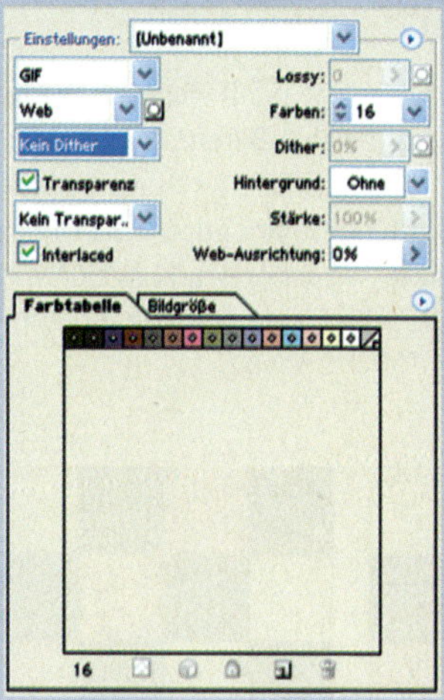	• Bei Grafiken und Bildern (Fotos) mit vielen Farben und Farbübergängen • Qualität auswählen • Mehrere Durchgänge auswählen • Weichzeichnen vermeiden 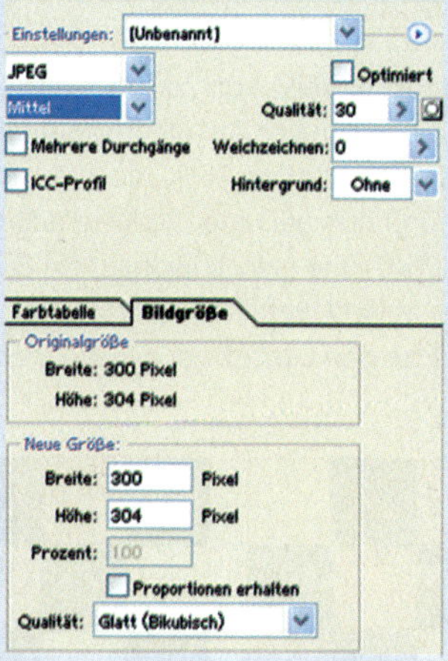	• Bei Grafiken/Bildern mit wenig Farben u. glatten Kanten (png-8) bzw. bei Fotos, Transparenz- und Schatteneffekten (png-24) • Evt. interlaced auswählen • Tranzparenz einstellen, falls benötigt 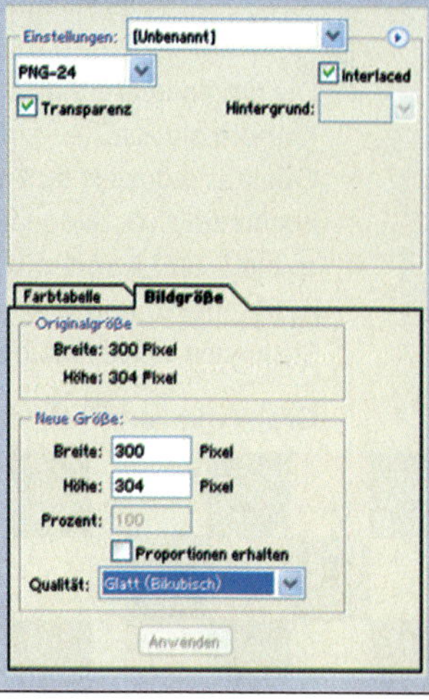

JPG-Datei unterschiedlicher Qualitäts- und Kompressionsstufen

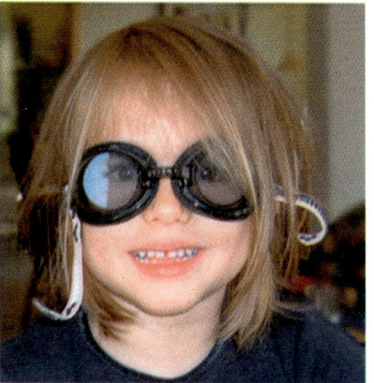

1. Dateiformat JPG, maximale Qualität: 100 (71 KB)

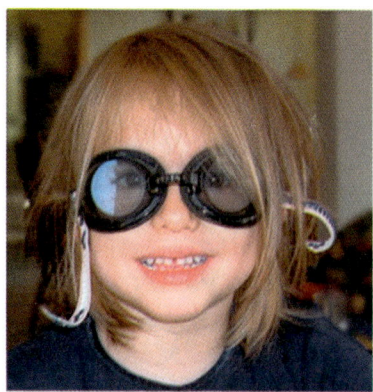

2. Dateiformat JPG, hohe Qualität: 60 (22 KB)

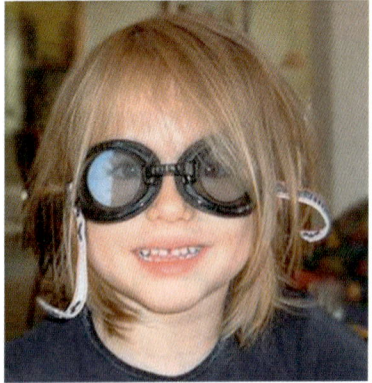
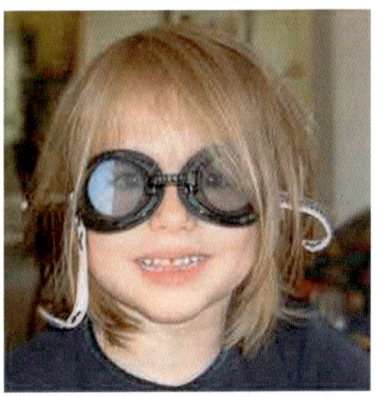

3. Dateiformat JPG, mittlere Qualität:
30 (11 KB)

4. Dateiformat JPG, niedrige Qualität:
5 (6 KB)

Die Originaldatei hatte eine Dateigröße von 267 KB. Ausgehend davon wurden vier verschiedene Kompressionsstufen zwischen maximaler und niedriger Qualität ausgewählt. Bereits bei maximaler Qualität reduziert sich die Dateigröße um 75 %, doch auch die hohe Qualität der Stufe 60 liefert noch eine gute Bildqualität und dies bei einer Reduzierung der Dateigröße um gut 90 %. Die Beispiele 3. und 4. mit mittlerer (30) und (sehr) niedriger (5) Qualität lassen schon starke Weichzeichnungseffekte und in 4. auch starke Artefakte (besonders im Bereich der Haare auffällig) erkennen. Sie eignen sich deshalb nicht für den Einsatz auf der Webseite.

Grafik mit Farbflächen

Originaldatei,
TIFF-Format, 650 KB

Dateiformat GIF,
4 Farben
(880 Byte≈1 KB)

Dateiformat png-8,
4 Farben
(981 Byte≈1 KB)

Dateiformat jpg, niedrige
Qualität 10 (2,46 KB)

Die Original-Datei im TIFF-Format hatte eine Größe von 650 KB. Komprimiert ergeben sich sowohl im GIF-Format als auch bei PNG-8 Dateigrößen von knapp 1 KB bei ähnlicher Qualität. Diese starke Kompression ist möglich, da die Grafik nur insgesamt drei Farbtöne enthält. Bei GIF und PNG-8 reicht also eine Farbpalette mit 4 Feldern aus.
Die Farben sind bei GIF und PNG nicht mehr so leuchtend wie in der Originaldatei und die Kanten erhalten einen leichten Weichzeichnungseffekt.
Das JPG-Format erzeugt bereits bei niedriger Qualität eine mehr als doppelt so große Datei von sehr schlechter Qualität. Insbesondere in den roten Farbflächen lassen sich deutliche Artefakte erkennen.

13.3 Internetrecht

Für die Internetseite sind in Bezug auf die Wahl der Domain und die Haftung für Inhalte einige rechtliche Aspekte zu berücksichtigen, um nicht gegebenenfalls mit Schadenersatzforderungen oder öffentlich-rechtlichen Strafen konfrontiert zu werden.

Es existiert im eigentlichen Sinne kein sogenanntes Internetrecht. Das Internetrecht setzt sich aus mehreren Rechtsgebieten zusammen. Ein Teil dieser Rechtsgebiete wird in den weiteren Lernsituationen dieses Buchs noch genauer erläutert. Deshalb sollen an dieser Stelle nur kurze beispielhafte Darstellungen einiger Gesetze erfolgen.

Bürgerliches Gesetzbuch
Wenn es beispielsweise um den Vertrieb von Waren und Dienstleistungen geht, findet das Schuldrecht des Bürgerlichen Gesetzbuchs (BGB) Anwendung.

Der FC Schalke 04 verkauft Fanartikel über seinen Fanshop. Die Grundlagen von Vertragsabschlüssen und die Gewährleistungsrechte des Käufers gelten wie bei einem „normalen" Kauf in einem (realen) Geschäft.

AGB-Gesetz
Auch das AGB-Gesetz (Gesetz, das die Gültigkeit allgemeiner Geschäftsbedingungen regelt) ist beim Handel im Internet von großer Bedeutung.

> **§ 2 AGBG Einbeziehung in den Vertrag**
>
> *(1) Allgemeine Geschäftsbedingungen werden nur dann Bestandteil eines Vertrages, wenn der Verwender bei Vertragsabschluss*
> *1. die andere Vertragspartei ausdrücklich oder (…) durch deutlich sichtbaren Aushang am Ort des Vertragsabschlusses auf sie hinweist und*
> *2. der anderen Vertragspartei die Möglichkeit verschafft, in zumutbarer Weise von ihrem Inhalt Kenntnis zu nehmen und wenn die andere Vertragspartei mit ihrer Geltung einverstanden ist.*

Gesetz gegen den unlauteren Wettbewerb
Bei Werbung im Internet greift in bestimmten Fällen das Gesetz gegen den unlauteren Wettbewerb (UWG).

Vgl. LS 14, 13.5

Nach dem Abschluss eines Mobilfunkvertrags im Internet erhält der Kunde Werbe-e-mails, ohne dass ihm die Möglichkeit gegeben wird, dem e-mail-Versand zu widersprechen.

Urhebergesetz, Kunst- und Urhebergesetz
Das Urheberrecht (UrhG) und das Recht am eigenen Bild (KUG) sind dann relevant, wenn es beispielsweise um die Veröffentlichung von Bildern von Personen oder das Herunterladen von Fotos und Grafiken geht. Des Weiteren existieren strafrechtsrelevante Tatbestände wie beispielsweise das Verbot von Kinderpornografie u.v.m.

Vgl. LS 3, 13.1, LS 7, 13.4

13.3.1 Die Domain

Auch die Rechtsfragen rund um die Wahl der Domain ist einem Rechtsgebiet zugehörig, das nicht spezifisch für das Internet geschaffen wurde. Letztendlich ist eine Domain im kommerziellen Bereich eine **Firma** (also der Name eines Unternehmens), die wiederum in der Regel in einer Wortmarke sichtbar wird. Das „Domain-Recht" ist deshalb in Bezug auf Unternehmen im **Handelsgesetzbuch** (HGB) und im **Markenrecht** (MarkenG) verankert. Für Privatpersonen gilt das **Namensrecht** des § 12 BGB.

Vgl. LS 1, 1

Vgl. LS 3, 13.2

> ### § 12 BGB
> *Wird das Recht zum Gebrauch eines Namens dem Berechtigten von einem anderen bestritten oder wird das Interesse des Berechtigten dadurch verletzt, dass ein anderer unbefugt den gleichen Namen gebraucht, so kann der Berechtigte von dem anderen Beseitigung der Beeinträchtigung verlangen. Sind weitere Beeinträchtigungen zu besorgen, so kann er auf Unterlassung klagen.*
>
> ### § 17 HGB
> *(1) Die Firma eines Kaufmanns (Anm.: hiermit sind alle Unternehmen gemeint, die ein Gewerbe betreiben) ist der Name, unter dem er seine Geschäfte betreibt und die Unterschrift abgibt.*
>
> ### § 37 HGB
> *(1) Wer eine nach den Vorschriften dieses Abschnitts ihm nicht zustehende Firma gebraucht, ist von dem Registergerichte zur Unterlassung des Gebrauchs der Firma durch Festsetzung von Ordnungsgeld anzuhalten.*
>
> ### § 15 MarkenG
> *(1) (...)*
> *(2) Dritten ist es untersagt, die geschäftliche Bezeichnung oder ein ähnliches Zeichen im geschäftlichen Verkehr unbefugt in einer Weise zu benutzen, die geeignet ist, Verwechslungen mit der geschützten Bezeichnung hervorzurufen.*
> *(3) (...)*
> *(4) Wer eine geschäftliche Bezeichnung oder ein ähnliches Zeichen entgegen Absatz 2 oder 3 benutzt, kann von dem Inhaber der geschäftlichen Bezeichnung auf Unterlassung in Anspruch genommen werden.*

Grundsätzlich wird eine Domain in Deutschland bei der DENIC (**D**eutsches **N**etwork **I**nformation **C**enter) registriert. Die DENIC ist eine Genossenschaft und keine Behörde. Die Dienstleistung der DENIC liegt in der Registrierung einer Domain. Sie teilt dem Antragsteller auch mit, ob eine Domain bereits existiert. Es gilt der Grundsatz „first come, first served". Das bedeutet, dass derjenige, der einen freien Namen gefunden hat, ihn bei der DENIC als Second-Level-Domain registrieren kann.

Vgl. LS 2

Sie übernimmt jedoch nicht die Verantwortung bei gegebenenfalls auftretenden Verletzungen von Marken- und Namensrechten. Der Kunde muss der DENIC versichern, dass er die kennzeichenrechtliche Vorgaben geprüft hat und einhält. Es kann somit durchaus passieren, dass eine Domain vergeben wird, bei der Namens- bzw. Markenrechte Dritter verletzt werden. Benutzt jemand eine Domain, die das Kennzeichen eines anderen Unternehmens oder ein ähnliches Zeichen enthält, schafft er dadurch eine Verwechslungsgefahr. Somit kann er nach dem Markengesetz auf Unterlassung in Anspruch genommen werden. Selbst wenn jemand unter einer Firma ein Gewerbe betreibt oder den identischen Namen eines „Promis" trägt und diese als Domain registrieren lässt, kann er sich nicht

Vgl. LS 3, 13.2

sicher sein, dass er seine Domain behalten darf. Die Rechte bezüglich der Domain des berühmten „Namensvetters", sei es ein Unternehmen oder eine Person, wird von der Rechtsprechung als vorrangig angesehen. Dies gilt in vielen Fällen auch für ähnlich lautende Domains, die zu Verwechslungen führen könnten. Deshalb sichern sich große Unternehmen auch gleich eine ganze Reihe von Domains, die nur leicht von der eigentlichen Firma abweichen.

Der Internetauftritt der Deutschen Bahn AG ist unter verschieden Domains zu erreichen: www.bahn.de, www.diebahn.de, www.deutsche-bahn.de etc.

Die Stadt Heidelberg hat ein Unternehmen auf Unterlassung verklagt, das die (zum Registrierungszeitpunkt noch freie) Domain „heidelberg.de" bei der DENIC registrierte und nutzte. Das beklagte Unternehmen betreibt eine Datenbank mit Informationen über die Region Rhein-Neckar. Die Stadt

Heidelberg argumentiert, die Domain „heidelberg .de" werde unweigerlich mit der Stadt Heidelberg in Verbindung gebracht und jeder erwarte unter der Domain „heidelberg.de" Informationen über die Stadt Heidelberg. Sie sieht sich somit in ihren Namensrechten verletzt und bekam vor dem Landgericht Mannheim Recht.

Die Herausgeberin der 14-tätig erscheinenden Frauenzeitschrift „Freundin" ist Inhaberin der gleichnamigen Domain www.freundin.de. Sie verklagte die Inhaberin der Domain „www.freundin-online. de", auf der diese keine Inhalte vorhielt, sondern sie seit mehreren Jahren als sogenannte „Baustellenseite" führte.
Die Klägerin klagt auf Löschung der Domain „www.freundin-online.de", weil sie ihre Markenrechte verletzt sieht. Das Landgericht München I bejahte die geltend gemachten Unterlassungsansprüche und den Löschungsanspruch hinsichtlich der Domain „www.freundin-online.de". Es stützte seine Entscheidung dabei nicht auf die der Klägerin zustehenden Registerrechte, sondern begründete das Urteil mit dem Titelschutz aus der Zeitschrift „Freundin".

Durch die Rechtsprechung wird auch das so genannte domain-grabbing eingeschränkt.

Ein Anhänger des BVB 09 lässt die Domain „schalke04.de" registrieren, um diese für den FC Schalke 04 zu sperren. Dieses Vorgehen ist nicht zulässig, da zunächst die Namens- bzw. Markenrechte des erfolgreicheren Ruhrgebietsvereins verletzt werden. Zudem erfolgt die Registrierung missbräuchlich „auf Vorrat" zwecks eines Verkaufs.

13.3.2 Haftung für Inhalte

Die Frage, die sich der Betreiber einer Internetseite stellen muss, ist, inwieweit er für Inhalte, die sich auf seiner Seite befinden, haften muss. Die Antworten und die Rechtsgrundlagen liefert hier das Telemediengesetz (TMG).
Man muss zunächst zwischen eigenen und fremden Inhalten unterscheiden. In Bezug auf die eigenen Inhalte ist immer eine Haftung gegeben. Diese kann auch mit einem entsprechenden Vermerk in Form eines Haftungsausschlusses (disclaimer) nicht verhindert werden.

> **§ 7 TMG Allgemeine Grundsätze**
>
> *(1) Diensteanbieter sind für eigene Informationen, die sie zur Nutzung bereithalten, nach den allgemeinen Gesetzen verantwortlich.*

Mit „Diensteanbieter" sind hier die Betreiber von Internetseiten gemeint. Die allgemeinen Gesetze sind die bereits oben erwähnten.

Auf seiner Internetseite stellt ein Schüler in Rahmen eines Blogs in unregelmäßigen Abständen Fotos von Personen ein, die er auf Musikkonzerten kennen gelernt hat. Er schmückt seine Berichte zudem mit Grafiken, die er sich von anderen Seiten herunterlädt. Der Schüler ist hier für die Urheberrechtsverletzung verantwortlich und haftet auch dafür.

Für die fremden Informationen, die ein Seiten-, Foren- oder Blogbetreiber speichert, ist er nach dem Wortlaut des Telemediengesetzes TMG zunächst einmal nicht verantwortlich. Das gilt allerdings nur so lange, wie der Seitenbetreiber keine Kenntnis von der rechtswidrigen Handlung erlangt hat und danach nicht unverzüglich (d.h. ohne schuldhaftes Zögern) tätig wird, um die rechtswidrigen Information zu entfernen oder zu sperren.

§ 7 TMG Allgemeine Grundsätze

(2) Diensteanbieter im Sinne der §§ 8 bis 10 sind nicht verpflichtet, die von ihnen übermittelten oder gespeicherten Informationen zu überwachen oder nach Umständen zu forschen, die auf eine rechtswidrige Tätigkeit hinweisen. Verpflichtungen zur Entfernung oder Sperrung der Nutzung von Informationen nach den allgemeinen Gesetzen bleiben auch im Falle der Nichtverantwortlichkeit des Diensteanbieters nach den §§ 8 bis 10 unberührt.

§ 8 TMG Durchleitung von Informationen

(1) Diensteanbieter sind für fremde Informationen, die sie in einem Kommunikationsnetz übermitteln oder zu denen sie den Zugang zur Nutzung vermitteln, nicht verantwortlich, sofern sie
1. die Übermittlung nicht veranlasst,
2. den Adressaten der übermittelten Informationen nicht ausgewählt und
3. die übermittelten Informationen nicht ausgewählt oder verändert haben.
Satz 1 findet keine Anwendung, wenn der Diensteanbieter absichtlich mit einem Nutzer seines Dienstes zusammenarbeitet, um rechtswidrige Handlungen zu begehen.

Ein in einem Forum von Studenten bewerteter Professor fühlte sich in seinen Rechten verletzt und nahm das Portal u.a. auf Beseitigung des Beitrages über ihn sowie künftige Unterlassung in Anspruch. Er unterlag mit seiner Klage in zweiter Instanz (vgl. oben § 8 I Ziff 2 TMG). Eine Haftung des Diensteanbieters für fremde Inhalte setzt die Kenntnis hierüber voraus. D.h., in dem vorgenannten Beispiel hätte der Professor sich zunächst an den Anbieter von „meinProf.de" wenden und diesen über den (seiner Auffassung nach beleidigenden Beitrag) informieren müssen. So wäre der Anbieter in die Lage versetzt worden, den Vorgang zu überprüfen und hätte Gelegenheit gehabt, diesen zu beseitigen.

Setzt hingegen ein Betreiber einer Seite einen Link auf eine andere Seite mit rechtsradikalen und volksverhetzenden Inhalten und distanziert sich davon nicht, so ist er nach dem § 8 I Ziff 3 haftbar, weil es sich bei der Volksverhetzung und der Verbreitung nationalsozialistischer Symbole nach dem StGB um einen strafrechtsrelevanten Tatbestand handelt.

Insgesamt ist festzuhalten, dass der in der Regel auf jeder Internetseite angefügte Haftungsausschluss eher rechtsbekundenden (deklaratorischen) Charakter hat, denn das TMG gilt unabhängig davon, ob er nochmals am Ende einer Seite explizit aufgeführt wird.

13.3.3 Impressum

Schließlich muss sich der Betreiber einer Internetseite durch das Anfügen eines Impressums kenntlich machen.

§ 5 TMG Allgemeine Informationspflichten

(1) Diensteanbieter haben für geschäftsmäßige, in der Regel gegen Entgelt angebotene Telemedien folgende Informationen leicht erkennbar, unmittelbar erreichbar und ständig verfügbar zu halten:
1. den Namen und die Anschrift, unter der sie niedergelassen sind, bei juristischen Personen zusätzlich die Rechtsform, den Vertretungsberechtigten,
2. Angaben, die eine schnelle elektronische Kontaktaufnahme und unmittelbare Kommunikation mit ihnen ermöglichen, einschließlich der Adresse der elektronischen Post,
3. soweit der Dienst im Rahmen einer Tätigkeit angeboten oder erbracht wird, die der behördlichen Zulassung bedarf, Angaben zur zuständigen Aufsichtsbehörde,
4. das Handelsregister, Vereinsregister, Partnerschaftsregister oder Genossenschaftsregister, in das sie eingetragen sind, und die entsprechende Registernummer

Vgl. LS 1, 1

HTML
*Die **Seitenbeschreibungssprache HTML**, Hypertext Markup Language, bildet die Grundlage jeder Webseite. Die Befehle der Seitenbeschreibungssprache werden als **Tags** bezeichnet und stehen zwischen spitzen Klammern. Alle Befehle einer Webseite bilden zusammen den **Quelltext** oder **Quellcode** der Seite.*

CSS
*In HTML sind z.B. keine absoluten Größenangaben für Texte möglich. Auch Zeilen- und Wortabstände sowie exakte Positionierungen von Elementen können nicht vorgenommen werden. Zu diesem Zweck gibt es **Cascading Style Sheets CSS**, eine Ergänzungssprache zu HTML mit Stilvorlagen. CSS können in einer externen Datei oder direkt in der jeweiligen Webseite definiert werden und sorgen für ein einheitliches Erscheinungsbild in unterschiedlichen Browsern.*

Screendesign
*Im Vergleich mit Druckprodukten bieten Webseiten einerseits erweiterte Möglichkeiten der Präsentation, stellen damit jedoch auch erhöhte Anforderungen an das Layout und die Struktur: Webseiten müssen übersichtlich, funktionell und leicht zu bedienen sein (**Interface-Design**). Darüber hinaus sind eine gute Gestaltung, eine passende Farb- und Schriftwahl und ein gezieltes Layout jeder Einzelseite (**Page-Design**) von großem Nutzen. Schließlich spielt auch die Navigationsstruktur, die Verknüpfung der Seiten untereinander, der gesamten Website eine wichtige Rolle (**Site-Design**). Diese drei Bereiche sind eng miteinander verzahnt.*

*Analog zum Druckbereich, sollte auch die Webseite auf einem **Gestaltungsraster** aufbauen. Innerhalb des Rasters lassen sich die einzelnen Elemente einer Webseite nun so platzieren, dass wesentliche Inhalte die besondere Aufmerksamkeit des Benutzers erhalten und weniger wichtige dort platziert sind, wo die meisten Benutzer selten hinschauen.*

Typografie im Web
*Neben der Seitenaufteilung machen die Systemvoraussetzungen die Rolle des Webdesigners nicht gerade einfach: Bezogen auf die Typografie eignen sich **Systemschriften** am besten für den Fließtext, da sie auf allen Systemen vorhanden sind. Gut lesbar sind davon jedoch nur **serifenlose Schriften und spezielle Bildschirmschriften**. Zur einheitlichen Farbdarstellung von Hintergründen, Logos und Farbflächen ist die Verwendung der **216 websicheren Farben** sinnvoll. Bei der Farbauswahl ist ferner eine kontrastreiche und nicht zu farbenfrohe Darstellung wichtig, damit eine klare Abgrenzung von Vorder- und Hintergrund und eine gute Lesbarkeit gewährleistet sind. **Pastelltöne im Hintergrund** haben sich dabei besonders bewährt.*

Bilder im Web
*Bilder und Grafiken müssen in einem webtauglichen Dateiformat vorliegen. Gängige Browser unterstützen die **Dateiformate GIF, JPEG und PNG**. Bei diesen Grafikformaten wird die Datei beim Speichern mit oder ohne Verluste komprimiert, sodass relativ kleine Dateien entstehen. Trotz alledem sollte darauf geachtet werden, dass die Bilddateien auf der Webseite nicht zuviel Speicherplatz beanspruchen, da dies eine lange Ladezeit und ungeduldig reagierende Nutzer zur Folge hat. Eine entsprechende Bearbeitung der Bilddaten im Bildbearbeitungsprogramm kann dazu beitragen, den Speicherbedarf stark zu verringern.*

Domain:
Registrierung bei der DENIC
First-come-first-serve
Marken- und Namensrechte müssen trotz Registrierung beachtet werden

Domain-Recht		
MarkenG: Marken und geschäftliche Bezeichnungen von Unternehmen oder deren Dienstleistungen und Produkte	HGB: Firmenrecht bei Unternehmen	BGB: Namensrecht bei Privatpersonen

Haftung für Inhalte:
Eigene Inhalte: immer Haftung gegeben
Fremde Inhalte: keine Haftung, Ausnahme bei absichtlicher Zusammenarbeit mit dem Ziel einer rechtwidrigen Handlung

1. HTML & CSS
Die Seitenbeschreibungssprache HTML bildet die Grundlage der Webseitengestaltung. Eine Grundkenntnis der wesentlichen Struktur von HTML-Dokumenten kann daher bei der Gestaltung von Webseiten hilfreich sein.
a) Wofür steht der Begriff HTML?
b) Erläutern Sie kurz den folgenden Quellcode.

<html>
<head><title>Meine Seite</title></head>

<body>
*Hallo liebe Besucherinnen und Besucher!
*
Schön, dass Sie meine Seite im WWW gefunden haben.
</body>
</html>

c) Welche Listen werden in HTML unterschieden? Nennen Sie drei Beispiele und erläutern Sie diese kurz.
d) Wählen Sie aus den oben genannten Listen einen Listentyp aus und erstellen Sie eine beliebige Beispielliste mit mindestens 4 Einträgen. Erläutern Sie den Aufbau der Liste kurz.
e) Was ist ein Hyperlink und welche verschiedenen Funktionen kann er innerhalb eines HTML-Dokuments einnehmen? Nennen Sie mindestens zwei Funktionen und erläutern Sie diese anhand je eines Beispiels.
f) Erläutern Sie den Unterschied zwischen einem einfachen HTML-Editor und einem Webeditor, der nach dem WYSIWYG-Prinzip arbeitet.
g) Was sind CSS und wozu dienen sie?
h) Erläutern Sie den Unterschied zwischen Linking, Embedding und Inline-Styles bei CSS.
i) Bei CSS wird zwischen Klassen und Individualformaten unterschieden. Erläutern Sie Unterschiede und Gemeinsamkeiten und zeigen Sie, mithilfe des Quellcodes, unterschiedliche Anwendungsbeispiele auf.

2. Screendesign
Eine Website wird durch ihren Aufbau, ihre Struktur und das Layout der Einzelseiten bestimmt. Eine gezielte Verknüpfung dieser Bereiche ist die Voraussetzung für einen gelungenen Webauftritt.
a) Erläutern Sie die Begriffe Interface-, Page- und Sitedesign.

Lernsituation Webauftritt – Planung, Konzeption, Umsetzung | 5

b) Nennen Sie drei verschiedene Navigationsstrukturen, die bei Websites Anwendung finden, mithilfe je einer Skizze und erläutern Sie diese kurz.
c) Benennen Sie alle Grundelemente des Screendesigns und überprüfen Sie, ob untenstehende Website alle Elemente enthält. Beschriften Sie dazu den Screenshot.

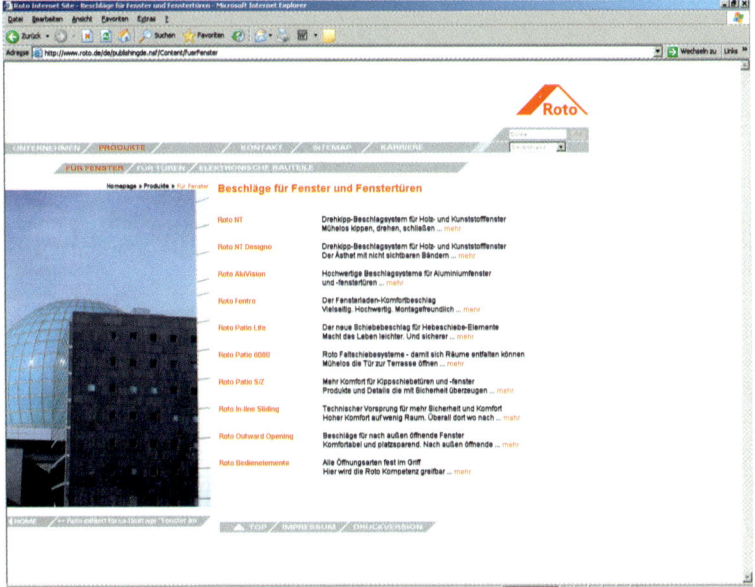

d) Rastersysteme ermöglichen es auf einfache Weise, die Grundelemente einer Website auf jeder Seite an der gleichen Stelle anzuordnen.

Beschriften Sie die folgende Abbildung und erläutern Sie die einzelnen Begriffe in Stichworten.

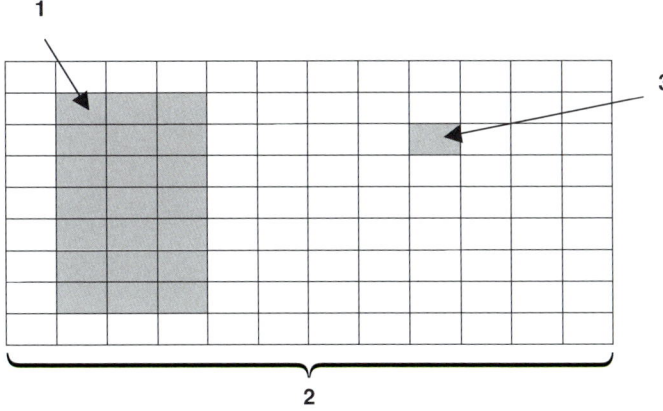

e) Bestimmte Bereiche einer Webseite erhalten mehr, andere weniger Aufmerksamkeit des Besuchers. Teilen Sie die folgende Webseite in Bereiche ein und ordnen Sie den Bereichen die folgenden Aussagen zu:

345

I. Bereich erhält **viel** Aufmerksamkeit
II. Bereich erhält **mittlere** Aufmerksamkeit
III. Bereich erhält **wenig** Aufmerksamkeit

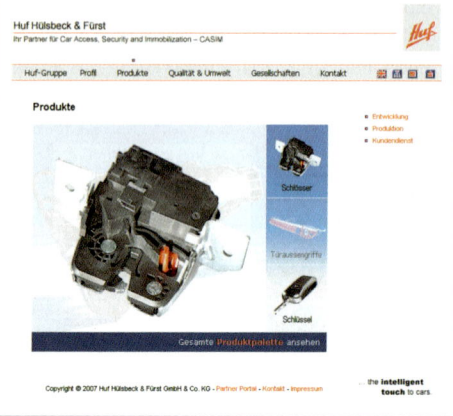

3. Typografie im Web

Texte sind am Bildschirm schlechter lesbar als bei Druckprodukten. Darüber hinaus stehen dem Webdesigner nicht alle Schriftarten für die Bildschirmdarstellung zur Verfügung und einige der verfügbaren Schriftarten eignen sich weniger zur Bildschirmdarstellung.

a) Eine größere Textmenge soll für das Internet so aufbereitet werden, dass sie gut am Bildschirm lesbar ist. Geben Sie an, welche Schriftarten sich zur Bildschirmdarstellung besonders eignen und welche Punktgrößen günstig sind.
b) Was muss, neben Schriftart und -größe im Layout von Texten für Webseiten beachtet werden? Nennen Sie mindestens vier Kriterien.
c) Bei Webseiten liefern CSS wichtige Hilfen zur Textgestaltung. Nennen Sie drei Bereiche der Textgestaltung, die mit CSS, nicht jedoch mit HTML umgesetzt werden können.
d) Was sind Systemschriften und welche Systemschriften stehen in jedem Browser, unabhängig vom Betriebssystem, zur Verfügung?
e) Sie haben am PC eine Website erstellt und für den Fließtext die Schrift Bradley Hand ITC verwendet. Beim Öffnen der Seite auf einem Apple-Rechner wird Ihnen statt der angegebenen Schrift plötzlich alles in Times New Roman angezeigt. Erklären Sie, wie es zu diesem Problem kommen konnte und machen Sie Lösungsvorschläge.
f) Welche der folgenden Schriften eignet sich besonders für die Bildschirmdarstellung? Wählen Sie die am besten geeignete Schrift aus und begründen Sie Ihre Wahl.

I. **Bildschirmschrift?**

II. Bildschirmschrift?

III. **Bildschirmschrift?**

4. Farben und Bilder im Web

Farben und Bilder sind wichtige Gestaltungselemente von Webseiten, können jedoch auch dazu führen, dass die Dateigröße unerwünschte Ausmaße annimmt oder die beabsichtigte Farbdarstellung sich am Browser nicht wie gewünscht umsetzen lässt.

a) Was ist eine Webpalette und wie viele Farben umfasst sie?
b) Wie lauten die Farbzahlen der Webpalette im Hexadezimal- und im Dezimalsystem?
c) Handelt es sich bei folgenden Farben um Farben der Webpalette? Erläutern Sie.
   I. FFCC66
   II. FC666F
   III. 66FF33
   IV. 369693

d) Erläutern Sie den Unterschied zwischen verlustbehafteter und verlustfreier Kompression anhand je eines Beispiels.
e) Erläutern Sie die folgenden Begriffe und geben Sie an, welchen Web-Dateiformaten sie zugeordnet werden können.
   I. Interlaced
   II. Non-interlaced
   III. Dithering
   IV. Alpha-Kanal
e) Ergänzen Sie die folgende Tabelle:

Dateiformat	Art der Kompression	Kompressionsverfahren	Farbanzahl	Anwendung
png8		Deflate-Algorithmus		
	verlustbehaftet		16,7 Mill.	
gif	verlustfrei			Grafiken Farbflächen mit glatten Kanten

5. Internetrecht
Beurteilen Sie folgende Sachverhalte:
a) Ein Seitenbetreiber setzt einen Link auf eine Seite, auf der man Musik kostenlos herunterladen kann.
b) Die arbeitslose Rechtsanwältin Katja G. versucht mit zweifelhaften Methoden, Dienstleistungen in Form von Abos an Internetnutzer zu verkaufen. Dies wird dadurch erreicht, dass die Nutzer plötzlich, ohne es gewollt zu haben, durch versteckte Klauseln in nicht wahrnehmbaren AGB's, einen (kostenpflichtigen) Vertrag abschließen. Zahlen die Nutzer die geforderten Abo-Gebühren nicht, werden diese mit Mahnungen drangsaliert. Kommt es zu einem rechtsgültigen Vertragsabschluss?
c) Beurteilen Sie folgenden Sachverhalt: Ein Betreiber einer Internetseite hat sich die Domain „telecom.de" registrieren lassen. Die Deutsche Telekom will die Nutzung dieser Domain untersagen.
d) Warum kann es passieren, dass Sie eine bei der DENIC eine freie Domain registrieren können und es trotzdem zur Verletzung von Namens- oder Markenrechten anderer Personen oder Unternehmen kommen kann?

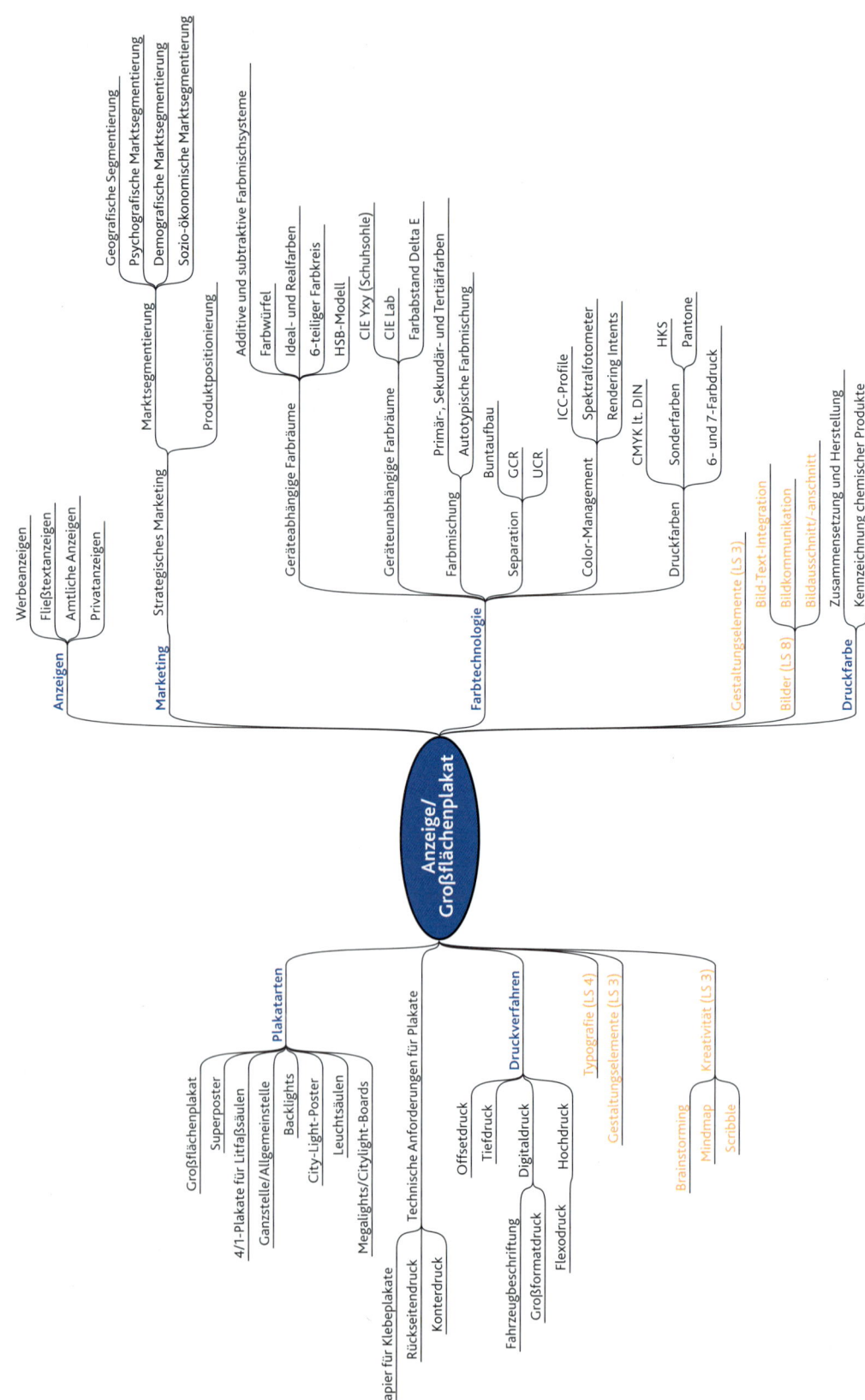

6 Anzeige und Großflächenplakat

6 Anzeige und Großflächenplakat

Die *Druckfabrik* will an einem Pitch teilnehmen, bei dem es um die Erteilung eines Auftrags zur Gestaltung einer vierfarbigen Zeitschriftenanzeige und eines Plakats geht.

Die Anzeige soll im Rahmen der Werbekampagne für die italienische Modemarke „Pazzo!" (übersetzt: verrückt) in verschiedenen Zeitschriften und Zeitungen erscheinen. Die Marke und deren Produkte sind in einigen europäischen Staaten im modischen und mittelpreisigen Bereich angesiedelt und sollen auch auf dem deutschen Markt eingeführt werden. „Pazzo!" wünscht eine zielgruppenorientierte Gestaltung und Präsentation der Mode und der Marke. Die Plakataktion soll in Innenstädten und vor Einkaufszentren die Akzeptanz von „Pazzo!" bei der entsprechenden Zielgruppe erhöhen. Wichtig ist dem Unternehmen die Darstellung der Mode sowie die Information über die nächstgelegene Möglichkeit, Pazzo!-Kleidung zu erwerben.

18 Anzeigen

Die Schaltung einer Anzeige stellt im Vorfeld die Frage: „Wer möchte was für wen?". Dabei kann die Aufgabe sein, ein Produkt vorzustellen, die Verkaufszahlen für ein Produkt zu erhöhen, eine Dienstleistung anzubieten oder etwas bekannt zu geben – dies vor allem im amtlichen oder privaten Bereich.

Hat man die Frage nach dem Hintergrund geklärt, bleibt noch, sich mit den Faktoren Flächenaufteilung, Randgestaltung, Farbe, Typografie, Bildwahl sowie der Wertigkeit der Anzeigenelemente zu beschäftigen. Im Folgenden werden einige Anzeigenarten vorgestellt.

18.1 Werbeanzeigen

Werbeanzeigen wollen verkaufen – ob ein oder mehrere Produkte dargestellt werden oder ob es sich um eine Dienstleistung handelt. Daher muss sich die zu erstellende Anzeige von allen anderen unterscheiden.

Diese Unterscheidung gelingt in erster Linie durch die Produktabbildung, bzw. einen optischen **Blickfang**.

Ein Bild spricht den Betrachter immer zuerst an.

Diese **Aktivierung** des Betrachters muss innerhalb von Sekundenbruchteilen funktionieren – denken Sie daran, wie kurz die Betrachtungszeit einer Seite beim Durchblättern einer Zeitschrift ist.

Zur Aktivierung können die Vorzüge des Produkts visualisiert, eine im Zusammenhang mit dem Produkt oder der Dienstleistung stehende Situation dargestellt oder ins Gegenteil verkehrt werden.

Gelungene Aktivierung
Bildquelle: General-Anzeiger Bonn

Sie können mit dem **physikalischen Reiz** arbeiten, indem Sie kräftige Signalfarben verwenden oder Kontraste einsetzen. **Emotionale Reize**, z. B. das Kindchenschema, sprechen das Gefühl des Betrachters an. Der **kognitive Reiz** setzt sich mit dem Erinnerungsvermögen, der Wahrnehmungsfähigkeit und der Erkenntnisfähigkeit auseinander. Der kognitive Reiz darf überraschen und den Betrachter in eine ungewohnte Situation bringen.

Eine Werbeanzeige setzt den vollständigen Einsatz des **AIDA-Prinzips** voraus.

Vgl. LS 14, 18.2.4.1

Nicht zuletzt muss der Betrachter alle Möglichkeiten zur Aktion besitzen, d. h. er muss sich weiter informieren (Internet, E-Mail, Telefon) oder den Absender (Adresse) leicht ersehen können.

Auf Anzeigen oder Plakaten etablierter Marken wie z. B. McDonalds fehlen Adressangaben völlig. Ist dies bei Pazzo! auch denkbar? Wie sähe der Fall bei einer völlig unbekannten, bzw. bei einer regional bekannten Marke aus? Diskutieren und begründen Sie Ihre Entscheidung.

18.2 Fließtextanzeigen

Im Gegensatz zur Werbeanzeige mit Bild, Grafik und Text, muss die **Fließtextanzeige** meist nur mit Text, allenfalls mit einem Signet oder einem kleinen Bild auskommen. Abgerechnet wird sie meist nach der Anzahl der Wörter.

Dabei steht die Fließtextanzeige im Spaltenfluss. Die Schriftart entspricht oft der des inhaltlichen Fließtextes und kann durch Auszeichnung, z. B. bold oder italic, hervorgehoben werden.

Fließtextanzeigen werden nach Rubriken geordnet geschaltet. Darunter fallen Anzeigen für Verkäufe oder Gesuche, Nachhilfe, Dienstleistungen, etc. Zur Abgrenzung zur nächsten Anzeige wird oft nur eine Leerzeile oder ein entsprechender Rahmen verwendet.

Bonn-Beuel: gut geschnittenes Eckhaus mit Garage + Garten, 130 m² Wfl., Nachmittagssonne auf Terrasse, 5 Zimmer, 3 Bäder + Gäste-WC, Kelleraußentreppe, sofort frei, 186.000,–, Muster Immobilien IVD, 0228-123456, www.mimmo.de

Duisdorf, EFRH, 1987, 144/135 m², 2 Garagen, Aircon, Whirlpoolwanne etc., 212000 € Zuschriften an Tagesblatt Bonn unter OZ 123456 Tagesblatt Code 1234

Aegidienberg, individuelles frstd. EFH mit Weitblick, ELW, Bj. 2003, 823/170 m², 7 Zi., 398.000 €, Muster Immobilien, 0228/123456

Venusberg, großes Grundstück, ca. 1000m², mit gepflegtem, freistehendem Haus, 1962/70, 4 Zimmer, 2 Fensterbäder, 120 m² + Ausbaureserve, Garage, 349.000,– €, Muster Immobilien, 0228/123456

Rheinbach, freistehendes Einfamilienhaus, Baujahr 1962, solide, 120 m² Wohnfläche, SO-Lage auf 835 m² Grundstück, ausbaufähig und erweiterbar, VB 275.000 €, von privat. 02227/123456

BN-Buschdorf, Eckhaus, 4 Zi., K, D, 2 Bäder, WC, Grund 173 m², aus '82, 199.000,– €. www.immobilien.de / Bonn 123456

Oberkassel, freistehendes, geräumiges EFH (renovierter Altbau mit hohen Decken) auf 576 m² großem Grundstück, Ruhiglage, Kaufpreis 349.900 €, Tel. (0179) 123xxx

Niederkassel-Rheidt, DHH mit großer Garage (Neubau), 145 m² Wfl., 375 m² Südlage-Grdst., in ruhiger Anliegerstraße, als Ausbauhaus oder schlüsselfertig, ab 159.000,– €, 022 41/123456

Rheinnähe, Godesberg Reiheneckhaus, Grst. Ca. 470 m², Wfl. ca. 165 m², ausbaufähiges DG, 319.000 € + 3,57% Courtage. Muster Immobilien 0228/123456 oder 0160/ 123456

Meckenheim. Die letzte gepl. DHH, 4 Zi, Kü, Bad, WC, Diele. Zentrale ruhige Lage in Ortsmitte. 246.900,– €. Keine Provision. Tel. 0175/123456 oder 0261/123456

Fließtextanzeige

18.3 Privatanzeigen

Privat- oder Familienanzeigen findet man vor allem als Grußanzeige, Dankanzeige oder Bekanntmachung. Die bekanntesten Bereiche sind Geburts-, Hochzeits- und Traueranzeigen. Sie stehen meist auf Extraseiten in einer gesonderten Rubrik.

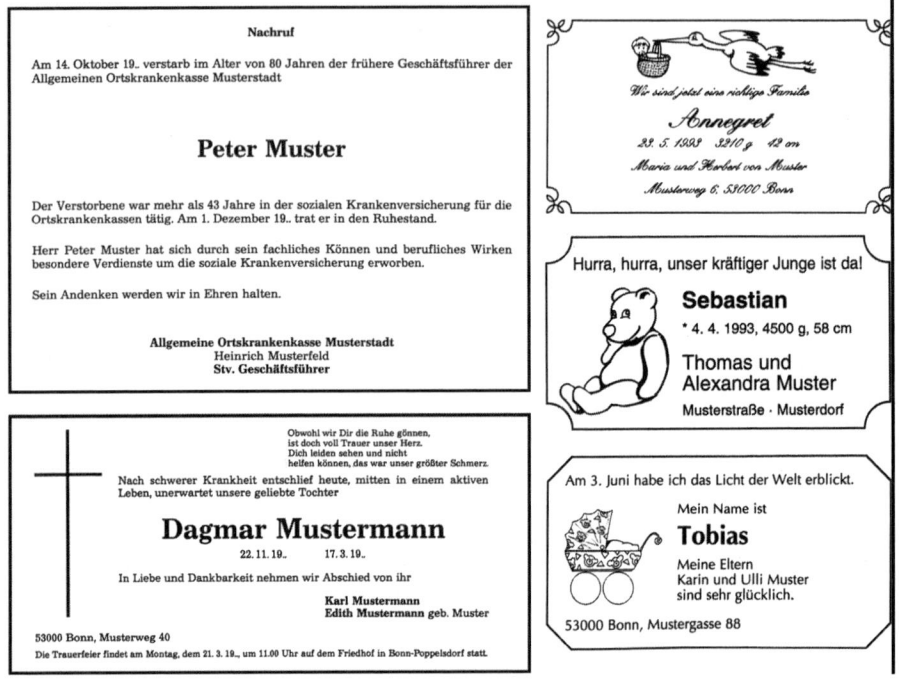

Bildquelle: General-Anzeiger Bonn

Dabei bestimmen **Rahmenelemente** wie der schwarze Trauerrand, passende Abbildungen, wie Kreuz, Baby, Storch, Trauringe oder Rosen sowie **Schmuckelemente** in Form von geschwungenen Linien den Charakter der Anzeige.

Die Farbigkeit dieser Anzeigen ist durchgängig in Schwarz-Weiß oder Graustufen gehalten.

18.4 Amtliche Anzeigen

Amtliche Anzeigen dienen der Information über Ausschreibungen aus dem öffentlichen Bereich, Bekanntmachungen von Städten und Gemeinden oder firmenrechtliche Neuigkeiten wie Neueinträge, Veränderungen oder Löschungen aus dem Handelsregister.

In lokalen Mitteilungsblättern ist der Bereich der Amtlichen Mitteilungen meist durch einen entsprechenden Kolumnentitel am Anfang und durch den Hinweis „Ende der Amtlichen Mitteilungen" eingegrenzt.

14.8 Plakatarten

Ein Plakat ist ein Plakat, also weder eine Anzeige noch ein Bild oder ein vergrößerter Handzettel. Ein Plakat ist auch Kunst. Ein Name, der in Verbindung mit dem Medium Plakat gerne genannt wird, ist Henri de Toulouse-Lautrec.
Henri Marie Raymond de Toulouse-Lautrec-Monfa ist ein Vertreter des Spätimpressionismus und wurde vor allem durch seine Plakate berühmt, die er für das Varieté Moulin Rouge in Paris entwarf. Zur Vervielfältigung bediente sich Toulouse-Lautrec der Lithografie.

> **Was bedeutet eigentlich das Wort „Plakat"?**
>
> Aus dem französischen Stammwort „plaquer" (belegen, bekleiden) hervorgegangen ist das Substantiv „placard" (Tür, Wandverkleidung; aber auch Anschlagzettel, Aushang).
>
> Das französische Synonym für das deutsche Wort Plakat heißt „affiche". (Der englische Begriff „poster" wird abgeleitet vom Verb „to post" = anschlagen.)

Ein Plakat ist ein Informations- und Kommunikationsträger, der dem Betrachter in möglichst kurzer Zeit eine Botschaft übermitteln soll. Dabei liegt die Betrachtungszeit für ein Plakat im Sekundenbereich. Denken Sie an die Standorte für Plakate und an die Betrachtungssituationen: aus dem fahrenden PKW oder Bus. Viele Plakate stehen an Parkplätzen oder in Einkaufsstraßen. Fast in allen Betrachtungssituationen sind wir in Eile, lenken ein Fahrzeug oder unterhalten uns. Daher muss die Werbebotschaft eines Plakats in Sekundenbruchteilen übertragen werden.

> Welche Elemente (Text, Bild, Grafik) soll das Plakat enthalten? Was ist wichtiger? Die Produktabbildung und das Logo oder lange Adressangaben sowie weiterführende Informationen?

Die Gestaltung eines Plakates folgt Aussagen wie „Kiss – Keep it short and simple", „Reduce to the max" oder „Weniger ist mehr". Diese Aussagen stehen in direktem Zusammenhang mit den eiligen Betrachtungsgewohnheiten für Plakate. Das bedeutet: Ein Plakat muss sofort wirken! Es bleibt also meist nur Platz für die prägnanten Elemente Bild und Text – Produkt und Headline bzw. Logo.

Am folgenden Großflächenplakat-Beispiel ist zu erkennen, dass die Hauptaussage des Plakates schon ausreichend ist und keine weitere Unterstützung benötigt:

Zu viele Elemente auf einem Plakat verwirren den Betrachter nur und erschweren die Wahrnehmung bzw. die Erfassung der wesentlichen Aussage. Das gilt auch für den Text: Das Beispiel besteht zwar aus Text- und Bildelementen, die Hauptaussage bleibt jedoch optisch prägnant und hervorgehoben.

Prägnante Hauptaussage

> **Als Faustregel gilt:** Der Text eines Großflächen-Plakats sollte noch aus ca. 30 m Entfernung ohne Anstrengung gelesen werden können!

Aktivierung durch ungewohnte Aussage

Beziehen Sie bei der Plakatgestaltung die Sehgewohnheiten der Menschen mit ein. Ein Plakat ist ein „optischer Zwischenfall". Beachten Sie die Signalwirkung eines Plakats durch Farb- und Bildwahl. Zögern Sie nicht, bekannte Farbkontraste einzusetzen, z. B. gelber Hintergrund und schwarze Schrift für eine hervorragende Fernwirkung.

Darüber hinaus erfassen wir bekannte Muster bzw. gelernte (Seh-)Situationen (z. B. Blickrichtung von oben links nach unten rechts) besser als Unbekanntes. Doch genau diese Muster können ins Gegenteil verkehrt werden, wie das Beispiel zeigt: Einen Ball fressenden Löwen sieht man halt nicht alle Tage.

 Drucken Sie Ihren Entwurf auf DIN-A3 aus und befestigen Sie ihn in einiger Entfernung an der Wand. Schätzen Sie die Wirkung und die Größenverhältnisse der Gestaltungselemente ab.

Im Folgenden werden sowohl hinterleuchtete als auch nassklebende Plakatarten erläutert.

14.8.1 Großflächenplakat

Ein Großflächenplakat im Format 356 x 252 cm wird auch als 18/1-Plakat (18 einzelne Bogen im Format DIN-A1) bezeichnet, obwohl die (Ein-)Teilung des Plakats heute in 4, 6, 8 oder 9 Teilen erfolgt. Die einzelnen Bogen werden bei der Plakatierung zusammengesetzt.

Beim Entwurf des Plakats ist diese Teilung zu berücksichtigen, da die einzelnen Plakatteile leicht überlappend und nicht Stoß auf Stoß geklebt werden. Der Überlappungsbereich liegt zwischen 5 und 20 mm. Wichtige Bildteile oder Plakatelemente wie Texte mit kleineren Schriftgraden sollten daher nicht unbedingt an den Teilungsgrenzen platziert werden. Darüber hinaus sollte auch ein genügend großer Klebrand eingehalten werden.

 Legen Sie beim Entwurf bzw. bei der Gestaltung am Bildschirm die Einteilung des Plakats zugrunde. Achten Sie darauf, dass die Nahtstellen nicht durch sensible Elemente wie Augen, Mund oder feine Buchstaben laufen.

Die Klebung des Großflächenplakats erfolgt von oben nach unten und von rechts nach links im sogenannten „Dachziegel-Verfahren".

Das Großflächenplakat ist mit ca. 190.000 Anschlagflächen deutschlandweit der am weitesten verbreitete Werbeträger und wird an Straßen, Plätzen, Fußgängerzonen und Parkplätzen vor Einkaufsmärkten eingesetzt. Buchbar sind Plakatflächen meist in Dekaden, also im Rhythmus von 10 Tagen.

14.8.2 Superposter

Ein Superposter weist das Format 526 x 372 cm auf und wird meist an beleuchteten Hauswänden angebracht. Es besteht aus 40/1-Bogen und wird im Nassklebeverfahren zusammengesetzt.

14.8.3 4/1-Plakat für Litfaßsäule

Eine Litfaßsäule wird auch als Ganzsäule oder Ganzstelle bezeichnet, da sie meist nur von einem Werbetreibenden benutzt wird. Die nutzbare Plakatfläche beträgt für 4/1-Bogen 119 x 168 cm und für die weitere mögliche Größe von 6/1-Bogen 119 x 252 cm.

Die Litfaßsäule ist nach ihrem Erfinder, dem Berliner Drucker Ernst Theodor Amandus Litfaß benannt, der 1854 in Berlin die erste Säule dieser Art aufstellte. Mittlerweile gibt es sie – neben der klassischen Variante zum Bekleben – auch als Magnet- oder City Light Säule.

Beispiel Litfaßsäule   *Beispiel Magnetsäule*   *Beispiel City Light Säule*

Ganzstelle und Allgemeinstelle
Im Gegensatz zur Ganzstelle, die nur von einem Werbetreibenden belegt wird, wird die Allgemeinstelle von mehreren Werbern benutzt. Allgemeinstellen können Tafeln oder Litfaßsäulen sein, auf denen mehrere Plakate gleichzeitig angebracht sind.

14.8.4 Backlights

Backlight-Plakate werden hinter Glas in beleuchteten Vitrinen aufgehängt. Das Papier darf keine Wolkigkeit (sichtbare Verteilung des Papierstoffs bei der Papierherstellung) aufweisen und muss eine geringe Opazität aufweisen, damit der Durchleuchtungseffekt entsteht.

Im Gegensatz zum City Light Poster sind Backlight-Plakate kleiner (ca. 69 cm x 102 cm). Die Backlights werden meist mit Rahmen und Leuchtmitteln, z. B. LEDs angeboten und finden ihren Einsatz z. B. für Kinoplakate.

14.8.5 City Light Poster (CLP)

CLPs weisen das Format 118,5 x 175 cm auf. Sie werden in beleuchtete Vitrinen an Bushaltestellen oder Informationsanlagen gehängt. Der Druck erfolgt in einem Stück. Die Anlieferung zur Bestückung der Glasvitrinen sollte ungefalzt erfolgen. Deutschlandweit gibt es ca. 98.000 CLPs. Die Belegung kostet z. B. in Freiburg 11,75 Euro und in Berlin 20,00 Euro pro Tag.

www.faw-ev.de
www.wall.de
www.awk.de

City Light Poster am Einsatzort Haltestelle
Bildquelle: Wall AG©

14.8.6 City Light Poster-Säulen (CLS)

CLS sind verglaste und hinterleuchtete Ganzstellen bzw. Ganzsäulen, die sich teilweise auch drehen können. Das Format der Plakate beträgt 118,5 x 175 cm und 118,5 x 350 cm. Dabei ist die sichtbare Fläche nach der Befestigung ca. 115 x 171 bzw. 115 x 343 cm.

Beispiel für eine City Light Säule

14.8.7 Megalights/City Light Boards (CLB)

CLBs sind hinterleuchtete und durch Glas geschützte Vitrinen für Großflächenplakate, welche meist mit einem Wechselmechanismus ausgestattet sind. Dies ermöglicht eine Belegung durch mehrere Kunden.

Beispiel für ein City Light Board. Bildquelle: Wall AG©

Neben der Gestaltung sind auch technische Richtlinien bei der Herstellung von Plakaten vor allem für die Aussenwerbung zu beachten. Bedenken Sie dabei die Umwelteinflüsse wie Wind, Regen und Sonne, denen die Plakate ausgesetzt sind!

Nassklebeverfahren
Zur Vorbereitung auf die Klebung werden die Plakate in Wasser eingeweicht und anschließend im nassen bzw. feuchten Zustand plakatiert.

Das Papier muss reißfest bleiben, damit es zur leichteren Plakatierung auf dem Werbeträger noch verschoben werden kann. Darüber hinaus darf sich das Papier nicht allzu weit durch die Aufnahme von Wasser ausdehnen. Hierbei ist auch die Laufrichtung zu beachten: Da sich das Papier quer zur Laufrichtung stärker ausdehnt, müssen alle Plakatbogen die gleiche Laufrichtung aufweisen.

Das Flächengewicht für Plakatpapiere liegt bei ca. 110 bis 120 g/qm.

Da für die Klebung Klebekanten vorgesehen sind, muss das Papier ausreichend opak sein, darf also an diesen Stellen nicht durchscheinen. Daher sind vor allem Papiere mit einem Oberflächenstrich geeignet (Affichenpapier), nicht jedoch Bilderdruck-, Chromo-, Glanz- und Kunstdruckpapiere.

Papier-Anforderungen für hinterleuchtete Plakate
Für City Light Poster sollte zweiseitig gestrichenes Offsetpapier mit mindestens 135 g/qm verwendet werden. Für Mega Light oder City Light Boards muss ein Papier mit mindestens 150 g/qm gewählt werden. Die Faserrichtung muss parallel zur längeren Formatseite verlaufen.

19 Marketing

Eine Anzeige wie die von Pazzo! ist immer in eine größere Absatzstrategie eines Unternehmens eingebunden. Um somit die Anzeige wirkungsvoll zu gestalten, muss sie schlüssig in diese Strategie eingebunden werden.

Marketing bezeichnet alle auf den Markt bezogene Aktivitäten eines Unternehmens, also das Bestreben, durch seine Produkte und Dienstleistungen Kundenbedürfnisse optimal zu befriedigen und so seine Umsatz- und Gewinnziele zu erreichen.

Marketing findet im Unternehmen auf zwei Ebenen statt. Die erste Ebene stellt das **strategische Marketing** dar. Hier werden grundsätzliche Entscheidungen bezüglich der marktgemäßen Ausrichtung des Unternehmens und seiner Leistungen getroffen. Man spricht hier von **Marktbearbeitungsstrategien**.

Die zweite Ebene ist das **operative Marketing**, also das Ergreifen von gezielten und konkreten Maßnahmen bezogen auf den Absatz von Produkten und Dienstleistungen. Diese konkreten Maßnahmen finden sich im sogenannten **Marketing Mix** wieder.

Vgl. LS 14, 15.2

19.1 Strategisches Marketing

Die **Marktbearbeitungsstrategien** sind, wie bereits oben dargestellt, dem strategischen Marketing zuzuordnen. Zwei dieser Strategien werden im Folgenden erläutert.

19.1.1 Produktpositionierung

Ein zentraler Aspekt bei der Neueinführung eines Produkts oder einer Dienstleistung ist die **Positionierung am Markt** (Konkurrenzanalyse). Hierbei werden die Merkmale gleichartiger Produkte oder Dienstleistungen verglichen. Ziel ist hierbei, eine **Marktposition** festzulegen, und ein Produkt oder eine Dienstleistung im Gesamtmarkt einzuordnen. Dabei erkennt man, ob es in der Position, in der man sich am Markt etablieren will, Mitbewerber gibt und ob man sich genügend von diesen abgrenzt. Ist die Abgrenzung sehr deutlich vorhanden, ergibt sich ein so genannter komparativer Konkurrenzvorteil, im englischen Sprachgebrauch auch unique selling position (USP) genannt. Auf diese Weise kann das Unternehmen z. B. erkennen, ob ein Produkt oder eine Dienstleistung am Markt Erfolg haben kann oder ob es an der entsprechenden Marktposition bereits zu viele Mitbewerber gibt.

Die untenstehende Matrix zeigt die Marktpositionen von Wettbewerbern, also unterschiedlicher Modemarken, die sich bereits am Markt etabliert haben:

		exclusiv		
klassisch	Chanel Escada, Boss, Joop Hilfiger Betty Barclay		Pazzo! Esprit Street One S. Oliver H & M	**jung**
		preisgünstig		

19.1.2 Marktsegmentierung

Um einen gezielten Einsatz der Marketinginstrumente zu ermöglichen, wird ein Markt in mehrere Teilmärkte aufgeteilt. Diese Aufteilung nennt sich **Marktsegmentierung**. Mit der Festlegung des zu bearbeitenden **Marktsegments** bestimmt man somit die Käufergruppe (**Zielgruppe**), die man mit dem Produkt oder der Dienstleistung und den damit verbunden Verkauf fördernden Maßnahmen erreichen will.

Für die Creativ GmbH bedeutet das etwa, dass durch die Marktsegmentierung ein optimaler Einsatz von Werbemaßnahmen ermöglicht werden soll. Für die Marke Pazzo! ist die Markssegmentierung unter anderem wichtig, damit die Mode nach den ästhetischen Bedürfnissen der Zielgruppe gestaltet werden kann und sich der Preis an deren Budget innerhalb des verfügbaren Einkommens für Mode orientiert. Entscheiden Sie sich deshalb für eine geeignete Segmentierungsstrategie.

Ein Marktsegment muss deshalb **intern homogen** und **extern heterogen** sein.

> Intern homogen bedeutet, dass innerhalb eines Marktsegments die Käufer in gleicher Weise auf Marketingmaßnahmen, z. B. auf Preisgestaltung, Produktgestaltung oder Mediennutzung reagieren.

Interne Homogenität:
Ein Mobilfunkunternehmen segmentiert den Markt nach dem Lebensalter, weil es einen besonderen Tarif auf den Markt bringen will, bei der das Versenden von SMS besonders kostengünstig ist. Diese Leistung soll vor allem Jugendliche und junge Erwachsene ansprechen, weil diese häufig das Kommunikationsmittel SMS nutzen.

> Extern heterogen heißt, dass sich ein Segment bezogen auf die Merkmale der Käuferschicht zu anderen Segmenten hin deutlich abgrenzt.

Externe Heterogenität:
Ein Automobilhersteller segmentiert den Markt nach dem Familienstand (Singles, Paare, Familien), um die Fahrzeuge auf den Bedarf der entsprechenden Käuferschichten abzustimmen, denn die Bedürfnisse einer Familie, was die Eigenschaften eines Kfz betrifft, grenzen sich in der Regel von denen eines Singles ab. Die Segmente sind somit extern heterogen.

Es gibt unterschiedliche Möglichkeiten, einen Markt zu segmentieren.

19.1.2.1 Geografische Marktsegmentierung

Eine Marktsegmentierung nach geografischen Kriterien wird vorgenommen, wenn das Kaufverhalten aufgrund von sozialen und ökonomischen Merkmalen wie

- soziale Schicht
- Einstellungen
- Einkommen

mit den Wohnorten von Zielgruppen zusammenhängt oder die Leistungen eines Unternehmens sich nur auf ein bestimmtes Gebiet konzentrieren.

> In Städten und Regionen mit hoher Arbeitslosigkeit wie z. B. im Ruhrgebiet oder in Ostdeutschland, haben die Einwohner andere Konsumgewohnheiten als in Städten und Regionen mit hohen Durchschnittseinkommen (z. B. Hamburg). Auch Lebensgewohnheiten und Einstellungen sind häufig vom Wohnort abhängig (Städte vs. ländliche Regionen). Entsprechend müssen die Maßnahmen des Operativen Marketing (wie angebotene Waren und Dienstleistungen, Werbung, Vertrieb etc.) auf das jeweilige Gebiet abgestimmt werden.

Eine in der Praxis häufig angewandte geografische Marktsegmentierung ist die Unterteilung Deutschlands in sogenannte **Nielsen-Gebiete**:

6 | Lernsituation Anzeige und Großflächenplakat

Nielsen-Gebiete:
Gebiet 1: Hamburg, Bremen, Schleswig-Holstein, Niedersachsen
Gebiet 2: Nordrhein-Westfalen
Gebiet 3a: Hessen, Rheinland-Pfalz, Saarland
Gebiet 3b: Baden-Württemberg
Gebiet 4: Bayern
Gebiet 5: Berlin
Gebiet 6: Mecklenburg-Vorpommern, Brandenburg, Sachsen-Anhalt
Gebiet 7: Thüringen, Sachsen

Die Nielsen-Gebiete wurden von der **Nielsen Marketing Research GmbH**, einem Medienforschungsunternehmen, eingeführt. Dieses unterstützt Kunden mit Dienstleistungen wie z. B. Daten zur Fernseh- und Radionutzungsforschung, Werbe- und Werbewirkungsforschung, Leser- und individuellen Sonderanalysen. Die Einteilung der Nielsen-Gebiete basiert auf der Tatsache, dass in den verschiedenen Bundesländern unterschiedliche **wirtschaftliche, demografische** (Bevölkerungszusammensetzung nach Alter, Geschlecht, Familienstand) und **soziale** Verhältnisse existieren. Werbeagenturen nutzen die Nielsengebietskarte unter anderem für die Planung ihres Media-Einsatzes im Rahmen von Werbekampagnen.

Man findet die Nielsen-Segmentierung bei der Nutzung von Großflächen-Werbung. Hier kann man mithilfe der Nielsen-Segmentierung die Belegung und Kosten der Plakatwerbung in bestimmten Nielsengebieten planen. Dies ist deshalb von Bedeutung, weil eine bestimmte Belegung von Großflächen empfohlen wird (in der Regel eine Fläche auf 3.000 Einwohner). Da die einzelnen Nielsengebiete unterschiedlich dicht besiedelt sind, entstehen somit in diesen (geografischen) Marktsegmenten unterschiedlich hohe Kosten.

Des Weiteren führen Unternehmen eine geografische Marktsegmentierung durch, wenn sie ihre Leistungen nur in einem begrenzten Raum anbieten wollen oder können. Die Zielgruppe wird hierbei z. B. vom Wohnort der potenziellen Nachfrager bestimmt.

Ein Sportgeschäft in Gelsenkirchen will mit einer Zeitungsanzeige über Sonderangebote informieren. Die Zielgruppe ist auf die Bevölkerung der Stadt begrenzt, weil in den benachbarten Städten andere Sportgeschäfte existieren, die deren lokale Märkte bedienen. Die Anzeige erscheint deshalb lediglich in den Lokalteilen der in Gelsenkirchen erscheinenden Zeitungen.

19.1.2.2 Segmentierung nach demografischen Kriterien

Die Segmentierung nach demografischen Kriterien bezieht sich auf die Bestimmung von Zielgruppen mithilfe der Kriterien
- Alter,
- Geschlecht
- und Familienstand.

Diese Segmentierung ist insofern sinnvoll, als dass Bedürfnisse, Kaufverhalten oder Mediennutzung durch o.a. Kriterien beeinflusst werden. Die Produkte und Dienstleistungen von Unternehmen müssen somit hierauf abgestimmt werden. Auch der Einsatz und die Gestaltung von Medien, beispielsweise für Werbung, muss unter Beachtung demografischer Merkmale der Zielgruppe geplant werden. .

Vgl. diese LS, 19.1.2

19.1.2.3 Segmentierung nach sozio-ökonomischen Kriterien

Sozio-ökonomische Kriterien setzen sich aus soziografischen und ökonomischen Kriterien zusammen.

Sozio-ökonomische Kriterien	
soziografische Kriterien	ökonomische Kriterien
• Schulbildung • Berufsausbildung • Beruf	• Einkommen • Vermögen • Verschuldung

Soziografische und ökonomische Kriterien hängen eng zusammen, denn die Schulbildung und die Berufsausbildung beeinflussen das Einkommen und somit auch das Vermögen. Deshalb werden diese zusammengefasst. Die Bedeutung dieser Segmentierungskriterien für die Zielgruppenbestimmung soll Folgendes Beispiel zeigen:

Die Produkte eines Automobilherstellers im Premium-Segment richten sich an besser Verdienende. Zeitungsanzeigen werden besonders in der Frankfurter Allgemeinen Zeitung (FAZ) und in der Süddeutschen Zeitung (SZ) geschaltet. Diese Zeitungen werden bevorzugt von besser verdienenden Lesern mit höherem Bildungsabschluss gelesen.

19.1.2.4 Segmentierung nach psychografischen Kriterien

Psychografische Kriterien berücksichtigen in der Persönlichkeitsstruktur einer Person begründete, grundlegende Einstellungen, Meinungen und Interessen. Diese können genetisch veranlagt oder im Laufe des Lebens durch das soziale Umfeld, also durch Familie, Freunde oder Beruf, gelernt und verändert worden sein.

Segmentierung nach Lebensstil-Kriterien
Eine Methode ist in diesem Zusammenhang die Segmentierung nach **Lebensstil-Kriterien**. Diese ist durch bestimmte Verhaltenseigenschaften einer Zielgruppe wie z. B. Freizeitverhalten, Einkommen, Konsumverhalten oder Einstellungen zur Arbeit, Beruf und Familie gekennzeichnet. Insofern fließen hier auch demografische und sozio-ökonomische Kriterien ein.

Eine weitverbreitete Methode der Marktsegmentierung nach Lebensstil-Kriterien ist die **Sinus-Milieu-Analyse**. Die Sinus-Milieu-Analyse wird seit Beginn der 1980er Jahre von führenden Markenartikel-Herstellern für das strategische Marketing, die Produktentwicklung und Kommunikation genutzt. Auch Medienunternehmen (z. B. TV-Sender) und Werbeagenturen nutzen diese Art der Segmentierung für die Optimierung ihres Media-Einsatzes.

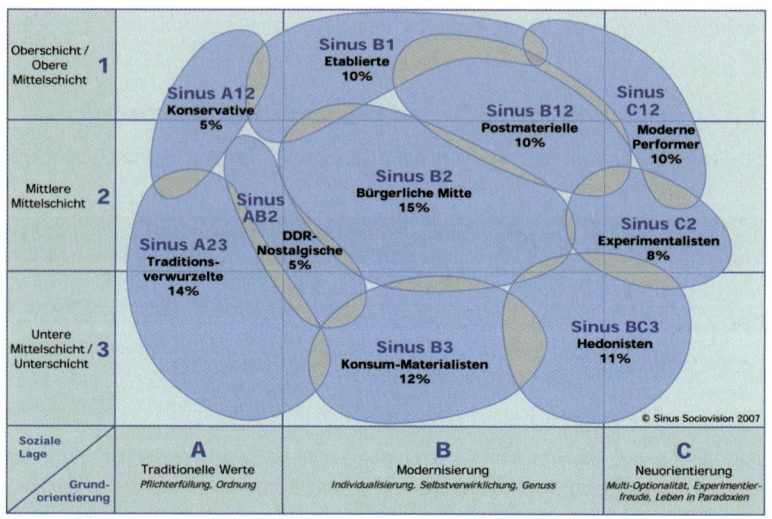

Die einzelnen Sinus-Milieus gruppieren Personen, die sich in ihrer Lebensauffassung und Lebensweise ähneln. Bildquelle: Sinus Sociovision©, Heidelberg

Die Abgrenzung der einzelnen Milieus wird durch die sogenannte **strategische Landkarte** dargestellt. Sie werden dort durch eine Werteachse (Ordinate) und eine Schichtachse (Abszisse) bestimmt.

Die Werteachse ist in die Bereiche „Traditionelle Werte", „Modernisierung I" und „Modernisierung II" eingeteilt. Das bedeutet, je weiter rechts ein Milieu angesiedelt ist, desto moderner sind die Werteorientierungen der Personen, die diesen Milieus zugeordnet sind.

Die Schichtachse gibt die Zugehörigkeit zu einer sozialen Schicht wieder. Diese wird durch Eigenschaften wie Einkommen und Bildung bestimmt. Je höher ein Milieu auf der Abszisse steht, desto höher ist auch die soziale Schicht, der die Mitglieder des entsprechenden Milieus angehören.

 Die **Hedonisten** haben eine moderne Grundorientierung und gehören einer niedrigen sozialen Schicht an. Sie befinden sich deshalb in der strategischen Landkarte unten rechts.

Anzeige: Kreutz & Partner©, Foto: André Rival

Lernsituation Anzeige und Großflächenplakat | 6

Die Sinus-Milieus®: Kurzcharakteristik

	Gesellschaftliche Leitmilieus	
Etablierte (Foto: André Rival)	**Sinus B1** (Etablierte)	10 % → Das selbstbewusste Establishment: Erfolgs-Ethik, Machbarkeitsdenken und ausgeprägte Exklusivitätsansprüche
Postmaterielle (Foto: André Rival)	**Sinus B12** (Postmaterielle)	10 % → Das aufgeklärte Nach-68er-Milieu: Liberale Grundhaltung, postmaterielle Werte und intellektuelle Interessen
Moderne Performer (Foto: André Rival)	**Sinus C12** (Moderne Performer)	10 % → Die junge, unkonventionelle Leistungselite: intensives Leben – beruflich und privat, Multi-Optionalität, Flexibilität und Multimedia-Begeisterung
	Traditionelle Milieus	
Konservative (Foto: André Rival)	**Sinus A12** (Konservative)	5 % → Das alte deutsche Bildungsbürgertum: konservative Kulturkritik, humanistisch geprägte Pflichtauffassung und gepflegte Umgangsformen
Traditionsverwurzelte (Foto: André Rival)	**Sinus A23** (Traditionsverwurzelte)	14 % → Die Sicherheit und Ordnung liebende Kriegsgeneration: verwurzelt in der kleinbürgerlichen Welt bzw. in der traditionellen Arbeiterkultur
DDR-Nostalgische (Foto: André Rival)	**Sinus AB2** (DDR-Nostalgische)	5 % → Die resignierten Wende-Verlierer: Festhalten an preußischen Tugenden und altsozialistischen Vorstellungen von Gerechtigkeit und Solidarität

Mainstream-Milieus		
	Sinus B2 (Bürgerliche Mitte) 15 % →	Der statusorientierte moderne Mainstream: Streben nach beruflicher und sozialer Etablierung, nach gesicherten und harmonischen Verhältnissen
Bürgerliche Mitte (Foto: André Rival)		
	Sinus B3 (Konsum-Materialisten) 12 % →	Die stark materialistisch geprägte Unterschicht: Anschluss halten an die Konsum-Standards der breiten Mitte als Kompensationsversuch sozialer Benachteiligungen
Konsum-Materialisten (Foto: André Rival)		
Hedonistische Milieus		
	Sinus C2 (Experimentalisten) 8 % →	Die extrem individualistische neue Bohème: Ungehinderte Spontaneität, Leben in Widersprüchen, Selbstverständnis als Lifestyle-Avantgarde
Experimentalisten (Foto: André Rival)		
	Sinus BC3 (Hedonisten) 11 % →	Die Spaß-orientierte moderne Unterschicht/untere Mittelschicht: Verweigerung von Konventionen und Verhaltenserwartungen der Leistungsgesellschaft
Hedonisten (Foto: André Rival)		

Quelle: Sinus Sociovision©, Heidelberg

Die einzelnen Milieus bieten Informationen und Entscheidungshilfen bei der Abstimmung des Bekleidungssortiments der Marke „Pazzo!" sowie mögliche von der Creativ GmbH zu organisierenden Werbemaßnahmen in Bezug auf die Zielgruppe.

Segmentierung nach Werthaltungen

Bei der Segmentierung nach Lebensstil-Kriterien, also der Sinus-Milieu-Analyse, sucht man nach bestimmten gleichartigen Verhaltensmerkmalen von Zielgruppen und versucht daraus z. B. Erkenntnisse bezüglich der Reaktion auf Werbebotschaften oder Produktbedarfe abzuleiten, ohne dabei nach den Ursachen für diesen Lebensstil zu suchen.

Den Ursachen geht die **Segmentierung nach Werthaltungen** nach, weil es ja letztlich die Werthaltungen sind, die einen Lebensstil bestimmen. Das Problem an dieser Stelle ist die Ermittlung dieser Werthaltungen von Personen bzw. Personengruppen.

Das Marktforschungsinstitut *SevenOne Media* hat zu diesem Zweck in einer groß angelegten, repräsentativen und anonymen Befragung von 4.300 Personen 210 Begriffe bewerten lassen:

Lernsituation Anzeige und Großflächenplakat | 6

Das Messmodell mit 210 Begriffen

Semiometrie™
Die Befragten geben durch Markierung eines Skalenpunktes zu jedem Wort an, inwieweit es in ihnen ein angenehmes oder unangenehmes Gefühl hervorruft.

www.seve-nonemedia.de/research

Quelle: SevenOne Media: Semiometrie-Basispräsentation, München 2008.

Mithilfe der Bewertung dieser Begriffe soll ein Rückschluss auf die Werthaltung einer Person gezogen werden. Diese Vorgehensweise basiert auf der Erkenntnis, dass Zeichen (also auch Begriffe) für jede Person eine bestimmte Bedeutung haben und insofern auch emotionale Reaktionen hervorrufen. Die von den befragten Personen zugeschriebene Bewertung eines Begriffs wiederum basiert auf der Werthaltung einer Person.

Semiometrie-Basispräsentation 2003
Entwicklung des Instruments

- **Herkunft der Wörter in Semiometrie**
    - Textanalyse fundamentaler Werke, zum Beispiel der Bibel
    - Auswahl von Wörtern, die
        - emotional geladen sind
        - kontroverse Reaktionen hervorrufen können (unterschiedliche Konnotation)
        - von allen Personen gleich verstanden werden (identische Denotation)
        - über Generationen hinweg die gleiche Bedeutung (Denotation) haben
    - Aussortierung redundanter und irrelevanter Begriffe (z.B. Modebegriffe)
- Statistische Datenreduktion der verbleibenden Wörter
- Ergebnis: 210 Begriffe, die den semantischen Raum abdecken

Quelle: SevenOne Media: Semiometrie-Basispräsentation, München 2003.

Diese Vorgehensweise heißt **Semiometrie**: Man zieht einen Rückschluss von der Bewertung von Begriffen (also Zeichen) auf die Werthaltung einer Person. Je nach Werthaltung eines Untersuchungsteilnehmers ergeben sich sogenannte überbewertete (positiv empfunden) und unterbewertete (als negativ empfundene) Begriffe.

Semiometrie ist die Messung von Werthaltungen auf der Basis der Semiotik.

Diese im Rahmen der Befragung verwendeten Begriffe sind in einem zweidimensionalen Raum vier Polen zugeordnet (**Basismapping**). Die 4.300 Personen stellen dabei den Bevölkerungsquerschnitt dar und sind somit **repräsentativ**.

Vgl. LS 3, 10.1.2

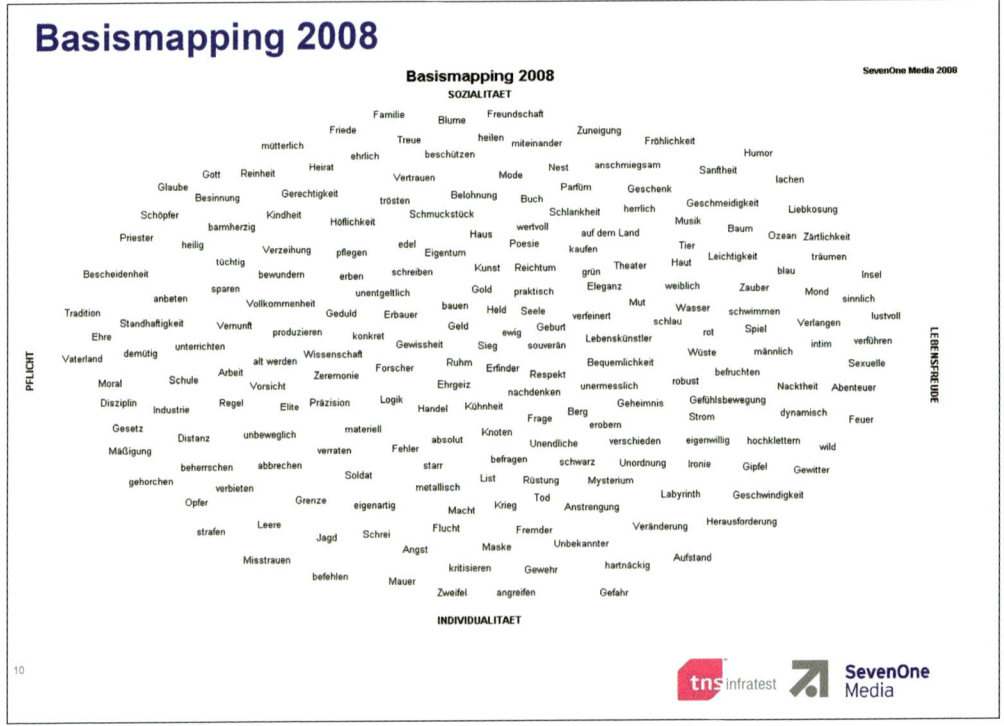

Quelle: SevenOne Media: Semiometrie-Basispräsentation, München 2008.

Das Wort „Herausforderung" hat einen starken Bezug zu den beiden Polen „Individualität" und „Lebensfreude". Es liegt im Basismapping deshalb unten rechts.

Bei der Auswertung der Befragung konnten dann mehrere „Begriffsbündel" identifiziert werden, die immer wieder von mehreren befragten Personen überbewertet (also positiv bewertet) wurden. Man kann daraus schließen, dass Personen mit gleicher Werthaltung auch immer wieder bestimmte Begriffe überbewerten. Auf diese Weise ergibt sich ein sogenanntes **Wertefeld**. Hinter einem Wertefeld stecken Personen mit gleicher Werthaltung, die eine Zielgruppe bilden, auf die dann Produkte, Dienstleistungen oder Werbemaßnahmen abgestimmt werden können.

Eine Vielzahl der 4.300 befragten Personen haben z. B. Begriffe überbewertet, die einer familiäre Werthaltung zuzuordnen sind. Das Wertefeld „familiär" wird hierbei durch die folgenden Begriffe gebildet:

Lernsituation Anzeige und Großflächenplakat | 6

Wertefeld	Begriffe
familiär	Kindheit, Familie, Geburt, mütterlich, Mut, Heirat, Sanftheit, Friede, Zuneigung, Haus bauen

Nochmals zur Klarstellung: Es ist hier nicht von Bedeutung, welche *konkreten* Personen (der 4.300 befragten) die Begriffe überbewertet haben. Wichtig ist, dass es offensichtlich eine Bevölkerungs-*gruppe* gibt, die eine familiäre Werthaltung hat. Insgesamt sind 14 Wertefelder identifizierbar:

Quelle: SevenOne Media: Semiometrie-Basispräsentation, München 2008.

Im Basismapping stellen sich einige der Wertefelder wie folgt dar:

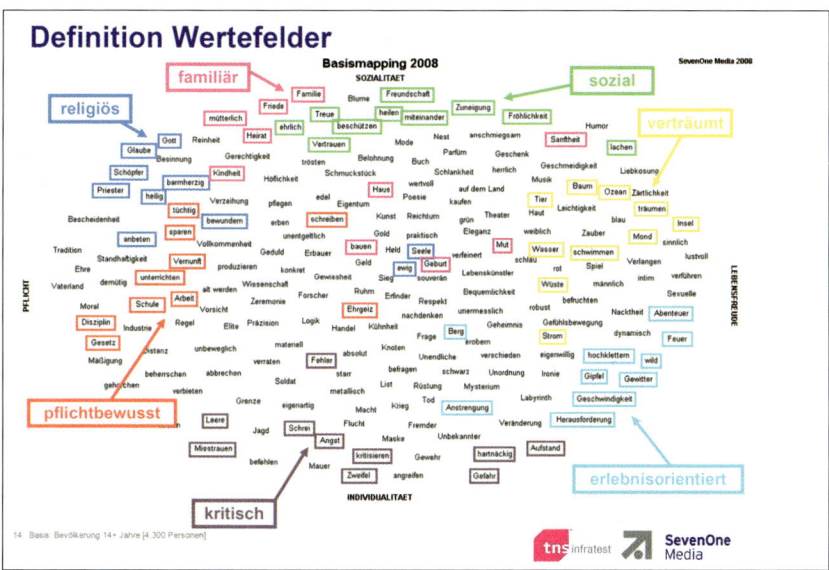

Quelle: SevenOne Media: Semiometrie-Basispräsentation, München 2008.

Neben der Bewertung der Begriffe werden im Rahmen der jährlich aktualisierten Befragung noch weitere Daten erhoben: Die befragten Personen machen noch Angaben zum TV-Konsum und zur Markennutzung.

TV Konsum:
Die befragten Personen machen Angaben zum Konsum von 110 Fernsehformaten, also wie oft z. B. die „Tagesthemen" gesehen werden.

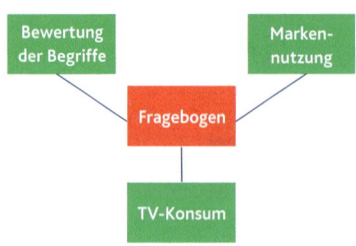

Markennutzung:
Die befragten Personen nennen aus 34 Produkt- bzw. Dienstleistungsbereichen 402 Marken, die sie bevorzugen, weniger bevorzugen oder auch gar nicht nutzen.

Aus einem ausgefüllten Fragenbogen einer Person kann man somit eine bestimmte Werthaltung in Zusammenhang mit Markennutzung und TV Konsum stellen. Hieraus ergeben sich aus Sicht der Produktpolitik und der Mediaplanung interessante Erkenntnisse.

Die **Einzelpositionierung** zeigt das Wertesystem der ausgewählten Zielgruppe.
In dem untenstehenden Beispiel wurden die Werthaltungen der Personen dargestellt, die die Sendung „Genial daneben" häufig sehen:

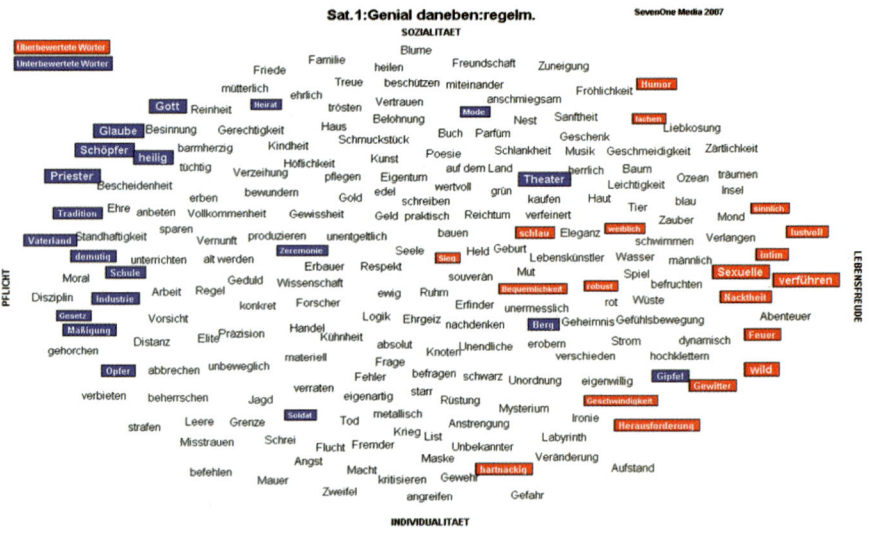
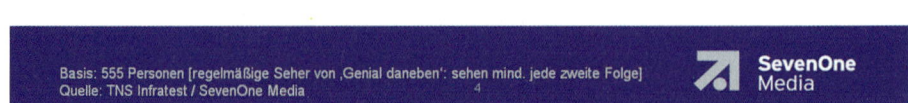

Quelle: SevenOne Media: Semiometrie-Basispräsentation, München 2007.

Rot unterlegt sind Begriffe, die von den regelmäßigen Sehern der Sendung „Genial daneben" überbewertet werden, also von diesen Menschen deutlich positiver empfunden werden als von denjenigen, die „Genial daneben" nicht regelmäßig sehen. Blau unterlegt sind Begriffe, die die Zielgruppe im Vergleich zu anderen unterbewertet.

Die **Kombinationspositionierung** vergleicht die Wertesysteme zweier Zielgruppen. So kann man etwa prüfen, ob die regelmäßigen Zuschauer einer Sendung und diejenigen, für die eine Marke in

Frage kommt, ähnliche Wertesysteme haben und worin ggf. die Ähnlichkeit besteht. Es werden für beide Zielgruppen nur die überbewerteten Begriffe angezeigt.

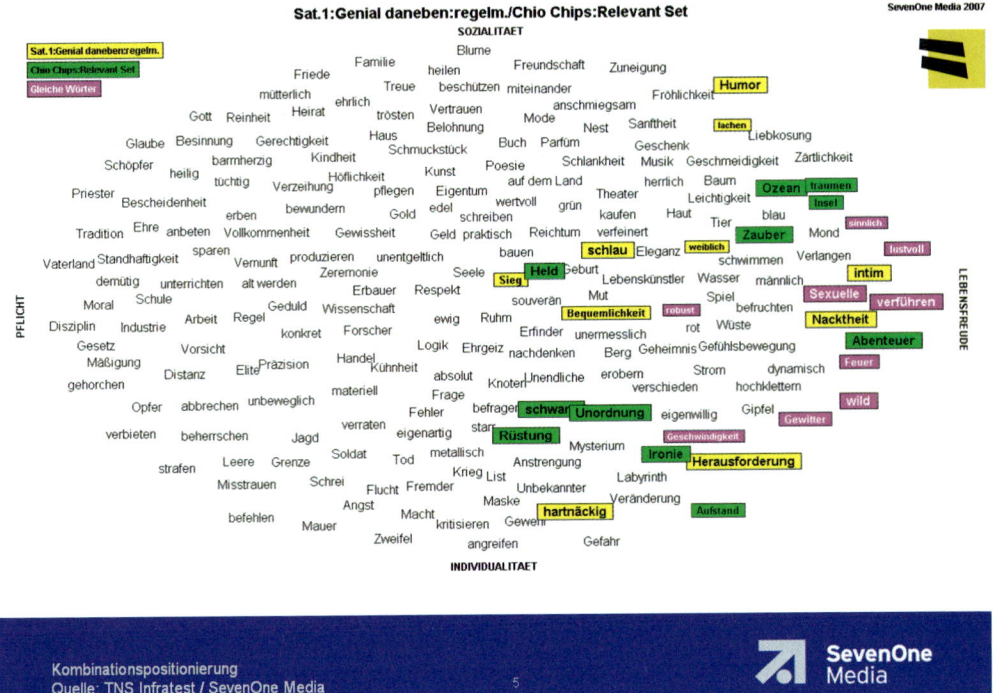

Quelle: SevenOne Media: Semiometrie-Basispräsentation, München 2007.

Gelb unterlegte Begriffe werden von der ersten Zielgruppe (im Beispiel die regelmäßigen Seher von „Genial daneben") überbewertet, grün unterlegte von der zweiten Zielgruppe (im Beispiel diejenigen, für die „Chio Chips" zum Kauf in Frage kommen). Magenta unterlegte Begriffe markieren die Überschneidungen in der Begriffsbewertung und zeigen damit an, wo die Ähnlichkeiten im Wertesystem der beiden Zielgruppen besonders deutlich werden. Es bietet sich daher z. B. im Rahmen von TV-Werbung an, Erinnerungswerbung für „Chio Chips" während der Sendung „Genial daneben" zu senden, weil hier die geringsten Streuverluste bzw. die höchste Kontaktrate zur Zielgruppe mit der Werbebotschaft gegeben sind.

Die Semiometrie kann somit wichtige Erkenntnisse bei der Mediaplanung liefern. So ist es für ein Unternehmen möglich

- die Werthaltungen seiner Zielgruppen zu identifizieren und TV-Werbung in den Fernsehformaten zu senden, die von der Zielgruppe gesehen werden,
- den Inhalt der Werbebotschaft und die Gestaltung der Werbeträger auf die Werthaltungen der Zielgruppe abzustimmen,
- die Marktposition der eigenen Marken innerhalb der Wertefelder und zu analysieren und die Marken im Umfeld der Wettbewerber (im gleichen oder in einem anderen Wertefeld) zu positionieren.

20 Farbtechnologie

Vgl. LS 6, 20.4.1

Für die Anzeigen- bzw. Plakatgestaltung – wie für alle anderen Drucksachen – ist die Kenntnis über Farbe von entscheidender Bedeutung. Gelieferte Daten, Digitalfotografien oder eingescannte Vorlagen in Form von Dias oder Fotos, liegen nicht im Farbraum des Ausgabegerätes vor und müssen spätestens vor dem Druck angepasst werden.

Je genauer diese Anpassung aufgrund der folgenden Informationen im Umgang mit Farbe erfolgt, desto eher entspricht die Reproduktion der Vorlage.

20.1 Geräteabhängige Farbräume

Die im Herstellungsprozess verwendeten Farbmischsysteme **RGB** (additiv) und **CMYK** (subtraktiv) sind jeweils an ihre Ein- und Ausgabegeräte gebunden und damit geräteabhängig.

Scanner
Jeder Scanner scannt die gleiche Vorlage mit anderen Farbwerten ein. Das liegt an der Bauart des Scanners – Flachbett oder Trommelscanner – bzw. den verwendeten Komponenten wie CCD-Elemente oder Photomultiplier, der Qualität und dem Alter der Lichtquelle oder den dichroitischen (halbdurchlässigen) Spiegeln und Farbfiltern im Trommelscanner. Nicht zuletzt liegt es an der Qualität des Analog-Digital-Wandlers und der Scansoftware, die letztendlich den Farbwert des jeweiligen Pixels berechnet. Das Gleiche gilt für die Digitalkamera.

Monitor
Trotz Kalibrierung und Profilierung von Monitoren stellt jeder Monitor die gleiche Bilddatei unterschiedlich dar. Auch hier liegt die Geräteabhängigkeit an den verwendeten Technologien wie Röhrenmonitor oder TFT-Bildschirm, den verwendeten Blenden, der Phosphorschicht und dem Alter des Monitors.

Drucker
Neben dem Hersteller – wie beim Scanner oder Monitor auch – sind vor allem Farbe und Bedruckstoff die Komponenten, welche zur Geräteabhängigkeit von CMYK führen.

Öffnen Sie die gleiche Bilddatei (z. B. aus dem Photoshop Beispiel-Ordner) auf verschiedenen – bestenfalls nebeneinanderstehenden – Monitoren und beurteilen Sie den Farbeindruck im Vergleich zu den angezeigten Werten aus Ihrem Bildbearbeitungsprogramm.

20.1.1 Additive und subtraktive Farbmischsysteme

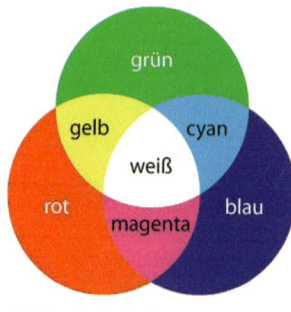

Die Grundfarben der additiven Farbmischung sind die Hauptspektralbereiche des Spektrums Rot, Grün und Blau (RGB). Hier werden Lichtfarben gemischt. Dieses Farbmodell wird für die Technik von Monitor, Scanner, Digitalkamera und Beamer verwendet. Werden diese Farben in einem Punkt zusammengeführt, also addiert, ergibt sich Weiß. Entsprechende Farbmischungen ergeben sich, wenn nur zwei Grundfarben der additiven Farbmischung addiert werden.

Additive Farbmischung

Bei der additiven Farbmischung addieren sich die Helligkeiten der Grundfarben RGB zu Weiß.

Die Grundfarben der subtraktiven Farbmischung sind die Mischfarben erster Ordnung der additiven Farbmischung: Cyan, Magenta und Gelb. Hier werden sogenannte Körperfarben zur Farbdarstellung verwendet: Druckfarbe, Tinte, Toner, etc. Werden diese Farben in einem Punkt zu jeweils gleichen Teilen zusammengemischt, ergibt sich theoretisch Schwarz. Dazu jedoch mehr in Abschnitt 20.1.3. Entsprechende Farbmischungen ergeben sich, wenn nur zwei Grundfarben der subtraktiven Farbmischung gemischt werden.

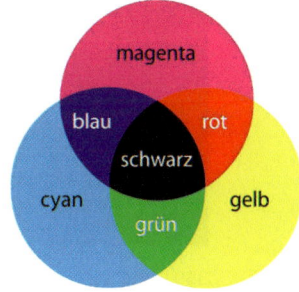

Subtraktive Farbmischung

Bei der subtraktiven Farbmischung subtrahieren sich die Helligkeiten der Grundfarben CMY zu Schwarz.

20.1.2 Farbwürfel

Die Farben RGB und CMY (Gelb = Yellow) können als Würfel dargestellt werden. Dabei liegen die Grundfarben jeweils an drei Achsen an den Ecken des Würfels. Schwarz und Weiß liegen einander jeweils gegenüber.

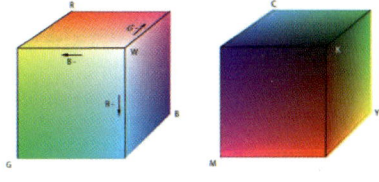

RGB-Farbwürfel   CYMK-Farbwürfel

20.1.3 Ideal- und Realfarben

Folgt man den theoretischen Farbmischungen von RGB und CMY, so müssten die Spektralbereiche exakt voneinander abgetrennt sein. Darüber hinaus müsste die spektrale Remissionsfähigkeit im Hauptspektralbereich einer Farbe 100 % betragen, damit sie nicht verschwärzlicht wird. Auch dürften keine Nebenremissionen auftreten, sodass die Farbe nicht verweißlicht wird.

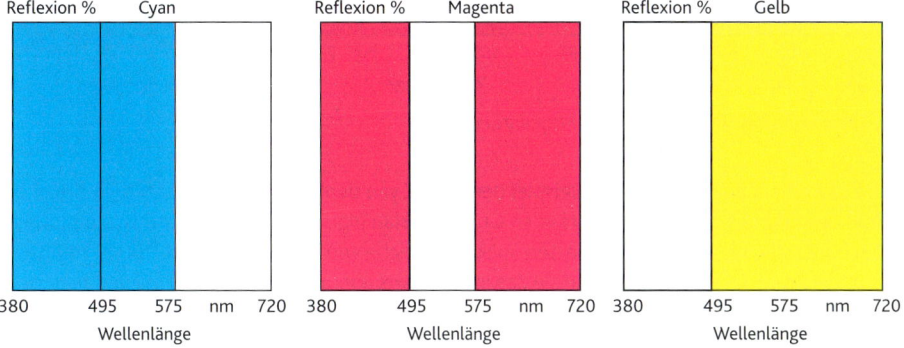

Ideal-Remission von Cyan, Magenta und Gelb

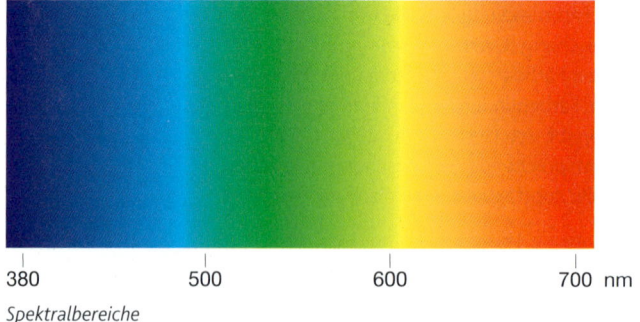

Spektralbereiche

Wie in obiger Abbildung zu sehen ist, können die einzelnen Spektralbereiche jedoch nicht ohne Weiteres exakt voneinander getrennt werden. Die Übergänge sind fließend, trotzdem wurden folgende Zuordnungen gemacht:
Innerhalb des sichtbaren Spektrums von ca. 380 bis 780 nm liegt Rot zwischen 625–740 nm, Grün zwischen 520–565 nm und Blau zwischen 450–500 nm. In den Randbereichen liegen die ultravioletten bzw. infraroten Spektralanteile.

Ein Nanometer (nm) ist ein milliardstel Meter (0,000000001 m).

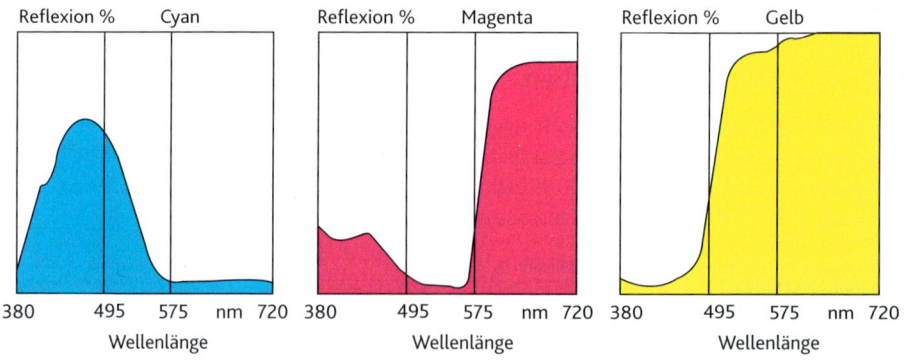

Real-Remissionskurven der Farben Cyan, Magenta und Gelb

Die Zusammenhänge werden am Beispiel der Farbe Cyan dargestellt: Theoretisch erhält man ein reines Cyan durch Mischen der Lichtfarben Grün und Blau (vgl. autotypische Farbmischung). Theoretisch müssten die genau abgegrenzten Spektralbereiche von Grün und Blau zu 100 % remittiert (zurückgestrahlt) werden. Leider tun sie das in der Praxis aber nicht, die Realremissionskurve ist in der Abbildung zu sehen. Der Bereich, der von der Kurve nicht ausgefüllt wird, bestimmt die Verschwärzlichung der Farbe (je weniger Lichtenergie, desto dunkler). Sogar im Rotbereich wird noch ein geringer Anteil remittiert. Diesen Anteil bezeichnet man als Nebenremission bzw. Verweißlichung.

Vgl. diese LS 20.6

Die unzureichenden spektralen Eigenschaften der Druckfarben CMY erlauben es daher nicht, ein reines Schwarz zu erzielen. Deshalb wird Schwarz als vierte Farbe gedruckt (ein weiterer Vorteil ist der insgesamt geringere Farbverbrauch).

1. Legen Sie im Farbwähler von Photoshop die Farbe C100, M100 und Y100 an und füllen Sie eine beliebig große Fläche in einer neuen Datei.
2. Legen Sie die Farbe K100 an und füllen Sie damit einen Auswahlbereich in der zuerst erstellten Fläche.
3. Vergleichen Sie die Wirkung.

20.1.4 6-teiliger Farbkreis

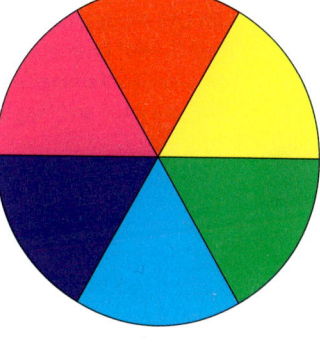

Der 6-teilige Farbkreis enthält die Grundfarben der additiven sowie der subtraktiven Farbmischung. Dabei ergeben sich drei gegenüberliegende Farbpaare – die Komplementärfarben. Um sich die Komplementärfarben leichter merken zu können, hier eine kleine Hilfe: Schreiben Sie sich die Farben, so, wie Sie sie im Alltagsgebrauch nennen (RGB bzw. CMY) untereinander und gegenüber. Die erstgenannten (Rot und Cyan) ergeben ein Komplementärpaar usw.:

R – C
G – M
B – Y

6-teiliger Farbkreis

20.1.5 HSB-Modell

Im Photoshop-Farbwähler findet sich das HSB-Modell, welches den 6-teiligen Farbkreis um die Komponenten Helligkeit und Sättigung erweitert. Die Abkürzung steht für H = Hue (Farbton), S = Saturation (Sättigung) und B = Brightness (Helligkeit). Das menschliche Empfinden für Farbe kann auf diese drei Eigenschaften begrenzt werden.

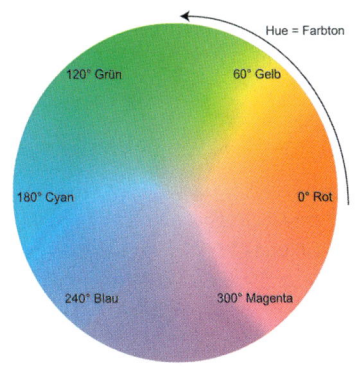
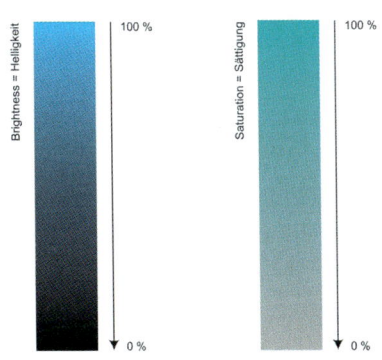

HSB-Modell

Welche Farbe hat eine Rose?
Rosenrot, Glutrot, Blutrot, Feuerrot ... wären mögliche Antworten. Der Mensch bedient sich gerne Gegenständen um Farbe zu beschreiben. Weitere Beispiele sind Flaschengrün oder Meeresblau. Auch Marken dienen zur sprachlichen Kommunikation von Farben: Postgelb, Coca-Cola-Rot, usw.. Dies hilft dem Gestalter bei der Arbeit jedoch kaum. Auch Korrekturangaben des Kunden wie „machen Sie das Blau bitte etwas maritimer" sind kaum umzusetzen, da jeder Mensch durch seine Prägung und Lebenserfahrung und nicht zuletzt durch den physikalischen Aufbau des Auges Farbe unterschiedlich wahrnimmt bzw. empfindet. Ein Farbeindruck kann jedoch präziser durch die Eigenschaften des HSB-Modells beschrieben werden: Farbton = Rot, Gesättigtes Rot oder eher weniger, Hellrot oder eher Dunkelrot. Nutzen Sie diese Möglichkeit bei der Kommunikation mit dem Kunden und untereinander.

Der HSB-Wähler kann zum eigenständigen Definieren einer Farbe eingesetzt werden (die Umsetzung der Werte erfolgt in RGB oder CMYK) sowie zum intuitiven Verändern einer Farbangabe in RGB- oder CMYK-Werten.

H, S und B können unabhängig voneinander verändert werden. Diese voneinander unabhängige Veränderung betrifft nur den HSB-Wähler. Vergleichen Sie parallel die Farb- und Helligkeitswerte im LAB-Modell, die sich entsprechend verändern. Der Farbton (H) wird durch eine Winkelangabe von 0–360° (in Photoshop von +180 bis –180°) angegeben. Dabei entsteht alle 60° ein Farbwechsel (s. 6-teiliger Farbkreis). Rot liegt per Definition bei 0°, Gelb bei 60°, Grün bei 120°, Cyan bei 180°, Blau bei 240° und Magenta bei 300°.

Ein Farbton bezeichnet eine im Spektrum vorkommende Farbe

Die Sättigung bezeichnet den Grad der Buntheit einer Farbe. Je weiter die Sättigung an den Rand des Modells geschoben wird – und damit von der Grauachse entfernt ist – desto gesättigter (bunter) ist sie. Nähert sie sich jedoch der Grauachse (Helligkeitsachse) an, verliert die Farbe an Buntheit und wird zunehmend unbunter. Die Sättigung wird in Prozent angegeben.

Die Helligkeit (Brightness) wird auch in Prozent angegeben. Dabei verläuft sie von 0 % = Schwarz zu 100 % = Weiß. Per Definition ist die Helligkeit die Stärke der (Licht-)Remission, die ins Auge fällt.

1. Legen Sie für Anzeige und Plakat eine harmonische Auswahl von drei Farben fest, welche z. B. für Hintergrund, Schriftfarbe oder grafische Attribute eingesetzt werden können.
2. Verändern Sie die Farben mit dem HSB-Modell. Dabei entsteht eine gleichmäßige Farbreihe, wenn nur jeweils ein Faktor (H, S oder B) verändert wird. Hilfe bei der Festlegung von Farbharmonien bietet auch das Programm Illustrator mit der Farbhilfe.

20.2 Farbmischung

Die soeben vorgestellten Farbmischsysteme benötigen Sie, um eigene bzw. vom Kunden gewünschte Farben zu erzeugen. Dazu können Sie die Farbmischer in Bildbearbeitungs- und Layoutprogrammen nutzen. Die meist verwendeten Farbmischsysteme sind RGB und CMYK für Digital- und Printmedien. Darüberhinaus benötigen Sie die Kenntnis über das Zusammenspiel beim Farbenmischen zur Bildbearbeitung.

Die Bildbearbeitung in Form von Tonwertkorrektur oder Veränderung der Gradationskurven sollte im RGB-Modus durchgeführt werden, da dort mehr Farbwerte zur Verfügung stehen. Bei genauer Kenntnis des Druckverfahrens kann als abschließender Arbeitsschritt in den gewünschten CMYK-Ausgabefarbraum konvertiert werden. Sollten noch Farbkorrekturen notwendig sein, können diese – unter dem Aspekt der Praxisnähe – im CMYK-Modus durchgeführt werden.

20.2.1 Primär, Sekundär- und Tertiärfarben

Licht- und Körperfarben können in immer neuen Verhältnissen gemischt werden. Die Bezeichnung als Primär- oder Sekundärfarbe ist abhängig vom Farbmodell.

Die Primärfaben der subtraktiven Farbmischung entsprechen den Sekundärfarben der additiven Farbmischung

Somit wäre im subtraktiven Farbmodell Cyan eine reine Farbe, also eine Primärfarbe. Im additiven Farbmodell jedoch eine Sekundärfarbe, da Cyan aus blauen und grünen Anteilen besteht (s. 6-teiliger Farbkreis). Werden zwei Farben gemischt, so spricht man von einer Sekundärfarbe.
Kommt es zu einer Mischung von drei Farben, so spricht man von einer Tertiärfarbe. Ein Beispiel dafür wäre Braun.

20.2.2 Autotypische Farbmischung

Im Druck kommt es zur sogenannten autotypischen Farbmischung – eine Kombination aus additiver und subtraktiver Farbmischung. Überlagern sich gelbe und cyanfarbige Rasterpunkte, so ergibt sich der Farbeindruck Grün (subtraktiv). Würde man die Rasterpunkte jedoch nebeneinander setzen, so ergäbe dies aus der Entfernung betrachtet ebenfalls grün (additiv). Die autotypische Farbmischung im Druck funktioniert nur aufgrund der Verwendung von lasierenden, also durchscheinenden Druckfarben.

Autotypische Rasterung

20.3 Geräteunabhängige Farbräume

Die folgenden Farbräume werden als geräteunabhängig bezeichnet, da sie mathematisch definiert sind. Einer Farbe werden exakte Koordinaten in einem 2- bzw. 3-dimensionalen Farbraum zugeordnet. Die Umsetzung dieser Farbkoordinaten (z. B. CIE Lab) erfolgt jedoch später im Workflow in eine geräteabhängige Farbe (z. B. CMYK).

Um einen Eindruck des Begriffs „Farbraum" zu erhalten, kann beim Apple Macintosh das ColorSync-Dienstprogramm gestartet werden. Die auf dem Rechner enthaltenen ICC-Profile, welche die Information über den jeweiligen Farbraum beinhalten, können dort dreidimensional sichtbar gemacht und verglichen werden. Für PC-Nutzer empfiehlt sich das Programm CHROMiX ColorThink.

20.3.1 CIE Yxy

In der Vergangenheit gab es viele Versuche, Farbe allgemeingültig zu beschreiben, etwa von Goethe oder H. Munsell. Jedoch blieb die Farbe immer noch auf die jeweilige Wahrnehmung bzw. auf das Ausgabegerät beschränkt.

H. Munsell bei www.farbe.com

1931 fasste die **CIE** (Commission International d´Eclairage) Versuchsergebnisse zusammen, welche aus Farbversuchen mit Testpersonen entstanden. Dabei wurden Testpersonen Farbkärtchen vorgelegt. Der Farbeindruck sollte mit Lichtfarben (Scheinwerfer in Rot, Grün und Blau) nachgestellt werden. Durch unterschiedliche Regulation der Scheinwerferintensitäten versuchte man, Rückschlüsse auf die Wirkungsweise bzw. die Empfindlichkeit unserer drei Zapfenarten im Auge zu ziehen.

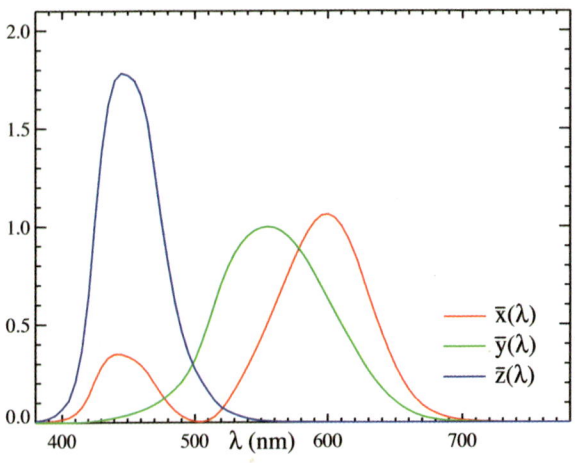

Spektrale Empfindlichkeitskurven: CIE 1931 (Normalbeobachter)

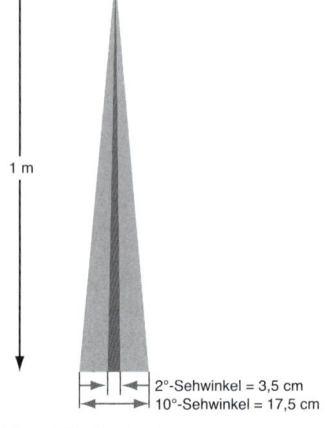

2° und 10°-Beobachter

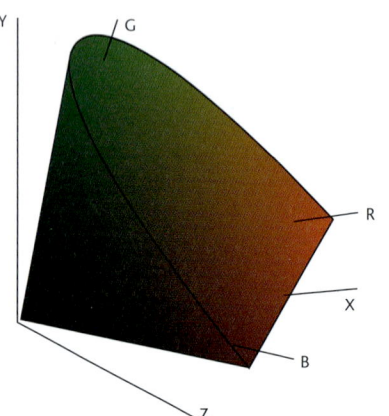

Darstellung der Normfarbwerte XYZ als dreidimensionales System.

Die vorgelegten Farbkarten waren ca. 3,5 cm² groß, sodass sich aus einem Meter Entfernung ein Betrachtungswinkel von 2° ergab.

Von den spektralen Empfindlichkeitskurven der Zapfen, den Normspektralwertkurven, schloss man auf die sogenannten Normfarbwerte XYZ (X = Rot, Y = Grün, Z = Blau).

Die Normfarbwerte, auch Normvalenzen genannt, bewerten den Farbreiz anhand eines einheitslosen Wertes. Sie haben heute noch Gültigkeit, z. B. in der Farbmetrik und bei der Darstellung von Farbwerten in ICC-Profilen. Da jedoch einheitslose Farbwerte nicht unbedingt praxisnah umsetzbar sind, ersetzte später eine zweidimensionale Darstellung die Normfarbwerte: das CIE Yxy-System bzw. die „Schuhsohle".

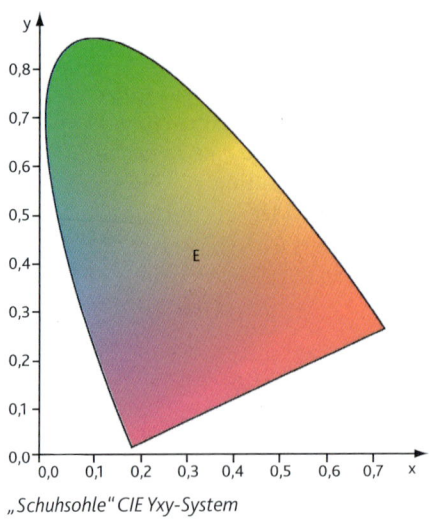

„Schuhsohle" CIE Yxy-System

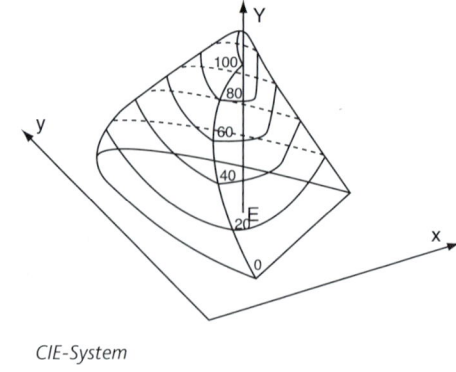

CIE-System

Der Einfachheit halber wird das CIE Yxy-System zweidimensional dargestellt. Die Helligkeitsachse Y geht durch die Papierebene. Der zweidimensional wiedergegebene farbige Eindruck entsteht, indem man von oben auf das dreidimensionale System blickt.

Die Farbachsen werden mit x und y angegeben. Der Punkt E bezeichnet mit den Koordinaten 0,33 x und 0,33 y den Unbuntpunkt. Der Spektralzug enthält die Farben des Spektrums von 380 nm bis ca. 780 nm. Die Verbindung von Blau und Rot wird als Magenta- oder Purpurlinie bezeichnet. Die Anordnung der Farben entspricht wieder dem 6-teiligen Farbkreis.

Normvalenzsystem und „Schuhsohle" verdienen als erste den Begriff Farbsystem, da eine bestimmte Farbe durch drei räumliche Koordinaten festgelegt wird.

Die Sättigung eines Farbwertes kann auch auf Grundlage der Farbkoordinaten innerhalb der Schuhsohle errechnet werden.

1. Tragen Sie dazu den Farbort (gelber Punkt) anhand der Koordinaten x und y ins Koordinatensystem ein.
2. Markieren Sie ausserdem den Unbuntpunkt E.
3. Messen (schnellere Variante) oder berechnen Sie die Länge der Strecke von E bis zum Spektralzug (x1).
4. Danach ermitteln Sie die Länge der Strecke von E bis zum Farbwert (x2). Teilen Sie x2 durch x1 und nehmen Sie das Ergebnis mal Hundert.
5. Die **farbtongleiche Wellenlänge** wird dadurch bestimmt, dass man eine Linie vom Unbuntpunkt (E) durch die Farbkoordinate zum Rand zieht. Dort, wo die Linie den Rand schneidet, liest man die Wellenlänge ab.

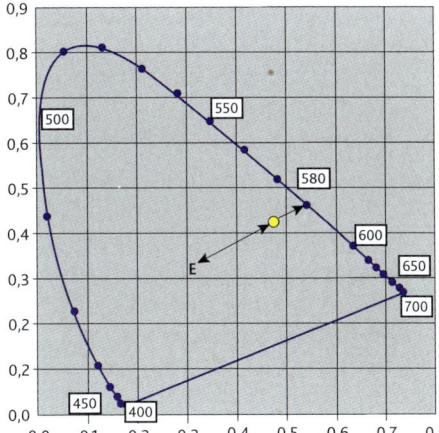

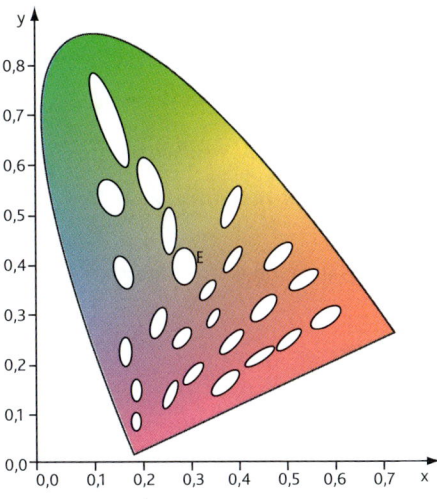

MacAdam-Ellipsen

Der Nachteil dieses Farbsystems ist jedoch, dass es nicht gleichabständig ist: Ein Sprung von einer Farbkoordinate zu einer anderen ergibt einen bestimmten Wechsel des Farbeindrucks. In bestimmten Bereichen der Schuhsohle ist dies jedoch nicht der Fall. Dies fand in Versuchen der Amerikaner **MacAdam** heraus. In nebenstehender Abbildung sind ellipsenförmige Bereiche zu sehen, innerhalb denen der Mensch – trotz unterschiedlicher Koordinaten – keinen Farbwechsel empfindet: Die CIE überprüfte daraufhin ihr Modell und wiederholte den Versuch von 1931 mit größeren Farbkarten und einem Sehwinkel von 10°. Aus diesen Ergebnissen entstand das CIE Lab-System.

6 | Lernsituation Anzeige und Großflächenplakat

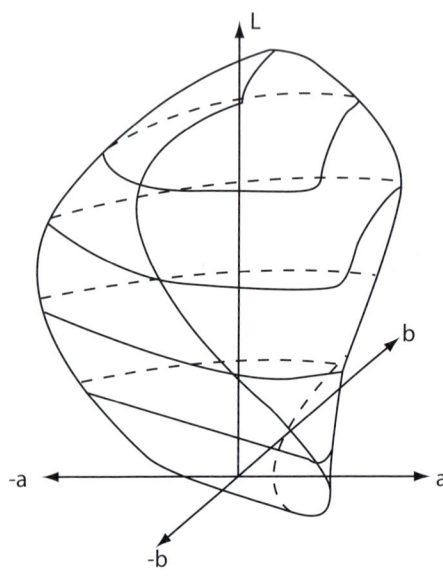

CIE Lab

20.3.2 CIE Lab

Das CIE Lab-System beruht auf 3 Achsen: einer Helligkeitsachse (L) und den beiden Farbachsen a (von rot nach grün) und b (von gelb nach blau).

Farbton, Helligkeit und Sättigung sind hier besser abzulesen als bei der Schuhsohle.

Dieses Farbsystem findet seinen Einsatzbereich z. B. als **Referenzfarbraum** beim Color-Management oder bei der Ermittlung von Farbverschiebungen (Delta E).

20.3.3 Farbabstand Delta E

Mit dem griechischen Buchstaben Delta wird die Veränderung bezeichnet. In der Druckvorstufe, bzw. in der Kontrolle von Farbe im Druck wird der Delta E-Wert eingesetzt, um die Unterschiedlichkeit von zwei Farbproben darzustellen.

Die Farbabstände werden nach folgenden Formeln berechnet:

$$\Delta L^* = L^*_{ist} - L^*_{soll}$$
$$\Delta a^* = a^*_{ist} - a^*_{soll}$$
$$\Delta b^* = b^*_{ist} - b^*_{soll}$$
$$\Delta E^*_{ab} = \sqrt{\Delta L^{*2} + \Delta a^{*2} + \Delta b^{*2}}$$

Quelle: Heidelberger Druckmaschinen AG

Dabei kann der Sollwert im Proof oder in der Bilddatei gemessen werden. Der Istwert bezieht sich z. B. auf den Fortdruck. Im Gegensatz zur Densitometrie, in der „nur" die Schwärzung des Films, der Rastertonwert (integrale Dichte) und die Volltondichte eines Farbfeldes gemessen werden kann, kann hier auch in Mischfarben – also mitten im Bild gemessen werden. Die Messung erfolgt mit einem Spektralfotometer. Als Ausgabewert erhält man eine Farbkoordinate (XYZ oder Lab-Wert).

Die gemessenen bzw. errechneten Werte können folgendermaßen eingeordnet werden:

ΔE zwischen 0 und 1	normalerweise nicht sichtbare Abweichung
ΔE zwischen 1 und 2	sehr kleine Abweichung; nur von einem geschulten Auge erkennbar
ΔE zwischen 2 und 3,5	mittlere Abweichung; auch von einem ungeschulten Auge erkennbar
ΔE zwischen 3,5 und 5	deutliche Abweichung
ΔE über 5	starke Abweichung

Quelle: Heidelberger Druckmaschinen AG

Zur Vorlage beim Kunden bzw. zur eigenen Kontrolle werden Sie sicherlich einen Farbausdruck oder einen Prüfdruck von Anzeige und Plakat anfertigen. Mit einem Spektralfotometer können Sie von Ihnen ausgewählte Messpunkte des Ausdrucks farbmetrisch erfassen. Vergleichen Sie den gemessenen Wert mit dem Lab-Wert Ihrer Bilddatei im Photoshop-Farbwähler. Aus diesem Vergleich lässt sich auf die korrekte Farbwiedergabe des Druckers/Proofers bzw. der Druckmaschine schließen.

Soll Ihr Prüfdruck farbverbindlich sein, muss laut MedienStandard Druck zwingend der CMYK Medienkeil der FOGRA auf dem Proof platziert werden.

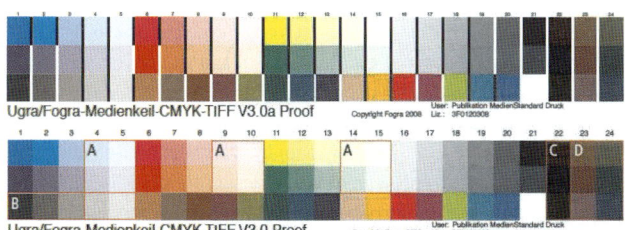

Vgl. zu Medienkeil und weiteren Kontrollelementen für Prepress und Press: www.fogra.org

Wenn ein Proof für ein bestimmtes Druckverfahren farbverbindlich sein soll, müssen die gemessenen CIELab-Farbwerte des Medienkeils auf dem aktuellen Proof mit entsprechenden Referenzfarbwerten für die Bedingungen des jeweiligen Druckverfahrens (Download bei der FOGRA) oder den Messwerten eines standardisiert erstellten Referenzdrucks übereinstimmen, bzw. Abweichungen (Delta E-Wert) innerhalb eines Toleranzbereiches nicht überschreiten.

Vgl. zu farb- und rechtsverbindlichen Proofs: www.cleverprinting.de

Vgl. zu MedienStandard Druck: www.bvdm-online.de

20.4 Euroskala (DIN 2846 und 12647)

Die DIN 2846 ist eine ISO-Norm, in der die CIE-Lab-Werte der Skalendruckfarben CMYK für den Offsetdruck auf einem standardisierten Bedruckstoff festgelegt sind. Sie ist ein Nachfolger der Euroskala und der US-Norm SWOP sowie der Japan-Norm für Druckfarben. Der Begriff „Euroskala" kommt von der „Europäischen Farbskala für den Offsetdruck" nach DIN 16539. Im Jahre 2000 wurde die Euroskala durch die DIN 2846 ersetzt, trotzdem hat sich der Begriff Euroskala erhalten. Die Norm 12647 beschreibt hingegen Parameter, Messmethoden und -bedingungen für den Vierfarben-Offsetdruck auf den fünf standardisierten Papierklassen.

20.4.1 CMYK

Erfolgt der Druck nach Euroskala, ist damit der vierfarbige Druck mit CMYK (auch **Prozessfarben** genannt) gemeint. Die farbige Datei wurde in die Druckfarben Cyan, Magenta, Gelb (Yellow) und Schwarz (Key) aufgesplittet. Der Fachausdruck für die Erstellung der sogenannten Farbauszüge ist **Separation**.

Für den vierfarbigen Druck liegen nun vier Druckplatten vor, welche jeweils den Anteil des Gesamtbildes in ihrer Farbe tragen. Im Druck werden die vier Einzelfarben wieder zum farbigen Bild zusammengefügt.

Die Abkürzung K für Schwarz: „Key" = engl. für Schlüssel (Schlüsselfarbe, Schwarz spielt eine Schlüsselrolle im Vierfarb-Druck).

Auch das „k" von black könnte für die Abkürzung verwendet worden sein. Ebenso der Anfangsbuchstabe von Kontrast, da Schwarz den Kontrast des Druckbildes verstärkt.

20.5 Sonderfarben

Um einen bestimmten Farbeindruck zu erzielen, werden Anteile von CMYK gemischt. Soll jedoch ein bestimmter Farbton – z. B. für ein Firmenlogo – gedruckt werden, können auch sogenannte Sonderfarben zum Einsatz kommen. Sonderfarben werden nicht mehr aus Anteilen von CMYK gemischt, sondern direkt als fertiger Farbton gedruckt. Die gängigsten Sonderfarben, welche im Druck Verwendung finden, sind HKS und Pantone.

20.5.1 HKS

HKS ist die Abkürzung für die Druckfarbenhersteller Hostmann-Steinberg Druckfarben, Kast + Ehinger Druckfarben und H. Schmincke & Co. Die Farben werden dabei fertig gemischt an die Druckerei geliefert. Vorteile für den Kunden sind: Fertigung von nur einer Druckplatte anstelle von mehreren, weniger Farbverbrauch, Stabilität bei der Farbdarstellung der gewünschten Farbe, z. B. der Hausfarbe. Für verschiedene Papiere gibt es verschiedene Farbmischungen: HKS E (Endlospapier), HKS K (Kunstdruckpapier), HKS N (Naturpapier) und HKS Z (Zeitungspapier). Vergleiche hierzu auch die unterschiedlichen CMYK-Anteile z. B. für HKS 6 im Farbwähler von Indesign für die Mischungen K, N und Z. Zur Darstellung und Kommunikation der Farben sind Farbfächer zu erwerben. HKS sichert dabei die Verständigung über Farbtöne zwischen Mediengestalter und Druckerei. Sämtliche HKS-Farben können fertig gemischt bezogen, oder aus verschiedenen Grundfarben sowie Schwarz und Weiß gemischt werden.

20.5.2 Pantone

Pantone-Farben sind neben dem deutschen HKS der „Global Player" unter den Sonderfarben: Sie sind international verbreitet, basieren aber auf derselben Idee, Farbtönen bestimmte Nummern sowie Mischungsverhältnisse zuzuweisen. Dabei geht die Firma Pantone noch weiter und bietet Farben unter der gleichen Farbnummer für verschiedene Bedruckstoffe von Papier bis Kunststoff oder Textilien an.

20.5.3 6- und 7-Farbendruck

Die Verwendung der subtraktiven Grundfarben CMY und K bietet nur einen begrenzten Farbumfang (der jedoch für die meisten Drucksachen vollkommen ausreichend ist). Um den Farbumfang zu erweitern, kann der Vierfarbdruck jedoch um zwei bzw. drei Sonderfarben erweitert werden. Im 6-Farbendruck werden zusätzlich zu CMYK noch Grün und Orange eingesetzt. Das sogenannte Hexachrome (Hexa = Sechs) -Verfahren wurde von Pantone entwickelt. Es kann aber nur mit entsprechender Software eingesetzt werden, da die beiden Zusatzfarben nicht in Form einer Sonderfarbe, also für Flächen, Logos etc. verwendet werden, sondern zur Ergänzung von CMYK im Bild. Daher müssen bestimmte Algorithmen für eine korrekte Rasterwinkelung der Farben sorgen.

Im 7-Farbendruck sorgen zusätzliche Sonderfarben in Rot, Grün und Blau für einen vergrößerten Farbumfang.

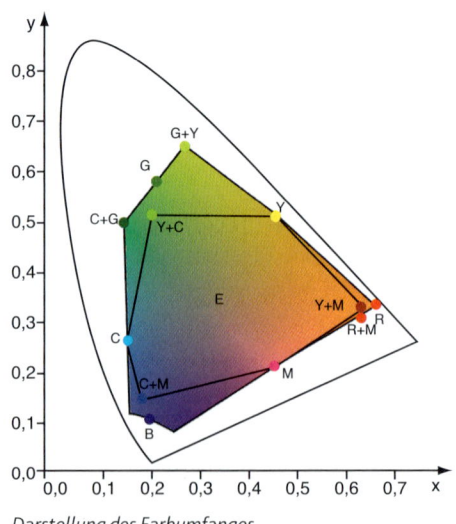

Darstellung des Farbumfanges für den 6- und 7-Farbendruck

Wünscht der Kunde die Verwendung von Sonderfarben für seinen Auftrag, ist dieser Wunsch mit der Druckerei bzw. dem Verlag abzustimmen. Oft kann in vierfarbigen Drucksachen keine zusätzliche Sonderfarbe für eine einzige Anzeige eingeplant werden. Die Umsetzung muss dann in den entsprechenden CMYK-Werten der Prozessfarben erfolgen.

20.6 Separation

Für den Druck ist die Zerlegung der farbigen Datei in die sogenannten Farbauszüge notwendig. Die Farbauszüge entsprechen dem Inhalt der jeweiligen Druckplatten. In der Druckvorstufe können die Inhalte der Farbauszüge z. B. über die Separationsvorschau in Indesign oder die Ansicht der Kanäle in Photoshop dargestellt werden.

Bei der Bildbearbeitung spricht man von Separation, wenn eine Bilddatei von RGB in CMY(K) umgewandelt wird. Das entspricht der Modusänderung im Menü „Bild".

20.6.1 Buntaufbau

Beim Buntaufbau werden alle Farben nur aus Anteilen von Cyan, Magenta und Yellow aufgebaut. Schwarz fehlt vollständig. Daher werden auch dunkle Bildbereiche sowie Text aus CMY aufgebaut. Selbst in der Verwendung von jeweils 100 % kann kein reines Schwarz erzielt werden.

Theoretisch ergeben CMY zu jeweils 100 % Schwarz. Die Praxis weicht jedoch von dieser Idealvorstellung ab, aufgrund der Unzulänglichkeit von Realfarben (Druckfarben) zu Idealfarben.

Um ein RGB-Bild in CMY zu separieren, ohne dass Schwarz Verwendung findet, geht man wie folgt vor:

Vgl. diese LS, 20.1.1 und 20.1.3

Säulendiagramm Buntaufbau
Bildquelle: Heidelberger Druckmaschinen AG

In den Einstellungen für den Arbeitsfarbraum CMYK definiert man „Eigenes CMYK". Dort wählt man die Separationsart GCR und stellt für den Schwarzaufbau „keine" ein. Bestätigen und Dialogfeld schließen.

Ändert man jetzt den Modus von RGB nach CMYK und betrachtet die Kanäle, sind nur die CMY-Kanäle mit Information gefüllt.

Nachteile des Buntaufbaus sind der relativ hohe Farbverbrauch und die nicht gesättigten Tiefen.

20.6.2 Unbuntaufbau (GCR = Grey Component Replacement)

Der Unbuntaufbau ist das gängigste Separationsverfahren. Hier wird in CMY und K separiert. Die Abkürzung GCR ist Programm: Der Anteil der sogenannten Graukomponente (der Anteil der Farben, der ein neutrales Grau ergibt) wird durch Schwarz ersetzt.

> ❗ **Der Anteil des Schwarzaufbaus kann nur bei GCR variiert werden (s. Farbeinstellungen GCR in Photoshop)**

Beim Unbuntaufbau kommt Schwarz also als vierte Druckfarbe im Bild hinzu. Die Anteile von CMY werden im Bereich der Graukomponente reduziert und dadurch Schwarz generiert. Vorteil ist ein geringerer Farbverbrauch. Eine stabilere Farbbalance wird dadurch erreicht, dass der oder die Drucker/in relativ wenig Farbauftrag in den Buntfarben hat und den Farbaufbau des Bildes mit der Druckfarbe Schwarz steuern kann.

Mit der UCA (Under Color Addition) kann der gewünschte Effekt (Ersetzung der Graukomponente durch Schwarz) zumindest in den Tiefen wieder etwas rückgängig gemacht werden, d. h. in den Tiefen wird zusätzlich zum Schwarz wieder mehr Farbe in den Buntanteilen CMY geführt. Dies ergibt sattere Tiefen.

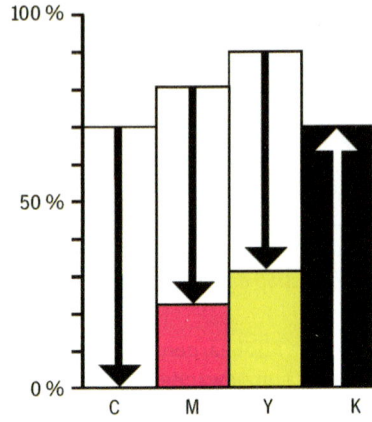

Säulendiagramm Unbuntaufbau
Bildquelle: Heidelberger Druckmaschinen AG

> ❗ **Die Separation in Photoshop gilt nur für Bilddaten beim Moduswechsel von RGB (oder LAB, etc.) in CMYK, nicht für später im Layoutprogramm angelegte Farbflächen mit einem frei gewählten CMYK-Farbton!**

Vgl. auch Prozessstandard Offsetdruck, Bundesverband Druck und Medien: www.bvdm-online.de

Jedoch entsprechen gleiche Anteile von CMY nicht einem neutralen Grauton. Dies funktioniert nur bei der additiven Farbmischung (RGB). Überprüfen Sie dies, indem Sie für CMY jeweils 20 % im Photoshop-Farbwähler anlegen. Füllen Sie eine größere Fläche mit dieser Farbe: Sie bemerken einen leichten Rotstich. Die sogenannte **Graubalance** ist nicht gegeben.

Sehen Sie sich dazu noch einmal die Realkurven von CMY an: Cyan remittiert in geringerem Maße als M und Y. Daher ist der Cyananteil immer leicht zu verstärken, um ein neutrales Grau zu erreichen.

Diese Kenntnis steckt natürlich auch in Photoshop. Benutzen Sie das Wissen um die Graubalance außerdem zur Farbkorrektur in Photoshop (z. B. im Dialogfeld Farbbalance).

20.6.3 UCR (Under Color Removal)

Die Unterfarben-Entfernung wirkt sich nur in den neutralen Dreivierteltönen bzw. Schattenpartien des Bildes aus. Dabei erfolgt wie beim GCR die Ersetzung der Graukomponente – jedoch nur in den Tiefen. Im Gegensatz zum GCR ist der Schwarzaufbau beim UCR nicht steuerbar. Das farbige Bild wird in den Lichtern, Viertel- und Mitteltönen nur aus CMY aufgebaut. Erst in den Tiefen kommt Schwarz hinzu – daher spricht man auch vom sogenannten „Skelettschwarz" oder „kurzem" Schwarz. Die Separationsart ergibt brillante und farbgesättigte Bilder.

20.7 Color-Management

Warum Color-Management? Um standardisiert, wiederholbar und qualitativ hochwertig zu arbeiten. Man sollte sich bei der Reproduktion von Bilddaten nicht immer auf die eigene Erfahrung oder die Farbvoreinstellungen von Photoshop verlassen. Achten Sie darauf: Wer eine Bilddatei öffnet und als Farbraum SWOP Coated o. Ä. angezeigt bekommt, kann davon ausgehen, dass der Absender des Bildes sich keine Gedanken um Farbvoreinstellungen gemacht hat!

Der Vorgang zum Erzeugen von CMYK ist zwar bekannt, aber CMYK ist ein geräteabhängiger Farbraum. Daher kann es leicht passieren, dass nicht in den benötigten Farbumfang transformiert, sprich den darstellbaren Farben der Druckmaschine, auf der gedruckt wird.

Für die Anzeige oder das Plakat wird ein Hochglanz-Digitalproof auf entsprechendem Papier erstellt. Der Kunde ist hochzufrieden und gibt die Druckfreigabe. Die Datei der Anzeige wird mit dem Proof an eine Zeitungsdruckerei gesendet. Leider hat der Drucker gar keine Chance mit seinem Druckverfahren, seinen Farben und vor allem seinem Papier das Ergebnis des Proofs zu erreichen, da anstelle von Digitaldruck, Tinte und Glossy-Papier eben Offsetdruck, Offsetdruckfarben und maschinenglattes, holzhaltiges und leicht gelbes Papier verwendet werden. Das Ergebnis: ein unzufriedener Kunde.

Daher müssen die Ausgabefarbräume bereits in der Druckvorstufe angepasst bzw. simuliert werden. Man kann im Photoshop im Menü „Ansicht" einen sogenannten „Softproof" von den Bilddaten erstellen, kontrollieren und später in den entsprechenden Farbumfang konvertieren. Auch der Digitalproof muss also das Druckergebnis simulieren.

Verwenden Sie in Abhängigkeit vom Druckverfahren für Ihre Bilddaten das passende ICC-Profil (vgl. www.eci.org). Die Druckverfahren werden weiter unten erläutert.

Der Einsatz von Color-Management erlaubt das Herstellen von CMYK-Daten, bei denen der Farbumfang schon vor dem Druck bekannt und definiert ist. Dies erfolgt mithilfe der ICC-Profile.

20.7.1 ICC-Profile

www.color.org

Ein **ICC-Profil** ist eine Datei. Sie enthält in standardisierter Form die Beschreibung des darstellbaren Farbumfangs eines Ein- oder Ausgabegerätes. Ein ICC-Profil charakterisiert dessen Darstellungseigenschaften, vergleichbar mit einem unverwechselbaren Fingerabdruck. Software, die ICC-Profile erzeugen kann, schreibt diese immer nach den gleichen Konventionen bezüglich Inhalt und Struktur. Diese Konventionen werden vom ICC, dem Internationalen Color Consortium festgelegt, dessen Gründungsmitglieder u. a. die Firmen Adobe, AGFA und Apple sind. Dadurch können ICC-Profile von jeglicher, ICC-kompatibler Software gelesen bzw. verstanden werden. Im ICC-Profil ist die Farbcharakteristik in Form von Beispielwerten (XYZ, CIE Lab) festgehalten.

Vgl. diese LS, 20.3.2

Ein ICC-Profil dient zur Transformation von Farbwerten von einem Quellfarbraum (z. B. dem sRGB einer Digitalkamera) in einen Zielfarbraum (z. B. dem IsoCoated-CMYK-Farbraum für den Offsetdruck). Die Konvertierung erfolgt beim Apple Macintosh über das Betriebssystem durch ColorSync. ColorSync beinhaltet den „Farbrechner" die CMM (Color Matching Method = Farbkonvertierungsmethode). Um vom Quell- in den Zielfarbraum zu konvertieren bedient sich ColorSync des medienneutralen Farbraumes CIE Lab (Vergleichbar mit dem größten gemeinsamen Nenner). Daher wird CIE Lab auch als „**Profile Connection Space**" (= Farbprofil-Verbindungsfarbraum, Referenzfarbraum) bezeichnet. Im Quell- sowie im Ziel-Profil werden RGB- bzw. CMYK-Werte durch CIE Lab-Werte definiert. Daher nutzt die CMM zur Konvertierung den CIE-Lab-Farbraum.

Gelieferte RGB-Bilddaten werden also nicht mehr über die Modusänderung von RGB nach CMYK separiert, sondern besser über den Befehl „In Profil umwandeln" konvertiert

An einem kalibrierten und profilierten Bildschirm kann jetzt ein Softproof erfolgen, d. h. nach der Umwandlung mit dem entsprechenden ICC-Profil in den gewünschten Zielfarbraum zeigt der Bildschirm annähernd das zu erwartende Druckergebnis.

www.eci.org

ICC-Profile werden von Druckereien zur Verfügung gestellt, können selbst hergestellt oder im Internet heruntergeladen werden. Auf der Homepage der Europäischen Color Initiative stehen ICC-Profile zum Download bereit.

Vgl. diese LS, 20.8.2

Zur Herstellung von ICC-Profilen ist eine entsprechende Software sowie ein Farbmessgerät – ein Spektralfotometer notwendig. Um das ICC-Profil eines Monitors zu erzeugen, lässt die Color-Management-Software auf dem Montitor definierte Farbfelder ablaufen, die vom Spektralfotometer gemessen werden.

Die Ergebnisse werden mit einer Referenzdatei verglichen und daraus das ICC-Profil errechnet.

Spektralfotometer „Prinect Image Control"
Bildquelle: Heidelberger Druckmaschinen AG

Ein Eingabe-Profil für Scanner entsteht, indem ein Testchart eingescannt, von der Software farbmetrisch analysiert und mit der Referenzdatei verglichen wird.

Ausgabeprofile für Drucker oder Druckmaschine werden hergestellt, indem ein gedrucktes Testchart mit dem Spektralfotometer ausgemessen und mit der Referenzdatei verglichen wird.

Der Vorgang der ICC-Profilherstellung heißt im Allgemeinen „Profilierung". Er ist nicht mit der Kalibration von Bildschirm oder Drucker zu verwechseln! Bei der Kalibrierung werden Ein- und Ausgabegeräte optisch so eingestellt, dass ein problemloses Arbeiten mit ihnen möglich ist. Beispielsweise kann ein Bildschirm im Kontrollfeld „Monitore" anhand der Parameter Helligkeit, Kontrast, Farbtemperatur, Bildschirmgeometrie, Bildwiederholrate usw. eingestellt werden (hierbei ist bei MAC OS zu beachten, dass das Ergebnis dieser optischen Einstellung auch als ICC-Profil abgespeichert wird. Es ist aber nur aufgrund subjektiver Einstellungen und nicht anhand messtechnischer Erfassungen entstanden). Um einen Drucker zu kalibrieren, kann z. B. sein Farbauftrag korrekt eingestellt werden.

20.7.2 Spektralfotometer

Ein Spektralfotometer ist ein Farbmessgerät. Hierbei wird der Farbort (z. B. CIE Yxy-System) ermittelt und anhand von Koordinaten (z. B. Y, xy, XYZ, Lab) ausgegeben. Die Messung erfolgt unter normierten Bedingungen: Lichtart D 50 oder D 65 sowie dem Betrachtungswinkel von 2° oder 10°.

D 50 und D 65 sind Normlichtarten. Die Bezeichnung D steht für Daylight, also Tageslicht, die Ziffer gibt die Farbtemperatur (50 steht als Abkürzung für 5000 Kelvin (K), 65 für 6500 K) an.

Das bei der Messung empfangene Licht wird meist von einem sogenannten Beugungsgitter in seine spektralen Anteile zerlegt. Photodioden in einer Schrittweite von ca. 10–20 nm werden je nach spektraler Verteilung angeregt. Die erzeugte elektrische Spannung wird über einen A/D-Wandler in digitale Impulse umgewandelt und das Ergebnis auf dem Display dargestellt.

Die erfassten Farbkoordinaten, welche in den medienneutralen Systemen CIE Yxy oder CIE Lab dargestellt werden können, sind abhängig von der verwendeten Lichtart sowie dem Beobachtungswinkel.

Spektralfotometer „Prinect Axis Control"
Bildquelle: Heidelberger Druckmaschinen AG

20.7.3 Rendering Intents

Ein **Rendering Intent** ist eine Rechenvorschrift, die angibt, wie von einem Quell- in einen Zielfarbraum umgerechnet wird. Vier Rendering Intents werden unterschieden:

1. Perzeptiv (wahrnehmungsgemäß)
2. Absolut Farbmetrisch
3. Relativ Farbmetrisch
4. Sättigungsorientiert

Bei Verwendung von „**Perzeptiv**" wird der Quellfarbraum proportional in den (meist kleineren) Zielfarbraum eingepasst. Das führt zu einer Farbverschiebung, welche jedoch vom Betrachter als wahrnehmungsgemäß gleich empfunden wird.
In der Praxis ist Perzeptiv das gängigste Rendering-Intent, da es oft das beste Ergebnis liefert.

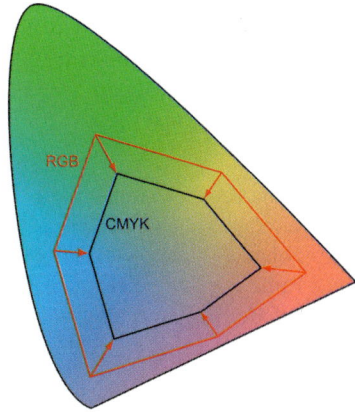

Rendering Intent: Perzeptiv

Die Einstellung „Absolut Farbmetrisch" wird im Englischen auch als „Clipping" bezeichnet. Dies bedeutet, dass die nicht darstellbaren Farben des Quellfarbraumes „abgeschnitten" werden. Der Nachteil hierbei ist, dass sämtliche Farben eines Farbtons/Farbwinkels durch die nächste darstellbare Farbe ersetzt werden. Somit kann es zu gleichfarbigen Flächen im Zielzustand kommen, wo vorher noch Farbunterschiede deutlich sichtbar waren. Beim Rendering Intent „**Absolut Farbmetrisch**" wird der Weißpunkt des Zielfarbraumes simuliert – der Weißpunkt des Quellfarbraumes wird mit dem Weißpunkt des Zielfarbraumes gleichgesetzt. Farben, die in Quell- und Zielfarbraum gleichermaßen vorkommen, werden nicht verändert. Dieses Rendering Intent sollte vor allem für Soft- oder Digitalproof angewendet werden, wenn nicht auf Auflagenpapier geproft wird.

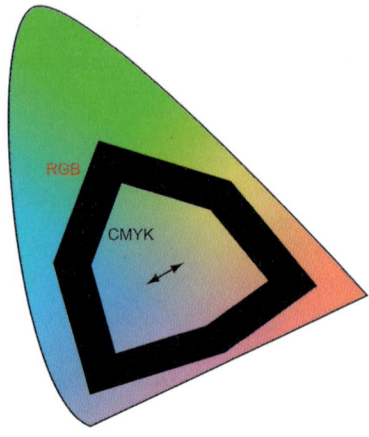

Rendering Intent: Absolut Farbmetrisch

Die gezielte Umrechnung von einem Quell- in einen Zielfarbraum anhand von ICC-Profilen unter Verwendung von Rendering Intents nennt man Gamut Mapping (Gamut: engl. „Farbraum", Map: engl. „Landkarte").

Beim Rendering Intent „**Relativ Farbmetrisch**" werden nicht darstellbare Farben wie beim Rendering Intent „Absolut Farbmetrisch" abgeschnitten. Der Weißpunkt wird nicht berücksichtigt. Ideal für die Umrechnung von CMYK nach CMYK. Das Rendering-Intent „Relativ farbmetrisch" sollte zur Umrechnung bei ähnlich großen Farbräumen verwendet werden.

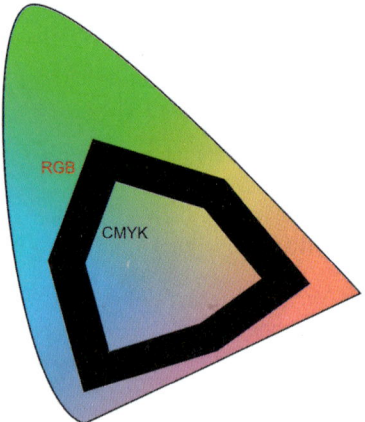

Rendering Intent: Relativ Farbmetrisch

Der Einsatz des Rendering Intents „**Sättigungsorientiert**" ermöglicht den Erhalt der Sättigung eines Farbwertes ohne Rücksicht auf eine annähernd originalgetreue Farbdarstellung. Diese Einstellung wird z. B. für Grafiken oder Screenshots verwendet, um sie plakativ darzustellen.

Entscheiden Sie sich bei der Bildbearbeitung für ein Rendering Intent anhand des (von Ihnen gewählten) Workflows.

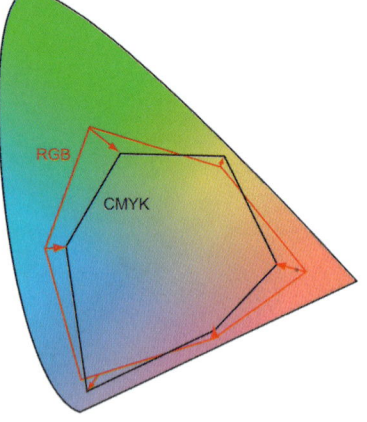

Rendering Intent: Sättigungsorientiert

20.7.4 Verwaltung und Einsatz von ICC-Profilen

Die ICC-Profile werden (MAC-spezifisch) von der Systemerweiterung ColorSync verwaltet und den Bildbearbeitungs- und Layout-Programmen zur Verfügung gestellt. Dabei übernimmt ColorSync auch die Funktion des Transformierens vom Quell- zum Zielfarbraum. Verantwortlich dafür ist die CMM, die Color Matching Method oder auch Color Matching Module. Die ICC-Profile werden in der entsprechenden ColorSync-Library abgespeichert.

In den Voreinstellungen der Bildbearbeitungs- und Layoutprogramme finden sich entsprechende Dialogfelder, in denen die Verwendung von passenden ICC-Profilen eingestellt werden kann. Passen Sie diese Ihrem Workflow bzw. Ihren zu erstellenden Medienprodukten an!

Trotz Kalibrierung und Profilierung eines Bildschirmes kommt es immer noch zu unterschiedlichen Farbdarstellungen. Folgendes Beispiel soll dies verdeutlichen:

Der Hintergrund eines fotorealistischen Bildes wird mit 100 % Cyan ausgefüllt (z. B. der Himmel). Im Layoutprogramm wird dieses Bild platziert. Erhält der Bildrahmen nun ebenfalls 100 % Cyan als Flächenfarbe – z. B. um den Hintergrund zu verlängern – unterscheiden sich am Bildschirm die beiden Farbtöne trotz gleicher Farbwerte.

Dies liegt an der unterschiedlichen Farbdarstellung der eingesetzten Programme. Dazu kommt, dass der Bildschirm CMYK-Werte in RGB zur Darstellung umsetzen muss. Eine konsistente Farbdarstellung über mehrere Programme hinweg bietet beispielsweise die Farbsynchronisation in den Suite-Farbeinstellungen in Adobe Bridge oder die manuelle Einstellung gleicher ICC-Profile in den Farbeinstellungen der einzelnen Programme.

21 Druckverfahren

Zur Auswahl von geeigneten, der Aufgabenstellung entsprechenden, Druckverfahren sind einige grundlegende Kenntnisse nötig. Im Folgenden wird ein kurzer Überblick über die Hauptdruckverfahren sowie die Druckprinzipien gegeben. Tiefer gehende Erläuterungen zu den Druckverfahren finden Sie bei den entsprechenden Lernsituationen.

Um den guten Namen des Unternehmens im wahrsten Sinne des Wortes zu transportieren, können Sie dem Kunden zusätzlich den Einsatz einer bedruckten Tragetasche aus Papier oder Kunststoff (Polyethylen) vorschlagen. Beachten Sie bei der Wahl des Tragetaschenmaterials die Zielgruppe sowie das Image von Pazzo!. Ziehen Sie jedoch ausdrücklich auch umwelttechnische Überlegungen bei der Wahl des Materials heran.
Die Pazzo!-Tasche ist mit einer szenischen Modedarstellung sowie einem passenden Schriftzug zu versehen. Die farbliche Gestaltung passen Sie bitte Ihren bisherigen Überlegungen zu Anzeige und Plakat an.
Tragetaschen unterliegen keiner Norm. Die Formate, Formen und Tragemöglichkeiten (Schlaufe, Schlauch, Kordel, etc.) wechseln mit dem verwendeten Material, dem Design sowie praktischen Überlegungen (Haltbarkeit, Gewicht des Transportgutes, etc.). Grundlegende Informationen über Formate und Formen sowie eine Preisübersicht erhalten Sie direkt bei den Herstellern im Internet.

Siehe auch:
Industrieverband Papier- und Folienverpackung E.V. (IPV e.V.)
www.ipv-verpackung.de

Hochdruck
Im **Hochdruck** liegen die bildübertragenden Stellen erhöht. Nur sie nehmen Farbe an und geben diese an den Bedruckstoff oder einen Zwischenträger weiter.

Flachdruck
Beim **Flachdruck** liegen druckende und nichtdruckende Elemente fast auf einer Ebene.

Tiefdruck
Beim **Tiefdruck** liegen die bildführenden Stellen vertieft unter den nichtdruckenden Stellen.

Durchdruck bzw. **Siebdruck**
Der **Durchdruck** funktioniert wie eine Schablone, die an den druckenden Bildstellen Farbe hindurchlässt.

Um Informationen auf den Bedruckstoff zu übertragen, ist Druck nötig. Dieser wird mittels verschiedener Prinzipien ausgeübt:

Flach gegen Flach (Druckform und Druckkörper sind flach)	**Flach gegen Rund** (Druckform ist flach, der (Gegen-)Druckkörper ist ein Zylinder	**Rund gegen Rund** (direkt) (Druckform und Gegendruckkörper sind rund)	**Rund gegen Rund** (indirekt) (Von der Druckform erfolgt der Druck über ein Gummituch auf den Bedruckstoff; der Gegendruckkörper ist auch hier rund

21.1 Offsetdruck

Abhängig von der Aufgabenstellung werden die meisten Anzeigen und Plakate im Offsetdruck oder im Tiefdruck hergestellt. Der im Folgenden vorgestellte Offsetdruck bietet sich als Druckverfahren für vielfältige Druckerzeugnisse an. Vergleichen Sie den Offsetdruck im Hinblick auf Ihre Aufgabenstellung mit anderen Druckverfahren und beurteilen Sie den Einsatz nach Auflage, Wahl des geeigneten Bedruckstoffes, Farbigkeit sowie Kostenfaktoren.

Der Offsetdruck basiert auf der physikalischen Gegebenheit, dass farbannehmende Materialien Wasser abstoßen und wasserannehmende Materialien Farbe abstoßen. Dies erkannte schon 1789 Alois Senefelder, der die Lithografie erfand. Senefelder zeichnete auf einem präparierten Stein (Solnhofener Schiefer) mit fetthaltiger Tusche. Der Offsetdruck ist eine technische Weiterentwicklung der Lithografie, den Ira W. Rubel (USA) und Caspar Hermann (Deutschland) etwa zeitgleich Anfang des 20. Jahrhunderts entwickelten.

Eine Offsetdruckform weist farbannehmende (lipophile, fettfreundliche) und wasseranziehende (hydrophile, wasserfreundliche) Stellen auf, die fast auf einer Ebene liegen.

Eine Offsetdruckplatte besteht im Wesentlichen aus einer Aluminiumschicht (wasseranziehend) mit einer lichtempfindlichen und farbanziehenden Kunststoffschicht. Bei der Belichtung und chemischen Behandlung der Druckplatte bleibt die Kunststoffschicht als informationsübertragende Schicht in Form des zu belichtenden Bildanteils bestehen.

Druckende Stellen einer Offsetdruckplatte = lipophil, aber hydrophob (fettanziehend, aber wasserabstoßend)

Nicht druckende Stellen einer Offsetdruckplatte = hydrophil aber lipophob (wasseranziehend, aber fettabstoßend)

Die Offsetdruckplatte wird zuerst gefeuchtet. Dabei sammelt sich der dünne Wasserfilm an den nicht druckenden Stellen. Danach wird die gesamte Druckplatte mit Farbwalzen eingefärbt. Die Farbe bleibt allerdings nur an den druckenden, lipophilen Stellen, haften, die vorher den Wasserfilm abgestoßen haben.

Prinzip Offsetdruck

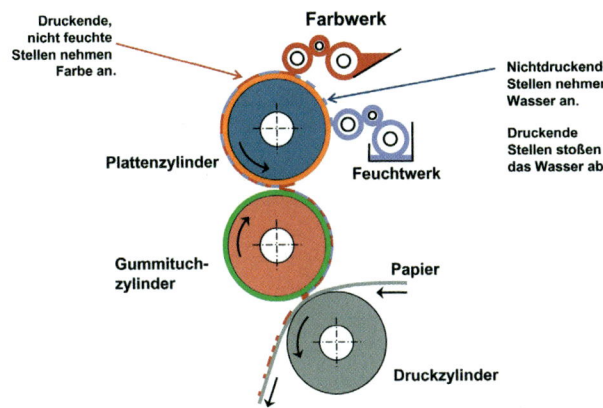

Prinzip Offsetdruck
Bildquelle: Heidelberger Druckmaschinen AG

Der Offsetdruck bzw. Flachdruck funktioniert, weil die Nichtbildstellen bei der Feuchtung Wasser annehmen und danach die fettige Druckfarbe nicht mehr annehmen. Bei den Bildstellen ist es umgekehrt: sie stoßen den Wasserfilm weitestgehend ab und nehmen dafür die Druckfarbe an.

Der Druck erfolgt nach dem Einfärben der Druckform (Offsetdruckplatte) zuerst auf ein Gummituch – das Druckbild wird vor dem eigentlichen Druck auf das Gummituch „abgesetzt" (engl.: „off set"). Danach erst erfolgt der Druck auf den Bedruckstoff. Durch Einsatz des Gummituchs können Unebenheiten des Bedruckstoffs ausgeglichen werden.

Die Druckform ist beim Offsetdruck immer seitenrichtig. Das Abbild auf dem Gummituch seitenverkehrt und auf dem Bedruckstoff wiederum seitenrichtig.

Zwei Arten von Offsetdruckmaschinen kommen zum Einsatz: Bogen- und Rollen-Druckmaschinen. Mit Bogenoffset-Druckmaschinen werden Bogenformate von 37,0 x 52,0 cm bis 151 cm x 205 cm bedruckt.

Die Kapazität einer modernen Bogenoffset-Druckmaschine liegt bei bis zu 18.000 Bogen pro Stunde. Möglich ist die Anordnung von bis zu

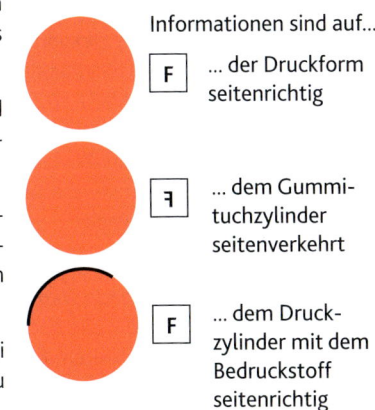

Informationen sind auf...
... der Druckform seitenrichtig
... dem Gummituchzylinder seitenverkehrt
... dem Druckzylinder mit dem Bedruckstoff seitenrichtig

15 Modulen (Druckwerken), sodass z. B. 6 Farben im Schöndruck (Bedruckung der Vorderseite) und nach Wendung in der Maschine weitere 6 Farben im Widerdruck (Bedruckung der Rückseite) gedruckt werden können. Anschließend können 3 Lackwerke sowie die Trocknung den Druck komplettieren.

Vgl. diese LS 20.4 und 20.5

Die Auflage liegt im Bogenoffsetdruck im Bereich von ca. 1.000 bis ca. 800.000 Exemplaren.

Rollenoffset-Druckmaschinen verarbeiten Rollenware, die den Maschinen „endlos" zugeführt wird. Dabei werden Druckgeschwindigkeiten von bis zu 60.000 Umdrehungen pro Stunde erreicht.

21.2 Hochdruck/Flexodruck

Druckform für den Hochdruck

Wie bereits kurz vorgestellt, übertragen die erhabenen Stellen der Hochdruckform die Farbe auf den Bedruckstoff. Schon Gutenberg druckte mit den von ihm erfundenen beweglichen Lettern im Hochdruck seine Bibeln. Für im Hochdruck/Buchdruck gedruckte Bücher wurden Bleilettern oder ganze, in Blei gegossene Zeilen eingesetzt.

Ein Erkennungsmerkmal für dieses Druckverfahren ist eine leichte, jedoch fühlbare Prägung auf der Rückseite des Druckes, da sich die Metalllettern beim Druckvorgang leicht eindrücken. Optisch kann mit dem Fadenzähler ein geringer Quetschrand um die einzelnen Buchstaben erkannt werden – hier wird die Farbe beim Druckvorgang über den eigentlichen Druckbereich der Form herausgequetscht.

Letter

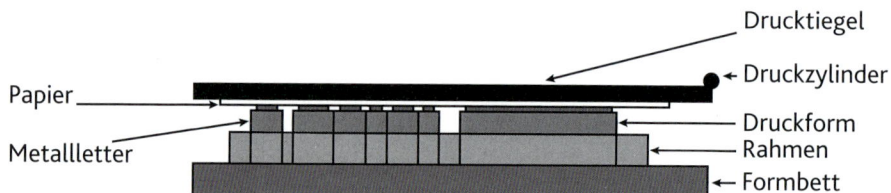

Prinzip des Hochdrucks

Heutzutage ist der Flexodruck die moderne Form des Hochdrucks. Er erlaubt das Bedrucken von Papier, Pappe, Karton, Metall, Kunststoff und Glas. Er wird vornehmlich im Verpackungsdruck, aber auch in geringem Maße im Zeitungsdruck eingesetzt. Er bietet auch gute Möglichkeiten zur Herstellung von Brötchentüten, Eintrittskarten, Etiketten, usw. Auch ist er für Eindrucke von Adressen in bereits vorgedruckte Prospekte, einfache Mailings, Abreißkalender – und sogar für Lottoscheine – geeignet. Ein weiteres Einsatzgebiet für den Flexodruck ist die Bedruckung von Tragetaschen aus Polyethylen oder Papier.

Die Druckform im Flexodruck ist eine Fotopolymerplatte, welche auf einem Metalluntergrund aufgebracht ist. Die Platte wird im Negativverfahren belichtet und die nicht belichteten Stellen ausgewaschen. So bleiben die hochstehenden, farbführenden Teile stehen. Waren im Flexodruck bisher nur geringe Rasterweiten von bis zu 48 L/cm möglich, können durch die Einführung von Computer-to-Plate (Digitale Belichtung der Fotopolymerplatten) und entsprechenden Druckplatten Rasterweiten bis zu 60 L/cm – vergleichbar zum Offsetdruck – gefahren werden. Die flexiblen, druckenden

Teile reagieren leicht auf zu hohen Druck – somit kommt es im Flexodruck zu einer höheren Tonwertzunahme als z. B. im Offsetdruck. Beachten Sie den erhöhten Tonwertzuwachs des Flexodrucks bei der Gestaltung der Tragetasche.

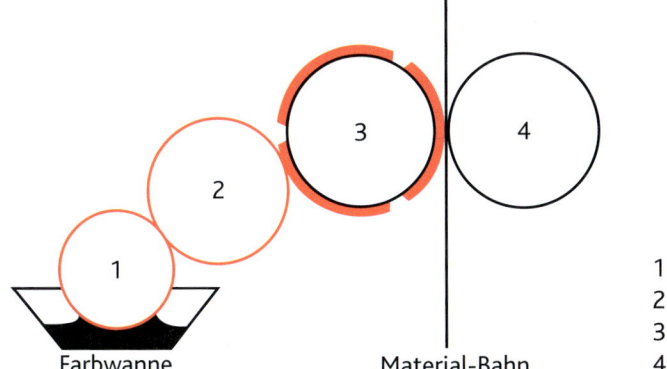

Flexodruck mit Tauchwalze
Bildquelle: RAKO Etiketten GmbH & Co. KG

Die Näpfchen des Rasterwalze nehmen die Farbe aus dem Kammerrakelsystem auf, überschüssige Farbe wird abgerakelt, so wird stets eine dosierte Farbmenge an die Druckform abgegeben. Um auf unterschiedliche Anforderungen reagieren zu können, gibt es unterschiedliche Walzen mit unterschiedlichen Näpfchentiefen.

Eine Rasterwalze hat nichts mit den benötigten Rasterpunkten des Druckverfahrens zu tun. Ihre feinen „Poren" oder „Näpfchen" werden als „Raster" bezeichnet. Vergleichen Sie diese Technik mit dem Boden einer modernen Bratpfanne: auch hier sind „Näpfchen" eingearbeitet, die eine sparsame und definierte Menge Öl aufnehmen.

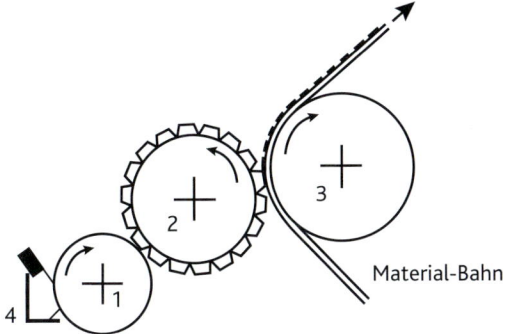

Flexodruck mit Kammerrakel
Bildquelle: RAKO Etiketten GmbH & Co. KG

Die jetzt eingefärbte seitenverkehrte Druckform überträgt die Farbe dann auf den Bedruckstoff. Die im Flexodruck verwendeten Farben sind sehr schnell trocknend, sodass die Farbe bereits im darauffolgenden Druckwerk getrocknet ist.

Zum Einsatz kommen Bogen- und Rollendruckmaschinen. Die Geschwindigkeit der Mehrfarben-Rollendruckmaschinen liegt bei bis zu 7 m/s.

21.3 Tiefdruck

Beim Tiefdruck liegen die druckenden Bildstellen in einer Vertiefung. Diese Vertiefungen werden mit einem Diamantstichel in die Druckform – einen Zylinder mit einer Kupferhaut (die sogenannte Ballardhaut) hineingebracht. Der Diamantstichel hat die Form einer Pyramide. Unterschiedliche Tonwerte lassen sich durch unterschiedlich tiefe und damit auch unterschiedlich breite Näpfchen erreichen – je nach Eintauchtiefe des Stichels in die Kupferhaut.

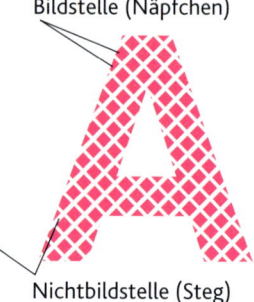

Dabei besteht die Druckform aus druckenden und nichtdruckenden Stellen. Die druckenden Stellen sind die Näpfchen, die nichtdruckenden Stellen sind die Stege.

Überschüssige Farbe wird abgerakelt

Im industriell eingesetzten Tiefdruck, dem Rakeltiefdruck, werden die Näpfchen mit Druckfarbe „geflutet". Die Rakel rakelt die überstehende Farbe wieder ab. Dabei dienen die Stege als Auflage der Rakel, damit sich diese nicht durchbiegt und zu viel Farbe abnimmt.
Aus diesem Grund besitzen auch Volltonflächen im Tiefdruck immer noch einen feinen Steg.

Das Druckprinzip ist hier **rund gegen rund**. Der Gegendruck erfolgt durch den sogenannten „Presseur". Eine Tiefdruckform kann bis zu 4 Meter breit sein. Die Geschwindigkeiten liegen bei bis zu 60.000 Umdrehungen des Zylinders pro Stunde.

Der Tiefdruck ist im Gegensatz zum Offsetdruck ein direktes Druckverfahren, sodass die Druckform seitenverkehrt ist.

Die Druckformherstellung ist beim Tiefdruck sehr aufwändig und damit teurer als im Offsetdruck. Aufgrund der Größe der Druckform und der Druckgeschwindigkeiten ist der Tiefdruck daher nur für hohe Auflagen ausgelegt!

Im Gegensatz zu den übrigen Hauptdruckverfahren ist im Tiefdruck die Darstellung von echten Halbtönen – vor allem in den Dreivierteltönen – möglich. Die Druckfarbe ist relativ dünnflüssig und der Bedruckstoff relativ saugfähig, sodass die Druckfarbe ineinander verläuft. In den Lichtern und Vierteltönen ist die Näpfchenstruktur gut zu erkennen, sodass hier der Eindruck eines Halbtones nicht mehr gegeben ist.

21.4 Digitaldruck

Für die Plakatherstellung wird der Digitaldruck vor allem für Einzelstücke oder kleinste Auflagen eingesetzt (bis ca. 100 Stück). Die Anwendung des Digitaldrucks erfolgt u. a. auch für Spezialpapiere oder auch Selbstklebefolien, die im Außenbereich eingesetzt werden. Die verwendeten Farben weisen eine hohe Lichtechtheit auf. Im Digitaldruck sind Bahnbreiten bis zu 1,50 m im vierfarbigen Tintenstrahldruck möglich.

Beim Digitaldruck werden die zu druckenden Informationen direkt vom Rechner in die Druckmaschine übertragen. Im Gegensatz zu den herkömmlichen Druckverfahren besteht die Druckform – bei den elektrofotografischen Verfahren – aus einer Fotoleitertrommel. Diese wird bei jeder Umdrehung neu bebildert. Man spricht auch von einer „dynamischen Druckform".

Die Bebilderung bei jeder neuen Umdrehung ermöglicht dem Digitaldruck, bei jedem Druckvorgang neue bzw. geänderte Daten zu drucken. Eingesetzt wird diese Möglichkeit z. B. beim „personalisierten Drucken", indem bei jedem Datensatz z. B. eine neue Adresse eingedruckt wird.

21.4.1 Elektrofotografie

Das elektrofotografische Verfahren ist das gängigste Digitaldruckverfahren. Im Mittelpunkt steht eine sogenannte Fotoleitertrommel: auf eine positiv geladene Trommel wird im ersten Bebilderungsschritt ganzflächig eine Ladung von negativ geladenen Elektronen aufgebracht. Eine LED (Light Emitting Diode), seltener ein Laser, „schießt" im zweiten Schritt an den Stellen, die zur Bebilderung benötigt werden, die Elektronen weg. Zurück bleibt ein „latentes Bild".

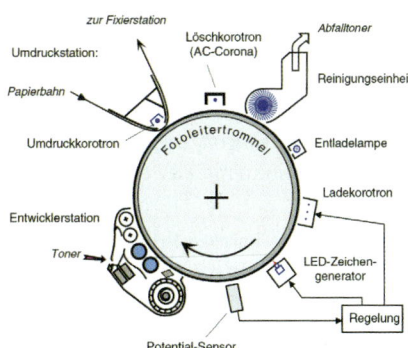

Prozessschritte des elektrofotografischen Druckprozesses

> **Latent = unsichtbar vorhanden.** Der Begriff stammt aus der Filmbelichtung: Ein belichteter, aber noch nicht entwickelter Film weist ein latentes Bild auf.

Im dritten Schritt wird ein Toner aufgebracht. Die Tonerteilchen weisen eine ebenfalls negative Ladung auf und verbinden sich so mit den „elektronenfreien" positiven Stellen der Trommel.

Dann wird das seitenverkehrte Bild auf den Bedruckstoff übertragen. Dazu befindet sich hinter dem Bedruckstoff eine starke positive Ladungsquelle, welche die Tonerteilchen auf den Bedruckstoff zieht.

Die Fixierung des Toners erfolgt bei ca. 150 °C.

Die Trommel wird vom restlichem Toner gereinigt und eine neue, ganzflächige Ladung aufgebracht.

Dieser Prozess erfolgt bei jeder Umdrehung der Trommel. Daher können auch nach jedem Druck neue Daten gedruckt werden. Dieses dynamische Drucken ermöglicht personalisiertes und individualisiertes Drucken.

Ein Beispiel für **personalisiertes Drucken**: Ein vom Aufbau her gleiches Mailing in Briefform wird bei jedem Druck mit einer neuen Adresse und Anrede versehen.

Ein Beispiel für **individualisiertes Drucken**: Bei einem vom Grundaufbau her gleichen Prospekt eines Reisebüros werden nicht nur die persönlichen Daten geändert, sondern auch auf die Belange des Adressaten eingegangen. So erhält ein Kunde ein Reiseprospekt mit Reisen ans Meer, ein weiterer Kunde ein Prospekt mit Informationen zu Städtereisen. Ausgetauscht werden im Inhaltsteil nur Text- und Bildmaterial. Die Informationen zu den unterschiedlichen Wünschen der Kunden können aus Umfragen und persönlichen Gesprächen zur Verfügung stehen.

21.4.2 Large-Format-Printing (Tintenstrahltechnologie)

Neben elektrofotografischen Drucksystemen wird die Tintenstrahltechnologie für Großformat-Drucke (Large-Format-Printing) eingesetzt. Dabei wird der Begriff Large-Format-Printing für Drucke von 0,6 m – 2 m angewendet. Ab einer Druckbreite von 2 m spricht man auch vom Wide-Format-Printing. Der Einsatzbereich liegt hier bei Großflächenplakaten, Werbebannern an Hauswänden, Ausstattungen für Messen, Werbetransparenten und Fahrzeugbeschriftungen.

Ein großer Vorteil liegt zum einen darin, dass ab einer Auflage von einem Exemplar produziert werden kann. Zum anderen sind mittlerweile fast alle Materialien (Textilien, Vinyl, Laminat, Wellpappe, Holz, Aluminium, Blech, Keramik, Hartschaumplatten, Glas oder Fliesen) mit einer hohen Lichtechtheit der Farben bedruckbar. Außerdem gibt es für großformatige Anwendungen eine Vielzahl von Befestigungsmöglichkeiten und innovativen Aufstellern für den Innen- und Außenbereich, sodass eine optimale Positionierung der Drucke am POS (Point-of-Sale) gewährleistet ist.

Large-Format-Printer kann man nicht nur anhand ihrer Größe unterscheiden, sondern auch nach der Art und Anzahl der verwendeten Farben.

www.largeformat.de

Für verschiedene Bedruckstoffe kommen unterschiedliche Farben zum Einsatz: unterschieden wird zwischen wasserbasierenden Tinten, Solvent-Tinten mit organischen Lösemitteln und umweltfreundlichen UV-härtenden Tinten. Letztere finden durch die sofortige Polymerisation auf vielen unterschiedlichen unbeschichteten Materialien Verwendung.

High-End-Geräte arbeiten mit einer Auflösung von bis zu 1440 x 2880 dpi. Entscheidend für die Druckqualität sind außerdem die Faktoren Tintentröpfchengröße und Tintenpositionierung. Halbtöne lassen sich beim Tintenstrahldruck mithilfe variabler Punkt- beziehungsweise Tropfengrößen darstellen. Darüber hinaus können Form und Position der Tintentröpfchen gesteuert werden. In Verbindung mit zusätzlichen Tinten (Hellcyan, Hellmagenta, Grau) können gleichmäßige Farbabstufungen dargestellt werden. Optisch führt dies zu einer höheren Bildauflösung, obwohl die physikalische Auflösung des Drucksystems unverändert bleibt.

www.ccvision.de
www.mr-clipart.de

Ein Bereich des Large-Format-Printing ist die Fahrzeugbeschriftung, bzw. -folierung. Grundlage jeder Fahrzeugbeschriftung ist eine Ansicht des zu beschriftenden Fahrzeugs.

Dabei sind die Zeiten eines einfachen Schriftzuges auf der Autotür vorbei. Die komplette Fahrzeugkarosserie kann in die Gestaltung mit einbezogen werden. Dabei muss vor Rundungen, Ecken, Fenstern und Rückspiegeln nicht Halt gemacht werden.

Waren bis vor kurzem nur Vektorinformationen (Logo, Text, Grafiken) zu verarbeiten, welche dann aus Folien geschnitten/geplottet wurden, sind heute Folierungen möglich, die ein Fahrzeug vollständig bedecken. Auf diese Folien können auch fotorealistische Abbildungen gedruckt werden.

Um den Bekanntheitsgrad der Marke Pazzo! zu steigern, soll ein Smart beschriftet, bzw. mit einer Fahrzeug-Folierung versehen werden. Entwerfen Sie eine passende Fahrzeug-Gestaltung, bei der Sie Ihre bisherigen Überlegungen mit einbeziehen.

Beachten Sie folgende technische Grundlagen:

Bei Folierungen bzw. Anwendungen mit fotorealistischen Bildern ist eine Bildauflösung von 80-150 dpi im Originalformat ausreichend. Als Dateiformat für farbige Pixelbilder bietet sich ein CMYK-EPS an.	
Für Logos, Grafiken oder Texte bieten sich als Dateiformat EPS, AI, PDF und CDR an.	
Texte sind grundsätzlich in Pfade zu konvertieren.	

Bild- oder Vektordateien sollten im Format 1:1 oder in einem entsprechenden Verhältnis z. B. 1: 10 angelegt sein.	
Beachten Sie evtl. einen Beschnitt bei Folierungen o. ä. von mind. 5 mm.	
Die Dateien sollten direkt im CMYK-Farbmodus angelegt werden. Vor der Verwendung von Sonderfarben (HKS, Pantone, RAL) empfiehlt sich die Rücksprache mit dem Drucker.	
Vermeiden Sie bei Folienplotts zu viele Ankerpunkte.	1) Zu viele Ankerpunkte für eine einfache Form 2) So wenig Ankerpunkte wie möglich verwenden
Ein Plotter schneidet nur dort, wo sich auch eine Vektorlinie befindet. D. h. dass dickere Linien, welche nur über die Strichstärke definiert wurden, unbedingt in der gewünschten Breite angelegt sein müssen (Tipp: Stellen Sie die Datei auf Grobansicht um und Sie sehen, wo der Plotter schneidet).	1) Linie mit Strichstärke verbreitert 2) Linie in Fläche umgewandelt
Ähnliches gilt für Überlappungen: diese müssen unbedingt entfernt oder die Flächen einzeln angelegt werden.	1) So soll es aussehen 2) So wird geschnitten 3) Form muss zusammengefügt werden
Achten Sie darauf, dass die Schriftgröße für Folienplotts ca. 10 mm Höhe nicht unterschreiten sollte, da die Buchstaben sonst ausbrechen könnten, bzw. sich nicht korrekt vom Trägermaterial lösen.	

Entscheiden Sie sich anhand Ihrer Gestaltungsüberlegungen für einen Folienplott oder eine Folierung und die damit verbundenen technischen Vorgaben.

22 Druckfarbe

Betrachtet man den Standort von Plakaten, wird man schnell erkennen, dass an die Druckfarbe besondere Anforderungen gestellt werden, da sie Wind und Wetter und vor allem dem Tageslicht ausgesetzt sind.

www.druckfarbendoc.de

Druckfarben für den Plakatdruck müssen daher eine hohe Lichtechtheit gegenüber dem im Tageslicht enthaltenen Anteil an UV-Strahlen aufweisen. Die UV-Strahlen lösen in den Farbpigmenten chemische Prozesse aus, die zum Verblassen der Farben führen. Die Lichtechtheit wird in der Wollskala festgehalten.

> **Sind mehrere Farben (z. B. CMYK) am Druckprozess beteiligt, gilt für den gesamten Druck die Stufe derjenigen Farbe mit der geringsten Lichtechtheit.**

Beim Nassklebeverfahren müssen die Farben alkaliecht sein, da die verwendeten Klebestoffe meist alkalische Bestandteile enthalten. Da die Plakate eingeweicht werden und außerdem dem Regen ausgesetzt sind, dürfen die Farben nicht verlaufen bzw. auswaschen. Bei der Verwendung von Lacken ist darauf zu achten, dass die Klebung nicht beeinträchtigt wird.

22.1 Zusammensetzung und Herstellung von Druckfarbe

Obwohl Mediengestalter gewöhnlich nicht die Druckfarbe aussuchen, empfiehlt sich jedoch bei der Plakatherstellung die Kenntnis über die Eigenschaften der verwendeten Druckfarbe – je nach Einsatz des Plakates.

Druckfarbe besteht aus drei Hauptbestandteilen:

- Farbmittel
- Binde- und Lösemitteln
- Hilfsstoffe bzw. Additive

Als Farbmittel für Offsetdruckfarben werden Farbpigmente verwendet. Farbpigmente sind unlösliche Farbkörper. Ihr Anteil an der Druckfarbe beträgt 10–30 %. Farbstoffe, also gelöste Farbmittel, werden im Offsetdruck nicht verwendet.

Für schwarze Druckfarbe werden Rußteilchen verwendet, deren Größe zwischen 10 und 100 nm liegt. Für die Buntfarben werden organische Verbindungen benutzt, für Weiß Titanoxide. Metallfarben, sogenannte Bronzen, enthalten feinste Metallplättchen. Silberbronzen werden vornehmlich aus Aluminium und Goldbronzen aus Messing hergestellt.

> **Organische Chemie: Komplexe Kohlenstoffverbindungen**
>
> **Anorganische Chemie: Chemische Elemente, Verbindungen ohne Kohlenstoff sowie einfache Kohlenstoffverbindungen**

Binde- und Lösemittel sind ein weiterer Bestandteil der Druckfarbe. Die Bindemittel umhüllen die Farbmittel (Dispersion = feine Verteilung der Farbpigmente im Bindemittel) und befestigen diese nach der Trocknung auf dem Bedruckstoff. Da es sich bei Bindemitteln meist um feste Stoffe wie Harze handelt, werden sie in Lösemitteln gelöst. Die Verbindung aus Binde- und Lösemitteln nennt man auch Firnis.

Um den Druckfarben bestimmte Eigenschaften zu geben, werden Hilfsstoffe hinzugefügt, welche die Konsistenz, die Scheuerfestigkeit oder die Trocknung beeinflussen.

Zur Herstellung der Druckfarbe werden alle Bestandteile fein miteinander vermischt – dispergiert. Die Dispersion erfolgt nach dem Vormischen in einem Dreiwalzenstuhl oder einer Rührwerkskugelmühle.

Im Dreiwalzenstuhl werden die Farbbestandteile miteinander durch die Rotation und Seitwärtsbewegung der Walzen vermischt. In der Rührwerkskugelmühle übernehmen diese Aufgabe kleine Stahlkugeln.

Bei der Trocknung von Druckfarbe wird diese fest und kann nicht mehr durch äußere Einflüsse verschmiert werden. Grundsätzlich wird zwischen der physikalischen und der chemischen Trocknung unterschieden.

Physikalische Trocknung

Wegschlagen
Dünnflüssige Lösemittelbestandteile aus der Firnis dringen in den Bedruckstoff ein und die auf der Oberfläche verbleibenden festen Bestandteile des Bindemittels verankern die Farbpigmente auf dem Bedruckstoff. Wegschlagende Farben werden häufig im Zeitungs-Rollenoffset eingesetzt. Diese Farben werden auch Coldset-Farben genannt, da zu ihrer Trocknung keine Hitze nötig ist.

Verdampfen
Heatset-Farben benötigen die Einwirkung von Wärme zur Trocknung. Vorteil der Heatset-Farben ist im Gegensatz zu den Coldset-Farben ein hoher Glanz.

Verdunsten
Die eingesetzten Lösemittel sind leichtflüchtig und verdunsten bei Raumtemperatur ohne zusätzliche Wärmeeinwirkung. Einsatz vor allem im Tiefdruck.

Chemische Trocknung
Im Gegensatz zur Physikalischen Trocknung werden die Moleküle der Farbbestandteile hierbei verändert.

Oxidative Trocknung
Durch Oxidation mit Sauerstoff vernetzen sich die Bindemittel und werden fest.

UV-Trocknung
Bei der UV-Trocknung werden die Druckbogen vor der Auslage durch einen UV-Trockner geführt. Die Bestrahlung mit UV-Licht regt aktive Bestandteile der Farbe an, wodurch sich langkettige Moleküle bilden. Dieser Vorgang wird auch als Polymerisation bezeichnet.

Eigenschaften der Druckfarbe
„Panta Rei" – Alles fließt. So auch die leicht pastöse Druckfarbe. Die fließtechnischen Eigenschaften von Druckfarbe werden in der Rheologie (Lehre vom Fließen und Verformen) beschrieben.

> Konsistenz ist der Sammelbegriff für die rheologischen Eigenschaften

Die Viskosität beschreibt den Grad der Flüssigkeit einer Druckfarbe. Je dickflüssiger die Druckfarbe, desto höher ihre Viskosität. Die Viskosität kann mit einem Spachtel geprüft werden: Je schneller die Druckfarbe vom Spachtel gleitet, desto weniger viskos ist sie.

Die Viskosität der Druckfarbe entsteht nicht nur durch ihre Inhaltsstoffe, sondern ist auch von der Temperatur und dem Bewegungszustand der Farbe abhängig. Als Beispiel hierfür gilt, dass Druckfarbe in der Farbdose relativ dick ist, während sie sich sehr dünn und geschmeidig im Farbwerk der

Druckmaschine verhält. Druckfarbe kann also ihre Viskosität ändern. Diese Eigenschaft nennt man Thixotropie.

Die Zügigkeit (engl. „tack") der Druckfarbe beschreibt, wie klebrig bzw. zäh eine Druckfarbe ist. Die bekannteste Probe für die Zügigkeit ist die Fingerprobe:

Nehmen Sie etwas Druckfarbe zwischen Daumen und Zeigefinger und bewegen Sie die Finger langsam auseinander. Bilden sich lange Fäden, dann ist die Zügigkeit der Druckfarbe hoch – es ist eine „lange" Farbe. Reißt die Farbe direkt ab, handelt es sich um eine „kurze" Farbe mit geringem Tack.

Weitere Eigenschaften von Druckfarbe sind verschiedene Echtheiten und Festigkeiten. So muss die Druckfarbe resistent gegenüber allen weiteren Verarbeitungsschritten wie Lackierung oder Kaschierung sein.

Für den Plakatdruck ist vor allem die Lichtechtheit von Druckfarbe eine wichtige Anforderung. Die Lichtechtheit wird anhand der Wollskala beschrieben. Die Wollskala entstand ursprünglich aus einem Testverfahren für Stoff- bzw. Wollfarbe: Je länger verschiedene Wollfäden unter UV-Licht-Bestrahlung nicht ihre Farbe veränderten bzw. nicht ausbleichen, desto lichtechter waren sie.

Wollskala

Stufe	Bewertung	Strahlung (Tage)
WS 1	sehr gering	5
WS 2	gering	10
WS 3	mäßig	20
WS 4	ziemlich gut	40
WS 5	gut	80
WS 6	sehr gut	160
WS 7	vorzüglich	250
WS 8	hervorragend	700

Soll das Plakat für die Dauer von einem Monat plakatiert sein, empfiehlt sich für die verwendete Druckfarbe ein Wollskala-Faktor von 4–5 (es empfiehlt sich immer, eine Stufe höher zu wählen, da z. B. im Sommer die Strahlungsintensität höher als im Winter ist.

Erkundigen Sie sich bei Ihrer Druckerei nach dem Wollskala-Faktor der verwendeten Druckfarbe oder fordern Sie vom Farbhersteller ein Informationsblatt an.

Die verwendete Druckfarbe muss „tesafilmfest" sein. Das heißt, dass die Druckfarbe unter einer evtl. aufkaschierten Schicht (etwa bei der Befestigung im Leuchtrahmen) nicht „ausbluten", also zerlaufen darf.

Rückseitendruck

Bei der Plakatierung darf das überklebte Plakat nicht durchscheinen. Dafür ist in erster Linie das verwendete Papier zuständig, jedoch können die Plakate auch auf der Rückseite mit einer formatfüllenden Fläche bedruckt werden, um ein Durchscheinen zu verhindern. Dabei sollte beachtet werden, dass der Rückseitendruck nur notwendig ist, wenn das Motiv ihn erfordert (z. B. freie Stellen, Weißraum). Der Rückseitendruck sollte bis ca. 50 % aufgerastert sein, damit die klebetechnischen Eigenschaften des Papiers nicht beeinflusst werden.

Konterdruck
Backlight-Plakate – also CLP, Megalight und CLB-Plakate – benötigen auf der Rückseite immer einen zwei- bis dreifarbigen **Konterdruck**, d. h., das gleiche Motiv gekontert auf der Rückseite, damit die beleuchteten Plakate eine optimale Farbwirkung bzw. Brillanz erzielen.

22.2 Kennzeichnung chemischer Produkte

Farbe ist ein chemisches Produkt und somit zumindest in der EU kennzeichnungspflichtig. Ziel der Kennzeichnungspflicht ist die mit den Farben verbundenen Risiken für Mensch und Umwelt erkennbar zu machen. Neben einer gültigen Kennzeichnung – z. B. laut Gefahrstoffverordnung[1] der Bundesanstalt für Arbeitsschutz und Arbeitsmedizin – gibt es vom Farbhersteller für jede Druckfarbe ein Sicherheitsdatenblatt, welches folgende Angaben enthält:

- Hersteller
- Verwendungszweck/Einsatzbereich
- Farbzusammensetzung (z. B. Hinweis auf organische und/oder anorganische Pigmente, etc.)
- Hinweise auf mögliche Gefahren
- Erste-Hilfe-Maßnahmen (z. B. bei Augenkontakt)
- Maßnahmen zur Brandbekämpfung (z. B. Einsatz von Löschschaum statt Wasser)
- Maßnahmen bei unbeabsichtigter Freisetzung (z. B. starkes Lüften)
- Handhabung und Lagerung
- Hinweise zum persönlichen Schutz (z. B. Hautkontakt)
- Physikalische und chemische Eigenschaften
- Stabilität und Reaktivität
- Angaben zur Toxikologie
- Angaben zur Ökologie
- Hinweise zum Transport und zur Entsorgung
- Zugrundeliegende Vorschriften (z. B. Gefahrstoffverordnung)

> **Hersteller und Lieferanten von chemischen Produkten sind dazu verpflichtet, ihren Kunden ein entsprechendes Sicherheitsdatenblatt mitzuliefern.**

Im Dezember 2007 wurde das deutsche Chemikaliengesetz an neue, europaweite Regelungen angepasst. Durch die so genannte „REACH-Verordnung"[2] wird das Chemikalienrecht in der Europäischen Union grundlegend neu geordnet und vereinheitlicht. Hauptziel ist es, bestehende Wissenslücken hinsichtlich möglicher Stoffrisiken zu schließen und so einen verantwortlicheren Umgang mit Stoffen zu ermöglichen. Ziel ist vor allem eine Erhöhung des Schutzes von Arbeitnehmern und Verbrauchern zu erreichen.

www.bmu.de
Vgl. auch zu Fragen des Betrieblichen Umweltschutzes die Plattform www.umweltschutz-bw.de/index.php?lvl=403

Neben Farbe, verschiedenen Lösemitteln und Reinigern, die alle entsprechend gekennzeichnet sein müssen, gibt es eine Vielzahl von Kennzeichen und Schildern, die auf mögliche Gefahren, bzw. Verbote, aber auch auf Hilfe hinweisen. Einige sind an Schilder aus dem Straßenverkehr angelehnt: so sind z. B. Verbotszeichen rund mit roter Farbgebung.

---

[1] Die Gefahrstoffverordnung sieht vor: 1. Kennzeichnung von Gefahrstoffen auf der Verpackung, 2. Vorhandensein eines Sicherheitsdatenblattes, 3. Erstellen einer betriebsinternen Anweisung für den Umgang mit Gefahrstoffen und Schulung der Mitarbeiter.
[2] REACH steht für die EG-Verordnung: **R**egistration, **E**valuation, **A**uthorisation of **CH**emicals (Registrierung, Bewertung und Zulassung von Chemikalien).

Verbotszeichen = rot Warnzeichen = gelb/schwarz
Gebotszeichen = blau Rettungszeichen = grün

Schilder und Kennzeichen			
Schutzhandschuhe tragen		Sicherheitsschuhe tragen	
Gehörschutz tragen		Atemschutz tragen	
Augenschutz tragen		Schutzhelm tragen	
Nichts abstellen oder lagern		Rauchen verboten	
Kein Feuer, offenes Licht oder Rauchen		Warnung vor ätzenden Stoffen	
Warnung vor radioaktiven Stoffen		Warnung vor feuergefährlichen Stoffen	
Warnung vor giftigen Stoffen		Warnung vor elektrischer Spannung	
Warnung vor explosionsfähiger Atmosphäre		Arzt	
Krankentrage		Notdusche	
Augenspüleinrichtung		Rettungsweg	
Rettungsweg		Rettungsweg	
Erste Hilfe			

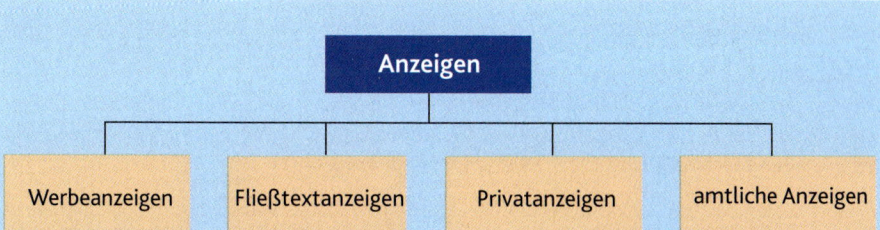

Nach der Auswahl und formatgerechten Positionierung kann entsprechend der bestimmten Zielgruppe ein Entwurf gefertigt werden. Bilder, Farben und Schrift sind hierbei auch anzupassen.

Marketing

Farbtechnologie
Bei der Herstellung von druckfähigen Dateien ist die genaue Kenntnis der am Arbeitsprozess beteiligten Farbmodelle wichtig. Gelieferte RGB-Bilddaten von Digitalkamera oder Scanner müssen im Workflow an den Arbeitsfarbraum des Ausgabemediums angepasst werden. Dabei ist es unbedingt erforderlich, sich mit den Farbeinstellungen der Bildbearbeitungssoftware – in den meisten Fällen Photoshop – auseinanderzusetzen, damit die Bilddaten vergleichbar, standardisiert und wiederholbar werden.
Dabei spielt auch das eingesetzte Druckverfahren eine Rolle. Da der vierfarbige Druck gerätespezifisch ist, beeinflussen u. a. Faktoren wie das verwendete Papier, die Farbe sowie die Druckmaschine den Druckprozess bzw. die Farbgebung. Berücksichtigen Sie dies bei den Farbeinstellungen im Bildbearbeitungsprogramm sowie bei der Verwendung von ICC-Profilen.
Wenn Sie ein Plakat für die Modemarke Pazzo! gestalten, bleibt Ihnen die Wahl zwischen verschiedenen Größen – von DIN-A3 (was auch schon als Plakat gilt) bis zum Megaposter an einer Hauswand.

Bedenken Sie, dass ein Plakat grundsätzlich andere Elemente als eine Anzeige enthält. Dies liegt vor allem daran, dass die Sehgewohnheiten für Plakate andere sind als die bei einer Anzeige: Plakate sehen wir im Vorbeifahren, Anzeigen können wir meist in Ruhe beim Durchblättern einer Zeitung oder Zeitschrift betrachten.

Daher sollte ein Plakat nur die wesentlichen, für die geforderte Aussage wichtigen Elemente enthalten.

Überraschen Sie den Betrachter mit ungewöhnlichen Situationen, die erst auf den zweiten Blick zu entschlüsseln sind – oder verlassen Sie sich auf Bewährtes und achten auf eine klare Gliederung und die Einhaltung der allgemeingültigen Blick- und Leserichtung.

Plakate setzen Zeichen und gestalten unsere Umwelt mit. Lassen Sie von Ihrem Plakat Signale in Form von kräftigen Farben und plakativen – also weithin sicht- und lesbaren Schriften – ausgehen.

Platzieren Sie an den Nahtstellen des Plakates keine sensiblen Elemente.

Korrespondierend zur Verwendung bzw. dem Einsatz des Plakats kann das Druckverfahren gewählt werden: Vom Offset- bis zum Digitaldruck.

1. **Anzeige**
   a) Wodurch unterscheiden sich verschiedene Anzeigenarten?
   b) Gestalten Sie aus der Werbeanzeige eine Fließtextanzeige mit der Spaltenbreite 45 mm, Höhe 55 mm.
   c) Gestalten Sie eine Anzeige im Format 89 x 94 mm mit folgendem Inhalt: RESTAURANT WINZERSTUBE, ORIGINAL WINZERGERICHTE, WEINE AUS EIGENEM ANBAU, GEEIGNET FÜR FEIERLICHKEITEN ALLER ART, WEINPROBE, MOSELSTRASSE 71, 56068 KOBLENZ, TEL.: 0261/12345, FAX: 0261/67891. Beachten Sie dabei folgende Kriterien: Schrift, Farbe, Aufteilung, Bild, Weißraum und Rand (Abgrenzung zu anderen Anzeigen).

   Behalten Sie die Größe von 89 x 94 mm sowie den vollständigen Inhalt bei.

2. **Plakatarten**
   a) Welche Formate weisen Großflächenplakat, City-Light-Poster und Superposter auf?
   b) Welche Informationen können aufgrund der Sehsituation auf Großflächenplakaten, welche auf hinterleuchteten CLP abgebildet werden?
   c) Welche Regeln sollten bei der Plakatgestaltung beachtet werden?

3. **Strategisches Marketing**
   a) Für einen Anbieter hochwertiger Uhren ist eine großangelegte Werbekampagne zu konzipieren. Hierzu soll der Markt nach Lifestyle-Kriterien segmentiert werden.
      - Erläutern Sie die Strategische Landkarte im Rahmen der Sinus-Milieu-Analyse.
      - Wählen Sie aus der Strategischen Landkarte die relevanten gesellschaftlichen Leitmilieus aus und begründen Sie die Auswahl.
      - Beschreiben Sie die Konsequenzen hinsichtlich der Erstellung eines Mediaplans, der Gestaltung eines Werbeflyers, der Bild- und Textauswahl einer Zeitschriftenanzeige.
   b) Suchen Sie aus verschiedenen Zeitschriften Werbeanzeigen heraus, schneiden Sie diese aus und ordnen Sie diesen Anzeigen den gesellschaftlichen Leitmilieus zu.
   c) Wählen Sie drei Modelle eines beliebigen Automobilherstellers und ordnen Sie diesen eine Marktposition zu. Erstellen Sie hierzu auch eine geeignete Matrix.
   d) Beschreiben und unterscheiden Sie das strategische und operative Marketing am Beispiel eines Sportartikelherstellers. Erläutern Sie in diesem Zusammenhang die Bedeutung der Entscheidungen, die der Hersteller auf der Ebene des strategischen Marketings fällen muss.
   e) Beschreiben Sie den Produktlebenszyklus am Beispiel eines Sportartikels Ihrer Wahl.
   f) Warum muss ein Marktsegment intern homogen und extern heterogen sein?

4. **Farbtechnologie**
   a) Beschreiben Sie die Gerätab- bzw. -unabhängigkeit von RGB/CMYK bzw. CieYxy/CieLAB anhand unterschiedlicher Faktoren.
   b) Berechnen Sie den S- und B-Wert einer Farbe, die im RGB-Modus angelegt wurde: Der Helligkeitswert wird berechnet mit: (maximaler Farbwert/255) x 100 %

Der Sättigungswert wird berechnet mit:
(maximaler Farbwert − minimaler Farbwert)/maximaler Farbwert × 100 %
c) Definieren Sie den Farbbereich Blau im HSB-Modell sowie als Nanometer-Angabe im Spektrum.
d) Wodurch ist die autotypische Farbmischung möglich?
e) Ein Farbton hat im Buntaufbau die folgenden Werte: C 70, M 40 und Y 30. Separieren Sie diesen Farbton für den Unbuntaufbau so, dass die gesamte Graukomponente durch Schwarz ersetzt wird. Notieren Sie den Gesamtfarbverbrauch vorher und nachher.
f) Berechnen Sie anhand von frei gewählten Angaben den Farbabstand Delta E.
g) Beschreiben Sie die Herstellung von ICC-Profilen für Ausgabegeräte (Monitor und Drucker).
h) Welche Eigenschaften haben die vier Rendering Intents?

5. **Druckfarbe**
   Vgl. LS 3
   a) Warum ist bei manchen Plakaten ein Hintergrunddruck in Form einer Rasterfläche, bei anderen ein Konterdruck notwendig?
   b) Neben Eyecatchern wie Headline und Bild finden sich auf Plakaten oft prägnante Slogans wieder. Entwerfen Sie zu den folgenden Begriffen je einen passenden Slogan. Anregungen finden Sie auf www.slogans.de.
      • Katzenfutter
      • Digitalkamera
      • Druckerei
      • Super-Kraftstoff für Kfz
   c) Anzeige und Plakat enthalten verschiedene Elemente. Visualisieren Sie im Scribble-Stil eine Anzeige und ein Plakat, indem Sie die folgenden Symbole verwenden:

   Vgl. LS 2, 2.4.1

   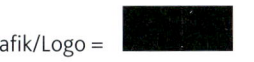

   Bild = ☒   Copy = ──

   Headline = ▬   Grafik/Logo = ▬

   d) Unterscheiden Sie die beiden Plakatbeispiele anhand folgender Faktoren:
   Bildpositionierung/Bildwahl/Bildausschnitt, Seitenaufteilung, Inhalt/Wertigkeit, Blickführung.

   Vgl. LS 8, 17.4.5

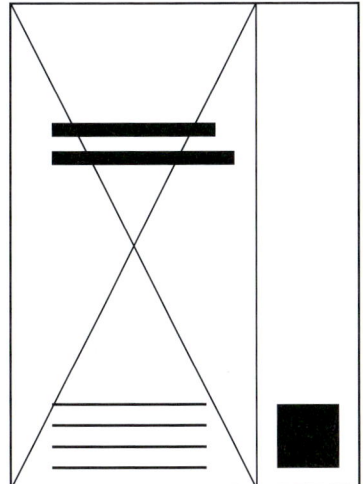
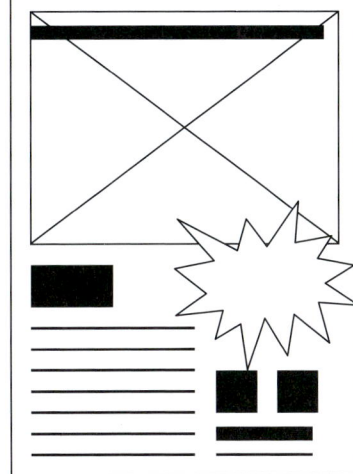

   e) Aus welchen Komponenten besteht Druckfarbe?
   f) Welche Eigenschaft der Druckfarbe wird durch den Tack angezeigt?
   g) Erläutern Sie den Begriff „Lichtechtheit".
   Vgl. LS 6, 20.1
   h) Erkläre Sie die grundlegende Funktionsweise des Siebdruckverfahrens.
   i) Welche Vor- und Nachteile hat der Digitaldruck gegenüber dem Offsetdruck?
   j) Beschreibe Sie die notwendigen Schritte von der Aufladung der Fotoleitertrommel bis hin zum fertigen Druck.

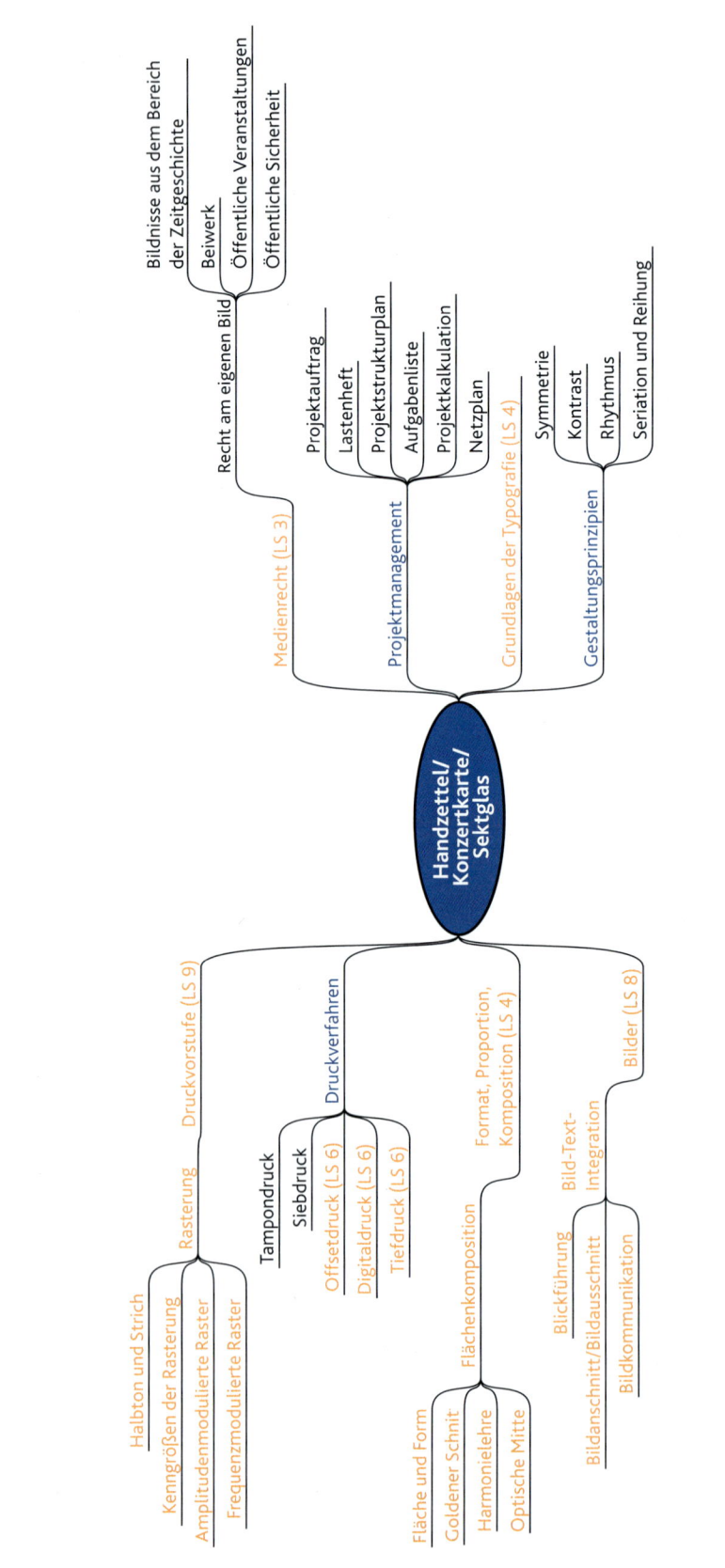

7 Handzettel/ Konzertkarte/ Sektglas

7 Handzettel/Konzertkarte/Sektglas

In der Oper laufen die Vorbereitungen zu den „Mozartwochen". 14 Tage lang wird es vier Konzerte mit Werken von Mozart geben. Die Creativ GmbH hat den Auftrag erhalten, hierfür die Konzertkarten (Eintrittskarten), einen Handzettel mit Kurzinformationen zu den Aufführungen und Terminen sowie den Schriftzug für ein Sektglas zu gestalten. Aufgeführt werden das Requiem, die Zauberflöte, vier Hornkonzerte und das Violinkonzert. In den Pausen wird jeweils ein Sektempfang stattfinden. Die verwendeten Sektgläser sollen hierfür den Schriftzug „Mozartwochen" als Aufdruck erhalten. Dieser Schriftzug soll auch in die Gesamtgestaltung integriert werden. Die Ausführung der Drucksachen erfolgt in Schwarz-Weiß. Das Format für Konzertkarte und Handzettel ist frei wählbar.

13.4 Recht am eigenen Bild

Da die Konzertkarte und der Handzettel Fotos von Personen (Musiker, Publikum etc.) beinhalten sollen, muss die Creativ GmbH prüfen, ob die Verwendung rechtlich unbedenklich ist.

Will man Fotos von Personen in Zeitschriften, Zeitungen oder anderen Medien veröffentlichen, sind bestimmte rechtliche Rahmenbedingungen zu beachten.
Das Gesetz, das diesen Rahmen vorgibt, ist das **Gesetz betreffend das Urheberrecht an Werken der bildenden Künste und der Photographie**, das **Kunsturhebergesetz (KUG)**. Das Urheberrecht ist vor vielen Jahren aus dem KUG als eigenständiges Gesetz (Urhebergesetz) ausgegliedert worden. Insofern täuscht die Bezeichnung dieses Gesetzes etwas über seinen Inhalt hinweg. Grundsätzlich gilt nach dem KUG, dass für die Veröffentlichung eines Fotos eine Genehmigung der dort abgebildeten Person(en) vorliegen muss. Somit ist zu prüfen, ob die Rechte der auf der Konzertkarte abzubildenden Personen verletzt werden.

§ 22 (Recht am eigenen Bild)

Bildnisse dürfen nur mit Einwilligung des Abgebildeten verbreitet oder öffentlich zur Schau gestellt werden. Die Einwilligung gilt im Zweifel als erteilt, wenn der Abgebildete dafür, dass er sich abbilden ließ, eine Entlohnung erhielt. Nach dem Tode des Abgebildeten bedarf es bis zum Ablaufe von 10 Jahren der Einwilligung der Angehörigen des Abgebildeten. [...]

Die allgemeine Regelung im § 22 I KUG wird allerdings von einigen Ausnahmen eingeschränkt. Diese Ausnahmen werden in § 23 KUG geregelt:

§ 23 (Recht am eigenen Bild, Ausnahmeregelungen)

(1) Ohne die nach § 22 erforderliche Einwilligung dürfen verbreitet und zur Schau gestellt werden:
1. Bildnisse aus dem Bereiche der Zeitgeschichte
2. Bilder, auf denen die Personen nur als Beiwerk neben einer Landschaft oder sonstigen Örtlichkeiten erscheinen
3. Bilder von Versammlungen, Aufzügen und ähnlichen Vorgängen, an denen die dargestellten Personen teilgenommen haben
4. [...]

Prüfen Sie, ob es sich bei der Nutzung der Fotos für die Konzertkarte und den Handzettel um eine Ausnahmeregelung des § 22 KUG handelt (Schranken des § 23 KUG) und eine Verwendung ohne Einwilligung der abgebildeten Personen ggf. möglich ist.

Diese Schranken werden im Folgenden anhand von Beispielen genauer erklärt.

13.4.1 Bildnisse aus dem Bereich der Zeitgeschichte

Mit **Bildnissen „aus dem Bereiche der Zeitgeschichte"** (§ 23 I Ziff. 1 KUG) sind Abbildungen von Personen gemeint, die öffentlich bekannt, also **Personen der Zeitgeschichte** sind. Man unterscheidet hier **relative** und **absolute** Personen der Zeitgeschichte.

Eine **relative Person der Zeitgeschichte** ist eine Person, die nur *vorübergehend* in der Öffentlichkeit steht. Diese Personen dürfen im Zusammenhang mit dem Ereignis, aufgrund dessen sie im Interesse der Öffentlichkeit stehen, fotografiert und veröffentlicht werden.

Die Kassiererin „Emmily" wird bei der Wiederaufnahme ihrer Tätigkeit als Kassiererin bei ihrem alten Arbeitgeber fotografiert.

Allerdings gilt trotz dieser in § 23 I 1 KUG beschriebenen Schranke des § 22 KUG eine Einschränkung („Schranke der Schranke"): Werden nämlich durch die Abbildungen der fotografierten Person deren Grundrechte verletzt, ist eine Veröffentlichung der Bilder nicht rechtmäßig. Diese Einschränkungen finden sich jedoch nicht im KUG, sondern im **Grundgesetz** (GG). Denn obwohl in Artikel 5 I GG die Pressefreiheit garantiert wird, so gibt Artikel 5 II GG den Hinweis auf höher stehende Rechte, nämlich die Rechte auf die freie Entfaltung der Persönlichkeit sowie die körperliche (und damit auch seelische) Unversehrtheit (**Persönlichkeitsrechte**). Diese Persönlichkeitsrechte sind in den Artikeln 1 und 2 GG zu finden, und „schlagen" somit den Grundsatz der Pressefreiheit, der in Artikel 5 I GG geregelt ist. Diese Einschränkung gilt ebenfalls für alle weiteren Ausnahmen, die das KUG als **Schranken** des grundsätzlichen Rechts am eigenen Bild vorsieht.

Diese Schranken sind auf den Folgeseiten (13.4.2–13.4.4) erläutert.

Zu den **absoluten Personen der Zeitgeschichte** hingegen zählen Personen, die *ständig* im Fokus der Öffentlichkeit stehen, also beispielsweise Politiker, Schauspieler oder bekannte Sportler. Nach einem Urteil des **Bundesgerichtshofes (BGH)**, mit dem die Richter auf ein entsprechendes Urteil des **Europäischen Gerichtshofs für Menschenrechte** reagiert haben, dürfen auch diese in der Regel nur dann ohne ihre Einwilligung in Zeitschriften oder Zeitungen abgebildet werden, wenn die Abbildung im Zusammenhang mit einem **Ereignis der Zeitgeschichte** steht und mit der Abbildung ein angemessenes Informationsinteresse verbunden ist. Dieses Ereignis der Zeitgeschichte ist immer dann anzunehmen, wenn die Personen im Kontext ihrer Tätigkeit oder ihrer Funktion abgebildet werden.

Es ist nicht zulässig, Felix Magath beim Jogging in seiner Freizeit zu fotografieren und in einem Lifestyle-Magazin abzubilden, weil hier kein mit Magaths Funktion oder seiner Tätigkeit zusammenhängendes Informationsinteresse besteht.

Zulässig hingegen ist, ihn im Zusammenhang mit einem Bericht über ein potenzielles Engagement beim FC Schalke 04 beim Verlassen des Vereinsgeländes zu fotografieren.

> **Artikel 1 [Menschenwürde; Grundrechtsbindung der staatlichen Gewalt]**
>
> *(1) Die Menschenwürde ist unantastbar. Sie zu achten und zu schützen ist Verpflichtung aller staatlichen Gewalt.*
>
> **Artikel 2 [Allgemeine Handlungsfreiheit; Freiheit der Person; Recht auf Leben]**
>
> *(1) Jeder hat das Recht auf die freie Entfaltung seiner Persönlichkeit, soweit er nicht die Rechte anderer verletzt und nicht gegen die verfassungsmäßige Ordnung oder das Sittengesetz verstößt.*
>
> **Artikel 5 [Meinungs-, Informations-, Pressefreiheit; Kunst und Wissenschaft]**
>
> *(1) Jeder hat das Recht, seine Meinung in Wort, Schrift und Bild frei zu äußern und zu verbreiten und sich aus allgemein zugänglichen Quellen ungehindert zu unterrichten. Die Pressefreiheit und die Freiheit der Berichterstattung durch Rundfunk und Film werden gewährleistet. Eine Zensur findet nicht statt.*
> *(2) Diese Rechte finden ihre Schranken in den Vorschriften der allgemeinen Gesetze, den gesetzlichen Bestimmungen zum Schutze der Jugend und in dem Recht der persönlichen Ehre.*

Eine bekannte Schauspielerin wird „oben ohne" mit einem Hochleistungs-Teleobjektiv in ihrer Wohnung fotografiert und das Bild in der einschlägigen Boulevardpresse veröffent-licht. Hier werden die Persönlichkeitsrechte der Schauspielerin verletzt.

13.4.2 Beiwerk

Eine weitere Schranke des § 22 KUG bilden Fotos, auf denen Personen als sogenanntes **Beiwerk** abgebildet sind (§ 23 I Ziff. 2 KUG).

In dem Katalog eines Reiseveranstalters sind Personen zu erkennen, die sich am hoteleigenen Pool aufhalten. Das Hauptmotiv der Abbildung ist der Pool und sind nicht die abgebildeten Personen.

13.4.3 Öffentliche Veranstaltungen

Auch Personen, die an öffentlichen Veranstaltungen teilnehmen, müssen akzeptieren, dass sie ohne ausdrückliche Genehmigung fotografiert und beispielsweise in einer Tageszeitung veröffentlicht werden (§ 23 I Ziff. 3 KUG).

Im Anschluss an das UEFA-Cup Endspiel im Jahre 1997 wird nach dem Elfmeterschießen eine Gruppe jubelnder Fans des FC Schalke 04 fotografiert und das Foto in einer Tageszeitung veröffentlicht.

13.4.4 Öffentliche Sicherheit

Zudem regelt § 24 KUG, dass die Veröffentlichung von Bildern, die einen Betrag zur öffentlichen Sicherheit leisten, erlaubt ist.

§ 24 (Recht am eigenen Bild; Ausnahmeregelungen bei öffentlichem Interesse)

Für Zwecke der Rechtspflege und der öffentlichen Sicherheit dürfen von den Behörden Bildnisse ohne Einwilligung des Berechtigten sowie des Abgebildeten oder seiner Angehörigen vervielfältigt, verbreitet und öffentlich zur Schau gestellt werden.

Im TV wird das Fahndungsfoto eines der sogenannten „Kofferbomber" von Dortmund und Koblenz gezeigt.

Es gilt jedoch bei den in 13.4.2–13.4.4 erläuterten Tatbeständen, ebenso wie bei der Veröffentlichung von Fotos einer Person der Zeitgeschichte, immer der Grundsatz der Wahrung der Persönlichkeitsrechte der abgebildeten Personen nach Art 1 und 2 GG.

23 Projektmanagement

Eine gründliche Planung und Vorbereitung ist bei der Creativ GmbH die Voraussetzung für die gelungene Abwicklung eines Auftrages. Daher müssen zunächst umfangreiche Planungen erfolgen, damit
- die Projektleitung sich einen Überblick über die notwendigen Aufgaben verschaffen kann,
- die notwendigen betrieblichen und personellen Kapazitäten optimal eingesetzt werden können,
- die einzelnen Teilleistungen (z. B. bearbeitete Bilddaten, erstellte Grafiken) zum richtigen Zeitpunkt zur Verfügung stehen und keine Leerlaufzeiten entstehen.

Ein Auftrag, der von Kunden an eine Agentur vergeben wird, wird in der Medienbranche im täglichen Sprachgebrauch meist als **Projekt** bezeichnet. Der Begriff des Projekts ist jedoch enger gefasst und weist in der Regel ganz bestimmte Merkmale auf, die die Planung, Organisation und Durchführung im Gegensatz zu einem „normalen" Auftrag deutlich erschweren. Im Folgenden werden wichtige Merkmale eines Projekts am Beispiel einer Werbekampagne zur Eröffnung eines Biergartens dargestellt.[1]

Erarbeiten Sie die Projektplanung zur Erstellung der Printmedien für die „Mozartwochen".

Ein Projekt verfolgt ein fest vorgegebenes Ziel

Eine Werbeagentur erhält den Auftrag, die Neueröffnung eines Biergartens durch geeignete Werbemaßnahmen bekannt zu machen, damit möglichst viele Gäste am Eröffnungstag erscheinen.

Ein Projekt ist einmalig

Das ausführende Projektteam hat in der Vergangenheit noch nie eine Eröffnungswerbung für einen Biergarten ausgeführt. Allen Bedingungen und Vorgaben liegen keine oder nur sehr geringe Erfahrungswerte zugrunde.

Ein Projekt unterliegt begrenzten Ressourcen

---

[1] Alle Textpassagen, die sich auf diese Eröffnungswerbung beziehen, sind mit dem Beispiel-Icon gekennzeichnet.

Es wird vom Auftraggeber, also vom Pächter des Biergartens, ein Budget vorgegeben, das ausgeschöpft werden kann. Da in der Regel ein Angebotspreis kalkuliert wurde, ist auch der Kostenrahmen für die Selbstkosten der Dienstleistung festgelegt. Der Auftragnehmer (also die Werbeagentur) muss mit dem ihm zur Verfügung stehenden Personal und der vorhandenen Betriebs- und Geschäftsausstattung den Auftrag abwickeln.

Ein Projekt hat einen Anfangs- und Endzeitpunkt

 Mit der Auftragsübergabe beginnt die Laufzeit des Projekts. Da die Werbemaßnahmen für den Biergarten zu einem festgelegten Termin beginnen müssen, ist auch ein Ende des Projekts festgelegt. Alle über diesen Zeitraum hinausgehenden Leistungen, wie etwa Erinnerungswerbung oder Werbung für einen Jazz-Abend o. Ä., gehören nicht mehr zu dem Projekt.

Ein Projekt ist komplex

 Es weist eine Vielzahl von zusammenhängenden Problemen und Teilaufgaben auf, die koordiniert werden müssen.

23.1 Projektauftrag

Der Projektauftrag kommt im Bereich der Medienbranche in der Regel von außen, also von einem Kunden, der eine bestimmte Leistung in Auftrag gibt. In großen Unternehmen werden auch innerbetriebliche Projekte durchgeführt. Der Auftraggeber des Projekts ist hier häufig die Geschäftsführung oder der Vorstand. Projektziele sind hier z. B. die Optimierung von Fertigungsprozessen, der Aufbau einer neuen Betriebsstätte oder die Entwicklung eines neuen Produkts. Im Folgenden stehen jedoch Projekte *externer Institutionen* oder Personen in der Rolle eines Kunden im Vordergrund der Erläuterungen.

 Um vorab die in einem ersten Gespräch zur Auftragsübergabe vereinbarten Rahmenbedingungen zu verschriftlichen, werden diese in das Projektsauftragsformular aufgenommen (s. BuchplusWeb). Der Inhalt dieses Formulars hat verbindlichen Charakter. Die einzelnen Punkte, die darin aufgeführt werden, haben somit bei einem Auftrag, der von einer außenstehenden Person oder Institution vergeben wird, die Eigenschaft eines Vertrags.

Projektauftrag	
Projektname	Eröffnungswerbung Biergarten
Projektleitung	Herr Dittmar
Projektziele • Sachziel • Kostenziel • Terminziel	 Erstellung und Umsetzung eines Mediaplans für den Eröffnungstag Gesamtbudget: 10.000,00 EUR netto Beginn der Kampagne: 05.05.2007
Termine	• Vollständige Angebotskalkulation: 05.03.2007 • Vorbesprechung/Scribble: 15.03.2007 • Zwischenpräsentation: 15.04.2007 • Übergabe: 01.05.2007
Unterschrift	Auftraggeber Auftragnehmer

23.2 Lastenheft

Das Lastenheft listet die Eigenschaften der Leistungen auf, die im Rahmen des Projekts erstellt werden sollen. Auf der Basis der im Projektauftragsformular gesammelten Auftragsdaten wird dann ein Lastenheft erstellt. Dieses dient der Spezifizierung der Sachziele des Projekts, also der Festlegung der Anforderungen an das Projektergebnis.

Auszug aus dem Lastenheft für das Projekt „Eröffnungswerbung Biergarten":
…
Der Auftragnehmer erstellt einen Mediaplan für die Eröffnungswerbung des Biergartens.
Das Budget für die zu treffenden Maßnahmen beträgt 5.000,00 EUR.
Die Dienstleistungen und das Ambiente des Biergartens sollen in der Kampagne herausgestellt werden.
Es soll ein Internetauftritt erstellt werden. Hier soll über eine Bannerwerbung, die in geeigneten Internetauftritten ortsansässiger Unternehmen positioniert werden soll, auf den Eröffnungstag hingewiesen werden.
…

23.3 Projektstrukturplan

Der Projektstrukturplan ordnet zunächst die einzelnen **Teilaufgaben**, die im Rahmen der Projektdurchführung erledigt werden müssen, den **Hauptaufgaben** zu. Die Hauptaufgaben bilden sogenannte **Cluster**, die aus gleichartigen Teilaufgaben bestehen. Das Gliederungskriterium ist deshalb der **inhaltliche Zusammenhang** der Teilaufgaben und liefert keine Aussage über den chronologischen Ablauf, also die Reihenfolge, der zu erledigenden Teilaufgaben.

Die Agentur hat sich für die Produktion eines Flyers und eines Internetauftritts entschieden. Hierbei sind folgende Aufgaben zu erledigen:

Akquise	Fremdleistungen beziehen	Produktion	Übergabe
Kundengespräch/ Scribble	Grafik vom Grafiker	Bildbearbeitung	Präsentation
Fertigungskosten kalkulieren	Anfrage Druckerei, Grafiker, Fotograf	Grafiken nachzeichnen	
Angebot erstellen	Fotos vom Fotografen	Internetseite programmieren	
		Flyer gestalten (Satz)	

23.4 Aufgabenliste

Diese **Aufgabenliste** hingegen zeigt, in welchem chronologischen Zusammenhang die einzelnen Aufgaben stehen. Es müssen also Vorgänger- und Nachfolgeaufgaben innerhalb des Gesamtprojekts festgelegt werden. Dem liegt zugrunde, dass bestimmte Teilaufgaben erst nach der Erledigung bestimmter Vorgänger Aufgaben ausgeführt werden können. Die Aufgabenliste dient also der Planung der richtigen **Reihenfolge der Aufgaben** untereinander.

7 | Lernsituation Handzettel/Konzertkarte/Sektglas

Aufgabenliste, aufgeschlüsselt:

Nr.	Aufgabe	Vorgänger	Dauer (Tage)
1	Kundengespräch, Scribble	–	1
2	Fertigungskosten kalkulieren	1	1
3	Anfrage/Angebot Druckerei, Grafiker, Fotograf	1	2
4	Angebot erstellen, Kundengespräch	2, 3	1
5	Fotos vom Fotografen	4	2
6	Grafiken vom Grafiker	4	5
7	Bildbearbeitung	5	1
8	Grafiken nachzeichnen	6	4
9	Internetseite programmieren	7, 8	2
10	Flyer gestalten (Satz)	7, 8	2
11	Abschlusspräsentation	9, 10	1

23.5 Projektkalkulation

Die Projektkalkulation unterscheidet sich nicht wesentlich von der Kalkulation eines (einfachen) Gestaltungs- oder Druckauftrags. Das, was die Kalkulation eines Projekts allerdings schwierig macht, ist

- zum einen die größere Komplexität im Vergleich zu einem „normalen" Auftrag. Es müssen ggf. mehr Fremdleistungen eingekauft werden und die Vielfalt der eigenen Produktionsleistung ist in der Regel höher.
- Zum anderen ist ein Projekt von dem betreffenden Betrieb zuvor noch nicht ausgeführt worden (sonst wäre es nach den oben beschriebenen Merkmalen kein Projekt). Man hat somit keine oder nur wenig Vorerfahrungen oder Kalkulationsbausteine aus bereits durchgeführten Aufträgen, auf die man zurückgreifen kann. Das erschwert die Kalkulation erheblich, weil Dauer und Umfang des Leistungserstellungsprozesses nur abgeschätzt werden können.

Vgl. LS 1, 6.2.1

Eine gängige Methode ist die Verrechnungssatzkalkulation. Hierbei wird die Dauer der einzelnen Aufgaben geschätzt und mit einem Stundensatz multipliziert. Die Summe der Kosten aller Einzelaufgaben ergibt dann die Kosten des Projekts. Die Kalkulation von Leistungen soll an dieser Stelle jedoch noch nicht vertieft werden.

	Dauer (Std.)	Verrechnungssatz EUR	Kosten EUR
Aufgabe 7	8	40,00	320,00
Aufgabe 8	32	50,00	1.600,00
Aufgabe 9	16	40,00	640,00
Fremdleistungen			1.000,00
Selbstkosten			**3.560,00**

23.6 Netzplan

Um die betrieblichen und externen Ressourcen (Personal, technische Kapazitäten, Fremdleistungen) planen zu können und den Ablauf des Projekts zu optimieren, muss nach der Erstellung der Aufgabenliste das Projektteam einen Überblick erhalten,

- zu welchem Zeitpunkt ein Arbeitsschritt begonnen werden muss,
- zu welchem Zeitpunkt ein Arbeitsschritt beendet sein muss, damit ein anderer Arbeitsschritt beginnen kann,
- wo ggf. Puffer- oder Leerlaufzeiten vorhanden sind,
- wann das Projekt beendet ist.

Hierfür wird ein sogenannter **Netzplan** erstellt, der diese Informationen enthält.

Beispiel eines Netzplans (bezogen auf die Eröffnungswerbung für einen Biergarten):

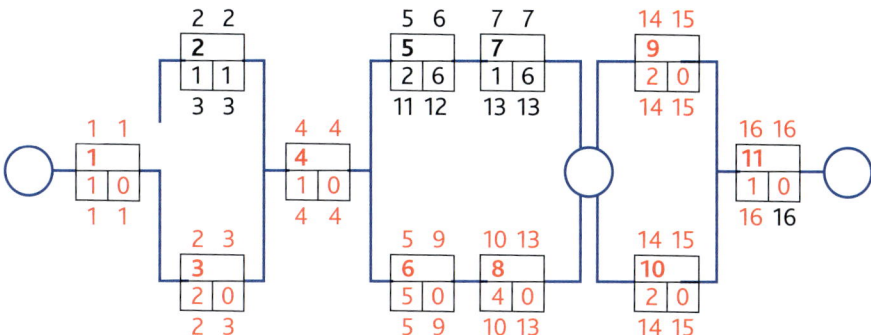

Die rot gekennzeichneten Aufgaben stellen den „Kritischen Pfad" dar. Dieser ist weiter unten erläutert. Diese Erläuterungen sind aber nicht Voraussetzung für das Verständnis der folgenden Kapitel.

Erläuterung zum Netzplan

Eine Aufgabe wird in einem Feld dargestellt, das verschiedene Informationen enthalten muss:

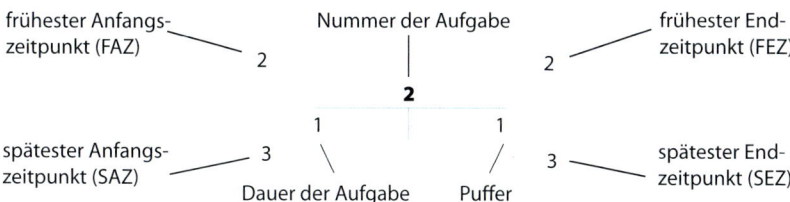

FAZ – Frühester Anfangszeitpunkt

Der **früheste Anfangszeitpunkt** ist der früheste Zeitpunkt, an dem die Aufgabe beginnen kann. *Wohlgemerkt gerechnet vom Anfangszeitpunkt des Projekts.* Der Beginn der Aufgabe ist dabei abhängig von der Erledigung vorhergehender Aufgaben.

FAZ Aufgabe 1:	1. Tag
Dauer:	1 Tag
FAZ Aufgabe 2:	2. Tag

Der FAZ berechnet sich somit wie folgt:

FAZ = FAZ der Vorgängeraufgabe + Dauer der Vorgängeraufgabe

$FAZ_2 = FAZ_1 + Dauer_1$
$FAZ_2 = 1 + 1$
$FAZ_2 = 2.\ Tag$

Die Notwendigkeit der FAZ-Berechnung zeigt sich bei parallel zu bearbeitenden Aufgaben, deren Erledigung für eine oder mehrere Folgeaufgaben notwendig ist. Hier bestimmt die Aufgabe oder Aufgabenfolge mit der **längsten** Bearbeitungsdauer den FAZ der Folgeaufgabe. Der FAZ gibt in diesem Fall Auskunft darüber, dass sich der Startzeitpunkt der Folgeaufgabe verschiebt, obwohl ggf. mehrere Vorgängeraufgaben bereits fertiggestellt sind.

Dauer
Die **Dauer** gibt Auskunft über den Zeitraum, innerhalb dessen die Aufgabe bearbeitet wird.
Vor Beginn der Aufgaben 9 und 10 müssen die Aufgaben 6 und 8 erledigt werden.

FAZ der Aufgabe 6:	7. Tag	FAZ der Aufgabe 8:	10. Tag
Dauer der Aufgabe 6:	1 Tag	Dauer der Aufgabe 8:	4 Tage
FAZ Aufgabe 9/10: 14. Tag			

Der FAZ einer oder mehrerer Aufgaben (hier 9 und 10) wird somit von der Vorgängeraufgabe bestimmt, die am spätesten fertig wird. Dieses ist hier die Aufgabe 8.

$FAZ_{10} = FAZ_8 + Dauer_8$
$FAZ_{10} = 10 + 4$
$FAZ_{10} = 14.\ Tag$

FEZ – Frühester Endzeitpunkt
Der **Früheste Endzeitpunkt** ist der Tag innerhalb eines Projekts, an dem die Aufgabe frühestens beendet sein kann.

Aufgabe 3		
FAZ	Dauer	FEZ
2. Tag	2 Tage	3. Tag

Der früheste Endzeitpunkt berechnet sich aus dem frühesten Anfangszeitpunkt, addiert mit der Dauer der Aufgabe. Da am Tag des FAZ bereits ein Tag an der Aufgabe gearbeitet wird, muss man die Dauer, die man zum FAZ addiert, um einen Tag, also den Wert „1" (= 1 Tag) vermindern.

FEZ = FAZ + [Dauer – 1 (Tag)]
(Die eckigen Klammern wurden hier nur zur Verdeutlichung gesetzt.)

$FEZ = 2 + (2 – 1)$
3. Tag

SEZ – Spätester Endzeitpunkt
Der **späteste Endzeitpunkt** ist der Zeitpunkt, an dem eine Aufgabe spätestens beendet sein muss, damit sich der Beginn der Folgeaufgaben nicht verzögert. Der SEZ berechnet sich aus dem FAZ der Folgeaufgabe, abzüglich einem Tag.

Vor dem Beginn der Aufgabe 4 müssen die Aufgaben 2 und 3 erledigt werden.

	FAZ	Dauer	FEZ	SEZ
Aufgabe 2:	2. Tag	1 Tag	2. Tag	3. Tag
Aufgabe 3:	2. Tag	2 Tage	3. Tag	3. Tag

Die Fertigstellung der Aufgabe 3 nimmt die längste Zeit in Anspruch. Spätestens zum FEZ der Aufgabe 3 muss die Aufgabe 2 erledigt sein. Um „pünktlich" fertig zu sein, muss die Aufgabe 3 somit nicht am FEZ enden, sondern kann auch zu einem späteren Zeitpunkt fertiggestellt werden. In diesem Beispiel reicht es also aus, die Aufgabe 2 erst am 3. Tag zu beenden, obwohl sie auch früher beendet werden könnte.

Da das Projekt aus einer Reihe hintereinander geschalteter Aufgaben besteht, muss man für die Ermittlung der SEZ eine sogenannte **Rückwärtsterminierung** durchführen. Das bedeutet, dass man vom SEZ der letzten Aufgabe ausgehen muss, um die SEZ der jeweiligen Vorgängeraufgaben berechnen zu können.

Geht man davon aus, dass die letzte Aufgabe des Projekts optimalerweise am FEZ erledigt sein soll – dieses ist schließlich das Ziel der Terminplanung des Netzplans –, ist der FEZ der letzten Aufgabe gleich ihrem SEZ und somit auch ihr FAZ gleich dem SAZ. Das bedeutet, dass man zunächst mithilfe der **Vorwärtsterminierung** den FAZ (und somit gleichzeitig den FEZ) als Basisdaten zur Feststellung der SAZ und SEZ ermitteln muss.

SEZ = SAZ der Nachfolgeaufgabe – 1 Tag

Von Aufgabe 11 ausgehend soll für Aufgabe 10 der SEZ berechnet werden:

$SEZ_{10} = SAZ_{11} - 1$
$SEZ_9 = 16 - 1$
$SEZ_9 = 15.$ Tag

Der SEZ von Aufgabe 10 ist somit der 15. Tag.
Würde sich die Dauer der Aufgabe 10 um einen Tag auf den 16. Tag verlängern, könnte die Aufgabe 11 erst am 17. Tag beginnen.

SAZ – Spätester Anfangszeitpunkt
Der **späteste Anfangszeitpunkt** einer Aufgabe ist der Zeitpunkt, an dem eine Aufgabe spätestens begonnen werden muss, damit sie zum SEZ fertiggestellt ist. Ein späterer Anfangszeitpunkt würde den SEZ hinauszögern und somit zu einer Verzögerung des Gesamtprojekts führen.

SAZ = SEZ der gleichen Aufgabe – [Dauer – 1 (Tag)]

Der SAZ von Aufgabe 3 berechnet sich wie folgt:

$SAZ_3 = SEZ_3 - (2 - 1)$
$SAZ_3 = 3 - (2 - 1)$
$SAZ_3 = 2$

Der SAZ der jeweiligen Aufgabe zählt als Arbeitstag mit, sodass von der Dauer die Zahl 1 (= 1 Tag) subtrahiert werden muss.

Puffer

Der **Puffer** ist die Dauer, um den sich eine Aufgabe verzögern könnte, ohne dass sich die Gesamtdauer des Projekts verzögert. Ein Puffer ist ein Zeitpolster zwischen dem FEZ und dem SEZ, das sich dadurch ergibt, dass andere parallel zu bearbeitende Aufgaben mehr Bearbeitungszeit benötigen.

Für Aufgabe 2 auf der Seite ergibt sich folgender Puffer:

FEZ	Puffer	SEZ
2. Tag	1 Tag	3. Tag

Puffer = SEZ − FEZ

Der Puffer berechnet sich somit wie folgt:

$Puffer_2 = 3 - 2$
$Puffer_2 = 1$

Ein Sammelvorgang fasst mehrere zusammengehörige Einzelvorgänge zu einem einzigen Vorgang zusammen. Im Rahmen des Beispiels könnte man die Aufgaben drei und vier zum Sammelvorgang „Kalkulation" zusammenfassen und zur besseren Übersicht als *einen* Vorgang darstellen. Aufgrund der geringen Komplexität des Projekts ist dieses aber nicht notwendig.

Meilensteine

Für bestimmte Phasen eines Projekts werden im Netzplan sogenannte **Meilensteine** gesetzt. Diese Meilensteine kennzeichnen folgende Abschnitte innerhalb eines Projekts:

Anfangsmeilenstein

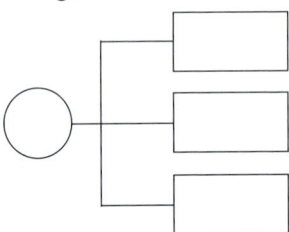

Der Anfangsmeilenstein kennzeichnet den Beginn einer oder mehrerer Aufgaben, die keinen Vorgänger haben.

Endmeilenstein

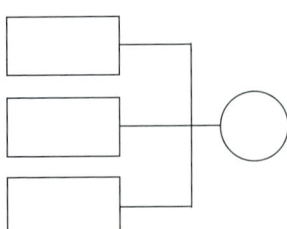

Der Endmeilenstein kennzeichnet das Ende einer oder mehrerer Aufgaben, die keinen Nachfolger haben.

Binnen-Meilenstein

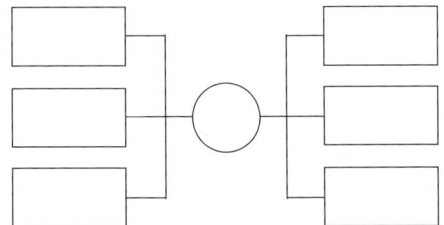

Der Binnen-Meilenstein wird dann gesetzt, wenn mehrere Aufgaben auf mehrere Aufgaben folgen. Meilensteine sind in der Projektplanung und Überwachung Schlüsselereignisse, die zur Fortsetzung des Projektablaufs erreicht werden müssen.

Ein Richtfest kennzeichnet die Beendigung mehrerer Aufgaben bei einem Hausbau. Erst nach dem Richtfest können weitere Aufgaben durchgeführt werden. Insofern ist ein Richtfest ein Meilenstein.

Kritischer Pfad

Der **kritische Pfad** verläuft durch die Aufgaben, die jeweils bei parallel zu bearbeitenden Aufgaben den spätesten SEZ haben, denn diese Aufgaben haben keinen Puffer. Eine Verzögerung dieser Aufgaben hat eine Verzögerung des gesamten Projekts zur Folge.

Im Netzplan verläuft der kritische Pfad durch folgende Aufgaben:

1 – 3 – 4 – 6 – 8 – 9/10 –11

> Formulieren Sie nun zum Projekt „Mozartwochen" einen Projektauftrag und erstellen Sie einen Projektstrukturplan mit Aufgabenliste, Projektkalkulation und Netzplan.

21.5 Tampondruck

> Sicherlich haben Sie sich bis hierhin schon Gedanken über das Druckverfahren für den Handzettel und die Konzertkarten gemacht. Für hohe Auflagen bietet sich der Offsetdruck an. Bei geringen Auflagen empfiehlt sich der Digitaldruck – mit dem Vorteil, in kurzer Zeit Exemplare nachdrucken zu können. Doch auch die Sektgläser für den Sektempfang müssen mit dem Schriftzug „Mozartwochen" versehen werden. Dazu bieten sich die im Folgenden vorgestellten Druckverfahren Tampondruck oder Siebdruck an. Gehen Sie zur weiteren Bearbeitung des Auftrages davon aus, dass 1.000 Sektgläser bedruckt werden sollen.

Der Tampondruck ist ein indirektes Tiefdruckverfahren. Eine flexible Tampondruckform aus Silikonkautschuk nimmt die Farbe von einer Tiefdruckform auf und überträgt sie auf das zu bedruckende Material. Dabei passt sich der verformbare Tampon der Oberfläche des zu bedruckenden Gegenstandes an – egal, ob diese eine runde, nach innen gewölbte oder strukturierte Oberfläche aufweist. Sogar das Bedrucken einer Walnuss-Schale – z. B. mit einem Logo – ist möglich. Auch spielen raue Oberflächen keine Rolle. Es kann 1- bis 5-farbig gedruckt werden. Bei Kleinauflagen ist die Tampondruckmaschine in kurzer Zeit für neue Aufträge gerüstet. Neben der Möglichkeit, nahezu jede Form zu bedrucken, sind auch das Hineindrucken in Vertiefungen und die Wiedergabe feiner Schriften weitere Vorteile des Tampondrucks.

Tampondruckmaschine
Bildquelle: TOSH Italien und GFB Köln

Der Farbauftrag ist nicht so hoch wie beim Siebdruck, sodass je nach verwendeter Farbe, Untergrund und Verwendung eine kürzere Haltbarkeit gegeben ist. Oft findet der Tampondruck Verwendung bei der Bedruckung von Werbeartikeln wie Kugelschreiber, Tassen, Gläser, Feuerzeuge, o. Ä. – gerade auch in geringer Stückzahl. In der o. a. Abbildung sind Tampons aus Silikonkautschuk zu sehen. Von Vorteil ist der weiche Silikonkautschuk und der geringe Anpressdruck gerade für das Bedrucken von dünnwandigen Gläsern. Im Gegensatz zum Siebdruck kann – je nach Qualitätsanforderung – beim Tampondruck oft nicht genügend Farbe auf den Gegenstand gedruckt werden, da die Farbaufnahmekapazität des Tampons begrenzt ist. Die Farbschichtdicke ist zu gering, um einer hohen Beanspruchung zu genügen bzw. Motive deckend zu drucken. In diesem Fall wäre es sinnvoller, auf den qualitativ höherwertigen Siebdruck umzusteigen.

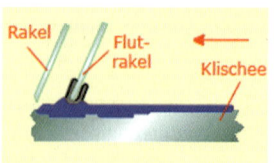 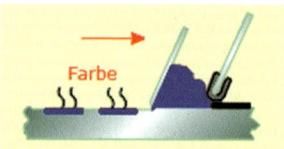 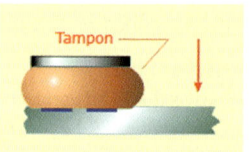
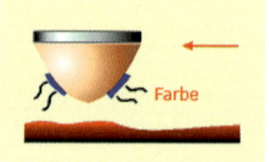  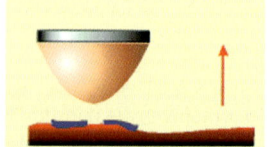

Funktionsschema Tampondruck
Bildquelle: TOSH Italien und GFB Köln

 Obwohl die Gestaltung der Drucksachen in Schwarz-Weiß erfolgen soll, sollten Sie sich an dieser Stelle kurz Gedanken über die farbliche Ausarbeitung des Sektglases machen. Beachten Sie bei der Herstellung der Druckdatei für das Sektglas Folgendes: Möchten Sie die Farbe Weiß auch hier einsetzen, muss Weiß als eigenständige Volltonfarbe (Sonderfarbe) definiert sein, damit für die Bedruckung eines transparenten Glases die entsprechende Druckform erstellt werden kann.

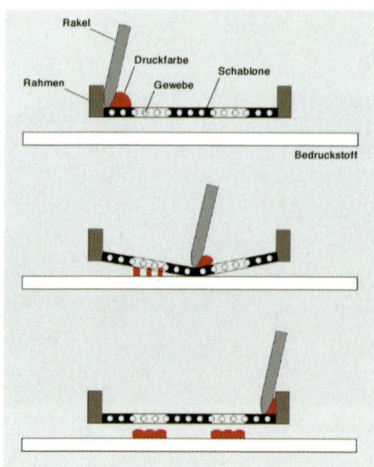

21.6 Durchdruck/Siebdruck

Der Siebdruck ist ein sehr vielseitiges Druckverfahren. Nahezu alle Materialien (Metall, Papier, Stoff, Keramik) und auch Formen können bedruckt werden. Obwohl es auch Rotations-Siebdruckmaschinen gibt, die vor allem für den Druck von Tapeten eingesetzt werden, ist es im klassischen Printbereich eher ein Druckverfahren, welches für kleinere Auflagen eingesetzt wird.
So wird der Siebdruck beispielsweise für den Druck von Plakaten oder grafischen Kunstdrucken bis ca. 500 Stück genutzt. Außerdem werden Verkehrsschilder, CDs, Textilien (T-Shirts, Tragetaschen, usw.) und Keramik (Fliesen) bedruckt.

Beim Durchdruck wird die Farbe durch ein feinmaschiges Sieb hindurchgepresst. An den zu druckenden Bildstellen ist das Sieb durchlässig. An den Nichtbildstellen ist das Sieb beschichtet, sodass keine Farbe hindurchgelassen wird. Wie die neben stehende

Schematische Darstellung des Siebdruckverfahrens

Abbildung zeigt, wird die Druckform, welche in einen Rahmen eingespannt ist, mit Farbe geflutet. Eine Rakel streicht über die Druckform und presst die Druckfarbe an den offenen Stellen auf den Bedruckstoff. Die Stärke der Siebfäden sowie die Maschenweite beeinflussen den Farbauftrag und die Farbschichtdicke. Die neben stehende Darstellung weicht allerdings in Bezug auf die Siebfeinheit von der Realität ab: gängige Siebfeinheiten liegen zwischen 70 und 180 Fäden pro Zentimeter. Im Vergleich zum Durchmesser eines menschliches Haares sind die Fäden eines 120er Gewebes nur etwa halb so dick. Je feiner der Bedruckstoff, desto höher ist die Anzahl der Fäden zu wählen.

> **Faustregel: Rasterweite des Bildes x 4 = Siebfeinheit (Fäden pro cm)**

Die Druckform – das Sieb – wird in folgenden Arbeitsschritten hergestellt:
1. Beschichtung mit einer lichtempfindlichen Kopierschicht
2. Belichtung eines Positivfilms auf das Sieb (der Positivfilm schützt die später zu bedruckenden Stellen)
3. Auswaschen der unbelichteten Stellen (an den belichteten Stellen ist die Kopierschicht gehärtet)

Herstellung einer Direktschablone mit Flüssigschicht

Im Siebdruck können kaum feine Strukturen, sondern nur grobere Raster und Flächen gedruckt werden. Im Gegensatz zum Offsetdruck mit einem abbildbaren Tonwertumfang von ca. 3–97 % liegt der Siebdruck bei einem Tonwertumfang von 25–75 %. Der Farbauftrag im Siebdruck ist ca. 15 x stärker als im Offsetdruck.

Durch die sehr zähflüssige Siebdruckfarbe und den hohen Anteil an Farbpigmenten können nahezu alle Oberflächen deckend bedruckt werden, was sich natürlich auf die Lebensdauer des Druckbildes auswirkt. Merkmal des Siebdrucks sind die durch das Sieb gezackten Ränder des Motivs.

Im Vergleich zum Tampondruck, der ebenso für die oben aufgezählten Materialien und Formen verwendet werden kann, wird in farbigen Flächen ein wesentlich ruhigeres Druckbild erzeugt. Siebdruckfarben sind häufig lösemittelhaltige Farben, die langsam trocknen.

> Bestimmen Sie die Druckverfahren für Handzettel, Konzertkarte und Sektglas nach den Ihnen vorliegenden Informationen.

Das Recht am eigenen Bild

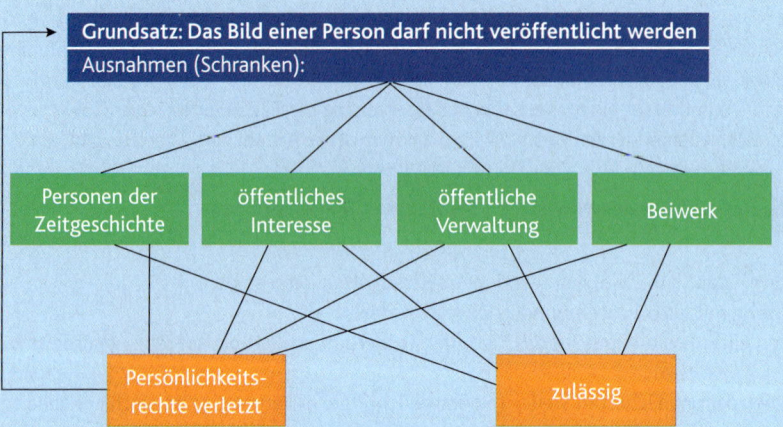

Projektmanagement

Merkmale eines Projekts
- *Einmaligkeit*
- *fest vorgegebenes Ziel*
- *begrenzte Ressourcen*
- *Anfangs- und Endzeitpunkt*
- *Komplexität*

Phasen des Projekts
- *Erteilung eines Projektauftrags*
- *Erstellung eines Lastenhefts*
- *Erstellung eines Projektstrukturplans*
- *Zusammenstellung einer Aufgabenliste*
- *Durchführung der Projektkalkulation*
- *Erstellung eines Netzplans*

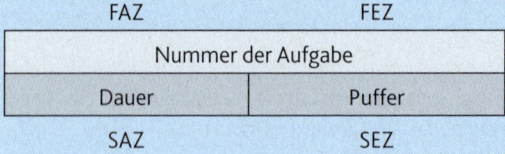

FAZ = FAZ der Vorgängeraufgabe + Dauer der Vorgängeraufgabe
FEZ = FAZ + [Dauer – 1 (Tag)]
SAZ = SEZ der gleichen Aufgabe – [Dauer – 1 (Tag)]
SEZ = SAZ der Nachfolgeaufgabe – 1 Tag
Puffer = SEZ – FEZ

Typografie

Zentraler Blickpunkt der herzustellenden Drucksachen sowie des Sektglases ist der Schriftzug „Mozartwochen". Vergleichen Sie Schriftklassen und deren Wirkungen, um eine passende Schrift auszuwählen. Denken Sie dabei auch daran, dass dieser Schriftzug auf unterschiedlichen Medien (Papier und Glas) einzusetzen und für unterschiedliche Druckverfahren umzusetzen ist.

Da die Drucksachen in Schwarz-Weiß anzulegen sind, empfiehlt es sich, mit Graustufen bzw. Aufrasterungen oder Transparenzen zu experimentieren, oder nutzen Sie den hohen Kontrast der Schwarz-Weiß-Darstellung.

Druckverfahren
Die Anforderungen der einzelnen Druckverfahren an die Gestaltung sind unterschiedlich: je grober, bzw. je weniger präzise das Druckverfahren, desto weniger sind feine Linien, Rastertonwerte und feine Strichstärken der Schrift – z. B. Serifen – wiederzugeben. Achten Sie schon im Vorfeld darauf und passen Sie Ihre Gestaltung entsprechend an.

1. Medienrecht

a) Heidi Klum wird häufig in verschiedenen Situationen mit ihrem Kind fotografiert. Diese Fotos werden dann in entsprechenden Illustrierten veröffentlicht. Erläutern Sie, warum Heidi Klum deutlich auf diese Fotos erkennbar ist, ihre Kinder hingegen mit einem Balken im Gesicht unkenntlich gemacht werden.

b) Im Lokalsportteil der Tageszeitungen werden die Berichterstattungen von Spielen oder Wettkämpfen mit Fotos von den Sportlern ergänzt. Prüfen Sie, nach welchen Gesetzestatbeständen die Veröffentlichung dieser Fotos rechtens ist.

c) Das nebenstehende Foto zeigt die Einkaufstraße einer Stadt und ist im Internetauftritt dieser Stadt zu finden. Beurteilen Sie, ob die Abbildung der Personen auf dem Foto rechtens ist.

2. Projektmanagement

a) Welche Aufgabe haben Meilensteine im Projektmanagement?
b) Erstellen Sie einen Netzplan zur untenstehenden Aufgabenliste:

Nr.	Aufgabe	Vorgänger	Dauer (Tage)
1	Musik digitalisieren und konvertieren	–	2
2	Fotos scannen	–	1
3	Texte verfassen	–	4
4	Videoaufnahmen machen	–	3
5	Texte layouten	3	2
6	Videos einfügen und konvertieren	4	3
7	Dateien komprimieren	1, 2, 5, 6	1
8	Präsentationssoftware erstellen	1, 2, 5, 6	2
9	Präsentation zusammenstellen	7, 8	2
10	Abschließende Tests	9	2

3. Druckverfahren

a) Bestimmen Sie die Einsatzgebiete für Flexo-, Tampon- und Siebdruck.

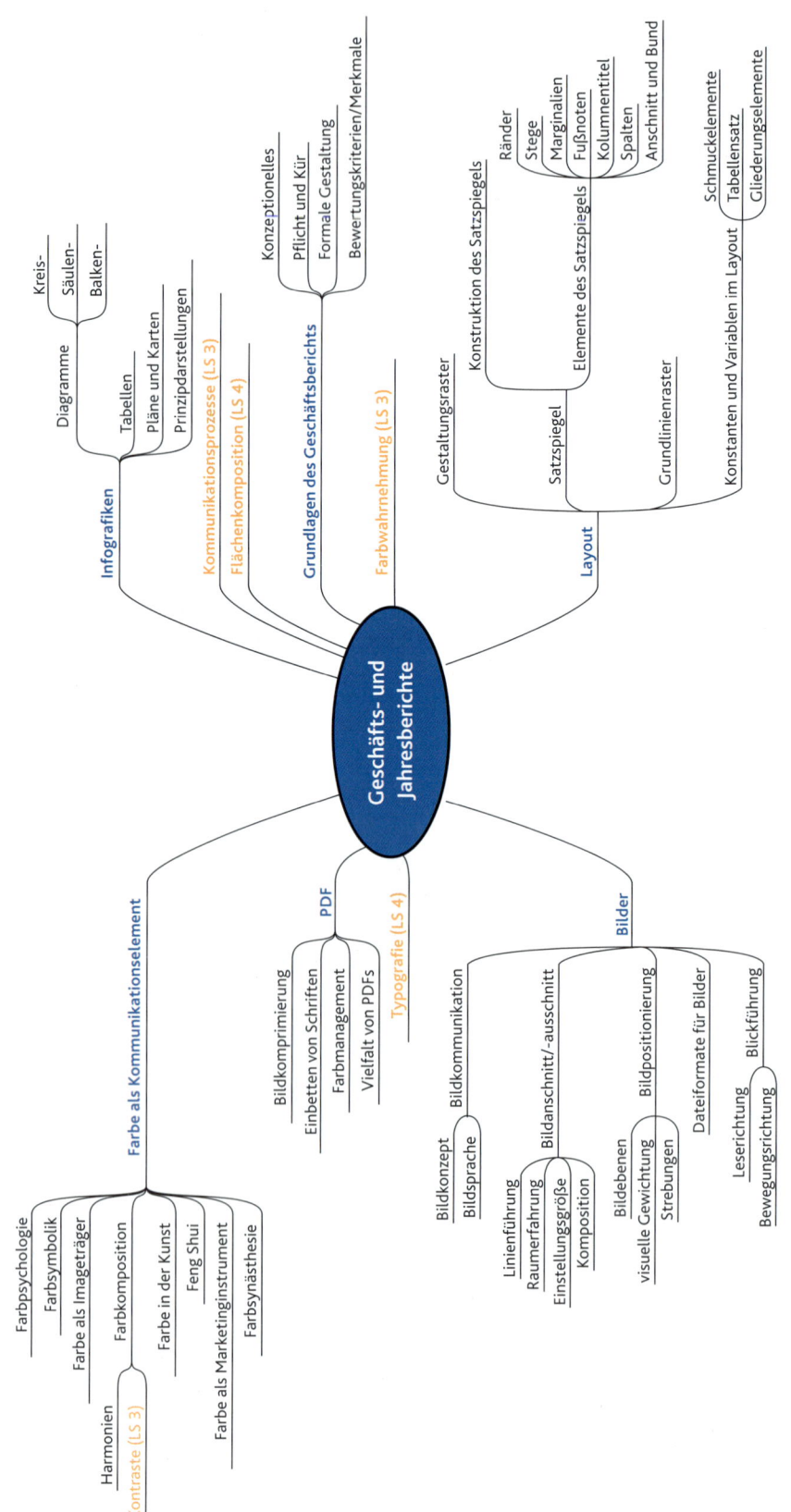

8 Geschäfts- und Jahresberichte

8 Geschäfts- und Jahresberichte

Das „KAUFHAUS SINNESLUST" mit Sitz in Köln will als AG an die Börse gehen.

Die Produktpalette der Firma beinhaltet neben Damen- und Herrenoberbekleidung auch Wohnaccessoires sowie Drogerieartikel aus dem Wellnessbereich. Das Konzept des „Kaufhaus Sinneslust" orientiert sich an fernöstlicher Feng-Shui-Philosophie und hat sich dem Prinzip der ökologischen Nachhaltigkeit verschrieben. Diese Idee wird auch über das Innenraumdesign des Kaufhauses transportiert: Jede Ebene des fünfstöckigen Gebäudes ist einem der fünf Elemente Holz – Feuer – Erde – Metall – Wasser gewidmet und im entsprechenden Farbklima sowie affinen Materialien gestaltet. Das Produktsortiment ist im höheren Preissegment angesiedelt, primäre Zielgruppe nach Sinus-Milieus sind Etablierte, Postmaterielle und moderne Performer.

Sie haben den Auftrag erhalten, zu diesem Zweck einen Geschäftsbericht zu gestalten, der gleichermaßen als Imagereport fungieren soll. Das Unternehmen liefert Ihnen neben den erforderlichen Wirtschafts- und Eckdaten die zu verwendenden Texte. Diese dürfen redaktionell nicht verändert werden. Grundelemente des Corporate Design (CD) in Form von Logo, Hausschrift und Hausfarbe liegen ebenfalls bei, Bilder sind selbst zu erstellen. Die Bildsprache soll das Konzept und die Philosophie des Mutterhauses widerspiegeln – dies kann motivisch oder abstrakt erfolgen, eine Darstellung der Filialen ist in jedem Fall nicht erwünscht. Die Veröffentlichung soll neben der gedruckten Ausgabe auch als PDF generiert werden und auf einer für die Zukunft geplanten Homepage des Kaufhauses als Download bereitgestellt werden.

Das geschlossene Format des Berichtes darf ein DIN-A5 Format nicht überschreiten, Zwischenformate sind möglich. Hoch- oder Querformat sind frei wählbar.

10.5 Geschäftsbericht

„Der Geschäftsbericht ist der Händedruck eines Unternehmens."[1]

Zu den wichtigen Faktoren bei der Gestaltung eines Geschäftsberichts zählen:

- Verpackung
- Inhalt
- visuelle Gesamtinszenierung
- Lesefreundlichkeit
- Bildsprache
- Farbklima
- grafische Schaubilder

Sie machen den oben zitieren „Händedruck" eines Unternehmens aus und werden im Rahmen dieses Kundenauftrags erläutert.

Aus dem Dienstleistungsangebot zweier Werbeagenturen:
„Ein gelungener Geschäftsbericht? Hier wird die Pflicht zur Kür, werden bloße Fakten zu starken Imagebotschaften, avancieren Zahlen zur lebendigen Unternehmensidentität. Wir entwickeln grafische und textliche Konzepte für Geschäftsberichte, die mehr sein dürfen als bloßes Zahlenwerk.

---

[1] Olaf Leu, Professor em. für Corporate Design an der FH Mainz

Mit aussagekräftigen Bildern und emotionalen Botschaften erarbeiten wir ein erfolgreiches Kommunikationsmedium, dass sein Geld und Ihre Energie, die Sie dafür verwenden müssen, wert ist und bei Ihren Zielgruppen nicht in Schubladen verschwindet, sondern einen emotionalen Eindruck hinterlässt."[1]

„Gestaltung erschöpft sich nicht in der schönen Form. Wir konzipieren und gestalten Marktpräsenzen im Wissen um das Wesen einer dahinterstehenden Unternehmung oder Institution. In dieser Auseinandersetzung entstehen kreative Leistungen, die auf einer soliden Grundlage basieren und weitreichende Entwicklungsperspektiven beinhalten. Dabei schätzt man neben konzeptioneller Zielstrebigkeit unsere Fähigkeit, auch die emotionalen Intentionen unserer Auftraggeber herauszuspüren und einbinden zu können."[2]

Viele Werbeagenturen präsentieren sich und ihr Tätigkeitsprofil in derart hochwertiger Ausdrucksweise. Analysieren Sie die Aussagen im Hinblick auf die oben genannten Gestaltungsfaktoren für Geschäftsberichte.

10.5.1 Von der Pflicht zur Kür

Aktiengesellschaften sind gesetzlich dazu verpflichtet, ihrer jährlichen Informationspflicht nachzukommen. *Wie* dies erfolgen soll, ist nicht vorgeschrieben. Die meisten Unternehmen wählen die Form des Geschäftsberichts.

Demzufolge sind Bedeutung und Herausforderung an den Geschäftsbericht sehr hoch. Analysten verschaffen sich anhand des Geschäftsberichts einen ersten Eindruck – nicht ohne Einfluss auf die spätere Unternehmensanalyse.

Entscheidend ist der erste Eindruck. Wie im „wirklichen" Leben fällt in Bruchteilen von Sekunden die Entscheidung, ob der Jahresbericht ansprechend, schlecht, interessant, amüsant oder langweilig ist.

Wie also lassen sich Inhalte/Fakten vermitteln und gleichzeitig Emotionen wecken?

Geschäftsberichte gelten heutzutage als wesentlicher Bestandteil eines Firmenauftritts. Sie visualisieren als Teil der Corporate Communication die Unternehmenskultur und seine Philosophie. Die gestalterische Konzeption hängt dabei maßgeblich am Corporate Design des Unternehmens.

Vgl. LS 3, 4.5.1.2

Geschäftsberichte verkörpern eine Ambivalenz zwischen Image und Information, denn die Funktion von Geschäftsberichten hat sich in den letzten Jahren verändert. Lange Zeit bestand ihre Aufgabe im (bloßen) Verkünden von gesetzlich vorgeschriebenen Informationen in Form von durch Wirtschaftsprüfer kontrollierten Zahlenkolonnen, die Aufschluss über die wirtschaftliche Situation eines Unternehmens geben sollten.

> **Finanztechnische Aufstellungen treten heutzutage gegenüber imagebildenden und imagefördernden Aspekten zurück.**

Durch vermehrte Börsengänge von Unternehmen und die Entwicklung am Neuen Markt vollzog sich ein grundlegender Wandel hinsichtlich der Funktion von Geschäftsberichten. Man erkannte, dass der Wert eines Unternehmens durch sogenannte „facts and figures", also auch durch immaterielle und nicht in Zahlen zu vermittelnden Werte repräsentiert und kommuniziert wird.

Der Geschäftsbericht bietet daher die Möglichkeit, wirtschaftliches Datenmaterial gestalterisch und ästhetisch ansprechend zu „verpacken". Dies geschieht auch mit der Zielsetzung, sich auf dem

---

[1] Quelle: www.gestaltungswerk.de/e38/e47/e86/index_ger.html
  Letzter Zugriff: 05.08.2010
[2] Quelle: www.medialink.net
  Letzter Zugriff: 05.08.2010

Investmentmarkt von anderen abheben zu können und gelingt umso besser, je mehr er sich von den vielen „**Me-too-Produkten**" der Financial Communication durch aussagekräftige, authentische, individuelle und visuelle **Kommunikationsstrategien** abhebt.

Imageförderung sollte in jedem Fall glaubhaft, transparent und inhaltlich fundiert sein.

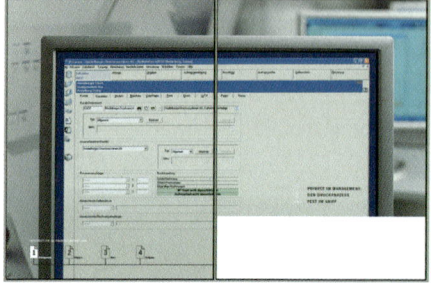
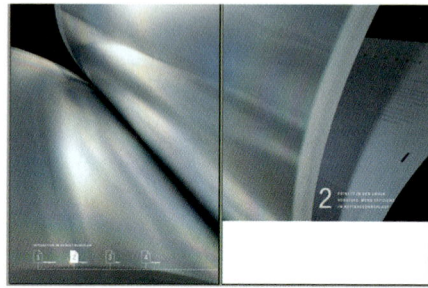
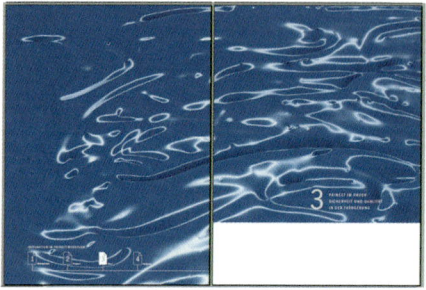

www.
heidelberg.
com

Rubriktitelseiten aus dem Geschäftsbericht 2005/2006 der Heidelberger Druckmaschinen AG: Die Rubriken „Management – Prepress – Press – Postpress" entsprechen der Produktlinie des Unternehmens und werden durch formatfüllende Bilder in einer ästhetischen Bildsprache eingeführt.

Mit dem Bedeutungswandel hat sich auch das Selbstverständnis der Unternehmen hinsichtlich des **Annual Reports** geändert. Sie nutzen ihre Jahresbilanzen zunehmend zur Imageförderung und als **Marketinginstrument**, mit dem sie sowohl ihre Geschäftspartner, ihre Kunden als auch ihre eigenen Angestellten von der Qualität und Nachhaltigkeit ihrer Corporate Identity überzeugen wollen. Wichtig ist in diesem Zusammenhang ein „intelligentes" Design, welches die **Dramaturgie** eines guten Theaterstücks besitzen sollte – reine Informationen sind langweilig, zuviel **Veredelungstechnik** und „Tam-Tam" wirken unseriös.

10.5.2 Formale Gestaltung von Geschäftsberichten

Für Geschäftsberichte gibt es keine Formvorschriften bezüglich der Aufmachung und grafischen Gestaltung. Wovon also hängt die Gestaltung und das Aussehen eines Geschäftsberichts ab? Von der Größe eines Unternehmens oder der Branche?

Das Unternehmen Vorwerk ist nicht an der Börse und braucht nicht auf die Bewertung seitens der Banken Rücksicht zu nehmen. Entsprechend kreativ und witzig präsentieren sich auch die Jahrespublikationen.

Größe und Branche spielen demnach eine untergeordnete Rolle, Form und Inhalt werden vor allem durch das Kommunikationskonzept des Unternehmens bestimmt. Je mehr in diesem Zusammenhang die Funktion der **Imagebildung** an Bedeutung gewinnt, desto wichtiger werden die formalen Eigenschaften eines Geschäftsberichts. Sie kommunizieren symbolisch und bildhaft Eigenschaften des Unternehmens, die sich über Sprache nicht unmittelbar erschließen. Imagebildung im Sinne von Glaubwürdigkeit und Vertrauen wird nicht in erster Linie durch Vermittlung kognitiver Informationen transportiert, sondern suggestiv:

www.vorwerk.com/annual-report/

> „Wenn es gelingt, die Aufmerksamkeit des Lesers zu gewinnen, dann bietet sich eine einmalige Chance, ihm etwas von der Denkweise und Stimmung im Unternehmen zu vermitteln. Auf diese Weise lässt sich der Prozess der Imagebildung aktiv steuern."[1]

Der Gestalter steuert diesen Prozess der Imagebildung, indem er den Einsatz sprachlicher und visueller Zeichen so konzipiert, dass durch sie ein symbolischer Gehalt transferiert wird. Auf diese Weise kommunizieren symbolische Ausdrucksphänomene das Typische eines Unternehmens und sind zur Imagebildung unerlässlich.

Der erste Eindruck
Dem ersten Eindruck folgt das erste Urteil – und zwar in Bruchteilen von Sekunden! Die Kommunikationstheorie vernachlässigt oftmals diesen Zeitfaktor. Dabei laufen Meinungsbildungsprozesse in der Regel eher über Sinneskanäle, als über die kognitive Ebene ab. Man fühlt die Qualität des Papiers, bemerkt intuitiv das Format und die Farbgebung, schaut auf das Titelbild, blättert ein wenig, nimmt Bilder und Zeichnungen wahr und liest ein oder zwei Sätze – und in diesem Moment steht das Urteil fest.

Wer einen Geschäftsbericht gestalterisch konzipiert, sollte sich diesen Prozess der Urteilsfindung bewusst machen. Denn bei der Vielzahl von jährlichen Publikationen kann dem einzelnen Geschäftsbericht naturgemäß nur wenig Zeit gewidmet werden. Es ist also dieser erste Eindruck, der darüber entscheidet, ob Interesse geweckt wird und ob die Bereitschaft entsteht, weiterzulesen und sich auf das Unternehmen und seine Philosophie einzulassen.

Der erste Eindruck gleicht einem **Schlüsselreiz**, der den Kommunikationsprozess unmittelbar und nachhaltig beeinflusst. Denn vermittelt der erste Eindruck ein positives Bild vom Unternehmen, so kann wird sich dieser „Bonus" auch bei der späteren Bewertung des Datenmaterials auswirken.

Das Titelblatt des Geschäftsberichts 2005/2006 der Heidelberger Druckmaschinen AG.
Der erste Eindruck assoziiert direkt die Branchenzugehörigkeit, verbunden mit einer formalen Ästhetik, die das Konzept und die Wertigkeiten des Unternehmens kommuniziert.

---

[1] Klaus Rainer Kirchhoff, in: Olaf Leu (Hg): Geschäftsberichte richtig gestalten. Frankfurt a. M., 2004, S. 29.

10.5.3 Bewertungskriterien[1] zur gestalterischen Qualität von Geschäftsberichten

Qualitätskriterien dienen nicht nur der Qualitätssicherung im Sinne von Bewertung, dem Gestaltenden dienen sie als Leitlinien für die Idee und Konzeption der Gestaltung.

Angemessenheit
- *Erster visueller Eindruck:* Wiedererkennbarkeit des Unternehmens und der Publikationsaufgabe
- *Visuelle Leselogik:* Prägnanz, Klarheit und Übersichtlichkeit der Gliederung
- *Branchenauthentizität:* klare Zuordbarkeit des Auftritts zur Branche
- *Repräsentation:* Vermittlung einer visuell getragenen, inhaltlichen Idee (der Geschäftsbericht wird seiner kommunikativen Funktion als Imageträger gerecht)
- *Corporate Identity:* Die visuelle Umsetzung der Unternehmenspersönlichkeit ist nachvollziehbar

Gesamteindruck
- *Zusammenspiel von Titelseiten und Inhaltsseiten/Titel:* Erzeugung von Aufmerksamkeit und Einstimmung auf den Inhalt (die Umschlaggestaltung dient der dramaturgischen und motivischen Überleitung zu den Inhaltsseiten)
- *Eigenständigkeit:* Originalität und Wiedererkennungswert
- *Gliederung:* erkennbare Systematik und klare visuelle Organisation; Orientierung mithilfe erkennbarer Gestaltungskoordinaten, konstante Informationsanordnung (z. B. Rubriken, Marginalien, Seitenzahlen, Zusammenfassungen) und durchdachte Navigation
- *Allgemeine Gestaltungsqualität:* alle gestalterischen Elemente sind konzeptionell eingebunden.

Typografie
- *Lesequalität:* Lesbarkeit und Leseatmosphäre, ermüdungsfreies Lesen durch die richtige Anwendung der mikro- und makrotypografischen Kriterien; ästhetischer Gesamteindruck der Kolumnen
- *Tabellen:* Typografische Aufbereitung der Tabellen, Lesequalität der Ziffern, adäquate Zifferngröße und Ausrichtung, Tabellensatz
- *Mikro- und Makrotypografie:* Schriftschnitt, Schriftgröße, Spationierung, Zeilenlänge, Durchschuss; Verwendung von Schriftfamilien und -systemen
- *Typografische Proportionen:* Harmonie von Grund- und Auszeichnungsschriften, Wahl der richtigen Schriftgröße, spannungsvolle Stilkontraste, ausgewogenes Verhältnis von Schrift, Satz und Weißraum

Bildsprache
- *Qualität der Fotografien und/oder Illustrationen:* Perspektive, Schärfe und Unschärfe, Licht und Schatten, Farbe oder Schwarz-Weiß, Bildanschnitt und -ausschnitt
- *Ausdruckskraft und Unternehmensbezogenheit:* Kommunikative Qualität der Bilder, Kontextbezug, zielorientierte Vermittlung von Information oder Emotion, eigenständige und glaubwürdige Bildsprache, klare Vermittlung der Kommunikationsziele
- *Durchgängigkeit:* erkennbare Konstanten beim Bildmaterial, Ganzheitlichkeit, durchdachte Wahl von Bildgröße und Bildfunktion (übergeordnete und illustrative Bildebene)

Layout
- *Bild-Text-Integration:* Klare Blickführung durch Gestaltungsraster, Systematik und visuelle Gewichtung, Berücksichtigung kultureller Wahrnehmungsphänomene, ästhetische und funktionale Integration von Text, Bild und Informationsgrafik

---

[1] Die im Folgenden angeführten Kriterien basieren auf einer Studie des Corporate Communication Institute (CCI) der Fachhochschule Münster www.cci.fh-muenster.de.

- *Emotionale Qualität:* Dramaturgie der Konzeption, spannungsvoller Seitenaufbau, ästhetisches Zusammenspiel aller gestalterischen Elemente

Informationsgrafik
- *Qualität:* Wahrnehmungsfreundliche und informative Gestaltung von Tabellen, Diagrammen und Organigrammen
- *Aussagekraft und Unternehmensbezogenheit:* klare Vermittlung der Kommunikationsziele, schlüssiger Kontextbezug, kongruente Gestaltung der Informationsgrafiken hinsichtlich der Unternehmensphilosophie

Farben
- *Farbklima:* Durchgängig funktional und ästhetisch durchdachtes Farbsystem, konsequente und zielorientierte Umsetzung
- *Angemessenheit:* Die Hausfarben (Corporate Colours) sind erkennbar und konstant eingesetzt
- *Funktion:* Systematisierung, Organisation durch Farbelemente und/oder Farbkodierung

Herstellung und Verarbeitung
- *Materialqualität:* Beschaffenheit des Druckstoffes (Opazität, Stabilität, haptische Qualität, Oberfläche, Volumen, Struktur, Eignung als Druckträger)
- *Buchbinderische Verarbeitung:* Funktionale und ästhetische Qualität der Bindung; Steigerung des Gesamteindrucks durch Druckveredelungen wie Lackieren, Stanzen, Prägen, Laminieren
- *Druckqualität:* Passgenauigkeit, Registerhaltigkeit, Farbführung; Grad der möglichst geringen Wellenbildung

Diese Kriterien entsprechen weitestgehend den Themengebieten dieser Lernsituation und werden im Folgenden eingehender erläutert.

Vgl. diese LS, Mindmap

8.4 Farbwahrnehmung

8.4.1 Farbempfinden

Farben wirken – automatisch, unbewusst und von Geburt an. Sie können Stimmungen beeinflussen, Emotionen auslösen und als Indikator Stimmungen anzeigen. Sie wecken Assoziationen und setzen Trends. Dadurch sind sie im Bereich Werbung und Marketing ein wichtiges Kommunikationselement.

> Bei der konzeptionellen Gestaltung können Farben daher zielorientiert und bewusst eingesetzt werden. Wenn Sie als Gestalter mit dem vorliegenden Geschäftsbericht das Image des „Kaufhauses Sinneslust" transportieren möchten, greifen Sie bei der Wahl und Komposition der Farben neben einem gewissen Maß an Intuition auch auf kulturelle Tradition im Sinne einer Symbolik zurück!

Inwieweit allerdings eine tatsächliche Verbindung zwischen der Farbe und den ihr zugeschriebenen Assoziationen und Symboliken besteht, ist gemessen an den Auswirkungen auf die Psyche des Betrachters nur sehr schwer festzustellen. Die individuellen Empfindungen sind trotz kultureller Gemeinsamkeiten zu diffus, als dass man eine feststehende Zuordnung treffen könnte.

Farbe wirkt!

Grundlagen der Farbwahrnehmung

Das visuelle Merkmal Farbe wirkt innerhalb einer gestalterischen Arbeit besonders intensiv. Von innen heraus, selbstständig und meist unbewusst, beeinflussen **Farben** die menschliche Wahrnehmung.  Sie können Gefühle auslösen, Stimmungen verändern und Verhaltensweisen konditionieren (z. B. rote Ampel = Stopp). Farben sind von daher ein wichtiges Gestaltungselement, um Assoziationen zu wecken und Emotionen zu steuern.

Das Farbempfinden des Menschen wird, neben den kulturellen Prägungen und Konventionen, von biologischen Aspekten und individuell geprägten Farbwahrnehmungen beeinflusst. Es ist jedoch nicht ohne Weiteres feststellbar, welcher Aspekt im Einzelnen in welchem Maße an der Farbwahrnehmung beteiligt ist.

Kulturelle Farbwahrnehmung

Innerhalb eines Kulturkreises ist die Farbwahrnehmung durchaus ähnlich. Man kann demnach als Gestalter – ähnlich wie bei den Gestaltgesetzen – mit einem existierenden „**Farbkonsens**" agieren, auch wenn es einzelne Individuen gibt, die stark vom Durchschnitt abweichen. Farben haben in unterschiedlichen Kulturkreisen verschiedene Bedeutungen. Diese Farbbedeutungen werden von einer an die andere Generation weitergegeben und gehören in den Bereich der Symbolwirkung von Farben.

 Die Farbe Weiß symbolisiert im westlichen Raum Reinheit und Vollkommenheit, im asiatischen Kulturraum hingegen den Tod. Daher wird ein aus Asien stammender Mensch eher ein ungutes Gefühl und u.U. eine eher düstere Stimmung verspüren, wenn er von viel Weiß umgeben ist, während Europäer dabei eher an einen feierlichen Anlass, wie z. B. Hochzeit oder Taufe denken werden. Asiaten heiraten daher niemals in Weiß und würden auch keine weißen Elektrogeräte kaufen.

Solche und ähnliche kulturell bedingten Unterschiede in der Farbwahrnehmung müssen bei der Gestaltung unbedingt Berücksichtigung finden. Dies gilt insbesondere für eine zunehmend global ausgerichtete Unternehmenskultur und eine Distribution im World Wide Web.

Biologische Farbwahrnehmung

Die biologischen Grundlagen beziehen sich auf den Sehvorgang und die Reizweiterleitung zum Gehirn. Hier sind Unterschiede in der Wahrnehmung insbesondere durch Farbenfehlsichtigkeit bedingt feststellbar. Wissenschaftlichen Studien zufolge sind 8% der Männer, aber nur 0,4% der Frauen farbenfehlsichtig. Diese Relativität von Farbe sollte der Gestalter bei Diskussionen über Farbnuancen oder Farbkompositionen berücksichtigen.

Ein einfacher, nicht quantitativer Test zur Bestimmung von Farbenfehlsichtigkeit lässt sich mit den sogenannten **Ishihara-Tafeln** durchführen. Die Tafeln zeigen verschiedene Ziffern vor einem Hintergrund, die beide aus unterschiedlich farbigen Farbtupfen zusammengesetzt werden. Sättigung und Helligkeit der Farbpunkte sind dabei gleich, nur der Buntton der Punkte variiert. Die Anordnung der Farben ist so gewählt, dass nur der Farbsehtüchtige die richtige Zahl erkennt.

 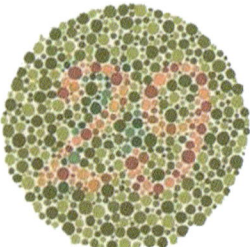

www.seh-testbilder.de

Ishihara-Farbtafeln zur Erkennung von Wahrnehmungsdefiziten: Farbsehtüchtige erkennen die Zahlen „47" und „29" (Farbfehlsichtigen sehen links die Zahl „17", rechts gar keine Zahl)
Benannt wurden sie nach dem japanischen Augenarzt Shinobu Ishihara, der diesen Test 1917 erstmals beschrieb.[1]

---

[1] Vgl. Shinobu Ishihara: Tests for colour-blindness. Handaya, Tokyo, Hongo Harukicho, 1917

Individuelle Farbwahrnehmung

Darüber hinaus führen die unterschiedlichen **Erfahrungen** jedes Menschen zur Entwicklung einer individuellen Farbwahrnehmung. Jeder ist durch seine Umwelt, Familie, Freunde, Schule, etc. anders geprägt. Dies wird bereits dann deutlich, wenn verschiedene Personen ihre Lieblingsfarbe benennen sollen: Bei Jugendlichen ist Schwarz sehr beliebt, während in der älteren Generation bei Männern häufig Blau oder Braun und bei Frauen oft Rot oder dem Rot verwandte Töne wie Pink, Lila etc. als Lieblingsfarbe genannt werden.

Farbempfinden = Zusammenwirken von biologischen Sehvorgängen, kulturellen Einflüssen und persönlichen Wahrnehmungen.

8.4.2 Farbsymbolik

Farbsymbolik gängiger Farben

Farben sind in der Lage, unbewusst Assoziationen auszulösen. Diese **Farbassoziationen** sind zwar nicht bei allen Menschen gleich, lassen jedoch Tendenzen erkennen.

Farbassoziationen gängiger Farben

Aufgrund der Farbassoziationen kann eine Unterteilung in warme und kalte Farben erfolgen

Kalte Farben	Warme Farben
Blau	Gelb
Grün	Orange
Türkis	Rot
	Braun

Die Farbe **Violett** kann sowohl warm als auch kalt wirken, je nach Rot- und Blauanteil.

Vorsicht vor Verallgemeinerungen und Klischees im Bereich der Farbsymbolik!

Die oben angeführte Symbolik gängiger Farben sollte auf keinen Fall als geschlossene Definition verstanden werden! Das Ziel einer solchen Klassifizierung ist es lediglich, gewisse assoziative Grundtendenzen einer durch Konvention und/oder Kulturkreis bedingten Symbolwirkung einer Farbe festzuhalten, die bei der Konzeption eines Medienproduktes berücksichtigt werden sollten. Die vorgenommene Zuordnung dient dabei als idealtypische Orientierung und erhebt nicht den Anspruch auf Vollständigkeit.

Klar ist, dass Farbe nicht isoliert betrachtet und geplant werden kann, sondern immer kontextbezogen (inhaltlich). Darüber hinaus ist sie von den insgesamt eingesetzten syntaktischen Mitteln abhängig.

8.4.4 Farbe als Imageträger

Farben transportieren Wertigkeiten und Status. Ausschlaggebend für die tradierten kulturellen Bedeutungen im Sinne von kostbar oder minderwertig war das Kriterium der Verfügbarkeit farbgebender Substanzen: War der farbgebende Stoff in großen Mengen als natürliche Farben in der Umwelt vorhanden oder war er selten und seine Erzeugung teuer.[1]

Aufgrund des Mangels an rotem Farbstoff war Rot im alten Ägypten den Pharaonen vorbehalten und galt nicht nur bei den Ägyptern als sehr kostbar und edel: Auch im europäischen Mittelalter gab es eine Kleiderordnung, nach der es nur Adeligen vorbehalten war, rote Gewänder zu tragen. Wer unstandesgemäß Rot trug, wurde hingerichtet. Die Geschichte der roten Textilfarbe vom echten violetten **Purpur** bis zum unechten Purpurrot ist eine Geschichte des Luxus.

In vielen Kulturen wurden Stände im Sinne einer Abgrenzung durch Farben gekennzeichnet. Farbwirkungen über kulturelle Prägung sind jedoch veränderlich und von der jeweiligen Kultur abhängig. Dabei spielen neben Kultur und Tradition auch die jeweiligen Lebensumstände eine Rolle hinsichtlich der Wertigkeit: Kein Wunder, dass Grün bei einem Volk, das in der Wüste lebt, das Leben symbolisiert.

Erstellen Sie Stimmungs-Farbcollagen, sogenannte „**Moodcharts**", die innerhalb des Entwurfsprozesses als Visualisierungshilfe dienen, zu folgenden Imagebegriffen:

| esoterisch | extravagant | traditionell |
| technisch | spießig | erogen |

8.4.5 Farbsynästhesie

Der Begriff Synästhesie stammt aus dem Griechischen und ist eine Zusammensetzung aus „syn" = zusammen und „aisthesis" = Wahrnehmung

Synästhesie bezeichnet die Fähigkeit, Sinnesqualitäten zu vermischen. Bestimmte Menschen sind in der Lage, **Sinnesreize** im Gehirn nicht nur an einer Stelle zu verarbeiten wie die meisten Menschen, sondern mehrere Sinneszentren gleichzeitig zu aktivieren. Diese **neurologischen Verknüpfungen** der Wahrnehmung sind am häufigsten beim farbigen Erleben von Klang (dem sogenannten „**Coloured Hearing**") zu beobachten, wobei die Reizwahrnehmung nur in eine Richtung funktioniert: der Synästhetiker kann zwar den Ton C mit Rot verbinden, nicht aber beim Sehen der Farbe Rot dem Ton C hören.

---

[1] Sehr anschaulich und detailliert hierzu ist das Buch „Wie Farben wirken. Farbpsychologie, Farbsymbolik, kreative Farbgestaltung" von Eva Hellen, Rowohlt Verlag, 2004.

Eine weitere Form ist die Verknüpfung von Farben zu Buchstaben und Ziffern:

Grün für die Zahl sechs, Blau für den Buchstaben A.

Untersuchungen haben ergeben, dass Frauen sehr viel häufiger als Männer über synästhetische Fähigkeiten verfügen. Die Ausformungen der Synästhesie sind dabei individuell einzigartig, sie werden von jeder betroffenen Person anders erlebt und über die Jahre hinweg gleichbleibend empfunden. Zwar lassen sich dadurch keine einheitlichen Tabellen über derlei Sinneskopplungen erstellen, trotzdem gibt es innerhalb der **Farbphysiologie** bestimmte Wirkungen von Farben, die sich über alle fünf Sinne erfassen lassen.

Für die Gestaltung des Geschäftsberichts für das „Kaufhaus Sinneslust" ist es demzufolge erforderlich, die physiologische Wirkung der Farben zielorientiert und fachkompetent in die Gestaltung einzubringen.

Übersicht über die physiologische Wirkung von Farben[1]

	Hören	Fühlen	Riechen/Schmecken
Rot	laut, kräftig	fest, warm-heiss	süß, kräftig, aromatisch
Rosa	zart, leise	fein	süßlich, mild
Orange	laut, Dur	trocken, warm	herzhaft
Braun	dunkel, Moll	trocken, schlammig	modrig, muffig
Ocker	volltönend, rund	sandig, bröcklig, warm	säuerlich-neutral
Goldgelb	Fanfare, Dur	glatt, seidig, warm	kräftig
Gelb	gellend, Dur	glatt, leicht feucht	sauer, frisch
Grün	gedämpft	glatt-feucht, kühl	sauer, saftig
Türkis	weich, fern	glatt, wässrig, kalt	frisch-salzig
Blau	fern, Flöte, Violine	glatt, nicht fühlbar, kalt	geruchlos, frisch
Ultramarin	dunkel, tief, Moll	samtig	herb-bitter
Violett	traurig, tief, Moll	samtig	narkotisch, schwer-süß
Flieder	schwach, verhalten	weich	süßlich-herb
Purpur	kraftvoll, getragen	glatt-samtig	süßlich-künstlich

---

[1] Nach Martina Nohl: Workshop Typografie & Printdesign. dpunkt Verlag, Heidelberg, 2003.

10.4.5 Farbe

Im Folgenden wird die Bedeutung der **Farbe als visuelles Merkmal** hinsichtlich ihrer syntaktischen Qualität beleuchtet.

10.4.5.1 Farbe als Marketinginstrument

Die psychologischen und physiologischen Wirkungen von Farben spielen in der Farbgestaltung von Medienprodukten und der Entwicklung von Marketingstrategien eine wesentliche Rolle. Denn Farbe transportiert neben Bedeutungen auch eine oftmals intuitiv bewertete **Qualität**.

Es folgt daher eine Übersicht über Möglichkeiten, Farbe gezielt als Kommunikationsmittel mit werblicher Absicht einzusetzen, frei nach dem Motto „**Colour sells**".

Semantische Farbgebung

Im Rahmen der semantischen Farbgebung wird Farbe nach dem Kriterium der inhaltlichen Passgenauigkeit ausgewählt und angewendet. Dabei geht es um eine möglichst hohe Übereinstimmung zwischen der symbolischen, psychologischen und physiologischen Wirkung der Farbe und dem zu gestaltenden Produkt.

Hierzu zählt der große Bereich der **Verpackungsgestaltung**. Abgeleitet aus der natürlichen, „gesunden" Farbigkeit unserer Lebensmittel beispielsweise adaptieren wir Informationen über Frische, Qualität und andere wichtige Eigenschaften. So lassen wir uns bei der Wahl einer Verpackung meist unbewusst von deren Farbigkeit lenken. Unsere Kaufentscheidung wird dabei durch die physiologische Wirkung von Farben (s. o.) massiv beeinflusst.

Testen Sie sich selbst:
Welche Farbigkeit hat die Verpackung für entkoffeinierten Kaffee und in welcher befindet sich die stärkste Röstung?

 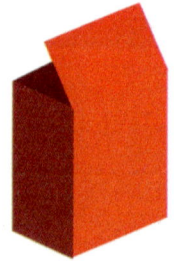  

 Welche Verpackung enthält frische Vollmilch, welche Buttermilch und welche würden Sie im Regal stehenlassen?

Der Ort, an dem die Kaufentscheidung für eine Verpackung letztendlich fällt – der sogenannte „**Point of Sale**" – bildet die Schnittstelle zur farblichen Gestaltung von Geschäftsräumen. Innerhalb des **Shop-Designs** müssen einerseits logistische Probleme wie die einer ausreichenden Orientierung mithilfe von Farbleitsystemen gelöst werden. Andererseits gilt es, die Aufmerksamkeit der Kunden auf bestimmte Elemente (Saisonware, Sonderflächen) zu lenken.

> Farbe ist auch ein wesentliches Element, um ein Ambiente oder Klima zu schaffen, welches auf die avisierte Zielgruppe einladend wirkt und sie (nebenbei) zum Kaufen verführt. Das Farbklima eines Kaufhauses transportiert in der Regel, mit welcher Art von Geschäft und Warensortiment es der Kunde zu tun hat – Billig- und Massenware, Hochpreissegment oder Lifestyle. Es versteht sich für den Gestalter von selbst, die entsprechenden Medienprodukte, wie bspw. den Geschäftsbericht affin zu gestalten.

Ästhetische Farbgebung

Ästhetik ist innerhalb der Gestaltung ein gerne und manchmal inflationär verwendeter Begriff, der ursprünglich als „die Lehre von der Gesetzmäßigkeit und der Harmonie in Natur und Kunst" definiert ist und landläufig im Sinne von geschmackvoll, ansprechend und stilvoll verwendet wird. Derart definiert, werden Farben entweder intuitiv (aus einem kulturellen Kontext heraus) passend zum Produkt ausgewählt oder man folgt dem allgemeinen „Mainstream", d.h. man recherchiert und vergleicht, was andere gemacht bzw. welche Farbgebung sie bei ähnlich gelagerten Gestaltungsprodukten eingesetzt haben. Damit ist man zwar auf der sicheren Seite, innovative Gestaltungsansätze sind hier aber meist nicht zu erwarten, es sei denn, der Mainstream wird ganz bewusst ins Gegenteil verkehrt, um Aufmerksamkeit und Wiedererkennungswert zu erzeugen.

Beispiel Autowerbung: Im Hochpreissegment geht es um die Attribute Sicherheit, Luxus, (unauffällige) Eleganz und Seriosität. Mercedes wirbt mit einer Renaissance-Antiqua und der Farbe Silber für Schrift und Automobil. Zudem ist die Sättigung der gesamten Bildsprache reduziert. Vergleichen Sie unter diesem Aspekt die gängigen Anzeigen diverser Autofirmen.

> **Was allgemein als geschmackvoll oder innerhalb einer bestimmten Zielgruppe als stilvoll angesehen wird, ist immer auch aktuellen Trends unterworfen!**

10.4.5.2 Farbkompositionen

Bei der Komposition von Farben geht es wie bei den Flächenkompositionen um gestalterische Merkmale und Determinanten wie visuelle Gewichtung, Harmonie, Dynamik und Kontrast – nur eben bezogen auf das Gestaltungselement Farbe.

Vgl. LS 3 und 4

Die Vielschichtigkeit und Komplexität des Phänomens Farbe wird über die drei Merkmale **Farbton – Helligkeit – Sättigung** bestimmt und ermöglicht eine Vielzahl von Kombinationen und Kompositionen.

1. Legen Sie sich in einem Vektorprogramm einen 12- bzw. 24-teiligen Farbkreis in CMYK an.
2. Geben Sie jedem Farbton eine Farbbezeichnung aus dem Bereich der Mode.
3. Erstellen Sie bei Bedarf Nuancen durch Aufhellung, Abdunklung oder Brechung mit einer Gegenfarbe.

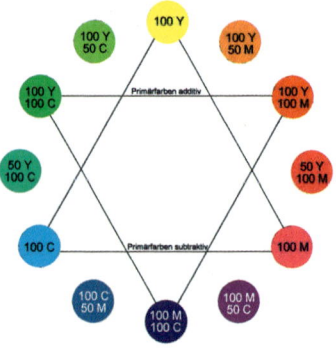

Hat Farbe ein visuelles Gewicht?

Eindeutig ja, denn auf den Betrachter wirken Bildelemente, die in hellen Farben angelegt wurden, leichter als Elemente, die überwiegend dunkel gehalten sind. Die Tatsache, dass dunkle Farben vom Betrachter im Allgemeinen als schwer empfunden werden, wird auch bei der Gestaltung von Produkten berücksichtigt.

Blickführung durch Farbe

Durch den gezielten Einsatz von Farbe kann der Gestalter den Blick des Betrachters beeinflussen. Helle und klare Farbflächen lenken den Blick auf sich, sie fungieren somit als „Eyecatcher". Untersuchungen zufolge werden Bildelemente, die in hellen oder hochgesättigten Farben gehalten sind, länger betrachtet als ein Bildelement in sehr dunklen oder nur sehr schwach gesättigten Farben. Farbe kann somit auch eine inhaltlich gewollte Gewichtung oder Hierarchie unterstützen (oder konterkarieren).

Wie bereits innerhalb der Auszeichnungsmöglichkeiten von Schrift thematisiert, kann Farbe auch zur Betonung oder Akzentuierung eingesetzt werden. Solche **Akzentfarben** sollten im Qualitätskontrast zu anderen Farbflächen stehen und sparsam eingesetzt werden.

Farbe ist relativ

Farbe wirkt immer im Umfeld der sie umgebenden Fläche, d. h. in ihrem Zusammenhang. Der Fachbegriff, der dieses Phänomen beschreibt, ist der **Simultankontrast**. Darunter versteht man wie eingangs beschrieben, die Stellung einer Farbe zu einer weiteren Farbe sowie die Subjektivität des Phänomens Farbe, die jedes Individuum anders wahrnimmt.

Abb. 1 und 2:[1] Links sind deutliche Helligkeitsunterschiede bei den schmalen Balken zu erkennen. Fast könnte man meinen, der rechte Balken hätte die gleiche Farbe wie die linke Fläche. Erst die Auflösung rechts zeigt, dass beide Balken die gleiche Farbe aufweisen.

Lernsituation Geschäfts- und Jahresberichte | 8

Abb. 3 und 4:[1] Auch wenn es nicht so aussieht – es handelt sich bei beiden Abbildungen jeweils um dieselben Pastellfarben. Kann man sie rechts noch hinsichtlich ihrer farbigen Ausrichtung klar definieren, ist dies links nurmehr schwer möglich. Wie bereits im Zusammenhang mit den Gestaltgesetzen erläutert, wirken die Flächen auf schwarzem Hintergrund zudem größer.

Benachbarte Töne beeinflussen die Wahrnehmung. Dies ist abhängig von der Farbe und der Helligkeit. Gleich große Objekte bzw. Texte wirken im Zusammenhang verschiedener Hintergrundfarben mal größer, mal kleiner.

Wenn Sie sich bei der Konzeption des Geschäftsberichts für das „Kaufhaus Sinneslust" für eine bestimmte Anzahl von Farben entschieden haben, erstellen Sie eine Reihe von Moodcharts und testen ihre Farberscheinung auf unterschiedlich farbigen oder unbunten Untergründen.

Farbkomposition meint immer auch Farbkommunikation. Farben im Dialog können einander gegenseitig verstehen, ergänzen und verstärken oder aber sich gegenseitig stören. Man spricht dann von Farbharmonien, Kontrasten oder Disharmonien. Letztere können, geschickt eingesetzt, allerdings auch das gestalterische Salz in der Suppe sein.

Farbharmonie
Unter Harmonie im Allgemeinen versteht man Einklang und Übereinstimmung. Sie impliziert eine gewisse Ruhe und ein angenehmes Gefühl. Farbharmonien werden als angenehm empfundene Kombination von Farbtönen bezeichnet. Dabei bleibt es zwar bis zu einem gewissen Grad vom Betrachter abhängig, was als angenehm empfunden wird, Farbharmonien liegen jedoch immer eine oder mehrere Gemeinsamkeiten zugrunde.

Bunt-Unbunt-Harmonie
Jede einzelne Farbe harmoniert immer mit Weiß, Schwarz oder einem Grauwert. Aufgehellte Pastellfarben harmonieren mit Weiß, gedeckte (abgedunkelte) Farben harmonieren mit Schwarz und gesättigte (klare) Farben harmonieren am ehesten mit einem in der Helligkeit abweichenden Grauwert. Bei der Auswahl der Grauwerte ist das Phänomen des Simultankontrastes zu beachten.

---

[1] Nach Josef Albers: „Interaction of Colors". DuMont Verlag, Köln, 1970.

Diese Flächenkomposition in Bunt-Unbunt-Harmonie ergibt sich aus einzelnen Farbanteilen des Bildes, die mit der Photoshop-Pipette definiert wurden.

Ton-in-Ton-Harmonie
Farbtöne in gleichmäßigen Abstufungen ihrer selbst zu Weiß, Schwarz oder Grau werden als sehr harmonisch wahrgenommen. Dabei sollte man auf ausreichende Abstände zwischen den Farbnuancen achten, damit die Abstände nicht zu marginal und monochrom erscheinen. Mischungen zwischen zwei Farbtönen gleicher Helligkeit oder Sättigung gelten ebenfalls als harmonisch. Liegen diese Farben im Farbkreis nebeneinander, so sind sie hinsichtlich ihrer Zuordnung ambivalent, da sie auch als Nachbarschaftsharmonie definiert werden können.

Die ruhige Abendstimmung dieser Landschaft wird durch die Ton-in-Ton-Harmonie unterstützt.

Nachbarschaftsharmonie
Hier ist entweder die Stellung im Spektrum oder Farbkreis das Kriterium der Zuordnung, oder aber die Natur mit ihren Farbkombinationen dient als Vorbild für eine Zusammenstellung von Farben in kleinen Farbtonschritten. Erstreckt sich die Nachbarschaftsharmonie über einen größeren „Winkelbereich" des Farbkreises, wird der Eindruck der Harmonien expressiver und grenzwertiger. So können Harmonien je nach Polarisierung der Zusammenstellungen auch Bestandteil von Kontrasten sein.

Die fast „kitschige" Wirkung dieses Abendhimmels wird durch die polarisierend zusammengestellte Nachbarschaftsharmonie generiert, bzw. forciert. Dabei sind einige Töne wie Gelb und Violett derart weit voneinander entfernt, dass sie zum Komplementärkontrast werden.

Farbkontrast

Für den Gestalter sind Kontraste ein zentrales Gestaltungsprinzip, welches die verschiedensten Funktionen erfüllen kann:

Vgl. LS 3, 8.4.3

- Spannungsreichtum
- Orientierung durch Unterstützung der Blickführung
- Aufmerksamkeit im Sinne eines „Eyecatchers"
- Einheitlichkeit im Sinne eines „roten Fadens"
- Akzentuierung

Farbkontraste sind dabei nie getrennt von anderen Layoutelementen wie Form, Schrift, Weißraum und Bildsprache zu betrachten und zu konzeptionieren!

Strategien für die Farbgestaltung

„Gute Farbgestaltung lässt sich mit gutem Kochen vergleichen ... auch ein gutes Kochrezept verlangt wiederholtes Kosten. Und das beste Probieren hängt ab von einem Koch mit Geschmack."[1]

Im Sinne des oben genannten Rezeptes sind die Kenntnisse über die Zusammenhänge von Farbordnungen, Farbwirkungen, Farbsymbolik und deren physiologischer und psychologischer Wirkung nur die Zutaten und die Kompositionsmöglichkeiten von Farbe das Rezept, auf dessen Grundlage der Gestalter „kocht".

Durch die aktive Auseinandersetzung mit Ihrer gestalteten Umwelt, d. h. der Analyse von gut und weniger gut gemachten Print- und Nonprintprodukten, schulen Sie Ihre eigene Wahrnehmung. Nur so entwickeln Sie ein ästhetisches Feingefühl, welches dem „Koch mit Geschmack" entspricht.
Im Internet gibt es hierzu interaktive Experimente und Informationsseiten.

www.vorwerk.
com/de/html/
publikationen.
html
www.erco.
com/news/de/
de_frameset_
news.htm
www.design-
museum.de/

---

[1] Autor unbekannt

10.4.5.3 Farbe in der Kunst

Dieser kurze Abstecher in den Bereich bildender Kunst erhebt nicht den Anspruch, epochal oder stilgeschichtlich umfassend zu sein. Innerhalb des gestalterischen Einsatzes von Farbe in Medienprodukten wie z. B. Geschäftsberichten soll der Wandel im Verständnis von Farbe als (künstlerisches) Ausdrucksmittel verdeutlicht werden.

Farbe kann einen Darstellungswert oder einen Eigenwert haben. Unter **Darstellungswert** versteht man die Reduktion von Farbe auf ihre Abbildungsfunktion im realistischen und materialgerechten Sinne. **Eigenwert** von Farbe meint die reine Wirkungsweise von Farbe weit über die Abbildhaftigkeit hinaus.

Vgl. diese LS, 8.4.4

Symbolfarbe
Die christliche Malerei des Mittelalters betonte den Eigenwert der Farbe im Sinne eines festgelegten **Farbkodex'**. Der höchste symbolische Rang fällt mit dem höchsten Materialwert zusammen, sodass Gold als Verkörperung der Allmacht Gottes an erster Stelle steht. So ist der Goldgrund der Darstellung von der Geburt Christi sowohl Lichtsymbol als auch materieller Träger der Motivik. Die Farb-Ikonografie der Gewänder für die Darstellung von Jesus und Maria änderte sich innerhalb der Gotik von rot zu rotblau.

Lokal- oder Gegenstandsfarbe
Farbe hat eindeutig Darstellungswert. Der künstlerische Umgang mit Farbe diente primär einer möglichst naturalistischen Abbildung der Wirklichkeit im Sinne einer detail- und materialgetreuen Darstellung. Albrecht Dürer beispielsweise genoss bereits zu Lebzeiten ein hohes Ansehen, sodass er in seinem berühmten Selbstbildnis sein künstlerisches Selbstverständnis zum Ausdruck brachte. Es zeigt neben Aspekten wie Komposition, Bild- und Formensprache auch die ganze Brandbreite seines Könnens hinsichtlich der Umsetzung von Licht mit Farbe.

Albrecht Dürer: Selbstbildnis im Pelzrock (1500)

Erscheinungsfarbe

Mit Erfindung der Fotografie geht die **Entwicklung der Moderne** einher, in der die rein naturalistische Abbildung ihren künstlerischen Reiz verliert und Farbe zunehmend eine andere Funktion erhält. Die französischen **Impressionisten** (franz. „impression" = Eindruck) wandten sich der freien Natur und der atmosphärischen Wirkung des Lichts zu. In ihren Bildern entspricht der Farbeinsatz der Situativen „Impression" vor Ort. Innovativ war der Einsatz von kleinsten Farbpunkten, die sich im Auge des Betrachters zu einer nuancierten Einheit zusammenfügen.

Claude Monet: Le Parlement, Coucher de Soleil (1904)

Ausdrucksfarbe

Die expressionistischen **Stilrichtung** wiederum war eine Reaktion auf den Impressionismus und gab dem Ausdruckswert reiner Farben und prägnanter Konturen in reiner Flächenmalerei eine neue Bedeutung. Maßgeblich war für die **Expressionisten** die Darstellung vom inneren Erleben des Künstlers. Innerhalb des Futurismus wurde Farbe zudem verwendet, um Bewegung und Dynamik zu inszenieren. Das Aufkommen bewegter Bilder und die Faszination von Technik und Motorisierung visualisierten Künstler wie Boccioni durch Auflösung des Bildraums in dynamische Farb- und Formsegmente, die in Boccionis Fall auch Geräusche vermitteln kann.

Umberto Boccioni: La strada lubra nella casa (1911)

Absolute Farbe

In Folge der Schrecken des Ersten Weltkrieges sollte die Kunst im alltäglichen Leben eine neue Relevanz erhalten. Bereits im Expressionismus angelegte Abstraktionstendenzen wurden weiterentwickelt zu einer gänzlich ungegenständlichen Malerei, die die Realität nicht mehr abbilden oder nachahmen, sondern verändern wollte. Die Abstraktion wurde somit zum Utopie-Träger für eine bessere Welt.

In der Folge entwickelten sich Stilrichtungen wie der niederländische Konstruktivismus und die De-Stijl-Bewegung. Deren Künstler wollten bei der Schaffung ihrer Werke jegliche individuelle Willkür eliminieren, in dem sie auf alles verzichteten, was motivisch geprägt war. Das Ergebnis waren Kompositionen, in denen Farbe neben Form und Fläche rein formalen Charakter erhält und somit in ihrer Wirkung absolut ist.

Theo van Doesburg: Conta-composite XIII (1925/26)

10.4.5.4 Farbe im Feng Shui

Gemäß dem Briefing orientiert sich das Konzept des „Kaufhauses Sinneslust" an der fernöstlichen Feng Shui-Philosophie. Im Folgenden sollen die Grundzüge der aus China stammenden Lehre zur Harmonisierung von (Wohn-)räumen und Bauvorhaben unter dem besonderen Aspekt der Farbigkeit erläutert werden.

Wörtlich übersetzt bedeutet Feng Shui „Wind und Wasser" und bezieht sich im weitesten Sinne auf Berge, Täler und Wasserläufe, deren Form und Größe, Ausrichtung und Höhe von der Wechselwirkung mächtiger Naturkräfte bestimmt werden.

Feng Shui hat seine Wurzeln in der chinesischen Sicht des Universums, wonach alle Dinge fünf Grundelementen zugeordnet werden können (Feuer, Metall, Erde, Holz und Wasser) und mit positiver oder negativer Energie aufgeladen sind. Die Fünf Elemente bilden eine tragende Säule der Feng Shui-Praxis.

Ziel des Feng Shui ist es, durch die Gestaltung des Umfeldes Harmonie zwischen dem Menschen und seiner Umgebung herzustellen.

Die Fünf Elemente

Wie die einzelnen Elemente ineinander übergehen und sich ineinander wandeln beschreibt der „Zyklus der Entstehung": Ebenso wie der Geburt das Wachstum und dem Frühjahr der Sommer folgt, folgt dem Osten der Süden, dem Holz das Feuer und so fort. Die Energie, welche als **Chi** bezeichnet wird, sollte immer im Fluss von einem Element zum anderen sein, da nur dort Harmonie entstehen kann, wo die Zyklen harmonisch ablaufen.

- Holz ernährt das Feuer
- die Asche des Feuers ernährt die Erde
- aus der Erde wird Metall gewonnen
- die Mineralien der Erde machen das Wasser lebendig
- Wasser ernährt die Pflanzen, aus denen Holz entsteht
- Holz ernährt das Feuer usw. …

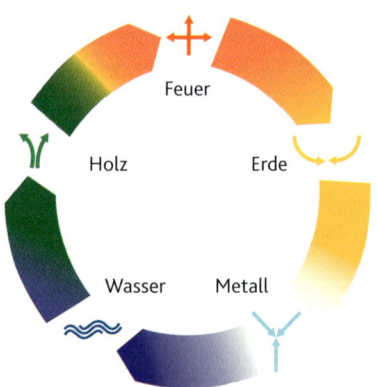

Im Normalfall ist das System ausgeglichen. Ist dies nicht der Fall und der Energiefluss gestört, soll durch Feng Shui diese Harmonie wiederhergestellt werden, zerstörerische Zyklen erkannt und aufgehoben werden.

Wirkung von Farben im Feng Shui

Blau (Element Wasser) steht für innere Ruhe, Stabilität und den Lebensweg.

Rosa ist die Farbe der Zufriedenheit und der seelischen und geistigen Balance. Auch die Begriffe „Selbstachtung" und „Selbstbewusstsein" gehören zu diesem Farbklang.

Rot (Element Feuer) wird mit Dynamik, Stärke und Motivation assoziiert. Es kann aber auch unangenehme Erregungs- und Angstzustände auslösen.

Orange gilt als lebendige, optimistische Farbe und fördert die Kommunikation, bewirkt jedoch bei manchen Menschen Nervosität.

Gelb (Element Erde) wird mit Einheit und Ganzheit in Verbindung gebracht und fördert die harmonischen Beziehungen.

Grün (Element Holz) deutet man im Feng Shui als die Farbe des Wachstums, der Entwicklung und der inneren Harmonie. Die Farbe wirkt sowohl beruhigend als auch belebend.

Weiß (Element Metall) heißt Neubeginn, Reinheit und Wahrheit. Die Energie von Weiß ist allerdings niedrig, sodass sie auch Stagnation bewirken kann.

Braun steht für Stabilität und Sicherheit, wirkt bisweilen jedoch auch vitalitätshemmend.

Naturtöne bedeuten im Feng Shui Sicherheit, Ganzheit und Einklang. Sie begünstigen zwischenmenschliche Beziehungen.

24 Layout

Als Layout wird die Seitengestaltung von Medienprodukten im Print- und Nonprintbereich bezeichnet. Gemeint ist die am Briefing orientierte, **zielgerichtete Anordnung von Elementen** wie Bild, Text, Logo, Grafiken und grafischen Gestaltungsmitteln auf einer Seite bzw. einer Fläche.

24.1 Satzspiegel

Wenn Geschäftsberichte mit ihren nüchternen Informationen und Zahlen als Marketinginstrument eingesetzt werden und ästhetisch wirken sollen, dann müssen Texte, Anmerkungen, Titel und Bilder auf einer Seite entsprechend inszeniert werden. Der nicht bedruckte Weißraum fungiert quasi als Rampenlicht für den Text, den er umgibt.

Doch wie breit muss dieser im Rahmen eines Geschäftsberichts sein? Wie erstellt man einen Satzspiegel? Und welche Elemente gliedern die Seite zur besseren Orientierung und Lesbarkeit? Daher zunächst einmal Grundlegendes zum Satzspiegel.

Unter dem Begriff „Satzspiegel" versteht man die Festlegung einer Nutzfläche auf dem ausgewählten Papierformat, die mit Text und Bildern ausgefüllt werden soll. Anders ausgedrückt – der Bereich, der auf einer Seite bedruckt soll.

Die Definition der Proportionen zwischen Text- und Randbereich ist die Erstellung des Satzspiegels. Sie sollte sowohl in Abhängigkeit zur jeweiligen Drucksache stehen (Umfang der Seiten, Format und Bindungsart sowie Einsatz und Anzahl der Bildmittel) als auch zur Lesefunktion.

Klassische Literatur und Belletristik z. B. werden (zumeist) konzentriert gelesen und benötigen viel Weißraum, um den Text entsprechend von der Umgebung abzuheben, wobei die Seitenaufteilung hier immer von der Wirkung einer Doppelseite aus erstellt werden muss. Diesen klassischen Satzspiegel kann man entweder über die **Diagonalkonstruktion** entwickeln oder in einem **Proportionsverhältnis** mathematisch ausdrücken. Für welchen Weg man sich entscheidet, ist letztlich eine Frage der subjektiven Favorisierung, die Ergebnisse sind äquivalent:

Der Satzspiegel ist auf beiden Seiten symmetrisch am Bund gespiegelt. Die inneren Ränder – Bundsteg genannt – sind dabei halb so breit wie die Randstege. Das Gestaltgesetz der Nähe erzeugt somit Geschlossenheit und Zusammenhalt der beiden Seiten. Der untere Rand – Fußsteg genannt – ist doppelt so groß wie der Kopfsteg (oben), da hier meist die Seitenzahlen platziert werden.

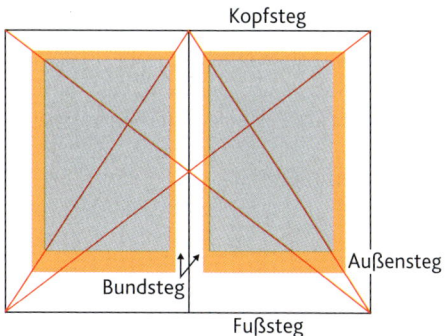

Der Vorteil der Diagonalkonstruktion besteht darin, dass die Seitenverhältnisse des Satzspiegels mit denen des Blattes immer übereinstimmen und zudem bei der Methode mit variablen Satzspiegel die Größe selbst festgelegt werden kann. Bei Bedarf können die Ränder entlang der Diagonalen vergrößert oder verkleinert werden.

In Zahlen ausgedrückt:

Satzspiegel : Papierbreite = 2 : 3
Bund: 2 Teile
Kopf: 3 Teile
Außen: 4 Teile
Fuß: 5–6 Teile

Satzspiegel : Papierbreite = 5 : 8 (Goldener Schnitt)
Bund: 2 Teile
Kopf: 3 Teile
Außen: 5 Teile
Fuß: 8 Teile

Zeitungen und Zeitschriften benötigen keinen klassischen Satzspiegel, hier kann der Rand – ähnlich wie bei Sachbüchern – zugunsten der Abbildungen schmal bleiben. Oftmals werden Bilder hier auch randabfallend eingesetzt, d. h. sie laufen über den Rand hinaus und werden im Layout mit einem Beschnitt von 3 mm platziert, um beim Druck Blitzer und Passerungenauigkeiten zu vermeiden.

Man unterscheidet grundsätzlich den einfachen Satzspiegel für einseitige Drucksachen und den doppelseitigen Satzspiegel für mehrseitige und beidseitig bedruckte Formate.

Vgl. diese LS, 24.3

Auch sollte im Satzspiegel von vornherein definiert werden, wie viele Spalten die jeweilige Drucksache enthalten soll. Diese müssen registerhaltig angelegt sein, damit die Zeilen der Vorder- und Rückseite deckungsgleich und nebeneinander auf gleicher Höhe sind. Diese **Registerhaltigkeit** erreicht man durch Anlage eines Grundlinienrasters im jeweiligen Zeilenabstand, sodass die Grundlinien auf Vorder- und Rückseite aufeinander liegen. Wird zudem eine Einteilung in Zeilen und Spalten vorgenommen, so spricht man von einem **Gestaltungsraster**.

Besorgen Sie sich verschiedene Geschäftsberichte, z. B. durch Recherche im Internet, und analysieren Sie den Aufbau des jeweiligen Satzspiegels.

24.2 Gliederungselemente des Satzspiegels

Zum Satzspiegel gehören neben dem Mengentext auch die Rubriken und evtl. vorhandene Fußnoten. Außerhalb des Satzspiegels stehen hingegen Seitenzahlen und Marginalien. Bei lebenden Kolumnentiteln kommt es auf die Positionierung an, ob sie innerhalb oder außerhalb des Satzspiegels stehen.

Um den Satz eines Druckformats zu erleichtern, bieten verschiedene Layoutprogramme die Möglichkeit, sogenannte Musterseiten mit allen wiederkehrenden Elementen anzulegen:

1. Satzspiegel und Randeinstellungen,
2. Spaltenbreite,
3. Stegbreite,
4. Kolumentitel,
5. vertikale und horizontale Hilfslinien,
6. die Position der (automatischen) Seitenzahl,
7. Überschriften,
8. Grundlinienraster
9. und sich wiederholende Elemente, wie z. B. ein Logo.

Was auf einer Musterseite angelegt wird, ist auf allen Seiten gleich positioniert. Das spart einerseits viel Arbeit und hat zudem den Vorteil, dass die Elemente trotzdem individuell verschoben, inhaltlich modifiziert oder gelöscht werden können.

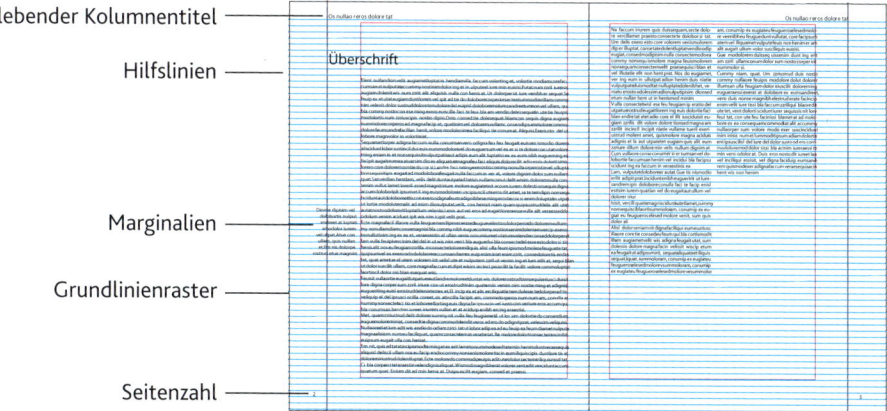

lebender Kolumnentitel
Hilfslinien
Marginalien
Grundlinienraster
Seitenzahl

Fußnoten
Die Fußnoten sind Erläuterungen bzw. Hinweise zum Fließtext, die zum einen nicht immer von allen Lesern gelesen werden, zum anderen können sie den Lesefluss unterbrechen. Daher werden die im Grundtext zu erläuternden Begriffe mit einer Zahl versehen, diese wird am Ende der Seite wiederholt, sie bildet die Fußnote. Fußnoten stehen meist am Fuß der Seite, gehören jedoch in den Satzspiegel. Sie haben meist dieselbe Schriftart wie der Grundtext und werden 1 bis 2 Schriftgrade kleiner gesetzt. Die optische Trennung vom Grundtext erfolgt in der Regel durch einen entsprechenden Leerraum und waagerechte Linienstücke. Soweit möglich, stehen Fußnoten immer auf der gleichen Seite wie die dazugehörigen Verweise im Text.

Seitenzahl
Die Seitenzahl dient zusammen mit einem Inhaltsverzeichnis in erster Linie der Orientierung und dem exakten Auffinden der Seiten. Sie wird auch als Pagina, Kolumnenziffer oder toter Kolumnentitel bezeichnet, z. B. wenn sie zusammen mit einem, auf allen Seiten gleichbleibenden Seitentitel steht. (Dieser wird deswegen „tot" genannt, weil damit keine zusätzliche Aussage gemacht wird.) Seitenzahlen werden in der Regel in der Grundschrift gesetzt, oftmals modifiziert im Hinblick auf Schriftgröße oder -schnitt, sie sollten prinzipiell jedoch ihrer Funktion angemessen gestaltet werden.

Lebender Kolumnentitel
Der lebende Kolumnentitel zählt im Gegensatz zum toten Kolumnentitel zum Satzspiegel. Er verändert sich je nach Kapitel und dient durch zusätzliche Aussagen zu Autor und Werk oder Informationen wie Kapitelüberschriften der Orientierung.

Die Gestaltung des Kolumnentitels sollte nach Möglichkeit einfach und dezent sein und auf keinen Fall mit dem Haupttitel konkurrieren.

Die Position des Rubriktitels ist selbstverständlich frei wählbar, wobei er meist oben positioniert wird. Wichtig ist aber, dass der lebende Kolumentitel immer an gleicher Stelle positioniert wird, damit das Auge beim Blättern unterstützt wird.

Marginalien

Ähnlich wie bei den Fußnoten dienen Marginalien dazu, Detailinformationen und Anmerkungen zum Text aus dem Haupttext herauszunehmen und sie in einer extra Spalte am Rand zu platzieren.

Der Begriff „Marginalien" ist aus dem lateinischen „margo" abgeleitet, was übersetzt „Rand" bedeutet.

Mit Marginalien sind somit **Randbemerkungen** gemeint. Sie stehen seitlich des jeweiligen Textblocks, meist in kleinerem Schriftgrad. Marginalien gehören, im Gegensatz zu Fußnoten, nicht zum Satzspiegel.

Sollen Marginalien im Sinne von Stichwörtern einen schnellen Überblick über die Textteile daneben geben, muss die erste Zeile „hängend" an den Text angebunden werden, d. h. die erste Marginalienzeile steht in der gleichen Zeile wie die erste Bezugszeile im Haupttext. Da Marginalien sehr platzintensiv sein können in Bezug auf die Breite des Außenrandes, empfiehlt es sich schon vor der Erstellung des Satzspiegels abzuklären, ob Marginalien vorkommen oder nicht.

Gestalterisch können sich Marginalien vom Haupttext durch einen anderen Schriftschnitt abheben. Sie sind in der Regel in der Größe der Grundschrift oder 1–2 pt kleiner gesetzt. Hinsichtlich der Satzart sollten sie sich mit ihrer bündigen Satzkante an den Satzspiegel lehnen, damit sie nicht gegen den Text „flattern". Wegen der Kürze der Zeilen kommt für Marginalien nur der Rausatz in Frage.

24.3 Gestaltungsraster

Es kann für die Erstellung von Geschäftsberichten kein Rezept verteilt werden, da alle gestalterischen Entscheidungen zusammenhängen und somit Teil einer übergeordneten Konzeption sind. Um Beliebigkeit und Subjektivität zu vermeiden, müssen stimmige Formen zur Vermittlung der von Unternehmen und Gestalter definierten Kommunikationsziele gefunden werden. So ist z. B. die Anordnung von Textelementen und Bildern auf einer Seite und der dabei entstehende Freiraum (im Sinne von Weißraum) wichtig für den Ausdruckswert. Ein Geschäftsbericht sollte daher auf der Grundlage eines Gestaltungsrasters erstellt werden.

Gestaltungsraster dienen dem standardisierten Gestalten und Layouten mehrer Seiten, die die gleiche Grundeinteilung erhalten sollen. Im Sinne eines Satzspiegel-Schemas wird das vorhandene Format durch vertikale und horizontale Hilfslinien in gleichartige Flächen zerlegt. Diese so entstehenden Modul-Zellen bieten auf der einen Seite ein einheitliches Grundlayout über alle Seiten hinweg, sind auf der anderen Seite aber variabel bei der Positionierung von Text- und Bildelementen. Das Raster übernimmt also lediglich eine Hilfsfunktion bei der Komposition und Flächenaufteilung.

Mögliche Gestaltungsraster:

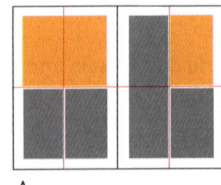
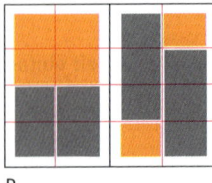
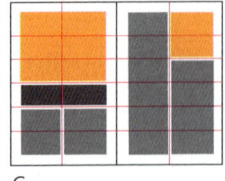
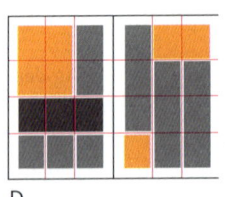

A   B   C   D

A   Vertikal und horizontal symmetrisch in vier Blöcke pro Seite aufgeteilt – eine sehr grobe Unterteilung, die schnell an ihre gestalterischen Grenzen stößt.

B Durch die Verdoppelung der horizontalen Einheiten ergeben sich acht Blöcke pro Seite – für die Positionierung von Bildern ergeben sich so deutlich mehr Variationen.

C Nach wie vor zweispaltig, aber mit sechs horizontalen Zellen ergibt dies 12 Blöcke pro Seite – durch die feinere Rasterung können Eyecatcher wie die Headline besser positioniert werden.

D Zwölf Blöcke aus einer 3 x 4 Rasterung ermöglichen eine Vielzahl unterschiedlicher Bildformate und Textblöcke – die feine Modularisierung gewährleistet hinsichtlich des Layouts trotzdem ein einheitliches Erscheinungsbild.

Gestaltungsraster haben neben gestalterischen Aspekten auch praktische Gründe. Gerade in Agenturen werden Kundenaufträge und Workflows im Team bearbeitet und entwickelt. Somit gewährleisten Gestaltungsraster die Einheitlichkeit der grafischen Umsetzung, unabhängig von der Anzahl und den persönlichen Vorlieben der Beteiligten.

Nachfolgend ein beispielhafter Geschäftsbericht, bei dem das zugrunde liegende Gestaltungsraster sehr flexibel ist:

Legen Sie ein Transparentpapier über die Seiten und zeichnen Sie das jeweils zugrunde liegende Gestaltungsraster ein.

8 | Lernsituation Geschäfts- und Jahresberichte

Geschäftsbericht des Unternehmes Swiss Life ©

 Ein gutes Gestaltungsraster ist innerhalb des gesamten Medienproduktes kaum noch sichtbar – es hat seine „Schuldigkeit" innerhalb des Entwurfs- und Reinzeichnungsprozesses getan.

Grundlinienraster

Wie bereits erwähnt, ist die Ausrichtung der Textblöcke an einem Grundlinienraster die Voraussetzung für die Registerhaltigkeit des Layouts. Mithilfe von Grundlinienrastern, die auf dem Zeilenabstand der Grundschrift aufgebaut sind, kann man eine Vereinheitlichung aller typografischen Elemente erzielen. Dies beeinträchtigt jedoch keineswegs die Variationsbreite des zugrunde liegenden Gestaltungsrasters.

Hier das Beispiel des vorliegenden Buchlayouts:

24.4 Konstanten und Variablen im Layout

Innerhalb der Anordnung der zur Verfügung stehenden Elemente einer Seite unterscheidet man zwischen den so genannten Konstanten, also den wiederkehrend gleichbleibenden Elementen eines Layouts, und den, je nach Anlass ausgewählten, eben den variablen Elementen eines Layouts.

24.4.1 Gliederungselemente

Die nachfolgend aufgeführten Gliederungselemente gehören zum Bereich der **Makrotypografie**. Sie sollten als konstante Elemente eingesetzt werden, um einen einheitlichen Gesamtauftritt des Layouts zu gewährleisten.

Absätze

Absätze sind zwar nicht unbedingt notwendig, dienen aber der semantischen Gliederung von Texten in Hinblick auf Sinnabschnitte. Durch Absätze wird folglich auch die Lesbarkeit eines Textes erhöht, da Orientierungspunkte am Ende eines Absatzes entstehen. In Geschäftsberichten sollten die Absatzeinheiten überschaubar bleiben, wobei sich eine Absatzlänge von 5–15 Zeilen empfiehlt.

> **Für die Absatzgliederung bieten sich zwei oft verwendete Elemente an:**
> **Einzüge und Abstände**

Einzüge

In der Regel wird ein neuer Absatz durch einen geringfügigen **Einzug der ersten Zeile** gekennzeichnet. Das klassische Maß des Einzugs am Absatzanfang ist dabei ein Geviert in der Größe des verwendeten Schriftgrades, wodurch optisch ein weißes Quadrat entsteht, was als angenehm zu Lesen empfunden wird. Erscheint dies optisch zu wenig, kann der Einzug auch größer gewählt werden – kleiner als ein Geviert sollte er jedoch nicht sein, da es sonst zu marginal und damit leicht wie ein gestalterischer Fehler aussehen könnte. Prinzipiell sollte die Breite des Einzugs der Spaltenbreite angepasst sein.

Das Gegenstück ist der negativer Einzug, auch **hängender Einzug** genannt. Dieser ist zwar seltener in der Anwendung, aber von hohem gestalterischen Reiz. Der negative Einzug ermöglicht zum Beispiel den Rubrikeneinzug um einen Gedankenstrich. Eine Variation des negativen Einzugs ist seine Ausbreitung über mehrere Zeilen.

Absätze, die unmittelbar nach einer Überschrift folgen, erhalten keine Einzüge.

Neben Einzügen können auch **Abstände** zwischen den Absätzen zu einer Gliederung verwendet werden. Sehr stark trennend wirkt eine Leerzeile zwischen Absätzen, was sich negativ auf die Geschlossenheit des Gesamttextes auswirken kann. Der Vorteil von Leerzeilen zur Gliederung ist der Aspekt der Auflockerung: lange Texte werden so in verdauliche (und attraktive) „Häppchen" zerlegt. Bei der Größe des Abstandes sollte man auf die Gewährleitung der Registerhaltigkeit achten, diese kann bei Verwendung einer halben Leerzeile außer Kraft gesetzt werden.

Rubriken
Der **Titelbogen**, auch Titelei genannt, ist so etwas wie der Auftakt eines Buches oder der Vorspann beim Film. Er soll Spannung erzeugen, neugierig machen und den Leser zum Weiterlesen verleiten. Er enthält folgende Elemente:

Der **Schmutztitel** soll zum Haupttitel überleiten und diesen schützen. Der Schmutztitel beinhaltet den Titel des Buches, den Verfasser, optional auch das Signet des Verlages. Die Rückseite des Schmutztitels (also Seite 2) bleibt leer, man nenn dies **Vakatseite**.

Der **Haupttitel** ist die wichtigste Seite innerhalb des Titelbogens. Der Haupttitel beinhaltet den Titel des Buches, Untertitel, Verfasser und den Verlag mit Erscheinungsjahr.

Das **Impressum** ist auf der Rückseite des Haupttitels. Es enthält Angaben zum Verlag, z. B.: Druckerei, Illustratoren, sonstige Hersteller, Übersetzung, Nachdruck, Copyright. Der Schriftgrad sollte klein gewählt werden, meist wird eine 6 pt Schrift verwendet.

Der **Dedikationstitel**, auch Widmungstitel genannt, kommt vor, wenn das Buch jemandem gewidmet wird. Der Dedikationstitel sollte ebenso nicht aufdringlich sein, sondern dezent gehalten.

Das **Vorwort** ist eine Einleitung zum eigentlichen Text. Es wird der Schriftgrad der Grundschrift verwendet, meist in kursiv gesetzt. Geht das Vorwort nur über eine Seite, bleibt die Rückseite leer (Vakatseite).

Das **Inhaltsverzeichnis** kann vor oder nach dem Vorwort stehen, Seite 7 und 9 können also auch vertauscht sein. Ebenso kann das Inhaltsverzeichnis erst am Ende des Buches sein, in diesem Fall wird vorne ein Verweis dorthin gemacht.

Prinzipiell gilt für den Titelbogen: Bei Taschenbüchern und sonstigen Druckwerken kleineren Umfangs kann der Titelbogen aus Gründen der Wirtschaftlichkeit in „abgespeckter" Version zum Einsatz kommen. Es versteht sich für den professionellen Gestalter von selbst, dass Schriftart und typografische Gestaltung passend zum Inhalt sind, und sich wie ein roter Faden durch das gesamte Werk ziehen. Bei der Titelei gibt es mit Ausnahme des Vorwortes keine Schlusspunkte.

Zwischenüberschriften
Mit Zwischenüberschriften, auch Sublines genannt, lassen sich Textabschnitte in einzelne Themenblöcke gliedern. So hat der Leser einerseits den Vorteil oder die Möglichkeit, gewisse Textpassagen auszulassen, andererseits kann man über die Gestaltung und Position der Zwischentitel den Betrachter zum Lesen reizen – sie fungieren quasi als Eyecatcher.

Zwischentitel kommen meist bei Zeitungen, Zeitschriften, Dissertationen, Büchern und Geschäftsberichten vor.

Zwischenüberschriften sollten sich hinsichtlich der Gestaltung vom Grundtext abheben. Dabei beeinflusst die Art des Kontrastes den Ausdruckswert. Man kann hier mit allen bekannten Arten der Auszeichnung und der Absatzgliederung arbeiten.

24.4.2 Schmuckelemente

Initialen

> Initialen sind Anfangsbuchstaben am Beginn von Kapiteln oder Abschnitten. Sie sind meist größer als die Grundschrift und haben neben textstrukturierender Funktion auch einen schmückenden Charakter.

Als Initialen kann man Buchstaben mit einem anderen Schriftschnitt aus der gleichen Familie, aber auch aus anderen Schriftstilen verwenden. Früher wurden für Initiale oft recht aufwändig, ornamental oder figurin anmutende **Zierbuchstaben** gestaltet. Die Größe der Initiale ist dabei keiner Regel unterworfen, ebensowenig wie die Anzahl der Zeilen, über die sie sich erstrecken kann. Die Initiale muss aber folgende Kriterien erfüllen, um die Verbindung zum Text zu gewährleisten:

- Die Initiale muss mit dem linken Textrand bündig abschließen, d. h. eine virtuelle Achse bilden.
- Geht sie über mehrere Zeilen, so muss sie mit der untersten Zeile optisch in Schriftlinie stehen.
- Der Abstand zwischen Text und Initiale muss so ausgeglichen werden, dass der Text weder eingeengt noch eine störende Lücke entsteht.
- Initialen sollten sich immer in das Gesamtlayout integrieren. Ihre Anwendung sollte dabei auf die Kennzeichnung von Eingangsabsätzen beschränkt bleiben, da sie nur bei sparsamer Anwendung wirken.

Sie sollten zudem so gestaltet sein, dass sie den Lesefluss nicht stören. Diesbezüglich gibt es folgende Möglichkeiten:

herausgestellt   *hineingestellt*   *andere Schriftart*   *grafische Variation*   *Wortinitiale*

Rapports

Werden Schmuckelemente seriativ, also wiederholend, auf der Basis ein- und desselben Musters eingesetzt, so spricht man von einem Rapport. Was im Alltag das Tapetenmuster, können im Bereich eines Rapports innerhalb des Layouts neben Zierlinien auch Ornamente oder Piktogramme sein. Sie können, auf einem Hintergrundbalken mehrfach hintereinander gesetzt, im Sinne von Bändern eingesetzt werden und dienen somit der Gliederung oder Abgrenzung von Seitenelementen. Der Rapport von Schmuckelementen kann zudem die Funktion von Leitelementen innerhalb der Rubriken übernehmen.

Vgl. LS 4, 12.4

Werden Bildausschnitte oder Hintergrundtexturen verwendet, dienen diese in der Regel als gestalterisches Element im Sinne von Farb- und Formgebung und nicht der Illustration von Inhalten. Prinzipiell sollten Rapporte unterstützende Funktion innerhalb einer zielorientierten Gestaltung haben und keinesfalls zu viel Eigendynamik erzeugen oder gar Selbstzweck sein.

Texturen

Flächen können durch Texturen belebt werden, seien es Oberflächenbeschaffenheiten verschiedenster Materialien oder generierte geometrische Muster. Werden Materialien wie Holz und Metall künstlich in ihrer Oberfläche verändert, z. B. poliert oder gestrahlt, so nennt man diese bearbeiteten Flächen „Fakturen" (lat. „facere" = machen).

Überlegen Sie, inwieweit und in welcher Form Sie Texturen der „Fünf Elemente" als Gestaltungselemente für den beauftragten Geschäftsberichts einbringen können.

24.4.3 Tabellensatz

Gerade in den Medien der Unternehmenskommunikation übernehmen Tabellen eine wichtige Rolle. Sie sind quasi das „Herzstück" des Geschäftsberichts und müssen somit als gestalterische Herausforderung innerhalb des Gesamtkonzepts verstanden werden.

Egal, ob Sie Textinformationen gliedern, in einem Geschäftsbericht Zahlen auflisten oder die Werte, die zu einer Excel-Grafik gehören, darstellen wollen: Tabellen sind ein Mittel, um Texte und/oder Zahlen in eine übersichtliche Form zu bringen. Dabei ist vor allem auf eine optische Gliederung zu achten, die es dem Leser ermöglicht, sich schnell und mühelos in der Tabelle zurechtzufinden.

Aber auch wenn Dekodierbarkeit und Funktionalität bei Tabellen im Vordergrund stehen, muss die grafische Gestaltung und Darstellung nicht automatisch langweilig aussehen, sondern sollte – dem CI des Unternehmens entsprechend – charakteristisch und ästhetisch zugleich sein.

Tabellen sollten so einfach wie möglich angelegt werden. Anhand der vorliegenden Daten wird definiert, wie die Matrix aus Reihen bzw. Zeilen und Spalten angelegt werden kann. Dabei sollte Ähnliches nach Möglichkeit auch benachbart stehen. Für den gestalterischen Prozess des Entwurfs ist es wichtig, dass die Tabellenkonzeption von der Systematik her so angelegt ist, dass sie auf alle erforderlichen Tabellensituationen übertragbar, funktional, handhabbar und variabel ist.

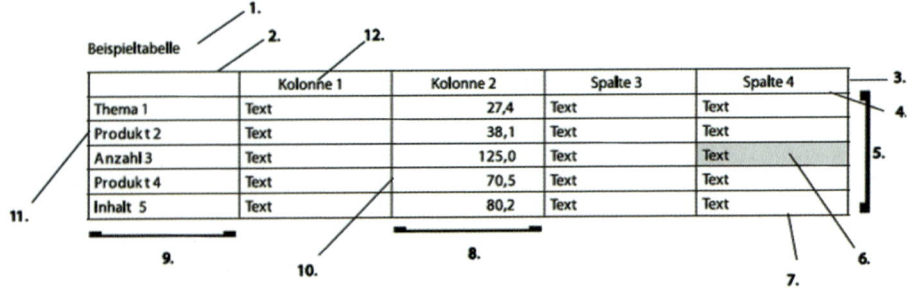

Eine Tabelle besteht normalerweise aus den folgenden **Elementen**:
1. Tabellentitel
2. Kopflinie
3. Tabellenkopf
4. Halslinie: Begrenzt den Tabellenkopf, in dem die Funktion der einzelnen Spalten definiert ist. Sie wird **Lineatur** genannt und ist die wichtigste und unverzichtbarste Linie innerhalb der Tabelle.
5. Tabellenfuß/Tabellenkörper: Bildet sozusagen das „Korsett" für den Inhalt. Je nach Gestaltung des Rahmens unterscheidet man zwei Tabellenarten – die offene Tabelle (besteht lediglich aus einer Halslinie) und die halboffene Tabelle (besteht aus Hals- und Fußlinie).
6. Tabellenzelle
7. Fußlinie
8. Spalte/Kolonne
9. Vorspalte/Legende
10. Trennlinie/Unterteilungslinie (hier: vertikal)
11. Randlinie
12. Spaltentitel

Gestaltungsgrundsätze von Tabellen

> Zur optischen Gliederung von Tabellen stehen dem Gestalter die Elemente Linie, Satzart, Schrift, Weißraum und Abstand, sowie Tonwert oder Farbe innerhalb von Flächen zur Verfügung.

Aufgrund des funktionalen Charakters einer Tabelle sollten diese Elemente bewusst, sparsam und in Einklang mit dem Gesamtkonzept des Layouts eingesetzt werden. Prinzipiell kann man sagen, dass nur die formalen Elemente in einer Tabelle verwendet werden sollten, welche deren Nutzen unterstützen.

Linien haben in der Tabelle eine Ordnungsfunktion. Die Linienstärke sollte dabei dem Schriftgrad angepasst sein, d.h sich an der Strichstärke der Buchstaben orientieren. Längslinien sind vielfach überflüssig, weil die Kolonnen durch die Anordnung des Textes eine vertikale Gliederung in sich bilden. Horizontale Linien sind für den optischen Zusammenhalt der gesamten Tabelle sehr viel wichtiger.

Hinsichtlich der **Satzart** gilt die Empfehlung: Wählen Sie nie Blocksatz in der Tabelle. Linksbündiger Flattersatz eignet sich am besten. Der Text in den Tabellenkopfzellen sollte zentriert, die Reihentitel in der Vorspalte linksbündig ausgerichtet stehen. Sollte bei den Zahlenwerten kein Dezimalkomma vorkommen, sollten die Zahlen rechtsbündig ausgerichtet werden, damit Einer, Zehner, usw. untereinander stehen.

Man sollte bezüglich der **Schrift** mit möglichst wenig unterschiedlichen Schriftgraden und -größen auskommen. Innerhalb des Tabellenkopfes empfiehlt sich eine Auszeichnung durch einen stärkeren Schriftgrad oder -schnitt vorzunehmen. In der Regel eignen sich serifenlose besser als Antiqua-Schriften. Wo Platz knapp ist, sollte man auf eine schmal laufende Schrift achten.

In einer Tabelle sollten keine Schriften verwendet werden, die Mediävalziffern besitzen. Geeignet für den Satz von Tabellen sind Schriftarten, die **Tabellenziffern** verwenden. Bei Tabellenziffern ist die Dickte bei jeder Ziffer gleich breit, sodass die Zahlen korrekt untereinander stehen.

Vgl. LS 4, 15.5.1

Die **Schriftgröße** in der Tabelle muss nicht zwangsläufig die der Grundschrift sein, sollte aber auch nicht größer sein. Ein Schriftgrad unter 7 pt sollte vermieden werden.

> Bei der Gliederung von Tabellen mit Hilfe von Flächen gilt wie so oft: „Weniger ist mehr!"

Der **Abstand zwischen Text und Linien** sollte mindestens ein Halbgeviert betragen. In der Vertikalen müssen Zeilenabstände optisch ausgeglichen sein, d. h. so, dass die einzelnen Textzeilen optisch zusammenhalten und nicht so, dass einzelne Zeilen näher bei der Linie stehen. Der Zeilenabstand ist eher knapp zu halten, dafür kann man nach jedem Absatzzeichen mehr Raum geben.

Der **Weißraum** sorgt für die Eleganz der Tabelle, denn generell vermitteln großzügig angelegte Tabellen neben mehr Übersichtlichkeit auch eine entsprechende Souveränität. Daher sollte der linke Abstand des Textes zur Linie größer sein als der optische Zeilenabstand. Auch sollten die Texte optisch nicht an der Linie kleben. Tabellen sollten dem Gestaltungsraster angepasst und einheitlich zum Rand hin ausgerichtet werden. Sind verschiedene Tabellengrößen erforderlich, empfiehlt sich eine Gruppierung, z. B. nach horizontaler Ausdehnung (ganzseitig, über zwei Spalten bzw. über eine Spalte).

Setzen Sie nicht mehr als eine **Akzentfarbe** ein und beachten Sie bei der Wahl der Tonwerte, dass diese nicht zu dunkel wirken dürfen. Beachten Sie bei der **farblichen Ausgestaltung** der Tabelle auch das Druckmedium: Zeitungsoffsetdruck etwa hat einen höheren Tonwertzuwachs, sodass farbige Hintergründe leicht zulaufen und der Kontrast zwischen Text und Hintergrund nicht mehr gegeben ist. Das gleiche gilt auch für die Hinterlegung einer Tabelle mit einem Hintergrundbild. Auch dieses sollte in ausreichender Weise abgesoftet sein, um die Lesbarkeit nicht zu gefährden.

Bei kleineren Tabellen ist die **optische Abgrenzung** der Kolonnen meist überflüssig, da sich durch die typografische Ausrichtung der Zahlenwerte am Dezimalkomma eine ausreichende Gliederung ergibt. Kommen in der Tabelle viele Reihen vor, empfiehlt es sich, z. B. jede zweite Zeile mit einer aufgerasterten Farbfläche zu unterlegen. Diese Art der Darstellung wird auch „Zebraformular" genannt. Damit wird das Auge des Lesers durch die Tabellenzeile geführt und Zahlenwerte können leichter zugeordnet werden.

Spaltentitel quer- und hochstehend

Oft kommt es vor, dass die Breite der Spalte nicht den **Titel der Tabellenspalte** fassen kann. Eine Lösung wäre hier, den Text **um 90°** zu **kippen**, damit der Text von unten nach oben lesbar ist. Der Spaltentitel kann auch in einem Winkel von weniger als 90° gedreht werden. Generell sollten lange Spaltentitel schon beim Layout berücksichtigt werden, indem die Spaltenbreite entsprechend groß gewählt oder ein kürzerer Titel gefunden wird.

Noch nie war es so einfach wie heute mit Hilfe digitaler Medien Bilder herzustellen und zu verbreiten. Bilder sind auf dem besten Wege das Kommunikationsmedium Nummer Eins zu werden. Der Spruch: "Ein Bild sagt mehr als tausend Worte" gewinnt an Bedeutung - macht damit aber auch deutlich, dass der Gestalter die Sprache der Bilder kennen und anwenden muss, um erfolgreich mit dem Kunden, bzw. dem Betrachter zu kommunizieren.

17.4 Bild-Text-Integration

Wie kombiniert man beim Layout von Geschäftsberichten Bild- und Textelemente so, dass sie einerseits spannungsreich genug sind, um die Aufmerksamkeit des Betrachters zu binden, andererseits für einen inneren, sachlogischen Zusammenhalt der Elemente sorgen?

Martina Nohl hat dieses Problem in ihrem Buch „Workshop Typografie und Printdesign"[1] sehr anschaulich dargestellt:

> „Eine gut gestaltete Seite ist wie eine wohldurchdachte Sitzordnung bei einer gelungenen Feier: Jedes Element muss zu seinem Recht kommen, niemand darf ausgeschlossen werden, alle sollen sich optimal unterhalten können. Sehen Sie sich als Gestaltende in der Position des Gastgebers ..."

17.4.1 Bildkommunikation

Durch unseren tagtäglichen Gebrauch bildhafter Botschaften sind wir im Umgang mit der Grundgrammatik der visuellen Kommunikation geübter, als uns bewusst ist. Kommunikation entsteht nicht nur verbal, sondern auch nonverbal über Blicke und Gestik. Auf Bilder übertragen, liegt diese nonverbale Komponente der Kommunikation in Achsen, Bilddiagonalen und daraus resultierenden Blickrichtungen, die inhaltliche Tendenzen unterstützen oder bewusst negieren können. Bilder sollen in erster Linie Emotionen auslösen, wobei diese je nach Produkt sowohl durch abstrakte als auch durch konkrete Abbildungen erzeugt werden können. Bilder stellen einerseits etwas Konkretes dar, wirken aber andererseits auf das Unterbewusste des Betrachters, indem sie Assoziationen und Stimmungen hervorrufen.

Bilder kommunizieren mit dem Rezipienten auf zweifache Weise:
- Sie informieren und werden in ihrer Bildaussage rational wahrgenommen.
- Sie vermitteln Stimmungen und werden in ihrer Bildaussage emotional verarbeitet.

Um für ein Bild gesteigerte Aufmerksamkeit zu erlangen, sind folgende Reize innerhalb des Wahrnehmungsprozesses zuständig:

- physische Reize (große, farbige Bildelemente)
- emotionale Reize (Personenabbildungen im Sinne von Sympathieträgern, Detailaufnahmen)
- überraschende Reize (ein gegen inhaltliche oder formale Erwartungen verstoßendes Motiv)

Die Schwierigkeit (und die Kunst) des Gestalters besteht also darin, bei der Bildwahl die Balance zwischen „Information" und „Emotion" zu finden. Eine bewusst eingesetzte Bildsprache ist demnach nicht nur als „Corporate Imagery" Teil vieler Corporate Identities, sondern auch, bzw. gerade deshalb, für den Gestalter ein wichtiges Gestaltungselement, deren Grundregeln im Sinne einer „Grammatik" er beherrschen muss, will er mit seiner Gestaltung beim Rezipienten ankommen. Diese „Grammatik" der **Bildsprache** soll im Folgenden näher erläutert werden.

17.4.2 Bildausschnitt/-anschnitt

Formatgestaltung
In der Regel wird die Formatgestaltung von der Formatbegrenzungsmaske der jeweiligen Kamera bestimmt, mit welcher Sie ihre Bilder aufnehmen. Bei gängigen Kleinbildformaten ist dies in der Regel ein Rechteck im Seitenverhältnis von 2:3. Dieses vorgegebene Format liegt der Seitengestaltung zugrunde, kann aber bewusst aufgebrochen werden.

Quadratische Formate gelten in der Regel als neutral in Bezug auf die Bildaussage. Durch ihre identischen Seitenverhältnisse gelten Quadrate als spannungsarm und statisch. Sie eignen sich für Motive mit einem strengen Bildaufbau und einer Betonung der Mitte.

---

[1] Martina Nohl: Workshop Typografie & Printdesign. dpunkt Verlag, Heidelberg, 2003, 2. 226.

Querformate gelten in der Regel als ruhig. Die Waagerechte assoziieren wir in der Regel mit Gleichgewicht und Ausgeglichenheit. Ein extremes Panorama-Querformat strahlt Weite und Stabilität aus, bei dem der Betrachter nur passiver Zuschauer ist.

Hochformate wirken im Vergleich dazu eher spannungsgeladen und aktiv. Durch die Betonung der Vertikalen wird eine unterschwellige Dynamik erzeugt, die durch die Analogie zur Bewegungsrichtung fallender Objekte zustande kommt. Dies hat mit unseren visuellen Grunderfahrungen im Zusammenhang mit der Schwerkraft und dem Zug nach unten zu tun. Durch extreme Hochformate kann die Dynamik bis ins Labile gesteigert werden.

Linienführung – Führungslinie
Die Linienführung ist ein wichtiges Gestaltungselement. Linien können verbinden, trennen oder die Blickführung und damit die Aussage der Bildkomposition bestimmen. Linien lenken den Blick des Betrachters und „führen" ihn gezielt zu zentralen Bildelementen. Diese so genannten „Führungslinien" fokussieren ein Bildelement im Blickzentrum des Betrachters. Sie sind in der Regel **grafische** (wirkliche) **Linien**, so genannte **faktische Achsen**, im Bild in Form von Konturen, Horizontlinien oder Schatten und entstehen somit durch Form und Richtung der abgebildeten Elemente oder durch Farb- und Helligkeitskontraste.

Analysieren Sie Art der Linienführung (horizontal, vertikal, diagonal) und zeichnen Sie die Führungslinien ein. Beschreiben Sie zudem die Charakteristik der Linienführung.

Virtuelle Linien, auch **virtuelle Achsen** genannt, sind imaginäre Linien, die der Betrachter eher unbewusst aus den Beziehungen zwischen Bildkomposition und Bildinhalt schließt. Sie erzeugen, unterstützen oder negieren eine bestimmte Bewegungsrichtung im Bild. Im Bereich der Gestaltung bewegter Bilder wird in diesem Zusammenhang von **Bewegungs- und Blickvektoren** gesprochen, deren ästhetische Ausdruckskraft sich aber auch für die flächige Bildgestaltung nutzen lässt. Dazu mehr unter dem Aspekt Blickführung.

Raumerfahrung
Bilder sind auf den zweidimensionalen Raum aus Höhe und Breite beschränkt. Und doch streben wir als „Raumwesen" danach, eine zweidimensionale Bildfläche so zu gestalten, dass ein räumlicher Zusammenhang bzw. ein dreidimensionaler Eindruck beim Betrachter entsteht und versuchen permanent, räumliche Bezüge herzustellen. Diese Raumerfahrungen lassen sich gestalterisch sowohl mit grafischen als auch mit fotografischen Mitteln auf verschiedene Arten erzeugen:

Durch Bildebenen
Der Bildraum gliedert sich in **Vorder-, Mittel- und Hintergrund**. Durch das Verhältnis der Bildebenen zueinander wird eine bestimmte Tiefenwirkung erzeugt. So bezieht die Vordergrundebene (z. B. in Form von Ästen oder Torbögen als Rahmen) den Betrachter mit in den Bildraum ein und sorgt

gleichzeitig für die Einschätzung der Proportionsverhältnisse. Der Bildmittelgrund verbindet die Ebenen miteinander. Er ist in der Regel die Ebene des Motivschwerpunktes, während der Hintergrund das Bild vervollständigt. Die Tiefenwirkung kann durch diagonale oder schräge Linien verstärkt werden.

Beispiel für eine typische Gestaltung eines Bildraumes mit Vorder-, Mittel- und Hintergrund. Der Reiz dieser Aufnahme liegt dabei auch in der Verwendung starker Hell-Dunkel-Kontraste, die die Räumlichkeit verstärken sowie im Spiel mit Formkontrasten und den dadurch entstehenden Bewegungslinien.

Weitere Arten der Gestaltung von Raumwirkung:

Durch Überschneidung
Wenn sich zwei Flächen im Bild überschneiden, schließen wir aufgrund unserer Seherfahrung daraus, dass sie hintereinander liegen müssen.

Durch perspektivische Verkürzung
Alle geradlinig und parallel verlaufenden Senkrechten treffen sich auf der Horizontlinie (eigentlich im Unendlichen) in einem imaginären Fluchtpunkt. Die entfernteren Objekte erscheinen perspektivisch kleiner und verzeichnet bzw. verkürzt.

Durch Luftperspektive
Aufgrund der dazwischen liegenden Luftschichten, die wir als Dunst wahrnehmen, erscheinen Objekte der Hintergrundebene zunehmend heller und verblaut. Allgemein werden aus dieser Erfahrung heraus helle bläuliche oder grünliche Flächen als weiter entfernt und im Gegenzug dunkle aber auch warmtonige Flächen als weiter vorne liegend interpretiert.

Bildausschnitt und Einstellungsgröße
Die Ausdruckskraft und das Kommunikationsziel eines Bildes werden durch den Bildausschnitt festgelegt. So kann man die Wirkung oder sogar die inhaltliche Aussage einer Bildvorlage verändern, indem man z. B. durch einen neuen Bildausschnitt oder einen **Bildanschnitt** andere Schwerpunkte setzt.

Anlegemanöver in der Bretagne. Wassersport ist Teamarbeit – wie würde man bei der linken Bildvorlage visualisieren, dass sich ein Teammitglied ausklinkt? Zum Beispiel so wie auf dem Ausschnitt rechts.

Durch die extreme Vergrößerung eines Bildausschnittes lässt sich die Wirkung dahingehend verändern, dass neue Formen sichtbar werden oder sich Muster und Strukturen ergeben, die dem der Vorlage zugrunde liegenden Motiv nur schwer zugeordnet werden können. Zur Beschreibung eines Bildausschnittes sind die Einstellungsgrößen aus dem Bereich der filmischen Gestaltungsmittel sehr hilfreich. Die folgende Aufstellung hat exemplarischen Charakter und erhebt somit keinen Anspruch auf Vollständigkeit:

A   **B**   **C**   **D**   **E**

A Halbtotale
Die Halbtotale ist näher am Geschehen als die Totale (ohne Abb.). Hier werden Menschen als wichtige Elemente im Bild wahrgenommen und von Kopf bis Fuß innerhalb ihres Handlungsumfeldes gezeigt; die Körpersprache ist ebenfalls gut zu sehen. Die Halbtotale hat einführenden Charakter.

B Halbnah
Die Halbnaheinstellung fokussiert die Person – man sieht sie etwa von den Knien an; die Beziehung von Figuren zueinander sind ebenso gut beobachtbar wie die kommunikative Situation in Form von Gestik und Mimik. Das Handlungsumfeld spielt kaum noch eine Rolle.

C Amerikanische
Ausgehend von den menschlichen Proportionen zeigt die Amerikanische die Person vom Kopf bis zur Hüfte – in Anlehnung an das Westernklischee vom Revolverhelden beim Duell, der idealtypisch bis zum Revolverhalfter bzw. bis zu den Knien zu sehen ist. Auch hier sind Gestik und Mimik der Person gut zu sehen.

D Nahaufnahme
Diese Einstellung entspricht etwa dem Brustbild einer Person. Im Film wird sie häufig dann gewählt, wenn sich die Aufmerksamkeit auf die Mimik der Personen konzentrieren soll, so z. B. bei einer Kommunikationssituation. Die Gestik der Person ist dabei eher sekundär.

E Großaufnahme
Diese Einstellung zeigt den Kopf einer Person von der (meist angeschnittenen) Stirn bis zum Hals bzw. Schulteransatz – die Wahrnehmung des Betrachters wird dadurch ganz auf die Mimik konzentriert. Bildausschnitte dieser Art erzeugen durch die fehlende Distanz ein enges, fast intimes Verhältnis zwischen Person und Betrachter. Sie eignen sich daher insbesondere für die Darstellung von Gefühlen und Empfindungen mit dramatischer Ausdruckskraft.

Innerhalb des zu entwickelnden Geschäftsberichts für das „Kaufhaus Sinneslust" müssen Sie eine Auswahl von Bildern erstellen und entscheiden, welche bestimmten inhaltlichen Aspekte dargestellt werden sollen.

Welche Bildausschnitte und Einstellungsgrößen würden Sie für folgende Themen wählen:

- Neues Vorstandsmitglied
- Lage des Kaufhauses
- Wellnessprodukte
- Warenträger

Bildaufteilung/Komposition

Hinsichtlich der Positionierung der Bildelemente im Bildformat gelten im Prinzip die gleichen Regeln wie bei der allgemeinen Flächenkomposition. Auch hier tragen die angewandten Gestaltungsprinzipien wie Symmetrie, Asymmetrie, Rhythmus oder Kontrast stark zu deren Wirkung bei.
Vgl. LS 4, 12.9.2

Bei der Konzeption oder Bearbeitung zu erstellender Bildvorlagen sollten diese Prinzipien und Regeln stets zielorientiert gemäß den Anforderungen des Kundenauftrags erfolgen.

(Abb. links) Steht das Hauptobjekt/Motiv zentriert in der Mitte, wirkt das Bild ruhig, ausgewogen und erzeugt ein Gefühl von Sicherheit – es wirkt aber auch langweilig. (Abb. mitte und rechts) Die asymmetrischen Bildaufteilungen hingegen wirken dynamischer, spannungsvoll und interessant, da das Hauptmotiv nicht im Zentrum positioniert ist:

Ergänzen und reduzieren

Aufgrund unserer Seherfahrungen sind wir in der Lage, fehlende Teile eines Bildmotivs im Gehirn zu komplettieren. Dieses Phänomen ist an anderer Stelle als „Gesetz der Erfahrung" definiert und erläutert worden. Prägnante Merkmale eines Objekts oder einer Form reichen meist aus, um von einem Ausschnitt auf das Ganze zu schließen.
Vgl. LS 3, 8.3.2.5

Das Gesetz der Erfahrung kann unter Umständen lebenserhaltend sein. So würde uns die hinter einem Busch hervorlugende Schwanzspitze eines Tigers dazu veranlassen, sofort das Weite zu suchen – wir müssen nicht erst den kompletten Tiger sehen, um die Gefahr zu erkennen.

Dieses Wahrnehmungs-Phänomen wird bei der Mediengestaltung im Bereich der Logogestaltung gezielt eingesetzt. Aber auch bei der Bestimmung des Bildausschnitts ermöglicht das Gesetz der Erfahrung eine Reduktion auf zentrale Elemente mit dem Ziel, den Betrachter interaktiv in die Gestaltung und deren Dramaturgie mit einzubeziehen:

Weder die Blätter noch die Blüten sind durch eine geschlossene Kontur definiert – wir ergänzen das Bild aus der Erinnerung heraus, vielleicht sogar mit einem positiven Gefühl verknüpft.

Übung zum Gesetz der Erfahrung: Was sehen Sie wirklich?
Was glauben Sie zu sehen?

17.4.3 Blickführung

Blick- und Leserichtung

Vielen Bildern liegt eine inhaltliche Blickrichtung zugrunde – besonders dann, wenn Personen abgebildet sind, die selbst in eine bestimmte Richtung schauen. Kulturell bedingt entspricht die gewohnte Blickrichtung der Leserichtung von links nach rechts und determiniert damit auch unsere Wahrnehmung.

Welches Bild gefällt Ihnen spontan besser? Welcher Mann sehnt sich nach seiner Familie?

Die inhaltliche Blickrichtung wird in der Regel durch die Linienführung im Bild unterstützt. Dieses Prinzip kann natürlich bewusst durchbrochen werden, um gezielt Aufmerksamkeit und Prägnanz zu erzielen.

Bewegungsrichtung

In Zusammenhang mit Führungslinien und Strebungen innerhalb eines Bildes erscheint es stringent, dass Objekte, die in der Realität beweglich sind, diese Dynamik auch auf den „eingefrorenen" Zustand ihres Abbildes übertragen. Bestimmte Bewegungsrichtungen werden als natürlich empfunden und innerhalb unseres Kulturkreises homogen interpretiert. So werden entsprechend der Lesegewohnheit Bewegungsrichtungen nach links mit „zurück", „ankommen" und „Vergangenheit" assoziiert, solche nach rechts mit Assoziationen wie „vorwärts", „abfahren" und „Zukunft".

Testen Sie Ihre Wahrnehmung: Welcher Segler beginnt seinen Tagestörn – der linke oder der rechte?

Im Zusammenhang mit Linienführung tauchte der aus dem Filmbereich entlehnte Begriff der **Bewegungsvektoren** als gestalterisches Mittel der Blickführung bereits auf. Solche Bewegungsvektoren sind gestalterisch besonders interessant, wenn sie unserer Sehgewohnheit im Sinne von Lesegewohnheit entgegenstehen. Dieser Kontrast verleiht der Gestaltung mehr Spannung. So wirkt eine von links unten nach rechts oben ansteigende Diagonale aufsteigend. Von links oben nach rechts unten wirkt sie abfallend.

In nebenstehender Abbildung wird der Berg aufgrund seiner Diagonalrichtung als ansteigend interpretiert, die Wanderer jedoch laufen diametral zum Bewegungsvektor.

Bilder mit einer Blick- oder Bewegungsrichtung, die sich inhaltlich auf benachbarte Headlines, Copytexte oder andere Layoutelemente bezieht, sollten auch auf sie ausgerichtet sein. Anderenfalls wird die Blickführung des Betrachters verwirrt.

Zum Beispiel führt eine nach rechts blickende Person, die auf dem Umschlag/dem Deckblatt eines Geschäftsberichts platziert ist, den Betrachter in die Broschüre hinein. Wenn sie aber nach links zum Bund hin blickt, wird der Blick des Betrachters in die falsche Richtung gelenkt.

Schärfe und Unschärfe
Selektive Schärfe ist ein weiteres Mittel, um inhaltlich oder formal zentrale Elemente zu betonen. Fokussierte Elemente werden als (inhaltlich) im Vordergrund stehend interpretiert, nicht fokussierte als Hintergrund bzw. sekundäre Bildelemente. Daher kann durch den gezielten Einsatz von Schärfe und Unschärfe ein Bild strukturiert werden.

Liegen dem Kundenauftrag bereits Bildvorlagen zugrunde, so können diese nachträglich über die elektronische Bildverarbeitung selektiv unscharf gestellt werden. Photoshop ermöglicht dies z. B. mithilfe verschiedener Weichzeichnungsfilter, wie der sogenannten Bewegungsunschärfe oder dem Gaußschen Weichzeichner.

17.4.4 Bildpositionierung im Layout

Im Laufe Ihres Entwurfsprozesses und der Konzeptionierung des Geschäftsberichts müssen Sie hinsichtlich des Layouts gestalterische Entscheidungen zur Positionierung Ihrer Bilder innerhalb des Gestaltungsrasters treffen.

Hinsichtlich der Bildpositionierung im Layout sollten Sie in Ihrer Konzeptionierung die folgenden Aspekte berücksichtigen.

Ästhetische und funktionale Integration
Hinsichtlich der Bildpositionierung unterscheidet man zwei Formen der Bild-Text-Integration.

Erstens die **übergeordnete Bildebene**, die die inhaltliche Ebene zu einer eigenständigen, ästhetischen Gesamtaussage im Sinne der Imageförderung erweitert. Bilder dieser Art sollten innerhalb von Geschäftsberichten gruppiert und akzentuiert eingesetzt werden. Diese gliedernde Wirkung erleichtert dem Leser einerseits das konzeptionelle Verständnis und trägt andererseits wesentlich zur Dramaturgie des Gesamtkonzeptes bei. Dazu sollte die übergeordnete Bildebene in einem klaren Rhythmus gegliedert sein.

Zweitens die **illustrierende Ebene**: Sie ist rein funktional auf die visuelle Erläuterung vorhandener Textinhalte ausgerichtet. Sie hat in diesem Sinne dokumentarischen Charakter. Häufig werden Bilder der illustrativen Ebene als eine Art Zusatzinformation innerhalb der Marginalspalte platziert. Inhomogenes Bildmaterial sollte gestalterisch dem zugrunde liegenden Bildkonzept angepasst werden. So kann man durch Format- und Farbveränderung die Zuordbarkeit klären. Bildunterschriften sollten hinzugefügt werden, um die Bedeutung der Bilder im Kontext zu klären.

Visuelles Gewicht

Als Teil der visuellen Grundwahrnehmung haben Bildelemente je nach ihrer Helligkeit, Farbe, Sättigung, der Strebung zentraler Führungslinien und Größe für uns eine Gewichtsempfindung – ein visuelles Gewicht.

Vgl. LS 3, 10.4.1

Ein für die Bildaussage wichtiger Bildbereich (**Hauptelement**) sollte daher optisch stärker ins Gewicht fallen als der Rest (**Nebenelemente**). Dies erreicht man u. a. durch die Anwendung von Gestaltungsprinzipien wie z. B. Kontrast und Asymmetrie und durch den Einsatz der bereits im Vorfeld thematisierten visuellen Merkmale (Form, Farbe, Helligkeit, Größe, Richtung, Textur, Anordnung, Tiefe, Bewegung).

Hell-Dunkel-Verhältnis
Bei der Integration von Bild und Text auf der Gesamtfläche streben dunkle Bilder, dem Gesetz der Schwerkraft folgend, nach unten – sie geben einer Seite einerseits Stabilität, sorgen unter Umständen aber auch für eine gewisse statische Ausstrahlung. Helle Bilder hingegen schweben förmlich nach oben – hier gilt es zu beachten, dass diese nicht virtuell aus dem Bildformat ins Off abdriften.

Strebungen im Bild
Bei der Positionierung von Bildern auf einer Seite sollte man auf die im Vorfeld bereits thematisierten Führungslinien eines Bildes achten. Diese beanspruchen Platz für das Bild, damit sich die Blick- und Bewegungsrichtung weiter entfalten kann.

Aktive und passive Bilder
Bilder vermitteln Emotionen – sie können durch dynamische Linien und kräftige Farben „laut" im Sinne von aktiv sein. „Laute" Bilder drängen sich in den Vordergrund und benötigen daher weniger Fläche als passive, ruhige Bilder. Durch die Anwendung des Quantitätskontrastes kann hier ein visuelles Gleichgewicht erzeugt werden.

Einheitliche Bildsprache

Zur Umsetzung eines **Bildkonzepts** bedarf es eines einheitlichen, im Stil homogenen Bildmaterials. Dabei geht es um die konstante Anwendung einer Bildsprache, die stilistisch und technisch aus einer Hand kommt.

Analysieren Sie also die Bildsprache und suchen Sie nach formalen und inhaltlichen Bezügen und Sinneinheiten zwischen den verwendeten Bildern!

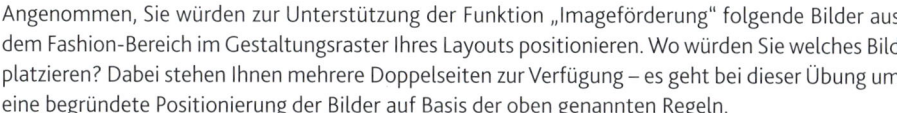

Übung zur Bildpositionierung im Layout:

Angenommen, Sie würden zur Unterstützung der Funktion „Imageförderung" folgende Bilder aus dem Fashion-Bereich im Gestaltungsraster Ihres Layouts positionieren. Wo würden Sie welches Bild platzieren? Dabei stehen Ihnen mehrere Doppelseiten zur Verfügung – es geht bei dieser Übung um eine begründete Positionierung der Bilder auf Basis der oben genannten Regeln.

A

B

C

D

E

F

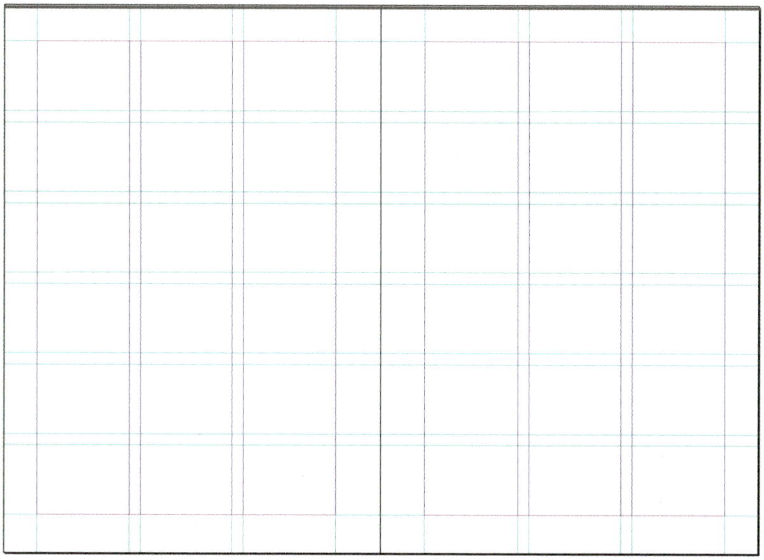

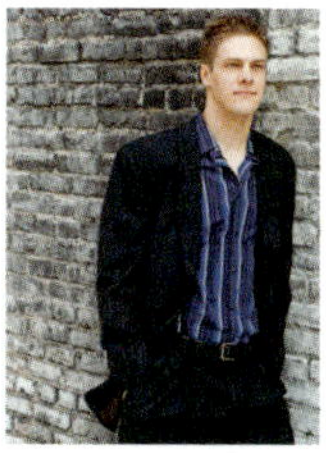

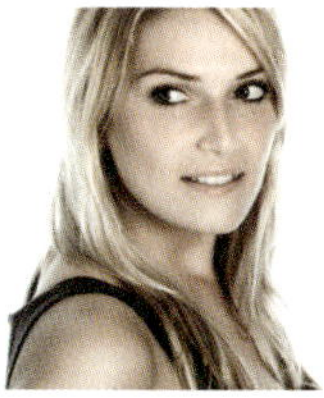

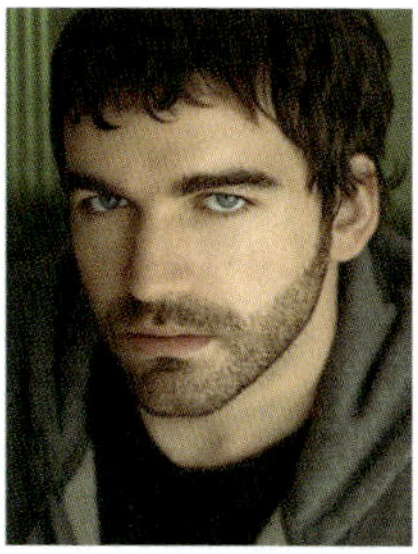

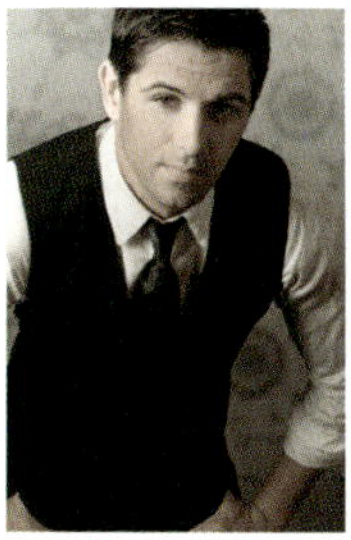

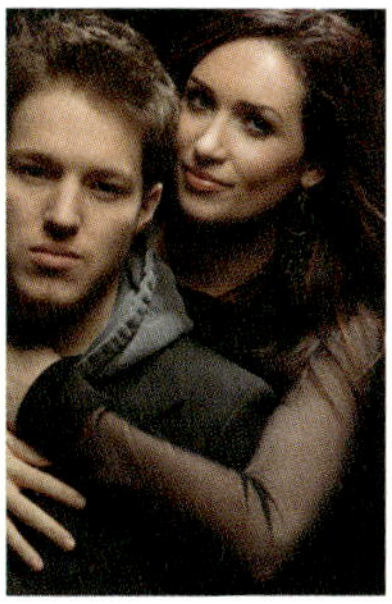

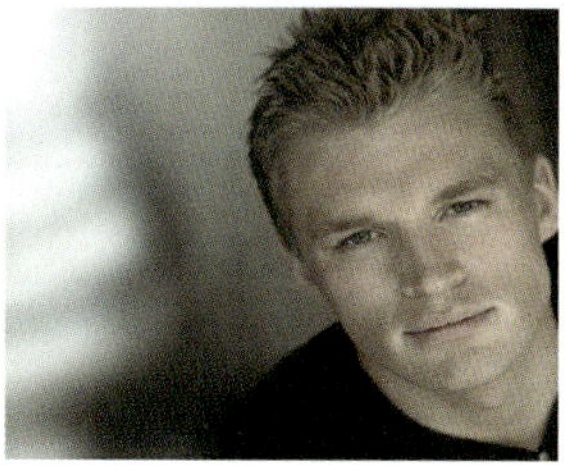

Überlagerung von Bild und Text

Werden Texte mit Bildern hinterlegt, müssen bestimmte Aspekte beachtet werden, damit der Text einerseits lesbar bleibt und andererseits das Bild erkennbar und wirksam bleibt:

- Texte in einen abgesofteten Rahmen stellen. Dabei sollten dessen Ränder an Bildkanten oder Achsen ausgerichtet sein, um eine gewisse Integration zu gewährleisten.
- Das Hintergrundbild: Es sollte hinsichtlich seiner Motivik und Struktur nicht zu unruhig und kleinteilig sein und im Tonwert zur Textfarbigkeit und dem Grauwert des Textes genügend Kontrast aufweisen.
- Für die Bildaussage wichtige Bereiche sollten nicht mit Text überlagert werden. Dies gilt insbesondere für Personen- und Portraitaufnahmen.
- Positiv-Negativ-Effekt: Eine Zweiteilung des Textes in helle und dunkle Partien macht immer dann Sinn, wenn der Bildhintergrund über starke Hell-Dunkel-Partien verfügt und die Lesbarkeit erhalten bleiben soll. Der Positiv-Negativ-Effekt eignet sich besonders gut für Headlines mit Eyecatcherfunktion. Hier sollte darauf geachtet werden, dass die „Nahtstelle" nicht direkt durch die Buchstaben geht, sondern durch Wortabstände getrennt wird.

17.5 Bild- und Grafikformate

Bei Ihrer Bildrecherche für die Bearbeitung des Kundenauftrags werden Sie entweder auf bereits vorhandenes Bildmaterial (aus dem Internet oder Datenbanken) zurückgreifen oder Sie erstellen selber die notwendigen Bilder. In jedem Fall müssen Sie wissen, welches Dateiformat von welchem Programm unterstützt wird und wo die Unterschiede hinsichtlich der Anwendungsmöglichkeiten liegen.

Will man Bilddateien zwischen verschiedenen DTP-Programmen transportieren, so steht eine Vielzahl verschiedener Dateiformate zum Im- und Export zur Verfügung. Die Auswahl des Dateiformats ist dabei abhängig vom Verwendungszweck des Bildes.

- Welche Inhalte – Text-, Grafik-, Sound- oder Videoformate – sollen gespeichert werden?
- Wie hochauflösend wird das Medienprodukt, in dem das Bild verwendet wird?
- Ist es für die Bildschirm- oder Druckausgabe bestimmt?
- Soll das Bild freigestellt werden oder benötigt es Transparenzen?

17.5.1 Dateiformate für Bilder im Printbereich

In der Regel werden fotografische Bilder in Form von Pixelbildern gespeichert. Sie setzen sich aus einer Matrix von einzelnen Bildpunkten (Pixeln) zusammen, deren Anzahl mit der Auflösungsfeinheit (72 dpi für Web; 300 dpi für den Druck) steigt. Im Kontext des Geschäftsberichtes werden im Folgenden die gängigsten Dateiformate für Bilder im Printbereich erläutert.

Die gängigsten Dateiformate für Bilder im Überblick:

BMP (Bitmap)	Im Windowsbereich verbreitetes Bildformat ohne Kompression mit bis zu 24 Bit Farbtiefe und dementsprechend bis zu 19,7 Mio Farben. Dieses Format wird im Allgemeinen für pixelorientierte Grafiken verwendet. Photoshop definiert ein Bitmap als ein Schwarz-Weiß-Pixelbild mit 1 Bit Datentiefe.
TIFF	Das TIFF-Format (Tagged Image File Format) wurde von Aldus, Microsoft und Hewlett Packard entwickelt. Es speichert Bilder wahlweise mit verlustfreier LZW-Kompression und beherrscht die gängigen Farbmodi RGB, CMYK, Graustufen und Schwarz-Weiß mit den entsprechenden Farbtiefen. Aufgrund seiner Plattformunabhängigkeit ist es zu einem gängigen Austauschformat in der professionellen Bildbearbeitung geworden. Bei TIFF-Formaten ist das Mitspeichern von Alphakanälen, Ebenen und Pfaden möglich.
PSD	Das programmspezifische Dateiformat PSD (Photoshop Data) speichert kompressionsfrei in verschiedenen Datentiefen und Farbmodi; beim Speichern bleiben alle Ebenen, Pfade und bis zu 24 Alpha-Kanäle erhalten, daher sollte man ein Bild immer so lange als PSD-Format abspeichern, bis die Bildbearbeitung abgeschlossen ist.
JPEG	Das JPEG-Format (Joint Photografic Experts Group) eignet sich als Dateiformat für alle Farb- oder Graustufenpixelbilder, die komprimiert werden sollen. Hier gibt es verschiedene Qualitätsstufen besserer (hoch) oder schlechterer (niedrig) Bildqualität, wobei es bei letzteren oft zu sichtbaren Datenverlusten in Form von **Artefakten** (fleckige Bildstellen, die durch die Komprimierungsfunktionen entstehen) kommen kann. Die Datentiefe bei JPEGs beträgt bis zu 24 Bit, wobei Alphakanäle und Transparenzen in diesem Format nicht möglich sind. JPEG-Dateien sind das typische Bildformat für das Web, da die Dateigrößen durch die Komprimierung sehr gering sind. Auf Wunsch ist ein sogenannter **Interlaced-Modus** verfügbar, der das Bild im Web in mehreren Durchgängen aufbaut. Dies ist insofern benutzerfreundlich, da der Betrachter sofort eine Interaktion bemerkt – das Bild ist sofort präsent, baut sich aber erst schrittweise auf.

8.3 Wahrnehmungspsychologie

Die Vielfalt der Sinne nutzen

Die optische Gestaltung von Medien soll die Aufmerksamkeits- und Behaltensrate bei den Betrachtern erhöhen und ihre Neugier wecken. In der Lernpsychologie unterscheidet man anhand von vier verschiedenen **Wahrnehmungstypen**, wie Menschen optimal Informationen aufnehmen und lernen können:

- Der **visuelle Typ** lernt am besten durch Beobachten und Sehen.
- Der **auditive Typ** lernt durch Hören und Sprechen.
- Der **haptische Typ** muss die Dinge buchstäblich „be-greifen" oder sich „er-fühlen".
- Der **olfaktorisch-gustatorische Typ** lernt am besten durch Riechen und Schmecken, er muss gewissermaßen „seine Nase in die Dinge stecken".

Vgl. LS 3, 8.1

Auf Basis dieser vier verschiedenen Lerntypen haben Untersuchungen ergeben, dass der Mensch je nach Einsatz seiner verschiedenen Sinnesorgane eine unterschiedliche Behaltensrate aufweist:

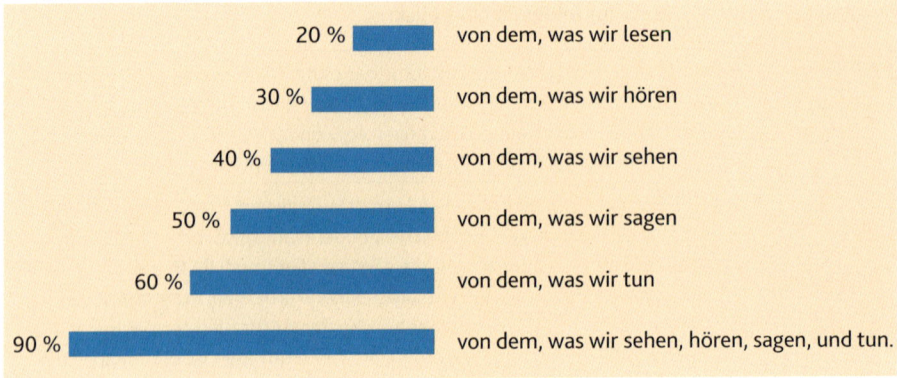

Quelle: managerSeminare, Heft 67, Bonn 2003

Vor allem bei der Präsentation von relativ abstrakten Daten z. B. in Form von Zahlenvergleichen, wie beim Geschäfts- und Jahresbericht, ist es wichtig, das Material so aufzubereiten, dass möglichst viele Wahrnehmungskanäle angesprochen werden.

Denken in Bildern

Vgl. LS 3, 8.2.3

„Ein Bild sagt mehr als tausend Worte" ist keine bloße Phrase, sondern bezieht sich auf die Tatsache, dass die meisten Menschen in Bildern denken. Mithilfe von Bildern lassen sich selbst schwierige Informationen leichter erfassbar machen. Dementsprechend müssen dargebotene Informationen visuell aufbereitet werden, um begreifbar zu sein. Fakten müssen vom Gehirn entschlüsselt werden können, um sie zu verarbeiten und zu speichern.

27.4 Infografiken

Die Visualisierung von Statistiken, Zahlen- und Sachbezügen und Informationen erfolgt gestalterisch mithilfe von Infografiken. Sie dienen der grafisch aufbereiteten Informationsübermittlung.

Grundsätzliches zur Konzeption von Infografiken

- Text und Grafik sollten eine Einheit bilden.
- Jede Grafik braucht eine Überschrift zur schnellen Information und Orientierung.
- Getreu dem Motto „Traue nie einer Statistik, die du nicht selbst gefälscht hast" sind Angaben zu Autor und Quelle unerlässlich.
- Es sollte immer hinterfragt werden, ob eine Grafik prinzipiell notwendig ist. Gibt der Inhalt überhaupt genug her oder ist hinsichtlich der fraglichen Thematik bloß gestalterische „Petersilie" in Form eines visuellen Elements vonnöten?
- Gestalterisch muss jede Grafik für sich sprechen, d. h. sie braucht einen eindeutigen Form-, Farb- und Bildkodex. Dabei ist weniger wie so oft mehr! Zu viele grafische Gags überlagern das originäre Ziel der Visualisierung.

Hier ein Beispiel, wo Bild- und Diagrammanteile miteinander konkurrieren, statt sich zu ergänzen. Zudem werden die einzelnen Balken mit hohem Textanteil erläutert, der nur schlecht lesbar ist.

Einsatz von Farbe
Farbige Infografiken sind in der Regel einfacher zu entschlüsseln als schwarz-weiße. Eine vierfarbige Infografik ist immer ein Blickfang. Dabei sollten zur Erleichterung der Lesbarkeit überwiegend gebrochene Farben eingesetzt werden. Im Rahmen des CD versteht es sich nahezu von selbst, dass es eine farbliche Abstimmung sowohl der einzelnen Infografiken zueinander als auch zum gesamten Erscheinungsbild gibt.

Farbe kann auch hier akzentuieren oder Orientierung schaffen. Mit Farbe kann man Kurven unterscheiden, Flächen abgrenzen, Hintergründe aufhellen und eine freundliche Atmosphäre schaffen.

Schwarz-Weiß-Infografiken
Diese besitzen einen stark dokumentarischen Charakter, sie wirken glaubwürdig. Man sollte viel Weißraum einsetzen, damit unterschiedliche Elemente sich voneinander absetzen. Sollen Flächen sich voneinander abheben, sollte man unterschiedliche Grautöne anlegen. Dabei sind Tonwerte Schraffuren vorzuziehen, da sie leichter unterscheidbar sind als Tonwerte, diese können zudem leicht flimmern.

27.4.1 Tabellen

Tabellen sind zur Vergleichbarkeit von Textmaterial übersichtlicher und günstiger als Fließtext, da sie über Trennelemente wie Weißraum oder den Einsatz von Linien eine klare Orientierung und Strukturierung der Inhalte ermöglichen. Tabellen werden dann zu Infografiken, wenn sie mit grafischen Elementen oder Bildern illustriert werden. Dies fördert eine schnelle Informationsvermittlung und ist ggf. auch international verständlich.

Vgl. diese LS, 24.2

27.4.2 Diagramme

Während Bilder anschauliche oder abstrakte Darstellungen gegenständlicher Sachverhalte sind, handelt es sich bei Diagrammen um abstrakte Darstellungen von Zahlenmaterial, mit denen Verhältnisse oder Zeitreihenentwicklungen anschaulich aufbereitet werden können.

> Die Erstellung von Diagrammen wird durch den Einsatz von Software wesentlich erleichtert. Tabellenkalkulationsprogramme (z. B. Excel) sowie Zusatzmodule in Grafikprogrammen (Freehand, Illustrator) ermöglichen es, Zahlenmaterial in den Rechner einzugeben, der dann auf Basis dieser Daten ein entsprechendes Diagramm erstellt. Aus gestalterischer Sicht lassen derartige Diagramme aber oft zu wünschen übrig und sollten in jedem Fall nachbearbeitet werden.

Die gängigsten Diagrammarten werden im Folgenden erläutert.

Kreisdiagramme

Diagramme in Kreisform, auch **Kuchen- oder Tortendiagramme** genannt, sind ideal zur Veranschaulichung von Anteilsverhältnissen, meist in Prozent. Der Anteil einzelner Größen am Gesamtwert wird durch die Größe der entsprechenden Kreisausschnitte wiedergegeben. Dabei entsprechen 360° Kreisradius einem 100 %-Anteil.

> Hinsichtlich der Gestaltung gilt die Faustregel: Maximal sechs Anteilssegmente in einem Diagramm darstellen! Das Kommunikationsziel einer schnellen Orientierung für den Betrachter ist sonst nicht zu realisieren.

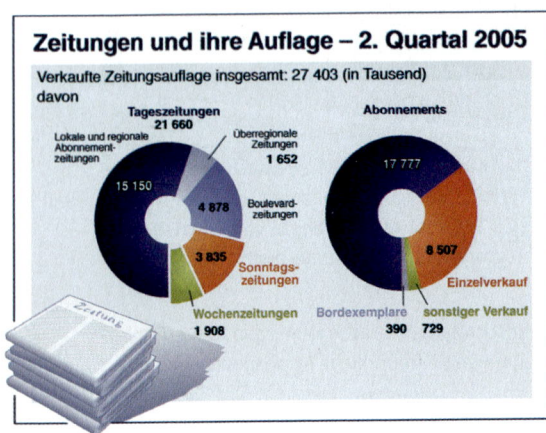

Zudem sollten die Segmenteinheiten nicht zu klein gebildet werden. Hilfsweise können Sie kleinere Teileinheiten zu Gruppen zusammenfassen und diese dann als eine Einheit darstellen. Wichtig für die Interpretation eines Kreisdiagramms (wie auch bei allen anderen Diagrammarten) ist eine deutliche Bezeichnung der Segmentinhalte. Zur Unterscheidung der einzelnen Sektoren können Tonwerte und Farbflächen benutzt werden. Aufgrund unserer kulturell bedingten Lesart empfiehlt es sich, das Wichtigste bei 12 Uhr zu positionieren.

Abbildung zweier Kreisdiagramme: Durch die exponierte Stellung werden bestimmte Rubriken betont.

Balken- und Säulendiagramme

Grundlage dieser Diagrammarten ist ein Koordinatensystem, welches die Infografik strukturiert. Dabei sind die Säulen vertikal und die Balken horizontal angeordnet. Säulendiagramme eignen sich vor allem zur Veranschaulichung von Größenverhältnissen und Bestandsstrukturen. Mit ihnen kann z. B. ein Vergleich von Umsätzen verschiedener Unternehmen oder eines Unternehmens in verschiedenen Zeiteinheiten dargestellt werden.

Wichtig bei der gestalterischen Konzeption ist es, dass alle Säulen an der Basis gleich breit sind. Sonst wird aus der Säulen- eine Flächendarstellung, was zu Verzerrungen und sogar zu Manipulationsmöglichkeiten führen kann. Auch sollte der Abstand zwischen den einzelnen Säulen maximal der Säulenbreite selbst entsprechen, da sonst die optische Vergleichbarkeit für den Betrachter eingeschränkt ist.

> Niemals mehr als acht Säulen/Balken gleichzeitig in einem Diagramm darstellen! Auf jeden Fall ist auch hier eine eindeutige Bezeichnung, nach Möglichkeit mit verschiedenfarbiger Unterlegung, erforderlich.

Sollen mehrere Säulen oder Balken hintereinander stehen, so sollten sich diese gestalterisch klar von einander abgrenzen. Auf den Einsatz von 3-D-Effekten ist zugunsten der Prägnanz zu verzichten.

Ein Balkendiagramm, bei dem die farbliche Abgrenzung von Normalverbrauchern zu Bio-Weintrinkern zu marginal erscheint. Zudem wird die Lesbarkeit durch die drei transparenten Balken eher erschwert, als gefördert. Hier wäre eine durchgehende transparente Fläche sicherlich sinnvoller gewesen.

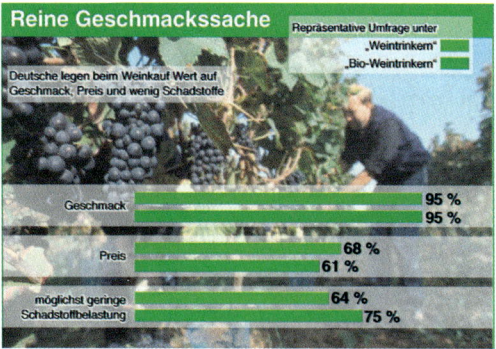

Hier ein Beispiel für ein Säulendiagramm, bei dem die Legende gleich in dreifacher Absicherung erfolgt: Textlich, farblich und mithilfe von Icons für den jeweiligen Wirtschaftszweig.

Kurven- und Liniendiagramme

Diese Diagrammarten eignen sich vor allem zur Darstellung von Entwicklungen in einem zeitlichen Ablauf und zur Visualisierung von Prozessen und Trendentwicklungen wie Umsatzentwicklungen, Entwicklung von Marktanteilen oder der Kostenentwicklung in einer bestimmten Abteilung. Damit der Betrachter einen möglichst wirklichkeitsnahen Eindruck des dargestellten Inhalts erhält, sollte man den Maßstab so wählen, dass die Kurve durch die Koordinatenachsen vorgegebene Fläche möglichst gut ausfüllt. Dabei wird in der Regel der erste Zahlenwert mit dem Nullpunkt des Koordinatenkreuzes gleich gesetzt. Ein Zusammenstauchen oder Dehnen der Proportionen verfälscht die Aussagekraft des Inhalts.

Wichtig ist, dass jede Achse eindeutig bezeichnet ist und dass bei Darstellung mehrerer Zeitreihen auch jede einzelne Kurve eine eigene Bezeichnung trägt. Die Unterscheidung kann optisch auch durch die Verwendung unterschiedlicher Linienarten (durchgehend, gestrichelt, gepunktet etc.) hervorgehoben werden.

Nicht mehr als vier Linien (Zeitreihenentwicklungen) gleichzeitig einzusetzen, da sie sonst unübersichtlich wirken. Vorteilhaft ist in solchen Fällen auch der Einsatz von Flächendiagrammen.

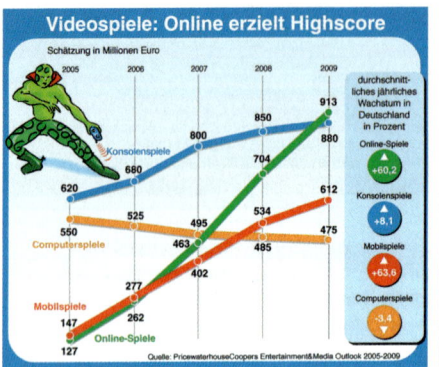
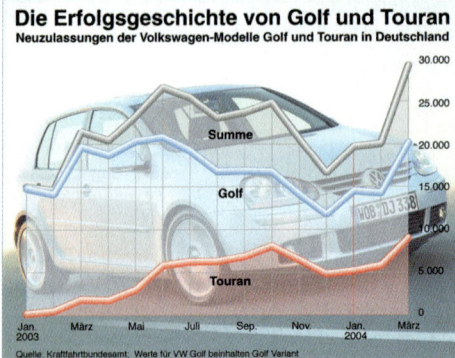

 Analysieren Sie die folgenden Infografiken im Hinblick auf die verwendeten Diagrammarten, die Bildmotive und die Gestaltung. Bewerten Sie zudem die Qualität der Infografiken.

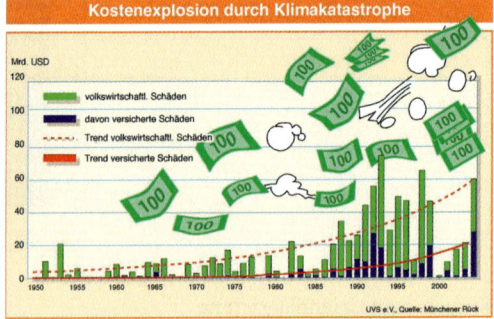

27.4.3 Pläne und Karten

Um dreidimensionale (Lebens)räume erfahrbar und erfassbar zu machen, werden Karten und Pläne eingesetzt. Sie dienen in erster Linie der Orientierung und der Simulation einer Bewegung im optionalen Raum (bei einer Autokarte z. B. „fahren" Sie die Route mit dem Finger auf der Karte „schon mal ab"). Thematische Karten bieten zudem die Möglichkeit, bestimmte Inhalte zu fokussieren (z. B. Wetterkarte) und räumliche Phänomene miteinander in Beziehung zu setzen.

 Karten und Pläne sind in der Regel nach bestimmten Kriterien konzipiert, um die Realität in die Fläche zu „übersetzen".

Maßstabsgerechte Verkleinerung

- **Reduktion und Stilisierung** – die Fülle an Details wird auf die Kernelemente reduziert.
- **Verebnung** – sozusagen das Diktat der Fläche – Höhen und Tiefen werden ggf. reliefartig dargestellt, in der Regel jedoch wird die Welt zur Scheibe.
- Erläuterung durch **farbliche Codierung** – bei Straßenkarten z. B. sind Bundesstraßen in der Regel gelb gekennzeichnet, Flüsse blau und mit Namen versehen, Ortschaften rötlich und je nach Einwohnerzahl mit fett geschriebenem Namen.
- **Icons** – zur Kennzeichnung von Kirchen, Sehenswürdigkeiten oder Krankenhäusern werden allgemein verständliche Zeichen verwendet.

Ereignisraumkarten

Werden **topografische Karten** eingesetzt, um einen bestimmten Ort hervorzuheben oder ein spezielles Ereignis zu visualisieren, so ist es sinnvoll, dem Betrachter das nähere Umfeld des Ortes oder Ereignisses darzustellen, um die räumlichen Beziehung zu verdeutlichen.

Gemäß vorliegendem Kundenauftrag soll der Geschäftsbericht für das „Kaufhaus Sinneslust" auch verkaufsfördernd wirken. Es ist demnach denkbar, den Hauptsitz des Unternehmens in Form eines Lageplans zu visualisieren.

Die bereits im Vorfeld thematisierten grafischen Variablen Größe, Farbe, Form, Richtung und Helligkeit stehen dem Gestalter zur Konzeption analoger Zeichen bei der Gestaltung von thematischen Karten zur Verfügung.

Vgl. LS 3, 10.4.1

27.4.4 Prinzipdarstellungen

Prinzipdarstellungen ermöglichen die Veranschaulichung abstrakter oder tatsächlicher Inhalte wie z. B., Strukturen oder Prozesse. Prinzipdarstellungen werden in zwei Kategorien unterteilt:

Sachbilder

Ein Sachbild unterscheidet sich von einer realistischen Darstellung durch seine Didaktisierung, in dem es einen bestimmten Erkenntniszuwachs beim Betrachter anstrebt.

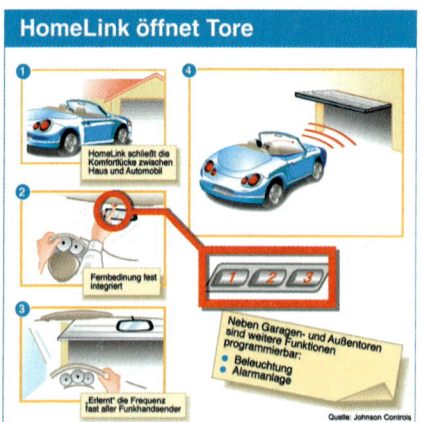
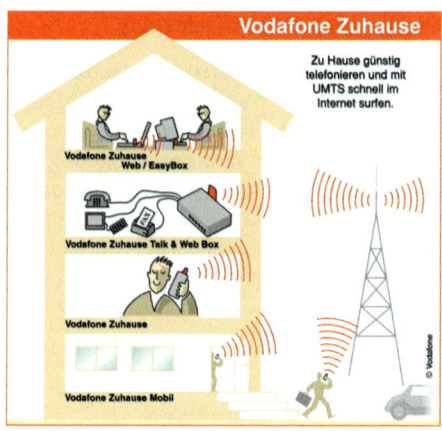

Abb. links: Der Blick mit der Lupe erläutert Details innerhalb der Gebrauchsanweisung.
Abb. rechts: Die Schnittzeichnung veranschaulicht verschiedene Nutzungsmöglichkeiten von „Vodafone Zuhause".

Prozessgrafik

Der Name ist quasi Programm – Prozessgrafiken zeigen die Zusammenhänge von Dingen oder Abläufen als dynamischen Prozess. Die grafische Veranschaulichung hält Prozesse sozusagen an, um Strukturen zu verdeutlichen, die z. T. für das menschliche Auge so nicht wahrnehmbar sind.

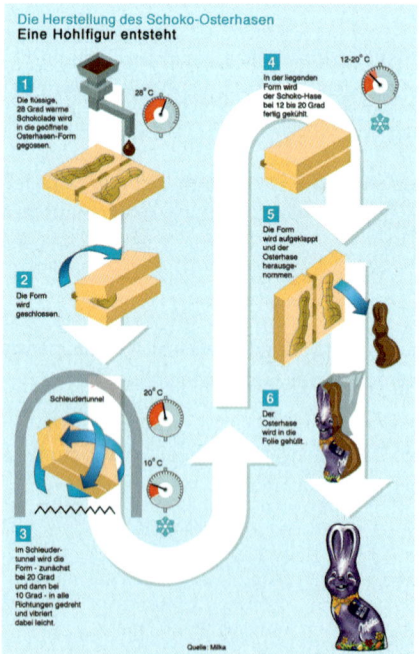
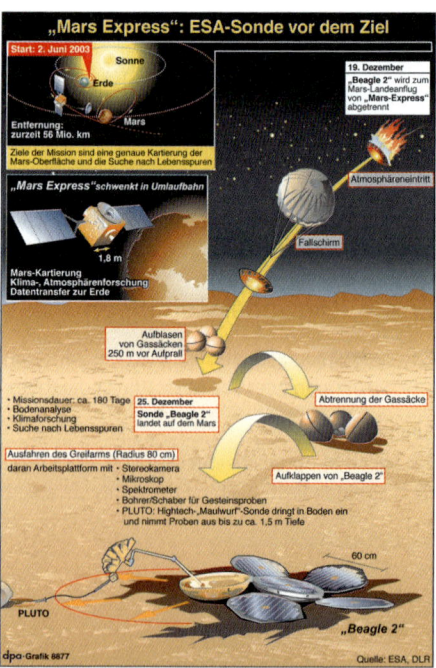

Abb. links: Der Entstehungsprozess eines Osterhasen. Wichtig ist hier eindeutige Reduktion auf einen bestimmten Kernaspekt und die formale Reduktion maschineller Prozesse.
Abb. rechts: Ähnlich wie bei kartografischen Infografiken erfolgt hier zunächst eine Orientierung für den Betrachter mithilfe von Ereigniskarten, die Landung der Sonde wird in zeitlichen Abfolgen veranschaulicht.

Welche Art der Prinzipdarstellung liegt hier vor?
Begründen Sie Ihre Zuordnung.

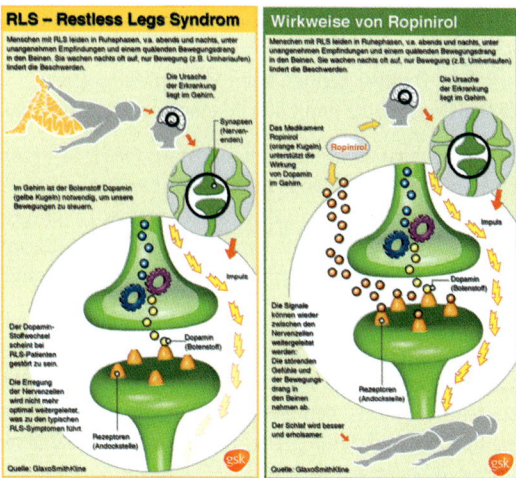

Analysieren Sie den Kundenauftrag „Kaufhaus Sinneslust" bezüglich der Anwendungsmöglichkeiten von Prinzipdarstellungen innerhalb des Geschäftsberichts.

26 PDF

Das PDF hat als crossmedial lesbares Austauschformat eine Art Siegeszug in der Druckvorstufe angetreten und ist mittlerweile aus dem programm- und plattformübergreifenden Datenaustausch nicht mehr wegzudenken.

26.1 Portable Document Format

Ihren Geschäftsbericht werden Sie in einem Layout-Programm wie Indesign oder QuarkXPress fertigen. Möchten Sie Ihren Geschäftsbericht als „offene Datei" an die Druckerei liefern, müssen Sie sämtliche Schriften, Grafiken und Bilddateien mitliefern. Dafür gibt es innerhalb der Programme praktische Sammelfunktionen, jedoch bedeutet die Lieferung von offenen Daten für die Druckerei einen Mehraufwand, da diese Daten einzeln geprüft, Bildverknüpfungen wieder hergestellt und Schriften nachgeladen werden müssen. In einer PDF-Datei sind jedoch alle Elemente eingebettet. Hinzu kommt die Möglichkeit, PDF-Dateien zu komprimieren. PDF ist also ideal für die Weitergabe von Daten zwischen Kunde und Druckerei. Darüber hinaus bietet Acrobat viele Möglichkeiten, die PDF-Datei auf Fehler zu überprüfen.

Unter www.cleverprinting.de finden Sie einen praxisorientierten Ratgeber zum Thema PDF und Color-Management.

Das Portable Document Format wurde von Adobe auf der Grundlage von Postscript entwickelt. Im Gegensatz zur Postscript-Datei, welche erst durch einen RIP interpretiert werden muss, kann die PDF-Datei nach der Erstellung direkt am Bildschirm angezeigt werden.

Zur Darstellung einer PDF-Datei ist der kostenlose Acrobat Reader notwendig, den es auch als Plug-In für verschiedene Internet-Browser gibt. Für die professionelle Handhabung zum Bearbeiten, Prüfen und Verschlüsseln ist das Programm Adobe Acrobat Professional unverzichtbar. Mit Adobe Acrobat Professional wird auch das Programm Acrobat Distiller ausgeliefert. Der Distiller erstellt aus Postscript-Dateien das PDF.

Ein PDF ist in der Lage, den vollständigen Seitenaufbau eines Dokuments mit Text, Bild und Grafik darzustellen. Die Eigenschaften der Elemente, z. B. Pixel- oder Vektoren oder Schrifttypen, bleiben erhalten. Darüber können beim PDF Zusatzfunktionen wie z. B. Hyperlinks, Kompression von Bilddaten, Dateischutz und Color-Management etc. mit in die Datei aufgenommen werden.

PDF wird auch als Dokumentenaustauschformat bezeichnet, da in Layoutprogrammen erstellte Dokumente als PDF-Datei einfacher zur Kommunikation zwischen Kunde und Mediengestalter genutzt werden können, als die Dokumente der Layoutprogramme selbst (da der Kunde meist nicht über die entsprechende Software verfügt). Hinzu kommt der Sicherheitsgedanke: Durch die Passwort-Verschlüsselung geschützte PDF-Dokumente können nicht mehr manipuliert werden.

Dabei besitzt PDF die Fähigkeit, hochauflösende Daten für den Druck sowie niedrig aufgelöste Daten für Internetanwendungen (z. B. elektronische Bücher – E-Books) herzustellen. Jedoch sind von PDF keine Wunder zu erwarten: Eine falsch angelegte Datei im Layout- oder Illustrationsprogramm sowie Bilder mit zu geringer Auflösung oder unbrauchbarem Farbmodell sind auch hier nicht ohne weiteres zu korrigieren. Daher muss bereits vor der Erstellung von PDF-Dateien ausgabegerätkonform gearbeitet werden.

Die Möglichkeiten in Acrobat sind sehr vielfältig. Öffnen Sie eine beliebige PDF-Datei und verschaffen Sie sich einen ersten Überblick.

26.1.1 Bildkomprimierung

Um mit dem Acrobat Distiller eine PDF-Datei zu erzeugen, müssen Sie dem „Destillier-Prozeß" mitteilen, mit welchen Einstellungen bzw. Joboptions die Datei zu erzeugen ist. Neben vorgegebenen Einstellungen können auch eigene Optionen gewählt und als Vorgabe für weitere Aufträge abgespeichert werden.

Kompatibilität
In der Registerkarte „Allgemein" ist vor allem die Einstellung „Kompatibilität" wichtig. Hier legen Sie fest, welche Acrobat-Versionen Ihre PDF-Datei öffnen können. Zur Reduktion der Dateigröße sollte die Programmversion möglichst hoch gewählt werden. Niedrige Programmversionen, z. B. 3 oder 4, erzeugen größere Dateien.

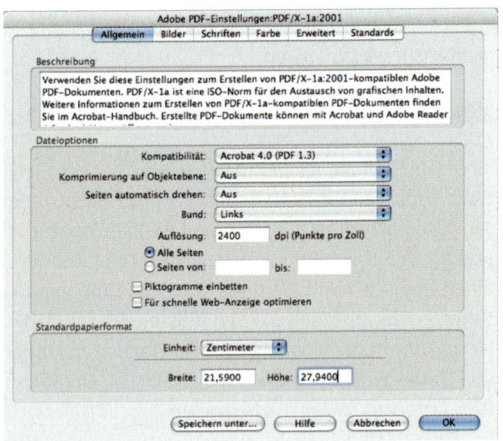
Quelle: Adobe Systems GmbH©

Bei der Festlegung der Bildoptionen gilt es, ein ausgewogenes Maß zwischen Bildqualität und Dateigröße zu erhalten.

Welche Situationen erfordern im Berufsalltag hoch- oder niedrigaufgelöste PDF-Dateien? Diskutieren Sie.

Neuberechnung

Die Neuberechnung eines Bildes ist immer dann erforderlich, wenn aus hochauflösenden Bilddaten niedrigauflösende Daten berechnet werden müssen, z. B. zur Erstellung von PDF-Dateien für Internet-Anwendungen. Bei der Neuberechnung mit einer niedrigeren Auflösung werden Bildinformationen gelöscht. Je nach Berechnungsmethode werden dabei mehr oder weniger Pixel durch einen gemittelten Farbwert ersetzt.

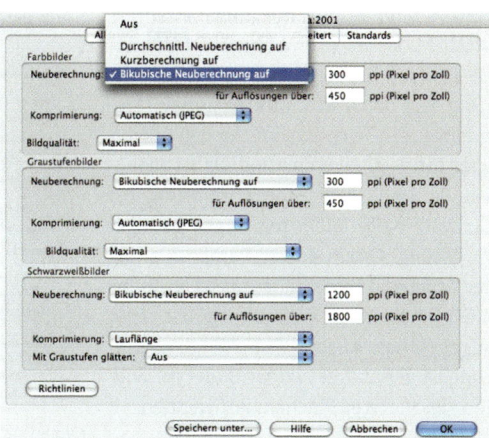

Quelle: Adobe Systems GmbH©

Durchschnittliche Neuberechnung	Bikubische Neuberechnung	Kurzberechnung
In einem bestimmten Radius wird der Durchschnitt der Pixel ermittelt und alle Pixel durch diesen einen Farbwert ersetzt.	Die Bikubische Neuberechnung errechnet auch Mittelwerte, jedoch unter einer genaueren Berücksichtigung der umliegenden Pixel. Sie ist die exakteste Methode.	Bei der Kurzberechnung dient ein Pixel in der Bildbereichmitte (Auswahlbereich) als Referenzwert. Alle Pixel des Auswahlbereichs werden durch diesen Farbwert ersetzt.

Im Feld „für Auflösungen über" wird übrigens der Auflösungswert des Ausgabegerätes eingesetzt.

Wird für eine printfähige PDF-Datei keine Neuberechnung gewünscht, wird die Option „Aus" gewählt. Diese ist dann zu wählen, wenn bereits im Vorfeld mit korrekten Bildauflösungen gearbeitet wurde und die Dateigröße für den Dateitransport zur Druckerei keine Rolle spielt.

Die **Komprimierung** der Bilddaten kann durch folgende Algorithmen erfolgen: ZIP, JPG oder Automatisch (JPEG). Die verlustfreie ZIP-Komprimierung ist vor allem für flächige Bilder mit Wiederholungen einzusetzen. JPEG eignet sich für die meisten fotorealistischen Farb- oder Graustufenbilder. Jedoch sollte die Qualität der JPEG-Kompression auf „Hoch" oder „Maximum" gesetzt werden, um Verluste zu vermeiden. Bei der Automatik-Funktion bestimmt Acrobat das beste Komprimierungsverhältnis selbst.

Erstellen Sie eine Vergleichsreihe, indem Sie Ihre PDF-Datei mit unterschiedlichen Komprimierungseinstellungen destillieren. Vergleichen Sie die Qualität der Bilddarstellung am Monitor und bestimmen Sie die empfehlenswerteste Einstellung.

Für Schwarz-Weiß-Bilder bzw. Strichzeichnungen sind in der entsprechenden Rubrik die Komprimierungsverfahren CCITT Group 4, CCITT Group 3, ZIP oder Run Length (Lauflänge) zu wählen.

Die **Komprimierungsverfahren CCITT 3 und 4** sind Komprimierungsverfahren, welche von der Internationalen Fernmelde-Union (ITU) mit Sitz in Genf, vormals Comité Consultatif International Télégraphique et Téléphonique, für den Faxversand festgelegt worden sind. Dabei bedeutet Group 3 eine Komprimierung für Schwarz-Weiß-Bilder mit relativ geringer Auflösung, Group 4 eine Komprimierung für hochauflösende Bilder bis ca. 400 dpi. CCITT basiert auf einem verlustfreien Algorithmus. Auch die Lauflängenkodierung ist verlustfrei und für Bilder mit vielen gleichartigen Flächen anzuwenden.

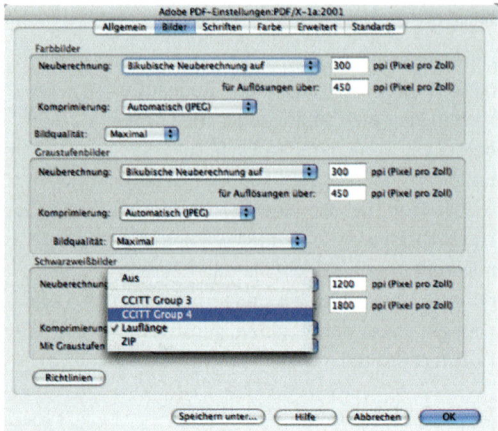

Quelle: Adobe Systems GmbH©

26.1.2 Einbetten von Schriften

Sind die Schriften eines Dokuments in der PDF-Datei nicht eingebettet, kommt es zur fehlerhaften Ausgabe beim Druck. Da Sie nicht davon ausgehen können, dass der Kunde bzw. Ihre Druckerei die von Ihnen verwendeten Schriften zur Verfügung hat, müssen diese ins PDF-Dokument mit eingebettet werden.

 Mit einem Häkchen bei „Alle Schriften einbetten" werden automatisch alle verwendeten Schriften des Dokumentes mit eingebettet.

Die Option „Untergruppen, wenn benutzte Zeichen kleiner als" stiftet oft Verwirrung. Hier kann ein Prozentsatz eingetragen werden. Um Speicherplatz zu sparen, bettet diese Funktion nur Schriftzeichen bzw. Untergruppen von Schriften ein, die im Dokument verwendet werden. Es ist aber schwer, den entsprechenden Prozentsatz abzuschätzen.

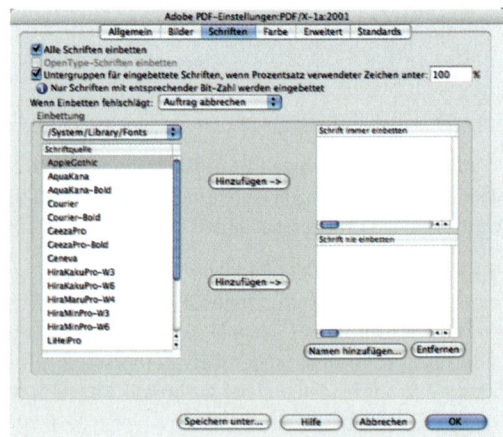

Quelle: Adobe System GmbH©

 Angenommen es wird nur ein Prozentsatz des verwendeten Zeichensatzes eingebettet, im Nachhinein muss aber in der PDF-Datei ein „ss" in ein „ß" umgewandelt werden. Da dieses Zeichen aber nicht mit eingebettet wurde (es kommt auch sonst nicht im restlichen Text vor), kann die Korrektur nicht durchgeführt werden. Sollen generell Textkorrekturen im PDF durchgeführt werden, muss die Schrift vollständig eingebettet sein und darüber hinaus auf dem entsprechenden Rechner auch installiert sein.

Wenn das Einbetten der Schriften fehlschlägt, kann der Distiller auf unterschiedliche Weise reagieren: Die Aufforderung wird ignoriert und die Schrift ersetzt, eine Warnung wird ausgegeben und die

Schrift ersetzt oder die Herstellung der PDF-Datei wird abgebrochen. Schrifthersteller können ihren Zeichensatz gegen die Einbettung schützen. Wird eine solche Schrift verwendet, gibt der Distiller eine Warnmeldung aus. In diesem Fall muss eine andere Schriftart verwendet werden.

Vor der Erstellung einer PDF-Datei können die Texte des Dokuments im Layoutprogramm in Zeichenwege bzw. Pfade umgewandelt werden. Gerade bei Geschäftsberichten bedeutet das keinen Mehraufwand und bringt eine hohe Produktionssicherheit, da der Text jetzt auf jeden Fall gedruckt bzw. belichtet werden kann. Darüber hinaus können aber auch in der PDF-Datei keine Änderungen mehr am Text von Seiten Dritter durchgeführt werden (natürlich können auch entsprechende Sicherheitseinstellungen vorgenommen werden um etwaigen Missbrauch zu verhindern).

26.1.3 Farbmanagement bei PDF

Beim Farbmanagement mit PDF-Dateien bedarf es der genauen Kenntnis, in welchen Farbräumen die Bilddaten vorliegen und wie der Druckdienstleister im weiteren Verarbeitungsprozess mit der PDF-Datei umgehen wird.

Ein Farbmanagement-System geht immer von einem Farbraum aus, in dem die Bilddaten vorliegen und versucht, diese möglichst verlustfrei und optimiert in den Farbraum des Ausgabegerätes umzuwandeln.

Die Option „Farbe nicht ändern" lässt alle geräteabhängigen Farbräume wie RGB oder CMYK unangetastet. Somit bleiben die Einstellungen, die Sie z. B. im Bildbearbeitungsprogramm vorgenommen haben, bestehen. Mit „Alles für Farbmanagement kennzeichnen" werden geräteabhängige Farbräume in geräteunabhängige Farben konvertiert. Die PDF-Datei ist dann in punkto Farbe geräteneutral und muss vom Druckdienstleister in seine im Druckprozess verwendeten Farbräume konvertiert werden.

Vgl. LS 6, 19.3

„Nur Bilder für Farbmanagement kennzeichnen" verhält sich wie die vorhergehende Option. Allerdings werden hier nur die Bilddaten umgerechnet, nicht jedoch die grafischen Elemente oder Text. Dies hat den Vorteil, dass schwarzer Text auch schwarz bleibt.

Für Webanwendungen kann ein PDF auch aus XML oder als FreePDF aus PHP erzeugt werden.

Die Option „Alle Farben in sRGB konvertieren" empfiehlt sich dann, wenn die PDF-Dateien im Internet zum Download, z. B. als E-Book, angeboten werden sollen. sRGB gibt als „Mittelwert" den Farbraum eines Monitors wieder.

Die auszuwählenden „Methoden" entsprechen den in 19.7.3 kennengelernten Rendering Intents und sind entsprechend anzuwenden bzw. auszuwählen.

Vgl. LS 6, 19.3

Es empfiehlt sich, die Arbeitsfarbräume entsprechend der Arbeitsfarbräume in Photoshop einzustellen, damit Farben nicht unnötig – und evtl. verlustbehaftet – konvertiert werden müssen.

Wählen Sie eine Option bei „Geräteabhängige Daten", wenn die Bilddaten nicht auf der Verwendung von ICC-Profilen basieren. Dann gelten die in den Farbvoreinstellungen von Photoshop festgelegten Separationen, z. B. GCR oder UCR. Daher ist „Unterfarbenreduktion und Schwarzaufbau beibehalten" auszuwählen, damit diese wichtigen Faktoren zum farblichen Bildaufbau nicht verändert werden.

26.1.4 Generieren von PDF's

Die für den Printbereich hauptsächlich verwendeten Möglichkeiten PDF-Dateien zu erzeugen sind:

- Exportieren aus dem Layoutprogramm (z. B. Indesign oder Illustrator)
- in PDF konvertieren mithilfe eines zusätzlichen **Konverters**
- als PDF drucken, mit Hilfe eines Druckertreibers
- Erzeugen einer PS-Datei und Erzeugen der PDF-Datei mit Acrobat Distiller

Mittlerweile sind viele Programme in der Lage, PDF-Dateien zu exportieren. Die Programme der Adobe-Familie bieten dabei vor allem den Vorteil, untereinander kompatibel zu sein bzw. kompatible Routinen zum Schreiben der PDF einzusetzen.

Auch aus Office-Anwendungen wie Microsoft Word, lassen sich PDF-Dateien erzeugen. Dazu können kostenfreie Konverter aus dem Internet geladen werden. Bei PDF-Dateien aus Word ist jedoch zu beachten, dass Office-Programme ausschließlich im RGB-Farbraum arbeiten.

www.open-source-dvd.de z. B. Kostenloser Konverter eXPertPDF konvertiert Office-Dokumente in PDF

Darüber hinaus steht der sogenannte PDF-Writer als Druckertreiber zur Verfügung. Für drucktechnische Anwendungen ist er jedoch nicht zu empfehlen, da er – in Verbindung mit dem Grafikmodell der Betriebssysteme Apple Macintosh und Windows – nicht postscriptfähig ist. Der Distiller arbeitet hingegen voll postscriptbasiert (und damit kompatibel zum Raster Image Prozessor (RIP) des Ausgabegerätes) und garantiert daher eine optimale Qualität. Praxisorientiert ist auch der Export einer PDF aus dem Layoutprogramm (z. B. Indesign) mit anschließender Kontrolle oder Spezifizierung als PDF/X in Acrobat.

Jedoch ist eine PDF-Datei meist nur so gut, wie die zuvor erzeugte Datei im Layout-Programm respektive die PS-Datei. Layout- oder technische Fehler in den Bereichen Platzierung, Farbe, Überfüllung etc. bleiben in der PDF-Datei bestehen.

Zu empfehlen ist nach wie vor die Erzeugung einer PDF-Datei aus einer PS-Datei über den Acrobat-Distiller, da hier ausgabegerechte Einstellungen vorgenommen werden können.

26.1.5 Vielfalt von PDF-Dateien

Im Vergleich zu einer Datei eines Layout- oder Zeichenprogramms, welche die Inhalte in Form von Bild, Text und Grafik transportiert, kann eine PDF-Datei einiges mehr leisten: Hyperlinks, Formulare, Sicherheitsoptionen, Komprimierung, usw.

Vor allem durch die Sicherheits- und Komprimierungsoptionen ist eine PDF-Datei zum Datenaustausch mit dem Kunden geeignet. So kann die PDF-Datei durch entsprechende Einstellungen zwar druckfähig sein, jedoch können Text oder Bildelemente nicht kopiert, bzw. kann die Datei nicht verändert werden. Sie dient dem Kunden als Softproof zur Kontrolle für Inhalt und Stand der Seitenelemente.

PDF ist nicht gleich PDF. Das müssen auch Druckdienstleister immer wieder feststellen. Durch häufig auftretende Fehler in gelieferten PDF-Dateien (wie RGB-Bilddaten statt CMYK, niedrig aufgelöste Bilder und fehlende Schriften) sowie Anlieferung von PDF-Dateien von Laien, welche Formularfelder oder auch Multimediainformationen enthielten, wurden die Stimmen nach einem Standard für belichtungsfähige PDF-Dateien laut. In Zusammenarbeit mit der ECI (European Color Initiative), dem Bundesverband Druck und verschiedenen Dienstleistern im Medienbereich, wurde **PDF/X** entwickelt (X steht für Exchange, also Austausch). Dabei geht es um Vorgaben, wie eingebettete Schriften, hochauflösende Bilddaten, ohne (LZW-)Komprimierung usw., die die PDF-Datei erfüllen muss, damit sie PDF/X kompatibel ist.

PDF/X-1a ermöglicht die Verwendung von CMYK und Sonderfarben, während RGB und CIE Lab verboten sind. In einer PDF/X-3-Datei sind jedoch Bilddaten in den medienneutralen Farbräumen RGB oder CIE Lab erlaubt. Medienneutrales Arbeiten bedeutet, dass die erzeugte Datei (in diesem Fall eine PDF-Datei) für alle Ausgabemedien im Print- und Non-Print-Bereich verwendbar ist – sie muss nur entsprechend vor der jeweiligen Ausgabe konvertiert werden. Bei Verwendung medienneutraler Farbmodelle wird davon ausgegangen, dass der Druckdienstleister die PDF-Dateien farblich auf sein Ausgabegerät hin konvertiert. Dieser Vorgang muss aber von der Druckerei ausdrücklich gewünscht sein.

Um sicherzugehen, dass die PDF-Datei ohne Probleme belichtbar ist, empfiehlt sich der **Preflight-Check** in Acrobat. Beim Preflight-Check (der Ausdruck kommt aus der Fliegerei, wo die Piloten vor jedem Start anhand einer Checkliste durchgehen, ob das Flugzeug startklar ist) werden folgende Faktoren der PDF-Datei überprüft: verwendete Farbmodelle, Seitenformat, verwendete ICC-Profile, Bildkompression und eingebettete Schriften. Darüber hinaus können Rastereinstellungen und Transparenzen überprüft werden.

Hilfreich sind auch die Kontrollfunktionen wie z. B. Überdrucken und Separation – in der Ausgabevorschau können die einzelnen Farbauszüge sowie das Überdrucken von Elementen dargestellt werden.

Hinsichtlich der Konzeptionierung von Geschäftsberichten gibt es die Pflicht und die Kür.

Pflicht meint die Darstellung von Wirtschaftsdaten in Zahlen, Diagrammen und Tabellen, die Kür besteht einerseits darin, diese nüchternen Daten möglichst anschaulich zu präsentieren (z. B. Infografiken) und andererseits neben der Information auch Emotion, d. h. die Wertvorstellungen des Unternehmens zu kommunizieren. Der Geschäftsbericht bietet daher die Möglichkeit, wirtschaftliches Datenmaterial gestalterisch und ästhetisch ansprechend zu „verpacken", etwa durch psychologisch wirkungsvolle Farbgestaltung, gutes Bildmaterial und ein gelungenes Gestaltungsraster.

Farbgestaltung
Farben beeinflussen die Wahrnehmung und sind in der Lage, Emotionen zu steuern. Ferner wird Farben eine Symbolwirkung nachgesagt, wie z. B. Rot für Liebe, Gefahr und Leidenschaft. Die Symbolwirkung von Farben ist nicht bindend, da nicht jeder Mensch dieselbe Farbe auf die gleiche Weise wahrnimmt. Sie kann jedoch bei der Farbauswahl für ein Gestaltungsprodukt eine Hilfestellung bieten.

Die formale Gestaltung von Geschäftsberichten ist daher geprägt vom fachgerechten und professionellen Umgang mit Elementen der Makro- und Mikrotypografie, Infografiken und deren Anschaulichkeit, mit Farbe als Kommunikationselement sowie mit Bildkommunikation im weitesten Sinne.

Es geht darum, das für das Unternehmen „Typische" über syntaktische Layoutelemente und eine schlüssiges Bildkonzept zu transportieren. Diese müssen formal und inhaltlich stimmig sein – nur so ist der Bericht glaubwürdig und authentisch und leistet auf diese Weise einen Beitrag zur Imageförderung des Unternehmens.

Immer mehr Unternehmen nutzen das Internet zur Publikation ihrer Geschäftsberichte. PDF ist als eigenständiges Dateiformat dafür in besonderem Maße geeignet. Ursprünglich zum Datenaustausch entwickelt, dient eine PDF-Datei heute vor allem der Publikation von Drucksachen sowie der Präsentation in elektronischen Medien. Von Vorteil sind neben der Plattformunabhängigkeit die Einbettung von Hyperlinks, Audio- und Videodaten sowie Formularelementen. PDF bietet hervorragende Komprimierungs- und Sicherheitsoptionen an, durch die der Datenaustausch wesentlich vereinfacht wird.

1. **Farbassoziation und -symbolik**
   a) Welche Farbkombinationen und -harmonien passen jeweils zu den folgenden Themen?
   • Kinder • Kreditinstitut • Black Metal Band
   Begründen Sie Ihre Entscheidung.
   b) Ordnen Sie den folgenden Begriffen jeweils eine Farbe zu:
   • Gefahr • Energie • Neid
   • Wachstum • Reinheit • Trauer

2. Infografik
   a) Welche der drei untenstehenden Abbildungen kommt Ihnen persönlich am meisten entgegen, wenn es um die Erfassung der Daten geht? Begründen Sie!

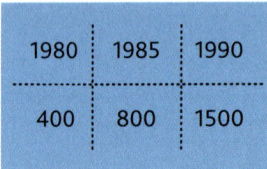 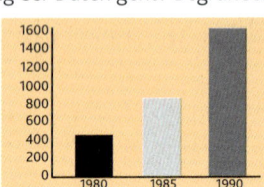 

   b) Beschreiben Sie mit eigenen Worten die Einsatzmöglichkeiten der verschiedenen Diagrammtypen.
   c) Setzen Sie den nachfolgenden Text in zwei unterschiedlichen Infografiken um. Legen Sie dazu jeweils eine saubere Skizze an.

Stuttgart-Kemnat-VD. In der Druckindustrie herrschen folgende Verhältnisse bei der Anzahl der Mitarbeiter und der Anzahl der Firmen: Es gibt 8.572 Firmen mit nur 1 bis 9 Beschäftigten, 3.298 Firmen haben 10 bis 49 Mitarbeiter, und es gibt 447 Firmen, die jeweils 50 bis 99 Mitarbeiter beschäftigen. Das Mittelfeld von 100 bis 499 Arbeitern oder Angestellten wird durch 340 Firmen vertreten. Im ganzen Bundesgebiet gibt es nur 28 Unternehmen, die 500 bis 999 Mitarbeiter entlohnen. Die 14 Firmen, die über 1.000 Beschäftigte haben, stellen die Großunternehmen der Druckindustrie dar. Aus diesen Zahlen wird die typische, mittelständische Struktur der Druckindustrie deutlich.

3. **Bild- und Grafikformate**
   Erläutern Sie Vor- und Nachteile der Verwendung von tif und jpg.

4. Analysieren Sie den **Geschäftsbericht** 2005 der BDWM Transport AG hinsichtlich der Aspekte Layout, Gestaltungsraster, Typografie, Bildkonzept, Bildeinsatz und Farbklima.

Lernsituation Geschäfts- und Jahresberichte | 8

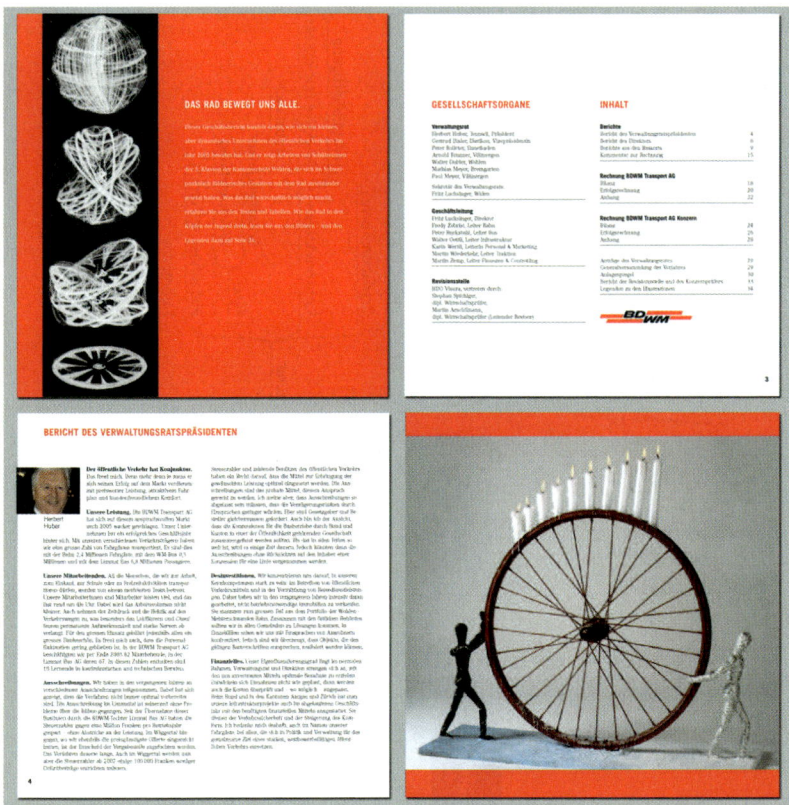

Bildquelle: BDWM Transport AG

5. Erläutern Sie wesentliche Elemente des **Tabellensatzes** aus selbigem Geschäftsbericht.

Bildquelle: BDWM Transport AG

6. Welche Bedeutung hat die **Einstellungsgröße** von Bildausschnitten? Argumentieren Sie hinsichtlich der Verwendungsbereiche.
7. Durch welche formalen Mittel lässt sich eine **Raumerfahrung** auf einem zweidimensionalen Bildträger erzielen?
8. Erläutern Sie drei Arten von **Schmuckelementen** in Texten.

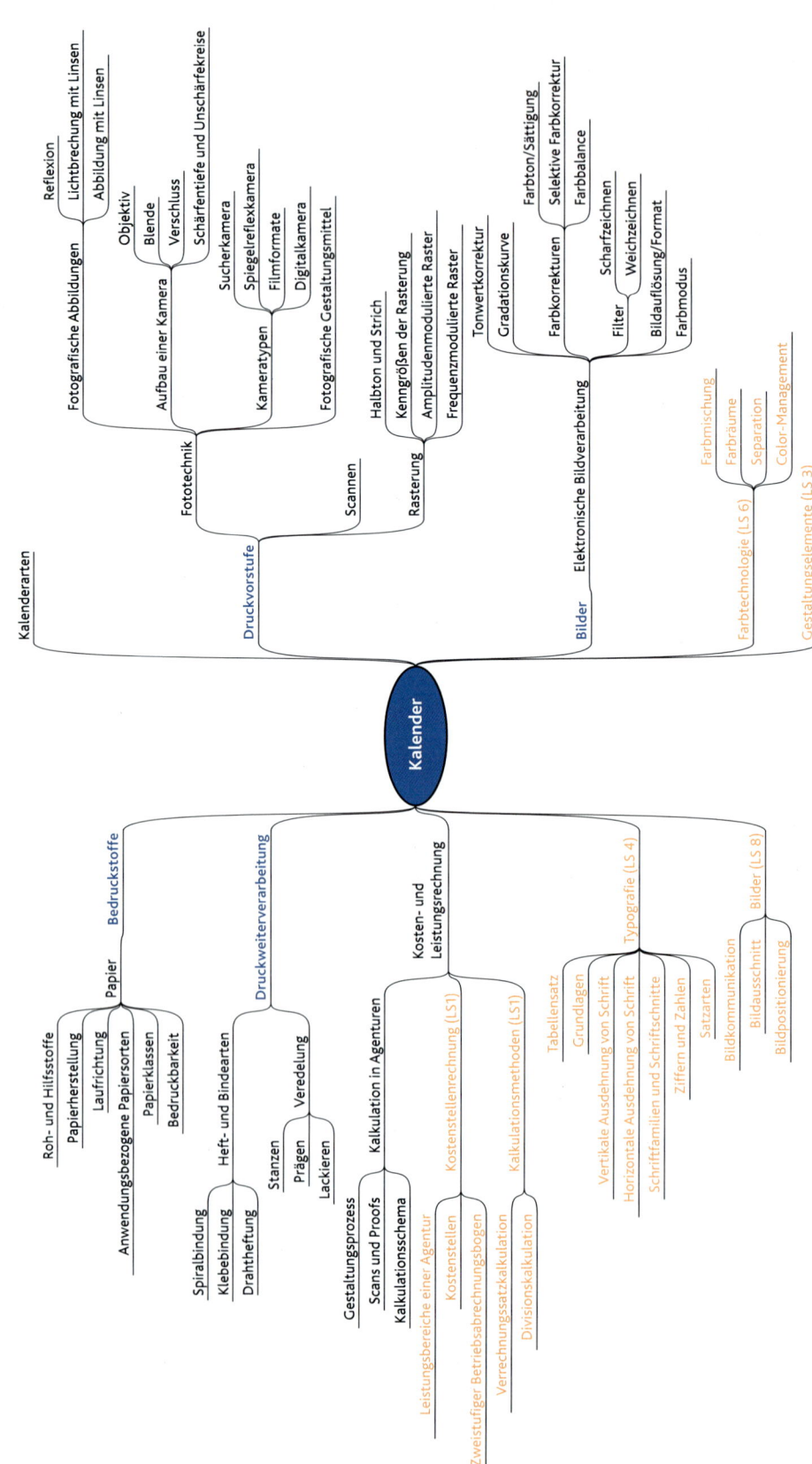

9 Kalender

9 Kalender

Die Creativ GmbH hat von der Stadtverwaltung den Auftrag zur Gestaltung eines Kalenders erhalten. Thema: „Bauwerke meiner Stadt". Die Fotos für den Kalender müssen von der Creativ GmbH selbst angefertigt werden. Die Stadtverwaltung wünscht eine Platzierung des Stadtwappens auf jeder Kalenderseite. Dabei ist die Position des Wappens freigestellt, eine Modifizierung als Wasserzeichen, Graustufenabbildung o. Ä. ist möglich.

Folgende Vorgaben sollen eingehalten werden:
- Format: DIN-A3, Hochformat
- Umfang: 12 Blätter mit Kalendarium und ein Titelblatt, Rückblatt aus Pappe
- Farben: 4-farbig, einseitig (4/0)
- Papier: 160 g/m² Bilderdruckpapier matt gestrichen
- Bindeart: freigestellt

Kalenderarten

Für die verschiedensten Zielgruppen und Gelegenheiten gibt es die unterschiedlichsten Kalenderarten: Kleine Terminkalender, die in jede Hosentasche passen, Wochenplaner, die aufgeklappt auf dem Schreibtisch stehen oder liegen können, Kalender in Form einer Visitenkarte oder Wandkalender in einer Vielzahl von Varianten: Tages-, Monats- und Jahreskalendern.

Tageskalender haben ein Blatt für jeden Tag im Jahr. Auf der Rückseite der Blätter finden sich oft Sprüche, Horoskope, Kochrezepte oder Witze.

Monatskalender zeigen meist eine der Jahreszeit angepasste oder eine thematische Abbildung und das Kalendarium des jeweiligen Monats. Sie bestehen aus einem Deckblatt, den zwölf Monatsblättern und einem Rückblatt. Sie sind an der Oberseite meist mit einer Spiralbindung o. Ä. und einem Aufhänger versehen.

Tagesabrisskalender

Monatskalender

Monatskalender

Jahreskalender bestehen meist nur aus einem Bogen und zeigen eine Jahresübersicht inklusive aller bundeseinheitlichen Feiertage sowie oft auch der Mondphasen. Je nach Größe des Kalendariums lässt hier meist nur der Rand eine Gestaltung zu.

2011

[Jahreskalender 2011 mit Monaten Januar bis Dezember]

Der Begriff „Kalender" stammt aus dem Lateinischen und bedeutet Schuldenverzeichnis. Die Schulden waren in den Kalenden, d. h. den ersten Tagen im Monat, zu bezahlen.

Neben dem technischen Einsatz zur Terminplanung und Koordination können Kalender auch als Wandschmuck, hochwertige Werbegeschenke oder Präsente eingesetzt werden.

Entscheiden Sie sich für eine Zielgruppe (verdiente Persönlichkeiten, Bürger der Stadt, Touristen, ...), welche den Kalender „Bauwerke meiner Stadt" erhalten soll und richten Sie die Gestaltung des Kalenders nach dem Verwendungszweck (Werbegeschenk, Präsent, ...) aus.

27.2 Fototechnik

Der Kalender für die Stadtverwaltung soll selbst erstellte Fotos enthalten, die entweder mit konventioneller analoger Fototechnik oder mit einer Digitalkamera erstellt werden können.

Fototechnik umfasst die technischen Bauelemente und Module einer Kamera, die zur Erstellung von fotografischen Bildern notwendig sind, sowie deren unterschiedliche Einsatzbereiche und Möglichkeiten, Fotos mithilfe der Aufnahmetechnik zu gestalten.

Die Bereiche

- fotografische Abbildungen,
- Aufbau einer Kamera,
- Kameratypen und
- fototechnische Gestaltungsmittel

werden im Folgenden näher vorgestellt und bieten einen Überblick über die Fototechnik.

27.2.1 Fotografische Abbildungen

Fotografieren bedeutet nichts anderes als „Abbilden von Objekten". Für die reine Abbildung ist nicht unbedingt eine aufwändige Kamera notwendig. Ein einfacher, dunkler Kasten, versehen mit einem Loch, ist in diesem Fall ausreichend.

Die Idee zur Abbildung von Gegenständen mithilfe eines dunklen Kastens wurde erstmals im 13. Jahrhundert umgesetzt. Dieser Vorläufer der heutigen Kameras wurde als „**Camera obscura**" (lat. Camera = Kammer, obscura = dunkel), bezeichnet.

Die Möglichkeit der Abbildung durch eine Camera obscura wurde von Astronomen früher gerne zur Beobachtung von Sonnenflecken und Sonnenfinsternissen genutzt, um nicht mit bloßem Auge in das helle Sonnenlicht schauen zu müssen.

Camera obscura
Eine Camera obscura kann leicht selbst gebaut werden, indem man einen geschlossenen, innen schwarz gefärbten Kasten nimmt und mit einem kleinen Loch versieht. (Die Camera obscura wird daher auch „Lochkamera" genannt.)

Die Abbildung von Gegenständen mit der Camera obscura funktioniert wie folgt:

Befindet sich die Camera obscura in einem hellen Raum, kreuzen sich die Lichtstrahlen, die von den Gegenständen im Raum außerhalb der Camera obscura zurückgeworfen (reflektiert) werden, in der winzigen Öffnung, dem Loch. Auf der anderen Seite des Loches treten die Lichtstrahlen wieder aus und projizieren auf die gegenüberliegende Wand, die **Bildebene**, innerhalb der Camera obscura ein spiegelverkehrtes und auf dem Kopf stehendes Bild.

Prinzip der Camera obscura:
Erzeugung einer spiegelverkehrten Abbildung durch Bündelung der vom Gegenstand reflektierten Lichtstrahlen

Was heißt es eigentlich genau, dass der abgebildete Gegenstand Licht „reflektiert"? Geschieht dies bei jedem Gegenstand auf die gleiche Weise?

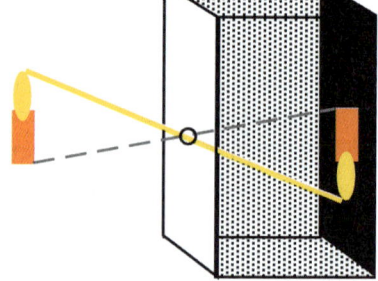

Prinzip der Camera obscura

27.2.1.1 Reflexion

Reflexion = Zurückwerfen von Lichtstrahlen nach dem Auftreffen auf einen Gegenstand, eine Person etc.

Die Art der Reflexion ist davon abhängig, wie die Oberfläche des Gegenstandes beschaffen ist – eher rau oder eben und glatt. Daher unterscheidet man zwischen direkter und diffuser Reflexion.

Direkte Reflexion

Bei der direkten Reflexion geht man davon aus, dass ein Lichtstrahl auf eine ideal glatte Fläche, wie z. B. einen Spiegel, trifft. Er wird dann nach dem Grundsatz:

Eintrittswinkel = Austrittswinkel

direkt reflektiert, d. h. in einem festen Winkel und in eine zuvor bestimmbare Richtung.

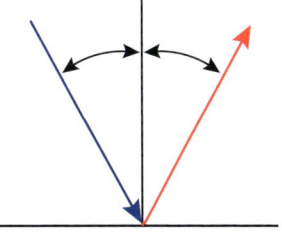
Direkte Reflexion

Diffuse Reflexion

Bei der diffusen Reflexion trifft der Lichtstrahl auf eine raue Oberfläche und wird in verschiedene Richtungen reflektiert. Man spricht hier auch von Remission.

Die meisten Oberflächen sind nicht ideal glatt, sondern reflektieren zumindest einen Teil des einfallenden Lichtes diffus.

Erst durch die Reflexion von Lichtstrahlen können wir Gegenstände und Farben erkennen. Helle Farben, wie z. B.   , reflektieren das Licht stärker als dunkle Farben, wie z. B. Dunkelblau. Bei der Farbe Schwarz werden alle Lichtstrahlen absorbiert (verschluckt).

Licht wird meist diffus und fast nie direkt reflektiert!

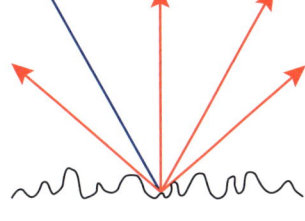
Diffuse Reflexion

Bei der Camera obscura werden die Lichtstrahlen nach der Reflexion gebündelt, um eine möglichst scharfe Abbildung zu erzeugen. Das Bild wird umso schärfer, je kleiner das Loch ist, da die Lichtstrahlen dann besonders gut gebündelt werden.

Der Nachteil ist, dass durch ein kleines Loch nur wenige Lichtstrahlen in das Innere der Camera obscura gelangen, sodass die Abbildung leicht zu dunkel werden kann.

Bei heutigen Kameras ist die Blende mit dem Loch der Camera obscura vergleichbar. Mit der Camera obscura war es nicht möglich, eine ausreichend helle und dennoch scharfe Abbildung zu erzeugen. Mitte des 16. Jahrhunderts fand man heraus, dass sich Lichtstrahlen mithilfe geschliffener Glaslinsen auch bei größeren Eintrittsöffnungen bündeln lassen und so ein helleres und trotzdem scharfes Bild erzeugt werden kann.

27.2.1.2 Lichtbrechung mit Linsen

Eine Linse ist ein optisches Element mit zwei Flächen zur Lichtbrechung, mindestens eine davon muss gekrümmt sein

Bei der Verwendung einer **Linse** wird ein Bild trotz einer Blende mit einer größeren Öffnung noch scharf, da die Krümmung der Linse dafür sorgt, dass die Lichtstrahlen nicht gerade durch die Linse hindurch gehen, wie beim Loch der Camera obscura, sondern von der Linse gebrochen werden.

Brechung: Richtungsänderung des Lichtstrahls

Je nachdem, wie das Licht gebrochen werden soll, sind bestimmte Linsenarten notwendig, die hinsichtlich ihrer Krümmung unterschieden werden: Nach außen gewölbte Linsen werden als konvex, nach innen gewölbte Linsen als konkav bezeichnet. Sind beide Seiten einer Linse gleichartig gekrümmt, wird dies durch die Vorsilbe „bi" gekennzeichnet. Ist eine Seite einer Linse gerade (nicht gekrümmt), so wird diese Seite als plan bezeichnet.

Linsenarten

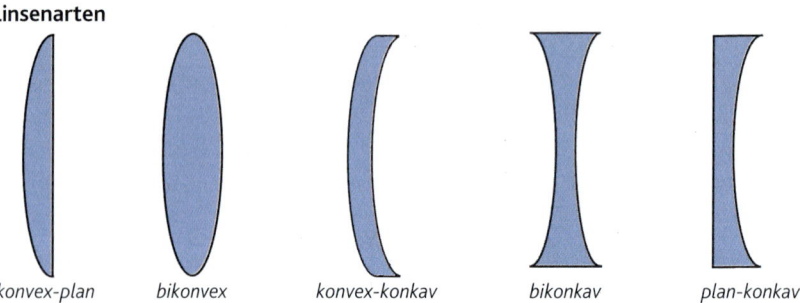

konvex-plan *bikonvex* *konvex-konkav* *bikonkav* *plan-konkav*

 Mindestens eine Fläche der Linse ist konvex oder konkav gekrümmt

Konvexe Linsen, auch Sammellinsen genannt, sind in der Mitte dicker und führen die Lichtstrahlen durch Brechung zusammen. Konkave Linsen, auch Zerstreuungslinsen genannt, sind dagegen in der Mitte dünner und brechen die Lichtstrahlen so, dass diese auseinander streben.

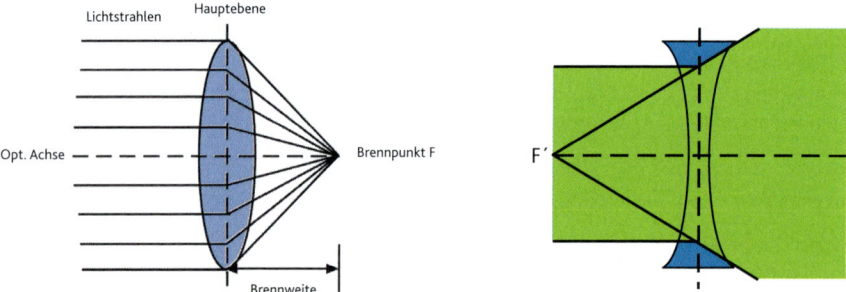

Sammellinse mit Brennpunkt   *Zerstreuungslinse mit virtuellem Brennpunkt*

Im fotografischen Prozess finden hauptsächlich Sammellinsen Anwendung, wobei Objektive aus einer Kombination von Sammel- und Zerstreuungslinsen bestehen können, jedoch im Ergebnis als Sammellinse wirken müssen.

Sammellinse	Linse mit nach außen gewölbter Oberfläche (konvex), die das Licht sammelt und in ihrem Brennpunkt zusammenführt.
Zerstreuungslinse	Linse mit nach innen gewölbter Oberfläche (konkav), die das Licht zerstreut.

Jede Sammellinse hat einen Brennpunkt und eine Brennweite.

Brennpunkt	Punkt, in welchem sich zuvor parallele Lichtstrahlen nach der Brechung durch die Linse schneiden.
Brennweite	Abstand zwischen Hauptebene (= Mitte der Linse) und dem Brennpunkt.

Innerhalb einer Kamera sorgt ein Linsensystem dafür, dass die zu fotografierenden Objekte weitgehend scharf abgebildet werden.

Im Folgenden wird erklärt, wie ein Objekt mittels einer Linse abgebildet werden kann.

27.2.1.3 Abbildung mit Linsen

Die Lichtstrahlen werden vom Objekt meist diffus reflektiert, treffen auf die Linse der Kamera und werden von der Linse gebrochen. Die gebrochenen Lichtstrahlen treffen sich hinter der Linse auf einer Ebene – der **Bildebene** – wieder. Die Bildebene enthält die komplette Abbildung des Objektes, indem sich die reflektierten und gebrochenen Lichtstrahlen eines jeden Objektpunktes in einem gemeinsamen **Bildpunkt** treffen. Alle Bildpunkte zusammen ergeben die Bildebene.

Bildebene	Zur Linse parallele Ebene, die alle Bildpunkte des Objektes enthält.
Bildpunkt	Punkt der Abbildung, in dem sich alle reflektierten Lichtstrahlen eines Objektpunktes treffen.

Zur Veranschaulichung des Abbildungsprinzips mit Linsen ist nachfolgend der Strahlengang von zwei Lichtstrahlen, die vom obersten Punkt des zu fotografierenden Objektes diffus reflektiert werden, dargestellt. Diese Lichtstrahlen werden nach der Reflexion von der Linse gebrochen und treffen sich in einem gemeinsamen Bildpunkt auf der Bildebene. Für alle anderen Lichtstrahlen, die vom Objekt reflektiert werden, gilt das gleiche Abbildungsprinzip.

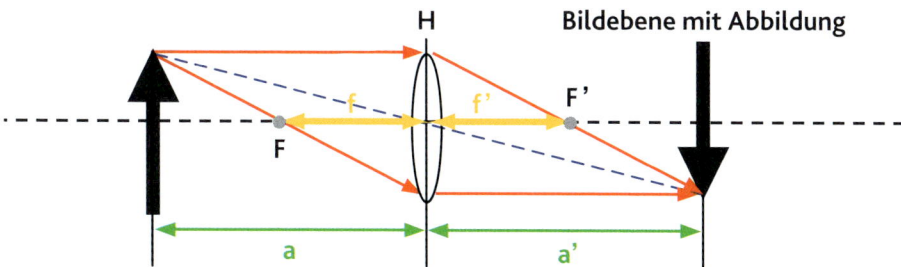

Abbildung eines Punktes mit einer Linse im Maßstab 1:1

Erläuterung:
- **Brennpunkte F** und **F'** mit **Brennweite f**
- Abstand zwischen Objekt und Linse = **Gegenstandsweite a**
- Abstand zwischen Linse und Bildebene = **Bildweite a'**
- **Hauptebene H**

> **Jeder Punkt eines Objektes hat einen entsprechenden Bildpunkt auf der Bildebene**
> **Ziel der Abbildung mit Linsen ist eine helle und scharfe Abbildung des Objektes.**

Scharfe Abbildung in unterschiedlichen Abständen?

Die Abbildung des Objektes ist nur dann scharf, wenn sich alle Lichtstrahlen, die von einem Punkt des Objektes reflektiert werden, tatsächlich ein einem Bildpunkt auf der Bildebene treffen. Dies ist nur dann gewährleistet, wenn das Objekt einen bestimmten Abstand von der Linse hat. Befindet sich das Objekt jedoch in einem anderen Abstand, soll also aus näherer oder weiterer Entfernung fotografiert werden, kommt es bei Benutzung von ein- und demselben Linsensystem zu einer unscharfen Abbildung.

Zur Veranschaulichung ist nachfolgend einmal der tatsächliche Verlauf der Lichtstrahlen mit der tatsächlichen Bildebene (Schwarz) dargestellt und ebenso die erforderliche Position der Bildebene (Grau) für ein scharfes Bild, wenn sich der Abstand zwischen Objekt und Linse ändert.

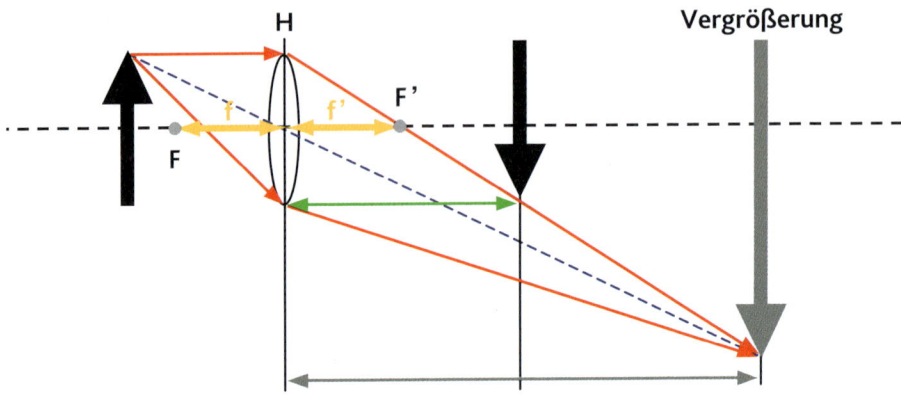

Nahes Objekt

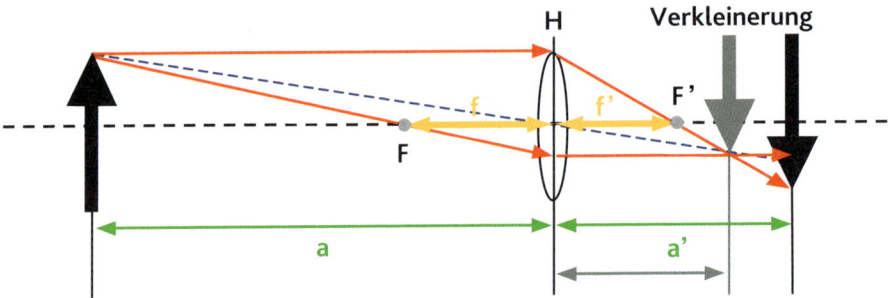

Weit entferntes Objekt

Ein Objekt wird nur dann scharf abgebildet, wenn alle Lichtstrahlen, die von einem Punkt des Objektes reflektiert werden, sich in genau einem Punkt der Bildebene treffen.

Für eine scharfe Abbildung müsste die Bildebene also je nach Fotografierabstand entweder nach vorne oder nach hinten versetzt werden (siehe graue Pfeile). Dies ist jedoch in der Praxis nicht möglich, da die Kamera eine feste Baugröße hat und der Film sich in einem festen Abstand zum **Objektiv**, dem Linsensystem, befindet. Daher muss eine andere Lösung gefunden werden, um Objekte in verschiedenen Abständen vom Objektiv scharf abzubilden.

27.2.2 Aufbau einer Kamera

Wie ist eine Kamera aufgebaut und durch Änderung welcher Größen lassen sich Objekte in verschiedenen Abständen vom Linsensystem scharf abbilden?

Jede Kamera ist im Prinzip wie eine erweiterte Camera obscura aufgebaut, mit einem Linsensystem aus konkaven und konvexen Linsen zur Lichtbrechung. Sie besteht aus einem **Gehäuse**, dem **Objektiv**, welches das Linsensystem beinhaltet, einem **Verschluss** und einer **Blende** zur Steuerung der Belichtung. Je nachdem, ob es sich um eine digitale oder analoge Kamera handelt, werden die Abbildungen auf einen Film oder Speicherchip abgebildet.

27.2.2.1 Objektiv

Das **Objektiv** der Kamera dient dazu, möglichst randscharfe und unverzerrte Bilder aus verschiedenen Abständen zum Objekt zu erstellen. Zu diesem Zweck sind im Objektiv mehrere Linsen, Sammel- und Zerstreuungslinsen hintereinander gesetzt oder fest zusammengebaut. Die verwendeten Linsen bestehen aus unterschiedlichen Glassorten und sind unterschiedlich geformt.

Objektive sind entweder als Wechselobjektive mit fester **Brennweite** erhältlich oder als Zoomobjektive fest in eine Kompaktkamera eingebaut, sodass sich verschiedene Brennweiten variabel einstellen lassen. Hierbei wird die Brennweite dadurch verändert, dass eine Verschiebung von Linsen oder auch Linsengruppen gegeneinander erfolgt und/oder der Abstand zwischen den Linsen(gruppen) variiert wird.

Je nach Abstand des zu fotografierenden Objekts oder der Größe des zu fotografierenden Bildausschnitts kommen Objektive mit verschiedenen Brennweiten(-bereichen) zum Einsatz.

> **Die Brennweite bestimmt, wie viel vom Objekt auf das Bild kommt**

Durch die Veränderung der Brennweite ändert sich auch der **Abbildungsmaßstab**, sodass die Objekte, je nach Änderung der Brennweite, entweder größer oder kleiner abgebildet werden.

> **Je größer die Brennweite, desto größer der Abbildungsmaßstab und desto kleiner der Blickwinkel.**

Für unterschiedliche Brennweiten stehen im Wesentlichen Normal-, Tele- und Weitwinkelobjektiv zur Verfügung. Des Weiteren gibt es Spezialobjektive, wie z. B. Makroobjektive, für besondere Einsatzbereiche und Zoomobjektive, die die Eigenschaft mehrerer Objektive vereinen.

Objektiv	Normal	Tele	Weitwinkel
Einsatzbereich	Bildet die Objekte so ab, wie sie gesehen werden. • Geringe Linsenzahl → hohe Lichtstärke → hohe Abbildungsqualität	Holt die Objekte aus der Ferne heran. • Langes Objektiv → große Brennweite	Ermöglicht das Fotografieren eines größeren Ausschnitts. • Kurzes Objektiv → kleine Brennweite
Technik	= 50 mm	> 50 mm	< 50 mm bzw. < 35 mm
	Normalobjektiv 50 mm	Teleobjektiv 80 mm	Weitwinkelobjektiv 35 mm
Brennweite	• Zoomobjektive, z. B. bei Kompaktkameras, vereinen die drei Objektivarten Weitwinkel-, Normal- und Teleobjektiv • Makroobjektive ermöglichen Aufnahmen mit sehr geringem Abstand zum Objekt		

> Welche Aufnahmen planen Sie für den Kalender und welche Objektive sind dafür notwendig?

27.2.2.2 Blende

Eine **Blende** beschneidet die einfallenden Lichtstrahlen. Der Nachteil dabei ist, dass durch die Beschneidung der einfallenden Lichtstrahlen insgesamt weniger Licht durch die Linse fällt, sodass ein dunkleres Bild entsteht.

Normalerweise wählt die Kamera die Blendenöffnung automatisch entsprechend den Lichtverhältnissen, sie lässt sich jedoch auch manuell einstellen. Dabei gilt:

Je größer die Blendenzahl, desto kleiner die Blendenöffnung und desto geringer die Lichtmenge, die auf den Film oder den Sensor der Digitalkamera fällt

Blendenzahlen   1,4   2,8   4,0   5,6   8,0   16,0

Die mögliche Blendenzahl ist vom verwendeten Objektiv abhängig. Die minimal mögliche Blendenzahl ist bei Teleobjektiven relativ groß, sodass die Blende sich dort nicht sehr weit öffnen lässt. Bei Weitwinkelobjektiven lassen sich sehr kleine Blendenzahlen einstellen, die Blende also weit öffnen, sodass viel Licht einfällt. Daraus folgt für den Zusammenhang zwischen Brennweite des Objektivs und Öffnung der Blende:

Je kleiner die Brennweite, desto größer die Blendenöffnung

27.2.2.3 Verschluss

Für ein gutes Bild ist es entscheidend, dass jeweils die richtige Lichtmenge auf den Film oder den Speicherchip zur Bildspeicherung fällt. Zu diesem Zweck ist die Kamera mit einem **Verschluss** ausgestattet. Bei Öffnung des Verschlusses gelangt Licht auf den Film. Wird der Verschluss lange geöffnet, gelangt viel Licht auf den Film = lange **Belichtungszeit**, bei kurzer Öffnung wenig Licht = kurze Belichtungszeit. Bei der Fotografie mit Objektiv sind die Belichtungszeiten sehr kurz (Sekundenbruchteile).

Wie viel Licht und damit welche Belichtungszeit für welches Bild erforderlich ist, hängt von der Blendenzahl (Öffnung der Blende), der Empfindlichkeit des Films und den Lichtverhältnissen beim Fotografieren ab.

Belichtungszeit: Zeit während der der Verschluss einer Kamera geöffnet ist

Gängige Verschlusstechniken:

- Zentralverschluss
- Schlitzverschluss
- Elektronischer Verschluss bei einigen Digitalkameras

> **Verschluss:** Lichtundurchlässiges, mechanisches Element einer Kamera zur Steuerung der Belichtung

Übersicht gängiger Verschlussarten

Verschluss	Technik	Ort	Verschlusszeit	Anwendung
Zentral	Kurvenförmige, federnde Lamellen öffnen und schließen sich	In der Kamera oder im Objektiv zwischen vorderer und hinterer Linsengruppe	1 s, ½ s, ¼ s usw. bis 1/500 s oder 1/1000 s	Groß- und Mittelformatkameras, Kompakt- und Sucherkameras
Schlitz	Zwei Jalousien (Verschlussvorhänge) bewegen sich senkrecht oder waagerecht	In der Kamera, direkt vor der Filmebene	1 s bis 1/8000 s	Kleinbildkamera mit Wechselobjektiv, meist Spiegelreflexkamera
Elektronischer Verschluss	Auslesen des CCDs bei der Digitalkamera = elektronische Belichtungssteuerung ohne mechan. Verschlusstechnik		%	Digitalkameras

Lassen sich Blende und Verschluss bei Ihrer Kamera einstellen?
In welchem Bereich sollten die Blendenzahlen und Verschlusszeiten liegen, wenn Sie
a) einen laufenden Hund
b) ein historisches Bauwerk in Ihrer Stadt
fotografieren möchten?

27.2.2.4 Schärfentiefe und Unschärfekreise

Die Wahl eines geeigneten Objektivs ermöglicht die scharfe Abbildung von Objektiven in verschiedenen Abständen von der Kamera. Insgesamt ist es jedoch nicht möglich, alle Objekte auf einem Bild scharf abzubilden. Nur die Objekte, die sich in einem festen, optimalen Abstand zur Kamera befinden, können scharf abgebildet werden, Objekte auf demselben Bild, die weiter entfernt oder näher liegen, werden meist unscharf abgebildet, z. B. der Baum weit hinter der Kuh auf der Wiese.

Die unscharfe Abbildung ergibt sich, da die Punkte dieser Objekte nicht mehr als Punkte auf der Bildebene abgebildet werden, sondern kleine Kreisflächen, sogenannte **Unschärfekreise** entstehen.

Sie möchten ein Reiterstandbild vor dem Hintergrund des zurückliegenden Schlosses fotografieren. Mit dem Objektiv der Kamera visieren Sie das Reiterstandbild an und stellen es scharf. Das Schloss im Hintergrund wird nur unscharf abgebildet. Dies ist auch nicht weiter schlimm, da es nur als Kulisse dienen soll und eine leicht unscharfe Abbildung nicht störend wirkt, während das Reiterstandbild deutlich zu erkennen sein soll.

Ein technisch unscharfes Bild erscheint nicht in allen Fällen auch für das menschliche Auge unscharf. Unschärfekreise bis zu einer gewissen Größe können vom menschlichen Auge nicht wahrgenommen werden und sind daher fototechnisch akzeptabel. Überschreiten die Unschärfekreise jedoch den nicht wahrnehmbaren Bereich, wird die Unschärfe im Bild deutlich.

Die Blende, welche die Lichtstrahlen beschneidet, sorgt dafür, dass diese Unschärfekreise nicht zu groß werden. Sie legt also durch ihre Öffnung den Bereich fest, in welchem die Objekte, je nach verwendetem Objektiv, noch ausreichend scharf abgebildet werden können. Dieser Bereich wird als **Schärfentiefe** bezeichnet.

Schärfentiefe (Tiefenschärfe): Motivbereich, der auf einem Bild ausreichend scharf abgebildet wird

Bei großer Blendenöffnung ergibt sich ein großer Unschärfekreis und damit eine geringe Schärfentiefe. Bei kleiner Blendenöffnung entsprechend ein kleiner Unschärfekreis und eine große Schärfentiefe.

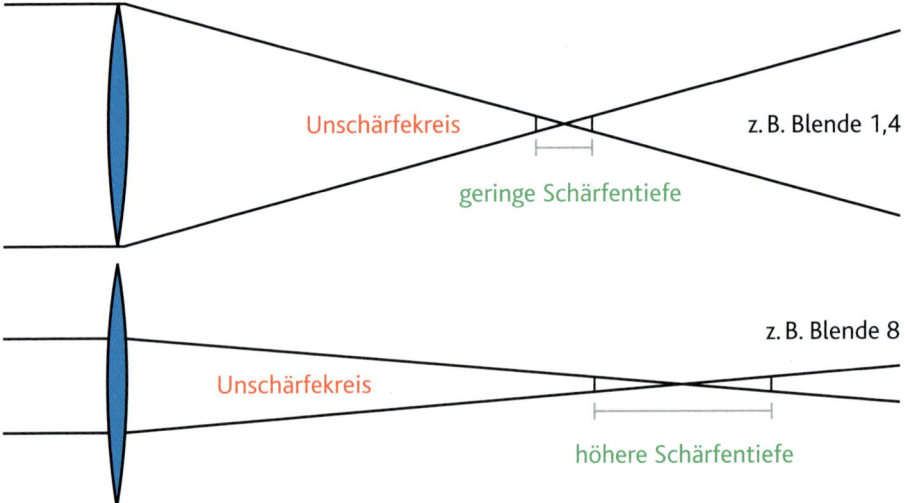

Unschärfekreise und Schärfentiefe bei unterschiedlicher Blendenöffnung

Je kleiner die Blendenöffnung, desto größer die Schärfentiefe

Die Lichtstrahlen bilden bei kleiner Blendenöffnung einen sehr schlanken Lichtkegel, der dafür sorgt, dass die Unschärfekreise erst in einem relativ großen Abstand von der Kamera den Bereich der wahrnehmbaren Unschärfe erreichen. Allerdings ist bei kleiner Blendenöffnung eine deutlich längere Belichtungszeit erforderlich.

Dadurch werden bewegte Objekte trotz großer Schärfentiefe des Bildes unscharf abgebildet (**Bewegungsunschärfe**), während die stillstehenden Objekte auch bei langer Belichtungszeit scharf bleiben.

Die Blende kann zur Gestaltung des Bildmotivs eingesetzt werden.

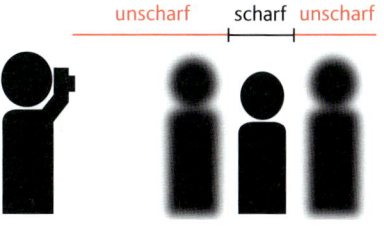
Geringe Schärfentiefe, große Blendenöffnung

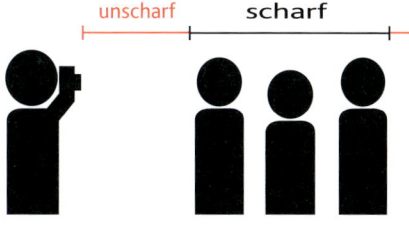
Hohe Schärfentiefe, kleine Blendenöffnung

Vgl. diese
LS, 27.2.4

Je größer der Aufnahmeabstand, desto größer die Schärfentiefe

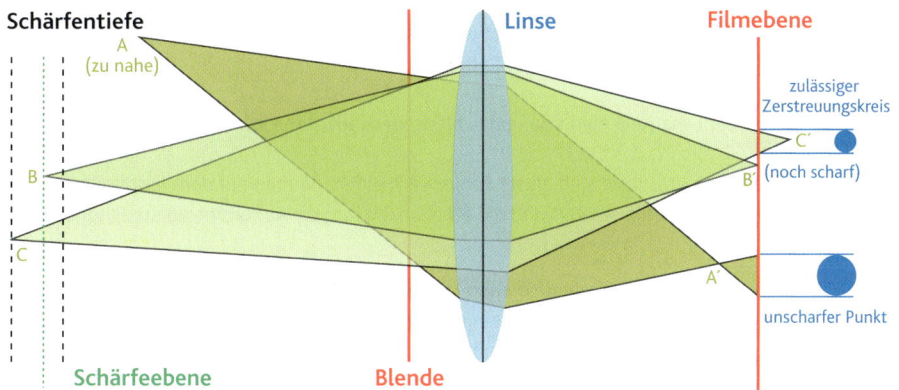

- Das **Objekt A ist zu nah an der Linse**, sodass es **unscharf abgebildet** wird. Der **Unschärfe- oder Zerstreuungskreis ist zu groß**. Objekt A liegt damit außerhalb der Schärfentiefe.
- Das **Objekt B** hat den **optimalen Abstand** von der Linse, da es genau in der Schärfeebene liegt und **wird scharf abgebildet**.

Das **Objekt C liegt** eigentlich etwas zu weit von der Linse entfernt, befindet sich jedoch noch innerhalb der Schärfentiefe, sodass bei der Abbildung zwar ein **kleiner Unschärfekreis** entsteht, sich für den Betrachter jedoch **noch gerade ein scharfes Bild** ergibt.

Kleinbildaufnahmen (24 mm x 36 mm) werden bis zu einem Unschärfekreis von 0,025 mm noch als scharf wahrgenommen

27.2.3 Kameratypen

Ausgehend von einem prinzipiell gleichen Grundaufbau gibt es zwei verschiedene Kameratypen. Ein Großteil der Kameras verfügt über einen Sucher. Der Sucher ermöglicht dem Fotografen, genau festzulegen, was auf das Foto kommen soll. Dieser Kameratyp wird als **Sucherkamera** bezeichnet.

Einen weiteren Kameratyp stellen **Spiegelreflexkameras** dar.

27.2.3.1 Sucherkameras

Der Sucher besteht aus einem kleinen Loch oberhalb oder seitlich des Objektivs. Hinter dem Loch befindet sich noch ein Rahmen zur Bildbegrenzung. Bei Einwegkameras besteht der Sucher nur aus einem einfachen Plastikrahmen, während aufwändige Modelle ausgefeilte optische Systeme mit Linsen enthalten.

Sucherkamera

Das zu fotografierende Objekt wird bei der Sucherkamera nicht durch das Objektiv, sondern durch eben diesen Sucher betrachtet. Dadurch besteht einerseits die Gefahr, Gegenstände mit abzubilden, die versehentlich vor das Objektiv gelangen, durch den Sucher jedoch nicht sichtbar sind, wie z. B. Finger oder Bänder der Kameratasche. Andererseits kann es zu sogenannten **Parallaxenfehlern** kommen.

| **Parallaxenfehler: Unterschiede zwischen Sucherbild und Aufnahme im Nahbereich** |

Durch den Sucher sieht man z. B. den Kopf eines Menschen, auf dem Film ist jedoch nur der Körper zu sehen.
Bei digitalen Sucherkameras lässt sich dieser Fehler vermeiden, da man auf dem Display erkennen kann, was auf den Speicherchip gelangt und die Möglichkeit hat, die Aufnahme entsprechend anzupassen.

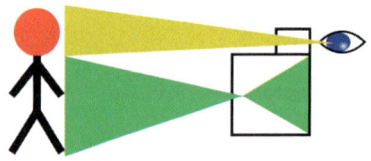
Parallaxenfehler bei Sucherkameras

Zusätzlich kann man im Sucher der Kamera die Ausdehnung der Schärfentiefe nicht erkennen, sodass es unbemerkt zu unscharfen Bildern kommen kann.

Sucherkameras sind in der Regel aus dem Kleinbildbereich als Kompaktkameras bekannt, da sie einfach zu bedienen und preisgünstig in der Anschaffung sind. Doch auch für alle anderen Filmformate sind Sucherkameras erhältlich, also quasi von der kleinen „Spionagekamera" bis hin zur Kamera für Großformate.

Bei den Kompaktkameras erfolgt eine automatische Einstellung der Belichtung und Scharfstellung, während bei den hochwertigen Sucherkameras (z. B. die Leica M8) von Hand fokussiert wird.

Einfache Sucherkameras, sog. **Fixfokuskameras**, arbeiten mit nur einer Brennweite, meist **Weitwinkel**, bei hochwertigen Modellen kann das Objektiv gewechselt werden und **Kompaktkameras** verfügen häufig über ein **Zoomobjektiv**.

Vorteile	Nachteile
meist preiswert	Objektiv meist nicht wechselbar
einfach zu bedienen	Parallaxenfehler im Nahbereich
geräuscharm	Ausdehnung der Schärfentiefe nicht erkennbar

27.2.3.2 Spiegelreflexkameras

Bei der **Spiegelreflexkamera** blickt man direkt durch das Objektiv auf das zu fotografierende Objekt und es gibt keinen separaten Sucher. Ein Parallaxenfehler im Nahbereich wird damit vermieden.

Beim Fotografieren mit der Spiegelreflexkamera wird das durch das Objektiv einfallende Licht von einem Spiegel reflektiert. Der Spiegel befindet sich hinter dem Objektiv, lenkt die Lichtstrahlen ab und wirft sie vollständig auf eine Mattscheibe.

Spiegelreflexkamera

> **Mattscheibe:** Mattierte Glas- oder Kunststoffscheibe zur Überprüfung der Schärfeeinstellung

Die Mattscheibe und der Film befinden sich in gleichem Abstand zum Spiegel, sodass ein Bild, das beim Fokussieren scharf auf der Mattscheibe abgebildet wird, auch bei weggeklapptem Spiegel ein scharfes Bild auf dem Film ergibt.

Oberhalb der Mattscheibe befindet sich ein Pentaprisma (Dachkantprisma = dachförmig geschliffenes Prisma zur Lichtbrechung), welches dafür sorgt, dass der Fotograf das Bild seitenrichtig und aufrecht, anstatt spiegelverkehrt und auf dem Kopf stehend sieht.

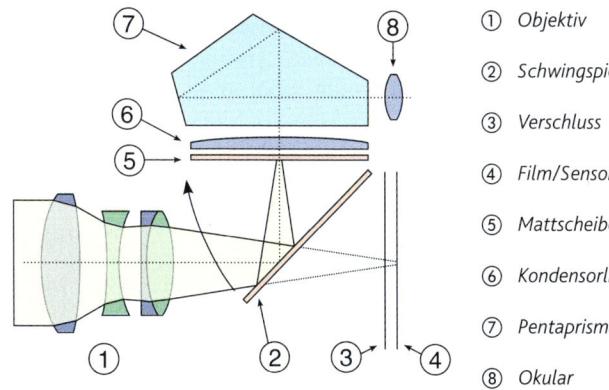

① Objektiv
② Schwingspiegel
③ Verschluss
④ Film/Sensor
⑤ Mattscheibe
⑥ Kondensorlinse
⑦ Pentaprisma
⑧ Okular

Funktionsweise einer Spiegelreflexkamera

Im Moment der Aufnahme wird der Spiegel hochgeklappt, der Verschluss geöffnet und das Licht fällt direkt vom Objekt durch das Objektiv auf den Film oder den Sensor.

Die Konstruktion der Spiegelreflexkamera ermöglicht es dem Fotografen, sowohl den zu fotografierenden Ausschnitt als auch die Ausdehnung der Schärfentiefe genau zu erkennen.

Vorteile	Nachteile
Exakte Schärfenkontrolle	Teuer in der Anschaffung
Exakter Bildausschnitt	Komplizierte Bedienung, wenn ohne Vollautomatik
Objektiv wechselbar	unterschiedliche Verschlüsse, es existiert kein Standard

Durch die Möglichkeit das Objektiv zu wechseln, ist die Spiegelreflexkamera vielseitig einsetzbar und findet insbesondere im Profibereich, aber auch bei ambitionierten Hobbyfotografen Anwendung.

27.2.3.3 Filmformate

Für unterschiedliche Bauformen von Sucher- und Spiegelreflexkameras gibt es eine Vielzahl von Filmformaten.

Filmformat: Größe der Abbildung auf dem Trägermedium, z. B. dem Negativ

Da ein großes Negativ bis zum Endformat nicht so stark vergrößert werden muss wie ein kleines Negativ, werden auch die Fehler nur mäßig vergrößert. Ferner führt eine starke Vergrößerung des Negativs dazu, dass die Körnung des Bildes durch Verbesserung des Filmmaterials kaum noch sichtbar und die Bildqualität stark herabsetzt wird.

Je größer das Filmformat, desto höher die Bildqualität!

Allerdings sind große Kameras (z. B. Studiokameras) für entsprechend große Filmformate auch teurer in der Anschaffung und unhandlich in der Bedienung, sodass stets nach einer Kompromisslösung gesucht wird, die eine akzeptable Bildqualität in mäßiger Vergrößerung bietet.

Im Folgenden wird daher ein Überblick über gängige Filmformate und deren Vor- und Nachteile gegeben.

Formatbezeichnung	Negativgrößen	Anwendung und Vor-/Nachteile
Kleinbild	Normal: 24 mm x 36 mm Halbformatkameras: 18 mm x 24 mm	Der Allroundtyp für vielseitige Anwendungen. Filmspulen mit 12, 20, 24 und 36 Bildern erhältlich. + Sehr vielseitig anwendbar + Hochwertige Vergrößerungen bis maximal zum Format A3 möglich – sehr starke Vergrößerungen führen zu Verlusten
Mittelformat	60 mm breiter Rollfilm: 60 mm x 60 mm (Sucher) 60 x 45, 60 x 60 o. 60 x 90 mm (Spiegelreflex)	+ gute Profiqualität durch größeres Format – hohe Kosten für Filme und Kamera
Großformat	4" x 5", 8" x 10" (1" = 1 Zoll = 2,54 cm)	+ beste Qualität + sehr starke Vergrößerungen möglich – sehr unhandlich und schwer zu bedienen
Minox	8 mm x 11 mm	Filmformat für Kleinstkamera – starke Qualitätsverluste bei Vergrößerung

Die Kleinbildkamera lässt aufgrund der Negativgröße noch relativ hochwertige Vergrößerungen zu und ist damit, auch wegen des geringen Preises für Kamera und Filme, besonders für den Hobbyfotografen interessant. Im Profibereich erhält die Mittelformatkamera den Vorzug.

Wählen Sie je eine Kameraart inklusive Filmformat aus, die gerade noch geeignet bzw. besonders geeignet sind, um:
a) eine Landschaftsaufnahme für ein Poster im Format A0 zu erstellen,
b) eine Ganzkörperaufnahme im Hochformat für einen Abzug im Format 13 mm x 18 mm zu machen.

27.2.3.4 Digitalkameras

Digitalkameras sind in verschiedenen Ausführungen meist entweder als Spiegelreflexkamera oder als Sucherkamera erhältlich. Von der Technik her sind sie den analogen Kameras also sehr ähnlich. Bei der Aufnahme wird jedoch kein Film belichtet. Die Bilddaten werden vielmehr auf ein Speichermedium zur Bildaufzeichnung, den **CCD-Speicherchip**, übertragen.

Bildaufzeichnung auf CCD-Sensoren

Die meisten Digitalkameras enthalten **CCD-Flächensensoren**. Dies sind Speicherchips auf Siliziumbasis, die aus einer Vielzahl von Fotozellen, den **CCD-Sensorelementen**, bestehen. Die CCD-Sensorelemente sind entweder quadratisch und reihenweise untereinander in Zeilen und Spalten angeordnet oder sie haben eine achteckige Form (Super CCD von Fujifilm) und sind diagonal angeordnet.

Schematische Darstellung CCD-Flächensensor

Jeder Pixel (jedes Sensorelement) verfügt über einen Farbfilter in einer der drei Grundfarben des Lichts: Rot, Grün oder Blau. Dabei sind insgesamt jeweils ein Viertel der Sensorelemente mit roten und blauen und die Hälfte mit grünen Farbfiltern versehen. Bei der Bildaufzeichnung steht im **One-Shot-Verfahren** für den gerade erfassten Pixel also nur eine der drei Grundfarben zur Verfügung. Enthält der Pixel eine Mischung aus mehreren Farben, z. B. Gelb oder Grau, so wird die fehlende Farbinformation durch Interpolation aus den benachbarten Pixeln als Mittelwert erzeugt. Dies hat negative Auswirkungen auf die Bildqualität.

Schematische Darstellung Super-CCD

One-Shot-Verfahren: Jeder Pixel des Bildes wird einmal aufgenommen, fehlende Farbinformationen werden durch Interpolation ergänzt

Scannende Aufnahmeverfahren, die jeden Pixel mehrmals aufnehmen, können die Bildqualität deutlich verbessern, da weniger interpoliert werden muss. Im Wesentlichen werden die folgenden Verfahren unterschieden:

- **Four-Shot-Verfahren:** Bei diesem Verfahren wird das Motiv viermal hintereinander aufgenommen und alle vier Aufnahmen anschließend in einer Bilddatei zusammengefasst. Der Flächensensor verschiebt sich beim Four-Shot-Verfahren bei jeder Aufnahme horizontal und vertikal um ein Sensorelement.
- **Multiple-Shot-Verfahren:** Bei diesem Verfahren verschiebt sich der Flächensensor horizontal und vertikal jeweils um weniger als ein Sensorelement (z. B. um ein halbes) und erzeugt auf diese Weise Aufnahmen aus 16 unterschiedlichen Sensorpositionen. Damit wird die Auflösung gegenüber dem Four-Shot-Verfahren erheblich erhöht. Bei der Verschiebung um jeweils ein halbes Sensorelement wird sie z. B. verdoppelt, sodass 4.000 x 4.000 Sensorelemente ohne Interpolation ein 8.000 x 8.000 Pixel großes Bild ergeben.
- Kameras oder Digitalrückteile mit sogenannten **trilinearen Zeilensensoren**: Das Bild wird, ähnlich dem Flachbettscanner, zeilenweise erfasst, sodass Bildgrößen bis ca. 12.000 x 17.000 Pixel möglich sind.

Scannende Aufnahmeverfahren erhöhen die Bildqualität, können jedoch nur für unbewegte Motive eingesetzt werden

Für die Aufnahme bewegter Bildmotive lassen sich Kameras aus dem Four-Shot- und dem Mutiple-Shot-Verfahren in den **One-Shot-Betrieb** umschalten. Bei trilinearen Zeilensensoren ist diese Umschaltung nicht möglich.

Die Anzahl der Sensorelemente variiert mit der Größe des Speicherchips. Ultrakompakte Digitalkameras (sehr kleine Baugröße) mit kleinen Speicherchips weisen ca. 3 bis 6 Millionen Sensorelemente auf. Kompaktkameras verfügen über bis zu 9 Millionen Sensorelemente, sogenannte SLR-Kameras verfügen über ca. 4 bis 10 Millionen Pixel und Digitalrückteile für Mittelformatkameras, z. B. für Kameras vom Typ Hasselblad, verfügen über Speichermedien mit bis zu rund 22 Millionen Sensorelementen.

Die Hersteller geben die Anzahl der Sensorelemente als Megapixel an. Dieser Wert ist jedoch nicht ganz realistisch, da die Anzahl der vorhandenen Sensorelemente zwar mit der Angabe des Herstellers übereinstimmt, sich jedoch Sensorelemente am Rand des Speichermediums befinden, die nicht zur Bilderfassung genutzt werden können: Eine Kamera mit tatsächlich nutzbaren 4.915.200 Sensorelementen wird z. B. als 5,2 Megapixel-Kamera bezeichnet.

Formate bei Digitalfotografie
Untenstehende Tabelle gibt einen Überblick, bei welchen Sensorgrößen sich welches Bildformat in guter bzw. akzeptabler Qualität im One-Shot-Verfahren je nach Sensorgröße erreichen lässt. Beim Four-Shot- und Multiple-Shot-Verfahren erhöhen sich Auflösung und Bildformat entsprechend.

Megapixel	Sensorgröße	Endformat guter Qualität	Endformat akzeptabler Qualität
1,5	1.024 x 1.360	(9 x 13) cm	(10 x 15) cm
2,1	1.200 x 1.600	(10 x 15) cm	(13 x 18) cm
3,1	2.008 x 3.032	(13 x 18) cm	(20 x 30) cm
4,3	1.536 x 2.048	(20 x 30) cm	(30 x 45) cm
6,0	1.800 x 2.400	(30 x 45) cm	(40 x 50) cm

Bei einer Speicherkapazität von mehr als 6 Megapixeln sind Endformate von A2 bis A0 möglich.

Zoom

Vgl. diese LS, 17.6

Ein gutes **Zoomobjektiv** ermöglicht die Aufnahme weit entfernter Bildmotive. Wichtig ist, dass es sich um einen optischen Zoom handelt, da dieser im Objektiv der Kamera durch Verschiebungen im Linsensystem erreicht wird und dadurch keine Qualitätsverluste mit sich bringt. Der digitale Zoom hingegen vergrößert einen Bildausschnitt bei gleichbleibender Auflösung lediglich, sodass die Bilder schnell pixelig oder verrauscht aussehen.

Einfache Kameras verfügen lediglich über einen 3- bis 4-fachen optischen Zoom, Super-Zoom-Modelle haben oft einen mehr als 10-fachen optischen Zoom.

Übersicht gängiger Flash-Speicherkarten

Speichermedium	Abbildung	Besonderheiten
Compact- Flash-Card (CF)[1] Typ I: 42,8 mm x 36,4 mm x 3,3 mm Typ II: 42,8 mm x 36,4 mm x 5,0 mm	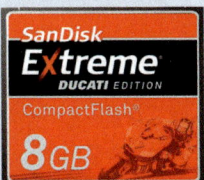	• Speicherkapazität: 1 GB bis 64 GB • Sehr robust • Gutes Verhältnis zwischen Preis und Speicherkapazität
Memory Stick micro 12,5 mm x 15 mm x 1,2 mm		• Speicherkapazität bis 8 GB (lt. Hersteller bis 32 GB mögl.) • Relativ schnelle Datenübertragung • teuer
MultiMediaCard (MMC) MMC: 24 mm x 32 mm x 1,4 mm Multimedia Card Micro: 12 mm x 14 mm 1,1 mm		MMC: • Speicherkapazität: 128 MB bis 4 GB • Hohe Schreib- und Lesegeschwindigkeit Multimedia Card Micro: • Speicherkapazitäten bis 4 GB • Hohe Schreib- und Lesegeschwindigkeiten
Secure Digital Memory Card (SD-Card)[1] SD: 32 mm x 24 mm x 2,1 mm MiniSD: 20 mm x 21,5 mm 1,4 mm MicroSD: 11 mm x 15 mm x 1 mm		SD-Card: • Speicherkapazität: 8 MB bis 2 GB SDHC-Card: • Speicherkapazität: 4 GB bis 32 GB MiniSD-Card: • Speicherkapazität: 8 MB bis 8 GB MicroSD-Card: • Speicherkapazität bis 8 GB (12 GB wurde von ScanDisk vorgestellt) • Kleinster Flash-Speicher der Welt
xD-Picture-Card[1] 20 mm x 25 mm x 1,7 mm		• Speicherkapazität bis 2 GB (bis 8 GB in Entwicklung) • Niedrige Schreib- und Lesegeschwindigkeiten

[1] Bildquelle: Images supplied by ScanDisk. © 2008, ScanDisk Corporation.

Welche Speicherkapazität benötigt wird, hängt von der Auflösung der Kamera und der Zahl der Bilder ab, die auf einer Speicherkarte gespeichert werden sollen. Beim Kauf einer Kamera ist leider häufig nur eine Karte mit geringer Speicherkapazität enthalten (z. B. 64 oder 128 MB). 2 GB sind für eine Menge Urlaubsfotos bei hoher Auflösung jedoch durchaus sinnvoll, also nachrüsten mit entsprechendem Speicherchip.

Fehler im Bild

Durch den Einsatz digitaler Speicherchips zur Bildaufzeichnung kommt es in der Digitalfotografie häufig zu Bildfehlern, z. B. durch Blooming, Rauschen, defekte Pixel und ein nicht beabsichtigtes Kontrastverhalten.

Fehlerbezeichnung	Ausprägung	Abbildung
Blooming (von engl. „bloom" für Blüte)	Überblenden, wenn sehr helle und dunkle Bildbereiche aneinandergrenzen. Um die hellen Bildbereiche herum entstehen Ausblühungen. **Ursache:** Jede Fotozelle des Chips kann nur eine begrenzte Ladung aufnehmen. Entsteht durch helle Bereiche mehr Ladung, wird sie an die Nachbarzellen weitergegeben	
Hot-Pixel	Defekte Pixel in einzelnen Zellen. Treten immer an derselben Stelle im Bild auf. Sind besonders in dunklen Bildbereichen auffällig. **Ursache:** Defekt im Speicherchip	
Moiré	Regelmäßige, unerwünschte Musterbildung **Ursache:** Überlagerung von Rasterpunkten: Das feine Raster der Zellen auf dem Chip überlagert sich mit einer Art Raster beim Objekt (z. B. kleinkarierter Stoffbezug eines Sessels).	
Rauschen	Unregelmäßiges Pixelmuster. Helle oder dunkle Bildpunkte in dunklen Bildbereichen oder auf einfarbigen Flächen. **Ursache:** Fehlladungen des Speicherchips. Kann auch durch lange Belichtungszeiten entstehen.	

Display

Digitalkameras verfügen über ein Display, auf dem das Bild während und nach dem Fotografieren angezeigt wird. Dies hat den Vorteil, dass es kaum zu Parallaxenfehlern bei Aufnahmen im Nahbereich kommt.

Trotz alledem zeigen viele Kameras nicht das gesamte aufgezeichnete Bild, sondern lediglich den wesentlichen Ausschnitt des Bildes. Eine exakte Kontrolle des fotografierten Bildmotivs ist daher nur am Computer möglich.

Vorteile Digitalkamera	Nachteile Digitalkamera
Direkte Bildkontrolle möglich	Geringe Ausstattung bei digitaler Sucherkamera
Bild liegt digital für Weiterverarbeitung vor	Schlechtere Bildqualität als bei Kleinbildfilm
Digitalkamera kann an Fernseher und Computer angeschlossen werden	Kurze Brennweiten durch kleine Aufnahmechips
Misslungene Aufnahmen können gelöscht werden	Oft harte Kontrastgrenzen im Bild ohne weiche Übergänge

27.2.4 Fototechnische Gestaltungsmittel

Auch mit der Kamera kann gestaltet werden, indem technische Einstellungen wie z. B. das Aufnahmeformat, die Brennweite, die Belichtungszeit etc. gezielt eingestellt werden und dadurch das Bild beeinflussen.

Welches Filmformat für welche Bildwirkung?
Mit der Entscheidung für eine bestimmte Kamera liegt das Format des Negatives bereits fest. Gängig ist ein Rechteckformat, das entweder im Hoch- oder Querformat angewendet werden kann.

Einige Kameras, wie vom Typ Hasselblad, arbeiten jedoch auch mit quadratischen Negativen im Mittelformat.

Das Bildformat unterstützt die Bildwirkung, indem Querformate gegenüber Hochformaten eher passiv und schwer wirken und Quadrate Ausgewogenheit symbolisieren.

Vgl. LS 8, 17.4.1

Des Weiteren ist auch die Größe des Negativs bzw. die Auflösung bei der Digitalkamera von besonderer Bedeutung für die Bildgestaltung, da kleine Negative bzw. geringe Auflösungen nicht so viele Details aufnehmen können wie größere Formate/Auflösungen.

> **Je größer das Filmformat, desto mehr Details können abgebildet werden.**

Im beruflichen Bereich stößt das Kleinbildformat schnell an seine Grenzen, sodass im professionellen Bereich eine Mittelformatkamera angebracht ist. Bei der Wahl einer Digitalkamera ist eine relativ hohe tatsächliche (nicht interpolierte) Auflösung sinnvoll.

Welche Brennweite unterstützt welche Bildwirkung?

> **Lange Brennweiten (Teleobjektive) verdichten ein Bild, kurze Brennweiten (Weitwinkelobjektive) öffnen es.**

Durch die Wahl der Brennweite entscheidet der Fotograf, wie die räumlichen Verhältnisse und die unterschiedlichen Größenverhältnisse zwischen dem Vorder-, Mittel- und Hintergrund wiedergegeben werden sollen. Bei gleichem Aufnahmeabstand beeinflusst eine Brennweitenänderung zusätzlich die Schärfentiefe.

> **Teleobjektive zeigen die Objekte groß und mit geringer Schärfentiefe, Weitwinkelobjektive reduzieren die Schärfentiefe**

Kurze Brennweiten lassen sich am besten dann einsetzen, wenn die Wirkung des Raumes bzw. der Umgebung im Vordergrund steht, wie z. B. bei Landschaftsaufnahmen. Lange Brennweiten sind dann sinnvoll, wenn das Augenmerk auf dem Hauptmotiv und dessen deutlicher Abbildung liegt, sowie um Zusammenhänge zwischen entfernten Details herzustellen.

Welche Blende für welche Aufnahmen?

Auch durch die Wahl der Blende beeinflusst der Fotograf die Schärfentiefe im Bild und kann die Wahrnehmung des Betrachters steuern. Mit einer kleinen Blende und der damit einhergehenden großen Schärfentiefe können entfernte Bilddetails in einen Zusammenhang gestellt und insgesamt eine natürliche Wiedergabe der Bildmotive erzielt werden.

Eine große Blende, also eine geringe Schärfentiefe, hingegen lenkt den Blick des Betrachters auf wenige Details und bewirkt, dass unerwünschte Bildelemente stark in den Hintergrund treten.

Kleine Blende (große Schärfentiefe) für natürliche Motivwiedergabe – große Blende (geringe Schärfentiefe), um wichtige Details in den Vordergrund zu rücken

Kleine Blende = Hohe Schärfentiefe   *Große Blende = Geringe Schärfentiefe*

Wie viel Zeit und Licht für welche Bildwirkung?

Die Belichtung eines Bildes wird über die Verschlusszeit = Belichtungszeit gesteuert, dabei gilt für die Bildwirkung:

Beispiele Verschlusszeit:

Der 100-m-Lauf bei einer Meisterschaft wird einmal mit einer kurzen Verschlusszeit von 1/1000 Sekunde fotografiert und erweckt den Eindruck, als stünden die Läufer. Eine Verschlusszeit von 1/15 Sekunde hingegen lässt die Bewegung der Läufer erkennen, führt jedoch auch zu Bewegungsunschärfe.

Kurze Verschlusszeit = Bewegung eingefroren   *Lange Verschlusszeit = Bewegung unscharf*

Kurze Belichtungszeiten halten den Augenblick fest – Bewegungen werden angehalten.
Lange Belichtungszeiten zeigen Bewegungen im Bild.

Doch nicht nur die Belichtungszeit, sondern auch die Belichtung an sich beeinflusst die Bildwirkung. Während für die naturgetreue Wiedergabe bei der Belichtung die Tonwerttreue im Vordergrund steht, können auch gezielte Über- und Unterbelichtung die Bildwirkung verändern.

Ein wichtiges Gestaltungsmittel im Bereich der Belichtung ist der **Blitz**. Direkt eingesetzt erzeugt er ein eher hartes Licht und es kommt vermehrt zu Spiegelungen und starken Schlagschatten. Indirekt verwendet, z. B. mit einer hinten am Blitz befestigten Pappe, an die Decke gerichtet oder unter Verwendung spezieller Schirme (Aufheller), kann das Licht abgesoftet und der Schlagschatten deutlich verringert werden.

Direkter Blitz   *Indirekter Blitz zur Decke*   *Indirekter Blitz gegen Aufheller*   *Aufbau mit Aufheller*

Auch Mehrfachbelichtungen, entweder durch zweifache Belichtung des gesamten Bildes oder nur einzelner Bereiche, tragen zur Bildgestaltung bei. Im ersten Fall entstehen ineinander übergehende Bilder, die sich teilweise überlagern. Im zweiten Fall setzt sich das Gesamtbild nachher aus unterschiedlichen Teilbereichen zusammen.

Die Doppelgängerbelichtung, bei welcher dieselbe Person zweimal auf dem Bild zu sehen ist, stellt ein klassisches Beispiel für den Einsatz der Mehrfachbelichtung dar.

Wenn die Kamera über einen Vorblitz als „Rote-Augen-Funktion" verfügt, benutzen Sie diesen unbedingt beim Fotografieren von Personen. Der Rote-Augen-Effekt lässt sich dadurch zwar nicht ganz verhindern, da dies nur dann möglich ist, wenn Blitz und Objektiv etwas weiter voneinander entfernt sind. Dies ist bei Kompaktkameras aufgrund der Baugröße nicht der Fall.

Bildwirkung mit Filtern verändern
Einfache Filterfunktionen, z. B. zum Ausblenden von Reflexionen (Reflexionsfilter), müssen bereits zum Zeitpunkt der Aufnahme eingesetzt werden. Dazu werden entsprechende Filter vor dem Objektiv angebracht. Die Verwendung eines Filters führt jedoch zu einer Verschlechterung der Abbildungsleistung des Objektivs, da ein Teil des einfallenden Lichtes vom Filter absorbiert wird. Je nach Auswahl des Filters muss die Belichtungszeit daher entsprechend verlängert werden.

Zusätzlich macht es Sinn, gestalterische Filterfunktionen wie z. B. den Weichzeichnungseffekt erst in der elektronischen Bildnachbearbeitung anzuwenden.

27.3 Scannen

Sollten die Bilder für Ihren Auftrag nur als Foto oder Dia, man spricht hier von Aufsichts- bzw. Durchsichtsvorlagen, vorliegen, müssen diese digitalisiert werden.

Für den Digitalisierungsvorgang steht in den meisten Betrieben ein Flachbettscanner zur Verfügung. In klassischen Druckvorstufenbetrieben wird oft ein höherwertiger Trommelscanner eingesetzt, welcher im Gegensatz zum Flachbettscanner in einer höheren Auflösung sowie Farbtiefe scannen kann.

Grundsätzlich erfassen Scanner beider Bauarten jeden Punkt der Vorlage und übertragen die über die Lichtabtastung (Scan) gewonnenen analogen Informationen in eine digitale Form, sprich ein Pixelbild.

27.3.1 Scanvorgang Flachbettscanner

Ein Flachbettscanner, der in der Druck- und Medienvorstufe eingesetzt werden soll, sollte über eine Durchlichtfunktion (die Begriffe Durchsicht und Durchlicht sind synonym zu gebrauchen) zum Einscannen von Dias sowie über eine Auflösung von mindestens 4800 ppi verfügen. Kostengünstige Geräte arbeiten oft mit einem Plug-In für Photoshop. Für qualitativ hochwertige Scans sollte der Scanner über ein eigenständiges und konfigurierbares Scanprogramm verfügen.

Hat ein Scanner eine Auflösung von 4800 x 9600 ppi, kann man aus dieser Angabe folgendes entnehmen: Der Scanner erkennt auf einem Inch 4800 einzelne Bildpunkte (Pixel). Dies ist meist gleichzusetzen mit der optischen Auflösung. Der zweite Wert ist doppelt so hoch, da der Flachbettscanner in Vorschubrichtung meist doppelt getaktet ist. Aufpassen sollte man bei extrem hohen Auflösungsangaben, hier könnte es sich um interpolierte Werte handeln, d. h., dass Bildinformation zusätzlich hinzugerechnet wird.

Das Funktionsprinzip eines Scanners soll am Beispiel eines Flachbettscanners dargestellt werden.

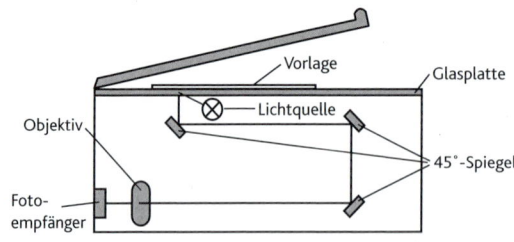
Flachbettscanner im Querschnitt

Eine Lichtquelle mit rein weißem Licht (Kalt-Kathoden-Fluoreszenzlampenlicht oder LEDs), tastet die Vorlage zeilenweise ab. Das von der Aufsichtsvorlage remittierte Licht wird über ein Spiegelsystem und eine Optik auf das lichtempfindliche Bauteil, die CCD-Zeile, gelenkt. Für jede Grundfarbe (RGB) ist eine Sensorleiste vorhanden, deren Senoren mit einem Rot-, Grün- oder Blaufilter bedampft sind. Jeder Filter lässt nur seine Eigenfarbe hindurch. Dadurch wird das remittierte Licht in seine Hauptspektralanteile zerlegt. Ein Analog/Digital-Wandler wandelt die analogen Lichtsignale anschließend in digitale Signale um.

CCD (Carge Coupled Device – Ladungsgekoppeltes Bauteil, Halbleiter) funktioniert grundsätzlich wie eine Photovoltaik-Solarzelle: Je mehr Licht darauf fällt, desto mehr Elektronen (negativ geladene Teilchen) werden erzeugt, u. u.

Zur Verdeutlichung lassen wir einen Flachbettscanner folgende einfache Vorlage einscannen. Der Einfachheit halber kann der Scanner so viele Bildstellen erkennen, wie die Vorlage Felder hat. Der Scanner scannt mit 8 Bit im Graustufen-Modus.

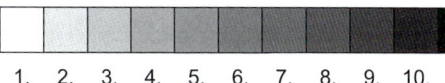

1. 2. 3. 4. 5. 6. 7. 8. 9. 10.

So sieht die Vorlage aus. Die einzelnen Scanpunkte sind nummeriert, um sie später der entsprechenden Bildstelle zuordnen zu können.

An nebenstehendem Beispiel wird deutlich, dass Tonwerte eingescannt werden, keine Farben. Arbeitet der Scanner – wie gewöhnlich – im RGBModus, erkennen die einzelnen CCD-Elemente trotz ihres Farbfilters wieder nur den Helligkeitswert der Vorlage. Die Zuordnung zum entsprechenden Kanal erfolgt später.

1. 2. 3. 4. 5. 6. 7. 8. 9. 10.

Entsprechend den Helligkeitswerten der Vorlage erzeugen die CCD-Elemente mehr oder weniger Elektronen. Dieser Vorgang kann mit dem Befüllen von Wassereimern verglichen werden. Je voller der Eimer, desto mehr Elektronen hat die CCD durch den Lichteinfall erzeugt.

Metapher:
Die einzelnen CCD-Elemente können mit unterschiedlich gefüllten Wassereimern verglichen werden. Je voller der Eimer, desto mehr Licht hat die Vorlage remittiert. Jetzt soll überprüft werden, wie voll die Eimer sind. Das – so die Bedingung – ist jedoch nur von einer Seite möglich. Unser Männchen kann also nicht in die einzelnen Eimer hineinsehen, sondern nur den ersten entleeren und dessen Inhalt feststellen.

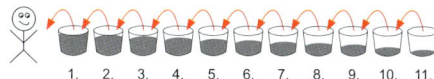

1. 2. 3. 4. 5. 6. 7. 8. 9. 10. 11.

Dafür können aber alle anderen Eimer ihren Inhalt nacheinander in den nächsten Eimer schütten – bis alle Eimer leer sind und der Inhalt notiert wurde.

Dadurch erklärt sich auch der Begriff **CCD** (Charge Coupled Device, ladungsgekoppeltes Bauteil): Die Eimer (CCD) sind miteinander verbunden und können so ihren Inhalt (Elektronen) bis zur Auslesestelle weitergeben.

Als A/D-Wandler notiert unser Männchen die einzelnen Wasserstände und überführt so die Inhalte in eine Wertetabelle.

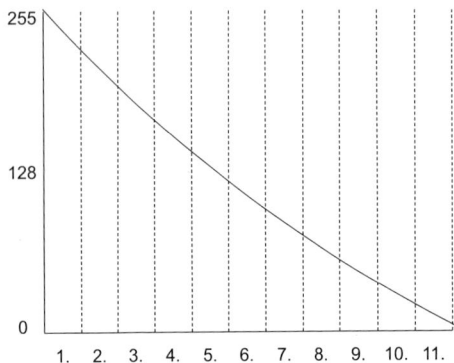

Da der Scanner die Vorlage mit Licht analog abtastet, ergibt sich auch ein analoges Signal, eine Kurve.

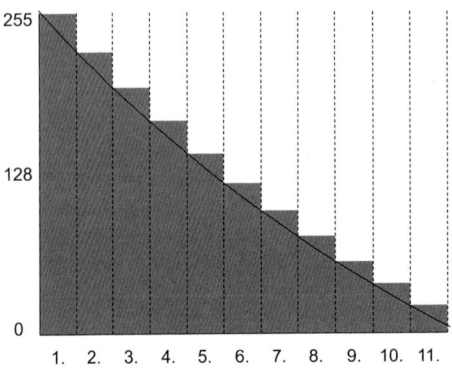

Der A/D-Wandler interpretiert und rundet die erhaltenen analogen Werte und weist jeder Bildstelle einen eindeutigen Tonwert zwischen 0 und 255 zu. Damit ist das Signal digitalisiert. Jeder Tonwert kann nun als Binärwert beschrieben werden (Rechner arbeiten binär): z. B.: 128 = 10000000, 57 = 00111001, usw.

Berechnung des Tonwertes:
Sehen wir uns Bildstelle 3 genauer an. Der gemessene Tonwert an dieser Stelle beträgt 204 von 255 möglichen Tonwerten. Dies entspricht 80 %.
D. h. von 100 % aufgestrahlter Lichtenergie wurden 80 % remittiert.
Daher wurden 20 % absorbiert – dieser Wert entspricht dem Tonwert der Bildstelle.
Zur Bildung des Binärwertes wird die Binärtabelle hinzugezogen:

2^7	2^6	2^5	2^4	2^3	2^2	2^1	2^0
128	64	32	16	8	4	2	1
1	1	0	0	1	1	0	0

Ein Tonwert von 204 wird binär als o. a. Binärzahl angegeben (1 bedeutet addieren, 0 nicht addieren). Werden nun alle Dezimalwerte mit einer 1 versehen, die addiert 204 ergeben, ergibt sich automatisch die Binärzahl.

8 Bit bitte! Oder mehr ...!
Die Abbildung unten links verdeutlicht die Umwandlung von analogen Signale in digitale Werte. Der A/D-Wandler interpretiert das Signal pro Scanstelle. Krumme Werte werden auf ganze Stufen gerundet. Durch dieses sogenannte Quantisierungsrauschen ergibt sich ein unsicheres Bit. Das zweite unsichere Bit ergibt sich durch das sogenannte Sensorrauschen, also durch unvermeidliche Fehler im fotoelektrischen Sensor.
Dadurch gehen ca. 2 Bit an Informationen verloren. Mit den verbleibenden 6 Bit können aber nur noch 64 Tonwerte dargestellt werden. Ausreichend für unser Auge, aber eigentlich zu wenig zur Bildbearbeitung. Daher empfiehlt es sich – gerade beim Einsatz eines Flachbettscanners – mit einer höheren Datentiefe, z. B. 10, 12 oder 16 Bit einzuscannen. Dadurch wird natürlich die Dateigröße erhöht, aber die Qualität steigt, da durch die höhere Datentiefe mehr Tonwerte vorhanden sind.

27.3.2 Ein- und Ausgabeauflösung

Sobald Bilder in digitaler Form vorliegen, spielt neben dem Format, dem Dateiformat und dem Farbmodus auch die Auflösung eine große Rolle (vgl. diese Lernsituation 17.6. Elektronische Bildverarbeitung).

PPI (Pixel per Inch)
Generell wird die Abkürzung ppi für die Scanauflösung sowie für die bereits digitalisierte Datei verwendet. PPI bedeutet Pixel pro Inch. Ein Pixel ist somit zwar das kleinste Bildelement, variiert je nach Auflösung aber in seiner Größe: z. B. 72 ppi = 1/72 Inch; 300 ppi = 1/300 Inch. Spricht man von der Scanauflösung, wird auch DPI (Dots per Inch) gebraucht. Dies resultiert aus dem „Bildpunkt", den Trommelscanner als kleinstes Element mit ihrem Lichtstrahl abtasten. Flachbettscanner erkennen aber eher einzelne Bildelemente mit ihren bereits rechteckigen CCD, sodass hier besser die Einheit PPI für die Auflösung verwendet werden sollte.

DPI (Dots per Inch)
Diese Einheit für die Auflösung wird für Ausgabemedien wie Drucker oder Belichter verwendet. Ein Dot entspricht in diesem Fall dem kleinsten darstellbaren Punkt eines Laserdruckers bzw. der Auftreffstelle des Laserstrahls beim Film- oder Druckplattenbelichter (beim Belichter spricht man in diesem Fall auch von „Rel" (Recorder-Element). Kann ein Laserdrucker also mit einer Auflösung von 1200 dpi drucken, so kann er auf 1 Inch 1200 einzeln voneinander ansteuerbare Druckpunkte setzen.

LPI (Lines per Inch)
LPI ist die Einheit für die Rasterweite im Druck. In Deutschland wird dieser Wert grundsätzlich in Linien pro Zentimeter (lpcm) angegeben. Linien deshalb, weil die einzelnen Rasterpunkte alle in einer Linie liegen. Da die meisten Ausgabeprogramme jedoch aus dem englischsprachigen Raum stammen, wird hier nicht das metrische System, sondern Inch verwendet.

Diese drei Einheiten hängen eng miteinander zusammen: Stellt sich nämlich die Frage, in welcher Auflösung die Bilddaten vorliegen (oder gescannt werden) müssen, muss die Auflösung berechnet werden.

Rasterweite (lpi) x Qualitätsfaktor x Skalierungsfaktor = Scanauflösung

Rasterweite
Liegt die Angabe der Rasterweite noch in lpcm vor, muss in lpi umgerechnet werden, indem die Rasterweite mit 2,54 multipliziert wird.

Beispiel:
60 lpcm x 2,54 = 152,4 lpi

Qualitätsfaktor
Der Qualitätsfaktor liegt je nach Rasterweite zwischen 1,4 und 2. Der RIP des Ausgabegerätes interpretiert die durch die Seitenbeschreibungssprache Postscript übermittelten Bilddaten und berechnet aus jeweils 2 Pixeln in der Breite und der Höhe den Tonwert eines Rasterpunktes.
Dies wird durch den Qualitätsfaktor berücksichtigt. Praktischerweise kann jedoch jeweils der Wert 2 angenommen werden.

Skalierungsfaktor
Im Scanprogramm wird grundsätzlich das neue Format schon vor dem Scannen angegeben. Der Scan hat dann z. B. 300 ppi im Endformat. Wird der Scan jedoch 1:1 ausgeführt und soll später vergrößert werden (z. B. im Bildbearbeitungs- oder Layoutprogramm), muss das gescannte Bild in einer höheren Auflösung vorliegen.

Beispiel:
152,4 lpi x 2 (QF) x 2 (SF) ≈ 600 ppi
Skalierungsfaktor 2 = 200/100 (200 %)

Grundsätzlich sollten die errechneten Endwerte gerundet werden. Dann errechnet sich auch der allgemein bekannte Wert von 300 ppi für Bilddaten im Maßstab 1:1, die später im 60er Raster im Offset-Druckverfahren gedruckt werden.

Welche Scanauflösung für welche Vorlage?
Neben den o.a. Faktoren ist auch die Vorlagenart entscheidend für die Wahl der korrekten Scanauflösung. Folgende Vorlagenarten können unterschieden werden:
- Strichvorlagen (Vorlagen mit der Farbtiefe von 1 Bit = Schwarz und Weiß ohne Zwischentöne, z. B. Text, Tuschezeichnung, Unterschrift, etc.)
- Halbtonvorlagen (Durchsichtsvorlage: z. B. Dia, Aufsichtsvorlage: z. B. Foto)
- gerasterte Vorlagen/bereits gedruckte Vorlagen (Anzeige, Farbausdruck, etc.)
- dreidimensionale Objekte

Strichvorlagen sollten mit 800–1200 ppi eingescannt werden, bzw. mit der 3- bis 6-fachen Auflösung gegenüber dem Halbtonbild. Durch die höhere Auflösung können Rundungen, z. B. bei einzuscannendem Text, ohne Treppeneffekte bei der späteren Ausgabe wiedergegeben werden, da die Scanauflösung ähnlich der Ausgabeauflösung ist. Ideal wäre ein Strichscan mit der Ausgabeauflösung des Ausgabegerätes. Dagegen spricht aber häufig die zu hohe Dateigröße.

Die Scanauflösung von Halbtonvorlagen kann nach den o.a. Rechenverfahren durchgeführt werden und ist abhängig vom Qualitätsfaktor, Skalierungsfaktor, der Ausgabeauflösung bzw. der Rasterweite beim Druck.

Müssen bereits gedruckte Vorlagen eingescannt werden, ergibt sich die Gefahr eines Moirés (vgl. hierzu diese Lernsituation 27.3 Rasterung). Hier ergeben die Rasterpunkte mit der Anordnung der Pixelstruktur ein störendes geometrisches Muster. Um einem Moiré beim Scannen vorzubeugen, kann im Scanprogramm die sogenannte Entrasterungsfunktion angewählt werden. Dabei muss der Wert der Rasterweite eingegeben werden um das Moiré durch eine leichte Unschärfe zu entfernen.

Erwähnenswert ist an dieser Stelle auch die Monitorauflösung, da auch der Monitor ein Ausgabegerät ist. Diese wird durch die Monitorpixel in Breite und Höhe angegeben (z. B. 1024 x 768 Pixel für einen 17-Zoll-Monitor). Dabei ist die Auflösung des Monitors abhängig von der Grafikkarte und dem Monitor selbst. Da ein Monitor grundsätzlich mit einer Auflösung von 72 dpi arbeitet, genügt auch eine Auflösung von 72 ppi für Bilddaten, die beispielsweise auf einer Webseite platziert werden.

17.6 Elektronische Bildverarbeitung (EBV)

Generell sollten selbst erstellte Digitalfotos bzw. Scans sowie vom Kunden gelieferte Bilddateien nachbearbeitet werden, da es selten zu dem perfekten Foto oder Scan kommt – trotz hervorragender Digitalkameras und Scanner. Gerade aber auch, weil Sie für Ihren Kunden Qualität produzieren wollen, kommen Sie nicht umhin die Qualität Ihrer Bilddaten zu kontrollieren und zu optimieren.

Zu den grundlegenden Arbeitsschritten der EBV gehören:

- Tonwertkorrektur (Tonwertkorrektur und/oder Gradationskurven)
- Farbkorrektur
- Schwarfzeichnen/Weichzeichnen bzw. Anwendung diverser Filter
- Kontrolle der Auflösung bzw. des Formates
- Änderung des Farbmodus

Im Folgenden werden diese Arbeitsschritte vorgestellt und die praxisnahe Anwendung erläutert.

17.6.1 Tonwertkorrektur

Die Tonwertkorrektur dient der Optimierung von Tonwertumfang und Kontrast. Dabei erfolgt meist eine Neuverteilung der im Bild vorhandenen Tonwerte über den gesamten Tonwertumfang. Hierbei ist es wichtig zu verstehen, dass keine Farben, sondern Tonwerte verändert werden. Schauen Sie sich in einem RGB-Bild die einzelnen Kanäle an: Sie werden feststellen, dass jeder Kanal für sich genommen nur aus Graustufen bzw. Helligkeitsinformationen, sprich Tonwerten besteht. Ausgehend von einem Bild mit 8 Bit Datentiefe pro Kanal bedeutet das, dass jeder Pixel pro Kanal 256 mögliche Tonwerte aufweisen kann. Da wir uns im additiven RGB-Farbmischsystem befinden, bedeutet ein Tonwert von 0 keine Lichtenergie bzw. Schwarz, ein Tonwert von 255 volle Lichtenergie bzw. Weiß. Aktivieren Sie nacheinander die einzelnen Kanäle, addieren sich die Helligkeitsstufen bzw. Tonwerte der einzelnen Kanäle und werden als Mittelwert im Composite-Kanal zusammengefasst (und dann natürlich farbig dargestellt).

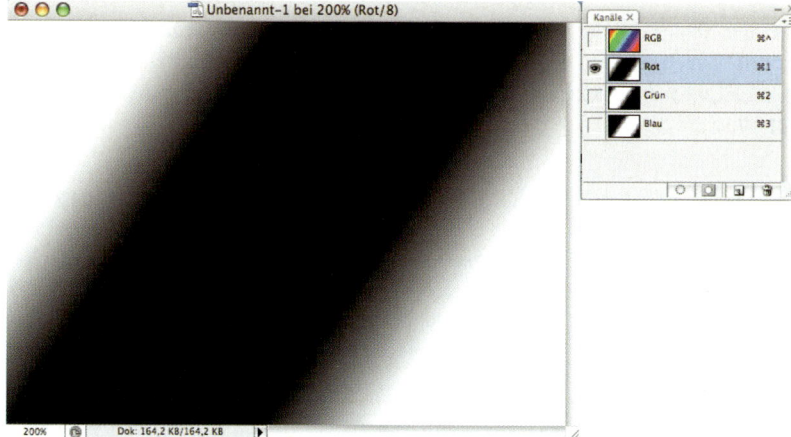

Die Tonwertkorrektur sollte nur im RGB-Modus durchgeführt werden. Hier geht es nämlich darum, vor allem Weiß- und Schwarzpunkt korrekt zu setzen. Aus diesen Tonwertinformationen wird dann beim Moduswechsel in CMYK aus den drei Kanälen der Schwarzkanal zuerst berechnet. Je genauer also die Tonwertkorrektur im RGB-Bild erfolgt, desto stimmiger ist das Ergebnis bei der Separation.

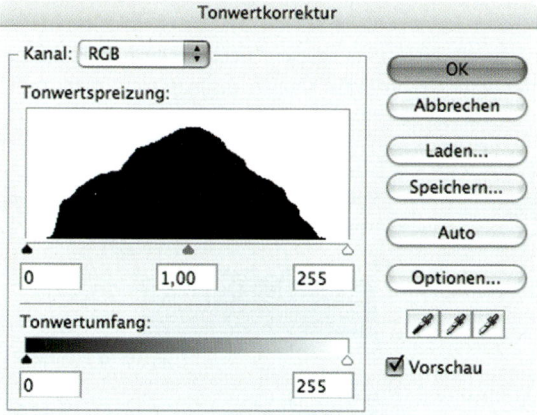

Das Histogramm ist das Werkzeug der Tonwertkorrektur. Es zeigt die Verteilung und die Anzahl der einzelnen Tonwerte über den Tonwertumfang an. Die X-Achse stellt alle Tonwertstufen von 0 (Schwarz) bis 255 (Weiß) dar. Auf der Y-Achse wird dargestellt, wie viele Pixel im Bild jeweils einer der Tonwertstufen entsprechen.

Die vorhergehende Abbildung zeigt ein Histogramm, welches im Bereich der Lichter und Tiefen keine Informationen aufweist. Tatsächlich wirkt dieses Bild etwas flau – ihm fehlt der Kontrast. Die Korrektur erfolgt, indem der linke Regler nach rechts hin verschoben wird, bis an die Stelle, an der ein nennenswerter Tonwertanteil zu erkennen ist. Damit wird den Pixeln der Tonwert 0 (Schwarz) zugewiesen. Mit dem rechten Regler verfährt man, indem man ihn zur Mitte hin verschiebt. Die hellsten Pixel bekommen so den Tonwert 255 (Weiß). Damit wird eine Neuverteilung der Tonwerte über den gesamten Tonwertumfang erreicht. Dies wird als Tonwertspreizung beschrieben.

Ein Bild wirkt dann knackig und lebendig, wenn der mögliche Kontrastumfang optimal ausgeschöpft ist. Das heißt, die hellsten Stellen des Bildes sollten auch wirklich weiß sein und nicht nur hellgrau, die dunkelsten Bildstellen wirklich schwarz und nicht matschig-trüb dunkelgrau.

Mit dem linken Regler (Tiefen) bestimmen Sie den Schwarzpunkt des Bildes, mit dem rechten Regler (Lichter) bestimmen Sie den Weißpunkt des Bildes. Der Regler in der Mitte (Gammaregler) bestimmt letztendlich die sogenannte Grundhelligkeit des Bildes. Er legt fest, welche Pixel einen mittleren Tonwert von 128 erhalten. Ziehen Sie ihn nach dem Setzen von Weiß- und Schwarzpunkt nach links, hellen Sie das Bild auf (die hellen Tonwerte überwiegen nun). Ziehen Sie ihn nach rechts, dunkeln Sie das Bild ab (die dunklen Tonwerte überwiegen nun). Schwarz und Weißpunkt bleiben davon unberührt.

Das Histogramm bietet die Möglichkeit die Tonwertkorrektur im Composit-Kanal (RGB) durchzuführen (s. Abb.). Führen Sie die Korrektur jedoch nacheinander in den einzelnen Kanälen durch, können Sie auch einen eventuell vorhandenen Farbstich entfernen. Verzichten Sie auf die Auto-Tonwertkorrektur. Sie bringt oft nur mäßige Ergebnisse.

Bei der Tonwertkorrektur können Tonwertabrisse im Bild entstehen. Da der RGB-Farbraum mehr Tonwertabstufungen pro Farbe zulässt, als das menschliche Auge wahrnehmen kann, fallen diese jedoch normalerweise nicht auf. Werden die Tonwertsprünge jedoch zu groß, macht sich das im Bild störend bemerkbar. Dies ist übrigens der Grund, warum hochwertige Scanner und das Camera-Raw-Format mit einer Datentiefe von 16 statt nur 8 Bit pro Farbkanal arbeiten. So entstehen sehr viel feinere Tonwertabstufungen, deren Verlust durch Korrekturen dem Auge dann wirklich nicht mehr auffällt.

Kontrollieren Sie Ihre Bilddaten nach der Tonwertkorrektur auf diesen Effekt, der auch als Posterisation bzw. Banding bezeichnet wird. Durch fehlende Tonwerte können Verläufe nicht mehr exakt dargestellt werden. Dabei kommt es immer auf das Bild an, ob der Effekt sichtbar wird oder nicht.

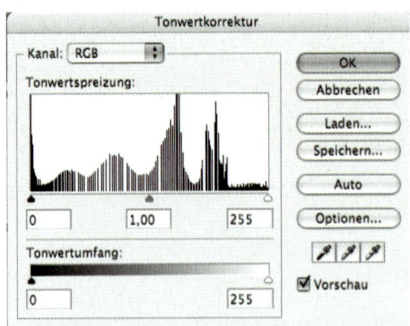 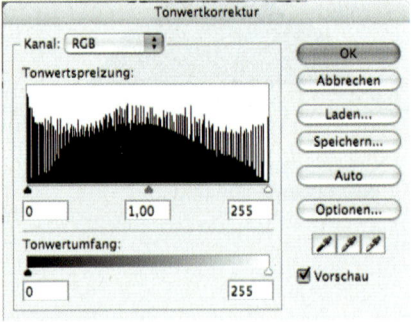

Tonwertabrisse im Histogramm aus Adobe Photoshop®
Bildquelle: Adobe Systems GmbH®

Eine Besonderheit bei der Tonwertkorrektur stellen sogenannte High-Key- und Low-Key-Bilder dar: Sie sollten nicht durch eine kompromisslose Tonwertkorrektur nach den bereits vorgestellten Verfahren bearbeitet werden, da dadurch die Tonwerte des entsprechenden Bildes völlig erfälscht dargestellt werden. Beispiele für High-Key-Bilder sind Aufnahmen im Schnee, die vor allem Tonwerte im Lichter und Vierteltonbereich, jedoch keinen richtigen Schwarzpunkt aufweisen. Low-Key-Bilder dagegen sind z. B. Nachtaufnahmen bzw. Aufnahmen von Sonnenuntergängen etc. Sie weisen viele dunkle Tonwerte auf, besitzen aber keinen richtigen Weißpunkt (außer evtl. einigen Spitzlichtern).

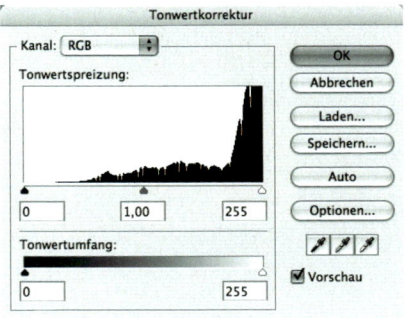 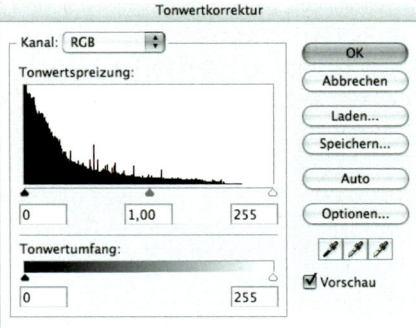

High-Key-Abbildung *Low-Key-Abbildung*
Histogramme aus Adobe Photoshop®
Bildquelle: Adobe Systems GmbH®

Der Regler Tonwertumfang ist eigentlich dazu gedacht, den Tonwertbereich so einzugrenzen, dass im Druck keine Tonwertabrisse in den Lichtern entstehen. Auch weiße Bildstellen müssen im Druck noch einen ganz feinen Rasterton behalten, sonst sieht das Ergebnis aus als hätte es ein „Loch". Umgekehrt dürfen die dunkelsten Stellen des Bildes nicht einfach vollflächig mit Schwarz „zugedruckt" werden, sondern es dürfen nur Rasterpunkte erzeugt werden, die eben noch ein wenig Papierweiß durchlassen (je nach Papier und Druckverfahren 92 % – 96 %). Mittlerweile regelt das allerdings meistens der RIP bzw. die Farbeinstellungen in Photoshop. Diese Funktion können Sie jedoch z. B. dazu verwenden, ein Bild abzusoften.

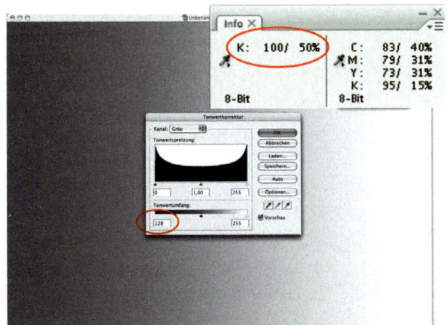 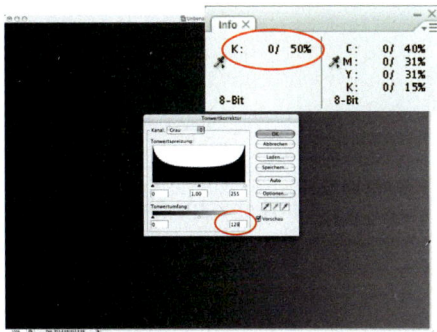

Abbildungen aus Adobe Photoshop®
Bildquelle: Adobe Systems GmbH®

Um die Auswirkung bei der Änderung des Tonwertumfangs darzustellen, zeigen die Abbildungen eine extreme Veränderung des Tonwertumfanges. Im linken Bild wurde das Bild abgesoftet, indem der Tonwert 0 auf 128 gelegt wurde. Die Informationsanzeige bestätigt: aus 100 % wurden 50 %. Die umgekehrte Änderung wird im rechten Bild gezeigt.

Die Änderung des Tonwertumfanges (Tonwertreduktion) ist nicht das Gegenteil der Tonwertspreizung, wie die folgenden drei Abbildungen zeigen. Daher können Korrekturen mit der Tonwertspreizung nicht durch die Tonwertreduktion rückgängig gemacht werden.

 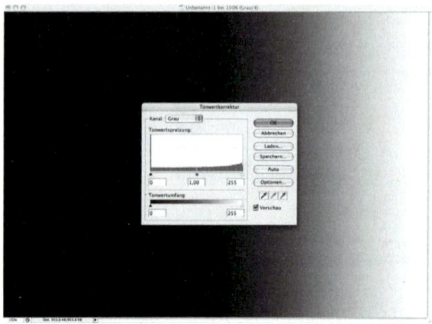

Die obige Abbildung zeigt eine extreme Tonwertspreizung. Der Schwarzpunkt wurde von 0 auf 128 gelegt.

Der gleiche Verlauf nach der Korrektur: es fehlen 128 Tonwerte, da alle Tonwerte ab 128 durch 0 ersetzt wurden. Die Folge sind hier natürlich Tonwertabrisse, da sich hier 128 Tonwerte auf 256 mögliche Positionen verteilen.

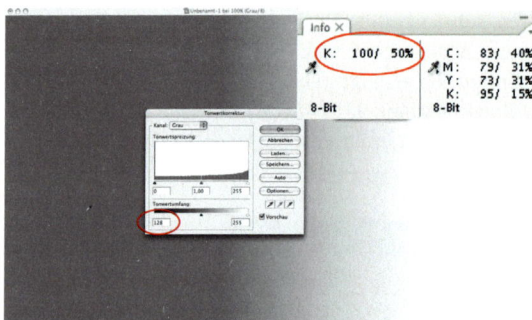

Der Screenshot zeigt es: durch eine nachträgliche Änderung des Tonwertumfanges werden die Tonwerte nicht wieder neu verteilt, sondern abgeschwächt (s. Information). Die Anzahl und Verteilung der Tonwerte bleibt aber bestehen.

17.6.2 Gradationskurve

Oft müssen Bilddateien in unterschiedlichen Tonwertbereichen bearbeitet werden: z. B. nur in den Lichtern, wobei die Mitteltöne und Tiefen unberücksichtigt bleiben sollen. Für diese Aufgaben können Sie die Gradationskurve etwas differenzierter als die Tonwertkorrektur einsetzen: Sie erlaubt voneinander unabhängige Tonwertkorrekturen in allen Tonwertbereichen.

Gradation bedeutet „Steigung". Daraus wird auch die Funktion der Gradationskurve abgeleitet: Durch eine Veränderung der Steigung wird eine Änderung des Tonwertes erreicht.

Beachten Sie bei nachstehenden Abbildungen die unterschiedlichen Farbmodi (s. Kanal) und die daraus erfolgende Verteilung der Tonwertbereiche für Ein- und Ausgabewerte (je nach Belieben können Sie auch die Anzeige von Tonwert nach Prozent im unteren Bereich des Dialogfeldes ändern). Dabei werden auf der x-Achse generell die Eingabewerte (so ist der Tonwert zurzeit) und auf der y-Achse der Ausgabewert (so wird der Tonwert nach der Korrektur sein) dargestellt.

Lernsituation Kalender | 9

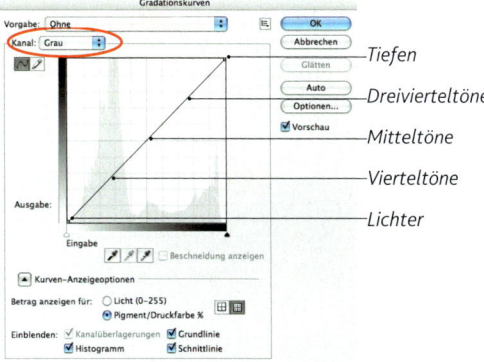
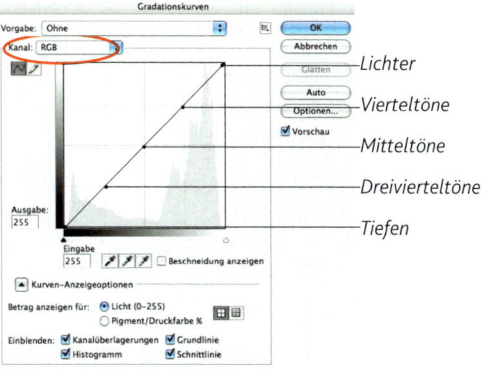

Die Gradationskurve wird beim Öffnen immer zuerst als Diagonale (Steigung = tan 45° = 1) dargestellt, sodass noch keine Korrektur der Tonwerte erfolgt ist. Erst nach der Bearbeitung, sprich nach Änderung der Steigung in den zu bearbeitenden Bereichen, ändern sich die Tonwerte. Praktisch ist hier die Vorschau sowie das einblendbare Histogramm. Ausgehend von einem Graustufenverlauf werden im Folgenden einige klassische Beispiele zur Verwendung der Gradationskurve vorgestellt.

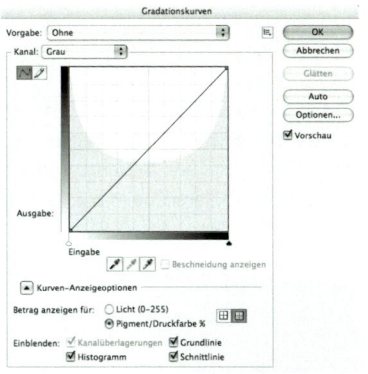

8-Bit Graustufenverlauf vor der Korrektur

Aufhellen

Der Screenshot zeigt: Durch Ziehen der Gradationskurve nach unten werden die Tonwerte vor allem in den Mitten aufgehellt. Schwarz- und Weißpunkt bleiben unverändert. Vergleichen Sie die Anzeige: Der Originalwert von 61 % wird in der Ausgabe zu 40 %.

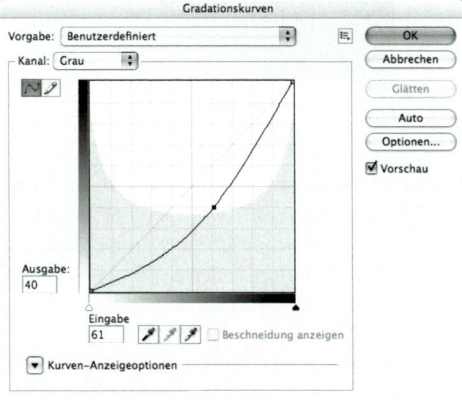

515

Abdunkeln

Der Screenshot zeigt: Durch Ziehen der Gradationskurve nach oben werden die Tonwerte vor allem in den Mitten abgedunkelt. Schwarz- und Weißpunkt bleiben unverändert. Aus 40 % werden 60 %. Entsprechend verändern sich die restlichen Tonwerte prozentual mit, wobei die Auswirkung im Mittelton am stärksten ist.

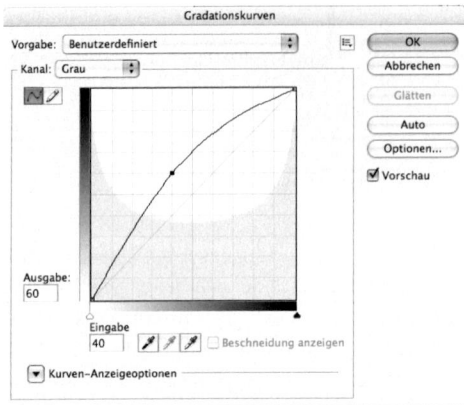

Kontrast erhöhen (1)

Der Screenshot zeigt: Schwarz- und Weißpunkt wurden bei diesem Beispiel verändert. Alle Werte unter 20 % wurden auf 0 % gesetzt, alle Werte ab 80 % auf 100 %. Diese Korrektur können Sie anwenden um aus flauen Bildern „knackige" Bilder zu erstellen. Zwar wurde aus Ansichtsgründen dieses Beispiel etwas übertrieben, der Effekt wird so aber sehr deutlich. Probieren Sie es aus. Geeignet ist diese Korrektur vor allem bei Schwarz-Weiß-Abbildungen.

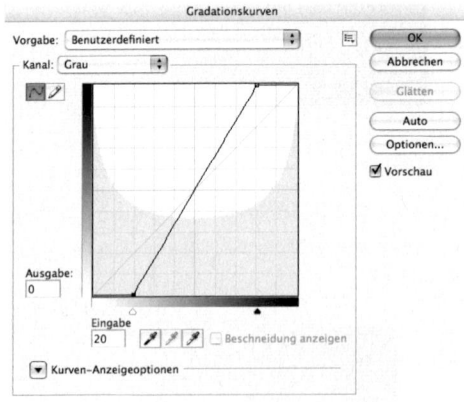

Kontrast erhöhen (2)

Der Screenshot zeigt: Schwarz- und Weißpunkt bleiben bei diesem Beispiel unverändert. Durch die S-Kurve werden die hellen Tonwerte weiter aufgehellt, die dunklen Tonwerte weiter abgedunkelt, im Mitteltonbereich wird die Kurve etwas aufgesteilt. Dadurch erreichen Sie einen ähnlichen Effekt wie im vorhergehenden Beispiel, vermeiden jedoch den Tonwertverlust in den Lichtern und Tiefen. Die Umkehrung dieser S-Kurve bewirkt natürlich eine Kontrastverminderung.

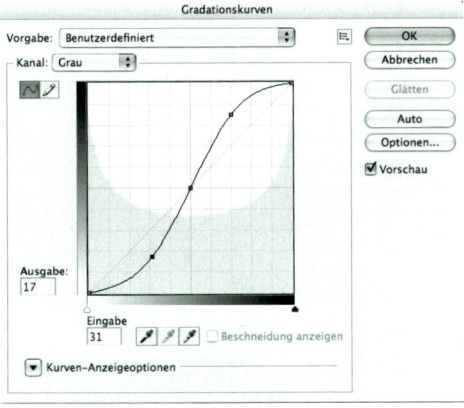 

Kontrast vermindern
Der Screenshot zeigt: Schwarz- und Weißpunkt wurden auch bei diesem Beispiel verändert, jedoch in umgekehrter Weise. Dadurch vermindert sich der Kontrast drastisch.

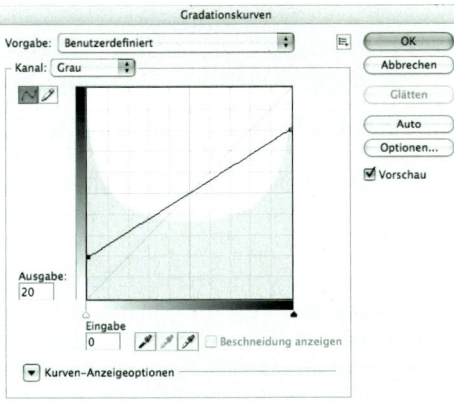 

17.6.3 Farbkorrekturen

Sind Licht und Tiefe korrekt gesetzt und die Tonwertverteilung für den Zweck optimal, können oft noch die Farben des Bildes optimiert werden. Die vorgestellten Anwendungen aus Photoshop stehen stellvertretend für viele weitere Möglichkeiten und Arbeitsweisen und sollen nur den Unterschied zur Tonwertkorrektur verdeutlichen.

17.6.3.1 Farbton/Sättigung

Über diesen Befehl im Menü „Anpassen" können einzelne Farbbereiche des Bilder herausgefiltert und verändert werden. Farbton/Sättigung bietet sich zum Umfärben bei relativ konsistenten Farbbereichen an: Augenfarbe ändern, Produkt umfärben, etc.

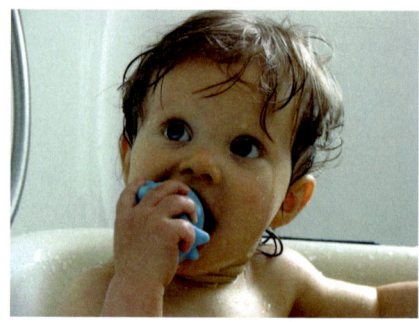

Original

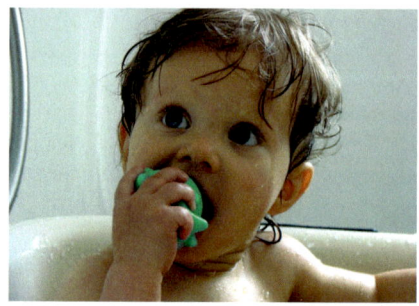

Leichte Farbänderung des Spielzeugs. Der zu verändernde Bereich wurde vorher mit einer Auswahl eingegrenzt, um die Augenfarbe nicht zu verändern.

17.6.3.2 Selektive Farbkorrektur

Die Selektive Farbkorrektur bietet sich an, um Farbbereiche eines Bildes zu verändern. Beispielsweise kann der Magentaanteil in den Rottönen unabhängig von anderen Farben beeinflusst werden. Ein weiterer klassischer Bereich für die Verwendung der Selektiven Farbkorrektur ist die Reduzierung von Schmutzfarben. So kann z. B. aus den Rottönen die Komplementärfarbe Cyan entfernt werden.

17.6.3.3 Farbbalance

Die Farbbalance oder auch Graubalance ist das Werkzeug um einen Farbstich im Bild auszugleichen. Um die Arbeitsweise zu verdeutlichen, wurde hier eine CMYK-Datei mit den Werten 20/20/20/0 für CMYK angelegt. Gleiche Farbanteile im subtraktiven Farbmodell ergeben einen Rotstich (vgl. LS Anzeige und Großflächenplakat). Der Rotstich kann nur durch einen stärkeren Cyananteil ausgeglichen werden. Beachte: Nicht Rot minus, sondern Cyan plus führt hier zum Ziel. Zudem muss nur ein Kanal verändert werden und nicht zwei (Rot ergibt sich aus Magenta und Gelb).

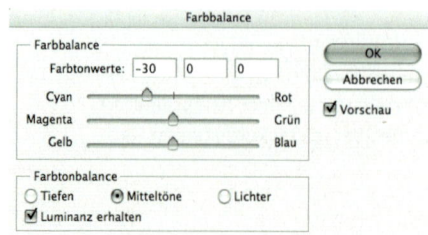

Gleiche Farbanteile (20/20/20/0) in CMYK ergeben einen Rotstich.

Durch die Farbbalance ergibt sich wieder ein neutrales Grau (22/18/18/0).

17.6.4 Filter

Filter sind eine weitere Möglichkeit der digitalen Bildbearbeitung. Sie dienen entweder dazu Spezialeffekte zu erzielen oder Bilder in ihrer Schärfe zu verändern. Stellvertretend für die Masse der Filter wird die Verwendung der Filter Scharfzeichnen und Weichzeichnen aufgezeigt, da diese zur grundlegenden Anwendung in der alltäglichen Praxis gehören.

17.6.4.1 Scharfzeichnen

Mit dem Scharfzeichnen-Filter können Bilder, die unscharf aufgenommen wurden, nachträglich geschärft werden. Ob, und in welchem Maße eine Scharfzeichnung erforderlich ist, hängt einerseits von der Aufnahme, andererseits vom Motiv ab: Ein wolkenreicher Himmel wird durch die Scharfzeichnung eher zu grobkörnig, während eine unscharf aufgenommenes Haus mehr Kontur bzw. Schärfe erhält.

Photoshop arbeitet mit fünf Scharfzeichnen-Filtern:

- Konturen scharfzeichnen
- Scharfzeichnen
- Selektiver Scharfzeichner
- Stärker Scharfzeichnen
- Unscharf Maskieren

Nur beim Selektiven Scharfzeichnen sowie bei der Unscharf Maskierung können Einstellungen vorgenommen werden. Bei den restlichen Filtern müssen Sie die Photoshop-Vorgaben akzeptieren. Der Name „Unscharf Maskieren" verwirrt. Der Begriff stammt noch aus der Lithografie bzw. Reprofotografie als noch mit Film gearbeitet wurde. Eine leicht unscharfe Kopie des Filmnegativs wurde über das Original gelegt und nochmals belichtet. Durch diese Maske hindurch wurden die Konturen nachbelichtet und der Kontrast damit verstärkt. Die gleiche Wirkung hat der Filter heute in Photoshop: Der Kontrast entlang von Tonwertrennungen wird erhöht. Der Filter sucht nach Pixeln, deren Tonwert sich um einen definierbaren Schwellenwert von seinen Nachbarpixeln unterscheidet. Der Tonwert der benachbarten Pixel wird um einen angegebenen Wert erhöht und damit der Kontrast verstärkt. Darüber hinaus kann der Radius des Bereichs festgelegt werden, mit dem jeder Pixel verglichen wird. Je größer der Radius, desto größer der Bereich der Filterwirkung.

Der Filter „Selektiver Scharfzeichner" bietet mittlerweile noch umfangreichere Einstellmöglichkeiten als „Unscharf Maskieren".

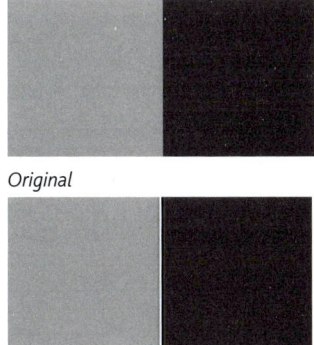

Original

Selektiver Scharfzeichner

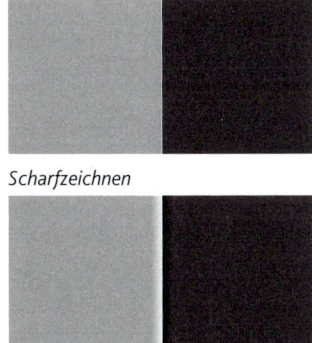

Scharfzeichnen

Unscharf Maskieren

Die Abbildungen zeigen – in starker Vergrößerung – die Wirkungsweise bei den unterschiedlichen Verfahren. Generell kann der Scharfzeichnungseffekt durch Kontrasterhöhung beobachtet werden. In beiden Filtern gibt die Stärke die Intensität des Tonwertes an, um den der Kontrast erhöht wird. Radius legt die Anzahl der Umgebungspixel fest, die in die Neuberechnung mit einbezogen werden. Schwellwert legt fest, ab welchem Tonwertunterschied der Filter beginnt zu wirken.

In der Praxis sollten Sie beachten, dass Sie die Schärfe bei einer Monitoransicht von 100 % beurteilen. Da bei der Rasterung mehrere Pixel in einen Rasterpunkt umgerechnet werden, geht Information verloren. Daher darf der Radius (Wirkbereich) oft ruhig etwas größer gewählt werden.

17.6.4.2 Weichzeichnen

Die Weichzeichnungsfilter in Photoshop kehren generell die Arbeitsweise des Scharfzeichnen-Filters um: An Kanten wird der Kontrast gemildert. Dazu können Sie verschiedenste Weichzeichnungs-Filter auswählen. Probieren Sie die Möglichkeiten aus. Den Weichzeichnen-Filter können Sie einsetzen, um z. B. Bildteile gezielt weichzuzeichnen, damit der wichtige Bildteil scharf und damit dominant wirkt. Auch können fotografische Effekte wie die Tiefenschärfe damit nachträglich in Bilder hineingearbeitet werden.

Original

Weichzeichnen

Gaußscher Weichzeichner mit 10 Pixel Radius

Radialer Weichzeichner

17.6.5 Bildauflösung/Format

Im Menü Bildgröße können Sie nun das Format und die Auflösung Ihres Bildes bestimmen. Entscheidend ist für die Bildgröße nicht die Angabe der Breite und Höhe in Pixeln, sondern auch die Angabe in welcher Auflösung das Bild vorliegt. Dazu lassen Sie sich bitte noch einmal die Angabe PPI (Pixel pro Inch) auf der Zunge zergehen: Auf einem Inch, sprich 2,54 cm, besitzt das Bild bei 72 ppi 72 Bildpunkte und bei 300 ppi eben 300 Bildpunkte. Daher variiert natürlich auch die Größe eines Pixels bei unterschiedlichen Auflösungen – und damit das Format des Bildes.

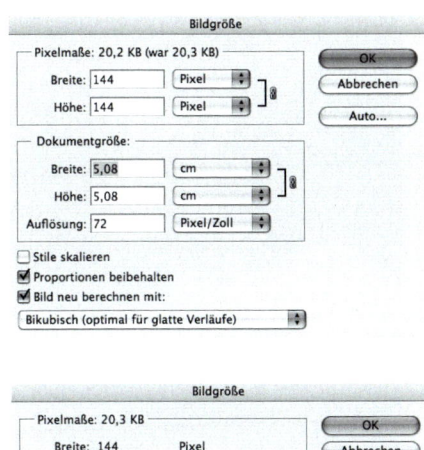

Nebenstehende Abbildung zeigt, dass das Bild eine Auflösung von 72 Pixeln pro Inch besitzt. Das Bild besitzt eine Breite von 144 Pixeln. Da auf einem Inch 72 Pixel untergebracht werden können, müssen 2 Inch verbraucht werden um alle Pixel des Bildes darstellen zu können.

2 Inch = 2 x 2,54 cm = 5,08 cm. Das entspricht auch der Anzeige in Photoshop.

Vergleich:

144 Personen wollen in eine Straßenbahn einsteigen. Jeder Wagen fasst 72 Personen. Also benötigt man 2 Wagen um alle Personen unterzubringen.

Versuchen Sie Bilder mit der Software „Smilla Enlarger" zu vergrößern und beurteilen Sie den Unterschied zu anderen Bildbearbeitungsprogrammen. www.sourceforge.net/projects/imageenlarger

Die Auflösung wurde für den Offsetdruck im 60er Raster auf 300 ppi geändert. Beachten Sie dabei, dass Sie das Häkchen bei „Bild neu berechnen mit" lösen. Damit ist die Auflösung mit dem Dokumentformat verknüpft. Das Bild behält seine Pixel. Schließlich sollen keine neuen Pixel interpoliert werden, da für die beste Qualität mit dem vorhandenen Pixelmaterial gearbeitet werden muss.

Jetzt können 300 Pixel auf 1 Inch verteilt werden. Daher benötigen 144 Pixel nur ca. ein halbes Inch.

144 Pixel / 300 Pixel/Inch = 0,48 Inch

0,48 Inch x 2,54 cm = 1,22 cm (s. Anzeige)

Vergleich:

144 Personen wollen in eine Straßenbahn einsteigen. Jeder Wagen fasst 300 Personen. Also benötigt man nur einen Wagen, der ca. zur Hälfte gefüllt ist.

Achten Sie auf diese Vorgehensweise bei der Bildbearbeitung, da Sie Bilddaten mit 300 ppi Auflösung für den Offsetdruck benötigen (vgl. Scanauflösung). Arbeiten Sie beim 60er Raster mit einer geringeren Bildauflösung bekommt der RIP des Ausgabegerätes nicht genügend Bildinformationen um den Tonwert für einen Rasterpunkt zu ermitteln (vgl. Rasterung).

17.6.6 Farbmodus

Zum Schluss Ihrer Bildbearbeitung stehen Sie vor der Wahl des korrekten Farbmodus. Der abschließende Weiterverarbeitungsprozeß, sprich das eingesetzte Druckverfahren, sollte bekannt sein, um möglichst genau in den Ausgabe-Farbumfang (Gamut) zu separieren. Behilflich sind dabei die ICC-Farbprofile (vgl. www.eci.org sowie Separation).

Ein Sonderfall ist jedoch die Umwandlung in ein Duplex. Dazu verwerfen Sie die Farbinformationen Ihres Bildes und wandeln in Graustufen um. Damit erhalten Sie die Option Duplex freigegeben.

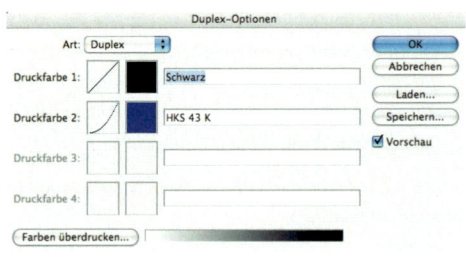

Original Graustufen-Bild

Beachten Sie bei der Erstellung eines Duplex, dass Schwarz weiterhin die bildbestimmende Farbe ist. Schwächen Sie die Sonderfarbe über die Gradationskurve (s. Abb.) ab.

Sie können Duplexbilder (Schwarz plus eine Sonderfarbe) z. B. für zweifarbige Drucksachen einsetzen, bei denen – neben Schwarz – die Hausfarbe eines Unternehmens eingesetzt werden soll.

Entsprechend bieten Triplex- bzw. Quadruplex-Bilder die Verwendung von mehreren Sonderfarben in einem Bild.

Duplex mit o.a. Einstellung

Nachdem Sie sich Gedanken um die Bildqualität gemacht haben, steht nun der Satz des Kalendariums an. Dabei helfen Ihnen die folgenden Informationen. Vielleicht fügen Sie dem Kalendarium auch einmal Angaben über die Mondphasen hinzu?

Je nach Zielgruppe und Verwendung des Kalenders können die Abbildungen der Mondphasen unterschiedlich eingesetzt werden, z. B. in den Bereichen Astrologie, Esoterik, Pflanzen- und Gartenfreunde sowie Gesundheit und Wellness.

Folgende Symbole für die Mondphasen gelten im Kalendarium:

www.mond-kalender-online.de
http://ephemeriden.com
www.mond.de

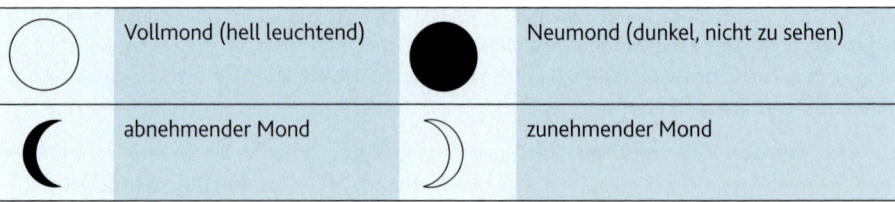

Übertragen Sie die Typo-Informationen auf das Kalendarium und kombinieren diese mit den Informationen über Schriftarten (vgl. Lernsituation 4, 15.4). Suchen Sie für den Monatsnamen sowie das Kalendarium zum Thema passende bzw. dem Zweck dienliche Schriftarten aus.

Layoutprogramme bieten oft hervorragende Möglichkeiten, Tabellen anzulegen. In einem Textrahmen kann eine beliebige Tabelle erstellt und über umfangreiche Optionen gestaltet werden. Auch der Import von Excel-Tabellen erfolgt schnell und einfach.

Je nach Layout des zu gestaltenden Kalenders können Sie die Wochentage in die Tabellenkopfzellen oder in die Vorspalte schreiben. Die Zahlenangaben können mittig untereinander gesetzt werden.

Vgl. LS 4, 15

Beachten Sie, dass ein Kalender ein präzises Instrument zur Zeiteinteilung bzw. zur Planung und Koordination darstellt. Möchten Sie diese Funktion herausstellen, sollten Sie dem Satz des Kalendariums besondere Aufmerksamkeit widmen, indem Sie es übersichtlich und klar strukturiert anlegen (Schrift- und Farbwahl sowie Abstände beachten).

Steht eher der künstlerische Aspekt im Vordergrund, unterstreichen Sie diesen, indem Sie mehr Gewicht auf den Bildanteil des jeweiligen Kalenderblattes legen und eher einer einfachen Zahlenreihe von 1 bis 31 den Vorzug geben.

Montag	Dienstag	Mittwoch	Donnerstag	Freitag	Samstag	Sonntag
		1	2	3	4	**5**
6	7	8	9	10	11	**12**
13	14	15	16	17	18	**19**
20	21	22	23	24	25	**26**
27	28	29	30	31		

Montag		6	13	20	27
Dienstag		7	14	21	28
Mittwoch	1	8	15	22	29
Donnerstag	2	9	16	23	30
Freitag	3	10	17	24	31
Samstag	4	11	18	25	
Sonntag	**5**	**12**	**19**	**26**	

Vergleichen Sie die Lesbarkeit der beiden oben dargestellten Beispiele und verwenden Sie Ihren Favoriten für Ihr Layout.

Die Wahl, ob Sie die Wochentage ausschreiben oder mit Mo, Di, Mi, … abkürzen, bleibt Ihnen überlassen. Hier können auch die Kalenderwochen mit eingebunden werden.

Auch die Darstellung des Kalendariums in einer Zahlenreihe ist möglich. Achten Sie darauf, dass das Kalendarium nicht in Konkurrenz zum Bildanteil steht – dazu haben Sie die Möglichkeit, den Text des Kalendariums aufzurastern und beispielsweise nur die Sonntage als Orientierungspunkte mit 100 % Tonwert in der von Ihnen gewählten Farbe stehenzulassen.

Generell sollten Sonn- und Feiertage hervorgehoben bzw. ausgezeichnet werden. Dies erleichtert dem Betrachter die Orientierung und teilt das Kalendarium optisch ein. Die Auszeichnung kann z. B. durch die Verwendung eines fetten Schriftschnittes und/oder durch eine entsprechende Farbgebung erfolgen. Die Farbgebung bietet vielfältige Möglichkeiten: Im sonst schwarzen Text können besondere Tage rot oder in der Hausfarbe (hier evtl. Farben der Stadt) hervorgehoben werden.

01 **02** 03 04 05 06 07 08 **09** 10 11 12 13 14 15 **16** 17 18 19 20 21 22 **23** 24 25 26 27 28 29 **30** 31

Ein Vorteil bei dieser Anordnung der Tage ist die platzsparende Darstellung. Somit bleibt eine entsprechend große Fläche für die Abbildung, die inklusive Weißraum genutzt werden kann.

Kalendernormen

Wenn Sie den Kalender mit einer Einteilung der Kalenderwochen versehen möchten, beachten Sie bitte folgende Vorgaben:

Das Jahr umfasst jeweils 52 oder 53 Kalenderwochen (KW), wobei es bei den Wochen-Nummerierungen verschiedene Variationen gibt. Die erste Woche des Jahres ist

- die, in die der 1. Januar fällt (Excel-Funktion „Kalenderwoche"),
- die erste vollständige Woche des Jahres oder
- die erste Woche, in die mindestens vier Tage des neuen Jahres fallen (ISO 8601).

Die deutschsprachige Kalender-Industrie hält sich ausnahmslos an die internationale Norm ISO 8601, die als letzten Tag der Woche den Sonntag bestimmt. Als Kalenderwoche 1 eines Jahres gilt also die Woche, in der der 4. Januar fällt.

Das Deutsche Institut für Normung e. V. empfiehlt, dass der Montag als erster Tag der Woche zählt: DIN 1355 (1974), DIN EN 28601 (1993). Damit liegt nicht mehr der Mittwoch, sondern der Donnerstag in der Wochenmitte. Nach den vorgenannten Normen hat das Jahr 53 Kalenderwochen, wenn es mit einem Donnerstag beginnt oder endet.

Dadurch soll vermieden werden, dass die letzte Kalenderwoche des vergangenen Jahres zugleich die erste Kalenderwoche des neuen Jahres ist.

- Kalenderwoche (KW) 52, 2003: Montag, 22. Dezember 2003 bis Sonntag, 28. Dezember 2003
- Kalenderwoche (KW) 1, 2004: Montag, 29. Dezember 2003 bis Sonntag, 4. Januar 2004

Wenn Ihr Kalender internationale Verwendung finden soll, beachten Sie bitte Folgendes:
In weiten Teilen der Welt (z. B. Nordamerika, Australien) hat sich die Tradition des Juden- und Christentums erhalten, den Sonntag als ersten Tag der Woche zu rechnen. Im Portugiesischen werden die Wochentage außer Samstag und Sonntag durchgezählt, wobei der Montag der zweite und der Freitag der sechste Tag ist. Dies bedeutet, dass der Samstag (Sabbat) als siebter Wochentag gerechnet wird. Ebenso ist es in Japan. In den islamischen Ländern wird ebenfalls der Sonntag als erster Tag der Woche gerechnet.

In ISO 8601 werden Zahlen- und Datumsangaben international gültig beschrieben. Seit September 2006 gilt die Schreibweise 2006-09-23 für beispielsweise den 23.9.2006. In Deutschland gibt es auch die DIN 5008, welche die korrekte Schreibweise regelt.

Auch bei einem Kalender, der eher einen Schwerpunkt auf den Bildanteil legt, können die Wochentage in einem Rahmen untergebracht sein, der noch Platz für Markierungen oder Eintragungen wie Termine erlaubt. Den Feiertagen, Jahreszeiten oder dem Thema entsprechend, können die Rahmen auch mit Abbildungen ausgeschmückt werden, hierbei ist jedoch darauf zu achten, dass der Einsatz von Abbildungen nicht die Lesbarkeit bzw. die Übersichtlichkeit des Kalendariums erschwert.

27 Druckvorstufe
27.1 Rasterung

Nach der Gestaltung des Kalenders sollten Sie sich Gedanken über die weiteren Verarbeitungsschritte machen. Dazu gehört auch die Wahl der korrekten Rasterweite, in der Ihr Kalender gedruckt werden soll.

Jedes Druckprodukt, welches in den Hauptdruckverfahren Offset-, Hoch-, Tief- und Durchdruck gedruckt wird, benötigt die Aufteilung eines Bildes durch einen Raster, um Halbtöne – also ineinander übergehende Verläufe – simulieren zu können. Da im Druck nur die Möglichkeit besteht, Information oder keine Information wiederzugeben, wird das Bild in feine Rasterpunkte zerlegt. Die Simulation von Halbtönen gelingt durch eine entsprechende Rasterweite sowie durch einen entsprechenden Betrachtungsabstand.

27.1.1 Halbton und Strich

In der Druckvorstufe werden zwei Vorlagenarten unterschieden: Halbtonvorlagen und Strichvorlagen. Eine Halbtonvorlage ist z. B. ein Schwarz-Weiß-Foto, Farbfoto oder ein Dia: diese bestehen aus feinen, weich ineinander übergehenden Tonwerten.

Diese können so im Druck nicht wiedergegeben werden, da nur Flächen gedruckt werden können. Die Lösung besteht darin, das Bild in viele kleine Flächen von variabler Größe aufzuteilen: die Rasterpunkte.

Strichvorlagen hingegen sind Vorlagen, die nur aus zwei Tonwerten (Farbtiefe 1 Bit), bestehen, z. B. Schwarz und Weiß. Diese beiden Töne sind exakt voneinander getrennt. Beispiele für Strichvorlagen sind Texte und Tuschezeichnungen. Strichvorlagen müssen nicht gerastert werden, hier wird an den bildgebenden Stellen Vollton (100 % Flächendeckung) gedruckt.

9 | Lernsituation Kalender

Im Zusammenhang mit den Vorlagenarten kann auch die Beschaffenheit von Druckvorlagen genannt werden. Je nach Verwendbarkeit eines Dias, Fotos, einer Datei oder einer gedruckten Vorlage wird unterschieden in:

Reprounfähig	Die Vorlage ist so weit durch äußere Einflüsse wie Alterung, Transportschäden/Versandschäden, Flüssigkeitseinwirkung (Regen, Kaffee, …) beschädigt, dass sie nicht mehr reproduziert/eingescannt bzw. weiterverarbeitet werden kann. Dies gilt im digitalen Bereich auch für nicht lesbare Dateiformate.
Reprofähig	Reprofähige Vorlagen könne mit geringem Aufwand reproduziert werden: Kleine Bildretuschen (Ausbesserung eines Kratzers), Umformatierung des Dateiformates, Farbmodus-Wechsel, etc.
Reproreif	Reproreife Vorlagen können ohne zusätzliche Korrekturen verwendet werden.

27.1.2 Kenngrößen der Rasterung

Ein Raster kann nach Tonwert, Rasterweite, Winkel und Punktform beurteilt werden. Im Hinblick auf die Herstellung des Kalenders wird die Rasterung im Folgenden auf den Offsetdruck bezogen. Davon abweichende Informationen, die sich auf andere Druckverfahren beziehen, werden kenntlich gemacht.[1]

Rasterpunkt und Tonwert

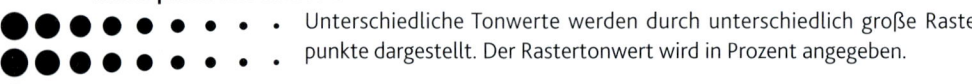

Unterschiedliche Tonwerte werden durch unterschiedlich große Rasterpunkte dargestellt. Der Rastertonwert wird in Prozent angegeben.

Im nebenstehenden Beispiel wird ein Tonwertverlauf simuliert. Dabei haben die Mittelpunkte der Rasterpunkte alle den gleichen Abstand zueinander: die Rasterweite ist abhängig vom Bedruckstoff und vom Betrachtungsabstand. Die Rasterweite wird in Linien pro Zentimeter (in Deutschland) bzw. in Lines per Inch (international) angegeben.

> Für den Kalender benötigt das Raster eine Weite von 60 L/cm, d. h. dass auf der Länge von einem Zentimeter 60 Rasterpunkte (60er Raster) dargestellt werden. Für den Betrachtungsabstand von ca. 30–40 cm ergibt dies eine optische Täuschung: unser Auge ist nicht mehr in der Lage, die einzelnen Rasterpunkte getrennt voneinander wahrzunehmen. Der ursprüngliche Halbton der Vorlage wird simuliert.

Rasterweite

> Je kleiner der Betrachtungsabstand, desto größer die Rasterweite. Vergleichen Sie hierzu die Rasterweite des Kalenders (60er Raster) mit der Rasterweite eines Großflächenplakates (ca. 14er Raster).

Die Rasterweite ist auch vom Bedruckstoff abhängig. Je saugfähiger das Papier, desto grober muss die Rasterweite gewählt werden: im Zeitungsdruck werden Rasterweiten von ca. 48 L/cm eingesetzt. Da das Zeitungspapier mehr Farbe aufsaugt als ein gestrichenes Papier, wird dem Zeitungspapier von vorneherein weniger Druckfarbe angeboten (in Form einer geringeren Rasterweite und damit weniger Rasterpunkten pro Zentimeter).

---

[1] Zur Qualitätssicherung in der Druckvorstufe und im Druck sowie zur Überprüfung von Dichten und Rastertonwerten kann das Messverfahren Densitometrie eingesetzt werden. Vgl. hierzu www.techkon.de

> Grobe Rasterweiten (unter 48er Raster) können auch als Stilmittel eingesetzt werden.

Rasterwinkel

Betrachten Sie einen Druck mit dem Fadenzähler. Die Rasterpunkte jeder Druckfarbe sind in unterschiedlichen Winkeln zueinander angeordnet. Wäre die Rasterwinkelung für jede Farbe gleich, würden alle Rasterpunkte übereinander gedruckt. Die Folge wäre, dass die autotypische Farbmischung nicht mehr möglich wäre.

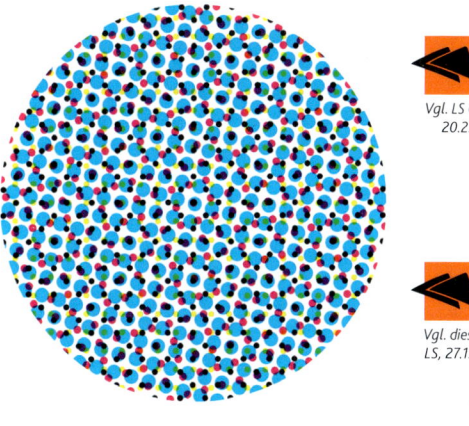

Vgl. LS 6, 20.2.2

Laut Prozess-Standard Offsetdruck des BVDM (Bundesverband Druck und Medien) liegen die Winkel bei C 15°, M 75°, Y 90° und K 45° bzw. müssen die Farben C, M und K mindestens 30° auseinander liegen, Y liegt im Abstand von 15° zu einer anderen Farbe. Daher ergibt sich für den Offsetdruck die typische Rosettenform, wie sie in der nebenstehenden Abbildung zu sehen ist.

Vgl. diese LS, 27.1.3

Die Winkel sollen mindestens 30° auseinander liegen, damit kein Moiré entsteht. Ein Moiré ist ein störendes Muster, welches sich durch die Überlagerung verschiedener geometrischer Formen ergibt:

Vgl. diese LS, 27.3.1

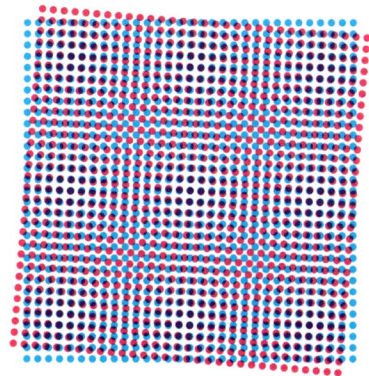
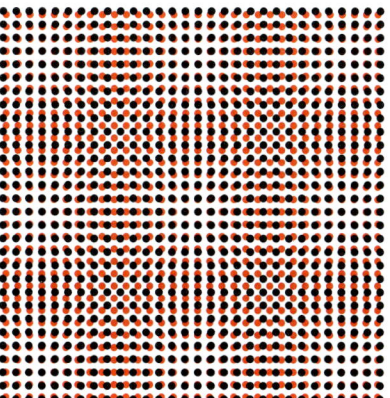

Moiré durch Verdrehung des Rasters

> Die stärkste Farbe Schwarz liegt auf dem am wenigsten auffälligen Winkel 45°. Die schwächste Farbe Yellow liegt auf dem auffälligsten Winkel 0°/90°.

Jedoch liegt die Farbe Yellow nur im Abstand von 15° zu Cyan und Magenta. Die Folge ist, dass Yellow mit diesen beiden Farben ein Moiré ergibt. Deutlich wird es, wenn die Farbauszüge dieser drei Farben als Film übereinander gelegt werden. Im Druck ist dieses Moiré nicht mehr sichtbar, da Yellow die schwächste Farbe ist.

> Der Winkel von 0° bzw. 90° ist für das menschliche Auge sehr auffällig, da wir von Natur aus an runde Formen und nicht an geometrisch konstruierte Muster gewöhnt sind (Prägung aus der Evolution des Menschen).

Besteht eine Drucksache nur aus einer Farbe, so ist auch diese Farbe in dem am wenigsten auffallenden Winkel von 45° zu drucken. Beachten Sie diese Information für die Gestaltung mit einfarbigen Bildern und vergleichen Sie dazu die folgende Abbildungen:

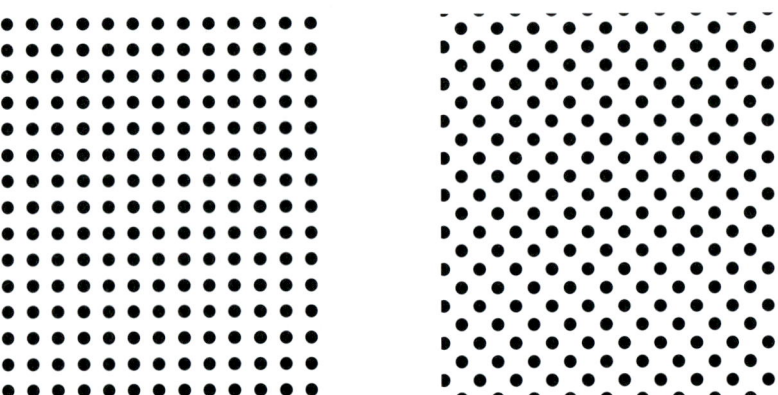

Welche Winkelung wirkt für das Auge angenehmer?

Bei Duplex-Bildern wird Schwarz im Winkel von 45°, die zweite Farbe bzw. die Sonderfarbe im Winkel mit 30° Abstand gedruckt.

Die Rasterpunkte können unterschiedliche Punktformen annehmen. Normalerweise wird der runde oder der elliptische Punkt verwendet:

Im Tiefdruck eingesetzter Punkt:

27.1.3 Amplitudenmodulierte Raster (AM-Raster)/RIP

Wenn von Raster die Rede ist, geht es um die Aufteilung des Druckbildes in Rasterpunkte. Diese Aufteilung erfolgt durch den RIP, den Raster Image Processor (Rasterbild-Rechner), welcher jedem Ausgabegerät (Filmbelichter, Druckplattenbelichter, Laserdrucker, o. ä.) vorgeschaltet ist. Das Raster wird durch ein Rasterprogramm erzeugt, welches auf dem RIP-Rechner läuft.

Hardware- und Software-RIP

Der Hardware-RIP ist ein Rechenbaustein, welcher direkt im Ausgabegerät (z. B. Laserdrucker) eingebaut ist. Außer der Anzeige auf einem Display am Drucker erlaubt der Hardware-RIP dem Benutzer kaum, Informationen zu erhalten. Diese beschränken sich auf Online/Offline-Status, gedruckte Seiten, Format, etc.

Ein Software-RIP ist ein eigenständiger Computer, auf welchem ein RIP-Programm läuft. Über einen Bildschirm hat der Benutzer vielfältige Möglichkeiten, auf den Druckauftrag zuzugreifen: Änderung der Rasterwinkelung, Stoppen oder Starten des Belichtungsauftrages, Konfiguration der Rastereinstellungen, etc.

Die Aufgaben eines RIP

1. Er fungiert als Interpreter: Der RIP empfängt die Seitenbeschreibungssprache Postscript, welche vom Druckertreiber erstellt wurde und übersetzt sie in die Maschinensprache, d. h. er übersetzt die Postscript-Befehle und steuert damit das Ausgabegerät.
2. Ausgehend von der Interpretation der Postscriptdatei erzeugt er zunächst eine Bytemap (Seitenansicht mit Halbtondaten) und überführt diese danach in eine Bitmap (Berechnung der einzelnen zu belichtenden Rels – und damit der Rasterpunkte oder Volltonflächen).

Rasterpunkte treten zum ersten Mal bei der Berechnung im RIP auf. Vorher besteht die Bildinformation aus Pixeln – die Rasterung erfolgt erst bei der Ausgabe auf Film oder Druckplatte. Leider ist bei der Übersetzung der Dialogfelder in Photoshop der Fehler unterlaufen, dass EPS- oder PDF-Dateien beim Öffnen nicht in eine Pixelstruktur umgerechnet (gerendert), sondern „gerastert" werden. Verzeihen Sie Photoshop diesen „Fehler" – es sind nach wie vor Pixel. Trotzdem kann es dadurch zu Missverständnissen kommen.

Zurück zum amplitudenmodulierten Raster: Je größer der Rasterpunkt, also je höher der Rastertonwert, desto höher die Amplitude. Das folgende Bild veranschaulicht die Amplitudenmodulation:

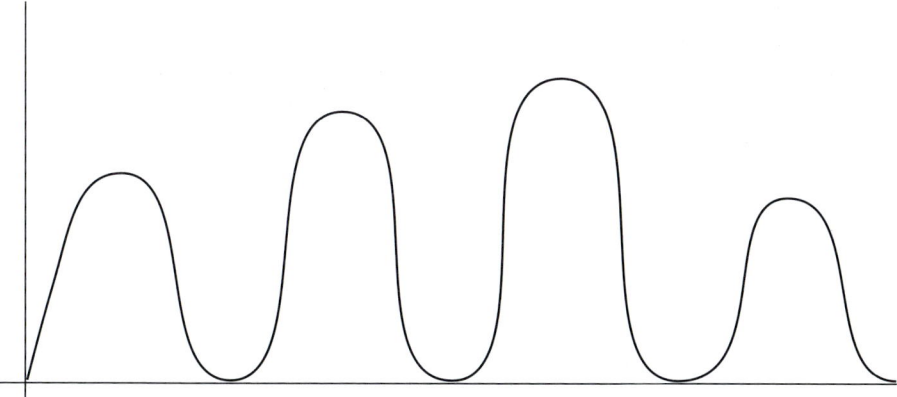

Amplitudenmodulierung: hohe Amplitude = dunkler Tonwert, geringe Amplitude = heller Tonwert

Die unterschiedlichen Höhen der Amplituden ergeben unterschiedliche Tonwerte der Rasterpunkte. Die Frequenz, also der Abstand von Raster(mittel)punkt zu Rastermittelpunkt bleibt gleich.

Der AM-Raster wird am häufigsten verwendet.

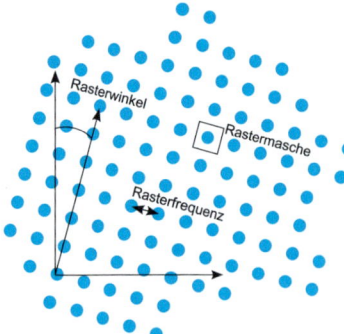

In der nebenstehenden Abbildung sind am Beispiel eines AM-Rasters noch einmal die einzelnen Kenngrößen der Rasterung dargestellt:

Die Rasterzellen sind immer gleich groß, nur der Inhalt, sprich der Rasterpunkt, verändert seine Größe.

Dabei bleibt die Farbschichtdicke im Druck gleich.

Wie entsteht ein Rasterpunkt?
Belichter (Recorder) arbeiten mit sogenannten Rasterzellen. Bei hochauflösenden Geräten arbeitet der Belichter mit einer Rasterzelle, die aus 16 x 16 Recorderelementen (Rels) besteht:

Die Belichtung mehrerer Rels ergibt einen Rasterpunkt. Mit der dargestellen Rasterzelle können 16 x 16 = 256 Tonwerte dargestellt werden. Abhängig vom Tonwert in der Bilddatei werden unterschiedlich viele Rels belichtet.

> Anzahl der darstellbaren Graustufen = (Belichterauflösung (dpi) / Rasterweite (lpi))² + 1
>
> Aber auch: Die Anzahl der darzustellenden Graustufen lässt Rückschlüsse auf die Größe der Rasterzelle zu. Müssen z. B. mindestens 100 Graustufen dargestellt werden, muss die Rasterzelle aus mindestens 10 x 10 Rels bestehen.

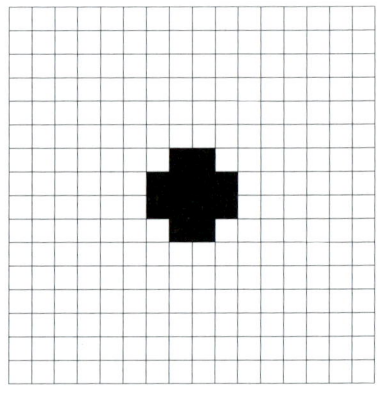

Rasterzelle aus 16 x 16 Rels

Der RIP fasst auf der Basis von Postscript zur Berechnung eines Rasterpunktes die Tonwertstufen von 4 im Quadrat nebeneinanderliegenden Pixeln einer Bilddatei zusammen und errechnet den Mittelwert. Dazu muss die Bilddatei aber auch in einer ausreichenden Auflösung (z. B. 300 ppi) vorliegen. Sind weniger Pixel vorhanden – z. B. bei einem 72 ppi Bild aus dem Internet – kommt es zu einem deutlich sichtbaren Qualitätsverlust durch die Rasterung.

Für die Pixeltonwerte 137, 160, 210 und 197 (ausgehend von 256 möglichen Werten in einer Bilddatei mit der Farbtiefe 8 Bit) ergibt sich folgende Berechnung:

$$(137 + 160 + 210 + 197) : 4 = 176$$

Wenn man davon ausgeht, dass 0 = Schwarz und 255 = Weiß ist, folgt daraus ein Rastertonwert von ca. 31 %, d. h. bei einer Rasterzelle mit 16 x 16 Rels werden 79 Rels belichtet.

Wie erfolgt die Winkelung eines Rasterbildes?
Durch die Einstellung der Rasterwinkel auf 0°, 15°, 45° und 75° werden Moirés weitestgehend vermieden. Postscript als Seitenbeschreibungssprache ist jedoch nicht unbedingt in der Lage, moiréfreie Winkel zu erzeugen.

Um dies zu verdeutlichen, schauen wir uns zuerst an, wie einfach die Winkel 45 und 90° zu erzeugen sind: Nehmen Sie kariertes Papier zur Hand und zeichnen Sie mit einer Linie die oben genannten Winkel ein. Malen Sie jetzt die Kästchen aus, die von der Linie berührt werden. Vergleichen Sie Ihr Ergebnis mit der nachfolgenden Abbildung.

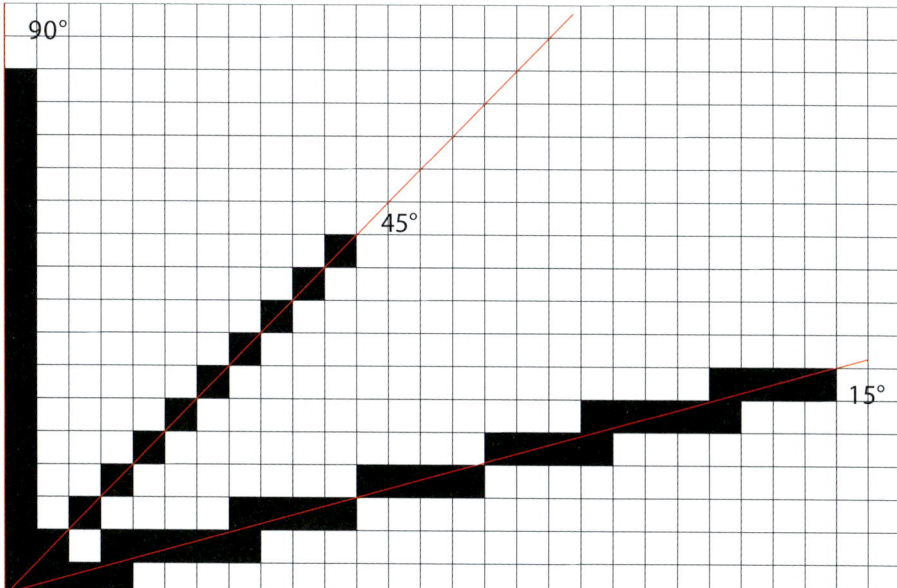

Rationale und irrationale Winkel

Ähnlich verhält es sich beim RIP – er muss „nur" die Rels der Rastermatrix entsprechend füllen.

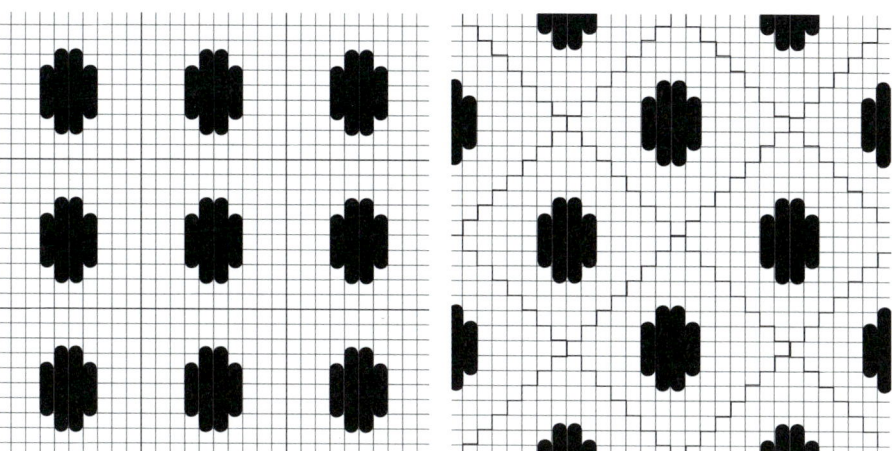

Es ist also für den RIP – genauso wie für uns – relativ einfach, die Rels bzw. die daraus entstehenden Rasterpunkte in einem Winkel von 0° oder 45° anzuordnen. Wie an der obigen Abbildung zu sehen ist, hat der RIP die Rasterzellen für den 45°-Winkel einfach gedreht, sodass die Ecken jeder Rasterzelle mit den Feldern der Belichtermatrix übereinstimmen (die Feinheit der Belichtermatrix ergibt sich aus der Auflösung des Gerätes). Alle Rasterzellen weisen eine identische Form und die gleiche

Anzahl von Rels auf. Diese Winkel nennt man **rationale Tangentenwinkel**, da ihr Tangens als Funktion zweier ganzer Zahlen ausgedrückt werden kann. Müssen gleiche Tonwerte dargestellt werden, muss der RIP diese Rechenleistung nur einmal ausführen und kann Rasterzellen gleicher Tonwerte duplizieren.

Versuchen Sie die gleiche Übung einmal mit den Winkeln von 15° und 75°. Zeichnen Sie den Winkel auf kariertem Papier ein und füllen Sie alle Kästchen aus, die von der Winkellinie berührt werden. Das Ergebnis wird nicht mehr so gleichmäßig sein wie bei den beiden vorhergehenden Winkeln.

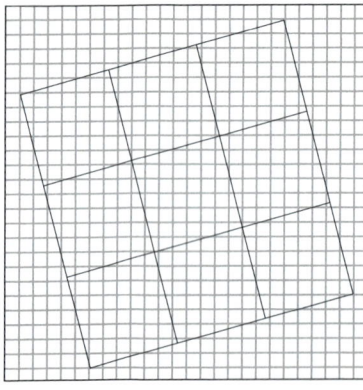

Die gleichen Probleme hat der RIP bzw. Postscript: Hier schneiden die Ecken der Rasterzellen die Belichtermatrix nicht in einheitlicher Weise. Die Rasterzellen weisen unterschiedliche Formen und eine unterschiedliche Anzahl Rels auf. Diese Winkel nennt man irrationale Tangentenwinkel. Um diese Problematik zu umgehen, gibt es die Möglichkeit, die Winkel auf den nächstmöglichen rationalen Winkel zu legen. Dieses Verfahren nennt man **RT-Screening**. Durch dieses Verfahren ist jedoch die notwendige Winkelgenauigkeit nicht mehr gegeben.

Eine höhere Winkelgenauigkeit erlaubt die Methode der **Superzelle**. Eine Superzelle ist eine Matrix von Rasterzellen. Dabei liegen die Ecken der Superzelle – wie bei den rationalen Winkeln – auf den Ecken der Rels, die Ecken der einzelnen Rasterzellen jedoch nicht.

Superzelle

27.1.4 Frequenzmodulierte Raster (FM-Raster)

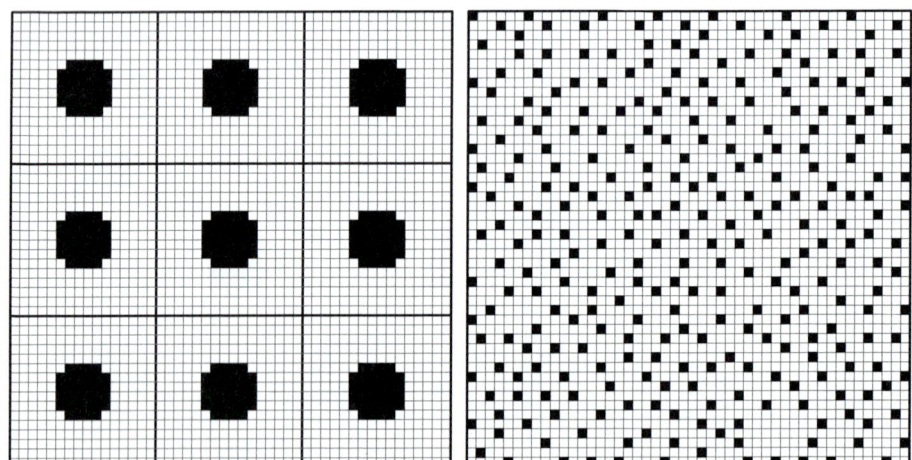

Abb. links zeigt einen amplitudenmodulierten Rasterpunkt und Abb. rechts den gleichen Tonwert als frequenzmoduliertes Raster. Bildquelle: Heidelberger Druckmaschinen AG

Beim frequenzmodulierten Raster werden die zu belichtenden Rels nach dem Zufallsprinzip (stochastisch) verteilt.

 Die Stochastik ist die Lehre der Häufigkeit und Wahrscheinlichkeit.

Im Gegensatz zum AM-Raster werden bei allen Tonwerten konstant große „Punkte" erzeugt: je nach darzustellendem Tonwert mehr oder weniger. Während beim AM-Raster (bei gleichem Tonwert) der

Inhalt jeder Rasterzelle gleich ist, werden beim FM-Raster die zu belichtenden Rels auch in Rasterzellen mit gleichem Tonwert immer wieder neu und unterschiedlich verteilt.

Folgende FM-Verfahren werden unterschieden:

1. Gleiche Größe, variable Abstände
2. Variable Größe und Abstände

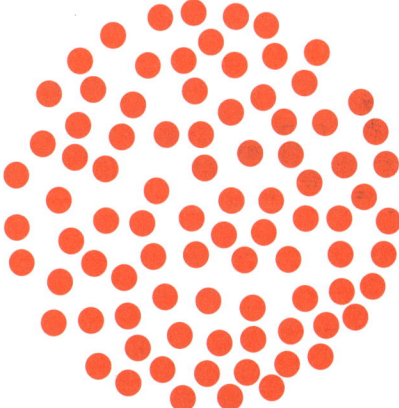
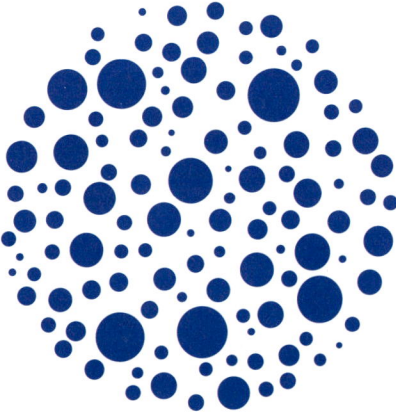

gleiche Größe, variable Abstände *variable Größe und Abstände*

Die Entscheidung für AM- oder FM-Raster bestimmt auch die Wahl des Dienstleisters: Nicht jedes Druckvorstufen- oder Druckunternehmen bietet FM-Raster an. Der Einsatz von FM-Rastern empfiehlt sich für sehr hochwertige Druckerzeugnisse (Kunstblätter, Hochglanz-Firmenbroschüren, Kunstkalender). Ihre Stärke liegt in der hervorragenden Darstellung von Verläufen und feinen Details sowie der Moiréfreiheit, z. B. bei Automobilen oder Mode – mit feinen Stoffen und Strukturen, die mit den Rasterpunkten des AM-Rasters ein Moiré ergeben könnten.

25 Bedruckstoffe

Die Wahl des Bedruckstoffes ist entscheidend für die Wirkung des Druckproduktes sowie dessen Aussage und Verwendungszweck: Eine Zeitung auf Hochglanzpapier sähe bestimmt edel aus, entspräche jedoch nicht dem eingesetzten Druckverfahren sowie Zweck und Verwendungsdauer. Das Hausprospekt einer Bank oder eines Unternehmens spiegelt bestimmt nicht das hohe Ansehen und die Qualität der Produkte wider, wenn es auf ungestrichenem, maschinenglatten Papier gedruckt wird. Recherchieren Sie nach Papierherstellern. Oft können Sie von diesen Musterkataloge erhalten. Wählen Sie anhand der Muster und der folgenden Begleitinformationen den passenden Bedruckstoff für den Kalender.

25.1 Papier

Papier ist der am häufigsten verwendete Bedruckstoff in der Druckindustrie. Der Hauptrohstoff zur Papierherstellung ist Holz.

> Der Name „Papier" leitet sich von der afrikanischen Papyruspflanze ab, die vor allem am Nil ihre Verbreitung findet. Übereinandergelegte und gepresste Rindenstreifen der Papyruspflanze ergeben Papyrus – einen Bedruckstoff, der aus dem Altertum bekannt ist.

25.1.1 Rohstoffe und Hilfsstoffe

Die folgende Tabelle gibt einen Überblick über Rohstoffe, die zur Papierherstellung verwendet werden.

Rohstoffe	Holz		Einjahrespflanzen (Getreidestroh, Schilf, Baumwolle usw.)	Hadem (Lumpen, Leinen, Hanf usw.)	Altpapier	Füllstoffe (Kaolin, Calciumcarbonat, Titandioxid usw.)
Verarbeitung	mechanisch		chemisch	chemisch	chemisch/ mechanisch	Recycling-Verfahren
	Stamm	Schnitzel	Schnitzel			
Faserprodukt	Holzschliff (Holzstoff)	Refiner-Schliff	Zellstoff		reine Zellulosefaser	Recycling-Faser
	Primärfaser				Sekundärfaser	
Endprodukte mit dominierendem Faseranteil	Zeitungspapier, Zeitschriftenpapier, Faltschachtelkarton, Schreib-/Druckpapier		Schreibpapier, Druckpapiere (gestrichen, ungestrichen), Sackpapier	Banknotenpapier, Dokumentenpapier, Hartpost	Zeitungspapier, einfache Pappen, Faltschachtelkarton	(Füllstoffanteil bis zu 30%)
	(holzhaltige und mittelfeine Papiere)		(holzfreie Papiere)			

Quelle: Handbuch der Printmedien. Hrg. v. Helmut Kipphan, Springer Verlag, Heidelberg 2000, S. 125.

Wichtige Holzarten für die Papierherstellung sind Nadelhölzer wie Tanne, Fichte und Kiefer sowie die Laubhölzer Buche und Pappel. Sie zeichnen sich vor allem durch lange Fasern aus, die dem Papier die notwendige Festigkeit geben.

Mit dem Begriff „Hadern" werden Baumwollprodukte bezeichnet. Die bekanntesten Produkte aus Hadern sind Geldscheine.

Aufgrund des möglichen Recyclings wird verstärkt Altpapier in den Kreislauf zur Papierherstellung eingebracht. (Produkte wie Zeitungspapier werden vollständig aus recyceltem Papier hergestellt.) Während die neu zugeführten Holzbestandteile als **Primärfasern** bezeichnet werden, wird die zugeführte Menge an Altpapier als **Sekundärfaser** bezeichnet.

Die Hauptbestandteile von Holz sind Zellulose, Hemizellulose und Lignin. Zellulose ist der Hauptbestandteil der Holzzellwände. Die Hemizellulose bildet das Gerüst der Zellwände. Lignin ist ein eingelagerter Stoff, welcher den Zellwänden ihre Festigkeit gibt.

> Lignin hat die Eigenschaft, sich bei Lichteinwirkung zu verfärben: Papier, welches noch Bestandteile von Lignin enthält (z. B. Zeitungspapier), vergilbt.

Jedoch besteht Papier nicht nur aus den o. a. pflanzlichen Grundstoffen. Hinzu kommen Füllstoffe, Farbstoffe sowie Bindemittel und Leimstoffe. Erst diese Hilfsstoffe machen den sogenannten Halbstoff (Papierbrei ohne Hilfsstoffe) zum Ganzstoff, der in die Papiermaschine eingebracht wird.

Die fertige Papiermasse besteht zu ca. 30 % aus Hilfsstoffen. Die Füllstoffe haben die Aufgabe, den Weißgrad des Papieres zu erhöhen, die Oberflächenbeschaffenheit zu verbessern sowie die Opazität – die Lichtundurchlässigkeit – zu steuern.

Als Füllstoffe werden Silikate (Pozellanerde), Sulfate (Bariumsulfat), Karbonate (Kreide) und Oxide (Titanoxid) eingesetzt. Diese zeichnen sich durch einen hohen Weißgrad aus. Wenn der Papiermasse ein zu hoher Anteil an Füllstoffen zugesetzt wird, kann dies später beim Druck zum sogenannten „Rupfen" des Papiers führen: kleine Pigment- und Faserteile können beim Durchlauf durch die Walzen der Druckmaschine aus dem Papier herausbrechen.

25.1.2 Papierherstellung

Die Aufbereitung von Holz kann auf mechanische und chemische Weise erfolgen. Das Ergebnis wird als **Halbstoff** bezeichnet.

Mechanischer Aufschluss

Beim mechanischen Aufschluss werden Holzstämme unter Wasserzugabe in einem sogenannten Refiner zu **Holzschliff** zermahlen. Sämtliche Bestandteile des Holzes bleiben beim mechanischen Aufschluss erhalten. Darunter fallen auch die **Inkrusten**: Lignine und Harze, welche die Qualitätseigenschaften des Papiers herabsetzen. Aus der mechanisch gewonnenen Papiermasse (Holzstoff) werden minderwertige Papiere, z. B. Zeitungspapiere hergestellt.

Chemischer Aufschluss

Durch den chemischen Aufschluss von Holz erhält man **Zellstoff**. Zu kleinen Hackschnitzeln verarbeitetes Holz wird in sauren oder alkalischen Lösungen gekocht. Der Vorteil beim chemischen Aufschluss liegt darin, dass die Fasern in ihrer vollständigen Länge erhalten bleiben. Inkrusten werden fast vollständig herausgelöst, sodass aus chemisch aufgeschlossenem Zellstoff hergestelltes Papier kaum vergilbt.

Beim **Sulfitverfahren** werden die Hackschnitzel von Nadelhölzern in einer sauren Lösung gekocht. Dieses Verfahren ist nicht für harzreiche Holzarten geeignet. Beim **Sulfatverfahren** werden die Hackschnitzel in einer alkalischen Lösung gekocht. Dieses Verfahren ist für fast alle Holzarten geeignet.

Bleichung und Mahlung

Damit der noch bräunliche Holzstoff (mechanischer Aufschluss) und der Zellstoff (chemischer Aufschluss) weiß werden, müssen sie gebleicht werden. Ein Bleichungsmittel ist z. B. Sauerstoff.

Der getrocknete Zellstoff wird unter Wasserzugabe in einem Stoffauflöser (Pulper) in eine Suspension (Wasser-Stoff-Gemisch) umgewandelt. Anschließend erfolgt eine Mahlung im Refiner. Dabei wird in **schmierige** (quetschende) und **rösche** (schneidende) Mahlung unterschieden, die jeweils kurze oder lange Fasern ergeben können.

Rösche Mahlung, kurz, eignet sich für alle Arten von Hygienepapieren

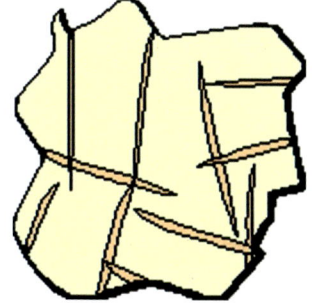

Rösche Mahlung, lang, eignet sich für Druckpapiere

Schmierige Mahlung, kurz, eignet sich für Transparentpapiere

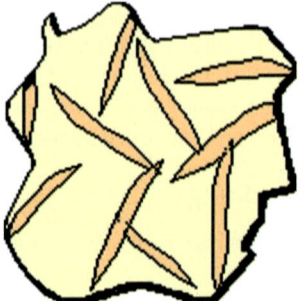
Schmierige Mahlung, lang, eignet sich für Schreibmaschinen-, Zeichen- und Druckpapiere

Sieben und Walzen

Unter Zugabe der Hilfsstoffe wird der Halbstoff zum **Ganzstoff**, der auf die Siebpartie der Papiermaschine aufgebracht wird. Dort wird dem Papier der Wasseranteil entzogen. Durch die rüttelnde Siebbewegung verfilzen die Fasern und geben dem Papier seine Festigkeit.

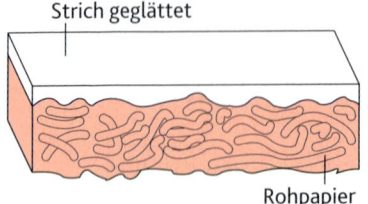

Im Glättwerk der Papiermaschine wird die Papierbahn über Glättwalzen geführt. Das so hergestellte Papier wird auch als **maschinenglatt** bezeichnet, wenn es keine weitere Veredelung erfährt. Darüber hinaus kann das Papier **satiniert** werden. Satinagewalzen sind hochglanzpolierte Stahlwalzen, welche die Papierbahn durch hohen Druck und Reibung weiter glätten.

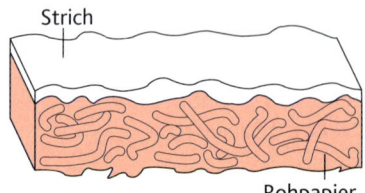

Zusätzlich kann die Papierbahn **gestrichen** werden. Das Streichen des Papiers in speziellen Streichmaschinen dient der Veredelung der Oberfläche. Als Streichmasse werden Weißpigmente verwendet, die auch als Füllstoffe zur Herstellung des Ganzstoffes eingesetzt werden. Durch den Strich wird die Oberfläche des Papiers geschlossen. Die Körnigkeit der aufgetragenen Pigmente wirkt sich auf die Oberflächenanmutung aus: je feiner die Pigmente, desto glänzender, je gröber, desto matter erscheint die Oberfläche.

25.1.3 Laufrichtung

In der Papiermaschine wird die Papiermasse durch verschiedene Bereiche geführt:

1. Stoffauflauf
2. Siebpartie
3. Pressenpartie
4. Trockenpartie
5. Aufrollung

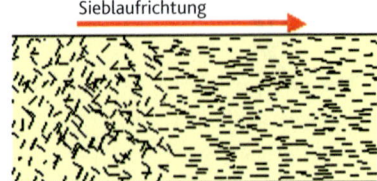

Wenn die Papiermasse beim Stoffauflauf in die Papiermaschine eingebracht wird, besteht sie zu ca. 98 % aus Wasser. In der Siebpartie wird das Wasser nach und nach entzogen. Dabei verfilzen sich die Papierfasern und richten sich gleichzeitig in der Bewegungsrichtung des Siebes aus.

Dadurch entsteht die Laufrichtung des Papiers. Orthogonal (im Winkel von 90°) zur Laufrichtung liegt die **Dehnrichtung**. Ferner wird das Papier zweiseitig, d. h. die „Siebseite" ist nicht so glatt wie die „Filzseite". Das ist auch ein Grund, weshalb die Druckpapiere gestrichen werden. Auch beim Kopieren kann sich diese Eigenschaft auswirken.

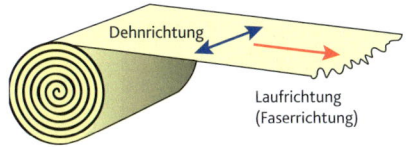

Die Laufrichtung des Papiers ist vor allem bei der Weiterverarbeitung zu beachten. Generell sollte die Laufrichtung immer parallel zum Bund liegen – etwa für Bücher oder Broschüren.

Die Laufrichtung für den Kalender sollte waagerecht bzw. parallel zum Bund liegen. Sonst könnte sich der Kalender – bei Feuchtigkeitsabgabe in Räumen mit geringer Luftfeuchtigkeit – nach außen wölben!

Die Laufrichtung kann auch durch die Bezeichnungen **Schmalbahn** und **Breitbahn** angegeben werden. Liegen die Papierfasern parallel zur langen Seite des Bogens spricht man von Schmalbahn. Bei Breitbahn liegen die Papierfasern parallel zur kürzeren Seite des Bogens.

Ein Schmalbahn-Bogen kann folgendermaßen gekennzeichnet werden: 70 x 100 mm. Dabei wird die schmalere Seite durch Unterstreichen gekennzeichnet. Auch gilt die Bezeichnung: 70 x 100 SB.

Umgekehrt bei einem Breitbahn-Bogen: 100 x 70 mm oder 100 x 70 BB.

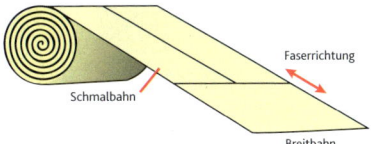

Bogen als Schmal- oder Breitbahn

Bei einem Breitbahn-Bogen zeigt die Laufrichtung auf die breite Seite des Bogens. Bei einem Schmalbahn-Bogen auf die kurze Seite des Bogens.

Die Laufrichtung des Papiers kann durch verschiedene einfache Prüfungen festgestellt werden:

Biegeprobe 1:
Das Papier wird an der langen Seite nach innen gebogen. Ist der Widerstand geringer als an der kurzen Seite, liegt die Laufrichtung parallel zur langen Seite.

Biegeprobe 2:
Das Papier wird an der kurzen Seite leicht nach innen gebogen. Ist der Widerstand an der kurzen Seite geringer als an der langen Seite, liegt die Laufrichtung parallel zur kurzen Seite.

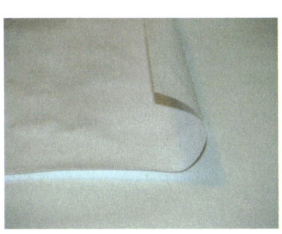

Feuchtprobe:
Wird das Papier an einer Seite der Oberfläche befeuchtet (Schwamm), rollt es sich ein. Die Laufrichtung liegt parallel zur Achse der Aufrollung.

Fingernagelprobe 1:
Wird an der kurzen Seite hindurchgezogen, bilden sich Wellen. Die glatte Seite stimmt mit der Laufrichtung überein. Diese Erscheinung tritt auch bei der **Feuchtprobe** auf, wenn die kurze Seite befeuchtet wird.

Fingernagelprobe 2:
Wird an der langen Seite hindurchgezogen, bilden sich Wellen. Die glatte Seite stimmt mit der Laufrichtung überein. Diese Erscheinung tritt auch bei der **Feuchtprobe** auf, wenn die lange Seite befeuchtet wird.

Reißprobe:
Der gleichmäßigere Einriss gibt die Laufrichtung an.

25.1.4 Anwendungsbezogene Papiersorten

Grundsätzlich wird zwischen gestrichenen, gussgestrichenen und ungestrichenen Papieren (Naturpapiere) unterschieden. Dabei besitzt das Papier eine Grammatur von 7 bis 150 g/m² (Karton 150–600 g/m², Pappe > 600 g/m²).

Darüber hinaus bietet die Stoffzusammensetzung eine Unterscheidungsmöglichkeit:

- Holzhaltig
- Holzfrei
- Hadernhaltig (gefärbt, ungefärbt)
- Altpapierhaltig (gefärbt, ungefärbt)

Ungestrichene Papiere/Naturpapiere:

Offsetpapier	Sehr dimensionsstabil, d. h. maßhaltig auch bei hoher Feuchtung im Offsetdruck, Oberflächenleimung
Laserdruckpapier	Hohe Tonerhaftung auf der Oberfläche
Recyclingpapier	Papiere, die zu 100 % aus Altpapier hergestellt wurden, dabei können Papierfasern bis zu fünf Mal in den Stoffkreislauf eingebracht werden
Werkdruckpapier	Voluminöse holzfreie oder leicht holzhaltige Papiere, die vor allem für Bücher eingesetzt werden.
Chromoersatzkarton	Oberseite: holzfrei, gute Bedruckbarkeit; Unterseite: mehrere Lagen aus holz- oder altpapierhaltigen Schichten; Einsatz: für einfache Verpackungen

Gestrichene Papiere:

Chromopapiere	Einseitig gestrichen, Einsatz: vorwiegend für Etiketten
LWC-Papiere	Light Weight Coated: zweiseitig gestrichenes Druckpapier, holzhaltig, flächenbezogene Masse von bis zu 72 g/m², Rollenoffset- oder Tiefdruck, für mehrfarbige Zeitschriften und Illustrierte mit hohen Auflagen
Bilderdruckpapier	Beidseitig gestrichen, für Druckarbeiten mit mittlerer bis hoher Qualität; geeignet für Kataloge, Kalender, Broschüren, Flyer, etc.
Kunstdruckpapier	Gestrichene Papiere für höchste Qualitätsanforderungen. Verwendung für hochwertige Drucksachen: Bildbände, Kunstkalender usw. Auf diesem Papier lassen sich hohe Rasterweiten (>60er) hervorragend wiedergeben

Gussgestrichene Papiere:

Gussgestrichene Papiere/Kartons	Spiegelnde Oberfläche für: Etiketten, Faltschachteln, Umschläge etc. für höchste Qualitätsanforderungen

25.1.5 Papierklassen

Laut DIN/ISO 12647-2 werden fünf Papierklassen unterschieden:

- Klasse 1: glänzend gestrichen, weiß, holzfrei, 115 g/m²
- Klasse 2: matt gestrichen, weiß, holzfrei, 115 g/m²
- Klasse 3: glänzend gestrichen LWC, 65-72 g/m²
- Klasse 4: ungestrichen, weiß, Offset, 115 g/m²
- Klasse 5: ungestrichen, gelblich, Offset, 115 g/m²

Vgl. Prozess-Standard Offsetdruck unter www.bvdm-online.de Anhand dieser Einteilung können auch die entsprechenden ICC-Profile auf www.eci.org geladen werden.

25.1.6 Bedruckbarkeit

Eigenschaften des Bedruckstoffes, wie

- Weißgrad
- Glätte
- Glanz
- Gewicht
- Oberflächenstruktur
- Lichtechtheit
- Annahme der Druckfarbe und
- Saugfähigkeit

werden zur Bedruckbarkeit von Papieren gezählt.

> Die Wahl des entsprechenden Bedruckstoffes ist entscheidend für die Wirkung des Druckproduktes. Weißgrad und Glanz eines Papiers bestimmen u. a., wie edel ein Druckprodukt erscheint. Sie erreichen aber auch eine entsprechende Wirkung, wenn die Wahl des Bedruckstoffes mit dem Thema einhergeht: Ein Kalender „Bauwerke meiner Stadt", der vor allem Denkmäler, Industriebauten oder historische Gebäude zeigt, kann auch auf groberem, matten Papier die Wirkung der Fotografien unterstützen.

Die Eigenschaften der Bedruckbarkeit nehmen Einfluss auf den Lauf des Papierbogens bzw. der Papierbahn durch die Druckmaschine:

- Einreißfestigkeit
- Bruchlast
- Feuchtdehnung
- Neigung zu Bahnrissen, z. B. beim Rotationsdruck

28 Druckweiterverarbeitung

28.1 Heft- und Bindearten

Druckprodukte müssen in irgendeiner Form gebunden werden, es sei denn, es handelt sich um eine Loseblattsammlung, die in Ordnern oder Klemmrückenmappen aufbewahrt werden.

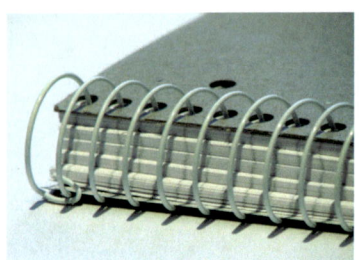

Spiralbindung

28.1.1 Einzelblatt-Bindesysteme

Vor allem bei Kalendern, welche weiterverarbeitungstechnisch als Blattsammlung bezeichnet werden, ist die Spiralbindung eine der häufigsten Bindeformen. Sie ermöglicht nicht nur den Zusammenhalt der einzelnen Kalenderblätter, sondern auch ein problemloses Umblättern auf den nächsten Monat. Dies ist bei der Klebebindung oder der Drahtheftung nicht möglich.

Bei der **Spiralbindung** wird ein Draht aus Metall oder Kunststoff durch die Öffnungen gedreht.

Eine durchgehende Spirale wird am Ende mit sich selbst durch Einbiegen der Spiralenden verschlossen. Die eingestanzten Löcher können rund oder ovalförmig sein.

Einzelblatt-Bindesysteme

Bildquelle: Druckerei Landquart VBA

① **Plastkammbindung**
In die vorgestanzten Öffnungen des Blockes wird ein zylindrisch gerollter Kunststoffkamm eingebracht.

② **Spiralbindung**
In die vorgestanzten oder gebohrten Öffnungen des Blockes wird eine Draht- oder Kunststoffspirale eingedreht.

③ **Drahtkammbindung**
In die vorgestanzten Öffnungen des Blockes wird ein zylindrisch gerollter Drahtkamm eingebracht (Wire-o-Bindung).

④ **Bindemechanik**
In die Bügel der Bindemechanik werden zwei, vier- oder sechsfach seitlich gebohrte Blätter eingeführt (Ordner).

Bei der **Plastkammbindung** wird ein vorgefertigter Spiralstreifen für die Bindung der Einzelblätter verwendet.

28.1.2 Klebebindung

Wie die Spiralbindung, ist auch die **Klebebindung** ein Bindeverfahren, mit dem zuvor zusammengetragene Einzelseiten oder Falzbogen zum fertigen Produkt zusammengefügt werden können.

Die Klebebindung wird für Buchblöcke bzw. mehrlagige Broschüren verwendet.

Das Lumbecken ist die grundlegende Methode für die Klebebindung. Dabei wird der Buchblock aufgefächert. Zwischen die aufgefächerten Seiten gelangt Klebstoff, der die Seiten umhüllt.

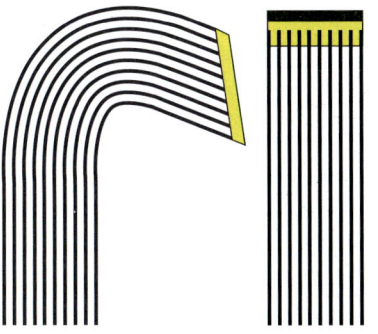
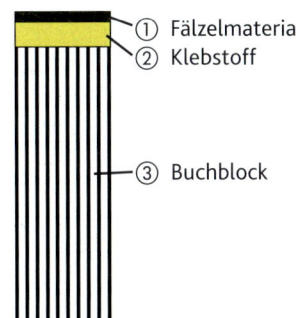

① Fälzelmaterial
② Klebstoff
③ Buchblock

Klebebindung (Softcover)
Bildquelle: Druckerei Landquart VBA

Fächerklebebindung   *Blockklebebindung (Rückenfräsprinzip)*

Normalerweise wird der Buchblock am Rücken aufgefräst bzw. angeraut. Auf die Blattkanten wird der Klebstoff aufgetragen und mit einem sogenannten Fälzelstreifen (meist aus Gaze) bedeckt.

28.1.3 Drahtheftung

Die Drahtheftung erfolgt durch den Rücken des Druckproduktes und wird deshalb auch als Rückendrahtheftung bezeichnet. Das Druckprodukt wird auch als Rückstichbroschur bezeichnet. Dabei werden meist zwei Klammern durch den Rückenfalz eingebracht. Die beiden Enden der Klammer werden im Innern (Mittelfalz) umgebogen.

Dieses Verfahren ist sehr wirtschaftlich, da die Klammern in Fließstrecken (z. B. Sammelheften mit anschließendem 3-Messer-Automat) schnell eingebracht werden können. Die Rückendrahtheftung erfolgt bei Zeitschriften, Katalogen, Flyern, Broschüren, Booklets, etc., die eine relativ geringe Seitenzahl aufweisen.

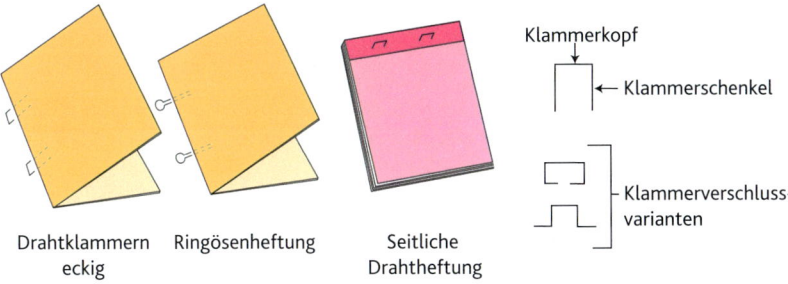

Drahtklammern eckig   Ringösenheftung   Seitliche Drahtheftung

Klammerkopf
Klammerschenkel
Klammerverschlussvarianten

Bildquelle: Druckerei Landquart VBA

28.2 Veredelung

Jedes Druckprodukt kann durch Veredelung weiter aufgewertet werden. Neben dem Druck- und „normalen" Weiterverarbeitungsprozess bedeutet dies natürlich auch höhere Kosten. Dennoch bieten sich je nach Beschaffenheit und Zweck des Druckproduktes die Veredelungsverfahren Stanzen, Prägen und Lackieren an.

28.2.1 Stanzen

Beim Stanzen werden beliebige Formen aus dem Bedruckstoff gestanzt. Diese Technik wird meist eingesetzt, um der rechteckigen Form vieler Drucksachen eine werbewirksamere Form zu geben. Im Gegensatz zu einem geraden Schnitt durch eine Schneidemaschine bzw. Schneidevorrichtung wird mit einem Stanzmesser gearbeitet, dessen Form mitunter für jeden Auftrag neu herzustellen ist. Möglich ist auch das Stanzen von runden Ecken oder eines Registers, um das Druckprodukt mit einem Griff an der entsprechenden Stelle aufzuschlagen.

Sonder-Stanzformen werden vor allem für hochwertige Druckprodukte mit geringer Auflage eingesetzt. Wenn sich beim Kalender Bildteile eignen, herausgestanzt zu werden, ermöglicht dies Durchblicke auf das untere Kalenderblatt. So werden Verbindungen oder Sinnzusammenhänge zum nächsten Monat bzw. zur nächsten Abbildung hergestellt.

Weiterhin richtet sich die Wahl einer Stanzung nach dem Gestaltungsziel: Soll die äußere Form enthalten bleiben? Dann böte sich das Stanzen von **Ausschnitten** an. Beim Stanzen von **Zuschnitten** bleibt die innere Form erhalten bzw. wird der Teil gestanzt, der wegfallen soll, wie die nebenstehende Abbildung verdeutlicht.

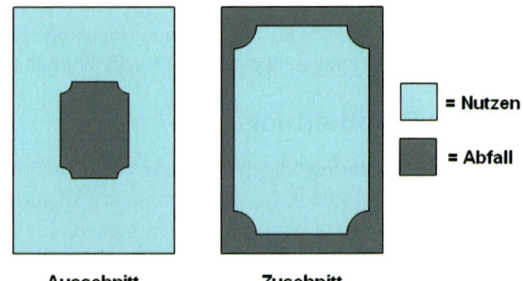

Gestaltungsziele beim Stanzen

Bei einem Kalender zum Abreißen kann die Lochperforation durch Stanzungen durchgeführt werden.

28.2.2 Prägen

Beim Prägen wird ein beliebiges Muster/Relief auf, bzw. in den Bedruckstoff geprägt oder aufgebracht. Dabei lassen sich drei Verfahren unterscheiden:

- Blindprägung
- Farbprägung
- Reliefprägung

Bei der Blindprägung (Farblosprägung) wird der Bedruckstoff partiell verformt (z. B. leicht erhöhter Schriftzug).

Bei der Farbprägung – z. B. Heißfolienprägung – wird mittels eines Prägestempels, Hitze und hohem Anpressdruck eine farbige Folie auf den Bedruckstoff übertragen.

Bei der Reliefprägung werden Bedruckstoff und Prägefolienschicht dreidimensional zu einer Hochprägung umgeformt.

28.2.3 Lackieren

Die Lackierung veredelt ein Druckprodukt nicht nur, sie schützt es auch. Gerne eingesetzt werden **Spotlackierungen**. Hierbei wird nicht die gesamte Oberfläche eines Druckproduktes mit einer Lackschicht versehen, sondern nur ein bestimmter Teil (Logo, Abbildung, etc). Die Spotlackierung erfolgt mit Drucklack und wird in einem weiteren Farbwerk der Druckmaschine durchgeführt. Nachteile der Spotlackierung sind eine relativ langsame Trocknung und u. U. ein nicht so hoher Glanzeffekt.

Durch eine partielle Lackierung kann die Fotografie eines Gebäudes aufgewertet werden.

Ein gleichmäßiger, glänzender Lackauftrag auf der gesamten Oberfläche des Druckproduktes erfolgt meist mit **Dispersionslack**. Dispersionslack trocknet durch Wegschlagen und Verdunsten von Wasser, da er mit ca. 50–70 % einen hohen Wasseranteil besitzt. Auch eine Trocknung mit Infrarotlicht ist üblich. Beim Lackieren mit Dispersionslack können höhere Lackschichten aufgebracht werden, Glanz- und Matt-Effekte sowie eine schnelle Weiterverarbeitung durch schnelle Trocknung ist möglich.

UV-Lacke werden für Lackarbeiten mit höchsten Qualitätsansprüchen verwendet. UV-Lacke erreichen einen hohen Glanz.

Eine Besonderheit stellen Duftlacke dar: Feinste Mikrokapseln enthalten Duftstoffe, die durch Berührung bzw. Reibung aufplatzen und den Duftstoff freigeben.

Informieren Sie sich bei Farb- und Lackherstellern über Duftlacke: Viele Hersteller versenden Produktproben. Nutzen Sie diesen Service!

6.3 Kalkulation in Agenturen

> Mithilfe der in Lernsituation 1 berechneten Verrechnungssätze (DTP, Scanner) und dem Stückkostensatz (großformatiger Drucker) können Sie die Kosten der einzelnen Fertigungsschritte für diesen Kundenauftrag ermitteln, d. h. kalkulieren.
>
> Schätzen Sie, bevor Sie mit der Produktion beginnen, die hierfür benötigte Bearbeitungsdauer ein und versuchen Sie, diese einzuhalten. Dokumentieren Sie nach Abschluss eines größeren Arbeitsschrittes die benötigte Fertigungszeit und summieren Sie diese am Ende auf.

Vgl. LS 1, 6.1

6.3.1 Kalkulation des DTP

Sind mehrere Kostenstellen am Arbeitsprozess beteiligt, müssen die Belegungsdauer und die damit verbundenen Kosten für alle beteiligten Kostenstellen berechnet werden.

Der Leistungserstellungsprozess und somit die Inanspruchnahme der Kostenstellen kann parallel – in diesem Fall wären mehrere Mitarbeiter gleichzeitig mit einem Kundenauftrag befasst – oder hintereinander erfolgen.

Die Einflussgrößen auf die Bearbeitungsdauer eines Auftrags sind vor allem

- der Umfang des Objekts (Seitenzahl, Format),
- die Anzahl der Freisteller bei der Bildbearbeitung,
- die Qualität der Bildvorlagen,

- die Komplexität der Seite,
- die Komplexität der nachzuzeichnenden Grafiken,
- die Menge der Texte.

Eine präzise Kalkulation ist aus folgenden Gründen wichtig: Eine Fehlkalkulation kann einerseits dazu führen, dass ein zu hoher Angebotspreis sich nicht am Markt durchsetzen lässt. Andererseits können bei zu einem zu niedrig angesetzten Angebot die Selbstkosten nicht gedeckt werden.

Je mehr Aufträge bzw. Projekte eine Agentur bereits durchgeführt hat, desto mehr Erfahrungswerte liegen bezüglich der Kalkulation vor. Die Gefahr einer Fehlkalkulation sinkt deshalb mit zunehmender Erfahrung.

Kosten der Gestaltung = Verrechnungssatz x Fertigungsdauer (Mannstunden)

Verrechnungssatz Kostenstelle „DTP-Arbeitsplatz": 50,00 EUR
Verrechnungssatz Kostenstelle „Scanner": 40,00 EUR
Mannstunden „Freisteller erzeugen": 5 Stunden
Mannstunden „Bild vektorisieren": 10 Stunden
Mannstunden „Scannen": 1 Stunden

	Dauer (h)	Kosten/h	Summe
Gestaltung	15	50,00 EUR	750,00 EUR
Scannen	1	40,00 EUR	40,00 EUR
Gesamtkosten:			**790,00 EUR**

6.3.2 Kalkulation der Proofs

Vgl. LS 1, 6.2.2

Bei der Gestaltung von Druckprodukten werden zwischenzeitlich mit dem Farblaserdrucker Proofs ausgedruckt, die zur eigenen Kontrolle und ggf. zur Präsentation beim Kunden benötigt werden. Wie bereits erläutert, können diese Proofs nach bedruckter (Papier-) Fläche abgerechnet werden.

Da Proofs in unterschiedlichen Formaten ausgedruckt werden, müssen die zuvor berechneten Stückkosten je m² auf das Format der Proofs bezogen werden.

Kosten je Proof = Stückkosten je Proof (in EUR/m²) x Format des Proof in m²

Kosten je Proof = Stückkosten (in m²) x Fläche des Formats (in m²)
= 11,95 EUR/m² x 29,7 cm x 42 cm
= 11,95 EUR/m² x 0,297 m x 0,42 m
= 11,95 EUR/m² x 0,12474 m²
= 1,49 EUR

6.3.3 Kalkulationsschema zur Ermittlung des Angebotspreises

Der endgültige Angebotspreis wird mithilfe eines Kalkulationsschemas errechnet.
Da nicht nur die Selbstkosten gedeckt werden sollen, sondern am Ende des Jahres auch noch ein positives Betriebsergebnis, also ein Gewinn, stehen soll, wird auf die Selbstkosten ein **Gewinnzuschlag** „aufgeschlagen". Der Gewinn steht am Ende des Geschäftsjahres für Gewinnausschüttungen an die Gesellschafter oder auch für Erweiterungsinvestitionen (bessere Hardware, zusätzliche Arbeitsplätze etc.) zur Verfügung.

Verleichen Sie dann die vorher kalkulierten **(Vorkalkulation)** und die tatsächlich für den Auftrag angefallenen Kosten **(Nachkalkulation)**.

- Warum sind ggf. Abweichungen entstanden?
- Welche Folgen hat die Abweichung für den Betrieb?
- Wie kann man die ggf. entstandene Kostenabweichung beim nächsten Auftrag verringern?

In der Creativ GmbH wird mit einem Gewinnzuschlag von 15 % kalkuliert.

Gestaltung		
+ Proofs		
= **Selbstkosten**		
+ Gewinnzuschlag		15,00 %
= **Nettoangebotspreis**		
+ Umsatzsteuer		19,00 %
= **Bruttoangebotspreis**		

Kalender

Verschiedene Kalenderarten, wie Tisch-, Wand-, Kunst- oder Tageskalender werden gemäß ihrem Verwendungszweck unterschiedlich aufgebaut. Zu beachten ist hier vor allem die Wechselwirkung von Bild- und Textteil (Kalendarium).

Fotografische Abbildungen
Fotografische Abbildungen können schon mit einem einfachen Kasten, der Camera obscura, erzeugt werden.

Für fotografische Abbildungen ausreichender Lichtqualität sind Linsen zur Lichtbrechung erforderlich. Eine Linse ist mindestens an einer Seite nach innen (konkav) oder nach außen (konvex) gekrümmt. Konkave Linsen sind Zerstreuungslinsen, konvexe Linsen Sammellinsen. Sammellinsen verfügen über einen Brennpunkt, in dem sich die Lichtstrahlen die von der Linse gebrochen wurden, schneiden.

Aufbau der Kamera
Jede Kamera verfügt über ein Objektiv, eine Blende und einen Verschluss.
Das Objektiv enthält ein Linsensystem mit mehreren Linsen. Die Brennweite des Objektivs bestimmt, wie groß der fotografierbare Bildausschnitt ist: Kleine Brennweiten führen zu einem kleinen Blickwinkel und große entsprechend zu einem großen Blickwinkel bzw. Bildausschnitt.
Besonders gebräuchlich sind die Objektivarten Weitwinkel (mit kleinen Brennweiten), Normal (mit mittlerer Brennweite) und Tele (mit großen Brennweiten).
Kompaktkameras verfügen über ein Zoomobjektiv, mit dem sich viele Brennweiten einstellen lassen.

Blende und Verschluss
Die Blende dient zur Regelung des Lichteinfalls und hängt unmittelbar mit der Brennweite des Objektivs zusammen.
Kleine Brennweiten führen zu einer großen Blendenöffnung, große Brennweiten zu einer kleinen Blendenöffnung.
Der Verschluss einer Kamera steuert die Lichtmenge, die während der Belichtungszeit auf den Film oder den Speicherchip gelangt. Zu den gängigen mechanischen Verschlussarten gehören insbesondere der Zentralverschluss und der Schlitzverschluss. Digitalkameras verfügen teilweise über einen elektronischen Verschluss.

Kameraarten
Sowohl im analogen als auch im digitalen Bereich werden die beiden Kameratypen Sucher und Spiegelreflex unterschieden. Bei Sucherkameras wird das Bildmotiv durch einen speziellen Sucher und nicht durch das Objektiv fokussiert, bei der Spiegelreflexkamera blickt der Fotograf direkt durch das Objektiv auf das Bildmotiv. Digitalkameras, egal welchen Typs, verfügen zusätzlich über ein Display, in welchem das Bild während und nach dem Fotografieren angezeigt werden kann. Neben dem optischen Aufbau werden analoge Kameras hinsichtlich des verwendeten Filmformats unterschieden. Im Hobbybereich zählen das Kleinbildformat und APS zu den gängigsten Formaten, im Profibereich sind Mittelformate stark verbreitet.
Digitalkameras verfügen über einen lichtempfindlichen Speicherchip zur Bildaufzeichnung. Bei der Digitalfotografie kommt es zu einer Reihe technisch bedingter Fehler wie z. B. Blooming, Hot-Pixel und Rauschen.

Bildgestaltung mit der Kamera
Die Bildwirkung verändert sich durch:
- *Auswahl des Filmformates (Quadrat oder Rechteck)*
- *Objektivwahl anhand der Brennweite*
- *Steuerung der Schärfentiefe mithilfe der Blende*
- *Gezielte Belichtung mithilfe des Blitzes*

Scannen und Bildbearbeitung
Die Übertragung von Vorlagen in ein digitales Format geschieht in der Regel durch Scannen. Sowohl gescannte als auch digital fotografierte Bilder müssen oft noch nachbearbeitet werden.

Gängige Bildbearbeitungsverfahren:
- *Tonwertkorrektur zur einfachen Veränderung von Helligkeit und Kontrast*
- *Gradationskurven zur differenzierten Veränderung von Helligkeit und Kontrast*
- *Filter zur Veränderung der Bildschärfe anwenden (z. B. Scharf- und Weichzeichnungsfilter)*
- *Farbmodus auswählen und anpassen*

Rasterung
Das Raster spielt nicht nur eine technische Rolle (in Abhängigkeit von Betrachtungsabstand, Bedruckstoff und Druckverfahren) sondern auch eine gestalterische. Das im Offsetdruck laut Prozessstandard Offsetdruck (Bundesverband Druck und Medien) vorgeschriebene 60er Raster ist für vielfältige Druckprodukte die gängigste und geeignete Wahl.

Bedruckstoff
Die Wahl des Bedruckstoffes ist entscheidend für das Druckprodukt. Er macht die Wirkung des Druckproduktes aus. Der normalerweise verwendete Bedruckstoff ist Papier. Durch unterschiedliche Herstellungsverfahren wird das Papier an die verschiedenen Einsatzzwecke angepasst.

Bindung
Ohne Bindung kommen nur wenige Druckprodukte wie Plakat oder Handzettel aus. Geeignet für Kalender ist meist die Spiralbindung. Kleinere Tageskalender zum Abreißen können auch mit einer Klebebindung versehen werden, die ein einfaches Abreißen ermöglicht.

Veredelung
Durch Veredelungsverfahren wie Lackieren, Prägen und Stanzen wird das Druckprodukt zum einen optisch aufgewertet, zum anderen für die Weiterverarbeitung vorbereitet (z. B. Stanzen der Löcher für die Spiralbindung).

Berechnung der für die Kalkulation notwendigen Bezugsgrößen

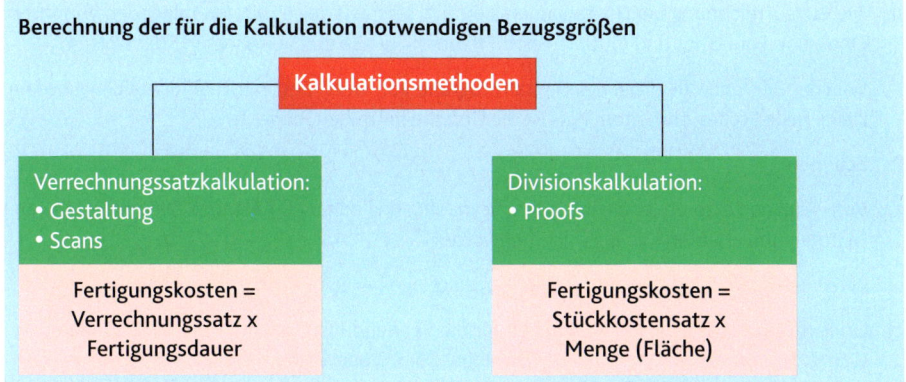

1. Fototechnik

a) Erläutern Sie mithilfe einer Skizze den Aufbau und die Funktionsweise einer Camera obscura.

b) Erklären Sie mithilfe von Skizzen den Unterschied zwischen diffuser und direkter Reflexion.

c) Skizzieren Sie den Verlauf der Lichtstrahlen durch eine
   - Sammellinse.   • Zerstreuungslinse.

d) Ein Objekt soll mit einer Sammellinse abgebildet werden. Skizzieren Sie den Verlauf der Lichtstrahlen zwischen Objekt und Abbildung. Bezeichnen Sie alle Strecken und Strahlen der Skizze.

e) Ordnen Sie den folgenden Objektivarten jeweils eine Abbildung zu:
   - Weitwinkelobjektiv   • Teleobjektiv   • Normalobjektiv

_____   _____   _____

f) Erläutern Sie die folgenden Begriffe:

Blende	
Brennweite	
Schärfentiefe	

g) Welcher Zusammenhang besteht zwischen der Blendenöffnung und
   - der Brennweite?
   - der Schärfentiefe?

h) Erläutern Sie die Unterschiede zwischen einer Sucher- und einer Spiegelreflexkamera und geben Sie an, was man unter einem Parallaxenfehler versteht.

i) Ordnen Sie den folgenden Negativgrößen jeweils ein mögliches Filmformat zu:

Negativformat	(8 x 11) mm	(12 x 17) mm	(24 x 36) mm	(60 x 60) mm
Filmformat				

j) Die Bildaufzeichnung bei Digitalkameras erfolgt beispielsweise mit den folgenden Verfahren: One-Shot, Four-Shot und Mutiple-Shot. Erläutern Sie alle drei Verfahren in Stichworten.

k) Welcher Bildfehler liegt bei der Digitalfotografie vor, wenn bestimmte Bildbereiche einzelne, kleine helle Stellen enthalten. Was ist die Ursache für diesen Bildfehler?

2. Scannen

a) Von welchen Faktoren ist die benötigte Scanauflösung abhängig? Nennen Sie mindestens drei Faktoren und erläutern Sie diese in Stichworten.

b) Berechnen Sie die Scanauflösung einer Strichvorlage bei einer Rasterweite von 152 lpi.

c) Ein Farbfoto der Größe 13 x 18 cm soll für die Verwendung in einer Firmen-Broschüre eingescannt und dabei auf 75 % verkleinert werden. Zum Scannen steht ein Scanner mit einer maximalen Auflösung von 1800 x 3600 dpi zur Verfügung.
- Berechnen Sie die benötigte Scanauflösung bei einem Qualitätsfaktor von 1,7 und einer Rasterweite von 80 L/cm.
- Welche tatsächliche Scanauflösung wählen Sie bei dem zur Verfügung stehenden Scanner? Begründen Sie Ihre Angabe.

d) Welche Rasterweite ist möglich, wenn eine Vorlage mit 300 dpi und einem Qualitätsfaktor von 1,3 gescannt und dabei auf 150 % vergrößert wird?

3. Bildbearbeitung

a) Histogramm
- Welche Bildinformationen werden in einem Histogramm dargestellt?
- Erläutern Sie das folgende Histogramm mithilfe von Stichworten.

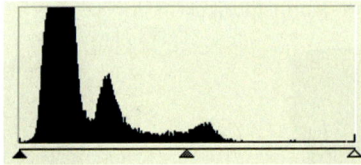

Histogramm
Bildquelle: Adobe Systems GmbH©

b) Das Originalbild in Abb. 1 wirkt etwas dunkel und hat in einigen Bereichen zu wenig Zeichnung. Wie muss die Gradationskurve verändert werden, um ein helleres und dennoch kontrastreiches Bild, wie in Abb. 2, zu erhalten?
Zeichnen Sie einen möglichen Verlauf der Gradationskurve in die bestehende Gradationskurve ein.

  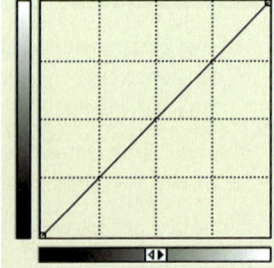

Abb. 1: Original   *Abb. 2: Korrigiertes Bild*   *Gradationskurve*
Bildquelle: Adobe Systems GmbH©

c) Bei der Bildbearbeitung können Filter zur Bildkorrektur eingesetzt werden. Nennen Sie drei bekannte Filter und erläutern Sie deren Einsatzbereiche. Zeigen Sie die Vor- und Nachteile auf.

4. Raster

a) Warum müssen Bilddaten für den Druck gerastert werden?

b) Erläutern Sie den Begriff des amplitudenmodulierten Rasters und berechnen Sie die Anzahl der Rels, die ein Belichter mit maximal 2.540 dpi Auflösung für einen 65%igen Rastertonwert belichten muss. Dabei ist von der Verwendung eines 60er Rasters und der Wiedergabe von 256 Tonwertstufen auszugehen.

c) Unterscheiden Sie die rationale und irrationale Tangentenwinkelung und beschreiben Sie mögliche Vor- und Nachteile.

5. Papier und Heftung

a) Bei der Papierherstellung wird Holz zu Halbstoff aufbereitet. Unterscheiden Sie die möglichen Verfahrensschritte und verbinden Sie diese mit dem späteren Bedruckstoff bzw. dessen Einsatzmöglichkeiten.

b) Beschreiben Sie den Unterschied zwischen Rückendrahtheftung und Klebebindung und benennen Sie mögliche Druckerzeugnisse, die mit den entsprechenden Bindearten gefertigt werden.

6. Kalkulation

a) Berechnen Sie die Proof-Kosten eines Plotters für die jeweiligen Formate bei einem Stückkostensatz von 11,95 EUR/m^2 :
- 36 cm x 52 cm
- 52 cm x 74 cm
- 72 cm x 102 cm

b) Eine Agentur hat einen Auftrag zur Produktion einer Eintrittskarte erhalten.
Kalkulieren Sie folgende Leistungen:
- Bearbeitung einer vom Kunden gelieferten Bilddatei
- Nachzeichnen einer vom Kunden gelieferten Grafik (Logo)
- Gestaltung der Karte

Die Daten werden belichtungsfähig auf einer CD geliefert.
Es werden folgende Zeiten veranschlagt:

Bildbearbeitung (Freistellung):	2 Stunden
Bearbeitung der Grafik:	3 Stunden
Gestaltung:	5,5 Stunden
Proofs:	3 Stück in DIN-A5
Verrechnungssatz:	52,93 EUR/h
Stückkostensatz:	15,00 EUR/m2

Kalkulieren Sie den Brutto-Angebotspreis mit einem Gewinnzuschlag von 10 %.

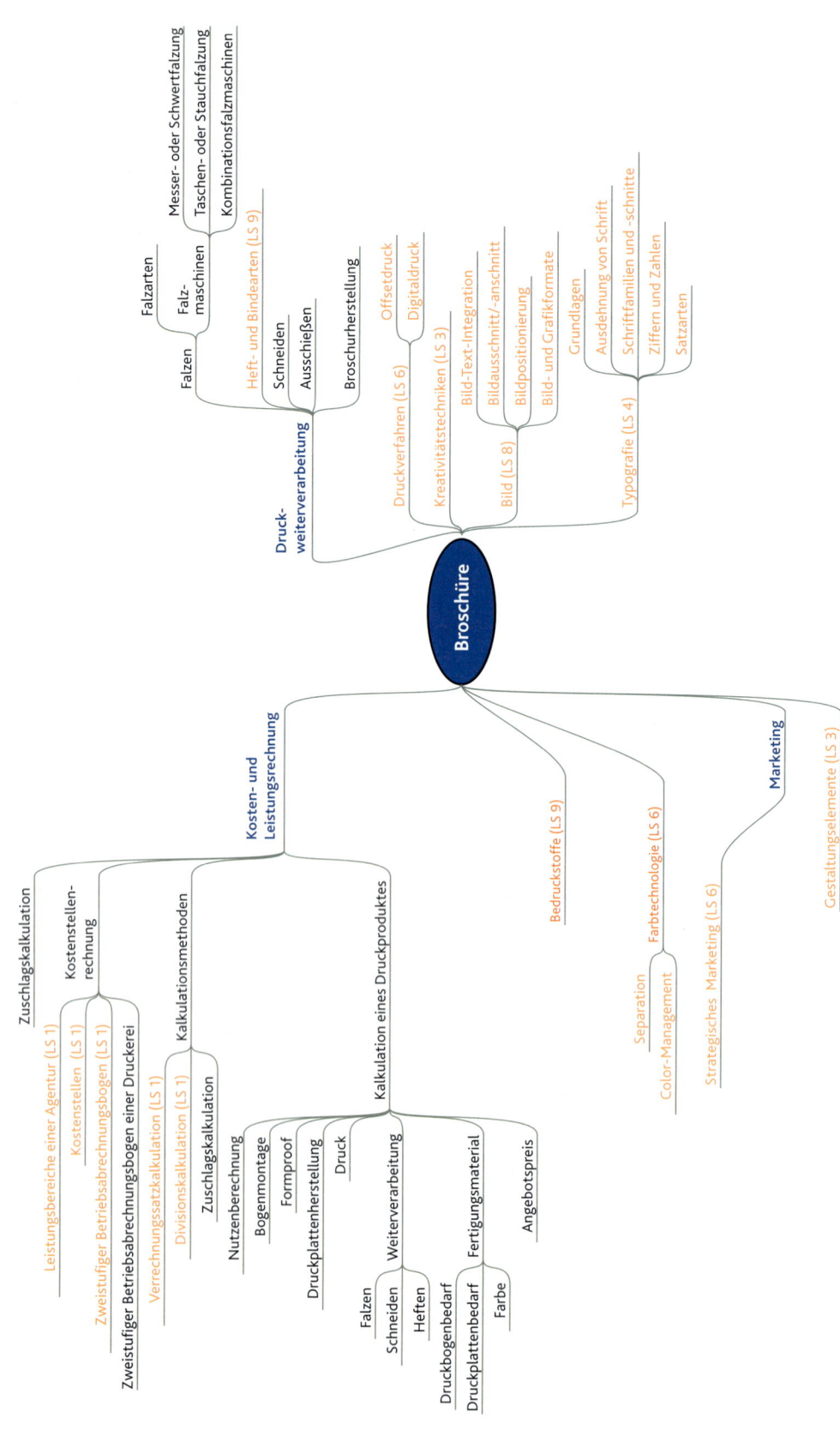

10 Broschüre

10 Broschüre

Die Druckfabrik hat von Shi Well, einem Hersteller von Öko-Wellness-Produkten, einen Auftrag zur Herstellung einer Werbebroschüre und eines Plakates erhalten. Die Leistung umfasst die Vorstufe (Mediengestaltung), den Druck und die Weiterverarbeitung. Die Werbebroschüre stellt die Shi Well-Produktpalette vor. Das Plakat bewirbt ein einzelnes Shi Well-Produkt und weist auf die Möglichkeit des Kaufs vor Ort hin.

Da die Shi Well-Produkte direkt, also ohne den Einzelhandel, vertrieben werden, soll die Werbebroschüre in Apotheken, Reformhäusern, Sauna-Betrieben und Fitnessstudios ausgelegt werden. Das Plakat dient als Eyecatcher am POS (Point-of-Sale).

Shi Well legt bei der Gestaltung besonderen Wert auf eine harmonische und beruhigende Farbwirkung sowie eine klare, übersichtliche Produktpräsentation, die dem Wellness-Gedanken Rechnung trägt.

28.3 Broschurherstellung

Bei der Produktion der Broschüre sind bei der Gestaltung wichtige Aspekte zu beachten, denn durch die Art der Weiterverarbeitung (Broschur) müssen die Seiten auf eine genau festgelegte Art und Weise angelegt werden.

Zunächst soll etwas Klarheit in den „Begriffsdschungel" der Druckprodukte gebracht werden. Man kann Druckprodukte anhand verschiedener Kriterien einteilen. Nach dem Verwendungszweck kann man beispielsweise eine Glückwunschkarte oder einen Werbeprospekt unterscheiden. Die Broschüre wiederum ist ein Begriff, der sich durch das Unterscheidungskriterium der Weiterverarbeitungsart ergibt. Hier kann man folgende Einteilung vornehmen:

Druckprodukte			
unverarbeitet	verarbeitet		
	gefalzt	gebunden	geheftet
• Blätter • Bogen • Postkarten • Plakate	• Flyer • Landkarten • Broschüren	• Bücher • Kalender	• Broschüren • Akzidenzen bis ca. 80 Seiten

Eine **Broschüre** ist eine Akzidenz. Sie wird nicht wie eine Zeitung oder eine Zeitschrift periodisch produziert, sondern fällt i. d. R. in den Bereich der Werbeprodukte. Die Seitenzahl ist eher gering und liegt zwischen vier und 48 Seiten. Eine Broschüre kann als gefalzter Bogen vorliegen. Eine Broschüre kann auch gebunden sein – z. B. durch eine Rückendrahtheftung, wie die im Kundenauftrag herzustellende achtseitige Werbebroschüre.

Ein Bogen ist ein Druckbogen. Ein Blatt besteht aus zwei Seiten. Die Seite ist beim gefalzten Endprodukt die kleinste Einheit.

Der Begriff **Broschur** wird im Zusammenhang mit der Weiterverarbeitung verwendet. Dabei wird in einlagige und mehrlagige Broschuren unterschieden.

28.3.1 Einlagige Broschur

Einlagige Broschuren (auch Heft oder Rückstichbroschur genannt) sind meist Blattsammlungen, die miteinander verbunden werden.

Einlagige Broschuren aus mehreren, nicht gefalzten Blättern werden auch als „Blätterbroschur" bezeichnet. Ist ein Produkt mehrmals gefalzt, aber nicht gebunden, spricht man von einem Prospekt.

Einlagige Broschuren können aber auch entstehen, wenn die zu bindenden Falzbogen zu einem Block ineinander gesteckt (gesammelt) werden, ein Beispiel dafür wäre ein Schulheft. Die Bindung erfolgt meist per Rückendrahtheftung. Das Endprodukt wird zuletzt dreiseitig beschnitten.

Einlagige Broschur
Bildquelle: Berufsgenossenschaft Druck und Papierverarbeitung

Bis DIN A3 spricht man von einem Blatt, über DIN A3 von einem Bogen.

28.3.2 Mehrlagige Broschur

Mehrlagige Broschuren werden hergestellt, indem mehrere einlagige Broschuren (bzw. Signaturen; Signatur = bedruckter Bogen) zum Block übereinander gelegt, zusammengetragen und dann gebunden werden (wie mehrere Schulhefte übereinander).

Ein klassischer Vertreter für eine mehrlagige Broschur ist das Taschenbuch. Eine mehrlagige Broschur wird meist klebegebunden. Sie besitzt einen geraden Rücken sowie einen Kartonumschlag.

Von der mehrlagigen Broschur unterscheidet sich das Buch: ein Buch ist immer zusammengetragen und weist einen festen, überstehenden Buchdeckel auf. Der Buchrücken ist gerundet.

Nach der Gestaltung der Broschüre und der Herstellung von belichtungsfähigen Daten werden die Druckplatten hergestellt. Hierbei sind die jeweils angewandten Techniken der Druckweiterverarbeitung zu beachten. Da es sich bei einer Broschüre um ein mehrseitiges Produkt handelt, gehört dazu zunächst die Überlegung, wie die bedruckten Seiten anschließend gefalzt und zusammengetragen werden sollen. Die Auswahl der Falzart wirkt sich nun darauf aus, auf welche Art und Weise die Einzelseiten auf der Druckplatte angeordnet – ausgeschossen – werden.

Vgl. LS 9, 28

In der Produktion steht das Ausschießen zwar vor dem Falzen, doch ohne die Kenntnis des jeweiligen Falzschemas lässt sich kein Ausschießschema erstellen. Aus diesem Grund erfolgt zunächst ein Überblick über die unterschiedlichen Falzarten und Falztechniken bevor der Bereich Ausschießen näher erläutert wird.

28.4 Falzen

Mit **Falzen** wird eine spezielle Falttechnik bezeichnet, die üblicherweise mit einem Hilfsmittel, dem sogenannten Falzwerkzeug, ausgeführt wird. Insbesondere Druckprodukte kleinerer Formate und/oder geringer Seitenzahl werden ausschließlich gefalzt und nicht geheftet oder gebunden. Typisch hierfür sind gefaltete Flyer und CD-Booklets, aber auch die Falzung von Briefbögen, passend zum Format normgerechter Briefumschläge ist üblich.

Falzen: Scharfkantiges manuelles oder maschinelles Umbiegen von Papierbahnen oder -bögen mithilfe eines Falzwerkzeugs.

Im Unterschied zum Falten entsteht beim Falzen ein scharfer Bruch des Papiers, der sogenannte Falzbruch, da der Falzvorgang mit einem Hilfsmittel[1] ausgeführt wird.

Alle mehrseitigen Produkte, wie auch die Broschüre von Shi Well, werden gefalzt und anschließend geheftet oder gebunden, um handliche und gut nutzbare Endformate zu erhalten.

28.4.1 Falzarten

Je nachdem, ob das Endprodukt mehr oder weniger Seiten enthält und aus einer ein- oder mehrlagigen Broschur besteht, kommen unterschiedliche Falzarten zur Anwendung.
Die gängigsten Falzarten werden daher im Folgenden vorgestellt.

Welche Falzart eignet sich besonders für die 8-seitige Broschüre für Shi Well und welche Besonderheiten sind dabei zu beachten?

Beim **Einbruchfalz**, der einfachsten Falzart, wird der Papierbogen nur einmal gefalzt.
Ab mindestens zwei Falzbrüchen wird eine Unterscheidung zwischen **Parallel- und Kreuzfalzarten** vorgenommen.

Parallelfalz	Ein bereits einmal gefalzter Bogen wird **parallel** zum vorhergehenden Falz erneut gefalzt Die Falzbrüche liegen zueinander parallel. Beispiel: Falzung von Geschäftsbriefbögen
Kreuzfalz	Ein bereits einmal gefalzter Bogen wird **rechtwinklig** zum vorhergehenden Falz erneut gefalzt. Die Falzbrüche liegen der Reihe nach rechtwinklig zueinander. Beispiel: Falzung von Broschüren vor dem Heften.

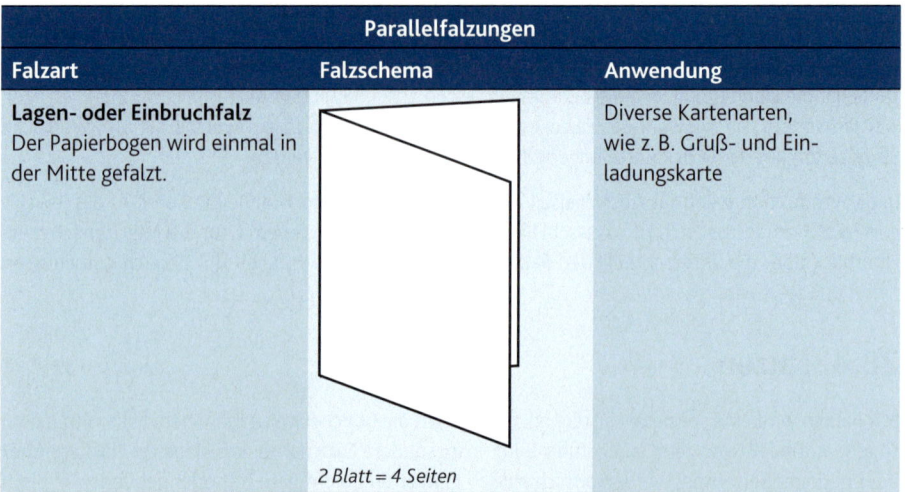

---

[1] Früher kam neben dem Fingernagel als Hilfsmittel auch ein Falzbein, eine Art Brieföffner aus Knochen, zum Einsatz.

Parallelfalzungen

Falzart	Falzschema	Anwendung
Parallelmittenfalz Der Papierbogen wird dreimal parallel zueinander gefalzt, sodass zwei Falzbrüche ineinander liegen.	4 Blatt = 8 Seiten	Flyer, Einladungskarten mit abtrennbarer Antwortkarte etc.
Zickzack- oder Leporellofalz Der Papierbogen wird asymmetrisch abwechselnd nach rechts und links parallel zueinander gefalzt, so dass ein Art „Ziehharmonika" entsteht. Die minimale Seitenzahl beträgt hierbei 6 Seiten. Mit jedem Parallelfalz kommen zwei weitere Seiten hinzu.	3 Blatt = 6 Seiten	Geschäftsbriefbogen für DIN-Lang-Umschlag, Flyer und CD-Booklet mit 6 oder mehr Seiten etc.
Wickelfalz Der Papierbogen wird asymmetrisch in eine Richtung parallel zueinander gefalzt – die Seiten werden dabei ineinander gewickelt.	3 Blatt = 6 Seiten	Flyer, diverse Kartenarten, CD-Booklet mit insgesamt 6 Seiten

Parallelfalzungen		
Falzart	**Falzschema**	**Anwendung**
Fensterfalz Der Papierbogen wird von beiden Seiten gleichmäßig zur Mitte hin gefalzt, sodass der Eindruck eines Fensters mit Fensterläden entsteht. Beim 3-Bruch-Fensterfalz erfolgt ein zusätzlicher Falz in der Blattmitte. Jede der beiden nach innen liegenden Klappen sollte dabei einen Mindestabstand von 1,5 mm zur Mitte aufweisen, um ein Stauchen beim Falzen zu vermeiden.	*Fensterfalz, 2-Bruch* *Fensterfalz, 3-Bruch*	Diverse Kartenarten, z. B. Einladungskarte

Kreuzbruchfalzungen		
Falzart	**Falzschema**	**Anwendung**
Mittenkreuzfalz Der Papierbogen wird zweifach gefalzt, so dass 8 Seiten entstehen.		Briefbogen (zweifach) für C6-Umschlag Broschüren, Prospekte etc. mit anschließender Heftung und Beschneidung
Asymmetrischer Kreuzfalz Der Papierbogen wird zwei- oder mehrfach, jedoch nicht mittig, gefalzt	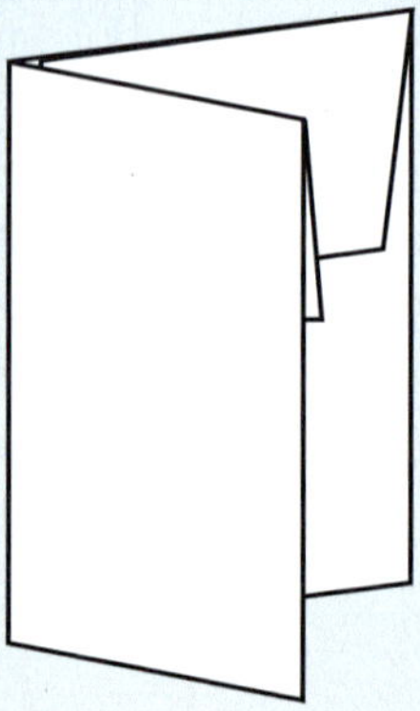	Besondere Grußkarten, Prospekte etc.

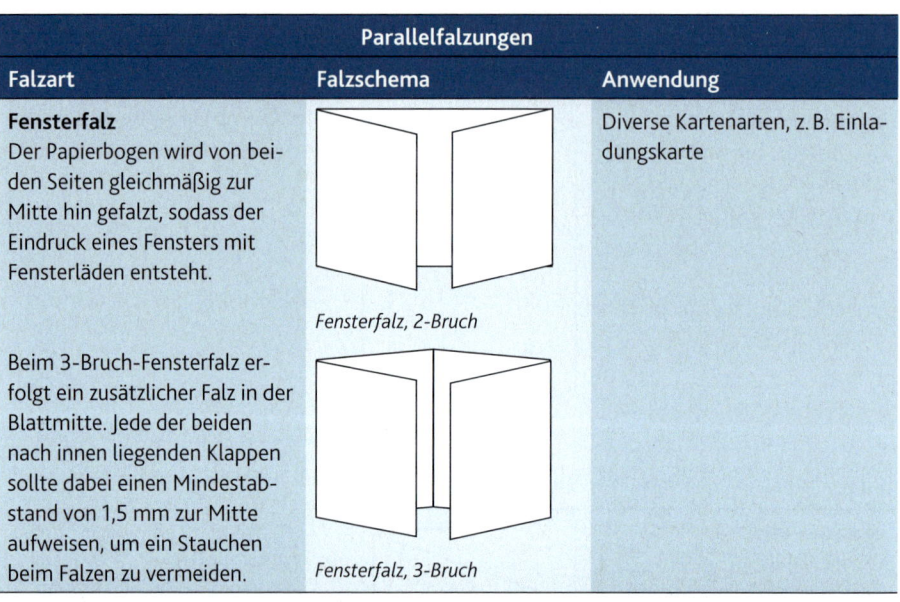

Kombinationsfalzungen

Beispiele für Kombinationsfalzungen

Neben den beschriebenen Standardfalzarten als alleinige Parallel- oder Kreuzfalzung, finden eine Vielzahl von Kombifalzarten als Kombination aus Parallel- und Kreuzfalzung, meist für Karten und Prospekte, Anwendung.

Anwendungsbeispiele unterschiedlicher Falzarten

Menükarte – Einbruchfalz

Tischkarte – Einbruchfalz

Beipackzettel – Zickzackfalz

Fächer – Zickzackfalz

Zeitung – Mittenkreuzfalz

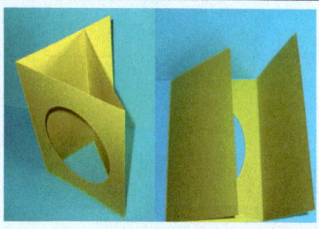

Passepartoutkarte – Wickelfalz

Falzfolge beim Kreuzfalz

Beim Kreuzfalz wird grundsätzlich der gesamte Bogen über die volle Länge oder Breite gefalzt. Der Bogen wird, bei mehrfacher Falzung, immer rechtwinklig zum vorhergehenden Falz gefalzt. Mit dem Einbruchfalz entstehen so zwei Blatt, mit dem Zweibruchfalz vier Blatt, mit dem Dreibruchfalz acht Blatt und mit dem Vierbruchfalz sechzehn Blatt gleicher Größe. Die Falzfolge ist nachfolgender Abbildung zu entnehmen und gilt für den symmetrischen Fall. Bei der **symmetrischen Falzung** verdoppelt sich die Seitenzahl mit jedem Falz.

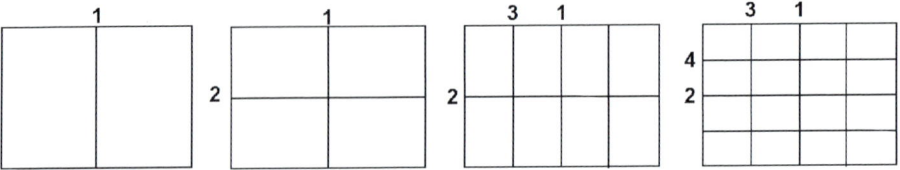

Falzfolge beim symmetrischen Kreuzfalz

Falznummern	Falzart	Blatt	Seiten	Maximales Papiergewicht
1	Einbruchfalz	2	4	180 g / m²
1,2	Zweibruchfalz	4	8	135 g / m²
1,2,3	Dreibruchfalz	8	16	110 g / m²
1,2,3,4	Vierbruchfalz	16	32	80 g / m²

 Achtung! Ein Blatt sind zwei Seiten (Vorder- und Rückseite des Blattes)!

Bei **asymmetrischer Falzung** erfolgt die Falzung nur über einen Teil des Bogens, z. B. nur über ein Drittel oder zwei Drittel statt über die Gesamtbreite. Dadurch entsteht ein Falzbogen mit 6, 12 oder 24 Seiten.

28.4.2 Falzmaschinen

Nach der Kenntnis der wichtigsten Falzarten geht es nun um die Auswahl der jeweils geeigneten Falzmaschine.

Die Falzmaschinen wenden unterschiedliche Falztechniken an. Je nach Technik der Falzmaschine können nur bestimmte Falzarten ausgeführt und bestimmte maximale Bogenformate und Papiergewichte verarbeitet werden. Im Bereich der Bogenfalzmaschinen haben sich die beiden Falzprinzipien Messer- oder Schwertfalzung und Taschen- oder Stauchfalzung durchgesetzt.

28.4.2.1 Messer- oder Schwertfalzung

Bei der Messer- oder **Schwertfalzung** wird der Papierbogen bis zu den Bogenanschlägen geführt und exakt unter dem **Falzschwert** fixiert. Nun drückt das Schwert, auch **Falzmesser** genannt, den Papierbogen zwischen zwei gegenläufig rotierende Walzen, sodass der Bogen gefalzt und anschließend weitertransportiert wird.

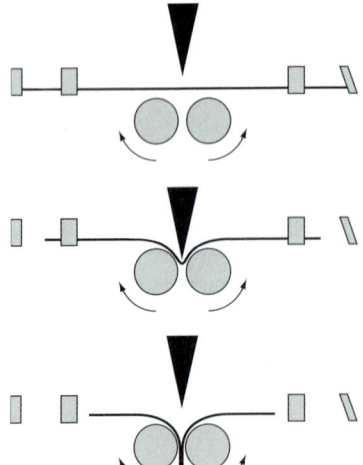

Prinzip der Messer- oder Schwertfalzung

Ältere Schwertfalzmaschinen arbeiten taktgebunden, indem der nächste Papierbogen erst dann bis zum Bogenanschlag geführt wird, wenn das Falzschwert sich wieder in seiner Ausgangsposition befindet. Neuere Schwertfalzmaschinen arbeiten mit einer elektronischen Steuerung, bei welcher der ankommende Bogen die Messerbewegung auslöst.

Vorteile	Nachteile
• Hohe Genauigkeit • Dünne und dicke Papiersorten gleich gut verarbeitbar • Kurze Umrüstzeiten • Geringer Platzbedarf	• Geringe Falzleistung, da der Bogen erst vollständig gestoppt werden muss • Nur Kreuzbruchfalzungen möglich

Falzvorgang für eine Broschüre
Eine achtseitige Broschüre wird auf einem Rohbogen, dem Buchbinderbogen, angelegt. Dieser wird zweimal symmetrisch mit dem Schwert als Mittenkreuzfalz gefalzt, sodass nach dem Beschneiden ein achtseitiges Endprodukt entsteht. Oder der Falzvorgang erfolgt mit der Kombinationsfalzmaschine: Erst Taschenfalzwerk, dann Schwertfalzung.

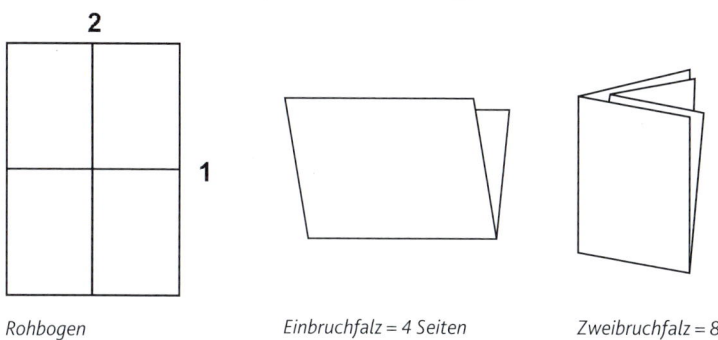

Rohbogen　　Einbruchfalz = 4 Seiten　　Zweibruchfalz = 8 Seiten

Vgl. diese LS, 28.5

28.4.2.2 Taschen- oder Stauchfalzung

Bei der **Taschen- oder Stauchfalzung** sorgen drei rotierende Walzen und mindestens eine Falztasche im Falzwerk für die Falzung des Papierbogens. Der Papierbogen läuft dabei in die Falztasche, staucht dort, weicht dann nach unten aus, gerät zwischen die beiden unteren Walzen und wird gefalzt.

Enthält das Falzwerk mehrere Falztaschen, so sind diese für Parallelfalzungen parallel angeordnet, für Kreuzfalzungen jeweils im rechten Winkel zueinander. Für Sonderfalzungen können bis zu sechs oder acht Falztaschen in das Falzwerk eingebaut werden. Der Papierbogen überspringt mithilfe von Bogenweichen nicht benötigte Falztaschen, sodass sich mit dem vielseitig einsetzbaren Taschenfalzprinzip unterschiedliche Falzarten kombinieren lassen.

Vorteile	Nachteile
• Vielseitig einsetzbar für unterschiedliche Falzarten • Hohe Falzleistung • Einfacher Aufbau • Geringer Verschleiß	• Qualitätseinbußen bei dünnen (kleiner 40g/m²) und dicken (größer 120g/m²) Papieren • Formatbegrenzung bei dünnen und dicken Papieren

Zu Falzproblemen kommt es meist dann, wenn entweder ein zu dünnes (Quetschfalten oder Risse) oder zu dickes (Brüche) Papier verwendet wird oder die Laufrichtung falsch gewählt wurde. Bei sehr dickem Papier kann eine Rillung oder Perforierung der Bogen, wie sie häufig bei Grußkarten anzutreffen ist, Brüchen vorbeugen.

28.4.2.3 Kombinationsfalzmaschinen

Neben reinen Schwert- und Taschenfalzmaschinen gibt es die sogenannten **Kombifalzmaschinen**, die eine Verbindung zwischen einem Taschenfalzwerk mit anschließender Schwertfalzung herstellen. Diese Maschinen nutzen die Vorteile beider Systeme, indem die ersten Falzungen im Taschenfalzwerk ausgeführt werden und weitere Falzungen, die eine höhere Kraft erfordern, das Schwertfalzwerk übernimmt.

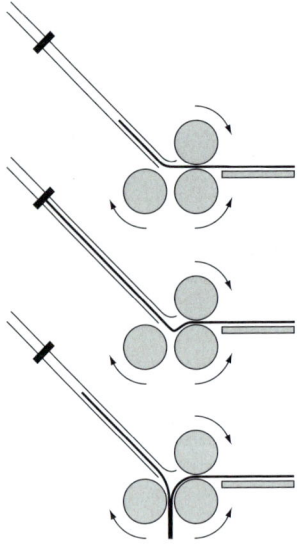

Prinzip Taschen- oder Stauchfalzung

Vorteile	Nachteile
• Kompakte Bauweise • Geringer Platzbedarf • Hohe Falzleistung • Große Variationsmöglichkeiten verschiedener Falzarten	• teuer in der Anschaffung

28.5 Ausschießen

Ist das Falzschema der Broschüre bekannt und die zur Verfügung stehenden Falzmaschinen für den Weiterverarbeitungsprozess eingeplant, kann aufgrund der Falzfolge das Ausschießschema erstellt werden.

Vgl. diese LS, 28.4.1

> Meist werden mehrere Seiten auf einen Druckbogen gedruckt. Dies hat wirtschaftliche, aber auch produktionstechnische Gründe: Bei der Fadenheftung (z. B. Buch) oder der Rückstichheftung (z. B. einlagige Broschur) benötigt man mindestens vier Seiten auf einem Druckbogen, um den Faden bzw. die Drahtklammer durch den Falz zu führen.
> Ausschießen bedeutet, die Seiten so auf dem Druckbogen anzulegen, dass sich nach Falzen, Binden und Schneiden die Seiten in der korrekten Reihenfolge und Ausrichtung befinden.

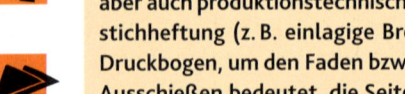

Ein Flyer besteht aus vier Seiten. Das geschlossene Endformat beträgt DIN-A4. Zum Einsatz kommt eine Druckmaschine, welche im DIN-A3 Überformat (also inklusive aller Druck- und Seitenzeichen) drucken kann. Somit ist klar, dass pro Druckbogen(-seite) immer zwei Seiten des Flyers gedruckt werden können.

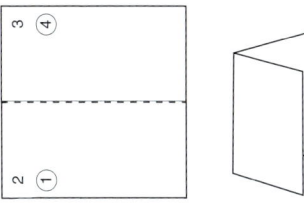

Auf der äußeren Form des Druckbogens liegen die Seiten 4 und 1, auf der inneren Form liegen die Seiten 2 und 3. Bei diesem Beispiel befinden sich die Seitenzahlen im Kreis auf der Rückseite. Es erfolgt nur ein Falz in der Mitte.

Probieren Sie es mit einem Blatt Papier aus: Falten Sie es in der Mitte (dies veranschaulicht den Falzvorgang) und nummerieren die Seiten von 1 bis 4 durch. Dies ergibt das Ausschießschema, nach welchem Sie die Seiten anordnen müssen. Diese Anordnung kann in der Druckvorstufe manuell erfolgen, d. h., Sie legen eine Seite in Druckbogengröße an und positionieren die Einzelseiten des Flyers entsprechend. Wahrscheinlicher ist aber, dass in der Druckerei mit einem Ausschießprogramm gearbeitet wird. Dort kann elektronisch ein Druckbogen nach Kenntnis des Falzschemas aufgebaut werden. Die Einzelseiten des Druckobjekts können nun aus einer gelieferten PDF-Datei positioniert werden.

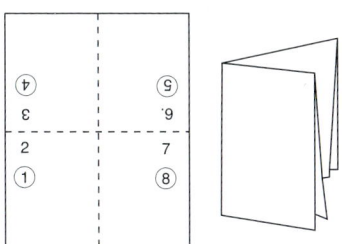

Eine Erweiterung des ersten Beispiels wäre die Fertigung eines 8-Seiters. Der Druckbogen kann acht DIN-A4-Seiten fassen.
Dies bedeutet, dass vier Seiten des 8-Seiters auf der Schöndruck- und vier auf der Widerdruckseite gedruckt werden. Das Falzschema bei diesem Auftrag ist ein Kreuzfalz.

Natürlich könnten mit einer solchen Anordnung auch zwei Flyer von Beispiel 1 auf einem Doppelnutzenbogen gedruckt werden. Dabei würden die Seiten genauso auf dem Druckbogen liegen. Die beiden Nutzen stehen dann Kopf an Kopf bzw. Kopf an Fuß, sodass dort ein Trennschnitt erfolgen muss.

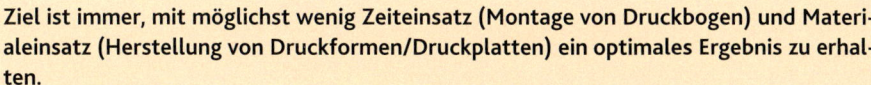

Ziel ist immer, mit möglichst wenig Zeiteinsatz (Montage von Druckbogen) und Materialeinsatz (Herstellung von Druckformen/Druckplatten) ein optimales Ergebnis zu erhalten.

Beim Ausschießen müssen viele Dinge beachtet werden: Der Bogen muss beim zweiseitigen Druck gewendet werden (siehe Umschlagen, Umstülpen). Neben dem Druckbogenformat und dem Falzschema ist auch die Bindeart und die Art des Zusammenführens der Druckbogen (Sammeln oder Zusammentragen) für das Ausschießmuster wichtig. Darüber hinaus ist die Laufrichtung des Papierbogens zu beachten und für das jeweilige Produkt anzupassen.

28.5.1 Einteilungsbogen/Druckbogen

Die Vorbereitung zum Ausschießen erfolgte früher manuell, heute jedoch auf elektronischem Wege mit sogenannten Ausschießprogrammen. Selbstverständlich gibt es für das Ausschießen bzw. die Weiterverarbeitung bestimmte Regeln, die eingehalten werden müssen: Vorgaben wie Beschnittzeichen, Passmarken, Falzmarken, etc. müssen u. a. schon in der Agentur, bzw. in der Druckvorstufe berücksichtigt und in die Druckdatei (z. B. PDF) integriert werden, damit diese im Ausschießprogramm korrekt eingesetzt werden kann.

Auf einem Einteilungsbogen bzw. Druckbogen sind alle Seiten mit dem korrekten Format, dem Satzspiegel, allen Montagezeichen wie Beschnitt, Falz und Passkreuze sowie die Anlage angegeben.

In der manuellen Bogenmontage wird ein Einteilungsbogen zum genauen Montieren der einzelnen Farbauszüge (Filme) verwendet.

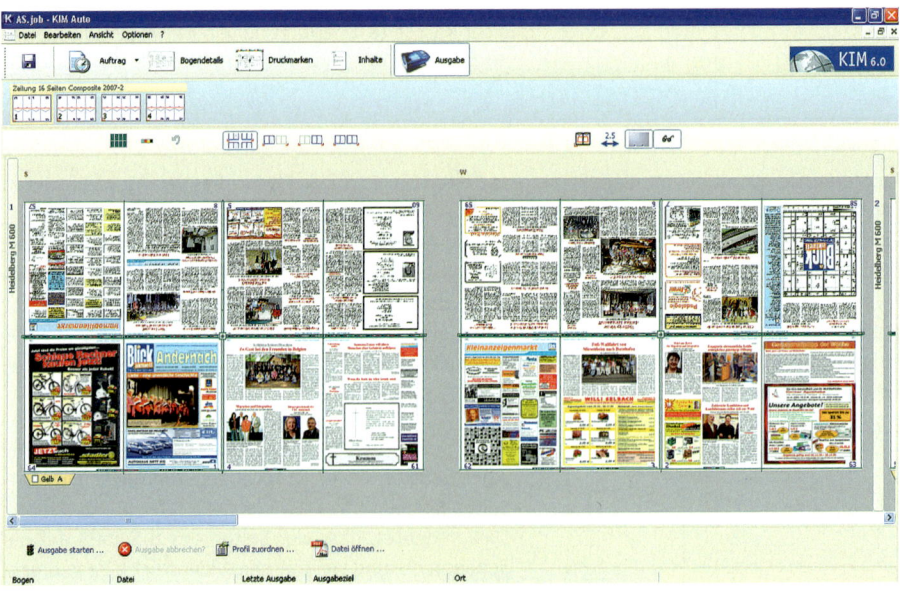

Einteilungsbogen/Druckbogen (Bildquelle: Krupp-Verlag, Sinzig)

In der digitalen Bogenmontage sind die Einteilungsschemata im Ausschieß-Programm abrufbar. In der digitalen Seitenmontage werden direkt die einzelnen PDF-Seiten mit einer Vorschau positioniert, sodass der Stand des Druckbogens auf der Offsetdruckplatte inkl. aller Elemente sofort optisch kontrolliert werden kann. Folgende Elemente kommen vor:

Flattermarke

Flattermarken (nur bei Büchern oder einer mehrlagigen Broschur) werden auf jedem Druckbogen im Bund zwischen der ersten und letzten Seite als kurze, schwarze Linie mitgedruckt. Beim ersten Bogen steht die Flattermarke am Kopf und wird bei jedem weiteren Bogen um die Höhe der Flattermarke nach unten versetzt.

Dadurch kann nach dem Zusammentragen der einzelnen Broschuren optisch kontrolliert werden, ob sich diese in der korrekten Reihenfolge befinden.

Stege

Die einzelnen Abstände zwischen den Seiten werden als Steg bezeichnet. Man unterscheidet Kopf-, Fuß-, Kreuz-, Bund-, Mittel- und Greifersteg (Greiferrand).

Am Greiferrand, bzw. der Greiferkante wird der Druckbogen von den Greifern der Druckmaschine gehalten um ihn durch die Druckmaschine zu transportieren. In diesem Bereich müssen – je nach Druckmaschinenmodell – mehrere Millimeter (ca. 10–20 mm) frei vom Druckbild bleiben.

Flattermarken

Bund

Der nicht bedruckte Raum zwischen den Satzspiegeln zweier nebeneinanderliegender Seiten wird Bund genannt. Hier erfolgt die Bindung (z. B. Rückendrahtheftung). Zu beachten ist, dass die Laufrichtung des Bogens parallel zum Bund liegt.

Passer
Unter Passer versteht man den korrekten Übereinanderdruck im Mehrfarbendruck. Zur Kontrolle werden die Passmarken bzw. Passkreuze eingesetzt.

Register
Mit Register wird der korrekte und deckungsgleiche Druck von Schön- und Widerdruck bezeichnet. Auf Registerhaltigkeit beim Text ist etwa durch Ausrichten der Textzeilen am Grundlinienraster zu achten. Beim Druck müssen die einzelnen Seiten deckungsgleich übereinander gedruckt werden – der Stand der Einzelseiten auf dem Einteilungsbogen für Schön- und Widerdruck muss gleich sein.

Anlage
Eine Druckmaschine besitzt zur korrekten Ausrichtung des Bogens Vordermarken und Seitenmarken. Die Seitenmarke schiebt den Bogen an der schmalen Seite auf seine geforderte Position, eine Vordermarke an der breiten Seite. Nach dem Wenden des Bogens wird die gegenüberliegende Seite des Bogens verwendet bzw. bedruckt. Somit ist sichergestellt, dass immer der gleiche Anlagewinkel des Druckbogens an der Seitenmarke ausgerichtet wird.

Anlagewinkel
Der Anlagewinkel wird von dem Winkel des Bogens gebildet, der an der Seitenmarke und der Vordermarke anliegt. Wichtig sind Anlage und Anlagewinkel zum Ausrichten und Wenden des Bogens. Darüber hinaus muss die Druckanlage mit der Falzanlage übereinstimmen, denn nur so ist ein registerhaltiges Druckprodukt gewährleistet.

Kontrollelemente
Zusätzlich können auf dem Standbogen Kontrollelemente für die Belichtung (Film oder Druckplatte) platziert werden. Dazu gehören u. a. der Ugra/Fogra EPS Kontrollstreifen sowie die Fogra Druckkontrollleiste. Mit beiden Elementen können je nach Einsatz die Plattenbelichtung oder der Fortdruck kontrolliert werden. Beide Kontrollelemente enthalten dafür Vollton-, Raster- und Diagnosefelder.

www.fogra.org

Wendearten
Umschlagen – der Bogen wird so gewendet, dass die Vordermarken unverändert bleiben und die Seitenmarke wechselt (Tausch der kurzen Bogenseite). Der Begriff kommt vom Vorgang des Umschlagens einer Buchseite.

Da hier nur die Seitenmarke wechselt, liegt der Bogen nach der Wendung wieder genauso wie beim ersten Druckgang. Dies hat den Vorteil, dass bei der Wendeart Umschlagen alle Seiten einer Drucksache in einer Form aufgebaut werden können, da z. B. bei einem 8-Seiter dort, wo vorher die Seiten 1, 8, 4, 5 lagen, auf der Rückseite die Seiten 3, 6, 2, 7 gedruckt werden. Somit ergibt eine Druckform mit allen acht Seiten beim Umschlagen zwei Nutzen des Druckproduktes.

> **Ist der Druckbogen doppelt so groß wie die Falzbogengröße, können alle Seiten des Falzbogens auf einer Seite, also in einer Druckform ausgeschossen werden.**

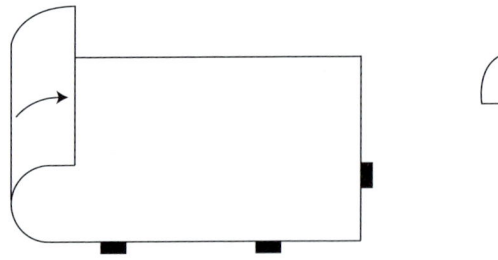
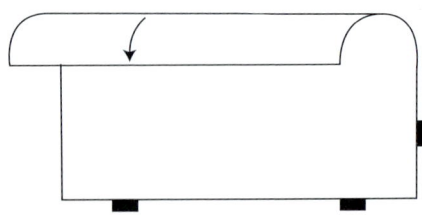

Umschlagen　　　　　　　　　　　　*Umstülpen*

Umstülpen – der Druckbogen wird so gewendet, dass die Seitenmarke bestehen bleibt, die Vordermarken jedoch wechseln (Tausch der breiten Bogenseite).

Zur Kontrolle Ihres Ausschießschemas können Sie folgende Punkte überprüfen:

1. Die Falzfolge legt das Ausschießschema fest. Falten Sie einen Dummy (Falzmuster) unter Einhaltung des vorgegebenen Falzschemas und benennen Sie danach die Seiten.
2. Der letzte Falz bildet den Bund.
3. Die erste und letzte Seite des Druckproduktes müssen im Bund nebeneinander stehen.
4. Im Bund nebeneinanderliegende Seiten ergeben in der Summe ihrer Seitenzahlen immer die Gesamtanzahl der Seiten plus 1.
5. Bei acht Seiten im Hochformat ist die Falzanlage bei den Seiten 3 und 4.
6. Bei 16 Seiten Hochformat und 32 Seiten Querformat liegt die Falzanlage bei den Seiten 5 und 6.
7. Ungerade Zahlen stehen links vom Bund, gerade stehen rechts.
8. Die innere und äußere Form bzw. Schön- und Widerdruck können durch eine Zahlenreihe ermittelt werden:

1	2	3	4
5	6	7	8

   Die äußeren Seitenzahlen bilden die äußere, die inneren die innere Form.
9. Bei der Herstellung eines Dummies ist zu beachten, dass nach dem Falzschema der Falzmaschine gefaltet wird. Dabei müssen die ersten Seiten des Dummies nach unten und nach rechts außen offen sein.

Die Kontrolle des Auschießschemas kann durch den Dummy erfolgen oder umgekehrt. Sind alle Seiten korrekt ausgeschossen, wird meist ein Formproof auf einem LFP (Large Format Printer) zur Kontrolle der Seiteninhalte sowie der Druckzeichen ausgegeben.

Erstellen Sie für die Broschüre mögliche Ausschießschemata nach den Ihnen vorliegenden Informationen. Achten Sie darauf, möglichst kostengünstig zu arbeiten, indem Sie für Ihren Druckauftrag die zeit- und materialschonendste Alternative finden. Die Plakate müssen natürlich nicht ausgeschossen werden, da ihr Format bereits die gesamte Druckform einnimmt.

28.5.2 Sammeln und Zusammentragen

Beim **Sammeln** werden die einzelnen Falzbogenlagen so ineinander gesteckt, dass sich eine fortlaufende Paginierung ergibt. Das Sammeln erfolgt in sogenannten Sammelheftern (hier fallen die Falzbogen der Reihenfolge nach aufeinander). Sind alle Falzbogen bzw. Signaturen in der korrekten Reihenfolge ineinander gesteckt, kann das Produkt mit der Rückendrahtheftung versehen werden (z. B. bei Zeitschriften).

Beim **Zusammentragen** werden einzelne Falzbogen übereinander gelegt. Um die korrekte Reihenfolge der Falzbogen zu gewährleisten, können die mitgedruckten, im Ausschießprogramm angelegten, Flattermarken kontrolliert werden (z. B. Werkdruck).

Sammeln zu Blocks

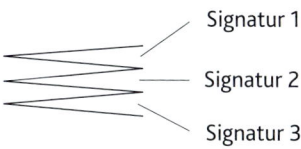

Zusammentragen von Falzbogen = ungebundene Mehrlagenblocks

Zusammentragen von Blättern = ungebundene Blätterblocks

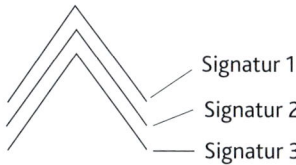

Sammeln durch Ineinanderstecken von Falzbogen = ungebundene Einlagenblocks

28.6 Schneiden

Da nie auf dem Endformat gedruckt wird, müssen alle Druckerzeugnisse (ob Rollen- oder Bogenware) nach dem Druck geschnitten werden, damit weitere Verarbeitungsschritte folgen können. Je nach Produkt wird auch zuerst gefalzt und anschließend geschnitten. Auch Veredelungsverfahren wie Lackieren können vor dem Schneiden erfolgen – z. B. in der Druckmaschine.

Im Rollendruck erfolgt der Schnitt **inline**, d. h. der Schneideapparat ist eine folgende Baugruppe der Druck- und Falzwerke.

Generell wird in Planschneiden, Schneiden von Bahnen, Beschneiden und Zuschneiden von Deckenmaterial unterschieden.

Planschneiden	Bahnen schneiden	Beschneiden	Zuschneiden
Schneiden von Druckbogen zu sogenannten Buchbinderbogen – einem nach dem Druck anhand der Schneidemarken beschnittenen Bogen, der danach gefalzt werden kann	Erfolgt in einer Baugruppe der Rollendruckmaschine. Die breite Rollenware wird nach dem Druck in einzelne Bahnen und/oder Bogen geschnitten	Beim Beschneiden wird mit dem 3-Messer-Schnitt ein Broschurblock dreiseitig beschnitten	Pappe oder Karton wird für die Buchproduktion als Deckenmaterial auf Format geschnitten

Drei Schneideprinzipien werden unterschieden: Messer-, Scher- oder Berstschnitt:

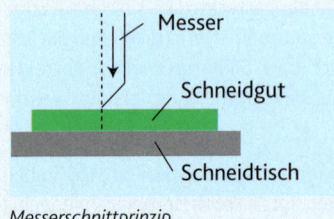

Das Messer schneidet gegen eine Ebene, die die Schneidkraft aufnimmt.

Messerschnittprinzip

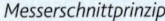

Das Übermesser arbeitet gegen ein Untermesser. Dabei wird das Schneidgut gegen das Untermesser abgeschert.

Scherschnittprinzip

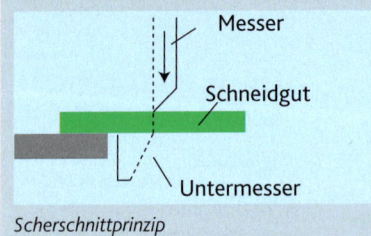

Das Messer arbeitet ohne Gegenwerkzeug. Die Schneidkraft wird durch die Spannkraft des eingespannten Schneidgutes kompensiert.

Berstschnittprinzip

Die bekannteste Maschine zum Planschneiden von Druckbogen ist der Planschneider:

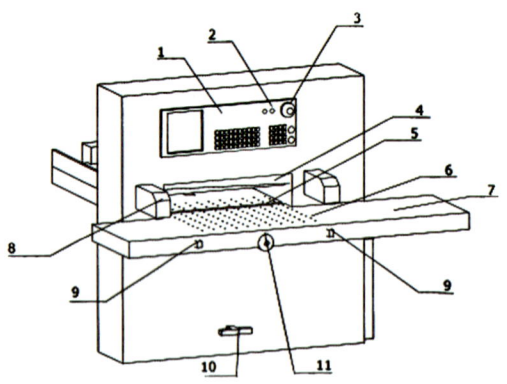

1. Bedienpult mit Bildschirm
2. Hauptschalter und Sicherheitsschloss
3. Pressdruckeinstellung
4. Messer
5. Schneidleiste
6. Maschinentisch mit Luftdüsen
7. Seitliche Ablagetische
8. Lichtschranke
9. Zweihandschnittauslösung
10. Fußhebel zum Aufsetzen des Pressbalkens
11. Manuelle Maßeinstellung

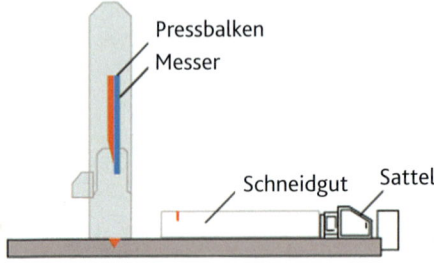

Aufbau eines Planschneiders

Zur Sicherheit des Bedieners kann der Schneidevorgang nur durch gleichzeitiges, beidhändiges Drücken der Schneidetasten ausgelöst werden.

Das Schema zeigt, dass das Schneidgut am Sattel anschlägt, damit die Bogen genau übereinander liegen. Ein Pressbalken fixiert mit hohem Anpressdruck das Schneidgut. Ein Messerbalken fährt mit dem Messer von oben in das Schneidgut und schneidet nach dem Messerschnittprinzip.

Im Planschneider kann der vom Papierhersteller gelieferte Rohbogen auf das Druckbogenformat geschnitten werden. Auch der Trennschnitt von Nutzen auf dem Druckbogen kann auf dem Planschneider erfolgen.

Steht für den Beschnitt der gedruckten Broschüre kein 3-Messer-Automat zur Verfügung, muss der Beschnitt an Kopf, Fuß und der rechten Seite des Druckproduktes auch mit dem Planschneider erfolgen.[1]

Gerade bei geringen Auflagen, wie den 2.000 Broschüren des Kundenauftrags, bietet sich dies auch an. Der Vorteil eines 3-Messer-Automaten gegenüber dem Einsatz des Planschneiders liegt in der Anzahl der Schnitte: ein Schneidevorgang gleichzeitig an allen drei Seiten im 3-Messer-Automat gegenüber drei einzelnen Schneidevorgängen beim Planschneider. Die Plakate können normal auf dem Planschneider geschnitten werden.

6.1.4 Zweistufiger Betriebsabrechnungsbogen einer Druckerei

Da für diesen Kundenauftrag neben der Gestaltung auch der Druck durch die *Druckfabrik* kalkuliert werden soll, muss man sich zunächst auch die Kostenstrukturen (also den Betriebsabrechnungsbogen) einer Druckerei genauer anschauen. Da die Druckerei der *Druckfabrik* andere Leistungen erbringt als die Abteilung, in der die Gestaltung stattfindet, weist der Betriebsabrechnungsbogen andere Kostenstellen auf. Diese Unterschiede werden im Folgenden erläutert.

Wie bereits dargestellt, werden die anfallenden Kosten wie Miete, Energie, Abschreibung etc. mithilfe eines Verteilungsschlüssels auf die Kostenstellen verteilt und über den Verrechnungssatz, der alle Kosten enthält, dem einzelnen Auftrag zugerechnet.

Vgl. LS 1, 6.1.2

Diese nicht direkt zurechenbaren und im gesamten Betrieb anfallenden Kostenarten nennen sich **Gemeinkosten**. In einer Druckerei hingegen fallen neben diesen Gemeinkosten auch einem Auftrag direkt zurechenbare Kosten an. Diese Kosten entstehen durch Fertigungsmaterialverbrauch (Papier, Farbe, Druckplatten) und nennen sich **Einzelkosten**.

In einer Agentur entstehen in der Regel nur geringe Kosten für Fertigungsmaterial, da die Art der Leistung, sieht man von der CD, auf der die entsprechenden PDF-Dateien gespeichert sind, ab, eher immateriell ist. In einer Druckerei hingegen stellt das **Fertigungsmaterial** einen großen Kostenfaktor in der Kalkulation dar und ist hier somit gesondert zu berücksichtigen.

Da neben den **Anschaffungskosten** des Fertigungsmaterials für seine Beschaffung und Lagerung noch weitere Kosten in Form von Miete für das Lager, Zinsen für das angeschaffte Fertigungsmaterial, Energiekosten für Beleuchtung und Heizung des Lagers etc. anfallen (**Materialgemeinkosten**), hat eine Druckerei in der Regel neben den Fertigungskostenstellen noch eine **Materialkostenstelle**. Insofern weist der Betriebsabrechnungsbogen einer Druckerei, neben den für eine Druckerei speziellen Fertigungskostenstellen, noch eine Materialkostenstelle auf.

Neben der Materialkostenstelle finden sich zudem in größeren Druckereien noch die Kostenstellen, **AV/TL** (**Arbeitsvorbereitung/Technische Leitung**), **Verwaltung** und **Vertrieb**. Sie stellen, wie in der Agentur die Kostenstelle „Verwaltung/Server" **Vorkostenstellen** dar, die auf die Endkostenstellen umgelegt werden

Vgl. diese LS, 6.2.3 und LS 1, 6.1

Unter die Arbeitsvorbereitung und die technische Leitung fallen z. B. Tätigkeiten der Personal- und Produktionsplanung oder auch der Qualitätskontrolle. Diese werden in der Regel von einem Druckermeister ausgeführt. Die Aufgaben der Verwaltung sind weitgehend mit denen vergleichbar, die auch in einer Agentur anfallen.

Die Druckerei Druckfabrik hat die im folgenden BAB aufgeführten Kostenstellen:

---

[1] Ein interaktives Lernprogramm für den Umgang mit einem Planschneider kann online unter www.polar-mohr.de durchgeführt werden

Kostenarten	Material	Druck-maschine 1	Druck-maschine 2	Platten-belichtung	Bogen-montage	großfor-matiger Drucker	Falz-maschine	Schneide-maschine	Heft-maschine	AV/TL	Verwaltung	Vertrieb
Einzelkosten												
Fertigungsmaterial	2.230.574,00											
Gemeinkosten												
Löhne und Gehälter	25.839,72	32.514,07	34.335,30	8.793,20	35.860,49	5.808,36	18.792,37	15.973,51	19.731,99	12.078,58	34.466,10	36.369,22
Gesetzl. Sozialkosten	5.297,14	6.665,38	7.038,74	1.802,61	7.351,40	1.190,71	3.852,44	3.274,57	4.045,06	2.476,11	7.065,55	7.455,69
Freiwillige Sozialkosten	413,19	519,98	549,13	140,61	574,39	45,66	282,44	273,82	296,56	113,90	513,21	263,38
Summe Personalkosten	**31.550,05**	**39.699,43**	**41.923,17**	**10.736,42**	**43.786,28**	**7.044,73**	**22.927,25**	**19.521,90**	**24.073,61**	**14.668,59**	**42.044,86**	**44.088,29**
Gemeinkostenmaterial	1.537,84	2.152,54	3.228,81	1.326,29	235,18	316,83	295,26	250,97	310,02	659,64	2.814,01	1.525,41
Fremdenergie (Strom, Wasser)	1.748,91	1.016,45	2.086,07	1.405,03	262,78	40,88	573,64	487,59	602,32	820,84	1.156,42	972,45
Instandhaltung, Reparaturen	1.485,41	2.159,19	3.860,25	5.844,07	523,57	3.644,25	1.486,83	1.263,81	1.561,17	1.067,91	2.936,76	2.469,55
Summe Sachgemeinkosten	**4.772,16**	**5.328,18**	**9.175,13**	**8.575,39**	**1.021,53**	**4.001,96**	**2.355,73**	**2.002,37**	**2.473,52**	**2.548,39**	**6.907,19**	**4.967,41**
Raummiete und Heizung	2.436,85	1.981,25	4.755,01	3.804,01	820,33	1.984,75	2.577,26	2.190,67	2.706,12	2.038,17	6.854,97	2.400,77
Kalkulatorische Abschreibung	20.756,73	15.402,67	44.993,69	54.810,49	8.175,27	1.367,91	6.953,82	5.910,75	7.301,51	9.437,09	25.951,99	21.823,26
Kalkulatorische Zinsen	73.458,61	4.004,69	11.698,36	8.906,70	1.063,35	894,62	1.584,88	1.347,15	1.664,12	5.319,34	11.878,17	9.988,46
Fertigungswagnis	2.274,64	1.328,34	2.250,71	1.736,86	1.101,55	1.216,57	652,37	554,51	684,99	527,24	1.449,92	1.219,25
Summe kalkulatorische Kosten	**98.926,83**	**22.716,95**	**63.697,77**	**69.258,06**	**11.160,50**	**5.463,85**	**11.768,33**	**10.003,08**	**12.356,74**	**17.321,84**	**46.135,05**	**35.431,74**
Summe Primärkosten	**135.249,04**	**67.744,56**	**114.796,07**	**88.569,87**	**55.968,31**	**16.510,54**	**37.051,31**	**31.527,36**	**38.903,87**	**34.538,82**	**95.087,10**	**84.487,44**
Umlage TL/AV	7.966,17	3.990,15	6.761,49	5.216,77	3.296,53	972,47	2.182,32	1.856,96	2.291,44			
Umlage Verwaltung	21.937,39	10.988,17	18.619,92	14.366,03	9.078,06	2.678,01	6.009,72	5.113,74	6.310,21			
Umlage Vertrieb	19.489,39	9.761,99	16.542,11	12.762,92	8.065,03	2.379,17	5.339,09	4.543,09	5.605,05			
Summe Gemeinkosten	**184.641,99**	**92.484,88**	**156.719,59**	**120.915,58**	**76.407,94**	**22.540,19**	**50.582,44**	**43.041,15**	**53.111,56**			

6.2.3 Zuschlagskalkulation

Wie stellt die *Druckfabrik* einen angemessenen Teil dieser Materialgemeinkosten (im Weiteren mit **MGK** abgekürzt) möglichst verursachungsgerecht einem Kunden in Rechnung?

Grundsätzlich wird unterstellt, dass, je höher der Materialeinsatz im Rahmen eines Auftrags ist, desto höher auch die hierdurch verursachten MGK sind.

Um für die Kalkulation die auftragsbezogenen MGK zu ermitteln, muss berechnet werden, in welchem Verhältnis die MGK zu den gesamten Kosten für den Verbrauch von Fertigungsmaterial stehen. Dieses Verhältnis wird dann in einem Prozentsatz, dem **MGK-Zuschlagssatz**, ausgedrückt.

	Materialkosten der gesamten Rechnungsperiode (pro Jahr)	MGK-Zuschlagssatz	Materialkosten eines Auftrags
Fertigungsmaterial	3.000.000,00 EUR		2.000,00 EUR
Materialgemeinkosten	300.000,00 EUR	10 %	200,00 EUR
Materialkosten	3.300.000,00 EUR		2.200,00 EUR

$$\text{MGK-Zuschlagssatz} = \frac{\text{Materialgemeinkosten (pro Jahr)} \times 100}{\text{Fertigungsmaterial (Verbrauch pro Jahr in EUR)}}$$

Dieser Zuschlagssatz wird zugrunde gelegt, um bei der Kalkulation eines Auftrags die Materialgemeinkosten zu berechnen.
Die **Materialgemeinkosten pro Jahr** finden sich im BAB in der Zeile „Summe Gemeinkosten" in der Kostenstelle „Material".

Diese Methode der Kalkulation nennt sich **Zuschlagskalkulation**, weil die Materialgemeinkosten dem Fertigungsmaterial zugeschlagen werden. Durch diese Methode wird erreicht, dass jeder Auftrag seinen Anteil an den gesamten MGK deckt. Alle Aufträge zusammen tragen auf diese Weise die in einem Jahr anfallenden MGK.[1]

Berechnen Sie den MGK-Zuschlagssatz der *Druckfabrik*, um zu einem späteren Zeitpunkt die Materialkostenkalkulation[1] für die Broschüre bzw. die Plakate durchführen zu können.

6.4 Kalkulation eines Druckprodukts

Um den Auftrag kalkulieren[2] zu können, müssen die einzelnen Produktionsschritte mit Kosten bewertet werden. Zusätzlich zum DTP entstehen für die *Druckfabrik* auch Kosten für den Druck. Hier sind im Gegensatz zu reinen Agenturleistungen als kostentreibende Faktoren noch Materialkosten und die vom Kunden geforderten Auflagenhöhen für das Plakat und die Broschüre zu berücksichtigen.

---

[1] BAB siehe Seite 572
[2] Für die Auszubildenden mit der Fachrichtung „Beratung und Planung" bietet es sich an, im Lehrbuch „Rechnungswesen für Medienberufe, Band 2" (im Einband abgebildet) die Kalkulation von Druckprodukten weiter zu vertiefen.

Ein Druckprodukt oder eine DVD wird immer mit einer bestimmten Stückzahl (Auflage) gefertigt. Während beispielsweise eine Internetseite erstellt und dann online gestellt wird, entstehen bei Druckprodukten oder DVDs zusätzlich zur Produktion und Gestaltung des Inhalts, durch die (körperliche) Produktion weitere Fertigungsprozesse und in der Folge weitere Kosten. Diese sind dann von der gedruckten oder gepressten Auflage abhängig. Man unterscheidet in diesem Zusammenhang auflagenfixe und auflagenvariable Kosten.

Bei der Produktion der Broschüre fallen Kosten für das DTP nur einmal an, unabhängig davon, wie viele Stücke gedruckt werden. Der Druck und die Weiterverarbeitung verursachen mit steigender Auflagenzahl auch steigende Kosten, weil hierfür eine höhere Fertigungsdauer und mehr Material notwendig sind.

Kosten in Abhängigkeit von der Auflagenhöhe	
auflagenfix	**auflagenvariabel**
• Gestaltung • Bogenmontage • Proofs • Druckplattenherstellung • Rüsten (Einrichten) von Maschinen • Materialzuschüsse, die durch die Einrichtung von Maschinen entstehen • Druckplatten (Material)	• Fertigungsmaterial, dass bei der Ausführung (Fortdruck) verbraucht wird • Maschinenkosten während der Ausführungsdauer

Grafisch stellt sich der Sachverhalt wie folgt dar:

Alternative Auflagenhöhen eines Druckprodukts:

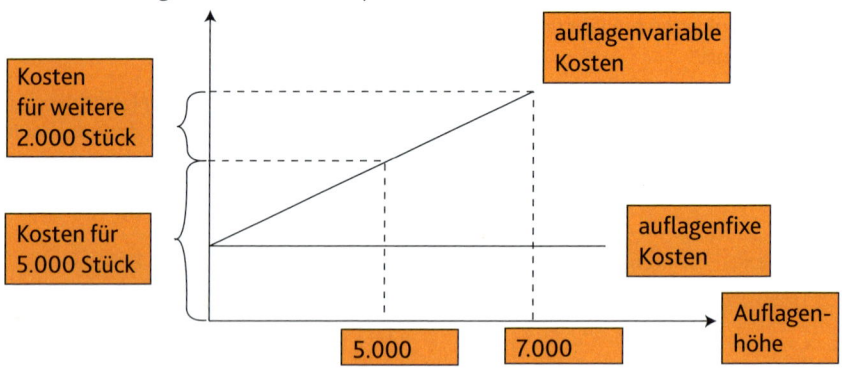

Man erkennt, dass für den Druck der zusätzlichen 2.000 Stück keine weiteren auflagenfixe Kosten entstehen, weil beispielsweise die Druckplatten für diesen Auftrag nur einmal hergestellt werden müssen. Für die Kalkulation der Auflagenerhöhung müssten somit nur die auflagenvariablen Kosten für die Erhöhung der Auflage berechnet werden.

Fertigungsprozess einer Broschüre im Offset-Druck

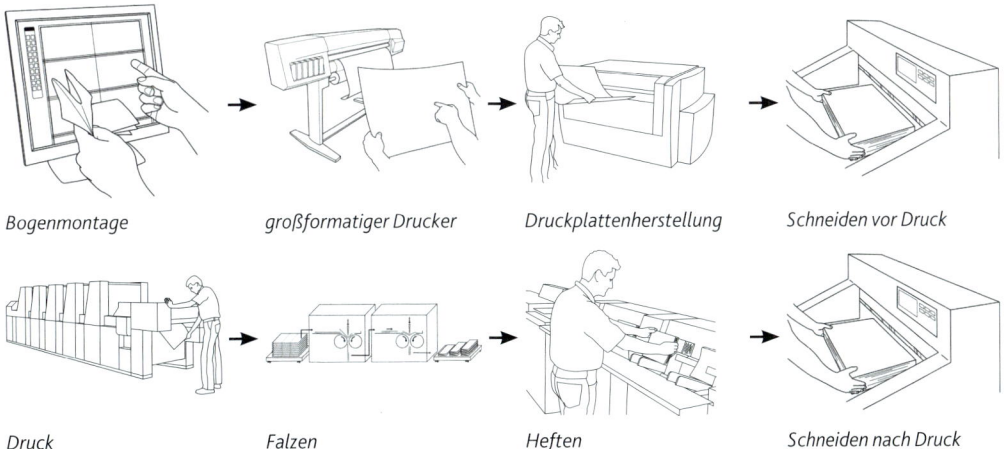

Bogenmontage — großformatiger Drucker — Druckplattenherstellung — Schneiden vor Druck

Druck — Falzen — Heften — Schneiden nach Druck

Die **belichtungsfähigen Daten** in Form der gestalteten Seiten erhält die Druckerei der Druckfabrik von der Gestaltungsabteilung in digitaler Form.

Folglich müssen zunächst ermittelt werden:

- die Fertigungsdauer der Bogenmontage und des Drucks,
- die bedruckte und belichtete Fläche beim Formproof und bei der Druckplattenherstellung und
- die Menge des benötigten Fertigungsmaterials.

Im Anschluss daran werden die so ermittelten Leistungen mit in der Kostenstellenrechnung berechneten Kalkulationssätzen (Minutensätze, m²-Sätze, Materialgemeinkostenzuschlagssatz) bewertet.

Berechnen Sie hierzu zunächst mit dem Stundenverrechnungssatz und dem m²-Satz, die notwenigen Kalkulationssätze mithilfe der folgenden Daten:

Kostenstelle	Auslastung (Fertigungsstunden/ Durchsatzmenge)
Material	gem. Ihrer Berechnung aus 12.2.3
Druckmaschine 1	1.300 Stunden/Jahr
Druckmaschine 2	1.300 Stunden/Jahr
Druckplattenherstellung	2.000 m²/Jahr
Bogenmontage	1.300 Stunden/Jahr
Formproof	2.000 m²/Jahr
Falzen	1.000 Stunden/Jahr
Schneiden	1.000 Stunden/Jahr
Heften	1.000 Stunden/Jahr

Vgl. LS 1, 6.2.1, 6.2.2 sowie 6.2.3

6.4.1 Nutzenberechnung

Der erste Schritt in der Kalkulation einer Druckleistung ist die Nutzenberechnung eines Druckbogens. Neben der Auflagenhöhe beeinflusst dieser **Nutzen** verschiedene weitere Produktionsschritte. Der Druckbogen-Nutzen bestimmt zunächst, wie viele Seiten eines Exemplars auf einen Druckbogen passen. Zudem sind vom Nutzen die Anzahl der zu bedruckenden Druckbogen (Papierbedarf) und somit auch die Fertigungsdauer abhängig. Insofern geht die Nutzenberechnung allen weiteren Kalkulationsschritten voraus.

Der Druckbogen-Nutzen ist die Anzahl der geschlossenen Endformate (**nicht Seiten**) eines Objekts, die auf einen Druckbogen passen.

Das geschlossene Endformat DIN-A4 passt zweimal auf einen Druckbogen, der Druckbogen-Nutzen ist somit doppelt. Auf der anderen Seite des Bogens werden die Seiten 1 (Rückseite der Seite 2) und 4 (Rückseite der Seite 3) gedruckt und dann in der Mitte gefalzt. Die Seitenzahl pro Druckbogen beträgt in diesem Fall also vier.

Wäre das Endformat des Prospekts DIN-A3, (29,7 cm x 42 cm) hätte der Druckbogen einen einfachen Nutzen.

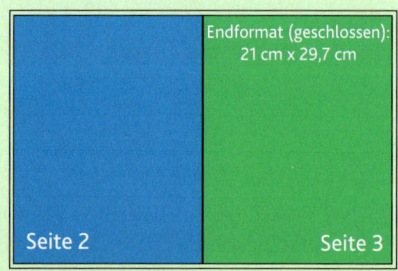

Druckbogen (31,5 cm x 44 cm)

Es ist aufgrund einer aus Kostengründen niedrig zu haltenden Fertigungsdauer sinnvoll, eine möglichst hohe Anzahl an Seiten des Endprodukts auf einem Druckbogen zu drucken, also einen möglichst hohen Nutzen zu erzeugen. Dies hängt jedoch auch von der zur Verfügung stehenden Maschinengröße bzw. dem -format ab.

Der Nutzen ist auch bei der Frage relevant, wie viele Druckbogen aus einem Rohbogen erzeugt werden können. Dieser Aspekt spielt allerdings erst bei der Materialkostenkalkulation eine Rolle.

6.4.2 Druckformherstellung

Unter der **Druckform** sind im Offsetdruck die Druckplatten zu verstehen, mit deren Hilfe die Druckfarbe auf den Druckbogen gebracht wird. Der Prozess der Druckformherstellung besteht aus:

- der Bogenmontage
- dem Formproof
- der Druckplattenherstellung

6.4.2.1 Bogenmontage

> Der erste Fertigungsschritt der kalkuliert werden muss, ist die Bogenmontage. Ermitteln Sie hierzu zunächst die Anzahl der zu montierenden Druckformen.

Die Druckform wird zunächst auf einer Bogenseite (digital) montiert. Bei zweiseitigem Druck (**Schön- und Widerdruck**) werden für jeden Druckbogen grundsätzlich zwei Druckformen montiert, einer für die „Schön-Seite", und einer für die „Wider-Seite". Für jede Seite eines Druckbogens findet somit eine Bogenmontage statt, denn für jede zu bedruckende Seite eines Druckbogens werden in der Regel später auch Druckplatten hergestellt.

Bogenmontage

Vgl. LS 10, 28.5

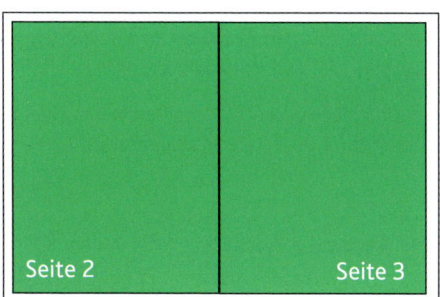
Bogen-Vorderseite

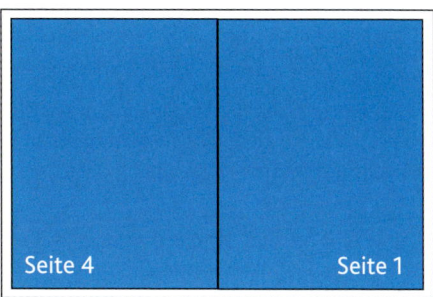
Bogen-Rückseite

Durch den doppelten Nutzen muss in obigem Beispiel nicht für jede Seite eine Druckform montiert werden. Die Anzahl der zu montierenden Druckformen halbiert sich deshalb im Vergleich zu einem einfachen Nutzen. Analog würde sich die Anzahl der zu montierenden Druckformen bei vier Nutzen vierteln. Die Anzahl der zu montierenden Druckformen berechnet sich somit wie folgt:

$$\text{Anzahl der zu montierenden Druckformen} = \frac{\text{Seiten des Endprodukts}}{\text{Druckbogen-Nutzen}}$$

Die Ausnahme von dieser Rechnung bildet der Druck, bei dem auf einer Druckbogenseite mehrere (identische) Seiten eines Objekts montiert werden.

Druckform für den Druck von einseitig bedruckten Visitenkarten:

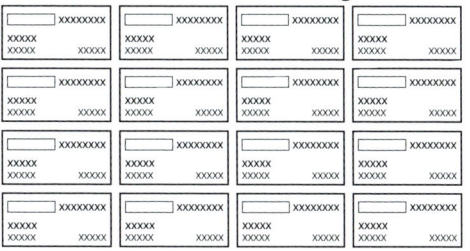

Hier wäre das Ergebnis gemäß obiger Rechnung 1/16 (montierte Bogen). Es ist allerdings leicht erkennbar, dass für diesen Auftrag eine (ganze) Druckform montiert werden muss.

Kosten der Bogenmontage

Vgl. LS 1, 6.1.2

Wie bereits erläutert, wird hier die **Verrechnungssatzkalkulation** angewandt. Da die Arbeitsschritte im Druck in der Regel durch Arbeitszeitstudien sehr präzise ermittelt worden sind und die Arbeitsplatzkosten durch die Höhe des investierten Kapitals sehr hoch, werden die Verrechnungssätze in einer Druckerei in Minuten angegeben. So können die Kosten genauer ermittelt werden, denn bereits geringe Abweichungen bei der Fertigungsdauer können nennenswerte Kostenabweichungen verursachen. Die Einheit einer Stunde wäre deshalb zu groß und somit zu ungenau. Der Minutensatz der jeweiligen Arbeitsplätze wird aus dem Stundensatz ermittelt:

$$\text{Minutensatz} = \frac{\text{Stundensatz (EUR/h)}}{60 \text{ Min/h}}$$

Der Arbeitsvorgang der Bogenmontage gliedert sich in **Rüsten** und **Ausführen**.

- Das Rüsten beinhaltet das Öffnen der Dateien und das Aufrufen des Ausschießschemas – die Vorlage, nach der die Bogen montiert werden.
- Die Rüstzeit fällt bei jedem Auftrag ein Mal an. Die Ausführung wird von den Rechenvorgängen des Rechners bzw. des Netzwerks bestimmt und läuft weitgehend automatisiert ab.

Die Ausführungszeit für die Bogenmontage ist abhängig von den später herzustellenden Druckplattenformaten. Die Abstufungen der möglichen Druckplattenformate mit den dazugehörigen Ausführungszeiten sind in der folgenden Tabelle dargestellt.

Kalkulieren Sie mithilfe des von Ihnen weiter oben in diesem Kundenauftrag berechneten Verrechnungssatzes die Kosten der Bogenmontage.

- Rüsten: 7 Minuten
- Ausführen:

Vgl. LS 9, 6.3.2

	Bearbeitungszeit je Form (Min.)			
bis Druckplattenformat (in cm)	36 x 52	48 x 65	52 x 74	72 x 102
Text ohne Bilder	3,0	4,0	5,0	6,0
Text mit Farbbildern[1]	5,5	7,5	9,5	11,5

Kosten der Bogenmontage:
Rüsten = Bearbeitungsdauer (Min) x Minutensatz (EUR/Min)
Ausführen = montierte Bogen x Bearbeitungsdauer (Min) x Minutensatz (EUR/Min)

6.4.2.2 Formproof

Beim **Formproof** druckt ein großformatiger Drucker einen (Probe-) Druckbogen aus, der identisch mit dem Druckbogen ist, der später in der Druckmaschine gedruckt wird. Der Formproof dient dazu, die digital montierten Seiten zu kontrollieren.

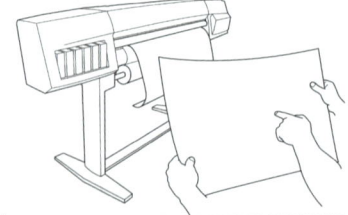

---

[1] Bei einem Text mit Farbbildern fällt eine längere Bearbeitungszeit an, weil die Datenmenge bei Bildern größer ist als bei Text und deshalb der Rechner länger in Anspruch genommen wird.

Kosten des Formproof

Die Kosten des Formproof werden mit der **Divisionskalkulation** errechnet.

Berechnen Sie auf der Basis des von Ihnen weiter oben ermittelten m²-Satzes des großformatigen Druckers für die folgenden Formate die Stückkostensätze:

	Formate		
bis Format (in cm)	36 x 52	52 x 74	72 x 102

Kosten der Proofs:
Pro Ausdruck = Stückkosten (EUR/m²) x Fläche des Formats (m²)

6.4.2.3 Druckplattenherstellung

Im Anschluss an die Bogenmontage und den Formproof wird die Druckplatte hergestellt. Jede Druckplatte druckt nur eine Farbe auf den Druckbogen. Über die Farbmischung wird dann die entsprechende Farbabstufung auf dem Druckbogen erzeugt. Die vier Farben, mit denen im Offsetdruck alle Farben dargestellt werden können, sind Cyan, Magenta, Gelb (Yellow) und Schwarz (**CMYK**). Somit werden vier Druckplatten benötigt.

Um die Druckplattenanzahl eines Auftrags zu errechnen, müssen die gedruckten Farben mit der Anzahl der montierten Bogen multipliziert werden, denn für jede bedruckte Seite eines Druckbogens wird ein Satz Druckplatten benötigt.

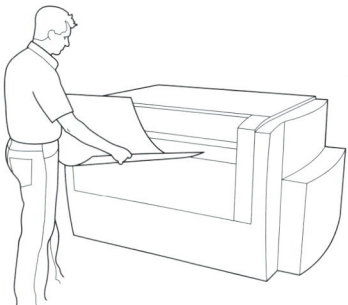

Druckplattenherstellung

Druckplattenbedarf = montierte Druckformen x Anzahl der Farben

Kosten der Druckplattenherstellung
Die Stückkosten je Druckplatte werden wie beim Formproof mit der **Divisionskalkulation**, kalkuliert.

Vgl. LS 9, 6.3.2

Kosten je Druckplatte = Stückkosten (in EUR/m²) x Format der Druckplatte (in m²)

	Formate			
bis Format (in cm)	36 x 52	48 x 65	52 x 74	72 x 102

Berechnen Sie
- auf der Basis des von Ihnen weiter oben berechneten m²-Satzes des Plattenbelichters für das benötigte Druckplattenformat den Stückkostensatz.
- unter Berücksichtigung der benötigten Druckplatten und des Stückkostensatzes die Kosten der Druckplattenherstellung.

6.4.3 Druck

Die Kosten des eigentlichen Drucks entstehen durch die Dauer der Nutzung der Kostenstelle. Somit wird hier mit der **Verrechnungssatzkalkulation** kalkuliert.

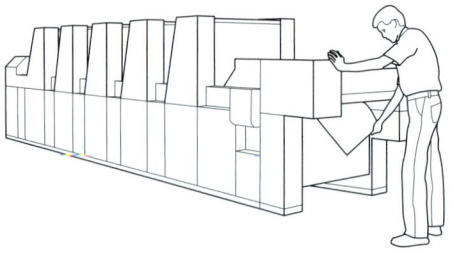

Druck

Die Druckmaschine 1, auf der der Auftrag gedruckt werden soll, weist für den Druck der Broschüre die folgenden Leistungswerte auf:

Druckmaschine 1:	
Maximales Bogenformat:	52 cm x 72 cm
maximale Druckleistung pro Std.:	8.000 Stück
Stundensatz:	75,43 EUR
	Dauer (Min)
Rüsten	104
Ausführen/1.000 Druck	12

Kalkulieren Sie auf der Basis des von Ihnen in 6.4 berechneten Minutensatzes die Kosten des Drucks für die geforderte Auflage von 2.000 Stück.

Das **Rüsten** beinhaltet das Vorbereiten der Maschine auf den Auftrag sowie die Platten- und den Farbwechsel und ist auflagenunabhängig (**auflagenfix**).

Das **Ausführen** ist der eigentliche Produktionsvorgang, bei dem die für den Kunden bestimmten Exemplare der Broschüre bedruckt werden. Die Ausführungszeit der Druckmaschine ist von der Auflagenhöhe abhängig (**auflagenvariabel**) und in 1.000 Stück (Druckzahl) angegeben.

Die **Druck-Zahl** ist die Anzahl der Bogendurchläufe incl. Bogen-Zuschuss, die (im Schön- und Widerdruck) gezählt wird.

Berechnen Sie jedoch zuvor den Bogen-Zuschuss, der später aufgrund mangelnder Qualität „aussortiert" wird. Die Berechnung hierzu finden Sie unter dem Punkt 6.4.5.1.

Kalkulation der Druckkosten:
Rüsten = Dauer (Min) x Minutensatz (EUR/Min)
Ausführen = Dauer (Min) x Druckzahl (in Tsd. Stück) x
　　　　　　 Minutensatz (EUR/Min)

6.4.4 Weiterverarbeitung

Nach dem Druck werden die bedruckten Bogen weiterverarbeitet. Im Folgenden werden die Kalkulationsdaten der Weiterverarbeitungsmethoden dargestellt, die für die Broschüre relevant sind. Beachten Sie, dass bei jedem Weiterverarbeitungsvorgang der noch bestehende Zuschuss an Exemplaren „mitverarbeitet" wird. Die Zuschuss-Exemplare nehmen dabei von Vorgang zu Vorgang ab, entsprechend der „Zuschuss-Art" (s. Zuschuss-Berechnung).

Vgl. diese LS, 6.4.5.1

6.4.4.1 Falzen

Ermitteln Sie für die Kalkulation die Anzahl der Falze, die nach dem Trennschnitt der beiden Exemplare (vgl. weiter unten in 12.4.4.2) ausgeführt werden müssen.

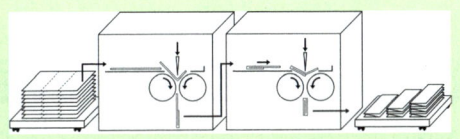

Falzen und Schneiden

Analog zum Druck verursacht das Rüsten der Maschine für den Auftrag auch hier auflagenfixe und für das Ausführen auflagenvariable Kosten:

Rüsten:	15 Min
Ausführen:	je 1000 Exemplare
1 Bruch	7 Min
2 Bruch	7,5 Min
3 Bruch	8 Min
4 Bruch	8,5 Min

6.4.4.2 Schneiden

Wenn die Broschüre gefalzt ist, wird sie noch auf das Endformat geschnitten, weil die (unbedruckten) Ränder entfernt werden müssen.

Zudem muss der Rohbogen vor dem Druck auf das Druckbogenformat geschnitten werden. Weil das Schneiden vor und nach dem Druck getrennte Arbeitsgänge sind, muss *je* ein Rüstvorgang kalkuliert werden.

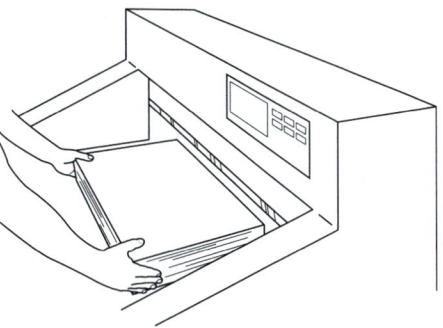

Schneiden

Ermitteln Sie für die Kalkulation die Anzahl der Schnitte, die vor und nach dem Druck ausgeführt werden müssen. Hierfür steht ein Planschneider zur Verfügung. Beachten Sie dabei, dass durch den umschlagenen Druck zunächst ein Trennschnitt durchgeführt werden muss. Zudem muss der Rohbogen auf das Druckbogenformat geschnitten werden. Wählen Sie dabei das Druckbogenformat so, dass Sie mit möglichst wenigen Schnitten auskommen. Beachten Sie hierbei zudem, dass die Broschüre zum Umschlagen gedruckt wird.

Vgl. diese LS, 20.6

Beim Schneiden bestimmen die Anzahl der Schnitte die entstehenden Kosten mit, deshalb wird hier auch mithilfe der **Verrechnungssatzkalkulation** kalkuliert. Auch hier bestehen die Kosten auch aus einem auflagenfixen und auflagenvariablen Teil. Für jeden Schneidevorgang, der von einem anderen Arbeitsgang unterbrochen wird, muss *je* ein Rüstvorgang kalkuliert werden.

Rüsten:	6 Min
Ausführen je Schnitt:	1 Min/1.000 Exemplare

6.4.4.3 Heften

Am Ende des Fertigungsprozesses wird die Broschüre mit einer Rückendrahtheftung geheftet. Auch hier ist die Dauer der kostentreibende Faktor, sodass mit der Verrechnungssatzkalkulation kalkuliert wird.

Rüsten:	10 Min
Ausführen:	86 Min/1.000 Exemplare

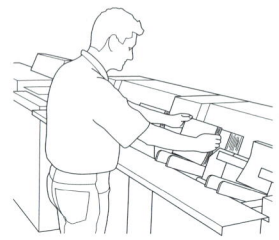

Heften

6.4.5 Fertigungsmaterial

Für den Druck wird Fertigungsmaterial in Form von

- Papier,
- Druckfarbe,
- Druckplatten
- Heftdraht (Gemeinkostenmaterial)

benötigt.

6.4.5.1 Druckbogenbedarf

Berechnen Sie den Druckbogenbedarf unter Beachtung der in der Auftragsbeschreibung angegebenen Formate für:

- das Endformat der Broschüre
- das Druckbogenformat
- das Rohbogenformat

Die Kosten der Rohbogen betragen 268,12 EUR/1.000 Stück.

Da bei der Produktion in der Regel Ausschuss anfällt, müssen Zuschüsse bei der Druckbogenkalkulation beachtet werden. Dieser Ausschuss entsteht z. B. beim Einrichten der Maschine oder durch die Entnahme von Kontrollexemplaren beim Fortdruck sowie bei der Weiterverarbeitung.

Folgende Zuschüsse sind zu den Nettodruckbogen (also den Druckbogen ohne Zuschüsse) für diesen Auftrag zu berechnen:

Einrichtezuschuss:	160 Bogen
Fortdruckzuschuss:	**je** 1,1 % der Nettodruckbogen für den Schön- und Widerdruck
Falzzuschuss:	1 % der Nettodruckbogen
Zuschuss für Schneiden:	1 % der Nettodruckbogen
Zuschuss für Heften:	0,5 % der Nettodruckbogen

6.4.5.2 Druckplattenbedarf

Berechnen Sie die Anzahl der für den Auftrag benötigten Druckplatten. Die Anschaffungskosten der Druckplatten betragen 3,50 EUR je Stück.

6.4.5.3 Farbe

Der Farbverbrauch hängt ab von der:

- Druckdichte
- Anzahl der zu bedruckenden Druckbogen

Als Druckdichte wird der Prozentsatz an Farbe bezeichnet, der anteilmäßig auf einem Farbauszug zu finden ist.

Würden alle cyanfarbenen Rasterpunkte sowie Volltonflächen dieser Farbe in einer Ecke des Druckbogens „zusammengeschoben", kann man den Anteil der Farbfläche zum Druckformat und somit die Druckdichte von Cyan bestimmen. 40 % Druckdichte bedeuten in diesem Zusammenhang, dass 40 % des Druckbogens vollflächig mit Cyan bedruckt wäre.
Der Farbverbrauch wird bei kleinen Auflagen (wie bei diesem Auftrag) in der Regel mit der Farbverbrauchstabelle ermittelt:

	Farbmenge in g / Farbkosten in EUR je 1.000 Druck				
	bis Bogen-format in cm	Druckdichte bis			
		10 %	20 %	40 %	60 %
Schwarz	39 x 28	35 / 0,35	55 / 0,55	90 / 0,90	120 / 1,20
	36 x 52	60 / 0,60	90 / 0,90	145 / 1,45	205 / 2,05
	48 x 65	95 / 0,95	140 / 1,40	235 / 2,35	330 / 3,30
	52 x 74	115 / 1,15	175 / 1,75	290 / 2,90	405 / 4,05
	72 x 102	225 / 2,25	340 / 3,40	565 / 5,65	790 / 7,90
Bunt (je Farbe)	39 x 28	35 / 0,60	55 / 0,90	90 / 1,45	120 / 1,95
	36 x 52	60 / 1,00	90 / 1,45	145 / 2,35	205 / 3,30
	48 x 65	95 / 1,55	140 / 2,25	235 / 3,80	330 / 5,30
	52 x 74	115 / 1,85	175 / 2,80	290 / 4,65	405 / 6,50
	72 x 102	225 / 3,60	340 / 5,45	565 / 9,05	790 / 12,65

Berechnen Sie mithilfe der Farbverbrauchstabelle den Farbverbrauch für den Auftrag. Beachten Sie dabei, dass die kalkulierten Druckbogen im Schön- und Widerdruck bedruckt werden.

6.4.6 Grenzmenge

Das Plakat kann die *Druckfabrik* im Offset- oder im Digitaldruck ausführen. Neben den technischen und qualitativen Entscheidungsfaktoren sollen auch die Kosten berücksichtigt werden. Es geht also darum, unter Berücksichtigung der Auflage das kostengünstigste Verfahren zu ermitteln. Wenn nicht zwingende technische Gründe für einen Siebdruck, der fremd vergeben werden müsste, sprechen, sollte der gesamte Auftrag im Unternehmen behalten werden, um eigene Kapazitäten auszulasten.

Kosten des Offset-Drucks:
auflagenfix 570,41 EUR,
auflagenvariabel je 1.000 Stück: 41,12 EUR

Kosten des Digitaldrucks:
auflagenfix 35,80 EUR,
auflagenvariabel je 1.000 Stück: 850,87 EUR

Um diese Frage zu beantworten, muss man die beiden Kostenverläufe der Druckverfahren miteinander vergleichen und die Menge ermitteln, bei der die Kosten beider Verfahren bei gleichem Papiergewicht und gleichem Druckbogennutzen zunächst gleich hoch sind (**Grenzmenge**).

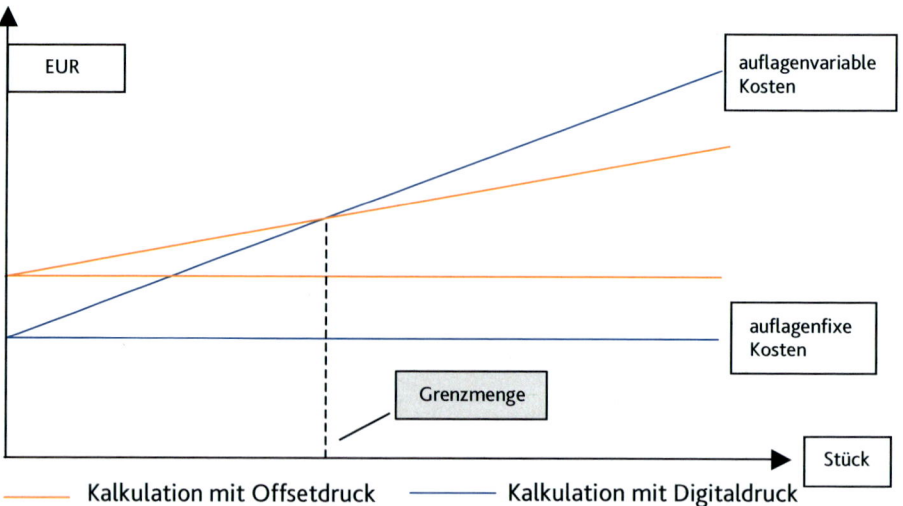

Die **Grenzmenge** ist in der Abbildung oben der Punkt, an dem sich die beiden Kostenfunktionen schneiden. An dieser Stelle sind die Kosten beider Verfahren gleich. Durch den stärkeren Anstieg der auflagenvariablen Kosten des Digitaldrucks ist der Offset-Druck ab einer bestimmten Auflagenhöhe kostengünstiger. Allerdings erzeugt der Offset-Druck höhere auflagenfixe Kosten. Dies hat folgende Gründe:

Eine Digitaldruckmaschine benötigt keine Druckplatten. Der recht aufwändige Prozess der Druckplattenherstellung entfällt deshalb.

Der Platten- und Farbwechsel, der bei einer Offsetdruckmaschine für jeden Auftrag anfällt, findet folglich bei der Digitaldruckmaschine nicht statt. Der Grund hierfür ist, dass beim Digitaldruck die notwenigen Daten, wie bei einem „normalen" Laserdrucker, direkt vom Rechner über das Netzwerk zum Ausgabegerät gelangen.

Allerdings hat die Digitaldruckmaschine eine geringere Fortdruckleistung. Das hat zur Folge, dass der Fortdruck, also der nach dem Einrichten eigentlich vonstatten gehende Druck der Exemplare, mehr Zeit in Anspruch nimmt und folglich mehr Kosten verursacht.

Um die Grenzmenge rechnerisch zu ermitteln, müssen wieder Selbstkosten in die auflagenfixen und auflagenvariablen Bestandteile aufgeteilt werden. Danach müssen die beiden Kostenfunktionen gleich gesetzt und nach „x" aufgelöst werden. So erhält man die Auflagenhöhe, bei der beide Verfahren kostengleich fertigen.

	auflagenfixe Kosten (in EUR)	auflagenvariable Kosten je 1.000 Stück (in EUR), x = Auflagenhöhe
Offset- Druck	35,80	249,43 x
Digitaldruck	289,93	82,27 x

Grenzmenge:
$289{,}93 + 82{,}27\,x = 35{,}80 + 249{,}43\,x$
$\Leftrightarrow 254{,}13\text{ EUR} = 167{,}16\text{ EUR}\,x$
$\Leftrightarrow 1{,}5202 = x$

In diesem Beispiel ist ab einer Auflage von 1.521 Stück der Einsatz der Digitaldruckmaschine kostengünstiger. Der Grund hierfür sind die geringeren auflagenfixen Kosten. Bei großen Auflagen hat die Digitaldruckmaschine allerdings aufgrund der geringeren Fortdruckleistung gegenüber der Offsetdruckmaschine Kostennachteile.

6.4.7 Kalkulationsschema

In der Angebotskalkulation werden alle Kosten zusammengefasst (**Selbstkosten**). Zudem wird ein Gewinnzuschlag auf die Selbstkosten aufgeschlagen, damit nicht nur die Kosten für den Auftrag gedeckt werden, sondern auch noch ein Gewinn für das Unternehmen entsteht.

Vgl. LS 9, 6.3.3

Kalkulieren Sie den Brutto-Angebotspreis für die Produktion der Broschüre.
Fertigungsmaterial
+ Materialgemeinkosten
= **Materialkosten**
+ Fertigungskosten Druck
+ Fertigungskosten Gestaltung
= **Selbstkosten**
+ Gewinnzuschlag 15 %
= **Netto-Angebotspreis**
+ Umsatzsteuer 19 %
= **Brutto-Angebotspreis**

Falzen
Falzarten: Parallelfalzung, Kreuzfalzung oder kombinierte Falzung

Fertigungsprozess des Druckprodukts

1. **Druckformherstellung**
   - *Bogenmontage*
   - *Formproof*
   - *Druckplattenherstellung*

2. **Druck**

3. **Weiterverarbeitung**
   - *Schneiden vor dem Druck*
   - *Heften (Binden)*
   - *Falzen*
   - *Schneiden nach dem Druck*

Kalkulationsmethoden

Verrechnungssatz-kalkulation:	Divisionskalkulation:	Zuschlagskalkulation:
• Bogenmontage • Druck • Falzen • Schneiden • Heften	• Formproof • Druckplattenherstellung	• Fertigungsmaterial

4. **Auflagenabhängige und auflagenunabhängige Kosten**
   - *Auflagenfixe Kosten sind von der Auflagenhöhe unabhängig (z. B. Rüsten einer Maschine)*
   - *Auflagenvariable Kosten steigen mit der Auflagenhöhe z.B. Fortdruck*

5. **Grenzmenge**
   Auflagenhöhe, ab der der Druck mit einem alternativen Verfahren oder einer alternativen Druckmaschine kostengünstiger ist.

1. **Ausschießen**
   Übertragen Sie Ihre Kenntnisse des Ausschießens auf einen 16-Seiter. Bestimmen Sie die Anzahl der möglichen Druckformen bei entsprechenden Druckbogengrößen:
   - Druckbogengröße = Falzbogengröße
   - Druckbogengröße = doppelte Falzbogengröße

2. **Druck**
   a) Druckmaschinen mit 8 Farbwerken besitzen in der Regel in der Mitte eine Wendeeinrichtung für den 4/4-farbigen Druck. Welche Wendeart kann innerhalb der Maschine nur zum Einsatz kommen?
   b) Warum ist die Druckform im Offsetdruck immer seitenrichtig?

3. **Weiterverarbeitung**
   Auf einem Druckbogen befinden sich zwei Nutzen eines Flyers. Die beiden Nutzen stehen nicht Kopf an Kopf, sondern 20 mm voneinander getrennt auf dem Druckbogen. Berechnen Sie die Anzahl der notwendigen Schnitte auf einem Planschneider, um die Nutzen voneinander zu trennen und die Flyer auf das Format zu beschneiden.

4. **Kalkulation**
   Kalkulieren Sie die Fertigungskosten der Druckmaschine für folgende Aufträge:

   a) Objekt: Werbeplakat, 1-seitig (Text mit Farbbildern)
      Format: DIN-A3 (29,7 cm x 42 cm)
      Auflage: 2.000 Stück

Leistungsdaten der Druckmaschine:

Verrechnungssatz:	2,20 EUR/Min
	Dauer (Min)
Rüsten:	80
Ausführen pro 1.000 Stück Druck:	12

Für den Auftrag laufen beim Ausführen inklusive Zuschuss 2.020 Druckbogen durch die Maschine (2.020 Druck).

b) Objekt: Zeitschrift, 32-seitig
   Auflage: 8.000 Stück
   Netto-Druckbogenbedarf (Druckbogen ohne Zuschuss): 16.000 Stück
   Ausführungs- und Weiterverarbeitungszuschuss: 4,7 %
   Druckplattenbedarf: 16 Stück im Format 72 cm x 102 cm

Leistungsdaten der Druckmaschine:

Verrechnungssatz:	6,32 EUR/Min
	Dauer (Min)
Rüsten:	178
Ausführen je 1.000 Druck:	8,6

Stückkosten der Druckplattenherstellung: 64,08 EUR/m²

Weitere Angaben:
- die Druckbogen liegen geschnitten vor
- die Bogen liegen bereits digital montiert vor, sodass der Arbeitsprozess mit der Druckplattenherstellung beginnt
- die Weiterverarbeitung wird fremd vergeben und vom durchführenden Unternehmen dem Kunden in Rechnung gestellt

Kalkulieren Sie die Fertigungskosten (Druckplattenherstellung und Druck). Um die Dauer der Ausführung zu ermitteln, berechnen Sie zuvor die Anzahl der Druckbogen, die für den Auftrag durch die Druckmaschine laufen (Druckzahl). Bedenken Sie dabei, dass die Vorder- und Rückseite der Druckbogen bedruckt werden.

c) Objekt: Kalender (Text mit Farbbildern)
   Umfang: 13 Seiten, einseitig
   Endformat: 29,7 cm x 42 cm
   Druck: 1-seitig, 4 Farben
   Auflage: 20.000 Stück

   Netto- Druckbogenbedarf: 260.000 Stück
   Ausführungs- und Weiterverarbeitungszuschuss: 2,9 % auf Netto-Druckbogen
   Rüstzuschuss: 1.600 Bogen (werden bei der Ausführungsdauer nicht berücksichtigt)
   Zu montierende Druckformen: 13 Stück
   Druckplattenbedarf: 52 Stück im Format 36 cm x 52 cm

Leistungsdaten der Druckmaschine:

Verrechnungssatz:	0,61 EUR/Min
	Dauer (Min)
Rüsten:	1.351
Ausführen je 1.000 Druck:	45,2

Leistungsdaten der Bogenmontage:

Verrechnungssatz:	1,04 EUR/Min
	Dauer (Min)
Rüsten:	7
Ausführen pro montiertem Bogen:	5,5

Stückkosten der Druckplattenherstellung: 64,08 EUR/m²
Stückkosten für den Formproof: 11,95 EUR/m²

Fertigungsmaterial:
- Bezugskosten der Druckplatten: 3,50 EUR/Stück
- Bezugskosten der Druckbogen: 50,00 EUR/1.000 Stück
- Farbkosten: 1.882,77 EUR
- Materialgemeinkostenzuschlagssatz: 10 %

Weitere Angaben:
- Druckbogen liegen geschnitten vor
- die Weiterverarbeitung wird fremd vergeben und vom durchführenden Unternehmen dem Kunden in Rechnung gestellt.

Kalkulieren Sie die Selbstkosten des Auftrags.

d) Objekt: Zeitschrift (Text mit Farbbildern)
   Umfang: 40 Seiten
   Endformat: 14,35 cm x 21 cm (geschlossen)
   Druck: 2-seitig, 4 Farben
   Auflage: 5.000 Stück
   Netto–Druckbogenbedarf: 25.000 Stück
   Ausführungs- und Weiterverarbeitungszuschuss: 5,2 % auf Netto-Druckbogen

   Rüstzuschuss: 1.240 Bogen
   Zu montierende Druckformen: 10 Stück
   Druckplattenbedarf: 40 Stück im Format 36 cm x 52 cm

Leistungsdaten der Druckmaschine:

Verrechnungssatz:	1,34 EUR/Min
	Dauer (Min)
Rüsten:	870
Ausführen je 1.000 Druck:	24,4

Leistungsdaten der Bogenmontage:

Verrechnungssatz:	1,04 EUR/Min
	Dauer (Min)
Rüsten:	7
Ausführen pro montiertem Bogen:	5,5

Stückkosten der Druckplattenherstellung: 64,08 EUR/m²
Stückkosten für den Formproof: 11,95 EUR/m²

Fertigungsmaterial:
- Bezugskosten der Druckplatten: 3,50 EUR/Stück
- Bezugskosten der Druckbogen: 24,85 EUR/1.000 Stück
- Farbkosten: 388,32 EUR
- Materialgemeinkostenzuschlagssatz: 10 %

Weitere Angaben:
- die Druckbogen liegen geschnitten vor
- die Weiterverarbeitung wird fremd vergeben und vom durchführenden Unternehmen dem Kunden in Rechnung gestellt

5. **Auflagenfixe und auflagenvariable Kosten**
   a) Berechnen Sie zu Aufgabe 4a die Kosten bei einem Druck von 4.000 und 6.000 Stück.
   b) Ermitteln Sie zu Aufgabe 4d die auflagenfixen und auflagenvariablen Selbstkosten und kalkulieren Sie den Auftrag für eine Auflagenhöhe von 10.000 Stück.

6. **Grenzmenge**
   a) Folgende Kosten entstehen für einen Druckauftrag bei zwei alternativen Druckmaschinen:

Maschine 1:	
Stundensatz:	184,41 EUR
	Dauer (min)
Rüsten (auflagenfix)	120
Ausführen / 1.000 Stück (auflagenvariabel)	11,8

Maschine 2:	
Stundensatz:	274,20 EUR
	Dauer (min)
Rüsten (auflagenfix)	89
Ausführen / 1.000 Stück (auflagenvariabel)	5,5

Ermitteln Sie die Grenzmenge, ab der beim Auftrag der Einsatz der Maschine 2 vorteilhaft ist.
   b) Für einen Auftrag kann mit dem Offset- und dem Digitaldruckverfahren gearbeitet werden.

	Offset	Digital
auflagenfix	420,48 EUR	42,75 EUR
auflagenvariabel	65,13 EUR	662,73 EUR

Ermitteln die das kostengünstigere Verfahren.

7. Skizzieren Sie am Beispiel der Fertigung der Broschüre aus dem Kundenauftrag in folgender Weise den Workflow von der Idee bis zum fertigen Produkt:

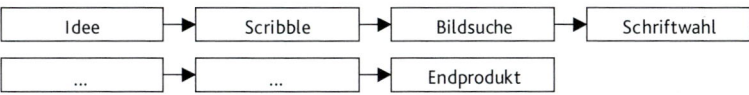

Berücksichtigen Sie dabei folgende Begriffe und beschreiben Sie die jeweiligen Funktionen bzw. Einsatzbereiche: RIP, OPI, Trapping, Ausschießen, Proof, Postscript, Druckertreiber.

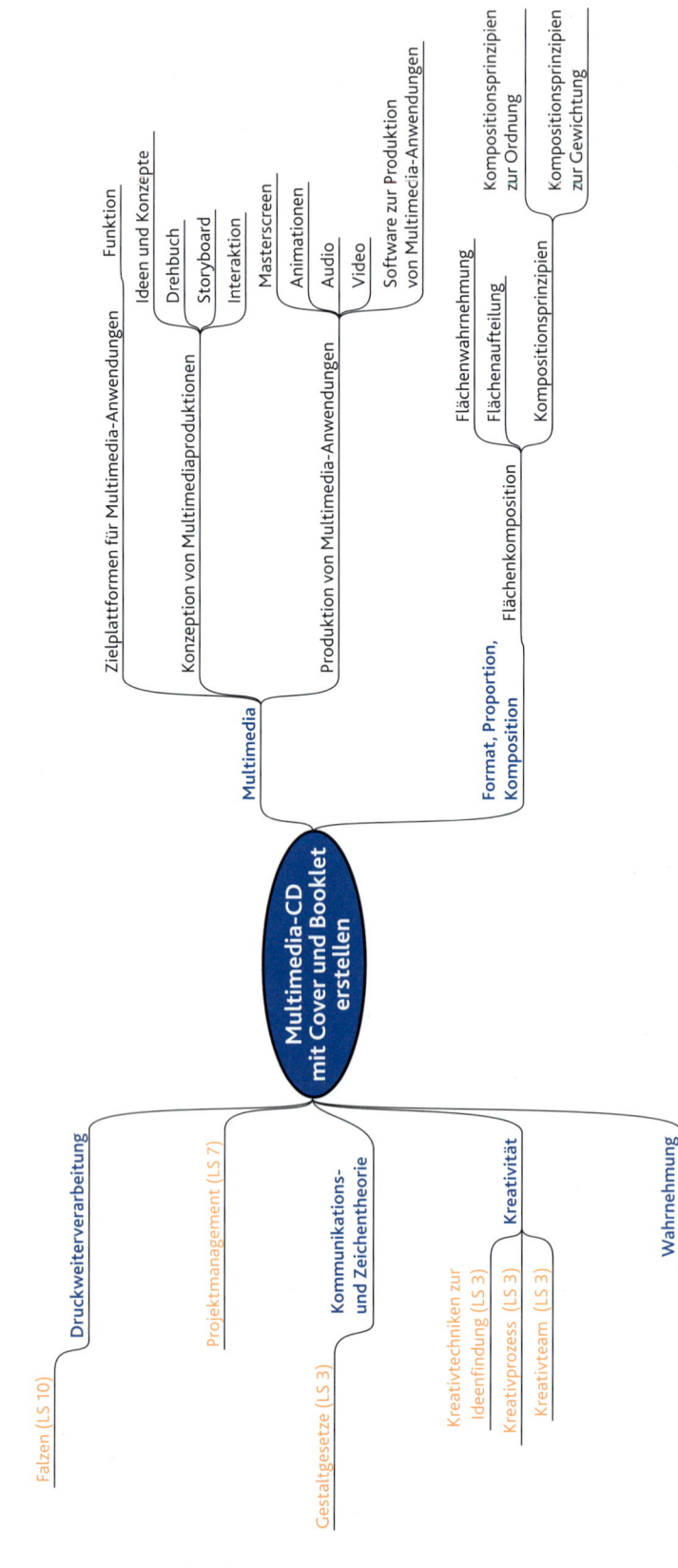

11 Multimedia-CD mit Cover und Booklet erstellen

11 Multimedia-CD mit Cover und Booklet erstellen

Der Steinmetzbetrieb **Steindesign** möchte sich den Kunden mithilfe einer Multimedia-CD näher vorstellen. Die CD soll als Image CD dienen und im Wesentlichen die Präsentation des Betriebs und die Vielfalt der dort angefertigten Produkte beinhalten. Dies geschieht vor dem Hintergrund, dass viele Verbraucher einen Steinmetzbetrieb auch heute noch hauptsächlich mit der Anfertigung und Gestaltung von Grabsteinen und Gedenktafeln in Verbindung bringen. Die Angebotspalette von **Steindesign** reicht jedoch von der Fensterbank und der Schreibtischplatte über Waschbecken, Schalen und Vasen sowie Küchenarbeits- und Waschtischplatten bis hin zu Skulpturen, Grabsteinen und Gedenktafeln. Zum Einsatz kommen sämtliche Natursteinarten in vielfältiger Oberflächengestaltung.

Die Multimedia-CD soll einen modernen Firmenauftritt beinhalten, der vor allen eine jüngere Zielgruppe anspricht und die vielfältigen Nutzungsmöglichkeiten von Natursteinprodukten im Wohn- und Arbeitsbereich aufzeigt.

Für die CD sollen auch ein passendes Cover sowie ein Booklet in den Standardabmessungen 120 mm x 120 mm (plus Beschnitt) erstellt werden. Das Cover soll eine Brücke zwischen dem traditionellen Handwerk des Steinmetzes und der modernen Ausrichtung des Betriebes Steindesign widerspiegeln. Für die Multimedia-CD und das Booklet stehen ein Text über die Firmengeschichte sowie eine Reihe von Bildern zur Verfügung.

Cover und Booklet sollen in einer Auflage von 1000 Stück gedruckt werden.

Aufgaben:
- Planung, Konzeption und Erstellung einer Multimedia-CD für die Firma Steindesign
- Layout und Gestaltung des Covers, Booklets und des Einschubs auf der Rückseite (für Slimcase) für die Multimedia-CD Steindesign (Nutzen Sie bestehende Vorlagen aus dem Internet als Vorlage für CD-Cover und -Booklet sowie den rückseitigen Einschub.)
- Auswahl einer geeigneten Papierart und eines passenden Druckverfahrens für Cover, Booklet und Einschub an der Rückseite
- Auswahl einer geeigneten Falzart und der dazu passenden Falztechnik für das Booklet

www.meindruckportal.de/Servicebereich/Vorlagen.aspx

29 Multimedia

Neben den üblichen Druckprodukten wie Folder, Broschüren und Plakate, nutzen viele Firmen inzwischen auch verstärkt digitale Medien zur Firmenpräsentation. Zusätzlich zu einem Internetauftritt werden zu diesem Zweck auch häufig Multimedia-CDs und -DVDs erstellt. Diese bieten den Vorteil, dass sie leicht zu transportieren und flexibel einsetzbarsind, und die Datenmenge nicht durch Verbindungsgeschwindigkeiten, sondern lediglich durch die Speicherkapazität des Datenträgers begrenzt ist, welche insbesondere bei DVDs für diese Zwecke kaum ausgenutzt werden wird.

Als erster Einstieg in den Themenbereich „Multimedia" soll zunächst ein Blick auf grundlegende Begrifflichkeiten und Funktionen erfolgen.

Vor dem Einstieg in die Planung einer Multimedia-Anwendung werden zunächst grundlegende Begrifflichkeiten und Funktionen erläutert.

Der Begriff **Multimedia** setzt sich aus „Multi" (lat. viel) und „Medium" (lat. das Publikum) zusammen, wobei „Medium" im modernen Sinne der „Medien" gebraucht wird. Bei einer Multimedia-Anwendung handelt es sich also um eine Kombination verschiedener Medienarten.

In welche Bereiche lassen sich Medien einteilen?
Im Wesentlichen wird zwischen diskreten und der kontinuierlichen Medien unterschieden.

Diskrete Medien:	Kontinuierliche Medien:	Multimedia:
Information ist abhängig vom Wert, z. B. Texte, Bilder, Grafiken	Information ist vom Wert und vom Zeitpunkt abhängig, z. B. Animationen, Audios, Videos	Verknüpfung unterschiedlicher Medien in einem Produkt

In Multimedia-Systemen (Multimedia-Anwendungen) werden diskrete und kontinuierliche Medien miteinander kombiniert.

Multimedia-Anwendungen enthalten daher meist mindestens ein Medium aus jedem der beiden Bereiche. Sie werden vielfältig eingesetzt:

Einsatzbereich	Anwendungsbeispiele
Telekommunikation	Videotelefonie
Unterhaltungselektronik	Filme, Computerspiele etc.
Fernsehen und Rundfunk	Interaktive Sendungen, z. B. mit Abstimmungsmöglichkeiten über die Film-/Musikauswahl und Wettbewerbsbeiträge etc.
Verlage	E-Books, Lern-CD-ROMs, Online-Magazine, Image-CDs, Simulationen etc.

Im Vergleich mit anderen Medien bieten Multimedia-Anwendungen häufig die Möglichkeit der **Interaktion** zwischen dem Benutzer (Mensch) und dem Programm (System). Dies kann entweder mithilfe von Tastatur und Maus, wie auch bei der Bedienung des Betriebssystems und gängiger Software üblich, geschehen oder es werden Touchscreens eingesetzt.

Touchscreen: Druckempfindlicher Bildschirm zur Eingabe und Navigation durch Berühren der Bildschirmoberfläche mit den Fingern oder speziellen Stiften

Auch Sprachsteuerung und Spracherkennung zählen zu den Interaktionsmöglichkeiten von Multimedia-Anwendungen.

Welche Medien aus dem Bereich der diskreten und kontinuierlichen Medien, sollen für die Multimedia-CD der Firma Steindesign genutzt werden? Erstellen Sie eine Auflistung.

29.1 Zielplattformen für Multimedia-Anwendungen

Multimedia-Anwendungen können auf unterschiedlichen Zielplattformen vielfältig eingesetzt werden. Reisende können sich z. B. schon vor Beginn des Urlaubs ein Bild vom Hotel und dem ausgewählten Reiseziel machen, Kunden können sich über die Produktpalette und Dienstleistungen eines

Betriebs informieren, Schüler können Lernspiele zur Unterstützung und Motivation nutzen, die Wirkung einer neuen Brille oder Frisur lässt sich multimedial simulieren, Museen und Ausstellungen bieten virtuelle Rundgänge an, Videokonferenzen ermöglichen eine flexiblere Arbeitsgestaltung usw.

29.1.1 Funktion

Multimedia-Systeme werden dahingehend unterschieden, ob die Anwendung gleichzeitig erstellt und genutzt wird, sogenannte **Echtzeitsysteme** wie Videokonferenzen und Online-Teaching oder ob die Anwendung zuerst produziert und dann zu beliebiger Zeit an beliebigem Ort genutzt werden kann, wie z. B. Lernprogramme.

Orts- und zeitunabhängig nutzbare Multimedia-Systeme sind am stärksten verbreitet. Diese können hinsichtlich ihrer Funktion verschiedenen Bereichen zugeordnet werden:

Bereich	Erläuterung	Beispiele
Point of Information POI Informationssysteme	Systeme zur Informationsvermittlung	Lexika, Kataloge, Online-Dokumentationen, Terminals in öffentlichen Gebäuden
Edutainment Lernsysteme	Schulungssysteme zur Wissensvermittlung mit motivierenden Inhalten	Computer Based Training (CBT), Web Based Training (WBT)
Infotainment Informationssysteme	Informationsvermittlung auf unterhaltsame Art und Weise	Multimedia-Zeitschriften, Online-Magazine, interaktive Museums- und Reiseführer
Point of Presentation POP Präsentationssysteme	Multimediale Präsentation auf Konferenzen, Tagungen, Messen etc.	Produkt- oder Firmenpräsentation
Point of Sale POS Verkaufssysteme	Systeme für den Verkauf oder zur Verkaufsunterstützung	Online-Shops, Buchungssysteme
Simulationen	Veranschaulichung z. B. von technischen Abläufen	Technische Abläufe, Kundendialog
Unterhaltung	Multimediale Unterhaltung mithilfe von Spielen jeglicher Art	Computerspiele

29.2 Konzeption von Multimedia-Produktionen

Die Konzeption einer Multimedia-Produktion gliedert sich in mehrere Phasen, angefangen von der Initialisierung über die Erstellung eines Grundkonzeptes bis hin zum Feinkonzept. Das gesamte Phasenmodell umfasst zusätzlich noch die Bereiche Realisierung, Einführung und Nutzung und wurde von der Firma „Real Vision Gesellschaft für Medien-Software und -Systeme" entwickelt:

6-Phasenmodell

Konzeption			Produktion	Vermarktung	
Initialisierung	Grundkonzept	Feinkonzept	Realisierung	Einführung	Nutzung
Ideenfindung Lösungsansätze	Organisation Grobkonzept	Feinplanung Drehbuch Storyboard	Einzelteile erstellen und zusammenfügen	Zielgruppentest	Einsatz des Produkts

Ausgehend von diesem 6-Phasenmodell werden zunächst die Bereiche näher beleuchtet, die den Bereich der Konzeption bereffen.

29.2.1 Ideenfindung

Am Anfang jeder Multimedia-Konzeption – dies gilt selbstverständliche auch für Konzeptionen anderer Art – steht die Entwicklung eines soliden Grundkonzeptes, aus dem sich tragfähige Ideen entwickeln lassen. Dabei steht zunächst im Vordergrund, welchen Mehrwert der Kunde durch die Nutzung der geplanten Image-CD-ROM im Vergleich mit bereits vorhandenen Medien erhalten soll und wie sich dieser mittels der CD-Inhalte abbilden lässt. In diesem Zusammenhang ist eine Zielgruppenanalyse von besonderer Bedeutung, damit Konzept und Zielgruppe ineinander greifen und nicht aneinander vorbeilaufen. Dazu bildet das Kundengespräch oder ein detaillierter schriftlicher Kundenauftrag die Grundlage.

Vgl. LS 3, 8.3

Darauf aufbauend können erste Ideen entwickelt, gesammelt und überprüft werden. Ferner gilt es, unterschiedliche Umsetzungen zu erörtern und in einem Exposé zusammenzufassen. Der Kunde hat nun die Möglichkeit, anhand des Exposés die Brauchbarkeit der verschiedenen Ideen zu überprüfen und sich für die Weiterentwicklung einer bestimmten Planung zu entscheiden.

> Erstellen Sie eine Zielgruppenanalyse für den Einsatzbereich der Multimedia-CD von **Steindesign** und sammeln Sie erste Ideen für Ihr Konzept. Nutzen Sie dazu geeignete Kreativtechniken.

Nach der Entscheidung, welche Ideen weiterverfolgt werden sollen, sind noch eine Reihe konzeptioneller Vorüberlegungen notwendig. Diese beinhalten z. B. die folgenden Bereiche:

- Welche Inhalte liegen für die Produktion bereits vor?
- Werden weitere Inhalte – und wenn ja welche – für die Umsetzung benötigt?
- Wie viele Mitarbeiter sind für die Umsetzung des Projekts notwendig?
- Welche Mitarbeiter sollen beteiligt werden?
- Sind weitere organisatorische Rahmenbedingungen zu klären

etc.

Vgl. LS 7, 23

> Sichten Sie die vorhandenen Inhalte, listen Sie fehlende Inhalte auf und erstellen Sie einen Arbeitsablauf- und Zeitplan inklusive der Verteilung der Aufgaben innerhalb der Arbeitsgruppe.

Nach den konzeptionellen Vorüberlegungen geht es um die konkrete Planung der Inhalte, sowohl in schriftlicher Form als auch mithilfe von Skizzen.

29.2.2 Drehbuch

Inhaltliche Ideen und technische Einstellungen einer Multimedia-Produktion können mithilfe eines Drehbuches gezielt und geordnet schriftlich festgehalten werden. Dies ist unabhängig davon, ob es sich bei der Produktion um einen Film oder eine Multimedia-Produktion anderer Art, wie z. B. einer Website mit multimedialen Inhalten, oder einfach eine Animation handeln soll. Das Drehbuch bietet in allen Fällen die Grundlage der weiteren Produktion und dient als textlicher Entwurf zur konzeptionellen Präsentation des Inhalts. Lediglich die Komplexität der Inhalte und Anweisungen kann unterschiedlich sein.

> **Drehbuch:** Detaillierte schriftliche Darstellung einer Multimedia-Produktion bzw. eines Films

Ein Drehbuch hat in einer Multimedia-Produktion folgende Aufgaben:

- Inhalte erfassen und strukturieren
- Navigationsstruktur planen
- Inhalte modularisieren (unterschiedlichen Bereichen zuordnen)
- Ablauf vereinheitlichen
- Kommunikation im Produktionsteam erleichtern

Drehbücher lassen sich aufgrund ihres Anwendungsbereiches und ihrer Struktur in zwei Hauptgruppen unterteilen:

Art des Drehbuches	Merkmale	Anwendungsbereiche
Klassisches Drehbuch	• Lineare Struktur • Beschreibt zusammenhängende Geschichte • Handlung und Dialog werden getrennt aufgeführt • Bild-, Ton- und ggf. Kameraeinstellungen werden aufgeführt	Filme, Videos, Animationen
Drehbuch für Produktionen mit Navigationsstruktur	• Hypertextstruktur (nicht linear) • Navigationsstruktur vorhanden • Einteilung in Screens statt in Szenen mit Bild-/Ton-/Kameraeinstellungen	Websites, Lern-CD-ROMs, Spiele, Bedienoberfläche bei Automaten etc.

Unabhängig von der Anwendung und der Struktur eines Drehbuches gilt für jeden einzelnen Screen / jede Szene:
- Von wo kommt der Benutzer?
- Welche Inhalte soll der Screen / die Szene enthalten?
- Wohin kann der Benutzer weitergehen?

Dem Schreiben des Drehbuchs für eine Multimedia-Produktion geht daher die Festlegung der Navigationsstruktur voraus. Anschließend werden die Inhalte der einzelnen Screens beschrieben.

Beispiel-Drehbuch einer Tischlerei
1. Navigationsstruktur und Anzahl der Screens

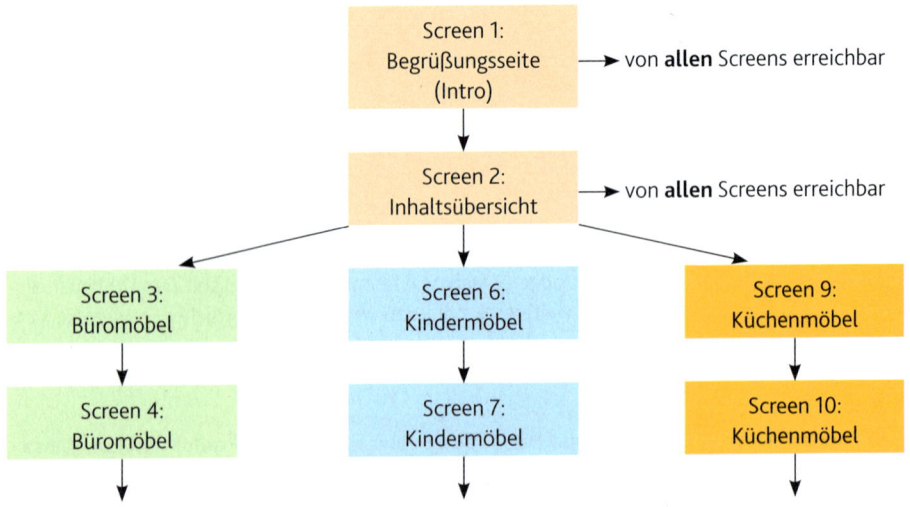

Lernsituation Multimedia – CD mit Cover und Booklet erstellen | 11

| Screen 5: Büromöbel | | Screen 8: Kindermöbel | | Screen 11: Küchenmöbel |

| | | Screen 12: Impressum | → von **allen** Screens erreichbar |

2. Inhalte der Screens

Screen 1: Einleitung (Homepage)*	• Flash-Intro mit Musikhinterlegung als Diashow mit Bildern der Produkte aus den einzelnen Produktbereichen • Bilder werden der Reihe nach ein- und ausgeblendet • Dauer: 5 Sekunden, kann übersprungen werden!
Screen 2: Inhaltsübersicht*	• Kontaktdaten auf jeder Seite unten sichtbar • Übersicht der Angebotspalette • Gruppenbild vom Chef und den Mitarbeitern • Interaktive Schaltflächen zu den drei Themenbereichen Büro-, Kinder- und Küchenmöbel
Screen 3: Büromöbel	• Beschreibung des Bereichs • Abbildung eines Büromöbels links
Screen 4: Büromöbel	• Diashow mit bereits produzierten und verkauften Möbelstücken und Büroeinrichtungen
Screen 5: Büromöbel	• Ansprechpartner mit Bild und Kontaktdaten für den Bereich Büromöbel • Link zu: Einrichtungsplaner für das Büro
Screen 6: Kindermöbel	• Beschreibung des Bereichs • Abbildung eines Kindermöbels links
Screen 7: Kindermöbel	• Diashow mit bereits produzierten und verkauften Einzelmöbelstücken und Kinderzimmereinrichtungen
Screen 8: Kindermöbel	• Ansprechpartner mit Bild und Kontaktdaten für den Bereich Kindermöbel • Link zu: Computerspiel für Kinder
Screen 9: Küchenmöbel	• Beschreibung des Bereichs • Abbildung einer Küchenfront links
Screen 10: Küchenmöbel	• Diashow mit bereits produzierten und verkauften Einzelmöbelstücken und Komplettküchen
Screen 11: Küchenmöbel	• Ansprechpartner mit Bild und Kontaktdaten für den Bereich Küchenmöbel • Link zu: Küchenplaner
Screen 12: Impressum*	• Vorgeschriebene Angaben zum Betrieb inklusive Handelssitz, Steuernummer und Gerichtsstand

* Screen 1 (Homepage), Screen 2 (Inhaltsübersicht) und Screen 12 (Impressum) sind von allen Screens erreichbar!

Vorteile eines Drehbuchs

- Dient als Denk- und Planungshilfe
- Erfasst Inhalte und Abläufe in Textform zum Nachlesen
- Bildet die Struktur der gesamten Produktion ab
- Fehlende Inhalte in der Planung können leicht erkannt und ergänzt werden

1. Verfassen Sie ein Drehbuch für die gewünschte Multimedia-Produktion, hier „Image-CD Steindesign".
2. Legen Sie dabei zunächst die Anzahl der Screens und die Navigationsstruktur fest.
3. Notieren Sie dann die geplanten Inhalte und Besonderheiten für jeden Screen.

29.2.3 Storyboard

Neben dem Drehbuch, findet bei Multimedia-Produktionen jeglicher Art meist auch ein Storyboard Anwendung.

Der Begriff **Storyboard** setzt sich aus den beiden englischen Begriffen „Story" (Geschichte) und „Board" (Brett, Tafel) zusammen. Ursprünglich fanden Storyboards im Bereich von Zeichentrickfilmen Anwendung, indem alle Szenen auf Papier oder Pappe skizziert und anschließend auf einem länglichen Board der Reihe nach an der Wand aufgehängt wurden.

Auch bei Multimedia-Produktionen dient das Storyboard zur Visualisierung der Inhalte. Die schriftlich festgehaltenen Inhalte und Abläufe aus dem Drehbuch werden im Storyboard zeichnerisch als Scribbles umgesetzt.

Storyboard: Zeichnerische Umsetzung der einzelnen Screens als Layoutvorlage für die Produktion

In kleineren Multimedia-Produktionen ist wegen des geringen Umfangs und der geringen Komplexität nicht unbedingt ein Drehbuch erforderlich, sodass dort das Storyboard sowohl zur Strukturierung als auch Visualisierung der Inhalte eingesetzt werden kann.

Storyboardformular

Bevor mit dem Scribblen begonnen wird, sollte eine Vorlage entwickelt werden, die als Grundlage für die Scribbles und weitere Anmerkungen zur Produktion dient. Diese Vorlage, das sogenannte **Storyboardformular**, enthält neben leeren Feldern in den Seitenverhältnissen der zu gestaltenden Bildschirmfläche zusätzlich unter jedem Feld noch einen Bereich für Kommentare und Anmerkungen.

Zusatzinformationen, um welches Projekt und welchen Kunden es sich handelt sowie Platz für das jeweilige Erstellungsdatum sind sinnvoll.

Da Bildschirme ein Querformat aufweisen, bietet sich für das Storyboardformular auch ein Querformat an. Je nach Komplexität des Inhalts und der grafischen Darstellung lassen sich unterschiedlich viele, verkleinerte Bildschirmfenster auf dem Storyboardformular unterbringen.

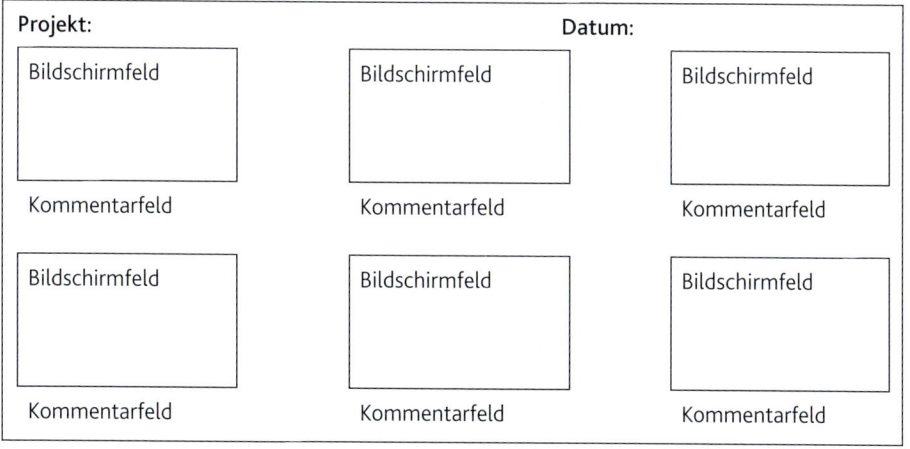

Storyboardformular

Vorteile eines Storyboards

- Veranschaulichung der Ideen der beteiligten Gestalter und Entwickler
- Anpassung an die aktuelle Entwicklung mit einfachen zeichnerischen Mitteln
- Erster visueller Eindruck für den Kunden bezüglich Layout und Struktur

Beispiel-Storyboard

Entwickeln Sie ein passendes Storyboardformular für die Planung der Multimedia-CD für **Steindesign** und beginnen Sie mit dem Scribbeln.

29.2.4 Interaktion und Navigation

Die Interaktion steht bei Multimedia-Anwendungen wesentlich mehr im Vordergrund als bei Webseiten. Viele Multimedia-Anwendungen bieten die Möglichkeit, kleine Veränderungen am System vorzunehmen bzw. in das System einzugreifen. Der Aufbau der Navigation, die Gestaltung der Navigationselemente und die Navigationsstruktur müssen daher, neben einer übersichtlichen Anordnung, verdeutlichen, ob die Betätigung eines bestimmten Buttons oder Textlinks lediglich die **Navigation** innerhalb des Angebotes oder eine **Interaktion** ermöglicht.

Navigation: Der Benutzer kann innerhalb des Systems zu einem anderen Ort und Inhalt gelangen

Interaktion: Der Benutzer kann in das System und den Ablauf der Anwendung eingreifen

Multimedia-Anwendungen sind, je nach Einsatzbereich und Zielsetzung, unterschiedlich aufgebaut. Während die eine Anwendung zwar multimediale Inhalte enthält, aber eine feste Benutzerführung vorsieht, ermöglicht die andere Anwendung dem Benutzer, das Programm nach seinen eigenen Bedürfnissen anzupassen und zu verändern.
Im Folgenden werden daher, in Abhängigkeit vom Interaktionsgrad, sechs Stufen der Interaktion vorgestellt.

Interaktionsstufen für unterschiedliche Anwendungen

Stufe der Interaktion	Beschreibung	Bemerkung
Lineare Navigation	Anwender kann nur auf vorgegebenen Pfaden navigieren	• keine Interaktion • starke Benutzerführung
Nichtlineare Navigation	Anwender kann frei innerhalb des Angebots navigieren	• keine Interaktion
Medienkontrolle	Anwender kann in der Anwendung suchen und/oder Bild- und Toneinstellungen vornehmen	• Interaktion • geringer Systemeingriff durch veränderbare Einstellungen
Ein- und Ausgabefunktion	Anwender kann selbstständig Daten eingeben, versenden und ausdrucken, z. B. durch ein E-Mail-Formular und/oder eine Notizzettelfunktion	• Interaktion • mäßiger Systemeingriff durch Hinzufügen eigener Anmerkungen (Notizzettel)
Konfigurationsmöglichkeit	Anwender kann selbständig eingreifen, z. B. durch Zusammenstellung eigener Lernmodule und Lernpfade	• Interaktion • gehobener Systemeingriff durch eigene Kombination vorhandener Inhalte
Erweiterbarkeit	Anwender kann Inhalte hinzufügen	• Interaktion • starker Systemeingriff, da Möglichkeit der Veränderung des Systems durch eigene Inhalte

29.3 Produktion von Multimediaanwendungen

Nach der Planung folgt die Produktion. Bezogen auf eine Multimediaanwendung, wie z.B. der Image-CD-ROM für Steindesign, bedeutet dies einerseits, den konkreten Aufbau der Screens inklusive sämtlicher Navigationselemente festzulegen. Andererseits gilt es festzulegen, welche Animationen in welchem Umfang verwendet werden sollen und ob Musik- und/oder Sprechsequenzen eingebunden werden sollen. Darüber hinaus spielt natürlich auch die Auswahl geeigneter Hard- und Software zur Umsetzung eine wesentliche Rolle.

29.3.1 Masterscreen

Beim Screendesign wird dies mithilfe sogenannter Masterscreens realisiert. Ein Masterscreen ist eine verbindliche Vorlage für das spätere Layout, im Prinzip ein Template, welches ein einheitliches Erscheinungsbild und eine einheitliche Struktur für alle Seiten der Multimedia-Produktion vorgibt.

Mithilfe eines Masterscreens können mehrere Personen gleichzeitig an verschiedenen Inhalten einer Multimedia-Produktion arbeiten, da durch genaue Layoutvorgaben eine einheitliche Erscheinung aller Seiten und damit auch eine ähnliche Wirkung auf den Betrachter gewährleistet ist.

Vgl. diese LS, 29.3.5

Der Masterscreen wird nicht mehr gezeichnet, sondern bereits mit der Original-Produktionssoftware erstellt, um spätere technische Probleme beim Layout und der Struktur bereits an dieser Stelle erkennen zu können.

> **Masterscreen:** Layoutvorlage für die Produktion einer Multimedia- oder Web-Anwendung

Einfacher Masterscreen

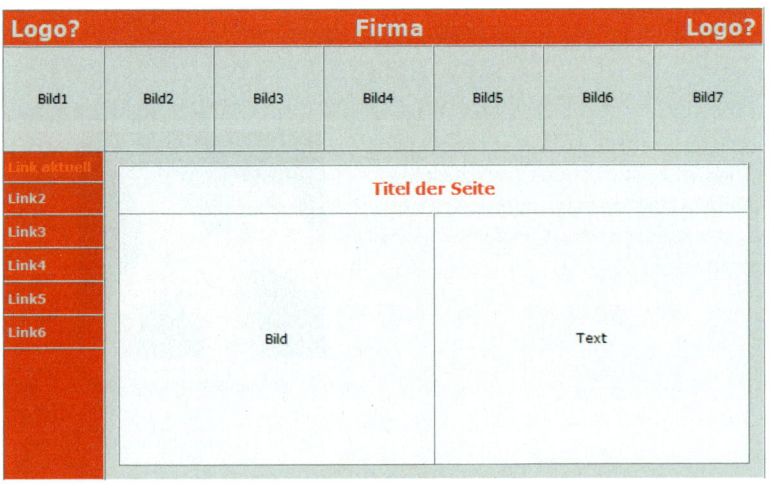

> Erstellen Sie ein Masterscreen als Vorlage für den Produktionsablauf beim Projekt **Steindesign** und verfeinern Sie diesen durch Diskussion im Produktionsteam.

Im Bereich der Produktion einer Multimedia-Anwendung geht es um die konkrete Umsetzung. Hierzu zählt einerseits die Produktion bzw. die Beschaffung aller benötigten kontinuierlichen Medien, wie Animationen, Audio- und Videodateien, andererseits die Einbettung diskreter und kontinuierlicher Medien in den Masterscreen.

Im Folgenden werden daher zunächst einige kontinuierliche Medien vorgestellt.

29.3.2 Animationen

Sollen Objekte einer Multimedia-Anwendung oder auf einer Internetseite bewegt werden, so kommen Animationen zum Einsatz. Das Wort „Animation" stammt vom lateinischen Wort animare = „zum Leben erwecken" und bedeutet, dass etwas belebt, also animiert wird. In der Computertechnik erfolgt die Animierung einer Anwendung durch die Bewegung von einzelnen Grafiken und Bildern.

Animation: Einblendung von Einzelbildern in schneller Abfolge

Durch die schnelle Abfolge der Bilder hat der Betrachter die Illusion, dass tatsächlich eine Bewegung vorliegt. Dieser Effekt ist den meisten durch Daumenkinos bekannt, auch Zeichentrickfilme arbeiten mit diesem Effekt.

29.3.2.1 Animationsprinzipien

Vor der Planung und Umsetzung einer konkreten Animation macht es Sinn, zunächst gängige Animationsprinzipien kennenzulernen, mit denen eine Reihe unterschiedlicher Effekte erzielt und natürliche Bewegungsabläufe gezielt nachgebildet werden können.

Die nachfolgend vorgestellten zwölf Animationsprinzipien wurden bereits in den 30er Jahren in den Walt Disney Studios entwickelt. Damals bezogen sich die Prinzipien ausschließlich auf handgezeichnete Animationen. Sie haben ihre Bedeutung im Zeitalter der heutigen Computertechnik jedoch keineswegs verloren. Vielmehr werden nach wie vor, insbesondere im Bereich der einfachen Animationen, wie sie häufig auf Webseiten zu finden sind, etliche Inhalte einer Animation zuvor gezeichnet und anschließend animiert. Daher lassen sich die nun aufgeführten Prinzipien gut auf den digitalen Bereich übertragen.

Animations-prinzip	Funktion	Beispiel
• Squash and Stretch	Die bewegten Elemente/Körper sollen elastisch wirken, indem sie sich verformen: **Stauchung** beim Aufprall oder Zusammendrücken, nachfolgende **Streckung**, indem die Ursprungsform wieder erreicht wird.	*Durch das Drücken verformt sich der Ball. Ist das Drücken beendet, kehrt er wieder in seine runde Ursprungsform zurück.*
• Anticipation	**Einleitung bzw. Ankündigung** einer Aktion: z. B. Schwung holen bevor die Aktion beginnt. Ansonsten wirkt die Bewegung steif und unnatürlich. Je schneller die dargestellte Bewegung, desto länger sollte die Ankündigungsphase sein. Aber auch sehr langsame Bewegungen benötigen eine Ankündigungsphase.	*Bevor das Mädchen den Golfball schlagen kann, muss sie erst ausholen.*

• Staging	Die Aufmerksamkeit des Besuchers wird auf die richtige Stelle gelenkt, wie auf einer **Bühne**: in ruhiger Umgebung erhalten schnelle Bewegungen den Fokus, in unruhigem Umfeld langsame Bewegungen etc.	*Die rote Kugel bewegt sich und erhält dadurch und durch ihre Farbgestaltung den Fokus.*
• Straight Ahead Action	Jeder einzelne Schritt des Bewegungsablaufes muss gezeichnet/definiert werden (**Bild-für-Bild-Animation** → Daumenkino)	
• Pose-to-Pose Action	Es werden nur Start-, Zwischen- und Zielpunkte des Bewegungsablaufes definiert, die weiteren Positionen werden berechnet bzw. später definiert. Daraus folgt ein flüssiger Bewegungsablauf.	
• Follow Through and Overlapping Action	**Bewegungen** enden nur selten abrupt, sondern **pendeln** entweder **langsam aus** <u>oder</u> gehen direkt, quasi **überlappend**, in die nächste Bewegung über.	*Im natürlichen Bewegungsablauf schaukelt das Kind langsam aus, steigt ab und läuft zu Fuß weiter.*
• Slow In and Out	Bewegungsabläufe, die natürlich wirken sollen, werden langsam ein- und ausgeleitet. Die Trägheit des Objektes gibt an, ob der Bewegungsablauf sehr langsam oder etwas schneller beginnt: Schwere Objekte können nur langsam, leichte deutlich schneller beschleunigt werden.	*Langsamer Aufstieg, schnelle Drehung, Abbremsen und sachte Landung.*

11 | Lernsituation Multimedia – CD mit Cover und Booklet erstellen

• Arcs	Bewegungen sollten auf nicht-linearen Linien, wie **Bögen** etc., verlaufen, um nicht abgehackt oder roboterhaft zu wirken.	*Natürlich wirkender Fischschwarm.* *Unnatürlich wirkender Fischschwarm mit linearer Bewegungslinie.*
• Secondary Action	Die sekundäre, also die Nebenanimation, unterstreicht die eigentliche Animation. Wenn wir hochspringen, bewegt sich automatisch zusätzlich, also als Zweitbewegung, die Kleidung oder auch lange Haare etc.	*Hauptanimation: Rückwärtsdrehung, Nebenanimation: Fliegende Haare*
• Time and spacing	Eine Bewegung braucht **Zeit und Raum**. Je nach Geschwindigkeit und Art der Bewegung (schnell/langsam bzw. gestreckt/gestaucht etc.) entstehen unterschiedliche Zwischenräume zwischen den einzelnen Bildern des Bewegungsablaufes.	

• Weight	Auch **Gewicht kann** mithilfe einer Animation **transportiert werden**. Eine sich bewegende Feder wirkt z.B. leicht, ein zu stemmendes Gewicht wirkt schwer etc.	
• Exaggeration	**Übertreibung** kann die Wirkung einer Animation verstärken.	 *Die Mimik des Mannes wirkt übertrieben.*
• Appeal	**Positive Eigenschaften**, die den Betrachter ansprechen. Sowohl gute als auch böse Charaktere wirken ansprechend. Die Authentizität ist wichtig!	 *Das Kind wirkt abweisend, aber authentisch.*

Animationen basieren in der Regel niemals nur auf einem der vorgestellten Prinzipien, sondern beinhalten meist eine Kombination mehrerer Animationsprinzipien, die als Richtlinie für die spätere Umsetzung dienen sollen.

29.3.2.2 Animationsarten

Computergestützte Animationen können im zweidimensionalen Raum (2D), im dreidimensionalen Raum (3D) und als 4D-Animation (Position in drei Dimensionen + Ausdehnung) erstellt werden. Da der Computerbildschirm lediglich eine zweidimensionale Fläche aufweist, simulieren spezielle Grafiktools das Raumgefühl bei 3D- und 4D-Animationen.

Für Standardcomputeranwendungen kommen meist 2D-Animationen zum Einsatz. Einfache 2D-Animationen sind relativ leicht und schnell zu erstellen und können auch problemlos in eine Webseite integriert werden.

Im Bereich der 2D-Animationen unterscheidet man die beiden Gruppen: Phasenanimation und Pfadanimation.

Phasenanimation (Frame-by-frame-Animation)

Prinzip	Anwendung
• Bild-für-Bild-Animation • viele Einzelbilder werden hintereinander gesetzt • jedes Bild, jede Phase, wird einzeln erstellt • je natürlicher der Bewegungsablauf wirken soll, desto mehr Einzelbilder sind erforderlich • für flüssige Bewegungsabläufe werden die Phasen nicht hintereinander gesetzt, sondern überlappen sich leicht • für komplexe Bewegungsabläufe nicht geeignet	• Bewegungsanimation (ähnlich Zeichentrickfilmen) • Buttonanimation mit Farb- oder Bildänderung • Oszillierende Effekte

Phasenanimation als Bewegungsanimation in vier Phasen

Phasenanimationen können auch gut als digitale Diashow genutzt werden. In diesem Fall ist ein eher langsamer Bildwechsel sinnvoll, während Bewegungsanimationen im Zeichentrickstil Bildraten von 15 bis 25 Bildern pro Sekunde erfordern. Die passenden Bildraten können zuvor in der Animationssoftware eingestellt werden.

Pfadanimation (Cel-Animation)

Prinzip	Anwendung
• Vorder- und Hintergrund liegen auf getrennten Ebenen • Objekte im Vordergrund bewegen sich entlang eines zuvor vorgegebenen Pfades über den Hintergrund • Phasen- und Pfadanimation können in einer Anwendung verknüpft werden • Für komplexe Bewegungsabläufe **gut geeignet** (wg. Bewegungspfad)	• Fließende Bewegungsabläufe • Laufende Hintergrundbilder • Textanimationen • Formänderung (Morphing)

Pfadanimation

3D-Animation

Prinzip	Anwendung
• Dreidimensionale (perspektivische) Darstellung von Objekten und Personen • Realitätsnahe Darstellung (virtuelle Realität) • 3D-Animationen werden konstruiert, nicht gezeichnet • Teure Hard- und Softwareausstattung erforderlich	• Werbung • Filme • Simulation technischer Abläufe/Maschinen

3D-Animation

29.3.2.3 Dateiformate für Animationen

2D-Animationen können entweder im GIF-Format oder als Flashdatei erstellt werden.

Dateiformat	Erläuterung	Anwendung	Dateiendung
GIF (Grafic Interchange Format)	• Einfache Phasenanimation von Einzelelementen • Mehrere GIF-Bilder werden in schneller Reihenfolge abgespielt • Hohe Kompressionsrate • Nur 256 Farben möglich • Spezielle Programme zur Erzeugung erforderlich (z.B. „GIF-Animator" von Ulead, „ImageReady" von Adobe) • Kein PlugIn bei Websites erforderlich	• Werbebanner • Animierte Buttons und Logos • Einzelne bewegte Elemente (zappelndes Männchen) etc.)	.gif
FLASH	• Entwickelt von Adobe (früher Macromedia) • Produktionsformat für Flash-Dateien • Komplexe Phasen- und Pfadanimationen möglich • Hohe Kompressionsrate • 24bit Farbtiefe (16,7 Mill. Farben) • Bearbeitung jederzeit mit geeigneter Software (z.B. Adobe Flash) möglich	• Komplexe Animationen • Digitale Diashow mit Effekten • Komplette Websites oder Multimedia-CDs / DVDs	.fla
SWF (Shockwave Flash)	• Exportformat zum Abspielen von Flash-Dateien • Keine Bearbeitung möglich • PlugIn für Websites erforderlich		.swf

Animationen sind das Salz in der Suppe einer Multimedia-Anwendung – also aufpassen mit der Dosierung!

Diskutieren Sie, in welchen Bereichen der Multimedia-CD für **Steindesign** Animationen enthalten sein sollen und welcher Umfang angemessen ist.

29.3.3 Audio

In Multimedia- und interaktiven Anwendungen werden zunehmend **Audiosequenzen** eingebettet. Dies können Musik, Sprache oder einfach Geräusche sein.

29.3.3.1 Hören und Sprechen

Audiosequenzen setzen sich in der Regel aus einer Vielzahl von Tönen und Geräuschen = Schallwellen zusammen. Jeder **Ton** entspricht dabei einer **Schallwelle** mit einer bestimmten Frequenz. Je nachdem in welchem Bereich die Frequenz der Schallwelle liegt, wird im menschlichen Gehör ein hoher, ein mittlerer, ein tiefer oder auch gar kein Ton erzeugt. Das menschliche Gehör kann diese Schallwellen in einem Frequenzbereich von ca. 16 Hz (tiefes Brummen) bis ca. 20 kHz = 20.0000 Hz (hoher Pfeifton) wahrnehmen. Töne, die tiefer oder höher sind, können vom menschlichen Gehör nicht erfasst werden.

Je höher die Frequenz, desto höher der Ton

Für verschiedene Tonhöhen ist das menschliche Gehör unterschiedlich sensibel. Den mittleren Tonbereich von ca. 700 Hz bis ca. 6 kHz kann das Gehör besonders gut wahrnehmen. Die größte Empfindlichkeit weist es bei ca. 4 kHz auf. Bei höheren und tieferen Tönen nimmt die Empfindlichkeit stark ab.

Der mittlere Frequenzbereich kann vom Menschen am differenziertesten wahrgenommen werden

Zur Untermalung der CD-ROM mit Musik oder Geräuschen kann meist auf Musik und Geräuschearchive mit einer großen Auswahl zurückgegriffen werden. Anders verhält es sich mit Sprechtext, der oft einen großen Anteil bei Multimedia- und interaktiven Anwendungen einnimmt, dieser muss meist selbst produziert werden.

Dies kann entweder in professionellen Tonstudios durch ausgebildete Sprecher erfolgen oder die Audiosequenzen (der Sound) werden selbst aufgenommen und weiterverarbeitet.

Zur Aufnahme und Weiterverarbeitung von Sound ist einerseits entsprechende Hardware erforderlich, andererseits wird spezielle Software zur Bearbeitung und abschließenden Speicherung in einem zur Anwendung passenden Dateiformat benötigt.

Sprechtext: Textlicher Inhalt, der durch einen Sprecher vorgetragen wird

Insbesondere mit Blick auf barrierefreies Webdesign müssen Sprechtexte in Zukunft deutlich stärker in Multimedia- und interaktiven Anwendungen eingesetzt werden.

Vgl. LS 12, 22.6

29.3.3.2 Audio-Hardware

Um Audiosignale zu erzeugen und für Computeranwendungen zu nutzen, ist eine gewisse Hardwareausstattung erforderlich.

Audiosignale sind analoge Signale, die zur Bearbeitung und Nutzung mit Computeranwendungen in digitale Signale umgewandelt werden müssen. Bei der technischen Aufnahme (= Signalaufzeichnung) erfolgt daher zunächst eine Umwandlung des akustischen Tonsignals in ein analoges elektrisches Signal. Dieses wird dann wiederum in ein digitales Signal umgewandelt, damit der Computer es verarbeiten kann. Bei der Wiedergabe erfolgt die Rückumwandlung des digitalen in ein analoges und schließlich in ein akustisches Signal. Dieses Prinzip wird als **Wandlung** bezeichnet.

Mikrofone dienen zur Aufnahme, die Soundkarte zur Verarbeitung und die Lautsprecher zur Wiedergabe von Audiosignalen

Mikrofon

Mikrofon: Sensor, der akustische Signale in elektrische umwandelt

Es gibt Mikrofone unterschiedlichster Bauart, die nach dem Prinzip ihrer Signalumwandlung unterschieden werden. Alle Mikrofone enthalten eine Membran, welche durch die auftreffenden akustischen Schallwellen in Schwingung versetzt wird.

In der Studio- und Computertechnik sind die folgenden Mikrofonarten gebräuchlich:
- Dynamische Tauchspulen-Mikrofone
- Dynamische Bändchen-Mikrofone
- Statische Kondensatormikrofone
- Statische Elektret-Kondensatormikrofone

Dynamische Mikrofone sind auf der Bühne gut geeignet, da sie problemlos große Lautstärken aufnehmen können, zeigen jedoch Schwächen im Bereich der Höhen.

Kondensator-Mikrofone werden meist als Studio- oder Tischmikrofon eingesetzt. Sie können Höhen gut aufnehmen und sind besonders dann geeignet, wenn vergleichsweise leise Signale rauscharm aufgenommen werden sollen. Sie benötigen eine Spannungsquelle, um den Kondensator zu laden (Batterie oder Phantomspeisung).

Phantomspeisung: Spannung zum Vorspannen der Membran beim Kondensatormikrofon (beträgt 48 V und wird z. B. vom Mischpult geliefert.)

Elektret-Kondensatormikrofone haben den größten Marktanteil und werden überall dort eingesetzt, wo Mikrofone kleiner Bauweise und geringer Empfindlichkeit benötigt werden. Dies ist z. B. in Headsets, Mobiltelefonen und Kassettenrekordern der Fall.

Statische Mikrofone sind empfindlicher als dynamische Mikrofone

Ist die Aufnahme von Sprechtext geplant und falls ja: Steht ein Mikrofon zur Aufnahme zur Verfügung?

Soundkarte
Zur direkten Übertragung der Signale vom Mikrofon in den Computer ist eine **Soundkarte** mit Mikrofoneingang erforderlich. Durch die Soundkarte kann der Computer als Klangerzeuger genutzt

werden. Alle Soundkarten unterstützen den Stereoklang, einige auch den Surround-Klang mit 5 oder 7 Kanälen.

Soundkarte zur Aufnahme, Mischung und Wiedergabe von Audiosignalen im Computer

Mit analogen Audiosignalen, die z. B. von einem Mikrofon auf die Festplatte des Computers übertragen werden sollen, kann der Computer, der im Dualsystem arbeitet, nicht arbeiten. Die Soundkarte enthält daher einen Analog-Digitalwandler (A/D-Wandler), welcher die analogen Eingangssignale des Mikrofons in digitale Signale umwandelt. Dies wird als **HD-Recording** (Harddisk Recording = Festplattenaufnahme) bezeichnet.

Vgl. LS 1, 3.1.4.2

Damit digitale Audiosignale dann wiederum über einen Lautsprecher gehört werden können, ist auf der Soundkarte zusätzlich ein Digital-Analog-Wandler (D/A-Wandler) enthalten. Die beiden Wandler werden auch als **Coder** und **Decoder** bezeichnet.

Die Leistungsfähigkeit einer Soundkarte wird durch die Art der Klangerzeugung bestimmt.

Hierbei unterscheidet man die einfache **FM-Synthese** mittels Frequenz-Modulation und das **Wavetable-Verfahren**.

FM-Soundkarte
Bei der FM-Soundkarte werden die Klänge, ähnlich wie beim Synthesizer, künstlich erzeugt. Dies geschieht durch Programmierung von Wellengeneratoren, Modulatoren und Filtern.

Es überlagern sich Schwingungen unterschiedlicher Frequenz und Amplitude und ein Klang entsteht. Diese Art der Klangerzeugung eignet sich gut für elektronische Musik, ist jedoch weniger dazu geeignet, den Klang akustischer Musikistrumente wie z. B. Geige, Klavier und Flöte nachzuahmen.

Wavetable-Soundkarte
Eine **Wavetable-Soundkarte** verfügt über einen internen Speicher, in welchem digital gespeicherte Audiosignale verschiedener Musikinstrumente, sogenannte Samples, abgelegt sind. Im Gegensatz zur FM-Synthese, welche die Töne nur nachahmt, ist mit diesem Verfahren eine sehr realistische Wiedergabe von Instrumenten oder Klängen möglich.

Synthesizer-Chip
Wenn mit der Soundkarte MIDI-Dateien wiedergegeben bzw. verarbeitet werden sollen, muss diese über einen Synthesizer-Chip verfügen. MIDI-Dateien enthalten keine Töne oder Klänge, sondern vielmehr die Befehle zur Erzeugung derselben. Mithilfe des Synthesizer-Chips werden die MIDI-Dateien in elektronische Töne umgewandelt und können per Computer wiedergegeben werden. MIDI-Dateien lassen sich zudem in das WAVE-Format umwandeln und von dort aus in andere Dateiformate übertragen.

Ferner wird für die Soundkarte ein Treiber benötigt, damit diese mit dem jeweilgen Betriebssystem verwendet werden kann. Um die volle Funktionalität der Soundkarte zu nutzen, ist ein regelmäßiges Treiber-Update erforderlich.

Welche Soundkarte steht in Ihrem Computersystem zur Verfügung und über welche Ein- und Ausgänge verfügt sie?

Lautsprecher
Lautsprecher dienen zur Wiedergabe von Audiosignalen, indem sie elektrische Impulse in Schallwellen umwandeln. Ähnlich wie das Mikrofon zur Aufnahme von Schallwellen enthält auch der Laut-

sprecher eine Membran. Diese verdichtet und entspannt sich, sodass sie in Schwingung versetzt wird. Die Schwingungen werden als Schallwellen an die Umgebung abgestrahlt.

Lautsprecher: Wandler zur Umwandlung elektrischer in akustische Signale (Schallwellen)

Soundbearbeitung
Zur Bearbeitung der aufgenommenen Audiosignale stehen unterschiedliche Bearbeitungsmöglichkeiten zur Verfügung. Dabei erfolgt eine Unterscheidung in Sampler und Sequenzer.

Sampler
Der Begriff Sampler stammt vom englischen Wort „Sample" (Auswahl) und dient dazu, Audiosignale abzutasten und aufzunehmen. Der Abtastvorgang wird als **Sampling** bezeichnet. Ein Sampler ist entweder ein Hardwarebauteil wie die Soundkarte im Computer ein eigenständiges Gerät oder als Software (Softwaresampling) erhältlich.

Sampling: Digitalisierung analoger Audiosignale durch Abtastung

Technisch geschieht das Sampling wie folgt:

- Mikrofon liefert Audiosignale
- Sampler nimmt die Daten durch digitale Messung in kurzen Zeitabständen auf
- Klänge werden in den Computer geladen und können dort bearbeitet werden

Die digital gespeicherten Audiosignale werden als **Samples** bezeichnet.

Die Qualität des Klangs hängt immer davon ab, wie hoch die Samplingrate (Samplingfrequenz) und die Auflösung (Samplingtiefe) des Sounds sind.

Samplingrate/Samplingfrequenz: Anzahl der Abtastungen eines Signals pro Sekunde

Die Samplingrate muss für eine gute Aufnahmequalität doppelt so hoch sein wie die Frequenz des Originalsounds.

Gängige Samplingraten von Soundkarten

Samplingrate	Qualität	Anwendung
11 kHz	niedrig	Internet
8 bis 16 kHz	niedrig	VoIP Telefon
22 kHz	mittel	Multimedia
44,1 kHz	hoch	Audio-CD
96 kHz	sehr hoch	Studio-Qualität

Samplingtiefe: Anzahl der Stufen bei Aufnahme und Digitalisierung eines Sounds

Je höher die Samplingrate und je größer die Samplingtiefe, desto mehr Lautstärkeunterschiede können erkannt werden und desto besser ist die Qualität der Aufnahme.

Samplingtiefen (Auflösung von Sounds)

Samplingtiefe (Auflösung)	Stufenzahl	Anwendung
8 Bit	256	Internet
16 Bit	65.536	Audio-CD, Multimedia-Produktion
24 Bit	16,7 Millionen	Audio-DVD

Samples können nur einen einzigen Ton umfassen, aber auch ein sehr langes Musikstück, wie z. B. die einzelnen Titel auf einer Audio-CD.

29.3.3.3 Audio-Software

Zur Bearbeitung und zum Abspielen von Audiodateien werden spezielle Softwareanwendungen benötigt.

Audio-Recorder und Sequenzer
Zum Aufnehmen von Audiosequenzen, wie Sprache und Musik, ist eine Reihe von Programmen erhältlich. Nachfolgend sind beispielhaft einige kostenlose und kostenpflichtige Programme aufgezählt.

Audio-Recorder

Programm	Unterstützte Formate	Betriebssystem	Besonderheiten
Audio Recorder for Free	WAV, MP3, WMA	Windows ab WIN98	Freeware
Audacity	MP3, Ogg/Vorbis, WAV, MIDI, AIFF	Windows ab WIN98 MAC OS X Linux	Freeware; Sound kann zusätzlich bearbeitet werden, z.B. Mixen und Effekte hinzufügen
RecordPad	WAV, MP3, AIFF	Windows ab WIN 2000 MAC ab OS X 10.2 Linux	kostenpflichtig

Sequenzer
Auch über die Soundkarte des Computers können Töne und Klänge erzeugt werden.

Audio-Editor
Zur Bearbeitung von Audiosequenzen ist eine Reihe von Audio-Editoren erhältlich, von denen nachfolgend einige beispielhaft vorgestellt werden.

Programm	Unterstützte Formate	Betriebssystem	Besonderheiten
Audacity	MP3, Ogg/Vorbis, WAV, MIDI, AIFF	Windows ab WIN 98 MAC OS X Linux	Freeware; Sound kann zusätzlich aufgenommen werden
Celmony Melodyne Cre8	WAV, AIFF, SD2, SND, AU	Windows ab WIN XP MAC ab OS X 10.4	kostenpflichtig
WavePad Audio Editor	WAV, MP3, OX, GSM, Real Audio, AU, AIF, FLAC, OGG und weitere	Windows ab WIN 2000 MAC OS X	kostenpflichtig

Abspielen von Audiodateien

Zum Abspielen von Audiodateien eignen sich, je nach Betriebssystem, z.B. die folgenden Audio-Player und noch eine Vielzahl anderer.

Programm	Unterstützte Formate	Betriebssystem	Besonderheiten
Cog	Ogg/Vorbis, Mp3, Flac, Musepack, Monkeys Audio, Shorten, Wave/ AIFF, AAC, Apple Lossless	MAC OS X	Freeware
Winamp Media-Player 5.56	MP3, WAV, MIDI, AIFF und viele weitere	Windows ab WIN 2000	Freeware

Überlegen Sie, ob die Multimedia-CD selbst produzierten Sprechtext oder lediglich eine teilweise oder vollständige Musikhinterlegung mit Audiodateien aus freien oder kostenpflichtigen Musikarchiven enthalten soll.

29.3.3.4 Datenmengenberechnung Audio

Die Datenmenge einer Audiodatei kann mithilfe der Samplingrate (-frequenz) und der Samplingtiefe berechnet werden. Ferner spielt es eine Rolle, ob es sich bei der Audiodatei um eine Mono- oder Stereodatei handelt und wie lang die jeweilige Audiosequenz ist (Abspieldauer).

Mono: vom griech. „monos" = allein, einzig
Stereo: von griech. „stereos" = räumlich, ausgedehnt

Bei der Kenntnis o.g. Größen ist die Berechnung der Datenmenge wie folgt möglich:

Datenmenge = Samplingrate [Hz] x Samplingtiefe [Bit] x Tonkanäle x Aufnahmezeit [s]

Eine Lernspiel-CD für Kinder soll Sprach- und Musikaufnahmen enthalten. Insgesamt steht für die Audiodaten ein Speicherplatz von 150 MB zur Verfügung.
Ist dieser Speicherplatz ausreichend, wenn folgende Angaben vorliegen und die Dateien nicht komprimiert werden sollen?
a) Sprache: 15 Minuten, 16 kHz, 16 Bit, Mono
b) Musik: 20 Minuten, 44,1 kHz, 24 Bit, Stereo

Lösung:
a) Sprache: 1 Kanal = Mono
   Berechnung der Datenmenge in Bit
   $\text{Datenmenge}_{\text{Sprache}}$ = 16.000 *1/s * 16 Bit * 1 * 15 * 60s = 230.4000.000 Bit | : 8

   Umwandlung von Bit in Byte: 8 Bit = 1 Byte
   $\text{Datenmenge}_{\text{Sprache}}$ = 28.800.000 Byte | : 1024

   Umwandlung in Kilobyte
   $\text{Datenmenge}_{\text{Sprache}}$ = 28125 KB | : 1024

   Umwandlung in Megabyte
   $\text{Datenmenge}_{\text{Sprache}}$ = 27,47 MB

b) Musik: 2 Kanäle = Stereo
Berechnung der Datenmenge in Bit
$\text{Datenmenge}_{Musik}$ = 44.100 *1/s * 24 Bit * 2 * 20 * 60s = 2.540.160.000 Bit | : 8

Umwandlung von Bit in Byte: 8 Bit = 1 Byte
$\text{Datenmenge}_{Musik}$ = 317.520.000 Byte | : 1024

Umwandlung in Kilobyte
$\text{Datenmenge}_{Musik}$ = 310.078,125 KB | : 1024

Umwandlung in Megabyte
$\text{Datenmenge}_{Musik}$ = 302,81 MB

Gesamtdatenmenge = (27,47 + 302,81) MB = 330,28 MB
→ der Speicherplatz für die Audiodaten ist nicht ausreichend!

Sequenzer
Ein Sequenzer dient zur synthetischen Klangerzeugung über die Soundkarte. Mithilfe von **MIDI-Sequenzern** können Klänge von 64 bis 128 Instrumenten und deren Arrangements für die Musikproduktion genutzt werden.

MIDI: Musical Instrument Digital Interface. Schnittstellenstandard zum Datenaustausch und zur Erzeugung von Klängen zwischen MIDI-Musikinstrumenten (z. B. Keyboard) und der Soundkarte. (Speichert keine Klänge, sondern beschreibt Töne mittels Steuerbefehlen für die einzelnen Instrumente.)

Meist handelt es sich dabei um ein Computerprogramm (z. B. Ableton Live oder Apple Logic), doch es gibt auch Hardware-Sequenzer (z. B. Ahai MPC oder Hawai Q80). MIDI-Klangerzeuger, wie z. B. Keyboards, können direkt an den MIDI-Eingang der Soundkarte angeschlossen und so zum Sequenzer übertragen werden. Der Sequenzer kann mit MIDI bis zu 16 Kanäle und damit die Aufnahme von vielen Instrumenten gleichzeitig, z. B. einer Band oder eines Orchesters, steuern.

Sequenzer: Gerät oder Software zur Aufnahme, Bearbeitung und anschließenden Ausgabe von Musikdaten auf verschiedenen Tonspuren

29.3.3.5 Dateiformate für Audiodateien und Audio-Reduktionsverfahren

Damit Audiosignale für Computeranwendungen genutzt werden können, müssen sie in Dateiformate übertragen werden, die von der jeweiligen Anwendung verstanden werden.

Insbesondere für die Speicherung von Audiodateien auf mobilen Datenträgern wie diversen Playern, sowie die Datenübertragung im Internet ist es zusätzlich erforderlich, dass die Audiodateien eine relativ kleine Dateigröße aufweisen, damit einerseits viele Audiodateien auf ein Speichermedium passen und andererseits eine relativ kurze Ladezeit erreicht wird.

Im Folgenden werden gängige Dateiformate für Audiodateien vorgestellt. Im ersten Teil die Formate für unkomprimierte Originaldateien und im zweiten Teil die Dateiformate von Audiodateien, die mit sogenannten Audioreduktionsverfahren komprimiert wurden und insbesondere bei Multimedia-Produktionen und im Internet Anwendung finden.

Lernsituation Multimedia – CD mit Cover und Booklet erstellen | 11

Ausgangsformate für Audiodateien		
Audioformat	**Erläuterung**	**Endung/Anwendung**
WAVE (Wave Form Audio Format)	• Entwickelt von Microsoft • Umkomprimierte Audiodaten • Sehr gute Klangqualität • Große Dateien	.wav • Windows Media Player
AIFF (**A**udio **I**nterchange **F**ile **F**ormat)	• Entwickelt von Apple • Pendant zum WAVE-Format von Microsoft • Gute Klangqualität • Musik- und Geräuscharchive bieten häufig AIFF-Dateien an	.aif oder .aiff • Apple Macintosh
MIDI (**M**usical **I**nstrument **D**igital **I**nterface)	• Steuerdaten zur Tonerzeugung • Dient zur Übertragung von Noten und Sounds • MIDI-Schnittstelle: 15-poliger Anschluss für Keyboard o. Joystick	.mid • Sequenzer

Dateiformate zur Audioreduktion

Das menschliche Gehör kann aufgrund psycho-akustischer Effekte nur einen Teil der physikalisch aufgenommenen Schallwellen auswerten, sodass bei den meisten Audiosignalen eine Reduktion bestimmter Anteile stattfindet, ohne vom Gehör wahrgenommen zu werden. Diese Reduktionsverfahren werden genutzt, um die Dateigröße der relativ großen Original-Audiodateien insbesondere für Multimedia-Anwendungen und Internetseiten durch entsprechende Audioreduktionsverfahren deutlich zu verkleinern.

> **Psychoakustik:** Gebiet der Psychophysik, welches den Zusammenhang zwischen den tatsächlich messbar vorhandenen und den davon vom menschlichen Gehör wahrnehmbaren Audiosignalen untersucht.

Nutzbare psychoakustische Effekte:

- Zwei Töne gleicher Lautstärke sind für den Menschen nur bei einem deutlichen Frequenzunterschied unterscheidbar.
- Leise Töne werden, wenn sie direkt auf laute Töne folgen, vom Gehör nicht wahrgenommen.

Dateiformate zur Audiokompression

Audioformat	Erläuterung	Endung/Anwendung
MP3 (MPEG Audio Layer 3)	• Ab 1982 entwickelt vom Fraunhofer-Institut • Verlustbehaftete Kompression mit MDCT (modifizierte diskrete Kosinus Transformation) • MDCT nutzt psychoakustische Effekte • Datenkompression bis zu 1:20 bei guter Qualität • Datenraten von ca. 8 bis 320 KBit/s • geringer Qualitätsverlust	.mp3 • Internet • MP3-Player etc.

Audioformat	Erläuterung	Endung/Anwendung
MP3 pro	• Weiterentwicklung von MP3 • geringer Qualitätsverlust • Datenkompression ca. doppelt so hoch wie bei MP3 • Kompatibel zu MP3	.mp3 • Internet • MP3pro-Player • MP3 Player
WMA (**W**indows **M**edia **A**udiofile)	• Entwickelt von Microsoft • streamingfähig • häufig Störsignale	.wma • Windows Media Player
AC-3 (**A**daptive Transform **C**oder 3)	• entwickelt von der Firma Dolby • zur Audiokompression bei Filmen in Dolby-Digital-Technik • verlustbehaftete Kompression basierend auf psychoakustischen Effekten • Datenkompression ca. 1:3	.ac3 • Kinofilme • TV-Filme • DVDs
AAC (**A**dvanced **A**udio **C**oding)	• Entwickelt unter Beteiligung der Fraunhofer-Gesellschaft • Nachfolger von MP3 mit verbessertem Codierungsverfahren und besserer Klangqualität • Sehr gute Qualität bei 320 kBit/s	.m4a oder .m4b • Hörbücher • Online-Musikshops, wie Real Music Store oder Itunes Store

Für Internet und Multimedia-Anwendungen wird wegen der guten Qualität bei kleiner Dateigröße meist das MP3-Format genutzt.

Audiodateien, die von einer CD oder DVD auf den Computer geladen werden, werden dort zunächst im WAVE-Format abgelegt. Um diese Dateien in das MP3-Format zu übertragen ist eine spezielle Software, der sogenannte **MP3-Encoder**, erforderlich.

Encoder: (Software-)System zur Konvertierung einer Datenquelle in ein anderes Dateiformat

Für den umgekehrten Weg gibt es **MP3-Decoder**. Diese ermöglichen das Umwandeln von MP3-Dateien in andere Audioformate.

Für beide Bereiche gibt es sowohl einfache, kostenlose Programme (Freeware) als auch sehr komfortable, dann aber kostenpflichtige Versionen.

MP3-Dateien sind um ca. 90 % kleiner als die ursprüngliche Wave-Datei!

Die Qualität einer MP3-Audiodatei ist abhängig von der Datenübertragungsgeschwindigkeit, kurz Bitrate. Dabei reicht für eher getragene Musikstücke mit wenigen Instrumenten eine deutlich niedrigere Bitrate aus, als etwa bei Orchestermusik mit viel Dynamik, um die gleiche Qualität zu erzeugen.

Bitrate: Geschwindigkeit der Datenübertragung mit der Maßeinheit KBit/s

Doch nicht allein die Bitrate ist ein Garant für gute Qualität. So kann auch bei einer vergleichsweise kleinen Bitrate von 128 KBit/s eine gute Qualität erreicht werden, wenn die Audiodatei Musik mit wenigen Lautstärkeänderungen und Instrumenten enthält, da in diesem Fall nicht der komplette Bereich der hörbaren Frequenzen benötigt wird. Für Orchestermusik und große Lautstärkeänderungen ist es jedoch erforderlich, nahezu den kompletten Frequenzbereich zur Verfügung zu haben. In diesem Fall sind mindestens 256 KBit/s sinnvoll.

Die meisten DVD-Player unterstützen inzwischen die variable Bitrate VBR, bei welcher die Bitrate innerhalb eines Musikstücks ständig angepasst wird. Durch VBR kann Speicherplatz eingespart werden.

VBR: Variable Bitrate
ABR: Durchschnittliche Bitrate
CBR: Konstante Bitrate

Bitraten für unterschiedliche Anwendungen

Klangqualität	Bitrate	Anwendung
Mobilfunk	24 KBit/s	Leicht verständliche Sprache
Telefon	56 KBit/s	Leicht verständliche Sprache und Geräusche
UKW-Radio	96 KBit/s	Sprache, Musik mit geringem Qualitätsanspruch
Hohe Qualität	128 KBit/s	Sprache, Musik mit wenig Dynamik
Annähernd CD	160 KBit/s	Musik mit mittlerem Klangspektrum
CD	192 KBit/s	Musik mit breitem Klangspektrum
CD	256 KBit/s	Musik in CD-Qualität
Höchste Qualität	320 KBit/s	Musik mit extremer Dynamik und hohen Ansprüchen

Wie viele Audiodaten welcher Qualität und Länge soll die Multimedia-CD für **Steindesign** enthalten und wie viel Speicherplatz soll dafür zur Verfügung stehen?

Berechnen Sie den erforderlichen Speicherplatz der unkomprimierten Audiodaten und wählen Sie ein geeignetes Dateiformat zur Audioreduktion und eine geeignete Bitrate aus.

29.3.4 Video

Neben Audiosequenzen enthalten Multimedia-Anwendungen häufig auch Video-Sequenzen, in Form kurzer Videoclips. Deren Speicherbedarf ist deutlich höher ist als bei Audiodateien, sodass auch dort eine starke Datenkompression erforderlich ist.

Diskutieren Sie bereits bei der Planung der Multimedia-CD, welche Vor- und Nachteile die Verwendung eines Videoclips auf der CD für **Steindesign** mit sich bringt.

„Video" = (lat.) ich sehe

29.3.4.1 Videonormen

Videofilme setzen sich ebenso wie Animationen aus einer Abfolge von vielen Einzelbildern zusammen. Ab einer Anzahl (**Bildrate**) von 24 Bildern pro Sekunde entsteht eine ruckfreie Bildbewegung, sodass die Einzelbilder vom Betrachter nicht mehr als solche wahrgenommen werden, sondern fließend ineinander übergehen.

> Die Bildrate bei Videoproduktionen muss für eine gute Wiedergabe bei 24 bis 30 Bilder-Frames pro Sekunde liegen.
>
> Frame: Einzelbild eines Videofilms oder einer Animation
> Framerate (Bildrate): Anzahl der Bilder pro Sekunde in fps (frames per second)

In Europa und den USA gibt es vier vorherrschende Videonormen:
- PAL- und PALplus-System
- SECAM-System
- NTSC-Verfahren

Videonorm	Erläuterung	Kenndaten
HDTV (**H**igh **D**efinition **Telev**ision)	• Sammelbezeichnung für alle hoch auflösenden Fernsehformate • Weltweiter Einsatz • Sehr hohe Auflösung im Vergleich zu PAL, SECAM und NTSC • Digitaler Mehrkanalton möglich (Dolby Digital)	• 50 Bilder pro Sekunde • Bildfrequenz 50 Hz • Bildseitenverhältnis 16:9 • Standard-Auflösungen: HTDV 720p (1280 x 720) Pixel, progressiv = Vollbilder HDTV 1080i (1920 x 1080) Pixel, interlaced • HDTV 1080p (1920 x 1080) Pixel, progressiv
PAL (**P**hase **A**lternation **L**ine)	• In Deutschland und Westeuropa verwendet • Analoges Farbfernsehsystem • Farbträger-Phasenlage wechselt zeilenweise, dadurch wenig Übertragungsfehler	• 25 Bilder pro Sekunde • 625 Zeilen pro Bild • Bildfrequenz 50 Hz • Bildseitenverhältnis 4:3 • Standard-Auflösung: SVCD: (480 x 576) Pixel TV/DVD: (720 x 576) Pixel
PALplus (**P**hase **A**lternation **L**ine **P**lus)	• Erweiterung von PAL • Analoges Farbfernsehsystem • 16:9-Format • kompatibel zu PAL → Filme werden dann mit schwarzem Balken oben und unten angezeigt (Letterbox-Format)	• 25 Bilder pro Sekunde • 576 Zeilen pro Bild • Bildfrequenz 50 Hz • Bildseitenverhältnis 16:9 • Standard-Auflösung: TV/DVD: (1024 x 576) Pixel
SECAM (**S**équ**e**ntiel **c**ouleur á **m**émoire)	• In Frankreich entwickelt und dort sowie in Osteuropa verwendet • Analoger Farbfernsehstandard • Zeilenweise Übertragung • Zwischenspeicherung der Farbdifferenzsignale im Empfangsgerät	• 25 Bilder pro Sekunde • 625 Zeilen pro Bild • Bildfrequenz 50 Hz • Bildseitenverhältnis: 4:3

Videonorm	Erläuterung	Kenndaten

NTSC (**N**ational **T**elevisions **S**ystems **C**omittee)	• In den USA entwickelt und dort sowie im südamerikanischen Raum verwendet
	• Analoger Farbfernsehstandard
	• Zeilenweise Übertragung
		• Zeilenweise Übertragung
		• 30 Bilder pro Sekunde
		• 525 Zeilen pro Bild
		• Bildfrequenz 60 HZ
		• Standard-Auflösung:
		  SVCD: (480 x 480) Pixel
		  DVD: (720 x 480) Pixel

SVCD: Super Video CD

Letterbox-Format: Übertragungstechnik, um 16:9-Breitbildfilme in das normale 4:3-Format zu übertragen. Oben und unten werden schwarze Balken dargestellt.

29.3.4.2 Video-Hardware

Um Videos zu erzeugen und für Computeranwendungen zu nutzen, ist eine gewisse Hardwareausstattung erforderlich. Dazu zählen z.B. ein Video- oder Camcorder sowie ein Computer mit geeigneter Software (s.u.) zum Schnitt und zur weiteren Bearbeitung der Videos. Auch für kleine Unternehmen ist es heutzutage problemlos möglich, mit einer minimalen Ausstattung kleinere Filme für die Firmenwebsite zu produzieren und zu bearbeiten.

29.3.4.3 Video-Software

Bei der Videosoftware werden unterschiedliche Anwendungsbereiche, wie z.B. die Bearbeitung und der Videoschnitt oder das Abspielen der fertigen Videodateien unterschieden.

Software zur Produktion von Videodateien

Zum Bearbeiten und Abspielen von Videos werden spezielle Softwareanwendungen benötigt.

Für die Bearbeitung im privaten und schulischen Bereich sind kostenlose **Freeware-Programme**, wie z.B. der **VLC-Media-Player** oder das Programm **VirtualDub** gut geeignet.

Für den **Profibereich** greifen Sie am besten auf kostenpflichtige Programme zurück, da deren Entwicklung ausgereifter und die Funktionalität umfangreicher ist. Hierzu zählen für den Windows PC und den Apple MAC u.a. **Adobe Creative Suite 4 Production Premium** oder **MAGIX Video Deluxe**.

Softwareauswahl zum Abspielen von Videodateien

Zum Abspielen von Videodateien auf dem Computer ist ein Multimedia-Player erforderlich. Für das Abspielen von Videos auf Webseiten sind spezielle PlugIns erhältlich, die teilweise schon mit den Webbrowsern geliefert werden.

Gängige Multimedia-Player:

- Apple Quick Time
- AVS DVD-Player
- Real Player Gold
- VideoLAN Media Player
- Windows Media Player

29.3.4.4 Datenmengenberechnung Video

Die Datenmenge einer Videodatei kann mithilfe der folgenden Kenngrößen berechnet werden:

- Größe in Pixeln
- Framerate (Bildrate) in fps
- Farbtiefe in Bit
- Länge in Sekunden

$$\text{Datenmenge} = (\text{Breite} \times \text{Höhe})[\text{Pixel}] \times \text{Framerate}[\text{fps}] \times \text{Farbtiefe}[\text{Bit}] \times \text{Länge}[\text{s}]$$

Die Datenmenge der folgenden unkomprimierten Videodatei soll in MB berechnet werden.

Größe: (720 x 480) Pixel
Bildrate: 15 fps
Farbtiefe: 24 Bit
Länge: 20 Sekunden

Lösung:
$\text{Datenmenge}_{Video}$ = (720 * 480) Pixel * 15 fps * 24 Bit * 20 Sekunden

Berechnung der Datenmenge in Bit
$\text{Datenmenge}_{Video}$ = 2.488.320.000 Bit | : 8

Umwandlung von Bit in Byte: 8 Bit = 1 Byte
$\text{Datenmenge}_{Video}$ = 311.040.000 Byte | : 1024

Umwandlung in Kilobyte
$\text{Datenmenge}_{Video}$ = 303.750 KB | : 1024

Umwandlung in Megabyte
$\text{Datenmenge}_{Video}$ = 296,63 MB

29.3.4.5 Datenformate für Videodateien

Videodateien haben einen hohen Speicherbedarf, sodass die Originaldateien enorme Dateigrößen aufweisen. Dies ist dann kein Problem, wenn die Daten auf Speichermedien wie DVD oder BluRay übertragen und mit einem entsprechenden Recorder wiedergegeben werden.
Sollen sie jedoch im Internet oder auf einer Multimedia-CD genutzt werden, so wird eine Reduktion der Dateigröße notwendig, um zu gewährleisten, dass die Daten schnell übertragen werden (Internet) bzw. die Speicherkapazität der CD nicht überschritten wird.
Ähnlich wie bei Bild- und Audiodateien gibt es auch für Videodateien spezielle Codecs zur Datenkompression.

Codec: Algorithmus zur Kompression und Dekompression von Bild-, Audio- und Videodaten

Die gängigen Multimedia-Player wie Windows Media Player, Real Player und Quicktime laden einen passenden Codec aus dem Internet, wenn dieser auf dem Computersystem fehlt. Im Folgenden werden einige gängige Videoformate und mögliche Anwendungen vorgestellt.

Videoformat	Erläuterung	Endung/Anwendung
AVI (**A**udio **V**ideo **I**nterleave)	• Weitverbreitetes Videoformat für den PC • Getrennte Video- und Audiospur • Verlustbehaftete Kompression • Separate Kompression der Spuren möglich • **Interleaved:** Paketweise Schachtelung von Video- und Audiodaten oder **Non-Interleaved:** Video- und Audiodaten werden hintereinander komplett übertragen • Kein Streaming • Nicht kompatibel zum MOV-Format von Apple	.avi • Bewegtbildsequenzen
MOV (**Mo**vie File Format)	• Plattformübergreifendes Videoformat von Apple • Getrennte Video- und Audiospur • Verlustbehaftete Kompression • Nicht kompatibel zum AVI-Format	.mov • Bewegtbildsequenzen
M-JPEG (**M**otion-JPEG)	• Übertragung des JPEG-Verfahrens auf bewegte Bilder • Kompression jedes Einzelbildes • Verlustbehaftete Kompression • Bis 1:5 fast verlustfrei, 1:20 mit geringen Verlusten möglich • Starker Qualitätsverlust bei hoher Kompression • Für digitalen Filmschnitt gut geeignet, da Einzelbilder nachbearbeitet werden können • Sehr hoher Rechenaufwand • Zur Digitalisierung von PAL-Videosignalen geeignet • Kompression von Audiosequenzen im Film nicht möglich	.avi • Digitalisierung von PAL-Signalen mit 25 Bildern/s • Kompression von AVI-Dateien
MPEG (**M**otion **P**icture **E**xpert **G**roup)	• Offenes Format zur Video- und Audiokompression • Verlustbehaftete Kompression • Ausgehend von Schlüsselbild (Keyframe) werden nur noch Veränderungen zum Vorgängerbild, jedoch keine Einzelbilder gespeichert • Videos können nur an den Schlüsselbildern geschnitten werden • Kompression von Audiosequenzen möglich • Standards: MPEG-1, MPEG-2 und MPEG-4	• **MPEG-1:** Video-CD etc. • **MPEG-2:** Super Video-CD, DVD, HDTV, Blueray-Disc etc. • **MPEG-4:** AVI, HD-DVD, HDTV etc.
WMV (**W**indows **M**edia **V**ideo)	• Video-Codec von Microsoft • Aufbau ähnlich MPEG-4	.wmv oder .asf • Internet-Streaming
Quick-Time	• Standard-Videoformat für Apple Macintosh • Windows-Version erhältlich • Mehrere unabhängige Audio- und Videospuren	.qt oder .mov • Internet-Streaming

Bei der Kompression von Videodaten wird zwischen räumlicher (Intraframe Kompression) und zeitlicher (Interframe Kompression) unterschieden.

Vgl. LS 5, 17.2

Räumliche Kompression (Intraframe Kompression)	Zeitliche Kompression (Interframe Kompression)
Reduktion der Dateigröße durch Kompression jedes Einzelbildes, z. B. durch Reduktion der Farbtiefe	Reduktion der Dateigröße durch Entfernen nicht notwendiger Informationen zwischen Einzelbildern (z. B. keine Übertragung von zum vorangegangenen Bild unveränderten Bildteilen wie dem Hintergrund).

Streaming: Gleichzeitige Übertragung und Wiedergabe von Videodateien über das Internet

Das Video kann bereits während des Downloads angesehen werden, indem zu Beginn ein Teil des Videos im Zwischenspeicher des Computers abgelegt wird – dieser Vorgang wird auch als Puffern bezeichnet. Während die gepufferten Daten angesehen werden, erfolgt parallel automatisch der Download der fehlenden Daten. Kurze Unterbrechungen oder eine zwischenzeitliche Verlangsamung des Downloads wird durch den Puffer ausgeglichen. Erst wenn der Puffer leer ist, wird das abgespielte Video unterbrochen.

Die Videoformate Windows Media und Real Media verwenden das Streaming Video Verfahren.

Je schneller die Internetverbindung des Anwenders, desto besser die Qualität des Streams

Wenn die Multimedia-CD Videos enthalten soll, liefern Sie geeignete Player direkt mit, um die Funktionalität auf allen typischen Systemen zu ermöglichen!

29.3.5 Software zur Produktion von Multimedia-Anwendungen

Zur Produktion von Multimedia-Anwendungen steht eine Reihe von Programmen zur Verfügung. Je nachdem, ob die Anwendung im Internet oder auf CD oder DVD eingesetzt werden soll, kommen bestimmte Programme, von denen einige im Folgenden kurz vorgestellt werden, zum Einsatz.

www.adobe.com/de

www.maxon.net

Programmbezeichnung	Einsatzbereiche
Authorware (Adobe)	• Autorensystem zur Entwicklung von E-Learning-Inhalten, Online-Konferenzen etc. • Basiert auf Programmablaufplan • Import von Power-Point Dateien möglich • Export nach XML möglich • Unterstützung von JavaScript
Cinema 4D (Maxon)	• 3D-Software zum Erstellen dreidimensionaler Grafiken und Animationen • Einsatz im Druck- und Screendesign • einfache Bedienbarkeit • stabil und schnell

Programmbezeichnung	Einsatzbereiche
Flash (Adobe)	• Animationsprogramm und Autorensystem zur Erstellung interaktiver Websites und Anwendungen für Mobiltelefone, aber auch Multimedia-CDs etc. • 2D-Animationen • Online- und Offline-Betrieb möglich • Flash-Player als PlugIn für Online-Betrieb notwendig
Director (Adobe)	• Animationsprogramm zur Entwicklung von Multimedia-Anwendungen (Kiosksysteme, CD- und Webanwendungen, Trickfilme etc.) • 2D-Animationen • Großer Funktionsumfang • Kann fast alle Medientypen integrieren • Import von Flashdateien möglich • Unterstützung von JavaScript und Lingo (objektorientierte Programmiersprache) • Online- und Offline-Betrieb möglich • Shockwave-PlugIn für Online-Betrieb erforderlich
ToolBook (SumTotal)	• Autorensystem zur Entwicklung von Multimedia-Anwendungen, z. B. Lernprogramme • Online- und Offline-Betrieb möglich • Hoher Interaktionsgrad möglich • Problemlose Einbindung von Audio- und Videodateien • Universal Media Player integriert, der Windows und MAC-Dateien unterstützt • Kein PlugIn für Online-Betrieb notwendig → Dateien werden in DHTML exportiert

Zur Erstellung der Multimedia-CD für **Steindesign** sind alle oben genannten Programme geeignet. Falls eines dieser Programme bereits in Ihrer Firma vorhanden ist, können Sie darauf zurückgreifen. Ansonsten stellen die Hersteller Testversionen oder eine Reihe von Programmsimulationen auf ihren Websites zur Verfügung, die Ihnen die Auswahl des für Sie geeigneten Programmes erleichtern.

Zu allen oben genannten Programmen für die Erstellung von Multimedia-Anwendungen ist umfangreiche Fachliteratur, sowohl für den Anfängerbereich als auch vertiefende Literatur zu Spezialanwendungen und -themen, erhältlich.

14.7 Flächenkomposition

Unabhängig davon, ob ein Druckprodukt – wie z.B. eine CD-Cover, eine Broschüre oder ein Booklet – oder aber die Bildschirmoberfläche bei Internetseiten, Automaten und anderen digitalen Produkten gestaltet werden soll, stellt jedes dieser Medien eine Fläche dar.

Fläche: Kurzform für Flächeninhalt. Zweidimensionales Objekt mit Längenangaben in Breite und Höhe oder als Kreisform.

Jeder Fläche liegt daher ein Format als Begrenzung der Fläche zugrunde. Dieses Format hat eine bestimmte Form: DIN-Formate und auch Internetseiten bestehen aus Rechtecken, CD-Cover besitzen ein quadratisches Format und Labels zum Aufkleben auf CDs, DVDs und BluRays sind rund.

Bereits das Format einer Fläche, z.B. das Quadrat beim CD-Cover und das Rechteck bei gängigen Bildschirmoberflächen (Screens), besitzt Bedeutung für unsere Wahrnehmung.

14.7.1 Flächenwahrnehmung

Auf welchen Gesetzmäßigkeiten beruht die Wahrnehmung einer Fläche?

Die Wahrnehmung einer Fläche beruht einerseits auf der Wahrnehmung der Form dieser Fläche: Rechtecke wirken im Hochformat aufstrebend, im Querformat ruhend. Quadrate sind symmetrisch und wirken ausgewogen, Kreisformen wirken ruhig und ausgeglichen.

Andererseits spielen die Aufteilung der Fläche in Teil-Bereiche und die Anordnung von Elementen, wie z.B. Text und Grafiken, auf der Fläche eine Rolle bei der Flächenwahrnehmung.
Nachfolgend werden daher zunächst die Aufteilung einer Fläche und anschließend die Anordnung von Elementen auf einer Fläche näher erläutert.

14.7.2 Flächenaufteilung

Wissenschaftliche Untersuchungen haben gezeigt, dass der Betrachter einer leeren Fläche stets versucht, diese bezogen auf das Ausgangsformat gedanklich in Unterbereiche aufzuteilen, um der Fläche auf diese Weise eine innere Ordnung und Struktur zu geben.

Diese wahrgenommene Flächenaufteilung wird im Folgenden am Beispiel der quadratischen Fläche dargestellt. Sie kann im Grundsatz aber auch auf jede andere symmetrische Flächenform, also z.B. die Rechteck- und die Kreisform, übertragen werden.

Da das Quadrat von sich aus symmetrisch und ausgewogen ist, fällt es dem Betrachter leicht, die quadratische Fläche vor dem geistigen Auge mithilfe imaginärer Bezugsachsen in Teilbereiche zu gliedern. Die innere Aufteilung erfolgt in waagerechte, senkrechte sowie diagonale Teilungen. Ähnlich ist dies bei einer rechteckigen Fläche möglich.

Das Quadrat ist symmetrisch, es wirkt ausgeglichen und ausgewogen. Dem Betrachter fällt es daher leicht, die quadratische Fläche vor dem geistigen Auge mithilfe imaginärer Bezugsachsen in Teilbereiche zu gliedern. Für die innere Aufteilung der Fläche sind die waagerechten und senkrechten sowie die diagonalen Teilungen entscheidend.

 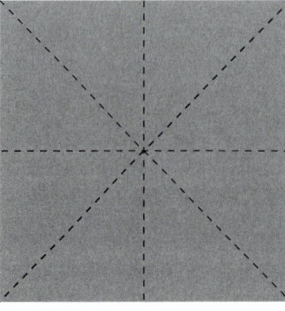

Aufteilung einer leeren, quadratischen Fläche in der menschlichen Wahrnehmung mithilfe imaginärer Linien.

 Unterschiedliche Personen sollen ein Blatt in quadratischem Format nach eigenen Wünschen mehrfach falten.

Ein Großteil der Personen wird das Falten gemäß obiger Zeichnung entweder nur senkrecht und waagerecht oder nur diagonal oder als Kombination aus beidem vornehmen, während die wenigsten das Blatt ohne erkennbare Ordnung knicken werden.

Dies liegt darin begründet, dass der menschliche Geist in der Regel versucht, hinter allen Wahrnehmungen eine erkennbare Ordnung zu finden. Wird diese imaginäre Einteilung in der Flächengestaltung aufgegriffen, wirkt die Fläche ausgeglichen, aber auch statisch. Bei der quadratischen Fläche wirken Elemente besonders dann unverrückbar und starr, wenn sie genau im Kreuzungspunkt der imaginären Sehlinien – also exakt in der geometrischen Mitte der Fläche – liegen. Ein wenig abweichend von den imaginären „Ordnungslinien platzierte Elemente bringen dagegen Bewegung in die Fläche.

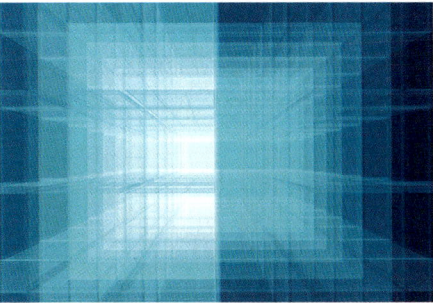

Beispielbilder für eine symmetrische Flächenaufteilung entlang der waagerechten, senkrechten und/oder diagonalen Achsen

Der Betrieb Steindesign bietet einerseits die allgemeinen Leistungen eines Steinmetzes wie Grabstein- und Skulpturfertigung an, möchte jedoch insbesondere auf die moderne Wohnraumgestaltung mit Natursteinen hinweisen und eine junge Zielgruppe ansprechen. Dies sollte sich auch in der Gestaltung des CD-Covers widerspiegeln. Eine gleichmäßige Flächenaufteilung oder ein einheitliches Raster strahlen Gleichmaß und Struktur aus. Sie betonen dadurch den konservativen Tätigkeitsbereich und sind für einen modernen Firmenauftritt nicht geeignet. Es ist hier besonders wichtig, die an sich eher als statisch empfundene quadratische Grundfläche des CD-Covers so aufzuteilen und zu gestalten, dass die moderne und flexible Zielrichtung von Steindesign mit der Anwendung von Natursteinprodukten in allen Lebens- und Arbeitsbereichen besonders unterstrichen wird.

Geeignete Kompositionsprinzipien können dazu beitragen, eine an sich statisch und ausgewogen wirkende Fläche zu beleben.

Auch bei einem vorgegebenen Flächenformat kann der Gestalter die Flächenwahrnehmung des Betrachters durch eine bestimmte Komposition der Elemente manipulieren.

14.7.3 Kompositionsprinzipien

Der gestalterische Aufbau einer Fläche wird als Komposition (lat. „compositio" – Zusammenstellung, Zusammensetzung) bezeichnet. Ähnlich dem Komponist beim Komponieren eines Musikstücks mit Tönen und Akkorden, kann auch der Gestalter mit Gestaltungselementen, den „Flächenbausteinen", auf der Fläche komponieren.

Komposition: Anordnung und Verbindung von Gestaltungselementen auf einer Fläche nach bestimmten Harmoniegesetzen.

Die einzelnen Elemente einer Komposition werden mithilfe erkennbarer Gesetzmäßigkeiten in Beziehung zueinander gesetzt, z. B. durch die Farbgestaltung, Formwahl, Anordnung, Proportion etc. Mithilfe von Einzelteilen entsteht im Idealfall so ein vom Betrachter bereits unbewusst als stimmig empfundenes Ganzes.

Vgl. LS 3, 9

Die Wahrnehmung der Einzelelemente folgt dabei einigen übergeordneten Grundregeln, die jedoch nicht für alle Menschen gültig sein müssen, sondern sich häufig erst aus dem kulturellen Hintergrund des jeweiligen Betrachters erklären.

Die Fläche ist das Fundament und die Komposition der Mörtel, der die Bausteine ordnet und mit dem Fundament zu einem Bauwerk vereint.

Im mitteleuropäischen Kulturkreis wird das dunkle Dreieck im linken Bild eindeutig als Steigung (aufsteigend) im rechten Bild hingegen als Gefälle (abfallend) wahrgenommen, da in diesem Umfeld geprägte Gehirne von links unten nach rechts oben verlaufende Linien als steigend und umgekehrt verlaufende als fallend abgespeichert haben.

Die Lesegewohnheit von links nach rechts und von oben nach unten dominiert unsere (abendländische) Wahrnehmung

Kompositionen, die von vielen Menschen eines Kulturkreises in ähnlicher Weise wahrgenommen werden, folgen übergeordneten Grundregeln – sogenannten „Kompositionsprinzipien".

Kompositionsprinzip: Grundprinzip zur Ordnung und Gewichtung von Elementen innerhalb einer Fläche mit dem Ziel, auch bei unterschiedlichen Betrachtern eines Kulturkreises eine ähnliche Wahrnehmung zu erzielen

Welche Gesetzmäßigkeiten finden als Kompositionsprinzipien zur Flächengestaltung Anwendung?
Die Kompositionsprinzipien zur Flächengestaltung lassen sich im Wesentlichen in zwei Hauptgruppen aufteilen:

1. Kompositionsprinzipien zur Ordnung	2. Kompositionsprinzipien zur Gewichtung
a) Ordnung nach Ausrichtung an Achsen	a) Proportionen
b) Farbe, Form und Größe	b) Gleich- und Ungleichgewicht
c) Gruppenbildung	c) Einheitlichkeit und Wiederholung
	d) Vielfalt und Variation

14.7.3.1 Kompositionsprinzipien zur Ordnung

Flächen werden mithilfe von Einzelelementen wie Formen, Bildern, Typografie etc. gestaltet. Diese Einzelelemente stehen üblicherweise in einem räumlichen oder inhaltlichen Bezug zueinander. Sie sind durch ihre Platzierung, Ihre Form oder Farbe sowie durch ihre Kombination voneinander abhängig.

a) Ausrichtung an Achsen

> **Achse: Linie zur Ausrichtung von Elementen auf einer Fläche**

Achsen dienen der Ausrichtung der grafischen Gestaltungselemente und der Typografie auf einer Fläche und steuern die Blickführung. Die Achsen können senkrecht, waagerecht oder diagonal verlaufen, müssen jedoch nicht durch den Mittelpunkt der Fläche verlaufen.

Diagonale Achsen mit positiver Blickführung   *Senkrechte und waagerechte Achsen (Stabilität)*   *Senkrechte Achsen (Aufwärtsbewegung)*

Die senkrechte Achse (Vertikale) steht für Statik, die waagerechte Achse (Horizontale) für Ruhe, Weite und Raumgefühl. Die Diagonale dagegen symbolisiert Bewegung, Perspektive und Dynamik in der Gestaltung.

> **Die Unterteilung einer Fläche mithilfe von Achsen ist der erste Schritt der Komposition.**

Bei einer Flächenkomposition ist daher zunächst zu entscheiden, ob durch die Wahl und Anordnung der Achsen eher ein statischer und ruhiger oder ein dynamischer Flächeneindruck erzielt werden soll.

> **Achsen geben Richtungen vor und setzen Elemente in einen Zusammenhang:**
> **Vertikale:** Statik
> **Horizontale:** Ruhe, Weite
> **Diagonale:** Bewegung, Dynamik

Senkrechte und waagerechte Achsen unterteilen das CD-Cover und erzeugen eine nahezu symmetrische Einteilung. Die Richtung der Schattenbilder gibt dem Blickverlauf des Betrachters eine Kreisrichtung. Passend zum CD-Titel „MusicCircle" werden die eckigen Formen in Kontrast zum kreisförmigen Blickverlauf („circle" = Kreis) gesetzt.

Die CD „Farben der Musik" ist ein Beispiel für eine „aufgeräumte" Gestaltung mit viel Leerraum und einer klaren Blickführung (die gelben Achsen sind nicht Bestandteil des CD-Covers, sondern wurden zur Veranschaulichung der Ausrichtung an Achsen zusätzlich eingefügt).

b) Ordnung nach Farbe, Form und Größe

Besonders beliebt und bekannt ist die Ordnung von Elementen nach ihrer Farbe, ihrer Form und ihrer Größe. Gleiche und ähnliche Farben, Größen oder Formen lassen Gemeinsamkeiten erkennen und regen zur Ordnung in Form von „Sortieren" an. Hier findet das **Gesetz der Ähnlichkeit** Anwendung.

Vgl. LS 3, 9.3.2

Diese Ordnung ähnlicher Elemente sollte gezielt erfolgen. Dies kann sehr strukturiert entlang von Linien oder Achsen, Spiralen, Kreisen etc. geschehen, aber auch scheinbar willkürlich nach einem durchdachten Konzept. Diese scheinbare Willkür wird im nächsten Abschnitt bei der Gruppenbildung näher beleuchtet.

Ordnungsprinzip: Farbe *Ordnungsprinzip: Form* *Ordnungsprinzip: Farbe* *Ordnungsprinzip: Größe*

Vorteile
Nach Form, Farbe oder Größe geordnete Strukturen sind schnell erfassbar und wirken übersichtlich
Nachteile
Die Ordnung wirkt, je nach Platzierung, leicht zu stark geordnet oder überstrukturiert, es besteht die Gefahr einer als „langweilig" wahrgenommenen Gestaltung

c) Gruppenbildung

Vgl. LS 3, 10.3.2

Elemente, die sich weder in der Form noch in Farbe und Größe ähneln, lassen sich durch Gruppierung leicht zusammenfassen. Ebenso gilt dieses Prinzip, wenn viele sehr ähnliche Elemente auf einer Fläche auf bestimmte Bereiche verteilt werden sollen. Zusätzliche farbliche Akzente oder Umrahmungen/Hinterlegungen können die Gruppenbildung unterstreichen. Bei der Gruppenbildung finden das **Gesetz der Nähe** und das **Gesetz der Geschlossenheit** Anwendung.

Lernsituation Multimedia – CD mit Cover und Booklet erstellen | 11

Ordnungsprinzip: Gruppenbildung entlang einer Linie   *Ordnungsprinzip: Gruppenbildung ähnlicher Elemente*   *Ordnungsprinzip: Gruppenbildung*

Vorteile
Unterschiedliche Elemente können zu leicht erkennbaren Einheiten zusammengefasst werden. Ein in mehreren Gruppen gleichzeitig vorkommendes Element kann über eine geeignete Farbgebung gekennzeichnet werden.
Nachteile
Zu viele Untergruppen könnten trotz unterstützender Farbgestaltung zu Unübersichtlichkeit führen.

Bei der Anwendung der Kompositionsprinzipien zur Ordnung empfiehlt es sich, die folgenden Regeln zu beherzigen, um sowohl Überstrukturiertheit als auch zu große Unübersichtlichkeit zu vermeiden.

Regeln zur Anwendung der Ordnungsprinzipien

- Wenige Achsen festlegen und diese in eine Beziehung zueinander setzen
- Je nach Flächengröße drei bis maximal fünf Hauptgruppen bilden
- Klare Trennung der Gruppen voneinander z. B. durch Abstände, Farbunterschiede oder Linien
- Wenige Farben kombinieren – diese ggf. mit Tonwertstufen weiter untergliedern
- Ordnungsprinzipien zu Form, Farbe und Größe mit Ordnungsprinzipien zur Gruppenbildung kombinieren

> „Die Kunst der Komposition besteht darin, die einzelnen Elemente, die dem Maler zur Verfügung stehen, auf dekorative Weise zu ordnen, sodass sie seine Gefühle ausdrücken."
> (Henri Matisse, 1869–1954)

14.7.3.2 Kompositionsprinzipien zur Gewichtung

> **Jedes Element besitzt eine eigene Ausdruckskraft, mit deren Intensität der Gestalter durch unterschiedliche Gewichtung spielen kann.**

Auch beim Ordnungsprinzip der Gewichtung ist es wichtig, dass die Einzelelemente der Fläche einen Bezug zueinander erhalten. Dieser kann, je nach Gewichtungsprinzip, zur Verstärkung oder Abschwächung der jeweiligen Einzelelemente führen, indem z. B.:

- Die Ausdruckskraft einer Farbe durch ihre Komplementärfarbe gesteigert wird
- Große Flächen in Kombination mit kleinen besonders groß erscheinen

- Dunkle Schrift auf einem hellen Hintergrund besonders zur Geltung kommt
- Elemente als Form und/oder Farbe wiederholt auftreten
- Stabilität oder Instabilität durch die gegenseitige Anordnung von Elementen entsteht

a) Proportionen

Bereits im alten Orient und in der griechischen Antike beschäftigten sich die Baumeister mit Proportionen und setzten ihr Gesamtbauwerk und die einzelnen Bauteile in ein ausgewogenes Maßverhältnis zueinander.

Proportion: Ebenmäßiges Verhältnis der Einzelteile eines Ganzen zueinander

Die griechischen Baumeister richteten ihre proportionale Gestaltung an den Säulen aus. Der halbe Säulendurchmesser galt als Grundmaß, alle weiteren Maße bildeten ein Vielfaches dieses Grundmaßes, z. B. die Höhe der Säulen oder die Abmessungen des Bauwerks in Breite und Höhe.

Die Komposition unter Berücksichtigung der Proportionen findet auch in der Flächengestaltung von Druckprodukten Anwendung. Grundsätzlich kann entweder mit ausgewogenen (stimmigen) Proportionen oder alternativ mit als unwirklich empfundenen Größenverhältnissen gearbeitet werden.

Als stimmig empfundene Proportionen *Als ungewöhnliche oder unwirklich empfundene Proportionen*

In sich stimmige, ausgewogene Proportionen lassen die Augen ruhen und erzeugen Harmonie. Dadurch können sie jedoch auch schnell langweilig erscheinen.

Ungewöhnliche Proportionen, z. B. in der Natur nicht vorhandene Größenverhältnisse, wie ein übergroßer Kopf auf einem normalen Körper, provozieren, wirken markant und können als besonderer Blickfang dienen. Sie sollten jedoch in einen konkreten Bezug gesetzt werden, um dem Betrachter eine Orientierung an den realen Größenverhältnissen zu ermöglichen.

Das dargestellte Produkt wirkt, obwohl es sich in der Realität um Schokoladenbonbons üblicher Größe handelt, besonders groß und symbolisiert damit ein „riesiges" Geschmackserlebnis. Der Genuss des Produkts soll Stärke verleihen. Die überproportional große Darstellung eines einzelnen Bonbons unterstreicht die im Bild nur teilweise sichtbare Werbebotschaft des Herstellers: *RIESEN – das ist kräftiges Schokokaramell mit einer dicken Schicht dunkler Schokolade für langen, intensiven Kau- und Schokoladengenuss (Storck).*

Ungewöhnliche Proportionen in der Werbung für ein Schokoladenbonbon

b) Visuelles Gewicht

Bei der Komposition einer Fläche mithilfe mehrer grafischer Elemente werden diese mit unterschiedlicher Gewichtung wahrgenommen. Dies ist abhängig von der Form, der Farbe und der Größe der Elemente.

Insgesamt spielen die folgenden Faktoren eine Rolle für das visuelle Gewicht:

Beeinflussender Faktor	Beispiel
Große Objekte haben ein größeres visuelles Gewicht als kleinere.	
Bekannte und gleichmäßig geformte Elemente wirken gewichtiger als unregelmäßig geformte.	
Das visuelle Gewicht erhöht sich mit Entfernung vom Mittelpunkt der Fläche.	
Elemente im oberen Bereich haben mehr Gewicht als weiter unten angeordnete.	
Je dunkler ein Flächenelement, desto stärker sein visuelles Gewicht.	

Beeinflussender Faktor	Beispiel
Elemente, die auf der Spitze stehen, wirken instabil.	 
Stabile Formen können durch Kombination mit anderen Elementen in ihrem Gleichgewicht gestört werden.	

Ferner beeinflussen unser Vorwissen und unsere Neigungen die Wahrnehmung in Bezug auf das visuelles Gewicht: Für einen Fußballfan hat ein Fußball mehr Gewicht als ein Boxsack, für einen Vogelkundler eine Feder mehr als ein Stoßzahn etc.

c) Einheitlichkeit, Vielfalt und Variation

Einheitlichkeit wird in der Gestaltung oft durch Wiederholung gleicher Elemente oder die Bildung von Sinneinheiten, wie Gruppen etc., erzielt. Sie wirkt schnell langweilig, kann jedoch – gezielt dosiert – manchmal sinnvoll sein.

 Einheitlichkeit: Gleichwertige, gleichartige oder homogene Anordnung von Elementen

In der Flächengestaltung bildet die Anwendung einheitlicher Darstellungen, z.B. innerhalb eines Navigationsmenüs auf einer Webseite oder CD-ROM, die Grundlage. **Variation** und **Vielfalt** bringen zusätzlich Bewegung und Lebendigkeit in die Gestaltung.

 Schaffen Sie Einheiten, statt Chaos – vermeiden Sie jedoch Monotonie und Eintönigkeit!

Variation und Vielfalt setzen einerseits auf Hervorhebung und Betonung und sorgen andererseits für eine größere Bandbreite in der Flächengestaltung.

Einheitlichkeit mit Farbvariation   *Variation in Form und Farbe*   *Vielfalt*

Über die Ordnung und Gewichtung kann den auf einer Fläche genutzten Elementen, je nach Anordnung und Darstellung, eine größere oder geringere Bedeutung im Zusammenhang zugewiesen werden.

Die Flächenkomposition kann durch geeignete Gestaltungsprinzipien, wie z.B. Symmetrie, Kontrast oder Rhythmus, weiter unterstützt werden.

Vgl. LS 3, 12

Steine stehen, ebenso wie das quadratische Format, für Beständigkeit. Nutzen Sie daher die vielfältigen Möglichkeiten der Flächenkomposition, um diese Beständigkeit in ein neues Licht zu rücken und ihr eine moderne, frische Note zu verleihen, so dass sich Steindesign nicht verstaubt, sondern verführerisch glänzend der jungen Zielgruppe präsentiert.

Multimedia-Anwendungen enthalten in der Regel sowohl Medien aus der Gruppe der **diskreten** als auch aus der Gruppe der **kontinuierlichen Medien**. Zu den vielfältigen Anwendungen im Multimediabereich gehören z.B. Multimedia-CDs, Internetauftritte, Filme und Computerspiele. Je nach Inhaltsbereich können Multimedia-Anwendungen unterschiedliche Funktionen übernehmen. Ferner werden Multimedia-Anwendungen dadurch unterschieden, wie hoch der Interaktionsgrad des Anwenders ist.

Bei der **Produktion von Multimedia-Anwendungen** werden drei wesentliche Phasen unterschieden: Die Konzeption, die Produktion und die Vermarktung. Der Bereich der **Konzeption** dient dabei der **Ideenfindung**, der Erstellung eines Grobkonzeptes und der Umsetzung desselben in **Drehbuch** und **Storyboard**.

Das Drehbuch dient der genauen schriftlichen Darstellung der Multimedia-Produktion und berücksichtigt bereits die geplante Navigationsstruktur. Mithilfe des Storyboards werden die Inhalte des Drehbuchs visualisiert. Dabei kann ein zuvor entwickeltes Storyboardformular hilfreich sein. Am Ende der Konzeptionsphase steht die Erstellung eines sog. **Masterscreens** als verbindliche Vorlage für die Umsetzung der einzelnen Inhaltsbereiche.
Multimedia-Anwendungen enthalten neben Texten und Bildern zusätzlich auch häufig Animationen, Musik, Sprechtexte oder Videosequenzen.

Einer **Animation** liegen bestimmte Animationsprinzipien zugrunde. Ferner wird noch die Produktionsart der Animation unterschieden. Hier erfolgt zunächst eine Unterscheidung in **2D- und 3D-Animationen**. Ferner werden Phasenanimationen, die nach dem Zeichentrickprinzip aufgebaut sind, und Pfadanimationen unterschieden. Animation im 2D-Bereich werden gezeichnet, Animationen im 3D-Bereich hingegen konstruiert. Zu den gängigen Dateiformaten für webbasierte Animationen gehören das GIF-Format für Animated Gifs und das SWF-Format für Flashfilme.

Audiosequenzen, wie Sprechtext und Musik, sind akustische Signale in Form von Schallwellen, die z. B. über ein Mikrofon in ein elektrisches Signal gewandelt werden. In der Studiotechnik werden im Wesentlichen die dynamischen Tauchspulen und Bändchenmikrofone, sowie das statische Kondensatormikrofon, welches die höchste Empfindlichkeit aufweist, eingesetzt.

Die **Soundkarte** des Computers dient zur Aufnahme, Mischung und Wiedergabe von Audiosignalen. Ein A/D-Wandler sorgt für die Umwandlung analoger in digitale Audiosignale, ein D/A-Wandler ermöglicht den umgekehrten Weg für die Ausgabe von Audiosignalen.

Die Soundbearbeitung von Klängen erfolgt als Sampling mit einem Sampler, für MIDI-Daten gibt es Sequenzer. Sowohl Sampler als auch Sequenzer sind im Wesentlichen als Softwareanwendungen verbreitet, existieren jedoch auch als Hardwareelemente.

Beim Sampling spielen die Samplingrate und die Samplingtiefe (Auflösung des Sounds) eine wesentliche Rolle: Je höher die Samplingrate und die Samplingtiefe, desto höher die Klangqualität. Da

Audiodateien in der Regel recht groß sind, ist eine Reduktion der Dateigröße erforderlich, um diese im Internet und für Multimedia-Anwendungen nutzen zu können. Dazu werden die Originaldaten, z.B. des Wave-Formates, in ein spezielles Dateiformat zur Audioreduktion übertragen. Diese Dateiformate arbeiten mit verlustbehafteten Kompressionsverfahren, ermöglichen jedoch eine deutliche Reduktion der Dateigröße bei kaum hörbarem Qualitätsverlust. Das bekannteste und am weitesten verbreitete Dateiformat zur Audioreduktion ist das mp3-Format.

*Im **Videobereich** führen Bildraten von 24 bis zu 30 Bildern pro Sekunde zu einer guten und ruckfreien Wiedergabe der Filminhalte. Weltweit sind unterschiedliche Videonormen vorherrschend, wie PAL für Deutschland und weitere europäische Länder, sowie SECAM und NTSC.*

Videosequenzen enthalten große Datenmengen, die mit entsprechenden Videokompressionsverfahren, wie z.B. MPEG, AVI, RealMedia und QuickTime, für Internet- und Multimedia-Anwendungen reduziert werden können. Zum Abspielen dieser Videodateien sind spezielle Player (Programme als PlugIn) erforderlich.

***Formate** begrenzen eine **Fläche** und geben dieser eine **Form**. Je nach Form, z.B. Rechteck oder Quadrat, wird die Fläche unterschiedlich wahrgenommen. Das Quadrat wirkt z.B. ausgewogen und stabil. CD-Cover haben immer ein quadratisches Format, Briefbögen stets ein rechteckiges Hochformat und Webseiten stellen ein Rechteck im Querformat dar.*

*Die **Gestaltung einer Fläche** mit einzelnen Elementen, den Flächenbausteinen, wird als **Komposition** bezeichnet.*

Zur Komposition stehen verschiedene Kompositionsprinzipien, wie z.B. die Ausrichtung der Flächenelemente an Achsen oder die Ordnung und Gewichtung nach Form, Farbe, Größe etc., sowie der bewusste Einsatz von Proportionen und Variationen zur Verfügung.

1. Multimedia-Anwendungen
a) Erläutern Sie den Unterschied zwischen diskreten und kontinuierlichen Medien und nennen Sie je zwei Beispiele.
b) Erklären Sie die Begriffe Drehbuch und Storyboard im Zusammenhang mit Multimedia-Anwendungen.
c) Was ist ein Masterscreen? Erläutern Sie diesen Begriff mithilfe einer Skizze.
d) Nennen Sie drei verschiedene Animationsprinzipien und erläutern Sie diese anhand von Skizzen.

2. Audio
Zur Verarbeitung mit dem Computer und dem Einsatz in Multimedia- und Internet-Anwendungen müssen die analogen Audiosignale digitalisiert werden.
a) In welchem Frequenzbereich liegen die vom Menschen hörbaren Schallwellen?
b) Welche Hard- und Softwarevoraussetzungen sind erforderlich, wenn ein Sprechtext aufgenommen und in mp3-Format übertragen werden soll?
c) Für welche Einsatzbereiche eignen sich dynamische Mikrofone aus welchem Grund besonders?
d) Erklären Sie die folgenden Verfahren zur Klangerzeugung in Stichworten:
   I. FM-Synthese   II. Wavetable-Verfahren
e) Erklären Sie den Unterschied zwischen einem Sampler und einem Sequenzer.
f) Was sind MIDI-Dateien?
g) Erläutern Sie die Begriffe Samplingrate und Samplingtiefe anhand eines Beispiels.
h) Bei einer Multimedia-Produktion soll Musik hinterlegt werden. Welche Samplingrate (Abtastfrequenz) und welche Samplingtiefe (Auflösung) sind mindestens erforderlich? Erläutern Sie Ihre Angaben.
i) Berechnen Sie die Datenmengen folgender Sounddateien in MB:
   I. Sprache: 5 Minuten, 8 kHz, 8 Bit, Mono   II. Musik: 25 Minuten, 22 kHz, 16 Bit, Stereo

3. Video
a) Was verbirgt sich hinter den Abkürzungen PAL, SECAM und NTSC?
b) Videos werden im Internet mit dem sogenannten Streaming-Verfahren übertragen. Erläutern Sie das Streaming-Verfahren und nennen Sie Vor- und Nachteile.
c) Eine Webseite der Größe 720 x 480 Pixel soll auf der Homepage einen Videoclip als Intro im selben Format enthalten. Die Bildrate des Videos beträgt 16 fps. Berechnen Sie die Dateigröße bei einer Abspielzeit von 30 Sekunden und einer Farbtiefe von 24 Bit (Echtfarben).
d) Erläutern Sie den Unterschied zwischen der Intraframe- und der Interframe-Kompression und benennen Sie Vor- und Nachteile.
e) Ergänzen Sie die folgende Tabelle:

Videonorm	Bildseiten-verhältnis	Bildfrequenz	Bilder pro Sekunde	Ländereinsatz
PAL	4:3			
PALplus				D, Europa
NTSC			30	
SECAM		50 Hz		
HDTV			50	

4. Flächenkomposition
a) Eine leere Fläche wirkt anders als eine gestaltete Fläche. Nennen Sie die Merkmale, durch welche die Wahrnehmung einer leeren und einer gestalteten Fläche jeweils beeinflusst wird und erläutern Sie die Unterschiede.
b) Welche Bedeutung hat der Begriff „Komposition" im Zusammenhang mit Flächengestaltung?
c) Nennen Sie zwei Gruppen, denen Kompositionsprinzipien zugeordnet werden können und erläutern Sie jede Gruppe anhand von mindestens einem Beispiel.

5. Kombinieren im quadratischen Format
Durch Kombination der Grundformen Quadrat, Rechteck, Dreieck und Kreis soll eine quadratische Fläche gestaltet werden.

Kombinieren Sie mindestens eine der vier Grundformen und den jeweiligen Titel, sodass die gestaltete Fläche als Cover eines Hörbuchs auf CD-ROM dienen kann. Verzichten Sie zu Übungszwecken auf eine Farbgestaltung. Graustufen sind zulässig. Die einzelnen Grundformen dürfen auf einer Fläche mehrfach verwendet werden.

Ⓐ „Planschbär"   Ⓑ „Erfolge planen"   Ⓒ „Glück im Forst"   Ⓓ „Mord im Hafen"

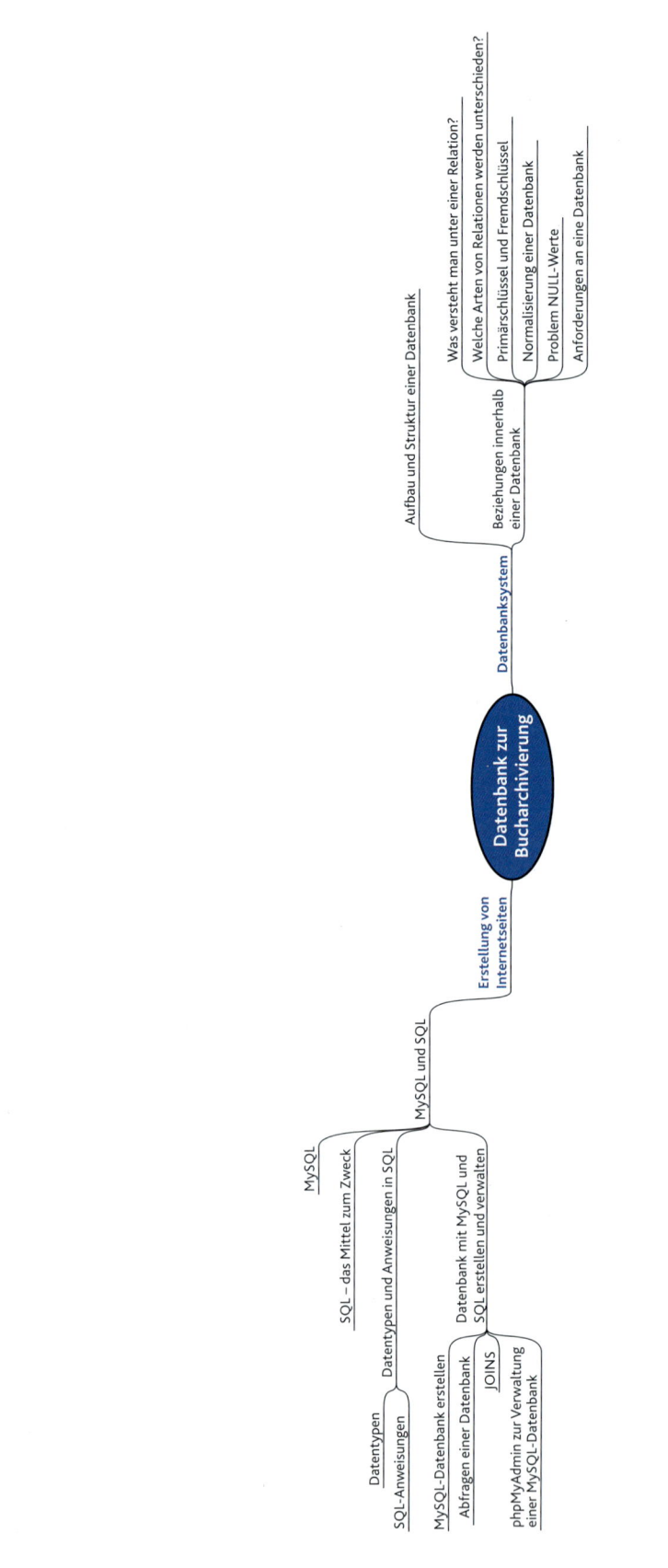

12 Datenbank zur Bucharchivierung

12 Datenbank zur Bucharchivierung

In der Agentur Design4You ist eine Vielzahl von Fachliteratur vorhanden. Diese steht in den Büros der Mitarbeiter oder der beiden Geschäftsführer. Ferner haben die Auszubildenden jederzeit die Möglichkeit, vorhandene Literatur auszuleihen. Des Weiteren kommen ständig neue Bücher oder auch Bedienungsanleitungen und Beschreibungen der Hard- und Softwareanwendungen hinzu. Selbst den Chefs fehlt inzwischen der Überblick, welche Literatur und sonstige Druckmedien vorhanden sind und an welcher Stelle sie sich gerade befinden.
Die Agentur Medienprofi möchte daher sämtliche Literatur und Bedienungsanleitungen etc. mithilfe einer Datenbank erfassen und verwalten, um einen Überblick über die vorhandenen Medien und deren Verbleib zu erhalten.

Aufgaben:
1. Planen Sie den Umfang der Bücher- Datenbank: Legen Sie die Anzahl und die Bezeichnung aller Attribute (Merkmale) fest, die zu jedem Buch/jedem zu erfassenden Druckmedium notwendig sind.
2. Ordnen Sie alle Attribute zunächst mithilfe einer einzigen Datenbanktabelle und teilen Sie diese gemäß den Normalformen Schritt für Schritt in Untertabellen auf.
3. Vergeben Sie für jede Tabelle einen Primärschlüssel und legen Sie die erforderlichen Fremdschlüssel fest.
4. Weisen Sie jedem Attribut einen geeigneten Datentyp zu.
5. Legen Sie die Datenbank nun mithilfe von phpMyAdmin an und befüllen diese mit den auf der CD vorhandenen Daten.
6. Überprüfen Sie die Funktionalität der Datenbank mithilfe einfacher Abfragen:
- Sortieren Sie alle Bücher nach den Verlagen
- Sortieren Sie alle Bücher nach Themengebieten
- Lassen Sie sich die in einem bestimmten Jahr erschienenen Bücher jeweils gesammelt anzeigen

usw.

30 Datenbanksystem

Nicht nur die Daten von Büchern, sondern auch andere Daten, sollten sicher und systematisch verwaltet werden, um einerseits stets den Überblick zu behalten und diese andererseits vor unberechtigten Zugriffen zu sichern.

Daher kommen immer dann, wenn es darum geht, eine Vielzahl von Daten zu verwalten **Datenbanksysteme** zum Einsatz. Die Daten, die mit diesen Systemen erfasst werden, können die Patientendaten eines Arztes, die Bestelldaten eines Versandhandels, die Kundendaten eines Providers, eine umfangreiche Bilder- oder Büchersammlung etc. sein.

Ein Datenbanksystem ist wie folgt gegliedert: Es enthält einerseits die **Datenbank**, in welcher die einzelnen Daten abgelegt werden, und andererseits eine Software zur Verwaltung und Handhabung der Daten, das **Datenbankmanagementsystem (DBMS)**.

> **Datenbank:** Sammlung von Daten, auch Objekte genannt, die von einer speziellen Software, dem Datenbankmanagementsystem DBMS, verwaltet werden.
> **DBMS:** Software zum Befüllen und Verwalten einer oder mehrerer Datenbank(en) sowie zur Vergabe von Zugriffsrechten und zur Einhaltung von Sicherheitsstandards.

30.1 Aufbau und Struktur einer Datenbank

Eine **Datenbank** hat die Aufgabe, die zu einem bestimmten Bereich unbedingt notwendigen Informationen zusammenzutragen. Dies sind z. B. bei einer Adressdatenbank die Namens- und Adressangaben sowie ggf. weitere Kontaktdaten. Die Datenbank ist tabellarisch aufgebaut und besteht in der Regel aus mehreren **Tabellen**, in denen die vorhandenen Daten, z. B. die Adressdaten der Kunden, strukturiert und geordnet abgelegt werden.

Innerhalb einer Datenbanktabelle bilden die Objekte, die sich in einer Zeile befinden, einen **Datensatz**. Eine einzelne Zelle innerhalb der Datenbanktabelle wird als **Datenfeld** bezeichnet. Die Inhalte, die sich in einer Spalte befinden, gehören thematisch zusammen. Die Spalte erhält einen Namen, der den Inhalt kennzeichnet, ein **Attribut**.

In einer Kundendatenbank sind Name, Vorname, Straße, PLZ und Ort mögliche Attribute des Kunden, wobei in der Spalte „Name" dann alle Kundennamen untereinander zu finden sind etc.

Datenbank: Kunden

	Spalten der Datenbank (Attribute)				
	Name	Vorname	Straße	PLZ	Ort
Datensatz →					
Datenfeld →					

Prinzipieller Aufbau einer Datenbank

> **Datensatz:** Strukturierte und geordnete Sammlung von Daten in unterschiedlichen Datenfeldern. Kann verschiedene Datentypen, z. B. Text, Zahlen, Bilder etc. enthalten.
> **Tupel:** Synonym für einen Datensatz. Kommt aus der Informatik und steht dort für geordnete Datensammlungen.
> **Datenfeld:** Kleinste Einheit eines Datensatzes. Enthält immer nur Daten eines Datentyps, z. B. entweder einen Text, eine Zahl oder ein Bild etc.

Die Struktur aller Datensätze innerhalb einer Datenbanktabelle ist stets die gleiche, d. h. es liegt innerhalb der Tabelle immer die gleiche Abfolge von Datenfeldern innerhalb der Datensätze vor. Z. B. die folgende: Name, Vorname, Straße, PLZ, Ort.

30.2 Beziehungen innerhalb der Datenbank-Relationen

Nach der Kenntnis des prinzipiellen Aufbaus einer Datenbank geht es nun darum, herauszufinden, auf welche Art und Weise die Datensätze innerhalb der Datenbank abgelegt werden können. Dabei spielen die Beziehungen (Relationen) zwischen den einzelnen Objekten innerhalb einer Datenbank eine besondere Rolle.

30.2.1 Was versteht man unter einer Relation?

In Zusammenhang mit der Datenbank stellt sich als erstes die folgende Frage:

Was bedeutet der Begriff „Beziehung" im Zusammenhang mit einer Datenbank genau?

Insgesamt geht es bei allen Datenbanken darum, Informationen mithilfe einer Software in Tabellen abzulegen. Es kann sich dabei z. B. um Informationen über Dinge, Personen, Firmen etc. handeln. Entscheidend ist einerseits die Art und Weise, wie diese Informationen abgelegt werden und andererseits, wie sie zueinander in Beziehung stehen.

Auch hier soll wieder die einfache Kundendatenbank als Beispiel dienen.

Das Datenbankobjekt Kunde hat eine Reihe von Ausprägungen, Attribute.

KUNDE
- Name
- Vorname
- Straße
- PLZ
- Ort

Diese Attribute erscheinen in einer zuvor festgelegten Reihenfolge innerhalb der Datenbanktabelle. Dies sieht dann z. B. so aus:

Datenbank: Kunden

Name	Vorname	STR	PLZ	ORT
Meier	Thomas	Hauptstr. 2	45881	Gelsenkirchen
Müller	Hans	Hauptstr. 10	42555	Velbert
Müller	Sieglinde	Kupferdreher Str. 10	45257	Essen
Schulz	Stefan	Grenzstr. 23	45881	Gelsenkirchen
Schmidt	Thomas	Hauptstr. 10	42555	Velbert

Jeder Datensatz innerhalb der Tabelle hat die gleichen Attribute und die gleiche Abfolge dieser Attribute. Lediglich die **Attributwerte** (Inhalte der einzelnen Datenfelder) können unterschiedlich sein, wenn z. B. verschiedene Kunden in unterschiedlichen Städten, Straßen etc. wohnen. D. h. die Menge aller Objekte innerhalb der Datenbank wird auf diese Weise eindeutig und vollständig beschrieben. Diesen Zusammenhang nennt man **Relation**.

> **Relation:** Menge von Objekten innerhalb einer Datenbank, die durch Ihre Attributwerte und deren festgelegte Abfolge eindeutig beschrieben wird.

Datenbanken, die auf diese Weise strukturiert sind, nennt man **Relationale Datenbanken**. Sie erscheinen für den Anwender stets als Kombination von Tabellen, die entsprechend der eigenen Zugriffsrechte bearbeitet werden können, z. B. durch Einfügen und Löschen von Daten etc. Weitere Datenstrukturen sind neben den Tabellen nicht erforderlich.

Der Vorteil der Tabellenstruktur liegt insgesamt darin, dass zwar die einzelnen Spalten als Attribute und deren Inhalte als Attributwerte festliegen, die Reihenfolge der Spalten jedoch jederzeit verändert werden kann. Wichtig ist lediglich, dass die Anzahl und die Bezeichnung der Spalten erhalten bleiben.

30.2.2 Welche Arten von Relationen werden unterschieden?

Im **Entity-Relationship-Modell (ERM)** werden unterschiedliche Arten beschrieben, wie Datenbank-Tabellen zueinander in Beziehung stehen können. Dies sind die **Relations-Typen**.

> **Entity = Entität: Einzelnes, individuelles Objekt**

In der Regel finden folgende Relationstypen Anwendung, die Entitäten zueinander in Beziehung setzen:
- **1 : 1-Relation**
- **1 : n-Relation**
- **n : m-Relation**

Relationstyp	Beschreibung	Beispiele
1 : 1	Einem Datensatz in einer Tabelle lässt sich genau ein anderer Datensatz in einer anderen Tabellen zuordnen.	Jede Person besitzt genau eine Identitätsnummer. Jede Identitätsnummer ist genau einer Person zugeordnet.
1 : n	Einem Datensatz in einer Tabelle lassen sich mehrere Datensätzen in einer anderen Tabelle zuordnen.	Jede Person hat nur einen Hauptwohnsitz. Mehrere Personen können diesen Wohnsitz als Hauptwohnsitz haben. oder Jedes Kind hat nur einen leiblichen Vater. Jeder Vater kann mehrere leibliche Kinder haben.
n : m	Einem Datensatz in einer Tabelle lassen sich mehrere Datensätze in einer anderen Tabelle zuordnen. Dies gilt auch umgekehrt.	Eine Person kann mehrere Arbeitstellen haben. An jeder Arbeitsstelle können mehrere Personen arbeiten. oder Ein Lehrer unterrichtet mehrere Schüler. Jeder Schüler kann Unterricht bei mehreren Lehren haben.

Relationstypen im E/R-Modell

1 : 1	In einer 1:1-Beziehung ist jeweils genau eine Entität höchstens einer anderen Entität zugeordnet.
1 : n	Einer Entität auf der einen Seite der Beziehung (Master) stehen keine, eine oder mehrere Entitäten auf der anderen Seite (Detail) gegenüber.
m : n	Auf beiden Seiten können beliebig viele Entitäten in Beziehung zueinander stehen.

Mithilfe des E/R-Modells können derartige Relationen grafisch dargestellt werden:

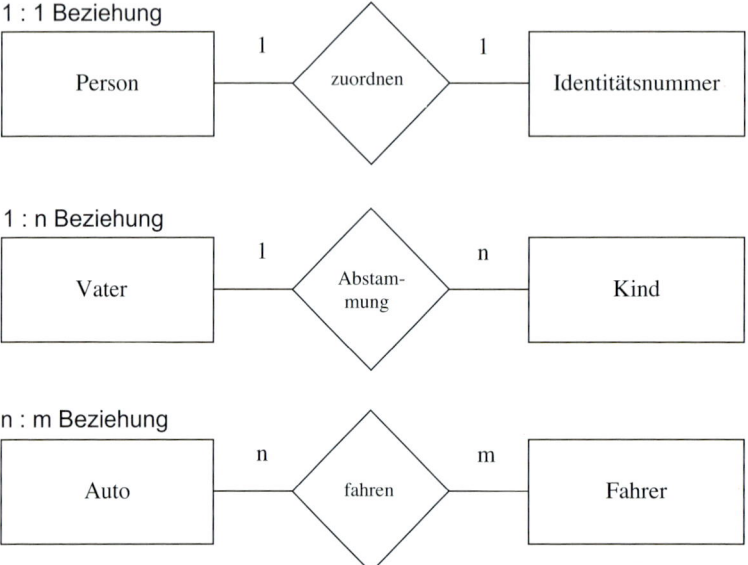

30.2.3 Primärschlüssel und Fremdschlüssel

Insbesondere in großen Datenbanken kommt es häufig zu Dopplungen von Namen, Straßen und Geburtsdaten oder auch Artikelbezeichnungen etc. Um die Gefahr der Verwechslung von z. B. Kundendaten auszuschließen, ist es wichtig, jeden Datensatz eindeutig zu kennzeichnen. Dies geschieht in relationalen Datenbanken mithilfe des **Primärschlüssels** (**Primary Key**). Jeder Datensatz muss durch einen Primärschlüssel eindeutig identifizierbar sein.

Wer ist Schlüsselkandidat für den Primärschlüssel?
- Ein Datenfeld oder mehrere Datenfelder in Kombination (zusammengesetzter Primärschlüssel), welche jeden Datensatz eindeutig und unverwechselbar kennzeichnen.
- Datenfelder, die durch den Anwender nicht verändert werden können (z. B. eine Bestellnummer kann sich von Jahr zu Jahr ändern, eine Kundenummer bleibt in der Regel dauerhaft bestehen).
- Die Definition eines zusätzlichen Feldes als spezielles Schlüsselfeld, z. B. als ID, ist oft erste Wahl.

Zur eindeutigen Kennzeichnung der Datensätze in der Datenbank „Kunden" empfiehlt sich das Hinzufügen einer weiteren Spalte = Definition eines zusätzlichen Feldes. Dieses Feld erhält das Attribut Kundennr. Die Kundenummer wird nur einmal vergeben und kennzeichnet den jeweiligen Kunden eindeutig.

Datenbank: Kunden

Kundennr	Name	Vorname	STR	PLZ	ORT
100001	Meier	Thomas	Hauptstr. 2	45881	Gelsenkirchen
100002	Müller	Hans	Hauptstr. 10	42555	Velbert
100003	Müller	Sieglinde	Kupferdreher Str.10	45257	Essen
100004	Schulz	Stefan	Grenzstr. 23	45881	Gelsenkirchen
100005	Schmidt	Thomas	Hauptstr. 10	42555	Velbert

Primärschlüssel: Kundennr

Lernsituation Datenbank zur Bucharchivierung | 12

> **Primärschlüssel (Primary Key, PK):** Schlüssel zur eindeutigen Identifizierung eines Datensatzes innerhalb einer Tabelle.

Was ist ein Fremdschlüssel?

Ein Fremdschlüssel dient dazu, innerhalb eines Datensatzes in einer Tabelle auf einen Datensatz in einer anderen Tabelle zu verweisen. Durch den Fremdschlüssel werden die Datensätze in unterschiedlichen Tabellen zueinander in Beziehung gesetzt.

> **Fremdschlüssel (Foreign Key, FK):** Schlüssel zur Verknüpfung zweier Datenbanktabellen durch Verweise zwischen den Datensätzen.
> Jeder Fremdschlüssel in einer Datenbanktabelle (Tabelle1) besitzt einen identischen Schlüsselwert in einer anderen Datenbanktabelle (Tabelle2). Dieser identische Schlüsselwert ist Primärschlüssel der Tabelle2.

Die Datenbank „Kunden" wird um die Attribute *Rechnungsnr, Bestelldatum* und *Zahlungsweise* erweitert, die in einer weiteren Datenbanktabelle aufgelistet werden.

Datenbank Kunden

Adressen

Kundennr	Name	Vorname	STR	PLZ	ORT
100001	Meier	Thomas	Hauptstr. 2	45881	Gelsenkirchen
100002	Müller	Hans	Hauptstr. 10	42555	Velbert
100003	Müller	Sieglinde	Kupferdreher Str. 10	45257	Essen
100004	Schulz	Stefan	Grenzstr. 23	45881	Gelsenkirchen
100005	Schmidt	Thomas	Hauptstr. 10	42555	Velbert

Primärschlüssel

Rechnungen

Kundennr	Rechnungsnr	Bestelldatum	Zahlungsweise
100001	R11002009	01.06.2009	Lastschrift
100001	R23232009	13.07.2009	Paypal
100002	R05062009	03.04.2009	Lastschrift
100003	R45982009	31.10.2009	Kreditkarte
100003	R78902009	20.11.2009	Lastschrift
100004	R00402009	02.01.2009	Paypal
100005	R00062009	02.01.2009	Paypal
100005	R00332009	03.03.2009	Paypal
100005	R67892009	02.12.2009	Kreditkarte

Fremdschlüssel

→ Der Primärschlüssel **Kundennr** dient als Fremdschlüssel in der anderen Datenbanktabelle „Rechnungen". In der Tabelle „Rechnungen" dient **Rechnungsnr** als Primärschlüssel.

30.2.4 Normalisierung einer Datenbank

Die Datensätze innerhalb einer Datenbank sind häufig recht umfangreich, beispielsweise bei einer Mitarbeiterdatenbank: Die Erfassung der kompletten Adress- und Kontaktdaten eines Mitarbeiters erfordert bereits eine Vielzahl von Datenfeldern. Hinzu kommen dann noch berufliche Angaben, wie die Abteilungszugehörigkeit, die Funktion, die Betriebszugehörigkeit etc.

Werden all diese Daten in einer Tabelle untergebracht, so entsteht eine große und umfangreiche Tabelle. Nachteilig daran ist, dass die Datensätze unübersichtlich und wenig strukturiert erscheinen.

Aus diesem Grund ist es wichtig, die Datensätze innerhalb einer Datenbank so gut wie irgend möglich zu strukturieren. Dies geschieht im Rahmen der **Normalisierung** der Daten.

> **Normalisierung: Schrittweise Zerlegung einer Datenbanktabelle in mehrere Untertabellen, die miteinander verknüpft sind.**

Ziel der Normalisierung ist die Vermeidung von:

- **Redundanzen** (Dopplungen), v. lat. redundare = überlaufen, überströmen
- **Inkonsistenzen** (Widersprüchlichkeit, Unbeständigkeit), v. lat. in = gegen, consistere = halten, anhalten
- **Anomalien** (Abweichungen, Umregelmäßigkeiten), v. griech. Vorsilbe a → Verneinung und nomos = Gesetz

30.2.4.1 Die erste Normalform

Damit ein gezielter Zugriff auf die einzelnen Datenbestände erfolgen kann, ist es notwendig, die Daten innerhalb der Datenbanktabelle entsprechend zu ordnen. Dies bedeutet für die **erste Normalform** (1NF) im Speziellen, sie so anzulegen bzw. zu verändern, dass in jedem Datenfeld nur ein Eintrag vorhanden ist, der nicht mehr teilbar ist.

> **Erste Normalform (1NF): Jedes Attribut innerhalb eines Datenfeldes der Datenbank (jeder einzelne Eintrag) muss atomar sein.**
> → **Mehrere Einträge in einer Tabellenzelle sind nicht zulässig!**

DATENBANK Mitarbeiter

Die Werbeagentur Medienprofi hat insgesamt zehn Mitarbeiterinnen und Mitarbeiter. Diese arbeiten entweder im Sekretariat, in der Druckvorstufe oder in der Online-Agentur. Ferner sind Sie in unterschiedlichen Projekten eingesetzt.

In der untenstehenden **Datenbank Mitarbeiter** mit zunächst einer **Tabelle „Mitarbeiter-Projekte"** werden die folgenden Bereiche unterschieden:

- Name
- Vorname
- Abteilungsnummer (Abt_Nr) → 1: Sekretariat, 2: Druckvorstufe, 3: Online-Agentur
- Abteilungsname (Abt_Name)
- Projektnummer (Projekt_Nr)
- Projektname (Projekt_Name)

Mitarbeiter-Projekte

Name	Vorname	Abt_Nr	Abt_Name	Projekt_Nr	Projekt_Name
Atlas	Heide	1	Sekretariat	100	Abrechnung
Berger	Klaus	3	Online-Agentur	101	Mediahome
Berger	Klaus	2	Druckvorstufe	102, 103	Posterprint, Karten
Dommer	Hilke	1	Sekretariat	104	Korrespondenz
Eckberg	Friedrich	2	Druckvorstufe	104, 102	Korrespondenz, Posterprint
Friedlich	Johann	2	Druckvorstufe	103, 105	Karten, Infograph
Gottlich	Ernst	2	Druckvorstufe	105	Infograph
Hausner	Georg	2	Druckvorstufe	105	Infograph
Iller	Klaus	3	Online-Agentur	101	Mediahome
Jahros	Ralf	2	Druckvorstufe	103	Karten

Die Tabelle liegt nicht in der ersten Normalform vor, da bei einigen Datensätzen in einem oder mehreren Datenfeldern mehr als ein Attribut zu finden sind. Dies betrifft die Spalten Projekt_Nr und Projekt_Name.

Des Weiteren tragen zwei Mitarbeiter den Namen Klaus Berger und können so leicht verwechselt werden.

→ Die Datenbank muss wie folgt verändert werden, um der ersten Normalform zu genügen:
- Hinzufügen des Attributs Personalnummer (Pnr) in einer weiteren Spalte
- Aufteilung der Inhalte auf weitere Datensätze

Mitarbeiter-Projekte

Pnr	Name	Vorname	Abt_Nr	Abt_Name	Projekt_Nr	Projekt_Name
201	Atlas	Heide	1	Sekretariat	100	Abrechnung
202	Berger	Klaus	3	Online-Agentur	101	Mediahome
203	Berger	Klaus	2	Druckvorstufe	102	Posterprint
203	Berger	Klaus	2	Druckvorstufe	103	Karten
204	Dommer	Hilke	1	Sekretariat	104	Korrespondenz
205	Eckberg	Friedrich	2	Druckvorstufe	104	Korrespondenz
205	Eckberg	Friedrich	2	Druckvorstufe	102	Posterprint
206	Friedlich	Johann	2	Druckvorstufe	103	Karten
206	Friedlich	Johann	2	Druckvorstufe	105	Infograph
207	Gottlich	Ernst	2	Druckvorstufe	105	Infograph
208	Hausner	Georg	2	Druckvorstufe	105	Infograph
209	Iller	Klaus	3	Online-Agentur	101	Mediahome
210	Jahros	Ralf	2	Druckvorstufe	103	Karten

In der geänderten Tabelle wurden alle Zellen, die nicht atomar waren, in denen in diesem Fall also zwei Attributwerte vorlagen, in zwei Datensätze aufgeteilt. Beim Vorliegen von z. B. drei gleichartigen Werten muss dieser Datensatz in drei Datensätze aufgeteilt werden etc.

30.2.4.2 Die zweite Normalform

Liegen die Daten innerhalb der Datenbanktabelle in der ersten Normalform vor, so geht es anschließend darum, diese Datenbanktabelle in mehrere Untertabellen zu zerlegen.

Für die **zweite Normalform (2NF)** gilt:

- Die erste Normalform muss vorliegen
- Sich wiederholende Inhalte soweit wie möglich in zusätzliche Tabellen auslagern
- Tabellen untereinander mithilfe von Primär- und Fremdschlüssel verknüpfen

Zweite Normalform:
- **Erste Normalform muss vorliegen.**
- **Attribute, die sich wiederholen und nicht unmittelbar funktional vom Primärschlüssel abhängig sind, können in weitere Tabellen ausgelagert werden.**

Weiter geht es mit dem Beispiel der Werbeagentur Medienprofi!

Jeder Mitarbeiter ist durch seine Personalnummer, die hier als Primärschlüssel dient, eindeutig gekennzeichnet. Von der Personalnummer sind die Art der durchgeführten Projekte und die dafür aufgewendete Stundenzahl nicht unmittelbar, sondern nur mittelbar abhängig. Diese Attribute wiederholen sich teilweise und können daher in eine weitere Tabelle ausgelagert werden.

Damit ergibt sich z. B. die folgende Aufteilung gemäß der zweiten Normalform:

Mitarbeiter

Pnr	Name	Vorname	Abt_Nr	Abt_Name
201	Atlas	Heide	1	Sekretariat
202	Berger	Klaus	3	Online-Agentur
203	Berger	Klaus	2	Druckvorstufe
204	Dommer	Hilke	1	Sekretariat
205	Eckberg	Friedrich	2	Druckvorstufe
206	Friedlich	Johann	2	Druckvorstufe
207	Gottlich	Ernst	2	Druckvorstufe
208	Hausner	Georg	2	Druckvorstufe
209	Iller	Klaus	3	Online-Agentur
210	Jahros	Ralf	2	Druckvorstufe

Primärschlüssel

Die Mitarbeiter werden mit ihrer Abteilungszugehörigkeit in der **Tabelle „Mitarbeiter"** erfasst.

Der **Primärschlüssel Personalnummer Pnr** dient als **Fremdschlüssel** in der zweiten **Tabelle „Projekte"**.

Projekte

Pnr	Projekt
201	Abrechnung
202	Mediahome
203	Posterprint
203	Karten
204	Korrespondenz
205	Korrespondenz
205	Posterprint
206	Karten
206	Infograph
207	Infograph
208	Infograph
209	Mediahome
210	Karten

Fremdschlüssel

30.2.4.3 Die dritte Normalform

Die **dritte Normalform (3NF)** besagt, dass alle Attribute, die nicht unmittelbar abhängig vom Primärschlüssel sind, ausgelagert werden müssen. Des Weiteren macht es Sinn, dass der Primärschlüssel jeder Datenbanktabelle möglichst ein ganzzahliger Wert (Typ Integer) ist, damit die Daten nachher problemlos abgefragt und verarbeitet werden können.

> **Dritte Normalform (3NF):**
> - Zweite Normalform muss vorliegen.
> - Attribute, die keine Schlüsselattribute sind, dürfen nicht funktional voneinander abhängig sein.

Bezogen auf das Beispiel der Werbeagentur kann die weitere Aufteilung innerhalb der Datenbank *Medienprofi* gemäß der dritten Normalform wie folgt erfolgen:

Mitarbeiter

Pnr	Name	Vorname	Abt_Nr
201	Atlas	Heide	1
202	Berger	Klaus	3
203	Berger	Klaus	2
204	Dommer	Hilke	1
205	Eckberg	Friedrich	2
206	Friedlich	Johann	2
207	Gottlich	Ernst	2
208	Hausner	Georg	2
209	Iller	Klaus	3
210	Jahros	Ralf	2

Abteilung

Abt_Nr	Abt_Name
1	Sekretariat
2	Druckvorstufe
3	Online-Agentur

Die Abteilungsnamen werden in eine separate **Tabelle „Abteilung"** ausgelagert. Die ganzzahlige Abteilungsnummer ist dort der Primärschlüssel.

Die Projektnamen werden in eine separate **Tabelle „Projekte"** ausgelagert und ebenfalls mit einer ganzzahligen Nummer als Primärschlüssel, Spalte **Projekt_Nr**, versehen.

~~Mitarbeiter~~ Projekte

Projekt_Nr	Projekt_Name
100	Abrechnung
101	Mediahome
102	Posterprint
103	Karten
104	Korrespondenz
105	Infograph

Mitarbeiter-Projekte

Pnr	Projekt_Nr
201	100
202	101
203	102
203	103
204	104
205	104
205	102
206	103
206	105
207	105
208	105
209	101
210	103

referenzielle Integrität

Relationen innerhalb der Datenbank:
- Eine Abteilung hat mehrere Mitarbeiter. Jeder Mitarbeiter gehört nur zu einer Abteilung.
  → 1 : n
- Ein Mitarbeiter kann an mehreren Projekten arbeiten. Jedes Projekt kann mehrere Mitarbeiter haben.
  → n : m

Eine n : m-Relation stellt für die Datenbankkonstruktion eine unüberwindbare Schlucht dar, die durch eine Brücke überwunden werden muss!
Als Brücke dient eine Zwischentabelle mit einem zusammengesetzten Primärschlüssel, sodass sich zwei 1 : n - Relationen ergeben.

Als **Zwischentabelle** wird die **Tabelle „Mitarbeiter-Projekte"** eingeführt.

Der jeweilige **Primärschlüssel** der einzelnen Tabellen ist mit **(*)** gekennzeichnet.

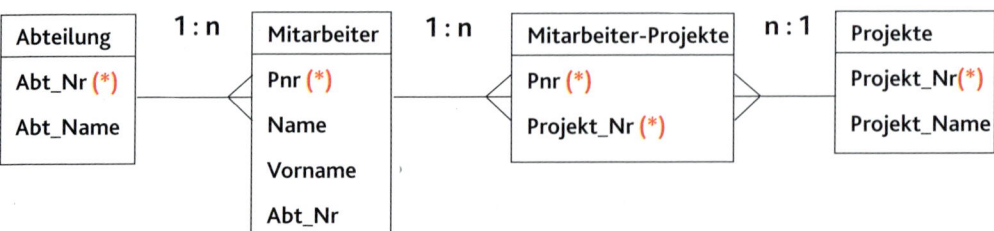

Relationen im ER-Modell der Datenbank Medienprofi

30.2.5 Problem NULL-Werte

Ein zusätzliches Problem können sog. **NULL-Werte** darstellen. Ein NULL-Wert bedeutet, dass in einem Datensatz ein bestimmtes Attribut leer bleibt, dieses Datenfeld also keinen Inhalt hat. Fehlt z. B. die Angabe einer Mobil-Nummer, weil die betreffende Person kein Handy besitzt, so kann es Probleme bei den Abfragen nach der Mobilnummer und dem Sortieren der Daten geben. Ebenfalls problematisch wird es, wenn eine Person zwei Mobil-Nummern eintragen möchte.

Um derartige Probleme zu vermeiden, ist es wichtig, diese Informationen zu Beginn des Datenbankentwurfs so weit wie möglich in weitere Tabellen aufzuspalten, sodass in keiner der Tabellen ein leeres Datenfeld vorliegt.

Eine Datenbanktabelle „Frauengruppe" soll die folgenden Attribute haben:
- Name
- Vorname
- Straße (Str)
- Hausnummer (Hnr)
- PLZ
- Ort
- Telefon
- Mobil

In einer Tabelle untergebracht, ergibt sich Folgendes:

Frauengruppe

Name	Vorname	Str	Hnr	PLZ	Ort	Telefon	Mobil
Meier	Ulrike	Bergstr.	4	42555	Velbert	02052-123456	0170-123456
Müller	Marianne	Hauptstr.	10	45881	Gelsenkirchen	0209-234567	0177-234567, 0172-234567
Schulz	Christine	Hauptstr.	22	42555	Velbert	02052-567899	
Zunder	Mareike	Goldbergstr.	43	45894	Gelsenkirchen	0209-789123	0174-789123

→ Problem: Frau Müller hat zwei Mobil-Nummern, Frau Schulz keine. Einerseits wird die erste Normalform nicht erfüllt, andererseits tritt ein NULL-Wert auf.

→ Lösung: Auslagerung der Mobilnummern in eine **weitere Tabelle**. Das **Attribut ID**, als eindeutige Kennzeichnung für jede der Frauen (Primärschlüssel), wird hinzugefügt.

Frauen

ID	Name	Vorname	Str	Hnr	PLZ	Ort	Telefon
01	Meier	Ulrike	Bergstr.	4	42555	Velbert	02052-123456
02	Müller	Marianne	Hauptstr.	10	45881	Gelsenkirchen	0209-234567
03	Schulz	Christine	Hauptstr.	22	42555	Velbert	02052-567899
04	Zunder	Mareike	Goldbergstr.	43	45894	Gelsenkirchen	0209-789123

Mobilnummern

ID	Mobil
01	0170-123456
02	0177-234567
02	0172-234567
04	0174-789123

- Überlegen Sie zunächst, welche Attribute die Bücherdatenbank der Firma Medienprofi enthalten muss!
- Legen Sie die Struktur einer Datenbanktabelle in der ersten Normalform an!
- Zerlegen Sie die Datenbanktabelle mithilfe des ERM (Entity Relationship Model) gemäß der zweiten und dritten Normalform in Untertabellen!
- Denken Sie daran, für jede Tabelle einen Primärschlüssel festzulegen.
- Vergessen Sie die Fremdschlüssel nicht!
- Bedenken Sie mögliche NULL-Werte!

30.2.6 Anforderungen an eine Datenbank

Bezogen auf den Aufbau, die Struktur und die Funktionalität werden, nach den vorhergehenden Erkenntnissen, gewisse Anforderungen an eine Datenbank gestellt. Diese lassen sich allgemein in den folgenden Grundsätzen zusammenfassen:

Grundsätze für Datenbanken
1. Eine Datenbank muss eine **überschaubare Struktur** aufweisen
2. **Redundanzen** sind zu **vermeiden**
3. Alle Daten müssen in sich **konsistent und eindeutig** sein
   - doppelte Primärschlüssel ausschließen
   - Fremdschlüssel anlegen
   - Relationen (Beziehungen) innerhalb der Datenbank anlegen
4. **Anwendungen** (Applikationen) müssen **datenunabhängig** funktionieren
5. Die **Entwicklung neuer Anwendungen** muss innerhalb einer bestehenden Datenbank möglich sein
6. Jedem **Attribut** muss ein **fester Datentyp** zugeordnet sein
7. **NULL-Werte** sind zu **vermeiden**

Damit diese Grundsätze eingehalten werden, sind neben einer gezielten Planung und Konzeption auch die Kenntnis geeigneter relationaler Datenbanksysteme sowie das Beherrschen der Grundzüge einer Scriptsprache zur Kommunikation mit der relationalen Datenbank erforderlich.

In den folgenden Abschnitten wird daher mit **MySQL** exemplarisch ein relationales Datenbanksystem vorgestellt sowie die standardisierte Scriptsprache **SQL** in Grundzügen erarbeitet.

16.5 MySQL und SQL

16.5.1 MySQL

Was ist MySQL?

MySQL ist ein relationales Datenbanksystem, das auf Open-Source-Basis[1] entwickelt wurde. Der Grundstein zu MySQL wurde im Jahre 1994 vom schwedischen Unternehmen MySQL AB gelegt, das eine erste Version von MySQL herausbrachte. MySQL AB gehört seit Februar 2008 zu Sun Microsystems.

Die Open-Source-Version von MySQL, der **MySQL Community Server**, ist kostenfrei, arbeitet schnell und zuverlässig und kann bei Bedarf aus dem Internet geladen werden. Daneben existiert eine **kostenpflichtige** Lizenz-Version von Sun Microsystems, **MySQL Enterprise**, mit monatlichen Updates und umfangreichem technischen Support.

Wozu dient MySQL und wo wird es angewendet?

MySQL dient im Wesentlichen zur Verwaltung und Speicherung von Daten, z. B. für Internetanwendungen. Da viele typische Internetanwendungen auf Datenbanken zurückgreifen, hat MySQL in den letzten Jahren zunehmend an Bedeutung gewonnen. Seit dem Jahr 2003 arbeiten MySQL und SAP in der Datenbankentwicklung eng zusammen, um ihre Kompetenzen zu bündeln und als Ziel eine gemeinsame Datenbanktechnologie zu entwickeln, die sowohl den Bereich der firmenspezifischen Lösungen als auch den Internetbereich mit einem Tool abdecken.

16.5.2 SQL – das Mittel zum Zweck

Das Akronym **SQL** ist die Abkürzung für **Structured Query Language** und meint die Scriptsprache SQL, welche den Nutzern und Anwendern einen Zugriff auf die Datenstruktur und die Daten innerhalb der Datenbank ermöglicht. Mithilfe von SQL erfolgt die Definition von Datenbanktabellen, deren Verwaltung und Abfrage. SQL dient quasi als Mittel zum Zweck, um sämtliche Datenbankoperationen durchzuführen.

Die drei bekanntesten freien Datenbanken, die mit SQL arbeiten, sind MySQL, PostgreSQL und MaxDB.

In dieser Lernsituation steht die Kombination von SQL mit MySQL im Vordergrund, da MySQL insbesondere für Webanwendungen Anwendung findet.

16.5.3 Datentypen und Anweisungen in SQL

Jede Programmier- oder Scriptsprache, wie hier SQL, arbeitet mit Variablen, denen ein bestimmter Wert zugeordnet wird, und Anweisungen, in denen diese Variablen Anwendung finden.

Die Variablen in SQL sind verschiedenen Datentypen zugeordnet.

> **Variable:** Platzhalter für veränderliche Werte, z. B. Zahlenwerte, Texte etc.
> **Datentyp:** Menge von Objekten oder Wertebereich, die/den Konstanten und Variablen annehmen können.

---

[1] **Open Source**, engl. = offene Quelle, Lizenz für Software, deren Quelltext öffentlich zugänglich ist und offen weiterentwickelt werden darf

16.5.3.1 Datentypen

Datentyp	Erläuterung	Bezeichnung	Besonderheiten
Integer	Ganze Zahlen	INT	
Float und **Double**	Fließkommazahlen = Dezimalzahlen	FLOAT(m,d) DOUBLE(m,d)	Einfache Genauigkeit (8 Stellen) Doppelte Genauigkeit (16 Stellen)
Zeichenkette	Reiner Text oder Kombinationen aus Text, Zahlen und/oder weiteren Zeichen	CHAR	Zeichenkette fester Länge (max. 255 Zeichen)
		VARCHAR	Zeichenkette variabler Länge (max. 255 Zeichen)
		TEXT MEDIUMTEXT LONGTEXT	Für Zeichenketten mit mehr als 255 Zeichen
		SET	Menge. Die Zelle muss mindestens ein und kann bis zu 64 Elemente aus einer Liste enthalten.
Datum		DATE YEAR	Datum in der Form: 2010-08-01 Jahr in der Form: 2010
Uhrzeit		TIME	Zeit in der Form: 10:05:43
Datum und **Uhrzeit**	Kombination von Datum und Uhrzeit	DATETIME	Ausgabe in der Form: 2010-08-01 10:05:43
		TIMESTAMP	Ausgabe in der Form: 2010-08-01 10:05:43 → automatische Aktualisierung bei jeder Änderung eines Datensatzes durch MySQL

Zurück zur **Beispieldatenbank** *Medienprofi*. Diese enthält in der dritten Normalform **vier Tabellen** mit insgesamt **sieben Attributen**.

Für dieses Beispiel ist die Auswahl der folgenden Datentypen sinnvoll: **Ganze Zahlen** vom Typ **Integer int** für sämtliche Nummern sowie **Zeichenketten variabler Länge** vom Typ **varchar** für die Einträge der Namen und weiterer Bezeichnungen.

Der jeweilige Primärschlüssel ist farbig hinterlegt.

Datentypen verteilt auf die Datenbanktabellen:

Abteilung (2 Spalten)		
Variable	Datentyp	Erläuterung
Abt_Nr	int (2)	Ganze Zahl mit maximal 3 Stellen
Abt_Name	varchar (20)	Zeichenkette variabler Länge mit maximal 21 Zeichen

Mitarbeiter (4 Spalten)		
Variable	Datentyp	Erläuterung
Pnr	int (2)	Ganze Zahl mit maximal 3 Stellen
Name	varchar (30)	Zeichenkette variabler Länge mit maximal 31 Zeichen
Vorname	Varchar (30)	Zeichenkette variabler Länge mit maximal 31 Zeichen
Abt_Nr	int (2)	Ganze Zahl mit maximal 3 Stellen

Mitarbeiter_Projekte (2 Spalten)		
Variable	Datentyp	Erläuterung
Pnr	int (2)	Ganze Zahl mit maximal 3 Stellen
Projekt_Nr	int (2)	Ganze Zahl mit maximal 3 Stellen

Projekte (2 Spalten)		
Variable	Datentyp	Erläuterung
Projekt_Nr	int (2)	Ganze Zahl mit maximal 3 Stellen
Projekt_Name	varchar (30)	Zeichenkette variabler Länge mit maximal 31 Zeichen

Zusammengehörige Primär- und Fremdschlüssel in zwei unterschiedlichen Datenbanktabellen müssen immer vom selben Datentyp sein!

Listen Sie alle Tabellen Ihrer Bücherdatenbank auf und ordnen Sie jeder Tabelle die passenden Attribute zu. Legen Sie anschließend zu jedem Attribut einen passenden Datentyp inklusive der notwendigen Länge (Zeichenzahl) fest!

Bedenken Sie dabei den Zusammenhang zwischen den Datentypen von Primär- und Fremdschlüssel!

16.5.3.2 SQL-Anweisungen

Im Bereich der SQL-Anweisungen zum Handling und zum Aufbau der Datenbank gibt es keine durchgängigen Standards, da die unterschiedlichen Hersteller teilweise Varianten anbieten. Wichtige Anweisungen sind jedoch in der Regel identisch und werden nachfolgend vorgestellt.

Insgesamt lässt sich der **Befehlssatz** der SQL-Befehle in **drei Gruppen** unterteilen:

Aufgabe	Bezeichnung	Erläuterung
Datendefinition	DDL (Data Description Language)	Definition des Aufbaus und der Strukturen der Datenbank
Datenmanipulation	DML (Data Manipulation Language)	Abfrage und Veränderung von Datensätzen
Datenkontrolle	DCL (Data Control Language)	Berechtigungen erteilen und verwalten

Nachfolgend werden die wichtigsten SQL-Anweisungen vorgestellt, die zum Aufbau und zur Abfrage einer Datenbank dienen.

Wichtige SQL-Anweisungen

Anweisung	Erläuterung	Beispiele
DDL		
CREATE DATABASE	Datenbank erzeugen/anlegen	CREATE DATABASE kunden; → Datenbank kunden anlegen
DROP DATABASE	Datenbank löschen	DROP DATABASE kunden; → Datenbank kunden löschen
USE	Datenbank auswählen	USE kunden; → Datenbank kunden auswählen
CREATE TABLE	Tabelle erzeugen	CREATE TABLE adressen; → Tabelle mit Kundenadressen anlegen
DROP TABLE	Tabelle löschen	DROP TABLE adressen; → Tabelle mit Kundenadressen löschen
ALTER TABLE	Tabellenstruktur/-design ändern mit **ADD, RENAME, DROP, MODIFY, CHANGE** etc.	ALTER TABLE adressen RENAME adressenliste; → Tabelle mit Kundenadressen von adressen in adressliste umbenennen ALTER TABLE adressen ADD mobilnr CHAR(15); → Tabelle adressen mit den Kunden-adressen um die Spalte mobilnr erweitern, diese hat den Datentyp CHAR mit einer Länge von max. 16 Zeichen (Zählbeginn bei 0)
CREATE INDEX	Index für bereits vorhandene Tabelle erzeugen	CREATE INDEX kunden_index ON kunden (name); → für das Attribut name in der Tabelle kunden wird ein Index mit der Bezeichnung kunden_index angelegt zur besseren Abfrage/Sortierung nach den Kundennamen
DROP INDEX	Index löschen	DROP INDEX kunden_index ON kunden; →Index kunden_index wird aus kunden gelöscht
DML		
SELECT	Datensätze aus Datenbank abfragen	SELECT name FROM kunden; → alle Kundenamen aus der Tabelle adressen werden aufgelistet SELECT * FROM adressen; → vollständige Adresstabelle der kunden wird aufgelistet, das * steht für „alle" SELECT * FROM adressen WHERE Ort="Gelsenkirchen"; → liefert alle Kunden aus Gelsenkirchen

ORDER BY	Datensätze sortiert ausgeben: **DESC** absteigende Sortierung **ASC** aufsteigende Sortierung (ASC ist automatisch voreingestellt)	**SELECT * FROM adressen ORDER BY plz ASC;** → wählt alle Inhalte aus der Tabelle adressen aus und sortiert sie aufsteigend nach der Postleitzahl
DELETE	Datensätze löschen	**DELETE FROM adressen WHERE Name="Berger";** → löscht alle Datensätze mit dem Namen Berger aus der Tabelle adressen
UPDATE	Einträge verändern	**UPDATE adressen SET STR="Poststr. 57", PLZ="42549" WHERE Kundennr==100002;** → ändert die Adressangaben Straße und PLZ des Kunden mit der Kundennummer 100002 in der Datenbank adressen
Sonstige wichtige Angaben		
PRIMARY KEY	Angabe, welches Attribut der Primärschlüssel sein soll	**PRIMARY KEY (Kundenr)** → die Kundennummer dient als Primärschlüssel
AUTO_INCREMENT	Automatisch ansteigend	**Kundennr INTEGER UNSIGNED NOT NULL AUTO_INCREMENT, Name VARCHAR(30) NULL,** usw. → Attribut Kundennr vom Typ Integer, nur positive Zahlen, darf nicht leer bleiben, Zahlen steigen automatisch an, Attribut Name vom Typ varchar, darf leer sein
NOT NULL, NULL	Dieses Feld darf nicht leer / darf leer bleiben	
USIGNED	Nur positive Zahlen	

16.5.4 Datenbank mit MySQL und SQL erstellen und verwalten

Nach Kenntnis der grundlegenden Datentypen und der wichtigsten SQL-Anweisungen soll nun eine einfache kleine Datenbank mit MySQL und SQL erstellt und verwaltet werden.

Dabei wird in einem ersten Schritt der grundlegende Aufbau der Datenbank und der Tabellen mithilfe der SQL-Befehle vorgestellt.

In einem zweiten Schritt erfolgt ein Blick auf pypMyAdmin, eine grafische Oberfläche zur einfachen Verwaltung von MySQL-Datenbanken.

16.5.4.1 MySQL-Datenbank erstellen

Zunächst soll eine einfache MySQL-Datenbank mit einigen wenigen Tabellen mithilfe von SQL angelegt werden.

Im Vordergrund steht auf der einen Seite die Anwendung der DDL und DML-Befehlssätze zum Aufbau der Datenbank sowie die Festlegung der jeweiligen Primärschlüssel, und auf der anderen Seite die Festlegung der Attribute, indem ausreichend Variablen mit den passenden Datentypen deklariert werden.

Notwendige Schritte zur Erstellung einer Datenbank:
- Datenbank erzeugen
- Datenbank auswählen
- Tabellen erzeugen
- Attribute mit Datentyp für jede Tabelle anlegen
- Primärschlüssel für jede Tabelle anlegen

Auch hier soll wieder das schon bekannte Beispiel unserer **Mitarbeiterdatenbank** zu Hilfe genommen werden.

In unserem Beispiel wird zunächst die Datenbank erzeugt und ausgewählt. Anschließend werden die erforderlichen vier Tabellen „Abteilung", „Mitarbeiter", „Mitarbeiter-Projekte" und „Projekte" angelegt. Abspeichern unter *firma.sql*.

Dies sieht im Quelltext von SQL dann wie folgt aus:

Datenbank: *firma.sql*

CREATE DATABASE medienprofi;
USE medienprofi;
 	
CREATE TABLE abteilung{
Abt_Nr int(2) UNSIGNED NOT NULL ,
Abt_Name varchar(20),
PRIMARY KEY(Abt_Nr)
};
 	
CREATE TABLE mitarbeiter{
Pnr int(2) UNSIGNED NOT NULL,
Name varchar(30),
Vorname varchar(30),
Abt_Nr int(2) UNSIGNED NOT NULL ,
PRIMARY KEY(Pnr)
};
 	
CREATE TABLE mitarbeiter_projekte{
Pnr int(2) UNSIGNED NOT NULL,
Projekt_Nr int(2) UNSIGNED NOT NULL,
PRIMARY KEY(Pnr, Projekt_Nr)
};
 	
CREATE TABLE projekte{
Projekt_Nr int(2) UNSIGNED NOT NULL,
Projekt_Name varchar(30),
PRIMARY KEY(Projekt_Nr)
};

16.5.4.2 Abfragen einer Datenbank

Die Abfrage der Datenbankinhalte erfolgt stets mithilfe des Befehls SELECT, gefolgt von Angaben dazu, welche Attribute wie ausgegeben oder verändert werden sollen.

Nachfolgende werden beispielhaft einige mögliche Abfragen zu der lieb gewonnenen Datenbank **Mitarbeiter** vorgestellt.

Einfache Abfrage

1. Von der Tabelle „mitarbeiter" sollen alle Mitarbeiter ausgegeben werden.
2. Von der Tabelle „mitarbeiter" sollen alle Mitarbeiter ausgegeben werden, die in der Druckvorstufe arbeiten.
3. Von der Tabelle „mitarbeiter" sollen alle Mitarbeiter ausgegeben werden, die in der Online-Agentur arbeiten.

Die Abteilungen sind in der Tabelle „mitarbeiter" mit ihrer Abteilungsnummer Abt_Nr angelegt.

Die SELECT-Anweisungen lauten der Reihe nach:

zu 1.
SELECT * FROM mitarbeiter;
Ausgabe: Alle Mitarbeiter werden untereinander aufgelistet.

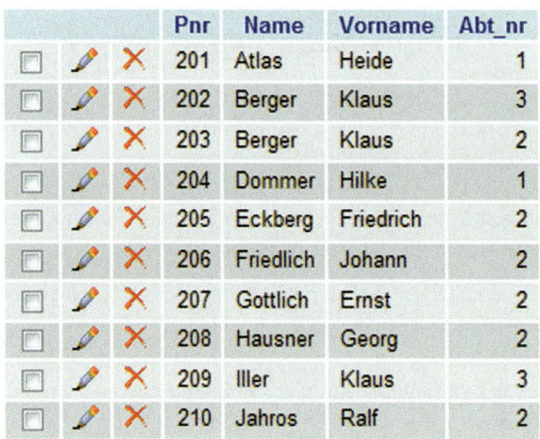

zu 2.
SELECT * FROM mitarbeiter **WHERE** Abt_Nr ==2;
Ausgabe: Hier werden nur die Mitarbeiter aus obiger Tabelle mit der Abteilungsnummer 2 angezeigt.

zu 3.
SELECT * FROM mitarbeiter **WHERE** Abt_Nr ==3;
Ausgabe: Hier werden nur die Mitarbeiter aus obiger Tabelle mit der Abteilungsnummer 3 angezeigt.

Abfrage mit Sortierung

4. Von der Tabelle „mitarbeiter" sollen alle Mitarbeiter ausgegeben und nach dem Vornamen aufsteigend, alphabetisch sortiert werden.
5. Von der Tabelle „mitarbeiter" sollen alle Mitarbeiter ausgegeben und nach der Abteilungsnummer absteigend sortiert werden.

Daraus ergeben sich die folgenden SELECT-Anweisungen:

zu 4.
SELECT * FROM mitarbeiter **ORDER BY** Vorname **ASC;**
Ausgabe:

		Pnr	Name	Vorname ▲	Abt_Nr
✏	✗	207	Gottlich	Ernst	2
✏	✗	205	Eckberg	Friedrich	2
✏	✗	208	Hausner	Georg	2
✏	✗	201	Atlas	Heide	1
✏	✗	204	Dommer	Hilke	1
✏	✗	206	Friedlich	Johann	2
✏	✗	203	Berger	Klaus	2
✏	✗	202	Berger	Klaus	3
✏	✗	209	Iller	Klaus	3
✏	✗	210	Jahros	Ralf	2

zu 5.
SELECT * FROM mitarbeiter **ORDER BY** Abt_Nr **DESC;**
Ausgabe:

		Pnr	Name	Vorname	Abt_Nr ▼
✏	✗	202	Berger	Klaus	3
✏	✗	209	Iller	Klaus	3
✏	✗	210	Jahros	Ralf	2
✏	✗	208	Hausner	Georg	2
✏	✗	207	Gottlich	Ernst	2
✏	✗	206	Friedlich	Johann	2
✏	✗	205	Eckberg	Friedrich	2
✏	✗	203	Berger	Klaus	2
✏	✗	204	Dommer	Hilke	1
✏	✗	201	Atlas	Heide	1

16.5.4.3 JOINS

Mithilfe der „normalen" SELECT-Anweisung ist es nicht möglich, die Inhalte mehrerer Tabellen einer Datenbank gleichzeitig abzufragen. Dazu ist eine Verbindung der Tabellen notwendig.

Zu diesem Zweck gibt es sog. **JOINS**. Sie verknüpfen Tabellen miteinander, sodass mithilfe einer etwas veränderten SELECT-Anweisung dann eine tabellenübergreifende Abfrage möglich wird.

> **JOIN:** Verknüpfung mehrerer Tabellen einer Datenbank zur übergreifenden Abfrage, Gruppierung und Sortierung von Datensätzen.

Zu den wichtigsten JOINS zählen der **INNER JOIN**, auch als EQUIVALENT JOIN bezeichnet, und der LEFT OUTER JOIN = **LEFT JOIN,** sowie der RIGHT OUTER JOIN = **RIGHT JOIN**.

Im Folgenden wird das Prinzip des Inner Join anhand eines Beispiels erläutert.

> **INNER JOIN = EQUIVALENT JOIN**
> Zur Verbindung von Datensätzen aus zwei Tabellen, in denen mindestens ein gemeinsames Feld denselben Wert hat.

Durch Verknüpfung der beiden Datenbanktabellen *Mitarbeiter* und *Abteilung* aus der Mitarbeiterdatenbank sollen alle zueinandergehörigen Datensätze aus beiden Tabellen zu jeweils einem Datensatz zusammengefasst werden.

Der jeweilige Tabellenname und das Attribut (Feld) mit demselben Wert, also hier die Abteilungnummer Abt-Nr, die in beiden Tabellen zu finden ist, werden in der SQl-Anweisung einander wie folgt zugeordnet:

SELECT * FROM Mitarbeiter INNER JOIN Abteilung ON Mitarbeiter.Abt_Nr = Projekte.Abt_Nr;

Dies ergibt dann die folgende Ausgabe:

Pnr	Name	Vorname	Abt_Nr	Abteilung
201	Atlas	Heide	1	Sekretariat
202	Berger	Klaus	3	Online-Agentur
203	Berger	Klaus	2	Druckvorstufe
204	Dommer	Hilke	1	Sekretariat
205	Eckberg	Friedrich	2	Druckvorstufe
206	Friedlich	Johann	2	Druckvorstufe
207	Gottlich	Ernst	2	Druckvorstufe
208	Hausner	Georg	2	Druckvorstufe
209	Iller	Klaus	3	Online-Agentur
210	Jahros	Ralf	2	Druckvorstufe

16.5.4.4 phpMyAdmin zur Verwaltung einer MySQL-Datenbank

Zur einfachen Verwaltung von MySQL-Datenbanken gibt es eine Reihe grafischer Oberflächen. Zu den bekanntesten zählt **phpMyAdmin**, eine freie PHP-Applikation, mit welcher MySQL-Datenbanken administriert werden können.

Mithilfe dieser Oberfläche gelingt es auch Einsteigern, Datenbanken sicher zu verwalten.

Installation von phpMyAdmin und MySQL
Die separate Installation und Implementation von phpMyAdmin und MySQL in das jeweilige Betriebssystem ist sehr aufwendig. Zusätzlich werden für weitere Funktionalitäten, z. B. die Verwendung einer Datenbank im Webbereich, auch weitere Module, wie z. B. ein Webserver etc., benötigt.

Doch es gibt eine Lösung, wie alles einfacher und auch für den Anfänger problemlos möglich ist. Das Zauberwort heißt **XAMPP**.

> **XAMPP: Distribution von Apache, MySQL, PHP und Perl mit allen Technologien, die aus programmiertechnischer Sicht für die Erstellung und die Pflege von Webseiten notwendig sind.**

Dazu zählen natürlich auch webbasierte Datenbanksysteme, wie MySQL.

Die Installation ist relativ einfach und mit zahlreichen Hilfetexten unterlegt. Insgesamt sind vier kostenlose Distributionen von XAMPP erhältlich: Je eine für LINUX, WINDOWS, MAC OS X und SOLARIS.

Diese können auf der Website von **Apache Friends** kostenlos heruntergeladen werden. Sowohl die Installation als auch die Benutzung, also der Start und die Nutzung im jeweiligen Betriebssystem, werden zusätzlich erklärt.

www.apachefriends.org/de/index.html

Grafische Oberfläche und Bedienung von phpMyAdmin
phpMyAdmin, Teil des XAMPP-Paketes, hilft mit einer übersichtlichen grafischen Oberfläche, Datenbanken anzulegen, zu verändern und abzufragen.

Vorgehensweise zum Start von phpMyAdmin in der lokalen Umgebung des Computers:

Einrichten einer Datenbank in phpMyAdmin

1.	Apache Server starten (im Control Panel von XAMPP).	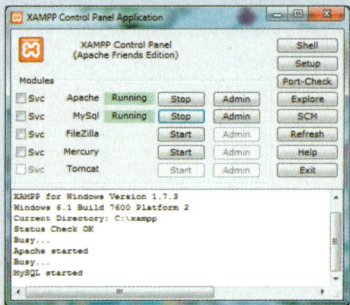
2.	MySQL starten (im Control Panel von XAMPP).	
3.	phpMyAdmin im Browser öffnen: http://localhost/phpmyadmin/index.php	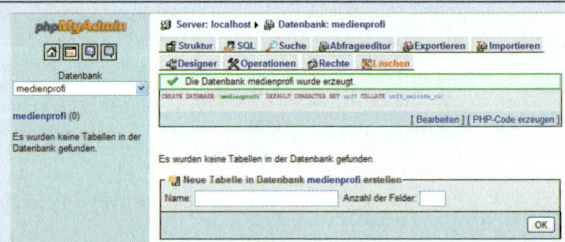
4.	Reiter „Datenbanken" anklicken und unten „Neue Datenbank anlegen": • Namen vergeben • Kollation, vorzugsweise utf8_unicode_ci, wählen	
5.	Alle notwendigen Tabellen anlegen. Für jede Tabelle gilt: • Anzahl der Felder angeben • Namen, Typ etc. für jedes Attribut angeben, z. B. Abt_Nr int(2) NOT NULL UNSIGNED • Primärschlüssel angeben • Datensätze einfügen	
6.	Auf SQL klicken und Abfragen bzw. Sortierungen mit oder ohne JOINS durchführen	

Insgesamt gibt es zahlreiche Handbücher, Online-Hilfen und -Dokumentationen zur Arbeit mit phpMyAdmin, SQL und dem Apache Webserver. Finden Sie Ihren persönlichen Favoriten und werden Sie begeistertes Mitglied der XAMPP-Familie bei Apache-Friends!

*Immer dann, wenn **Daten** strukturiert abgelegt und nachfolgend für unterschiedliche Zwecke, z. B. die Abfrage und Sortierung nach bestimmten Kriterien, weiterverwendet werden sollen, sind **Datenbanksysteme** erste Wahl.*

*Ein Datenbanksystem besteht aus der **Datenbank** und einem **Datenbankmanagementsystem DBMS** zur Verwaltung und Sicherung der Daten.*

*Bei der Planung und Strukturierung der Datenbank sorgen die erste, zweite und dritte **Normalform** dafür, dass Redundanzen vermieden und nur unmittelbar funktional voneinander abhängige Inhalte in jeweils **einzelnen Tabellen** abgelegt werden.*

*Die verschiedenen Datenbanktabellen einer Datenbank sind über sog. Schlüssel, den **Primärschlüssel** und den **Fremdschlüssel**, miteinander verknüpft. Diese Verknüpfungen, und demzufolge das gesamte Datenbankschema, können mithilfe des **Entity Relationship Models ERM** grafisch dargestellt werden.*

***MySQL** ist ein Datenbanksystem, welches insbesondere im Internetbereich Anwendung findet. Die Scriptsprache **SQL** dient innerhalb des Datenbanksystems **MySQL** dazu, die Datenbank anzulegen, zu verändern und zu verwalten. Dazu wird jedes Attribut in Form einer Variablen einem **Datentyp** zugeordnet und anschließend die Datenbank inklusive aller notwendigen Tabellen mithilfe von SQL als MySQL-Datenbank angelegt.*

*Mit SQL-Anweisungen des Typs **CREATE** können Datenbanken und deren Tabellen erzeugt und mit Anweisungen des Typs **SELECT** ausgegeben, sortiert und gruppiert werden. Zur Verknüpfung mehrerer Tabellen innerhalb einer tabellenübergreifenden SELECT-Anweisung gibt es sog. **JOINS**.*

*Zum einfachen Handling und einem schnellen Datenbankaufbau stehen einige grafische Oberflächen, wie z. B. **phpMyAdmin**, zur Verfügung. Diese sind auch integriert in das Universalpaket **XAMMPP**, einer kostenlose Distribution von **Apache Friends** für die wichtigsten programmiertechnischen Technologien rund um die Erstellung von Interseiten, erhältlich. Dieses lässt sich einfach installieren und nutzen.*

1. **Grundbegriffe Datenbank**
   a) Was versteht man unter einer Datenbank und wozu dient sie?
   b) Nennen Sie mindestens drei unterschiedliche Objekte, die Datenbanken enthalten können.
   c) Nennen Sie mindestens drei Anforderungen, die an ein Datenbankmanagementsystem gestellt werden.
   d) Erklären Sie den Unterschied zwischen einem Datensatz und einem Datenfeld mit Hilfe einer Skizze.
   e) Was bedeutet Entität in Bezug auf Datenbanken?
   f) Was ist ein Primärschlüssel und wozu dient er?

2. **Beziehungen innerhalb einer Datenbank**
Die Daten innerhalb der Datenbank müssen strukturiert und geordnet abgelegt werden, damit, bei Bedarf, ein gezielter Zugriff erfolgen kann. Dazu stehen mehrere Normalformen zur Verfügung.
   a) Das strukturierte Ablegen wird auch als Normalisierung bezeichnet. Erläutern Sie allgemein, was mit diesem Begriff gemeint ist.
   b) Gemäß der ersten Normalform muss jedes Attribut innerhalb der Datenbanktabelle atomar sein. Was bedeutet dies genau?
   c) Überprüfen Sie, ob die folgende Datenbanktabelle in der ersten Normalform vorliegt. Nehmen Sie ggf. Veränderungen vor.

Name	Vorname	Disziplin	Verein	Bestleistung
Müller	Thomas	100 m	VfL Essen	10,5 s
Schmidt	Hans	100 m 200 m	SuS Bottrop	10,9 s 22,0 s
Meier	Frank	Speer	TV Schalke	68,05 m
Müller	Helge	Kugel Diskus	LG Horst	17,10 m 58,96 m
Schulze	Thomas	100m	SuS Bottrop	11,2 s
Beckmann	Frank	Kugel	SuS Bottrop	16,86 m
Becker	Michael	Speer	LG Horst	70,20 m
Maier	Fabian	200 m	TV Schalke	22,45 s
Schmidt	Christian	Kugel Diskus	LG Horst	15,50 m 55,30 m

   d) In Datenbanken sollen Redundanzen vermieden werden. Was ist hiermit gemeint?
   e) Innerhalb einer Datenbank können, nach dem E/R-Modell, die folgenden Beziehungen auftreten:
      I.   1 : 1   II.   1 : n   III.   m : n
      Erläutern Sie jede dieser Beziehungen anhand eines Beispiels und stellen Sie diese mit Hilfe des E/R-Modells grafisch dar!

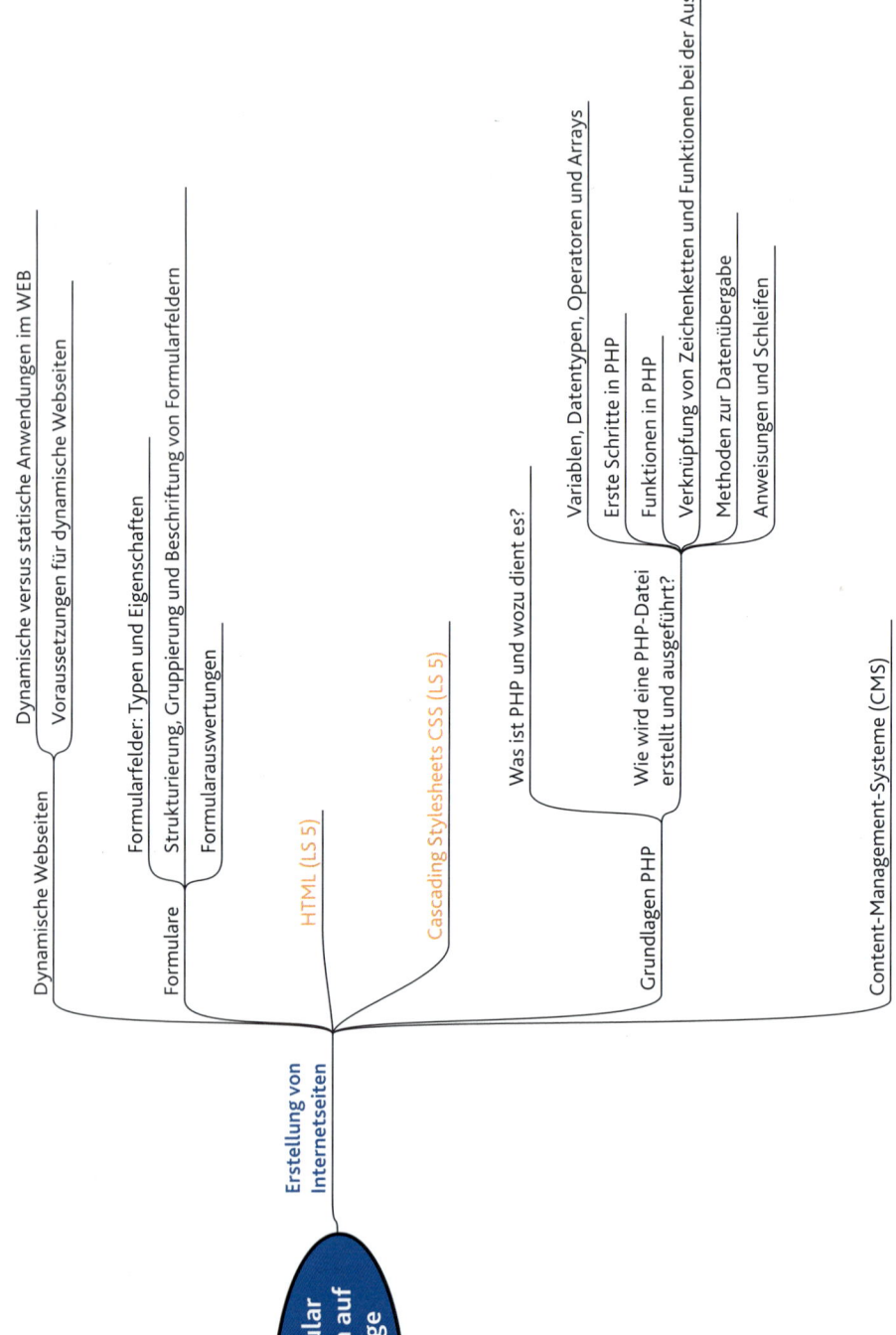

13 Kontaktformular und Gästebuch auf der Homepage

13 Kontaktformular und Gästebuch auf der Homepage

Das italienische Restaurant „Viva Italia" in Velbert-Langenberg möchte seinen Webauftritt erweitern, um mehr auf die Wünsche der Gäste eingehen zu können. Daher soll neben der Kontaktmöglichkeit mittels einer einfachen E-Mail nun ein Kontaktformular zur Tischreservierung und für weitere Anfragen angeboten werden. Des Weiteren ist ein Gästebuch geplant, das den Gästen im Anschluss an ihren Besuch eine gezielte Möglichkeit der Rückmeldung zur Qualität, dem Ambiente, den Serviceleistungen und zu weiteren Anmerkungen bietet.

Aufgaben:
1. Erstellung eines Kontaktformulars zur Tischreservierung und sonstiger Kontaktaufnahme für den Webauftritt von „Viva Italia".
2. Erstellung eines Gästebuches für den Webauftritt von „Viva Italia".

Hinweise:
- Beide Elemente des Webauftritts sollen mithilfe von PHP, jedoch ohne eine Datenbank, möglichst einfach realisiert werden.
- Das Formular ist im Sinne der Accessibility barrierefrei anzulegen.

16.6 Dynamische Webseiten

Mit der Planung, den Webauftritt um ein Kontaktformular und ein Gästebuch zu erweitern, werden erweiterte Anforderungen an die technische Umsetzung des Webauftritts für das Restaurant „Viva Italia" gestellt. Neben den bisher benutzten statischen Formatierungs- und Layoutmöglichkeiten mithilfe von HTML und CSS, sind nun dynamische Inhalte erforderlich, die eine gezieltes Auslesen der Formularinhalte und eine einfache Benutzung des Gästebuchs ermöglichen.

Das Wort Dynamik stammt vom griech. dýnamis = Kraft und ist „die Lehre von den Abstufungen und Veränderungen".

Bezogen auf eine Internetseite bedeutet dies, dass diese entweder vollständig dynamisch erzeugt werden kann, indem die Seite erst im Moment des Aufrufs generiert wird. Oder es werden dynamische Elemente in einzelne Seiten des Internetangebotes, wie z. B. Besucherzähler, die Ausgabe der aktuellen Uhrzeit oder bewegte Elemente, eingefügt.

Dynamische Elemente: Einzelelemente, wie z. B. das Datum, die Uhrzeit oder ein Terminkalender, die beim jeweiligen Aufruf der Seite automatisch aktualisiert werden.

Dynamische Webseiten: Webseiten, die in dem Moment komplett vom Server erstellt werden, wenn der Benutzer sie aufruft.

Welchen Mehrwert bietet Dynamik im Web?
- Die Internetseite kann auf Benutzereingaben reagieren
- Der Interaktionsgrad des Benutzers steigt
- Die Internetseite wird flexibler

Unabhängig davon, ob sie lediglich einige Elemente Ihrer Internetseite oder den kompletten Webauftritt dynamisch anlegen, reichen HTML und CSS allein nicht aus. Es sind zusätzliche Programmiersprachen, sogenannte **Scriptsprachen** erforderlich.

> **Scriptsprachen: Steuerungssprachen zur Manipulation von Elementen einer Einzelseite oder einer ganzen Website.**

Prinzipiell gibt es zwei unterschiedliche Typen von Scriptsprachen: Client- und serverseitige Scriptsprachen.

Scriptsprachentyp	Arbeitsweise	Scriptsprachen
Clientseitige Scriptsprache	Übertragung und Ausführung des Programmcodes auf dem Computer des Internetnutzers	JavaScript
Serverseitige Scriptsprache	Ausführung des Programmcodes auf dem Webserver und Übertragung der fertigen Datei auf den Computer des Internetnutzers	PHP, ASP, Perl (CGI-Scripte)

16.6.1 Dynamische versus statische Anwendungen im WEB

Doch welchen Vorteil bieten dynamische Webanwendungen, in welchen Bereichen macht ihre Anwendung Sinn und wo sind rein statische Anwendungen mit HTML und CSS völlig ausreichend?

Dynamische Webanwendungen sind dann sinnvoll, wenn:

- Internetseiten ständig aktualisiert werden müssen
- Kontaktformulare oder Fragebögen geplant sind, deren Inhalte weiter verarbeitet werden sollen
- Datenerfassung und Ausgabe erfolgen sollen: Z. B. Besucherzähler, Terminkalender, aktuelles Datum und Uhrzeit
- Sich verändernde Menüstrukturen angeboten werden sollen, Aufklappmenüs, sich verändernde/bewegende Buttons etc.
- Eine Anmeldung für die Nutzung der Inhalte gewünscht wird (Login) etc.

Statische Internetseiten reichen aus, wenn:

- Die Inhalte des Webauftritts sich nur selten ändern
- Der Webauftritt einen geringen Umfang hat und leicht zu verwalten ist
- Weder Formulare noch Fragebögen angeboten werden sollen etc.

Wägen Sie im Zweifelsfall ab, ob sich der Mehraufwand, den dynamische Anwendungen in der Erstellungsphase mit sich bringen, nachher durch einen geringen Wartungsaufwand und stets aktuelle Inhalte auszahlt oder Sie lediglich ihre „Mini-Homepage" etwas „aufrüsten" möchten und Aufwand und Nutzen ins Ungleichgewicht geraten.

16.6.2 Voraussetzungen für dynamische Webseiten

Um dynamische Internetseiten anbieten zu können, ist nicht nur ein gewisses programmiertechnisches Grundwissen, sondern auch eine Reihe technischer Voraussetzungen erforderlich.

Je nachdem welche Anwendungen geplant sind, muss sowohl die Softwareausstattung Ihres Computers als auch der von ihnen gewählte Internetanbieter einige Grundvoraussetzungen erfüllen. Die wichtigsten Voraussetzungen sind in der nachfolgenden Tabelle aufgelistet.

13 | Lernsituation Kontaktformular und Gästebuch auf der Homepage

Bereich	Voraussetzungen
Computer	Arbeitsspeicher RAM mind. 1 GB, Betriebssystem MAC OS X bzw. Windows XP oder höher
Internetanschluss	DSL-Anschluss ab DSL 3000
Provider	PHP- SQL- und Datenbankunterstützung
Software	• Entwicklungsumgebung, mit MySQL, Apache Webserver und PHP-Modul (z. B. XAMPP) • Einfacher Editor nach Wahl oder PHPEclipse etc. • Alternativ: Contentmanagementsystem, z. B. Joomla!, Typo3

16.7 Formulare

Das Restaurant „Viva Italia" möchte ein Kontaktformular anbieten. Daher erfolgt zunächst ein Exkurs in den Bereich „Formulare in HTML" und deren Strukturierung sowie Auswertung mithilfe der Programmiersprache PHP.

Wer kennt sie nicht, die Kontaktformulare auf vielen Websites, die es dem Nutzer auf einfache Art und Weise ermöglichen, Kontakt mit dem Anbieter aufzunehmen oder Informationsmaterial anzufordern.

Formulare sind nicht nur bei Druckprodukten zur Anmeldung, Gewinnspielteilnahme usw., sondern auch im WEB eine große Hilfe. Dort immer dann, wenn es darum geht, Daten, wie z. B. Adressangaben, einheitlich zu erfassen und die Kontaktaufnahme für den Nutzer zu erleichtern.

Vorteile von Formularen im WEB
Der Nutzer kann problemlos Kontakt zum Anbieter aufnehmen und Fragen stellen sowie Informationen anfordern. Der Anbieter erhält gleichartig aufbereitete Daten, die sich gut bearbeiten und einheitlich abspeichern bzw. in Datenbanken übertragen lassen.

Funktionalität von Formularen
Formulare werden eingesetzt, um Eingaben des Nutzers einer Website an den Server zu übermitteln (= Kommunikation mit dem Webserver).

16.7.1 Formularfelder: Typen und Eigenschaften

Für Formulare gibt es eine Reihe von Eingabe- und Auswahlfeldern, die je nach Einsatzbereich des Formulars angewendet werden können.

Es wird daher zunächst das Grundgerüst eines Formulars und anschließend eine Reihe möglicher Eingabe- und Auswahlfelder, sowie jeweils ein möglicher Anwendungsbereich vorgestellt.

Aufbau eines Formulars

HTML-Quelltext	Erläuterungen

`<form action="Aktion"`
`method="Methode angeben"`
`enctype="text/plain">`
 	
`<!-- hier die benötigten Felder,`
`Auswahllisten etc. einfügen -->`
 	
`</form>`
	action: angeben, welche Webseite das Formular verarbeiten soll bzw. an welche E-mail-Adresse es geschickt werden soll.
	method: Methode angeben, wie das Formular verarbeitet wird, get oder post, bei mailto immer post!
	enctype: text/plain eintragen, um formatierten Text zu erhalten.

Einige wesentliche Elemente, die häufig in Standardformularen zu finden sind, werden im Folgenden aufgelistet.

Einzeiliges Eingabefeld	

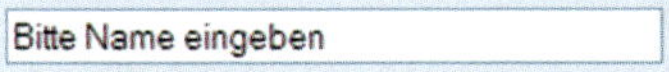 `<input type="text" size="Länge"`
`value="Bitte Name eingeben"`
`maxlength="MaxLänge" name="Name">`
 	
[Bitte Name eingeben]
	input type: Darstellung der eingegebenen Zeichen (text bei sichtbaren Text, password, wenn Text nicht sichtbar sein soll – es werden einheitliche Zeichen dargestellt)
	size: Länge des Eingabefeldes in Zeichen, z. B. size="40"
	value: Bereits eingetragener Text
	maxlength: Maximal eingebbare Zeichen, z. B. maxlength="35"
	name: Name für das Formularfeld, z. B. name="Adresse"

Mehrzeilige Eingabefelder	

`<textarea cols="Spalten" rows="Reihen"`
`name="Name">`
Geben Sie hier bitte Ihre Fragen ein!
`</textarea>`
 	
[Geben Sie hier bitte Ihre Fragen ein!] 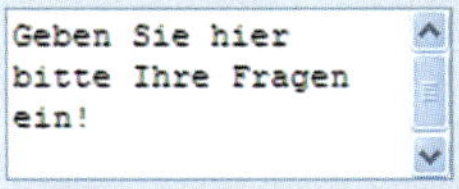
	cols: Anzahl der Zeichen pro Zeile eingeben, z. B. cols="30"
	rows: Anzahl der Zeilen eingeben, z. B. rows="5"
	name: Textfeld einen Namen geben

Auswahlliste zur Einfach- oder Mehrfachauswahl	

`<select size="Höhe" name="Name">`
`<option>0 bis 10 Jahre</option>`
`<option>10 bis 17 Jahre</option>`
`<option>18 bis 29 Jahre</option>`
`<option>30 bis 65 Jahre</option>`
`<option> &uuml;ber 65 Jahre</option>`
`</select>`
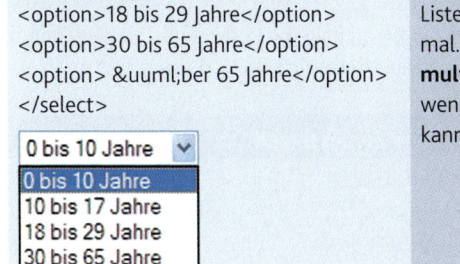
	`<option>`: Beschriftung des Auswahlkästchens
	`</option>`: Wird so oft wiederholt, dass die Anzahl der Anzahl der Listenelemente entspricht. Bei einer Liste mit fünf Auswahlmöglichkeiten demnach fünfmal.
	multiple: Wird in select zusätzlich angegeben, wenn mehr als ein Listeneintrag ausgewählt werden kann.

Radio-Buttons	
`<input type="radio" name="zimmer" value="einzel">` Einzelzimmer ` ` `<input type="radio" name="zimmer" value="doppel">` Doppelzimmer ` ` `<input type="radio" name="zimmer" value="suite">` Suite mit 2 Zimmern ` ` ○ Einzelzimmer ○ Doppelzimmer ○ Suite mit 2 Zimmern	**Value:** Kennzeichnung des Buttons für Formularversand **Text:** Beschriftung des Buttons **Name:** Name der Gruppe, z. B. name="zimmer" Radiobuttons werden in Gruppen angelegt. Von den Elementen einer Gruppe kann immer nur **ein einziges** ausgewählt werden.
Checkboxen	
`<input type="checkbox" name="interessen" value="Wert">` Golf ` ` `<input type="checkbox" name="interessen" value="Wert">` Tennis ` ` `<input type="checkbox" name="interessen" value="Wert">` Reiten ` ` `<input type="checkbox" name="interessen" value="Wert">` Surfen ` ` `<input type="checkbox" name="interessen" value="Wert">` Segeln ` `	**Value:** Kennzeichnung der Checkbox für Formularversand ☐ Golf ☐ Tennis ☐ Reiten ☐ Surfen ☐ Segeln Checkboxen einer Gruppe müssen nicht aber sollten gleiche Namen haben. Bei Checkboxen können mehrere Boxen ausgewählt werden.
Klickbuttons	

`<input type="button" name="Name" value="Hier geht es weiter" onclick="Aktion">`
 	
oder
 	
`<button type="button" name="Name" value="Wert" onclick="Aktion">`
Beschriftung oder Grafik
`</button>`
	Klickbuttons gibt es in zwei Varianten:
	1. Als einfache Buttons mit Textbeschriftung:
	
	[Hier geht es weiter]
	
	2. Als frei zu gestaltende Buttons, die entweder beschriftet oder mit einer Grafik versehen werden können.
	
	Nach der Betätigung des Buttons muss eine Aktion erfolgen (separates Fenster öffnet sich, Text erscheint etc.)

Buttons zum Absenden und Zurücksetzen	
`<input type="submit" value="Absenden">` `<input type="reset" value="L&ouml;schen">`	**submit:** Absenden **reset:** Zurücksetzen

Zur Erstellung eines Formulars ist lediglich normaler HTML-Code notwendig. Für die Verarbeitung und den Versand der eingetragenen Daten ist jedoch eine serverseitige Programmiersprache, z. B. PHP oder Perl als CGI-Script, erforderlich.

Lediglich der einfache Versand eines Formulars per E-Mail kann ohne Programmierung erfolgen, wenn auf dem Computer, von dem aus das Formular versendet werden soll, ein fester E-Mail-Account eingerichtet ist.

Beispiel zum Versand eines Formulars per E-Mail

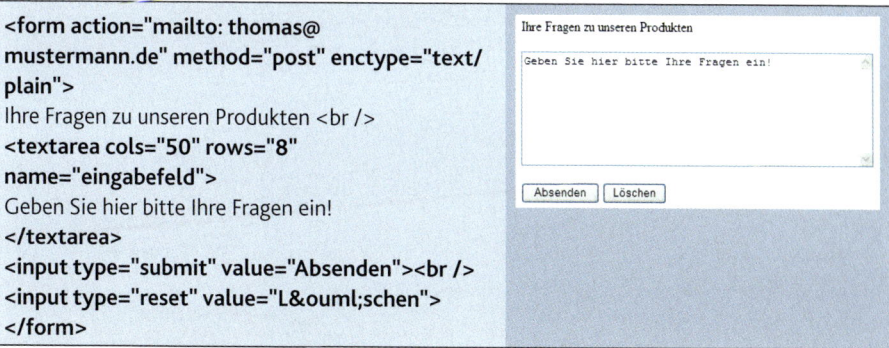

```
<form action="mailto: thomas@
mustermann.de" method="post" enctype="text/
plain">
Ihre Fragen zu unseren Produkten <br />
<textarea cols="50" rows="8"
name="eingabefeld">
Geben Sie hier bitte Ihre Fragen ein!
</textarea>
<input type="submit" value="Absenden"><br />
<input type="reset" value="L&ouml;schen">
</form>
```

HTML-Übung 10: Formulare auf Webseiten

Erstellen Sie das folgende Kontaktformular zum Versand per E-Mail an eine frei wählbare E-Mail-Adresse.

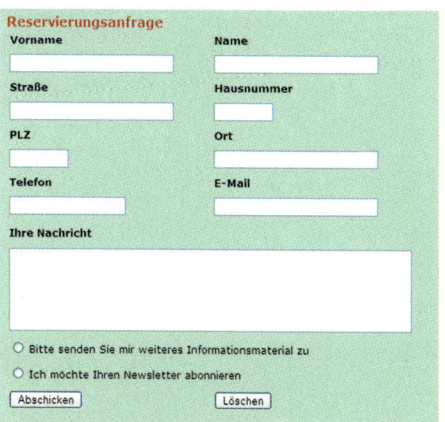

Vorgaben zur Größe der Eingabefelder:	
PLZ, Hausnummer:	6 Zeichen
Telefon:	20 Zeichen
Mehrzeiliges Eingabefeld:	60 Zeichen
Weitere Felder:	30 Zeichen

Vorlage zu HTML-Übung 10: Formular

16.7.2 Strukturierung, Gruppierung und Beschriftung von Formularfeldern

Formulare bestehen meist aus einer Reihe von Eingabe- und Auswahlfeldern. Prinzipiell lassen sich diese gezielt beschriften und zu Gruppen zusammenfassen.

Strukturierung und Gruppierung von Formularfeldern

Es ist daher sinnvoll, die einzelnen Gruppen, zu denen sich Formularfelder zuordnen lassen, auch in HTML als solche zu kennzeichnen. Dies erleichtert einerseits die spätere Verarbeitung und bietet andererseits auch blinden bzw. sehbehinderten Nutzern eine übersichtliche Struktur im Sinne der Barrierefreiheit, da die Inhalte nun gruppiert vorgelesen werden.

Der HTML-Tag **fieldset** definiert eine Gruppe, mit **legend** erhält die Gruppe dann eine Überschrift – legend darf nur innerhalb von fieldset und nicht alleine verwendet werden.

Mit fieldset können mehrere Formularfelder zu einer Gruppe zusammengefasst werden. Mit legend erhält die Gruppe eine Bezeichnung.

HTML-Quelltext	Ansicht im Browser
``` <form action="auswertung.php" method="post"> <fieldset> <legend>Absender</legend> <table width="400" height="120"> <tr> <td> Vorname:</td> <td><input type="text" size="30" maxlength="30" name="Vorname"></td> </tr> <tr> <td>Name:</td> <td><input type="text" size="40" maxlength="40" name="Name"></td> </tr> </table> </fieldset> <fieldset> <legend>Anliegen</legend> <table width="400" height="200"> <tr> <td>Ihr Anliegen:</td> <td><textarea cols="30" rows="6" name="Textfeld"> </textarea> </td> </tr> <tr> <td>Gewünschtes Informationsmaterial</td> <td> <input type="checkbox" name="Infos"> Konzertprogramm <input type="checkbox" name="Infos"> Abonnenten-Club <input type="checkbox" name="Infos"> Konzertmenues </td> </tr> </table> </fieldset> ```	

```
<fieldset>
<legend>Abschicken</legend>
<table width="400" height="50">
<tr>
<td>
           <input type="submit" value="Absenden">
           <input type="reset" value="L&ouml;schen">
</td>
</tr>
</table>
</fieldset>
</form>
```

Beschriftung der Formularfelder

Die Beschriftung der einzelnen Formularfelder erfolgt normalerweise einfach in HTML, indem, wie im vorstehenden Beispiel, ein entsprechender Text daneben oder darüber gesetzt wird. Dieser Text hat jedoch keinen logischen Bezug zum Formularfeld, sondern steht einfach separat im Quelltext. Um einen logischen Zusammenhang zwischen dem Formularfeld und dessen Beschriftung herzustellen, verfügt HTML über das Tag **label**.

> **LABEL:** Mit Labels wird ein logischer Bezug zwischen einem Formularfeld und dessen Beschriftung hergestellt.

```
<label for="Vorname"> Vorname: </label>
<input type="text" name="Vorname „ id="Vorname" size="30">
```

Insbesondere in Bezug auf die **Accessibility** ist es wichtig, die Inhalte jeder Internetseite und damit verstärkt auch Formulare, logisch zu strukturieren, damit jeder Nutzer, auch derjenige mit eingeschränktem oder nicht vorhandenem Sehvermögen, die Inhalte verstehen und benutzen kann.

16.7.3 Formularauswertungen

Die Verarbeitung und Auswertung der Inhalte aus den Eingabe- und Auswahlfeldern eines Formulars kann mit einer serverseitigen Programmiersprache, wie z. B. PHP erfolgen.

16.8 Grundlagen PHP

Die Sprache **PHP** (**Hypertext Preprocessor**) wurde im Jahre 1984 von Rasmus Lerdorf entwickelt und ist sowohl browser- als auch plattformunabhängig. Das bedeutet, dass sie in jedem Browser und auf jedem Betriebssystem lauffähig ist. Dies hängt damit zusammen, dass PHP zu den sog. serverseitigen Programmiersprachen gehört und der erstellte Programmcode daher nicht vom Browser auf dem Computer des Anwenders, sondern auf dem Server des Providers, auf welchem die aufgerufene Website liegt, ausgeführt wird.

16.8.1 Was ist PHP und wozu dient es?

PHP ist genau genommen eine Scriptsprache. Im Vergleich mit einer gängigen Programmiersprache, wie z. B. C++, bedeutet dies, dass die fertigen Scripte direkt ausgeführt werden und nicht vorher durch einen Compiler geschickt werden müssen.

Die Scriptsprache PHP dient zur dynamischen Erzeugung und Auswertung einzelner Elemente oder ganzer Seiten im Internet. Dazu gehören z. B. die Auswertung von Formularen und die Erstellung von Gästebüchern etc.

Bereits am Anfang von PHP stand die Idee, Bausteine zu haben, die es ermöglichen, in eine Datei etwas hineinzuschreiben, eine Datei auszulesen oder Formulare auszuwerten.

Die Umsetzung dieser Idee an unterschiedlichen Stellen einer Webseite wird im Folgenden Schritt für Schritt vorgestellt.

16.8.2 Wie wird eine PHP-Datei erstellt und ausgeführt?

Zunächst geht es um grundsätzliche Anforderungen für die Arbeit mit PHP, von der Erstellung bis zur Ausführung.

Eine PHP-Datei kann mit einem simplen Texteditor, wie er mit jedem Betriebssystem mitgeliefert wird (z. B. notepad beim PC), erstellt werden. Daneben sind sowohl die meisten Webeditoren als auch spezielle PHP-Editoren zur Erstellung von PHP-Code geeignet.

Vor der Ausführung im Browser müssen die PHP-Dateien auf einen Webserver hochgeladen werden.

PHP-Editoren: Notepad – in Windows Betriebssystem enthalten – kostenlos – WIN TextPad – www.textpad.com – Shareware – WIN Eclipse – www.eclipse.org/ – OpenSource – WIN, MAC und LINUX XAMMP: www.apachefriends.org/de/xampp.html – WIN, MAC, LINUX

Schritte zur Erstellung und Ausführung einer PHP-Datei	
1. PHP-Code mit Editor erstellen	
Verwendung im Internet	**Lokaler Test**
2. Datei per ftp auf Webserver hochladen	2. Datei lokal im Verzeichnis htdocs abspeichern Apache Webserver, z. B. im xampp-Control-Panel, starten
3. Datei von Webserver im Browser aufrufen → Server ist der Webserver, auf dem die Internetseite liegt	3. Datei lokal im Browser aufrufen → Servername ist hier localhost
Beispiel: http://www.meinefirma.de/index.php	Beispiel: http://localhost/index.php

Wie sieht das Grundgerüst einer PHP-Datei aus?
Der PHP-Code wird direkt in eine HTML-Datei geschrieben und befindet sich dort immer zwischen den folgenden Klammern.

```
<?php

?>
```

16.8.2.1 Variablen, Datentypen, Operatoren und Arrays

Jede Programmier- und Scriptsprache, daher auch PHP, arbeitet mit Variablen, Datentypen, Operatoren und Arrays.

> **Variable:** Platzhalter für veränderliche Werte, z. B. Zahlenwert, Text etc.
>
> **Datentyp:** Menge von Objekten oder Wertebereich, den Konstanten und Variablen annehmen können.

Operatoren:	Vorschriften, die mittels Zeichen oder booleschen Operatoren ausgedrückt werden. Sie dienen z. B. • für mathematische Berechnungen, wie +, - : etc. • zur Verkettung von Zeichenketten, "Vorsitzende:"."."<h1>Frau Marlies Mayer</h1>" • zum Vergleich, ==, <=, >=, != (gleich, kleiner gleich, größer gleich, ungleich) etc.
Array:	Datenfeld, welches die Möglichkeit bietet, in einer Variablen mehrere Daten abzuspeichern.

Variablennamen

- sind frei wählbar
- dürfen keine Umlaute oder Sonderzeichen enthalten
- dürfen nicht mit einer Zahl beginnen und nicht nur aus Zahlen bestehen

Erlaubte Variablenbezeichnungen	Unzulässige Variablenbezeichnungen
$name; $vorname; $kind1; $Meier007;	$1name; $123; $öschi;

Datentypen

Wie in allen Programmiersprachen arbeitet auch PHP mit Datentypen. D. h. jede Variable hat einen bestimmten Datentyp. Dieser muss in PHP, anders als z. B. in SQL, jedoch nicht explizit angegeben werden, sondern wird der Variable automatisch zugeordnet.

Datentyp	Erläuterung
Integer	Ganze Zahlen, z. B.- 5, 100, 1700
Double, Float, Real	Fließkommazahlen, z. B. 0.1, 102.45
String	Zeichenketten, z. B. Hallo
Boolean	Logische Werte, z. B. TRUE o. FALSE

Arrays

Bei Arrays wird zwischen ein- und mehrdimensionalen Arrays unterschieden. Insgesamt ähnelt jedes Array einer Tabelle. Das eindimensionale hat nur eine Zeile mit einer variablen Anzahl von Spalten, das mehrdimensionale besteht aus mehreren Spalten.

Die einzelnen Elemente, die der Reihe nach im Array abgelegt sind, werden von 0 an aufsteigend durchnummeriert. Jedes Element befindet sich gewissermaßen in einer Zelle, die über ihre Nummer, den Index, angesprochen werden kann.

Array
- Ein- oder mehrdimensionales Datenfeld
- Jede Zelle wird mit einem Index versehen
- Die Nummerierung der Zellen beginnt mit 0
- Wird deklariert, wie jede andere Variable auch, z. B. $zahlen;

13 | Lernsituation Kontaktformular und Gästebuch auf der Homepage

Array mit fünf Elementen vom Typ Integer (ganze Zahlen)

$zahl[0]=100;
$zahl[1]=200;
$zahl[2]=400;
$zahl[3]=800;
$zahl[4]=1600;

Ausgabe des Inhalts einer bestimmten Zelle
print($zahl[3]);
→ es wird die Zahl 800 ausgegeben

Assoziative Arrays
Neben den normalen Arrays mit Indexnummern gibt es in PHP auch sog. **assoziative Arrays.** Bei diesen Arrays können Sie den Index selbst bestimmen, indem Sie selbst eine Zeichenkette (String) als Index definieren. Der Index wird hier als Schlüssel bezeichnet.

$status['student'] = 'Studimausi';
$status['beamter'] = 'Staatsdiener';
usw.
Ausgabe des Inhalts mit:
print($status['student']);

16.8.2.2 Erste Schritte in PHP

PHP-Tutorial unter www.php-einfach.de

In PHP ist aller Anfang ganz leicht, denn in einer ersten Übung soll es zunächst nur darum gehen, einen einfachen Text auf dem Bildschirm auszugeben.

I. Ein erstes Beispiel mit PHP

PHP-Code zur Textausgabe	Ausgabe im Browser

`<html>`
`<head><title>Meine erste Seite mit PHP</title><head>`
`<body>`
 	
`<?php`
`//Hier beginnt der PHP-Code`
`$text = „Hier sehen Sie meinen ersten PHP-Code!";`
`echo $text;`
`?>`
`//Ende des PHP-Codes`
 	
`</body></html>`
	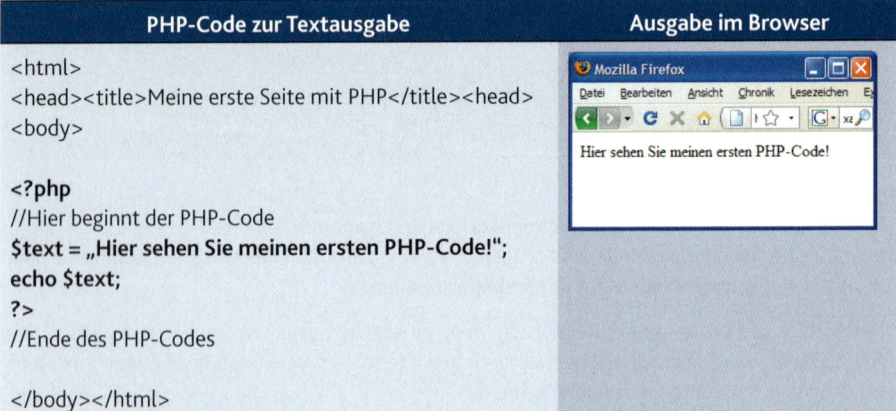

- Alle <u>Anweisungen</u> in PHP werden mit einen <u>Semikolon ;</u> abgeschlossen
- Eine Datei, die PHP-Code enthält, wird mit der <u>Endung .php</u> abgespeichert, z. B. text.php
- <u>Einzeilige Kommentare</u> im Quelltext stehen hinter // einzeiliger Kommentar
- <u>Mehrzeilige Kommentare</u> werden im Quelltext durch /* mehrzeiliger Kommentar */ eingeschlossen

II. Befehl und Funktion zur Textausgabe

PHP-Code	Anwendung	Erläuterung
echo	echo $variable; echo "Mein erster PHP-Code";	Gibt den Inhalt der Variablen aus Gibt den Text „Mein erster PHP-Code aus"
print()	print($variable); print("Mein erster PHP-Code");	Gibt den Inhalt der Variablen aus Gibt den Text „Mein erster PHP-Code aus"

Die Textausgabe in vorstehendem Beispiel enthält noch keinerlei Textauszeichnungen oder Formatierungen. Durch Kombination von HTML- bzw. CSS- mit dem PHP-Code zur Textausgabe lässt sich eine Textformatierung vornehmen.

III. Textausgabe mit Formatierung

PHP-Code zur formatierten Textausgabe	Ausgabe im Browser
`<html>` `<head><title>`Meine zweite Seite mit PHP`</title><head>` `<body>` `<?php` $text = „`<h1>`Herzlich willkommmen! `</h1>` Hier sehen Sie bereits meinen zweiten PHP-Code. ` `Toll nicht wahr!"; echo $text; `?>` `</body></html>`	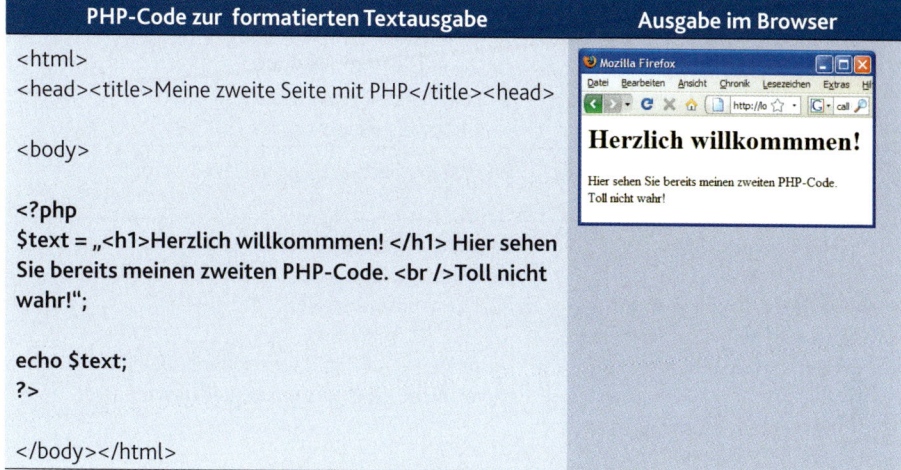

Die benötigten HTML-Tags werden einfach in die Textausgabe mit echo oder print( ) integriert. Ebenso können natürlich auch CSS-Befehle benutzt werden.

> **HTML-, CSS- und PHP-Quellcodes können miteinander kombiniert, also gemischt werden.**

16.8.2.3 Funktionen in PHP

Um die Programmierung übersichtlich und effektiv zu gestalten, bieten alle Programmier- und Scriptsprachen sog. **Funktionen** an, um häufig vorkommende Ausgaben und Berechnungen vorab zusammenzufassen. Dies können die Ausgabe von Datum und Uhrzeit, eine mathematische Formel oder Rechenoperation, die bereits in der Bibliothek der jeweiligen Programmiersprache vordefiniert sind, oder vom Programmierer selbst geschriebene Funktionen für häufig benötigte Anweisungen und Abläufe sein.

Nachfolgend sind einige wenige Funktionen zum besseren Verständnis vorgestellt. Den kompletten Funktionsumfang können Sie der gängigen Fachliteratur und den PHP-Referenzen im Web entnehmen.

www.selfphp.de/

13 | Lernsituation Kontaktformular und Gästebuch auf der Homepage

Funktionen aus der PHP-Bibliothek

Funktion	Anwendung	Erläuterung
print( )	echo print("Hallo, wie geht es Dir?");	Textausgabe
date( )	echo date("j-m-Y"); z. B. 1-7-2010 oder echo date(„j-m-Y G :i :s"); z. B. 1-7-2010 12:37:25 →Formatierte Ausgabe von Datum und Uhrzeit	d - Tag des Monats, zwei Ziffern mit führender Null j - Tag des Monats ohne führende Null l (kleines „L") – ausgeschriebener Wochentag F - Ausgeschriebener Monat (z. B. „December") G - Stunde im 24-Stunden-Format ohne führende Null („0" bis „23") i - Minuten („00" bis „59") m - Monat mit führender Null („01" bis „12") n - Monat ohne führende Null („1" bis „12") s - Sekunden („00" bis „59") Y - Jahr, vierstellige Ausgabe (z. B. „2001") y - Jahr, zweistellige Ausgabe (z. B. „01")
gmdate( )	echo date(„j-M-Y");	Wie date( ), aber Ausgabe in GMT-Zeitzone
mail( )	$empfaenger = "hans@muster.de"; $betreff = "Einladung"; $from = "From: Hanne Mustermann <hanne@mustermann.de>"; $text = "Dies ist meine erste E-Mail mit PHP"; mail($empfaenger, $betreff, $text, $from);	Empfänger, Betreff, Absender und der Text der Mail werden in Variablen gespeichert und mithilfe der Mail-Funktion versendet. Versenden von E-Mails funktioniert nur auf dem Webserver, nicht lokal auf dem virtuellen Webserver!
fopen( )	fopen("adressenliste.txt", "a+"); → öffnet die Datei adressenliste.txt und springt an das Ende der Datei	Öffnet eine Datei auf dem Server und **r** Datei wird nur zum Lesen geöffnet, der Dateizeiger wird auf den Anfang der Datei gesetzt. **r+** Datei wird zum Lesen und Schreiben geöffnet, der Dateizeiger wird auf den Anfang der Datei gesetzt. **w** Datei wird nur zum Schreiben geöffnet, der Dateizeiger wird auf den Anfang der Datei gesetzt. **w+** Datei wird zum Lesen und Schreiben geöffnet, der Dateizeiger wird auf den Anfang der Datei gesetzt.

		a Datei wird nur zum Schreiben geöffnet, der Dateizeiger wird an das Ende der Datei gesetzt (d. h. der Inhalt wird nicht überschrieben, sondern neuer Inhalt am Dateiende hinzugefügt). **a+** Datei wird zum Lesen und Schreiben geöffnet, der Dateizeiger wird an das Ende der Datei gesetzt (d. h. der Inhalt wird nicht überschrieben, sondern neuer Inhalt am Dateiende hinzugefügt).
fclose( )	fclose("adressenliste.txt");	Schließt eine Datei
fgets ( )	$einlesen = fopen ("datei.txt", "r"); **fgets ($einlesen,1024);** → öffnet die Datei datei.txt und liest die erste Zeile aus. Maximale Zeichenzahl je Zeile hier 1024	Datei datei.txt öffnen, Dateizeiger auf den Anfang der Datei setzen (s. o.) Eine Zeile der Datei auslesen (kann beliebig oft wiederholt werden, bis das Ende der Datei erreicht ist.
feof ( )	**feof ($einlesen)** → prüft, ob der Dateizeiger sich am Ende der Datei befindet. Gibt True = 1 zurück, wenn zutreffende bzw. false = 0, wenn nicht . Alternativ: **!feoef($einlesen)** → Prüft, ob Dateizeiger nicht am Ende der Datei steht	Datei datei.txt öffnen, Dateizeiger auf den Anfang der Datei setzen (s. o.) Eine Zeile der Datei auslesen (kann beliebig oft wiederholt werden, bis das Ende der Datei erreicht ist.
fwrite ( )	$adressen = fopen ("adressenliste.txt", "a+"); fwrite ($adressen, $_GET[,name']); → öffnet die Datei adressenliste.txt und schreibt an deren Ende den Eintrag aus dem Formularfeld "name" des Eingabeformulars	Schreibt Daten in eine Datei und zwar dort, wo der Dateizeiger gerade steht.

preg_repla-ce ()	$ersetzen = preg_replace("x", " * ", $ersetzen); → Ersetzt das jedes x durch das Zeichen *. $ersetzen = preg_replace("/[\ (\)\\[\\]\\{\\}]/", "", $ersetzen); →Löscht alle angegeben Klemmern aus dem Text.	Ersetzt bestimmte Zeichen durch andere Zeichen.

PHP-Übung 1: Text, Datum und Uhrzeit

Als erste Übung in PHP sollen kurze Texte sowie das aktuelle Datum und die aktuelle Uhrzeit ausgegeben werden.

Erstellen sie eine PHP-Datei, die Folgendes im Browser ausgibt:

Speichern Sie die Datei unter dem Namen **U1_php_text.php** und laden sie auf Ihren Webserver oder in das Verzeichnis htdocs des lokalen Computers.

16.8.2.4 Verknüpfung von Zeichenketten und Funktionen bei der Ausgabe

Vgl. diese LS, 16.8.2.1

Wenn mehrere Zeichenketten und Inhalte von Funktionen in PHP ausgegeben werden sollen, ist für jede Ausgabe entweder ein separater echo-Befehl oder eine separate print-Funktion erforderlich.

Durch spezielle Operatoren zur Verkettung von Zeichenketten ist es möglich, die gesamt Ausgabe mit einem echo-Befehl oder einer print-Funktion vorzunehmen. Dies spart bei einem umfangreichen Webauftritt eine Menge Speicherplatz, da der Quellcode erheblich verkürzt wird.

Anzeige von Datum und Uhrzeit

Der folgende Text soll so wie angezeigt ausgegeben werden:

Guten Tag, heute ist der *aktuelles Datum* **und es ist genau** *aktuelle Uhrzeit*

Folgende Programmierung muss vorgenommen werden:

```
<?php
print("<strong>Guten Tag, </strong> heute ist der ".date(,j.m.Y')."
und es ist genau ".date(,G:i:s')." Uhr.");
?>
```

Die Verknüpfung der einzelnen Zeichenketten und Funktionen, die ausgegeben werden sollen, erfolgt, indem diese durch Punkte aneinandergereiht werden.

> **Bei der Verkettung von Zeichenketten und Funktionen werden doppelte Anführungszeichen bereits innerhalb der Ausgabefunktion verwendet. Daher müssen innerhalb der weiteren Funktionen, z. B. date( ), einfache Anführungszeichen benutzt werden!**

```
print ("Textausgabe" . date(' Y ')."Ende der Textausgabe");?>
```

PHP-Übung 2: Zeichenketten bei der Ausgabe verknüpfen
In der zweiten Übung soll die Ausgabe mehrerer Zeichenketten und von Datum und Uhrzeit im Quelltext **innerhalb einer Funktion** *print( )* erfolgen, indem alle auszugebenden Inhalte durch entsprechende Operatoren miteinander verknüpft werden.

Erstellen sie eine PHP-Datei, die Folgendes im Browser ausgibt:

> **Guten Tag,**
> in diesem Moment ist es genau *aktuelle Uhrzeit*,
> das aktuelle Datum von heute lautet: *aktuelles Datum*

16.8.2.5 Methoden zur Datenübergabe

Etwas komplizierter wird es dann schon, wenn Daten von einer an eine andere Datei übergeben werden sollen. Dies ist z. B. dann der Fall, wenn die Inhalte eines Kontaktformulars zur Weiterverarbeitung in einer separaten Datei abgespeichert werden sollen.

PHP unterscheidet zwei Methoden zur Datenübergabe, die Methoden **GET** und **POST**.

Wie werden die Daten mit den Methoden GET und POST an eine PHP-Datei übergeben?

- Mit der **Methode GET** werden die zu übertragenden Daten, z. B. die Inhalte der Formularfelder, in der URL übertragen, also für jeden sichtbar an die URL angehängt.
- Mit der **Methode POST** werden die Daten im HTTP-Header übertragen.

Die Übergabe in der PHP-Datei erfolgt mit GET und POST wie folgt:

> $_GET['*Name des formularfeldes*']; bzw. $_POST['*Name des formularfeldes*'];

Formular mit zwei Eingabefeldern auslesen
Am Beispiel von GET wird eine einfache Formularverarbeitung von zwei Formularfeldern, deren Inhalt anschließend im Browserfenster angezeigt wird, vorgestellt.

13 | Lernsituation Kontaktformular und Gästebuch auf der Homepage

Quellcode	Browserdarstellung

1.) HTML-Datei mit Formular
 	
`<html>`
`<head><title>Namen eintragen</title></head>`
`<body>`
Bitte tragen Sie Ihren Namen ein!
`<form name="form_kontakt" method="GET" action="auswert.php">`
`  <table width="500" height="450" border="0" cellpadding="5" cellspacing="0">`
`    <tr>`
`      <td align="left" valign="baseline">Vorname</td>`
`      <td valign="bottom">Name</td>`
`    </tr>`
`    <tr>`
`      <td>`
`        <input name="vname" type="text" id="vname" size="30">`
`      </td>`
`      <td>`
`        <input name="name" type="text" id="name" size="30">`
`      </td>`
`    </tr>`
`    <tr>`
`      <td><input type="submit" name="Submit" value="Abschicken"></td>`
`      <td><input name="reset" type="reset" value="L&ouml;schen"></td>`
`    </tr>`
	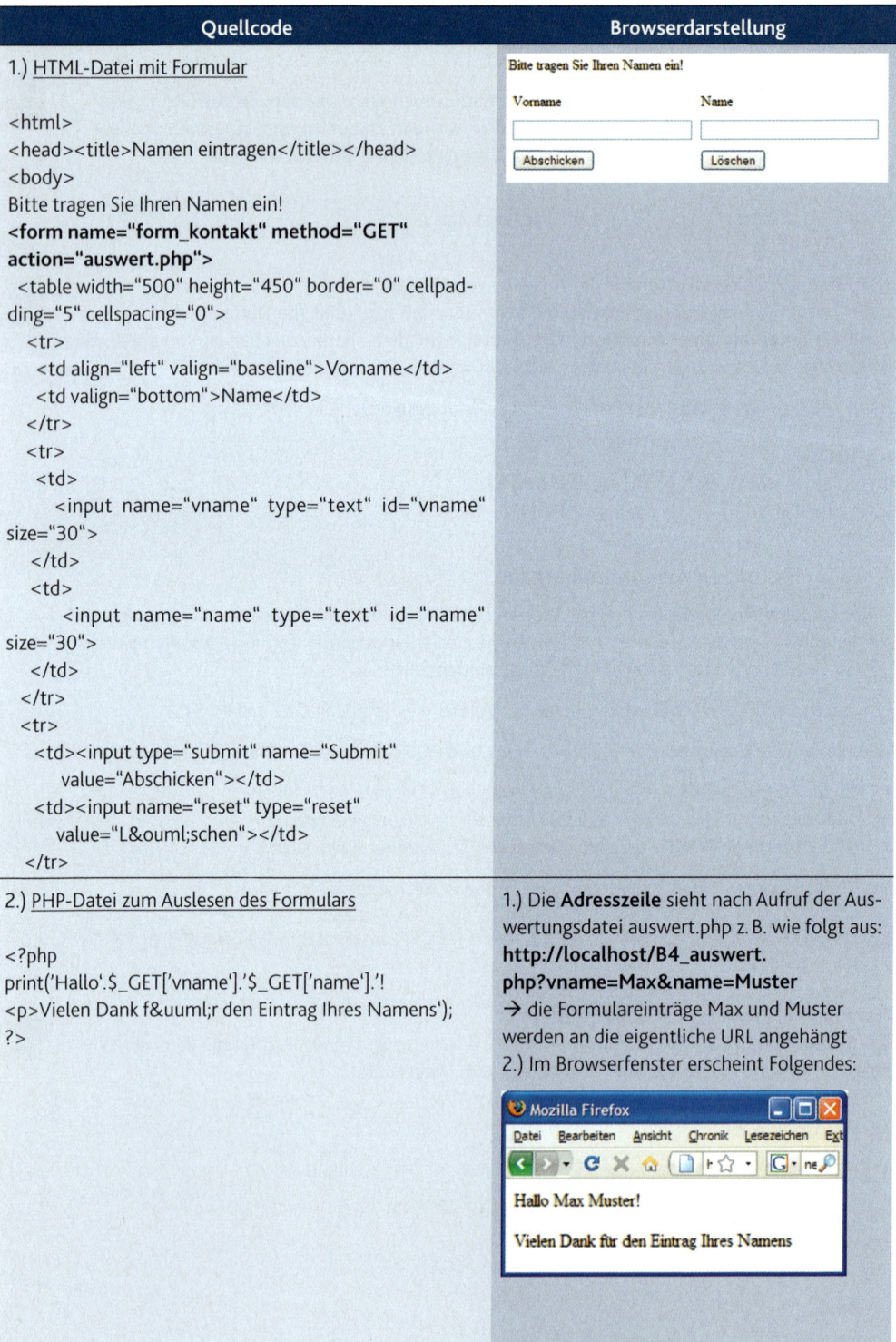

2.) PHP-Datei zum Auslesen des Formulars
 	
`<?php`
`print('Hallo'.$_GET['vname'].'$_GET['name'].'!`
`<p>Vielen Dank f&uuml;r den Eintrag Ihres Namens');`
`?>`
	1.) Die **Adresszeile** sieht nach Aufruf der Auswertungsdatei auswert.php z. B. wie folgt aus:
	http://localhost/B4_auswert.php?vname=Max&name=Muster
	→ die Formulareinträge Max und Muster werden an die eigentliche URL angehängt
	2.) Im Browserfenster erscheint Folgendes:

> GET und POST können gleichwertig verwendet werden. Bei der Übertragung von sensiblen Daten, z. B. dem Passwort beim Login, ist POST erste Wahl, da diese nicht sichtbar sein dürfen.

Unstrukturierte Datenübergabe an eine Textdatei

Die Daten aus dem Formular sollen nicht nur im Browser darstellbar sein, sondern für den Empfänger auch zur Weiterverarbeitung, z. B. abgespeichert in einer externen Adressdatei, zur Verfügung stehen.

Vgl. diese LS, 16.8.2.3

Auf einfache Weise ist dies mithilfe der drei **Funktionen fopen( ), fwrite( ) und fclose( )** möglich.

Anhand des Beispiels „Formular mit zwei Eingabefeldern" wird erläutert, wie die Einträge der Formularfelder beim Absenden des Formulars in eine Textdatei gespeichert werden.

Formular mit zwei Eingabefeldern auslesen und Daten in externer Textdatei abspeichern

Quellcode	Erläuterung

``
<?php
 	
$adressen = fopen ("adressen.txt", "a+");
 	
fwrite ($adressen, $_GET['name']);
fwrite ($adressen, ", ");
fwrite ($adressen, $_GET['vname']);
fwrite($adressen, " --- ");
 	
fclose ($adressen);
 	
echo "Ihre Daten wurden gespeichert.";
 	
?>
``
	• Datei **adressen.txt** wird geöffnet und Dateizeiger an das Ende der Datei gesetzt.
	• Die Funktion fopen( ) wird, da sie noch mehrmals verwendet werden soll, in der Variablen **$adressen** gespeichert.
	• Einträge der Formularfelder **name** und **vname** werden in die Datei **adressen.txt** geschrieben.
	• Datei **adressen.txt** wird geschlossen.
	• Rückmeldung im Browserfenster, dass die Daten gespeichert wurden.

Dieses Beispiel soll aufzeigen, dass Daten aus Formularfeldern mithilfe von PHP in externe Dateien außerhalb des Webauftritts übertragen werden können und zur weiteren Auseinandersetzung mit diesem Bereich von PHP anregen.

Zu den vielfältigen weiteren Möglichkeiten zählt z. B. die Übertragung per E-Mail mithilfe der Mail-Funktion oder das Ablegen in einer Datenbank.

PHP-Übung 3: Formulareinträge abspeichern

In der dritten Übung sollen die Einträge des nachfolgenden Kontaktformulars in einer Textdatei gespeichert werden.

Der Kunde soll nach dem Absenden die folgende Rückmeldung erhalten:

„Vielen Dank für Ihre Anfrage , wir werden uns in Kürze bei Ihnen melden."

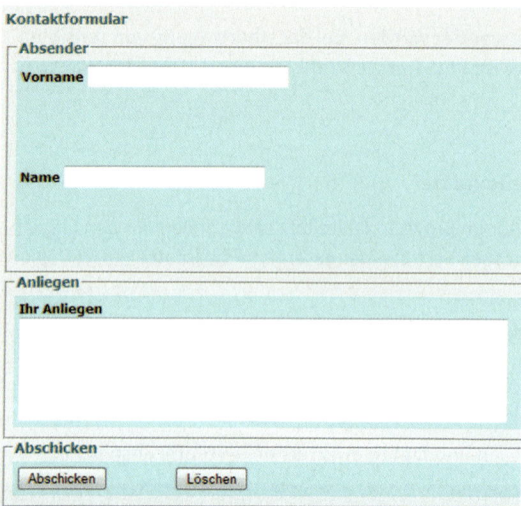
Vorlage PHP-Übung 3 – Kontaktformular

Entwerfen Sie ein einfaches Formular zur Tischreservierung für das Restaurant „Viva Italia". Überlegen Sie, auf welche Weise Sie die Daten zur weiteren Bearbeitung übertragen möchten.

Strukturierte Datenübergabe an eine HTML-Datei

Im vorigen Abschnitt ist vorgestellt worden, wie Daten an eine externe Datei übergeben und dort hintereinander, lediglich mit Trennzeichen zwischen den Datensätzen versehen, abgespeichert werden können.

Ein Gästebuch, wie das von „Viva Italia", erfordert jedoch eine **strukturierte Datenausgabe**, welche die einzelnen Einträge eindeutig voneinander trennt und für den Benutzer übersichtlich untereinander auflistet.

Wo und wie können die Daten vor der Übergabe strukturiert werden?
- Wo? Strukturierung muss in PHP-Datei erfolgen.
- Wie? Strukturierung z. B. mithilfe einer HTML-Tabelle durch Verknüpfung der mit PHP ausgelesenen Inhalte mit einer HTML-Tabellenstruktur.

Die strukturierte Ausgabe der Daten soll an einem einfachen Beispiel erläutert werden.

Mängelliste Hauptschule Sonnenberg

Die Schüler der Hauptschule Sonnenberg müssen mit erheblichen Mängeln im Schulgebäude leben. Diese sind auf die alte Bausubstanz und Beschädigungen durch die Schüler zurückzuführen. Da der Schule nur zeitweise ein Hausmeister zugeteilt ist, bleiben viele Mängel unentdeckt.

Der Schulleiterin Frau Meiersohn kam daher die Idee, die Schüler um Mithilfe bei der Erkennung der Mängel zu bitten. Zu diesem Zweck soll die Informatik-AG der Schule auf der Schulhomepage ein Eingabeformular entwickeln, welches die Mängeleingabe ermöglicht. Die Inhalte des Formulars sollen anschließend auf der Schulhomepage in Form einer Mängelliste aufgelistet werden.

Eingabefelder des Formulars:
1. Name
2. Vorname
3. Klasse

4. Mangel
5. Ort des Mangels
6. Entdeckt am

Lösung für das Problem ist:
I. HTML-Datei mit Eingabeformular erstellen
   Name der Formularfelder: name, vname, klasse, mangel, ort, datum
II. PHP-Datei zur Strukturierung und Datenübergabe an Schulhomepage

PHP-Datei	Erläuterung

```<html>```
 ```<head><title>Mangel</title></head>```
 ```<body>```
 	
 ```<?php```
 ```$mangeldaten="<table border='0'><tr><td>Name:</td>";```
 ```$mangeldaten.="<td>";```
 ```$mangeldaten.= $vname." ".$name;```
 ```$mangeldaten.= "</td></tr>";```
 ```$mangeldaten.="<tr><td>Mangel: </td>";```
 ```$mangeldaten.="<td>";```
 ```$mangeldaten.= $mangel;```
 ```$mangeldaten.= "</td></tr>";```
 ```$mangeldaten.="<tr><td>Ort: </td>";```
 ```$mangeldaten.="<td>";```
 ```$mangeldaten.= $ort;```
 ```$mangeldaten.= "</td></tr>";```
 ```$mangeldaten.="<tr><td>Endeckt am: </td>";```
 ```$mangeldaten.="<td>";```
 ```$mangeldaten.= $datum;```
 ```$mangeldaten.= "</td></tr></table>";```
 ```$mangeldaten.= "<hr>";```
 ``$mangeldaten.= "
";```
 	
 ```$datei=fopen("B6_mangel.htm","a");```
 ```fwrite ($datei, $mangeldaten);```
 ```fclose($datei);```
 ```echo "Danke. Dein Eintrag wurde in der Mängelliste erfasst";```
 ```?>```
 	
 ```</body>```
 ```</html>```
	• Tabellenstruktur anlegen und Inhalte der ausgelesenen Formularfelder dort einsetzen. Alles wird in der Variablen $mangeldaten gespeichert.
	 • Die Punkte . dienen der Verkettung der Zeichenketten und der Variablen.
	
	 • Datei B6_mangel.htm öffnen und den Dateizeiger an das Ende der Datei setzen. (Dies ist die Datei, mit welcher die Mängel auf der Webseite der Schule angezeigt werden.)
	 • Die Inhalte der Variablen $mangeldaten, also die Tabellenstruktur mit den ausgelesenen Inhalten aus dem Formulareintrag, in die geöffnete Datei B6_mangel.htm schreiben.
	 • HTML-Datei B6_mangel.htm wieder schließen.

III. HTML-Datei zur Ausgabe auf der Webseite erstellen

Mängelliste in der Browseransicht

Wie viele Dateien werden benötigt, wenn die Ausgabe auf der Webseite erfolgen soll?

Insgesamt sind drei Dateien erforderlich

1. HTML-Datei mit Formular für den Eintrag

2. HTML-Datei für die Anzeige aller erfolgten Einträge

3. PHP-Datei, welche die Formulardaten ausliest, strukturiert und der HTML-Datei, die auf der Webseite zu sehen ist, hinzufügt

PHP-Übung 4: Daten strukturiert ausgeben
Die Partei „Die Unabhängigen" möchte die Ereignisse während der diesjährigen Kommunalwahl aktuell auf der eigenen Internetseite anzeigen, um die Wähler zeitnah über Neuigkeiten auf dem Laufenden zu halten. Dazu hat sich der Parteivorstand auf mehrere Stellen im Stadtgebiet mit Internetzugang verteilt.

Mithilfe eines Eingabeformulars sollen die Ereignisse der Kommunalwahl der Reihe nach auf die Internetseite übertragen werden.

Eingabefelder des Formulars:
1. Autor
2. Stadtteil
3. Nachricht

16.8.2.6 Anweisungen und Schleifen

Gerade bei Eingabeformularen kommt es häufig vor, dass der Benutzer einige Felder versehentlich oder absichtlich leer lässt, oder mit einem nicht zutreffenden Eintrag versieht. Um dies zu vermeiden, ist es sinnvoll, nach dem Drücken des „Absenden-Buttons" die Eingaben zu überprüfen und den Benutzer ggf. zur Korrektur seiner Eingaben aufzufordern.

Des Weiteren kommt es häufig vor, dass die gleichen Abfragen mehrfach hintereinander durchlaufen werden müssen. Dies ist z. B. dann der Fall, wenn es darum geht, nacheinander mehrere Elemente eines Array auszugeben, bis man beim letzten Element angelangt ist etc.

IF-Anweisung

Die IF-Anweisung fragt ab, ob eine oder mehrere, vorher definierte Bedingungen erfüllt sind. Ist dies der Fall (if), so wird eine bestimmte Anweisung ausgeführt. Ist dies nicht der Fall (else), so wird eine andere Anweisung ausgeführt.

In Kurzform:

```
if (Bedingung)
{
Anweisung 1;
}
else
{
Anweisung 2;
}
```

Beispielcode einer PHP-Datei mit einer IF-Anweisung

```
<?php
$email=$_GET['email'];
if($email==" "){
print("Sie haben keine E-Mail-Adresse angegeben!");
}
else{
print("Vielen Dank für Ihren Eintrag! <br /><a href='start.htm'> Weiter zur Startseite </a>");
}
?>
```

Wenn das Feld mit der Variablen $email leer ist, wird die erste Anweisung ausgeführt (if), wenn nicht, dann geht es direkt mit der zweiten Anweisung (else) weiter.

Die IF-Anweisung fragt mindestens eine Bedingung ab und führt bei positiver Antwort die Anweisung hinter if, bei negativer Antwort die Anweisung hinter else aus.

Die IF-Anweisung ist eine Einfachverzweigung!

Eine IF-Anweisung benötigt nicht zwingend eine Anweisung mit else, sondern kann auch nur der Abfrage einer Bedingung ohne Alternative dienen. Ist diese negativ, passiert nichts. Ist sie positiv, wird die Anweisung ausgeführt.

PHP-Übung 5: IF-Anweisung anwenden
Für den internen Bereich einer Vereinshomepage ist ein LOGIN erforderlich. Dieser fragt lediglich ein Passwort ohne Benutzernamen ab.
1. Erstellen Sie eine LOGIN-Seite mit einem kurzen Text und einem LOGIN-Feld für das Passwort.
2. Erstellen sie eine PHP-Datei, die abfragt, ob das korrekte Passwort „sportsfreund" eingegeben wurde. Ist dies der Fall, so soll der Nutzer einen Link zum internen Bereich erhalten, wenn nicht, soll eine Fehlermeldung ausgegeben werden.

Innerhalb einer IF-Anweisung können auch mehrere Bedingungen miteinander verknüpft werden. Dies ist z. B. bei einer normalen Login-Prozedur der Fall. Hier muss nicht nur das Passwort oder der Benutzername stimmen, sondern die Kombination aus beiden. Möglich ist jedoch auch die Abfrage, ob die eine oder die andere Bedingung erfüllt ist etc.

IF-Anweisung mit booleschen Verknüpfungen

Boolesche Verknüpfungen sind logische Verknüpfungen. Zu den am häufigsten verwendeten logischen Operatoren zählen die Folgenden:

681

Boolesche Verknüpfung	PHP	Erläuterung

UND	&&	if(name=="Wenzel"&&vname=="Wendelin")
		{
		…
		}
		→ wenn der Namen Wenzel und der Vorname Wendelin ist, dann …

OR	||	if(name=="Wenzel" || name=="Marschner")
		{
		…
		}
		→ wenn der Name Wenzel oder der Name Marschner ist, dann …

NOT	!	if(name!"Wenzel)
		{
		…
		}
		→ wenn der Name nicht Wenzel lautet, dann…

PHP-Übung 6: IF-Anweisung mit logischen Operatoren
Erstellen Sie für den Sportverein eine LOGIN-Seite mit zwei Eingabefeldern. Der Link zur Startseite soll angezeigt werden, wenn Benutzername und Passwort korrekt sind. Andernfalls soll eine Fehlermeldung ausgegeben werden.

Benutzername: tischtennis09

Passwort: sportsfreund

Switch-Anweisung
Die Switch-Anweisung dient der Fallunterscheidung. Sie lässt beispielsweise den Benutzer zwischen mehreren Möglichkeiten wählen.

Dies lässt sich damit vergleichen, dass ein Einkäufer die Wahl zwischen mehreren Artikeln hat und schließlich einen Artikel auswählt.

Das Programm wartet auf eine Benutzereingabe und zeigt diesem dann das Ergebnis an.

```
switch(ausdruck)
{
            case wert 1 ausdruck: anweisung_1;
            break;
            case wert 2 ausdruck: anweisung_2;
            beak;
            ….
            case wert n ausdruck anweisung_n;
            break;
            default: anweisung;
            break;
}
```

Die break-Befehle sind wichtig, damit nach Ausführung eines Blocks die Bearbeitung hinter der switch-Anweisung weitergeht.

Fehlten die breaks, würden alle folgenden Blöcke, die eigentlich hinter anderen case-Marken stehen, ebenfalls ausgeführt. Die case-Marken sind also lediglich Einsprungpunkte.

Die default-Marke bezeichnet einen Block, der ausgeführt wird, wenn der Wert des Ausdrucks keiner der Konstanten entspricht. Sie kann weggelassen werden.

Formulareintrag mit switch-Anweisung kommentieren

In einem Eingabeformular soll die Angabe des Status mithilfe von Radiobuttons erfolgen. Dabei sind die folgenden Auswahlmöglichkeiten vorgesehen:

- Student
- Arbeiter
- Angestellter
- Beamter
- Unternehmer
- Arbeitslos

Mithilfe einer switch-Anweisung wird bei der Formularauswertung jeweils ein passender Text ausgegeben.

Switch-Anweisung aus PHP-Datei

```
switch ($_GET['status']){
case "Student":
        echo "Lernen Sie eifrig weiter, die Wirtschaft braucht Sie!";
        break;
case "Arbeiter":
        echo "Tragen Sie weiter zum Wirtschaftswachstum bei, wir brauchen Sie!";
        break;
case "Angestellter":
        echo "Lassen Sie sich von ihrem Chef nicht unterkriegen!";
        break;
case "Beamter":
        echo "Seien Sie ein treuer Staatsdiener!";
        break;
case "Unternehmer":
        echo "Leiten Sie Ihre Firma mit Geschick!";
        break;
case "Arbeitsloser":
        echo "Lassen Sie nicht den Kopf h&auml;ngen, bald gibt es wieder Arbeit!!";
        break;
default:
        echo "Bitte geben Sie Ihren beruflichen Status an";

}
```

Die switch-Anweisung ermöglicht eine Fallunterscheidung. Sie ist daher eine Mehrfachverzweigung!

PHP-Übung 7: Switch-Anweisung zur Fallunterscheidung
Sie möchten auf Ihrer Homepage das Datum ausgeben. Dieses soll in der folgenden Form dargestellt werden:
Heute ist Montag, der 20. Dezember 2010

Die Anwendung der Funktion date( ); liefert jedoch lediglich die folgende Ausgabe:
Heute ist Monday, der 20. December 2010

```
$wochentag = date("l");

print("Heute ist: ");
print($wochentag."!");
```

Die Ausgabe ergibt dann für einen Montag:
Heute ist Monday!

Bei der Lösung dieses Problems soll die **switch-Anweisung** Anwendung finden. Mithilfe der **switch-Anweisung** soll gewährleistet werden, dass das Datum in der gewünschten Form dargestellt wird. Es müssen demnach alle Bezeichnungen der Wochentage und der Monate von der englischen in die deutsche Schreibweise umgewandelt werden.

Schleifen
Schleifen sind ein Teil eines Programms, die mehrfach durchlaufen werden. Die Befehle bzw. Anweisungen innerhalb dieser Schleife werden bei jedem Durchlauf immer wieder erneut ausgeführt.

Die Schleifen müssen so programmiert werden, dass sie bei einem bestimmten Zustand (Bedingung) wieder verlassen werden. Sonst werden sie endlos ausgeführt und das Programm kann nicht mehr beendet werden. Die einfachste Form einer Schleife ist das Hochzählen einer Variablen bis ein bestimmter Wert erreicht wird (Beispiele unten).

Die while-Schleife

Die while-Schleife ist eine sogenannten Zählschleife.

```
//solange die Anzahl kleiner als 100 ist, wird 1 hinzugezählt
while (Anzahl < 100)
{
Anzahl = Anzahl +1;
}
```

Die while-Schleife wird nur dann durchlaufen, wenn die Bedingung wahr ist. Sie wird dann so oft durchlaufen, bis die Bedingung falsch wird. In diesem Fall also die Zahl 100 erreicht ist.

Die for-Schleife
Die for-Schleife wird – als Alternative zur while-Schleife – meist dann bevorzugt, wenn es nicht nur darum geht, eine Bedingung mehrfach auszuführen, sondern wenn zusätzlich eine Variable, z. B. eine Laufvariable, herauf- oder heruntergezählt wird. Hier ist die for-Schleife übersichtlicher!

Doch wie ist eine for-Schleife nun aufgebaut?

Üblicherweise sind in einer for-Schleife drei Angaben nötig:
1. Anweisung, die vor dem Beginn der Schleife ausgeführt wird = **Initialisierung**
2. **Abbruchbedingung**
3. Anweisung, die nach jeder Abarbeitung des Blocks ausgeführt wird

Lernsituation Kontaktformular und Gästebuch auf der Homepage | 13

Ausgabe einer Zahlenreihe

```php
<?php
echo "Die Zahlenreihe lautet: ";
for ($zahl=0; $zahl<5; $zahl++)
{
echo $zahl.";";
            }
    echo ", ";
?>
```
→ Die Zahlen 1 bis 5 werden mit Komma getrennt ausgegeben.

PHP-Übung 8: Schleifen
Sie erhalten von einem Kunden die Testdatei „firma.txt" zur Verwendung auf dessen Internetseite. Der Text dieser Text enthält eine Vielzahl der folgenden Klammern: < und >. Diese Klammern wurden ausschließlich zur Abgrenzung verwendet und haben keine weitere Funktion. Da es sich bei den verwendeten Klammern um Zeichen des HTML-Codes handelt, ist es sinnvoll, diese durch andere Zeichen zu ersetzen – damit können eine ganze Reihe Sonderzeichen eingespart werden.

Erstellen Sie ein PHP-Script, welches mithilfe der Funktion **preg_replace()** nach den genannten spitzen Klammern im Text sucht und diese durch senkrechte Trennstriche | ersetzt. Stellen Sie dabei sicher, dass alle Zeilen durchlaufen werden, indem Sie prüfen, wann der Dateizeiger das Ende der Datei erreicht hat.

Vgl. diese LS, 16.8.2.3

Erstellen Sie das Gästebuch für den Webauftritt von „Viva Italia", indem Sie die Formulardaten strukturiert abspeichern und ausgeben. Stellen Sie durch geeignete Abfragen sicher, dass alle Formularfelder ausgefüllt sind wenn die Daten an die Webseite übertragen werden.

Bedenken Sie, dass der neueste Gästebucheintrag oben stehen sollte.

16.9 Content-Management-Systeme (CMS)

Neben der Erstellung und Auswertung von Formularen, Gästebüchern oder ganzen Webauftritten mithilfe von HTML, CSS und PHP, gibt es eine Vielzahl von fertigen Systemen, bezeichnet als **Content-Management-Systeme (CMS),** zur Erstellung, Verwaltung und Wartung von Websites. Diese basieren immer auf einer Scriptsprache. Häufig ist dies auch PHP, sodass Sie bei Kenntnis von PHP und zusätzlich mit HTML und CSS in der Lage sind, diese CMS Ihren eigenen Anforderungen anzupassen.

Content Management: Erzeugung, Aufbereitung, Verarbeitung und Publikation von Inhalten

Für die Erstellung und Verwaltung von z. B. größeren Websites gibt es eine Vielzahl von **Content-Management-Systemen (CMS)** wie Typo3, Zope oder Joomla!

Die Besonderheit eines Content-Management-Systems liegt in der Trennung von Inhalt und Design. Bei der Erstellung einfacher Websites mithilfe von Webeditoren auf der Basis von HTML sind Inhalt und Darstellung im Quellcode miteinander verzahnt, sodass die eigentliche Struktur des HTML-Dokuments nicht erkennen lässt, ob die jeweiligen Inhalte dem Bereich Überschrift, Fließtext oder

685

Bildunterschrift etc. zuzuordnen sind oder wie Tabellen lediglich Layoutfunktion haben. Der Benutzer kann zwar im Browser und Quelltext erkennen, um welche Inhalts- und Layoutelemente es sich handelt, doch eine externe Software kann den vorliegen Quellcode nicht so auswerten, dass eine eindeutige Unterscheidung möglich ist. An dieser Stelle setzen CMS an.

Prinzipieller Aufbau eines CMS:
- Templates als Layoutvorlagen für den Seitenaufbau
- Kennzeichnung der Positionen, an denen bestimmte Inhaltselemente eingefügt werden sollen
- Separate Verwaltung der Inhalte in einer Datenbank
- Rechtevergabe: Jeder erhält die Berechtigung zur Änderung der Bereiche, für die eine inhaltliche Verantwortung besteht und kann in andere Bereiche nicht inhaltlich eingreifen
- Scriptsprache zur Generierung der Seiten: PHP oder weitere, zum Teil systemeigene, wie TypoScript bei Typo3 etc.

CMS: Software zur datenbankgestützten Erstellung digitaler Dokumente, z. B. Webseiten

Das CMS erledigt die Datenpflege, sodass der Administrator lediglich bei gewünschten Systemänderungen, z. B. Programmierung neuer Scripte oder Vorlagen, die nicht im CMS enthalten sind, ins System eingreifen muss. Insgesamt bieten CMS für umfangreiche Websites wie Internetauftritte großer Firmen, Shopsysteme und Portale viele Vorteile, die den Nachteil der längeren Einarbeitung schnell wettmachen.

Vorteile	Nachteile
• Unterscheidung einzelner Inhaltskomponenten durch Software • Gleichen Darstellungen können verschiedene Inhalte zugewiesen werden • Gleiche Inhalte können problemlos einer anderen Darstellung/einem anderen Layout zugeordnet werden • Erstellung von Eingabeformularen, welche dem Systemlaien die Eingabe neuer Inhalte ermöglichen, ohne dass dieser in die Darstellung und das Layout eingreifen muss • Einfache Verwaltung der Inhalte durch eine Datenbank	• hoher Installationsaufwand • zeitaufwendige Einarbeitung in das gewählte System

Durch die Trennung von Inhalt und Darstellung ist es mit Content-Management-Systemen möglich, Inhalte in unterschiedlichen Dokumentformaten, z. B. als HTML-Datei, PDF-Datei oder Excel-Tabelle auszugeben, da die entsprechenden Formate aus der Datenbank heraus generiert werden und nicht an den Inhalt geknüpft sind.

*Dynamische Websites gewinnen immer mehr an Bedeutung. Diese lassen sich aufteilen in solche, die lediglich einige dynamische Elemente enthalten, wie z. B. ein Gästebuch, ein Kontaktformular oder bewegliche Elemente, und komplett dynamisch angelegte Websites. Der Mehrwert dynamischer Websites liegt darin, dass diese erst **im Moment des Aufrufs vom Server erstellt werden** und sich daher gut aktualisieren lassen und flexible Anwendungen ermöglichen.*

*Für die Erstellung dynamischer Websites ist neben dem statischen HTML und CSS eine serverseitige Programmiersprache erforderlich. Führend im Internetbereich ist die **Scriptsprache PHP**.*

Lernsituation Kontaktformular und Gästebuch auf der Homepage | 13

> *Formulare* auf Internetseiten werden mit HTML angelegt, mit CSS in die nötige Form gebracht und mit PHP erfolgt das Auslesen der Inhalte und deren weitere Verarbeitung.
>
> Neben der Möglichkeit, die Inhalte der Formularfelder lediglich auszulesen, können diese auch in einer externen Datei innerhalb oder außerhalb des Webauftritts abgespeichert werden. Außerhalb, wenn es lediglich um die Datensammlung geht, z. B. in einer Textdatei, innerhalb, wenn die Daten auch anderen Nutzern zur Verfügung stehen sollen, z. B. Gästebucheinträge. Die **Datenspeicherung kann strukturiert oder unstrukturiert erfolgen**.
>
> Um die Möglichkeiten von **PHP** zunutzen ist die Kenntnis **grundlegender Programmierstrukturen**, angefangen bei Variablen und Operatoren, über Funktionen und Anweisungen bis hin zu Schleifen erforderlich.
>
> Fertige Elemente zur Websiteerstellung und Verwaltung bieten sog. Content-Management-Systeme CMS, deren Grundlage eine Kombination aus einer Scriptsprache, z. B. PHP sowie HTML und CSS darstellt. Bei Kenntnis der Script- und Seitenbeschreibungssprachen ist eine Anpassung der vorgefertigten Layouts an eigene Bedürfnisse möglich.

1. **Arrays und Funktionen**
a) Erläutern Sie den Unterschied zwischen einem normalen und einen assoziativen Array anhand je eines Beispiels.
b) Erstellen Sie ein Array, welches die Namen aller Monate enthält. Die Indexwerte sollen mit 1 beginnen.
Geben Sie die Monate mit der zugehörigen Zahl anschließend untereinander im Browser aus.
c) Erstelle Sie ein Array, welches als Schlüssel die Buchstaben von „A" bis „Z" verwendet und als Inhalt die Zahlen von 65 an. Dies ist übrigens der zugehörige ASCII-Code für alle Buchstaben.
d) Erstellen Sie ein PHP-Script zur Anzeige von Wochentag, Datum und Uhrzeit in deutscher Schreibweise im Browser.

2. **Formulare erstellen und auswerten**
a) Erstellen Sie eine HTML-Datei mit dem folgenden Formular und geben Sie die eingetragenen Daten anschließend im Browser aus.

b) Um auch in der Schule wichtige Gedanken stets gesichert notieren zu können, möchten Sie auf Ihrer Homepage einen digitalen Merkzettel einfügen.
Legen Sie den Merkzettel mit Hilfe von HTML und CSS als kleines Formular an und ermöglichen Sie die Speicherung der Eintragungen in eine Textdatei auf dem Server mit Hilfe von PHP.
c) Für den Zugriff auf den Terminplan Ihrer Firma sollen ein einheitlicher Zugangsname (mitarbeiter) und ein einheitliches Passwort (termine0815) verwendet werden.
Erstellen Sie das zugehörige Eingabeformular und überprüfen Sie die korrekte Eingabe mit Hilfe einer IF-Anweisung.
Bei falschen Zugangsdaten soll eine Fehlermeldung im Browser ausgegeben werden.

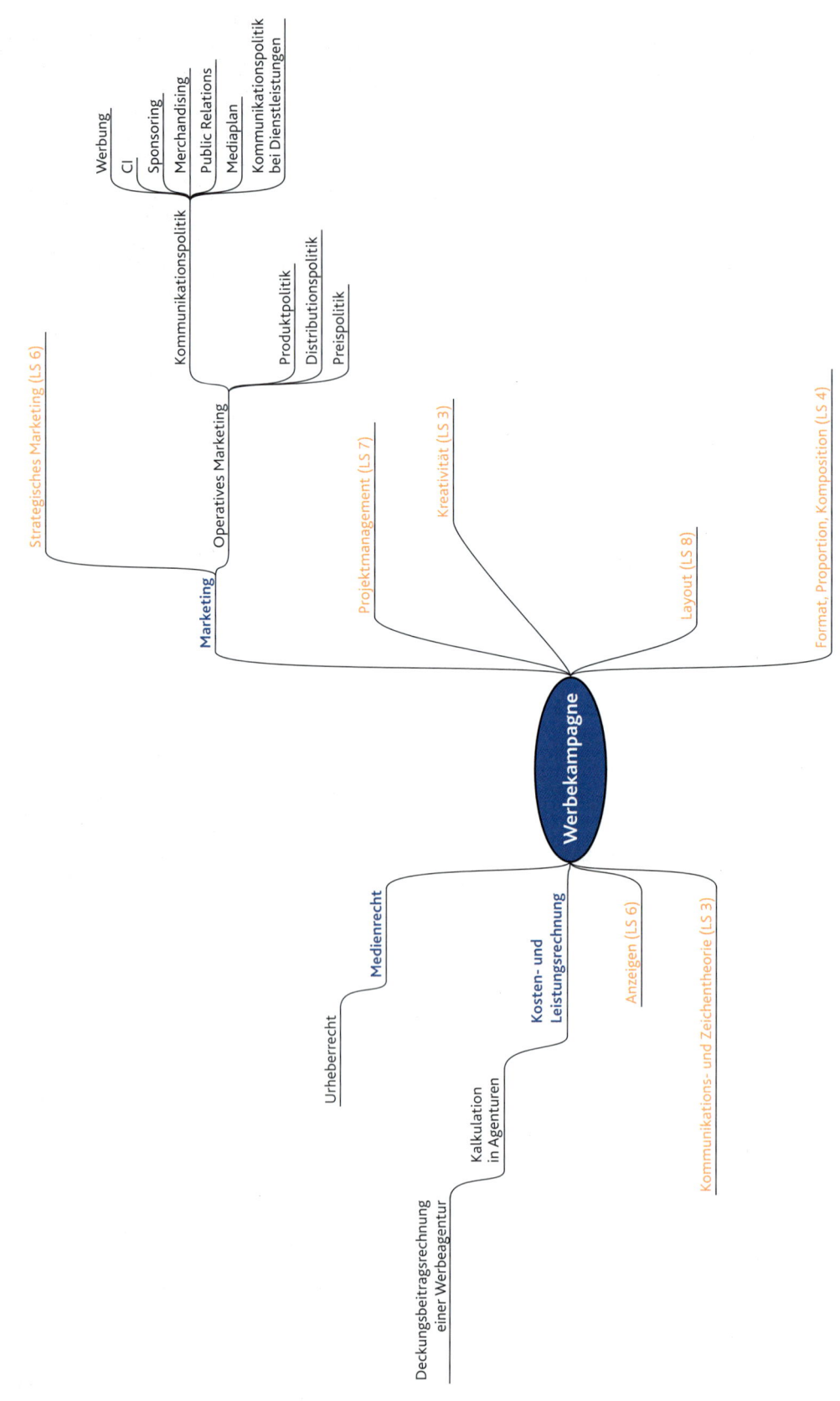

14 Werbekampagne

14 Werbekampagne

Die Sportiv GmbH betreibt in einem kleinen Industriegebiet im südlichen Zentrum der Stadt Bochum ein Fitness-Studio mit ca. 1.000 Mitgliedern im oberen Preissegment. Im hart umkämpften Markt für Fitness-Dienstleistungen soll die Mitgliederzahl auf 1.500 gesteigert werden. Hierzu ist ein Um- und Ausbau der Anlage erfolgt. Zudem sind neue Leistungen in das Programm aufgenommen worden, auch ein Corporate Design soll für ein neues Auftreten sorgen. Durch diese Maßnahmen soll eine deutliche Abgrenzung zu den immer stärker in den Markt drängenden Fitness-Studioketten erzielt werden, die mit einer aggressiven Preisstrategie im Billigsegment den Markt bearbeiten.

Weitere Aufgaben zum Mitarbeiterbriefing

Der nun abgeschlossene Umbau und die damit verbundene Neueröffnung soll mit einem „Tag der offenen Tür" bekannt gemacht werden, dabei sollen auch die neuen Leistungen und das neue Dienstleistungskonzept präsentiert werden. Die Creativ GmbH hat den Auftrag erhalten, eine Werbekampagne für den Neueröffnungstag zu erstellen.

19.2 Operatives Marketing

Die Werbekampagne ist immer Teil eines übergeordneten Marketing-Mixes, in dem alle absatzfördernden Maßnahmen zusammengefasst sind. Insofern ist für die Creativ GmbH von Bedeutung, wie der Marketing-Mix gestaltet ist, um die Werbekampagne in Form eines Mediaplans sinnvoll in das Gesamtkonzept integrieren zu können.

Das operative Marketing wird auch als **Marketing Mix** bezeichnet und besteht aus

- der **Produktpolitik**,
- der **Preispolitik**,
- der **Kommunikationspolitik** und
- der **Distributionspolitik**.

19.2.1 Produkt- und Dienstleistungspolitik

Im Rahmen der Produkt- und Dienstleistungspolitik muss geklärt werden, welche Leistungen angeboten werden sollen und wie sie gestaltet werden, welche Zusatzleistungen angeboten werden und wie die Produkte und Dienstleistungen bezeichnet werden sollen (Markenpolitik).

Produkt- und Dienstleistungsangebot

Die Sportiv GmbH bietet folgende Leistungen an:

- gerätegestütztes Training
- Trainingsberatung für unterschiedliche Trainingsziele
- Fitnesskurse (Tae Boe, Spinning, Skigymnastik, Pump etc.)
- einen Wellnessbereich mit Sauna, Solarium und Wirlpool
- einen Shop, in dem verschiedene Sportartikel rund um den Bereich Fitnesstraining angeboten werden
- einen Gastronomiebereich

Die Gestaltung des **Produktprogramms** bzw. des Sortiments muss sich den ständig wandelnden Marktbedingungen anpassen, weil der **Produktlebenszyklus**, also die Zeit, in der ein Produkt auf dem Markt Erfolg hat, in der Regel nicht unbegrenzt lang ist.

Ein Unternehmen muss somit immer Leistungen in seinem Programm haben, die den notwendigen Gewinn erwirtschaften und einen hohen (relativen) **Marktanteil** am Gesamtmarkt für ein bestimmtes Produkt aufweisen **(Milchkühe, Cash Cows)**. Nur so können die neuen Produkte, die entwickelt und auf dem Markt eingeführt werden müssen **(Fragezeichen)**, finanziert werden. Die

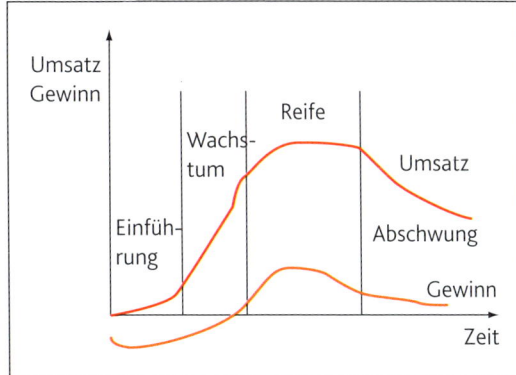

Produktlebenszyklus

neuen Produkte und Dienstleistungen **(Produktinnovationen)**, die Zuspruch von den Käufern finden, sind die Stars. Die **Stars** haben, was die Umsatz- und Gewinnerwartungen betrifft, ein hohes Wachstumspotenzial **(Marktwachstum)**. Am Ende des Produktlebenszyklus' oder bei einer misslungenen Produktinnovation wird die Produktion eingestellt **(Produktelimination** der sogenannten „armen Hunde" **(Poor Dogs)**, also der **Problemprodukte)**.

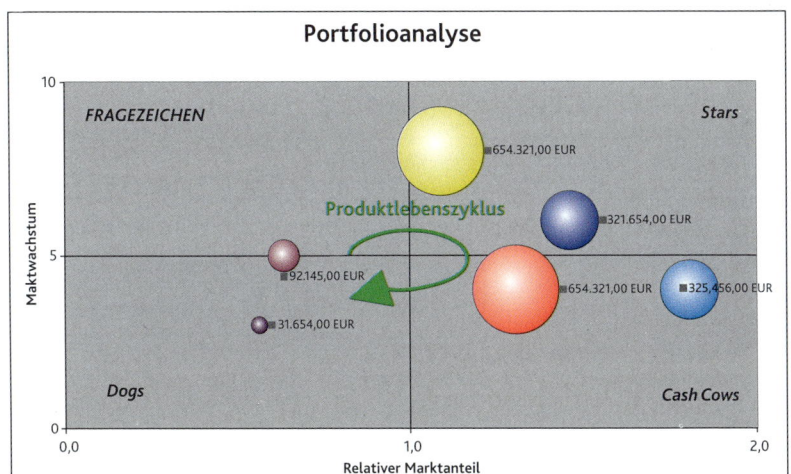

Portfolioanalyse

> **Strategie im Rahmen des Dienstleistungs-Portfolios der Sportiv GmbH:**
> Fitnesskurse müssen immer wieder verändert und das Angebot immer wieder dem Geschmack und den Bedürfnissen der Gäste angepasst werden. So erfreuen sich Kurse wie „Body Combat" oder „Tae Boe" immer größerer Beliebtheit („Stars"), Skigymnastik läuft als klassischer Winterkurs immer gut („Milchkuh") während das Interesse an klassischen Aerobic-Kursen eher zurück geht („Arme Hunde"). Um sich einen Wettbewerbsvorteil vor anderen Fitness-Studios und Sportanlagen zu verschaffen, versucht die Geschäftsleitung immer wieder, neue Fitnesstrends zu erkennen und in Kursen anzubieten, aber auch neue Trainingsgeräte anzuschaffen. Dies ist gerade deshalb auch besonders wichtig, weil sich Sportiv GmbH im oberen Preissegment angesiedelt hat.

Markenpolitik

Vgl. LS 3, 13.2

Durch die Kennzeichnung von Produkten und Dienstleistungen mit bestimmten Marken wird die Absicht verfolgt, Produkte aus der Anonymität herauszuheben, sie von Konkurrenzangeboten unterscheidbar zu machen und bestimmte Informationen als Kaufentscheidungshilfe zu übermitteln (z. B. Anwendungsbereich, Haltbarkeit, Frische, Qualitätsmerkmale). Die Markierung eines Produkts erfolgt durch bestimmte produktbezogene Merkmale wie:

- den Namen,
- verwendete Zeichen,
- das Design,
- eine Kombination dieser Elemente.

Man kann unterschiedliche Arten von Markenpolitik unterscheiden:

Vgl. zur Multimarkenstrategie das Beispiel „Volkswagen-Konzern" in LS 3, 13.2

Einzelmarkenstrategie	Ein Unternehmen stellt seine Produkte nur unter einer Marke her.	Mit freundlicher Genehmigung von Apple
Dachmarkenstrategie	Eine Marke bezeichnet mehrere Produkte eines Unternehmens. *Nivea* und *Tesa* sind in diesem Fall die Dachmarken. *Beiersdorf* ist die Geschäftliche Bezeichnung für den Konzern Beiersdorf.	Markenarchitektur am Beispiel Beiersdorf — BDF ●●●● Beiersdorf — NIVEA / tesa — NIVEA VISAGE, NIVEA SUN, NIVEA BODY / tesa Film, tesa Notes, tesa Protect
Multimarkenstrategie	Ein Unternehmen (Volkswagen Konzern) stellt Produkte her, die unterschiedliche Marken haben (VW, Skoda, Audi, Seat etc.).	VOLKSWAGEN AKTIENGESELLSCHAFT — SKODA, Audi, SEAT

Marke der Sportiv GmbH:

Die Sportiv GmbH führt ihre Firma als Marke (geschäftliche Bezeichnung), und zwar als Einzelmarke, weil das Unternehmen alle seine Dienstleistungen unter dieser Marke anbietet.

19.2.2 Preispolitik

Bei der Preispolitik stellt sich die zentrale Frage, welcher Preis für das Produkt auf dem Markt erzielt werden soll (Preisgestaltung). Drei weitverbreitete Preisstrategien sind:

- psychologische Preise
- Rabattgewährung
- Preisdifferenzierung

Psychologische Preise

Der Kunde soll den Eindruck erhalten, besonders preiswert zu kaufen, wenn der Verkaufspreis knapp unter einem „runden" Preis liegt, z. B. 19,95 EUR statt 20,00 EUR. Solche psychologischen Preise findet man vor allem bei Konsumgütern.

Lernsituation Werbekampagne | 14

> **Psychologische Preisgestaltung der Sportiv GmbH:**
>
> Ein Jahres-Fitnessabonnement bei der Sportiv GmbH kostet 89,90 EUR pro Monat.

Rabattgewährung

Mengenrabatte	Werden für die Abnahme einer großen Menge gegeben.
Treuerabatte	Werden an langjährige Kunden gewährt. Wird der Bezug von Waren für ein Jahr zugrunde gelegt, spricht man von einem Bonus.
Sonderrabatte	Werden aus besonderen Anlässen gegeben: • Geschäftseröffnung (Einführungsrabatt) • Geschäftsjubiläum (Jubiläumsrabatt) Räumung des Lagers (Ausverkaufsrabatt) • jahreszeitlichen Absatzschwankungen (Saisonrabatt)

> **Folgende Rabatte werden von der Sportiv GmbH angeboten:**
>
> - Partnerverträge mit einer Laufzeit von einem Jahr kosten 79,90 EUR pro Monat.
> - Zur Neueröffnung sparen sich Neukunden in den ersten zwei Wochen die Aufnahmegebühr von 49,90 EUR.
> - Bei Vertragsverlängerung um 1 Jahr wird ein Treuerabatt in Form einer Gutschrift für einen Monatsbeitrag gegeben.

Preisdifferenzierung

Preisdifferenzierung bedeutet, dass das gleiche Produkt unterschiedlich hohe Preise hat.

Arten der Preisdifferenzierung

Räumlich	Die Preise werden unterschiedlicher Kaufkraft, unterschiedlich intensivem Wettbewerb oder unterschiedlichem Kaufverhalten in einer bestimmten Region angepasst (z. B. Medikamente und Autos im Ausland, Benzin an Autobahnen etc.).
Zeitlich	Die Preise werden verschiedenen Zeitpunkten (z. B. Urlaubsreisen in der Hoch- oder Nebensaison, Textilien zu bestimmten Jahreszeiten) aufgrund unterschiedlich hoher Nachfrage vom Anbieter angepasst.
Sozial	Die Preise sind für verschiedene soziale Gruppen unterschiedlich, um z. B. Käuferschichten, die eine geringere Kaufkraft aufweisen, den Bezug einer Leistung zu erleichtern (Schülerfahrkarten, Schüler- und Studententarife bei Zeitschriften-Abos, Kostenlose Gehaltskonten für Schüler und Auszubildende). Allerdings werden in der Regel die sozialen Preisdifferenzierungen häufig aus wirtschaftlichen Gründen gewährt (siehe untenstehendes Beispiel).

Schüler oder Studenten sollen bereits in jüngerem Alter von einer Leistung überzeugt werden, die sie später, wenn sie ein Einkommen beziehen, weiter vom gleichen Unternehmen in Anspruch nehmen sollen, wie beispielsweise ermäßigte Handyverträge, günstige Kleinwagen bestimmter Automarken etc.

Die Sportiv GmbH bietet folgende Preisdifferenzierungen an:

- Stundenten erhalten einen Jahresvertrag für 59,90 EUR/Monat.
- Der „Good Morning Tarif" für 69,90 EUR gilt nur bei Nutzung der Anlage bis 14:00 Uhr, um das Studio morgens besser auszulasten.

19.2.3 Distributionspolitik

Hier ist die Entscheidung zu treffen, auf welchen Absatzweg das Produkt zum Käufer gelangen soll. Grundsätzlich existieren zwei Möglichkeiten:

- der **direkte Absatzweg**
- der **indirekte Absatzweg**

Beim direkten Absatzweg erwirbt der Kunde die Leistung direkt vom Produzenten oder Dienstleister. Es existieren somit keine Zwischenhändler (Groß- oder Einzelhandel), die die Leistungen zunächst vom Hersteller beziehen und dann mit Gewinnzuschlag weiterverkaufen (indirekter Absatzweg). Der Zwischenhändler übernimmt dann für den Hersteller wichtige Vertriebsaufgaben wie die Schaffung von Verkaufsflächen, Orte in Kundennähe, Beratung, Service bei Mängeln etc.

Beispiele für den direkten Absatzweg:
- Verkauf von Mode in Outlet-Stores von Herstellern direkt an den Endverbraucher
- Herausgabe eines Bankdarlehens an den Darlehensnehmer
- Verkauf von Autos über herstellereigene Niederlassungen

Beispiele für den indirekten Absatzweg:
- Automobilhersteller – KfZ-Einzelhändler (Autohaus) – Endverbraucher
- Lebensversicherung – Bankfiliale einer Partnerbank – Versicherungsnehmer
- Molkerei – Genossenschaft – Lebensmitteleinzelhandel – Endverbraucher

Distributionspolitik der Sportiv GmbH:

Die Sportiv GmbH verkauft Nutzungsverträge für den Geräte- und Kursbereich über ortsansässige Sportgeschäfte und ist beim Verkauf der Sportartikel im Shop selbst Einzelhändler (indirekter Absatzweg), während alle anderen Leistungen aufgrund der Art der Dienstleistungen nur direkt in der Sportanlage genutzt werden können (direkter Absatzweg).

19.2.4 Kommunikationspolitik

19.2.4.1 Werbung

Das wohl bekannteste Mittel der Kommunikationspolitik ist die **Werbung** – mit ihr wird der Konsument täglich konfrontiert. Sie ist beim **Konsumgütermarketing** eines der wichtigsten Instrumente, um den Absatz zu optimieren.

Ziele der Werbung

Die Werbung soll neue **Bedürfnisse** wecken. Mit wachsendem Wohlstand verwendet der Verbraucher einen immer größeren Teil seines Einkommens für Güter des gehobenen Bedarfs (hochwertige technische Gebrauchsgüter wie elektrische Küchengeräte, Kühltruhen, Autos, Urlaubsreisen, Luxusgüter).
Werbung hat die Aufgabe, den Bedarf nach den betreffenden Erzeugnissen in dem infrage kommenden Käuferkreis zu wecken und zu einem echtem Bedarf zu machen.

Grundsätzlich hat Werbung die folgenden Aufgaben:

- Sie macht ein Produkt, das von einem Unternehmen neu auf den Markt gebracht wird, beim potenziellen Käufer bekannt (**Einführungswerbung**).
- Zudem soll sie Stammkunden erhalten, indem das betreffende Unternehmen oder eine bestimmte Ware immer wieder in Erinnerung gebracht werden (**Erinnerungswerbung**).

Wirkung von Werbung
Die Wirkung der Werbung lässt sich wie folgt darstellen:

A	**A**ttention: Aufmerksamkeit erwecken
I	**I**nterest: Interesse wecken
D	**D**esire: Den Wunsch erzeugen, das Produkt/die Dienstleistung zu beziehen
A	**A**ction: Erwerb des Produkts/der Dienstleistung

Um die ersten drei Phasen (AID) entfalten zu können, sind die Werbemaßnahmen so auszuwählen, dass sie wirkungsvoll und gleichzeitig aus Kosten-/Nutzen-Sicht wirtschaftlich sind. Hierzu wird ein **Mediaplan** erstellt, um die Maßnahmen zu planen und aufeinander abzustimmen.

19.2.4.2 CI und CD

Mit einer Corporate Identity versucht das Unternehmen, ein für den Kunden einheitliches Erscheinungsbild nach außen zu erreichen.

Vgl. LS 5, 4.5

> Die Kosten des Corporate Design hängen in der Regel von der Größe des Unternehmens ab.
>
> Für die Sportiv GmbH werden von der Creativ GmbH Selbstkosten von 3.000,00 EUR kalkuliert.

19.2.4.3 Öffentlichkeitsarbeit (Public Relations/PR)

Öffentlichkeitsarbeit bezeichnet die planmäßige, systematische und wirtschaftlich sinnvolle Gestaltung der Beziehung zwischen Unternehmen und einer nach Gruppen gegliederten Öffentlichkeit (z. B. Kunden, Aktionäre, Lieferanten, Arbeitnehmer, Institutionen, Staat) mit dem Ziel, bei diesen Teilöffentlichkeiten Vertrauen und Verständnis zu gewinnen bzw. auszubauen.

Wichtige Instrumente der Öffentlichkeitsarbeit sind:

- Pressekonferenzen
- Anzeigen
- Public-Relations-Veranstaltungen (z. B. Vorträge, Tage der offenen Tür, Filmvorführungen, Jubiläumsfeiern, Ausstellungen)
- Pressemitteilungen, Werkszeitschriften, Kundenzeitschriften, Aktionszeitschriften usw.
- Stiftungen (für Forschung, Wissenschaft, Kunst und Sport)
- Redaktionelle Beiträge in Fachzeitschriften, Zeitungen

19.2.4.4 Sponsoring

Mit dem Sponsoring will ein Unternehmen erreichen, dass es bei verschiedenen Ereignissen präsent ist. Hierfür zahlt das Unternehmen einen Preis an den jeweiligen Veranstalter. Als Gegenleistung kann das Unternehmen bei den Veranstaltungen dann die verschiedenen Mittel der Kommunikationspolitik einsetzen also z. B. Werbung (Banden- oder Trikotwerbung beim Fußballspiel) oder Verkaufsförderung (Autogrammstunden in den Geschäftsräumen des Unternehmens). Sponsoring ist somit kein eigenständiges Instrument der Kommunikationspolitik, sondern eher ein Hilfsmittel, um diese Instrumente einzusetzen.

19.2.4.5 Merchandising

Merchandising ist der Verkauf von Produkten, die gleichzeitig Werbeträger sind:

- Ferrari T-Shirts
- Schalke-Trikots im Fan-Shop
- Robinson Club T-Shirts
- Aufkleber des Urlaubsorts

19.2.4.6 Mediaplan

Mithilfe der Marktsegmentierung werden die Käufer gruppiert. Je nach Art des Produkts und der Käuferschicht (Zielgruppe), die man mit einem Produkt erreichen will, gilt es, eine geeignete Form der Komunikationspolitik zu finden. Wichtig ist dabei u. a. die richtige Auswahl des **Werbeträgers**, also des Mediums, mit dem die Werbebotschaft an den Käufer herangetragen werden kann. Der **Mediaplan** ist hierbei das Bündel der in 12.2.4.1 – 12.2.4.5 erläuterten Kommunikationsmaßnahmen, die für den Absatz eines Produkts oder einer Dienstleistung zusammengestellt werden. Diese Maßnahmen müssen auf die Zielgruppe abgestimmt werden, was eine vorhergehende Analyse z. B. der **Fernsehgewohnheiten** erfordert (welcher Sender wird zu welcher Zeit gesehen?) oder auch der **Lesegewohnheiten** in Bezug auf Zeitschriften und Zeitungen. Erst dann kann die zeitliche Platzierung und Gestaltung von Werbespots oder Zeitungsanzeigen (**Werbemittel**) erfolgen.

Vgl. LS 6, 17.1

Zudem muss beachtet werden, **wo** die Leistung eines Unternehmens angeboten werden soll, also ob das Angebot für einen lokal begrenzten Raum (z. B. Sonderangebote eines örtlichen Einzelhandels) oder deutschlandweit gelten soll (Werbung eines Telekommunikationsunternehmens für einen neuen DSL-Tarif).

Eine Media-Agentur schaltet deutschlandweit für einen Automobilhersteller des Luxussegments eine Anzeige in einer Finanz-Fachzeitschrift, die von besser verdienenden Lesern bezogen wird.

Zudem ist zu berücksichtigen, dass eine Werbekampagne bei den Verbrauchern immer in Vergessenheit gerät, wenn sie nicht ständig damit konfrontiert werden. Für die Planung der Maßnahmen ist somit von großer Bedeutung, dass diese nur dann wirken, wenn sie in einer angemessenen Dichte präsentiert werden.

Plakatwerbung ist nur dann wirksam, wenn der Verbraucher die Werbebotschaft immer wieder wahrnehmen kann. Über diese „Wiederholung" und die ständige Konfrontation mit der Botschaft entstehen erst die Behaltensprozesse. Über eine Stadt verteilte Großflächenwerbung mit geringer räumlicher Dichte hat somit, auch wenn sie an stark frequentierten Stellen präsentiert wird, wenig Wirkung.

Diese zeitliche Dichte der Maßnahmen, also die Häufigkeit bezogen auf einen bestimmten Zeitraum, muss mit zunehmender Dauer der Kampagne erhöht werden. Dies ist vergleichbar mit einem Endspurt bei einem Mittel- oder Langstreckenlauf. Nur so gelangt eine Werbebotschaft in die Wahrnehmung und in das Gedächtnis des Empfängers.

Die Kampagne eines Autohauses, die für einen Präsentations-Sonntag im Zusammenhang mit der Einführung eines neuen Modells wirbt, beginnt mit einer hohen zeitlichen Dichte an Werbebotschaften mit unterschiedlichen Werbemitteln. Gegen Ende der Kampagne erscheinen nur noch vereinzelt Werbebotschaften in entsprechenden Medien. Die Werbemittel, in die zu Beginn viele finanzielle Ressourcen geflossen sind, verlieren an Wirkung, weil die Empfänger der Werbebotschaft zum Ende hin nicht mehr häufig genug an den Präsentations-Sonntag erinnert werden.

Lernsituation Werbekampagne | 14

Für die Präsentation des Mediaplans wird häufig ein Balkendiagramm erstellt, das den chronologischen Einsatz der Maßnahmen visualisiert.

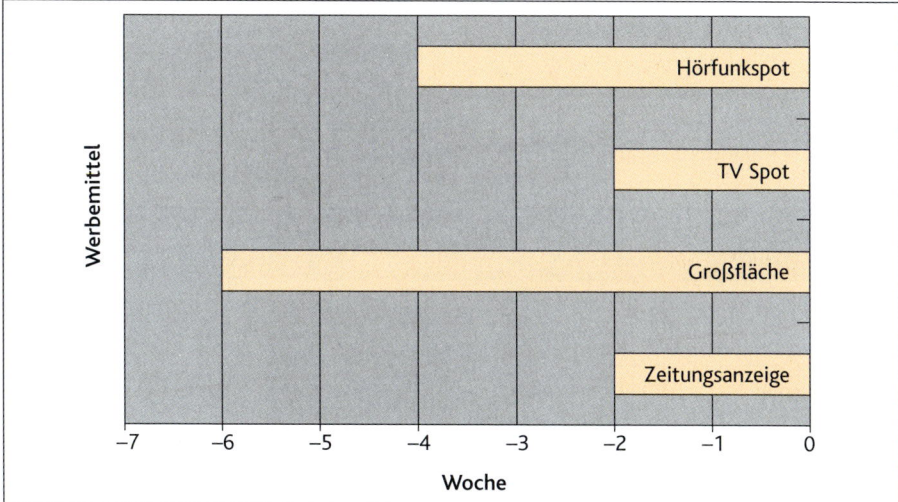

Mediaplan, grobes Schema

Der Kundenberater der Creativ GmbH hat in einem ersten Kundengespräch folgende Maßnahmen in die engere Auswahl genommen:

- Großflächenwerbung (Plakate)
- Zeitungsanzeigen
- Radiowerbung
- Postwurfsendungen
- Internet-Werbung
- CI

Die Kosten dieser Maßnahmen werden auf den folgenden Seiten dargestellt und dienen als Basisdaten für die Kalkulation des Mediaplans.

Entscheiden Sie, welche Kommunikationsmaßnahmen in den Mediaplan aufgenommen werden sollen. Berücksichtigen Sie dabei die Informationen der Kapitel 15.2.4.1–15.2.4.5 zur Erstellung des Mediaplans. Grundsätzlich können jedoch auch noch andere Maßnahmen in die Auswahl genommen werden.

Grundsätzlich sind bei der Kalkulation aller Werbeaktionen die **Produktion** (des Spots oder des Druck-Produkts) und die **Verbreitung** (Sendung, Belegung der Fläche, Versand etc.) zu berücksichtigen. Wie die Kosten für die Kalkulation des Mediaplans ermittelt werden, wird im Weiteren erläutert.[1]

Städtewerbung: Großflächenwerbung (Plakate)
Die Kosten der Großflächen sind abhängig von ihrer **Belegung** (Einwohnerzahl im Verhältnis zur Großfläche) und damit verbunden mit der Einwohnerzahl der entsprechenden Stadt bzw. der Bevölkerungsdichte des jeweiligen Nielsen-Gebietes. Zudem beeinflusst die Belegungsdauer die Kosten. Die Preise werden je Dekade (10 Tage) angegeben.

Vgl. LS 5, 17.1

---

[1] Die Kosten ändern sich natürlich fortlaufend. Für aktuelle Konditionen suchen Sie die Internetauftritte der Anbieter auf oder holen Sie sich ggf. Angebote telefonisch ein. Sie können natürlich auch noch weitere Anbieter eines Werbeträgers in den Mediaplan aufnehmen. Auch hier hilft Ihnen der **Etat-Kalkulator** weiter.

Kosten für Großflächenwerbung eines gesamten Nielsen-Gebiets pro Dekade in Städten von 50.000–100.000 Einwohnern:

Nielsen I   (Schleswig-Holstein, Hamburg, Niedersachsen, Bremen):
            ca. 200.000,00 EUR
Nielsen II (Nordrhein-Westfalen): ca. 390.000,00 EUR

Das Fitness-Studio der Sportiv GmbH befindet sich im Nielsen-Gebiet II (NRW). Ein Dienstleister, bei dem Plakatwerbung gebucht werden kann, hat für die infrage kommenden Städte folgendes Angebot gemacht:

Für weitere Daten, auch in Bezug auf Allgemeinstellen (Säulen), Superposter und andere Alternativen der Städtewerbung vgl. www.promedia.org

	Einwohner	Gesamtflächen (in Stück)	Kosten je Fläche und Dekade in EUR
Bochum	388.869	1.172	122,90
Essen	585.481	2.780	123,05
Gelsenkirchen	274.926	304	118,89
Hattingen	58.035	80	87,71
Dortmund	590.831	3.027	111,79
Herne	173.645	768	112,03
Witten	102.432	319	117,07

Um einen optimalen Effekt bezüglich der Kontakte mit dem Werbeträger zu erzielen, werden von den Dienstleistern, die Plakatwerbung ausführen, Belegungsempfehlungen vorgegeben. Diese liegen bei 3.000–4.000 Einwohnern pro Belegungsfläche (1:3.000–1:4.000).

Für Gelsenkirchen errechnen sich somit folgende Kosten:

Belegungskosten für Gelsenkirchen (1:3.000):

$$\text{Anzahl der Belegungsflächen} = \frac{274.926 \text{ Einwohner}}{3.000 \text{ Einwohner/Fläche}}$$

$$= 92 \text{ Flächen ganzzahlig aufgerundet}$$

Gesamtkosten = 118,89 EUR/Fläche × 92 Flächen

$$= 10.937,88 \text{ EUR}$$

Für die **Produktion** der Plakate incl. Gestaltung, DTP Realisation, Druck (4/0 c) sind folgende Kosten zu kalkulieren:

Auflagenfixe Kosten	Auflagenvariable Kosten je 100 Stück
5.200,00 EUR	600,00 EUR

Der Anteil für Gestaltung und DTP-Realisation, den die Creativ GmbH durchführt, wird mit 10 Mannstunden zu 48 EUR/Std. abgerechnet (Teil der auflagenfixen Kosten).

Die **auflagenfixen Kosten** fallen nur einmal pro Auftrag an. Diese sind in der Regel:

- die Kosten der Vorstufe
- die Druckplattenherstellung
- die Kosten, die durch das Vorbereiten der Druckmaschine auf den Auftrag entstehen

Die **auflagenvariablen Kosten** steigen mit der Auflagenhöhe. Diese Kosten entstehen durch:

- die Fertigungsdauer
- den Materialverbrauch (Papier, Farbe) im Fortdruck

Die Produktion von 500 Plakaten im Format 18/1 verursacht folgende Kosten:

Auflagenfixe Kosten	1 x 5.200,00 EUR
+ Auflagenvariable Kosten	5 x 600,00 EUR
= Gesamtkosten	8.200,00 EUR

Vgl. LS 10, 6.4

Zeitungsanzeigen

Die Faktoren, die die **Anzeigenkosten** beeinflussen, sind die Auflage der Zeitung, die Anzeigengröße und der Teil der Zeitung, in dem die Anzeige erscheinen soll. Ggf. spielt auch der Tag, an dem die Anzeige erscheinen soll, eine Rolle. Die Anzeigenkosten berechnen sich nach der Länge (in mm) und der Anzahl der Spalten, also die Breite, die die Anzeige einnimmt. Eine Spalte einer Zeitung ist ca. zwischen 42–44 mm breit. Die Gesamtbreite einer Seite beträgt in der Regel 7 Spalten, die Gesamthöhe 445 mm. Zudem fallen Kosten für die Gestaltung der Anzeige an.

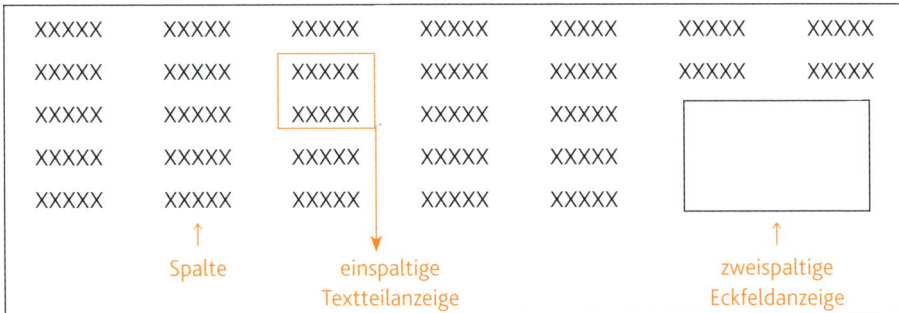

Darstellung einer Zeitungsseite (mit 7 Spalten)

> **Es müssen nun folgende Entscheidungen getroffen werden:**
>
> - Wann und wie oft soll die Anzeige erscheinen?
> - Wie groß soll sie sein (Anzahl und Länge der Spalten)?
>
> Die Anzeigen sollen in den Lokalteilen im redaktionellen Teil (nicht im Anzeigenteil) der WAZ und der Ruhr-Nachrichten als Eckfeldanzeige erscheinen. Wählen Sie unter Berücksichtigung der Zielgruppe und des Budgets ggf. einige Städte aus. Es müssen auch nicht immer beide Zeitungen mit Anzeigen belegt werden. Nehmen Sie für die Entscheidung den qualitativen Tausenderpreis (weiter unten erläutert) zuhilfe.

	Verbreitungsgebiet	Verbreitete Auflage je Ausgabe	mm-Preis s/w (Eckfeldanzeige) je Spalte in EUR
Westdeutsche Allgemeine Zeitung, Westfälische Rundschau	Bochum	75.065	4,01 (Ortskundenpreis)
	Essen	133.423	6,17
	Gelsenkirchen	45.064	3,48
	Hattingen	15.914	1,78
	Dortmund	112.155	3,95
	Witten	19.175	1,81
Ruhr-Nachrichten	Bochum	5.787	1,03 (Ortskundenpreis)
	Essen	–	kein Verbreitungsgebiet
	Gelsenkirchen	–	kein Verbreitungsgebiet
	Hattingen	–	kein Verbreitungsgebiet
	Dortmund	81.358	4,79
	Witten	6.537	1,05

Für Textteilanzeigen muss ca. mit dem dreifachen mm-Preis im Vergleich zur Eckfeldanzeige kalkuliert werden. Für Anzeigen in den Stadtteil-Nachrichten, die speziell über die jeweiligen Stadtbezirke berichten, kann man hingegen mit $1/3$ der Anzeigenkosten rechnen. Informieren Sie sich ggf. über benachbarte Stadtteile der Nachbarstädte, die in Bezug auf die Zielgruppe infrage kommen.

Der Ortskundenpreis ist der Preis, den ortsansässige Unternehmen für eine Anzeige zahlen

Für farbige Anzeigen berechnen die Verlage zusätzliche Kosten. Eine Zusatzfarbe kostet 25 % Aufpreis auf den mm-Preis. Für drei Zusatzfarben (z. B. CMY) werden 40 % Aufpreis berechnet.

Anzeigenpreis = Anzahl der Spalten x Spaltenlänge x mm-Preis

Um einen möglichst optimalen Einsatz des Werbebudgets im Rahmen des Mediaplans zu gewährleisten, müssen die zur Verfügung stehenden finanziellen Mittel ökonomisch eingesetzt werden. Am Beispiel einer Tageszeitung bedeutet dies, dass das werbende Unternehmen eine große Reichweite der Werbebotschaft erzielen muss. Das wiederum hängt davon ab, wie viele Leser eine bestimmte Zeitung lesen und wie groß der **Zielgruppenanteil** an der Gesamtleserschaft ist. Um also verschiedene Werbeträger zu vergleichen wird berechnet, wie hoch die Kosten einer Anzeige in Bezug auf die Erreichung von 1.000 Personen der Zielgruppe sind.

WAZ (incl. Westfälische Rundschau)			
Stadt	verbreitete Auflage	Leser pro Exemplar	Anteil der Zielgruppe
Bochum	75.065	2,5	26 %
Essen	133.423	2,5	5 %
Gelsenkirchen	45.064	2,5	10 %
Hattingen	15.914	2,5	26 %
Dortmund	112.155	2,5	10 %
Witten	19.175	2,5	15 %

Ruhr Nachrichten			
Stadt	verbreitete Auflage	Leser pro Exemplar	Anteil der Zielgruppe
Bochum	5.787	2,5	31 %
Essen	–	–	–
Gelsenkirchen	–	–	–
Hattingen	–	–	–
Dortmund	81.258	2,5	15 %
Witten	6.537	2,5	20 %

Der unterschiedlich hohe Anteil der Zielgruppe in den verschiedenen Städten ist dadurch bedingt, dass viele Einwohner aufgrund zu hoher Entfernungen zur Sportanlage der Sportiv GmbH nicht zur Zielgruppe gehören. Es werden somit nur bestimmte Stadtteile in das Marktsegment einbezogen.

Die Gestaltung der Anzeige bei der Creativ GmbH nimmt 8 Stunden in Anspruch. Der Stundensatz pro Mannstunde beträgt 48 EUR/Std.

Quantitative Reichweite
Die quantitative Reichweite ist die **Anzahl der Personen**, die mit dem Medium in Kontakt kommen (z. B. Zuschauer/Hörer pro Stunde, Leser pro Ausgabe). In Bezug auf die beiden Zeitungen, in denen die Anzeige erscheinen soll, ist somit nicht die verbreitete Auflage, sondern die Anzahl der Leser pro Exemplar (das sind z. B. die in einem Haushalt oder an einem Arbeitsplatz befindlichen Personen) relevant.

Quantitative Reichweite = verbreitete Auflage x Leser pro Exemplar

Quantitative Reichweite einer Anzeige in der WAZ im Lokalteil von Gelsenkirchen:
quantitative Reichweite = 45.064 Stück x 2,5 Leser/Stück
                       = 112.660 Leser

Qualitative Reichweite
Die qualitative Reichweite ist die **Anzahl der Mitglieder der Zielgruppe**, die mit dem Medium in Kontakt kommen.

Qualitative Reichweite = quantitative Reichweite x Anteil der Zielgruppe an Nutzern eines Mediums

Qualitative Reichweite (Fortsetzung des Beispiels oben):
Qualitative Reichweite = 112.660 Leser x 10 %
= 11.266 Leser

Quantitativer Tausender(kontakt)preis
Der quantitative Tausenderpreis ist der *Preis pro tausend Leser* der Zeitung. Man spricht hier vom **Tausender-Kontaktpreis** (TKP), also den Kosten, die durch die Erreichung von 1.000 Zeitungslesern entstehen.

$$\text{Quantitativer TKP} = \frac{\text{Belegkosten des Mediums (z. B. Anzeigenpreis)} \times 1.000}{\text{quantitative Reichweite}}$$

Quantitativer TKP (Fortsetzung des Beispiels oben):
Belegungskosten: 2.500,00 EUR:

$$\text{Quantitativer TKP} = \frac{2.500{,}00 \text{ EUR} \times 1.000}{112.660 \text{ Leser}}$$

= 22,19 EUR/1.000 Leser

Qualitativer Tausender(kontakt)preis
Der qualitative Tausenderpreis berücksichtigt, dass nicht alle Leser der Zeitung zur Zielgruppe gehören. Deshalb wird hier die qualitative Reichweite in der Berechnung berücksichtigt:

$$\text{Qualitativer TKP} = \frac{\text{Belegkosten des Mediums} \times 1000}{\text{qualitative Reichweite}}$$

Qualitativer TKP (Fortsetzung des Beispiels oben):

$$\text{Qualitativer TKP} = \frac{2.500{,}00 \text{ EUR} \times 1.000}{11.266 \text{ Leser}}$$

= 221,91 EUR/1.000 Leser

Radiowerbung
Bei Radiospots entstehen Kosten durch die Aufnahme und die Ausstrahlung.
Die **Sendekosten** richten sich nach der durch den Spot in Anspruch genommenen Sendezeit. Sie wird in Sekunden abgerechnet. Einflussfaktoren auf die Kosten der Ausstrahlung sind zudem die Häufigkeit der Sendung und die Tageszeit, in der der Spot gesendet wird. (Eine Sendung zur Berufsverkehrszeit, in der viele Autofahrer Radio hören, ist z. B. teurer als zu anderen Zeiten). Es ist somit die Entscheidung zu fällen, ob man zu einer günstigen Zeit wenige oder zu einer teuren Zeit viele Hörer erreichen will. Zudem ist auch hier die Zielgruppe wieder relevant: So sind beispielsweise die Hörer von *Einslive* eher der jüngeren Bevölkerung zuzuordnen. Die Lokalsender haben tendenziell ein gemischtes Publikum, weil dort Themen besprochen und Musik gesendet werden, die im Bereich

des Senders von allgemeinem Interesse sind. Für ein ortsansässiges Unternehmen bieten sie eine geeignete Plattform.

Die Dauer des Werbespots, sollte dieser Teil des Mediaplans sein, soll 15 Sekunden betragen.

Sendekosten lokaler Sender:

Montag – Freitag Preise in EUR/sec (je Spot)	6:00 – 10:00	10:00 – 13:00	13:00 – 15:00	15:00 – 18:00	18:00 – 20:00	20:00 – 6:00
Radio 98,5 (Bochum)	6,20	4,20	4,00	5,00	2,20	0,60
Radio Emscher Lippe (Gelsenkirchen, Bottrop, Gladbeck)	7,20	5,95	4,10	4,20	2,70	0,60
Radio Herne 90acht	4,50	3,20	3,00	3,60	1,55	0,60
Radio EN (Ennepe Ruhr Kreis)	4,70	3,80	3,70	4,00	2,50	0,60
Radio Essen	8,90	7,40	5,50	6,50	3,30	0,60

Montag – Freitag Preise in EUR/sec	6:00 – 7:00	7:00 – 8:00	8:00 – 9:00	9:00 – 10:00	10:00 – 16:00	16:00 – 17:00	17:00 – 18:00
Einslive NRW	91,00	145,00	104,00	77,00	70,00	79,00	51,00
WDR 2 NRW	52,00	94,00	67,00	51,00	34,00	34,00	32,00

Sendung *eines* Spots von 10 Sekunden um 10:00 Uhr bei Radio Emscher Lippe:
Sendekosten = 7,20 EUR/sec x 10 sec = 72,00 EUR

Die **Aufnahmekosten** setzen sich aus Sprecherhonorar und Studiokosten zusammen. In der Regel richten sich diese Kosten nach der Dauer des Spots. Folgende Sätze sind für die Kalkulation zugrunde zu legen:

Aufnahmekosten für eine Spotlänge von 30 Sekunden	
Ein Sprecher	1.100,00 EUR
Zwei Sprecher	1.550,00 EUR

Für den Einsatz von Musik aus dem Archiv des Studios fallen bei lokaler Ausstrahlung nochmals 500,00 EUR an. Bei abweichenden Spotlängen reduzieren oder erhöhen sich die Kosten entsprechend.

Postwurfsendungen/Print-Prodkukte

Postwurfsendungen haben insofern eine sehr hohe Effektivität, als dass sie die Adressaten immer erreichen. Der Nachteil sind jedoch die in Vergleich zu den normalen Haushaltseinwürfen hohen absoluten Kosten. Die Chance, dass eine Postwurfsendung in einem Haushalt geöffnet wird, ist jedoch sehr hoch. Ein weiterer Vorteil gegenüber herkömmlichen Prospekten, die in die Briefkästen geworfen werden ist der, dass man sich ggf. Daten beschaffen kann, die darüber Aussagen ermöglichen, welche Haushalte zur Zielgruppe gehören, und man diese dann gezielt ansprechen kann. Die Streuverluste können somit gering gehalten werden. Der qualitative Tausenderpreis ist deshalb häufig niedriger als bei „normalen" Haushaltseinwürfen.

Die Kosten der Postwurfsendungen setzen sich zusammen aus den Produktionskosten des versendeten Druckprodukts (Flyer, Prospekt o. ä.) und den Verteilungskosten.

Die **Verteilungskosten** sind abhängig vom Verteilungsgebiet (Ballungsräume, Zwischenbereiche, Landbereiche). In Ballungsgebieten, in denen eine hohe Bevölkerungsdichte vorliegt, sind die zurückzulegenden Strecken zwischen den Haushalten geringer, als in dünn besiedelten Gebieten. Zudem steigen die Kosten mit zunehmenden Gewicht der einzelnen Sendung.

Verteilungskosten (in EUR) pro 1.000 Briefe mit der Tagespost

	Ballungsräume	Zwischenbereiche	Landbereiche
– 20 g	53,–	66,–	72,–
20 – 30 g	72,–	85,–	91,–
30 – 40 g	83,–	95,–	101,–
40 – 50 g	93,–	105,–	110,–

Informationen über die Anzahl der Haushalte der Stadt Bochum finden Sie bei www.bochum.de. Die einkommensstärkeren Haushalte liegen hierbei in den südlichen Stadtteilen.
Quelle: www.deutschepost.de

Für die Produktionskosten (Gestaltung, DTP Realisation, Druck) gilt die folgende Preisliste (Der Druck ist hierbei eine Fremdleistung):

Produktionskosten verschiedener Druck-Produkte in EUR

	auflagenfixe Kosten in EUR	auflagenvariable Kosten je 1.000 Stück in EUR
Flyer, 4/4 farbig, 170 g/m², DIN-A4 (offen), Gewicht: 10,6 g	2.618,00	23,00
Prospekt, 4-seitig 4/4 farbig, 170 g/m², DIN-A4, Gewicht: 42,41 g	3.848,00	56,00
Prospekt, 8-seitig 4/4 farbig, 135 g/m², DIN-A4, Gewicht: 67,36 g	7.015,00	94,00

Der Anteil für Gestaltung und DTP-Realisation, den die Creativ GmbH durchführt, wird mit 15 Mannstunden zu 48 EUR/Std. abgerechnet (Teil der auflagenfixen Kosten).

Kosten für die Produktion von 2.000 Prospekten (4-seitig):
3.848,00 EUR + 2 x 56,00 EUR = 3.960,00 EUR

Das Gewicht der Sendung berechnet sich aus der Grammatur des Druckpapiers in Bezug auf das für das Endprodukt verbrauchte Papier.

Online-Werbung
Bei der Online-Werbung wird ein Werbebanner oder ein Link auf eine Seite gesetzt, bei dem der Besucher der Seite durch anklicken auf die entsprechende Seite weitergeleitet wird. Hierbei ist zu beachten – wie bei den anderen Werbeträgern auch – welche Internetseiten die Zielgruppe häufig besucht. Hierbei sind zwei Abrechnungsvarianten üblich.

Abrechnung pro Seitenaufruf / Bannereinblendung

Der Inhaber der Internetseite, auf der das Werbebanner erscheint (Bannereinblendung), erhält dafür ein Entgelt. Dieses ist davon abhängig, wie oft die Seite aufgerufen wird **(Page Impressions/Ad Impressions)**. Die Kosten werden in der Regel pro 1.000 Klick (TK), also pro 1.000 Besucher abgerechnet. Hierbei ist es somit nicht von Bedeutung, ob das Banner wirklich angeklickt wird. Üblicherweise liegt die Anklick-Rate im Bereich von einem halben Prozent. Bei 200 Seitendarstellungen wird also höchstens einmal das Werbebanner angeklickt.

In der Regel wird vom Kunden ein Maximalbudget oder eine maximale Klick-Zahl festgelegt. Das Banner bleibt dann so lange auf der Seite, bis dieses Budget durch die Summe der Page Impressions erreicht ist. Man kann jedoch auch ein Maximalbuget festlegen und dann die maximal zu erzielende Klick-Zahl ermitteln, die man für dieses Budget erhält.

Maximal gewünschte Page Impressions: 50.000
Kosten/TK: 10,00 EUR

Kosten = 50.000 Klick x 10 EUR/TK
       = 50.000 Klick x 0,01 EUR/Klick
       = 500,00 EUR

Maximalbudget: 500,00 EUR

$$\text{Klick-Zahl} = \frac{500{,}00 \text{ EUR}}{0{,}01 \text{ EUR/Klick}}$$

$$= 50.000 \text{ Klick}$$

Abrechnung nach Banner-Klicks

Bei dieser Variante wird nur die Anzahl der tatsächlichen Bannerklicks mit nachfolgender Weiterleitung auf die Seite des Werbenden abgerechnet ("click-through, oder ad-click). Hier liegen die Kosten pro Klick natürlich höher als für die oben beschriebenen Abrechnungsmöglichkeit.

> Finden Sie Seiten, die für die Zielgruppe relevant sind. Gehen Sie für die Kalkulation des Budgets von Kosten/TK von 60,00 EUR für die Abrechnung nach Bannereinblendung und 0,50 EUR/Klick für die Abrechnung nach Banneraufrufen aus.
>
> Die Gestaltung der Seite, die Informationen zur Neueröffnung der Sportiv GmbH enthält, wird nach Mannstunden abgerechnet.
>
> Der Verrechnungssatz beträgt hierfür 48,00 EUR. Das Werbebanner (ohne Animation, 120 x 600 Pixel) soll pauschal mit 200,00 EUR berechnet werden. Die Bearbeitungsdauer der Seitenerstellung beträgt 8 Mannstunden.

Informationen über die Anzahl der Page Impressions in bestimmten Zeiträumen bei verschiedenen Internetseiten finden Sie bei www.ivwonline.de.

19.2.4.7 Kommunikationspolitik bei Dienstleistungen

Für das Marketing, hier insbesondere für die Kommunikationspolitik, ist von großer Bedeutung, ob es sich bei der anzubietenden Leistung um ein Produkt oder eine Dienstleistung handelt. Ein **Produkt** hat einen tendenziell eher **materiellen** Charakter, während eine **Dienstleistung** vorwiegend **immaterielle** Bestandteile aufweist. Der Kunde kann sich ein präsentiertes Produkt somit anschauen, berühren oder auch riechen und schmecken. Die Leistung wird in der Regel durch Übergabe des Produkts erfüllt.

Die Dienstleistung unterliegt einem komplexeren Prozess. Zunächst kann der Anbieter einer Dienstleistung kein fertiges Produkt darstellen. Er kann lediglich eine sogenannte **Bereitstellungsleistung** visualisieren. Will der Kunde die angebotene Dienstleistung beziehen, folgt der **Leistungserstel-**

lungsprozess, in dem die Dienstleistung ausgeführt wird. Am Ende des Prozesses steht das **Leistungsergebnis**.

Für das Fitness-Studio der Sportiv GmbH bedeutet das:

Bereitstellungsleistung	Leistungserstellungsprozess	Leistungsergebnis
Einrichtung und Personal der Sportiv GmbH (Fitnessgeräte, Rezeption, Sauna, Fitnesstrainer etc.)	Erstellung von Trainingsplänen, Trainingsberatung, Saunaaufgüsse machen, der Betrieb der Sanitären Anlagen etc.	Gesteigerte körperliche Leistungsfähigkeit, erhöhtes Wohlbefinden, Freude am Sporttreiben und Kommunikation

Im Gegensatz zu einem Produkt ist bei einer Dienstleistung der Kunde sehr stark am Leistungserstellungsprozess beteiligt, denn dieser ist der notwendige (externe) Faktor, mit dem eine Dienstleistung erst zu einem Leistungsergebnis führt.

Für das Leistungsangebot der Sportiv GmbH bedeutet dies, dass der Kunde regelmäßig das Fitness-Studio besuchen und trainieren muss, um sein Wohlbefinden und seine Fitness zu verbessern. Es müssen somit folgende Besonderheiten bei der Kommunikation der Dienstleistungen beachtet werden:

- Es kann kein Produkt visualisiert werden.
- Man kann bei einer Dienstleistung jedoch die Bereitstellungsleistung (das Gebäude, die Einrichtung, das Personal, Qualifikationen des Personals) darstellen.
- Auch das Leistungsergebnis kann dargestellt werden. Dies können u. a. zufriedene, körperlich leistungsfähige Kunden sein (im Fall von Finanzdienstleistungen der vermögende Rentner, der gut vorgesorgt hat oder die zufriedene Familie, die ihr Eigenheim finanziert hat).
- Logos und CI haben größere Bedeutung als bei Waren, weil mit ihnen die Bereitstellungsleistung stärker in die Wahrnehmung der Kunden gerückt werden muss.
- Die Kunden müssen dazu bewegt werden, die Leistung regelmäßig zu nutzen, sonst können sie von der Dienstleistung nicht überzeugt werden.

6.3.4 Deckungsbeitragsrechnung einer Werbeagentur

Die Creativ GmbH kalkuliert Ihre Aufträge mit einer sogenannten Deckungsbeitragsrechnung. Der Deckungsbeitrag deckt hierbei bestimmte, in der Agentur entstehen Kosten ab.

Zur Vertiefung für Auszubildende mit der Fachrichtung „Beratung und Planung": Deckungsbeitragsrechnung für andere Betriebe der Medienbranche, in: „Rechnungswesen für Medienberufe, Band 2".

Das Kalkulationsschema hierzu stellt sich wie folgt dar:

Umsatzerlös
– Fremdkosten
– direkte Personalkosten
= Deckungsbeitrag I
– Overhead
= Deckungsbeitrag II
– Akquisitionskosten
= Auftragsergebnis

Die **Fremdkosten** sind Kosten für Leistungen, die eine Werbeagentur von externen Dienstleistern bezieht. Die **direkten Personalkosten** entstehen durch die Mitarbeiter und deren Arbeitsplätze, die unmittelbar mit einem Auftrag befasst sind.

> Beachten Sie dabei, dass ein Teil der Kosten, die durch die Produktion der Plakate und der Flyer entstehen (falls Sie diese in Ihren Mediaplan aufgenommen haben), sich in Fremdkosten (Kosten des Drucks) und direkte Personalkosten (Gestaltung) aufteilen. Diese sind im Kalkulationsschema den entsprechenden Positionen zuzuordnen.

Diese direkten Kosten sollten in jedem Fall durch den Umsatzerlös des Auftrags gedeckt sein, da sich sonst das Betriebsergebnis – bei *Ablehnen* eines Auftrags – besser darstellen würde als bei dessen Annahme.

Die Deckungsbeitragsrechnung zeigt hier, inwieweit der geplante Umsatzerlös nach Abzug der projektbezogenen Kosten (Deckungsbeitrag I) den **Overhead** deckt. Bei einem positiven Deckungsbeitrag I würde es somit vorteilhaft sein, einen Auftrag anzunehmen, auch wenn am Ende der Rechnung ein negatives (Gesamt-) Auftragsergebnis stehen würde. Ein positiver Deckungsbeitrag II deckt dann auch die durch Pitchings entstehenden Akquisitionskosten. In den **Akquisitionskosten** sind auch die Kosten inbegriffen, die durch nicht erfolgreiche Pitchings auftreten. Diese müssen insgesamt in der Auftragskalkulation einer Werbeagentur berücksichtigt und somit von ausgeführten Aufträgen mit getragen werden, da sie sonst ungedeckt bleiben.

Weitere Angaben zum Kalkulationsschema im Ordner zu Kap. 14

13.5 Werberecht

> Da auch Telefonmarketing und das Versenden von E-Mails als Maßnahmen in Frage kommen, muss geprüft werden, ob diese rechtens sind.

Da Werbung einen wesentlichen Einfluss auf das Kaufverhalten von Konsumenten hat und es immer wieder Missbrauchsfälle von Werbung gibt, setzt ein rechtlicher Rahmen dem Einsatz und Gestaltung von Werbung Grenzen: Das Gesetz gegen den unlauteren Wettbewerb (UWG).

> Sie haben bereits in anderen Kundenaufträgen Erfahrungen mit dem Umgang von Gesetzestexten gesammelt. Versuchen Sie, mithilfe der folgenden unkommentierten Gesetzestatbestände die im Kundenauftrag aufgeworfenen rechtlichen Fragen zu klären.

---

§ 1 (Zweck des Gesetzes)

Dieses Gesetz dient dem Schutz der Mitbewerber, der Verbraucherinnen und der Verbraucher sowie der sonstigen Marktteilnehmer vor unlauterem Wettbewerb. Es schützt zugleich das Interesse der Allgemeinheit an einem unverfälschten Wettbewerb.

§ 2 (Definitionen)

(1) Im Sinne dieses Gesetzes bedeutet
1. *„Wettbewerbshandlung" jede Handlung einer Person mit dem Ziel, [...] den Absatz oder den Bezug von Waren [...] oder Dienstleistungen [...] zu fördern;*
2. *„Marktteilnehmer" neben Mitbewerbern und Verbrauchern alle Personen, die als Anbieter oder Nachfrager von Waren oder Dienstleistungen tätig sind;*
3. *„Mitbewerber" jeder Unternehmer, der [...] als Anbieter oder Nachfrager von Waren oder Dienstleistungen in einem konkreten Wettbewerbsverhältnis steht; [...]*

§ 3 (Verbot unlauteren Wettbewerbs)

Unlautere Wettbewerbshandlungen, die geeignet sind, den Wettbewerb zum Nachteil der Mitbewerber, der Verbraucher oder der sonstigen Marktteilnehmer nicht nur unerheblich zu beeinträchtigen, sind unzulässig.

§ 4 (Beispiele unlauteren Wettbewerbs)

Unlauter im Sinne von § 3 handelt insbesondere, wer
1. *(...)*
2. *(...)*
3. *den Werbecharakter von Wettbewerbshandlungen verschleiert;*
4. *(...)*
5. *bei Preisausschreiben oder Gewinnspielen mit Werbecharakter die Teilnahmebedingungen nicht klar und eindeutig angibt; [...]*

§ 5 (Irreführende Werbung)

(1) Unlauter im Sinne von § 3 handelt, wer irreführend wirbt.
(2) Bei der Beurteilung der Frage, ob eine Werbung irreführend ist, sind alle ihre Bestandteile zu berücksichtigen, insbesondere in ihr enthaltene Angaben über:
1. *die Merkmale der Waren oder Dienstleistungen [...],*
2. *[...] die Bedingungen, unter denen die Waren geliefert oder die Dienstleistungen erbracht werden;*
3. *die geschäftlichen Verhältnisse [...] des Werbenden, wie seine Identität und sein Vermögen, [...] seine Befähigung oder seine Auszeichnungen oder Ehrungen.*
4. *(...)*
5. *(...)*
6. *Es ist irreführend, für eine Ware zu werben, die [...] nicht in angemessener Menge zur Befriedigung der zu erwartenden Nachfrage vorgehalten ist. Angemessen ist im Regelfall ein Vorrat für zwei Tage, es sei denn, der Unternehmer weist Gründe nach, die eine geringere Bevorratung rechtfertigen. Satz 1 gilt entsprechend für die Werbung für eine Dienstleistung.*

§ 6 (Vergleichende Werbung)

(1) Vergleichende Werbung ist jede Werbung, die unmittelbar oder mittelbar einen Mitbewerber oder die von einem Mitbewerber angebotenen Waren oder Dienstleistungen erkennbar macht.
(2) Unlauter im Sinne von § 3 handelt, wer vergleichend wirbt, wenn der Vergleich
1. *sich nicht auf Waren oder Dienstleistungen für den gleichen Bedarf oder dieselbe Zweckbestimmung bezieht*
2. *(...)*
3. *(...)*
4. *die Waren, Dienstleistungen, Tätigkeiten oder persönlichen oder geschäftlichen Verhältnisse eines Mitbewerbers herabsetzt oder verunglimpft ...*

(3) Bezieht sich der Vergleich auf ein Angebot mit einem besonderen Preis oder anderen besonderen Bedingungen, so sind der Zeitpunkt des Endes des Angebots und (...) der Zeitpunkt des Beginns des Angebots eindeutig anzugeben. Gilt das Angebot nur so lange, wie die Waren oder Dienstleistungen verfügbar sind, so ist darauf hinzuweisen.

§ 7 (Unzumutbare Belästigungen)

(1) Unlauter im Sinne von § 3 handelt, wer einen Marktteilnehmer in unzumutbarer Weise belästigt.
(2) Eine unzumutbare Belästigung ist insbesondere anzunehmen
1. bei einer Werbung, obwohl erkennbar ist, dass der Empfänger diese Werbung nicht wünscht;
2. bei einer Werbung mit Telefonanrufen gegenüber Verbrauchern ohne deren Einwilligung;
3. bei einer Werbung unter Verwendung von automatischen Anrufmaschinen, Faxgeräten oder elektronischer Post, ohne dass eine Einwilligung der Adressaten vorliegt;
4. bei einer Werbung mit Nachrichten, bei der die Identität des Absenders (...) verschleiert oder verheimlicht wird oder bei der keine gültige Adresse vorhanden ist, an die der Empfänger eine Aufforderung zur Einstellung solcher Nachrichten richten kann, ohne dass hierfür andere als die Übermittlungskosten nach den Basistarifen entstehen.

(3) Abweichend von Absatz 2 Nr. 3 ist eine unzumutbare Belästigung bei einer Werbung unter Verwendung elektronischer Post nicht anzunehmen, wenn
1. ein Unternehmer im Zusammenhang mit dem Verkauf einer Ware oder Dienstleistung von dem Kunden dessen elektronische Postadresse erhalten hat,
2. der Unternehmer die Adresse zur Direktwerbung für eigene ähnliche Waren oder Dienstleistungen verwendet,
3. der Kunde der Verwendung nicht widersprochen hat und
4. der Kunde bei Erhebung der Adresse und bei jeder Verwendung klar und deutlich darauf hingewiesen wird, dass er der Verwendung jederzeit widersprechen kann, ohne dass hierfür andere als die Übermittlungskosten nach den Basistarifen entstehen.

§ 8 (Beseitigung und Unterlassung)

(1) Wer dem § 3 zuwiderhandelt, kann auf Beseitigung und bei Wiederholungsgefahr auf Unterlassung in Anspruch genommen werden. Der Anspruch auf Unterlassung besteht bereits dann, wenn eine Zuwiderhandlung droht.

§ 9 (Schadensersatz)

Wer dem § 3 vorsätzlich oder fahrlässig zuwiderhandelt, ist den Mitbewerbern zum Ersatz des daraus entstehenden Schadens verpflichtet.

13.1.3 Zulässige Nutzungen

Fortsetzung von LS 3, 13.1.3

Häufig wird bei Geschäftseröffnungen oder ähnlichen Anlässen auch Musik durch einen DJ oder eine Cover-Band gespielt. Für den Fall, dass Sie sich im Rahmen des Mediaplans hierfür entscheiden sollten, sind urheberrechtliche Vorschriften zu beachten.

Öffentliche Wiedergabe auf Veranstaltungen

Öffentliche Wiedergabe bedeutet, dass ein Werk anderen Personen außerhalb der Privatsphäre zugänglich gemacht wird.

Eine Geburtstagsfeier, bei der der Gastgeber Musik spielt, bedarf keinerlei Einwilligung, weil es eine private Veranstaltung ist.

Bei der **öffentlichen Wiedergabe** muss man zunächst feststellen, ob die Einwilligung des Urhebers oder eines Lizenznehmers mit ausschließlichem Nutzungsrecht vorliegen muss. Zudem muss eine ggf. bestehende Vergütungspflicht zu Gunsten eines Berechtigten (also des Urhebers oder eines Lizenznehmers mit ausschließlichem Nutzungsrecht) bestehen. Man muss somit bei Veranstaltungen zwischen einer **Einwilligung** und einer **Vergütungspflicht** unterscheiden.

> § 52 (Öffentliche Wiedergabe)
>
> *(1) Zulässig ist die öffentliche Wiedergabe eines veröffentlichten Werkes, wenn die Wiedergabe keinem Erwerbszweck des Veranstalters dient, die Teilnehmer ohne Entgelt zugelassen werden und im Falle des Vortrags oder der Aufführung des Werkes keiner der ausübenden Künstler eine besondere Vergütung erhält. Für die Wiedergabe ist eine angemessene Vergütung zu zahlen.*

Der Absatz 1 des § 52 UrhG zählt auf, in welchem Fall eine Einwilligung *nicht* notwendig ist. Zu beachten ist hierbei, dass zwischen den einzelnen Tatbestandsmerkmalen in der Aufzählung ein „und" steht. Das bedeutet, dass die öffentliche Wiedergabe nur dann „einwilligungsfrei" ist, wenn *alle* im § 52 UrhG aufgezählten Punkte **(Tatbestandsmerkmale)** zutreffen. Ein **Erwerbszweck** des Veranstalters ist hierbei dann nicht gegeben, wenn durch die Veranstaltung keinerlei Einkünfte erzielt oder andere gewerbliche Zwecke verfolgt werden. Einkünfte sind in diesem Zusammenhang auch dann vorhanden, wenn beispielsweise der Eintritt karikativen Zwecken zugeführt wird.

1. Ein Autohaus veranstaltet zur Einführung eines neuen Modells an einem Wochenende einen Familientag. Da die Zielgruppe besserverdienende Personen der „Generation Golf" sind, soll eine Cover-Band Hits aus den 80ern spielen.

   Hier liegt ein Erwerbszweck (Produktwerbung, PR) des Veranstalters vor, sodass eine Einwilligung der **GEMA** (als Verwalterin der Nutzungsrechte) vorliegen muss. Zudem fallen Vergütungen für den Urheber an, die durch die GEMA als Verwertungsgesellschaft der Musik-Nutzungsrechte an die Urheber abgeführt werden.

2. Eine Coverband spielt auf dem Campusfest der Technischen Universität Dortmund. Im Rahmen dieses Festes werden Getränke und Fast-Food verkauft. Hierfür zahlen die gastronomischen Betriebe eine Standgebühr. Die Band erhält für den Auftritt eine Gage.

   Es liegt hier, auch wenn kein Eintritt gezahlt werden muss, ein Erwerbszweck Dritter vor, so dass hier eine Einwilligung der GEMA notwendig ist. Zudem besteht eine Vergütungspflicht, wobei das Entgelt mit der GEMA abgerechnet wird.

3. Ein Gymnasium feiert sein 50-jähriges Jubiläum. Im Rahmen einer abendlichen Festveranstaltung, bei der auch schulexterne Personen eingeladen sind, wird Musik durch das Schulorchester gespielt und es werden literarische Werke vorgetragen. Zudem findet abends eine von Schülern unentgeltlich organisierte „Open Air Disco" statt. Hierzu ist keine Einwilligung des Berechtigten notwendig. Trotzdem fallen, obwohl kein Erwerbszweck vorliegt, GEMA-Gebühren und Gebühren für die **VG Wort** an, weil die Veranstaltung öffentlich ist.

Nicht genehmigungspflichtige **und** nicht vergütungspflichtige öffentliche Wiedergaben sind in folgenden Ausnahmen gegeben:

> **weiter § 52:**
>
> *Die Vergütungspflicht entfällt für Veranstaltungen der Jugendhilfe, der Sozialhilfe, der Alten- und Wohlfahrtspflege, der Gefangenenbetreuung sowie für Schulveranstaltungen, sofern sie nach ihrer sozialen oder erzieherischen Zweckbestimmung nur einem bestimmten, abgegrenzten Kreis von Personen zugänglich sind.*

Wenn also eine Veranstaltung die im § 52 aufgeführten Merkmale aufweist und diese Veranstaltung nur einem an der Zweckbestimmung orientierten Personenkreis zugänglich ist, entfällt sogar die Vergütungspflicht.

Sollte das Gymnasium aus dem vorherigen Beispiel für die Veranstaltung nur Eltern, Schüler, Lehrer und deren nahe Angehörige zulassen, würde auch die Vergütungspflicht entfallen.

Die Ausnahme hiervon ist dann gegeben, wenn folgende Einschränkung vorliegt:

> **weiter § 52:**
>
> *Dies gilt nicht, wenn die Veranstaltung dem Erwerbszweck eines Dritten dient; in diesem Fall hat der Dritte die Vergütung zu zahlen.*

Die Veranstaltung wird von ortsansässigen Handwerksunternehmen, die als Sponsoren auch sichtbar auftreten, finanziert. Hier liegt ein Erwerbszweck Dritter in Form von PR vor, so dass zwar keine Einwilligung (der GEMA) notwendig ist, aber eine Vergütungspflicht besteht.

> **In der Praxis spielt es keine Rolle, zu welchem Zweck (Einwilligung, Information zur Entrichtung der Vergütung oder beides) die Anmeldung einer Veranstaltung bei der GEMA erfolgt. Sie ist immer dann zu informieren, wenn entweder eine öffentliche Zugänglichkeit oder ein wie auch immer gearteter Erwerbszweck vorliegt.**

> *Operatives Marketing (Marketing Mix)*
>
> **Produktpolitik**
> - *Der Produktlebenszyklus besteht aus Einführungs-, Wachstums-, Sättigungs- und Degenerationsphasen.*
> - *Das Produkt- und Dienstleistungsportfolio eines Unternehmens besteht in der Regel aus „Fragezeichen", „Stars", „Milchkühen" und „armen Hunden".*
> - *Markenstrategien: Einzel-, Dach- und Multimarken*
>
> **Preispolitik**
> - *Rabatte: Mengen-, Treue- und Sonderrabatte*
> - *Preisdifferenzierungen: räumlich, zeitlich, sozial*
> - *Psychologische Preisgestaltung*
>
> **Distributionspolitik**
> - *direkter Vertrieb: Verkauf direkt vom Hersteller*
> - *indirekter Vertrieb: Verkauf über Zwischenhändler (Groß- und Einzelhandel)*
>
> **Kommunikationspolitik**
> - *Werbung*
>   1. *Werbung kann in Einführungs- und Erinnerungswerbung aufgeteilt werden.*
>   2. *Der Mediaplan dient der Zusammenstellung, Abstimmung und Kalkulation der Werbemaßnahmen und ist auf die Zielgruppe hin auszurichten.*

3. Werbemittel: gestaltete Werbebotschaften in Form von Anzeigen, Radiospots etc.
4. Werbeträger: Medien, mit dem die Werbebotschaft an den Käufer herangetragen werden kann (Zeitung, TV etc.).
5. Die Kosten der Werbung werden mit dem TKP berechnet.

- Corporate Identity: einheitliches Erscheinungsbild des Unternehmens nach außen
- Öffentlichkeitsarbeit: dient der Verbesserung der Beziehung zwischen dem Unternehmen und der Öffentlichkeit
- Sponsoring: Finanzierung bestimmter Ereignisse, um den Bekanntheitsgrad eines Unternehmens, eines Produkts oder einer Dienstleistung zu erhöhen
- Besonderheiten einer Dienstleistung im Gegensatz zu einem Produkt: Eine Dienstleistung ist tendenziell immateriell und bezieht den Kunden stark in die Leistungserstellung ein
- Prozess einer Dienstleistung: Bereitstellungsleistung → Leistungserstellungsprozess → Leistungsergebnis

Werberecht

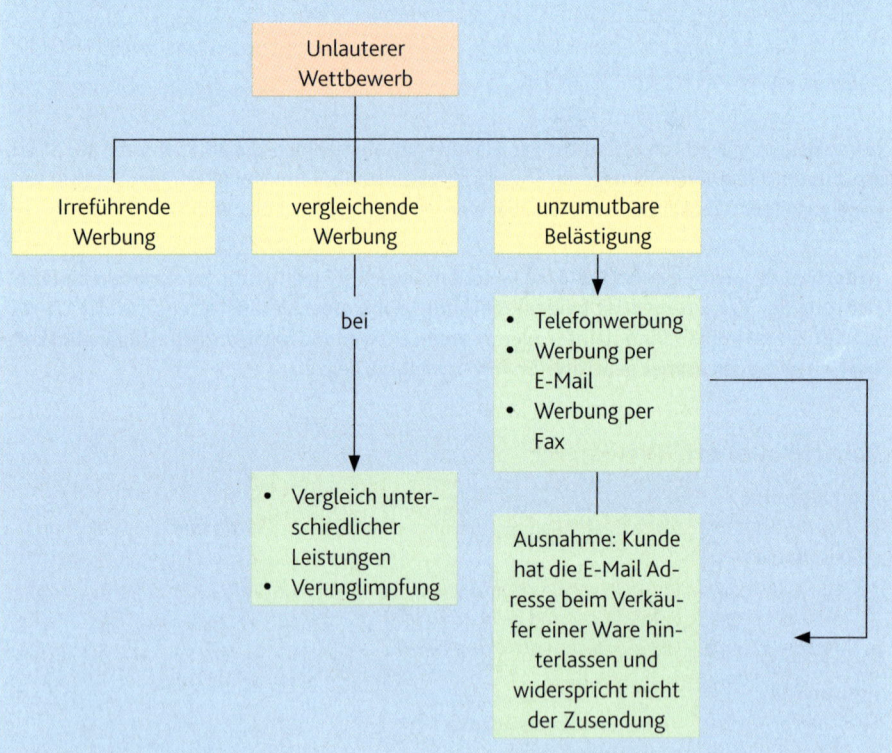

1. **Operatives Marketing**

   Ein Modell eines Autoherstellers droht nach der Cash-Cow-Phase zum „armen Hund" zu werden. Um den Produktlebenszyklus zu verlängern, soll im Rahmen der Produktpolitik ein besonderes (Fremd-)Finanzierungsangebot gemacht werden. Eine Niederlassung will daraufhin eine regionale Werbekampagne starten.

   a) Beschreiben Sie die Phasen des Produktlebenszyklus' mithilfe der Portfolioanalyse (Vier-Felder-Matrix). Erläutern Sie in diesem Zusammenhang die Begriffe „Produktinnovation" und „Produktelimination".

b) Die Niederlassung beauftragt eine Werbeagentur, einen Mediaplan zu erstellen. Folgende Werbeträger und Werbemittel sollen eingesetzt werden:
- Radiowerbung in einem Regionalsender, Dauer: 30 Sekunden
- Großfläche, Belegung: 1:4000, Dauer der Belegung: 2 Dekaden

Die Kosten stellen sich wie folgt dar:

Großfläche:

Belegungskosten:	
Einwohner	Kosten je Fläche und Dekade in EUR
388.869	122,90
(Anzahl der Belegungsflächen immer ganzzahlig aufrunden)	
Kosten für die Produktion der Plakate:	
Auflagenfixe Kosten	Auflagenvariable Kosten je Plakat
12.000,00 EUR	14,50 EUR

Radiowerbung:

Sendekosten: Montag – Freitag	6:00 – 10:00	10:00 – 13:00	13:00 – 15:00	15:00 – 18:00	18:00 – 20:00
Preise in EUR/sec	6,20	4,20	4,00	5,00	2,20

Die Spots sollen an zehn Werktagen vor und die ersten fünf Werktagen ab Start der Aktion täglich sechs mal vor den Nachrichten zur vollen Stunde gesendet werden. Die Zielgruppe sind berufstätige, männliche Personen.

Kosten für die Produktion des 30 Sek.-Spots:
3.000,00 EUR

Kalkulieren Sie die Kosten für die o. a. Maßnahmen. Begründen Sie Ihre Entscheidung bezüglich der Auswahl der Sendezeiten für den Radiospot. Erläutern Sie in diesem Zusammenhang den Begriff der Reichweite und beziehen Sie diesen in Ihre Argumentation ein.

2. Kosten von Werbung

Berechnen Sie für zwei alternative Sendezeiten eines Regionalsenders den TKP für einen Radio-Werbespot (30 Sek.). Der Spot soll stündlich vor den Nachrichten gesendet werden.

Sendezeit 6:00 – 10:00 Uhr		Sendezeit 13:00 – 16:00 Uhr	
Sendekosten:	83,00 EUR/sec	Sendekosten:	38,00 EUR/sec
Bruttokontaktsumme (quantitative **Stunden**reichweite)	520.000	Bruttokontaktsumme (quantitative **Stunden**reichweite)	312.000
Anteil der Zielgruppe:	30 %	Anteil der Zielgruppe:	30 %
Qualitative Reichweite:		Qualitative Reichweite:	
Quantitativer TKP:		Quantitativer TKP:	
Qualitativer TKP:		Qualitativer TKP:	

3. **Werberecht**
   a) Herr B. bucht online eine Reise und musste für diesen Zweck seine E-Mail-Adresse angeben. Seit der Buchung erhält er von einem Reiseveranstalter ständig Werbung per E-Mail.
   b) Ein Lebensmittel-Discounter wirbt in einem Prospekt für einen DVD-Player. Als Frau M. eine halbe Stunde nach Öffnung des Geschäfts einen dieser DVD-Player kaufen möchte, war keiner mehr vorhanden.
   c) Herr R. erhält ein Fax, auf dem zu lesen ist, dass ihm ein Gewinn zusteht. Voraussetzung ist, dass er eine kostenpflichtige Hotline anruft, die 1,87 EUR/Min kostet.
   d) Ein Automobilkonzern wirbt in einem Werbespot damit, dass ein bestimmter Fahrzeugtyp seiner Hauptmarke in der ADAC-Pannenstatistik auf Platz 1 liegt. Während des Spots fährt dieser an einem liegengebliebenen und gut erkennbaren Modell eines Mitbewerbers vorbei.
   e) Ein Telekommunikations-Dienstleister druckt auf einem Flyer die Tarife seiner Mitbewerber ab, die allesamt teurer sind als die eigenen Tarife.

4. **Dienstleistungsmarketing**
   Ordnen Sie die folgenden Begriffe den untenstehenden Kategorien zu:

Bereitstellungsleistung	Leistungserstellungsprozess	Leistungsergebnis

   Betriebsstätte einer KfZ-Werkstatt – Schaufenster eines Herrenmodegeschäfts – Personal einer Bank – Haare schneiden – Postschalter – Beratungsgespräch – durchgeführte Inspektion – wartendes Taxi am Flughafen – Wartezimmer beim Arzt – Reinigung der Straße – Fuhrpark eines Transportunternehmens – Bahnhofsgebäude – gereinigte Straße – Entspannung in der Sauna

5. **Onlinewerbung**
   Der Betreiber einer Internetseite bietet Ihnen zwei Abrechnungsarten für die Einrichtung eines Banners auf seiner Homepage an:
   Monatspauschale (30 Tage): 150,00 EUR   Ab wie vielen durchschnittlichen Klicks pro Tag ist
   Preis pro TK: 25,00 EUR   die Abrechnung mittels Monatspauschale günstiger?

6. **Zulässige Nutzungen**
   Für ein Schulfest soll eine Schülerband einige Songs bekannter Bands spielen. Es werden Essen und Getränke verkauft. Der Verkaufserlös kommt dem Förderverein der Schule zugute.
   Prüfen Sie, unter welchen Voraussetzungen für die Veranstaltung eine Genehmigung bei der GEMA einzuholen ist.

7. **Deckungsbeitragsrechnung einer Werbeagentur**
   Eine Werbeagentur hat einen Auftrag mit einem Umsatz von 45.000,00 EUR erhalten, bei dem die folgenden direkten Kosten anfallen:

Kostenart	Kosten (EUR)
Fremdkosten	10.400,00
Direkte Personalkosten	14.900,00
Reisekosten	500,00

   Der Gemeinkostenzuschlagssatz für den Overhead auf die direkten Personalkosten (dieses Auftrags) beträgt 120 %. Die gesamten kalkulierten Akquisitionskosten eines Geschäftsjahres betragen 120.000,00 EUR. Da der Auftrag 2 % des kalkulierten Jahresumsatzes darstellt, soll dieses Projekt auch 2 % der gesamten Akquisitionskosten tragen. Kalkulieren Sie den Auftrag und entscheiden Sie, ob das Projekt durchgeführt werden soll.

Bildquellenverzeichnis

Adobe Systems GmbH, München, 474, 475, 476, 511-517, 548 Mitte und unten rechts,
akg-images gmbh, Berlin, 222 unten, 440 unten, 441 (alle)
Alaska Seafood Marketing Institute, Juneau, Alaska, USA, 145 unten
André Rival (Kreutz & Partner), Neunkirchen, 362 unten, 363, 364
Apple GmbH Deutschland, München, 692 oben
AUGUST STORCK KG, 626 unten rechts
Baier & Schneider GmbH & Co. KG (Brunnen), Heilbronn, 144, 3. von oben
BDWM Transport AG, Bremgarten, Schweiz, 481
Beiersdorf AG, Hamburg, 692 Mitte
Berufsgenossenschaft Energie Textil Elektro Medienerzeugnisse, Wiesbaden, 553
Bildungsverlag EINS GmbH, Troisdorf, 39 Mitte links, 97
Bluewin (eingetragene Marke der Swisscom AG), Zürich, 143 Mitte, 148
DEKO-TREND STRAKELJAHN GmbH, Osnabrück, 355 Mitte u. rechts, 356 Mitte
Dell GmbH, Frankfurt a. M., 50 oben, 54
Druckerei Landquart VBA, Landquart, Schweiz, 540 unten, 541 oben rechts, unten
Esprit Retail B.V. & Co. KG, Ratingen, 310
Europäische Kommission, Generaldirektion für Energie und Transport, Brüssel, 51 rechts
Abram Games, London, 144 unten
Generalanzeiger Bonn, 350, 352
Gretsch-Unitas GmbH Baubeschläge, Ditzingen, 318 unten
Juli Gudehus/Carlsen Verlag, Hamburg, 197
Kornelia Hasselbach, Köln, 179
Heidelberger Druckmaschinen AG, 168, 169, 170, 378, 381, 382, 384, 385, 389, 426, 427, 532
Hewlett-Packard GmbH, Stuttgart, 48, 1. bis 3. von oben
Huf Hülsbeck & Fürst GmbH & Co. KG, Velbert, 346
HUK-COBURG Versicherungsgruppe, Coburg, 319 oben
IBM Deutschland GmbH, Stuttgart, 39 unten
IrfanView, Irfan Skijan, Wiener Neustadt, 140 unten
Kolja Kunstreich Mediendesign, Wuppertal, 143, Mitte, unten links, unten rechts, 144, 1. von oben, 146 unten
Lego GmbH, München, 326 oben
Logo Projektagentur, Dortmund, 204 oben

Lotto Rheinland-Pfalz, Koblenz, 353, 354
mauritius images GmbH, Mittenwald, 349
MEV Verlag GmbH, Augsburg, 492
Nestlé Deutschland AG, Frankfurt a. M., 144, 4. von oben
news aktuell GmbH, Hamburg, 469 unten, 470 unten rechts, 471, 472 unten rechts, 473
Thomas Nölleke, Dortmund, 69, 75, 571, 573, 574, 575, 576, 577, 578
Nova Development Cooperation, Calabasas, USA, 93, 94, 128 unten, 133, 141 oben, unten links
obs/BDZV, news aktuell GmbH, Hamburg, 468
obs/Johnson Controls GmbH, news aktuell GmbH, Hamburg, 472 oben links
obs/Milka, news aktuell GmbH, Hamburg 472 unten links
obs/Vodafone D2 GmbH, news aktuell GmbH, Hamburg, 472 oben rechts
ogs/Forum Trinkwasser e.V., news aktuell GmbH, Hamburg, 470 unten links
ogs, news aktuell GmbH, Hamburg, 470 oben links
ogs/Volkswagen AG, news aktuell GmbH, Hamburg, 470 oben rechts
Pelikan Vertriebsgesellschaft mbH & Co. KG, Hannover, 167 unten
Photocase Addicts GmbH, Berlin, 141 Mitte u. unten rechts, 238
Polar-Mohr Maschinen Vertriebsgesellschaft, Hofheim, 566
RAKO Etiketten GmbH & Co. KG, Witzhave, 391
Christian Reif, Mühlheim-Kärlich, 373, 375, 376 Mitte und unten links und rechts, 377, 380, 385 unten, 386, 524, 537 (Fotos), 538, 551
Roto Frank AG, Leinfelden-Echterdingen, 345
ScanDisk Corporation, Milpitas, Kalifornien, USA, 501
Dr. Joachim Schuhmacher, Konstanz, 131
Schweizerische Lebensversicherungs- und Rentenanstalt, München, 447, 448
SevenOne Media GmbH, Unterföhring, 365, 366, 367, 368, 369
Sinus Sociovision GmbH, Heidelberg, 363, 364
Jens Sohnrey, www.sohnrey.de, 387, 388, 392, 436, 535, 536
Sparkasse Hochsauerland, Brilon, 624 oben
Spiegel-Verlag, Hamburg, 143 oben links
Tchibo GmbH, Hamburg, 143 oben rechts
TCO Certification, Stockholm, 51 links

TOSH, Italien und Gesellschaft für Beschriftungstechnik mbH, Köln, 417, 418
TÜV SÜD Product Service GmbH, München, 51, 2. von links
Herbert Urmersbach, Mediengestaltung, Dortmund, 224
Vaillant Deutschland GmbH & Co. KG, Remscheid, 144, 2. von oben
Verband für Garten- und Landschaftsbau, GaLaBau Service Gmbh, Bad Honnef, 126
Volkswagen AG, Wolfsburg, 191, 692
Nicole vom Hove, Velbert, 313, 337 unten, 338 oben, 522, 548, 620, 621 links, 623 unten, 653, 654
Markus Wäger©, www.designworks.at, Dornbirn, Österreich, 225, 235
Wall AG, Berlin, 356 oben, unten

Daniela Werth, Bochum, 125, 137, 139 oben, 147, 150, 151, 152, 153, 154, 155, 156, 158, 159, 161, 162, 163, 164, 165, 166, 167, 180, 181, 182, 199 oben, 213, 216, 217, 218, 219, 220, 253, 433, 434, 436 oben, 445, 451, 452 oben, 1. und 5. von links, 456 (alle), 457 (alle), 458, 459 (alle), 460 (alle), 461 (alle)
Wikimedia Foundation Inc., San Francisco, Kalifornien, USA, 37 Mitte, 41, 221 oben, 370, 371 oben u. Mitte, 376 oben links, 390 unten, 393, 418 unten, 419 (Lengwiler), 440 oben (Stefan Lochner), 493 Mitte (Smial), 497 unten, 501, 3. von oben (Darkone), 502, 2. und 3. von oben
WWF Deutschland, Berlin, 143
www.weg.de, München, 326 unten
Zweites Deutsches Fernsehen (ZDF), Mainz, 198 Mitte
Janine Zyciora, Köln, 595 unten

Fotolia, New York, USA:

Al Rublinetsky 203
Albo 58 unten
AKS 99
Aleksandrs Pcelovs 491 unten links
Alex Motrenko 599 unten
Alexander Rochau 598 unten
Alexander Zhiltsov 493 oben
Aloysius Patrimonio 119 (PDA)
Amir Kaljikovic 463 B
Anatoly Vartanov 48, 2. von unten
AndreasG 621 rechts
Andreas Gradin 140 Mitte rechts
Andreas John 96, 2. von unten
Andres Rodriguez 49 oben, 140 Mitte links
Andrew Doran 305, 1. von oben
Andrew Williamson 304 unten
Andy Short 601, 1. von oben
ArTo 73 unten
Auremar 201
Bedridin Avdyli 627, 2. von oben (rechts)
Björn Danzke 485
Björn Stüllein 504 unten links
bsilvia 623 oben links
Carl Achim Königsberg 102 oben links
Carsten Heeder 355 links
Christian Jung 36 Mitte rechts
Christopher Elwell 30
Claudiu 42 unten
CURAphotography 463 F
CURAphotography 463 D
CURAphotography 463 C
Daniel Käsler 360
Daniel Padavona 423
Danu 599 oben
Daum Daniel 484 Mitte
Dean Pennala 452 Mitte
DGAETA 627, 3. von oben (rechts)
Dino Ablakovic 25
Doreen Salcher 626 oben rechts
Ehrhardt Christine 390 oben
Eric Isselée 627 oben links, 628 unten links
Eva Kahlmann 43 unten, 82
Evgeny Trofimov 43 oben
Fabian Rothe 37 unten

Falk Kienas 36 Mitte
Falko Matte 183 unten, 190, 406
Fatman 26
Fotofrank 601, 2. von oben
Franz Pfluegl 600 unten
George Pchemyan 484 unten rechts
Georgios Alexandris 95 unten
goce risteski 100, 101, 102
godfer 601 unten
gwt52hkxd8z 627, 2. von unten
hennerbuchholz 628 oben rechts
illu24 628 unten Mitte
Inga Nielsen 599, 3. von oben
IronMike 42 oben links
Isis Ixworth 624 unten rechts
jean luc bohin 621 links
Joachim Angeltun 46
Joachim Naas 96, 3. von unten
Johnny Lye 95 Mitte
Julien Jandric 497 oben
JUN LI 491 unten Mitte
kebox 659
Kerbusch 603
Kiyoshi Takahase Segundo 132
Klaus Rademaker 496 oben
Krabata 625 Mitte
kruder77 627, 2. von oben (links)
Kurhan 73 oben links
laurent vella 172 oben
losif Szasz-Fabian 627 unten
Maciej Mamro 39 Mitte rechts
MACLEG 291
Marc Dietrich 44
Marcin Balcerzak 127, 174
Marius Hainal 491 rechts
Martin Mühlbacher 493 unten
Martin Wagner 36 unten, 37 oben
Matteo Giuffrida 222 oben
Mehmet Timur Dilsiz 47, 2. von links
Michael Kempf 624 unten links
Michael Ransburg 47, 3. und 4. von links
Michael S. Schwarzer 504 Mitte
mickey h 628 unten rechts
mikess 101
milosluz 299
moonrun 627, 3. von oben (links)

naskybabe 101
Nicole Effinger 599, 2. von unten
nkaup 623 oben rechts
O.M. 625 oben rechts
Oliver Anlauf 627 oben rechts
Orlando Florin Rosu 624, 2. von links
Pablo_hernan 138 unten
Pb 102 oben rechts
Pdesign 87
PDU 421
Peregruzkia 452 oben, 2. von links
Pétrouche 626 oben links
q-snap 599, 2. von oben
Randy McKown 463 A
Reiulf Grønnevik 600, 2. von oben
Vibe Images 463 E
rolphoto 47 links
Roman Rodionov 623 oben Mitte
Sean Gladwell 255
Sebastian Pachl 42 oben rechts
Spectral-Design 101, 119, 628, 2. von oben
Spuno 598 oben
Stefan Balk 600, 2. von unten
Stephanie Bandmann 625 oben links
Stephen Coburn 36 oben links
styleuneed 633
Tatiana 628 unten links
TEA 33
Thaut Images 502 oben, 504 unten rechts
Theresa Martinez 626 oben Mitte
Thomas R. 627, 3. von unten, 628 oben links
Thomas Reicher 96 oben
Tobias Marx 484 unten links
tradigi 48 unten
tuncay colak 172 unten
Undine Freund 390 Mitte rechts
Vladimir Mucibabic 36 Mitte
weim 36 oben rechts
Yuri Arcurs 600 oben
xygo 452 oben, 2. von rechts
Yevgen Timashov 587
Yuriy Panyukov 122

717

Bibliografie/Weiterführende Literatur

Böhringer, Joachim, Bühler, Peter u. a.: Kompendium der Mediengestaltung , Berlin, Springer Verlag, 2000

Fries, Christian: Mediengestaltung, München, Fachbuchverlag Leipzig im Carl Hanser Verlag, 2002

Khazaeli, Cyrus Dominik: Crashkurs Typo und Layout, Hamburg, Rowohlt Taschenbuch Verlag, 1998

Kupferschmied, Indra: Buchstabenkommenseltenallein – ein typografisches Werkstattbuch, Universitätsverlag Weimar, 2000

Leu, Olaf (Hg.): Geschäftsberichte richtig gestalten, Frankfurt a. M., 2004

Lewandowski, Pina, Zeischegg, Francis: Visuelles Gestalten mit dem Computer, Hamburg, Rowohlt Taschenbuch Verlag, 2002

Nohl, Martina: Workshop Typografie und Printdesign – ein Lern- und Arbeitsbuch, Heidelberg, dpunkt.verlag GmbH, 2003

Paasch, Ulrich, Moritz, Christian u. a.: Informationen verbreiten – Medien gestalten und herstellen, Verlag Beruf und Schule, Itzehoe, 2004

Radtke, Susanne P./Pisani, Patricia/Wolters, Walburga: Handbuch Visuelle Mediengestaltung, Berlin, Cornelsen Verlag, 2001

Schuler, Günter: Digital gestalten – erste Hilfe in Typo, Farbe und Layout, Hamburg, Rowohlt Taschenbuch Verlag, 2005

Links

www.designguide.at/typographie.html

www.typolexikon.de

www.brillux.de

www.farbenundleben.de

www.newsaktuell.de

www.gestaltungswerk.de

www.medialink.net

www.grafikland.com

www.agenturtschi.ch

www.cleverprinting.de

Sachwortverzeichnis

A

Absätze 449
Abschreibung, kalkulatorische 71
absolute Personen der Zeitgeschichte 407
Absolute Positionierung 296
Abstraktionsgrad 140
Abteilungen 24
Accessability 667
Accessibility 303
Achse 153
Achsen
– faktisch 456
– virtuell 456
Achsenbezüge 214
Acrobat Distiller 473
Adressklassen 109
– dynamische 111
– statische 111
AIDA-Prinzip 351
Aktiengesellschaft 21
Aktivierung 350
Akzentfarben 436
Akzidenz 204, 552
Amplitudenmodulierte Raster (AM) 528
Amtliche Anzeigen 352
Analog/Digital-Wandler 506
Anfangsmeilenstein 416
Anlage 563
Anlagewinkel 563
Annual Reports 426
Annuität 64
Anschaffungskosten 567
Anstrich 225
Anwendungsprogramme 56
Anzeigenkosten 699
appellativ 144
Arbeitsfarbräume 477
Arbeitstisch 59
Arbeitsvorbereitung 567
arme Hunde (Poor Dogs) 691
Arrays 668, 669
Artefakte 336, 465
Assoziative Arrays 670
Ästhetik 149
Attribut 635
Attributwerte 636
Audio 604

Audio-Editor 608
Audio-Recorder 608
Audiosesquenzen 604
Audio-Software 608
auditiv 139
auflagenfixe Kosten 699
auflagenvariable Kosten 576, 699
Auflösung 508, 510
Aufmerksamkeitswert 146
Aufsichtsvorlagen 506
Auge 127
Ausführen 574
Ausgabegeräte 48
Ausgabevorschau 479
Ausschießen 560
Ausschießschema 560
ausschließliches Recht 192
Ausstellungsrecht 186
Auszeichnungsarten 246
Auszeichnungsschriften 224
Authorware 618
autotypische Farbmischung 375

B

Barrierefreies Webdesign 302
Basismapping 366
Bedürfnisse 694
Befehlssatz 649
Beiwerk 408
Belegung 697
Beleuchtungsstärke 60
Belichtungszeit 492
Bereitstellungsleistung 705
Bestandteile der Buchstaben 225
Beteiligungsfinanzierung 62
Betriebsabrechnungsbogen 69
Betriebssystem 56
Bevölkerungsdichte 697
Bewegungs- und Blickvektoren 456
Bewegungsunschärfe 494
Bild
– aktiv 462
– anschnitt 455
– ausschnitt 455
– komprimierung 474
– passiv 462

Bildauflösung 520
Bildaufzeichnung 499
– Four-Shot-Verfahren 499
– Multiple-Shot-Verfahren 499
– One-Shot-Betrieb 500
– One-Shot-Verfahren 499
– Zoom 500
Bildaussage 464
Bildausschnitt 457
Bildbearbeitung für das Web 336
Bildebenen 456, 489
Bild einfügen (Web) 276
Bilder , 329
Bildfunktion 330
Bildkonzept 463
Bildmarke 142
Bildnisse „aus dem Bereich der Zeitgeschichte" 407
Bildpunkt 489
Bildrate 614
Bildschirm 49
Bildschirmarbeitsplatz 57
Bildschirmarbeitsverordnung 57
Bildschirmschriften 321
Bildsprache 455
Bild-Text-Integration 462
Binärwert 508
Binnen-Meilenstein 417
Bitrate 612
BITV 302
Blende 492
Blickfang 350
Blickfeld 130
Blickführung 213, 436, 460
Blickrichtung 460
blinder Fleck 129
Blitz 505
Blocksatz 247
Blog 117
Blu-ray 40
BMP 465
Brainstorming 176
Brennpunkt 488
Brennweite 488
Broschur 552
Broschüre 552
Brotschriften 224
Browser 103
Buchstabenmarke 143

Bund 562
Bundsteg 443
Buntaufbau 381
Bunt-Unbunt-Harmonie 437
Bürostuhl 59

C
Camera obscura 486
Camera-Raw-Format 512
Cascading Style Sheets 282
Cash Cows 691
CCD 506
CCD-Flächensensoren 499
CCD-Sensorelemente 499
CCITT Group 4, CCITT Group 3, ZIP oder Run Length 475
CD 40
Chat 117
– Chatiquette 118
– Chatroom 117
CIE 375
CIE Lab-System 378
Cinema 4D 618
class 290
Client 91
Client-Server-Konzept 92
Cluster 411
CMM 387
CMS 685
CMYK 370, 379
Coder 606
Color Matching Method 387
ColorSync 383
Coloured Hearing 432
Composite-Kanal 510
Content-Management-Systeme 685
Corporate Behaviour 171
Corporate Communication 167, 425
Corporate Design 167, 425
Corporate Identity 167
Corporate Image 167, 171
Crawler 120
CSS 282, 323
– Datei 286
– Embedding 286
– Inline-Styles 287
– Linking 285
CSS-Datei 282

D
Darlehensfinanzierung 63
Datagramm 107
Dateiformate für Audiodateien 610
Datenbank 634
Datenbankmanagementsystem 634
Datenbank-Relationen 636
Datenbanksystem 634
Datenfeld 635
Datenmengenberechnung 609
Datenpaket 107
Datensatz 635
Datentiefe 508
Datentypen 647, 668
Datenübergabe 675
Daumennagelskizze 180
DBMS 634, 635
DCT 336
Deckungsbeitrag 706
Decoder 606
Dedikationstitel 450
Deflate-Algorithmus 333
Dehnrichtung 537
Dekade 697
dekodiert 138
DENIC 340
Denotat 138
Deutsches Patent- und Markenamt, DPMA 191
Dezibel 61
Diagramme 467
dichroitischen (halbdurchlässigen) Spiegeln 370
Dickte 240
Dienstleistung 705
DIN 16 518 226
DIN 476 206
DIN 676 205
DIN 2846 379
DIN-A-Reihe 206
DIN-Formate 205
Director 619
direkter Absatzweg 694
disclaimer 341
Diskrete Medien 589
Dithering 332
Divisionskalkulation 76
DNS 106, 111
Dokumentenaustauschformat 474

Domain , 111
– Second-Level-Domain 112
– Subdomain 112
– Top-Level-Domain 112
Domain-Recht 339
dpi 47, 241
DPI 509
Drahtheftung 541
Dramaturgie 426
dritte Normalform 643
Drucker 51
Druckform 572
Druckformherstellung 572
Druckkontrollleiste 563
Druckplattenherstellung 575
Duplex-Bild 528
Durchdruck 418, 388
Durchlicht 506
durchschnittliche Kapitalbindung 73
Durchschuss 245
Durchsicht 506
Durchsichtsvorlagen 506
DVI-Schnittstelle 43
Dynamische Webseiten 660

E
Ebene, illustrierend 462
E-Books 474
EBV 510
Echtzeitsysteme 590
Eigenkapital 62
Eigenwert der Farbe 440
Einführungswerbung 695
Eingabegeräte 46
Einstellungsgröße 457
Einteilungsbogen 561
Einwilligung 710
Einzelkosten 567
Einzug 450
– negativer 450
Endkostenstellen 74
Endmeilenstein 416
Entität 637
Entity-Relationship-Modell 637
Entwicklung der Moderne 441
Ereignis der Zeitgeschichte 407
Ergonomie 57
Erinnerungswerbung 695
ERM 637
erste Normalform 640
Erwerbszweck 710

Euklid 221
Euroskala 379
extern heterogen 358

F
Fahrzeugbeschriftung 394
Falzbruch 554
Falzen 553
Falzfolge 558
Falzmesser 558
Falzschwert 558
Falztechnik 558
Falzung 558
Farb
– ordnungen 439
– symbolik 439
– wirkungen 432, 439
Farbassoziationen 431
Farbbalance 518
Farbe 432
Farben am Bildschirm 324
Farbensehen 129
Farbharmonie 437
Farbkodex 440
Farbkontrast am Bildschirm 325
Farbkorrektur 510
Farbmanagement 477
Farbmodus 521, 510, 325
Farbphysiologie 433
Farbraum 324
– geräteabhängig 370
– geräteunabhängig 375
Farbspektrum 324
Farbstich 512, 518
Farbsubsampling 332
Farbsystem 377
Farbtemperatur 385
Farbtiefe 47, 616
Farbwürfel 371
Faxbogen 204
Feng Shui 442
Fertigungsmaterial 567
Fertigungszeit 76
Fibonacci-Reihe 221
fieldset 666
Figur-Grund-Verhältnis 164
Filter 519
Firma 17
Fixation 243
Flachbettscanner 506
Flachdruck 388
Flash 619

Flattermarke 562
Flattersatz 248
Fließtextanzeige 351
FM-Soundkarte 44, 606
FM-Synthese 44, 606
Foren 116
Format 520
Formate 455
– Quadratische 455
Formproof 574
Formulare 662
Formularfelder 662
for-Schleife 684
Fotorezeptoren 129
Fovea 131
Fragezeichen 691
Fraktale Kompression 336
freie Benutzung 187
Fremdenergie 71
Fremdschlüssel 638
Frequenzmodulierte Raster (FM-Raster) 532
FTP 105
Führungslinie 456
Funktionen in PHP 671
Fußnoten 445
Fußsteg 443

G
Gamma 512
Gamut 521
Ganzsäule 355
Ganzstelle 355
Ganzstoff 536
GCR 381
Gedächtnis 134
Gefahrstoffverordnung 399
Gehälter 71
Gehirn 127, 132
Gehirnhälfte 133
GEMA 710
Gemeinkosten 567
geschäftliche Bezeichnung 190
Geschäftsausstattung 71, 171
Geschäftsberichte 424
Geschäftsbriefbogen 204
Geschäftsführer 20
Geschlossenheit der Form 164
Gesellschaft bürgerlichen Rechts 17
Gesetz der Ähnlichkeit 624
Gesichtsfeld 130

Gestaltgesetze 317
Gestaltgesetze bei Internetseiten 314
Gestaltungselemente 346
Gestaltungsraster 314, 446
GET 675
Geviert 240
Gewerbe 17
Gewinnrücklagen 62
Gewinnzuschlag 544
GIF 332
gleichabständig 377
Gliederungselemente 444
GmbH 19
Goldener Schnitt 221
Gradationskurve 514
Grafikkarte 42
Graubalance 382, 518
Graustufen 510
Grauwert 244
Großaufnahme 458
Großflächenwerbung 697
Großformat-Drucke 393
Grundhelligkeit 512
Grundlinie 240
Grundmietzeit 66

H
Haarlinien 225
Haftungsausschluss 341
haftungsbeschränkte Unternehmergesellschaft 20
Halbnah 458
Halbton 525
Halbtonvorlage 509
Halbtotale 458
Handelsgewerbe 17
Handelsregister 17
Hardware-RIP 529
Hauptaufgaben 411
Hauptstrich 225
Haupttitel 450
HD-Recording 606
Hexachrome 380
High-Color 325
High-Key 512
Hintergrundbild 276
Hintergrundfarbe 264
Hippocampus 132
Histogramm 511
HKS 168, 380
Hochdruck 387

Holzschliff 535
HSB-Modell 373
HTML-Quellcode 257
HTTP 105
Huffman-Kodierung 334
Hyperlink 278
Hypertext 105

I

ICC-Farbprofil 521
ICC-Profil 383
ICMP 108
Icon 140
id 290
IF-Anweisung 680
Ikonizitätsgrad 140
Imagebildung 427
IMAP 106
Impressionisten 441
Impressum 450
Inch 521
Index , 120
Indikativ 144
Informationssuche 120
Initialen 143, 451
Inkrusten 535
INNER JOIN 654
Instandhaltung 71
Instant Messaging 118
Instanz 23
Interaktion 596
Interface 304
Interframe Kompression 618
interlaced 332
Interlaced-Modus 465
Internetrecht 339
Internet-Telefonie 118
Internet-Werbung 697
intern homogen 358
Intraframe Kompression 618
IP-Adresse 109
Ishihara-Tafeln 430

J

Jahreskalender 485
JOINS 654
JPEG 332, 465
JPEG 2000 332
JPG 332

K

Kalibration 384
Kalkulation 69
Kalkulationsmethode 76
Kanal 510
Kapitälchen 236
Karten
– Eintrittskarte 209
– Karteikarte 209
– Kartenformate 209
– Postkarte 209
– Visitenkarte 209
Kegelhöhe 240
Kerning 243
Klassifikation der Schriften 224
Klebebindung 541
Kleinmaterial 71
kodiert 138
Kolumnentitel 445
Kombifalzmaschinen 560
Kombinatorik 218
Kombinierte Bild-/Wortmarke 143
Kommanditisten 19
Kommunikationskompetenz 138
Kommunikationsstrategien 426
Komplementäre 19
Komposition 212, 621
Kompression 333
– verlustbehaftete 335
– verlustfreie 334
Komprimierung 475
Konnotat 138
Konterdruck 399
Kontrast 164, 511, 436, 510
– Farb- 164, 439
– Form- 164
– Linien- 164
– Qualitäts- 164, 436
– Quantitäts- 164
– Simultan- 436
Kontrollelemente 563, 655
Konverters 478
Kopfstandmethode 177
Kopfsteg 443
Kostenstellen 69
Kostenstellenrechnung 69
Kreativität 171
Kreativteam 173
Kritischer Pfad 417

L

label 667
Large-Format-Printing 393
Lärm 61
Laserdrucker 54
Lautstärke 61
Layout 443, 449
– Konstanten 449
– Variablen 449
Layout von Texten im Web 321
Leasing 63
Lebensstil-Kriterien 361
LEFT JOIN 654
legend 666
Leistungsbereich 69
Leistungsergebnis 706
Leistungserstellungsprozess 705
Leserichtung 460
Letterbox-Format 614, 615, 619
Leuchtdichte 60
Licht 517
Lichter 512
Lichtverhältnisse 60
Ligaturen 225
Limbisches System 132
Linien 263
Link 278
– intertextuell 278
– intratextuell 278
Linse 487
– Sammellinse 488
– Zerstreuungslinse 488
Liste
– Aufzählungs- 266
– Definitions- 267
– nummeriert 266
– verschachtelt 268
Lithografie 388
Lizenz 186
Logo 137, 142
Lohn 71
Lok-Prinzip 144
Low-Key 512
Luftperspektive 457
Lumbecken 541
LZW 334

M

MacAdam 377
MAC-Adresse 44
Magnetband 39
Makrotypografie 449

Mannstunde 76
Mannstundensatz 76
Marginalien 446
Marke 142, 190
Markengesetz 191
Markenidentität 142
Markenregister 192
Marketinginstrument 426, 434
Marketing Mix 357, 690
Marktanteil 691
Marktbearbeitungsstrategien 357
Marktposition 358
Marktsegmentierung 358
Marktsegments 358
Marktwachstum 691
Maßsysteme 240
Materialkostenstelle 567
Maus 46
Mediaplan 696
Mediäval- oder Minuskelziffern 249
medienneutrale Farbräume 479
Meilensteine 416
Mengenrabatt 693
menschliche Sinneswahrnehmung 126
Mensch-Maschine-Kommunikation 304
Merchandising 696
Me-too-Produkte 426
MGK-Zuschlagssatz 569
MIDI 610
Mikrofon 605
Mikrotypografie 238
Milchkühe 691
Mindmapping 178, 179
Modulor 222
Moiré 510
Monatskalender 484
Monitordarstellung 147
Mono-spaced-Fonts 243
Moodcharts 432
Morphologische Matrix 177
MP3-Decoder 612
MP3-Encoder 612
Multimedia-Anwendung 588
Multimedia-Systeme 589
Muster 218
Musterseiten 444
MySQL 647

N
Nachbarschaftsharmonie 438
Nadeldrucker 52
Nahaufnahme 458
Navigation 596
Navigationsstrukturen 306
Nervensystem 132
Nervenzellen 132
Netzhaut 129
Netzwerk 88
Netzwerkcomputer 91
Netzwerkkarte 44
Netzwerktopologie 90
Neuberechnung 475
neurologische Verknüpfungen 432
Newsgroups 116
Nickname 117
Nielsen-Gebiete 359
non interlaced 332
Normalisierung 640
NULL-Werte 645
numerischer Zeilenabstand 245
Nutzen 572
Nutzungsdauer 64

O
Ober-, Mittel- und Unterlänge 240
Objektiv 490, 491
öffentliche Wiedergabe 710
Operatoren 668
optische Auflösung 506
optische Massenspeicher 40
optische Maus 47
optischer Zeilenabstand 245
Organigramm 23
Originalität 146, 428

P
Page-Design 305
Page Impressions 705
Pagina 445
Pantone 168, 380
Papierqualität 205
Parallaxenfehler 496
Passer 563
PDF 473
PDF/X 479
PDF/X-1a 479
PDF/X-3 479
Peer-to-Peer-Konzept 92

Peripheriegeräte 45
Permutation 218
Personen der Zeitgeschichte 407
Persönlichkeitsrechte 407
perspektivische Verkürzung 457
Phantasie 177
Photomultiplier 370
PHP 667
PHP-Datei 668
phpMyAdmin 655
Piktogramm 141
Ping 110
Plakatwerbung 360
Pläne und Karten 470
Plastkammbindung 540
PlugIn 331
PNG 333
Point of Sale , 435
POP3 106
Positionierung des Logos 212
Positionierung mit Float 300
POST 675
Postscript 530
Postwurfsendungen 697, 703
PPI 508, 520
Prägnanz 149
Prägnanztendenz 163
Preflight-Check 479
Preisdifferenzierung 693
Primärkosten 75
Primärschlüssel 638
Primary Key 638
Prinzipdarstellungen 471
privater Netzwerkbereich 109
Privat- oder Familienanzeigen 352
Produktlebenszyklus 691
Produktnähe 145
Produktprogramm 691
Produkt- und Dienstleistungspolitik 690
Profile Connection Space 383
Progressives JPG 332
Projekt 409
Projektstrukturplan 411
Proportionalschriften 243
Proportionen 626
Proportionen, harmonische 221
Proportionsverhältnis 223, 443
Protokollfamilie 104
Protokollstapel 104
Provider 103

Prozessfarben 379
PSD 465
Psychoakustik 611
psychologische Preise 692
Puffer 416
Punkt 153
Punzen 225
Purpur 432, 433

Q

Quadruplex 522
Qualitative Reichweite 702
Qualitätsfaktor 509
Quantisierungsrauschen 508
Quantitative Reichweite 701
Quellfarbraum 383
Quelltext 257

R

Rabattgewährung 693
Radiowerbung 702
Rahmenelemente 352
RAL 168
randabfallend 444
Randstege 443
Rapport 218
Rapports 451
Raster im Webdesign 314
Rasterpunkt 509, 521, 526
Rasterweite 509
Rasterwinkel 530
Rasterzellen 530
Raumerfahrung 456
Raumklima 61
Rausatz 248
rechte Gehirnhälfte 133
Rechtsform 17
Recorder-Element 509
Redundanzen 640
Referenzfarbraum 378
Referenzwert 144
Register 563
Registerhaltigkeit 563, 444
Reize 455
Relation 636
Relationale Datenbanken 637
Relative Positionierung 300
Rendering Intent 385
RGB 370
RGB-Modus 511
Rhythmus 216
RIGHT JOIN 654

RIP 513, 509, 236, 521, 528, 529
RLE 335
Robot 120
Rohlayout 182
Röhrenmonitor 49
– Bildwiederholfrequenz 49
ROM 28
Routing 107
RT-Screening 532
Rubriken 450
Rückwärtsterminierung 415
Rüsten 574

S

Sammeln 565
Sampler 607
Samples 607
Sampling 607
Satzarten 247
Satzspiegel 443
Scanauflösung 47, 508, 521
Scanner 47
Schärfentiefe 494
Schleifen 680, 684
Schlüsselreiz 427
Schmuckelemente 352
Schmuckfarbe 169
Schmutztitel 450
Schneiden 565
Schön- und Widerdruck 573
Schriftart und -Wirkung 224
Schriftcharakter 241
Schriften einbetten 476
Schriftgrößen 240
Schriftklassifikation 226
Schriftlage 236
Schriftmischung 237
Schub-Prinzip 144
Schwarfzeichnen 510
Schwarzaufbau 382
Schwarzpunkt 512
Schwertfalzung 558
Screendesign 308, 309
Screenlayout 311
Scribble 180
Scriptsprachen 661
Sehgrube 131
Sehleistung 130
Sehreiz 128
Sehvermögen 130
Sehvorgang 127, 129
Seitenzahl 445

Sekundärkosten 75
Selbstfinanzierung 62
Selbstkosten 70, 75, 581
Selektive Farbkorrektur 518
semantische Typografie 143
Semiometrie 365
Semiotik 139
Sender 138
Sensorrauschen 508
Separation 381, 521
Sequenzer 608, 610
Seriation 217
Serifen 225
Shop-Designs 435
Sicherheitsdatenblatt 399
Siebdruck 388
Signet 142
Sinnesreize 432
Sinus-Milieu-Analyse 361
Skalierbarkeit 147
Skalierungsfaktor 509
SMAP 106
SMTP 106
Softproof 478
Software 55
Software-RIP 529
solidarisch 18
Solvent-Tinten 394
Sonderfarbe 522
Sonderfarben 168, 380
Sonderrabatte 693
Soundkarte 43, 605
Sozialkosten 71
Sozialversicherung 71
spätester Anfangszeitpunkt 415
spätester Endzeitpunkt 414
Spektralfotometer 384
Spektrum 128
Spider 120
Spiegelreflexkamera 497
Spiralbindung 540
Sponsoring 695
SQL 647
SQL-Anweisungen 649
sRGB 477
Stäbchen 129
Star-Prinzip 143
Stars 691
Stauchfalzung 559
Steckkarten 42
Stege 562
Steigung 514

Stilisierung 141, 182
Stilrichtung 441
Storyboard 594
strategische Landkarte 362
Streamer 39
Streaming 618
Strichbreite 236
Strichdicken-Achse 225
Strichstärken 236
Strichvorlage 509
strukturierte Datenausgabe 678
Stückkosten 76
Stundenlohn 71
Stundensatz 76
Styleguide 171
Sucherkamera 496
Suchmaschinen 120
suggestiv 144
Sulfatverfahren 535
Superzelle 532
SVCD 615
Switch-Anweisung 682
Symbol 141
Symmetrie 164
Synthesizer-Chip 606

T

Tabellen 270
– gestaltung 271
– zellen verbinden 273
Tabellensatz 452
Tageskalender 484
Tags 261
Taktrate 27
Tangentenwinkel 532
Tastatur 46
TCP 106
TCP/IP 104
TCP/IP-Schichtmodell 104
Team 173
Technische Leitung 567
Teilaufgaben 411
Telemediengesetzes 341
Textauszeichnungen 263
Textgestaltung 323
Textgrafiken 323
Texturen 452
TFT-Flachbildschirm 49
– Bildschirmauflösung 50
– Bildschirmdiagonale 50
TFT-Monitor 49

Tiefdruck 388, 392
Tiefe 517
Tiefen 512
TIFF 465
Titelbogen 450
Ton-in-Ton-Harmonie 438
Tonwertabrisse 512
Tonwerte 510
Tonwertkorrektur 510
Tonwertreduktion 513
Tonwertspreizung 511
Tonwertumfang 510
ToolBook 619
Touchscreen 589
Transportschicht 106
Treuerabatte 693
Triebwagen-Prinzip 144
Triplex 522
Trommelscanner 506
True-Color 325
Typ 465
– auditiv 465
– haptisch 465
– olfaktorisch-gustatorisch 465
– visuell 465
Typografie 223
Typografie im Web 319

U

übergeordnete Bildebene 462
Überschneidung 457
Übersicht leitergebundener
   Übertragungsmedien 95
Übertragungsmedien 94
UCA 382
UDP 107
Ugra/Fogra EPS Kontrollstreifen
   563
Umlage 74
Umschlagen 563
Umstülpen 564
unbeschränkt 18
unechte Kapitälchen 236
unmittelbar 18
Unschärfekreise 493
Unterfarbenreduzierung 382
Unternehmensform 17
Unterschneidung 243
unwesentliches Beiwerk 188
Urhebergesetz 183
Urheberpersönlichkeitsrecht 184

URL 103
Usability 303
UV-härtende Tinten 394

V

Vakatseite 450
Variablen 668
Vektorgrafik 147
Verbreitungsrecht 186
Veredelungstechnik 426
Vergütungspflicht 710
Verkehrsgeltung 192
Verpackungsgestaltung 434
Verrechnungssatz 76
Verrechnungssatzkalkulation 76
Versalhöhe 240
Versalziffern 249
Verschluss 492
verschwärzlicht 371
Vertrieb 567
Vervielfältigungsrecht 186
Verwaltung 567
verweißlicht 371
Vexierbilder 150
VGA-Schnittstelle 43
VG Wort 710
Video 613
Viertelton 512
Virtuelle Linien 456
virtuelle und faktische Achsen
   214
Visitenkarte 204
visuelle Gewichtung 212, 462
Visuelle Wahrnehmung 127
visuelle Zeichen 139
VoIP 118
Vollamortisationsleasing 67
Vorder-, Mittel- und Hintergrund
   456
Vorkostenstelle 74, 567
Vorlagenart 509
Vorlagenarten 526
Vorwärtsterminierung 415

W

W3C 303
Wahrnehmung 135
Wandlung 605
Wavelet-Transformation 336
Wavetable 44, 606
Webauftritt 256

Weblog 117
Webseite 256
Website 256
Weichzeichnen 510, 520
Weißpunkt 512
Weißraum 151
Weiß- und Schwarzpunkt 511
Wendearten 563
Werbeanzeigen 350
Werbebannern 393
Werbemittel 696
Werbeträger 696
Werbung 694
Werk 183
Werksintegrität 184
Werkverbindung 185

Wertefeld 366
Werthaltungen 364
while-Schleife 684
Wide-Format-Printing 393
Wiederbeschaffungskosten 72
Wiedererkennungswert 146
Wirkung 439
– physiologisch 439
– psychologisch 439
Wollskala 396, 398
Workstation 91
Wortmarke 143

X
XAMPP 655

Z
Zapfen 129
Zeichensystem 138
Zeilenabstand 245
Zeitungsanzeige 697
Zellstoff 535
Zentralrechnerkonzept 91
Zielfarbraum 383
Zielgruppe 358
Zinsen, kalkulatorische 72
Zinssatz, kalkulatorischer 73
ZIP-Komprimierung 475
Zusammentragen 565
Zuschlagskalkulation 569
zweite Normalform 642
Zwischenüberschriften 450

Vorstellung der Autoren

Christian Reif
Jahrgang 1971, absolvierte zunächst eine Ausbildung als Druckvorlagenhersteller mit dem Schwerpunkt Reprofotografie. Anschließend studierte er von 1993 bis 1999 Kommunikationstechnologie Druck an der Bergischen Universität Gesamthochschule Wuppertal. An die nachfolgende Selbständigkeit schloss sich von 2001 bis 2003 das Referendariat an der Julius-Wegeler-Schule, Berufsbildende Schule Koblenz, an. Seit 2003 ist Christian Reif als Fachlehrer im Bereich Druck und Medien an dieser Schule tätig. Weiterhin ist er Mitglied in verschiedenen IHK-Prüfungsausschüssen mit dem Schwerpunkt Medienvorstufe.

Nicole vom Hove
Jahrgang 1968, studierte, nach einer einjährigen Praxisphase, von 1989 bis 1995 Elektrotechnik an der Rheinisch Westfälischen Technischen Hochschule (RWTH) Aachen. Dort gestaltete und layoute sie Studienmaterialien in der Druckerei der Fachschaft Elektrotechnik. Nach der Referendarzeit, am Berufskolleg Kluse in Mülheim an der Ruhr, arbeitete sie von 1997 bis 1999 im Medien- und Kommunikationszentrum der Fachhochschule Gelsenkirchen. Sie konzipierte und gestaltete webbasierte Lernangebote. Seit 1999 unterrichtet Frau vom Hove am Berufskolleg für Technik und Gestaltung in Gelsenkirchen im Bereich Druck und Medien bei den „Mediengestaltern für Digital- und Print". Ferner unterrichtet sie in den Abteilungen Informationstechnik und Elektrotechnik. Weiterhin ist sie Mitglied im Prüfungsausschuss der IHK Westfalen Nord.

Daniela Werth
Jahrgang 1965, studierte nach einer einjährigen Praxisphase im Bereich Visuelles Marketing, von 1987–1993 Gestaltungstechnik und Deutsch an der Gesamthochschule-Universität Essen. Von 1993–1995 absolvierte sie das Referendariat am Hans-Sachs-Berufskolleg in Oberhausen. Seit 1996 unterrichtet sie am Walter-Gropius-Berufskolleg der Stadt Bochum in den Bildungsgängen Farbtechnik und Raumgestaltung, Fachoberschule für Gestaltung, Gestaltungstechnische Assistenten Medien und Kommunikation sowie im Bereich Druck und Medien bei den Mediengestaltern für Digital- und Printmedien, Schwerpunkt: Mediengestaltung. Weiterhin ist Frau Werth in der Lehrerausbildung als Fachseminarleiterin für Gestaltungstechnik an den Studienseminaren Dortmund und Hagen (Berufskolleg) tätig.

Johannes Beste
Jahrgang 1968, absolvierte zunächst von 1988–1990 eine Ausbildung zum Bankkaufmann. Im Anschluss daran studierte er die Fächer Wirtschaftswissenschaften und Sport für das Lehramt der Sekundarstufe II an der Universität Dortmund. Das anschließende Referendariat führte er am Hellweg Berufskolleg in Unna (1995–1997) durch. Seit Beendigung des Vorbereitungsdienstes unterrichtet er am Cuno Berufskolleg II in Hagen, hier mit dem Schwerpunkt der Berufe im Bereich der Digital- und Printmedien. Im Rahmen dieser Arbeit ist er auch Mitglied im Prüfungsausschuss des SIHK Hagen. Seit 2002 ist er zudem in der Lehrerausbildung als Fachleiter am Studienseminar Dortmund tätig.